Thomas G. Beckwith | Roy D. Marangoni | John H. Lienhard V

Mechanical Measurements 6th Edition

계측공학 제6판

기계적 물리량 측정의 이론 및 응용

한철호 | 김규만 | 박익근 | 장경영 | 최승복 공역

PEARSON Prentice Hall

도서출판 YOUNG

Preface 역자 서문

계측공학은 공학의 여러 분야에 있어 설계 및 연구 · 개발 시 공통적으로 요구되는 필수적인 학문이다. 근자에 제어 및 자동화 분야의 비약적 발전은 정확하고 정밀한 양의 계측에 기인하였다고 볼 수 있다. 계측 기술은 각종 센서의 개발, 컴퓨터 및 전자공학의 급속한 발전과 더불어 놀랄 만큼 변하여 현재는 전기 · 전자의 지식과 해당 공학 분야의 기초가 없이는 정확한 계측이 어려운 실정이다. 이러한 추세에 발맞추어 학제간의 연계가 강화되고 기전공학(mechatronics)과 등이 별도로 신설되고 있으며 계측 기술의 필요성은 점차 증가되고 있다. 국내의 각 대학 기계 계열에서도 이러한 필요성을 인식하고 계측공학 또는 측정학이나 계측개론 등의 이름으로 교과목을 개설하여 운영하고 있다.

이 책은 기계공학 분야에 연관되는 기계적 물리량의 계측 시 필요한 기초 계측 이론과 각 기계량의 실제적 응용 계측법 등을 다루고 있다. 원저는 "Mechanical Measurements, 6th edition"으로 피츠버그 대학의 Thomas G. Beckwith, Roy D. Marangoni 교수 및 매사추세츠 공과대학(MIT)의 John H. Lienhard 교수의 명저로 1961년 초판을 발간한 이후 45년여 동안 대학 및 대학원의 교재로 사용되어 왔다. 초판에서는 모든 센서와 장비들이 아날로그로 되어 있었지만 현재는 디지털 계측으로 뚜렷하게 바뀌었으며 최근에는 디지털 장비에 큰 변화가 나타나고 있다. 이전 5판에서는 전체 내용의 반 이상을 개정하였으나 이번 6판에서는 PC와 연계된 디지털 계측기술을 중점 보완하여 디지털 영상에 관한 절과 상용화된 NI사의 LabVIEW 소프트웨어를 소개하는 절들을 추가하면서도 필요한 내용만을 요약, 간결하게 구성하여 전판보다 100여 쪽을 줄이고 독자가 이해하기 쉽도록 하였다.

계측공학에는 기계공학의 전반적인 분야와 전기 · 전자 분야 및 통계적 분야 등이 포함되기 때문에 대단히 광범한 내용을 다루고 있다. 따라서 원저의 번역을 위해서 기계공학 분야의 고체, 열 · 유체, 진동 · 제어 분야 등 다양한 분야의 전공 교수들이 참여하게 되었고 가능하면 원저에 충실하려고 노력하였다. 본 역서를 내면서 특히 주안점을 두었던 것은 다음과 같다.

- ▶ 가능하면 원저의 내용에 따르도록 번역하고 부분적으로 대의가 변하지 않는 범위에서 국내 상황에 맞도록 의역하였다.
- ▶ 전문 용어는 대한기계학회 기계용어집, 한국통계학회 통계용어사전을 기준으로 통일하도록 하고, 이들 용어집에 기재되지 않거나 부적절한 용어는 관련 분야의 의견을 참조하여 선정하고, 혼용되고 있는 경우는 인덱스에 병기하였다.

이 책은 온도, 시간, 변위 및 치수, 힘, 토크, 압력, 변형률, 유체 유동, 운동 및 음향 등과 같은 기계적 물리량에 대한 계측의 기본 개념에서부터 응용까지 초심자에게도 이해될 수 있도록 구성되어 있어 기계 계열의 대학 또는 대학원의 교재로 사용할 수 있을 것이다. 또한 연구 · 개발 및 설계 분야에 참여하는 연구원 및 현장 기술자에게도 유용한 참고서로 활용이 가능할 것으로 기대한다. 강의 교재로 사용할 때는 강의 진행자의 편의에 따라 융통성을 발휘하여 제시된 내용의 순서를 바꿀 수 있으며 전체 내용 중 필요한 장들을 발췌하여 강의를 진행할 수 있을 것이다. 실험 과목과 병행하여 교과목을 편성하면 학습 효과를 더 높일 수 있을 것으로 기대된다. 나름대로 노력을 하였지만 역자들의 짧은 지식으로 인하여 오자나 오역 등이 발견되면 독자 여러분이 아낌없이 지적해 주기 바라며 추후 이를 반영할 계획이다. 아무쪼록 이 번역서가 계측 분야에 관심을 갖고 있는 공학 기술자들에게 조금이라도 도움이 되기를 고대한다.

끝으로, 이 책이 발간될 수 있도록 지원해 주신 영출판사의 현영덕 사장님과 이상령 부장님, 편집을 맡은 우일미디어 관계 직원 여러분께 깊은 감사를 드리며, 책을 완성하는데 도움을 준 금오공과대학교, 경북대학교, 인하대학교, 한양대학교, 서울산업대학교의 관련 대학원생들에게도 감사드린다.

2007. 8
역자씀

Contents 차례

Part II 응용 기계 계측

Part III 부록

PART I

기계 계측의 기초

Chapter 01 측정 과정: 개요

1.1 서론

"존재하는 모든 것은 특정한 양으로 존재한다"는 말이 있다. 여기서 그 양을 결정하는 것이 바로 계측(측정)이다. 만일 그 존재하는 것이 기계 공학의 실체와 관련되어 있다면 그런 양을 결정하는 일이 바로 **기계 계측**(*mechanical measurements*)[1)]의 주제가 된다.

측정 과정이나 행위는 미리 정의한 **표준**(*standard*)과 **피측정량**(*measurand*) 사이의 양적인 비교를 통해 이루어진다. **피측정량**(*measurand*)이란 말은 관찰되고 정량화되는 특정한 물리적 매개 변수를 지칭하는 데 사용된다. 즉 측정 과정에 있어서 입력량인 것이다. 측정 행위는 **결과**를 만들어 낸다(그림 1.1 참조).

---

1) 기계 계측이 반드시 기계적 수단으로 이루어지는 것은 아니다. 오히려 **기계적**이라는 용어가 지칭하는 것은 계측되는 양 자체이다. **기계적 양** 또는 **매개 변수의 계측**이라는 말이 아마도 의도하는 의미를 더 잘 나타낼 것이다. 그러나 통상 간결하게 **기계 계측**이라 부른다.

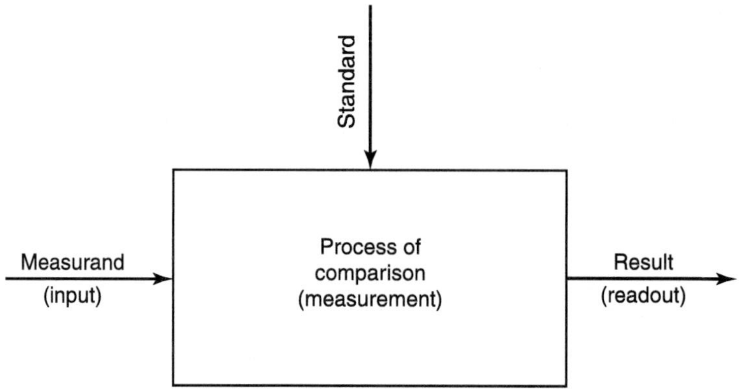

그림 1.1 기본 측정 과정

비교 표준은 통상 피측정량과 같은 특성을 가져야 하지만 합법적 또는 인정된 기관이나 기구-예를 들어 전에 미국국립표준국(NBS)이라고 불렸던 국립표준기술연구원(NIST), 국제표준기구(ISO), 미국국립표준연구소(ANSI)에 의해 대개 규정되고 정의되지만 항상 그런 것은 아니다. 예를 들어 미터는 길이의 표준으로 명확하게 정의된다.

온도, 변형률과 같은 양과 유체 유동, 음향 및 운동과 연관된 매개 변수들에 길이, 질량, 시간 등의 기본량들을 추가한 것이 전형적인 기계적 측정량에 속한다. 또한 기계적 양의 측정은 불가피하게 전기적인 것을 포함한다. 왜냐하면 기계적인 피측정량을 연관된 전기적인 양으로 변화 또는 **변환**(*transduce*)시키는 것이 편리하거나 필요하기 때문이다.

1.2 기계 계측의 중요성

계측은 단지 추정될 수 있는 물리적 변수와 공정의 실제 상태에 대한 양적 정보를 제공할 뿐이다. 그러한 측정은 물리세계의 새로운 이해를 위한 수단이며 어떤 이론이나 설계를 최종 시험하는 것이다. 계측은 모든 연구, 설계 및 개발을 위한 기본 토대가 되며 그 역할은 여러 공학 분야에 있어 뚜렷하다.

어떤 복잡한 기계 설계라 하더라도 3요소, 즉 경험적, 합리적, 실험적 요소를 포함한다. 경험적 요소는 유사한 계(system)에서 이전에 드러난 사례와 기술자의 상식에 기반을 둔다. 합리적 요소는 정량적인 공학 원리와 물리법칙 등에 의존한다. 실험적 요소는 개발될 장치나 공정의 작동, 성능과 연관된 여러 양들의 측정에 기반을 두고 있다. 계측은 의도했던 것과 실제로 이루어진 것과의 비교를 제공한다.

계측은 또 어떤 제어 과정에서도 기본 요소가 된다. 제어의 개념은 실제와 **요구** 성능 사이의 측정된 차이를 필요로 한다. 계의 제어부는 지능적 대처를 위해 그 차이의 크기와 방향을 반드시 알아야 한다.

게다가 많은 일상적 조작은 적절한 성능을 위해서 계측을 필요로 한다. 한 예로 현대적인 중앙 집중식 발전소를 들 수 있다. 이 계의 적절한 성능을 확신하기 위해서는 틀림없이 온도, 유량, 압력 및 진폭이 측정에 의해 일정하게 조정되어야 한다. 더욱이 계측은 무역에 있어 필수적이다. 비용은 재료, 동력, 시간 및 노동 소모량과 기타 제한 조건들의 기초하에 설정된다.

계측은 신뢰할 수 있어야 유용하며 근본적으로 부정확한 정보는 정보가 없는 것보다 더 손실을 준다. 물론 그 상황은 측정의 정확도나 **불확도**의 의문을 야기한다. Beckman Instruments의 설립자인 Arnold O. Beckman은 과학에서 배울 수 있는 한 가지 사항은 "**완전한** 해답도 **완전한** 측정도 존재하지 않는다"[2)]라고 말했다. 공학 기술자는 단순히 눈금이나 인쇄된 결과만을 읽어서는 안 되며 맹목적으로 그 숫자를 받아들여서도 안 된다. 그들은 측정된 결과 개개의 것에 있어 실제적인 공차(tolerance)를 주의 깊게 고려해야 하며 늘 의심하는 마음을 가질 뿐만 아니라 그들이 의심하는 것을 정량화하도록 노력해야 한다. 불확도에 대해서는 1.8절과 3장에서 좀 더 자세히 논의할 것이다.

1.3 측정의 기본 방법

측정에는 두 가지 기본적 방법이 있다: (1) 주(primary) 또는 부(secondary)표준에 의한 **직접 비교법**(*direct comparison*) (2) 교정된 계를 이용하는 **간접 비교법**(*indirect comparison*).

1.3.1 직접비교

강철 막대의 길이를 어떻게 잴 것인가? 가령 $\frac{1}{8}$ in. (약 3 mm)의 측정으로 만족한다면 아마도 강철 테이프 자를 사용할 것이다. 즉 어떤 **표준**과 막대의 길이를 비교할 것이며 막대와 똑같은 길이의 표준 위에 얼마나 많은 inch 길이가 있는지를 찾으려 할 것이다. 그렇게 하는 것이 바로 **직접비교**에 의해 길이를 결정하는 방법이며 이때 사용한 표준을 부표준이라 부르고, 틀림없이 빛의 속도와 연관된 길이의 주표준(primary standard)으로부터 4세대 이내에서 그 근원을 찾을 수 있을 것이다(2.4절 참조).

비록 직접비교에 의한 측정이 계측 과정의 본질에 가장 가깝기는 하지만 그 방법이 항상 적절한 것은 아니다. 인간의 감각은 모든 양을 같은 능력으로 직접비교할 수 있도록 타고나지 못했다. 강철 자로 1 mm(약 0.04 inch)의 정밀도를 갖고 짧은 거리의 직접비교를 할 수 있다. 그러나 더 큰 정확도가 요구되는 경우가 흔하며 그러면 보다 복잡한 형태의

---

2) 저자들의 강조가 부언

계측계(measuring system)에 의한 추가적인 도움이 필요하다. 따라서 간접비교(*indirect comparison*)에 의한 측정이 직접비교에 의한 측정보다 더 일반적이다.

1.3.2 교정계의 이용

간접비교는 통상 계측계라 부르는 일련의 장비군과 연결된 변환 장치의 어떤 형태를 활용하게 된다. 이 장비군은 입력의 기본형을 아날로그형으로 변하게 하며 최초 입력의 기지 함수로 된 출력으로 진행되고 나타내게 한다. 요구 정보를 인지할 수 있으려면 그러한 변환은 필수적이다. 예를 들어 인간의 감각은 기계 부재 내의 변형률을 검출하도록 간단하게 설계되지는 않았다. 그러므로 감지하고 변환하고 최종적으로 변위 형태의 아날로그 출력을 도표상의 눈금이나 디지털 결과(digital readout)로 표현하기 위해서는 어떤 계의 도움이 필요하다.

아날로그 신호의 진행은 여러 형태를 가질 수 있다. 때로는 진폭이나 동력을 적절한 형태로 확대하여 증가시킬 필요가 있다. 또 다른 경우는 여과 과정을 거침으로써 대량의 외부 입력으로부터 요구되는 정보를 추출하는 것이 필수적일 수 있다. 미사일이 비행할 때 온도나 압력을 지상에서 기록하기 위해서는 원격 판독이나 기록이 필요할 수도 있으며 이런 경우 압력과 온도의 계측은 지상으로 송신하기 위한 무선-주파수 신호와 조합되어야만 한다.

증폭이나 여과 또는 원격 기록을 요구하는 여러 가지 경우에 있어 전기적 방법이 필요하다. 사실상 대다수의 변환기는 실제 사용 시 특히 동적 기계 계측을 위해서는 기계적인 입력을 아날로그형인 전기적 형태로 변환시킨다.

1.4 일반화된 계측계

대부분의 계측계는 세 양상 또는 단계로 구성된 일반적인 배열에 속한다. 즉

1단계 검출-변환 또는 센서-변환기(*sensor-transducer*) 단계
2단계 신호-조정(*signal-conditioning*)이라 불리는 중간 단계
3단계 종말 또는 판독-기록(*readout-recording*) 단계

각 단계는 개별적 요소나 요소군으로 구성되어 계측에 있어서 필요하고 명확한 단계들을 수행한다. 이러한 것들을 기본 요소라고 부르며 그 범위는 구성보다는 기능에 의해 결정된다. 그림 1.2와 표 1.1은 이러한 단계별 중요성을 개략화한 것이다.

1.4.1 1단계: 센서-변환기

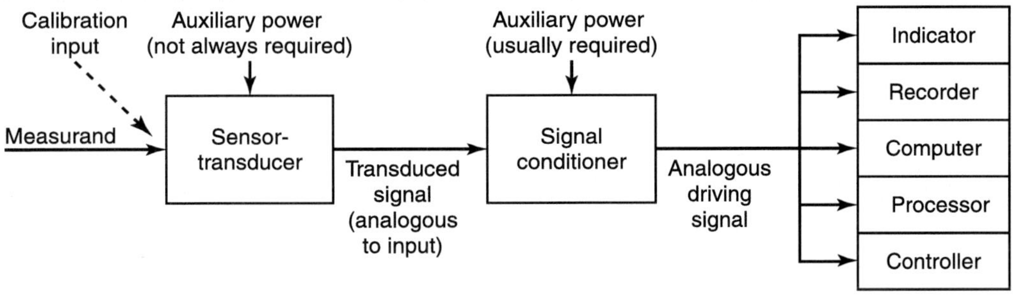

그림 1.2 일반적 계측계의 블록 다이어그램

표 1.1 일반 계측계의 단계

1단계: 센서-변환기	2단계: 신호-조정	3단계: 판독-기록
다른 모든 입력을 배제하고 요구입력만을 감지하며 아날로그 출력을 제공함	변환된 신호를 최종 단계에 사용 가능한 형으로 수정함. 보통은 요구수준에 따라 진폭이나 동력을 증가시킴. 원하지 않는 성분을 선택적으로 필터하거나 펄스화된 형으로 신호를 바꾸어 줌.	인간 감각 또는 제어기로 평가될 수 있는 형태의 지시나 기록을 제공함. 데이터를 디지털로 컴퓨터에 기록함.
종류의 예	**종류의 예**	**종류의 예**
기계식: 접촉 스핀들, 스프링-질량, 탄성장치(예, 압력용 부르동관, 힘 측정용 프루빙 링), 자이로	기계식: 전동장치. 크랭크, 슬라이드, 커넥팅, 링크, 캠 등	지시기 변위형: 이동지침과 자. 이동자와 눈금, 광선과 눈금, 전자빔과 눈금자(오실로스코프), 액자
유압-공기압식: 부력뜨개, 오리피스, 벤추리, 베인, 프로펠러	유압-공기압식: 배관, 밸브, 대시포트, 플레늄 챔버	디지털형: 직접 알파벳 숫자 판독
광학식: 사진 필름, 광전 다이오드와 트랜지스터, 광중 배관, 홀로그래프판	광학식: 거울, 렌즈, 광학필터, 광파이버, 필터	기록계: 디지털 인쇄, 잉크펜과 차트, 직접 사진, 자기 기록(하드 디스크 또는 테이프)
전기식: 접촉, 저항, 커패시턴스, 인덕턴스, 압전 크리스탈과 폴리머, 열전대, 반도체, 접점 등	전기식: 증폭 또는 감쇠계. 브리지, 필터, 원격측정계, 다양한 전용 IC 장치	프로세서와 컴퓨터: 다양한 종류의 컴퓨터 시스템, 전용이건 범용이건 이중 판독/기록장치 혹은 제어계로 사용되는 시스템 제어기: 모든 유형

1단계의 주요 기능은 피측정량을 검출하거나 감지하는 데 있다. 동시에 이상적으로 이 단계는 모든 가능한 다른 입력에 대해서는 둔감해야 한다. 예를 들어 압력 변환기라면 가속도에 대해 둔감해야 하고 스트레인 게이지(strain gage)라면 온도에, 선형 가속도계라면 각가속도에 둔감해야 한다는 등이다. 불행히도 완전하게 선택적인 검출장치란 매우 드물다. 원하지 않는 민감도는 측정 오차이며 그것이 대단히 빠르게 변할 때는 **잡음**(*noise*), 천천히 변할 때는 **표류**(*drift*)라 부른다.

1단계에 있어 한번 이상 변환 되는 경우가 많으며 특히 1단계의 출력이 전기적인 것인 경우에 우리는 이러한 사례를 종종 찾아볼 수 있다(6.3절 참조).

1.4.2 2단계: 신호-조정

일반적인 계에서 2단계의 목적은 3단계 또는 최종 단계에서 수용될 수 있도록 변환된 정보를 조절하는 것이다. 부수적으로 그것은 하나 이상의 기본 요소들, 즉 잡음을 제거하는 선택적 여과, 적분, 미분 또는 필요 시 원거리 통신 등을 수행할지도 모른다.

아마도 2단계의 가장 공통적인 기능은 진폭이나 신호 동력 중 하나 또는 둘 모두를 최종 판독장치를 운전하는 데 요구되는 수준으로 증가시키는 것이다. 게다가 그것은 1단계와 2단계 사이 또는 2단계와 3단계 사이의 적절히 부합된 특성을 갖도록 하는 것이다.

1.4.3 3단계: 판독-기록

3단계는 인간의 감각 중의 하나, 또는 제어기에 이해될 수 있는 어떤 형태로 변화된 정보를 제공한다. 만일 출력이 직접적인 인지가 되도록 하려면 예외는 있지만 다음과 같은 형태 중의 하나로 표현되어야 한다.

1. 지시침의 이동, 오실로스코프의 추적 변위, 오실로그래프 촉침 등과 같은 **상대 변위**(*relative displacement*)
2. 자동차의 주행계와 같은 계수기 또는 디지털 전압계에서처럼 액정 수정 표시(LCD: liquid crystal display)나 광방출 다이오드(LED: light-emitting diode) 표시로 나타나는 **디지털**(*digital*)형

아주 단순한 계측계를 예시하기 위해 자동차타이어압력을 검사하는 데 사용하는 익숙한 타이어게이지를 고려해 보도록 하자. 그러한 장치가 그림 1.3(a)에 나타나 있다. 이 장치는 실린더와 피스톤, 피스톤 움직임에 저항하는 스프링과 눈금이 그려진 막대로 구성되어 있다. 공기 압력이 피스톤을 밀고, 그 결과력은 스프링을 공기력과 평형을 이룰 때까지 압축한다. 교정된 눈금 막대는 스프링이 피스톤을 되돌려 놓은 후에도 남아 있으며, 적용 압력을 지시한다.

피스톤-실린더조합은 압력을 감지하고 힘으로 변환하는 하나의 힘-합성 장치를 구성

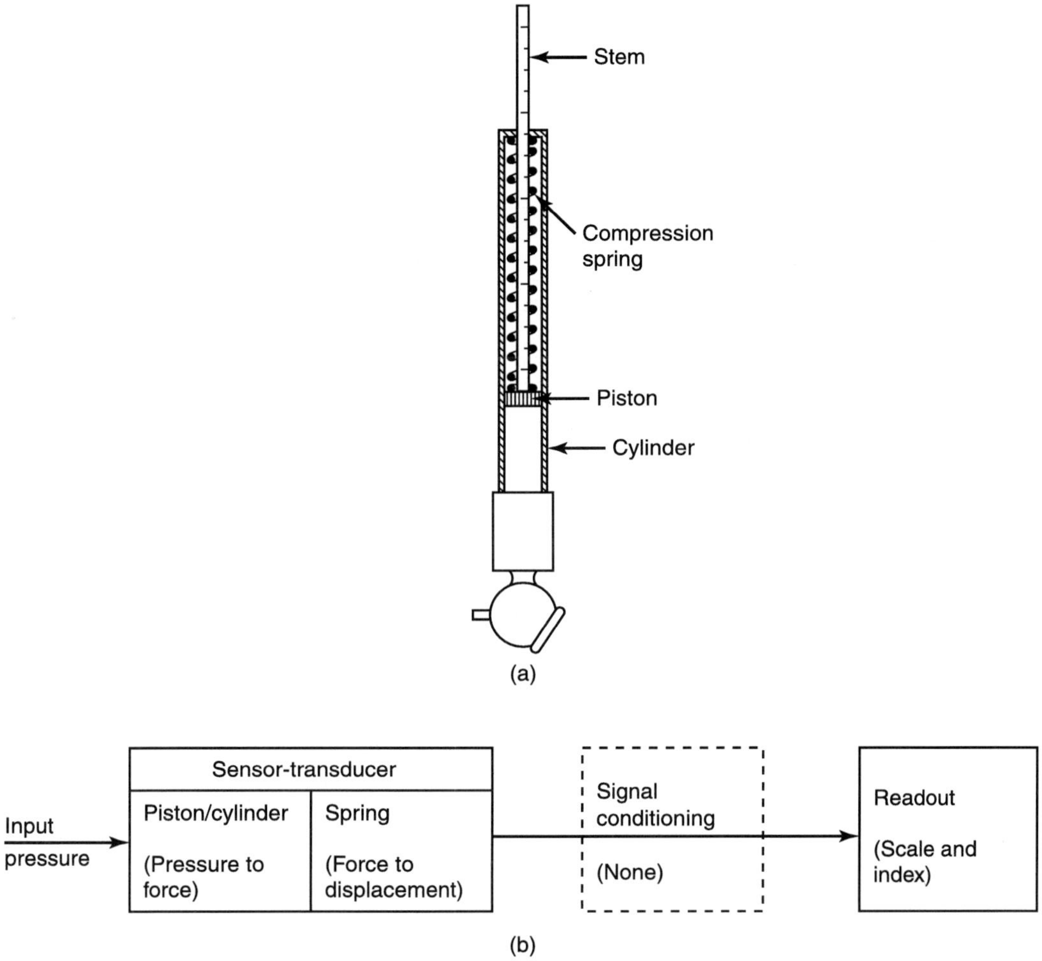

그림 1.3 (a) 자동차타이어의 압력 측정용 게이지 (b) 타이어게이지 기능의 블록다이어그램. 이 예제에서 스프링은 2차 변환기로 사용된다(6.3절 참조).

한다. 2차 변환기(6.3절 참조)로서 스프링은 힘을 변위로 변환시킨다. 최종적으로 변환된 입력은 신호-조정 없이 판독을 위한 눈금 분할판으로 전환된다(그림 1.3(b) 참조).

더 복잡한 계의 예로 그림 1.4에서처럼 속도를 측정한다고 하자. 1단계(*first stage*) 장치인 가속도계(accelerometer)는 가속도에 상응하는 전압을 제공한다.[3] 전압 증폭기(voltage amplifier)는 2단계(*second stage*) 장치로 원하지 않는 고주파수의 잡음 성분을 선택적으로 감소시키는 필터(filter)를 포함할 수 있다. 또 2단계에서는 가속도-시간 관계

3) 비록 가속도계가 그 자체로 단계별 특정 해석에 민감하더라도 우리는 이 예에서는 그러한 해석을 하지 않는 것으로 한다.

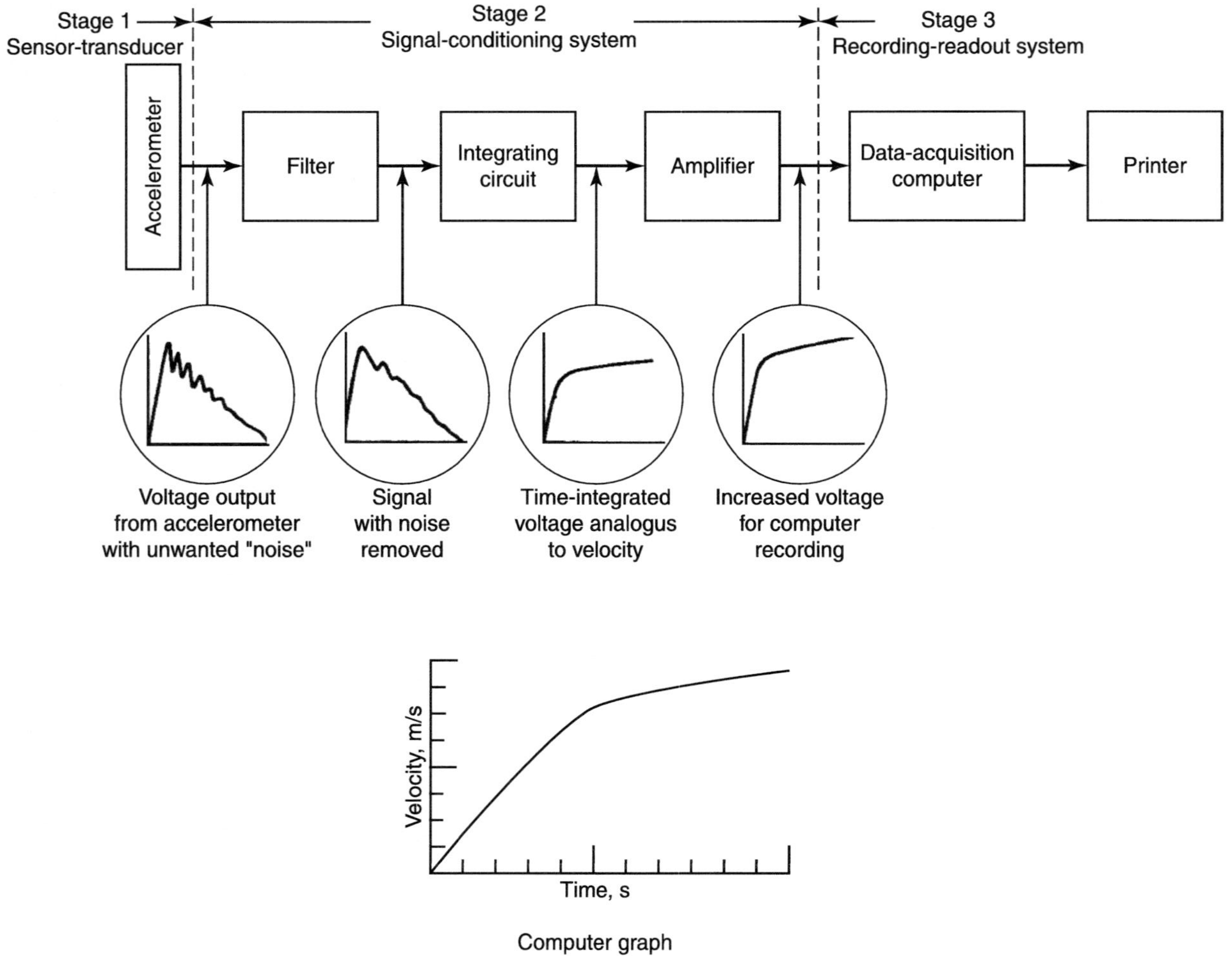

그림 1.4 상대적으로 복잡한 계측계의 블록 다이어그램

로부터 속도-시간 관계를 얻을 수 있도록 아날로그 신호를 시간에 대해 적분하기도 한다. 최종적으로 신호 전압은 아마도 자료획득컴퓨터(8.8절 참조)와 인쇄기로 구성되어 있을 3단계 기록-판독 단계에 의해 필수적으로 감지될 수 있는 수준만큼 증가될 필요가 있을 것이다. 그러면 최종 기록은 컴퓨터에 의해서 생성된 그래프가 될 것이다. 즉 적절히 교정된 정확한 속도 대 시간 계측이 그 결과여야 한다.

1.5 입력량의 유형

1.5.1 시간 종속성

기계적인 양은 그들의 고유하게 정의된 특성에 부가하여 또한 다음과 같이 분류되는 뚜렷한 시간-진폭 성질을 갖고 있다.

1. 정적-시간에 따라 일정
2. 동적-시간에 따라 변함
  1) 정상 상태의 주기적
  2) 비반복적 또는 과도기적
    ① 단일 펄스 또는 비주기적
    ② 연속 또는 임의적

물론 불변하는 정적 피측정량이 가장 쉽게 계측된다. 만약 계가 계기형 지시기의 형태로 종료된다면 계기의 지침은 결과적으로 한정된 지시값에 도달하는 데 어려움이 없다. 빠르게 변화하는 동적 피측정량의 실제 계측에는 난점들이 있다.

동적 입력의 일반적 두 가지 형태는 정상 상태의 주기적 입력과 과도기적 입력이다. 정상 상태의 주기적 양은 반복되는 시간 사이클마다 일정한 크기를 갖지만 과도기적인 양은 반복되지 않는다. 60 사이클의 선전압은 정상 상태의 주기적 신호의 한 예이다. 많은 기계적 진동은 일정 입력의 가진에너지(exciting energy)와 감쇠(damping)에 의해 소산되는 에너지 사이에 평형이 이루어진 후에 또한 정상 상태의 신호가 된다.

단일 펄스로 된 과도기적 양의 예는 고립된 기계적 충격을 수반하는 가속도-시간 관계를 들 수 있다. 그 크기는 임시적으로 수 msec 내에 완결되며 아마도 관심 있는 부분은 단지 수 sec 내에 존재할 것이다. 극히 높은 변화율이나 파선단(wavefronts)의 존재는 계측계에 가혹한 요구를 야기한다. 이러한 입력의 본질은 제 4장에서 자세하게 논의될 것이며 그러한 입력에 대한 계측계의 응답은 제 5장에서 다룬다.

1.5.2 아날로그 신호와 디지털 신호

관심 대상인 대부분의 피측정량은 어떤 크기의 범위 내에서 시간에 따라 연속적으로 변한다. 예를 들어 자동차의 속도는 정지 상태에서 출발할 때 움직이는 동안 매 순간 어떤 크기를 갖는다. 속도에 응답하는 센서는 자동차의 속도에 있어서 시간 변화에 상응하는 시간 변화 등을 갖는 출력 신호를 발생시킨다. 연속적인 물리과정과 **유사하기**(*analogous*) 때문에 그러한 신호를 **아날로그**(*analog*)라 한다. 아날로그 신호는 시간에 따라 매 순간 하나의 값을 가지며 보통 그 크기는 연속적으로 변한다.

그러나 어떤 양들은 고전압과 저전압 등과 같이 두 다른 크기 사이에서 계단적으로 변할지도 모른다. 축의 회전은 캠 구동되는 전기 스위치가 캠의 위치에 따라 연결 또는 폐쇄되면서 계수화 될 수 있다. 만약 스위치가 축전지로부터 전류를 조정한다면 전류는 주어진 크기로 흐르거나 흐르지 않을 것이다. 전류 흐름은 단일자릿수에서 1(흐름)과 0(흐르지 않음)으로 표현 가능한 두 값 사이에서 불연속적으로 변한다. 그러한 신호의 크기를 **디지털**(*digital*)이라 부른다.

많은 전기회로는 분리된 기억소자에 저장된 1과 0이란 스트링 자릿수의 집합으로 숫자들을 저장한다. 컴퓨터에서와 같은 디지털 회로들은 아날로그 신호를 기록하는 데 사용하며 그것들은 고정된 숫자의 기억소자들만을 갖고 있기 때문에 시간 내에 불연속점들에서만 그렇게 한다. 아날로그 신호는 시간의 매 순간 어떤 값을 갖는 **디지털 신호**가 된다. 디지털 신호는 어느 단일 특정 순간에 아날로그 신호의 값과 각각 일치하는 불연속 수들의 조합이다. 디지털 신호는 명백하게 표본 시각들을 제외하고는 임의 시각들에서 아날로그 신호값에 대한 아무런 정보도 포함하지 않는다.

기계적인 양-온도, 유체 유량, 압력, 응력 및 변형률-은 통상 아날로그형의 시간에 따른 거동을 한다. 그러나 종종 신호 조정이나 판독을 목적으로 아날로그 신호를 디지털 신호로 변환하면 뚜렷한 장점을 얻는다. 잡음 문제가 줄거나 때로는 함께 제거되며 자료의 전환 등이 더 단순해진다. 컴퓨터는 디지털 양을 조작하여 더욱 쉽게 달성될 수 있는 디지털 정보와 직접적 수치 전개나 기록을 진행시키기 위해 설계되었다. 디지털 기술은 제 8장에서 자세하게 논의하게 된다.

1.6 측정 표준

앞서 기술한 대로 측정은 비교의 과정이다. 그러므로 측정 방법과 무관하게 기본적으로 **표준화된 단위**(*standardized units*)들과의 비교를 반드시 요구한다. 다른 단위계들이 존재하기 때문에 표준들은 정밀하게 정의되어야 하며 한 단위계에서 다른 단위계로의 변환법이 상호 일치되어야만 한다. 제 2장(표준과 계측의 차원 단위)에서는 이러한 주제에 대한 자세한 논의가 있을 것이다.

표준과 각 계측계의 판독눈금 사이의 관계는 **교정**(*calibration*)의 과정을 통하여 확립되어야 한다.

1.7 교정

계측계를 준비하는 어느 시점에서 입력량의 기지 크기는 검출-변환기를 거쳐야 하며 계의 출력 거동이 관찰되어야 한다. 그러한 비교는 출력의 크기가 입력의 크기와 연관되어 정확하게 표현되도록 해 준다. 이러한 **교정** 과정은 계측계의 정확한 출력 눈금을 구축하게 한다.

어떤 장비에 그러한 시험을 수행함으로써 우리는 장비의 눈금을 교정하고 신뢰성 있는 계측 능력을 입증하게 된다. 이러한 의미에서 때때로 계기를 **검증한다**(*proving*)는 말을 한다. 물론 교정이 의미 있으려면 기지 입력 그 자체가 정의된 표준으로부터 유도된 것이어야 한다.

출력이 확실하게 입력과 비례한다면(출력 = 상수 × 입력), 입력과 출력의 동시 관찰은 1회만으로도 비례 상수를 정하는 데 충분할 것이다. 이것을 **단일점 교정**(*single point calibration*)이라 부른다. 그러나 통상적으로 수많은 다른 입력값들이 적용되면 **다점 교정**(*multipoint calibrations*)이 사용된다. 다점 교정은 출력이 단순히 비례하지 않을 때 사용하며 일반적으로 교정의 정확도를 개선한다.

만일 계측계가 시간에 따라 변하는 입력을 검출하는 데 사용된다면 이상적으로 교정은 시간 종속 입력 표준을 이용해서 이루어져야 한다. 그러나 그런 **동적** (*dynamic*)교정은 어려울 수 있으며 일정 입력 신호를 사용한 **정적**(*static*) 교정으로 자주 대치된다. 근본적으로 이러한 과정이 최적은 아니며 교정 표준이 모든 특성에 있어 피측정량과 일치할수록 더 좋은 계측 결과를 얻을 수 있다.

때로는 계측계 그 자체나 구성 요소 중의 하나가 기본 입력량의 한 예를 도입하기가 어렵거나 불가능하게 할 수 있다. 접착식 저항형 스트레인 게이지의 가장 중요한 특성 중의 하나는 제조 시 품질 관리를 통한 **점**(点) **교정**(*spot calibration*)이 완성된 게이지 로트(lot)에 적용될 것이라는 사실이다. 결과적으로 변형률 계측계의 간접적인 교정은 제조업체에 의해 공급되는 게이지율(gage factor)을 통해 마련될 것이다. 시험장치 위에 설치된 게이지에 기지의 단위 변형률을 적용하려는 시도 대신에-가끔 분명치 않은 상황이 있을 수 있겠지만-저항 변화가 대치된다. 그러므로 사전에 결정된 게이지율을 통해 계의 변형률 응답을 얻을 수 있을 것이다(12.4절 참조).

1.8 불확도: 결과의 정확도

오차는 **측정된**(*measured*) 결과와 측정되는 양의 **참**(*true*)값과의 차로 정의된다(3.1절 참조). 그러나 우리는 참값을 모른다. 그러므로 오차도 모른다. 우리는 오차를 논의할 수 있고 오차의 크기를 추정할 수 있지만 그 실제 크기는 결코 알 수 없다. 만일 오차의 상한치를 추정한다면 그 값을 **불확도**(*uncertainty*)라 한다. 어떤 가능성의 수준으로 우리는 오차가 불확도보다 크지 않을 것으로 추정한다.

오차의 크기를 추정하기 위해서는 그 원인과 분류에 대한 어느 정도의 이해가 필요하다. 오차는 두 가지 종류가 있다. 즉 **편의**(*bias*) 또는 **계통오차**(*systematic error*)와 **정밀**(*precision*) 또는 **확률오차**(*random error*)로 분류된다.

어떤 파렴치한 푸줏간 주인이 저울판 위에 퍼티 한 조각을 놓는다면 저울은 일정하게 오차를 가질 것이다. 저울은 퍼티의 무게만큼 큰 물건의 무게를 지시할 것이다. 이 **영점치우침**(*zero offset*)은 계통적인 오차의 한 대표적인 예이다.

금속을 주조할 주형을 만들 때는 수축 법칙을 사용한다. 주철은 냉각 시 약 2% 정도 수축이 생기므로 주형은 적절한 백분율 양으로 크게 목형을 준비해서 사용한다. 주형 제작자는 수축 법칙을 사용하여 차원 단위에 그 양만큼 증가시킨다. 주형 제조업체가 수축 법칙을 고려하지 않고 만든 주철자로 통상적인 길이 측정을 하면 결과는 매 단위당 $\frac{1}{50}$ 만큼씩 일정하게 작아질 것이다. 이것은 **눈금오차**(*scale error*)의 한 예이다.

앞의 각각의 예에서, 오차는 일정하고 계통적인 양상을 띤다. 그런 오차는 통계적 해석으로는 해결되지 않는다. 그러나 그것들은 제 3장에서 논의된 방법으로 추정할 수 있다.

저가의 주파수 계수기는 비교표준으로 60 Hz동력선 주파수를 사용할 것이다. 동력선 주파수는 60 Hz 표준에 매우 가깝게 유지한다. 비록 그것이 일정 시간(말하자면 하루)에 걸쳐 천천히 평균값에서 오르락내리락 하더라도 그 평균은 60 Hz에 매우 근접할 것이다. 그러한 표류는 임의적이며 이 동력원으로부터 얻어진 주파수 계수기 판독 결과에서의 순간적인 오차로, **정밀**(*precision*) 또는 **확률오차**(*random error*)라 부른다.

무작위성은 또한 피측정량 자체의 변화로 초래될지도 모른다. 만약 강(steel)의 표본의 표면 경도를 여러 차례 측정한다면 읽은 값의 범위를 얻을 것이다. 한 회의 읽은 값은 평균에서 위아래로 약간씩 변한다. 물론 이 경우 편차의 주된 이유는 시험 시편의 결정학적 구조에 있어서 불균일이다. 그 편차는 임의적일 것이며 피측정량의 변화에 기인한다. 확률오차는 통계적 추정이 가능하며 제 3장에서 좀 더 자세하게 다루게 될 것이다.

1.9 결과 보고

실험장치를 만들 때나 결과를 얻기 위해서는 시간과 노력이 필요하며 통상 어떤 형태의 필기나 보고서 형식을 수반하게 된다. 그러한 기록의 목적이 그 형식을 결정할 것이다. 사실상 어떤 경우에는 몇 가지의 판이 준비될 것이며, 보고서들은 다음과 같이 분류될 수 있다.

1. 실행 요약
2. 실험 노트나 기술 메모
3. 진행 보고서
4. 종합 기술 보고서
5. 기술 논문

실행 요약은 그 일의 주요 특징만을 원하는 감독관에게 직접 전달되는 것이며 무엇이 행해졌는지, 어떤 결론이 내려졌는지를 아주 간략하게 요약한 것이다. 실험 노트는 직접적인 감독자나 실험자 본인과 같이 과제와 전체적으로 친숙한 사람이 읽도록 쓰여 진다. 종합 보고서는 그 주제에 관심을 갖고 있지만 세부적인 일과는 직접 연관되지 않은 사람(예를 들어 큰 회사의 최고 경영자나 후원 단체의 비평위원회 위원)에게 자세한 내용을 전달한다.

진행 보고서는 계속되는 과제의 현재 상황을 묘사하는 몇 가지의 기간 보고서이며 결국 종합 보고서와 연관될 것이다. 통상적으로 기술 논문은 과제의 간략한 요약으로, 그 분량은 회의에서의 시간 할당이나 출판물의 공간에 맞도록 맞춰져야 한다.

몇 가지 인자는 형식이 다르더라도 모두 공통적이다. 각 유형에서 최우선은 **문제를 확실히 하고 과제가 직면한 상황을 명확하게 기술**해야 한다는 것이다. 어떤 존재 이유가 없는 기술 보고서를 자세히 읽는 것만큼 헛된 일은 없다. 어떤 사람이 **어떻게**(*how*) 했는지 그리고 결과를 설명하기 전에 독자가 **왜**(*why*) 그런지 그 안에서 실마리를 빠르게 찾도록 명확하게 해 주는 것은 대단히 중요하다. 명백하게 기술된 목적은 보고서의 가장 중요한 부분으로 고려된다. 완전한 보고는 반드시 단순 언어로 쓰여 져야 한다. Samuel Clemens가 언급한 "불필요한 부사나 형용사를 제외하라"는 법칙이 적당하다.

1.9.1 실험 노트와 기술 메모

실험 노트는 매우 한정된 독자를 위해 쓰여 진다. 실험자를 위한 기억을 상기하는 메모만으로도 가능하나 보통은 일과 연관이 있는 직접적인 감독자에게 정보를 주기 위한 것이다. 어떤 경우는 문제를 기술하는 한 문장이나 두 문장, 실험장치의 블록 다이어그램, 도시된 그림이나 표 형태로 된 자료 등을 포함해 한 페이지로도 충분할 것이다. 자료에 명시되지 않은 어떤 직접적 연관이 있는 관찰도 포함해야 한다. 충분한 정보가 포함되어야만 실험자가 그 상황과 결과들을 향후 1년 또는 5년 후에도 쉽게 재구성할 수 있다. 날짜와 서명은 항상 포함하도록 하며 만일 그 일로부터 중요한 개발 검토의 가능성이 있다면 2차 증인의 서명과 일자를 포함하도록 한다.

1.9.2 종합 보고서

종합 보고서는 연구 과제에 관한 모든 사실과 연계하도록 한다. 이 경우에 연구 과제의 목적을 명확하게 하는 것이 중요하다. 왜냐하면 보고서를 그 일과는 밀접한 관련이 없는 사람이 읽을 수도 있기 때문이다. 종합 보고서는 또한 다른 전문가가 그 계측과 계산을 반복할 수 있도록 충분히 자세히 작성해야 한다.

장비의 세부 설명, 문헌 조사, 표본 계산 등과 원고를 지원하는 부록 등을 같이 분류한, 주 골격을 갖도록 짧고 간결하게 데이터를 표현하는 보고서 형식은 보고서를 적절하게 만들어 주는 데 큰 이점을 갖고 있다. 이러한 원고에 대해 보고서 전반에 걸쳐 자주 그리고 적절하게 참고 문헌이 인용될 수 있지만, 상세하게 추적하는 일은 독자에게 맡긴다. 이러한 기법은 또한 기술 논문을 쓸 계획이라면 논문 작성을 위한 훌륭한 토대가 될 것이다.

1.9.3 기술 논문

기술 논문의 주목적은 저자가 한 일을 알리고 선전하기 위한 것이다. 이러한 이유로 저술의 특별히 중요한 두 부분은 문제기술(*problem statement*)과 결과(*results*)로 되어 있다. 이 두 항목이 잘되어 있다면 그 분야에 흥미 있는 다른 사람들의 관심을 끌게 되고 추가 세부 사항과 논의를 위해 그 사람이 저자에게 직접 연락할 수 있을 것이다.

공간, 단어 수, 도표들에 의한 설명의 제약 및 시간이 아마 기술 논문의 준비에 부딪히는 모든 인자들이다. 문제의 기술과 주요 결과가 적당히 확립되어 있으면 남은 유용한 공간은 과정과 실험장치 등을 요약하는 데 사용할 수 있다.

1.10 맺음말

이 장에서는 기계 계측의 문제들을 전반적으로 살펴보았다. 앞의 1.9절에서 기술한 내용과 부합되도록 단지 수 쪽 내에서라도 가능하면 완전히 문제를 기술하려 노력했다. 이 책의 나머지 부분에서는 이 장에서 소개된 주제들을 확장할 것이다. 그림 1.5는 이 주제들의 상호 관계와 책의 구성을 보여주고 있다.

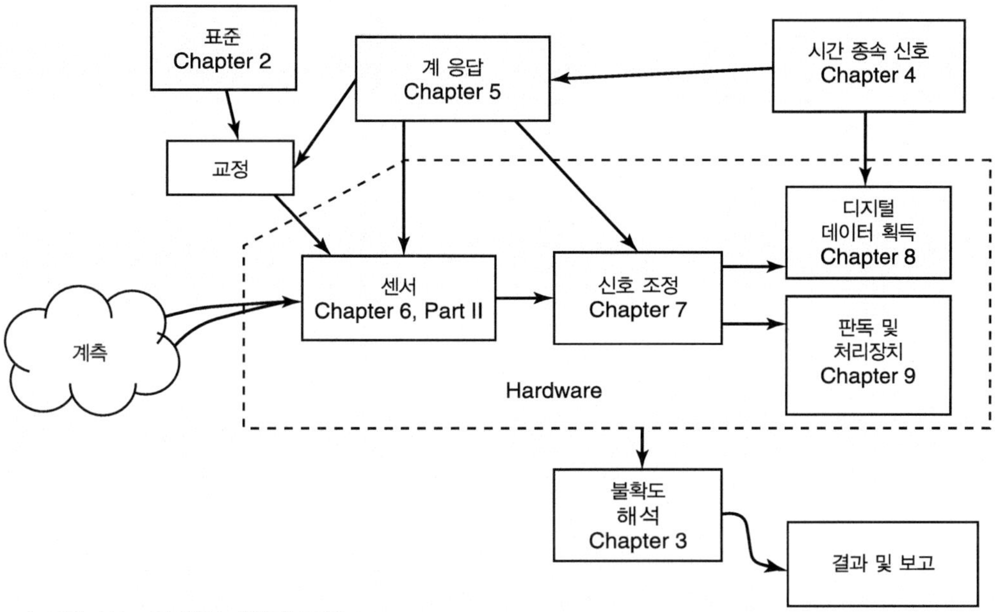

그림 1.5 이 책의 개념적 구성

연습문제

1.1. Write an *executive summary* of this chapter.

1.2. Consider a mercury-in-glass thermometer as a temperature-measuring system. Discuss the various stages of this measuring system in detail.

1.3. For the thermometer of Problem 1.2, specify how practical single point calibration may be obtained.

1.4. Set up test procedures you would use to estimate, with the aid only of your present judgment and experience, the magnitudes of the common quantities listed.

- **(a)** Distance between the centerlines of two holes in a machined part
- **(b)** Weight of two small objects of different densities
- **(c)** Time intervals
- **(d)** Temperature of water
- **(e)** Frequency of pure tones

1.5. Consider the impact frame shown in Figure 1.6. Mass M, which travels along guide rails, is raised to an initial height H and released from rest. Discuss how you would measure the mass velocity just prior to impact with the test item in order to account for friction between mass M and the guide rails.

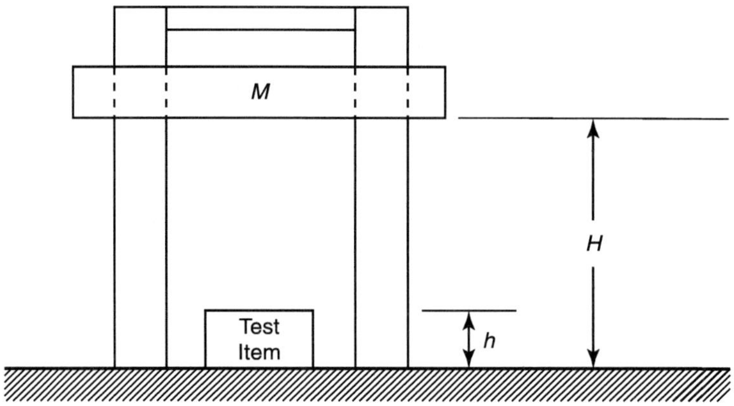

그림 1.6 Impact test frame for Problem 1.5.

Chapter

02 계측 표준과 차원단위

2.1 서론

계측의 기본에 대해서는 1.3절에서 개략적으로 설명되었다. 그것은 피측정량과 적절한 표준(*standard*)과의 비교이다. 이 장에서는 표준의 설정과 이용에 대해서 좀더 면밀하게 살펴보도록 하겠다.

차원(*dimension*)이라는 말은 어떤 측정물을 규정하는 특성을 의미하며, 차원의 단위(*dimension unit*)는 그 측정물의 정량화를 위한 기본이다. 예를 들면 길이(*length*)는 차원이고 센티미터(*centimeter*)는 길이의 단위이다. 시간(*time*)은 차원이고 초(*second*)는 시간의 단위이다. 차원은 유일하다. 그러나 각 차원은 예를 들어 길이는 피트, 미터, 인치, 마일처럼 여러 단위로 측정된다. 단위계(systems of unit)는 설정되어야 한다. 또 여러 가지 단위계가 있으므로 한 계에서 다른 계로의 변환(conversion)에 필요한 변환상수에 대한 동의가 있어야 한다.

일반적인 의미의 표준은 여러 곳에서 사용되고 있다. 즉 식료품의 가공, 마케팅, 전문적인 활동 등을 통제하는 표준들이 존재한다. 이 많은 표준들이 여러가지 법에 의해 설립되고 통제된다. 그러므로 우리는 혼란스러움을 피하기 위해 기초가 되는 표준들을 국내법뿐 아니라 국제법으로 유지시켜 주는 것이 특히 중요하다. 표준에 대하여 설명하기 앞서 우리는 그러한 법적 권한에 대한 배경을 고찰하고자 한다.

다음 절에서 이러한 측정의 표준들과 단위계 그리고 기계적 측정에 기초가 되는 변환의 문제에 대해서 논의하여 보도록 하자.

2.2 미국내 측정 표준의 역사적 배경

미국의 측정 기준을 통제하는 법적 권한은 미국 헌법에 규정되어 있다. 미국 헌법의 Paragraph 5, Section 8, Article 1을 인용하면 "의회는 중량과 치수의 기준을 확립할 … 권한을 갖는다"라고 되어 있다. 비록 의회가 관할권을 갖게 되었지만 이에 대한 일이 이루어지기까지는 상당한 시간이 걸렸다. 1832년에 재무부는 관세부과의 편의를 위해 질량과 치수에 대한 통일된 안을 제출했으며, 1836년에 이러한 표준은 의회의 승인을 얻었다[1]. 1866년 개정된 미국 헌법 3569절에는 "미터계의 중량과 치수를 채택하는 것이 미국내에서 합법적인 것이다"는 조항을 추가했다. 이는 단순히 미터계가 쓰일 수 있다는 것을 명료하게 할 뿐이다. 추가로 이 법은 환산에 대한 다음 관계를 확립하였다.

$$1 \text{ meter(m)} = 39.37 \text{ inches(in.) (exactly)}.$$

1875년 파리에서 열린 국제 회의에서 프랑스 주재 미국대사는 의정서에 동의하는 서명을 하였다. 다음은 거기에서 인용한 것이다. "고위 협약단체들은 공동 비용으로 과학적이며, 영구적인 중량과 치수에 대한 국제 사무소를 설치하고 유지할 것을 약속하며, 장소는 파리가 될 것이다"[2, 3]. 이에 따라 표준에 대한 국제 사무소를 파리 교외의 Serves에 설립했으나, 물론 이것이 미국으로 하여금 이 표준을 채택하고 사용하도록 구속하지는 못했다.

1893년 4월 5일, 해안 및 측량국(Coast and Geodetic) 국장 Mendenhall은 의회의 결정 없이 다음과 같은 발표를 했다[2,4].

> 재무부 장관의 승인 아래 중량 및 치수 사무소는 앞으로 국제규격 미터와 킬로그램을 기본 표준(*fundamental standard*)으로 취급하여, 야드(yard)와 파운드(pound) 등 재래의 단위는 1866년 7월 28일 법령에 기초를 둔 것이다.

Mendenhall 규정은 매우 중요한 결정으로 판명이었다. 첫째 길이와 질량에 대한 다른 모든 단위의 기초가 되어야 할 기본 단위로 미터와 킬로그램을 인정하였다는 것이다. 둘째로 미터계와 영국계(English system) 사이의 중량과 치수에 있어서의 관계를 규정지었으며, 그렇게 함으로써 확실한 기준에서 국제적인 교환을 가능하게 하였다.

과학과 산업계의 요구와 영국과 독일[1)]에서의 유사단체 설립에 크게 영향을 받아 미의회는 1901년 3월 3일 "표준 중량과 치수에 관한 사무소를 앞으로 국립표준 사무국으로 부른다"는 법령을 통과시켰다[5]. 새로운 사무국의 기능은 확대되었고, 기능은 표준의 설정 및 이에 대한 기초연구, 그리고 표준과 측정 장치의 교정 등이었다. 국립표준국(NBS)은 1910년 7월 정식으로 발족되었으며, 그 기능은 1950년에 통과된 수정안으로 더욱 확대되었다. 1988년, 의회는 사무국의 이름을 "국립표준기술연구원(The National Institute of Standards and Technology)"으로 변경하였다[6].

상업 표준은 주로 주법에 의해 통제되었고 통일성을 유지하기 위해 정기적인 회의(중량과 수치에 대한 국가 회의)가 NIST와 주 정부 각료들에 의해 열렸다. 근본적으로 중량과 치수에 대한 모든 주의 표준은 회의의 표준과 규칙에 일치한다. 국제적통일성은 정기적으로 계획된(약 6년 간격으로 열린) 회합으로 유지되었고, 이 회합은 **중량과 치수에 대한 총회**(*General Conference on Weights and Measures*)라고 불렸으며 세계 대부분 공업국가의 대표들이 참석했다. 추가로 총회에서 추후에 결정될 특정 문제의 해결책을 마련하기 위하여 여러 번의 임시 회의가 개최된다.

2.3 SI(국제 표준) 단위계

2.3.1 국제표준단위의 제정

국제 단위계나 SI단위계는 프랑스 혁명 당시 소개된 십진미터법에서 유래되었다. 다음 2세기 동안 측정에 대한 미터법은 지속적으로 발전해 왔으며 기계적 전기적 범위를 포함해 왔다. 1960년에 중량과 치수에 대한 11차 총회에서 길이, 질량, 시간, 전류, 열역학적 온도, 광도로 구성된 SI단위계를 설립했다. 중량과 치수에 대한 11차 총회(1971)에서 물질의 양에 대한 단위로서 몰(mole)을 추가하여 오늘날 사용되는 7개 단위계를 완성하였다[7].

SI 단위계의 7개의 기본 단위가 표 2.1에 나타나 있다. 몇몇 **유도 단위**는 특별한 이름이 주어졌고 나머지는 그렇지 않다. 예를 들어 힘의 단위인 **뉴턴**은 kilogram, meter로부터 다음을 얻을 수 있다.

$$1 \text{ newton} = 1 \text{ kg/m} \cdot \text{s}^2$$

상대적으로 면적은 단순히 미터의 제곱(m^2)으로 구할 수 있다. 일과 에너지는 **줄**(*Joule*)로 표현되어 진다. **헤르츠**라는 용어는 주파수(s^{-1})에 사용되고 **파스칼**은 압력(N/m^2)에 사용된다. 특별한 이름이 있는 유도 단위들이 표 2.2에 나타나 있고 특별한 이름이 없이 선

---

1) The National Physical Laboratory, Teddington, Middlesex and Physikalisch-Technische Reichsanstalt, Braunschweig.

표 2.1 SI 단위계의 기본 단위

구분	단위	
	명	기호
길이	meter	m
질량	kilogram	kg
시간	second	s
전류	ampere	A
온도	kelvin	K
물질량	mole	mol
조도	candela	cd

표 2.2 특별한 이름과 부호를 가지는 SI 유도 단위

구분	단위	기호	그 외 단위
평면각	radian	rad	$m \cdot m^{-1}$
입체각	steradian	sr	$m^2 \cdot m^{-2}$
주파수	hertz	Hz	s^{-1}
힘	newton	N	$kg \cdot m/s^2$
압력, 응력	pascal	Pa	N/m^2
에너지	joule	J	$N \cdot m$
동력	watt	W	J/s
전하	coulomb	C	$A \cdot s$
전위차	volt	V	W/A
전기용량	farad	F	C/V
전기저항	ohm	Ω	V/A
자속	weber	Wb	$V \cdot s$
자속밀도	tesla	T	Wb/m^2
인덕턴스	henry	H	Wb/A

택된 유도 단위들은 표 2.3에 나타나 있다. 적당한 이름에서 유래된 지정된 단어들은 대문자가 아님에 반하여, 관련 약어들은 대문자로 표기됨을 유의해야 한다.

모든 다양한 유도 단위는 기본 단위의 항으로 표현될 수 있음이 명백하다. 어떤 예로서 주어진 방정식에 대해 단위평형이 시도될 때 모든 변수를 기본 단위로 변환하는 것이 필수적이며 바람직하다.

매우 크거나 작은 표기를 하기 위해 몇 개의 곱셈 인자가 주어진다. 예를 들어 2,500,000 Hz는 2.5 MHz로 나타낼 수 있고, 또 0.000 000 000 005 패럿은 5 pF로 나타낼 수 있다. 단지 하나의 전위표기가 주어진 치수로 사용되어야 한다. 따라서 2.5 MHz 자리에 2.5 kkHz를 쓰는 것은 틀린 것이다.

표 2.3 SI 유도 단위

Derived Quantity	Symbol
면적	m^2
가속도	m/s^2
각가속도	rad/s^2
각속도	rad/s
밀도	kg/m^3
동점도	Pa · s
열유속	W/m^2
침의 모멘트	N · m
비열 용량	J/kg · K
속도	m/s
부피	m^3

표 2.4 곱셈 인자

배수	접두어	기호	배수	접두어	기호
10^1	deka	da	10^{-1}	deci	d
10^2	hecto	h	10^{-2}	centi	c
10^3	kilo	k	10^{-3}	milli	m
10^6	mega	M	10^{-6}	micro	μ
10^9	giga	G	10^{-9}	nano	n
10^{12}	tera	T	10^{-12}	pico	p
10^{15}	peta	P	10^{-15}	femto	f
10^{18}	exa	E	10^{-18}	atto	a
10^{21}	zetta	Z	10^{-21}	zepto	z
10^{24}	yotta	Y	10^{-24}	yocto	y

다음 절에서 길이, 질량, 시간 그리고 전류의 SI 표준에 대하여 더 자세히 논의한다. 광도와 물질의 양에 대한 표준은 참고문헌에 기술되어 있다[7].

2.3.2 미국내 미터법 변환

1965년 5월 미국은 미터계를 채택할 의사를 발표했다. 1968년에 공법(Public Law) 90-472가 통과됨에 따라 1971년 8월까지 "미국 미터계 연구(U.S. Metric Study)"라는 보고서를 작성하도록 장관에게 위임하였다. 10년 전환 계획의 계속된 논쟁과 연구와 공공 발표 끝에 1975년 12월 23일 94회 의회는 1975년 미터전환법(Metric Conversion Act)이라 불리는 공법 94-168을 승인하였다. 그것의 명기된 목적은 "미국내의 미터계의 사용 증가를 조정하기 위한 국가 정책의 선언 및 미터계로의 자발적 변환을 조정하는 미국 미터

위원회(U.S. Metric Board)를 세우는 것"이라고 명시되어 있다. 특별히 전환이 자발적이라고 되어 있고 전환 완료시기에 대한 한계는 언급되어 있지 않다. 법령에서 미터라는 단어를 사용한 것은 SI단위계를 의미했음을 뚜렷이 해 준다.

1981년 미국 미터위원회는 의회에 미터계로의 효과적인 국가적 변환을 유도하는데 필요한 명백한 의회의 명령이 부족하다고 보고했다. 1982 회계연도 후 위원회에 대한 자금 지원은 중단되었다[8].

그 후로 의회는 1988년 무역 및 경쟁법(*Trade and Competitiveness,* 미공법 100-418)을 개정했다[6]. 수정 법률은 미터계가 미국의 무역 및 상업을 위하여 중량과 치수의 더 나은 계(system)라고 밝힌다. 모든 연방기관들은 조달, 연구계약, 그리고 사업 관련 활동에 미터계를 사용하도록 더욱 요구했다. 이러한 요구는 국제 경쟁력에 손해를 끼치는 경우를 제외하고는 1992년 회계연도 말까지 받아들여지게 되었다.

미터계는 미국에서 특히 자동차 산업과 식품 및 음료 산업의 몇 분야에서 진전되었다. 학교도 대부분의 공과 과정이 주로 SI계에 점차 중점을 두게 되었다. 이 책 전체에 걸쳐 우리는 SI계로의 완전한 변환을 희망하여, 영국 단위계[2)]와 SI단위계[3)] 모두를 사용하겠다.

2.4 길이 표준

원래 1미터(meter)는 지구 4분 원(the earth' s quadrant)의 천만 분의 1로 지정되었다. 1889년 중량과 치수에 대한 일차 총회는 미터를 국제 원형 미터(International Prototype Meter)의 길이, 즉 어떤 특정한 조건 아래 플래티늄-이리듐(platinum-iridium) 막대에 정교히 그어진 2개의 선 사이의 거리로서 정의하였다. 그러나 1960년 10월 14일 중량과 치수에 대한 11차 총회는 진공에서 크톤-86(krypton-86) 원자가 $2p_{10}$에서 $5d_5$로 전이함에 따라 방출하는 파장의 1,650,763.73배를 1미터의 새로운 정의로 채택하였다. 미국 국립 표준 사무국은 이 표준치를 채택하였고, 1인치는 크립톤의 빛의 파장의 41,929.398 54배로 하였다.

밝혀진 것과 같이 미터의 정확도는 크립톤 빛의 파장의 정확도와 유사한 수준에서 제한되며 크립톤 빛의 파장은 대략 4/109에서 유일하게 결정될 수 있다. 1960년대와 1970년대 초 동안 레이저를 이용한 주파수와 파장의 측정은 미터의 정확성을 발전시켰다. 즉 빛의 속도 측정시 포함된 불확실성이 미터의 불확실성이다[10,11]. 이러한 제한은 원자와 우주물리 분야에서 심각한 문제로 고려되어, 1983년 10월 20일 중량과 치수에 관한 17차

2) 영국에서 SI단위계를 사용하기로 함으로 영국 단위계는 부적절한 것처럼 나타났다. 그러나 영국 단위계의 사용은 잘 확립되어 있어서 영국에서 계속 사용하고 있다.

3) 참고문헌[9]는 미터계 적용을 위한 훌륭한 지침을 수록하고 있다.

총회에서 미터를 직접 빛의 속도로 다시 정의하였다.

1미터는 진공 속에서 1/299,792,458 초의 간격 동안 빛이 여행한 길이이다.

이 정의는 빛의 속도가 299,792,458 m/s로 **정의**하는 의미심장한 결과를 가지며, 1975년 이래 실험치로 받아들여져 왔다[12].

2.4.1 미터와 인치사이의 환산

1966년 미국 규정은 1 m = 39.37 in로 제정하고 이에 의한 미터와 인치 사이의 관계는 다음과 같다.

$$1 \text{ in.} = 2.540\,005\,08 \text{ cm} \quad (\text{근사적으로})$$

1959에 표준국은 인치의 정의에 대한 국제적 동의를 얻기 위해 이 관계를 약간 조정하였다[13].

$$1 \text{ in.} = 2.54 \text{ cm} \quad (\text{정확히})$$

이 단순화된 관계가 여러 해 동안 근삿값으로 공학자들에 의해 사용 되어왔다. 두 표준치 사이의 차이는 다음과 같다.

$$2.54\,005\,08/2.54 - 1 = 0.000\,002$$

또는 0.0002%로 이것은 1마일당 약 $\frac{1}{8}$ in 이다.

다음 경우를 생각함으로써 차이의 의미에 대한 개념을 더 확실히 할 수 있다. 1959년 미연아 및 측량국의 작업은 39.37 in/m관계와 캔사스(Kansas)에 원점을 둔 좌표계에 기준을 두었다. 39.37 in/m(정확히)의 관계에서 2.54 cm/in(정확히)의 관계로의 변화는 1500마일의 거리에서거의 16 ft 가량의 차이를 나타내게 된다. 만일 이 같은 변화가 일어나면 누구나 쉽게 소유권 분할선에 있어 혼란이 있으리라고 생각할 수 있다. 한편, 이 문제는 미국 측량피트(U.S. survey foot, 12/39.37 m)와 국제피트(international foot, 12×2.54 cm)를 분리해서 정의하여 해결되었다. 측량피트는 아직도 미국 측량 데이터와 미국 법령 마일에 사용된다[14].

2.5 질량 표준

킬로그램은 파리 근교의 중량과 치수에 대한 국제사무소에 보관된 플래튬-이리듐으로 된 국제 원형(다른 유사한 것들을 비교할 수 있는 원본, 모델, 형태 또는 유일한 보기)으로 남아 있다. 다양한 미국 원형 킬로그램 질량은 국제 원형 킬로그램과 비교하여 보정해 왔다. 이것은 매일매일의 상품이나 서비스의 질량이나 무게가 표준범위에 도달할 때까지 표준 질량을 보정하기위해 여러 나라의 표준 기관들이 차례로 사용했다.

이러한 불편함 뿐 아니라 국제 원형에 의한 킬로그램의 한계는 많은 근본적인 문제를 야기했다. 원형은 손상을 입거나 파괴될 수 있다. 원형의 질량은 가스의 혼입과 먼지 때문에 $1/10^8$ 정도에서 변화한다. 그리고 원형의 노후는 잘 알려지 있지는 않지만 아마도 지난 세기 동안 50 μg 정도일 것이다[15].

최근 수년 동안 원형이 없고 적절한 장비를 갖추지 않은 실험실에서 재생산할 수 있는 새로운 질량 표준을 개발하기 위하여 상당한 노력을 해 왔다. 한 가지 접근 방법은 실리콘 크리스탈의 질량과 밀도의 정확한 측정을 통해 아보가드로의 수를 결정하는 것이다. 아보가드로의 수는 질량의 고유 원자수로 킬로그램을 정의하기 때문에 질량의 원자 단위로 사용된다[15, 16]. 조금 더 정확한 방법은 자기장내에서 중력에 반대로 움직이는 전류전송(current-carrying)에 가해진 기계적, 전기적 힘을 비교하기 위하여 가동코일와트저울(moving coil watt balance)을 사용하는 것이다. 이 기법은 기초적인 물리적 양에 의해서 킬로그램을 정의하는 것이다[17,18].

파운드는 1893년에 Mendenhall 규정의 킬로그램에 의해 정의되었다. 1959년에 이 정의가 수정되어 오늘날 사용되는 다음과 같은 관계가 만들어졌다.

$$1 \text{ pound avoirdupois} = 0.453\,592\,37 \text{ kilogram}$$

2.6 시간과 주파수 표준

1956년까지는 1초는 지구자전 평균 주기의 1/86,400으로 정의되었다. 이것은 상대적으로 간단하고 직접적인 정의로 보이지만 문제가 있었다. 즉 지구자전의 점차적인 감속(약 0.001초/세기)[19]과 회전의 불규칙이 문제이다.

따라서 1956년 하나의 개선된 표준치가 승인을 얻었는데, 1초는 1900년도에 지구가 태양을 도는 데 필요한 시간의 1/31,556,925.9747로 정의되었다. 이것은 위치 **천문력 초**(*ephemeris second*)라 불린다. 1초를 실제 정의하기 위해서 천문학적 관찰을 실시해야 한다. 따라서 시간 표준의 정확도는 떨어진다.

1950년대에 원자 연구는 어느 원자 전이(transition)와 관련된 전자기 복사 주파수가 상당한 반복성을 가지고 측정될 수 있다는 관측을 하게 되었다. 한 세슘(cesium) 원자의 초정밀 전이는 2/109의 예측된 정확도를 가진 위치천문력 초와 관련되었다. 1967년 10월 13일 파리에서의 13차 중량과 치수에 대한 총회에서 다음과 같이 정의된 시간의 단위를 국제 단위의 1초로서 공식 채택했다[7].

"1초는 세슘 133원자의 기본 상태(ground state)의 두 초정밀 수준간(hyperfine level)의 전이에 해당되는 발광주기의 9,192,631,770배 시간이다".

보통 원자 시계라 불리는 원자 광속 장치가 전이의 주파수를 발생시키는 데 사용된다 [20]. *'fountain clock'* [21]에서 세슘 원자 가스는 진공 챔버내로 방출되고 여기서 원자들을 볼이나 쿨링내로 밀어넣어서 절대 0℃ 근처의 온도에서 분자의 운동을 둔화시키기 위하여 레이저 빔을 사용한다. 다른 레이저는 극초단파 공동내로 원자를 방출하는데 사용된다. 그러나 볼이 다시 떨어질 때 다른 레이저는 복사에너지의 방출시키는데 사용된다. 이 복사에너지는 요구 주파수를 산출함으로서 검출할 수 있다. 상의 세슘 표준은 $1/10^{15}$의 정확도로 초를 재현한다.

2.7 온도 표준

온도의 기본 단위인 캐빈(K)은 물의 3중점에 대한 열역학적 온도의 1/273.16인 분수로 정의되며, 여기서 삼중점이란 물의 고체, 액체, 기체 상태가 평형을 이루며 존재하는 온도이다. 섭씨온도(degree Celsius)는 관계로 정의된다.

$$t = T - 273.15$$

여기서 t와 T는 각각 섭씨 온도와 캘빈 온도이다.

실제 두 개의 온도척도가 정의되었다. 하나는 **열역학적** 척도이고 다른 하나는 **실용** 온도 척도이다. 후자가 측정에 보다 보편적인 기본이 된다. 열역학적 눈금은 엔트로피와 열기관의 특성에 관련하여 정의된다[22]. 이것은 정확히 알려진 상태 방정식을 가지는 매체를 사용한 특성화된 온도계를 사용하여 수행될 수 있다(예를 들면 체적 상수, 이상 기체 온도계). 이런 온도계는 정확도가 요구되는 곳에서는 어렵고 시간도 많이 소비되기 때문에 관련된 눈금을 좀 더 실제화 할 필요가 있다[7]. 그러므로 열역학적 온도척도는 소위 실제 눈금에 이용하여 일반적으로 근사화된다.

실제 눈금은 전기저항과 같이 온도에 따라 변하는 물리적 특성에 의하여 나타내며, 그것은 물질의 특수한 상태에서 설정된 온도 사이를 보간하는 데 이용된다. 고정점에서 실제 온도눈금과 이점 사이를 고간하는 공식을 사용하여 다른 온도 측정 장비를 교정할 수 있다.

이 고정점은 물질의 특정한 열역학적 상태에 해당된 온도이고 잘 재현될 수 있다. 섭씨 0도는 평균 대기압에서 순수한 얼음과 포화된 순수한 물 사이의 평형 상태의 온도이다. 그러나 주위 압력과 오염에 상관없는 더 정밀한 기준은 물의 삼중점에서의 온도이며, 이것은 물의 고체, 액체, 수증기 상태가 평형을 이루며 공존하는 온도이다. 0.0100가 이 온도를 나타내는 값이다. 단순한 장치가 이 고정 온도점을 재현하는 데 사용될 수 있다[23].

1927년에는 미국, 영국, 독일의 국립연구소는 **"국제온도척도(*ITS-27*)"**로 알려진 온도 표준을 제안했다. 31개국에 의해 채택된 이 표준은 1854년 Kelvin경에 의해 제안된 열역학적 온도계에 가능한 한 근사하다는 점이 확인되었다. 이것은 물의 빙점과 비등점을 포함한 어떤 물질의 물리적 성질에 의존하는 6개의 고정온도에 기준을 두고 있다. 이후의 여러 회담에서 특히 1948년, 1968년과 1990년에서 많이 수정이 되었다. 현재는 중량과 치수에 관한 국제 위원회가 채택하고 18차 총회에서 승인된 1990 국제온도척도(ITS-90)가 쓰이고 있다[24].

표준은 다수의 다른 고정점을 정의하며 그중 일부가 그림 2.1과 표 2.5에 나타나 있다. 이러한 고정점 사이에 사용되는 정교한 보간방정식이 다양한 보간표준들과 함께 사용될 때의 내용이 ITS-90에 서술되어 있다. 표준은 0.65 K에서 5.0 K까지에 대해서는 헬륨의 증기압의 측정과 헬륨의 증기압/온도의 관계를 나타내는 상관 방정식에 기초한다(16.3절). 3.0 K에서 24.5561 K(네온의 삼중점)까지에 대해서는 정적 헬륨가스 온도계가 이용

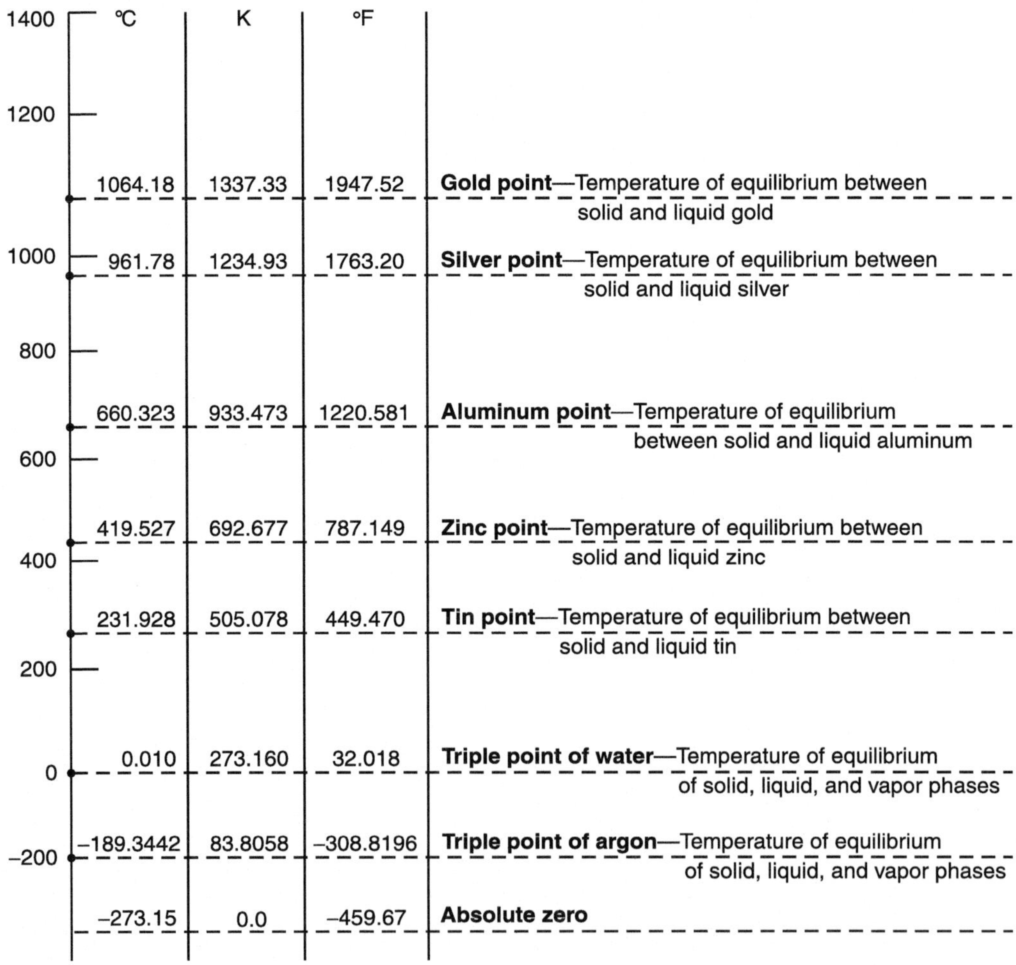

그림 2.1 ITS-90에 의하여 확립된 몇 가지 고정점 온도

표 2.5 ITS-90에 정의된 고정점 온도

평형상태	적용상태	
	K	**°C**
헬륨의 증기압*	3 to 5	−270.15 to −268.15
수소의 삼중점†	13.8033	−259.3467
수소의 증기압	≈ 17	≈ −256.15
수소의 증기압	≈ 20.3	≈ −252.85
네온의 삼중압	24.5561	−248.5939
산소의 삼중압	54.3584	−218.7916
아르곤의 삼중점	83.8058	−189.3442
수온의 삼중점	234.3156	−38.8344
물의 삼중점	273.16	0.01
갈륨의 용융점‡	302.9146	29.7646
인듐의 응고점‡	429.7485	156.5985
주석의 응고점	505.078	231.928
아연의 응고점	692.677	419.527
알루미늄의 응고점	933.473	660.323
은의 응고점	1234.93	961.78
금의 응고점	1337.33	1064.18
구리의 응고점	1357.77	1084.62

* 이상기체상태 방정식에 측정한 증기압을 대입하여 온도를 계산함
† 고체, 액체 및 기체 사이에서의 평형
‡ 용융점 및 응고점 온도는 표준 대기압(101, 325 N/m^2)에 대응하는 온도이다.

된다(16.3절). 수소의 삼중점(13.8033 K)으로부터 은의 표준 빙점(1234.93 K)까지의 넓은 범위에 대해서 표준은 플래튬 저항 온도계에 의하여 정의된다(16.4.1절). 온도의 함수로서 저항을 표현하는 복잡한 방정식이 각각 여러 개의 낮은 온도 범위에 대해 교정 절차에 따라 기술되어 있다. 교정을 위해 플래튬 센서의 저항은 주어진 저 범위 안에서의 여러 개의 고정점에서 측정되고 그러한 측정치는 온도 저항 방정식의 미지수를 결정하는 데 이용된다.

마지막으로 은의 융점 이상에 대해서, 온도는 진공 상태에서 흑체공동(blackbody cavity)에 의해 방출되는 열에너지를 측정함으로써 정의되며 이때 다음과 같은 플랭크의 법칙(광도분포)이 이용된다.

$$\frac{E_\lambda(T)}{E_\lambda(T_{\mathrm{ref}})} = \frac{\exp(C_2/\lambda T_{\mathrm{ref}}) - 1}{\exp(C_2/\lambda T) - 1}$$

여기서 $E_\lambda(T), E_\lambda(T_{ref}) =$ 온도가 각각 T와 T_{ref}에서의 단위 시간당, 단위 면적당, 파장 λ에서의 단위 파장당 흑체에 의해 방출되는 복사 에너지

$T_{ref} =$ 각각 은(1234.93 K), 금(1337.33 K)또는 동(1357.77 K)의 빙점

$C_2 = 0.014388$ m·K.

복사에너지는 주로 광고온계(optical pyrometer)(16.8절)로 측정된다. 이때 미지의 온도는 기준 온도의 근원에서 방출되는 에너지와 미지의 온도에서 방출되는 것을 비교함으로써 계산된다.

국제 온도 척도(International Temperature Scale)는 0.65 K에서 4000 K이상까지의 임의의 온도를 결정하는 방식을 세웠다. 실제 응용에 있어서 표준 고온계(pyrometer), 표준 저항 온도계(resistance thermometer) 또는 표준 가스 온도계(gas thermometer)가 작동 기기의 교정을 위한 2차 표준으로 사용된다(16.12절). 교정 절차에서 발생하는 불확실성을 제외하고도 ITS-90에서의 주요한 불확실성은 고정점을 실제화 하는 데서 일어난다. 1σ 수준에서(3.5~3.6절) 고정점 온도의 불확실성은 갤륨(gallium)의 융점까지의 온도에 대해 ±0.5~1.5 mK이며, 구리의 빙점까지는 ±60 mK까지 증가한다[25].

영국 공학 단위계의 온도 단위는 캘빈이라는 용어로 정의된다. 절대온도는 캘빈 온도에 1.8을 곱한 랜킨온도 단위(°R)를 사용한다.

$$T(^\circ\mathrm{R}) = 1.8 \times T(\mathrm{K})$$

화씨 온도는 랜킨 온도에서 459.67을 뺀 값으로 정의한다.

$$T(^\circ\mathrm{F}) = T(^\circ\mathrm{R}) - 459.67$$

2.8 전기적 표준

SI단위계에서 모든 전기 단위는 암페어(ampere)의 정의에서 유래된다. 1암페어는 전류가 흐르는 가는 병렬 도선의 쌍이 1 m 떨어져 있을 때, 2×10^{-7} N/m의 자기력을 산출하는 전류이다. 한 쌍의 전도체에서 힘은 **전류 균형**(*current balance*)을 이용하여 직접적으로 측정될 수 있다[26]. 그때 전류는 전자기 이론으로부터 계산할 수 있다.

열역학적 온도 척도로부터 온도를 측정하는 것과 마찬가지로 SI계로부터 암페어를 측정하는 것은 어려운 일이다. 또한 SI계로부터 전압과 오옴을 구하는 것도 어렵다. 따라서 실제적 표준은 일반적으로 전압과 오옴을 구하기 위하여 적절한 SI계를 사용한다.

관습적으로 전압의 실제적인 구현은 **표준 전지**이다. 국립 표준연구소는 이러한 전지를 그들의 전압 표준으로 유지하고 있다. 그러나 1962년 발견된 초전도 조지프슨 접합 효과가 1970년대 초에 표준 전지를 바꾸어 놓았다. 조지프슨 접합은 $4/10^{10}$정도의 반복하는

전압을 발생시킨다. 반면에 표준 전지의 전압은 더 큰 크기를 나타낸다[27,28]. 조지프슨 접합 전압의 최고의 정확도는 주로 시간 표준의 정확도에 의해 제한된다.

오옴에 대한 관습적인 실제 규격은 **표준 저항기**이다. 표준 저항기는 주로 그것의 온도 평형을 위해 오일 속에 잠겨 있는 특수합금 도선이다. 이 표준저항기는 $1/10^7$ 정도의 정확도를 가진다. 조지프슨 접합 효과와 유사한 양자 홀 효과(quantum Hall effect)는 1980년에 발견되었으며, 대체 양자 기계 표준을 제공한다. 양자 홀 저항은 저항이 $2/10^9$의 분해능으로 기본적 물리 상수로부터 직접 결정되도록 한다[28].

중량 치수에 관한 18차 총회는 1990년 이후로 조지프슨 접합과 양자 홀 효과가 전압과 오옴에 대한 실제적인 규격이 될 것이라 발표했다. 또한 총회는 이러한 장치를 사용하는 어떤 실험실이든 같은 전압과 오옴값을 획득할 수 있도록 하기 위하여 조지프슨 접합과 양자 홀 효과로 특성화된 물리적 상수를 실제적 표준으로 규격화하였다. 전압과 오옴의 결과값은 $1/10^7$정도 내에서 SI계에 부합한다[7].

2.9 단위계 사이의 변환

수 세기에 걸쳐 여러 가지 단위계가 사용되어 왔다. 표 2.6에는 다섯 가지 단위계를 보여주고 있다. 그것이 통용되기 위해서 각 단위계는 우주의 물리법칙과 조화될 수 있어야 한다. 만약 물리법칙에 적합하다면 하나의 계에서 나타나는 값은 다른 계에서도 똑같이 합당한 값으로 바꿀 수가 있다.

비록 물리학자들이 중력의 성질에 대하여 논의할지라도 실제 공학에서는 뉴턴(Newton)의 운동법칙으로 서술된다. 뉴턴의 두 번째 법칙은 여러 방법에서 표현될 수 있는데 그중 하나는 다음과 같다.

> 외력에 의해 힘을 받은 질점은 힘의 크기에 비례하고 질량에 반비례해서 가속되어질 것이다. 그리고 가속의 방향은 힘의 작용선과 일치한다.

수식적으로는 다음과 같다.

$$F = ma \tag{2.1}$$

여기서 $F =$ 작용하는 힘의 크기
$m =$ 입자의 질량[4)]
$a =$ 결과적인 가속도

4) 이 책에서 기호 "m"과 "w"의 사용에 특별히 주의해야 한다. 기호 "m"은 질량의 크기를 나타내기 위하여 사용되며 단위는 kg 또는 lbm을 갖는다. 기호 "w"는 무게 즉 힘을 나타내며 단위는 lbf 또는 N을 갖는다. 또 기호 "m"은 길이의 단위인 미터를 나타내므로 주의해야 한다. 항상 문맥을 통하여 정확한 의미를 파악한다.

실험으로부터[29], 우리가 알 수 있는 것은 지구 표면 근처에서 질점은 오직 인력에 의해서만 힘을 받고 32.2 ft/s^2(9.81 m/s^2)의 비율로 가속된다는 것이다.[5)] 이 상태에서 작용력은 무게이며, 그것은 사용되는 특별한 단위계에 따라 pounds-force(lbf), dyne 등으로 나타낼 수 있고, 질량의 크기 slug, pounds-mass(lbm), kg 등으로 나타낼 수 있다. 어떠한 단위계가 사용되어도 일관성 있고 적절한 단위의 평형이 이루어져야 한다. 뉴튼의 관성법칙은 이러한 점에서 특히 흥미롭다. 왜냐하면 그것은 힘과 질량 단위 사이에 세심한 구분이 필요하기 때문이다. 미국에서는 힘과 질량을 나타내는 단위로 약어 1b를 오랫동안 습관적으로 사용해 왔다. 확연히 구분할 필요가 있을 경우에는 lbm과 lbf를 사용한다.

이 차이는 공학단위계와 SI단위계가 힘의 단위를 어떻게 다루는지 보여주고 있다. SI단위계(Systeme International d' Unites, or International System of Units)에서는 질량, 길이, 시간을 각각 kilograms, meters, seconds의 단위로 나타내고 있다. 힘의 단위인 newton(N)은 기본 단위로부터 유도된 단위로 1 kg · m/s^{2}과 같다. 상대적으로 공학단위계는 힘이 유도된 단위보다 지정된 단위를 가지기 위하여 힘, 질량, 길이, 시간 각각에 대해서 pound-force, pound-mass, feet, seconds를 사용한다.

지정된 단위를 식 2.1에 적용할 때 대한 질량, 길이, 시간의 단위를 힘의 단위로 변환하는 **차원 상수** g_c를 설명해야 한다. 식 2.1은 다음과 같이 바뀐다.

$$F = ma/g_c \quad \text{or} \quad g_c \equiv ma/F \tag{2.2}$$

만약 우리가 영국 단위계를 선택하고 1 lbf가 1 lbm에 작용한다고 가정하면 결과적으로 32.2 ft/s^{2}의 가속도를 낼 것이라는 것을 알 수 있으며 다음과 같이 나타 낼 수 있다.

$$\begin{aligned} g_c &= (1\ \text{lbm})(32.2\ \text{ft/s}^2)/(1\ \text{lbf}) \\ &= 32.2\ (\text{lbm} \cdot \text{ft/lbf} \cdot \text{s}^2) \end{aligned}$$

SI계에서 힘은 유도된 단위이다. 1 N은 1 kg의 물체에 1 m^2/s의 가속도를 가하는 힘으로 정의하며 다음과 같다.

$$\begin{aligned} g_c &= (1\ \text{kg})(1\ \text{m/s}^2)/(1\ \text{N}) \\ &= 1\ (\text{kg} \cdot \text{m/N} \cdot \text{s}^2) = 1 \end{aligned}$$

결과적으로 SI계에서 g_c는 1이 된다.

같은 방식으로 표 2.6에 있는 다른 단위계는 힘이나 질량에 대한 유도 단위를 사용하며 g_c는 1이 된다. 이런 계를 "consistent"라고 부른다. 예를 들면 기술적 영국 단위계에서 질량의 단위는 1bf의 힘을 1ft/s^{2}으로 가속하는 질량으로 정의하는 슬러그(slug)이다.

5) 표준 중력(중력가속도)은 32.174 ft/s^2 또는 9.80665 m/s^{2}이나 실제 값은 위치에 따라 다른 값을 갖는다.

표 2.6 여러 가지 단위계. 밑줄이 그어진 유도 단위를 갖는 각각의 단위계에 대하여 4개의 차원을 고려해야 한다. 영국 단위계는 4개의 차원 모두가 포함되어 있으며 차원상수는 1이 아니다.

	단 위 계				
량	SI(MKS) (질량, 길이, 시간)	절대 미터계(CGS) (질량, 길이, 시간)	영국단위계(공학) (힘, 질량, 길이, 시간)	영국단위계(절대) (질량, 길이, 시간)	영국단위계(절대) (질량, 길이, 시간)
길이	meter (m)	centimeter (cm)	foot (ft)	foot (ft)	foot (ft)
시간	second (s)	second (s)	second (s)	second (s)	second (s)
질량	kilogram (kg)	gram (g)	pound-mass (lbm)	pound-mass (lbm)	<u>slug</u>
힘	<u>newton (N)</u>	<u>dyne</u>	pound-force (lbf)	<u>poundal</u>	pound-force (lbf)
차원상수	$1 \dfrac{kg \cdot m}{N \cdot s^2}$	$1 \dfrac{g \cdot cm}{dyne \cdot s^2}$	$32.17 \dfrac{lbm \cdot ft}{lbf \cdot s^2}$	$1 \dfrac{lbm \cdot ft}{poundal \cdot s^2}$	$1 \dfrac{slug \cdot ft}{lbf \cdot s^2}$

CGS(centimeter-gram-second system)에서 힘에 대한 유도단위는 다인(dyne)이며 1 g · cm/s^{2}이다. 영국 절대 단위계에서 힘에 대한 유도단위는 파운달(foundal)로 표시하며 11 bm ft/s^{2}으로 나타낸다.

과거에는 공학자들이 영국 단위계를 사용한 반면 물리학자들은 절대단위나 CGS (centi-metergram-second)단위계를 사용하였다. 이 책에서는 SI단위계와 영국 단위계 모두를 사용하고 있다. 그러나 SI단위계를 제외한 모든 단위계는 시대에 뒤떨어진 것으로 여겨진다.

예제 2.1 pound-force와 newton 사이의 변환계수를 결정하라.

풀이: inch를 meter로 환산하고 pound-mass를 kiligram으로 환산하는 것은 2.4와 2.5 절에 주어진다.

$$\begin{aligned} 1\ \text{lbf} &= 32.174\ \text{lbm} \cdot \text{ft/s}^2 \\ &= 32.174(0.453\ 592\ 37\ \text{kg})(12 \times 0.0254\ \text{m})/\text{s}^2 \\ &= 4.4482\ \text{kg} \cdot \text{m/s}^2 \\ &= 4.4482\ \text{N} \end{aligned}$$

더 많은 변환 계수들이 부록 A에 나타나있다.

예제 2.2 밀도ρ, 절대점도 μ인 물이 V의 속도로 직경이 D인 관을 통해 유동한다. 주어진 데이터로부터 (a) 영국 단위계와 (b) SI 단위계를 이용하여 레이놀드 수(Re)를 계산하라. 수치 계산 전에 단위 평형을 검토하라.

15.2절은 참고하면, $\text{Re} = \rho VD/\mu$이며, 그 값은 단위가 없고, 따라서 사용하는 단위계에 독립적임을 알 수 있다. 그래서 우리는 (a)와 (b) 모두에 대해 똑같은 수치를 얻는다.

데이터(부록 A의 변환 인자를 참고):

$$\begin{aligned} D &= 8.00\ \text{in.} = 8/12\ \text{ft} = 0.203\ \text{m} \\ \rho &= 62.3\ \text{lbm/ft}^3 = 998\ \text{kg/m}^3 \quad (\text{부록 D 참고}) \\ V &= 4.00\ \text{ft/s} = 1.22\ \text{m/s} \\ \mu &= 2.02 \times 10^{-5}\ \text{lbf} \cdot \text{s/ft}^2 \\ &= 9.67 \times 10^{-4}\ \text{N} \cdot \text{s/m}^2 \quad (\text{부록 D 참고}) \end{aligned}$$

풀이: **a.** 만약 레이놀드 방정식에서 각각의 기호들에 대한 단위를 대입하면, 다음을 얻는다.

$$(\text{lbm/ft}^3)(\text{ft/s})(\text{ft})(\text{ft}^2/\text{lbf} \cdot \text{s})(1/g_c)$$

또는 g_c에 대한 단위를 대입하면,

$$(\text{lbm}/\text{ft}^3)(\text{ft}/\text{s})(\text{ft})(\text{ft}^2/\text{lbf}\cdot\text{s})(\text{lbf}\cdot\text{s}^2/\text{lbm}\cdot\text{ft})$$

여러 단위가 없어져 레이놀드 수가 무차원인 것을 알 수 있다.
그 크기는,

$$\text{Re} = (62.3)(4.00)(8/12)/(2.02\times10^{-5})(32.2) \approx 255{,}000$$

b. SI단위에 의해 나타나면 다음과 같다.

$$(\text{kg}/\text{m}^3)(\text{m}/\text{s})(\text{m})(\text{m}^2/\text{N}\cdot\text{s})(1/g_c)$$

또는 g_c에 대한 단위를 대입하면,

$$(\text{kg}/\text{m}^3)(\text{m}/\text{s})(\text{m})(\text{m}^2/\text{N}\cdot\text{s})(\text{N}\cdot\text{s}^2/\text{kg}\cdot\text{m})$$

다시 우리는 단위가 없어짐을 알 수 있다. SI단위를 사용하여 크기를 나타내면,

$$\text{Re} = (998)(1.22)(0.203)/(9.67\times10^{-4})(1) \approx 256{,}000$$

주의: 마지막 수에서 정확한 수치적 일치가 안 되는 것은 정확하지 않는 변환과 반올림 변화의 조합에 기인한다(다음 절 참고).

2.10 요약

모든 측정은 정의된 표준에 기초를 두며 표준의 대부분은 국제적 동의나 국내법에 의해 만들어진다. 측정은 표준에 의해 만들어진 크기와 비교하여 미지의 치수를 결정하는 것이다.

1. SI단위계는 7개의 기본 단위(미터, 킬로그램, 초, 암페어, 캘빈, 몰, 칸델라)와 2개의 보조 단위(라디안, 스테라디안), 많은 유도 단위, 그리고 다양한 곱셈인자를 사용한다(2.3절).
2. 길이의 표준은 미터이며 빛이 1/299,792,458초 동안에 여행한 거리로 정의된다(2.4절).
3. 질량의 표준은 킬로그램이며 국제 원형 킬로그램으로 정의된다(2.5절).
4. 시간의 표준은 초이며 세슘 원자로부터 초정밀 천이(hyperfine-transition)때 발광주기의 9,192,631,770배로 정의된다(2.6절).
5. 작동(또는 실제) 온도 표준은 1990 국제온도척도이며, 물체의 특정한 상태의 열역학 온도의 견지에서 정의된다(2.7절).
6. SI 전기 단위는 암페어에서 유도되며, 암페어는 특별한 형태의 전기 회로에 존재하는 기계적 힘으로 정의된다(2.8절).

7. 비록 SI단위가 측정계로 선호되지만 다른 단위계도 여전히 사용된다. 이중 가장 중요한 것은 영국 단위계이다(2.9절). SI단위계에서 영국 단위계로의 변환 인자가 부록 A에 열거되어 있다.

SUGGESTED READINGS

Many of the following publications may be downloaded from Web pages of the National Institute of Standards and Technology.

Butcher, T., L. Crown, R. Suiter, and J. Williams (eds.). General tables of units of measurement, Appendix C of *NIST Handbook 44: Specifications, Tolerances, and Other Technical Requirements for Weighing and Measuring Devices.* Gaithersburg, Md.: National Institute of Standards and Technology, 2005.

Judson, L. V. *Weights and Measures Standards of the United States: A Brief History,* Gaithersburg, Md.: National Bureau of Standards, Special Publication 447, March 1976.

The United States and the Metric System: A Capsule History. Gaithersburg, Md.: Office of Weights and Measures/Metric Program, National Institute of Standards and Technology, Letter Circular 1136, October 1997.

Preston-Thomas, H. The International Temperature Scale of 1990 (ITS-90). *Metrologia*, 27:3–10 and 107, 1990.

Taylor, B. N. *Guide for the Use of the International System of Units (SI).* Gaithersburg, Md.: National Institute of Standards and Technology, Special Publication 811, 1995.

Taylor, B. N. (ed.) *The International System of Units.* Gaithersburg, Md.: National Institute of Standards and Technology, Special Publication 330, 2001.

연습문제

2.1. Determine the speed of light in vacuum in

(a) miles/hour
(b) feet/s

2.2. Convert the following temperatures to equivalent temperatures in K:

(a) 100°C
(b) 100°F
(c) 595°R

2.3. Determine the following temperatures in °R:

(a) Freezing point of tin
(b) Freezing point of aluminum
(c) Freezing point of copper

2.4. Calculate the force (lbf) necessary to accelerate a weight of 0.5 lbf at 5 ft/s^2.

2.5. Determine the force (N) necessary to accelerate a mass of 200 g at 25 cm/s^2. What is the magnitude of this force in units of lbf?

2.6. Prepare a list of the best secondary standards that are available to you at present as calibration sources for

- **(a)** Length
- **(b)** Time
- **(c)** Mass
- **(d)** Temperature
- **(e)** Pressure

2.7. Determine by calculation the relationship for the following conversions:

- **(a)** Pressure in lbf/in.^{2} units to N/m^2 units
- **(b)** Viscosity in lbf · s/ft^2 units to kg/m · s units
- **(c)** Specific heat in kJ/kg · K units to Btu/lbm · °F
- **(d)** Dynamic viscosity in poise (1 dyne · s/cm^2) units to lbm/h · ft
- **(e)** Heat flux in W/cm^2 units to Btu/h · ft^2

2.8. Determine the factor for converting volume flow rate in cm^3/s units to gal/min.

참고문헌

[1] Judson, L. V. *Weights and Measures Standards of the United States: A Brief History,* Gaithersburg, Md.: National Bureau of Standards, Special Publication 447, March 1976.

[2] *Units of Weights and Measure.* Gaithersburg, Md.: National Bureau of Standards, Misc. Publication 214, July 1955.

[3] Terrien, J. Scientific metrology on the international plane and the Bureau International des Poids et Mesures. *Metrologia* 1(2):15, January 1965.

[4] *U.S. Coast and Geodetic Survey*, Bull. 26, April 1893.

[5] Cochrane, R. D. *Measures for Progress, A History of the National Bureau of Standards.* Washington, D.C.: U.S. Dept. of Commerce, 1966, p. 47.

[6] United States Congress, *Omnibus Trade and Competitiveness Act of 1988*, Public Law 100-418, Section 5164.

[7] Taylor, B. N. (ed.) *The International System of Units.* Gaithersburg, Md.: National Institute of Standards and Technology, Special Publication 330, 2001.

[8] *The United States and the Metric System: A Capsule History.* Gaithersburg, Md.: Office of Weights and Measures/Metric Program, National Institute of Standards and Technology, Letter Circular 1136, October 1997.

[9] Taylor, B. N. *Guide for the Use of the International System of Units (SI)*. Gaithersburg, Md.: National Institute of Standards and Technology, Special Publication 811, 1995.

[10] Terrien, J. International agreement on the velocity of light. *Metrologia*, 10:9, 1974.

[11] Svenson, K. M., et al. Speed of light from direct frequency and wavelength measurements of the methane-stabilized laser. *Phys. Rev. Letters*, 29(19):1346–49, 1972.

[12] Documents concerning the new definition of the metre. *Metrologia*, 19:163–177, 1984.

[13] Refinement of values for the yard and the pound, *Federal Register*, Document 59–5442, June 25, 1959.

[14] *Units and Systems of Weights and Measures: Their Origin, Development, and Present Status*. Gaithersburg, Md.: National Bureau of Standards, Letter Circular 1035, November 1985.

[15] Seyfried, P., and P. Becker. The role of N_A in the SI: an atomic path to the kilogram. *Metrologia*, 31:167–172, 1994.

[16] Quinn, T. J. Conclusions of the International Workshop on the Avogadro Constant and the Representation of the Silicon Mole. *Metrologia*, 31:275–276, 1994.

[17] Taylor, B. N. Determining the Avogadro constant from electrical measurements. *Metrologia*, 31:181–194, 1994.

[18] Taylor, B. N., and P. J. Mohr. On the redefinition of the kilogram. *Metrologia*, 36:64–65, 1999.

[19] Clemence, G. M. Time and its measurement. *Am. Scientist*, 40(2):260, April 1952.

[20] Sullivan, D. B., et al. Primary atomic frequency standards at NIST. *J. Res. Natl. Inst. Stand. Technol.*, 106(1):47–63, 2001.

[21] http://tf.nist.gov/cesium/fountain.htm. This National Institute of Standards and Technology Web page provides clear description of the NIST-F1 fountain clock, including animation.

[22] Bejan, A. *Advanced Engineering Thermodynamics*. New York: John Wiley, 1988.

[23] Mangum, B. W., and G. T. Furukawa. *Guidelines for realizing the International Temperature Scale of 1990 (ITS-90)*. Gaithersburg, Md.: National Institute of Standards and Technology, Technical Note 1965, August 1990.

[24] Preston-Thomas, H. The International Temperature Scale of 1990 (ITS-90). *Metrologia*, 27:3–10, 1990 (with corrections in *Metrologia*, 27:107, 1990).

[25] Rusby, R. L., et al. Thermodynamic basis of the ITS-90. *Metrologia*, 28:9–18, 1991.

[26] Driscoll, R. L., and R. D. Cutkoskey. Measurement of current with the National Bureau of Standards current balance. *Natl. Bur. Stand. J. Res.*, 60, April 1958.

[27] Taylor, B. N. New measurements standards for 1990. *Phys. Today*, 23–26, August 1989.

[28] Petley, B. W. Electrical units—the last thirty years. *Metrologia*, 32:495–502, 1994/95.

[29] Cook, A. H. The absolute determination of the acceleration due to gravity. *Metrologia*, 1(3):84, 1965.

Chapter 03 실험 데이터의 평가 및 표현

3.1 서론

"데이터가 얼마나 양호한가?"는 측정 데이터로부터 어떤 결론을 도출해야 하는 실험자에게 부여된 첫 번째 질문이다. 데이터는 새로운 이론이나 존재하는 실상을 풀어내는 기초가 될 수 있다. 그것들은 운행 중에 결코 실패하지 않아야 하는 비행기 날개내에 있는 구조 부재들의 어떤 임계시험이 될 수 있다. 어떤 데이터 집단이 공학이나 과학 적용에 사용되기 전에 반드시 그 품질(quality)이 확립되어야 한다.

그 질문에 대한 대답은 "양호"라는 단어를 붙이는 의미를 곰곰이 생각하게 한다. 첫 번째 유혹은 만약 데이터가 이론 유도 결과와 잘 일치하면 그 데이터를 "양호"라고 부르게 될 것이다. 그러나 이론은 단순히 연구하려는 실제 계의 거동을 모의(模擬)하려는 한 모델이며 물리계를 실제로 잘 표현한다는 보장이 없다. 뉴턴 법칙과 같은 가장 기본적인 이론의 정확도조차, 개발되었던 이론에서 데이터의 정확도와 그 이론과 함께 계산에 사용하는 데이터 및 가정의 정확도 두 가지 모두에 의해 제한된다. 그러므로 측정은 그 품질을 평가하기 위해서는 이론과 비교되지 말아야 한다. 무엇이 정말로 측정된 물리량의 **실제값**(*actual value*)이며 실험해야 하는 데이터에 대한 표준인가 하는 것이다. 그러므로 측정의 **오차**(*error*)는 측정값과 그 양의 참 물리 값과의 차로 정의된다. 따라서 원래 질문을 "데이터의 오차가 얼마인가"라는 말로 대치하면 더 명백해질 수 있다.

그러나 오차의 정의는 편리하지만 하나의 중대한 약점을 갖고 있다. 즉 측정하려는 양의 참값(true value)을 알지 못하면 오차는 정확하게 계산될 수 없지 않은가! 명백히 먼저 그것을 측정하지 않고는 결코 물리량의 참값을 알 수 없다. 그리고 모든 측정에는 약간의 오차가 존재하기 때문에 참값이 어떤 것인지 결코 정확하게 알 수 없다. 그래서 오차도 결코 정확하게 알 수 없다.

그러나 오차의 정의가 순환되는 것은 아니다. 왜냐하면 보통의 측정오차가 어떤 특정값을 초과할 가능성을 평가할 수 있기 때문이다. 예를 들어 한 특정한 유량계로부터의 읽은 값의 95%는 1 L/s 보다 작은 오차를 가질 것이다. 따라서 그 유량계로부터 읽은 값은 95%의 신뢰도를 가지고(20번 중 19번) 1 L/s 이하의 오차를 가진다고 말할 수 있다. 혹은 같은 의미로 신뢰수준 95%에서 1 L/s의 **불확도**(*uncertainty*)를 가진다고 할 수 있다. 1 L/s 이상의 결과에서는 이론적인 결과에서는 부정확한 측정을 보여준다. 즉 1 L/s내에서 그 신뢰 수준의 읽기값을 지원한다.

오차나 불확도는 다수의 측정이 행해졌을 때 통계적 기법으로 평가가 가능하다. 그러나 실험자는 또한 가능한 오차와 그 가능한 크기를 정하기 위해서 어떻게 계측을 수행하며 어떻게 교정할 것인가에 자신의 지식을 집중하여야 한다. 이 장에서는 측정에서 불확도를 평가하는 법과 쉬운 해석법으로 해당되는 실험 데이터 값을 표현하는 법을 기술한다.

3.2 오차의 공통 유형

측정에서 오차는 어떤 양(quantity) x_m의 측정값과 x_{true}와의 차로 정의된다.

$$\text{Error} = \varepsilon \equiv x_m - x_{\text{true}} \tag{3.1}$$

실험을 계획하고(designing) 수행하는(executing) 하나의 주요한 목적은 오차를 최소화(minimize)하는 것이다. 그러나 실험이 완결된 수 어느 정도 수준의 정확도로 ε의 범위를

추정할 것인지에 관심을 기울여야 한다. 이 범위는 대표적 형태로

$$-u \le \varepsilon \le +u \quad (n : 1) \tag{3.2}$$

위와 같이 표기하며, 여기서 u 는 $n : 1$ 승산(odds)의 **불확도**(*uncertainty*)이다. 다른 말로 표현하면, 단지 n회 중 1회만 오차가 u 보다 크다. 이 범위는 다음과 같다.

$$x_m - u \le x_{\text{true}} \le x_m + u \quad (n : 1) \tag{3.3}$$

물론 참값이 더 넓은 범위내에 있을 승산은 더 높고 더 좁은 범위내에 있을 승산은 낮다.

측정 오차를 범위 짓는 첫 단계는 오차의 가능 요인을 확인하는 것이다. 오차의 특정 원인은 실험할 때마다 변할 것이며 비록 일회 실험이라 하더라도 여러 부정확한 원인을 포함할 수 있다. 그러나 이러한 변화에도 불구하고 대부분의 오차는 두 일반 유형, 즉 **편의 오차**(偏倚誤差: *bias error*)와 **정밀 오차**(精密誤差: *precision error*)의 하나로 분류가 가능하다[1].

편의 오차 혹은 **계통 오차**(*systematic error*)라 하는 것은 매 측정시 똑같은 양상으로 나타나는 것들이다. 예를 들어 계기의 눈금이 일정하게 5% 크게 나타난다면 측정된 전체 값들은 5% 만큼 참값보다 크게 편의될 것이다. 달리 표현하면 눈금이 고정된 치우침 오차(offset error)를 가져 x의 모든 읽기의 지시값은 x_{offset} 양만큼 참값보다 크다.

정밀 오차 또는 **확률 오차**(*random error*)라는 것은 평균적으로 0값을 갖지만 각기 연속되는 측정마다 다른 것들이다. 예를 들어 기계적 마찰이나 진동은 참값 주변에서 때로는 높게 때로는 낮게 기계적적 기구의 판독값의 동요를 야기시킬 것이다. 이러한 기계적 정밀도의 부족은 같은 양의 연속적 판독값을 참값 주변에 분포시키면서 약간씩 다르게 한다.

만일 충분한 판독이 된다면 정밀 오차의 분포는 뚜렷하게 될 것이다. 계속적인 판독값들은 일반적으로 중심값 근처에 모일 것이며 중심값 주위의 어떤 제한된 범위내에 걸쳐 있을 것이다. 이러한 상황에서 오차의 있음직한 크기나, 혹은 같은 의미로 참값이 놓여 있음직한 x의 범위를 추정하기 위해 통계적 해석을 사용할 수 있을 것이다.

반대로 편의 오차들은 이러한 오차가 고정되고 분포를 보이지 않기 때문에 통계적 기법을 사용해서 처리될 수 없다. 그러나 편의 오차는 어떻게 계기가 교정되었었는지에 대한 짓기이나 특수한 유형의 계기에 의한 경험으로부터 더 정확한 표준에 대해 계기를 비교하여 평가할 수 있다.

사실상 편의 오차와 정밀 오차는 동시에 나타난다. x의 반복된 측정시 조합된 효과가 그림 3.1(a)와 (b)에 표현되어 있다. 그림 3.1(a)에서는 전형적인 정밀 오차보다 편의 오차가 크며 그림 3.1(b)에서는 반대로 전형적인 정밀 오차가 편의 오차보다 크다 다른 상황에서는 두 오차가 같은 크기일 수 있다. 어느 특정 x_m에서 **전체 오차**(*total error*)는 그 측정에 대한 편의 오차와 정밀 오차의 합이다.

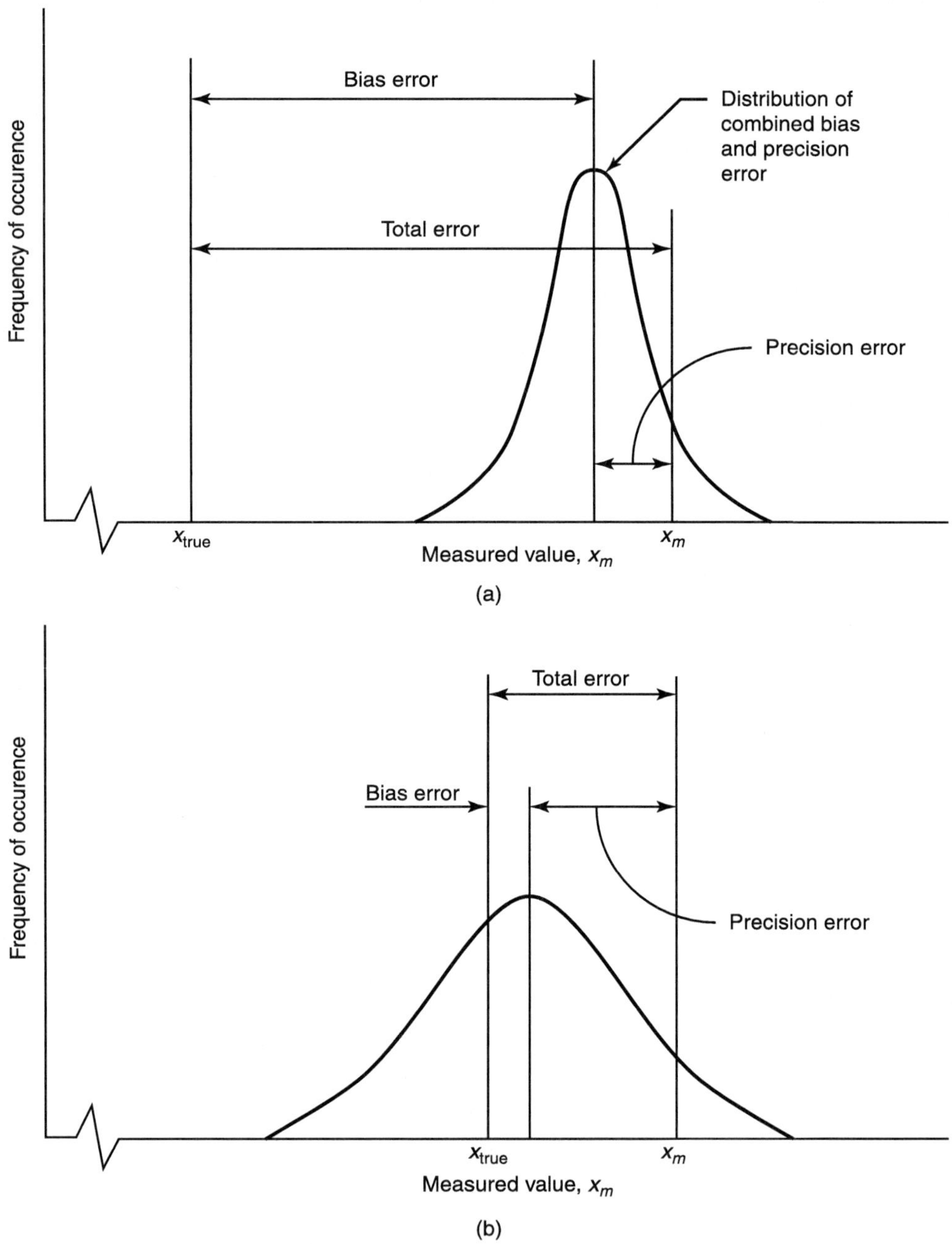

그림 3.1 편의 오차와 정밀 오차: (a) 전형적인 절밀 오차보다 큰 편의 오차; (b) 편의 오차보다 큰 전형적인 정밀 오차

3.2.1 오차의 분류

모든 가능한 오차들을 편의 오차나 정밀 오차로 완전하게 분류하는 것은 편리하겠지만, 그러나 오차의 범주가 중복되거나 때로는 모호하기 때문에 이는 거의 불가능하다. 몇몇 오차들은 한 상황에서 편의 오차로 거동하지만 다른 상황에서는 정밀 오차로 거동한다. 즉 몇몇 오차는 어느 범주에도 적용되지 않는다. 그러나 논의를 목적으로 전형적 오차를 다음과 같이 대략적으로 분류할 수 있을 것이다.

1. 편의 오차(bias errors) 또는 계통 오차(systematic error)
   a) 교정 오차(calibration errors)
   b) 일정하게 재현되는 인위 오차(human errors)
   c) 장비 결함(defective equipment)에서 야기된 오차
   d) 부하 오차(loading errors)
   e) 계의 분해능(resolution) 한계

2. 정밀 오차(precision error) 또는 편의 오차 (random error)
   a) 장비에 대한 교란으로 야기되는 오차
   b) 실험조건이 동요(fluctuation)되어 야기되는 오차
   c) 불충분한 계측계의 감도로부터 기인한 오차

3. 부조리한 오차(illegitimate error)
   a) 실험 중의 큰 실수(blunders)나 착오(mistatkes)
   b) 실험 후의 계산 오차(computational errors)

4. 때로는 편의 오차 때로는 정밀 오차인 오차
   a) 계기 유격(backlash), 마찰(friction) 및 히스테리시스 오차(hysteresis)
   b) 시험시 교정 표류와 시험이나 환경 조건의 변화로부터 생긴 오차
   c) 실험자들 중의 과정이나 정의의 변동으로부터 기인한 오차

가장 일반적인 형의 편의 오차는 교정에서의 오차이다. 이러한 오차는 계기의 눈금이 측정되는 값을 읽는 데 적절하게 조절되지 않았을 때 발생한다. 1.8절에서 언급한 것처럼 전형적인 교정 오차들은 모든 판독치를 일정량 x_{offset} 만큼 치우치게 하는 **영점 치우침 오차**(*zero-offset error*)이거나 입력에 대한 상대적 출력의 기울기 에서의 **눈금 오차**(*scale error*)이며 고정된 백분율로 모든 눈금 읽기에 오차를 유발한다. 그림 3.2는 이러한 유형의 오차를 도시하고 있다.

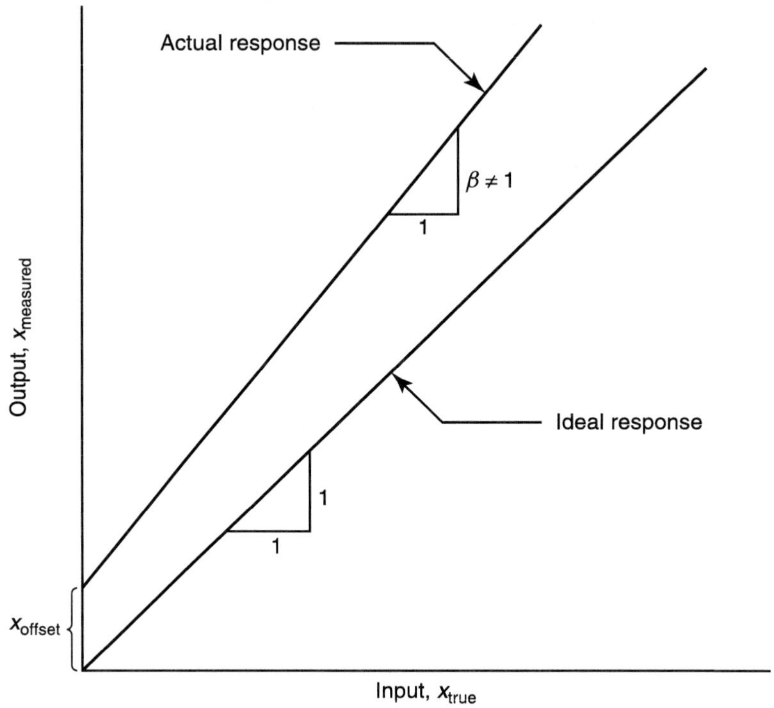

그림 3.2 교정 오차. 이상적 응답 $x_{measured} = x_{true}$의 경우. 실제 응답은 영점 치우침 오차(x_{offset})와 눈금 오차(scale error)를 포함하며 $x_{measured} = \beta x_{true} + x_{offset}(\beta \neq 1)$로 표현됨

교정 과정은 보통 어떤 표준과의 비교를 통해서 계측계의 판독 눈금을 "검증(proving)"해서 이러한 오차를 확인하고 제거하려는 것이다(1.7절 참조). 물론 표준 그 자체도 작은 것이긴 하지만 불확도를 갖고 있다.[1)] 교정과정의 부정확은 모든 계측계에 몇 가지 교정과 연관된 편의오차를 발생하게 된다.

개개의 실험자가 일관성 있게 높게 읽는 경향이 있을 때 또는 동시 판독시 "시작이 잘못된(jump the gun)"때 발생하는 인위 오차는 당연히 계통적이다.

장비 그 자체는 부정확한 설계, 조립 또는 보수로 인해 고정(built-in)오차들을 유발시킬 수 있다. 그러한 오차들은 기계적 혹은 전기적 요소의 결함, 부정확한 눈금매김 등으로부터 야기된다. 이 유형의 오차는 흔히 부호와 크기가 일정하며 그것들의 일관성 때문에 때로는 교정에 의하여 보정될 수 있다. 그러나 입력이 시간에 따라서 변할 때 보정한다는 것은 더욱 복잡하다. 예를 들어 빈약한 주파수 응답에 의하여 야기된 뒤틀림(distortion)

---

1) 주표준이 유일한 경우는 예외이다. 특히 질량 표준(국제원기 킬로그램: International Prototype Kilogram)은 정확하게 1 kg의 질량을 정의로 갖고 있다. 그럼에도 불구하고 실제 적용 감각으로는 불확도가 발생한다. 비록 주표준이 보조적인 장치의 사용을 요구하더라도 그것은 필수적으로 약간의 불확도를 포함한다.

은 통상의 시간에 따라 일정한 신호에 기초한 "정적교정"(static calibration)으로 수정될 수 없다(5.20절 참조). 그러한 주파수 응답오차는 사이즈믹(seismic)운동 검출기와 연관하여 발생되며 17장에서 논의될 것이다.

부하 오차(*loading error*)는 특별히 중요하다. 그것은 시험하는 계에 미치는 측정과정의 영양과 연관된다. **측정 과정은 불가피하게 측정되는 원래 양과 계측계 자체 두 가지 모두의 특성을 변하게 된다. 따라서 측정량은 측정하려는 양과 항상 어느 정도 다르게 될 것이다.** 예를 들어 마이크로폰에 의해 감지되는 음압 수준은 만약 마이크로폰이 놓여져 있지 않을 때 그 위치에 존재하는 음압 수준과는 똑같지 않다 측정 변수에 미치는 측정 계기의 영향을 최소화하는 것은 임의 실험계획시 하나의 주요한 목적이다.

정밀 오차들은 또한 몇 가지 유형이 있다. 실험자는 자기 계기로부터의 연속적 눈금읽기를 평가하면서 읽어서 일관성이 없을지도 모른다. 계장(instrumentation)자체 내에서의 정밀 오차는 온도 변화나 기계진동과 같은 계측계에 대한 외부의 방해로 야기될 수 있다. 계측계는 또 계의 출력에 무작위화를 초래하는 빈약한 제어과정을 포함할 수도 있다.

측정된 실제 양에 있어서 변화는 또한 결과에 정밀 오차로 나타난다. 때로 이 변화들은 일정 속도로 작동되도록 계획된 계측계가 변화하는 속도를 가질 때와 같이 빈약한 실험계획의 결과이다. 때때로 변화는 제조 변화가 한 전구 집단의 작업 수명 분포를 만들어 낼 때와 같이 연구 과정의 고유한 양상이다. 엄격하게 말하면 측정되는 양의 변화는 측정 "오차(error)"는 아니다. 그러나 측정변수내의 변화에 대해 똑같은 통계적 기술을 적용하고 그것들이 마치 오차였던 것처럼 취급하는 것은 가능하다. 특히 측정량들의 평균값을 찾으려면 그 변화는 장비의 정밀 오차와 함께 평균화될 것이며 평균값은 그 장비의 불확도와 함께 계산될 것이다.

불합리한 오차(*illegitimate error*)는 존재하리라 기대하지 못한 오차이다. 이것들은 확실한 실수(주위를 기울이거나 계측의 반복을 통해서 제거 될 수 있는 것)로 숫자를 잘못 쓰는 것, 계기를 켜지 못했거나 자료정리시 계산실수들과 같은 것이다. 때때로 통계 해석은 극단적으로 정밀 오차로부터 발생한 일어날 수 없는 그러한 데이터를 밝혀 낸다.

유격(*backlash*)과 **기계적 마찰**(*mechanical friction*)은 계측내의 중요한 변화의 원인이다. 예를 들어 마찰은 갈바노미터(galvanometer)바늘과 같은 기계적 요소가 원하는 위치에 못 미쳐서, 측정변수가 증가될 때 낮은 판독치, 측정변수가 감소할 때 높은 판독치가 되는 지연(lag)을 야기한다. 그러한 **히스테리시스 오차**(*hysteresis*)가 그림 3.3에 도시되어 있다. 이러한 오차는 어떻게 일련의 계측이 행해졌느냐에 의존하며 편의 오차 또는 정밀 오차로 거동할 수 있다. 계측의 한 수단, 즉 종종 수정시 측정량을 처음에 증가시킨 후 감소시키는 동안 이 오차의 유형이 만들어지며 때때로 이러한 접근을 **대칭법**(*method of symmetry*)이라 부른다.

한 계기 교정의 **표류**(*drift*)는 계기의 응답이 시간에 따라 변하면 발생할 수 있다. 흔히 표류는 온도나 습도의 변동에 대한 계기의 감도로부터 기인한다. 만일 계기가 교정된 시

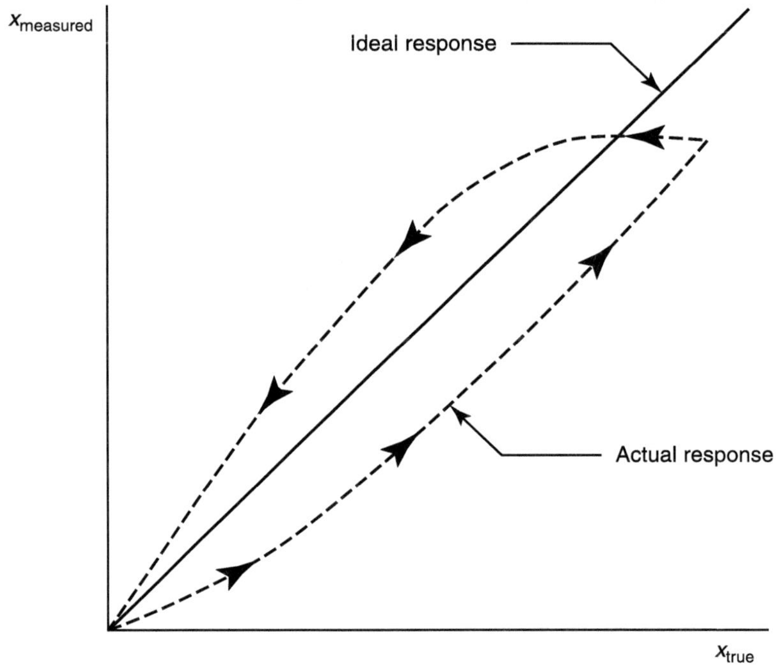

그림 3.3 히스테리시스 오차

간과 사용되는 시간 사이에 환경 조건들의 변화가 발상하면 판독치에 편의오차가 발생할지도 모른다. 역으로 만약 시험시간이 길면 환경 조건들은 시험하는 동안 변할 수 있으며 각각의 연속적 측정에 대한 다른 교정 오차를 야기한다. 이 경우 변동은 정밀 오차를 생기게 한다.

어떤 실험이 다른 장비를 사용하거나 다른 실험자에 의해 반복될 때 연속 실험들의 편의 오차는 무관하다. 만일 충분한 다른 실험들이 수행되면 편의 오차는 효과적으로 **확률화**(*randomized*)되며 모든 실험 집단의 또 다른 정밀오차가 된다. 예를 들어 진공 속의 광속은 여러 실험자들에 의해 측정되어 왔으며 유일 양(unique quantity)이 얼마인지 얻기 위해 각기 다른 기술과 다른 장치를 사용하였다. 각 실험은 그 자신의 편의 오차와 정밀 오차를 포함하지만 그 결과들을 취하면 평균값에 대한 분포를 보이며 통계적으로 평가될 수 있을 것이다(그림 3.4).

대조적으로 정밀 오차의 무작위성은 때때로 그 자체에 대해 일어날 수 있다. 예를 들어 혹성의 지형을 밝히기 위해 인공위성으로부터 사진이 송출되었을 때와 같이 컴퓨터 신호 과정은 아주 큰 소음 신호로부터 요구 정보를 추출할 수 있다. 그러한 경우에 요구 정보의 계통적 본질은 완전히 무작위로 겹쳐 있는 소음으로부터 요구 정보를 분리할 수 있게 한다.

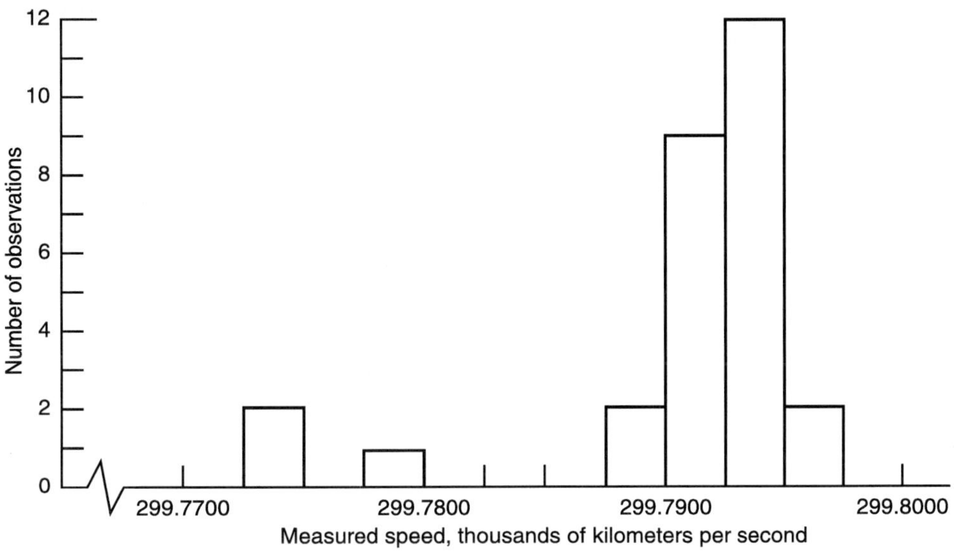

그림 3.4 광속 측정값, 1947~1967(Froome과 Essen의 자료[2])

3.2.2 장비 성능을 평가하는 데 사용되는 용어

다음 용어들은 계기의 판독치들의 특성을 묘사하기 위해 흔히 사용되는 것들이다. 그것들은 그 계기의 예상 오차와 관계된다.

- **정확도**(*accuracy*). 측정값과 참값의 차. 전형적으로 제조자는 정확도로 **최대오차**(*maximum* error)를 명기할 것이다. 제조자들은 종종 이 최대값을 초과하지 않을 확률을 기록하는 것을 무시한다.
- **정밀도**(*precision*). 같은 양을 반복 측정하는 동안 계기의 기록된 값들의 차. 전형적으로 이 값은 반복 측정의 통계 해석에 의해 결정된다.
- **분해능**(*resolution*). 계기의 판독 눈금에서 결정될 수 있을 측정값의 변화의 최소값. 분해능은 흔히 정밀도와 같은 차수(order)이다. 때로는 더 작다.
- **감도**(*sensitivity*). 측정량의 단위 변화당 계기나 변환기의 출력의 변화. 더 민감한 계기의 눈금은 더 작은 측정량의 변화에 대응하여 상당히 변한다. 통상 **고감도**의 계기는 또한 더 미세한 분해능, 좋은 정밀도 및 고정확도를 가질 것이다.

판독 오차(*reading error*)는 계기는 표시 눈금에서 어떤 숫자를 읽을 때 도입되는 오차를 일컫는다. 이 종류의 오차는 때로 표시창의 분해능 내에서 실제값을 한 값으로 절하 또는 반올림하여 야기되는 편의 오차가 될 것이다. 눈금 읽기 오차는 만약 계기가 계측량의 최소 변동량에 대응하지 않는다면 부적당한 계기 민감도에서 생긴 오차를 또한 포함할 것이다. 예를 들어 어떤 디지털 표시는 10.4인 실제값을 10으로 절하한다. 따라서 디지털 표시의 판독 오차는 마지막 자릿수 읽기의 $\pm\frac{1}{2}$ 이다.[2)] 이처럼 10.4를 항상 10으로 감지하는 것은 편의 오차에 해당한다. 여러 다른 값들이 읽힐 때 만약 여러 값들이 서로 특별한 관계를 갖지 않으면 그 오차는 정밀오차가 될 것이다.

갈바노미터의 침(needle)표시에 대해 $\pm\frac{1}{2}$ 또는 최소 미세 눈금의 $\pm\frac{1}{5}$ 등으로 평가하는 것은 가능하다. 앞에서 논의한 것처럼 특정한 실험자에 의존하기 때문에 그러한 오차는 편의 오차 또는 정밀 오차가 될 것이다.

3.3 불확도의 소개

불확도를 평가하고자 할 때 보통은 정밀 오차와 편의 오차, 즉 두 종류의 오차에 관심이 있으며, 두 실험 등급, 즉 **일회 표본 데이터**(*single-sample*)실험이냐 **반복 표본 데이터**(*repeat-sample*)실험이냐에 관심이 있다.

이러한 의미에서 **표본**(*sample*)은 특정량의 개별 측정에 관련된다. 동일 조건하에 한 구조 부재의 변형률을 수차례 측정하는 것은 특정 변형률을 반복적으로 표본추출한 것이다. 그러한 반복적인 표본추출로 예를 들어 변형률측정에서 정밀 오차 분포를 통계적으로 평가할 수 있다. 만약 변형률을 단지 한 번 측정했다면 변형률의 일회 표본 데이터를 대신한 것이고 결과는 정밀 오차의 분포를 밝히지는 못할 것이다. 그 경우는 결과에서 정밀 오차를 평가하는 다른 수단을 강구해야 한다.

이 장의 나머지 많은 부분은 편의 오차와 정밀 오차를 평가하는 방법에 할애되어 있다. 반복된 표본 자료에서 정밀 오차의 통계 해석에 대한 과정은 3.4~3.7절에 표현되어 있다. 편의 불확도는 3.9절에 고려되어 있다. 3.10절은 측정 변수의 불확도가 그 변수로부터 계산된 결과의 불확도에 얼마나 영향을 주는지 표현되어 있다. 불확도 해석의 사례들은 3.11절에 있다.

x의 한 측정에서 개별적 편의 및 정밀오차를 결정한 후 x에 대한 결과의 전체 불확도(total uncertainty)를 얻기 위해 그것들을 조합하여야 한다. 만일 편의 불확도가 B_x 정밀 불확도가 P_x[3)]이면 그 둘은 제곱평균으로 조합되어 전체 불확도 U_x가 얻어진다.

$$U_x = \left(B_x^2 + P_x^2\right)^{1/2} \tag{3.4}$$

이러한 방법으로 두 불확도를 조합하는 것에 대한 정당성은 대개 경험적인 것이다[1]. 그러나 주의할 가정은 B_x 와 P_x가 독립적인 오차 원으로 연관되어서 오차들이 동시에 그

---

2) 판독값의 95%(20개 중에 19개)는 $\pm 0.5(19/20) = \pm 0.475 \approx \pm 0.5$ 이내에서 값과 다를 것이다. 불확도는 19:1의 승산에서 $\pm$ 0.5이다.

3) 정밀 불활도는 3.6절에서 평가된다. 후에 정의되는 용어로 그 값 $P_x = tS_x/\sqrt{n}$ 이고 여기서 t는 t 통계 S_x는 표본 표준편차, n은 표본크기이다.

예제 3.1

고정 인장 하중하의 한 황동봉이 있고 그 봉의 축변형률이 스트레인 게이지에 의해 결정된다. 일정 실험 조건하에 30회의 결과들이 얻어지고 평균변형률(ε)은 520 μ-strain (520 ppm)이다. 측정 분포의 통계해석은 95% 신뢰도로 정밀 불확도 $P_\varepsilon = 21$ μ-strain이다. 19:1의 승산(95% 신뢰도)에서 편의 불확도 $B_\varepsilon = 29$ μ-strain으로 평가된다. 전변형률의 불확도는 얼마인가?

풀이: 95% 적용범위에서 전체 불확도는

$$U_\varepsilon = \left(B_\varepsilon^2 + P_\varepsilon^2\right)^{1/2} = 36\ \mu\text{-strain} \quad (95\%)$$

다른 말로 하면 19:1의 가능성(승산)으로 참변형률이 520 ± 36 μ-strain의 범위내에 있다.

$$484\ \mu\text{-strain} \le \varepsilon \le 556\ \mu\text{-strain}$$

들의 최대값을 갖는다는 것이다. B_x와 P_x가 각기 95%의 신뢰수준으로 추정될 때 U_x 또한 95%의 신뢰수준으로 평가된다. 동일 조건하에 참고문헌[1]은 B_x와 P_x를 단순히 더한 것은 99%의 데이터가 적용되는 불확도를 주게 한다고 밝히고 있다.

3.4 정밀 불확도의 추정

두 가지 개념이 정밀 불확도를 해석하는 데 기본이 된다. 첫째는 오차의 **분포**(*distribution*) 개념이다. 분포는 주어진 크기의 오차가 나타날 확률을 특성화한다. 둘째는 **모집단**(*population*)으로부터 추출된 **표본**(*sample*)의 개념이다. 통상은 모집단의 특성을 추론할 수 있는 제한된 관찰 집단인 표본만을 얻을 수 있다.

오차의 통계 해석은 대개 한 모집단에서의 오차 분포에 대한 모델로 일반적인 **가우시언**(*Gaussian*)이나 **정규**(*nomal*)분포를 가정한다. 이 가정된 분포를 이용하여 작은 표본의 평균값(average value)과 큰 모집단의 참평균값(true mean)사이의 가능한 차를 평가할 수 있다. 이 가능한 차이나 **신뢰구간**(*confidence interval*)은 측정 결과와 연관된 정밀 불확도의 평가를 제공한다.

이 절과 다음 네 절은 몇 가지 기본 확률 분포, 가우시언 분포를 만족하는 모집단의 특성들과 관심 집단을 대표하는 표본의 통계가 갖는 정확도 등을 살필 것이다. *t*분포(*t*-distribution)는 작은 표본을 다루기 위해 소개되며 카이제곱 분포(χ^2-distribution)는 다른 통계 목적으로 소개된다. 이 절들은 초등공학 실험에서의 정밀 불확도를 평가하기 위한 충분한 뒷받침을 제공할 것이다.

3.4.1 표본 대 모집단

구슬들의 한 생산 로트(production lot)내 제조 변화는 직경의 분포를 만들게 한다. 평균

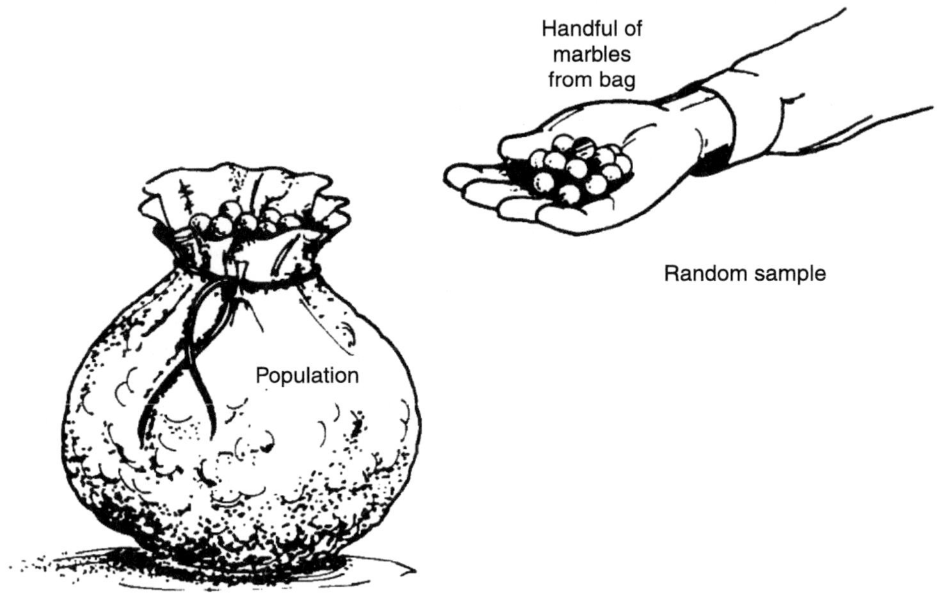

그림 3.5 모집단에서의 표본 추출

직경을 추정하기 위해 한 줌의 구슬을 취하고 그것들을 측정하여 평균을 낸다(그림 3.5). 그 한 줌이 **모집단**이 생산 로트로부터 추출된 **표본**이다.

동일 모집단으로부터 어느 두 표본도 정확하게 같은 평균을 갖지 못한다. 그러나 각각은 어느 정도의 불확도 수준으로 표본의 평균에 근사화되어야 한다. 표본과 모집단의 특성 차는 표본이 커질수록 줄어든다.

구슬 한 줌은 모집단의 다수 구성원들을 포함하기 때문에 그것은 하나의 **반복** 표본 데이터이다. 대조해서 만일 단지 한 개의 구슬만 꺼낸다면 **일회** 표본 데이터을 얻게 되며 그것을 구슬 직경의 분포에 대한 아무런 직접적 확신을 주지 못한다.

실험 오차는 또한 모집단과 표본의 항으로 조사될 수 있다. 만일 어떤 단일 구슬의 직경을 반복적으로 측정한다면 측정된 직경들의 집합은 직경을 측정하는 데에 정밀 오차의 한 표본을 제공한다. 이 경우 원하는 만큼 여러 차례 직경을 측정할 수 있으며 각 측정은 약간씩 다른 정밀 오차를 포함할 것이다. 그러므로 정밀 오차의 모집단은 이론적으로 무한대이다(그러나 이 특정한 정밀 오차의 반복 표본 데이터 추출은 구슬 모집단으로부터 한 일회 표본 데이터에서 수행되었다는 점에 주의하라).

이 절과 다음 절의 논의는 다음 두 종류의 표본 검출에 모두 적용된다.

1. 크기 n의 한 표본이 크기 p의 유한 모집단으로부터 추출된다. 표본은 모집단의 특성을 평가하기 위해 사용된다. 추가 자료는 모집단에 더해질 수 없다. 예를 들어 동일

원으로부터 특정 생산 로트로 더 이상 더해질 수 없다고 가정한다. 더욱 이 표본의 크기는 모집단 크기에 비해 대단히 작다고 가정된다: $n \ll p$.

2. 유한(*finite*) 수의 항 n가 불명확한 크기의 한 모집단이 가정된 것에서 무작위로 추출된다. 가정된(*assumed*)모집단의 특성들은 표본에서부터 추론된다.

하나의 중요한 특성이 이 논의에 깔려 있다. 표본은 반드시 무작위로 모집단에서 추출되어야 한다. 만일 주머니에서 큰 구슬만을 뽑는다면 표본은 전체 구슬 모집단을 정확하게 대표하지 못할 것이다.

3.4.2 확률 분포

확률(*probability*)은 모든 가능한 사상(event)들에 관하여 측정되는 특정한 사상이 일어날 승산의 표현이다. 특수하게 n개의 똑같이 있음직한 경우들 중의 하나가 발생할 것이며 이러한 경우들 중 m번이 어떤 사상 A와 일치하는 경우를 가정하면 사상 A의 확률은 m/n이다.

한 개의 동전을 던질 때 가능한 전체 경우의 수는 앞과 뒤의 둘이다. 만약 앞(또는 뒤)을 사상 A로 선택한다면 A의 확률은 1.2 또는 50%가 된다.

조금 더 복잡한 예는 주사위 한 쌍을 던지는 경우이다. 합이 2가 나올 경우는 1번이며 7이 나올 경우는 6번이고 나머지 경우들은 그림 3.6에 분포된 것과 같다. 여기서 사용된 막대그림을 히스토그램(*histogram*)이라 한다. 만약 도표의 종좌표를 가능한 전체 경우의 수 36으로 나누면 확률 분포(*probability distribution*)의 그림표를 얻는다. 예를 들어 7이 나올 확률은 36중 6 또는 16.6%이다.

다음 절에서 고려될 다른 본포들을 요약하면 다음과 같다.

1. 가우스 분포(*Gaussian*) 또는 정규 확률 분포(*normal probability distribution*) 실험 데이터를 조사할 때 이 분포는 의심할 여지없이 첫 번째로 고려된다. 가우시언 분포

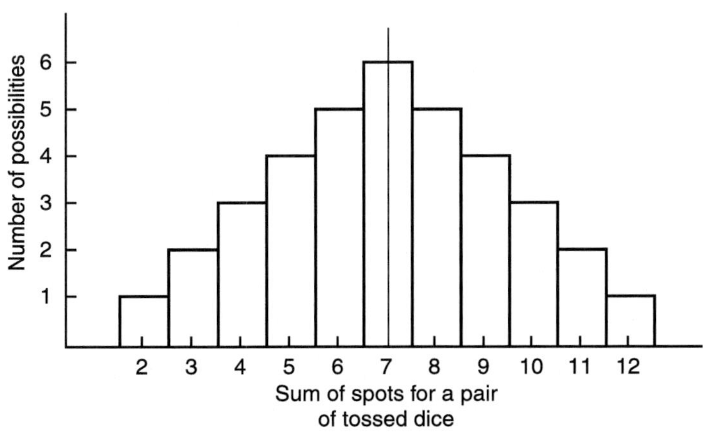

그림 3.6 한 쌍의 주사위를 던지는 경우에 대한 결과의 분포

는 어떤 측정에서 여러 독립원이 동시에 전체 정밀오차(total precision error)에 기여할 때 계측에서 가능한 오차의 모집단을 묘사한다. 이러한 오차의 원천들은 반드시 연관되지 않고 무작위적이며 대략 동일 크기여야 한다.[4)] 비록 이 특정 분포를 강조한다 하더라도 데이터가 항상 정규 분포를 따르지는 않는다는 것을 명심하여야 한다. 도표화와 계산을 위해 가우시언 분포는 때로 *z*-**분포**(*z-distribution*)라고 불리는 표준형으로 재구성된다(식 3.11과 표 3.2 참조).

2. **스튜던트의 *t* 분포**(*Student's t-distribution*) 이 분포는 소수의 표본 데이터만이 유용할 때 가우시안 모집단의 평균값을 예측하기 위해 사용된다(식 3.21과 표 3.5 참조).
3. **카이제곱 분포**(χ^2-*distribution*) 이 분포는 모집단의 폭을 예측하고 표본의 균일성을 비교하며 가정된 분포에 대한 적합도를 검토하는데 도움을 준다(3.7절과 표 3.6 참조).

3.5 모집단에 기초한 이론

실제적 관점에서 통계 정보를 추출하는 것은 표본에 국한된다. 대부분의 경우 전체 모집단을 다룬다는 것은 비실절적이거나 불가능하다. 그럼에도 불구하고 전체 모집단의 특성을 고려하며 먼저 몇 가지 유용하고 중요한 결과들을 얻을 수 있다.

데이터의 어떤 무한 모집단과 어떤 단일 양의 측정을 대표하는 개별 데이터를 고려하고, 개별 데이터 x는 단지 정밀 오차의 결과만으로 정지 상태에서부터 크기가 변한다고 가정하자. 실제적으로 매 시간마다 모집단의 표본들이 선택되고 측정됨으로써 x값이 결정되고 다른 정밀 오차가 발생한다. 몇 개의 측정 결과는 크고 몇 개는 작다. x의 크기에 의존하는 특정한 x를 얻을 확률과 x값의 확률 분포는 **확률 밀도 함수**(PDF: *probability density function*) $f(x)$로 표현된다(그림 3.7).

모집단이 무한하기 때문에 확률 밀도 함수(PDF)는 주사위를 던질 때 표현했던 히스토그램과는 달리 하나의 연속 곡선이다. 당연히 PDF의 중좌표는 주의 깊게 해석되어야 한다. 그것은 x의 단위 변화당 발생 확률을 대표한다. 주어진 x의 측정확률은 $f(x)$ 그 자체는 아니다. 대신에 구간 $\Delta x = x_2 - x_1$ 내에 어떤 x가 측정될 확률은 x_1과 x_2 사이의 PDF 곡선 아래의 면적이 된다.

$$\text{Probability}_{(x_1 \to x_2)} = \int_{x_1}^{x_2} f(x)\, dx \tag{3.5}$$

측정에서 x의 임의 값이 관찰될 수 있는 확률은 PDF 아래의 전면적에 해당하는 1, 즉 임의 x값이 측정될 확률은 100%이다.

---

4) 실험 데이터를 수반하는 정밀 오차의 분포와 제조공정에서 치수 변화의 분포는 매우 유사하다는 점에 유의하라. 예를 들어, 도면은 축경이 공칭치수에서 변화가 허용되는 특정 공차를 규정한다. 실제 생산 로트내에 존재하는 변화는 정규(가우시안)형으로 분포하는 것을 볼 수 있다. 기계가공 공정의 품질관리는 필연적으로 실험 오차의 분포에 적용되는 것과 같은 동일 이론에 기반을 둔다.

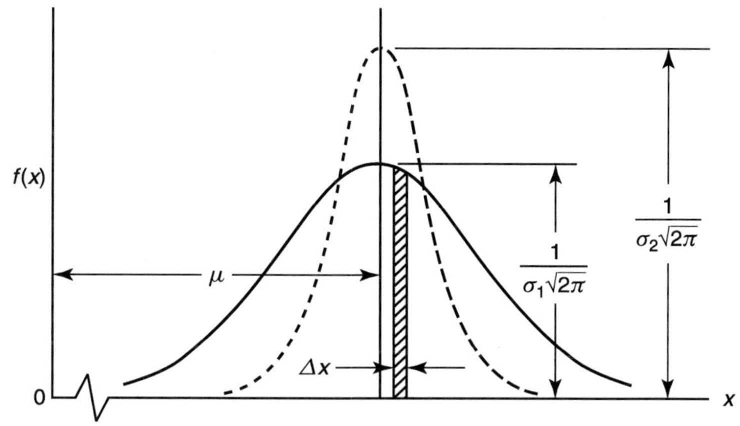

그림 3.7 정규분포 곡선. 더 정밀한 데이터는 점선으로 표현됨

x를 평균할 수 PDF들은 다양한 양상을 띠고 있으며 고려되는 데이터의 성질에 의해 결정된다. 실험 데이터의 정밀오차는 흔히 **가우시언**(*Gaussian*) 혹은 **정규**(*normal*) **분포**로 주어지는 친수한 종형 곡선에 따라 분포된다(그림 3.7). 이 장의 남은 통계적 논의의 대부분은 이 전제에 기초한다. 한 무한 모집단에 대해 수학적인 가우스 확률 밀도 함수(Gaussian probability density function)는

$$f(x) = \frac{1}{\sigma\sqrt{2\pi}} \exp\left[-\frac{(x-\mu)^2}{2\sigma^2}\right] \tag{3.6}$$

여기서 $x =$ 특정한 측정 크기

$\mu =$ 전체 모집단의 평균

$\sigma =$ 체 모집단의 표준편차

평균값 μ는 모집단 내의 모든 x를 평균할 수 있다면 얻어진다. 한 무한 모집단에 대해 그렇게 평균하는 것은 명백히 불가능하며, 따라서 μ는 모른다. 여러 x의 차를 정밀 오차로 가정하기 때문에 μ는 또한 측정하려는 양의 참값을 대표하고 모든 정밀 오차를 평균해서 찾아 낸 평균량을 대표한다.

만약 동일 주의 정도로 많은 수의 측정이 행해지면 n번 측정의 수학적 평균값은

$$\begin{aligned}\bar{x} &= \frac{x_1 + x_2 + \cdots + x_n}{n} \\ &= \sum_{i=1}^{n} \frac{x_i}{n}\end{aligned} \tag{3.7}$$

으로 양 μ에 대해 가장 확률이 높은 단일 값이 되는 것을 보여 준다. 큰 표본의 평균은 참값을 추정할 수 있게 해 준다.

표 3.1 정규분포에 기초한 확률 추정의 요약

Common Name for "Error" Level	Error Level in Terms of σ	% Confidence That Deviation of x from Mean is Smaller	Odds That Deviation of x is Greater
Standard deviation	$\pm\sigma$	68.3	abt. 1 in 3
Two-sigma error	$\pm 1.96\sigma$	95.0	1 in 20
Three-sigma error	$\pm 3\sigma$	99.7	1 in 370

단일 측정에서의 오차량은 **편차**(*deviation*) d로 다음과 같이 정의된다.

$$d = x - \mu \tag{3.8}$$

평균제곱편차(mean squared deviation) σ^2은 아주 큰 표본의 제곱편차를 평균(freedom)한 것이다.[5)]

$$\sigma \approx \sqrt{\frac{d_1^2 + d_2^2 + \cdots + d_n^2}{n}} \tag{3.9}$$

σ는 모집단의 **표준편차**(*standard deviation*)라 하며 평균값으로부터 전형적 측정 편차와 가우시언 분포의 폭 모두를 특성화한다(그림 3.7). σ가 작아지면 데이터는 더 정밀해진다. 표준편차는 모집단과 표본 양자를 특성화하는 매우 중요한 매개변수이다.

어떤 특정 측정의 편차 또는 오차는 물론 결코 알 수 없다. 그러나 오차나 불확도의 있음 직한 크기는 모집단 분포에 대한 지식을 이용하여 여러 가지 신뢰수준으로 추정될 수 있다. 예를 들어 만일 모집단이 가우스 분포를 따르면 어떤 일회 측정치가 $\pm\sigma$보다 큰 편차를 가질 확률은 31.7% 혹은 약 1/3이다. 따라서 일회 측정에서 $\pm\sigma$보다 작은 편차를 가질 확률은 68.3%이다. $\pm 1.96\sigma$ 보다 큰 편차가 될 확률은 5%(1/20); $\pm 3\sigma$보다 클 확률은 0.27%; $\pm 4\sigma$보다 클 확률은 0.0063%(1/16000)이다. 50%의 확률 수준, 즉 $\pm 0.6745\sigma$는 때로 두 번 중 한번이 그것을 초과할 것이라는 의미에서 "확률오차"(probable error)라 한다. 그러나 가장 많이 사용하는 불확도 평가는 95% 신뢰도, 즉 $\pm 1.96\sigma$이다. 표 3.1은 정규 분포에 대한 여러 확률수준을 요약한 것이다.

불합리한 데이터 점을 버리는 공통 기준은 3σ수준을 초과하는 데이터 점이다. 오차의 확률이 1/370보다 크기 때문에 그러한 값은 적정 크기의 데이터 집단에서는 있을 수 없다. 그러한 데이터를 때로 **이상점**(*outliers*)이라 부른다.

---

5) 공식으로 평균과 표준편차는 PDF의 적분으로 계산될 수 있다.

$$\mu = \int_{-\infty}^{+\infty} x f(x)\,dx;\ \sigma^2 = \int_{-\infty}^{+\infty}$$

이것은 각각 x나 $(x\text{-}\mu)^2$의 관찰된 값에 대한 확률 기여를 합한 양이다.

표를 만들기 위해 가우스 PDF는 변수 z를 도입해서 변형될 수 있다.

$$z = \frac{x - \mu}{\sigma} \tag{3.10}$$

식 3.6은 다음과 같이 되며

$$f(z) = \frac{1}{\sigma\sqrt{2\pi}} e^{-z^2/2} \tag{3.11}$$

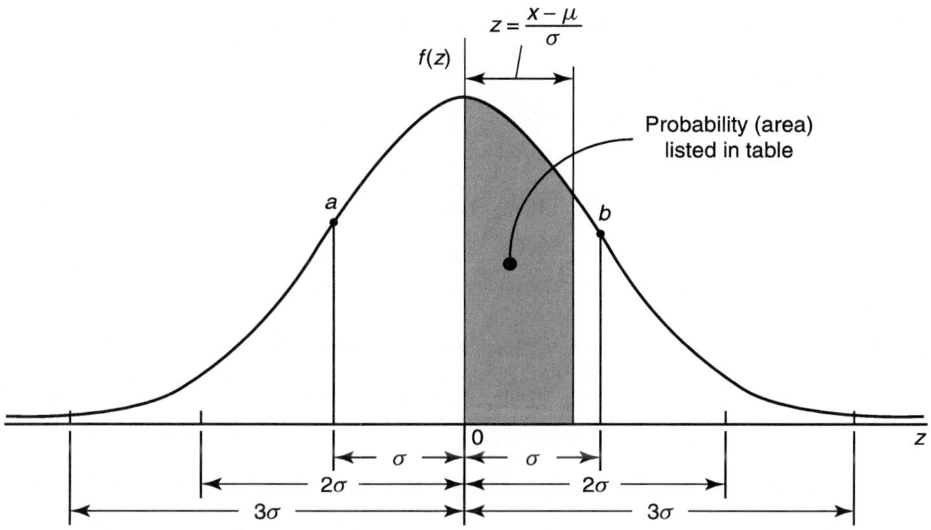

그림 3.8 표준정규분포 곡선. a와 b가 변곡점들임에 유의하라.

표 3.2와 그림 3.8의 상단에 도시된 **표준(*standard*)**곡선이다. 표는 0과 여러 z 값들 사이의 곡선 아래의 면적을 기재한 것이다. 곡선이 원점에 대치이기 때문에 표에는 단지 반쪽 고선에 대한 값들이 있다. 곡선 아래 전면적은 1과 같다는 것을 명심하라. 이와 같은 분포를 흔히 **z-분포(*z-distribution*)**라 부른다.

다음 예제들은 이 도표화 데이터의 성질과 이용을 예시하고 있다.

예제 3.2

1) $z = -1.43$과 $z = +1.43$ 사이의 면적은 얼마인가?
2) 이 면적의 의미는 무엇인가?

풀이

1) 표 3.2로부터 0.4236을 읽고, 이것이 구하려는 면적의 반이기 때문에 전면적은 $2 \times 0.4236 = 0.8472$가 된다.
2) 그 의미는 정규분포를 따르는 데이터에 대해 $-1.43 < z < 1.43$ 범위에 데이터가 존재할 확률이 84.72%라는 것이다.

표 3.2 표준정규분포 곡선 아래의 면적

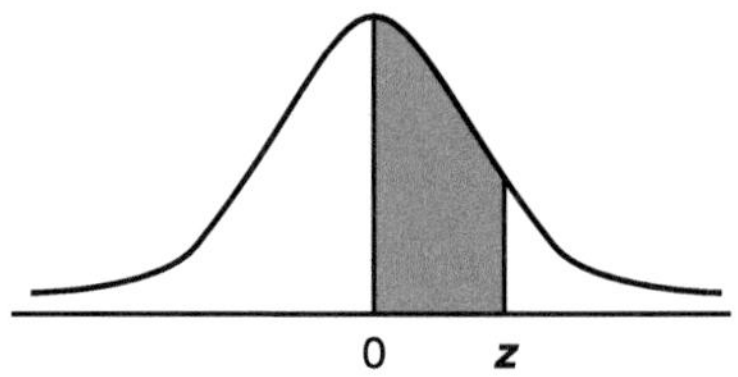

z	Second Decimal Place in z									
z	0.00	0.01	0.02	0.03	0.04	0.05	0.06	0.07	0.08	0.09
0.0	0.0000	0.0040	0.0080	0.0120	0.0160	0.0199	0.0239	0.0279	0.0319	0.0359
0.1	0.0398	0.0438	0.0478	0.0517	0.0557	0.0596	0.0636	0.0675	0.0714	0.0753
0.2	0.0793	0.0832	0.0871	0.0910	0.0948	0.0987	0.1026	0.1064	0.1103	0.1141
0.3	0.1179	0.1217	0.1255	0.1293	0.1331	0.1368	0.1406	0.1443	0.1480	0.1517
0.4	0.1554	0.1591	0.1628	0.1664	0.1700	0.1736	0.1772	0.1808	0.1844	0.1879
0.5	0.1915	0.1950	0.1985	0.2019	0.2054	0.2088	0.2123	0.2157	0.2190	0.2224
0.6	0.2257	0.2291	0.2324	0.2357	0.2389	0.2422	0.2454	0.2486	0.2517	0.2549
0.7	0.2580	0.2611	0.2642	0.2673	0.2704	0.2734	0.2764	0.2794	0.2823	0.2852
0.8	0.2881	0.2910	0.2939	0.2967	0.2995	0.3023	0.3051	0.3078	0.3106	0.3133
0.9	0.3159	0.3186	0.3212	0.3238	0.3264	0.3289	0.3315	0.3340	0.3365	0.3389
1.0	0.3413	0.3438	0.3461	0.3485	0.3508	0.3531	0.3154	0.3577	0.3599	0.3621
1.1	0.3643	0.3665	0.3686	0.3708	0.3729	0.3749	0.3770	0.3790	0.3810	0.3830
1.2	0.3849	0.3869	0.3888	0.3907	0.3925	0.3944	0.3962	0.3980	0.3997	0.4015
1.3	0.4032	0.4049	0.4066	0.4082	0.4099	0.4115	0.4131	0.4147	0.4162	0.4177
1.4	0.4192	0.4207	0.4222	0.4236	0.4251	0.4265	0.4279	0.4292	0.4306	0.4319
1.5	0.4332	0.4345	0.4357	0.4370	0.4382	0.4394	0.4406	0.4418	0.4429	0.4441
1.6	0.4452	0.4463	0.4474	0.4484	0.4495	0.4505	0.4515	0.4525	0.4535	0.4545
1.7	0.4554	0.4564	0.4573	0.4582	0.4591	0.4599	0.4608	0.4616	0.4625	0.4633
1.8	0.4641	0.4649	0.4656	0.4664	0.4671	0.4678	0.4686	0.4693	0.4699	0.4706
1.9	0.4713	0.4719	0.4726	0.4732	0.4738	0.4744	0.4750	0.4756	0.4761	0.4767
2.0	0.4772	0.4778	0.4783	0.4788	0.4793	0.4798	0.4803	0.4808	0.4812	0.4817
2.1	0.4821	0.4826	0.4830	0.4834	0.4838	0.4842	0.4846	0.4850	0.4854	0.4857
2.2	0.4861	0.4864	0.4868	0.4871	0.4875	0.4878	0.4881	0.4884	0.4887	0.4890
2.3	0.4893	0.4896	0.4898	0.4901	0.4904	0.4906	0.4909	0.4911	0.4913	0.4916
2.4	0.4918	0.4920	0.4922	0.4925	0.4927	0.4929	0.4931	0.4932	0.4934	0.4936
2.5	0.4938	0.4940	0.4941	0.4943	0.4945	0.4946	0.4948	0.4949	0.4951	0.4952
2.6	0.4953	0.4955	0.4956	0.4957	0.4959	0.4960	0.4961	0.4962	0.4963	0.4964
2.7	0.4965	0.4966	0.4967	0.4968	0.4969	0.4970	0.4971	0.4972	0.4973	0.4974
2.8	0.4974	0.4975	0.4976	0.4977	0.4977	0.4978	0.4979	0.4979	0.4980	0.4981
2.9	0.4981	0.4982	0.4982	0.4983	0.4984	0.4984	0.4985	0.4985	0.4986	0.4986
3.0	0.4987	0.4987	0.4987	0.4988	0.4988	0.4989	0.4989	0.4989	0.4990	0.4990
3.1	0.4990	0.4991	0.4991	0.4991	0.4992	0.4992	0.4992	0.4992	0.4993	0.4993
3.2	0.4993	0.4993	0.4994	0.4994	0.4994	0.4994	0.4994	0.4995	0.4995	0.4995
3.3	0.4995	0.4995	0.4995	0.4996	0.4996	0.4996	0.4996	0.4996	0.4996	0.4997
3.4	0.4997	0.4997	0.4997	0.4997	0.4997	0.4997	0.4997	0.4997	0.4997	0.4998
3.5	0.4998	0.4998	0.4998	0.4998	0.4998	0.4998	0.4998	0.4998	0.4998	0.4998
3.6	0.4998	0.4998	0.4999	0.4999	0.4999	0.4999	0.4999	0.4999	0.4999	0.4999
3.7	0.4999	0.4999	0.4999	0.4999	0.4999	0.4999	0.4999	0.4999	0.4999	0.4999
3.8	0.4999	0.4999	0.4999	0.4999	0.4999	0.4999	0.4999	0.4999	0.4999	0.4999
3.9	0.5000*									

* For $z \geq 3.90$, the areas are 0.5000 to four decimal places.

예제 3.3 데이터의 90%를 포함할 x의 범위는?

풀이: 0과 $+z$사이에 90%/2의 데이터가 놓일 그런 z를 찾을 필요가 있다. 반대로 45%가 $-z$와 0사이에 있어도 동일하다. 표 3.2에서 $z_{0.45} \approx 1.645$(보간법에 의함)이다. 따라서 $z = (x - \mu)/\sigma$이기 때문에 모집단의 90%는 다음 범위 내에 있어야 한다.

$$(\mu - z_{0.45}\sigma) < x < (\mu + z_{0.45}\sigma) \tag{3.12}$$

또는 $$(\mu - 1.645\sigma) < x < (\mu + 1.645\sigma)$$

3.6 표본에 기초한 이론

실제 상황에서는 모집단 자체가 아닌 모집단에서 추출된 표본을 다룬다. 전형적인 목표는 모집단의 평균이나 표준편차를 추정하기 위해 표본의 평균값을 이용하는 것이다. 그러므로 우리는 모평균 μ에 대한 근사로 표본평균 $\bar{x}$를 계산하며 모표준편차 σ의 근사로 표본 표준편차 S_x를 계산할 것이다.

$$\bar{x} = \sum_{i=1}^{n} \frac{x_i}{n} = \frac{x_1 + x_2 + \cdots + x_n}{n} \tag{3.13}$$

$$S_x = \sqrt{\frac{(x_1 - \bar{x})^2 + (x_2 - \bar{x})^2 + \cdots + (x_n - \bar{x})^2}{n - 1}} = \sqrt{\frac{\left(\sum_{i=1}^{n} x_i^2\right) - n\bar{x}^2}{n - 1}} \tag{3.14}$$

여기서 n은 표본의 데이터 수이다. 표준편차의 분모 $(n - 1)$은 **자유도 수**(*number of degree of freedom*)라 한다.[6)]

모집단과 표본 사이의 차이는 각기 다른 기호를 사용하여 강조된다.

	For Population	For Sample
Mean	μ or μ_x	$\bar{x}$
Standard deviation	σ or σ_x	S_x

본질적으로 표본평균과 표준편차가 모집단에 대한 대응되는 근사값으로 보장되기를 바란다. 더 구체적으로 $\bar{x}$ 와 S_x로 μ와 σ를 근사화 해서 **불확도**를 추정하고 싶은 것이다.

---

6) 자유도 수에 대한 기초는 평가될 독립 불연속 데이터의 수이다. 표본 평균 $\bar{x}$를 계산하는 데는 모든 n개의 데이터가 독립이다. 그러나 표준편차는 남아있는 데이터에 독립이 아닌 이전 계산 결과를 이용한다. 그러므로 S_x를 계산 할 때 자유도 수는 1이 줄어든다.: n보다는 (n−1)로 나눈다. 또 다른 예에서 데이터가 둘 또는 3개의 필수량을 계산하기 위해 사용된다면(3.7절과 부록 F 참조) 자유도의 수는 2 또는 3이 줄어야 한다. 자유도의 수는 종종 ν로 표기된다.

표 3.3 12시간 압력 시험의 결과

압력 p, (MPs)	도수, m
3.970	1
3.980	3
3.990	12
4.000	25
4.010	33
4.020	17
4.030	6
4.040	2
4.050	1

두 번째 목표는 흔히 표본의 확률 분포로부터 모평균의 확률 분포를 추론하는 것이다. 언급한 대로 이 두 목표는 큰 표본에 대해 독립적으로 성취될 수 있다. 역으로 작은 표본 ($n < 30$)에 대해 분포의 지식은 $\bar{x}$의 불확도를 추정하는 데에 가정된다.

3.6.1 표본의 사례

증기 발생기를 12시간 시험하는 동안에 입구 압력은 4.00 MPa로 일정하게 유지해야 된다. 적절한 성능을 위해 압력은 이 값에서 1%이상 변해서는 안 된다. 입구 압력이 시험 동안 100회 측정되었다. 여러 인자들이 눈금 읽기에 변동을 야기했으며 그 결과 데이터가 표 3.3에 기재되어있다. 사용된 디지털 압력 게이지의 분해능은 0.001 MPa였다. 도수 m은 기재된 압력을 중심으로 하여 ±0.005 MPa의 구간 내에 있는 판독 값들의 개수이다.

입력 판독치의 분포를 평가하는 첫째 단계는 그림 3.9처럼 판독치의 히스토그램(histogram)을 그리는 것일 것이다.[7)] 중심에 몰리는 경향이 뚜렷하며 분포의 근사폭을 갖는다. 이 값들을 정량화하기 위해 표 3.4와 같은 과정을 거쳐 다음 값을 얻을 수 있다.

$$\bar{p} = 4.008 \text{ MPa}$$
$$S_p = 0.014 \text{ MPa}$$

판독치의 분포가 가우스 분포인가? 단순 검정은 그림 3.9처럼 식 3.6에 μ와 σ에 $\bar{p}$와 S_p를 대입하는 것이다(분포의 수직 눈금은 비교하기 위해 임의로 증가시켰다). 완전한 것은 아니라도 육안 비교는 근사맞춤되었음을 보여 준다. 가우스 분포를 주장하고 가우스 결과를 이용하기에 얼마나 적합한가? 적합도(Goodness of fit)는 합법적 관심사이며 3.7.1절에서 더 논의될 것이다.

압력 판독치가 사실상 가우스 분포로 되어 있다고 가정하면 앞 절의 결과를 이용하여

7) 궤 폭의 선택은 한편으로는 임의이지만 다른 한편으로는 결과 그림표의 양상에 크게 영향을 줄 수 있다. 그림 간격수 N에 대한 경험 법칙이 Sturgis 법칙이다. n개의 전체 데이터 수에 대해 $N = 1 = + 3.3 \log n$.

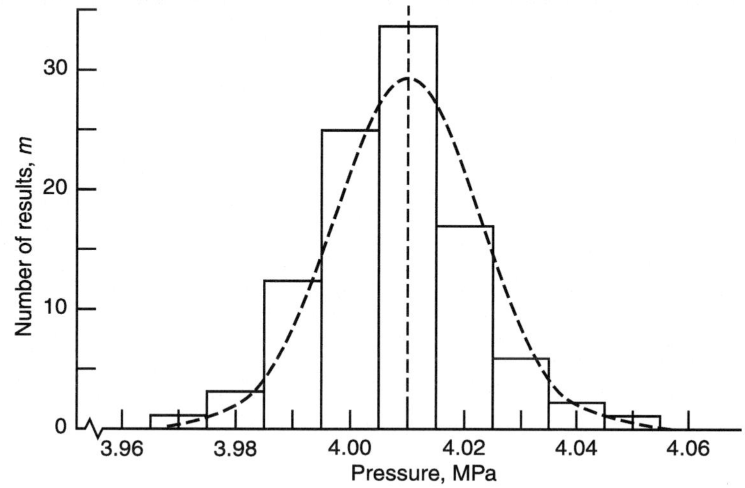

그림 3.9 압력데이터의 히스토그램

압력 판독치의 95%를 포함하는 간격($\mu \pm 1.96\sigma \approx \bar{p} \pm 1.96S_p = 4.008 \pm 0.027$ MPa)을 추정할 수 있다. 압력 시험의 한 목적은 압력이 4.00 MPa에서 1%(0.04 MPa)이상 변했는지를 확인하는 것이었다. 표준편차로 0.04 MPa $\approx 2.86\sigma$이다. 가우스 분포에서 2.86σ변동은 약 1/200확률이다.

두 최종 비평이 되어야 한다. 첫째, 이 데이터는 압력의 실제 변화로부터 측정 오차를 분리하지 않았다. 그러나 실제 압력 변동은 측정 오차와 실제 변동을 조합한 변동보다 커지기는 힘들다. 둘째 해석은 판독치에 있어서 가능한 편의 오차에 대해 아무런 정보도 주지 못한다.

표 3.4 표본 평균과 표준편차의 계산

압력 p, (MPs)	도수, m	편차, d	d^2
3.970	1	−0.038	144.4×10^{-5}
3.980	3	−0.028	78.4
3.990	12	−0.018	32.4
4.000	25	−0.008	6.4
4.010	33	0.002	0.4
4.020	17	0.012	14.4
4.030	6	0.022	48.4
4.040	2	0.032	102.4
4.050	1	0.042	176.4
$\sum p = 400.770$	$n = \sum m = 100$		$\sum d^2 = 1858.0 \times 10^{-5}$
$\bar{p} = 400.77/100 = 4.008$ MPa		$S_p = \sqrt{1858 \times 10^{-5}/99} = 0.014$ MPa	

3.6.2 큰 표본에 대한 신뢰구간

3.6.1절에서의 예는 표본의 평균값에 대한 표본의 흩어짐(dispersion)을 어떻게 평가할 수 있는가를 보여 주었다. 그러나 참평균 μ에 대한 근사치로서의 $\bar{x}$의 불확도에 대한 평가를 하지는 못했다. 사실은 표본으로부터 평균값에 대한 단일 추정만을 얻었다. 만약 압력 시험이 반복되고 또 다른 100개의 점이 얻어지면 새로운 평균값은 첫 번째 평균값과 약간 다를 것이다. 만약 그 시험을 여러 차례 반복하면 평균 압력에 대한 어떤 표본집단을 얻을 것이다.

이러한 평균의 표본은 또 중심값에 대해 흩어짐을 보일 것이다. 통계학의 한 고급 이론은 만일 각 표본에 대해 n이 매우 크다면 평균값의 분포는 **가우스** 분포이고 그 가우스 분포는 다음과 같은 표준편차를 갖는다는 것을 보여준다.

$$\sigma_{\bar{x}} = \sigma/\sqrt{n} \tag{3.15}$$

이 이론(**중심극한 정리**: *central limit theorem*)은 매우 큰 표본에 대해 비록 관심있는 모집단의 분포가 가우스 분포가 아니라도 적용된다[3].

이 중요한 결과에 대해 $\bar{x} \approx \mu$라는 추정이 있어서 불확도를 알아낼 수 있다. $\bar{x}$는 표준편차 $\sigma_{\bar{x}}$가 가우스 분포되어 있기 때문에 표 3.2에서 주어진 z 분포에 해당하는 z는 다음과 같다.

$$z = \frac{\bar{x} - \mu}{\sigma_{\bar{x}}} = \frac{\bar{x} - \mu}{\sigma/\sqrt{n}} \tag{3.16}$$

예제 3.3의 경우처럼 다음 구간내에 의 모든 판독치의 $c\%$가 존재할 것이라고 주장할 수 있다.

$$\mu \pm z_{c/2}\frac{\sigma}{\sqrt{n}} \tag{3.17}$$

다른 말로 하면 $c\%$의 신뢰도로 참평균 μ는 다음 구간 내에 존재한다.

$$\bar{x} - z_{c/2}\frac{\sigma}{\sqrt{n}} < \mu < \bar{x} + z_{c/2}\frac{\sigma}{\sqrt{n}} \tag{3.18}$$

이 구간을 $c\%$ **신뢰구간**(*confidence interval*)이라 한다.

이 신뢰구간은 단지 하나의 제한을 받는다. σ는 보통 모른다. 그러나 n이 클 때 σ의 타당한 근사는 S_x이다. 그러므로 큰 표본에 대해 표준 상황은 $\bar{x}$ 에 대한 신뢰구간을 추정할 때 $\sigma \approx S_x$ 로 놓는다.

$$\bar{x} - z_{c/2}\frac{S_x}{\sqrt{n}} < \mu < \bar{x} + z_{c/2}\frac{S_x}{\sqrt{n}} \tag{3.19}$$

흔히 **표본평균의 표준 오차**(*standard error of the sample mean*) $S_{\bar{x}}$ 는 다음과 같이 소개된다.

$$S_{\bar{x}} = \frac{S_x}{\sqrt{n}} \tag{3.20}$$

예제 3.4 3.6.1절에서 측정된 평균 압력에 대한 99%의 신뢰구간을 결정하라.

풀이: 처음에 표 3.2에서 $z_{c/2} = z_{0.495} = 2.575$를 산정하고 $\sigma \approx S_p$를 다음 식에 대입하면 된다.

$$\bar{p} - z_{0.495}\frac{S_x}{\sqrt{n}} < \mu_p < \bar{p} + z_{0.495}\frac{S_x}{\sqrt{n}}$$

또는

$$\mu_p = 4.008 \pm 2.575\frac{0.014}{\sqrt{100}}\ \text{MPa} = 4.008 \pm 0.0036\ \text{MPa} \quad (99\%)$$

모평균 추정치의 정확도에 초점을 맞추고 있기 때문에 이 간격은 데이터 자체의 흩어짐보다 훨씬 좁다는 것에 유의하라.

식 3.19는 모평균 μ의 추정치로 표본평균 $\bar{x}$를 사용하는 불확도를 원할 때 적당하다. 표 3.1과 3.6.1절은 모분포의 폭 추정이나 평균으로부터 어느 특정한 양만큼 변화한 어떤 값을 관찰할 승산을 원할 때 적당하다. 예를 들어 3.6.1절에서 p의 모든 개별 판독치의 95%를 포함하는 구간을 추정하는 데 표 3.1을 사용했다. 마지막 예제에서 모든 측정치의 99%를 포함하는 구간을 추정했다. 평균값에 대한 c%의 신뢰구간은 n번의 관찰이 개별 측정의 무작위 편차들을 평균해서 사용되었기 때문에 $1/\sqrt{n}$ 배만큼 데이터의 신뢰구간보다 좁아진다.

3.6.3 작은 표본에 대한 신뢰구간

식 3.18과 3.19는 σ가 알려져 있거나 S_x로 근사될 수 있을 때 표본평균 $\bar{x}$ 에 대한 신뢰구간을 마련한다. 조건 $\sigma \approx S_x$는 일반적으로 표본이 클 때($n \geq 30$)적용될 것이다. 불행히도 많을 공학 실험에서 n은 30보다 상당히 작으며 앞서의 구간들은 실제로 그렇게 도움이 되지 못한다.

가칭 스튜던트(Student)라고 하는 어떤 아마튜어 통계학자가 다음과 같이 식 3.16에 σ 대신 S_x로 대체하여 정의되는 양 t의 분포를 고려해서 이 일을 접근하였다.

$$t = \frac{\bar{x} - \mu}{S_x/\sqrt{n}} \tag{3.21}$$

스튜던트는 관심있는 모집단이 가우스 분포를 만족한다는 가정하에 t통계의 확률분포를 계산했다. 이 확률밀도함수(PDF) $f(t)$가 그림 3.10에 나타나 있다. 분포가 자유도 $\nu = n - 1$과 연관된 주어진 데이터 수에 의존한다는 점을 유의하라.

t분포는 정성적으로 z분포와 유사하다. PDF는 $t = 0$에 대해 대칭이며 분포 아래의 전

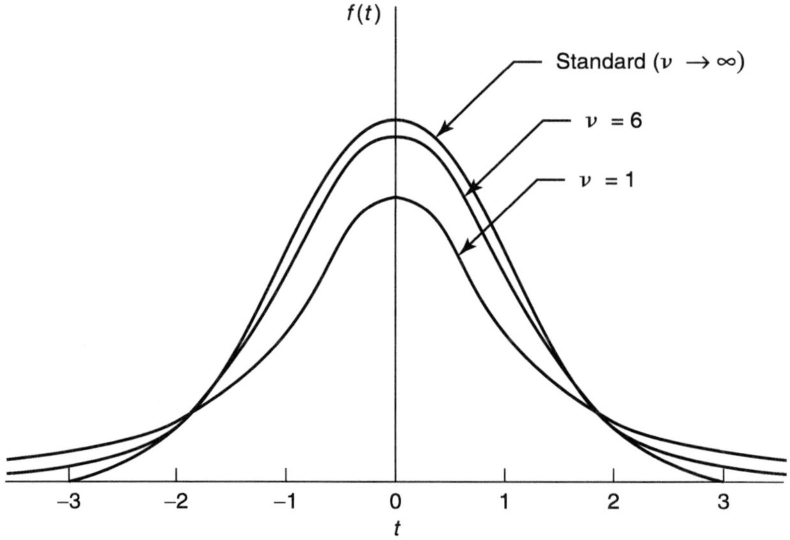

그림 3.10 t통계의 확률 분포

면적은 역시 1이다. 더욱이 t분포는 하나의 PDF이기 때문에 주어진 구간 $t_2 - t_1$ 내에 t가 있을 확률은 t_1과 t_2 사이 곡선의 면적이 될 것이다. n 또는 ν가 증가하면 t분포는 표준 가우스 분포에 접근하며 $n > 30$에서 두 분포는 거의 같아진다.

이전의 z분포취급과 유사하게 t분포 아래의 면적이 표 3.5에 도표화되어 있다. 그러나 이 경우에는 t와 $t \to \infty$ 사이의 면적이 기재되어 있다. 표본 크기에 따라 선택된 면적이 기재되어 있다. 그러므로 면적 α는 확률에 대응하며 표본 크기 $n = \nu + 1$에 대해 t는 표에서 주어진 값보다 큰 값을 가질 것이다(그림 3.11(a)). 분포가 대칭이기 때문에 α는 또한 t가 도표화된 값의 음값보다 작은 값을 가질 확률이다(그림 3.11(b)). 역으로 t 의 실제값이 음영 면적내에 놓이지 않을 것을 $c\% = (1 - \alpha)$신뢰도로 주장할 수 있다(즉 $\alpha = 0.05$면, $c = 0.95 = 95\%$).

흔히 평균의 상한과 하한 둘 모두가 시술되도록 작은 표본의 평균 $\bar{x}$에 대한 양편 신뢰구간을 원한다. 이 구간은 앞서의 구간을 따른다. $c\%$의 신뢰도로 참 평균값이 다음 구간내에 놓이며,

$$\bar{x} - t_{\alpha/2,\nu}\frac{S_x}{\sqrt{n}} < \mu < \bar{x} + t_{\alpha/2,\nu}\frac{S_x}{\sqrt{n}} \quad (c\%) \tag{3.22}$$

여기서 $\alpha = 1 - c$이고 $\nu = n - 1$이다(그림 3.11(c)). 이 식은 작은 표본에 대한 식 3.19의 상사이다. 때로 α는 **유의수준**(*level of significance*)으로 언급된다.

이 신뢰구간은 $\bar{x}$ 내 정밀 불확도는 $c\%$ 신뢰수준에서 다음 식으로 표현된다.

이 신뢰구간은 $\bar{x}$값 내에서의 정밀 불확도로 정의한다. 식 3.22로부터 $\bar{x}$내의 정밀 불확도는 다음과 같다.

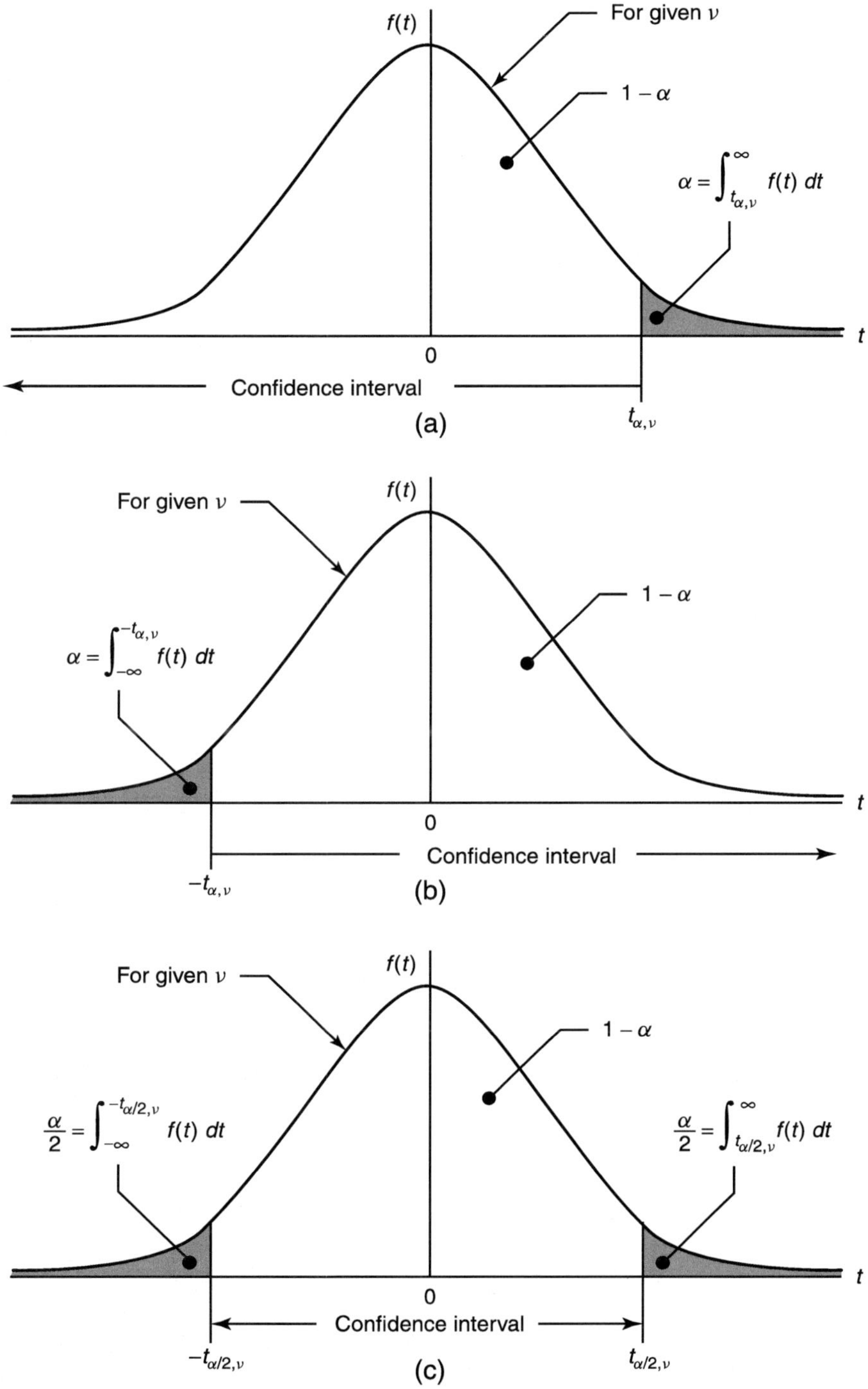

그림 3.11 t 통계의 신뢰구간: (a) 일편,오른쪽; (b) 일편,왼쪽; (c) 양편. $c\% = (1 - \alpha)$의 신뢰도로 t 값이 빗금 치지 않은 구간내에 놓인다.

$$P_x = t_{\alpha/2,\nu} \frac{S_x}{\sqrt{n}} \quad (c\%) \tag{3.23}$$

이 정밀 불확도는 식 3.4를 위해서도 필요한 것이다.

표 3.5 스튜던트 t-분포표($t_{\alpha,\nu}$ 값)

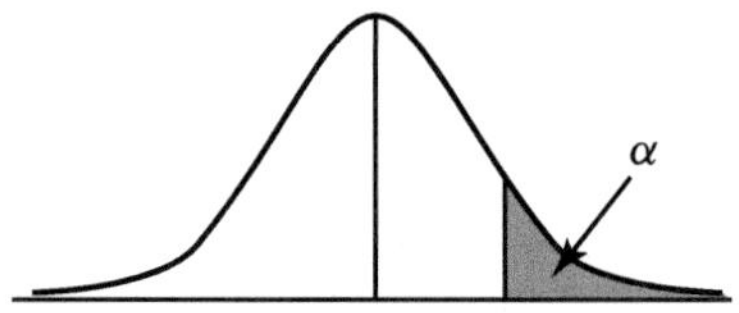

ν	$t_{0.10,\nu}$	$t_{0.05,\nu}$	$t_{0.025,\nu}$	$t_{0.01,\nu}$	$t_{0.005,\nu}$	ν
1	3.078	6.314	12.706	31.821	63.657	1
2	1.886	2.920	4.303	6.965	9.925	2
3	1.638	2.353	3.182	4.541	5.841	3
4	1.533	2.132	2.776	3.747	4.604	4
5	1.476	2.015	2.571	3.365	4.032	5
6	1.440	1.943	2.447	3.143	3.707	6
7	1.415	1.895	2.365	2.998	3.499	7
8	1.397	1.860	2.306	2.896	3.355	8
9	1.383	1.833	2.262	2.821	3.250	9
10	1.372	1.812	2.228	2.764	3.169	10
11	1.363	1.796	2.201	2.718	3.106	11
12	1.356	1.782	2.179	2.681	3.055	12
13	1.350	1.771	2.160	2.650	3.012	13
14	1.345	1.761	2.145	2.624	2.977	14
15	1.341	1.753	2.131	2.602	2.947	15
16	1.337	1.746	2.120	2.583	2.921	16
17	1.333	1.740	2.110	2.567	2.898	17
18	1.330	1.734	2.101	2.552	2.878	18
19	1.328	1.729	2.093	2.539	2.861	19
20	1.325	1.725	2.086	2.528	2.845	20
21	1.323	1.721	2.080	2.518	2.831	21
22	1.321	1.717	2.074	2.508	2.819	22
23	1.319	1.714	2.069	2.500	2.807	23
24	1.318	1.711	2.064	2.492	2.797	24
25	1.316	1.798	2.060	2.485	2.787	25
26	1.315	1.706	2.056	2.479	2.779	26
27	1.314	1.703	2.052	2.473	2.771	27
28	1.313	1.701	2.048	2.467	2.763	28
29	1.311	1.699	2.045	2.462	2.756	29
∞	1.282	1.645	1.960	2.326	2.576	∞

예제 3.5

표본내의 12개의 값들이 평균 $\bar{x}$ 와 표준편차 S_x를 갖는다. 참평균 μ를 위한 95% 신뢰구간은?

풀이: 요구 유의수준 $\alpha = 1 - 0.95 = 0.05$이고 자유도 $\nu = 11$이다. t 의 필요값 $t_{\alpha/2,\nu} = t_{0.025,11} = 2.201$(표 3.5에서). 그러므로 95% 신뢰구간은

$$\bar{x} - 2.201\frac{S_x}{\sqrt{n}} < \mu < \bar{x} + 2.201\frac{S_x}{\sqrt{n}} \quad (95\%)$$

예제 3.6

천칭형 우편 저울에는 $\frac{1}{2}$-, 1-, 2-와 4온스(oz)의 기계 가공된 황동제 추가 구비되어 있다. 제조업자가 품질 검토를 위해 무작위로 1온스 무게의 추 14개를 표본으로 선택하고 정밀 저울로 그 무게들을 달았더니 그 결과는 다음과 같았다.

1.08	1.03	0.96	0.95	1.04
1.01	0.98	0.99	1.05	1.08
0.97	1.00	0.98	1.01	

질문 : 이 표본에 기초하여 모집단이 정규분포로 있다고 가정하고 모평균을 95% 신뢰도로 추정하라.

풀이: t 검정을 이용해 먼저 $n = 14$에 대해 표본평균과 표준편차를 계산한다. 그 값들은 각각

$$\bar{x} = 1.009 \text{ oz} \quad \text{그리고} \quad S_x = 0.04178$$

표 3.5에서 $\nu = n - 1 = 13$에 대해 $t_{0.025,13} = 2.160$을 찾을 수 있다. 양측 신뢰구간을 계산함으로서 다음을 얻을 수 있다.

$$\frac{\pm t_{0.025,13}S_x}{n^{1/2}} = \frac{\pm 2.160(0.04178)}{(14)^{1/2}} = \pm 0.02412$$

따라서 95% 신뢰도에서 $\mu = 1.009 \pm 0.024$ oz이다.

3.6.4 작은 표본 크기($n \leq 30$)에 대한 단수 평균의 가설검정

측정량에 대한 정확한 결정을 하기 위하여 때때로 통계학을 사용하는 것이 필수적이다. 예를 들면 표 3.3에 나타난 압력의 측정을 고려하여 보자. 이것은 12시간 동안 얻어진 평균압력이 400.77 MPa인 100개의 단수 표본을 나타낸다. 만약 추가적으로 표본이 더 얻어지고 각각의 표본의 평균 압력이 구해진다면 평균 압력은 중심극한정리에 기초하여 정규분포로 가정할 수 있다. 그리고 관찰된 압력이 4 MPa가 되는지의 여부를 확인해야 한다. 이러한 결정을 하기위한 가장 일반적인 방법 중의 하나가 가설검정이다. 일반적으로

가설검정에는 2개의 가설이 있다. 하나는 **기무가설**(*null hypothesis*)이고 다른 하나는 **대립가설**(*alternate hypothesis*)이다.

가설검정을 하기위한 첫 번째 단계는 **기무가설**을 세우는 것이다. 가설검정은 단일 평균과 관계되기 때문에 다음과 같은 형태를 가진다.

$$H_0 : \mu = \mu_0 \tag{3.24}$$

여기서 μ_0는 특정상수 값이다.

가설검정의 두 번째 단계는 구체적인 **대립가설**을 세우는 것이다. 대립가설을 선택할 때는 무엇을 나타내기 위한 것인가를 고려해야 한다. 대립가설의 선택에 대한 3가지 방법이 있다.

1. **양측**(*two-tailed*)**검정**: 주로 모집단의 평균(μ)이 특정한 값(μ_0)과 다른지 아닌지에 대해 결정하는 것에 관심이 있다면 대립가설은 다음과 같이 가정한다.

$$H_a : \mu \neq \mu_0 \tag{3.25}$$

2. **좌측**(*Left-tailed*)**검정**: 주로 모집단의 평균(μ)이 특정한 값(μ_0)보다 작은지 아닌지에 관심이 있다면 다음과 같이 가정한다.

$$H_a : \mu < \mu_0 \tag{3.26}$$

3. **우측**(*Right-tailed*)**검정**: 마지막으로 모집단의 평균(μ)이 특정한 값(μ_0)보다 큰지 아닌지를 결정하기를 원한다면 다음과 같이 가정한다.

$$H_a : \mu > \mu_0 \tag{3.27}$$

그림 3.12와 같은 대립가설의 유용한 그래프 표현을 나타낼 수 있다.

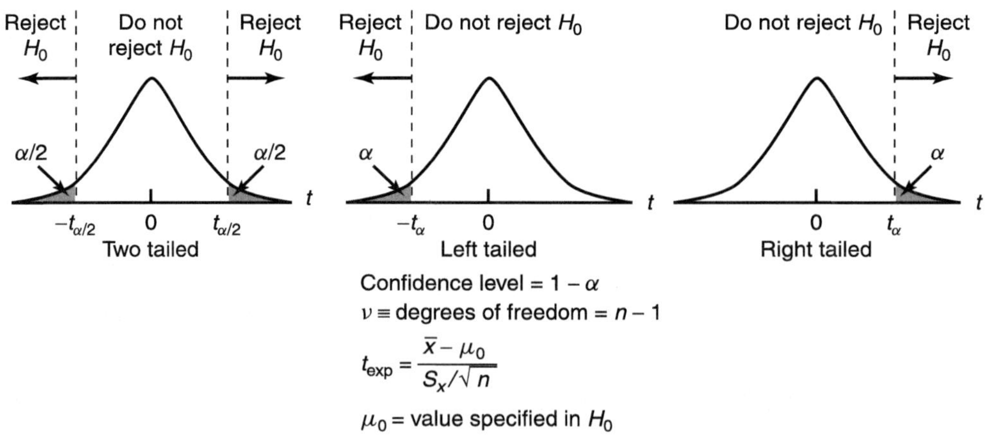

그림 3.12 기무가설의 기각에 대한 기준

가설검정의 적용을 위하여 다름과 같은 절차를 수행해야한다.

1. 기무가설과 대립가설의 정의
2. 신뢰수준의 정의, $c\%$
3. 데이터로부터 $t_{\exp}$ 계산
4. 표 3.5에서 자유도(ν)를 사용하여 적절한 $t_{\alpha,\nu}$의 값을 결정한다.
5. 만약 $t_{\exp}$가 H_0의 기각영역 있다면 H_0를 기각하고 대립가설(H_a)를 받아들인다.
6. 만약 $t_{\exp}$가 H_0의 기각영역 밖에 있다면 지정된 신뢰수준에서 H_0를 기각하기 위한 충분한 데이터를 가지지 못했다고 추론한다. H_0를 기각하고 H_a를 받아들일 때 가장 강력하게 가설을 뒷받침 한다.

예제 3.7 예제 3.6의 데이터를 사용하여 1온스 무게의 추 14개의 표본이 실제 평균 무게가 1온스보다 큰 무게의 모집단으로부터 얻어졌다면 99%의 신뢰 수준으로 가정하여 결정하라.

풀이

$$H_0 : \mu = 1.00 \text{ oz}$$
$$H_a : \mu \geq 1.00 \text{ oz}$$
$$t_{\exp} = \frac{\bar{x} - \mu_0}{S_x/\sqrt{n}} = \frac{1.009 - 1.000}{0.04178/\sqrt{14}} = 0.806$$
$$\nu = (14 - 1) = 13$$
$$t_{\alpha,\nu} = t_{0.01,13} = 2.650$$

이것은 우측검정이며 $t_{\exp}$가 H_0를 기각하지 않는 영역에 있기 때문에 모집단의 평균이 1온스의 무게와 비슷한 신뢰수준 99%라고 결론짓는다.

3.6.5 큰 표본 크기($n \geq 30$)에 대한 단수 평균의 가설검정

큰 표본 크기에 대해서는 $t_{\alpha,\nu}$가 z_α로 로 변환되고 $t_{\exp}$가 다음과 같이 변환되는 것을 제외하고는 3.6.4절에 제시된 6단계를 따른다.

$$\frac{\bar{x} - \mu_0}{S_x/\sqrt{n}} = z_{\exp} \tag{3.28}$$

그림 3.12는 $t_{\alpha,\nu}$ 의 극한이 z_α로 변환될 때 기무가설의 기각의 여부에 대해서 유사한 기준으로 설명될 수 있다.

예제 3.8 표 3.3의 압력으로부터 신뢰수준 99%에서 실험데이터로부터 얻어진 값이 4 MPa의 목표압력을 나타낼 수 있을까?

풀이

$$H_0 : \mu = 4.00\ \text{MPa}$$
$$H_a : \mu \neq 4.00\ \text{MPa}$$
$$z_{\text{exp}} = \frac{\bar{x} - 4.00\ \text{MPa}}{S_x/\sqrt{n}} = \frac{4.008 - 4.000}{0.014/\sqrt{100}} = 5.714$$

$n \geq 30$ 이기 때문에 극한으로 $\pm z_{\alpha/2}$를 사용할 수 있다. 표 3.2에서 $z_{0.005} = 2.575$이다.

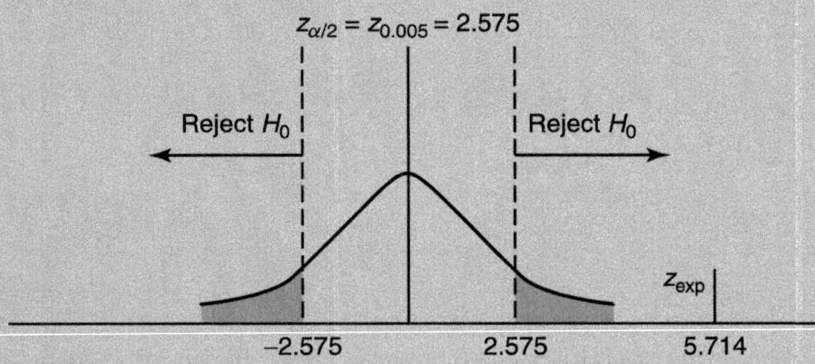

z_{exp}가 H_0의 기각영역에 있기 때문에 H_0를 기각하고 H_a를 받아들인다. 따라서 이 데이터는 99%의 신뢰수준에서 4 MPa의 목표 압력은 정확하게 표현할 수 없다는 것을 나타낸다.

3.6.6 표본평균의 t 검정 비교

만일 두 표본을 완전히 그들의 평균에 기초하여 비교하려면 식 3.21을 이용할 수 있다[4].

$$t = \frac{\bar{x}_1 - \bar{x}_2}{\sqrt{\left(S_1^2/n_1\right) + \left(S_2^2/n_2\right)}} \tag{3.29}$$

여기서 $\bar{x}_1$, S_1, n_1과 $\bar{x}_2$, S_2, n_2는 각각 두 표본의 평균, 표준편차, 크기를 의미한다. 이 t 값은 표 3.5에서 찾은 $\pm t_{\alpha/2,\nu}$에 비교되고 α는 임의로 선정된 신뢰수준$(1-\alpha)$에 대한 것이다. 자유도 ν는 다음 식으로 근사화된다.

$$\nu = \frac{\left[\left(S_1^2/n_1\right) + \left(S_2^2/n_2\right)\right]^2}{\dfrac{\left(S_1^2/n_1\right)^2}{n_1 - 1} + \dfrac{\left(S_2^2/n_2\right)^2}{n_2 - 1}} \tag{3.29a}$$

여기서, ν는 가장 가까운 정수로 반올림된다[4]. 2개의 표본 평균에 대한 특정 조건을 결정하기 위하여 3.6.4절의 가설검정 절차를 사용할 수 있다.

예제 3.9

한 아파트의 관리인이 유사한 조건하에 두 주요 상표의 전구들의 수명을 비교하고자 한다. 전구 수명은 달로 표현되며 다음과 같은 표본 데이터를 얻었다.

전구A 7.2, 7.6, 6.9, 8.2, 7.3, 7.8, 6.6, 6.9, 5.5, 7.4, 5.7, 6.2

전구B 7.5, 8.7, 7.7, 7.5, 6.7, 11.2, 7.0, 10.7, 7.0, 8.6, 6.1, 6.3, 7.8, 8.7, 6.1

풀이: 각 표본의 평균과 표준편차를 계산하면 다음과 같다.

전구A	전구B
$\bar{x}_A = 6.94$ mo	$\bar{x}_B = 7.84$ mo
$S_A = 0.82$ mo	$S_B = 1.53$ mo
$n_A = 12$	$n_B = 15$

검정에 대한 가설은 다음과 같다.

$$H_0 : \bar{x}_A = \bar{x}_B$$
$$H_a : \bar{x}_A \neq \bar{x}_B$$

양측 검정에 대한 결과는 그림 3.12에 나타내었다. 식 3.29a로 자유도를 결정하면

$$\nu = \frac{\left[(0.82)^2/12 + (1.53)^2/15\right]^2}{\dfrac{\left[(0.82)^2/12\right]^2}{12-1} + \dfrac{\left[(1.53)^2/15\right]^2}{15-1}}$$
$$\approx 22 \quad \text{(rounded down)}$$

이고, 식 3.29에서 검정 통계를 계산하면

$$t_{\text{exp}} = \frac{6.94 - 7.84}{\sqrt{(0.82)^2/12 + (1.53)^2/15}} = -1.954$$

신뢰수준 $(1-\alpha) = 0.95$ 에 대해 표 3.5에서 t의 임계값을 찾으면

$$\pm t_{0.05/2,22} = \pm t_{0.025,22} = \pm 2.074$$

t_{exp} 값이 영역내에 있기 때문에 전구 A와 전구 B가 95% 신뢰수준으로 큰 차이가 없다고 결론 내릴 수 있다. 큰 표본 평균의 비교에($\nu > 30$)대해서는 식 3.29의 t를 z로 바꾸어 해결할 수 있다.

3.7 카이제곱(χ^2)검정

만약 분포가 그림 3.13과 같이 오른쪽으로 경사진 곡선의 형태를 가진다면 카이 제곱분포를 가지기 위해서는 변수를 고려하여야 한다. 곡선 아래의 전체 면적은 1이다. 그리고 자유도 ν가 커짐에 따라 카이제곱 분포는 정규 분포와 비슷한 대칭 분포에 가까워진다. 표 3.6은 α와 ν의 다양한 값에 대한 χ^2의 값은 표 3.6에 나타낸다.

카이제곱의 적합도 검정 통계는 다음과 같이 정의된다.

$$\chi^2 = \sum_{i=1}^{k} \frac{(O_i - E_i)^2}{E_i} \tag{3.30}$$

여기서 $O_i =$ 관찰되는 빈도수

$E_i =$ 기대되는 빈도수

$k =$ 비교되어지는 변수의 총 수

$\nu = k - 1$

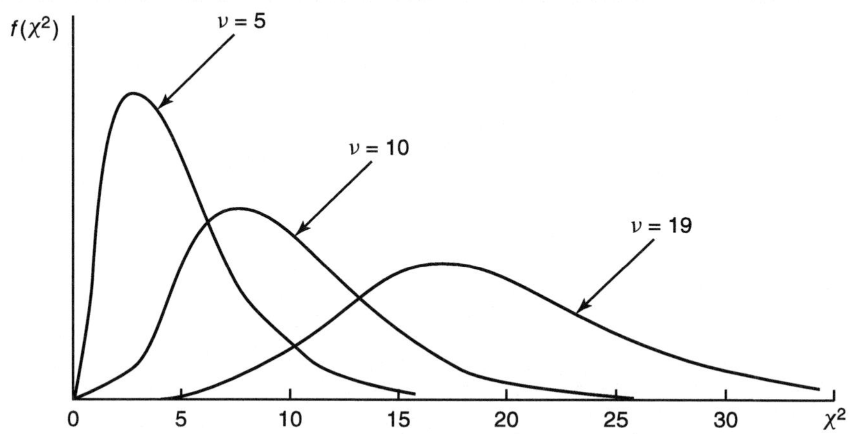

그림 3.13 χ^2통계의 확률 분포

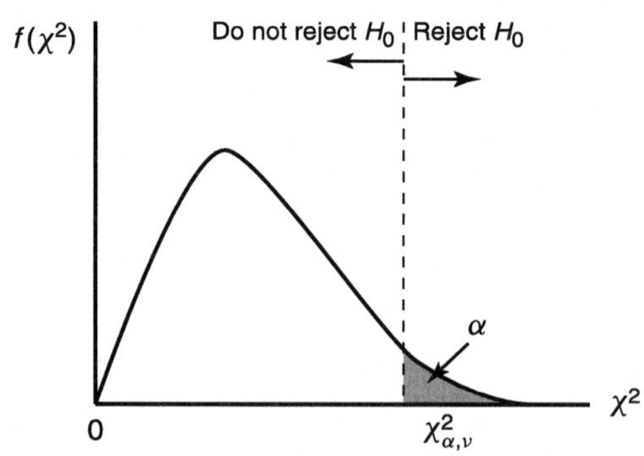

그림 3.14 기무가설의 기각에 대한 χ^2의 기준

카이제곱 통계(χ^2)가 양의 값으로 정의되기 때문에 우측검정은 가설검정을 적용한다 (그림 3.14 참조). 관찰 데이터 수가 기대되는 데이터 수에 근접할 때 χ^2의 값이 0에 가까워지는 것을 확인해라.

표 3.6 χ^2 분포표($\chi^2_{\alpha,\nu}$)

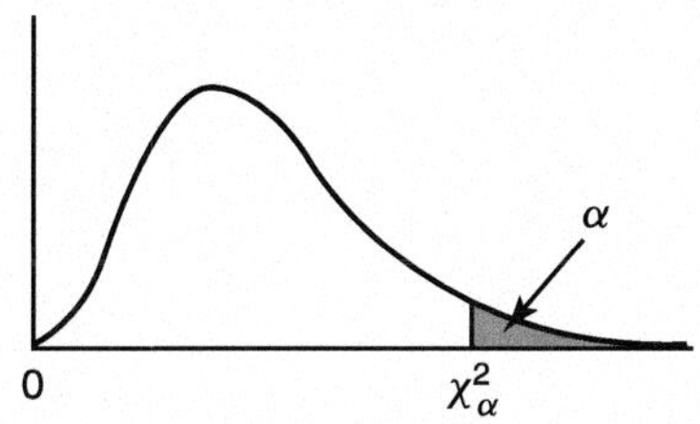

ν	$\chi^2_{0.995}$	$\chi^2_{0.99}$	$\chi^2_{0.975}$	$\chi^2_{0.95}$	$\chi^2_{0.05}$	$\chi^2_{0.025}$	$\chi^2_{0.01}$	$\chi^2_{0.005}$	ν
1	0.000	0.000	0.001	0.004	3.841	5.024	6.635	7.879	1
2	0.010	0.020	0.051	0.103	5.991	7.378	9.210	10.597	2
3	0.072	0.115	0.216	0.352	7.815	9.348	11.345	12.838	3
4	0.207	0.297	0.484	0.711	9.488	11.143	13.277	14.860	4
5	0.412	0.554	0.831	1.145	11.070	12.832	15.086	16.750	5
6	0.676	0.872	1.237	1.635	12.592	14.449	16.812	18.548	6
7	0.989	1.239	1.690	2.167	14.067	16.013	18.475	20.278	7
8	1.344	1.646	2.180	2.733	15.507	17.535	20.090	21.955	8
9	1.735	2.088	2.700	3.325	16.919	19.023	21.666	23.589	9
10	2.156	2.558	3.247	3.940	18.307	20.483	23.209	25.188	10
11	2.603	3.053	3.816	4.575	19.675	21.920	24.725	26.757	11
12	3.074	3.571	4.404	5.226	21.026	23.337	26.217	28.300	12
13	3.565	4.107	5.009	5.892	22.362	24.736	27.688	29.819	13
14	4.075	4.660	5.629	6.571	23.685	26.119	29.141	31.319	14
15	4.601	5.229	6.262	7.261	24.996	27.488	30.578	32.801	15
16	5.142	5.812	6.908	7.962	26.296	28.845	32.000	34.267	16
17	5.697	6.408	7.564	8.672	27.587	30.191	33.409	35.718	17
18	6.265	7.015	8.231	9.380	28.869	31.526	34.805	37.158	18
19	6.844	7.633	8.907	10.117	30.144	32.852	36.191	38.582	19
20	7.434	8.260	8.591	10.851	31.410	34.170	37.566	39.997	20
21	8.034	8.897	10.283	11.591	32.671	35.479	38.932	41.401	21
22	8.643	9.542	10.982	12.338	33.924	36.781	40.289	42.796	22
23	9.260	10.196	11.689	13.091	35.172	38.076	41.638	44.181	23
24	9.886	10.856	12.401	13.848	36.415	39.364	42.980	45.558	24
25	10.520	11.524	13.120	14.611	87.652	40.646	44.314	46.928	25
26	11.160	12.198	13.844	15.379	38.885	41.923	45.642	48.290	26
27	11.808	12.879	14.573	16.151	40.113	43.194	46.963	49.645	27
28	12.461	13.565	15.308	16.928	41.337	44.461	48.278	50.993	28
29	13.121	14.256	16.047	17.708	42.557	45.722	49.588	52.336	29
30	13.787	14.953	16.791	18.493	43.773	46.979	50.892	53.672	30

예제 3.10 한 쌍의 주사위가 "참"인지 아닌지를 결정하기 위해 검정된다. 주사위가 던져질 때, 360번을 던진 후의 결과는 아래의 표와 같다.

Face-Up Sum	Frequency
2	8
3	25
4	29
5	42
6	53
7	55
8	46
9	39
10	29
11	22
12	12

만약 주사위가 99% 신뢰 수준에서 참인지 아닌지를 결정하라.

풀이: 이 경우에 기무가설과 대립가설은 다음과 같다.

H_0 : 빈도수는 같다.

H_a : 빈도수는 다르다.

그림 3.6에서 보여주는 예상 분포를 사용한 표는 다음과 같이 작성할 수 있다.

Face-Up Sum	Observed Frequency	Expected Frequency
2	8	10
3	25	20
4	29	30
5	42	40
6	53	50
7	55	60
8	46	50
9	39	40
10	29	30
11	22	20
12	12	10

실험적 χ^2-통계량은

$$\chi^2_{\text{exp}} = \sum_{i=1}^{11} \frac{(O_i - E_i)^2}{E_i} = \frac{(8-10)^2}{10} + \frac{(25-20)^2}{20} + \cdots + \frac{(12-10)^2}{10}$$
$$= 3.358$$

99% 신뢰수준에 대하여 $\alpha = 1 - 0.99 = 0.01$; 자유도의 수 $\nu = k - 1 = 10$이다. 따라서 적절한 χ^2-통계량은 다음과 같다.

$$\chi^2_{0.01,10} = 23.209$$

따라서 $\chi^2{}_{\text{exp}} < \chi^2{}_{0.01,10}$ 이기 때문에 주사위는 신뢰수준 99%에서 참이다.

3.7.1 가우스 분포에 기반을 둔 적합도

앞에서 기술했듯이 실험 데이터의 분포는 흔히 식 3.6으로 표현되는 가우스분포를 따른다. 그러나 명심해야 할 한 가지는 이 가정이 항상 성립하는 것은 아니라는 사실이다. 예를 들어 몇 급속에 대한 피로강도 데이터는 소위 와이블 분포(distribution)에 접근한다. 다른 분포들은 장의 맨 뒤에 있는 추천도서를 참고하라. 주어진 데이터 집단은 가정된 분포에 따를 수도 있고 따르지 않을 수도 있기 때문에, 그리고 충실도는 단지 근사화될 수 있기 때문에 통계 오차 계산에 기반을 둔 중요 결정에 앞서 어떤 **적합도**(*goodness of fit*) 추정이 되어야 한다. 다음 단원에서 식 3.6으로 정의된 통상의 가우스 분포에 적용될 적합도 검정을 논의한다.

처음부터 독자에게 어느 정도 완전하고 논쟁의 여지가 없는 장점을 갖는 완벽한 검토는 없다는 것을 조언한다. 기껏해야 최종의 채택 도는 기각이 실험자의 판단으로 남겨지면서 **신뢰수준**(*confidence level*)자격심사가 적용될 것이 틀림없다.

가장 간단한 방법은 단순히 히스토그램을 그리거나 결과를 육안(eyeball)검사하는 것이다. 근사적 종형으로 나타나는 것은 "예", 그렇지 않으면 "아니오"이다. 이러한 접근은 잘못된 결론이 되기 쉽다. 히스토그램의 양상은 때때로 계급구간의 수를 재조정하면 근본적으로 변할 수 있다.

두 번째 방법은 상대적으로 쉽고 효과적이며 **정규확률도**(*normal probability plot*)를 사용해 그래프로 검토하는 것이다. 이 기법은 기술 자료를 취급하는 대대분의 서점에서 구할 수 있는 특수 그래프용지[8]를 필요로 한다. 그래프의 한 축은 합계된 데이터 빈도들의 누적확률(%)을 나타낸다. 다른 축은 표본내 데이터 값의 범위를 줄 수 있도록 눈금이 매겨져야 한다. 데이터 그림이 직선에 더 가까울수록 평균이 50%점에 더 가까울수록 정규분포에 더 적합성이 좋다. 최종 판단은 주관적이며 실험자의 판단에 의존한다. 직선으로부터 상당한 변화는 가우스 분포를 기초로 한 임의 계산 값들 특히 계산된 표준편차의 의미 등에 심각한 의심을 불러일으키게 된다. 다음 예제는 그 과정을 설명하고 있다.

---

8) 직접 정규확률지를 만들기 위해서는 참고문헌 [5]의 25쪽을 확인해라.

예제 3.11 표 3.3에서 주어진 압력 데이터를 이용하여 그래프 법을 설명하라.

풀이: 이 데이터들을 취급시 평균을 중심으로 하여 계급구간(궤)을 임의로 조정하여 8 간격과 각각의 폭을 0.010 MPa로 가정한다. 이러한 기본 규약을 이용해 표 3.7이 준비된다.

그래프의 종좌표는 각 구간의 상한을 의미한다. 이 양들은 횡축에 그려진 누적값과 상호 연관된다. 줄 A의 데이터가 줄 D의 백분율에 대해 그려지면 그림 3.15이 된다.

0이나 100%를 그린다는 것은 불가능하다. 그 이유는 역시 데이터가 없거나 한계 구간 밖에 한 개의 추가 데이터가 있어서 그림을 지나치게 변형시키기 때문이며 두 끝점은 일반적으로 최종 판단에 약간 고려될 뿐이다. 그림 3.15에 기초하여 압력 데이터는 양호한 가우스 분포를 보이고 있다고 할 수 있다. 그림 3.16는 비직선형 정규 확률도로부터 나타날지 모르는 일반적인 불일치와 그 원인들을 예시하고 있다.

표 3.7 정규확률도 작성을 위해 구성된 표 3.3의 압력데이터

A	B	C	D
3.965	1	1	1.01
3.975	3	4	4.04
3.983	12	16	16.16
3.995	25	41	41.41
4.005	33	74	74.75
4.015	17	91	91.92
4.025	6	97	97.98
4.035	2	99	99.00
4.045	1*	100	100.00

A = 계급구간 한계. 임의로 $0.75 \times S_p = 0.010$ MPa로 취함
B = 각 계급구간 내 데이터 개수
C = 누적데이터 개수
D = 퍼센트 누적 데이터 개수
* 경험에 의해 흔히 $\pm 3S_x$ 한계 밖의 데이터를 임의로 버린다. 이론적으로 공차 밖의 데이터를 버리면 평균과 표준편차를 당연히 재조정할 수 있다. 이 특별 경우 그 변화는 작아서 추가 작업이 필요 없을 정도일 것이다.

다른 일반적인 적합도에 대한 검정은 χ^2-통계량에 기초를 둔다. 이 방법에 대한 수행은 상당한 데이터 조작과 실험자의 부분적인 판단이 요구된다. 추가로 이 방법은 작은 표본추출에는 적절하지 않다. 이 일반적인 수행은 검정 데이터를 적절한 **계급구간**이나 궤의 수로 분할하고 각 구간내에서 관찰 빈도수(O_i)를 결정하고 **기대되는** 데이터 수(E_i)와 비교를 하기위한 것이다. 이 기대되는 수는 검정의 목적에 따른 "기준"에 기초한다. 만약 검정이 검정 데이터의 정상 상태를 결정하기 위한 것이라면 그 기준은 정규 확률 분포이다.

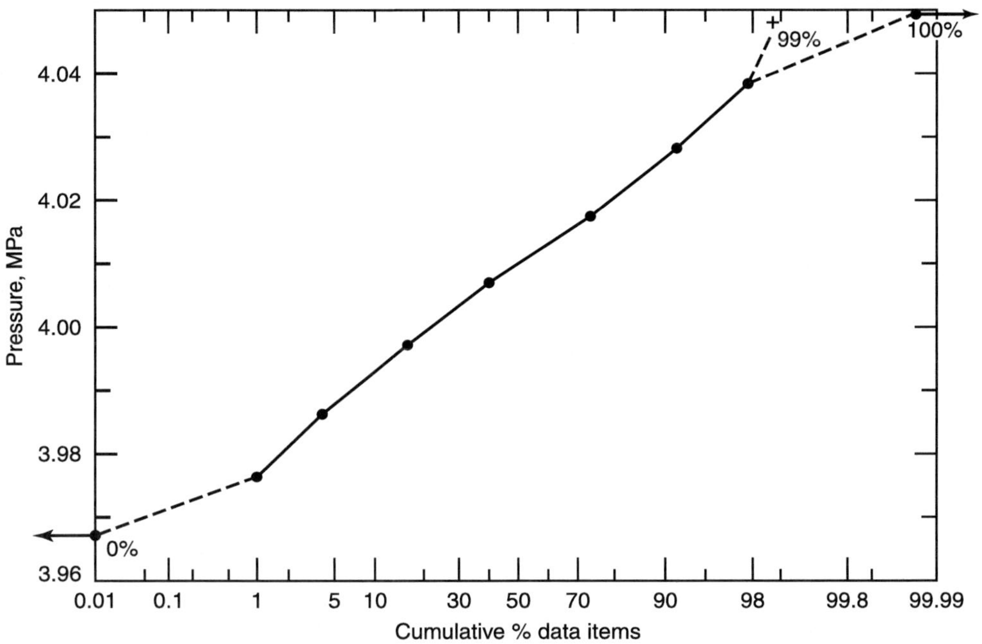

그림 3.15 표 3.7에 기재된 데이터의 정규확률도

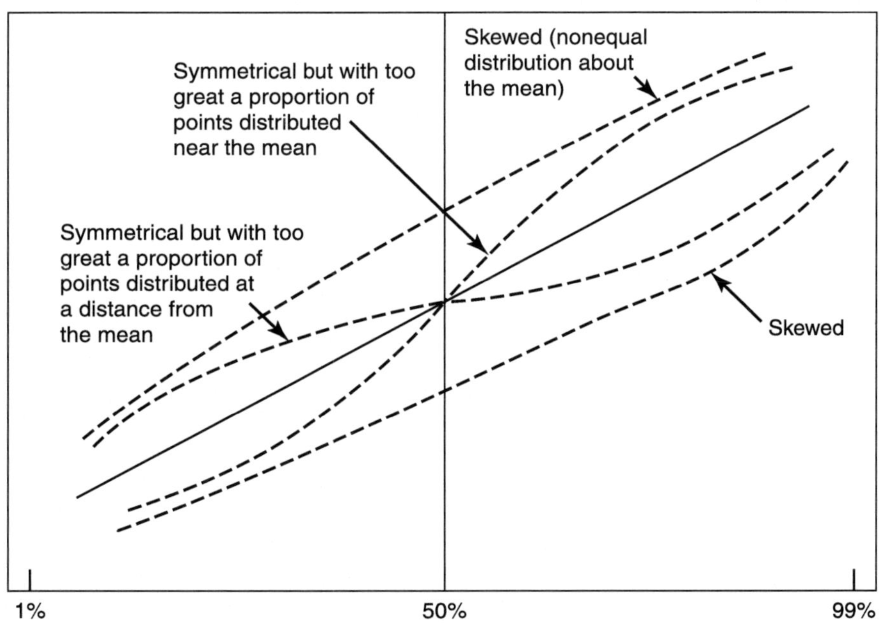

그림 3.16 정규확률도 위에 표현된 경사지고 비뚤어진 데이터의 원인 및 효과

표 3.8 χ^2-검정에 따른 표 3.3의 압력 데이터

Pressure, in MPa	Observed Frequency, O_i	Expected Frequency, E_i
3.965		
	1	0.80
3.975		
	1	4.14
3.985		
	12	12.57
3.995		
	25	20.06
4.005		
	33	31.47
4.015		
	17	19.63
4.025		
	6	8.54
4.035		
	2	2.27
4.045		

이에 반해서 기준이 단순히 데이터가 그 목적의 관점에서 만족스럽게 고려되었는지 하는 것이다. 예를 들어 “검정 데이터가 기준 수준에 얼마나 잘 맞는가”이다.

적용 한계

1. 원래 실험적으로 결정된 O_i의 값은 수치적인 계산이다. 이것은 정수이다. 분수의 경우에는 발생되지 않는다.
2. bin내에서 O_i에 대한 빈도수는 단일값보다 크거나 같아야 한다. 점유되지 않은 bin은 없어야 한다.
3. 카이 제곱의 사용은 보통 O_i나 E_i의 cell이나 bin의 값의 20%가 5이하의 값을 가질 때 문제가 된다. 종종 cell이나 bin이 이 문제를 해결하기 위하여 결합되어질 수 있다.

표 3.7의 데이터데 대한 “관찰 값”O_i B단에 있다. “기대 값” E_i를 결정하기 위해서 4.008 MPa의 평균압력 $\bar{p}$ 과 0.014 MPa의 표준편차(S_p)를 가지는 가우스 분포를 정의해야 한다. 표 3.2에 있는 $\bar{p}$와 S_p 그리고 n을 사용하여 E_i를 계산한 값을 표 3.8에 나타낸다. 마지막으로, 8 bin 중에 몇몇이 5보다 작은 값은 가지기 때문에 $k = 6$이 되도록 $\chi^2{}_{\text{exp}}$를 계산하기 전에 첫 번째 2개와 마지막 2개를 결합한다.

식 3.30과 $\alpha = 0.05$와 $\nu = k - 3 = 3$을 적용하면 다음과 같다.

$$\chi^2_{\exp} = \sum_{i=1}^{6} \frac{(O_i - E_i)^2}{E_i} = \frac{(2-4.94)^2}{4.94} + \frac{(12-12.57)^2}{12.57} + \cdots + \frac{(8-10.81)^2}{10.81}$$
$$= 4.15$$

$$\chi^2_{\alpha,\nu} = \chi^2_{0.05,3} = 7.815$$

그림 3.14를 참고하여 $\chi^2_{\exp} < \chi^2_{\alpha,\nu}$ 이기 때문에 압력 데이터가 정규 분포화 되었다고 결론 지을수 있다.

특히 중요한 것은 $\nu = k - 3$이라는 사실이다. 이것은 평균의 bin의 수와 표준편차가 실험적인 데이터로부터 선택되어졌기 때문이다.

3.8 컴퓨터에 의한 통계해석

통계 해석은 흔히 매우 큰 데이터 집단을 포함할 수 있으며 광범한 통계 검정의 적용을 요구할 수 있다. 따라서 이러한 데이터 해석을 돕기 위해 많은 통계 소프트웨어(software)들이 개발되어 왔다. 상업적으로 판매되는 것들은 MINITAB[9)]와 SPSS[10)]를 포함한다. 이러한 패키지(package)들은 중앙 컴퓨터에서 개인용 컴퓨터로 연결해서 사용 가능하다.

앞 절들의 통계기법들은 표본적으로부터 통계적 결론을 끌어내기 위해 요구되는 노동집약적 계산들을 줄이기 위해 최근에 개발되었다. 이 방법들은 모집단의 확률분포가 기지로 가정될 때 주로 가능하다. 그러나 디지털 컴퓨터는 자세한 통계 계산을 쉽게 한다. 그 결과 일단의 현행 통계 해석은 고전적 해석과 연관된 가정들을 해제하기 위해 컴퓨터 기법을 이용하는 방향으로 가고 있다. 예를 들자면 가우스 분포화된 모집단을 가정하지 않고 작은 표본의 신뢰구간을 결정할 수 있을까?

3.9 편의 표본과 단수표본 불확도

반복 표본 데이터(repeat-sampled)데이터의 정밀 오차는 통계 방법을 이용하여 그 크기를 한계지을 수 있게 하면서 그 자신의 분포를 알게 해 준다. 편의 오차는 그 계통적 본질 대문에 그 크기나 존재에 대해 아무런 직접적 확신을 주지 못한다. 어떤 측정시 편의 오차를 밝히는 유일한 직접적 방법은 별도의 가능한 더 정밀한 실험장치를 이용하여 얻어진 측정들과 비교에 의한 것이다.

---

9) Minitab은 Minitab Inc, 3081 Enterprise Drive, State College, PA 16801에 의해 등록되어 있다.
10) SPSS는 SPSS Ino., 444 N. Michigan Avenue, Chicago IL, 60611의 등록상표이다.

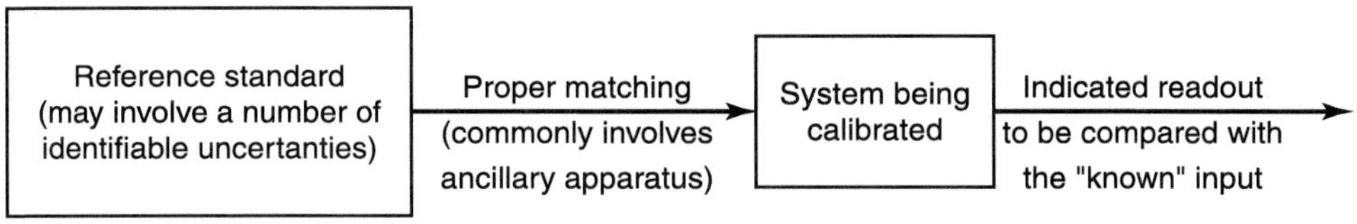

그림 3.17 교정 과정을 보여 주는 블록도(block diagram)

불행히도 별도의 장비들은 비용과 시간 제약 대문에 드물게 사용된다. 대신에 있음직한 편의 오차의 크기를 평가하기 위해 실험자 자신의 장비에 대한 지식에 의존한다. 편의 불확도의 평가는 주로 경험에 의존하며 교정 정확도와 치구 공차의 이해에 의존한다. 비록 그러한 경험과 이해로도 예기치 안은 편의 오차는 간과될 수 있다. 근면성, 끈덕짐, 결과의 세심한 조사가 그러한 오차를 찾아내고 제거하는 데 필수적이다.

편의 불확도의 평가는 승산(가능성)이나 신뢰 수준이 동반되어야 한다[6]. 통계적 신뢰 수준들과는 달리 편의 불확도에 대한 승산은 엄격하게 결정될 수 없다. 부여된 신뢰 수준은 계에 대한 인식의 산물이며 그 불확도 구간내에 편의 오차가 놓일 비율에 대한 평가를 반영하는 것이다. 때때로 **적용 범위**(coverage)란 용어는 통계 방법들을 이용하여 유도된 통계적 신뢰 수준들과 대조적으로 이 추정치들의 본질을 반영하기 위해 신뢰도 대신에 사용된다.

앞서 편의 오차의 일반적 원인에 대해 논의했다. 이제 몇 가지 세부사항을 살펴보도록 하자.

데이터 축소(data reduction)는 흔히 물리적 성질, 계의 치수나 전기적 성질들에 대한 지식을 요구한다. 예를 들어 유량계(flow-meter)는 물의 밀도와 관 직경에 의존한다. 증폭기의 이득은 저항값에 의존할 것이다. 이 요소들의 가정된 값과 실제 값 사이의 차는 취해진 전체 데이터를 계통적으로 변화(shift)시킬 수 있다.

물의 밀도를 찾기 위해 온도가 규정되고 도표화된 편람값이, 예를 들어 998 kg/m^3이라 하자. 예컨대 온도 편람 데이터에서 오차는 밀도의 2 kg/m^3의 vsu의 불확도를 야기시킬 것이다. 이 불확도는 계에서 발생할 것으로 예상하는 변화의 95%를 점할 수도 있다. 이 부정확도는 특정한 밀도값을 이용해서 축소된 모든 데이터에 **계통적으로**(*systematically*) 영향을 미칠 것이다.

유사하게 관의 공칭 직경은 생산 직경과 1% 정도 다를지 모른다. 제조자가 매긴 저항기에 대한 값은 그 저항기의 실제 저항값과 상당히 다를 수 있다. 탄소 저항기에 대해 제조 공차는 ±5%나 ±10%정도일 것이며 고품질의 금속막 저항기에 대한 공차는 ±0.01%일 수 있다. 전통적으로 이 공차들은 95% 범위를 표현한다. 즉 모든 저항기의 95%정도의 변화인 것이다. 이와 같은 오차의 잠재 원인(source)은 계로부터 만들어진 모든 측정치에 불변으로 남아 있다.

만약 제조 공차와 연관된 불확도가 수용할 수 없을 정도로 크다면 특정 부품을 직접 측정하여 보통 그 불확도를 상당히 줄일 수 있다. 저항기 값의 불확도는 그것을 계측하는 저항계의 정확도로 줄일 수 있다. 혹은 관 직경은 측경기(calipers)들의 정확도로 측정될 수 있다. 비록 주의 깊게 결정된 편람 값을 통상 믿지만 필요하다면 물성 데이터 또한 계측될 수 있다.

교정 불확도는 또 다른 매우 통상적인 편의 불확도의 근원이다. 교정은 계응답이 비교될 수 있는 참고치(reference)나 표준(standard)을 요구한다. 참고치는 물의 삼중점이나 실제 온도 눈금을 정의하는 데 사용되는 다른 삼중점과 용융점같이 **고정**(fixed)되거나 **단일값**(*one-valued*)을 갖는다(2.7절 참조). 다른 방도로 표준은 여러 상업적으로 유용한 전압 참고치를 주는 것같이 계의 범위에 비교될 수 있는 입력의 범위를 줄 수 있다. 당연히 표준의 불확도는 교정되는 계의 불확도보다 상당히 작아야 한다. 경험에 의하면 표준의 불확도는 교정되는 계의 불확도의 1/10을 넘지 않아야 한다.

그림 3.17은 대표적 교정 과정을 보여 준다. 정상적으로 지시된 판독치는 참고 표준과 비교되며 둘 사이의 관계가 결정된다. 때때로 판독 눈금은 표준에서 얻은 것과 일치할 때까지 조정될 수 있다. 때로는 표준값에 대한 판독치를 관계짓기 위해 직선 맞춤이 사용된다. 어느 경우이든 부가적 불확도가 비교와 조정 과정에서 나타난다.

계기 제조자는 흔히 자기 제품과 함께 교정 데이터를 공급하며 그것은 계기의 불확도를 평가하는 데 도움을 줄 수 있다. 예를 들어 특정한 위치 변환기는 센서변위 mm당 0.8 V가 출력되도록 매겨져 있다. 제조자는 규정된 승산이나 불확도를 직접적으로 표기하지 않는다. 그러나 불확도를 대략 0.05 V/mm로 가정한다. 왜냐하면 이것이 교정의 명시된 분해능이기 때문이다. 적용 범위(coverage)또한 모르지만 장치를 사용한 경험에 의하면 90에서 95% 범위가 타당성 있는 가정이다. 필요하면 측정하는 사람 자신이 직접 교정을 수행해서 불확도를 줄일 수 있다.

편의 불확도를 평가하는 예들이 3.11절에 제시되어 있다.

3.9.1 단수표본 정밀 불확도

단지 한 번, 두 번 또는 세 번의 반복 관찰이 행해질 때 통계적으로 계산된 신뢰구간은 아주 클 수 있다. 그런 상황에서 장비에 대한 지식에 기초한 표준편차를 평가해서 편의 오차처럼 정밀 오차를 취급하면 평균값에 대한 더 좁은 영역을 결정할 수도 있다.

예를 들어 시험 조건의 무작위 변화는 DMM(digital multi-meter)의 판독치의 변동을 야기할 수 있지만 눈금 읽기가 한 차례 행해지면 무작위 변화는 단순히 이 변수의 참값에 대한 전체 영역의 불확도를 생산할 뿐이다. 19:1의 승산에서 불확도는 시험 조건 표준편차의 2배이다. 다른 말로 하면 $\pm 1.96\sigma \approx \pm 2\sigma$는 판독치의 95%(또는 19:1)을 점할 것이다. 만일 반대로 동일 측정이 수 차례 행해지면 무작위 변화는 평균되고 통계학은 평균값에 대한 더 좁은 한계를 짓는 데 사용 될 수 있다.

실험자는 좀 더 명확하게 일회표본 평가를 구성할 수 있으며, 실험계에 대한 지식을 바탕으로 σ를 어떤 값(말하자면 σ_e) 으로 추정하여 시작한다. 그러므로 모집단의 σ는 알고 있다고 가정하고 식 3.18에 의해 정밀 불확도는 다음과 같이 평가될 수 있다.

$$P_x \approx z_{c/2}\frac{\sigma_e}{\sqrt{n}} \tag{3.31}$$

일회 판독 값, 즉 $n = 1$이면 불확도를 줄이는 어떠한 평균값도 수행되지 않는다. 95% 신뢰수준을 취하면 $z_{0.95/2} = 1.96$이고

$$P_x \approx 1.96\sigma_e \quad (95\%) \tag{3.32}$$

확률변수의 단일 측정에 연관된 잠재적 정밀 오차는 보통 장비가 얼마나 미세하게 분해하는가, 게기가 얼마나 정밀하게 읽기를 반복하는가 또는 실험 조건이 얼마나 많이 변동하는가에 대한 여러분의 지식으로 평가될 수 있다. 흔히 이러한 추정은 결과의 예상 불확도를 측정하기 위해 실험수행에 앞서 행해질 수 있다.

3.11절은 일회표본 불확도의 한 예를 포함한다.

3.10 불확도의 전파

흔히 몇 개의 양들이 측정되고 그 척정 결과는 요구 결과를 계산하기 위해 사용된다. 예를 들어 밀도의 실험값들은 통상 측정된 표본의 질량을 측정된 표본의 부피로 나누어 결정된다. 각 측정은 몇 개의 불확도를 포함하고 이 불확도들은 계산된 결과에 불확실를 발생시킨다. 그 불확도가 얼마인가?

개별변수의 불확도들 때문에 생긴 불확도를 구하는 것을 **불확도의 전파**(*propagation of uncertainty*)를 구한다고 한다. 독립 변수들의 불확도들에 대해 그 과정은 표준편차 σ_i를 갖는 몇 가지 독립 변수들의 한 선형 함수 y와 똑같다는 통계 이론에 의존한다. 그 이론은 y의 표준편차는 다음과 같다고 기술한다.

$$\sigma_y = \sqrt{\left(\frac{\partial y}{\partial x_1}\sigma_1\right)^2 + \left(\frac{\partial y}{\partial x_2}\sigma_2\right)^2 + \cdots + \left(\frac{\partial y}{\partial x_n}\sigma_n\right)^2} \tag{3.33}$$

마찬가지로 계산된 결과 y는 몇 개의 독립변수들$\{x_1,x_2, \ldots ,x_n\}$의 함수이다. 예를 들어 밀도는 질량과 부피의 함수이다. 각 측정된 값은 몇 개의 불확도, $\{u_1,u_2, \ldots ,u_n\}$를 갖고 있으며 이 불확도들은 y의 불확도 u_y에 영향을 준다. u_y를 추정하기 위해 각 불확도가 충

분히 작다고 가정하고 1차 테일러 전개(Taylor expansion)를 하면 다음과 같은 타당한 근사식을 얻을 수 있다

$$y(x_1+u_1, x_2+u_2, \ldots, x_n+u_n) \approx y(x_1, x_2, \ldots, x_n) + \frac{\partial y}{\partial x_1}u_1 + \frac{\partial y}{\partial x_2}u_2 + \cdots + \frac{\partial y}{\partial x_n}u_n \quad (3.34)$$

이 근사하에 y는 독립변수들이 한 선형함수이다. 이제 불확도들이 마치 표준편차들처럼 거동한다는 것을 가정하고 이론을 적용할 수 있다.

$$u_y = \sqrt{\left(\frac{\partial y}{\partial x_1}u_1\right)^2 + \left(\frac{\partial y}{\partial x_2}u_2\right)^2 + \cdots + \left(\frac{\partial y}{\partial x_n}u_n\right)^2} \quad (n:1) \qquad (3.35)$$

여기서 모든 불확도는 같은 승산을 갖고 서로 독립이어야 한다. 이 접근법은 S.J.Kline 과 F.A McClintock에 의해 1953년에 확립되었다[6].

불확도 u_i는 편의 불확도일 수도 있고 정밀 불확도일 수도 있다. 통상 y에서의 편의 불확도와 정밀 불확도들은 별도로 전파된다. 전체 불확도 U_y는 마지막 단계에서의 B_y 와 P_y에 의해 계산된다. 3.11.2절은 이 과정을 예시할 것이다.

식 3.35는 y가 어떤 공통 함수형을 가질 때 다음 예제애서 예시된 것처럼 단순화될 수 있다.

예제 3.12

y가 $y = Ax_1 + Bx_2$와 같은 형이고 x_1과 Bx_2에서의 불확도가 승산 n:1로 알려져 있다고 하자. y에서의 불확도는 얼마인가?

$$y = Ax_1 + Bx_2$$

풀이

$$\frac{\partial y}{\partial x_1} = A$$

$$\frac{\partial y}{\partial x_2} = B$$

식 3.35를 이용하면

$$u_y = \sqrt{(Au_1)^2 + (Bu_2)^2} \qquad (n:1) \qquad (3.36)$$

가산함수들에 대해 각 항의 절대(*absolute*) 불확도들이 근(root mean square) 의미로 조합되어 있다.

예제 3.13 y가 다음 유형을 갖고

$$y = A\frac{x_1^m x_2^n}{x_3^k}$$

불확도 x_1과 x_2와 x_3가 n:1의 승산이라고 알려져 있다면 y의 불확도는 얼마인가?

풀이

$$\frac{\partial y}{\partial x_1} = mA\frac{x_1^{(m-1)} x_2^n}{x_3^k}$$

$$\frac{\partial y}{\partial x_2} = nA\frac{x_1^m x_2^{(n-1)}}{x_3^k}$$

$$\frac{\partial y}{\partial x_3} = -kA\frac{x_1^m x_2^n}{x_3^{(k+1)}}$$

식 3.35를 사용하면

$$u_y = \sqrt{\left(mA\frac{x_1^{(m-1)} x_2^n}{x_3^k}u_1\right)^2 + \left(nA\frac{x_1^m x_2^{(n-1)}}{x_3^k}u_2\right)^2 + \left(-kA\frac{x_1^m x_2^n}{x_3^{(k+1)}}u_3\right)^2} \quad (n:1)$$

따라서 이 경우에 대해

$$\frac{u_y}{y} = \sqrt{\left(m\frac{u_1}{x_1}\right)^2 + \left(n\frac{u_2}{x_2}\right)^2 + \left(k\frac{u_3}{x_3}\right)^2} \quad (n:1) \tag{3.37}$$

곱셈형 함수에 대해 분수(*fractional*) 불확도들이 근 의미내에 조합되어 있다. 식 3.37의 가중치 m, n, k와 그들의 원(原, source)을 유의하라.

통상 각 오차 원은 다른 오차 원과 독립이다. 오차들은 모두 동일 부로인 것은 아닐 것이며 동시에 그것들 모두가 최대값들을 갖지는 않을 것이다. 그 이유 때문에 식 3.35는 근 의미내에 불확도들을 조합하고 있다. 그러나 몇 가지 경우에는 여러 불확도의 원이 독립이 아니다. 종속 오차(dependent error)들은 다른 독립 오차 원들과 근 의미로 조합되기 전에 함께 더해져야 한다.

3.11 불확도 해석의 예

3.11.1 비율 저항기

예제 3.14

탄소 저항기들은 그들의 공칭 저항을 규정하는 색코드 띠로 칠해진다. 각 저항기의 실제 저항은 제조시 변화 때문에 공칭값에 대해 무작위로 변한다. 저항기 모집단의 저항에 있어서 백분율 변화는 저항기의 **공차**(*tolerance*)로 간주된다. 상업용 탄소 저항기에 대해 이 변화는 5, 10 또는 20%이다.

어떤 실험 기능인이 한 상자 2000개의 저항기를 수령했다. 생산 오류의 결과로 이 로트에는 색코드 띠가 칠해지지 않았다. 공칭 저항과 공차를 결정하기 위해 그 기능인은 10개의 저항기를 선택해서 디지털 멀티미터로 저항들을 쟀다. 그 결과들이 다음에 도표화되어 있다.

숫자	저항(kΩ)
1	18.12
2	17.95
3	18.17
4	18.45
5	16.24
6	17.82
7	16.28
8	16.32
9	17.91
10	15.98

저항기의 공칭값은 얼마인가? 그 값의 불확도는 얼마인가? 정밀 불확도와 편의불확도를 고려하라. 공차를 추정할 수 있는가?

풀이: 저항기내의 정밀오차는 95% 신뢰구간을 구하기 위해 평균될 수 있다. 도표화된 데이터로부터

$$\bar{R} = 17.32\ \text{k}\Omega$$
$$S_R = 0.982\ \text{k}\Omega$$

평균 저항 $\bar{R} = 17.32\ \text{k}\Omega$은 명백히 저항기의 명시 공칭값이다.

평균값에 있어 불확도를 구하기 위해 정밀 불확도와 편의 불확도 모두가 평가되어야 한다. 정밀 불확도를 먼저 고려하자. 표 3.5에서 $\nu = 10 - 1 = 9$ 이고 $\alpha = (1 - 0.95)/2 = 0.025$,

$$t_{\alpha,\nu} = t_{0.025,9} = 2.262$$

식 3.22를 적용하면 불편(unbiased) 모평균 μ_R은 다음 범위 내에 있다.

$$\begin{aligned}\mu_R &= \bar{R} \pm t_{\alpha,\nu}\frac{S_R}{\sqrt{n}} \\ &= 17.32 \pm 2.262\frac{0.982}{\sqrt{10}}\ \text{k}\Omega \\ &= 17.32 \pm 0.70\ \text{k}\Omega \quad (95\%)\end{aligned}$$

그러나 이 답은 단지 규정된 정밀 오차 $P_R = 0.70$ kΩ에 대한 것이다. 이 결과에서 편의 오차는 얼마인가?

DMM의 교본에는 교정 상태가 표현되어 있다. 즉 가능한 편의 불확도(온도 표류, 연결선 저항들과 기타 원인들)가 다음과 같이 매겨져 있다.

±(판독치의 0.5% + 전체 눈금의 0.05% + 0.2 Ω)

신뢰도가 주어져 있지 않지만 95%로 가정하자. 계의 전체 눈금 읽기는 20 kΩ이고 항들을 산정한 후에 더하면 계의 편의 불확도가 추정될 수 있다.

$$B_R = \pm 96.8\ \Omega = \pm 0.10\ \text{k}\Omega \quad (95\%)$$

DMM 눈금의 읽기 오차는 단지 0.005 kΩ이며 DMM 읽기의 실제 불확도보다 훨씬 적다는 것을 유의하라! 이 DMM은 상대적으로 높은 분해능과 정밀도를 갖고 있지만 훨씬 낮은 정확도를 갖는다.

모평균에서의 전불확도는 식 3.4에서

$$\begin{aligned}U_R &= \left(B_R^2 + P_R^2\right)^{1/2} \\ &= \left[(0.10)^2 + (0.70)^2\right]^{1/2}\ \text{k}\Omega \\ &= 0.71\ \text{k}\Omega \quad (95\%)\end{aligned}$$

공칭값의 불확도는 $U_R = 0.71$ kΩ(95%) 또는 약 ±4%이다.

평균에서의 정밀 불확도는 불확도의 주 원인이다. 반면에 1000개 저항기의 표본이 사용되었다면 정밀 불확도는 1/10로 줄어들 것이며(왜인가?) 편의 불확도가 우세하게 될 것이다.

이제 저항기들의 공차를 구하는 일이 남아 있다. 원하는 것은 저항기의 95%를 포함하는 공칭값으로부터의 백분율 변화를 추정하는 것이다. 한 접근법은 평균값 μ의 $\pm 1.96\sigma$ 내에 가우스 모집단의 95%가 놓인다는 점에 유의하라(표 3.1 참조). 그 기초 아래 $\sigma_R \approx S_R$과 $\mu_R \approx \bar{R}$로 근사화할 수 있으며 따라서 공차는 다음과 같다.

$$= \frac{1.96\sigma_R}{\mu_R} \approx \frac{1.96 S_R}{\bar{R}} = \frac{1.96 \cdot 0.982}{17.32} = 0.111$$

즉 공차는 11%(혹은 약 10%, 가장 가까운 생산 공차이기 때문)이다.

생산 상태에서 기술자는 보통 적어도 모집단의 b%를 포함하는 명확한 c%의 구간을 추정하는 데 더욱 관심을 갖고 있다. 예를 들어 제조사는 $c = 95\%$의 신뢰도를 갖고 $b = 95\%$의 저항기들이 어떤 규정된 범위내의 저항을 갖는다고 보고하기를 원한다. 사실 말하면 앞 단락에서 사용된 접근은 그러한 **공차 한계**(*tolerance limits*)를 추정하는 매우 빈약한 방법의 하나이다. 왜냐하면 그것은 모집단의 σ_R과 μ_R의 추정치로서 S_R과 $\bar{R}$ 를사용하는 부정확도를 무시하기 때문이다. 비록 가우스 분포의 95%가 구간 $\mu_R \pm 1.96\,\sigma_R$ 내에 놓인다 해도 구간 $\bar{R} \pm 1.96\,S_R$이 참은 아니다. 예를 들어 이 평균 추정은 4%의 불확도를 갖는다. 이것은 모집단의 95%를 포함할 수 있을 것 같은 구간은 $\bar{R} \pm 1.96\,S_R$을 넘어서 $\bar{R}$의 추가 ±4% 때문에 확장되어야 한다. 적절한 공차의 추정은 σ_R에서의불확도뿐 아니라 이 불확도에 대해서도 역시 허용되어야 한다. 더 진보된 통계적 방법들[3]은 95% 신뢰도에서 모집단에 대한 95%의 공차구간이 거의 위에서 추정된 값의 두 배정도 크다(즉 적어도 $\mu \pm 1.96\sigma$를 확실한 95% 구간은 $\bar{R} \pm 3.532\,S_R$로 바뀌어 버린다).

이러한 확장된 논의 후 여러분은 실제로 시험된 저항기들이 공칭으로 18 kΩ에 10%의 공차를 갖는 것들이었다는 것을 배우는 데 관심을 갖게 될 것이다.

3.11.2 유량계 교정의 예상 불확도

예제 3.15

벤추리와 오리피스 판들과 같은 차단형 유량계들이 통상 정상 상태의 유체 유량을 측정하는데 사용된다(15.3절 참고). 경험적 교정계수 K의 표들은 식 15.8c와 같은 이론에 기초한 관계식에서 사용된다.

$$Q = K A_2 \sqrt{2g_c(P_1 - P_2)/\rho} \tag{3.38}$$

이 기술은 차단계를 통과시 압력 강하의 항으로 유량을 측정하는 한 수단을 제공한다. 공표된 계수들은 근사적 유량을 주지만 정확한 측정은 각기 특정한 장치에 대해 주의 깊은 계수의 실험적 결정을 요구한다.

그림 3.18은 얇은 판 오리피스계의 교정을 위해 제안된 배열을 보여 준다. 이 경우 교정은 흐르는 유체(이 경우는 물)를 일정 시간 동안 중량 탱크 안에 모아서 식 3.38 안의 계수 K값을 실험적으로 결정하는 것으로 구성되어 있다. 교정 시간 동안 유량은 가능한 일정하게 유지되고 압력차 $\Delta P = P_1 - P_2$가 기록된다. 유량 Q는 측정된 중량 W를 액체 밀도 ρ와 경과한 시간 t로 나눈 값($Q = W/\rho t$)이다; 면적 A_2는 오리피스 직경 D에 대해 $\pi D^2/4$이다. 이 값들을 식 3.38에 교정상수 K를 얻을 수 있다.

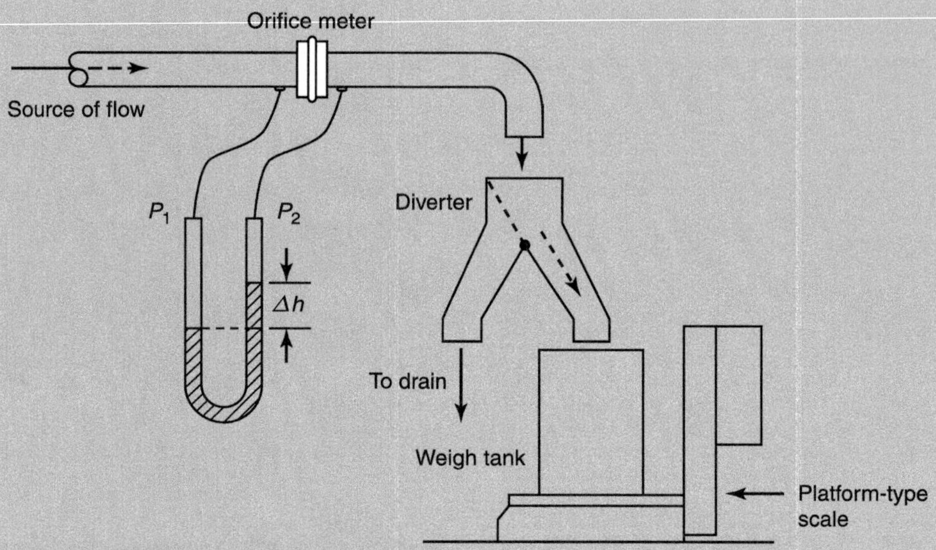

그림 3.18 오리피스를 교정하기 위한 실험 장치

$$K = \frac{4W}{\pi D^2 t}\sqrt{\frac{1}{2\rho\ \Delta P}} \tag{3.39}$$

측정된 D값과 도표화된 값 ρ와 함께 관측된 W, t 및 ΔP를 넣으면 실험값 K가 얻어진다.

이 실험을 수행하기 전에 결과의 예상 정확도를 추정하고 싶다. 물론 실험 후에 다음 계산을 할 수도 있지만 그에 앞서 수행함으로써 대부분의 불확도에 기여하는 그러한 실험 부분을 확인할 수 있으며 필요하면 그것들을 개선할 수 있다.

풀이: 편의 및 정밀 오차 양자가 모두 고려되어야 한다. 그러나 통계 해석을 위한 표본이 없기 때문에 표준편차를 위한 추정을 이용하여 잠재적 정밀 오차의 예상 크기만을 추정할 수 있다. 그러므로 이 해석은 **일회 표본 데이터**(*single-sample*)의 불확도 추정이다. 해석을 진행시키기 위해 먼저 각각의 측정 변수들의 일회 표본 데이터의 정밀 및 교정 불확도를 평가하고 이 불확도들을 K에 전파한다.

중량 W는 앉은뱅이 저울(platform scale)로 측정한다. 저울 측정에 존재하는 편의 불확도는 무엇인가? 저울의 교정은 검토되었는가? 최근에 그리고 표준에 대해 얼마나 되었는가? (이 관점의 상세논의를 위해서는 13.1절을 보라) 가령 신뢰할 수 있는 추를 이용하여 최소 수 개의 점(點)교정들에서의 몇 가지 검토 결과를 갖고 있다고 하자. 만일 그렇지 않으면 사용자 교본이 그러한 데이터를 포함하여야 한다. 말하자면 실험자의 판단에 의해 약 95%의 신뢰도로 ±1%의 불확도가 타당하다고 인정되었다. 실제 편의 불확도는 의심할 여지없이 저울 범위에 상대적인 측정된 중량의 크기에 어느 정도 의존한다. 이 효과 또한 염려된다면 고려될 수 있다.

중량 측정에서의 정밀 불확도는 눈금 읽기 오차에 의해 야기될 것이며 눈금 기구내의 히스테리시스 오차, 마찰 또는 유격에 의해 야기될 것이다. 눈금 읽기 오차의 크기나 표준편차는 얼마나 미세하게 눈금이 매겨져 있는가에 의존할 것이다. 아마 0.1% 오차는 눈금 읽기의 1 표준편차에 해당할 것이다(±0.1%는 읽기 오차의 68%에 해당). 히스테리시스 오차, 마찰과 유격들은 만일 저울이 양호한 상태에 있다면 무시되어야 한다. 그러나 만일 이러한 효과들이 관찰되면 또한 그 오차들이 고려되어야 한다.

오리피스의 직경은 반드시 결정되어야 한다. 그것이 날카로운 모서리 오리피스이고 내경 마이크로미터로 그것을 측정했다고 가정하자. 게이지블록에 대해 마이크로미터가 검사되었는가 또는 그 눈금을 믿을 수 있는가? 마이크로미터를 사용하는 데 얼마나 익숙한가? 실험자는 오리피스를 단지 한 번 측정하려 하며 유량계의 모든 후속 적용에 이 값을 이용할 때 결과들에 직경의 불확도가 항상 편의되어 나타날 것이다. 이러한 고려 후 실험자는 공칭 4 cm 직경에서 ±0.008 cm의 편의 불확도(±0.2%)를 95% 수준으로 추정한다.

시간 간격 t의 결정은 얼마나 정확한가? 만일 수동 전환기가 사용된다면 유동의 시작과 정지가 정밀하게 행해졌는가? 즉 얼마나 시간 간격이 잘 정의되는가? 만약 초시계를 사용한다면 전환기와 시계 작동 사이의 동기(synchronization)가 얼마나 양호한가?

이 시간 불확도들은 근본적으로 작동할 때마다 변할 수 있는 정밀 오차인 것에 유의하라. 만약 실험자가 이 특정한 과정을 주의 깊게 일련의 반복 작동을 시키면 요구되는 정확도의 정밀 불확도를 수행하기 위한 충분한 데이터를 축적할 수 있다. 이 경우 단순히 있음직한 표준편차가 ±3s로 추정된다; 만일 전체 시간이 5분이면 t의 표준편차는 ±1%이다.

만약 시계가 빠르거나 늦다면(아마 5분내에서는 대단히 작은 오차)혹은 시계의 정지나 시작이 계통적으로 너무 빠르다면 시간 결정에서의 편의 불확도가 나타날 것이다. 다른 정보가 없어 실험자는 시간 읽기에 편의는 이미 논의한 정밀 불확도에 비해 무시할 만하다고 가정할 것이다.

밀도는 실험 온도에서 편람표로부터 읽혀질 것이다. 0°C와 38°C 사이에 물의 밀도는 약 0.7% 감소한다. 만일 단지 하나의 밀도값을 사용한다면 각 실험 사이에 약간 변하는 온도는 정밀 오차를 발생시킨다. 그러나 만약 열전대를 사용하여 개별 실험의 정확한 온도를 측정한다면 정밀 오차는 여전히 온도 측정의 눈금 읽기로부터 야기될 것이다. 만일 온도에서의 표준편차를 ±0.1°C 라면 대응하는 밀도 변화는 단지 0.002%이다.

반면에 온도 읽기의 편의 오차는 아마도 ±1°C 정도로 더 높을 것이며 사용된 밀도의 편의 불확도 결과는 ±0.02%(95% 수준에서)가 될 것이다. 만약 온도 측정을 고려하지 않는다면 편의 불확도는 여전히 클 것이며 20의 표준 상온 온도를 가정하면 0.2%일 것이다.

ΔP의 값은 마노미터(manometer)를 이용하여 측정된다(14.4절 참조). 지배적인 불확도는 마노미터 기둥의 차를 읽는 것으로 필수적으로 읽기 오차로부터 정밀 불확도가 발생된다. 이 불확도는 ΔP의 크기에 무관하며 상대적으로 일정해서 %불확도는 약간 잘못될 수 있다. 작은 ΔP에 대해서는 3%지만 큰 ΔP에 대해서는 단지 0.1%일 수도 있다. 불확도 해석을 단순하게 할 수 있도록 압력의 표준편차에 대해 ±1%를 대푯값으로 취하자. 마노미터에서 편의 불확도는 약 95% 신뢰에서 약 0.1% 정도로 상당히 작은 것으로 밝혀진다.

앞의 결과를 요약하면 다음과 같다.

변 수	편의 불확도, $B_x/x(95\%)$	표준편차, σ_x/x
중량, W	1%	0.1%
직경, D	0.2%	≈ 0
시간, t	≈ 0	1.0%
밀도, ρ	0.02%*, 0.2% †	0.002%
압력,ΔP	0.1%	1%

* 온도가 측정될 경우
† 온도가 측정되지 않는 경우

이제 식 3.37을 K에 적용할 수 있다.

$$\frac{u_K}{K} = \left[\left(\frac{u_w}{W}\right)^2 + \left(2\frac{u_d}{D}\right)^2 + \left(\frac{u_t}{t}\right)^2 + \left(\frac{1}{2}\frac{u_\rho}{\rho}\right)^2 + \left(\frac{1}{2}\frac{u_{\Delta P}}{\Delta P}\right)^2\right]^{1/2}$$

먼저 K에서의 편의 불확도를 계산한다.

$$\begin{aligned}\frac{B_K}{K} &= \left[\left(\frac{B_w}{W}\right)^2 + \left(2\frac{B_d}{D}\right)^2 + \left(\frac{B_t}{t}\right)^2 + \left(\frac{1}{2}\frac{B_\rho}{\rho}\right)^2 + \left(\frac{1}{2}\frac{B_{\Delta P}}{\Delta P}\right)^2\right]^{1/2} \\ &= \left[(1)^2 + (2 \times 0.2)^2 + (0)^2 + \left(\frac{1}{2} \times 0.02\right)^2 + \left(\frac{1}{2} \times 0.1\right)^2\right]^{1/2} \\ &= 1.08\% \quad (95\%)\end{aligned}$$

마찬가지로 K의 표준편차는

$$
\begin{aligned}
\frac{\sigma_K}{K} &= \left[\left(\frac{\sigma_w}{W}\right)^2 + \left(2\frac{\sigma_d}{D}\right)^2 + \left(\frac{\sigma_t}{t}\right)^2 + \left(\frac{1}{2}\frac{\sigma_\rho}{\rho}\right)^2 + \left(\frac{1}{2}\frac{\sigma_{\Delta P}}{\Delta P}\right)^2\right]^{1/2} \\
&= \left[(0.1)^2 + (2 \times 0)^2 + (1)^2 + \left(\frac{1}{2} \times 0.002\right)^2 + \left(\frac{1}{2} \times 1\right)^2\right]^{1/2} \\
&= 1.12\%
\end{aligned}
$$

K의 일회 표본 데이터의 정밀 불확도의 추정은 식 3.32에서

$$
\frac{P_K}{K} = \frac{1.96\,\sigma_K}{K} = 1.96(0.0112) = 2.20\% \quad (95\%)
$$

식 3.4에서 K의 전체 불확도는

$$
\begin{aligned}
\frac{U_K}{K} &= \left[\left(\frac{B_K}{K}\right)^2 + \left(\frac{P_K}{K}\right)^2\right]^{1/2} \\
&= \left[(0.0108)^2 + (0.0220)^2\right]^{1/2} \\
&= 2.45\% \quad (95\%)
\end{aligned}
$$

이러한 결과들의 신속한 조사는 불확도에 가장 크게 기여하는 인자들을 밝혀 낸다. 시간과 중량을 재는 과정의 개선은 결과를 가장 개선할 것이다. 압력과 직경 측정의 개선은 더 작은 개선에 기여한다.

전체 불확도의 대부분은 정밀 불확도에 기인한다. 실험자는 교정 실험을 수차례 반복하여 그 결과를 평균함으로써 상당히 불확도를 줄일 수 있다. P_K는 $\sqrt{n}$ 배만큼 감소하기 때문에 $n = 4$를 취하면 P_K는 약 1%로 줄 것이다.

밀도는 전체 불확도에 거의 기여하지 못하는 것에 유의하라. 비록 온도 측정을 걱정하지 않더라도 밀도 불확도의 기여는 무시될 수 있다; 즉 $(\frac{1}{2}\,0.2)^2 \ll (1)^2$. 이 경우 주의 깊게 온도 측정을 하는 것은 노력의 낭비라고 결론 내릴 수 있다.

여러 불확도들이 단순하게 양호한 추측들을 추정했는가? 어느 정도는 그렇지만 그것들을 염두에서 사라지게 하는 것은 추측들을 경솔하게 할 것이다. 각 추정에 이르는 특정한 고려는 임의적이 아니었으며 적절히 만들어졌을 때 그러한 “추측들(guesses)”은 장비의 실제 성능에 강력한 토대와 데이터를 취하는 방법을 갖게 한다. 추정된 신뢰 백분율(보통은 95%)들은 데이터의 다양성에 대한 예측의 양적 평가이면서 그것들은 본질적으로 정확히 경험에서 나온 추측들이다. 그러나 만약 추측을 허용한다면 왜 전체의 불확도를 추측하지 않고 모든 중간 단계를 생략하지 않는가? 왜냐하면 상세한 해석은 동일시할 수 있는 각 오차 원의 상대적 효과를 산정해서 더 중요한 것과 덜 중요한 것을

분리시키는 수단을 제공하기 때문이다. 더욱이 실험자가 전체를 더 확실하게 판단할 수 있게 함과 더불어 개별 변수 각각의 불확도를 산정할 수 있다.

3.12 실험 계획시 오차 최소화

실험 오차를 최소화하기 위한 가장 좋은 시기는 계획 단계로 실험 과정이 개발될 때이다. 무엇보다 먼저 건축(실험)을 시작하기에 앞서 예상 불확도가 허용할 만큼 작은 것인지를 결정하고 불확도의 주요 원천을 확인하기 위해 제안된 실험 배열의 일회표본 불확도 해석을 수행해야 한다. 실험 계획시 준수해야 하는 몇 가지 일반적인 예방책은 다음과 같다.

1. 둘 사이의 작은 차를 결정하기 위해 두 큰 수가 측정되도록 요구하는 접근은 피하라. 예를 들어 만약 $\delta \leq x_1$이면 $\delta = (x_1 - x_2)$를 측정시 x_1이 아주 큰 정확도로 측정될 수 없다면 큰 불확도가 있을 수 있다.
2. 민감도를 개선하기 위해 신호강도를 증폭시키는 실험이나 센서를 설계하라. 예를 들어 열전퇴(thermopile)는 단일 온도를 결정하기 위해 몇 개의 열전대를 사용하며, 스트레인게이지는 단일 변형률을 측정하기 위해 여러 선의 루프(loops)를 사용한다.
3. "영위설계"(null designs)를 구성하라. 출력이 0이 아닌 값에서 변하는 것보다는 0에서 변하도록 계측하라. 이것은 편의와 정밀 오차 둘 모두를 줄여 준다. 그러한 설계는 흔히 두 센서의 차에 비례하는 출력을 만든다. 이 접근의 한 우수한 사례는 휘스톤 브리지 회로이다(7.8, 7.9절 참조).
4. 데이터 축소(data-reduction)과정의 부분처럼 큰 수정 인자들이 적용되어야 하는 실험들은 피하라.
5. 계측계가 측정되는 변수에 미치는 영향을 최소화하라.
6. 교정과 연관된 편의 오차들을 최소화하기 위해 개별 요소보다는 전체 계를 교정하라.

3.13 데이터의 그래프 표현

미국표준협회(American Standards Association)에 따르면[7],

> 사실들을 표현하고 해석하거나 이론적 관계를 나타내려고 할 때 그래프는 보통 저자로부터 독자들에게 지식을 전달하고 저자가 중요하게 고려하는 특징을 볼 수 있도록 도와주는 역할을 한다. 그래프는 정보를 전달하고 주요한 특징을 묘사할 때 말이나 표보다 훨씬 효과적으로 사용되어질 것이다.

그래프는 거의 항상 실험 변수들의 상호관계를 전달하기 위한 가장 효과적인 형식이다.

그래프들은 실험 데이터의 허용 가능한 전자 계수기 맞춤을 구성하고 벗어난 데이터나 잘못된 측정을 확인하는 데에 있어서 대단히 가치가 있다. 그래프는 또 실험결과에 대한 이론 계산을 검정하고 이론 모델이 실패할 조건들을 확인하는 데 유용하다.

데이터를 그래프화 하면 전하려는 명확성이 확고히 될 수 있다. 표 3.9는 켐브리지, 메사츄세츠에서 1991년 8월 19일 허리케인 봅(Bob) 발생시 측정된 대기 압력을 보여 준다. 표 유형에서는 경향이 불분명하다. 반면에 데이터를 그림 3.19처럼 그래프화한다면 태풍의 진행이 뚜렷해진다. 대기 압력은 4시경까지는 떨어지고 이후 증가하기 시작한다. 오전 11:30에 읽은 데이터는 다른 데이터의 경향보다 훨씬 아래에 놓여 있으며 그것은 아마 오차로 가정될 수 있다(이 결론을 확인하기 위한 데이터 축소를 몇 가지 검토할 것). 깨끗해진[11] 전자 계수기가 남은 데이터를 통하여 경험적으로 그려졌다. 이 전자 계수기는 측정되지 않은 다른 시간들의 압력을 추정하는 데 사용된다.

표 3.9 : 허리케인 봅 동안의 대기압

Time of Day	Pressure (mbar)
10:00 A.M.	1009.0
11:30 A.M.	984.2
1:00 P.M.	999.8
2:15 P.M.	989.0
3:40 P.M.	977.1
4:40 P.M.	981.2
5:40 P.M.	990.0

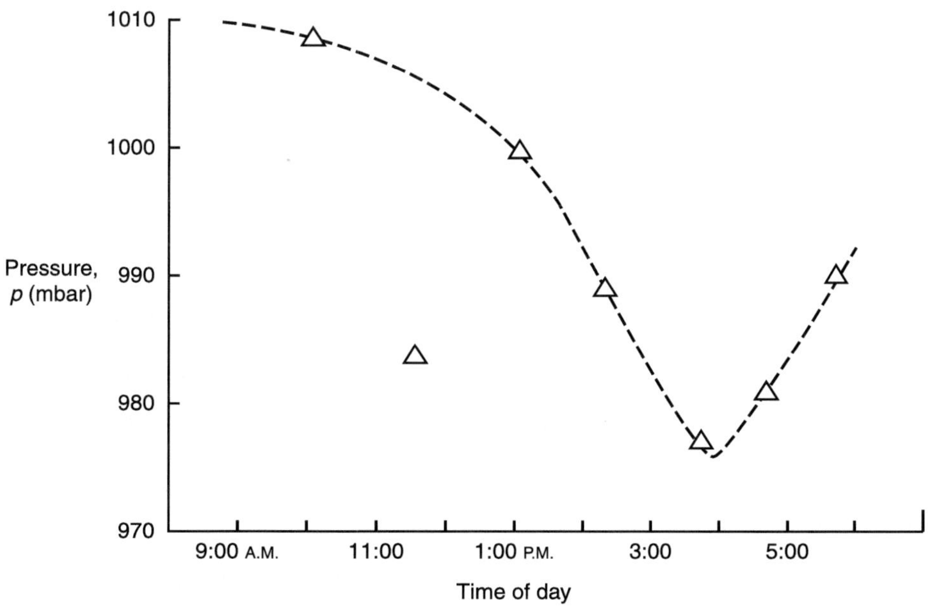

그림 3.19 허리케인 봅 동안의 대기 압력

11) "깨끗해진"은 불규칙한 것이 없이 매끄럽다는 의미: 데이터를 통과하는 제도사(draftman)의 곡선

3.13.1 그래프를 만드는 일반 법칙

다음 안내 지침을 숙고하면 독자들이 이해하기 쉬운 그래프를 확실히 작성하는데 도움을 줄 것이다. 그림 3.20(a)와 (b)는 이러한 몇 가지 관점들을 예시하고 있다[7].

1. 그래프는 독자가 전달되는 정보를 이해하고 해석하는 데 최소의 노력이 요구되도록 설계되어야 한다.
2. 각 축들은 그려진 양을 호칭하는 이름과 단위 및 기호 등의 명확한 분류 표시(labels)를 가져야 한다.

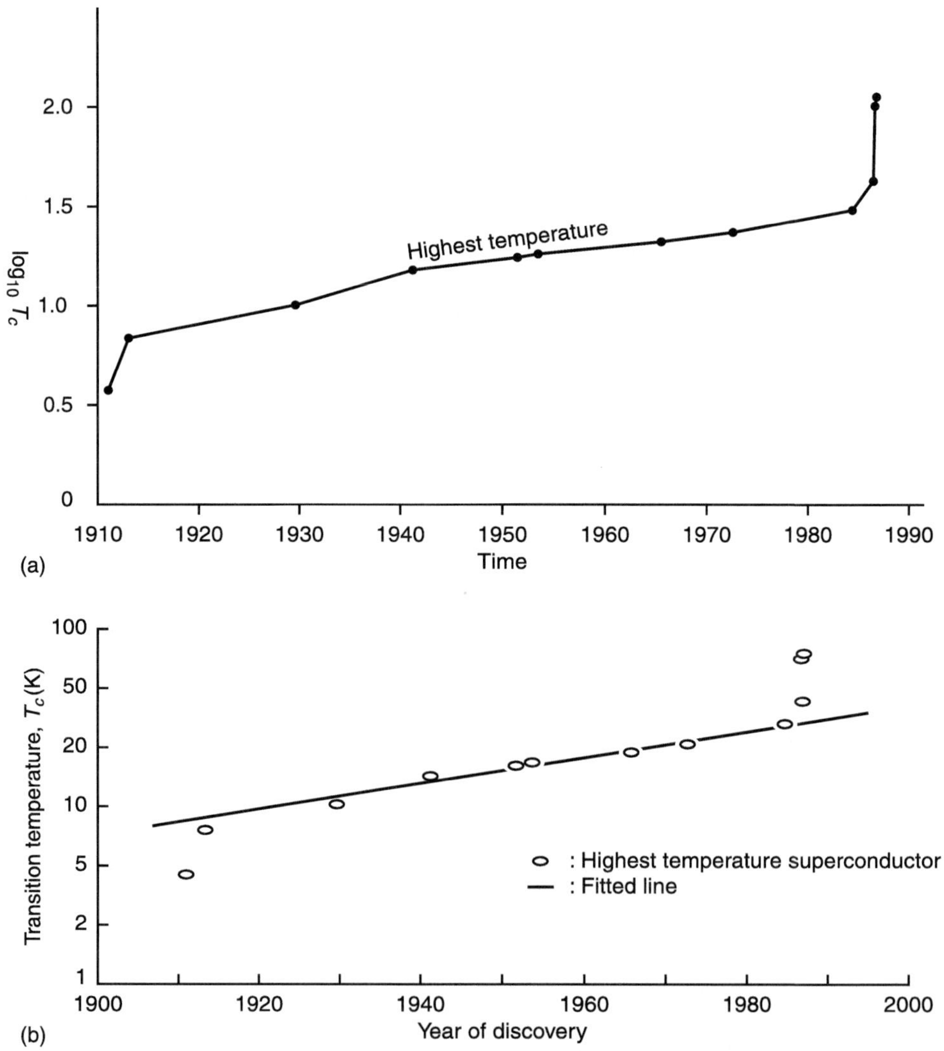

그림 3.20 (a) 빈약한 그래프, (b) 지침 2, 3, 5, 8, 10과 12에 따라 개선된 그래프

3. 축들은 명백하게 숫자화 되어야 하며 의미 있는 수치 분할을 위한 눈금 표시를 가져야 한다. 전형적으로 눈금들은 1, 2 또는 5측정단위를 곱하거나 10배수로 나눠지는 증분들로 나타나야 한다. 사실상 모든 눈금이 숫자화 될 필요는 없으며 너무 많은 숫자들은 축을 어지럽게 할 것이다. 눈금 표시는 그림 내부 방향으로 되어야 한다.

4. 그래프 위에 너무 많은 자릿수가 자리하는 것을 피하기 위해 과학적 표현법을 사용하라. 예를 들어 50,000 보다는 50×10^3을 사용하라. 10의 특정한 승수는 각 축을 따라 한번만 나타낼 필요가 있다. "압력, Pa $\times 10^6$"처럼 혼동되는 표시를 피하고 대신 MPa와 같은 단위를 사용한다.

5. 반로그(semilog)나 완전로그(full-log)좌표 위에 그림을 그릴 때는 실 로그(logarithmically)축을 사용하라. 로그 그 자체를 그리지 말라(즉 50을 그리고 1.70은 아니다).[12)] 로 그 눈금은 10, 20, 50, 100, 200, ... 같이 10의 승수들과 중간값들에 눈금 표시를 가져 야 한다.

6. 축들은 보통 0을 포함하여야 한다. 만일 더 작은 범위의 데이터에 관심이 있으면 그림 3.4에서 보는 것처럼 0을 포함하고 축을 끊어라.

7. 눈금들과 비율의 선정은 결과에 나타나는 변화의 상대적 중요성에 상응되어야 한다. 만약 10의 증가에 의한 변화가 의미 있다면 그래프는 1의 증분에 의한 변화를 강조하도록 눈금 매겨져서는 안된다.

8. 데이터 점들을 위해 ○, □, △ 그리고 ◇와 같은 기호를 사용하라. 데이터를 위해 을 사용 하지 말라. 개방 기호(open symbol)들은 속이 찬 기호들에 앞서 사용되어야 한다. 만일 공간이 허용되면 그래프 위나 그림 설명내에 기호들을 정의하는 레전드(legend)를 배치할 수 있다.

9. 측정의 추정 불확도를 지시하기 위해 오류바(error bar)를 데이터 점들 위에 놓아라. 그렇지 않으면 불확도의 범위와 같은 크기인 기호를 사용하라.

10. 몇 개의 곡선들이 한 그래프 위에 그려질 때, 만약 곡선들이 가까이 놓여 있으면 각기 다른 선들(실선, 점선, 쇄선, ...)이 사용되어야 한다. 그래프는 각곡선을 확인하는 분류 표시나 레전드를 포함하여야 한다. 곡선을 구별하기 위하여 색깔들을 사용하는 것을 피하라. 왜냐하면 색깔들은 통상 복사할 때 없어지기 때문이다. 이론 곡선들은 계산된 들을 나타냄 없이 선들로 그려져야 한다. 데이터에 맞춰진 곡선은 점점으로 연결된 밑 그림처럼 모든 측정치를 통과할 필요는 없다. 그러나 만약 한 데이터가 맞춤 곡선에서 멀리 떨어져 있다면 불일치가 지시될 것이다[그림 3.20(b)의 시작과 마지막 세 점들처럼].

---

12) 단위 데시벨(*decibel*)이 그려질 때는 예외이다.

11. 그래프 위에 글씨를 쓰는 것은 명확성을 위해 필요한 최소로 유지하여야 한다. 너무 많은 글 또는 데이터는 번잡하고 혼돈되게 한다.

12. 축들 위에 분류 표시들과 곡선들은 바닥에서부터 또는 왼쪽에서부터 읽혀지도록 편향되어야 한다. 독자가 그림을 읽기 위해 그것을 회전시키는 것을 피해라.

13. 그래프는 서술적이지만 간결한 제목을 가져야 한다. 제목은 그래프 그 자체 위에서보다는 그림에 대한 캡션(설명문)으로 나타내어야 한다.

좋은 그래프 소프트웨어는 이러한 안내 지침에 부합하여 그래프 작성을 도와줄 수 있다. 그러나 몇몇 소프트웨어는 이러한 가장 간단한 규칙들조차 위반한다. 신중히 충고를 받으라!

3.13.2 좌표계의 선정과 직선의 생성

어떤 그래프를 작성하는 첫째 단계는 그리려는 변수들과 그것들을 그리는 축척을 결정하는 것이다. 4가지 기본적 축척이 공업적인 일을 수행하는데 빈번히 나타난다(그림 3.21). 선형(*liner*)좌표계는 *x*와 *y*의 축척들이 모두 선형 변화하는 것이다. 만약 변수가 크기의 몇 차수로 변하거나 또는 또 다른 변수와 지수 함수로 연관되면 로그로(logarithmically) 축척된 축을 사용하는 것이 좋다. 하나의 로그 축과 하나의 선형 축을 가진 그래프들은

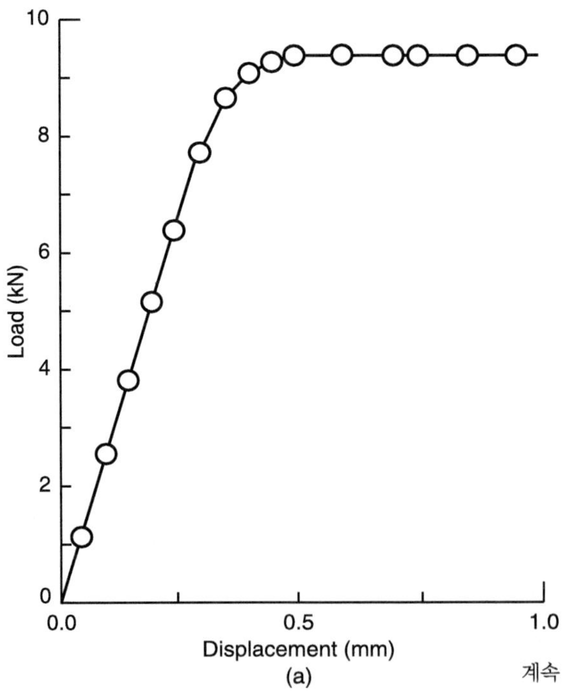

계속

그림 3.21 (a) 선형(linear)좌표계

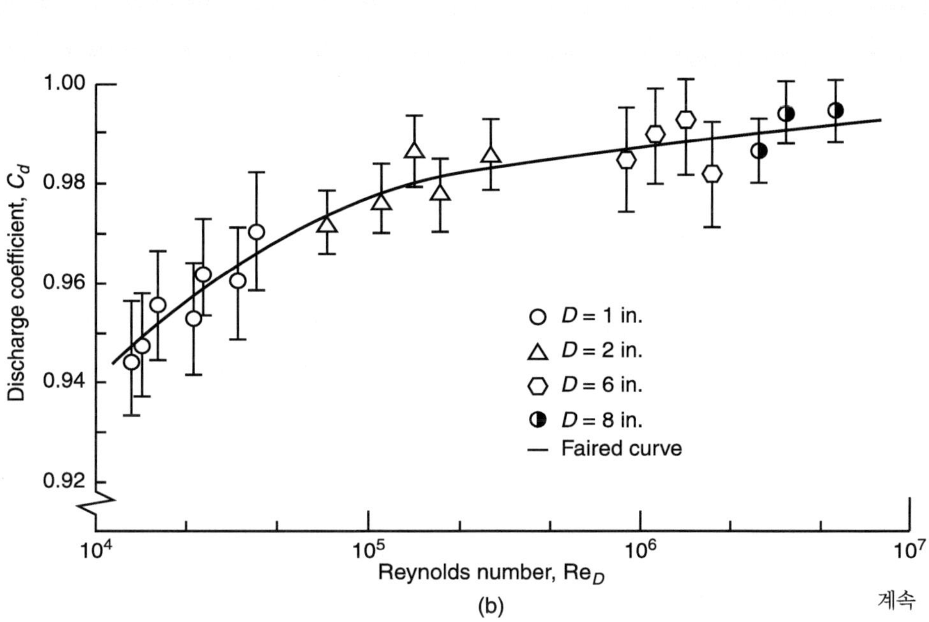

계속

그림 3.21 (b) 반로그(semilogarithmic) 좌표계

반로그(*semilogarithmic*, or *semilog*)그래프라 불린다. 양측 모두가 로그축인 것을 플로그(플로그 또는 로그-로그)라 부른다. 어떤 양이 각에 따라 변할 때 **극좌표계**(*polar coordinate*)들은 데이터를 위한 물리적으로 연상시키는 형식을 제공한다.

사용 축척의 선택은 연구하려는 계의 물리적 거동에 대한 예상들에 의해 정상적으로 도움 받을 수 있다. 여러분은 또 선형 좌표계 위에 작성된 시험용 그래프를 연구해서 올바른 축척을 추론하도록 시도할 수 있다. 흔히 축척의 목적은 직선상에 그려진 데이터가 놓이는 좌표계를 찾는 것이다. 왜냐하면 직선들은 맞추기에 가장 쉬운 곡선이기 때문이다.

그림 3.22(a)는 따뜻한 금속 슬러그를 갑자기 찬 액체에 넣었을 때의 냉각상태를 표현한다. 슬러그가 잠긴 후 슬러그와 액체의 온도차가 몇 차례 측정되었다. 그래프는 지수형으로 감소한다. 열전달 이론은 냉각 곡선이 반드시 다음 형이어야 함을 제안한다.

$$\Delta T = \Delta T_0 \exp\left(-\frac{t}{\tau}\right) \tag{3.40}$$

여기서 ΔT는 임의 온도에서 측정된 온도차, ΔT_0는 슬러그를 넣기 전의 온도차이고 τ는 냉각시의 시정수(time constant)이다. 여러분은 τ의 실험값을 구하기 원하며 그래서 측정하지 않은 t 값에서 ΔT를 추정하기 위해 식 3.40을 사용할 수 있다. 그 일은 그림 3.22(a)의 선형 축척을 직접적으로 사용하지는 않는다.

대신에 t 의 함수로 $\log(\Delta T/\Delta T_0)$를 그릴 수 있다. 그러면 ΔT와 t 사이의 관계는

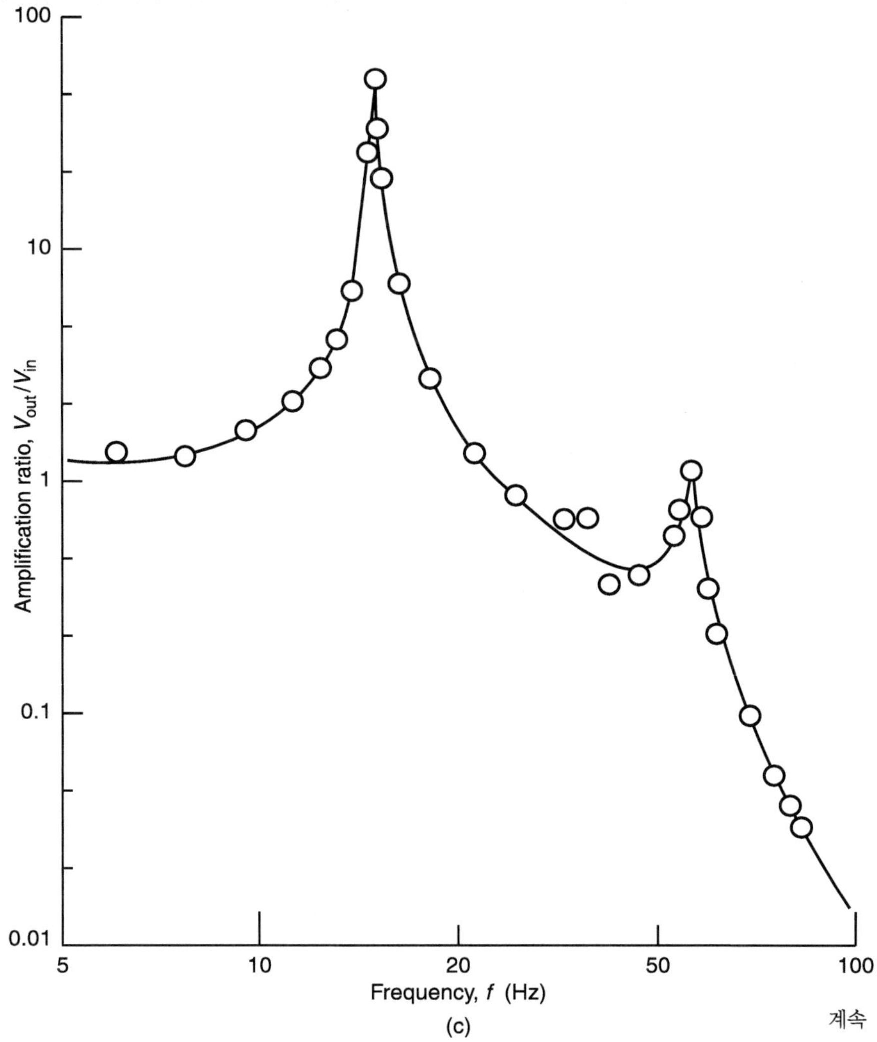

계속

그림 3.21 (c) 완전로그(full-logarithmic) 좌표계

$$\log\left(\frac{\Delta T}{\Delta T_0}\right) = -\frac{0.4343\, t}{\tau} \tag{3.41}$$

기울기가 $-0.4343/\tau$ 이고 0을 통과하는 식이다.[13] 이 그래프는 반로그 좌표를 사용해 아주 쉽게 작성되고 그림 3.22(b)는 직선의 기울기로부터 계산될 수 있다.

13) 로그의 밑 10은 그래프 작업시 표준이다 ; $\log_{10}e = 0.4343$

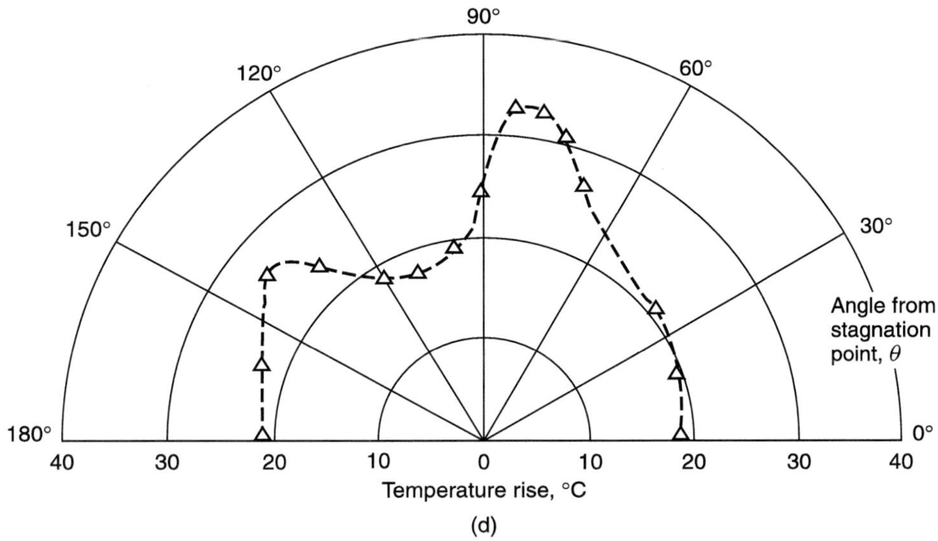

그림 3.21 (d) 극(polar) 좌표계

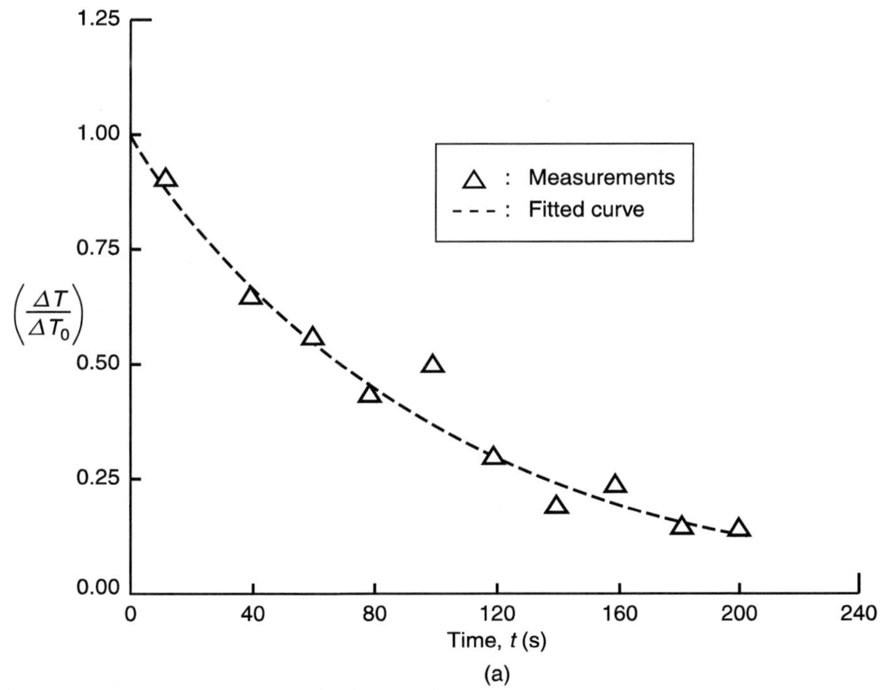

그림 3.22 냉각 데이터. (a) 선형좌표계

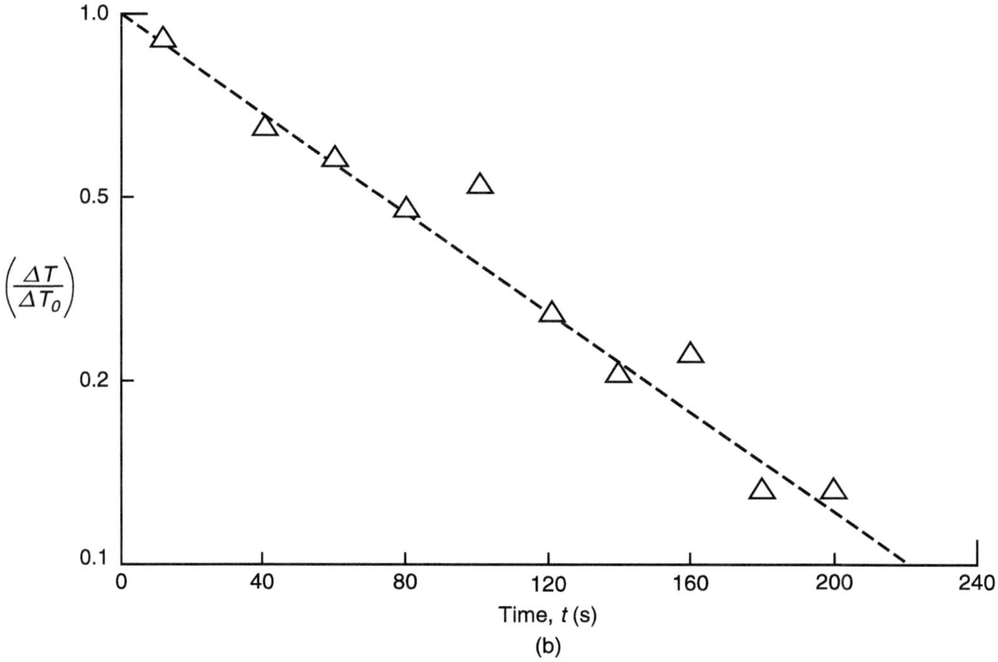

그림 3.22 냉각 데이터. (b) 반로그좌표계($\Delta T/\Delta T_0$로그 변화에 주의하라)

$$-0.4343/\tau = \frac{\log[\Delta T(t_1)/\Delta T_0] - \log[\Delta T(t_2)/\Delta T_0]}{t_1 - t_2} \tag{3.42}$$

이고 $\tau = 98$ s이다. $(\Delta T/\Delta T_0)$가 로그 좌표계 위에 그려지고 $\log(\Delta T/\Delta T_0)$가 기울기를 계산하는 데 사용되어야 한다는 것을 유의하라.

반로그 용지와 완전로그 용지 및 극그래프 용지는 대부분의 대학서점이나 제도용품 공급처에서 구할 수 있다. 많은 컴퓨터 스프레드 시트와 그래프를 그리는 프로그램들은 이러한 좌표계들을 역시 생성할 수 있다. 더욱이 그래프를 그리는 소프트웨어들은 다른 축척과 좌표계들로 실습을 신속하게 할 수 있어서 가장 유익한 하나가 쉽게 확인될 수 있다.

로그 축척은 데이터를 직선으로 재현하는 하나의 접근법이다. 예를 들어 함수

$$y = a + \frac{b}{x} \tag{3.43}$$

는 x에 대한 y의 직선 변화를 주지 못한다 (그림 3.23(a)). 그러나 $1/x$에 대해 y의 직선 변화를 준다. y를 x 자체의 함수보다는 $1/x$의 함수로 그리면 a는 결과 직선의 절편으로 b는 기울기로 결정될 수 있다그림 (3.23(b)).

표 3.10 직선 변환: $y = f(x) \rightarrow Y = A + BX$

$f(x)$	Variables to Be Plotted Y	X	Straight-Line Intercept, A	Slope, B
$y = a + b/x$	y	$1/x$	a	b
$y = 1/(a + bx)$ or $1/y = a + bx$	$1/y$	x	a	b
$y = x/(a + bx)$ or $x/y = a + bx$	x/y	x	a	b
$y = ab^x$	$\log y$	x	$\log a$	$\log b$
$y = ac^{bx}$	$\log y$	x	$\log a$	$b \log c$
$y = ax^b$	$\log y$	$\log x$	$\log a$	b
$y = a + bx^n$, if n is known	y	x^n	a	b

표 3.10은 어떤 함수 $y = f(x)$를 다음 유형의 Y와 X의 수정된 변수들의 적당한 한 쌍으로 그려서 직선 변환이 되게 한다.

$$Y = A + BX \tag{3.44}$$

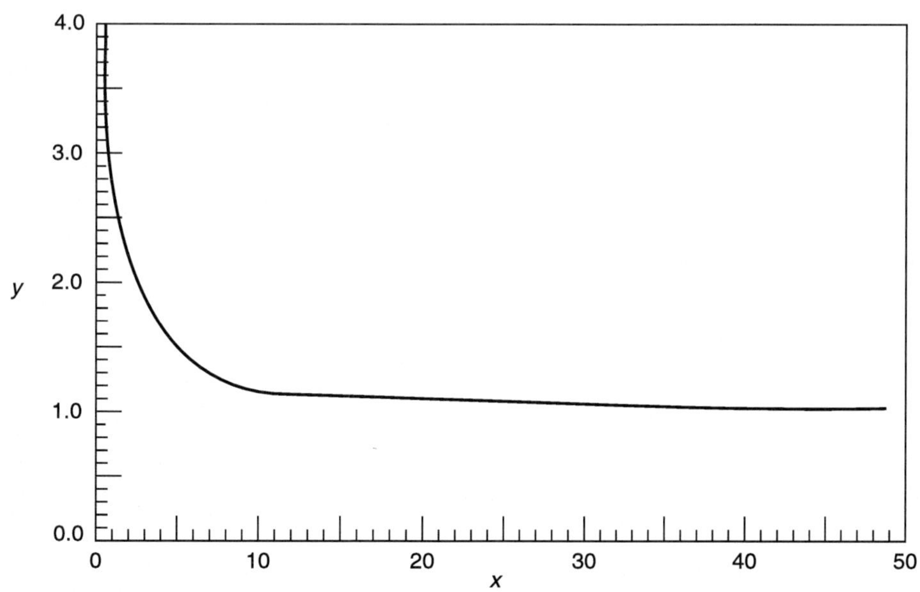

(a) 계속

그림 3.23 $y = 1.0 + (2.5/x)$ 그림표. (a) y 대 x (b) y 대 $(1/x)$

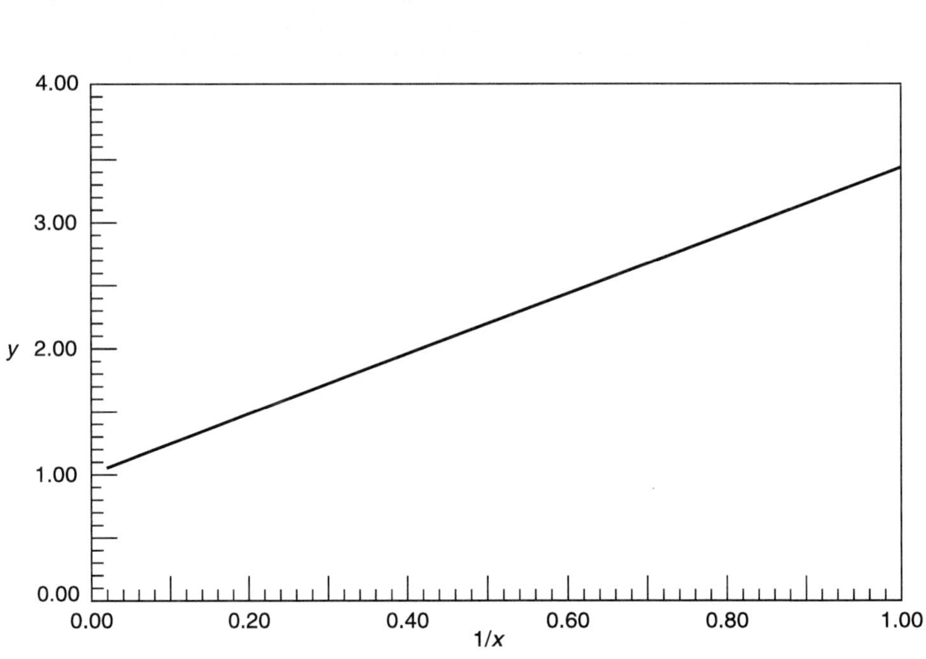

(b)

그림 3.23 $y = 1.0 + (2.5/x)$ 그림표. (a) y 대 x (b) y 대 $(1/x)$

3.14 직선 맞춤과 최소 자승법

데이터가 직선형으로 되면 수정 선은 그 데이터를 통과해야 하며 기울기와 절편이 결정된다. 가장 단순한 접근은 바로 데이터를 통과하는 양호한 직선을 나타내도록 그리는 것이다. 이 접근법이 사용될 때 아마도 선으로부터 모든 점들의 전편차를 최소화하는 선을 그리려는 경향을 띨 것이다. 이렇게 얻어진 결과들은 데이터 집단이 단지 몇 점을 포함하거나 x와 y 둘 모두 상당한 오차를 가지는 경우를 제외하면 흔히 허용할 만한 정확도를 가진다.

그려진 데이터는 편의 오차와 정밀 오차 모두를 포함할 수 있다. 편의 오차는 전체 데이터를 참 데이터로부터 이동시키거나 아마 기울기를 변화시키는 경향을 띨 것이다. 정밀 오차들은 데이터를 참 직선 주변에 흩어지도록 할 것이다. y 또는 x가 정밀 및 편의 오차 둘 모두를 포함할 수 있다(그림 3.24). 곡선 맞춤(curve fitting)의 목적은 흩어진 데이터의 뚜렷한 중심 경향을 따르는 곡선을 그려서 정밀(*precision*)오차를 평균해 내는 것이다. 정밀 오차의 통계해석 같은 곡선 맞춤은 전혀 편의 오차를 밝히거나 줄이지 못한다. 맞춤 곡선내의 편의 오차는 독립 데이터 집단과의 비교와 같은 다른 방법으로 확인하여야 한다.

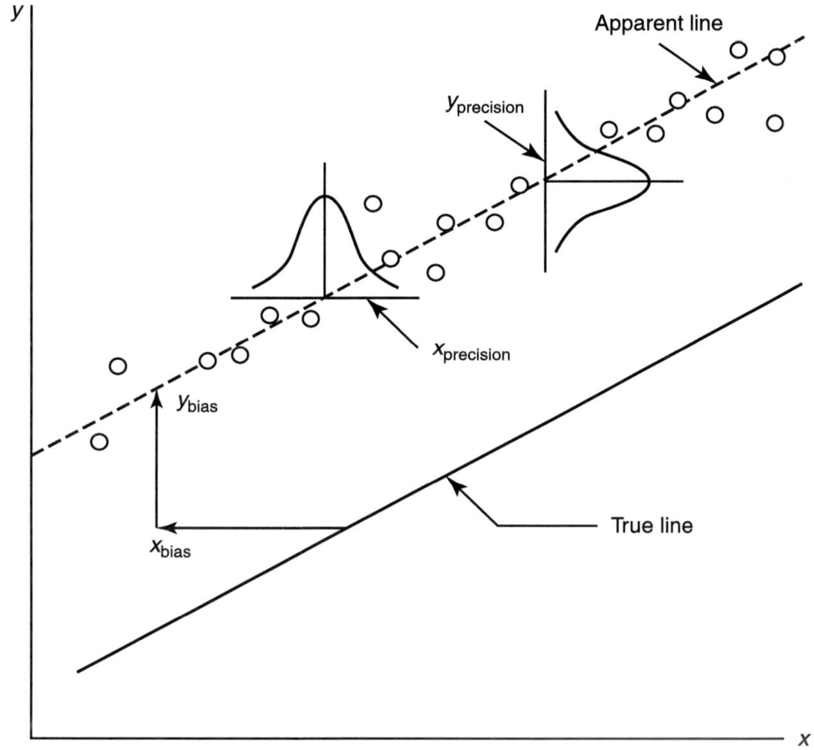

그림 3.24 선 맞춤의 경우 편의 및 정밀 오차

3.14.1 직선 맞춤을 위한 최소 자승법

y 내의 정밀오차가 x 내에서보다 상당히 클 때 최소 자승법(*method of least squares*)또는 선형 회귀(linear regression)는 데이터로부터 직선 $y = a + bx$를 계산할 수 있도록 해준다[3]. 그 방법은 맞춤선으로부터 데이터의 제곱편차의 S^2을 최소화하는 기울기 b와 절편 a를 확인한다.

$$S^2 = \sum_{i=1}^{n} [y_i - y(x_i)]^2 \tag{3.45}$$

여기서 x_i의 여러 측정치들에 대해 y_i는 실험적으로 결정된 종좌표이며 $y(x_i) = a + bx_i$는 맞춤선으로부터 계산되는 대응값이다. n은 실험관찰 횟수이다. 결과인 절편과 기울기는

$$a = \frac{\sum y_i \sum x_i^2 - \sum x_i \sum x_i y_i}{n \sum x_i^2 - \left(\sum x_i\right)^2} \tag{3.46}$$

$$b = \frac{n \sum x_i y_i - \sum x_i \sum y_i}{n \sum x_i^2 - \left(\sum x_i\right)^2}$$

대부분의 과학용 계산기들은 실험자들에 대단히 편리하게 최소 자승 직선을 계산하기

위한 프로그램을 포함하고 있다. 따라서 최소 자승은 선 맞춤 방법으로 점점 더 인기가 있게 되었다. 그러나 이러한 우세는 어떤 점에서는 이방법의 오용을 부추기게 하였다. 최소 자승법은 단지 y_i의 정밀 오차만을 고려할 뿐이다. 만약 x_i 또한 큰 정밀 오차를 가지면 빈약한 결과가 얻어지게 된다. 최소 자승은 사실상 실험치 x_i들은 **오차가 없는 것**(*error-free*)으로 가정한다.

맞춤의 신뢰도를 지시하기 위해 대부분의 포켓용 계산기들과 소프트웨어 패키지(software package)들은 최소 자승법에 따른 **상관 계수**(*correlation coefficient*) r을 표현하고 있다.

$$r^2 = \frac{\text{explained squared variation about } y_m}{\text{total squared variation about } y_m} \tag{3.47}$$

여기서 y_m은 측정된 y_i의 평균이다.

$$y_m = \frac{1}{n}\sum_{i=1}^{n} y_i \tag{3.48}$$

x에 따른 y의 직선 변화로 야기한 **해석된**(*explained*)제곱 변동은 다음과 같다.

$$\sum_{i=1}^{n}[y(x_i) - y_m]^2$$

또 정밀 오차를 포함한 전 제곱 변동은

$$\sum_{i=1}^{n}(y_i - y_m)^2 = \cdots = S^2 + \sum_{i=1}^{n}[y(x_i) - y_m]^2$$

이고, 따라서

$$r^2 = \frac{\sum[y(x_i) - y_m]^2}{S^2 + \sum[y(x_i) - y_m]^2} \tag{3.49}$$

만약 제곱 편차 S^2이 단지 정밀 오차에만 기인한다고 가정하면 "완전 맞춤"(perfect fit)은 $S^2 \to 0$ 이고 $r^2 \to 1$일 때이다. 그러므로 r 이 ± 1에 가까울수록 "더 양호한"(better)맞춤이 된다.

데이터가 기본적으로 선형으로 보이고 $|r| > 0.9$ 이면, 유감스럽게도 상관 계수는 데이터의 정밀도를 나타내는 아주 민감한 지침은 아니다. 이 경우에$(1 - r^2)^{1/2}$은 대략 데이터의 전 수직 변화 대 직선에 관한 데이터의 수직 표준편차의 비가 된다.

y와 x가 둘 다 상당한 정밀 오차를 가지면 최소 자승법은 적용되지 않아야 되며 이 경우는 항상 데이터의 고분산 양상이 나타난다. 육안 추정과 병행하여 그러한 경우에 유용한 여러 가지 다른 반경험적 선 맞춤 과정이 참고문헌[10]에 논의되어 있다. 역으로 y와 x가 둘 다 정밀 오차를 가지고 있지만 데이터의 **전체**(*overall*)변화에 비해 상대적으로 작다

면 최소 자승은 여전히 허용할 만한 정확도를 가진다. 이 경우 데이터는 여전히 직선상에 놓이게 될 것이다.

3.14.2 선 맞춤의 불확도

때때로 실제 문제는 맞춤 선의 기울기나 절편에 대한 불확도를 추정하는 것이다. 불확도의 육안 추정들은 흔히 만족할 만한 정확도를 갖는다. 예를 들어 당신은 어떤 범위의 기울기가 95% 신뢰 수준으로 데이터를 맞출 수 있을 것인지를 결정하기 위해 손 맞춤 선의 기울기를 변화시킬 수 있을 것이다. 유사한 추정들은 절편을 구하는 데도 적용될 수 있다. 이 접근법은 표본이 작거나 y와 x가 둘 다 큰 정밀 오차를 가질 경우에 가장 좋다. 통계적 신뢰구간 역시 부록 F에서 논의된 대로 유도될 것이다.

선이나 곡선 맞춤의 또 다른 주요 관심은 이상점(outlier)들을 확인하는 것이다. 남은 데이터의 경향과 상이한 데이터 점들은 육안으로 흔히 판별될 수 있다. 특정한 점이 의심된다면 그것을 임시로 제외시키고 남은 데이터로 새 선을 맞춘다. 만일 그 선이 훨씬 양호한 적합도를 보이면 그 점은 아마도 제외시킬 수 있을 것이다. 다시 말하면 최소 자승의 한정된 가정내에서 통계 검정이 적용될 수 있다. 본질적으로 이것들은 맞춤 곡선 주위의 3σ 대의 추정을 포함한다(부록 F). 그러나 때때로 실제 관계는 직선이 아니기 때문에 데이터는 맞춤 곡선으로부터 편차가 생긴다. 비선형 데이터를 가정된 직선형으로 강제로 맞추려는 것은 항상 피해야 한다. 왜냐하면 가치 있는 정보들이 과정 중에 손실될 수 있기 때문이다.

3.14.3 곡선 맞춤을 위한 소프트웨어

직선 맞춤은 실제적으로 최소 자승법의 한 특수한 예이다. 최소 자승은 임의 차수의 다항식을 맞추기 위해 일반화될 수 있다. 곡선 맞춤의 많은 다른 방법들이 개발되어 왔으며 몇몇 방법들은 최소 자승보다 상당히 복잡하다. 그러한 방법들에 대한 좋은 의견들은 수치해석과 연관된 대부분의 교재에서 찾을 수 있다(참고문헌[11]에는 이러한 문제들에 대한 소개가 되어 있다).

고차 곡선 맞춤의 한 예가 이 책의 표 16.6에 나와 있으며 고차 다항식이 온도의 함수로 열전대 전압들을 맞추는데 사용되었다.

예제 3.16 외팔보의 자유단에 질량이 매달려 있어 아래로 처지고 있다. 처짐 δ(m)는 보의 강성 계수(*stiffness*) K(N/m), 가해진 질량 M(kg)과 중력 $g = 9.807$ m/s의 함수이다.

$$K\delta = Mg$$

작은 강 외팔보의 강성 계수를 결정하기 위해 한 학생이 보의 끝에 여러 질량들을 놓고 대응하는 처짐들을 계측한다. 처짐은 1mm 증분으로 표시된 눈금자로 측정되고 각 질량은 천칭에서 측정되었다. 그 결과들은 다음과 같다.

질량(g)	처짐(mm)
0	0
50.15	0.6
99.90	1.8
150.05	3.0
200.05	3.6
250.20	4.8
299.95	6.0
350.05	6.2
401.00	7.5

측정된 질량의 추정 정밀 불확도는 주로 읽기 오차(95% 수준에서 ±0.05 g)이고 편의 불확도는 주로 교정 불확도(95% 수준에서 ±0.1 g)이다. 그러므로 질량에 있어 전체 불확도 $U_M = 0.11$ g(95%)이며 하중의 약 0.05%에 해당한다.

처짐에 대한 읽기 오차는 대부분 정밀 불확도에 기인한다. 학생은 이 불확도를 ±0.2 mm(95%)로 추정하였다. 가공 오차에서의 눈금자에 대한 편의 오차는 ±0.1(95%)에서 평가되었다. 처짐에 있어서 전불확도는 측정치의 5~10%이다.

보의 강성 계수는 얼마이며 그 불확도는 얼마인가?

풀이: 처짐 불확도가 질량 불확도보다 훨씬 크기 때문에 처짐은 y변수로 하여 데이터를 최소 자승 맞춤을 취하면 강성 계수를 구할 수 있다. $y = \delta$로 $x = M$으로 놓고 요구 합을 계산한다(아마도 입력 데이터를 진행시키는 포켓 계산기를 사용해서):

$$n = 9$$
$$\sum x = 1801 \text{ g}$$
$$\sum x^2 = 5.109 \times 10^5 \text{ g}^2$$
$$\sum y = 33.50 \text{ mm}$$
$$\sum y^2 = 179.3 \text{ mm}^2$$
$$\sum xy = 9959 \text{ g} \cdot \text{mm}$$

그러면 최소 자승 결과는

$$y = a + bx \qquad \left(\text{or } \delta = 0 + \frac{g}{K}M\right)$$
$$a = -0.0755 \text{ mm}$$
$$b = \frac{g}{K} = 0.0190 \text{ mm/g}$$
$$r = 0.995886$$

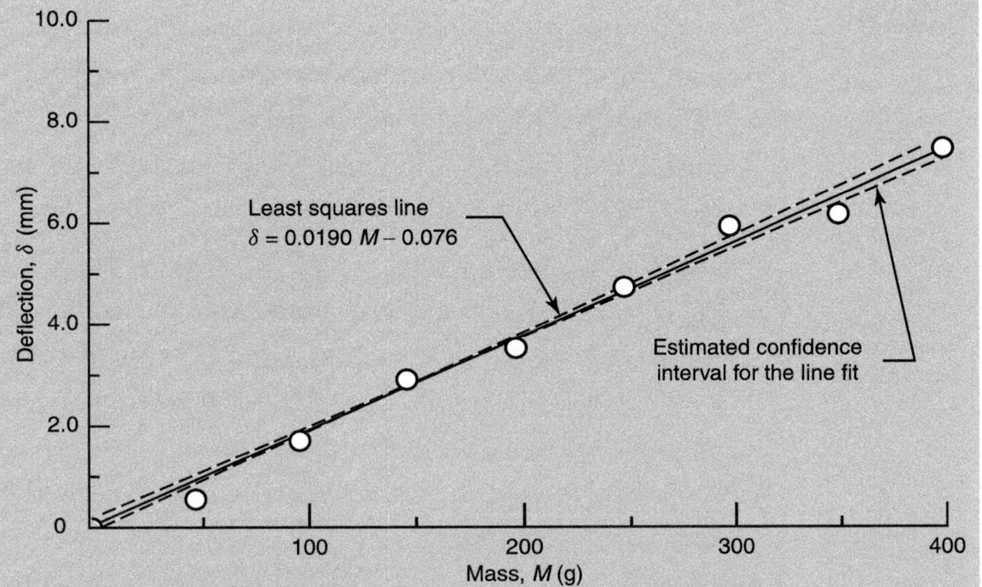

그림 3.25 여러 질량에 대한 보의 처짐

데이터와 선 맞춤은 그림 3.25에 나타나 있다. 보의 실험 강성 계수는

$$K = \frac{g}{b} = \frac{9.807}{0.0190} = 516 \text{ N/m}$$

그림에서 이 데이터들은 직선 위에 놓이는 것으로 나타난다. 상관 계수 r은 1에 가깝지만 더 좋은 검정은 $(1 - r^2)^{1/2} = 0.0906$을 고려하는 것이다. 이 값은 데이터의 정밀 오차로부터 생긴 수직 표준편차가 y와 x 사이의 직선 관계에 의해 야기된 전 수직 변화의 단지 약 9% 뿐이라는 것을 지시한다.

강성 계수에 있어 불확도는 얼마인가? 이 대답은 직선 기울기의 불확도와 등가이다. 이것을 추정하는 한 가지 방법은 어떤 범위의 기울기가 95% 확실도로 데이터를 맞추든지 육안으로 맞춤된 선을 바로 변화시키는 것이다. 그림 3.25에는 이 한계들이 나타나 있으며 b의 변화는 약 ±10% 이다. 그러므로 K에서의 95% 불확도는 역시 약 ±10%이다. 좀 더 정밀한 통계구간은 부록 F에서 계산되지만 결과는 필연적으로 같을 것이다.

3.15 요약

모든 측정은 어느 수준의 오차를 포함하며 이 오차는 결코 완벽하게 알 수 없다. 그러나 오차에 있어 가능한 한계는 보통 추정될 수 있다. 이 한계를 **불확도**(*uncertainty*)라 부른다. 불확도는 항상 특정 오차가 이 한계 내에 놓일 승산(odds)은 신뢰 퍼센트를 수반한다. 데이터를 그래프나 수치적으로 표현할 때 불확도가 역시 보여져야 한다.

1. 오차들은 보통 **편의**(*bias*)오차와 **정밀**(*precision*)오차로 분류될 수 있다. 편의(혹은 계통)오차는 행해진 각 측정에 대해 동일한 유형으로 나타난다. 정밀 오차(혹은 확률오차)는 0의 평균값을 가지며 크기와 부호가 변한다. 편의 불확도는 계측 장비에 대한 지식과 더욱 정확한 다른 시스템과의 비교에 의해 추정되어야 한다. 정밀 불확도는 통계적으로 추정될 수 있다(3.1절, 3.2절).
2. 어떤 측정에서 전 불확도는 편의 오차와 정밀 오차 둘 모두를 포함한다.

$$U_x = \left(B_x^2 + P_x^2\right)^{1/2}$$

   편의와 정밀 불확도는 똑같은 신뢰 수준을 가져야 하며 통상 95%를 기준한다(3.3절, 3.11절).
3. 정밀 오차와 같은 확률 변수들은 **모집단**(*population*)과 그 **분포**(*distribution*)의 항으로 특성화될 수 있다. 정밀 오차에 대한 대부분의 공통 분포는 가우스 혹은 정규 분포이다(3.4절, 3.5절).
4. 모집단의 특성들은 그것의 한 **표본**을 취해서 추정될 수 있다. 표본평균 $\bar{x}$ 와 표본 표준편 차 S_x는 모평균과 모표준편차를 추정하는 데 사용된다. $\bar{x}$ 의 정밀 불확도는

$$P_x = t_{\alpha/2,\nu}\frac{S_x}{\sqrt{n}} \quad (c\%)$$

   이고, 유의수준 $\alpha = 1 - c$와 $\nu = n - 1$ 이다(3.6절, 3.11절).
5. χ^2-분포는 표본의 분포와 예상되는 분포를 비교하는데 사용되어진다. 가우스 분포를 가지는 데이터 집단의 적합화의 정확도는 x 의 적합도 검정이나 정규확률도를 사용하여 확인할 수 있다(3.7절).
6. 편의 불확도와 1회표본 정밀 불확도는 계측계에 대한 지식으로부터 추정된다(3.9절, 3.11절).
7. 실험 데이터가 최종 결과를 계산하기 위해 사용될 때 데이터의 불확도는 결과의 불확도를 결정하는 데 틀림없이 **전파**된다.

$$u_y = \sqrt{\left(\frac{\partial y}{\partial x_1}u_1\right)^2 + \cdots + \left(\frac{\partial y}{\partial x_n}u_n\right)^2}$$

여기서 u_i는 편의 불확도 B_i이거나 정밀 불확도 P_i이다(3.10절, 3.11절).

8. 실험의 정확도는 그것이 수행되기 전에 불확도의 주요 원을 확인하고 제거하여 개선될 수 있다(3.11.2절, 3.12절).
9. 데이터의 그래프 표현은 흔히 결과와 결론을 전달하기 위한 가장 효과적인 방법이다. 그래프를 작성할 때 몇 가지 단순한 기술을 적용하며 독자가 완전하고 쉽게 저자의 작업을 이해할 수 있게 도와 줄 것이다(3.13절).
10. 선 맞춤은 결과를 해석적 형태로 취할 수 있게 한다. 선 맞춤은 또 데이터의 정밀 불확실도를 평균화하는 데 도움을 준다. 최소 자승법은 다음과 같은 경우에 양호한 선 맞춤을 제공한다: (a) y 정밀 오차가 x 정밀오차보다 훨씬 크거나 (b) x와 y의 정밀 오차 모두가 데이터의 전체 변화에 비해 작을 때. 선 맞춤은 편의 오차에 대해서는 보상하지 못한다(3.14절).

SUGGESTED READINGS

ANSI/ASME PTC 19.1-1985. ASME Performance Test Codes, Supplement on Instruments and Apparatus, Part 1, Measurement Uncertainty. New York, 1985. This source contains a multitude of valuable references.

Barker, T. B. *Quality by Experimental Design*. 2nd ed. New York: Marcel Dekker, 1994.

Coleman, H. W., and W. G. Steele. *Experimentation and Uncertainty Analysis for Engineers*. 2nd ed. New York: Wiley-Interscience, 1999.

Collection of papers related to engineering measurement uncertainties. *Trans. ASME, J. Fluids Engrg*. 107, June 1985. This source contains a multitude of valuable references.

Johnson, R., I. R. Miller, and J. E. Freund. *Miller and Freund's Probability and Statistics for Engineers*. 7th ed. Englewood Cliffs, N.J.: Prentice Hall, 2004.

Kline, S. J., and F. A. McClintock. Describing uncertainties in single-sample experiments. *Mech. Eng.* 75: 3–8, January 1953.

Moffat, R. J. Contributions to the theory of single-sample uncertainty analysis. *Trans. ASME, J. Fluids Engrg*. 104, June 1982.

Tufte, E. R. *The Visual Display of Quantitative Information*. Chesire, Conn.: Graphics Press, 1983.

Weiss, N. A., and M. J. Hassett. *Introductory Statistics*. 5th ed. Reading, Mass.: Addison-Wesley, 1999.

연습문제

Note: Unless otherwise specified, all uncertainties are assumed to represent 95% coverage (19 : 1 odds).

3.1. For a very large set of data, the measured mean is found to be 200 with a standard deviation of 20. Assuming the data to be normally distributed, determine the range within which

60% of the data are expected to fall.

3.2. From long-term plant-maintenance data, it is observed that pressure downstream from a boiler in normal operation has a mean value of 303 psi with a standard deviation of 33 psi. What is the probability that the pressure will exceed 350 psi during any one measurement in normal operation?

Note: The following information should be helpful in solving Problems 3.3–3.8.

For pure electrical elements in series

- Resistances add directly.
- Reciprocals of capacitances add to yield the reciprocal of the overall capacitance.
- Inductances add directly.

For pure electrical elements in parallel

- Reciprocals of resistances add to yield the reciprocal of the overall resistance.
- Capacitances add directly.
- Reciprocals of inductances add to yield the reciprocal of the overall inductance.

3.3. **(a)** A 68-kΩ resistor is paralleled with a 12-kΩ resistor. Each resistor has a ±10% tolerance. What will be the nominal resistance and the uncertainty of the combination?

(b) If the values remain the same except that the tolerance on the 68-kΩ resistor is dropped to ±5%, what will be the uncertainty of the combination?

3.4. Five 100-Ω resistors, each having a 5% tolerance, are connected in series. What is the overall nominal resistance and tolerance of the combination?

3.5. Three 1000-Ω resistors are connected in parallel. Each resistor has a ±5% tolerance. What is the overall nominal resistance and what is the best estimate of the tolerance of the combination?

3.6. A 47-Ω resistor is connected in series with a parallel combination of a 100-Ω resistor and a 180-Ω resistor. What is the overall resistance of the array and what is the best estimate of its tolerance?

(a) For individual tolerances equal to 1%

(b) For tolerances of the 47-Ω resistors equal to 10% and for the 180-Ω resistors equal to 5%

3.7. A capacitor of 0.05 μF ± 10% is parallel with a capacitor of 0.1 μF ± 10%.

(a) What are the resulting nominal capacitance and uncertainty?

(b) What would be the nominal capacitance and uncertainty if the two elements were connected in series?

3.8. Two inductances are connected in parallel. Their values are 0.5 mH and 1.0 mH. Each carries a tolerance of ±20%. Assuming no mutual inductance, what is the nominal inductance and uncertainty of the combination?

3.9. Power can be measured as I^2R or VI. Using the data of Problem 3.14, which method will give the most accurate measurement?

3.10. A tube of circular section has a nominal length of 52 cm ± 0.5 cm, an outside diameter of 20 cm ± 0.04 cm, and an inside diameter of 15 cm ± 0.08 cm. Determine the uncertainty in calculated volume.

3.11. It is desired to compare the design of two bolts based on their tensile strength capabilities. The following lists the results of the sample testing.

Group	Failure Load	Std. Deviation	Number of Tests
A	30 kN	2 kN	21
B	34 kN	6 kN	9

Is there a difference between the two samples at the 95% confidence level?

3.12. From a sample of 150 marbles having mean diameter of 10 mm and a standard deviation of ±3.4 mm, how many marbles would you expect to find in the range from 10 to 15 mm?

3.13. During laboratory testing of a thin-wall pressure vessel, the cylinder diameter and thickness were measured at 10 different locations; the resulting data were as follows:

$$\overline{D} = 10.25 \text{ in.} \quad S_D = 0.25 \text{ in.}$$
$$\bar{t} = 0.25 \text{ in.} \quad S_t = 0.05 \text{ in.}$$

If the pressure inside the vessel is measured to be 100 psi with an estimated uncertainty of ±10 psi, determine the best estimate of the tangential or hoop stress in the vessel. (*Note:* $\sigma_\theta = PD/2t$.)

3.14. In order to determine the power dissipated across a resistor, the current flow and resistance values are measured separately. If $I = 3.2$ A and $R = 1000\ \Omega$ are measured values, determine the uncertainty if the following instruments are used:

Instrument	Resolution	Uncertainty (% of reading)
Voltmeter	1.0 mV	0.5%
Ohmmeter	1.0 Ω	0.1%
Ammeter	0.1 A	0.5%

3.15. A total of 120 hardness measurements are performed on a large slab of steel. If, using the Rockwell C scale, the mean of the measurements is 39 and the standard deviation is 4.0, how many of the measurements can be expected to fall between the hardness readings of 35 and 45?

3.16. In order to determine whether the use of a rubber backing material between a concrete compression sample and the platen of a testing machine affects the compressive strength, six samples with packing and six without were tested. The strengths are listed in the following table. Determine if the packing material has any effect. Use a 99% confidence level.

Tensile Strength MN/m^2

Sample No.	*With Packing*	*Without Packing*
1	2.48	2.18
2	2.76	2.48
3	2.96	2.38
4	2.72	2.00
5	2.62	2.10
6	2.65	2.28

3.17. Results from a chemical analysis for the carbon content of two materials are as follows:

Carbon Content, %

Material A	93.52	92.81	94.32	93.77	93.57	93.12
Material B	92.38	93.21	92.55	92.05	92.54	

Determine if there is a significant difference in carbon content at the 99% confidence level.

3.18. Figure 3.9 shows a histogram based on the values listed in Table 3.3. As suggested in Section 3.6.1, prepare histograms representing the data, based on (a) seven bins, (b) eight bins, and (c) ten bins.

3.19. The manufacturer of inexpensive outdoor thermometers checks a sample of ten against a 68°F standard. The following results were obtained:

68.5 67.5 67 69 68 67 67.5 69 69.

Using Student's t-test, calculate the range within which the population mean may be expected to lie with a confidence level of 95%.

3.20. Spacer blocks are manufactured in quantity to a nominal dimension of 125 mm. A sample of 12 blocks was selected and the following measurements were made.

1.28	1.32	1.29	1.23
1.26	1.26	1.20	1.29
1.24	1.23	1.26	1.22

Using Student's t-test, determine the upper and lower tolerance values within which the population mean may be expected to fall with a significance level of 10%.

3.21. In a laboratory it is suspected that the results from two different viscometers do not agree. Ten fluid samples were tested using apparatus A and corresponding samples were tested using apparatus B. The results are as follows:

Viscosity (Dimensionless)

Sample No.	Using Apparatus A	Using Apparatus B
1	72	73
2	43	45
3	54	56
4	75	75
5	50	53
6	48	50
7	73	72
8	55	54
9	48	48
10	50	52

Determine whether there is a significant difference in the two systems at the 99% confidence level.

3.22. Consider the equation

$$y = 1.0 - 0.2x + 0.01x^2 \qquad (0 \leq x \leq 3)$$

Determine the maximum uncertainty in y for $\pm 2\%$ uncertainty in the variable x.

3.23. For the following data determine the equation for $y = y(x)$ by graphical analysis.

x	0	0.43	0.76	1.21	2.60	3.5
y	1.00	1.54	3.61	5.25	10.0	13.50

3.24. For the following data, determine the equation $y = y(x)$ by graphical analysis.

x	1.21	1.35	2.75	5.1	8.1
y	12.0	18.2	88.0	325.0	800

3.25. For the following data, determine the equation $y = y(x)$ by graphical analysis.

x	0	0.43	2.6	2.9	4.3
y	94	71	26	19.5	11.5

3.26. The influence of the size of the test specimen on the tensile strength of an epoxy resin was determined by casting seven samples of each size and testing them accordingly. The experimental data are as follows:

Specimen Strengths (kN/m²)	
Sample of Small Specimens	Sample of Large Specimens
3475	1813
4326	3145
2262	4140
7415	6867
3418	3842
4404	3984
3788	3053

Determine whether there is a significant difference between the two samples at the 95% confidence level.

3.27. In 200 tosses of a coin, 116 heads and 84 tails were observed. Determine if the coin is fair using a confidence level of 95% or a significance level of 5%.

3.28. A random number table of 100 digits showed the following distribution of the digits $0, 1, 2, \ldots, 9$. Determine if the distribution of the digits differs significantly from the expected distribution at the 1% significance level.

Digit	0	1	2	3	4	5	6	7	8	9
Observed frequency	7	12	12	7	6	8	14	12	8	14

3.29. A quality control engineer wants to determine if the diameters of ball bearings produced by a machine are normally distributed. From a random sample of 300 bearings, he determines that the sample mean is 10.00 mm with a sample standard deviation of ± 0.10 mm. Moreover, he obtains the following frequency distribution for the diameters.

Diameter, mm	Observed Frequency
Under 9.80	8
9.80–under 9.90	42
9.90–under 10.00	107
10.00–under 10.10	97
10.10–under 10.20	38
10.20 and over	8

Are the bearing diameters normally distributed at the 5% significance level?

Breaking Strength, ksi	Observed Frequency
59.5–62.5	5
62.5–65.5	18
65.5–68.5	42
68.5–71.5	27
71.5–74.5	8

3.30. A company subcontracts the mass production of a die casting of fixed design. Four primary types of defects have been identified and records have been kept providing a "standard" against which defect distribution for batches may be judged. For a given batch of 2243 castings the following data apply. Do the batch data vary significantly from the standard?

Defect Identification	Distribution Percent	Results for Batch 2073
Type A	7.2	125
Type B	4.6	60
Type C	1.9	75
Type D	0.9	31
Nondefective	85.4	1952
	100.0	2243

3.31. A system is calibrated statically. The accompanying table lists the results.

Input	Output (Increasing Input)	Output (Decreasing Input)
0.12	1.6	2.2
0.17	2.7	2.3
0.27	3.7	3.2
0.32	3.9	4.2
0.38	4.3	4.8
0.46	5.6	5.2
0.53	6.7	6.5
0.64	7.4	7.4

(a) Plot output versus input.

(b) Calculate the best straight-line fit, first for the increasing output, then for the decreasing output and finally for the combined data.

(c) What is the maximum deviation in each case?

(d) If it is assumed that zero input should yield zero output, what is the zero offset (bias) that should be assigned?

3.32. The following data describe the temperature distribution along a length of heated pipe. Determine the best straight-line fit to the data.

Temperature, °C	Distance from a Datum, cm
100	11.0
200	19.0
300	29.0
400	39.0
500	50.5

3.33. The force-deflection data for a spring are given in the following table. Determine a least squares fit.

Deflection, in.	Force, lbf
0.10	9
0.20	19
0.30	22
0.40	40
0.50	52
0.60	59

3.34. Solve Problem 3.33 adding one more data point—namely, zero deflection under zero load.

3.35. The data in the accompanying tabulation (from several sources) provide the resistivity of platinum at various temperatures.

Temperature, °C	Resistivity, Ω · cm
0	10.96
20	10.72
100	14.1
100	14.85
200	17.9
400	25.4
400	26.0
800	40.3
1000	47.0
1200	52.7
1400	58.0
1600	63.0

(a) Make a linear plot of the data points.

(b) Determine the constants for a linear least squares fit of the entire data set. Plot the fitted line on your graph of the data.

(c) Because the resistivity is not a perfectly linear function of temperature, a more accurate fit can be obtained by limiting the range of temperature considered. Obtain the constraints for a linear least fit over the range of 0°C to 1000°C only. Plot the result on your graph.

3.36. Show that $y = a + bx^n$ will plot as a straight line on linear graph paper when y is plotted as the ordinate and x^n is plotted as the abscissa. Show that the intercept is equal to a and the slope is equal to b.

3.37. Show that if $1/y$ versus $1/x$ is plotted on linear paper, the function $x/(ax + b)$ (which may also be written $1/y = a + b/x$) will yield a straight line, with a as the intercept and b as the slope.

3.38. Show that $y = ac^{bx}$ will plot as a straight line on linear paper when $\log y$ is plotted as the ordinate and x is plotted as the abscissa and that the intercept is equal to $\log a$ and the slope is equal to $b \log c$. Note that with the slope known, b and c may be found by simultaneous solution of the slope equation and the original equation written for a selected (x_i, y_i) point.

3.39. Select a range for x and make an x versus y plot of $y = 12x^{2/3}$ on linear graph paper. Now transform the data to log y and log x and plot on linear paper. The second set of data should plot as a straight line with a slope of $\frac{2}{3}$ and an intercept of log 12.

3.40. From 1960 to 1983, the standard meter was defined as 1,650,763.73 wavelengths of the light emitted during the transition between the $2p_{10}$ and the $5d_5$ levels of the krypton-86 atom. That emission line is slightly asymmetric, and its wavelength has a total uncertainty of about $\pm 2.4 \times 10^{-5}$ Å (68%).

By the early 1970s, laser technology permitted highly-precise determination of the speed of light, c, by using the relation $c = \lambda f$ and measured values of laser wavelength, λ, and frequency, f. Laser frequency measurements had at that time reached relative uncertainties of $u_f/f = 6 \times 10^{-10}$ (68%).

(**a**) What was the uncertainty (95%) in the measured speed of light at that time? What factor limited the accuracy of this measurement?

(**b**) In 1983, the meter was redefined as "the distance traveled by light in vacuum during a time interval of 1/299792458 of a second." How did this affect the uncertainty in the speed of light (in meters per second)?

참고문헌

[1] ANSI/ASME 19.1-1985. ASME Performance Test Codes. Supplement on Instruments and Apparatus, Part 1, *Measurement Uncertainty*. New York, 1985.

[2] Froome, K. D., and L. Essen. *The Velocity of Light and Radio Waves*. New York: Academic Press, 1969.

[3] Miller, I. R., J. E. Freund, and R. Johnson. *Probability and Statistics for Engineers*. 4th ed. Englewood Cliffs, N.J.: Prentice Hall, 1990.

[4] Weiss, N. A., and M. J. Hassett. *Introductory Statistics*. 5th ed. Reading, Mass.: Addison-Wesley, 1999.

[5] Schenk, J., Jr. *Theories of Engineering Experimentation*. 2nd ed. New York: McGraw-Hill, 1968.

[6] Kline, S. J., and F. A. McClintock. Describing uncertainties in single-sample experiments. *Mech. Engr*. 75: 3–8, January 1953.

[7] *Engineering and Scientific Graphs for Publications*, American Standards Association. New York: American Society of Mechanical Engineers, July 1947.

[8] Natrella, M. G. Experimental Statistics. *National Bureau of Standards Handbook* 91. Washington, D.C.: U.S. Government Printing Office, 1963.

[9] McClintock, F. A. *Statistical Estimation: Linear Regression and the Single Variable*, Research Memo 274, Fatigue and Plasticity Laboratory. Cambridge: Massachusetts Institute of Technology, February 14, 1987.

[10] Rabinowicz, E. *Introduction to Experimentation*. Reading, Mass.: Addison-Wesley, 1970.

[11] Hornbeck, R. W. *Numerical Methods*. New York: Quantum Publishers, 1975.

Chapter 04 아날로그 피측정량 : 시간 종속 특성

4.1 서론

모든 측정에서 공통된 매개 변수는 시간이다. 모든 피측정량들은 시간에 관계된 특성을 가진다. 시간이 흐름에 따라 피측정량의 크기는 변할 수도 있고, 변하지 않을 수도 있다. 때때로 어떤 변화의 시간에 따른 변동량은 특정 진폭만큼이나 매우 중요하다.

본 장에서는 피측정량들의 시간에 관계된 여러 가지 특성들을 정의하거나 표현하기 위해 필요한 양들에 대해 서술하고자 한다. 제 1장에서처럼 시간에 관계된 피측정량들은 아래와 같이 분류한다.

1. 정적-시불변(時不變)
2. 동적-시변(時變)
  (a) 정상 상태의 주기성(steady-state periodic)
  (b) 비반복적 또는 과도기적
    i. 단일 펄스 또는 비주기적(aperiodic)
    ii. 연속적 또는 랜덤(random)

4.2 단순 조화 함수

어떤 함수의 2차 미분이 그 함수에 비례하고 반대 부호일 때 이 함수를 **단순 조화 함수**라고 한다. 어떤 두 변수들이 조화적으로 관계될 수도 있지만 대개 독립변수는 시간 t이다.

기계 공학에서 대부분의 공통적인 조화 함수들은 시간과 상대변위에 관계된다. 전기공학에서 교류 회로(ac) 소자의 대부분의 변화량들은 시간의 조화 함수이다. 조화관계는 동적 함수들의 기초가 되며, 시간 함수로 표현되는 물성량들은 거의 대부분 조화적으로 표현할 수 있다.

가장 기본적인 형태로 **단순 조화 운동**은 다음과 같이 정의된다.

$$s = s_0 \sin \omega t \tag{4.1}$$

여기서
$s =$ 평형점으로부터의 순간 변위
$s_0 =$ 평형점으로부터의 최대 변위 또는 진폭
$\omega =$ 원(圓) 진동수(rad/s)
$t = t = 0$ s인 순간으로부터 측정된 어떤 시간 구간

작은 진폭 진자, 보(beam) 위의 질량, 고무 밴드에 매달린 질량—이들 모두가 단순 조화 운동을 하거나, 이와 거의 비슷한 운동을 한다.

미분을 통하여, 다음의 관계를 식 4.1로부터 유도할 수 있다.

$$v = \frac{ds}{dt} = s_0 \omega \cos \omega t \tag{4.2}$$

그리고

$$v_0 = s_0 \omega \tag{4.2a}$$

또는

$$a = \frac{dv}{dt} = -s_0 \omega^2 \sin \omega t \tag{4.3}$$

$$= -s\omega^2 \tag{4.3a}$$

게다가

$$a_0 = -s_0 \omega^2 \tag{4.3b}$$

여기서
$v =$ 속도
$v_0 =$ 물체들 사이의 거리
$a =$ 가속도
$a_0 =$ 최대 가속도 또는 가속도 진폭

식 4.3a는 이 절의 첫 단락에 언급한 바와 같이 단순 조화 운동을 만족시킨다. 가속도 a는 변위 s에 비례하고 부호는 반대이다. 비례상수는 ω^2이다.

4.3 원 및 사이클 진동수

어떤 과정(過程) 그 자체가 반복되는 진동수를 **순환**(*cycle*) **진동수** f 라고 부르고, 보통 초당 반복 횟수 또는 **헤르츠**(*hertz*, 1 Hz = 1 cycle/s)로 측정한다. 그러나 **원 진동수** ω의 개념은 반복 관계를 연구하는데 유용하며, rad/s의 단위를 가진다. 잘 알려진 **스카치-요크**(*Scotch-yoke*) 기구를 이용하면 두 진동수의 관계를 쉽게 설명할 수 있다.

그림 4.1(a)는 스카치-요크 기구의 요소들을 나타내는데, 이는 요크-피스톤 조합체를 구동하는 슬라이더 블록(slider block)과 크랭크 OA로 구성된다. 만일 우리가 피스톤의 중간 행정(行程) 위치에서부터 변위를 측정하면 변위 진폭은 $\pm OA$일 것이다. 크랭크가 ω(rad/s)로 회전하면 그때 크랭크 각 θ는 ωt로 표현할 수 있다. 물론 시간 항을 도입하기 때문에 ωt로 사용하는 것이 편리하며, 직접 θ항으로 나타나지 않는다. 피스톤 변위는 다음과 같이 나타낼 수 있다.

$$s = s_0 \sin \omega t$$

이 식은 식 4.1과 동일하다. 크랭크가 2π rad 만큼 회전할 때 순환이 한 번 발생한다. 그리고 f 가 hertz 단위의 진동수이면 다음과 같이 된다.

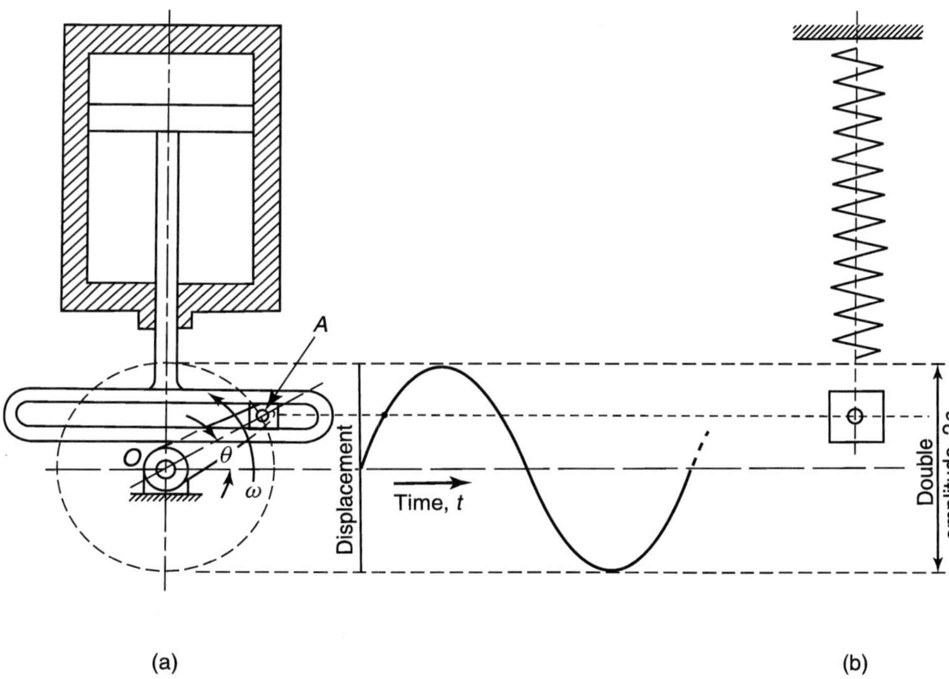

그림 4.1 (a) 피스톤이 단순 조화 운동을 하는 스카치-요크 기구; (b) 단순 조화 운동을 하는 스프링-질량계

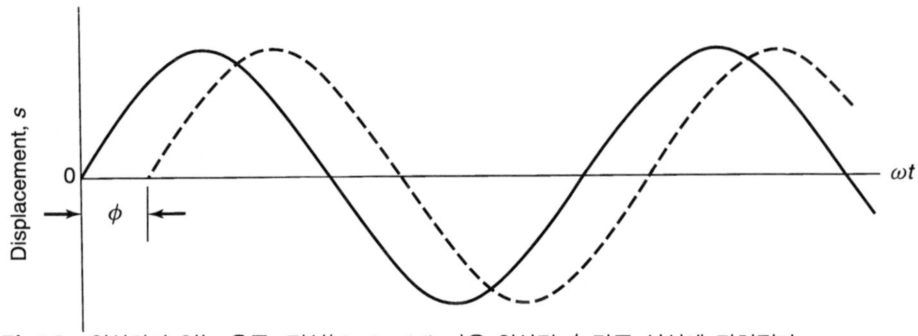

그림 4.2 위상차가 있는 운동, 점선(dashed line)은 위상각 ϕ 만큼 실선에 뒤쳐진다.

$$\omega = 2\pi f \tag{4.4}$$

따라서 변위는 순환 진동수의 항으로 표현할 수 있다.

$$s = s_0 \sin 2\pi ft \tag{4.5}$$

변위 방정식도 요크-피스톤 조합체가 단순 조화 운동을 한다는 것을 보여 준다. 다른 많은 기계적 전기적 계(system)도 단순 조화 관계를 가진다. 그림 4.1(b)에 나타낸 스프링-질량계가 일례이다. 스프링-질량계의 진폭과 고유 진동수가 스카치-요크 기구의 진폭과 고유 진동수와 일치하면 스프링-질량계의 질량과 스카치-요크 기구계의 피스톤은 완전히 동기(同期)되어 위 아래로 움직일 것이다.

마찬가지로, 모든 단순 조화 관계를 가지는 유사한 스카치-요크 기구를 상상해 내거나 고안할 수 있다. 크랭크 길이 OA는 벡터 진폭을 나타낼 것이고, 크랭크의 각속도 ω(rad/s)는 조화 관계의 원 진동수에 해당할 것이다. 만일 질량과 피스톤이 같은 진동수를 가지고 동시에 최대 변위에 도달한다면 그들의 운동을 **위상이 같다**라고 한다. 그들은 같은 진동수로 움직이지만 같이 진동하지 않으면 그들 운동 사이의 시간차(위상 지연, 위상 앞섬)가 **위상각** ϕ(그림 4.2)로 표현된다.

4.4 복합관계

대부분의 복합적인 동적 기계 신호는 압력, 변위, 변형률의 함수이거나 아니면 또 다른 물리량이든지, 정상 상태나 과도 상태에 관계없이, 단순 조화 성분의 합으로 나타낼 수 있다. 각 성분은 자기 자신의 진동수와 진폭을 가지고 있을 것이고 다른 성분들과 다양한 위상 관계로 합쳐 있을 것이다. 이것의 일반적인 수학적 표현은 다음과 같다.

$$y(t) = \frac{A_0}{2} + \sum_{n=1}^{\infty}(A_n \cos n\omega t \pm B_n \sin n\omega t) \tag{4.6}$$

여기서 A_0, A_n 과 $B_n =$ 조화 계수로 불리는 진폭을 결정하는 상수
$n =$ 조화 차수로 불리는 1에서 무한대까지 정수

n이 1일 때, 해당되는 사인파와 코사인파의 항을 **기본 진동수**(*fundamentals*)항이라고 한다. $n = 2, 3, 4, \cdots$ 일 경우, 해당하는 항은 둘째, 셋째, 넷째, ⋯ **조화 항**이라고 한다. 식 4.6을 때때로 $y(t)$에 대한 **푸리에 급수**라고도 부른다.

식 4.6의 변수 부분은 위상각을 도입함으로써, 사인파나 코사인파 둘 중에서 하나만으로 나타낼 수 있다. 이런 변환은 다음의 법칙을 따라 수행한다.

경우 Ⅰ:

$$y = A\cos x + B\sin x, \qquad y = C\cos(-x + \phi_2) \tag{4.6a}$$

또는

$$y = C\sin(x + \phi_1) \tag{4.6b}$$

경우 Ⅱ:

$$y = A\cos x - B\sin x, \qquad y = C\cos(x + \phi_2) \tag{4.6c}$$

또는

$$y = C\sin(-x + \phi_1) \tag{4.6d}$$

위의 두 가지 경우에, $C = \sqrt{A^2 + B^2}$; 이고 ϕ_1과 ϕ_2는 다음의 조건을 만족하는 **양의 예각**이다.

$$\phi_1 = \tan^{-1}\frac{|A|}{|B|}$$

그리고

$$\phi_2 = \tan^{-1}\frac{|B|}{|A|}$$

ϕ_1 과 ϕ_2 를 계산할 때 A와 B는 절대 값임을 유의해야 한다.

식 4.6에서는 신호-시간 관계를 정의하는데 있어서 모든 조화가 존재한다고 나타나 있지만, 이런 관계들은 대개 제한된 수의 조화만을 포함한다. 사실 모든 측정 시스템은 그 이상의 주파수에서는 조화가 약해져서 나타나지 않는 상하한(上下限)의 주파수 한계를 가진다. 즉 모든 측정 시스템은 무한대 주파수 범위까지 반응할 수 없다는 것이다.

수많은 가능한 조화 합을 분류하는 것은 거의 불가능하지만, 위상 관계 ϕ, 조화차수 n, 상대적 진폭과 같은 몇몇 변수들의 효과를 고려하는 것은 유용한 것이다. 따라서 그림 4.3부터 4.7까지는 두 성분(two-component) 파형의 관계를 나타내고 있는데, 각각의 경우는 전체 파형에 대한 한 변수의 영향을 보여준다. 그림 4.3은 상대 진폭의 영향을 보여 주며

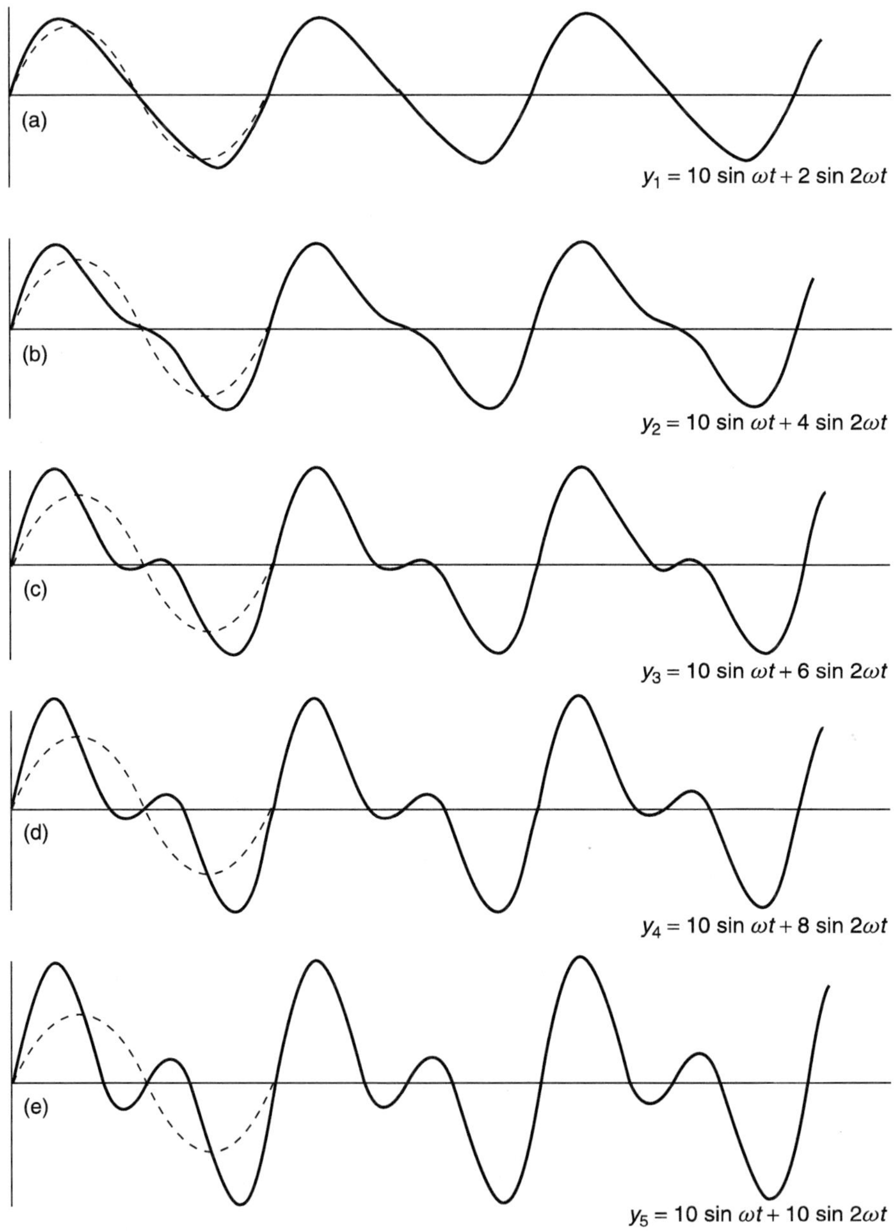

그림 4.3 여러 가지 상대적 진폭의 2차 조화 성분을 포함하는 두 성분 파형에 대한 예

그림 4.4는 상대적 진동수의 영향을 보여준다. 그림 4.5는 여러 위상 관계의 영향을 보여준다. 그림 4.6은 상당히 다른 진동수들을 가지는 두 성분에 대한 파형을 보여준다. 그리고 그림 4.7은 거의 같은 두 진동수의 영향을 보여준다.

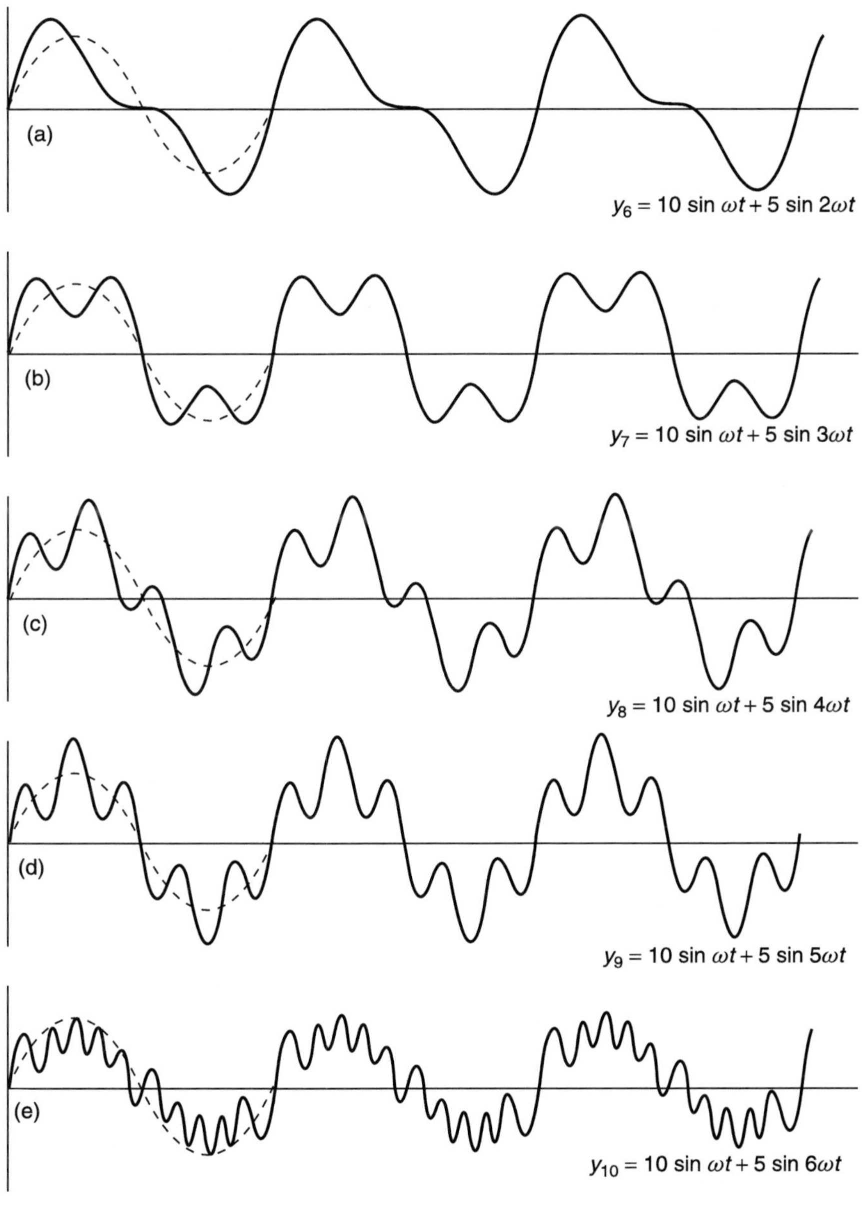

그림 4.4 두 번째 항이 여러 가지 상대적 진동수를 가지는 두 성분 파형의 예

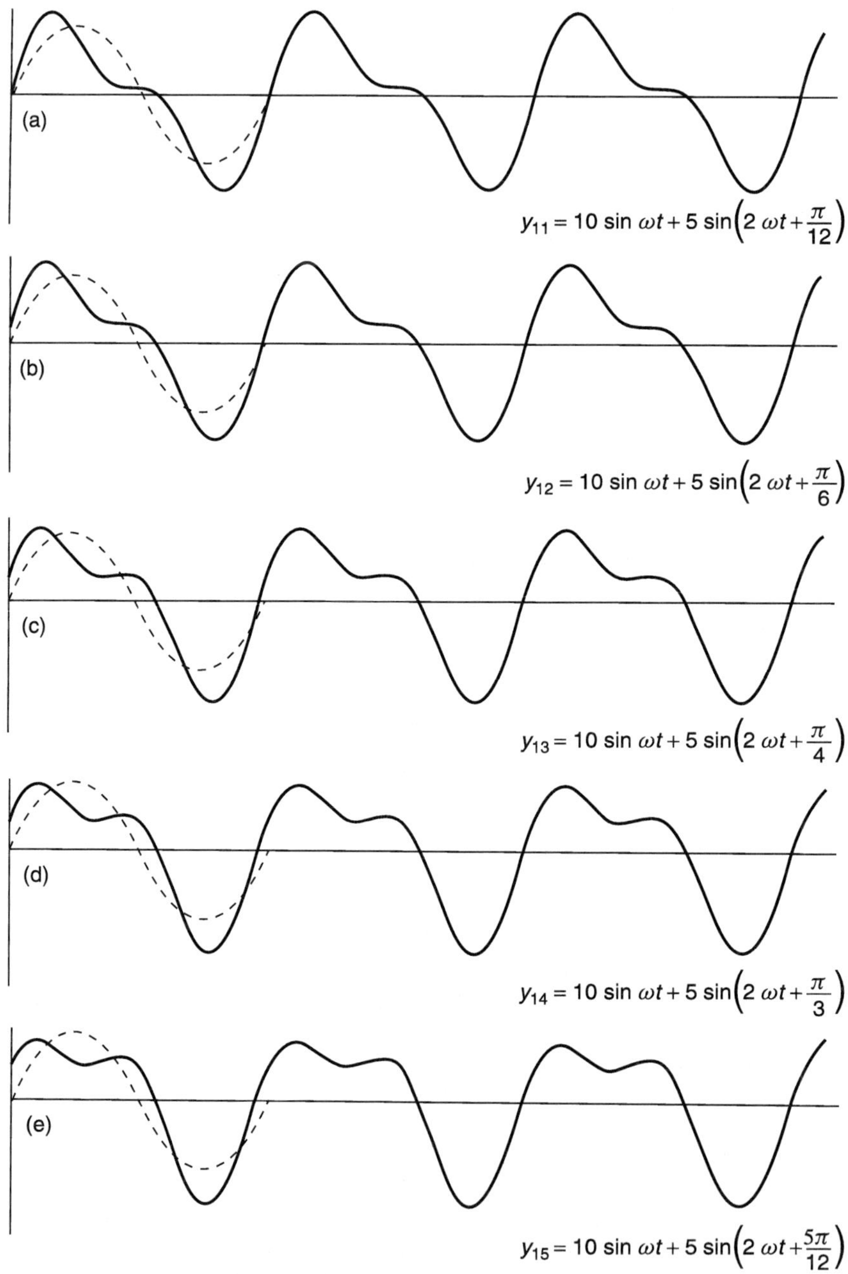

그림 4.5 둘째 조화가 여러 가지 위상 어긋남을 가지는 두 성분 파형의 예

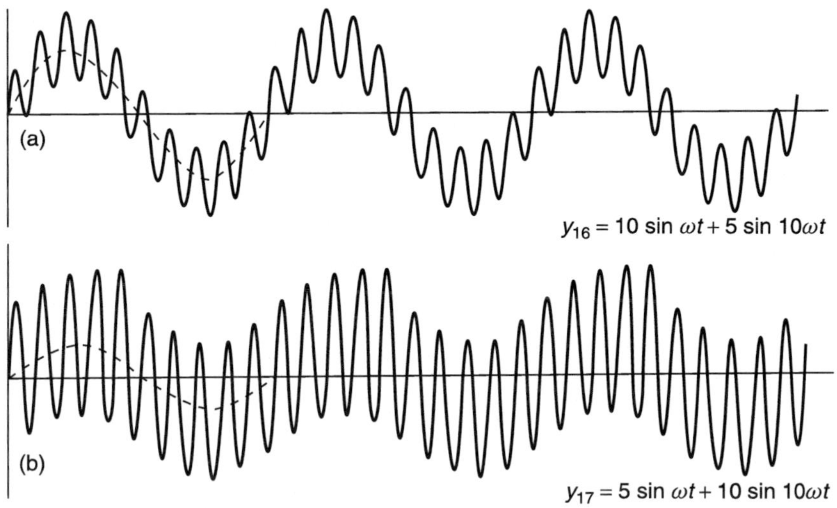

그림 4.6 두 성분이 상당히 다른 진동수를 가지는 두 성분 파형의 예

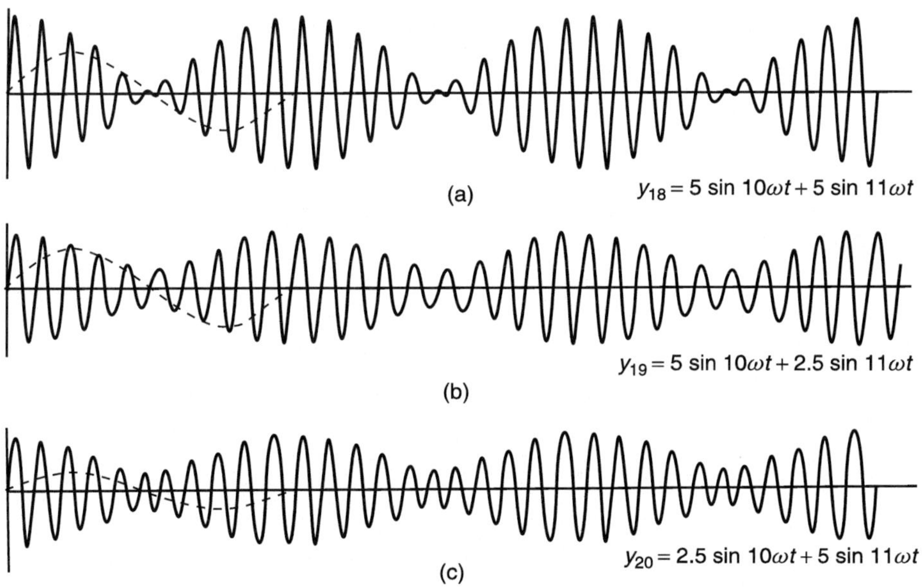

그림 4.7 두 성분이 거의 같은 진동수를 가지는 두 성분 파형의 예

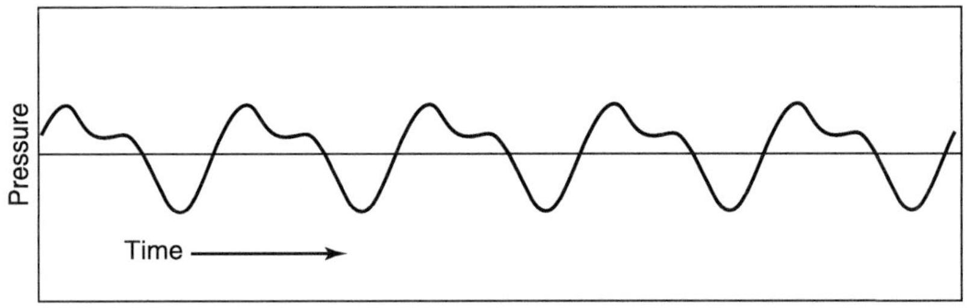

그림 4.8 압력-시간 관계, $P = 100 \sin(80t) + 50\cos(160t - \pi/4)$

예제 4.1 조화를 이루는 관계의 일례로, 두 개의 조화 항으로 이루어지는 비교적 단순한 압력-시간 함수를 분석해 보자.

$$P = 100 \sin 80t + 50 \cos\left(160t - \frac{\pi}{4}\right) \tag{4.7}$$

풀이: 이 식을 살펴보면, 기본 진동수의 원 진동수가 80 rad/s, 또는 $80/2\pi = 12.7$ Hz임을 알 수 있다. 따라서 압력 변화의 주기(period)는 $1/12.7 = 0.0788$ s이다. 두 번째 항은 기본 진동수의 2배 진동수를 가지고, 그 값은 원진동수가 160 rad/s이다. 그리고 1/8 주기 또는 $\pi/4$ rad만큼 기본 진동수에 뒤처져 있다. 또한 식 4.7로부터 기본 진동수 진폭(100)이 두 번째 조화 진폭(50)의 2배임을 알 수 있다. 이 관계를 그림 4.8에 나타내었다.

예제 4.2 다른 예제로, 아래의 가속도-시간 관계 방정식을 분석해 보자.

$$a = 3800 \sin 2450t + 1750 \cos\left(7350t - \frac{\pi}{3}\right) + 800 \sin(36{,}750t) \tag{4.8}$$

여기서 $a =$ 각 가속도(rad/s^2)
$t =$ 시간(s)

풀이: 이 수식은 원 진동수가 1:3:15의 상대 비를 가지는 세 개의 조화 성분들로 구성되어 있다. 따라서 이 성분들은 기본, 셋째, 열다섯째 조화 항으로 불리며 이에 해당하는 진동수는 각각 390, 1170 그리고 5850 Hz이다.

4.4.1 맥놀이 진동수와 헤테로다이닝

그림 4.7(a)는 진동수를 측정하는 중요한 방법의 기본이 된다. 같은 진폭과 거의 같은 진동수의 두 파가 합쳐진다고 하자. 만일 한 파가 순환 진동수 f_0를 가지고 두 번째 파가 $f_1 = f_0 + \Delta f$을 가지면, 그때 결과는 다음과 같다.

$$\begin{aligned} y = &\quad A\sin(2\pi f_0 t) + A\sin[2\pi(f_0 + \Delta f)t] \\ &= \underbrace{2A\cos\left(2\pi\frac{\Delta f}{2}t\right)}_{\text{slowly beating amplitude}} \cdot \underbrace{\sin\left(2\pi\frac{f_0 + f_1}{2}t\right)}_{\text{high-frequency wave}} \end{aligned} \tag{4.9}$$

이 파는 진폭이 높아지고 낮아지는 곳에서 느린 맥놀이를 가진다. 비록 여현(cosine) 항은 순환 진동수$\Delta f/2$를 가지지만, 진폭 자체는 여현(cosine) 주기 당 2개의 극소 값을 가진다. 따라서 진동수 Δf에서 맥놀이가 발생한다.

소리굽쇠와 악기는 거의 같은 음조(tone)를 내고 두 소리 파가 함께 들릴 때, 낮은 맥놀이 진동수가 들린다. 맥놀이 진동수(Beat Frequency)가 0일 때까지 악기는 조율된다. 그래서 악기의 진동수는 소리굽쇠의 진동수와 같아진다.

진동수 차 Δf가 f_0보다 매우 작을 때, 파들의 합을 통하여 Δf를 측정하면, 우리가 f_0와 f_1을 독립적으로 측정하고 그들의 차를 얻을 때보다 정확하게 측정할 수 있다. 이와 같이 진동수를 측정하는 방법을 헤테로다이닝(*Heterodyning*)(10.6절)이라 한다. 이것은 레이저-도플러 속도 측정(15.10절)과 무선 기술의 응용에서 상당히 중요하다.

예제 4.3

헬륨-네온 레이저 광선은 473.8 THz(473.8 × 10^{12} Hz)을 가진다. 헬륨-네온 레이저 광선은 움직이는 목표물에서 반사된다. 이 때 광선의 도플러 이동(doppler shift)이 일어나는데, 이것은 그 진동수를 3 MHz(3 × 10^6 Hz)[1] 만큼 증가시킨다. 반사된 빔이 같은 강도의 어긋나지 않은 빔과 합친다면, 그때 신호는 얼마인가?

풀이: 식 4.9에서 $f_0 = 473.8$ THz 그리고 $f_1 = f_0 + \Delta f = 473.8$ THz + 3 MHz이므로,

$$\begin{aligned} y &= 2A\cos\left(2\pi\frac{\Delta f}{2}t\right)\sin\left(2\pi\frac{f_0 + f_1}{2}t\right) \\ &= 2A\cos\left[2\pi(1.5\times 10^6)t\right]\sin\left[2\pi(473.8\times 10^{12})t\right] \end{aligned}$$

---

1) 도플러 이동(doppler shift)은 파원(波源)과 파의 수신기가 서로 상대적으로 운동할 때 발생하는 소리 또는 빛의 주파수 변화이다. 이것의 보편적인 예는 지나치는 기차 기적 피치(pitch,음률의 높이)의 변화를 들 수 있다.

진폭은 순환진동수 1.5×10^6 Hz = 1.5 MHz를 가지며, 맥놀이 진동수 3 MHz동안 주기 당 2번씩 진폭이 0이 된다. 이러한 현상은 더해진 레이저 빔의 한 점에서 3 MHz의 밝고 어두운 변동을 충분히 빠른 광검출기, 예를 들어 광전자 배증관에서 탐지할 수 있다(6.16절). 맥놀이 진동수가 원래 광선의 진동수보다 1억 배 이상이나 작다는 것에 주목해야 한다. f_0와 f_1의 차를 직접적으로 구하기 위해서는 1억 배 이상 정확하게 각각 진동수를 측정할 필요가 있었을 것이다. 위에서 살펴본 바와 같이, 맥놀이는 Δf를 찾아내는 매우 쉬운 방법임을 알 수 있다.

4.4.2 특수 파형

자주 사용되는 많은 특수 파형들은 무한개의 삼각함수의 급수로 표현된다. 이들 중 몇 개를 그림 4.9에 나타내었다. 표 4.1은 이에 해당하는 방정식들을 나타낸다.

사각파와 톱니파는 동적 계측계의 응답을 검사할 때 유용하다. 또한 그림 4.9(c)의 비스듬한 톱니 형태는 음극선 오실로스코프의 수평 스위프(sweep)을 구동하기 위해 전압-시간 관계에서 필요한 형태이다. 모든 이들 형태는 전자적 신호 발생기에서 전압-시간 관계로 얻어질 수 있다.

그림 4.9에 나타낸 각각의 경우에서, 정확한 파형을 얻으려면 무한급수 형태로 모든 항들이 필요하다. 물론 조화 차수가 증가하면, 전체적인 합에서는 그들의 효과는 더욱 더 작아진다.

일례로, 그림 4.9(a)의 구형파를 생각해 보자. 완전한 급수는 아래와 같이 모든 항들을 포함한다.

$$y = \frac{4A}{\pi}\left(\sin \omega t + \frac{1}{3}\sin 3\omega t + \frac{1}{5}\sin 5\omega t + \cdots\right)$$

단지 5번째 조화 진동수를 포함하여 세 번째 항까지만 나타내면 그림 4.10(a)에 나타낸 파형을 얻을 것이다. 그림 4.10(b)는 아홉 번째 조화 진동수까지 포함하여 그린 결과를 보여주고 있고, 그림 4.10(c)는 열 다섯 번째 조화 진동수까지 포함하여 그린 결과를 보여주고 있다. 더욱 더 많은 항을 포함하면 할수록, 파형은 사각파형에 가까워진다. 따라서 무한급수에서는 사각파를 이룬다.

그림 4.9(a), (d)에 대한 식의 해석적 계산 결과는 부록 B에 나타내었다.

4.4.3 비주기적 과도기적 파형

특수 파형에 대한 앞의 예제에서, 조화 성분의 여러 가지 합을 사용하였다. 각각의 경우에 그 결과는 세부적으로는 무한히 반복되는 주기적 관계였다. 많은 기계적인 입력은 반복적이지

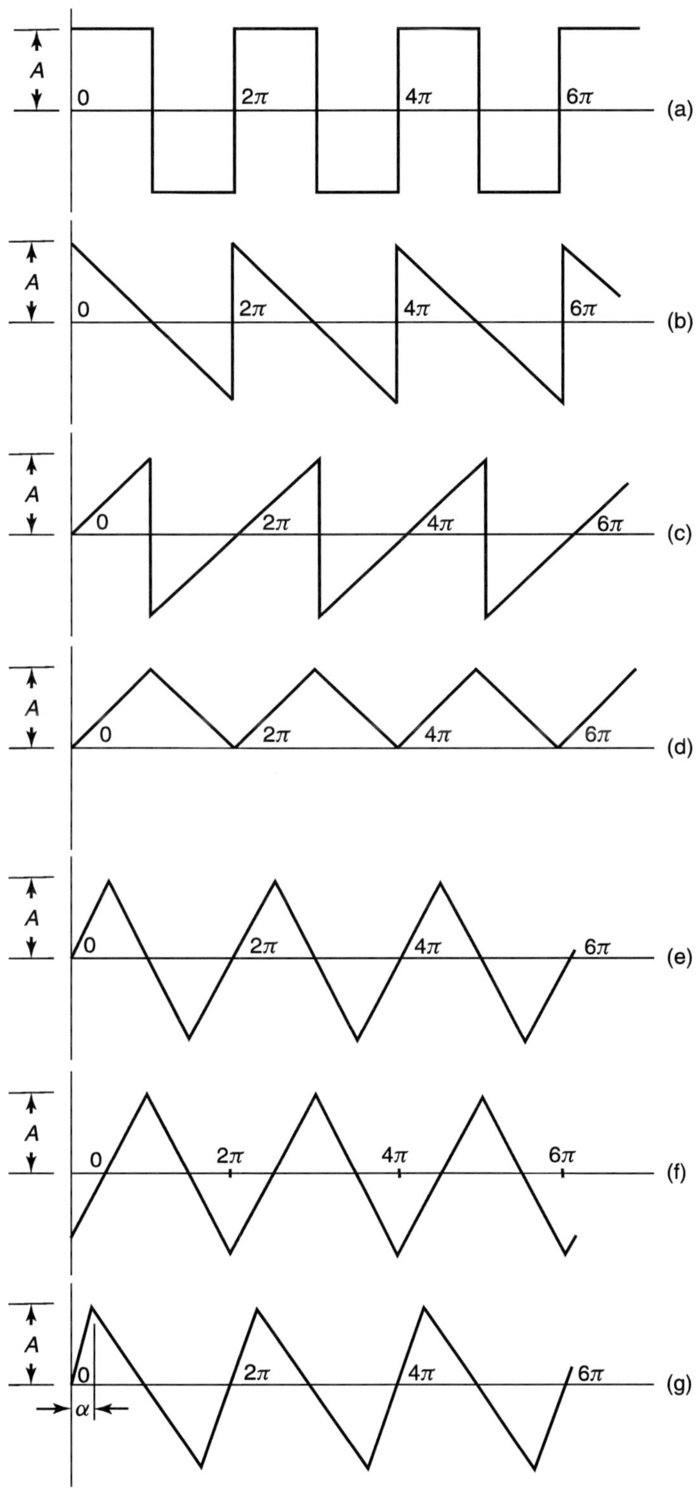

그림 4.9 조화 특성의 여러 특수 파형. 각각의 경우에서, 가로축은 ωt이고 세로축은 y이다.

않다. 예를 들면 충격 시험(impact test)에서 얻어지는 가속도–시간 관계를 고려하자(그림 4.11(a)). 비록 이러한 관계가 과도적이지만, 이것은 한 주기만 실제이고, 나머지 주기들은 가상인 주기적 관계로 생각될 수 있다(그림 4.11(b)). 이에 근거하여, 비주기 함수는 주기 함수와 똑같은 방법으로 해석할 수 있다. 만일 비주기 파형을 시간 주기 T로 샘플링하면, 가상적인 주기파의 기본 진동수는 $f = 1/T$(순환 진동수) 또는 $\omega = 2\pi/T$ (원(圓) 진동수)이다.

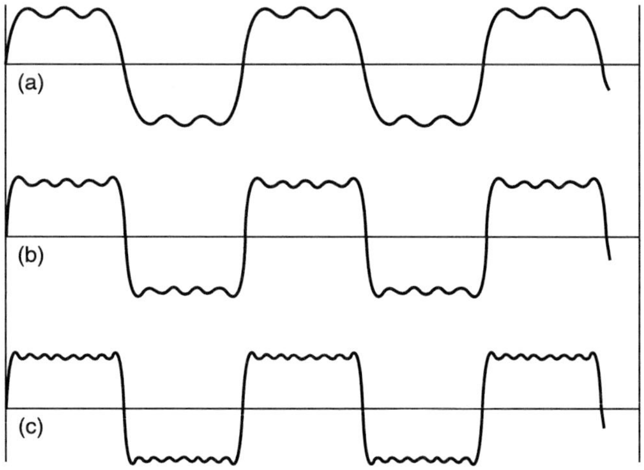

그림 4.10 사각파 함수의 그림: (a) 세 번째 항까지 만의 그림(다섯 번째 조화 진동수까지 포함); (b) 다섯 번째 항까지의 그림(아홉 번째 조화 진동수까지 포함); (c) 여덟 번째 항까지의 그림(열다섯 번째 조화 진동수까지 포함)

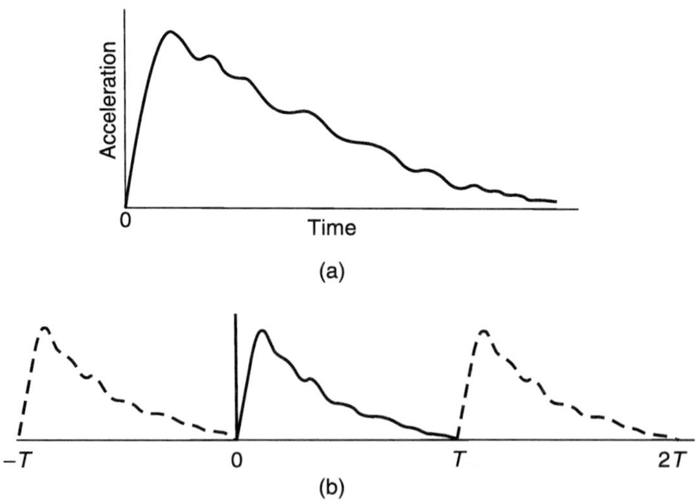

그림 4.11 (a) 쇼크 검사(shock test)로부터 얻어진 가속도–시간 관계; (b) 비반복적인 함수를 실제로는 한 주기를 지니는 주기 관계로 생각했을 때

표 4.1 그림 4.9에서 나타낸 특수 주기 파형의 방정식들

Figure	Equation*
4.9(a)	$y = \frac{4A}{\pi}\left(\sin\omega t + \frac{1}{3}\sin 3\omega t + \frac{1}{5}\sin 5\omega t + \cdots\right) = \frac{4A}{\pi}\sum_{n=1}^{\infty}\left[\frac{1}{2n-1}\sin(2n-1)\omega t\right]$
4.9(b)	$y = \frac{2A}{\pi}\left(\sin\omega t + \frac{1}{2}\sin 2\omega t + \frac{1}{3}\sin 3\omega t + \cdots\right) = \frac{2A}{\pi}\sum_{n=1}^{\infty}\left[\frac{1}{n}\sin n\omega t\right]$
4.9(c)	$y = \frac{2A}{\pi}\left(\sin\omega t - \frac{1}{2}\sin 2\omega t + \frac{1}{3}\sin 3\omega t - \frac{1}{4}\sin 4\omega t + \cdots\right) = \frac{2A}{\pi}\sum_{n=1}^{\infty}\left[\frac{(-1)^{n+1}}{n}\sin n\omega t\right]$
4.9(d)	$y = \frac{A}{2} - \frac{4A}{(\pi)^2}\left(\cos\omega t + \frac{1}{(3)^2}\cos 3\omega t + \frac{1}{(5)^2}\cos 5\omega t + \cdots\right) = \frac{A}{2} - \frac{4A}{\pi^2}\sum_{n=1}^{\infty}\left[\frac{1}{(2n-1)^2}\cos(2n-1)\omega t\right]$
4.9(e)	$y = \frac{8A}{(\pi)^2}\left(\sin\omega t - \frac{1}{(3)^2}\sin 3\omega t + \frac{1}{(5)^2}\sin 5\omega t - \cdots\right) = \frac{8A}{(\pi)^2}\sum_{n=1}^{\infty}\left[\frac{(-1)^{n+1}}{(2n-1)^2}\sin(2n-1)\omega t\right]$
4.9(f)	$y = \frac{8A}{(\pi)^2}\left(\cos\omega t + \frac{1}{(3)^2}\cos 3\omega t + \frac{1}{(5)^2}\cos 5\omega t + \cdots\right) = \frac{8A}{(\pi)^2}\sum_{n=1}^{\infty}\left[\frac{1}{(2n-1)^2}\cos n\omega t\right]$
4.9(g)	$y = \frac{2A}{\alpha(\pi-\alpha)}\left(\sin\alpha\sin\omega t + \frac{1}{(2)^2}\sin 2\alpha\sin 2\omega t + \frac{1}{(3)^2}\sin 3\alpha\sin 3\omega t + \cdots\right) = \frac{2A}{\alpha(\pi-\alpha)}\sum_{n=1}^{\infty}\left[\frac{1}{n^2}\sin n\alpha\sin n\omega t\right]$

* *n* as used in these equations does not necessarily represent the harmonic order.

4.5 파형의 진폭

파형의 크기는 여러 가지 방법으로 설명할 수 있다. 가장 간단한 파형은 사인파나 코사인파이다:

$$V(t) = V_a \sin 2\pi ft$$

이 파형의 **진폭**(*amplitude*)은 V_a이다. **피크투피크**(*peak-to-peak*) 진폭은 2 V_a이다. 반면 이 파의 시간-평균값이 필요할 수도 있다. 만약 이 파를 한 주기에 걸쳐서 간단히 평균한다면, 다음과 같은 쓸모없는 값을 얻게 된다.

$$\overline{V} = \frac{1}{T}\int_0^T V_a \sin 2\pi ft\, dt = -\frac{V_a}{2\pi}(\cos 2\pi - \cos 0) = 0$$

사인파의 한 주기에 해당되는 순 면적(net area)은 0이다. 따라서 평균제곱근(root-mean-square, rms)값이 더 유용하게 사용될 수도 있다.

$$V_{\rm rms} = \sqrt{\frac{1}{T}\int_0^T V^2(t)\, dt} = \sqrt{\frac{1}{T}\int_0^T V_a^2 \sin^2 2\pi ft\, dt} = \cdots = \frac{V_a}{\sqrt{2}} \qquad (4.10)$$

좀 더 복잡한 파형에 대해서는 주파수 스펙트럼(4.6절)이 신호내에 존재하는 각 주파수 성분의 진폭을 명확하게 표현하여 준다. 그러나 스펙트럼은 매우 복잡하고, 하나의 시간평균값을 사용하기에 오히려 편리할 수도 있다. 이러한 이유로 인해서, rms 진폭이 복잡한 파형에도 일반적으로 적용된다. 파형의 rms 값을 측정하는 지시계에 대해서는 9.3~9.5절에서 논의될 것이다.

4.6 주파수 스펙트럼

시간을 독립변수로 사용하여 그림 4.3에서 그림 4.7을 나타내었다. 이것은 가장 평범하고 많이 사용하는 형태이다. 파형은 일반적으로 스트립 차트(strip-chart) 기록기의 종이나 보통 음극선 오실로스코프에 표시한다. 그리고 두 번째 표현 방법은 **주파수 스펙트럼**이다. 주파수는 독립 변수이고 각 주파수 성분의 진폭은 세로축에 표현한다. 예를 들면 그림 4.3(a), (d)의 그림에 대한 주파수 스펙트럼들을 그림 4.12에 나타내었다. 그림 4.4(a), (c)에 대한 스펙트럼들은 그림 4.13에 나타내었다. 그리고 사각파에 대한 주파수 스펙트럼은 그림 4.14에 나타내었다. 그림 4.12에서 그림 4.14는 원 진동수 ω을 사용한다. 대신에 순환 진동수 f를 사용하기도 한다.

주파수 스펙트럼을 이용하면 신호에 존재하는 주파수들을 한눈에 알 수 있기 때문에 주파수 스펙트럼은 유용한 방법이다. 가령, 구조 진동 시험에서 파형을 얻는다면 우리는 구조물의 고유 진동수를 알아내는데 주파수 스펙트럼을 사용할 수 있다.

스펙트럼 분석기와 고속 푸리에 변환기의 개발로 주파수 스펙트럼의 이용은 상당히 증가하고 있다. 스펙트럼 분석기는 음극선 오실로스코프상에 주파수 스펙트럼을 나타내는 전기적인 장치이다(9.10절과 18.6절). 고속 푸리에 변환은 컴퓨터로 얻어진 데이터에서 주파수 스펙트럼을 계산해 내는 컴퓨터 알고리즘이다(4.7.1절 참조).

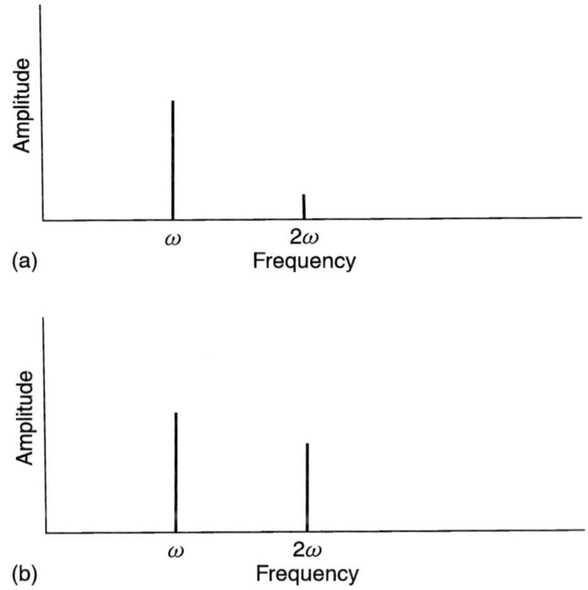

그림 4.12 (a) 그림 4.3(a)에 대한 주파수 스펙트럼, (b) 그림 4.3(d)에 대한 주파수 스펙트럼

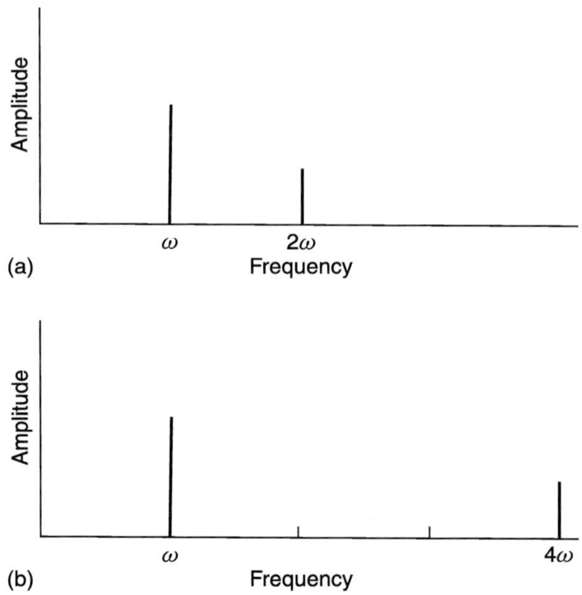

그림 4.13 (a) 그림 4.4(a)에 대한 주파수 스펙트럼, (b) 그림 4.4(c)에 대한 주파수 스펙트럼

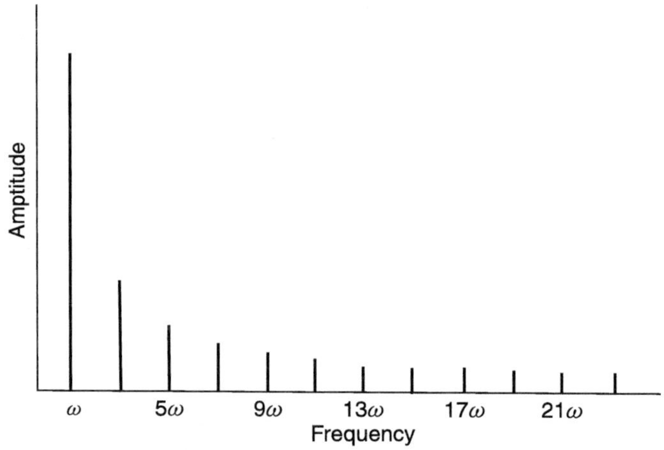

그림 4.14 그림 4.9(a)의 사각파에 대한 주파수 스펙트럼

4.7 조화 또는 푸리에 해석

앞 절에서 우리는 어떻게 파형들을 알려진 조합으로 합하여 좀 더 복잡한 파형을 만드는가에 대하여 알아보았다. 실험에서는 이 반대의 일을 한다. 우리는 복합 파형을 측정하고 어떠한 주파수들이 복합 파형에 존재하는지를 결정하려고 한다. 알려진 파형에서 주파수 스펙트럼을 구하는 과정을 조화 해석, 또는 푸리에 해석이라고 한다.[2)]

푸리에 해석은 모든 교재에 쓰여 있는 고전적 수학의 한 분야이다. 기본적인 방정식은 부록 B에서 유도하였다. 그리고 더 자세한 내용은 이 장의 추천 도서(suggested readings)를 참고하기 바란다. 조화 해석에 있어서 중요한 점은 식 4.6에서 조화계수들이 파형 $y(t)$의 적분 형태라는 것이다.

$$A_n = \frac{\omega}{\pi}\int_0^{2\pi/\omega} y(t)\cos(\omega n t)\,dt \qquad n = 0, 1, 2, \ldots, \tag{4.11}$$

$$B_n = \frac{\omega}{\pi}\int_0^{2\pi/\omega} y(t)\sin(\omega n t)\,dt \qquad n = 1, 2, 3, \ldots. \tag{4.12}$$

이들 관계는 식 4.6과 상관관계가 있다. 조화계수들을 이미 알 때 식 4.6을 합하여 $y(t)$를 얻을 수 있다. 역으로, (실험으로부터) $y(t)$를 알 때 조화계수를 결정하기 위해 적분을 할 수도 있다.

실험적으로, 한정된 시간 주기 T동안에 파형을 측정한다. 이 시간 주기의 항으로 적분

2) 스펙트럼 분석이라고도 한다.

을 하는 것이 기본 원 진동수보다 좀 더 편리한 것으로 알려져 있다. $\omega = 2\pi/T$이므로 적분은 다음과 같다.

$$A_n = \frac{2}{T}\int_0^T y(t)\cos\left(\frac{2\pi}{T}nt\right)dt \qquad n = 0, 1, 2, \ldots, \tag{4.13}$$

$$B_n = \frac{2}{T}\int_0^T y(t)\sin\left(\frac{2\pi}{T}nt\right)dt \qquad n = 1, 2, 3, \ldots \tag{4.14}$$

실질적인 조화 해석은 보통 다음의 네 가지 범주 중 하나이다.

1. 파형 $y(t)$는 알려진 수학적 함수이다. 이 경우 식 4.13과 4.14의 적분을 해석적으로 계산할 수 있다. 두 가지 경우에 대해 이들 계산을 부록 B에 설명하였다.
2. 파형 $y(t)$는 변환기로부터 나온 아날로그 신호이다. 이 경우, 신호의 스펙트럼을 얻기 위해 전자 스펙트럼 분석기를 사용하여 파형을 처리한다(9.10절, 18.5절과 18.6절 참조).
3. 또 다른 방법으로서, 8장에서 다룰 디지털 컴퓨터를 이용하여 아날로그 파형을 기록한다. 컴퓨터는 단지 시간에 대한 이산 점의 급수로서 $y(t)$를 저장할 것이다. 식 4.13과 4.14의 적분 대신에 합을 이용하여 계산된다. 이 내용은 4.7.1절에서 논의할 것이다.
4. 가령, 스트립 차트 기록기나 오실로스코프의 화면에 파형이 그래프로 나타난다면, 이 경우, 그래프를 통하여 점들의 이산 급수로서 $y(t)$를 읽을 수 있다. 그리고 적분은 다시 합으로 계산된다.[3)]

4.7.1 이산 푸리에 변환

이산 값으로 $y(t)$를 안다는 것은 실질적으로 상당히 중요하다. 이는 기록 신호에 대해 컴퓨터나 마이크로프로세서를 광범위하게 사용할 수 있기 때문이다. 컴퓨터는 Δt의 시간 간격으로 입력 신호를 읽거나 저장할 것이다(그림 4.15). 컴퓨터는 시간 주기($T = N\Delta t$)[4)]에 대해 N개의 점들을 모두 기록한다. 따라서 컴퓨터 기억장치에서 아날로그 신호 $y(t)$는 시간 $t = \Delta t, 2\Delta t, \cdots, N\Delta t$에서 측정된 급수가 된다. 특히 $y(\Delta t), y(2\Delta t), \cdots, y(N\Delta t)$. ($r = 1, 2, \cdots, N$)에 대해 $t_r = r\Delta t$로 둠으로써 우리는 이들 급수를 $y(t_r)$로 더욱 간결하게 쓸 수 있다.

이와 같이 이산 신호의 푸리에 해석을 수행하기 위해, 식 4.13과 4.14의 적분 대신에 합으로 사용해야 한다. 이와 유사하게, 연속 시간 t대신에 이산 시간 $t_r = r\Delta t$을 사용하고, 주기 T대신에 $N\Delta t$를 사용한다. 식 4.13에서 이산 값으로 대신하여 다음과 같은 결과를 얻는다.

---

3) 이 접근 방법의 예제는 [1]에 주어져 있다. 4.7절

4) $t = 0$에서 데이터 점은 기록되지 않고 N은 짝수라고 가정한다.

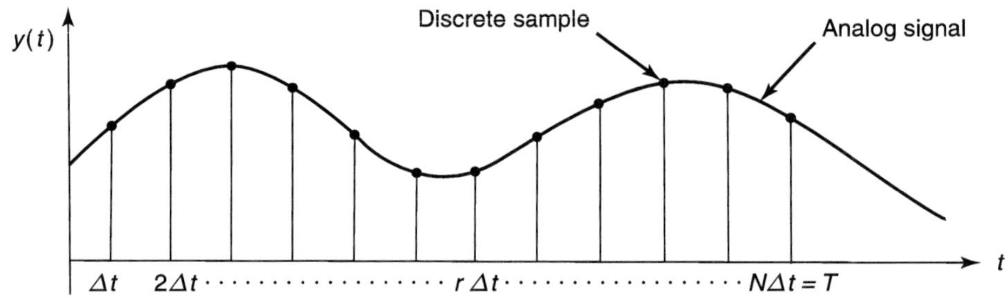

그림 4.15 연속적인 아날로그 신호의 이산 샘플링. 신호값은 주기 T 동안 Δt 시간 간격으로 저장된다.

$$A_n = \frac{2}{N\ \Delta t}\sum_{r=1}^{N} y(t_r)\cos\left(\frac{2\pi}{N\Delta t}nr\,\Delta t\right)\ \Delta t$$
$$= \frac{2}{N}\sum_{r=1}^{N} y(r\,\Delta t)\cos\left(\frac{2\pi rn}{N}\right)$$

따라서 이산 샘플된 파형의 조화계수는 다음과 같다.

$$A_n = \frac{2}{N}\sum_{r=1}^{N} y(r\,\Delta t)\cos\left(\frac{2\pi rn}{N}\right) \qquad n = 0, 1, \ldots, \frac{N}{2} \tag{4.15}$$

$$B_n = \frac{2}{N}\sum_{r=1}^{N} y(r\,\Delta t)\sin\left(\frac{2\pi rn}{N}\right) \qquad n = 1, 2, \ldots, \frac{N}{2} - 1 \tag{4.16}$$

여기서 N은 짝수이다. 이에 상응하는 이산 파형 $y(t_r)$은 다음과 같이 표현된다.

$$y(t_r) = \frac{A_0}{2} + \sum_{n=1}^{N/2-1}\left[A_n\cos\left(\frac{2\pi rn}{N}\right) + B_n\sin\left(\frac{2\pi rn}{N}\right)\right] + \frac{A_{N/2}}{2}\cos(\pi r) \tag{4.17}$$

식 4.15와 4.16은 $y(t_r)$의 **이산 푸리에 변환**(DFT)이라고 한다[2]. 식 4.17은 **이산 푸리에 급수**라고 한다.

실질적으로 이산 샘플은 마이크로프로세서로 구동되는 전기적 스펙트럼 분석기(8.11절) 또는 컴퓨터에 연결된 **아날로그-디지털 변환기**(8.16절)에 의해 얻어진다. 컴퓨터나 마이크로프로세서는 고속 푸리에 변환 알고리즘을[5] 사용하여 식 4.15와 4.16의 합을 계산한다. 이때에 아날로그 신호의 스펙트럼을 근사한 결과가 표현된다.

---

5) N이 2의 m승($N = 2^m$)일 때, **고속 푸리에 변환**(*fast fourier transform, FFT*) 알고리즘은 이들의 합을 특수하게 인수 분해하는 것이다. 이들 합을 계산하는데 필요한 계산 횟수는 보통 N^2에 비례한다. FFT 알고리즘을 사용할 때 이 횟수는 $N \log_2 N$에 비례한다. 따라서 N이 클 때 FFT는 좀 더 적은 컴퓨터 작업을 하게 된다.

일반 푸리에 급수와 같이(식 4.6), 이산 푸리에 급수는 $y(t)$를 주파수 성분의 합으로 나타낸다. 다음의 식을 고려하면

$$\frac{2\pi rn}{N} = 2\pi\left(\frac{n}{N\ \Delta t}\right) r\ \Delta t = 2\pi(n\ \Delta f)t_r$$

여기서 기본 순환 주파수는 다음과 같이 표현할 수 있다.

$$\Delta f \equiv \frac{1}{N\ \Delta t} = \frac{1}{T} \tag{4.18}$$

그리고 조화 차수($n = 1, \cdots, N/2$)를 이용하면 $y(t)$를 다음과 같이 나타낼 수 있다.

$$y(t) = \frac{A_0}{2} + \sum_{n=1}^{N/2-1} [A_n \cos(2\pi n\ \Delta f t) + B_n \sin(2\pi n\ \Delta f t)] + \frac{A_{N/2}}{2}\cos\left(2\pi \frac{N}{2}\Delta f t\right) \tag{4.19}$$

DFT는 단지 $n = N/2$까지의 조화 성분만을 발생시킨다는 것에 유의해야 한다. 반면에 일반 퓨리에 급수(식 4.6)는 무한개의 주파수 성분을 가진다. 이 사실은 이산 샘플링 과정 자체의 결과로서 매우 중요하다.

4.7.2 이산적으로 표본화된 신호의 주파수: 엘리어싱과 주파수 분해능

아날로그 파형을 이산 샘플링으로 기록할 때, 파형이 정확하게 기록되는가를 주의하여 확인해야 한다. 우리가 제어할 수 있는 두 가지 샘플링 매개 변수는 샘플이 기록되는 주파수의 **샘플링 속도**, $f_s = 1/\Delta t$과 기록된 점들의 수 N이다. 데이터를 받는 컴퓨터를 제어하는 소프트웨어는 f_s와 N의 값을 입력으로 요구한다.

그림 4.16은 특정 파형을 샘플링하는 두 예제를 보여 주고 있다. 그림 4.16(a)에서 보면 샘플링 속도가 낮아서(Δt가 크다) 고주파수인 원래 파형은 이산 샘플링에 의해 잘 분해되지 않는다. 이산 샘플에서 나타난 신호(점선)는 원래 파형의 최고값을 보여 주지 못한다. 샘플링의 전체 시간 주기 또한 상당히 짧아서(N이 작다) 저주파수 신호를 잡지 못하며 얼마나 자주 신호가 반복되는지 분명하지 않다. 그림 4.16(b)의 경우, 샘플링 속도와 점의 개수를 각각 증가시켜 고주파수와 저주파수의 해상도를 향상시켰다. 이들 그림은 이산 샘플링이 원래의 파형을 얼마나 잘 나타내는가를 알아볼 때 샘플링 속도와 전체 샘플링 시간 주기의 중요성을 설명하고 있다.

특별한 주파수를 분해하기 위해 필요한 최소 샘플링 속도는 얼마인가? 샘플링 속도를 증가시키면서 주파수 f의 신호를 샘플하는 것을 나타낸 그림 4.17의 경우를 고려해 보자. 그림 4.17(a)에서, 파형을 $f_s = f$ 의 주파수로 샘플할 때, 이산적으로 샘플된 신호는 상수로

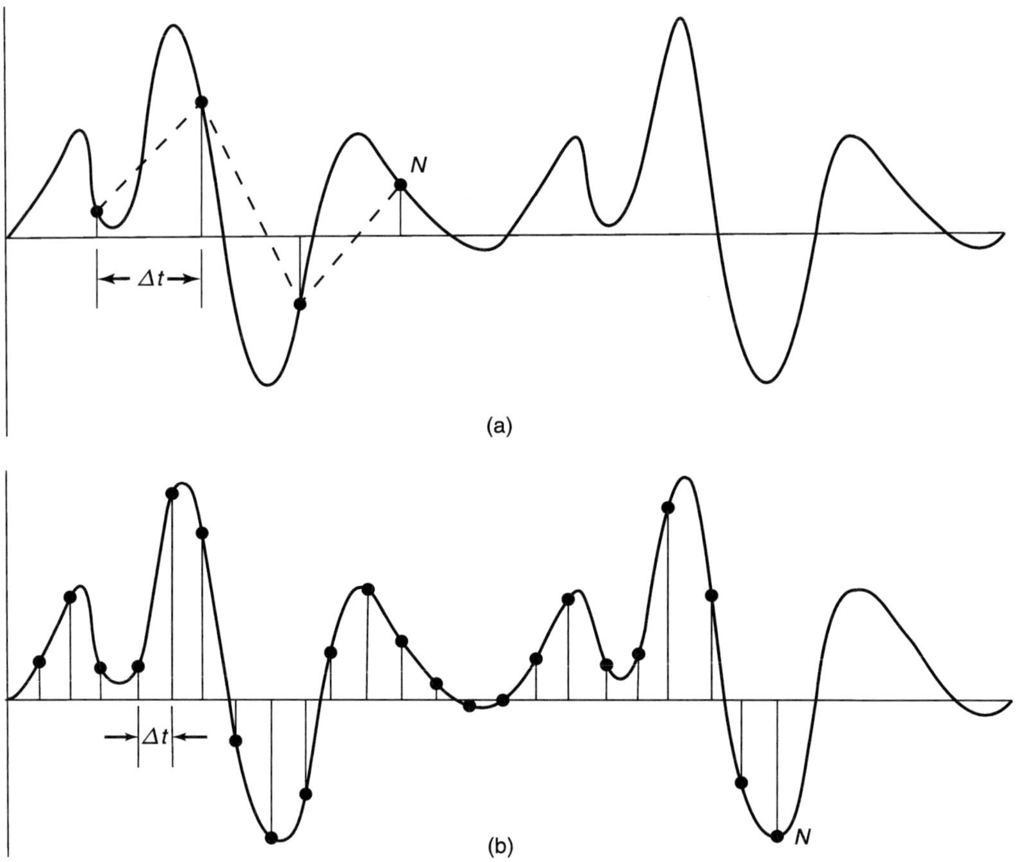

그림 4.16 샘플링 속도와 샘플 개수의 영향: (a) 적게 샘플 된 것: 샘플링 속도와 샘플 개수가 너무 적다, (b) 파형의 해상도가 샘플링 속도와 얻어진 샘플 개수를 증가시킴으로써 향상되었다.

나타나 주파수는 알 수 없다. 그림 4.17(b)에서는 파형을 f 와 $2f$ 사이의 샘플링 속도로 샘플링하면 이산 신호는 파로 보인다. 그러나 이것은 f 보다 낮은 주파수이다. 그림 4.17(c)에서, 파형은 $f_s = 2f$ 로 샘플링되면 이산 샘플은 정확한 주파수 f 의 파로 보인다. 불행하게도, 만일 샘플링이 이것과 같은 비율로 1/4 주기(cycle) 늦게 시작하면그림 4.17(d), 신호는 다시 일정하게 보인다. 그림 4.17(e)에서 보듯이 샘플링 속도를 $2f$ 이상으로 증가시킬 때만 이 이산 샘플링 속도에서 정확한 신호 주파수를 얻는다.

주어진 샘플링 주파수에서 신호가 분해될 수 있는 가장 큰 주파수는 나이키스트 주파수(*Nyquist frequency*)에 의해 결정된다.

$$f_{\text{Nyq}} = \frac{f_s}{2} = \frac{1}{2\,\Delta t} \tag{4.20}$$

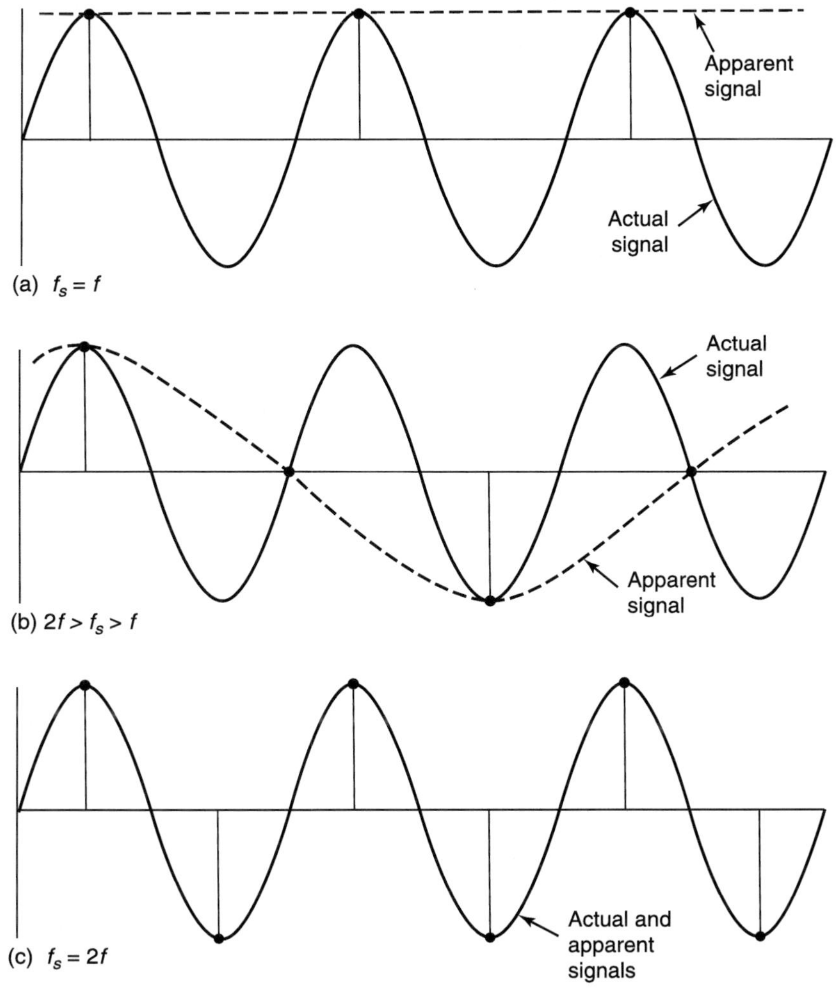

그림 4.17 이산 샘플링 속도를 변화시켰을 때, 이산 샘플링에 의해 얻어진 신호(apparentsignal)에 미치는 변화의 영향

$f_{Nyq} = f_s/2$ 보다 더 낮은 주파수를 가지는 신호들은 정확하게 샘플링 된다. f_{Nyq}보다 높은 주파수를 가지는 신호들은 정확하게 샘플링 되지 않고 나이키스트 주파수보다 큰 주파수들은 이산 샘플링에서 보다 낮은 주파수로 부정확하게 나타난다.

그림 4.17(b)에서처럼, 이산적으로 샘플링된 신호가 다른 주파수를 흉내내는 현상을 엘리어싱(aliasing)[6]이라 한다. 엘리어싱은 나이키스트 주파수가 신호 주파수보다 작을 때 일어난다. 게다가, 그림 4.17(c), (d)에 나타난 바와 같이 위상의 모호함 때문에 나이키스트 주파수에서 샘플링하는 것은 금물이다. 이런 문제를 해결하기 위해 샘플링 주파수는

6) 새로운 다른 파형으로 나타나는 부정확하게 샘플 된 신호, 또는 *alias*

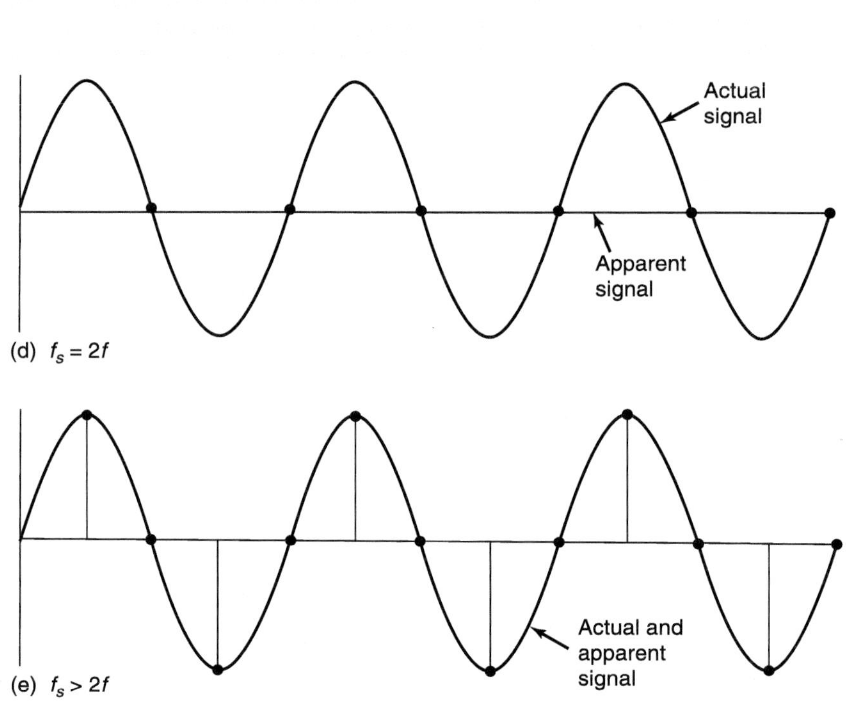

그림 4.17(계속) 이산 샘플링 속도를 변화시켰을 때, 이산 샘플링에 의해 얻어진 신호(apparentsignal)에 미치는 변화의 영향

그림 4.17(e)처럼 신호의 가장 큰 주파수보다 2배 이상으로 항상 선택해야 한다.

나이키스트 주파수는 신호의 가장 큰 주파수가 얼마나 정확하게 분해되는지를 가르쳐 준다. 이것은 또 DFT가 왜 한정된 수의 주파수 구성 요소 성분을 가지는가를 설명해 준다. 나이키스트 주파수보다 큰 주파수들은 주어진 샘플링 속도로써 분해하기에는 너무 빠르다.

유사한 방법으로, 우리는 DFT에서 0이 아닌 최저 주파수를 결정할 수 있고 주파수들의 이산적 간격을 결정할 수 있다. 만일 파형을 이산 샘플링으로 분해하면, 그림 4.18(a)에 나타내내 것처럼 그 파형의 하나 또는 그 이상의 **완주기**(完週期, *full periods*)들이 이산 샘플링 주기 이내에 존재해야 한다. 샘플링 주기는 $T = N\,\Delta t = N/f_s$ 이므로 이 파의 주기는 다음과 같다.

$$f_{\text{lowest}} = \frac{1}{T} = \frac{1}{N\,\Delta t} = \frac{f_s}{N} \equiv \Delta f \tag{4.21}$$

따라서 또한 DFT의 기본 주파수 Δf는 샘플링 주기 내에 맞아떨어지는 완파(完波, full wave)의 최저 주파수이다. Δf보다 더 낮은 주파수 ($f = 0$을 제외하고)는 분해되지 않는다.

두 번째로 가장 낮은 주파수는 두 개의 완파가 샘플링 주기로 맞아떨어지는 주파수이다(그림 4.18(b)).

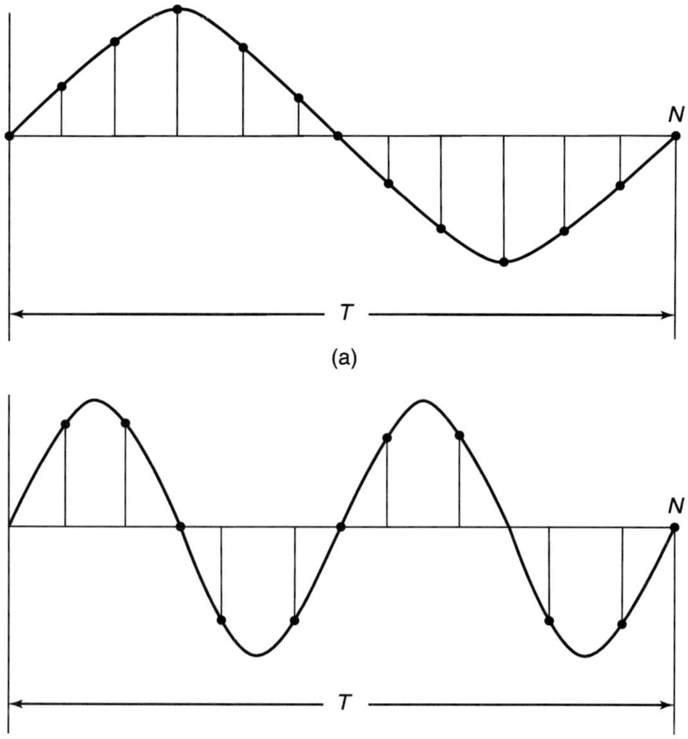

그림 4.18 낮은 주파수의 분해: (a) 샘플링 주기에서 하나의 완파; (b) 샘플링 주기에서 두 개의 완파

$$f_2 = \frac{2}{T} = 2\frac{f_s}{N} = 2\ \Delta f$$

우리는 DFT에 의해 분해된 주파수들이 다음과 같음을 보이기 위해 완파들을 계속 더 할 수 있다.

$$0, \Delta f, 2\ \Delta f, \ldots, n\ \Delta f, \ldots, \frac{N}{2}\Delta f = f_{\mathrm{Nyq}}$$

비록 나이키스트 주파수는 그 자체로 DFT에 나타나지만, 이것은 위상의 모호함 때문에 기본 신호를 정확하게 나타낼 수 없다.

DFT의 주파수들은 Δf 만큼 증분 간격을 가진다. 따라서 Δf를 DFT의 주파수 분해능이라고도 부른다. 만일 아날로그 신호가 두 개의 분해된 주파수들 사이에 존재하는 주파수 f_0를 포함하면, 즉 $n\Delta f < f_0 < (n+1)\ \Delta f$이면, 이 주파수 성분은 DFT의 주변 주파수에 "손실"을 준다. 이 주변 주파수들은 f_0로부터 각각 영향을 받을 수 있다. 그 결과로, DFT에서 관찰된 각각의 주파수 성분은 원래의 아날로그 신호에서 실제로 나타나는 주파수들

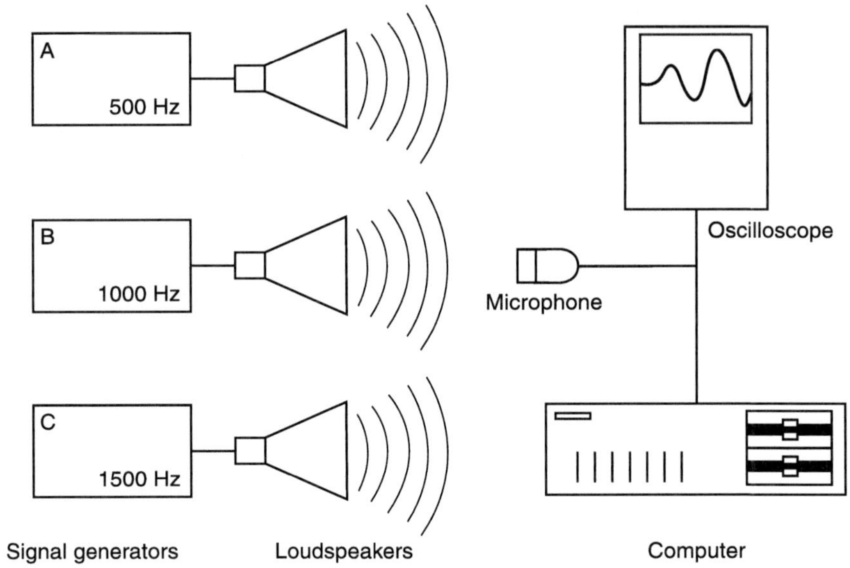

그림 4.19 3개의 소리 근원으로부터 얻어진 순수 음조(pure tone)를 섞고, 이 음조를 마이크로폰으로 감지하고, 오실로스코프에 표시하고, 컴퓨터에 기록하는 실험 장치

에 대하여 대략적으로 $\pm\Delta f/2(95\%)$ 정도로 주파수의 불확실성을 가진다. 우리는 Δf를 줄임으로써 주파수 스펙트럼에서 손실을 줄일 수 있고 최고치를 더욱 첨예화시킬 수 있다.

정리하면, 정확한 이산 샘플링을 위해서는 아래와 같은 단계를 거쳐야 한다.

1. 신호의 최고 주파수를 예측하고 이보다 큰 나이키스트 주파수를 선택한다. 즉 신호의 고주파수보다 2배 이상 큰 샘플링속도 f_s를 정한다.
2. 샘플링 속도의 한계 때문에 최고 주파수보다 작은 나이키스트 주파수를 선택한다면, 샘플링 하는 동안에 나이키스트 주파수보다 큰 주파수들을 막기 위해 저주파 통과 필터(low-pass filter)를 사용한다(7.16~7.18절 참조).
3. 샘플링 속도를 선택한 후, 신호의 최저주파수를 예측하거나, 신호의 주파수 구성 요소들을 정확하게 분해하기 위해 필요한 주파수 분해능을 예측한다. 그 때 사전에 결정된 샘플링 주파수 f_s에 해당되는 $\Delta f = f_s/N$을 만족하는 데이터 점들의 개수 N을 선택한다.

4.7.3 이산 푸리에 해석의 예

그림 4.19는 간단한 실험을 보여 주고 있다. 세 개의 신호 발생기(signal generator)는 사인파를 발생시키도록 설정되어 있고, 각각 확성기(loudspeaker)에 연결되어 있다. 신호

발생기 A는 500 Hz, 신호 발생기 B는 1000 Hz, 신호 발생기 C는 1500 Hz로 설정되었다. 음압(sound pressure)을 전압으로 변환시켜 주는 마이크로폰은 음향 수준(sound level)을 측정하기 위해 사용된다. 각 확성기로부터 나오는 음향 수준은 오실로스코프상에 나타난 마이크로폰의 전압이 50 mV 진폭으로 표시되도록 개별적으로 조정되었다. 그리고 세 개의 파형이 혼합되도록 세 개의 음원들을 동시에 작동시켰고, 발생된 전압 신호를 컴퓨터에 저장하였다. 신호 발생기들은 위상이 일치하지 않음에 주의하기 바란다. 얻어진 데이터는 표 4.2에 나타내었다.

컴퓨터는 마이크로폰의 전압을 $f_s = 9000$ Hz의 속도로 샘플하였고, 이에 상응하는 나이키스트 주파수는 다음과 같다.

$$f_{\text{Nyq}} = 4500 \text{ Hz}$$

신호 중에서 가장 낮은 주파수는 500 Hz로 이미 알고 있으므로, 다음과 같은 주파수 분해능을 만족하도록 18개 점의 데이터가 DFT($N = 18$)에서 사용되었다.

$$\Delta f = \frac{f_s}{N} = 500 \text{ Hz}$$

표 4.2 마이크로폰 전압의 실험 데이터

Time (ms)	Voltage (mV)
0.11	10
0.22	30
0.33	70
0.44	65
0.56	15
0.67	−40
0.78	−50
0.89	15
1.00	100
1.11	135
1.22	90
1.33	−40
1.44	−130
1.56	−140
1.67	−110
1.78	−50
1.89	−10
2.00	0

이와 같이, 표본 추출은 0.11 ms($\Delta t = 1/f_s = 0.11$ ms)의 간격으로 이루어졌으며, $N\,\Delta t = 2.00$ ms의 구간을 포함한다.

실험 데이터는 컴퓨터의 고속 푸리에 변환(fast Fourier transform) 프로그램에 의하여 분석되었으면, 그 결과로서 나온 조화계수는 표 4.3에 나타내었다. $n = N/2 = 9$ 이하의 조화 성분(harmonic components)만이 DFT에 의하여 구해질 수 있다. 나머지는 나이키스트 주파수 성분인데 이 성분들은 위상이 불확실하여 문제가 된다.

첫 번째, 두 번째, 세 번째 조화는 초기에 50 mV의 진폭으로 설정되어 있었다. 각파(wave)는 위상이 어긋나므로(식 4.6a~d 참조), 각 주파수에서의 사인파와 코사인파의 합의 진폭 $C_n = \sqrt{A_n^2 + B_n^2}$ 을 고려한다. 이 주파수 스펙트럼은 그림 4.20에 나타내었다. 첫 번째와 세 번째 조화를 살펴보면, 계산된 진폭은 예상했던 것의 10% 이내에 있다. 두 번째 조화는 예상했던 것보다 40%가 더 높다. 데이터가 정밀하지 못하고, DFT계산에서의 근사법과 데이터가 부정확한 점 외에도, 시험조건 자체가 이러한 불일치의 원인이 될 것이다. 시험은 통상의 실험실 환경에서 이루어 졌고, 벽과 천장에서의 음향 반사가 원신호(original signal) 왜곡(distortion)의 또 다른 원인이 될 것이다. 이상적으로는, 이러한 실험은 무향실(anechoic chamber)에서 이루어져야 한다.

조화 성분(식 4.19)의 합이 그림 4.21에 데이터와 함께 그려져 있다. 외간상으로는 계산된 곡선이 데이터와 완벽하게 일치하는 것으로 나타나 있다. 원신호가 원래 데이터의 정확도내에 있도록 DFT 연산을 통하여 재구성하였다.

표 4.3 표 4.2의 데이터에 의하여 계산된 조화계수(harmonic coefficient)

Harmonic Order, n	Frequency, $n\Delta f$, Hz	A_n, mV	B_n, mV	C_n, mV
0	0	−1.04	0.00	1.04
1	500	−29.11	46.83	55.14
2	1000	49.09	52.70	72.02
3	1500	−21.96	−47.41	52.25
4	2000	2.78	2.23	3.56
5	2500	1.97	−0.47	2.03
6	3000	−0.96	−0.51	1.09
7	3500	0.15	2.93	2.93
8	4000	−0.37	−1.11	1.17
9	4500	−1.08	0.00	1.08

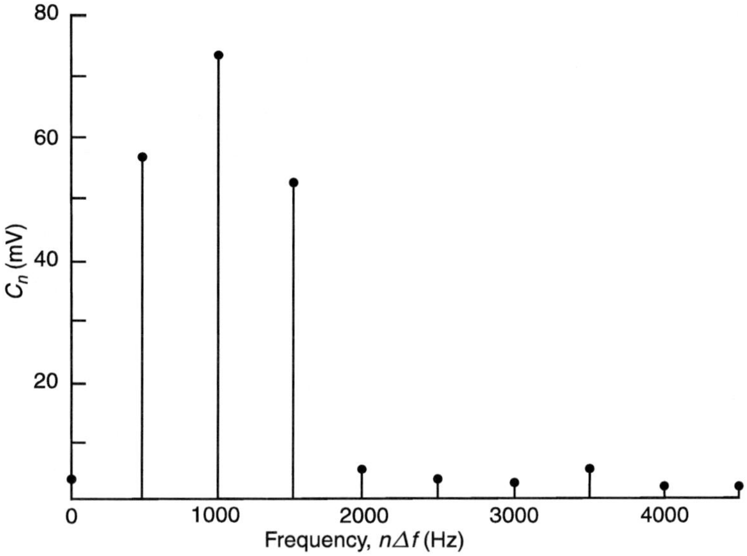

그림 4.20 표 4.2의 데이터에 대한 주파수 스펙트럼(frequency spectrum)

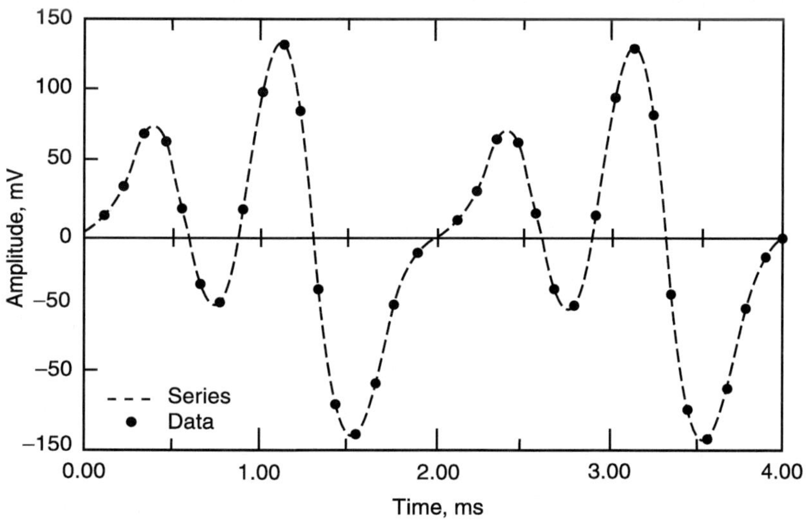

그림 4.21 실제 실험 데이터와 계산된 푸리에 급수의 비교

4.8 요약

기계적, 전기적 측정 장치들은 대체로 시변(時變) 출력 신호를 내보낸다. 우리는 아무리 복잡한 신호라도 그것이 분해되어 각기 다른 주파수와 진폭을 지니는 조화 성분의 조합으로 분석되는 것을 보아 왔다. 다음 장들을 읽는 동안에도, 시간에 따라 크기가 변화하는 모든 동적 입력도 사실은 단순한 사인파들의 조합일 뿐이라는 사실을 염두에 두기 바란다.

1. $s = s_0 \sin\omega t$ 와 같은 단순 조화 운동이 시간 의존 거동의 가장 기본적인 형태이다. 이러한 운동의 주파수는 순환 진동수(cyclic frequency) f 나, 원 진동수(circular frequency) $\omega = 2\pi f$ 로서 표현될 수 있다. 이들 두 진동수의 관계는 스카치-요크(Scotch-yoke) 기구로서 가시화될 수 있다(4.2절, 4.3절).
2. 더욱 복잡한 파형은 다른 진폭과 주파수를 갖는 단순 조화 성분의 합으로 나타낼 수 있다. 사각파와 같은, 극히 날카로운 파형 또한 이러한 합으로 나타낼 수 있다. 이러한 합을 푸리에 급수라고 부른다(4.4절, 4.4.2절).
3. 거의 같은 주파수의 두 파형이 더해지면, 더해진 파형은 원래 파들의 주파수 차이의 절반에 해당되는 주파수의 주기적 맥놀이(beat) 현상을 보인다(4.4.1절).
4. 비주기 파형이 시간 주기 T동안 기록될 때, 기록된 부분은 주기 T와 주파수 $f = 1/T$를 갖는 주기 파형으로 볼 수도 있다(4.4.3절).
5. 복잡한 신호의 평균 진폭은 때때로 평균제곱근 또는 rms 값을 사용하여 표현한다(4.5절).
6. 복잡한 파형에 내재하는 주파수는 주파수 스펙트럼을 사용하여 표현될 수 있는데, 주파수 스펙트럼은 그 주파수 성분 각각의 진폭을 보여 준다(4.6절).
7. 복잡한 파형의 주파수 스펙트럼을 구하는 과정은 조화 분석(harmonic analysis) 또는 푸리에 해석(Fourier analysis)으로 불린다. 조화 분석의 방법은 여러 가지가 가능한데, 그 선택은 대상이 되는 신호의 특성에 달려 있다(4.7절, 부록 B).
8. 신호가 컴퓨터에 기록될 때, 이산 값만이 저장된다. 이산 푸리에 변환, 또는 DFT는 기록된 데이터의 주파수 스펙트럼을 찾는데 사용될 수 있다(4.7.1절, 부록 B).
9. 이산 샘플링(discrete sampling)은 샘플링 주파수 f_s와 기록되는 샘플링 점(sampling point)의 개수 N을 적절히 선택함으로써 정확성을 확보할 수 있다. 정확한 값들은: (a) 신호의 가장 높은 주파수보다 반드시 높아야 하는 나이키스트 주파수, $f_{\text{Nyq}} = f_s/2$와 (b) 이산 신호에서 가장 낮은 주파수임과 동시에 DFT의 주파수 간격인, 주파수 분해능(frequency resolution), $\Delta f = f_s/N$에 의하여 결정된다(4.7.2절).

SUGGESTED READINGS

Churchill, R. V., and J. W. Brown. *Fourier Series and Boundary Value Problems.* 3rd ed. New York: McGraw-Hill, 1978.

Greenberg, M. D. *Foundations of Applied Mathematics.* Englewood Cliffs, N.J.: Prentice Hall, 1978.

Oppenheim, A. V., A. S. Willsky, and S. H. Nawab. *Signals & Systems.* 2nd ed. Upper Saddle River, N.J.: Prentice Hall, 1997.

연습문제

4.1. The following expression represents the displacement of a point as a function of time:

$$y(t) = 100 + 95\sin 15t + 55\cos 15t$$

(a) What is the fundamental frequency in hertz?
(b) Rewrite the equation in terms of cosines only.

4.2. Rewrite each of the following expressions in the form of Eq. (4.6).

(a) $y = 3.2\cos(0.2t - 0.3) + \sin(0.2t + 0.4)$
(b) $y = 12\sin(t - 0.4)$

4.3. Construct a frequency spectrum for Fig. 4.9(a).

4.4. Construct a frequency spectrum for Fig. 4.9(c).

4.5. Construct a frequency spectrum for Fig. 4.9(g).

4.6. Figure 4.22 represents a trace from an oscilloscope where the ordinate is in volts and the abscissa is in milliseconds. Determine its discrete Fourier transform and sketch its frequency spectrum. Use a sampling frequency of 2000 Hz. Check for periodicity in choosing your data window.

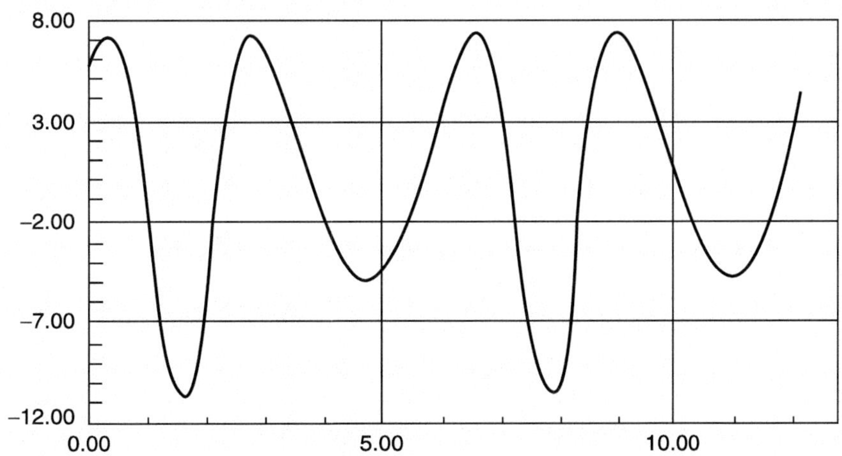

FIGURE 4.22: Oscilloscope trace for Problem 4.6.

4.7. Consider a pressure–time record as shown in Fig. 4.23. Determine its frequency spectrum.

4.8. If the signal of Problem 4.7 were to be sampled digitally for its discrete Fourier transform, what sampling frequency would you recommend?

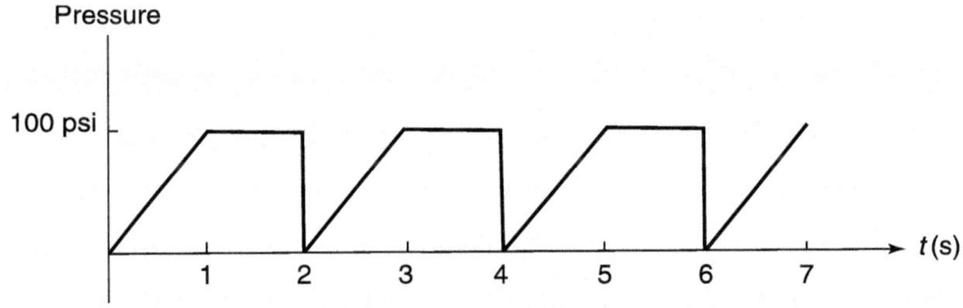

FIGURE 4.23: Pressure–time record for Problem 4.7.

4.9. Using the data files in Table 4.4, if t is in milliseconds and $f(t)$ is in volts, determine the discrete Fourier transform for each set of digital data.

- **(a)** Use $f_1(t)$.
- **(b)** Use $f_2(t)$.
- **(c)** Use $f_3(t)$.
- **(d)** Use $f_4(t)$.
- **(e)** Use $f_5(t)$.
- **(f)** Use $f_6(t)$.

4.10. A 500-Hz sine wave is sampled at a frequency of 4096 Hz. A total of 2048 points are taken.

- **(a)** What is the Nyquist frequency?
- **(b)** What is the frequency resolution?
- **(c)** The student making the measurement suspects that the sampled waveform contains several harmonics of 500 Hz. Which of these can be accurately measured? What happens to the others?

4.11. A 150-Hz cosine wave is sampled at a rate of 200 Hz.

- **(a)** Draw the wave and show the temporal locations at which it is measured.
- **(b)** What apparent frequency is measured?
- **(c)** Describe the relation of the measured frequency to aliasing. Give a numerical justification for your answer.

TABLE 4.4: Data for Problem 4.9

t	$f_1(t)$	$f_2(t)$	$f_3(t)$	$f_4(t)$	$f_5(t)$	$f_s(t)$
0	5.4	3.76	10.2	4	10.1	−9.4
1	4.74	3.88	10.0	2.58	9.34	−6.8
2	3.01	4.19	9.83	0.99	8.32	−3.5
3	0.8	4.54	9.57	1.54	7.05	−0.2
4	−1.2	4.67	9.26	4.4	5.57	2.52
5	−2.4	4.46	8.92	8.02	3.91	4.11
6	−2.7	4.06	8.56	10.7	2.14	4.58
7	−2.4	3.73	8.21	11.6	0.3	4.17
8	−1.8	3.6	7.89	11.2	−1.6	3.3
9	−1.6	3.55	7.62	10	−3.4	2.47
10	−1.8	3.35	7.43	8.52	−5.1	2.03
11	−2.4	2.89	7.34	7.19	−6.6	2.11
12	−2.7	2.36	7.36	6.66	−7.9	2.57
13	−2.4	2.01	7.5	7.3	−9	3.05
14	−1.2	1.98	7.74	8.45	−9.9	3.11
15	0.8	2.14	8.07	8.46	−10	2.36
16	3.01	2.24	8.48	5.85	−11	0.64
17	4.74	2.16	8.94	0.9	−11	−1.9
18	5.4	2.06	9.41	−4	−10	−4.9
19	4.74	2.16	9.87	−6	−9.3	−7.6
20	3.01	2.57	10.3	−4.5	−8.3	−9.3
21	0.8	3.13	10.6	−1.5	−7.1	−9.5
22	−1.2	3.56	10.9	−0.9	−5.6	−7.9
23	−2.4	3.73	11.1	−4.6	−3.9	−4.5
24	−2.7	3.76	11.2	−11	−2.1	0.06
25	−2.4	3.88	11.3	−15	−0.3	4.93
26	−1.8	4.19	11.2	−15	1.55	9.15
27	−1.6	4.54	11.2	−10	3.35	11.8
28	−1.8	4.67	11.1	−5.1	5.05	12.4
29	−2.4	4.46	10.9	−3.7	6.59	10.7
30	−2.7	4.06	10.8	−6.7	7.94	7.1
31	−2.4	3.73	10.7	−11	9.04	2.29
32	−1.2	3.6	10.6	−12	9.87	−2.7
33	0.8	3.55	10.5	−8.5	10.4	−7
34	3.01	3.35	10.4	−2.4	10.6	−9.7
35	4.74	2.89	10.3	2.57	10.5	−11
36	5.4	2.36	10.2	4	10.1	−9.4

4.12. **(a)** Suppose that a 500-Hz sinusoidal signal is sampled at 750 Hz. Draw the discrete time signal found and determine the apparent frequency of the signal.

(b) If a 200-Hz component were present in the signal of part (a), would it be detected? Explain.

(c) If a 375-Hz component were present in the signal of part (a), would it be detected? Explain.

4.13. An engineer is studying the vibrational spectrum of a large diesel engine. Her modeling estimates suggest that a strong resonance is likely at 250 Hz, and that weaker frequencies of up to 2000 Hz may be excited also. She has placed an accelerometer on the machine to measure the vibration spectrum. She samples the accelerometer output voltage using her computer's analog-to-digital converter board.

(a) What is the minimum sample rate she should use?

(b) To reliably test her model of the machine's vibration, she must resolve the peak resonant frequency to ± 1 Hz. How can she achieve this level of resolution?

4.14. A temperature measuring circuit responds fully to frequencies below 8.3 kHz; above this frequency, the circuit attenuates the signal. This circuit is to be used to measure a temperature signal with an unknown frequency spectrum. Accuracy of ± 1 Hz is desired in the frequency components. If no frequency components above 8.3 kHz are present in the circuit's output, what sample rate and number of samples should be used to sample the output?

4.15. A cantilever beam of stiffness k supports a large mass m on its free end. The vibrational frequency of the beam approximately equal to

$$f = \frac{1}{2\pi}\sqrt{\frac{k}{m}}$$

In an experiment, this frequency was measured by attaching a strain gage to the beam to produce a waveform corresponding to the oscillating motion. The waveform was then discretely sampled using the lab computer, and the frequency of motion was obtained from an FFT of the waveform.

For one particular case, the mass at the end of the beam was measured to be 60.10 g, to an uncertainty of ± 0.11 g (95%). The waveform was sampled at a rate of 128 Hz for 128 points, and a peak frequency of 10 Hz was returned by the FFT calculation.

(a) Calculate the beam stiffness and its uncertainty (95%).

(b) What is the primary source of uncertainty in this result? What is the best way to reduce the uncertainty of the result?

(c) The experimenter's disk is nearly full, so he does not wish to increase the number of points sampled when he repeats the experiment. If the sample rate can be adjusted in increments of 1 Hz, what sample rate would allow the lowest uncertainty with the same number of points? Estimate the uncertainty in stiffness for that sample rate.

참고문헌

[1] Beckwith, T. G., and R. D. Marangoni. *Mechanical Measurements*. 4th ed. Reading, Mass.: Addison-Wesley, 1990.

[2] Oppenheim, A. V., A. S. Willsky, and S. H. Nawab. *Signals & Systems*. 2nd ed. Upper Saddle River, NJ: Prentice Hall, 1997.

Chapter 05 계측계의 응답

5.1 서론

간단히 말해서, 응답(*response*)이라 함은 시스템의 충실도(fidelity)의 잣대이다. 다시 말해 응답은 피측정량 속에 들어있는 불필요한 정보는 모두 제외하고 관계있는 정보만 정확하게 감지하고, 전달하고, 표시하는 시스템의 능력으로 정의될 수 있다.

우리는 출력 정보가 입력을 바로 나타내는지를 알고 싶다. 만약 입력 정보가 사인파, 사각파 또는 톱니파의 형태라면, 출력도 이처럼 사인파, 사각파 또는 톱니파로 나타날 것인가? 복잡한 파의 각 조화 성분이 동등하게 다루어지는가, 또는 다소 약해지는가, 아니면 완전히 무시되는가, 또는 다른 것들에 대해 상대적으로 시간축 상에서 이동하였는가? 이러한 것들은 특정한 시스템의 응답 특성에 의하여 결정된다. 그것은 (1) 진폭 응답(amplitude response), (2) 주파수 응답(frequency response), (3) 위상 응답(phase response), (4) 비틀림률 (slew rate)이다.

5.2 진폭 응답

진폭 응답은 모든 입력의 진폭을 균등하게 다룰 수 있는가 하는 시스템의 능력이다. 만약 5단위의 입력이 시스템에 들어갔을 때 출력에서 표시 눈금이 25라면, 일반적으로 10단위의 입력은 50눈금을 출력할 것이라고 기대할 수 있다. 이것이 가장 일반적인 상식임에도 불구하고, 경우에 따라서는 이와 다른 특수한 비선형 관계가 얻어지기도 한다. 그것이 선형이든지, 지수 함수이든지, 또는 다른 진폭 함수이든지, 기대값과 실제값이 위와 같은 관계로 일치하지 않으면 쓸모없는 진폭 응답이 된다.

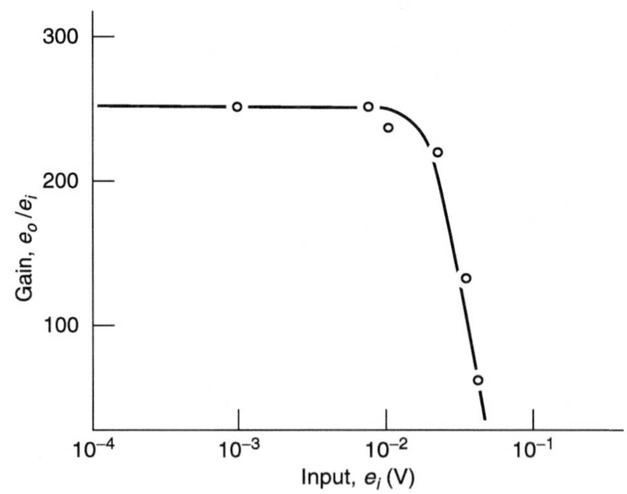

그림 5.1 통상적으로 구할 수 있는 1 kHz 주파수에 대한 변형률 측정 시스템의 증폭부에서의 이득–입력 전압 그래프(이득 = 출력 전압/입력 전압)

물론 무한대의 진폭 범위에 걸쳐서 정확한 응답을 내는 시스템은 존재하지 않는다. 그림 5.1은 스트레인 게이지 브리지(strain-gage bridge)를 오실로스코프에 연결하는데 적합한 전압 증폭기의 진폭 응답을 보여준다. 증폭기의 사용 가능한 범위는 곡선의 수평 부분으로 한정된다. 약 0.01 V 이상의 입력은 증폭기에 과부하로 작용하며, 더 이상 선형 증폭이 되지 않음을 이 곡선에서 볼 수 있다.

5.3 주파수 응답

시스템이 모든 주파수 성분(frequency component)에 대하여 같은 방식으로 반응할 때 우수한 주파수 응답을 가진다고 할 수 있다. 만약 5단위의 진폭을 가지는 100 Hz 사인파가 시스템에 입력되었고 $2\frac{1}{2}$ cm의 피크투피크(peak-to-peak) 출력이 오실로스코프상에 나타난다면, 같은 진폭의 500 Hz 사인파도 $2\frac{1}{2}$ cm의 피크투피크 출력을 나타낼 것으로 기대할 수 있다. 입력 신호의 주파수가 바뀌어도, 입력의 진폭이 변하지 않으면 시스템에서 나오는 출력의 크기는 변하지 않아야 한다.

여기서도 좋은 주파수 응답을 기대할 수 있는 범위의 한계는 여전히 존재한다. 이는 그 질적 특성에 관계없이 모든 동적 시스템에 대해서 적용된다. 그림 5.2는 그림 5.1에서 보인 전압 증폭기의 주파수 응답 관계를 보여 준다. 약 10 kHz 이상의 주파수에 대해 진폭의 증폭비는 작아지는 것을 볼 수 있다. 이 주파수 한계 이하의 입력만이 정확한 상대비로서 증폭된다.

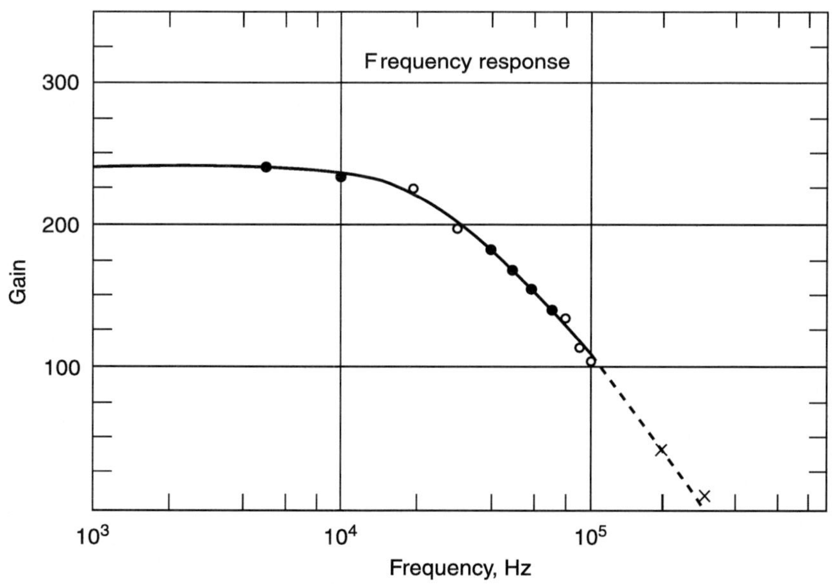

그림 5.2 통상적으로 구할 수 있는 변형률–측정 시스템의 증폭부에서의 주파수 응답 곡선; e_i = 10 mV

5.4 위상 응답

진폭과 주파수 응답은 그 파형이 간단하든지 복잡하든지 간에 상관없이 모든 종류의 입력 파형에 대해서 중요하다. 이에 반해서 **위상 응답**은 주로 복잡한 파에 대해서만 중요하다.

어떠한 측정 시스템이라도 신호가 전달되는 데에는 시간이 소요된다. 때때로, 단순 사인파가 한 단계의 증폭 과정을 거칠 때에도, 출력은 약 180°나 반주기 정도 뒤쳐져 입력을 따라간다(그림 5.20 참조). 두 단계를 거치면, 위상 어긋남은 약 360° 정도가 된다. 실제 위상 어긋남은 반 파장의 정확한 배수가 되지는 않지만, 이것은 그 주파수와 사용하는 장비와 관련이 있다. 이것이 위상 응답을 결정하는 주파수 의존(frequency dependence)이다.

단일 사인파 입력에 대해서는 어떠한 위상 어긋남도 별 의미가 없다. 오실로스코프상에 나타난 출력은 실제 파형을 보여주고, 그 파형의 적합한 매개 변수를 결정 할 수 있다. 화면에 보여지는 형태가 그것이 발생한 지 수천 분의 1초나 수백만 분의 1초 후에 실제 화면상에 형성된다는 사실은 전혀 문제가 되지 않는다.

하지만 수많은 조화 성분으로 구성된 복잡한 파를 고려해 보자. 만약 위상 지연(phase lag)이 각 주파수에 따라 다르다면, 복잡한 파에서 각 성분은 각기 다른 크기만큼 지연될 것이다. 그렇다면 시스템에서 나오는 조화 성분들은 그들이 시스템에 들어갈 때와는 서로 다른 위상을 가지게 된다. 따라서 전체적인 파형과 진폭이 바뀌게 되고, 좋지 않은 위상 응답을 보이게 된다.

그림 5.3은 전형적인 전압 증폭기의 위상 응답 특성을 나타낸다.

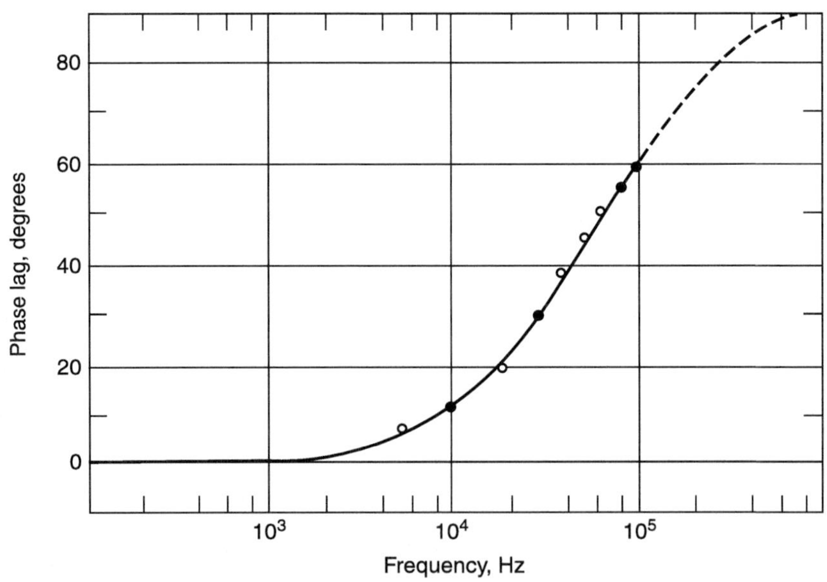

그림 5.3 그림 5.2에서와 같은 증폭기에 대한 위상 지연-주파수곡선(위상 응답)

5.5 복합파형에 대한 성능 예측

현존하는 시스템이나 시스템 구성 요소의 응답 특성은, 이미 알고 있는 신호를 입력하고 출력을 구한 후 그 결과를 비교함으로써 실험적으로 결정될 수 있다(10.5절 참조). 물론, 대부분의 기본 시험 파형은 사인파이다.

어떤 장치의 사인파 응답을 안다고 하면, 이를 바탕으로 사각파나 다양한 톱니파와 같은 복잡한 파형에 대한 응답이 어떠할지 예상할 수 있을까? 그 대답은 다음 예제에서와 같이 '가능하다' 이다.

예제 5.1

그림 5.2와 5.3에 나타난 정보와 컴퓨터 프로그램을 이용하여, 정확한 사각파가 입력되었을 때 증폭기 출력의 형태를 예측하라. 입력은 1000 Hz와 2000 Hz의 기본 진동수를 가지며, 진폭은 1 mV이다.

풀이: 표 4.1에서 사각파가 다음과 같은 무한급수에 의해 정의됨을 상기하라.

$$y = \frac{4A}{\pi} \sum_{n=1}^{\infty} \frac{1}{(2n-1)} \sin[(2n-1)2\pi ft] \tag{5.1}$$

주파수 위상 왜곡 인자(phase distortion factor)를 도입함으로써 식 5.1을 다음과 같이 변형시킬 수 있다.

$$y = \frac{4A}{\pi} \sum_{n=1}^{\infty} \frac{G_n}{(2n-1)} \sin[(2n-1)2\pi ft - \phi_n] \tag{5.1a}$$

여기서 G_n = 주파수에 근거한 진폭 인자,
ϕ_n = 상 왜곡 인자

각 조화 차수(harmonic order)에 대한 G_n과 ϕ_n의 크기는 그림 5.2와 5.3의 특성 곡선으로부터 알아 낼 수 있다. 예로서, 만약 $n = 15$ 라면, $(2n - 1)f = 29(1000 \text{ Hz}) = 29 \text{ kHz}$ 이고, 그림 5.2에서 $G_{15} = 200$임을 읽을 수 있고, 그림 5.3에서 $\phi_{15} = 30°$임을 읽을 수 있다. 사인파 응답 곡선으로부터 바로 얻어진 주파수-응답과 위상-응답 데이터의 목록을 컴퓨터 코드로서 구성할 수 있다. 식 5.1a에서 이 데이터를 사용한 결과를 그림 5.4(a)와 (b)에 나타내었다.

조화급수(harmonic series)로 표현 가능한 어떠한 파형에 대해서도 이와 유사한 연산이 가능하다. 특히 관심의 대상이 되는 파형에 대한 측정 시스템의 응답을 알아보기 위해서, 그 파형에 대한 푸리에(Fourier) 해석을 할 수도 있고, 이전과 같이 사인파 시험의 결과를 사용해서 그 시스템의 응답 특성을 알아볼 수도 있다.

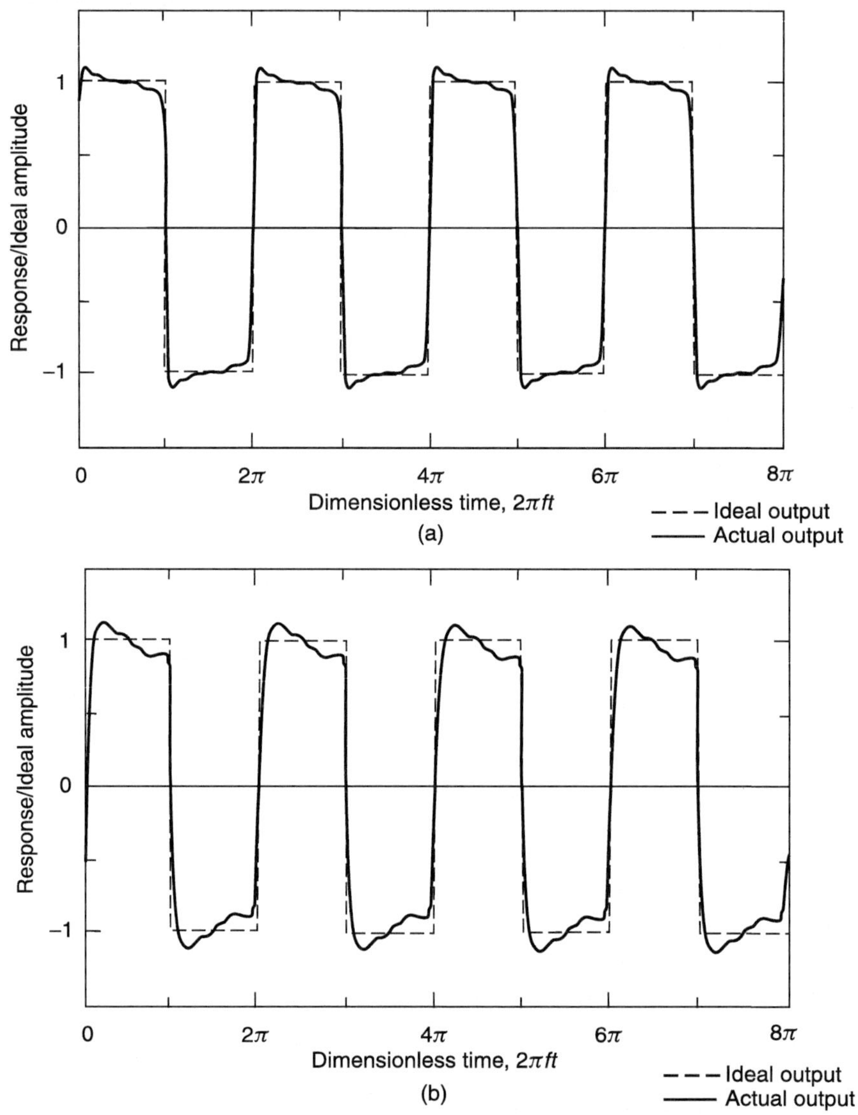

그림 5.4 (a) 그 특성을 그림 5.1부터 5.3까지에 보인 증폭기의 1000 Hz 사각파의 컴퓨터에 의한 응답, (b) 그 특성을 그림 5.1부터 5.3까지에 보인 증폭기의 2000 Hz 사각파의 컴퓨터에 의한 응답 (이상적 진폭 = 240 mV)

5.6 지연, 상승 시간 및 비틀림률

마지막으로, 응답의 네 번째 종류는 주파수 응답의 다른 형태인 지연(delay), 또는 상승 시간(rise time)이다. 계단형이나 순간적인 입력이 시스템에 가해지면, 그림 5.5에 보인 바와 같이 출력은 지연이 생길 수 있다. 계단파가 가해진 후부터, 정확한 크기의 출력에 이르기 전까지의 시간 지연이 상승 시간으로 알려져 있다. 이는 과도(transient) 상태를 다룰 수 있는 시스템의 성능을 평가하는 기준이다. 상승 시간은 때때로 시스템의 응답이 최종 응답의 10%에서 90%의 값까지 이르는데 필요한 시간 Δt로 특별히 정의한다. 또한 과도 응답은 **정착 시간**(*settling time*)을 통해 특정지워 지기도 한다. 정착 시간은 시스템의 응답이 그 최종값의 몇% 오차내에서 머무르는 데까지 걸리는 시간으로 정의된다.

비틀림률(*slew rate*)은 시스템이 다룰 수 있는 **최대 변화율**이다. 전기적 용어로 나타내면, *de/dt* 또는 단위 시간에 대한 전압(예를 들면 25 V/μs)이다. 전압이 빠르게 변하면, 시스템은 비틀림률보다 빠르게 응답하지 못한다.

5.7 실험계 요소의 응답

경험론자들은 대개 진폭 응답이나 비틀림률이 제한 요소가 되는 조건에서 계측 시스템을 작동시키는 것을 피한다. 예를 들면 과부하가 걸린 고체 전자 증폭기(solid-state amplifier)는 일반적으로 입력에 상관없이 ±5 V크기의 전압을 출력한다. 이러한 제약조건하에서의 실험 결과는 의심할 여지없이 쓸모없는 것이다.

주파수-응답과 위상-응답의 한계는 그렇게 명백하게 나타나는 것은 아니다. 관심의 대상이 되는 모든 주파수에 대하여 위상 어긋남이 없고 평탄한 주파수 응답을 누구나 선호할 것이다. 그러나 실험에서의 입력은 때로 광범위한 범위의 주파수를 포함하고 있기 때문

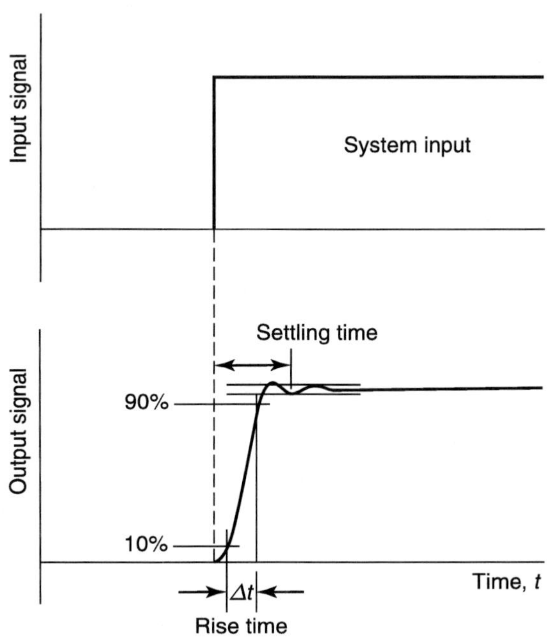

그림 5.5 상승 시간(Δt)과 정착 시간을 보여 주는 전형적인 시스템의 계단 입력에 대한 응답

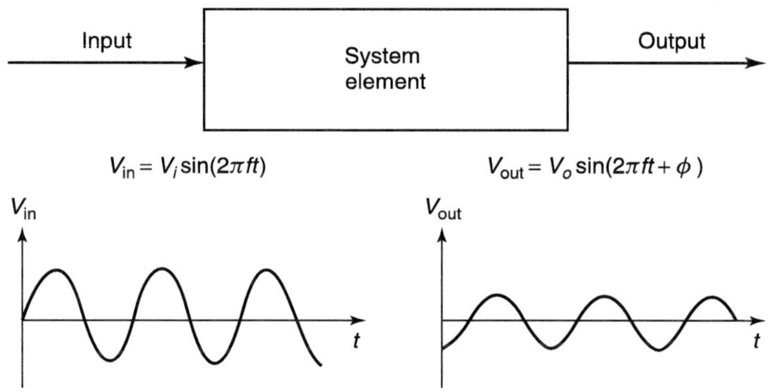

그림 5.6 사인파 입력에 대한 계 요소의 응답

에, 일부 주파수에 대한 나쁜 응답이 간과될 수도 있다. 일반적으로 평가 과정(evaluation procedure)을 통해 특정 시스템의 응답을 안정화시킬 필요가 있다.

사인파 시험이 주파수와 위상 응답을 주파수대별로 보여 주는 것을 우리는 이미 보았다. 변환기(transducer)나 증폭기와 같은 측정 시스템 요소의 사인파 응답은 전체 측정 시스템의 성능을 평가하는 기초가 된다.

시스템의 각 요소는 입력을 출력으로 전달해 준다(그림 5.6). 출력은 진폭과 위상 모두 입력과 다를 수 있다. 입력 진폭에 대한 출력 진폭의 비가 그 주파수에서의 이득(gain) 또는 증폭(amplification)이고, 모든 주파수 변화에 따른 이득을 나타내는 주파수 응답은 아래와 같이 정의된다.

$$G(f) = \frac{V_o}{V_i}$$

이와 유사하게, 주파수 변화에 따른 위상 어긋남의 변화는 위상 응답 $\phi(f)$이라 불린다. 물론 이들은 그림 5.2와 5.3에 보인 함수이다.[1)]

완전한 측정 시스템은 센서와 변환기로부터 신호 조정기, 기록 및 표시 장치에 이르는 요소들의 연속적인 연결로 이루어진다. 어떠한 주파수 성분에 대해서도, 전체 시스템의 이득은 각 시스템 요소의 이득의 곱이다. 마찬가지로 시스템의 위상 어긋남은 모든 단계에서의 위상 어긋남의 합이다. 만족스러운 측정 결과를 얻기 위해서는, 대상이 되는 주파수 범위에 대하여 모든 측정 단계에서 만족스러운 응답을 얻어야만 한다. 만약 어느 하나의 단계가 적합한 응답을 내지 않는다면, 이는 신호를 왜곡시키고 전체적인 측정 결과에 문제가 발생하게 만든다.

---

1) 시스템 동역학을 공부한 독자들은 $G(f)$와 $\phi(f)$가 선형 시스템의 주기 전달 함수, $H(j\omega)$의 크기와 위상이라는 것을 알 수 있을 것이다[1].

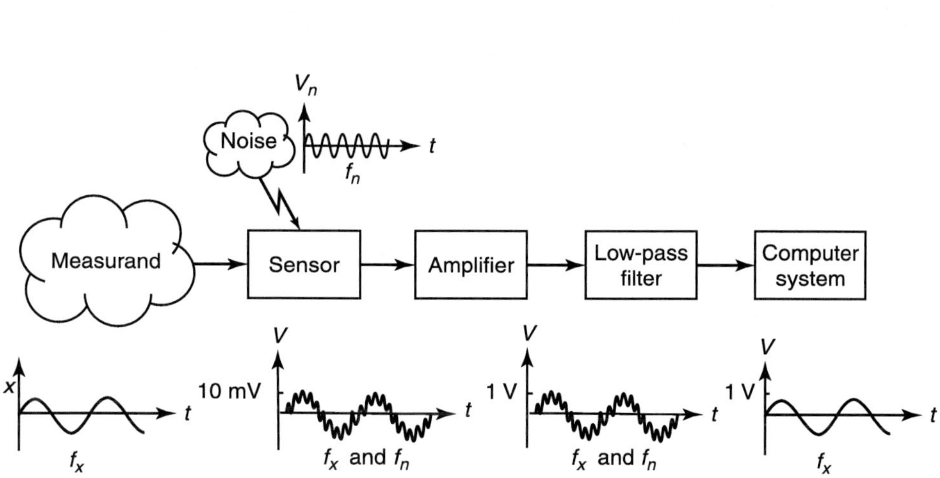

그림 5.7 여러 가지 시스템 요소들로 구성된 측정 시스템 ; 신호는 각 요소를 지날 때를 나타낸 것이다.

그림 5.7은 전형적인 측정 시스템을 보여 준다. 주기적 피측정량은 센서에 의해 감지된다. 이 피측정량은 f_x의 주파수로 진동하는 위치 x가 될 것이다. 센서는 출력전압을 밀리볼트(millivolt) 단위로 출력하는데 이 값은 x에 따라 변화한다. 그러나 센서는 주변의 장비로부터 고주파의 전기적 잡음도 잡아낸다. 이처럼 센서의 출력은 f_x의 저주파 신호와 f_n의 고주파 잡음을 모두 포함한다(그림 4.6 참조). 센서의 신호는 증폭기에 의해 수신되고, 증폭기는 그 신호를 컴퓨터에 기록하기에 적절한 수준으로 올린다. 더해진 잡음에 상관없이, 두 측정 단계는 입력 신호에 대해 충실하게 응답을 내보낸다.

어떤 시스템 요소들은 자신의 주파수-응답 특성의 한계 때문에 조심스럽게 선택된다. 그림 5.7의 경우를 보면, 피측정량은 분명히 낮은 주파수를 가지지만, 이에 반해 원하지 않는 전기적 잡음은 매우 높은 주파수를 가진다. 출력 신호를 오실로스코프상에서 살펴보면 어느 범위의 주파수가 피측정량을 특징짓는지, 어느 범위의 주파수가 잡음을 나타내는지 명확히 알 수 있다. 이 정보를 바탕으로 증폭기 뒤에 신호 조정 **저역 통과 필터**(*low-pass filter*)를 삽입하여 잡음을 제거할 수 있다. 이 필터는 그림 5.8에 보인 바와 같이, 저주파(f_x와 같은)에서는 평탄한 주파수 응답을 가지고, 고주파(f_n과 같은)에서는 응답을 거의 나타내지 않는다. 필터가 컴퓨터 기록 시스템에 건네준 신호는 잡음 성분을 포함하지 않는다. 필터에 대해서는, 7장(7.16~7.18절)에서 신호 조정을 고려할 때 자세히 논의할 것이다.

필터와는 대조적으로, 잘 설계된 센서나 변환기는 모든 주파수에 대하여 똑같이 응답하여야 한다. 불행히도 대부분의 센서나 변환기는 그렇지 못하다. 대부분의 센서나 변환기들은 어떤 특정한 주파수 범위를 벗어나면 응답이 급격히 감쇠되거나 공진 현상을 일으킨다. 이와 같이 응답 특성이 급격히 변화하게 되는 주파수를 이런 장치들의 특성을 나타내는 지수로 사용한다. 동적 피측정량을 정확하게 기록하기 위해서는, 이러한 한계 주파수를 결정하는 것이 매우 중요하다.

시스템 요소(또는 연결된 요소들 전체)의 주파수 응답과 위상 응답은 여러 가지 방법으로 결정될 수 있다. 간단한 요소에 대해서, 응답을 정확하게 예측해 내는 물리적 모델이 구성될 수 있다. 좀 더 복잡한 시스템에 대해서는 실험적으로, 예를 들면 사인파 시험을 이용하여 응답을 구할 수 있을 것이다. 이와는 다른 상황으로서, 제조업체로부터 제공되는 응답 데이터에 의존하여야 할 경우도 있다. 어떠한 경우이든지, 시스템이 정확하게 반응하는 주파수의 범위가 한 번 결정되고 나면, 이 범위 밖의 주파수는 무시될 것이다. 그리고 이 범위 밖의 주파수 성분이 존재한다고 확인되면, 이러한 주파수가 일련의 측정 장치에 들어가는 것을 방지하기 위해서 예방 조치들이 취해질 것이다.

이 장의 나머지는 시스템 응답의 확인(identification)에 대하여 주로 살펴볼 것이다. 5.8절부터 5.19절은 단순한 물리계의 주파수 응답과 위상 응답을 모델링하는 것에 대하여 설명 한다. 5.20절은 시스템 응답의 실험적 결정과 교정(calibration)에 대한 문제로 되돌아간다.

5.8 단순화된 물리계

어떠한 기본적 물리 인자들이 응답을 결정하는가? 실제적 시스템에서, 기계적, 전기적인 요소들로 구분할 수 있다. 기본적 기계요소는 질량, 감쇠와 스프링과 같은 평형-복구(equilibrium-restoring)요소의 형태이다. 상응하는 전기적 요소는 인덕턴스(inductance), 저항(resistance)과 커패시턴스(capacitance)이다. 대부분은 아니지만 많은 장치들과 시스템이 전기적, 기계적 요소 두 가지를 모두 포함하고 있음에도 불구하고, 우리의 당면한 목

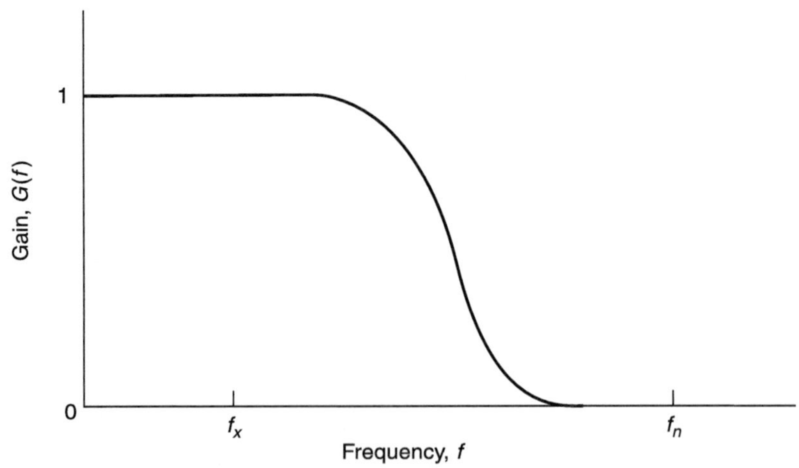

그림 5.8 그림 5.7의 저역 통과 필터에 대한 주파수 응답

적을 위해서는 이 둘을 분리하여 고려하는 것이 유리하다. 다음의 몇몇 절에서는 기계적 측면에서 그리고 5.17절부터는 전기적 측면에서 논의가 이루어질 것이다.

5.9 기계적 요소

기계적 시스템 요소의 동적 특성에 대하여 검토하기 위해서는 시스템을 구성하는 요소에 대하여 간결히 설명할 필요가 있다.

5.9.1 질량

모든 경우에 있어서 질량이 인자로 작용함은 의심할 여지가 없다. 그러나 어떤 상황에서는 장치나 시스템을 이루는 질량이 그 성능에 영향을 미치지 않을 것이다. 이러한 경우는 5.14와 5.15절에서 다룰 것이다.

그 본래 특성 때문에 질량은 어떤 일정한 부피를 지닌다. 그러나 많은 경우에서 구조재의 질량이 한 점에 집중되어 있다고 가정하는 것이 편리할 뿐만 아니라 거의 정확하다. 구조재의 기하학적 형상과 그 응용분야에 따라 질량이 집중되는 곳은 질량 중심이 될 수도 있고, 아닐 수도 있다. 특정 경우에 있어서는 충격 중심(center of percussion)이 유효 집중(effective concentration)의 위치가 될 수도 있다.

5.9.2 스프링 힘

많은 기계적 구조재들은 가해진 힘에 직접적으로 비례하여 변형한다. 즉 $\Delta F/\Delta s = k =$ 상수이며, 여기서 ΔF는 가해진 힘의 증분이고, Δs는 이에 따른 변형의 증분이다. 대부분의 코일 스프링, 보, 그리고 인장/압축 구조재는 이 관계를 따른다. 힘의 방향은 변형의 반대, 즉 결과적인 힘은 항상 평형을 되찾으려 한다는 것에 주의하여야 한다.

비틀림 구조재는 공통적으로 $\Delta T/\Delta\theta = k_t =$ 상수라는 관계를 따르고, 여기서 ΔT는 가해진 토크의 증분이며 $\Delta\theta$는 이에 따른 비틀림 변형의 증분이다. 상수 k와 k_t는 **스프링 상수**(*spring constant*) 또는 **처짐 상수**(*deflection constant*)라고 한다.

그런데 탄성이 항상 복원력의 원인이 되는 것은 아니다. 천칭(5.10절 참조)과 같은 특별한 경우에는 복원력이 중력에 의하여 발생된다.

집중 질량의 운동이 평형-지향(equilibrium-seeking) 구조재에 의하여 구속될 때는 그림 5.9(a), 단진동 이론(simple vibration theory)에 의하여 요소들의 조합이 다음과 같은 고유 진동수를 가지게 됨을 알 수 있다.

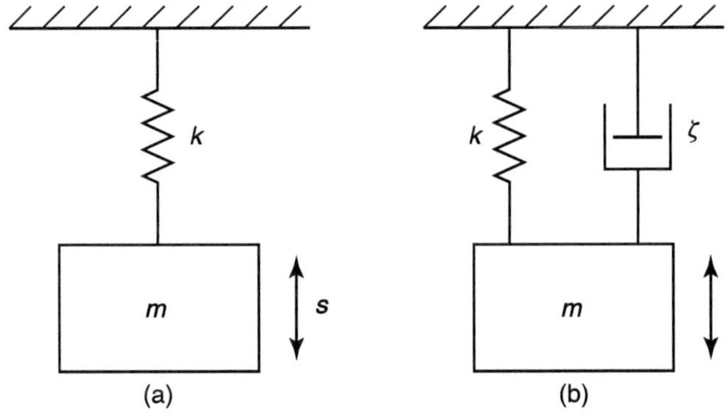

그림 5.9 기본적인 스프링-질량계; (a) 감쇠가 없는 경우, (b) 점성 감쇠가 있는 경우

$$\omega_n = \sqrt{\frac{kg_c}{m}} \tag{5.2}$$

여기서 ω_n = 초당 라디안(radian)으로 표시되는 원 진동수(4.3절 참조)
$= 2\pi f$,
f = 헤르츠(hertz)로 표현되는 진동 주파수,
g_c = 차원 상수(dimensional constant) (표 2.6 참조)

이러한 종류의 계는 1자유도(*single degree of freedom*)를 가진다고 말한다. 즉 한 가지 방식으로 진동하도록 어떠한 방법으로든지 구속되어 있다고 가정된다. 이 때 운동을 표현하기 위해서는 오직 하나의 좌표만 있으면 된다.

5.9.3 감쇠

이 종류의 계에 있어서 또 다른 중요한 인자는 감쇠(damping)이다(그림 5.9(b)). 감쇠는 대체로 쿨롱이나 마찰보다 점성 감쇠로 간주되고, 전기적 방법이나 유체(기체도 포함하는)에 의해 이루어진다.

점성 감쇠는 속도의 함수이며, 운동에 반대되는 힘으로 다음과 같이 표현된다.

$$F = -\zeta \frac{ds}{dt} \tag{5.3}$$

여기서 ζ = 감쇠계수이고 ds/dt = 속도이다. 감쇠계수는 단위 속도당 발생되는 힘임을 알 수 있다. 마이너스 부호는 힘이 속도에 반대되는 방향으로 발생되는 것을 의미한다. 자유 진동하는 단일 자유도계에 미치는 점성 감쇠의 영향은 시간에 대하여 지수함수적으로 진폭을 감소시킨다.

감쇠의 크기는 편의를 위해서 임계 감쇠(*critical damping*)라는 용어를 사용하여 나타낸다. 임계 감쇠는 감쇠 스프링-질량계가 평형 상태에서 변형된 후, 자유로이 운동하도록 풀었을 때(자세한 것은 5.16.1절 참조), 오버슈트(overshoot)가 발생되지 않도록 하는 최소의 감쇠이다. 이 제한 조건은 그림 5.10에 나타나 있다. 단순히 스프링에 의해 지지되는 질량 m에 대한 임계 감쇠계수 값 ζ_c는 다음과 같이 표현된다.

$$\zeta_c = 2\sqrt{\frac{mk}{g_c}} \tag{5.4}$$

감쇠는 때로 다음과 같은 무차원의 감쇠비(damping ratio)로서 나타내어진다.

$$\xi = \frac{\zeta}{\zeta_c}$$

많은 측정 장치나 시스템의 요소들이 중력이나 스프링의 힘에 의해서 구속되는 요소를 포함하고 있고, 그 변형은 신호 입력과 상사 관계에 있다. D' Arsonval의 운동과 같이 일반적인 천칭이 그 예이다(그림 9.3). 대부분의 압력 변환기, 탄성-힘 변환기, 그리고 수많은 다른 측정 장치들도 마찬가지이다.

만약 계가 병진 운동을 한다면, 스프링에 의하여 구속된 질량이 포함되어 있을 것이다. 1.4절의 타이어 게이지(tier gage)는 피스톤과 자루와 스프링의 일부가 질량을 구성하는 경우를 보이고 있는데, 그 운동은 가해진 압력과 스프링 힘의 상호 작용에 의하여 제어된다. 다른 예들은 지진계 형태의 장치로서 17장에서 논의될 것이다.

이 장치들은 계기의 정확한 표시를 위해서 평형이 요구된다. 입력의 변화에 의하여 평형이 깨지면, 시스템이 새로운 평형을 다시 이루는 데 시간이 소요된다. 그리고 새로운 출력을 정확히 표시하기 위해서는 여러 번의 진동이 발생할 것이다. 이러한 진동이 줄어드는 속도는 감쇠의 함수이다. 이에 더해서, 진동의 주파수는 감쇠와 민감도(sensitivity)의 함수이다.

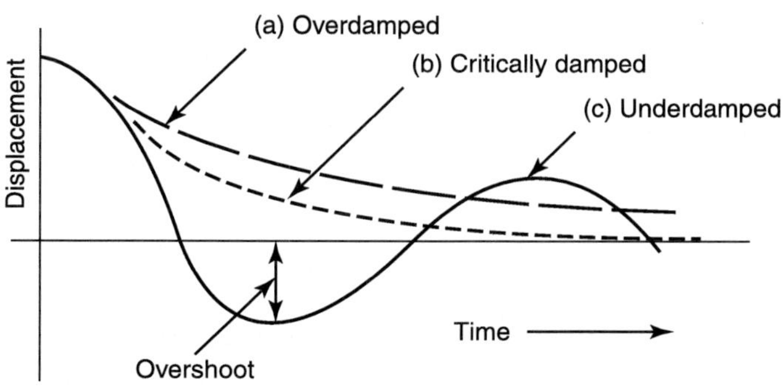

그림 5.10 감쇠 운동의 시간-변위 관계; (a) 임계 감쇠보다 큰 감쇠, (b) 임계 감쇠, (c) 임계 감쇠보다 작은 감쇠

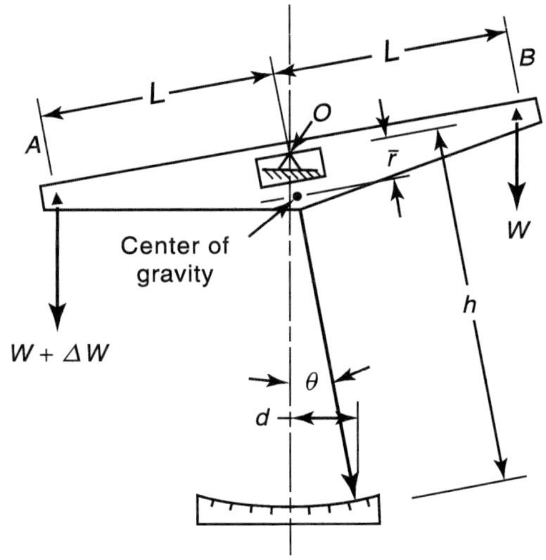

그림 5.11 천칭 저울의 개략도

5.10 단순 기계계의 예

감쇠가 없는 대칭 저울 보 그림 5.11를 생각해 보자. 단순화를 위해서, 저울 접시와 측정되는 질량이 점 A와 B에 집중되어 있다고 가정하자. 그리고 이것은 선회점(pivot point) O에 대한 관성모멘트 I도 포함한다. 더 나아가, 비교되는 두 중량 사이에 미소한 차이 ΔW가 존재하고, A, B, O점들은 일직선상에 있다고 가정한다. 민감도 η는 시침의 길이 h에 대한 시침 끝점의 변위를 ΔW로 나눈 것으로 정의하고 아래와 같이 나타낸다.

$$\eta = \frac{1}{\Delta W}\frac{d}{h} = \frac{1}{\Delta W}\tan\theta \tag{5.5}$$

계는 복합 진자처럼 움직이며, 진동의 주기는 아래와 같이 나타낼 수 있다.

$$T = 2\pi\sqrt{\frac{I}{\bar{r}w_b g_c}} \tag{5.6}$$

여기서 I = 관성 모멘트,
$\bar{r}$ = 보만의 질량 중심과 선회점 O 사이의 거리,
w_b = 보의 무게

중량이 가해지면,

$$w_b\bar{r}\sin\theta = \Delta W\ L\cos\theta \quad \text{or} \quad \tan\theta = \frac{L\Delta W}{w_b\bar{r}} \tag{5.7}$$

그러므로 식 5.5를 이용하여 다음을 알 수 있다.

$$\eta = \frac{L}{w_b \bar{r}} \tag{5.7a}$$

식 5.6과 5.7a를 조합하면,

$$\eta = \frac{L}{I}\left(\frac{T}{2\pi}\right)^2 \cdot g_c = \frac{L}{I}\left(\frac{1}{2\pi f}\right)^2 \cdot g_c \tag{5.7b}$$

여기서 f = 고유 진동수이다.

식 5.7b는 민감도가 저울의 진동 주기, T의 함수임을 나타내고, 이로부터 긴 보와 낮은 관성 모멘트는 민감도를 증가시킨다는 것을 알 수 있다. 다시 말하면, 좀 더 민감한 장치는 덜 민감한 것에 비하여 더 느리게 진동한다. 이는 대부분의 단일 자유도계 장치의 동적 응답에 있어서 매우 중요한 의미를 지닌다.

5.11 감쇠의 중요성

동적 측정에 있어서 적절한 감쇠의 중요성은, 앞 예제에서의 저울의 보가 최대한 빠르게 또 다른 평형을 찾아야 하는 장비의 일부라고 가정하면 쉽게 이해될 수 있다.

저울의 보가 매우 낮은 감쇠를 가진다고 가정하자. 힘이 외란으로 작용하면, 저울은 진동을 하게 되고, 진동은 긴 시간 동안 이어질 것이다. 최종적인 균형은 매우 오래 기다린 후에야 이루어질 것이다. 이처럼 무게를 재는 주파수는 한계가 있게 된다.

반면에 임계를 훨씬 넘는 감쇠가 있다고 가정하자. 이러한 극단적인 예는 저울 전체를 당밀 그릇에 푹 담근 것처럼 보일 것이다. 이런 경우, 균형은 매우 느린 속도로 얻어지고, 진동이 발생하지 않는다. 여기서도 마찬가지로 다음 저울질을 하기 위해서는 과도한 시간이 소요된다.

따라서 우리가 보형(beam-type) 저울을 설계하는 데 있어서 여러 질량들을 빠르게 측정하기 위해서는, 두 가지를 절충한 결과가 최종적인 형태로 되어야 한다는 것을 알게 된다. 또한 원활하게 일을 진행하기 위해서는 최대한 빨리 평형에 도달하는 것이 좋다. 사용하기 좋은 최적의 감쇠값이 존재할 것이다. 다른 인자들이 관련되기 때문에 정확한 값은 아니겠지만, 임계값의 60%에서 75%정도의 감쇠가 이 종류의 장치에 많이 사용되고 있다(이 점에 대한 보다 명확한 설명은 5.16.2절에 나타나 있다).

감쇠는 진동 주파수를 줄이려고 하지만 그 장치의 고유의 민감도를 바꾸지는 않으며, 민감도는 비감쇠(undamped) 고유 진동수에 관련되어 있다. 그러나 민감도에 관해서는 여전히 약간의 거리가 있다. 앞의 절에서처럼 민감도는 비감쇠 고유주기에 비례하여 증가한다. 높은 고유 주기(또는 낮은 주파수)는 일반적으로 주파수 응답이 줄어든 것에 해당되기 때문에, 적절한 응답을 유지하기 위해서는 실제 응용에 필요한 것보다 큰 민감도는 피해야 한다.

5.12 단순화된 기계계의 동적 특성

단순화된 모델링의 가정을 함으로써, 대부분 측정 시스템의 동적 특성은 몇 가지 범주 중의 하나로 분류될 수 있다. 복원 요소(스프링과 같은)는 선형이며, 감쇠는 점성이고, 시스템은 단일 자유도계로 근사할 수 있는 것 등이 이 시스템의 기본적인 가정이다.

5.13 1자유도 스프링-질량-감쇠계

그림 5.12는 단순한 1자유도 기계계를 나타낸다. 계의 운동을 완벽하게 정의하기 위해서 단일 좌표의 운동만이 필요하기 때문에 1자유도로 나타낸다. 그것이 주기적이든 아니든, 일반적인 가진(exciting, 加振)형태 $F(t)$로 가정할 수 있다. 질량에 가해지는 힘은 스프링, 감쇠, 그리고 외력 $F(t)$에 기인한다. 뉴튼의 제 2법칙을 이용하여 다음과 같은 식을 구할 수 있다.

$$F(t) - ks - \zeta \frac{ds}{dt} = \frac{m}{g_c}\left(\frac{d^2 s}{dt^2}\right) \tag{5.8}$$

스프링의 힘은 변위에 대해서 항상 반대로 작용하고, 감쇠는 속도에 비례하며 속도 방향과 반대라는 것에 유념하기 바란다. 이러한 관계를 읽기 좋게 다시 배열하면

$$\frac{1}{g_c}\left[m\left(\frac{d^2 s}{dt^2}\right)\right] + \zeta\left(\frac{ds}{dt}\right) + ks = F(t) \tag{5.8a}$$

위의 두 식에서

$s =$ 평형 위치로부터 질량의 변위

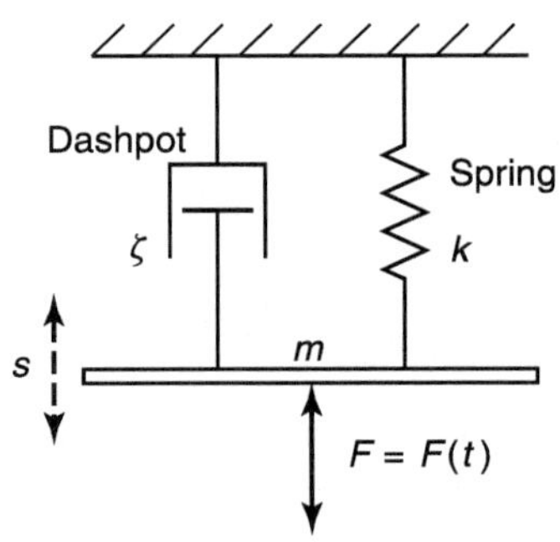

그림 5.12 외력에 의해 여기된 2차계의 기계적 모델

$F(t)$가 시간에 대해서 주기적이라고 가정하면, 다음과 같이 $F(t)$에 적합한 푸리에 급수를 대입할 수 있다(4.4절 참조).

$$F(t) = \frac{A_o}{2} + \sum_{n=1}^{\infty} C_n \cos(n\Omega t - \phi_n) \tag{5.9}$$

여기서 $\Omega =$ 기본 가진 원 진동수이고,

$$C_n = \sqrt{A_n^2 + B_n^2} \quad \text{and} \quad \tan\phi = \frac{B_n}{A_n} \tag{5.9a}$$

이러한 일반적인 경우는 5.16.3절에서 다룰 것이다. 그러나 우선 몇 가지 특별한 경우를 고려해 보자.

5.14 0차계

스프링과 감쇠기를 제거하면, 거의 쓸모없는 경우가 된다. 전압 분할 전위차계(potentiometer)(6.6절과 7.7절 참조)가 한 예이다. 이 장치의 가장 간단한 형태가 하나의 슬라이드 와이어(slide wire)이다. 슬라이더(slider)의 질량과 주변에 붙은 구조물은 제외하더라도 운동에 반대되는 저항은 전혀 없다. 특별히 평형-지향(equilibrium-seeking)력은 존재하지 않고, 출력은 시간에 관계없이 다음과 같다.

$$\text{출력} = \text{상수} \times \text{입력}$$

동역학적으로, 0차계는 더 이상 고려할 필요가 없다.

5.15 1차계의 특성

그림 5.12와 식 5.8a의 질량 m을 0으로 가정하면, 우리는 1차계를 얻을 수 있다. 이러한 시스템은 감쇠력 $\zeta\, ds/dt$, 복원력 ks, 그리고 외력 $F(t)$ 사이에 균형을 가진다. 여러 장비들 중에서 가장 널리 알려진 1차계는 온도 측정 장치이다. 온도의 변화 속도 dT_s/dt,는 현재 온도[2] T_s에 비례하기 때문에, 온도 센서는 일반적으로 1차계처럼 반응한다. 분명히 수은주 온도계(16.2절)나 열전대(thermocouple)(16.5절)는 그림 5.12와 물리적 유사성이 전혀 없다. 그러나 두 시스템의 동적 응답은 동일하다.

1차계는 다음과 같이 나타낼 수 있다.

$$\zeta \frac{ds}{dt} + ks = F(t) \tag{5.10}$$

---

2) 16.10.3절에서 보다 자세히 다룬다.

5.15.1 계단력을 받는 1차계

$$F(t) = 0, \qquad \text{for } t < 0$$

그리고

$$F(t) = F_0, \qquad \text{for } t \geq 0$$

연결 요소들에 대한 힘 평형을 고려하면(질량은 무시한다고 가정),

$$\zeta \frac{ds}{dt} + ks = F_0 \tag{5.11}$$

여기서 $t =$ 시간
$s =$ 변위
$\zeta =$ 감쇠 계수
$k =$ 처짐 상수
$F_0 =$ 일정한 입력 힘(Force)의 진폭

그러면

$$\int_0^t dt = \zeta \int_{s_A}^{s} \frac{ds}{(F_0 - ks)}$$

우리가 얻은 것으로부터

$$\frac{F_0 - ks}{F_0 - ks_A} = e^{-kt/\zeta} = e^{-t/\tau} \tag{5.12}$$

$\tau \equiv \zeta/k$의 단위는 초이고, 이 양은 **시정수**(*time constant*)로 알려져 있다.

식 5.12는 다음과 같이 쓸 수 있다.

$$s = s_\infty[1 - e^{-t/\tau}] + s_A e^{-t/\tau} = s_\infty + [s_A - s_\infty]e^{-t/\tau} \tag{5.13}$$

여기서 $s_\infty = F_0/k =$ (수식)일 때 시스템의 최종 변위,
$s_A = t = 0$ 일 때 초기 변위

우리가 가정한 1차계는 계의 요소에 질량이 없고, 변위에 대한 구속조건이 선형이고, 점성의 속도 제한이 있는 임의의 동적 조건을 나타낸다는 것이다. 일반적으로 식 5.13은 다음과 같이 쓸 수 있다.

$$P = P_\infty[1 - e^{-t/\tau}] + P_A e^{-t/\tau}$$

또는

$$P = P_\infty + [P_A - P_\infty]e^{-t/\tau} \tag{5.14}$$

여기서 $P =$ 시간 t일 때 1차계의 변위(process)의 크기
$P_\infty = t \to \infty$일 때 한계 크기
$P_A = t = 0$일 때 변위의 초기 크기

기본적 관계는 스프링-감쇠기 배열의 항으로 유도되었지만, 이와 유사한 형태의 관계식으로 유도되는 과정들은 (1) 계단형 온도 입력이 가해진 온도 센서와 같은 가열되는(또는 냉각되는) 질량 덩어리, (2) 간단한 캐패시턴스-저항형 또는 인덕턴스-저항형 회로, (3) 시간에 따른 방사선원(放射線元)의 붕괴를 포함한다.

그림 5.13은 계단형으로 가진된 1차계에 대한 두 가지의 과정-시간(process-time) 조건을 나타낸다: (a) 작용(*action*)이 시간에 대해 증가하는 함수인 누진(*progressive*)과정, (b) 크기가 시간에 따라 감소하는 감소(*decay*)과정

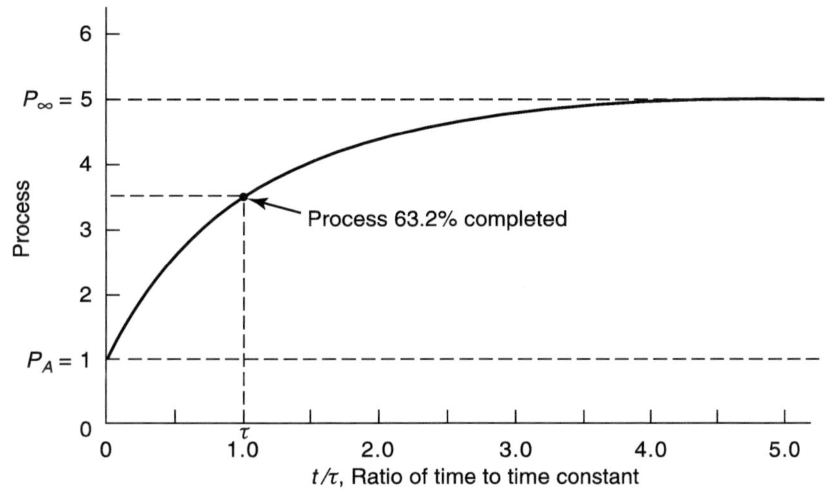

(a)

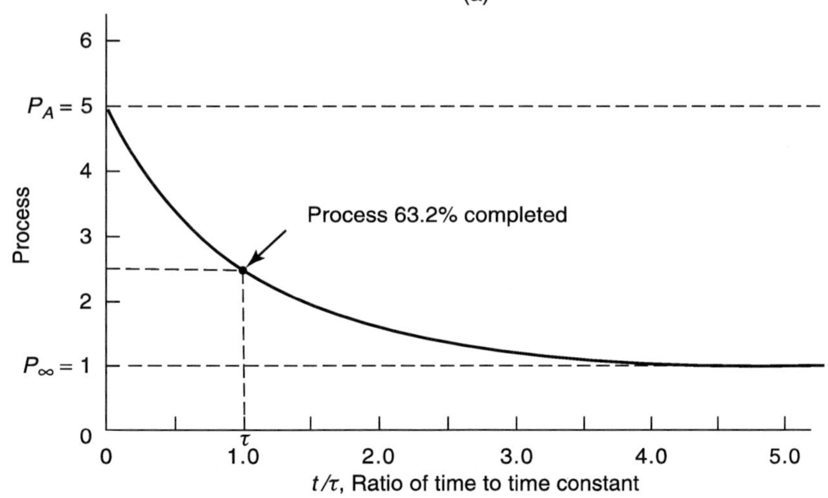

(b)

그림 5.13 $t = 0$일 때, 계단 입력에 대한 1차계의 특성: (a) 누진(progressive, 累進) 과정; (b) 감소(decaying) 과정

시정수, τ의 중요성

만약 식 5.14의 t에 시정수를 대입하면,

$$P = P_\infty + (P_A - P_\infty)(0.368)$$

와 같고, 이를 보면 과정(process)의 동적 부분(dynamic portion)이 (1 − 0.368) 또는 63.2%가 진행되었다는 것을 알 수 있다. 두 배의 시정수는 (1 − 0.135) = 86.5%에 해당되고, 세 배는 95.0%, 네 배는 98.2%에 해당된다. 계단형 입력을 받는 1차계는, 그 과정에 상관없이 그 백분율은 항상 일치하기 때문에 이와 같은 완료된 과정의 백분율은 매우 중요한 의미를 지닌다.

때로는 시정수의 다섯 배에 해당되는 시간 동안에 그 과정은 완료된 것으로 간주한다.

예제 5.2

특정한 적용 과정에서 1차계로 가정할 수 있는 온도 탐침(probe)을 생각해 보자. 이 때, 시정수는 6초이고, 75~300° F의 계단형 온도가 갑자기 가해졌다. 그러면 과정이 시작된 후 10초가 지났을 때, 온도는 얼마를 가리키겠는가?

풀이: 식 5.14를 적용하면,

$$P_\infty = 300°\text{F}, \quad P_A = 75°\text{F}, \quad t = 10\text{ s}$$

$$P = 300 + (75 - 300)e^{-10/6} = 257°\text{F}$$

예제 5.3

예제 5.2와 똑같은 조건을 가정하자. 하지만 300~75° F의 계단형 온도가 가해졌다. 그러면 10초 후의 온도는 얼마를 가리키겠는가?

풀이:

$$P_\infty = 75°\text{F}, \quad P_A = 300°\text{F}, \quad t = 10\text{ s}$$

$$P = 75 + (300 - 75)e^{-10/6} = 117°\text{F}$$

5.15.2 조화적으로 된 1차계

식 5.10을 다시 참조하여, 다음과 같은 경우를 고려하자.

$$F(t) = F_0 \cos \Omega t$$

또는

$$\zeta \frac{ds}{dt} + ks = F_0 \cos \Omega t \tag{5.15}$$

여기서 F_0 = 강제 함수(forcing function)의 진폭

Ω = 강제 함수의 원주파수(circular frequency, rad/s)

식 5.15의 해는 다음과 같다.

$$s = A_1 e^{-t/\tau} + \frac{F_0/k}{\sqrt{1+(\tau\Omega)^2}} \cos(\Omega t - \phi) \tag{5.16}$$

여기서

$$\begin{aligned} A_1 &= \text{초기 조건에 의해 결정되는 상수} \\ \tau &= \text{시정수} = \frac{\zeta}{k} \\ \phi &= \text{위상 지연} = \tan^{-1}\frac{\Omega\zeta}{k} = \tan^{-1}\frac{2\pi}{T}\tau \\ T &= \frac{2\pi}{\Omega} = \text{여기 주기(s)} \end{aligned} \tag{5.17}$$

식 5.16의 우변의 첫째 항은 과도 상태를 나타내고 시정수(time constant)의 몇 배 정도 되는 시간이 경과하면 매우 작은 값을 가지게 된다. 두 번째 항은 짧은 초기 상태를 지난 뒤의 정상 상태(*steady state*)의 관계를 나타내며 다음과 같이 쓸 수 있다.

$$s = \frac{F_0/k}{\sqrt{1+(\tau\Omega)^2}} \cos(\Omega t - \phi) \tag{5.18}$$

또한

$$\frac{s}{s_s} = \frac{\cos(\Omega t - \phi)}{\sqrt{1+(\tau\Omega)^2}}$$

그리고

$$\begin{aligned} \frac{s_d}{s_s} &= \frac{1}{\sqrt{1+(\tau\Omega)^2}} \\ &= \frac{1}{\sqrt{1+(2\pi\tau/T)^2}} \end{aligned} \tag{5.19}$$

여기서 $s_d =$ 주기적인 동적 변위의 최대 크기

이고 $$s_s = \frac{F_0}{k}$$

s_s라는 양은 F_0의 크기를 가지는 정적인 힘이 계에 가해졌을 때 생기는 정적 처짐을 나타낸다. s_d/s_s의 비를 증폭비(amplification ratio)라 한다. 식 5.19는

$$\frac{P_d}{P_s} = \frac{1}{\sqrt{1+(2\pi\tau/T)^2}} \tag{5.19a}$$

와 같이 다시 쓸 수 있고, 여기서 P는 적용할 수 있는 과정(applicable process)의 크기를 나타낸다.

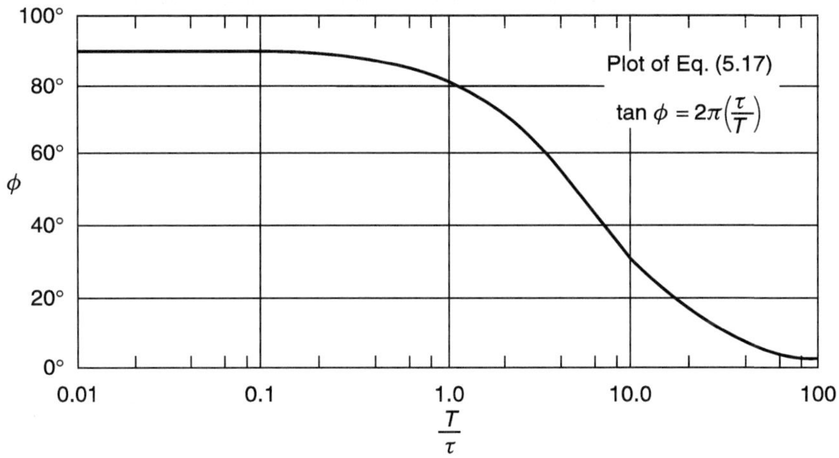

그림 5.14 조화적으로 여기된 1차계의 위상 지연—시정수에 대한 여기 주기의 비와의 관계

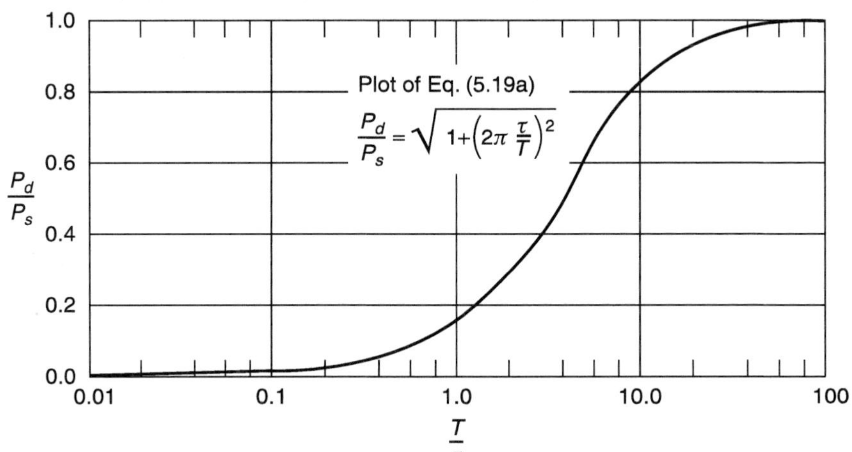

그림 5.15 조화적으로 여기된 1차계의 증폭비—시정수에 대한 여기 주기의 비와의 관계

그림 5.14와 그림 5.15는 각각 식 5.17과 식 5.19a에서 설명된 위상각과 증폭비의 관계를 보여준다.

사인파 입력에 대한 1차계의 응답을 계산함으로써 1차계의 주파수 응답(frequency response)과 위상 응답(phase response)을 알 수 있다. 이를 5.7절에서 정의된 표기(notation)를 이용하여 명확히 나타내기 위해 식 5.19a를 순환 강제 진동수(cyclic forcing frequency), $f = 1/T$에 관하여 다시 쓰면:

$$G(f) = \frac{P_d}{P_s} = \frac{1}{\sqrt{1 + (2\pi f \tau)^2}} \tag{5.19b}$$

유사하게 식 5.17에서 위상 응답은

$$\phi(f) = \tan^{-1}(2\pi f \tau) \tag{5.19c}$$

이다. 이상적인 응답($G \rightarrow 1, \phi \rightarrow 0$)은 주파수가 $2\,\pi f\tau \ll 1$정도로 매우 작을 때 얻어진다는 사실에 주목하자. 그림 5.14와 5.15로부터 위 사실은 다음과 동일하다. *1*차계의 주파수 응답과 위상 응답은 계의 시정수 τ가 강제 함수의 주기 T와 비교해서 매우 작을 때, 즉 $\tau \ll T$일 때 가장 이상적이다. 이 경우 계는 측정하고자 하는 변화량에 비해 매우 빠른 속도로 응답한다.

대부분의 기계적인 계에서는 움직이는 질량이 존재하고 이는 무시될 수 없다. 이러한 경우 계는 다음 절에서 설명하게 되는 2차계가 된다. 그러나 온도 측정 계에 대해서는 보통 1차 응답이 좋은 모형(model)이고, 이 모형은 온도 탐침의 응답 특성을 검증하는데 쓰인다.

예제 5.4

온도 탐침이 어떤 특별한 기체의 흐름을 잴 때 시정수는 10초이다. 기체의 온도는 75° F와 300° F 사이에서 20초의 주기(0.05 Hz)를 가지고 조화적으로 변한다. 읽혀지는 온도는 입력되는 기체 온도의 항으로 표시하면 얼마가 되나? 정확한 온도의 99%정도 되는 값이 읽혀지려면 시정수는 얼마가 되어야 하나?

풀이: 이 경우 입력 온도는 다음과 같이 표현 된다.

$$T_{\text{gas}}(t) = \left(\frac{300+75}{2}\right) + \left(\frac{300-75}{2}\right)\cos\left(\frac{2\pi}{20}t\right)$$
$$= 187 + 112\cos\left(\frac{2\pi}{20}t\right)$$

식 5.19a로부터

$$\frac{T_d}{T_s} = \frac{1}{\sqrt{1 + (2\pi \times 10/20)^2}},$$
$$T_d = \frac{112}{3.3} = 34°\text{F}$$

이고, 식 5.17에서 $T = 20$초의 주기를 가지는 강제 함수에 대한 위상 지연은

$$\phi = \tan^{-1} 2\pi(\tau/T) = \tan^{-1}\left(\frac{2\pi \times 10}{20}\right) = \tan^{-1}\pi = 72.5°(\text{angle})$$

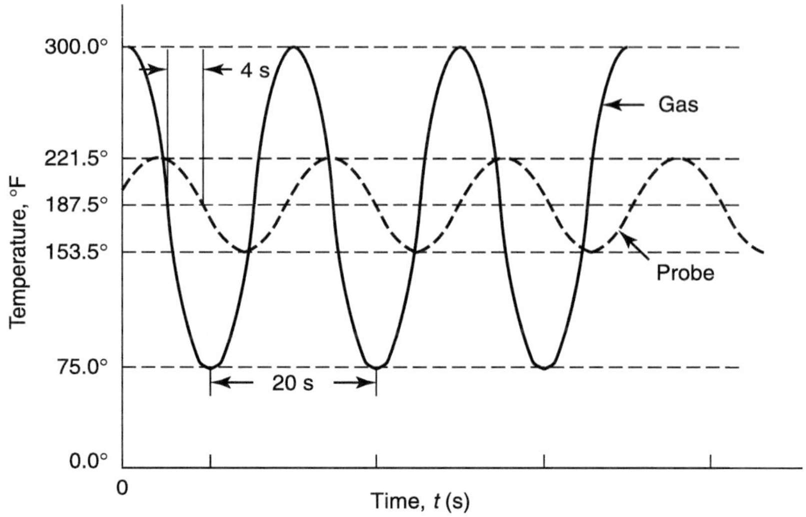

그림 5.16 예제 5.4에서 설명된 경우에 대한 온도 탐침의 응답

또는

$$\text{Time lag} = \frac{72.5}{360} \times 20 = 4\text{ s}$$

가 된다. 이것을 도식적으로 나타내면 그림 5.16과 같다.

99%의 크기를 가지려면

$$\frac{T_d}{T_s} = \frac{1}{\sqrt{1 + (2\pi\tau/20)^2}} = 0.99$$

를 만족하면 된다. 위식을 풀면 탐침의 시정수는 $\tau = 0.45$초가 되어야 한다는 것을 알 수 있다. 이 경우 τ는 T와 비교해서 매우 작다.

5.16 2차계의 특성

그림 5.17은 기본적인 2차계를 보여준다. 탄성형(elasstic-type)의 하중계와 같이 무게를 재는 기구, 가속도계와 같이 외력에 의해 여기되는 기계 진동 기구, 일반적인 검류계를 포함하는 D' Arsonval계 등 많은 실제 기계 장치들이 2차계로 근사화 된다.

1차계에서와 같이 2차계에도 간단한 계단 함수와 조화 함수에서 복잡한 주기 함수 형태까지 수많은 형태의 입력을 가할 수 있다. 이러한 입력들은 많은 실제 상황을 근사화해서 나타낼 수 있으며, 모든 주기성을 가지는 입력은 간단한 조화 함수의 조합으로 표현 가능하기 때문에(4.4절 참조) 간단한 조화 함수에 대한 응답을 살펴봄으로써 대부분의 동적

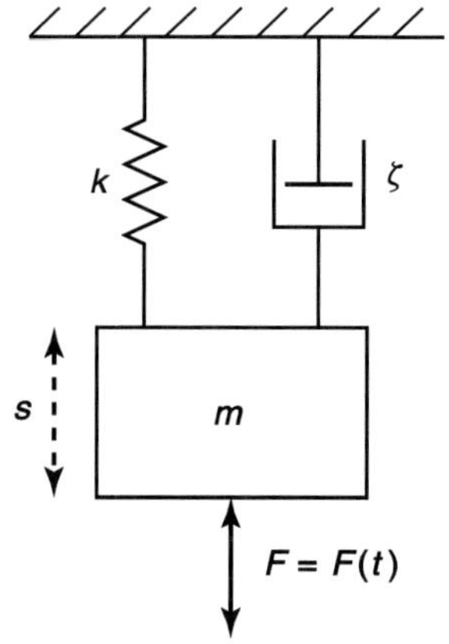

그림 5.17 2차계의 도식적 표현

입력에 대한 계의 응답을 예측할 수 있다.

5.16.1 계단적으로 여기된 2차계

그림 5.17을 참조하여

$$F = 0,\ \text{when}\ t < 0$$

또는

$$F = F_0,\ \text{when}\ t \geq 0$$

와 같이 두면, 뉴턴의 운동 방정식으로부터

$$\frac{d^2s}{dt^2} + \left(\frac{\zeta g_c}{m}\right)\frac{ds}{dt} + \left(\frac{kg_c}{m}\right)s = F_0\left(\frac{g_c}{m}\right) \tag{5.20}$$

와 같이 된다. 여기서

$$s \equiv \text{평형 위치로부터 측정된 변위}$$

경감쇠(*underdamping*), 즉 $(kg_c/m) > (\zeta g_c/2m)^2$ (식 5.21a 참조)일 경우 식 5.20의 일반 해는

$$s = e^{-(\zeta g_c/2m)t}\left[A\cos\omega_{nd}t + B\sin\omega_{nd}t\right] + \frac{F_0}{k} \tag{5.21}$$

과 같고, 여기서 A와 B는 초기 조건에 의해 결정되는 상수이며

$$\omega_{nd} = \text{damped natural frequency}$$

$$= \sqrt{\frac{kg_c}{m} - \left(\frac{\zeta g_c}{2m}\right)^2} \tag{5.21a}$$

이다. 여기서 지수 함수로 나타내어진 항은 시정수 $\tau = 2m/\zeta g_c$로 둘 경우 $e^{-t/\tau}$로 나타낼 수 있다는 사실에 주목하자. 만약 $t = 0$에서 $s = 0$, $ds/dt = 0$이라면, 이 조건을 이용하여 A와 B를 계산하면 식 5.21은 다음과 같이 쓸 수 있다.

$$\frac{s}{s_s} = 1 - e^{-\xi\omega_n t}\left[\frac{\xi}{\sqrt{1-\xi^2}}\sin\sqrt{1-\xi^2}\,\omega_n t + \cos\sqrt{1-\xi^2}\,\omega_n t\right] \tag{5.22}$$

또 다른 형태로는

$$\frac{s}{s_s} = 1 - e^{-\xi\omega_n t}\sqrt{\frac{1}{1-\xi^2}}\cos(\omega_{nd}t - \beta) \tag{5.22a}$$

$$\beta = \tan^{-1}\left[\frac{\xi}{\sqrt{1-\xi^2}}\right] \tag{5.22b}$$

와 같이 쓸 수 있고, 여기서

$$\begin{aligned} \omega_n &= \sqrt{kg_c/m} = \text{비감쇠 고유 진동수 (rad/s)} \\ \zeta_c &= 2\sqrt{mk/g_c} = \text{임계 감쇠 상수} \\ \xi &= \zeta/\zeta_c = \text{임계 감쇠비} \\ s_s &= F_0/k = \text{정상 상태 진폭, 즉 } t \to \infty \text{ 일 때 진폭} \end{aligned}$$

이때 유사과정(analog process) P를 아래와 같이 정의하도록 한다.

$$\frac{P}{P_s} = \frac{s}{s_s}$$

과감쇠 조건 $\xi = \zeta/\zeta_c > 1$에서 식 5.20의 해는 다음과 같다.

$$\frac{P}{P_s} = \frac{-\xi - \sqrt{\xi^2-1}}{2\sqrt{\xi^2-1}}e^{(-\xi+\sqrt{\xi^2-1})\omega_n t} + \frac{\xi - \sqrt{\xi^2-1}}{2\sqrt{\xi^2-1}}e^{(-\xi-\sqrt{\xi^2-1})\omega_n t} + 1 \tag{5.23}$$

그림 5.18은 식 5.22와 5.23의 결과를 여러 감쇠비에 대해 보여준다.[3] 감쇠상수가 0이 아닐 경우 과도 응답 특성은 작아지고 계는 $P/P_s = 1$의 정상 상태 조건에 점점 가까이 가게 된다.

---

3) 0(zero) 댐핑과 임계 댐핑의 조건은 특별한 취급이 요구된다.

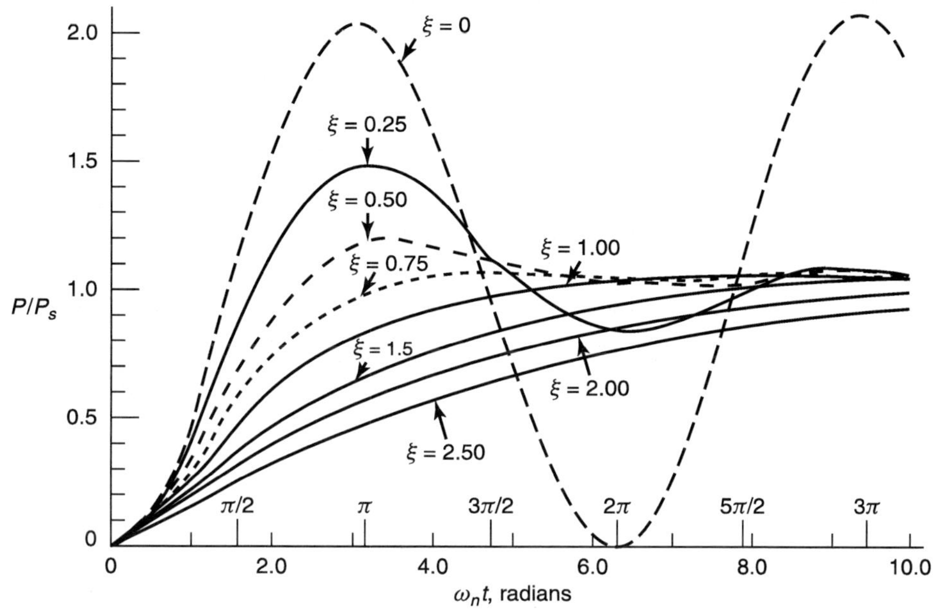

그림 5.18 $t = 0$에서의 계단 입력에 대한 2차계의 응답

5.16.2 조화적으로 여기된 2차계

그림 5.17에서

$$F(t) = F_0 \cos \omega t$$

일 경우

$$\frac{m}{g_c}\frac{d^2 s}{dt^2} + \zeta \frac{ds}{dt} + ks = F_0 \cos \Omega t \tag{5.24}$$

와 같이 쓸 수 있다. 경감쇠 2차계의 경우 위 식의 해는

$$s = e^{-(\zeta g_c/2m)t}\left[A \cos \omega_{nd} t + B \sin \omega_{nd} t\right] + \frac{(F_0/k)\cos(\omega t - \phi)}{\sqrt{\left[1 - \dfrac{m\Omega^2}{kg_c}\right]^2 + \left(\dfrac{\zeta\Omega}{k}\right)^2}} \tag{5.25}$$

$$= e^{-t/\tau}\left[A \cos \sqrt{1-\xi^2}\,\omega_n t + B \sin \sqrt{1-\xi^2}\,\omega_n t\right] + \frac{s_s \cos(\Omega t - \phi)}{\sqrt{[1-(\Omega/\omega_n)^2]^2 + [2\xi(\Omega/\omega_n)]^2}} \tag{5.25a}$$

가 되고, 여기서 A와 B는 초기 조건에 의해 결정되는 상수이며

$$\Omega = \text{여기 함수의 원진동수 (rad/s)}$$

$$\phi = \tan^{-1}\left[\frac{2\xi\Omega/\omega_n}{1-(\Omega/\omega_n)^2}\right] = \text{위상각} \tag{5.25b}$$

$$s_s = F_0/k$$

이다. 식 5.25a의 우변에 첫째 항은 과도 상태를 나타내고 시정수의 몇 배 정도 시간이 경과되면 매우 작은 값을 가지게 된다. 두 번째 항은 정상 상태의 관계를 나타내며 아래와 같이 쓸 수 있다.[4)]

$$\frac{s_d}{s_s} = \frac{P_d}{P_s} = \frac{1}{\sqrt{[1-(\Omega/\omega_n)^2]^2 + [2\xi\Omega/\omega_n]^2}} \tag{5.25c}$$
$$= \text{the amplification ratio}$$

여기서 s_d = 주기적 정상 상태 변위의 진폭

그림 5.19와 5.20은 여러 감쇠비에 대해 식 5.25c와 5.25b의 결과를 각각 나타낸다. s_s/s_d의 비는 계의 주파수 응답 G가 된다. 즉 s_s/s_d는 $\Omega = 2\pi f$로 치환함으로써 순환 강제 주파수 f를 이용하여 나타낼 수 있다.

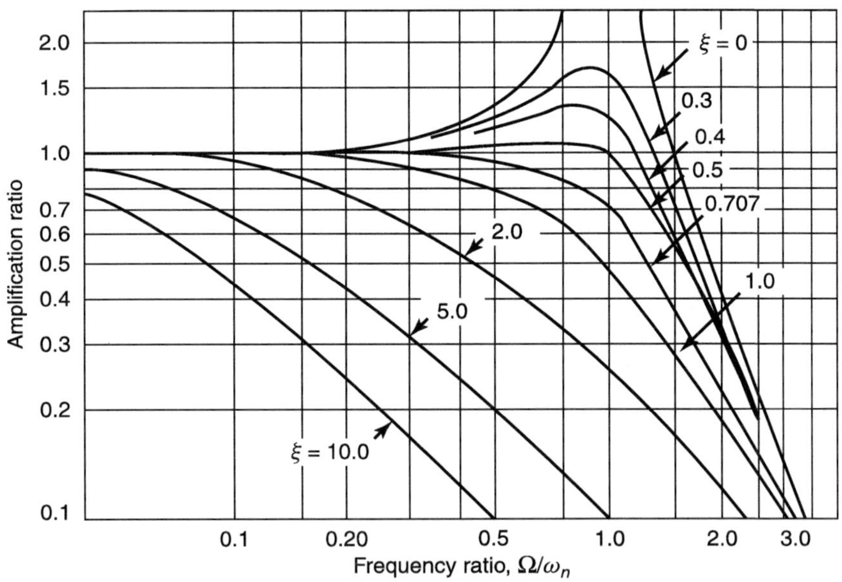

그림 5.19 조화적으로 여기된 2차계의 응답을 나타내는 식 5.25c의 결과

4) 동차해(homogeneous solution), 즉 과도 상태를 나타내는 항이 존재하지 않으므로 이 관계는 과감쇠, 임계 감쇠, 경감쇠 어떤 경우라도 쓰일 수 있다.

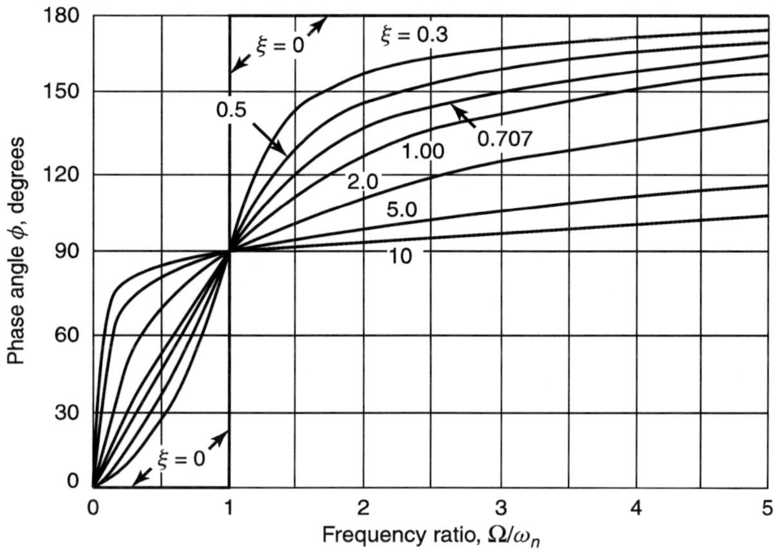

그림 5.20 조화적으로 여기된 2차계의 응답을 나타내는 식 5.25b의 결과

s_d/s_s의 비는 주파수 입력에 대한 계의 응답 척도가 된다. 일반적으로는 이 관계는 주파수에 관계없이 일정한 것이 좋다. 즉 입력 $F(t)$의 주파수가 변하더라도 계는 이에 대해 반응을 나타내지 않는 것이 바람직하다. 그림 5.19를 살펴보면 진폭비는 어떤 제한된 주파수 대력과 감쇠비 범위에서 일정한 것을 알 수 있다. 주어진 감쇠비에 대해 이상적인 응답($s_d/s_s = 1$)은 단 1개나 2개의 주파수에서만 얻어지는 것을 관찰할 수 있다. 만약 계가 일반적인 측정 장치에 응용되려면 다소 정확한 감쇠비가 사용되어야 하고, 주파수 영역에 있어서도 최대값이 알려져 있어야 한다. 실제적으로 65~75% 사이의 감쇠비를 가진다면 0~40% 사이의 주파수 범위에서 증폭비는 대략 1이 된다. 이러한 조건하에서도 ($s_d/s_s - 1$)의 고유 오차(inherent error)가 존재하며, 적절한 조절을 거쳐야만 유용한 계로서 이용이 가능하다.

감쇠비를 최적의 상태로 만들어 주면 계의 가진 주파수(exciting frequency) Ω의 영역을 좀 더 크게 만들 수 있다. 압전 센서(6.14절 참조)와 같은 것들은 매우 높은 고유 진동수 ω_n을 가지기 때문에 일반적으로 가용되는 가진 주파수 Ω는 ω_n의 0에서 10% 사이이다. 즉, 주파수비 Ω/ω_n는 10%이하가 된다. 이런 경우에 있어서 감쇠비는 관심 사항이 되지 않는다.

그림 5.20을 자세히 살펴보면 감쇠비가 임계 감쇠가 일어날 때의 65~75% 범위에 있다면 주파수비가 0~40%인 영역에서 주파수비와 위상각의 관계는 직선을 이룬다. 복잡한 입력의 조화 성분들 사이에 적절한 시간 관련성이 있다면 이런 양상을 보여주게 된다(위상각에 대한 더 자세한 논의는 17.6.2절과 17.7.1절을 참조하기 바란다).

예제 5.5 어떤 특별한 압력 변환기(pressure transducer)는 원형의 철로 만들어진 진동판이 원통형의 하우징(housing)에 고정된 형태를 가지고 있다. 진동판의 한쪽 면은 압력 변화에 따라 진동하여 변형되게 되어 있다. 진동판의 탄성 변형은 하우징내의 진동판 반대쪽에 장착된 압전 수정 결정판(水晶結晶板)에 의해 측정된다.

이 변환기는 사실상 스프링과 질량을 가진 2차계이다. 철 진동판의 탄성 강성은 스프링에 의한 힘(spring force)을 발생시킨다. 진동판의 질량은 2차계에 있어서 질량으로 간주할 수 있다. 계의 감쇠는 매우 작다($\xi = 0.025$). 진동판의 직경은 12 mm, 두께는 1.75 mm이다.

변환기는 내연 기관의 실린더의 압력을 재는 데 쓰인다. 이 변환기는 대표적인 엔진 속력인 3000~6000 rpm에서 측정에 적합한 주파수 응답과 위상 응답을 가질 수 있을까? 변환기의 고유 진동수(natural frequency)에서 증폭비는 얼마나 될까?

풀이: 첫째, 진동하는 동안 진동판의 탄성 계수와 질량을 구해야 한다. 적절한 계산에 의해 $k \approx 131$ MN/m 이고 $m \approx 3.7$ g인 것을 알 수 있다. 그러므로

$$\omega_n = \sqrt{\frac{kg_c}{m}} \approx 188 \times 10^3 \text{ rad/s}$$

이며, 29.9 kHz와 같다. 엔진의 가장 높은 진동수는

$$\Omega = (6000 \text{ rpm})(2\pi \text{ rad/rev})/(60 \text{ s/min}) = 628 \text{ rad/s}$$

이며 100 Hz이다. 그러므로

$$\frac{\Omega}{\omega_n} = 0.0033$$

가 된다. 그림 5.19와 5.20에서 변환기의 위상차는 거의 없고 증폭비는 1에 가까운 것을 알 수 있다. 식 5.25b와 5.25c에 ξ와 Ω/ω_n을 대입해 보면 이러한 결론을 쉽게 이끌어낼 수 있다. 그러므로 변환기의 응답 특성은 이 경우 매우 잘 맞는다고 할 수 있다.

그러나 만약 변환기가 고유 진동수 근처에서 압력 변화를 측정해야 한다면 증폭비는 매우 커지게 된다. 식 5.25c로부터

$$\frac{P_d}{P_s} = \frac{1}{\sqrt{0 + [2(0.025)(1)]^2}} = 20$$

이 된다. 그러므로 이 변환기는 고유 진동수 근처의 높은 주파수에서 동작하도록 설계되지 않았다는 것을 명백히 알 수 있다.

5.16.3 일반적 주기의 강제력

이제 5.13절에서 소개되었던 일반적인 주기를 가지는 강제력의 경우에 대해서 살펴보자. 편의상 식 5.8a와 5.9, 5.9a를 다시 쓰면

$$\frac{m}{g_c}\left(\frac{d^2s}{dt^2}\right)+\zeta\left(\frac{ds}{dt}\right)+ks=F(t) \tag{5.26}$$

와 같고, 여기서

$$F(t)=\frac{A_0}{2}+\sum_{n=1}^{\infty}C_n\cos(n\Omega t-\phi_n) \tag{5.26a}$$

이며

$$C_n=\sqrt{A_n^2+B_n^2} \quad \text{and} \quad \tan\phi_n=\frac{B_n}{A_n} \tag{5.26b}$$

이다. 식 5.26a를 식 5.26에 대입하면

$$\frac{m}{g_c}\left(\frac{d^2s}{dt^2}\right)+\zeta\left(\frac{ds}{dt}\right)+ks=\frac{A_0}{2}+\sum_{n=1}^{\infty}C_n\cos(n\Omega t-\phi_n) \tag{5.27}$$

을 얻을 수 있다.

위의 식은 복잡해 보이지만 결국은 식 5.21과 5.25a를 조합한 것에 지나지 않는다. 식 5.27의 우변과 코사인 항은 조화적으로 여기된 계에서 나타나는 결과와 비슷하다는 것에 착안하여 $\xi<1$인 경우 해는

$$s=e^{-(\zeta g_c/2m)t}\left[A\cos\omega_{nd}t+B\sin\omega_{nd}t\right]+r_0+\sum_{n=1}^{\infty}r_n\cos(n\Omega t-\phi_n-\psi_n) \tag{5.28}$$

의 형태를 지니게 되고, 여기서

$$r_0=\frac{A_0}{2k}$$

$$r_n=\frac{C_n/k}{\sqrt{\left[1-\left(\dfrac{n\Omega}{\omega_n}\right)^2\right]^2+\left[2\xi\dfrac{n\Omega}{\omega_n}\right]^2}}$$

$$\tan\psi_n=\frac{2\xi\left(\dfrac{n\Omega}{\omega_n}\right)}{1-\left(\dfrac{n\Omega}{\omega_n}\right)^2}$$

과 같다. 또한

$$\omega_{nd} = \text{감쇠 고유 진동수} = \sqrt{\frac{kg_c}{m} - \left(\frac{\zeta g_c}{2m}\right)^2}$$

$$\omega_n = \text{비감쇠 고유 진동수} = \sqrt{\frac{kg_c}{m}}$$

이다. 앞에서 언급한 바와 같이 식 5.28의 우변은 첫째 항은 과도 상태를 나타내는 항이고, 시정수의 몇 배 정도 되는 시간이 지나면 거의 0이 된다. 나머지 항들은 계의 정상 상태를 나타내는 항이 된다.

예제 5.6

(a) 그림 5.17에 보이는 1자유도를 가지는 계가 표 4.1의 톱니파 형태를 가지는 강제 함수에 의해 여기될 때 정상 상태의 응답을 구하라.

(b) $m = 1$ kg, 또는 2.2 lbm
$k = 1000$ N/m, 또는 5.7 lbm/in.
$\zeta = 31.6$ N · s/m, 또는 0.180 lbf · s/in.
$A = 10$ N, 또는 2.248 lbf

일 경우(모두 SI값으로 표현되었다) 입력 주파수가 10, 30, 50 rad/s일 때 컴퓨터를 이용하여 계의 응답을 구하여라.

풀이:

(a) 일반적으로 정상 상태의 응답은

$$s = \frac{A_0}{2k} + \sum_{n=1}^{\infty}\left(\frac{C_n}{k}\right)\frac{\cos(n\Omega t - \phi_n - \psi_n)}{\sqrt{\left[1 - \left(\frac{n\Omega}{\omega_n}\right)^2\right]^2 + \left[2\xi\frac{n\Omega}{\omega_n}\right]^2}}$$

$$\phi_n = \tan^{-1}\left(\frac{B_n}{A_n}\right)$$

$$C_n = \sqrt{A_n^2 + B_n^2}$$

$$\psi_n = \tan^{-1}\left[\frac{2\xi\left(\frac{n\Omega}{\omega_n}\right)}{1 - \left(\frac{n\Omega}{\omega_n}\right)^2}\right]$$

과 같다. 이 경우 강제 함수, $F(t)$는 [표 4.1, 4.9b의 경우 참조]

$$F(t) = \frac{2A}{\pi} \sum_{n=1}^{\infty} \frac{1}{n} \sin(n\Omega t)$$

과 같고, $A_0 = 0$ 이고 $A_n = 0$ 이다. 그러므로

$$\phi_n = \tan^{-1} \infty = \frac{\pi}{2}$$
$$C_n = B_n = \frac{2A}{\pi} \frac{1}{n}$$

이다. 그러므로

$$s = \frac{2A}{\pi k} \sum_{n=1}^{\infty} \frac{1}{n} \frac{\cos\left(n\Omega t - \frac{\pi}{2} - \psi_n\right)}{\sqrt{\left[1 - \left(\frac{n\Omega}{\omega_n}\right)^2\right]^2 + \left[2\xi \frac{n\Omega}{\omega_n}\right]^2}}$$

그리고

$$\omega_n = \sqrt{\frac{kg_c}{m}} = \sqrt{1000} \approx 31.6 \text{ rad/s}$$
$$\zeta_c = 2\sqrt{\frac{mk}{g_c}} = 2\sqrt{1000} \approx 63.3 \text{ N} \cdot \text{s/m}$$
$$\xi = \frac{\zeta}{\zeta_c} = \frac{31.6}{63.3} \approx 0.50$$
$$\frac{A}{k} = \frac{10}{1000} = 1 \text{ cm}$$
$$\psi_n = \tan^{-1} \left[\frac{2 \times 0.5 \left(\frac{n\Omega}{31.6}\right)}{1 - \left(\frac{n\Omega}{31.6}\right)^2} \right]$$
$$s = \frac{2}{\pi} \sum_{n=1}^{\infty} \frac{1}{n} \frac{\cos\left(n\Omega t - \frac{\pi}{2} - \psi_n\right)}{\sqrt{\left[1 - \left(\frac{n\Omega}{31.6}\right)^2\right]^2 + \left[\frac{n\Omega}{31.6}\right]^2}}$$
$$= \frac{2}{\pi} \sum_{n=1}^{\infty} \frac{1}{n} \frac{\cos\left(n\Omega t - \frac{\pi}{2} - \psi_n\right)}{\sqrt{\left[1 - \left(\frac{n\Omega}{31.6}\right)^2\right]^2 + \left(\frac{n\Omega}{31.6}\right)^2}}$$

이 된다. 여기서 s의 단위는 센티미터이다.

이 예제의 해를 얻는 데 있어 가장 실제적인 방법은 컴퓨터를 이용하는 것이다. 컴퓨터를 이용하여 얻은 결과를 그림 5.21(a)로부터 5.21(c)에 걸쳐 나타내었다.

앞에서 언급한 바와 같이 간단한 계측이 최대한 빨리 이루어져야 할 경우, 또는 입력 신호가 연속적이고 복잡한 경우 계측계는 다소 명확한 한계를 가지게 된다. 특히 후자의 경우 이런 한계점을 좀 더 신중히 고려해야 한다. 이러한 계에 대해서는 17장을 참조하기 바란다.

5.17 전기적 요소

앞(5.8절)에서 언급한 바와 같이 대부분의 계측 장비들은 기계적 요소와 전기적 요소가 결합되어 이루어져 있다. 대개 센서의 기본 검출부는 기계적인 요소로 이루어져 있고 검출부의 출력 값들은 또 다른 요소에 의해 바로 전기적 신호로 바뀌어진다. 신호는 거의 전기적 방법에 의해 조절되고 처리된다. 그러나 센서의 동작을 멈추게 하는 장치들은 검류계와 같은 기계적인 제어계로 이루어져 있다. 즉 전체 계는 명백히 기계적인 요소들과 전기적인 요소들의 동작 결합으로 이루어져 있다. 지금까지는 간단한 기계적인 요소들의 응답에 관해서만 논의했다. 이제부터는 전기적 요소에 관한 여러 가지를 논의하고자 한다.

논의를 계속해 나가기에 앞서 표 5.1에 기본적인 전기량과 그들의 관계에 대해 나타내었다. 표 5.2는 기계적 요소와 전기적 요소간의 상사성들을 보여 준다. 이런 사항들에 대해 더 자세한 것을 원한다면 전기회로에 관한 교과서[2]나 물리학 교과서[3]를 참조하기 바란다. 또한 전기회로에 관한 2개의 키르히호프의 법칙(Kirchhoff' s laws)을 상기하도록 하자. 즉

1. 회로상에서 하나의 교차점에 대해 흘러들어오는 전류의 합은 흘러나가는 전류의 합과 같다.
2. 하나의 폐회로에 대해 회로를 이루고 있는 요소들에 대한 전압 강하의 합은 0이다.

5.18 1차 전기계

그림 5.22와 같은 전기 회로를 보자. 콘덴서는 초기에 충전되어 있지 않다고 가정한다. 이때 SPDT(하나의 극을 가지고, 2개의 단자를 연결, single-pole, double-throw) 스위치를 A점으로 연결시켜 회로에 전원을 공급하자. 이제 콘덴서에 충전이 되기 시작한다. 콘덴서 전압에 관한 항으로 나타내어진 회로의 응답은 어떻게 될까?

키르히호프의 전압 강하에 관한 법칙으로부터

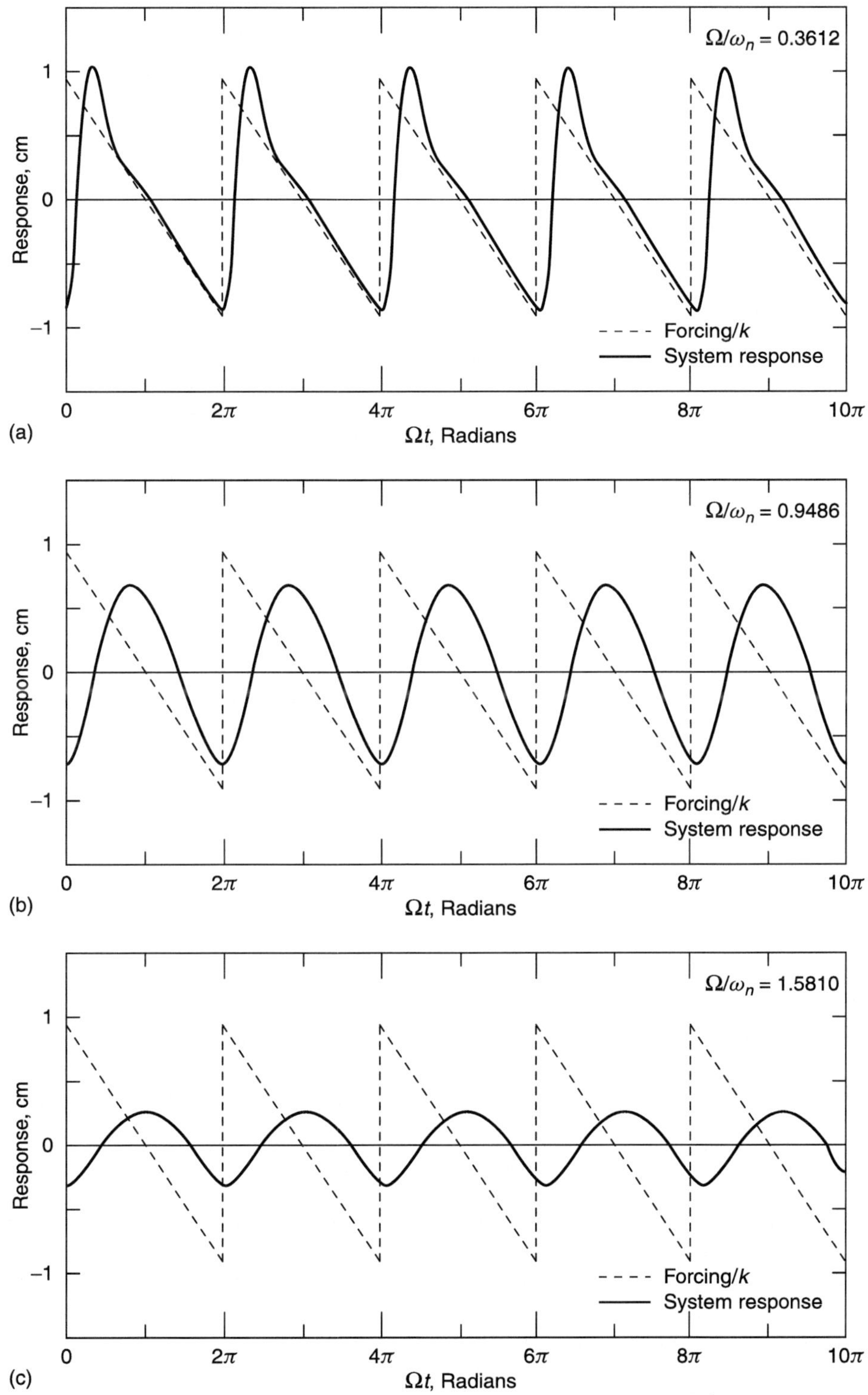

그림 5.21 컴퓨터를 이용해서 구한 2차계의 톱니파에 대한 응답: (a) $\Omega = 10$ rad/s인 경우; (b) $\Omega = 30$ rad/s인 경우 (c) $\Omega = 50$ rad/s인 경우

표 5.1 기본적인 전기량의 상관관계

기호	정의	단위
E	전압	볼트 Volt(V)
I	전류	암페어 Ampere(A)
Q	전하량	쿨롱 Coulomb(C)
R	저항	옴 Ohm(Ω)
L	인덕턴스	헨리 Henry(H)
C	캐패시턴스	패럿 Farad(F)

상관 관계
도체 용량 : $I = dQ/dt = C(dE/dt)$, $E = Q/C$
저　　항 : $E = IR$(옴의 법칙)
자기 유도 : $E = L(dI/dt) = L(d^2Q/dt^2)$

$$IR + \frac{Q}{C} - E = 0 \tag{5.29}$$

와 같이 쓸 수 있다. 그런데

$$I = \frac{dQ}{dt}$$

이므로

$$\frac{dQ}{dt} + \frac{Q}{RC} - \frac{E}{R} = 0 \tag{5.29a}$$

와 같이 된다. 이를 풀면

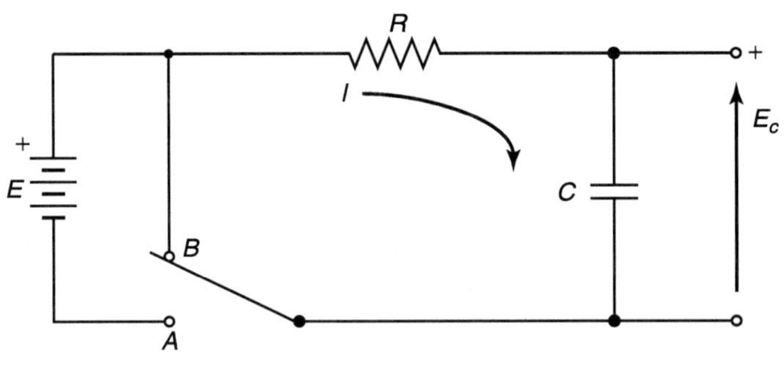

그림 5.22 저항-콘덴서 직렬 회로

표 5.2 기계적 요소와 전기적 요소의 동적 상사성

기호	기계량	기호	전기량
m	질량 kg(lbm)	L	자기유도, H
I	관성 모멘트 kg · m^2(lbm · in2^2)		
k	탄성 계수 N/m(lbf/in)	$1/C$	콘덴서 용량의 역수, F^{-1}
k_t	비틀림 탄성 계수 N · m/rad(lbf · in/rad)		
ζ	감쇠 계수 N · s/m(lbf · s/in)	R	저항, Ω
ζ_t	비틀림 감쇠 계수 N · m · s/m(lbf · in · s/in)		
F	힘 N(lbf)	E	전압, V
T	회전력 N · m(lbf · in)		
x	변위 m(in)	Q	전하량, C
θ	각변위 rad		
dx/dt	속도 m/s(in/s)	dQ/dt	전류, A
$d\theta/dt$	각속도 rad/s(rad/s)		
Ω	강제 함수의 주파수, rad/s(rad/s)	Ω	강제 함수의 주파수, rad/s
d^2x/dt^2	가속도, m/s^2(in/s^2)	d^2Q/dt^2	전류 변화율, A/s
$d^2\theta/dt^2$	각가속도, rad/s^2(rad/s^2)		

주의: 대문자 C는 오랫동안 콘덴서 용량을 나타내는 기호로 쓰여 왔다. 또 SI단위계에서 쿨롱이라는 전하량을 나타내는 단위로도 쓰여왔다. 마찬가지로 Ω은 SI 단위계에서 저항을 나타내는 데도 널리 쓰인다. 이 교과서에서는 C와 Ω을 위의 두 가지 의미를 모두 다 지니는 것으로 간주하기로 한다. 그러므로 단위를 나타내기 전에 무엇을 의미하는지에 대해 문맥상으로 명확히 선언을 하기로 한다.

$$Q = CE\left(1 - e^{-t/RC}\right)$$

을 얻을 수 있고 회로의 시정수를

$$\tau = RC$$

와 같이 정의하면 콘덴서의 전압 강하 E_c는 $E_c = Q/C$이므로

$$E_c = E\left(1 - e^{-t/\tau}\right) \tag{5.30}$$

과 같이 된다. 콘덴서가 충전이 된 후 스위치가 A에서 B로 이동한다면 유사한 방법으로 아래와 같이 쓸 수 있고

$$IR + \frac{Q}{C} = 0 \tag{5.31}$$

윗식의 해는

$$E_c = E\,e^{-t/\tau} \tag{5.31a}$$

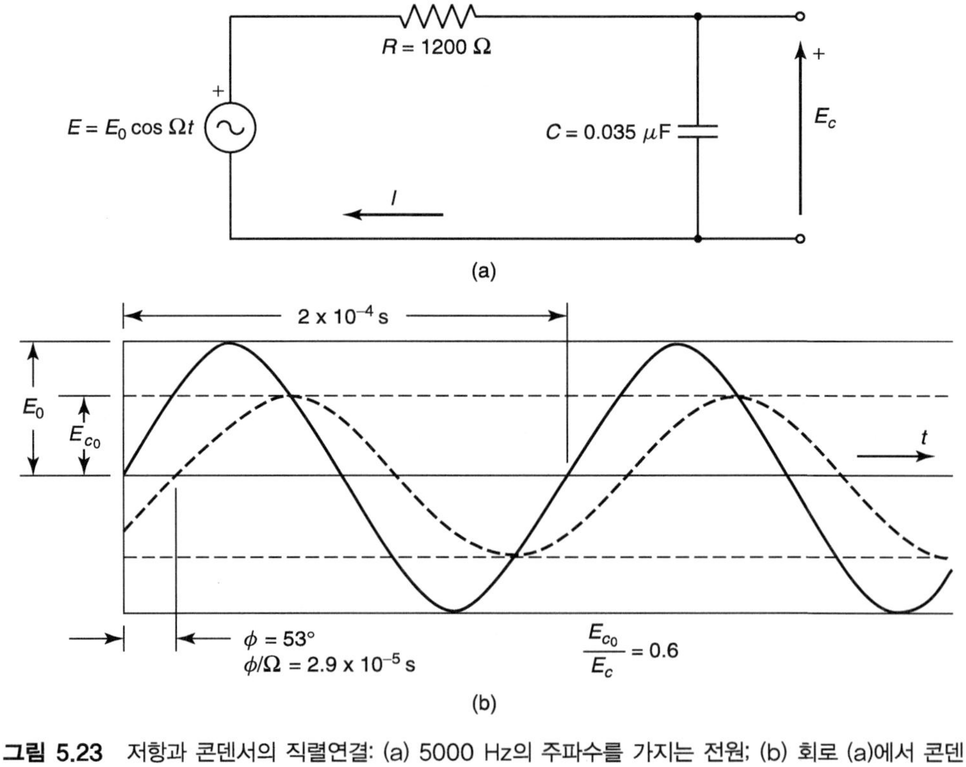

그림 5.23 저항과 콘덴서의 직렬연결: (a) 5000 Hz의 주파수를 가지는 전원; (b) 회로 (a)에서 콘덴서에 걸린 전압, 여기서 각 ϕ는 위상 *지연*을 나타냄

와 같이 된다.

여기서 기계적인 계에 관한 식 5.14와 5.10은 이 절에서 논의되고 있는 전기적인 계에 매우 잘 들어맞다는 사실을 발견하게 된다. 그림 5.22의 직류 전원을 사인파를 발생하는 전원으로 대체한다면 식 5.17과 5.19a, b, c는 전기적인 계에 적용이 가능하다. 물론 각 경우에 대해 적절한 시정수를 대입하고 응답을 적절히 해석해야 한다.

예제 5.7

그림 5.23(a)는 콘덴서, 저항, 5 kHz의 주파수를 가지는 전원이 직렬 연결된 간단한 전기 회로를 보여준다. 콘덴서에 걸리는 전압의 크기와 위상 지연을 구하라. 이 결과를 저항에 걸리는 전압의 경우와 비교해 보아라.

풀이: 키르히호프의 전압 강하 법칙으로부터

$$R\frac{dQ}{dt} + \frac{1}{C}Q = E_0 \cos \Omega t$$

을 얻을 수 있다. 5.15.2절의 결과를 참조하면(식 5.15, 5.17, 5.18), 정상 상태를 나타내는 해는

$$Q = \frac{E_0 C}{\sqrt{1 + (\tau\Omega)^2}} \cos(\Omega t - \phi)$$

과 같고 여기서

$$\phi = \tan^{-1}\left(\frac{2\pi}{T}\tau\right)$$

이고

$$\tau = RC$$

이다. 여기서 T는 여기 전압의 주기이다. 콘덴서에 걸리는 전압 $E_c = Q/C$이다. 그러므로 콘덴서에 걸리는 전압의 크기는

$$\frac{E_{c0}}{E_0} = \frac{1}{\sqrt{1 + (\tau\Omega)^2}} = \frac{1}{\sqrt{1 + (2\pi\tau/T)^2}}$$

이다. 이 결과는 그림 5.14와 5.15의 결과와 동일하다는 사실을 주목하라.

수치적으로

$$\tau = 1200(0.035 \times 10^{-6}) = 4.2 \times 10^{-5}\text{s}$$
$$T = \frac{1}{f} = 2 \times 10^{-4}\text{s}$$

이므로
$$\frac{E_{c0}}{E_0} = 0.6$$

이고
$$\phi = 53^\circ$$

이다. 그림 5.23(b)는 결과들 간의 관계를 보여 준다.

저항의 경우는 위의 경우와 다소 다르다. 저항에 걸리는 전압을 Q에 관한 항으로 나타내면

$$E_r = R\frac{dQ}{dt} = \frac{E_0 RC\Omega}{\sqrt{1+(\tau\Omega)^2}}[-\sin(\Omega t - \phi)]$$

이 된다.

$$E_r = \frac{E_0\tau\Omega}{\sqrt{1+(\tau\Omega)^2}} = \cos(\Omega t + \pi/2 - \phi)$$

그러므로 저항에 걸리는 전압의 크기는

$$\frac{E_{r_o}}{E_0} = \frac{\tau\Omega}{\sqrt{1+(\tau\Omega)^2}} = \frac{2\pi\tau/T}{\sqrt{1+(2\pi\tau/T)^2}}$$

과 같고 $\pi/2 - \phi$의 위상만큼 앞서간다. $\tau/\mathrm{T} \gg 1$일 경우(가진 주파수가 클 경우) 콘덴서에 걸리는 전압의 크기는 작지만, 저항에 걸리는 전압의 크기는 $\tau/\mathrm{T} \ll 1$일 경우(가진 주파수가 작을 경우) 작다는 사실에 주목하라. 2개의 요소들 사이의 이러한 상반되는 응답은 7장에서 논의될 고역 통과 필터(high pass filter)와 저역 통과 필터(low pass filter) 회로의 기본이 되는 것들이다.

1차계는 저항과 코일을 이용하여 구성될 수도 있다. 시정수 $\tau = L/R$인 것을 제외하고는 역시 비슷한 결과를 얻을 수 있다.

5.19 단순 2차 전기계

그림 5.24는 R, L, C 요소가 전원과 직렬로 연결된 회로를 보여 준다. 각 요소에서의 전압 강하(표 5.1 참조)와 키르히호프의 전압 강하에 관한 법칙으로부터

$$L\left(\frac{d^2Q}{dt^2}\right) + \left(\frac{dQ}{dt}\right) + \frac{Q}{C} = E_0\cos\Omega t \tag{5.32}$$

를 얻을 수 있다. 위의 식이 식 5.24와 동일한 형태를 가진다는 사실에 착안하여 해를 쉽게 구할 수 있다.

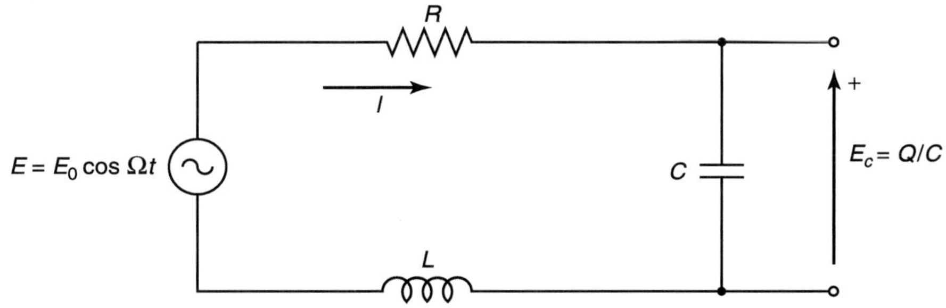

그림 5.24 *RLC* 회로

$$Q = e^{-t/\tau}[A\cos\omega_{nd}t + B\sin\omega_{nd}t] + \frac{E_0\cos(\Omega t - \phi)}{C\sqrt{[1/C - L\Omega^2]^2 + (R\Omega)^2}} \tag{5.32a}$$

예를 들어 콘덴서에 걸리는 정상 상태의 전압을 고려한다면 표 5.1을 참조하여

$$E_c = \frac{Q}{C} = \frac{E_0}{C\sqrt{[1/C - L\Omega^2]^2 + (R\Omega)^2}} \tag{5.32b}$$

와 같이 쓸 수 있고, 표 5.2에서의 상사성을 이용하면(7.11절 참조)

$$\omega_n = \sqrt{\frac{1}{LC}} \tag{5.32c}$$

와

$$R_c = 2\sqrt{\frac{L}{C}} \tag{5.32d}$$

을 구할 수 있다. 여기서

$\omega_n =$ 기계적인 계의 비감쇠 고유 진동수에 해당하는 공진 주파수,
$R_c =$ 임계 감쇠와 유사한 임계 저항,

E_c가 콘덴서에 걸리는 전압이라 할 경우 식 5.32a와 5.32b를 대수적으로 조작하여 무차원 형태를 지니게 쓸 수 있다. 즉

$$\frac{E_c}{E_0} = \frac{1}{\sqrt{[1-(\Omega/\omega_n)^2]^2 + [2(R/R_c)(\Omega/\omega_n)]^2}} \tag{5.32e}$$

와

$$\tan\phi = \frac{2(R/R_c)(\Omega/\omega_n)}{1-(\Omega/\omega_n)^2} \tag{5.32f}$$

가 바로 그것이다.

몇 가지 기호를 제외하고는 식 5.32e와 5.32f는 식 5.25c와 5.25b와 같다는 것을 알 수 있다. 즉 그림 5.19와 5.20에서 나타난 결과들은 전기적인 계의 결과와 아주 잘 들어맞는다는 사실을 알 수 있다.

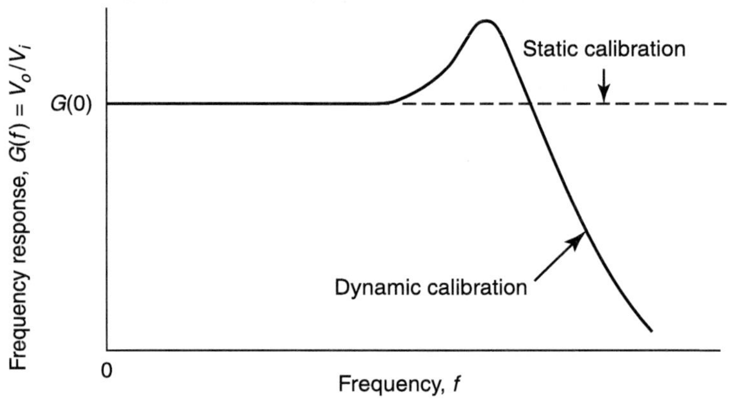

그림 5.25 정적 교정과 동적 교정의 비교. 정적 교정에 있어 $G(0)$가 측정되고 높은 주파수에서도 $G(f)$의 근사값으로 쓰인다. 동적 교정에 있어서는 $G(f)$ 그 자체를 직접 측정한다.

5.20 계 응답의 교정

계측 장비의 최종적이고 가장 확실한 검증은 완전히 알고 있는 입력을 계에 가했을 때 실제 계의 응답을 직접 측정하는 것이다. 계의 응답의 물리적 모델링(5.8~5.19절)은 시정수나 고유 진동수와 같은 계의 가장 기본적인 특성을 이해하는 데 있어 매우 중요하다. 그러나 계가 모델링을 행하기에 아주 복잡하거나 모델링이 정확히 이루어졌다고 볼 수 없는 경우에는 계의 응답을 실험적으로 측정하는 것이 더 정확하다. 이러한 실험적 검증은 매우 정확한 실험 방법과 조건을 요구한다.

계측 장비의 응답을 검증하는 것을 **교정**(1.7절 참조)이라 한다. 주파수의 크기를 알고 있는 입력을 가했을 때 어떠한 출력이 얻어질까? 시간에 따라 매우 급격히 변화하는 입력을 가했을 때 계의 반응을 실험적으로 평가할 수 있을까? 이를 효과적으로 수행하기 위해서는 시간에 따라 변화하는 입력 혹은 **교정** 입력을 정확하게 알아야 한다.

교정에 있어서, 시간에 따라 변화하는 사인파 형태의 입력을 이용하는 것이 가장 쉽고 많이 쓰인다(5.7절을 상기해 보라). 상용되고 있는 전원 공급 장치를 전기적 입력 신호로 이용하면 된다. 사각파나 톱니파와 같은 복잡하고 전형적인 여러 가지 파형들도 이용 가능하다. 예를 들어 많은 전기적 요소들은 사각파 입력을 가했을 때 발생하는 신호의 왜곡(distortion)을 살펴보기만 해도 그 원인을 정확히 지적할 수 있다.[5)] 더욱 중요한 점은 이러한 사각파 시험법은 장비 성능의 한계점을 알아 낼 수 있다는 것이다.

---

5) 사각파 시험법은 열선 유속계의 주파수 응답을 알아내는 데 매우 유용하기 때문에 많은 열선 유속계들은 사각파 발생 장치를 포함한다.

어떤 측정 환경에서는 사인파 입력을 통한 시험법조차도 어려운 경우가 있다: 온도나 유체의 속도가 변하는 상황에서 잘 조절된 사인파를 어떻게 발생시킬 수 있겠는가? 이러한 환경하에서는 계단 입력이나 펄스 입력은 비교적 쉽게 만들 수 있고 이런 입력들도 계의 시정수, 공진 주파수, 상승 시간 등에 관한 유용한 정보들을 제공할 수 있다.

시간에 따라 입력을 변화시키는 것이 매우 어렵거나 비용이 많이 드는 경우에는 일정한 값을 지니는 입력이 종종 사용되기도 한다. 예를 들어 온도 센서의 경우 T_{actual}의 함수인 T_{measured}를 얻기 위해서 여러 일정한 온도 값에 대해 실험을 행한다. 이 실험을 통해서 여러 크기의 입력 값에 대한 센서의 응답을 알 수 있다. 이것으로부터 관심 있는 모든 주파수 대역에 적용할 수 있는 측정된 관계를 가정을 통해 얻어낼 수 있다.

이제 교정을 크게 두 가지로 분류하고자 한다. **정적 교정**과 **동적 교정**이 그것이다. 5.7절에서 계의 주파수 응답은 주어진 주파수에서의 입력의 크기와 출력의 크기라고 정의했었다 : $G(f) = V_o/V_i$. 정적 교정에서는 주파수가 0일 때 V_o와 V_i를 측정해서 $G(f)$ 그 자체를 구한다(그림 5.25). 계의 주파수 응답이 평행한 충분히 낮은 주파수 대역에서는 정적 교정과 동적 교정의 값이 거의 차이가 없다. 정적 교정은 쓸 수 있는 주파수 대역이 한정되어 있으므로 주의를 기울여야만 한다.

여러 기계적인 계측 장비에 대한 교정의 실제적인 것은 이 책의 Part II에 자세히 언급되어 있다(14.10, 15.6, 16.12, 17.10, 18.9절 참조).

5.21 요약

응답 곡선은 계측계가 시간에 따라 변화하는 입력을 얼마나 정확히 분석하는가 하는 능력을 나타내는 절대적인 지표이다. 이번 장에서는 응답의 여러 가지 중요한 유형과 실험적으로 응답을 측정하는 과정, 그리고 계측계의 응답의 물리적인 모델에 대해 살펴보았다.

1. 계의 성능에 있어 진폭 응답(amplitude response), 주파수 응답(frequency response), 위상 응답(phase response)과 상승 시간(rise time) 들은 매우 중요한 정보를 준다. 진폭 응답은 일반적으로 계측 장비의 과부하 조건으로 정의된다. 주파수 응답과 위상 응답은 계측 장비가 정확하다고 말할 수 있는 주파수대역을 결정하는 데 있어 고려되어야 할 사항이다(5.2~5.7절 참조).
2. 계측계의 각 요소들은 적당한 주파수 응답과 위상 응답을 지닌다. 필터와 같은 계의 어떤 요소들은 주파수 응답의 한계점을 고려하여 매우 섬세하게 결정된 것들이다(5.7절 참조).
3. 계측계의 물리적 모델은 계측계의 거동 특성이 어떠한가에 대한 중요한 정보를 준다. 기계적인 모델들은 질량, 스프링 힘(spring force), 감쇠(damping)로 이루어져 있다(5.8~5.11절 참조).

4. 최적의 주파수 응답을 얻기 위해서는 정확한 감쇠비를 선택하는 것이 중요하다(5.11, 5.15, 5.16, 5.18절 참조).
5. 스프링-질량-감쇠(spring-mass-damper)로 이루어진 계는 기계적인 계의 동적 응답 모델의 가장 기본이 되는 것이다(5.12~5.16절 참조). 특히 온도 센서와 같은 것들은 질량이 없는 1차계와 같이 거동한다(5.15절 참조). 가속도계, 탄성 진동막을 가진 변환기, 운동 메커니즘과 같은 대부분의 계는 질량을 가진, 2차계와 같은 거동을 한다(5.16절 참조).
6. 전기적인 계는 기계적인 계와 유사하게 응답한다. 전기적인 계의 모델은 기계적인 계와 상사성을 가진다(5.17~5.19절 참조).
7. 1차계의 경우 계의 시정수 τ는 계의 응답에 있어 매우 중요하다. 좋은 응답을 얻기 위해서는 일반적으로 시정수가 강제 함수의 주기 T와 비교해서 매우 작아야 한다. 1차계의 계단 입력에 대한 응답은 식 5.14와 그림 5.13에 나타나 있다. 조화적으로 여기된 1차계의 응답은 식 5.17, 5.19a, b, c와 그림 5.14, 5.15와 같다(5.15, 5.18절 참조).
8. 2차계에서는 고유 진동수 ω_n과 ξ가 동시에 고려되어야 한다. 대부분의 계에 있어 고유 진동수가 강제 함수의 진동수 Ω와 비교해서 굉장히 클 경우, 감쇠비가 65~75%일 경우 좋은 응답을 보인다. 계단 입력에 대한 2차계의 응답은 식 5.22와 식 5.23, 그림 5.18에 잘 나타나 있다. 조화 입력에 대한 응답은 식 5.25 a, b, c와 그림 5.19, 5.20에 나타내었다(5.16, 5.19절 참조).
9. 계의 응답을 실험적으로 결정하는 교정이 때때로 필요하다. 대부분의 경우 사인파를 입력으로 가한다(5.7절 참조). 사각파나 계단 입력과 같은 다른 종류의 입력 신호가 사용될 수도 있다. 간혹 동적 교정($f > 0$)이 어려울 경우 정적 교정($f = 0$)을 사용 한다(5.20절 참조).

SUGGESTED READINGS

Dorf, R. C., and R. H. Bishop. *Modern Control Systems*. 10th ed. Upper Saddle River, N.J.: Prentice Hall, 2004.

Floyd, T. L. *Principles of Electric Circuits*. 7th ed. Upper Saddle River, N.J.: Prentice Hall, 2003.

Meriam, J. L., L. G. Kraige, and W. J. Palm. *Engineering Mechanics: Vol. 2—Dynamics*. 5th ed. New York: John Wiley, 2002.

Raven, F. *Automatic Control Engineering*. 5th ed. New York: McGraw-Hill, 1994.

Kreyszig, E. *Advanced Engineering Mathematics*. 8th ed. New York: John Wiley, 1998.

연습문제

5.1. A simple U-tube monometer is shown in Fig. 14.5. Show that the period of oscillation may be approximated by

$$T = 2\pi\sqrt{\frac{L}{2g}}$$

where L is the total length of manometer fluid and the mass of the transmitting fluid can be neglected.

5.2. The simple U-tube monometer shown in Fig. 14.5 is subjected to a time-varying pressure with a cyclic circular frequency of $\sqrt{g/8L}$ rad/s. Determine the error in the pressure reading.

5.3. A temperature measuring system (assumed to be a first-order system) is excited by a 0.25-Hz harmonically varying input. If the time constant of the system is 4.0 s and the indicated amplitude is 10°F, what is the true temperature?

5.4. A mercury-in-glass thermometer initially at 25°C is suddenly immersed into a liquid that is maintained at 100°C. After a time interval of 2.0 s, the thermometer reads 76°C. Assuming a first-order system, estimate the time constant of the thermometer.

5.5. A 5-kg mass is statically suspended from a load (force) cell and the load cell deflection caused by this mass is 0.01 mm. Estimate the natural frequency of the load cell.

5.6. If the load cell of Problem 5.5 is assumed to be a second-order system with negligible damping, determine the practical frequency range over which it can measure dynamic loads with an inherent error of less than 5%.

5.7. If the load cell of Problem 5.5 actually has a damping ratio of 0.707, determine the practical frequency range over which it can measure dynamic loads with an inherent error of less than 5%.

5.8. An RC circuit as shown in Fig. 5.22 is required to have a time constant of 1 ms. Determine three different combinations of R and C to accomplish this.

5.9. A tank containing an initial volume of water V_0, discharges water from an opening at the bottom of the tank. If the discharge rate is directly proportional to the volume of water in the tank, determine the time constant for this system.

5.10. For the tank of Problem 5.9, determine the time constant if the initial discharge rate is Q (liters/min).

5.11. A temperature sensor is expected to measure an input having frequency components as high as 50 Hz with an error no greater than 5%. What is the maximum time constant for the temperature sensor that will permit this measurement?

5.12. A thermocouple with a time constant of 0.05 s is considered to behave as a first-order system. Over what frequency range can the thermocouple measure dynamic temperature fluctuations (assumed to be harmonic) with an error less than 5%?

5.13. A 100-μF capacitor is charged to a voltage of 100 V. At time $t = 0$, it is discharged through a 1.0-MΩ resistor. Determine the time for the voltage across the capacitor to reach 10 V.

5.14. A pressure transducer behaves as a second-order system. If the undamped natural frequency is 4000 Hz and the damping is 75% of critical, determine the frequency range(s) over which the measurement error is not greater than 5%.

5.15. What will be the frequency range(s) for Problem 5.14 if the damping ratio is changed to 0.5?

5.16. Consider the pressure transducer of Problem 5.14 to be damaged such that its viscous damping ratio is unknown. When the transducer is subjected to a harmonic input of 2400 Hz, the phase angle between the output and input is measured as 45°. With this in mind, determine the error when the transducer is used to measure a harmonic pressure signal of 1800 Hz. What is the phase angle between the input and output at this frequency?

5.17. A force transducer behaves as a second-order system. If the undamped natural frequency of the transducer is 1800 Hz and its damping is 30% of critical, determine the error in the measured force for a harmonic input of 950 Hz. What is the magnitude of the phase angle?

5.18. Consider a second-order system with a damping ratio of 0.70 and a undamped natural frequency of 50 Hz. If the value of k is 100 lbf/in., determine the steady-state output if the forcing is as shown in Fig. 5.26.

5.19. Refer to Fig. 5.27.

(a) What is the time constant if $X = 200\ \mu F$ and R=10 kΩ?
(b) What is the voltage across the resistor 0.5 s after the switch is closed?

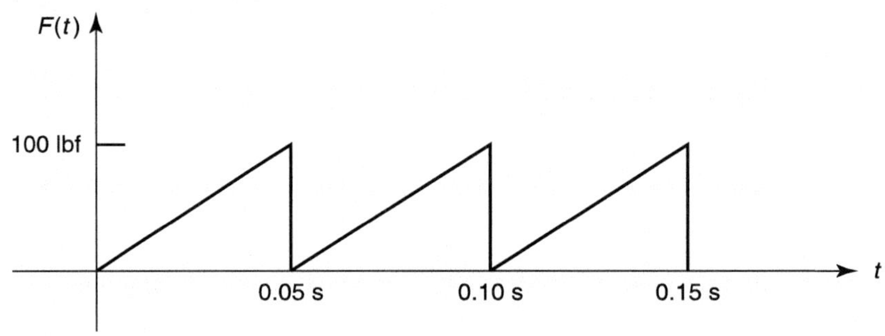

FIGURE 5.26: Forcing for Problem 5.18.

5.20. Refer to Fig. 5.27.

(a) What is the time constant if $X = 500$ mH and $R = 10\ \Omega$?
(b) What is the voltage across the resistor 0.02 s after the switch is closed?
(c) What is the voltage across the resistor 0.05 s after the switch is closed?

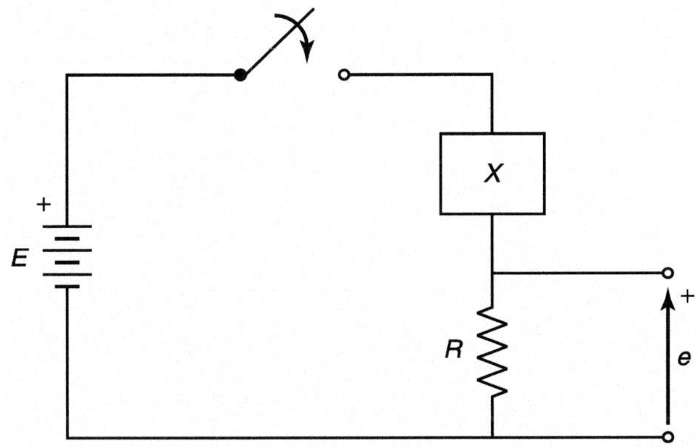

FIGURE 5.27: Circuit for Problems 5.19 and 5.20.

참고문헌

[1] Dorf, R. C., and R. H. Bishop. *Modern Control Systems*. 10th ed. Upper Saddle River, N.J.: Prentice Hall, 2004.

[2] Floyd, T. L. *Principles of Electric Circuits*. 7th ed. Upper Saddle River, N.J.: Prentice Hall, 2003.

[3] Halliday, D., R. Resnick, and J. Walker. *Fundamentals of Physics*. 7th ed., extended. New York: John Wiley, 2004.

Chapter 06 센서

6.1 서론

1.4절에서 전술한 바와 같이 일반적인 계측시스템은 3개의 단계(stage)인 센서-검출기 단계(sensor-detector stage), 신호-조정 단계(signal-conditioning stage), 그리고 기록-판독(recording-readout stage)로 나눌 수 있다. 본 장과 7장, 9장에서 위의 단계들에 대해 보다 구체적으로 논의하고자 한다.

피측정량(measurand)은 위의 첫 번째 단계인 검출요소(detecting element)에서 입력을 받아들임으로써 계측시스템과 처음 접촉하게 된다(1.4절 참조). 이 과정에서 입력된 피측정량은 주로 아날로그 형식의 신호로 변환된다.

검출기는 정보입력, I_{in}을 검출하고 이를 시스템에서 사용하기 편리한 형태 I_{out}으로 변환한다. 그 관계는

$$I_{\text{out}} = f(I_{\text{in}}) \tag{6.1a}$$

더 나아가

$$\text{Transfer efficiency} = \frac{I_{\text{out}}}{I_{\text{in}}} \tag{6.1b}$$

로 표현된다. 검출기는 정보를 받아 처리할 뿐 새로운 정보를 생성할 수는 없으므로 전달효율(transfer efficiency)은 1보다 클 수는 없다. 하지만 높은 전달효율이 바람직하다는 것은 명백하다.

민감도(sensitivity)는 다음과 같이 표현될 수 있다.

$$\eta = \frac{dI_{\text{out}}}{dI_{\text{in}}} \tag{6.1c}$$

많은 경우에 민감도는 주로 상수로 근사하며, 출력을 입력의 선형적인 함수로 표현하여 사용한다.

6.2 신호원의 부하

신호원(signal source)은 계측과정에서 계측시스템에게 항상 에너지를 빼앗기게 된다. 다시 말하면 계측행위에 의하여 정보원(information source)은 항상 변화하게 된다. 이것은 계측의 통칙(axiom)이며, 이러한 효과를 부하(*loading*)라 칭한다. 계측시스템이 신호원에 가하는 부하는 작을수록 좋다.

물론, 부하문제는 첫 번째 단계에서만 일어나는 것이 아니라 전 단계에 걸쳐 발생한다. 1단계 센서-검출기 단계는 입력 신호원에, 2단계가 1단계에, 그리고 마지막으로 3단계가 2단계에 부하를 가하게 된다. 사실은 이러한 부하문제는 단계를 구성하는 기본 요소들 간

에도 발생할 수 있다.

주로 전기적 요소로 구성되어 있는 계측시스템에서, 신호원의 부하는 대부분 검출기의 함수이다. 중간 변환장치와 인디케이터나 레코더와 같은 출력장치는 대부분 작동에 필요한 에너지를 신호원에서 얻기 보다는 다른 외부전원을 사용하므로, 1단계 센서-검출기 단계에서는 신호로부터의 과도한 에너지 소모 없이 유용한 출력을 제공할 수 있는 능력이 중요한 척도라 하겠다.

6.3 2차 변환기

기계요소로만 구성된 시스템의 예로, 그림 6.1의 Bourdon 튜브 압력계를 살펴보자. 주 검출-변환 요소는 원형 튜브로 이루어져 있고, 튜브의 단면은 근사적으로 타원형이다. 압력이 가해지면 평편한 튜브 단면은 더욱 원형으로 변형되려는 경향이 발생한다. 이러한 경향은 다시 자유단 *A*를 바깥쪽으로 이동하게 함으로써 결과적으로 *A*의 움직임이 링크 *B*를 통하여 섹터기어 *C*와 피니언 *D*로 전달됨으로써 지시계 바늘이 눈금위에서 움직이게 한다.

이 예에서 튜브는 주 검출-변환기로 작용하여 압력을 거의 선형 변위로 바꾸는 역할을 한다. 링키지와 기어의 배열은 2차 변환기(secondary transducer)(선형운동을 회전운동으로 변환)와 증폭기(출력을 확대)역할을 한다.

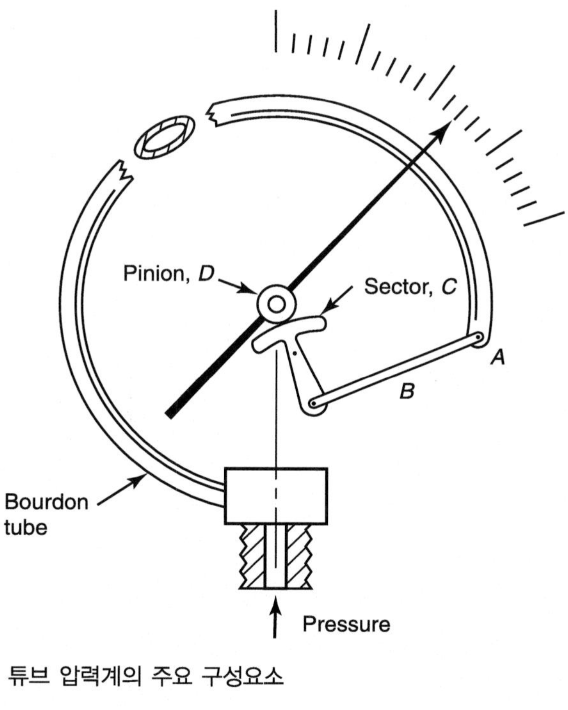

그림 6.1 Bourdon 튜브 압력계의 주요 구성요소

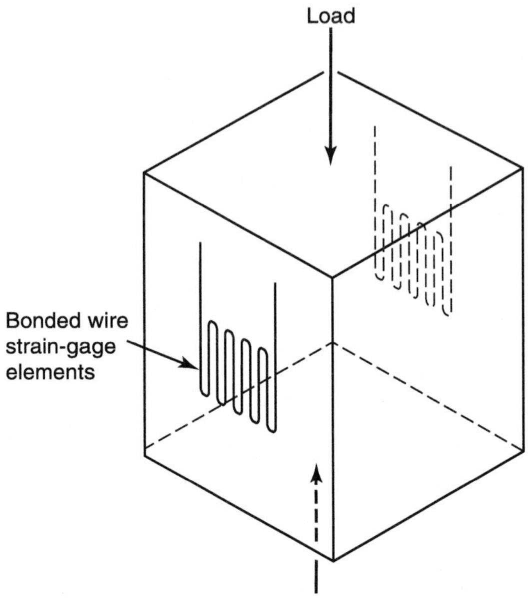

그림 6.2 스트레인게이지 타입 로드셀의 개념도. 지주 블록이 주 검출-변환기이고 스트레인게이지가 2차변환기가 된다.

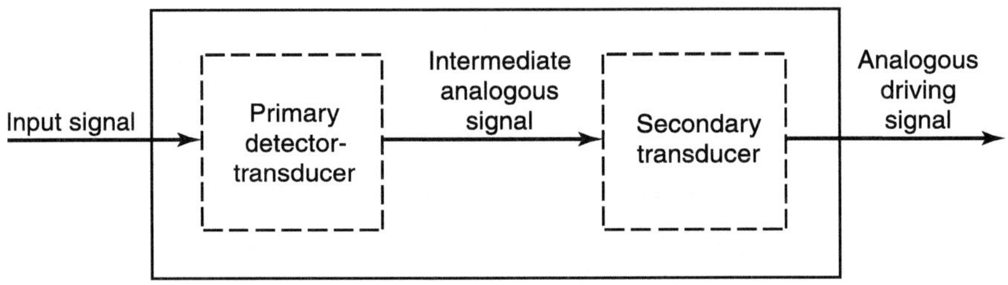

그림 6.3 주변환기와 2차 변환기를 가진 1단계 장치의 블록선도

앞의 기본 배열을 다르게 수정해 보면, 링키지-기어 배열을 차동 변압기(differential transformer)(6.11절)나 전압 분배 전위차계(voltage-dividing potentionmeter) (6.6절)로 대신할 수도 있다.

다른 예를 들어보자. 압축형 힘 측정장치인 **로드셀**(*load cell*)을 살펴보면, 그림 6.2와 같이 지주(strut)라는 짧은 기둥에 전기저항형 스트레인게이지(strain gage) (6.7절 참조)가 부착되어 있다. 힘이 가해지면 지주가 변형되어 힘의 효과가 변형으로 변환된다 (여기서는 단위길이 당 변형, 즉 스트레인이 관심대상이다.). 하중(load)은 스트레인으로 변환되고, 다시 스트레인은 전기저항의 변화를 야기한다. 여기서 스트레인게이지는 2차변환기로 작용한다.

6.4 1단계 장치의 분류

1단계 장치는 장치내 작동하는 요소의 수에 따라서 다양한 형태로 구성될 수 있으므로 다음과 같이 1단계 장치를 분류할 수 있다.

종류 1. 검출기 요소로만 구성되는 1단계 장치
종류 2. 검출기 요소와 변환기요소로 구성되는 1단계 장치
종류 3. 검출기 요소와 2개의 변환기 요소로 구성되는 1단계 장치

일반적인 1단계 장치는 도식적으로 그림 6.3과 같이 나타낼 수 있다.

1단계 장치는 측정하고자 하는 물리량을 2차변환기에 전달하기 위한 기계적 스핀들이나 접촉부재와 같이 매우 간단하게 구성될 수도 있다. 또는 훨씬 더 복잡한 요소들을 결합하여 구성되기도 한다. 어떠한 경우라도 주 검출-변환기는 다음의 기능을 수행하기 위한 통합된 결합체이다. (1) 관심있는 물리량을 선택적으로 감지한다. (2) 감지된 정보를 2단계에서 동작에 충분한 형태로 처리한다. 1단계에서는 바로 쓸 수 있는 형태의 출력을 제공하지는 않는다.

흔히 1단계 장치에서 수행하는 역할은 입력량을 이에 유사한 변위형태로 변환하는 것이다. 완전히 포괄적인 목록은 아니지만 표 6.1에 기계계측에서 주 검출기-변환기를 일반화하여 나타내었다.

표 6.1에 나열된 요소들의 조합을 모두 토의할 수는 없겠지만, 보다 구체적인 논의가 있는 경우 관련된 절을 표에 표시하였다. 많은 요소들의 원리는 자명하다. 몇몇의 요소들은 중요하지 않지만 표의 완성도를 높이기 위하여 포함시켰다. 표에서 그 특성을 적절하게 관찰할 수 있을 것이다.

표를 자세히 살펴본다면, 많은 기계적 센서들은 입력량을 주로 변위로 변환시키고, 전기적 센서들은 주로 변위를 전기적 출력으로 바꾸어 줌을 알 수 있다. 이러한 사실은 실제 시스템에서 기계적 센서를 주 변환기로 하고 전기적 센서들을 2차변환기로 사용하는 조합이 가능하다는 면에서 다행이라 하겠다. 전기적 센서에서 가장 많이 사용되는 두 가지 방법으로 가변저항방식과 가변유도방식을 들 수 있다. 물론 그 외에 광전기(photoelectric)와 압전(piezoelectric) 효과 등의 다른 방법도 상당히 중요하다 하겠다.

기계적-전자적 변환기 조합으로 적용이 가능하다는 점 외에도 전기적 요소들은 다음과 같은 여러 가지 장점들을 가지고 있다.

1. 신호의 증폭이나 감쇠(attenuation)가 용이하다.
2. 질량과 관성의 영향이 적다.
3. 마찰의 영향이 적다.
4. 거의 모든 크기의 출력 파워가 제공될 수 있다.

표 6.1 주 검출기-변환기 요소와 수행 역할

요소	역할
I. 기계적	
A. 접촉 스핀들, 핀, 또는 핑거	변위를 변위로
B. 탄성부재 (elastic member)	
1. 로드셀(load cell) (13장)	
a. 인장/압축	힘을 직선변위로
b. 굽힘	힘을 직선변위로
c. 비틀림	토크를 각변위로
2. 검증링(proving ring) (13장)	힘을 직선변위로
3. Bourdon 튜브 (14장)	압력을 변위로
4. 벨로즈(bellows)	압력을 변위로
5. 다이어프램 (14장)	압력을 변위로
6. 코일스프링	힘을 직선변위로
7. 토션 스프링(Torsional spring)	토크(torque)를 각변위로
C. 질량	
1. 사이즈믹(seismic) 질량 (17장)	강제함수를 상대변위로
2. 진자(pendulum)	중력 가속도를 주파수 또는 주기로
3. 진자(13장)	힘을 변위로
4. 액주(liquid column) (14장)	압력을 변위로
D. 열 (16장)	
1. 열전대(Thermocouple)	온도를 전위차로
2. Bimaterial(유리속의 수은 포함)	온도를 변위로
3. 서미스터(Thermistor)/RTD	온도를 저항 변화로
4. 화학적 상(Chemical phase)	온도를 상 변화로
5. 압력 온도계(Pressure thermometer)	온도를 압력으로
E. 유공압(hydroneumatic)	
1. 정적	
a. 부표(float)	액면(fluid level)을 변위로
b. 비중계(hydrometer)	비중을 상대변위로
2. 동적 (15장)	
a. 오리피스(Orifice)	유속을 압력 변화로
b. 벤추리(Venturi)	유속을 압력 변화로
c. 피토 튜브(Pitot tube)	유속을 압력 변화로
d. 베인(vane)	속도를 힘으로
e. 터빈(Turbine)	선속도를 각속도로

표 6.1 주 검출기-변환기 요소와 수행 역할(계속)

요소	역할
II. 전기적	
A. 저항 (6.5~6.8절)	
1. 접촉식	변위를 저항 변화로
2. 가변길이 도체	변위를 저항 변화로
3. 가변면적 도체	변위를 저항 변화로
4. 도체의 가변치수	스트레인을 저항 변화로
5. 도체의 가변저항률	온도를 저항 변화로
B. 유도형 (6.10~6.12절)	
1. 코일의 가변치수	변위를 인덕턴스의 변화로
2. 가변 공극(air-gap)	변위를 인덕턴스의 변화로
3. 철심(core) 재료의 변화	변위를 인덕턴스의 변화로
4. 철심 위치의 변화	변위를 인덕턴스의 변화로
5. 코일 위치의 변화	변위를 인덕턴스의 변화로
6. 가동 코일(moving coil)	속도를 유도전압의 변화로
7. 가동 영구자석	속도를 유도전압의 변화로
8. 가동 철심	속도를 유도전압의 변화로
C. 용량형 (6.13절)	
1. 공극의 변화	변위를 커패시턴스의 변화로
2. 평판 면적의 변화	변위를 커패시턴스의 변화로
3. 비유전율의 변화	변위를 커패시턴스의 변화로
D. 압전효과 (6.14절)	변위를 전압으로 또는 전압을 변위로
E. 반도체 접합(junction) (6.15절)	
1. 접합 임계 전압(threshold voltage)	온도를 전압 변화로
2. 광다이오드 전류	빛의 세기를 전류로
F. 광전효과 (6.16절)	
1. 광전지(photovoltaic)	빛의 세기를 전압으로*
2. 광도전(photoconductive)	빛의 세기를 저항변화로*
3. 광방출(photoemissive)	빛의 세기를 전류로*
G. 홀효과(Hall effect) (6.17절)	변위를 전압으로

* 빛의 파장에도 민감함.

5. 출력의 원격 표시(indication)나 저장이 가능하다.

6. 변환기가 소형화될 수 있다.

이 장의 남은 부분에서는 주로 전기적 변환기에 관하여 논의할 것이다. 이들의 출력에 대한 수정, 즉 신호조정(signal conditioning)에 관하여는 7장에서 다룬다.

6.5 가변저항 변환기 요소

도체(conductor)에서 전기적 저항(resistance)은 다음의 관계를 가진다.

$$R = \frac{\rho L}{A} \tag{6.2}$$

여기서 $R =$ 저항(Ω)
$L =$ 도체의 길이(cm)
$A =$ 도체의 단면적(cm^2)
$\rho =$ 도체 물질의 비저항($\Omega \cdot \text{cm}$)

많은 센서들은 저항을 정의하는 위의 요인들의 변화를 기초로 하고 있다. 예를 들면 미끄럼-접촉 장치(sliding-contact device)에서는 L이 변하고(6.6절), 저항형 스트레인 게이지(strain gage)에서는 L, A와 ρ가 변하며(6.7절과 12장), 그리고 서미스터(thermistor), 광도전형 광검출기(photoconductive light detector), 압전저항형 스트레인 게이지(piezoresistive strain gage), 저항형 온도 검출기(resistance temperature detector)에서는 ρ가 변한다(각각 6.8절과 16.4절; 6.15절과 6.16절; 6.15절; 16.4절 참조).

아마도 가장 간단한 기계-전기 변환기로서 **스위치**를 예로 들 수 있을 것이다. 저항은 영과 무한대의 두 가지의 온-오프 방식으로 지시계를 나타낼 수 있다. 온-오프 두 가지의 정보만이 존재하므로 램프를 지시계로서 사용할 수도 있다. 또는 공작기계에서 테이블 이송의 한계 스위치(limit *switch*)와 같이 직접적인 기계적 접촉으로 작동하는 제한장치로 스위치를 사용하거나, 또는 위치 지시계(indicator)로 사용할 수도 있다. 다이아프램(diaphragm)이나 벨로즈(bellows)에 의하여 작동이 되는 경우에는 압력 한계 지시계(limit indicator)로 사용될 수 있고, 만약 바이메탈 스트립(bimetal strip)으로 작동되면 온도 한계 지시계가 된다. 프루빙 링(proving ring)과 함께 사용된다면 크레인의 안전장치인 과하중 방지장치로도 사용될 수 있다.

6.6 미끄럼 접촉장치

미끄럼 접촉장치(sliding-contact device)는 기계적 변위 입력을 전압이나 전류의 전기적 출력으로 변환한다. 이 장치는 식 6.2에서 도체의 유효길이 L을 바꾸는 원리를 사용하며, 전기 저항요소 위를 접촉부나 브러쉬(brush)가 움직이면서 전기적 접촉을 유지한다. 간단한 형태의 예로서, 그림 6.4에 나타낸 바와 같이 장치는 전기 저항선과 슬라이더(slider)로 구성될 수 있다. 슬라이더가 움직이면서 전기저항선의 끝단과 슬라이더 사이의 유효전기저항이 바뀜에 따라 전기저항을 측정하여 기계적 변위를 측정할 수 있다. 이러한 형태의 장치는 비교적 큰 변위의 측정에 사용된다[1].

보다 일반적으로는, 저항요소는 저항선을 카드(*card*)라 불리는 심에 감는 형태(권선형)로 제작한다. 감긴 저항선의 간격은 쇼트(short)가 발생하지 않도록 설정하고, 브러쉬가 저항선의 감긴 부분 위로 미끄러지면서 이동한다. 실제 응용 면에서는 선형운동 측정을 위해 저항선을 직선형태로 감거나, 각방향 운동의 경우 저항선을 아크형태로 감아 제작한다[그림 6.5(a)].

미끄럼 접촉장치는 저항선 대신에 전도성 필름을 이용하여 제작할 수도 있다[그림 6.5(b)]. 일반적으로 사용되는 전도성 필름은 카본 입자를 에폭시나 폴리에스테르 바인더에 혼합시킨 카본 복합필름이나 세라믹과 미세한 금속 입자를 혼합한 세라믹-금속 복합필름, 즉 서멧(*cermet*)을 사용한다. 얇은 필름은 세라믹이나 플라스틱으로 지지된다. 전도성 필름 장치는 저항선을 감은 장치보다 가격이 저렴하다. 특히, 카본필름 장치는 뛰어난 내마모성과 긴 수명[2]을 가지는 반면, 온도에 의한 드리프트(drift)와 습도의 영향을 많이 받는다.

일반적으로 이러한 장치들을 **저항형 전위차계**(*resistance potentiometer*)[1)]라 부른다.

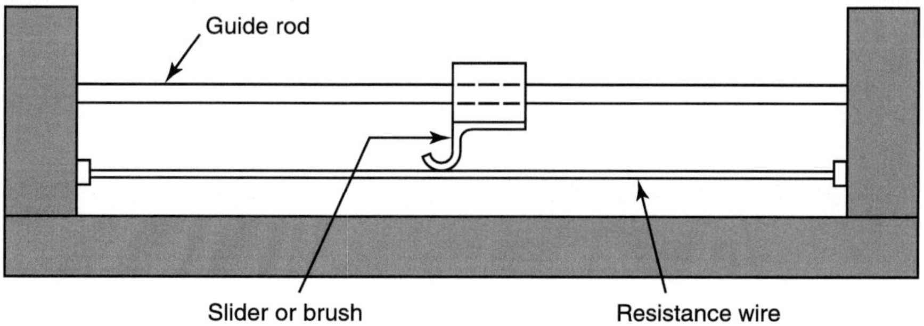

그림 6.4 저항선와 가동 슬라이더(또는 브러쉬)로 구성된 가변저항 변환기

1) 전위차계로 불리는 완전히 다른 장치도 있다. 이 장치는 전압측정 장치로서, 기준 전압을 조정하여 미지의 전압과 평형을 이루게 한다([3]참조). 이 두 장치는 완전히 다르므로 혼동하지 않기 바란다.

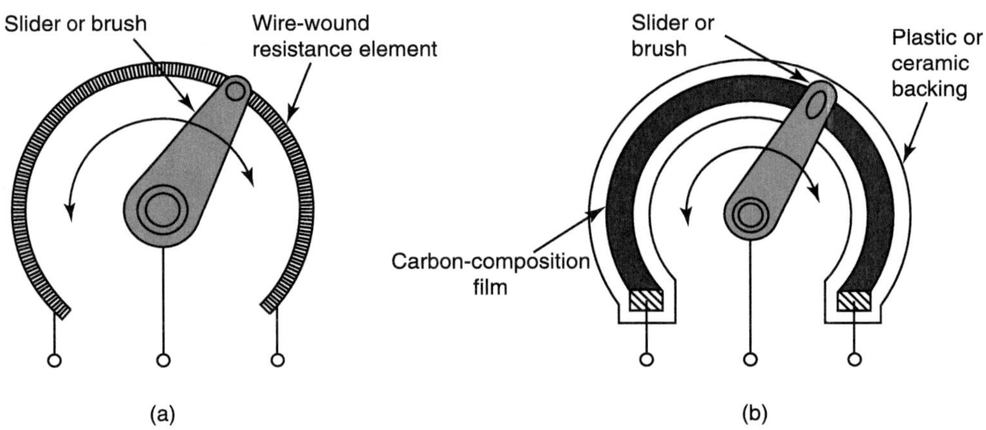

그림 6.5 각운동 가변저항 변환기(또는 전위차계): (a) 권선형, (b) 카본 복합필름형

기본적인 각방향 형태를 변형하여 멀티 턴(multiturn), 저 토크(low-torque) 타입과 다양한 비선형 타입[4]으로 사용할 수 있다. 멀티 턴 전위차계는 최대 40회까지 회전을 측정할 수도 있다. 7.7절을 참조하기 바란다.

6.6.1 전위차계 분해능

저항선을 감아 제작하는 권선형 미끄럼 접촉장치에서 저항의 변화는 연속적이지 않다. 전체에서 감지할 수 있는 가장 작은 증가량을 **분해능**(*resolution*)이라 한다. 권선형 저항의 경우 한계 분해능은 권선수의 역수와 같다. 만약 저항선이 1200회 감기고 권선이 선형이라면, 분해능은 1/1200, 즉 0.09083%일 것이다. 이 양의 의미는 명백하다. 아무리 시스템의 나머지 부분이 정밀하다 하더라도 입력을 전위차계가 측정할 수 있는 전체범위의 1/1200 보다 작은 부분으로 나누는 것은 불가능하다.

한편 전도성 필름 타입 전위차계에서는 분해능은 매우 작기 때문에, 따라서 슬라이더의 접촉저항의 변동이 더 큰 제한요소가 된다.

6.6.2 전위차계의 선형성

변위 변환기로 사용될 때 전위차계는 선형성이 요구된다. 여기서 **선형성**(*linearity*)이라는 용어는 저항선의 한쪽 끝과 접촉부 사이의 저항이 한쪽 끝으로부터 접촉부의 위치에 따라 선형적으로 비례함을 의미한다. 그러나 실제 경우에는 완전한 선형성은 얻을 수 없기 때문에 생산자는 선형성 편차의 한계에 대한 자료를 제공한다.

6.7 저항 스트레인 게이지

저항 소자에 스트레인을 가하면 저항 소자의 저항이 변하게 된다. 이 현상이 저항형 스트레인 게이지(strain gage)의 기본 작동 원리이다. 미세한 금속선과 같은 저항소자를 스트레인을 측정하고자 하는 부재의 표면에 부착한다. 만약 인장스트레인이 가해지면 길이는 증가하고 단면적은 감소한다. 식 6.2에서 이러한 변화들은 선의 전기저항을 증가시키게 됨을 알 수 있다. 뿐만 아니라 스트레인에 의하여 선의 비저항값이 바뀔 수도 있다. 따라서 식 6.2의 모든 인자들이 동시에 변하게 된다.

이 장치는 기계계측에 있어서 매우 중요하므로 본 절에서 간단히 다루지 않고, 12장에서 스트레인 게이지의 이론 및 사용에 대하여 자세히 논의할 것이다.

6.8 서미스터

서미스터(thermistor)는 세라믹류의 반도체 재료로 제작되는 열적으로(thermally) 민감한 가변저항(resistor)을 말한다. 100에서 450,000 Ω · cm까지 저항률 값을 가지는 망간, 니켈, 코발트의 산화물이 재료로 이용된다.

이들 장치는 기본적으로 다음의 두 가지로 응용된다. (1) 측정이나 제어용 온도검출 소자, (2) 서미스터의 온도, 즉 서미스터 저항이 서미스터에 의해 소모되는 전력의 함수로 변하는 성질을 이용한 전력감지 장치로 응용된다. 두 번째 응용은 무선주파수의 전력(radio frequency power)을 측정하는데 매우 유용하다.

서미스터에 대해서는 16.4.3절에서 자세히 논의할 것이다.

6.9 열전대

2개의 다른 금속이 접촉상태에 있으면, 크기가 온도를 포함한 몇 가지 인자의 함수인 기전력이 발생하게 된다. 이런 성질을 이용하여 온도 측정에 사용되는 접합된 이종금속쌍을 열전대(*thermocouple*)라 한다. 흔히 이종금속의 접합(junction)은 두 도선을 꼰(twist) 후 용접하여 형성한다.

열전대는 크기가 작고, 신뢰성이 높으며, 비교적 넓은 측정 범위를 지니기 때문에 1차 센싱 요소로 많이 사용된다. 열전대의 응용에 대하여 16장(특히 16.5절)에서 자세히 논의할 것이다.

6.10 가변 인덕턴스 변환기 요소

유도형(inductive) 변환기의 원리는 피측정량(measurand)이 변하면 인덕터(코일)의 인덕턴스가 변하면서 따라서 출력 전압이 달라지는 현상을 이용한다. 동적 계측에서는 영구 자석에 대한 코일의 상대 운동이 충분한 전압을 발생시킬 수 있지만, 일반적으로 코일은 교류에 의해 여자(勵磁)된다(excited). 사용되는 기본 원리에 따라서 유도형 변환기를 다음과 같이 분류할 수 있다.

1. 가변 자기 인덕턴스(variable self-inductance)
- **(a)** 단일 코일(단순 가변 릴럭턴스(reluctance))
- **(b)** 인덕턴스 비(inductance ratio)를 지닌 이중 코일(또는 센터 탭(center tap)을 가진 단일 코일)

2. 가변 상호 인덕턴스(variable mutual inductance)
- **(a)** 단순 이중 코일
- **(b)** 삼중 코일

3. 가변 자기 저항(variable reluctance)
- **(a)** 가동 철심(moving iron)
- **(b)** 가동 코일(moving coil)
- **(c)** 가동 자석 (moving magnet)

코일의 인덕턴스, L은 많은 인자에 의해 영향을 받는데, 그 중에서 코일의 권선수, 코일의 크기, 그리고 특히 코일의 중심을 지나는 자속(magnetic flux)의 투자율(透磁率, permeability)에 영향을 받는다. 자속 경로(flux path)는 코일의 내부와 외부로 폐루프를 형성한다. 많은 경우 변환기는 철과 같은 자성체(magnetic material)심과 한 두 개의 공극(air gap)을 가진 구조를 가진다. 이때 공극은 철보다 훨씬 더 작은 투자율을 가지기 때문에, 공극이 코일의 인덕턴스에 큰 영향을 주게 된다. 따라서 가변 인덕턴스 변환기를 이용하여 공극의 크기변화를 측정할 수 있다.

어떤 경우에는 철심이 없이 코일만으로 이루어진 공심(空心, air-core)이 사용되기도 한다. 이런 코일은 주로 비교적 고주파수에서 사용되지만, 때로는 변환기 회로에 사용되기도 한다. 원통형 공심 코일의 인덕턴스를 추정하는 데 사용되는 식은

$$L = \frac{d^2n^2}{18d + 40l} \tag{6.3a}$$

이다. 여기서
- $L =$ 인덕터스(μH)
- $d =$ 코일의 직경(in.)
- $l =$ 코일의 길이(in.)
- $n =$ 권선수

를 나타낸다. 이 식은 $l > 0.4$d 인 경우에 적용될 수 있다[5].

자속 경로가 자성체와 한두 개의 공극을 포함한다면, 인덕턴스는 다음과 같이 추정될 수 있다:

$$L = \frac{n^2}{\dfrac{h_m}{\mu_m A_m} + \dfrac{h_a}{\mu_a A_a}} \tag{6.3b}$$

여기서 $L =$ 인덕턴스(H)

$h_m =$ 자성체 내 자속경로의 길이(m)

$h_a =$ 공극 내 자속경로의 길이(m)

$\mu_m =$ 자성체의 투자율(H/m)

$h_a =$ 공기의 투자율

$\approx \mu_0$ 자유공간의 투자율

$= 4\pi \times 10^{-7}$(H/m)

$A_m =$ 철심 내 자속경로의 단면적(m^2)

$A_a =$ 공기 중 자속경로의 단면적(m^2)

$n =$ 권선수

분모에서 $h/\mu A$ 값은 **릴럭턴스**(*reluctance*)라 불리는데, 자속과 릴럭턴스의 관계는 전류와 전기저항의 관계와 동일하다. 만약 자속경로에서 공극이나 자성체가 추가된다면, 해당되는 $h/\mu A$ 값이 분모부에서 추가적으로 합하게 된다[6].

많은 경우에 자성체의 투자율은 충분히 크므로 단지 공극만을 고려하면 된다. 이 경우에, 식 6.3b는

$$L = \frac{\mu_0 n^2 A_a}{h_a} \tag{6.3c}$$

로 단순화된다.

교류로 여자(勵磁, excitation)하는 경우, 코일의 유도 리액턴스(reactance)와 직류 전기저항이 측정회로의 전기 응답성을 결정한다. 유도 리액턴스는

$$X_L = 2\pi f L \tag{6.4a}$$

이고, 여기서 $X_L =$ 유도 리액턴스 (Ω)

$f =$ 인가 전압 주파수 (Hz)

$L =$ 인덕턴스 (H)

를 각각 나타낸다.

코일의 총 임피던스는

$$Z = \sqrt{X_L^2 + R^2} \tag{6.4b}$$

이고, 여기서 R은 직류 전기저항을 나타낸다. 전기저항에 비해 코일의 인덕턴스가 클수록 질이 좋다고 하며, 심볼 $Q = X_L/R$로 나타낸다. 대부분의 경우 Q가 높을수록 좋다.

유도형 변환기들은 전술한 식에서 나타난 변수들의 변화에 기초한 장치들이다. 대표적인 변환기들은 다음과 같다.

6.10.1 단순 자기인덕턴스 배열

단순 단일코일이 변환기 요소로 사용될 때, 기계적인 입력은 코일에 의해 발생하는 자속 경로의 릴럭턴스(reluctance)를 변화시키고, 궁극적으로 인덕턴스를 변화시키게 된다. 이러한 인덕턴스의 변화는 적절한 회로에 의해 측정되어 결국 입력을 값으로 표시하게 된다. 자속 경로는 공극(air-gap)의 변화에 의해 변하기도 하고, 또는 철심(core)의 재료형태나 양에 의해서도 변화될 수도 있다[7, 8].

그림 6.6에 나타낸 배열은 전기자(armature)의 운동에 따라 2개의 공극의 두께가 변화함을 보인다. 자속경로는 위의 말굽모양의 철심을 따라서 한쪽 공극을 지난 후, 전기자를 통과하여, 다른 공극을 지나면서 흐르게 된다. 자속경로 중 각각의 네 가지 부분이 모두 릴

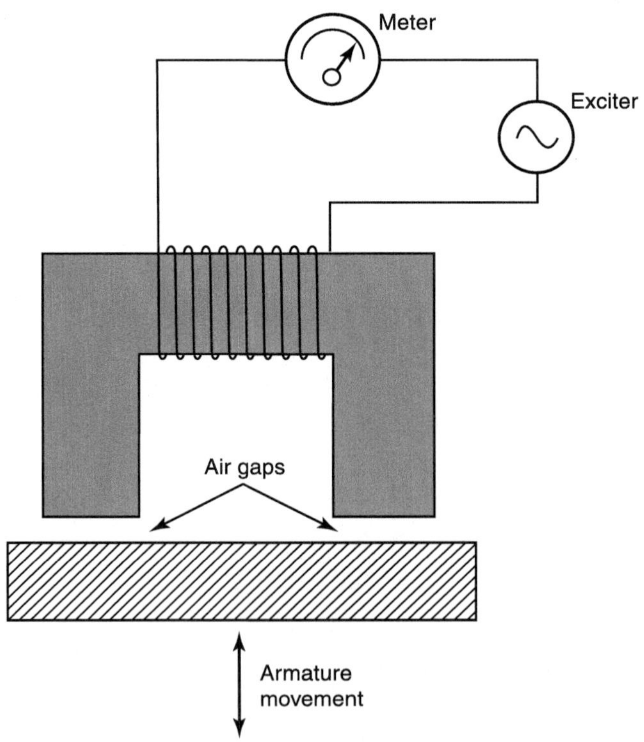

그림 6.6 공극의 변화가 픽업출력을 변화시키는 단순 자기 인덕턴스 배열

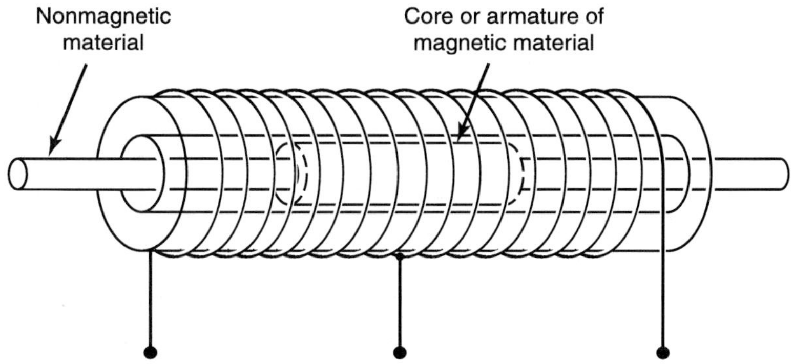

그림 6.7 두 코일(혹은 센터탭을 가진 단일 코일) 인덕턴스 비 변환기

럭턴스에 영향을 주게 된다. 그러나 이중에서 특히 공극의 영향이 전체 릴럭턴스를 결정하게 되는데, 이는 공기의 투자율(permiability)이 철에 비하여 상대적으로 낮기 때문이다.

그림 6.7은 두 코일 자기 인덕턴스(*two-coil* self-inductance)의 형상을 보여 준다. (이는 센터탭(center-tap)을 가진 단일 코일로 생각할 수도 있다.) 철심 또는 전기자(armature)의 운동이 두 코일의 상대적인 인덕턴스를 변화시킨다. 이러한 타입의 장치는 보통 유도형 브리지 회로와 결합하여 사용되는데(7.10절), 두 코일간의 인덕턴스 비(ratio)의 변화에 의해서 출력이 제공된다. 두 코일 자기 인덕턴스는 14.6.2절에서 논의된 압력 측정 장치에서 2차변환기로 사용된다.

6.10.2 두 코일 상호 인덕턴스 배열

2개의 코일을 사용하는 상호 인덕턴스(Mutual-Inductance) 배열이 그림 6.8과 6.9에 나타나 있다. 그림 6.8은 이들 장치가 동작하는 방식을 보여 준다. 전력 코일(power coil)로부터의 자속이 출력을 공급하는 픽업 코일(pickup coil)과 결합되어(coupled) 있다. 전기자(電機子 armature) 변위의 형태인 입력 정보는 두 코일간의 결합을 변화시킨다. 이러한 배열에서는, 철심(core)과 전기자 사이의 공극이 결합도(degree of coupling)를 지배한다. 또 다른 배열에서는, 코일과 전기자의 상대 위치의 변화에 따라서 선형 또는 비선형으로 결합도가 변화하게 된다.

그림 6.9는 전자 마이크로미터(*electronic micrometer*)의 검출기 부분을 보여준다[9]. 두 코일간의 유도형 결합은 자속 경로의 릴럭턴스에 의존하므로, 결합도는 투자(透磁)되는 물체 간의 상대적인 근접도(proximity)[2]에 의해서 변화한다. 이러한 원리를 응용하여 작은 내경을 측정하는 변환기에 사용되어 왔는데[10], 이 경우에 결합도는 두 코일간의 상대 운동에 의해 변화한다.

2) 근처에 있는 물체의 존재 여부 및 위치를 탐지하는 센서를 근접 센서(proximity sensor)라 한다.

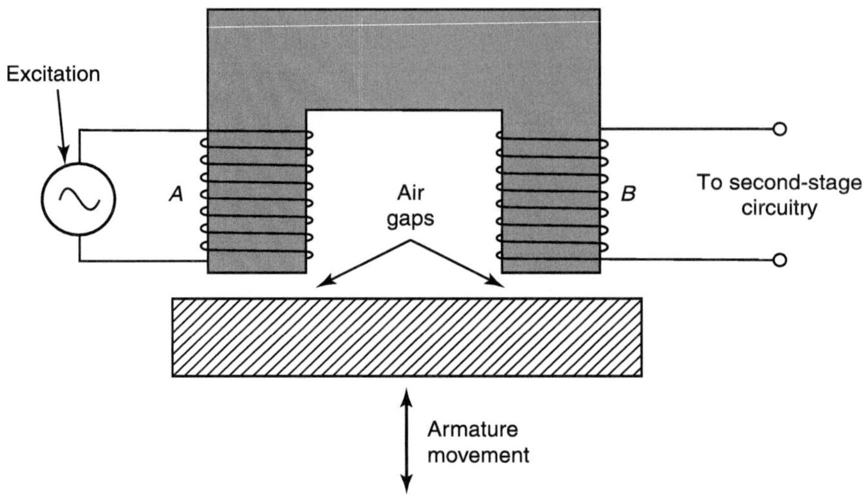

그림 6.8 상호 인덕턴스 변환기. 코일 *A*는 전력코일이고 코일 *B*는 픽업코일이다. 전기자가 움직이며 공극을 변화시켜, 따라서 코일 *B*의 출력이 변화한다. 이 변화를 이용하여 전기자의 운동을 측정할 수 있다.

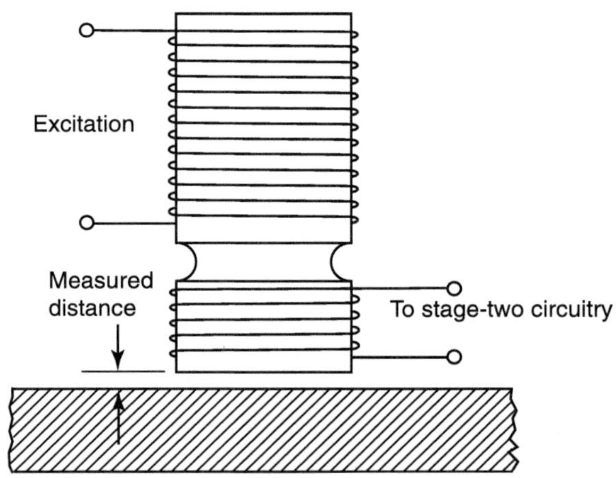

그림 6.9 "전자 마이크로미터"에 사용되는 두 코일 유도형 픽업

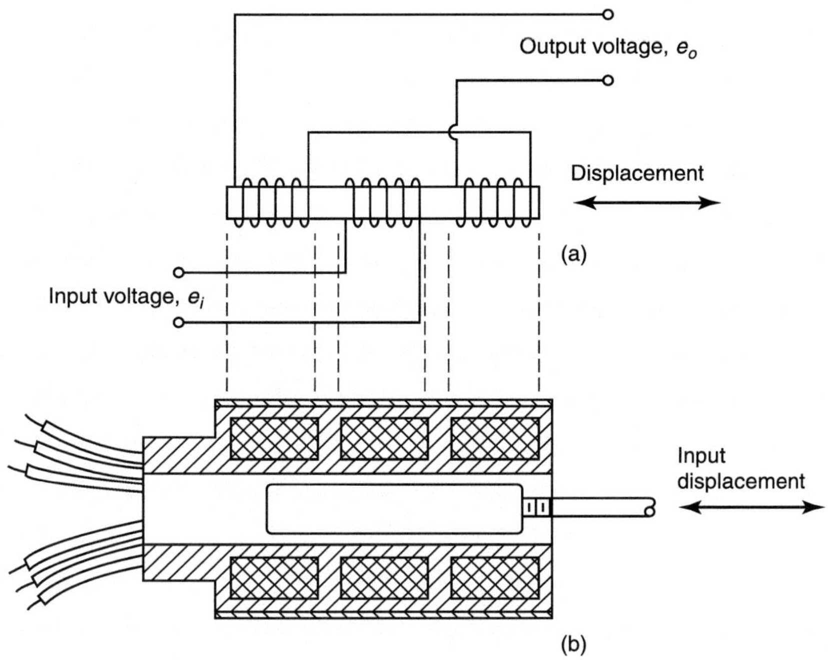

그림 6.10 차동 변압기: (a) 도식화된 형상, (b) 전형적인 차동 변압기의 단면

6.11 차동 변압기

가장 널리 사용되는 가변 인덕턴스 변환기는 차동(差動) 변압기(differential transformer)이다(그림 6.10). 차동 변압기는 코일속으로 지나가는 철심의 변위에 비례하는 교류전압 출력을 제공한다. 이는 그림과 같이 배열된 3개의 코일을 사용하는 상호 인덕턴스 장치이다.

중앙코일은 교류 전원으로부터 에너지를 받으며, 양쪽의 두 코일은 상(phase)이 반대로 연결되어 있으며 픽업 코일로 사용된다. 흔히 LVDT(*linear variable differential transformer*)라 불리는 이 장치는 11.13절에서 자세히 다루어진다.

6.12 가변 자기저항(磁氣抵抗) 변환기

변환기에서 가변 자기 저항(*variable reluctance*)이라는 용어는 영구 자석을 포함하고 있는 인덕턴스 장치를 의미한다. 대부분의 경우에 이들 장치는, 자석에 의해 공급되는 자속선(flux line)이 코일의 권선에 의해 잘려지는 동적(dynamic)인 응용(주기적이거나 과도적)으로 제한된다. 상대 운동을 제공하는 어떠한 수단이 장치 속에 포함되어 있다.

가장 간단한 형태의 가변 자기 저항 장치는 영구 자석 철심에 감겨진 코일로 구성된다 그림 6.11. 자기회로에서 릴럭턴스의 변동은 자속의 변화를 야기하며, 자속장(flux field)

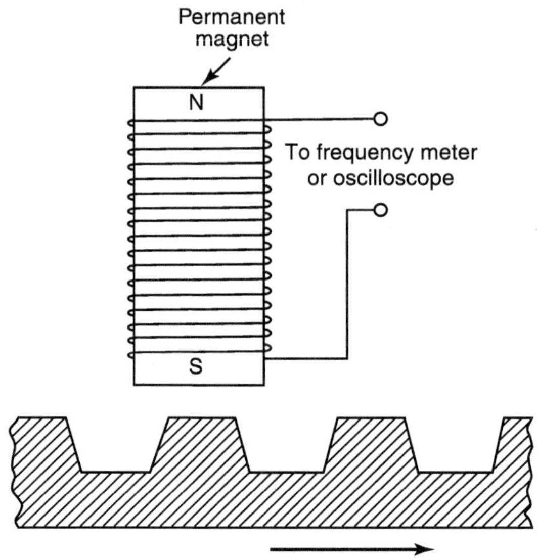

그림 6.11 단순 가변 자기 저항 픽업

이 변함에 따라, Faraday의 법칙에 의하여 코일에 전압이 유도된다.

$$V = -n\frac{d}{dt}\Phi \tag{6.5}$$

여기서 $V =$ 유도전압(V)

$n =$ 코일의 권선수

$\Phi =$ 코일을 통과하는 자속(Wb)

을 각각 나타낸다.

그림 6.11에서 자속의 변화율은 치차의 위치보다는 영구자석을 통과하는 치차의 속도에 영향을 받는다. 따라서 가변 자기저항 변환기는 변위보다는 속도에 민감하다. 이 장치의 실제적인 응용은 10.7절과 15.5.1절에서 논의된다.

앞의 배열이 자속경로의 릴럭턴스 변화에 의존하는 반면에, 자석과 코일을 분리하여 코일과 자속장 간의 상대운동에 의존하는 장치들도 있다.

6.13 용량 변환기

평행하게 놓여진 두 평판으로 이루어진 축전기(capacitor)에서 전기용량(capacitance)은 다음과 같다.

$$C = \frac{\varepsilon_0 KA}{d} \tag{6.6a}$$

여기서 $C =$ 커패시턴스(pF)
$\varepsilon_0 =$ 자유공간의 유전율(8.8542 pF/m)
$K =$ 비유전율(比誘電率, dielectric constant, 공기의 경우는 1임)
$A =$ 평판의 면적(m^2)
$d =$ 평판간의 거리(in)

를 각각 나타낸다.

여러 개의 축전기를 병렬로 사용하면 더 큰 민감도(sensitivity)를 얻을 수 있다. 이를 위하여 n개의 평판을 동일한 간격으로 쌓아서 스택(stack)을 만들고 판들을 번갈아서 서로 연결하여 사용할 수 있다. 예를 들면 5개의 판의 경우 1, 3, 5번 판을 하나의 전압에 연결하고, 2번과 4번 판은 다른 전압에 연결한다. 이러한 스택의 축전용량은

$$C = \frac{\varepsilon_0 KA(n-1)}{d} \tag{6.6b}$$

이다.

식 6.6에서, 판의 수를 제외한 모든 변수들은 용량형 변환기의 응용원리로 사용될 수 있다[7,8]. 다음에 각각의 예들을 살펴본다.

비유전율의 변화

그림 6.12는 액체수소 용기의 액면(liquid level)을 측정하기 위한 장치를 보여 준다[11].

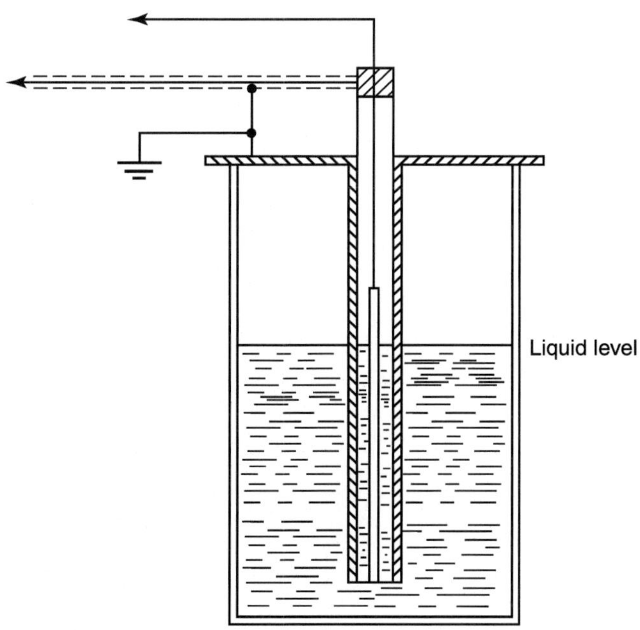

그림 6.12 액체 수소의 액면을 측정하는 커패시턴스 픽업

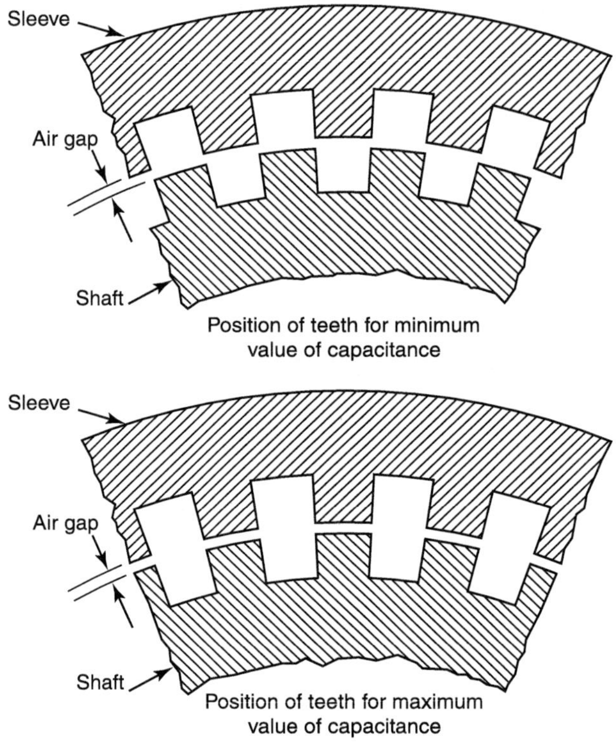

그림 6.13 커패시턴스형 토크 미터에서 치(teeth)의 상대적 배열을 보여 주는 단면

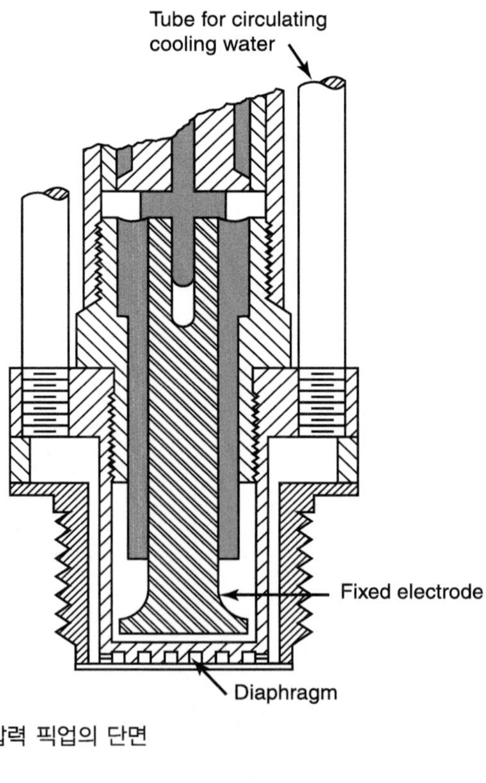

그림 6.14 커패시턴스형 압력 픽업의 단면

액면의 변화에 따라 중앙의 막대와 주위의 튜브 사이의 비유전율이 변함에 따라 전체 축전용량이 변하게 된다. 액체 상태와 기체상태 간의 비유전율의 차이는 0.05정도로 매우 작지만, 액면을 쉽게 측정할 수 있다.

단면적의 변화

유효 면적(effective area)의 변화에 따른 커패시턴스의 변화는 토크 미터(torque meter)의 2차 변환기 요소로 사용되어 왔다[12]. 이 장치는 치(teeth)를 가진 슬리브와 이와 대응되는 유사한 치를 가진 축으로 구성되어 있다. 치들은 모두 축방향으로 잘려있다. 그림 6.13에 구조를 나타내었다. 그림과 같이 슬리브와 축의 치 사이에는 약간의 공간(clearance)이 제공된다. 탄성체에 의해서 전달된 토크는 치(teeth)의 상대 위치를 변화시켜서 유효면적이 달라지게 한다. 이 결과로 발생하는 커패시턴스의 변화는 토크로 환산된다.

거리의 변화

두 판 사이의 거리의 변화에 따른 커패시턴스의 변화는 용량형(capacitive) 변환기에서 가장 일반적으로 사용되어 온 방법이다.

그림 6.14는 용량형 압력 변환기를 보여 주는데, 압력이 가해지는 다이어프램(diaphragm)과 전극 사이의 커패시턴스를 이용하여 다이어프램의 상대 위치를 측정할 수 있다[13~15]. 압력에 의한 다이어프램의 변형으로 인하여 다이어프램과 전극 사이의 거리를 변하게 된다.

6.14 압전 센서

어떤 물질은 기계적 스트레인 상태 하에서 전하를 발생시키거나, 반대로 전압을 인가하면 변형이 일어날 수 있다[그림 6.15(a)]. 이를 **압전 효과**(壓電效果, *piezoelectric effect*)[3)]라 한다. 이 효과는 Pierre와 Jacques Curie에 의해 1880년에 발견되었다. 이러한 물질 중에서 주목할 만한 것으로는, 수정(quartz), 로셀염(Rochelle salt, potassium sodium tartarate), 적절히 분극된 티탄산바륨(barium titanate), 암모늄 디하이드로젠 포스페이트(ammonium dihydrogen phosphate), 유기 폴리머(organic polymer) 그리고 설탕 등이 있다.

압전 효과를 나타내는 이들 물질 중에서, 안정성, 높은 출력 전압, 온도와 습도에 대한 둔감성, 원하는 형태로의 가공의 용이성 등 바람직한 성질을 다 가지고 있는 물질은 없다. 로셀염은 매우 큰 출력을 제공하지만, 공기 중의 습도로부터의 차단이 요구되며 45°C 이상의 온도에서는 사용할 수 없다. 수정은 가장 안정하기는 하지만, 출력이 작다. 이러한 안정성 때문에, 수정은 전자식 발전기(oscillator)에 널리 사용된다(10.4절). 흔히 수정은

---

3) 'piezo' 의 어원은 그리스어 piezein이며, 그 의미는 '압력을 가하다(to press 혹은 to sgueeze)' 이다.

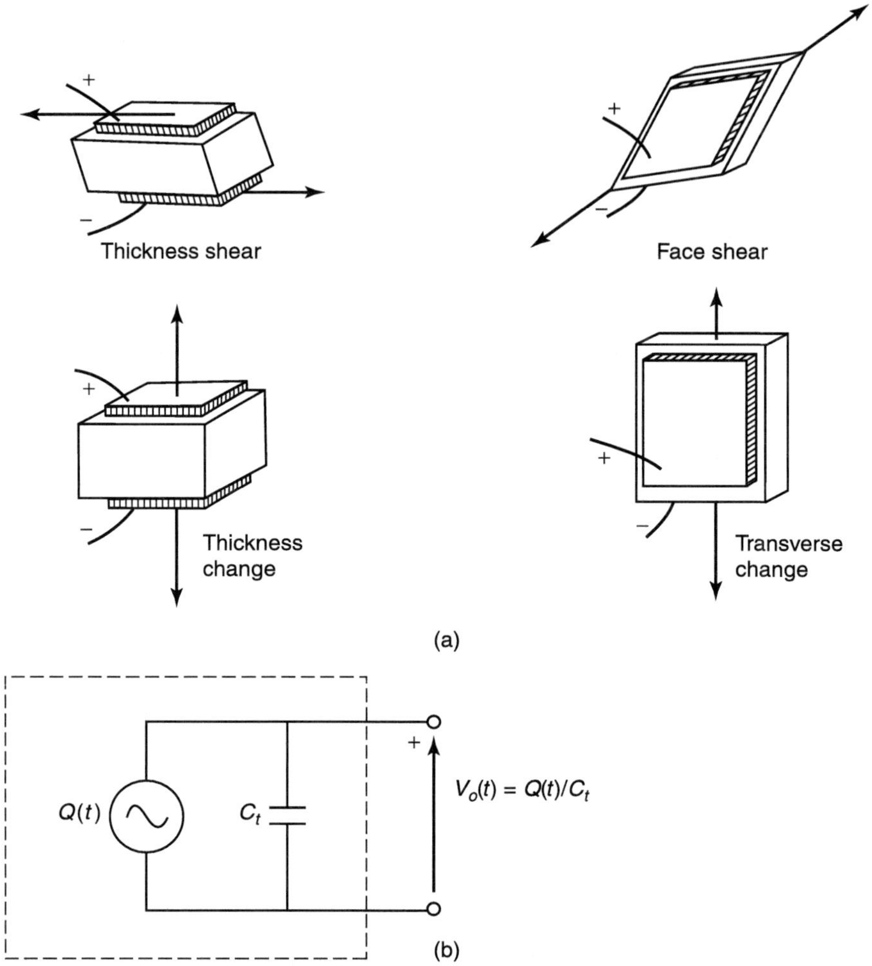

그림 6.15 (a) 압전판에 대한 기본적인 변형 모드, (b) 압전 소자에 대한 등가 회로

얇은 원판으로 가공되며, 원하는 전기적 주파수에 해당하는 기계적 공진 주파수를 제공하는 적절한 판의 두께로 연마된다. 양면은 전극의 부착을 위해 은도금이 된다. 이렇게 제작된 수정은 적절한 전자 회로에 연결되어 그 회로의 주파수를 제어하게 된다.

많은 압전 재료은 단결정(single crystal)으로 존재하지만, 티탄산바륨은 다결정(polycriystalline)이기 때문에 다양한 크기 및 형상으로 가공할 수 있다. 압전효과는 압전재료를 분극(分極, polarization) 처리를 한 후에만 발생한다. 정확한 분극화 과정은 제작자에 따라 다르지만, 다음과 같은 과정이 일반적으로 사용된다[16]. 소자를 상전이점 온도(Curie point, 120°C)이상으로 가열한 다음, 소자의 양면에 높은 직류 전압을 가한다. 이 전압의 크기는 소자의 두께에 따라 다른데, 대략 10,000 V/cm 정도이다. 그 다음에 전압을 가한 채로 소자를 냉각시키면 압전 효과를 나타내는 소자를 제작할 수 있다.

폴리불화비닐덴(polyvinylidene fluoride, PVDF)과 같은 압전 폴리머를 사용하면, 비교적 높은 출력 전압을 가지고 가격이 저가인 압전 변환기를 제작할 수 있다[17]. 이들 반(半)결정(semicrystalline) 폴리머는 박막(대략 30 μm 두께)으로 가공되는데, 양 면에 전극이 부착되어 있으며 약간 두꺼운 마일러(Mylar) 판과 결합되어 있다. 이렇게 제작된 변환기는 가볍고, 유연하며, 조작이 간편한 장점이 있다.

그림 6.15(b)는 압전 소자에 대한 등가 회로를 보여 주는데, 전하 발생기와 병렬로 연결된 커패시턴스 C_t로 구성된다(전하 Q와 다른 전기요소 간의 관계는 표 5.1과 5.2를 참조할 것). 기계적으로 변형될 때 압전 소자는 전하 $Q(t)$를 발생하고, 발생된 전하는 소자 본래가 지닌 커패시턴스에 일시적으로 저장된다. 그러나 다른 커패시터와 마찬가지로, 저장된 전하는 누설(leakage)에 의해서 시간이 지남에 따라 사라진다. 따라서 압전 장치는 정적인 측정보다는 동적인 측정에 사용하는 것이 더 효과적이다.

어떤 시간에서 압전 소자에 걸리는 전압은 단순히

$$V_o(t) = \frac{Q(t)}{C_t} \tag{6.7a}$$

이다. 그러나 이 전압의 측정에는 전하의 손실을 막기 위해서 매우 큰 임피던스를 가진 회로가 필요하다. 이러한 목적을 위해서 **전하 증폭기**(*charge amplifier*, 7.15.2절 참조)가 주로 사용된다. 이 전압은 압전소자에 가해진 응력(stress)의 항으로도 표현될 수 있다.

$$V_o = Gh\sigma \tag{6.7b}$$

여기서 h는 전극 사이의 소자의 두께, σ는 응력이다. G는 재료에 따라 달라지는 상수인데, 예로 압축 응력(두께방향 변화, thickness change)을 받는 수정에서는 0.005 Vm/N 이고, 축 응력(횡방향 변화, traverse change)을 받는 PVDF에서는 0.22 Vm/N 이다.

압전 변환기는 표면 거칠기 측정(11.14절), 힘과 토크 측정(13.6절), 압력 측정(14.6.3절), 운동(17.7절) 및 소리 측정(18.5.1절) 등에 사용된다. 또한 압전필름(piezofilm)변환기는 열방사(thermal radiation)를 감지하는 데 사용된다(16.8.4절): 온도의 변화에 따라 필름이 팽창하기 때문에, 적외 방사(infrared radiation)가 흡수되면 전하가 발생한다. 이를 **초전효과**(焦電效果, *pyroelectric* effect)라 한다. 초전 변환기는 가정용 동작 검출기(motion detector)로 일반적으로 사용된다.

초음파 변환기(ultrasonic transducer)도 티탄산바륨을 사용하기도 하는데, 이런 소자들은 산업용 청소 장비 또는 **소나**(*sonar*)라 불리는 해저 탐사 장치 등에 사용된다.

6.15 반도체 센서

반도체 혁명은 계측 기술에 매우 큰 영향을 미쳐 왔다. 디지털 전압계, 컴퓨터 데이터 수집 시스템과 판독 및 데이터 처리 시스템 뿐만 아니라, 반도체 기술은 작고 값싼 센서들의 제작이 가능하게 하였다. 반도체(Semiconductor) 센서의 가장 큰 장점은 초소형 전자회로 제작 기술의 장점을 활용할 수 있다는 점이다. 따라서 센서는 매우 소형화되며, 얇은 막이나 빔과 같은 기계 구조가 센서 내에 에칭(etching)에 의해 구현될 수 있고, 저항이나 트랜지스터 등의 전자 소자가 직접 센서와 결합되어 신호 조정 기능이 내장된 변환기를 제작할 수도 있다.

6.15.1 반도체의 전기적 거동

반도체 재료는 실리콘이나 게르마늄(germanium) 같은 원소와 갈륨비소(gallium arsenide)나 황화카드뮴(cadmium sulphide)과 같은 복합물을 모두 포함한다. 반도체는 전류를 전달하는 데 이용될 수 있는 자유전자의 수가 비교적 적다는 점에서 금속과는 다르다. 그 대신, 재료 내에서 구속(bound) 전자가 원자로부터 분리되면, 양으로 대전된(positively charged) **정공**(正孔, *hole*)이 형성되어 전자와 반대 방향으로 이동하게 된다. 음으로 대전된 전자와 양으로 대전된 정공은 모두 반도체에서의 전류 흐름에 기여한다.

반도체에서 전자나 정공과 같은 전하 운반자(charge carrier)의 수 n_c는 온도 T의 함수이며, 전형적으로

$$n_c = \text{number per unit volume} \propto T^{3/2} \exp\left(\frac{-\text{constant}}{T}\right) \tag{6.8}$$

으로 표현된다. 재료의 저항률(resistivity)은 $1/n_c$에 비례하므로, 반도체의 저항은 온도가 증가함에 따라 급격히 감소한다. 실내 온도 근처에서 실리콘의 저항률은 약 8%/°C 만큼씩 감소한다[18].

반도체의 전기적 거동은 반도체내에 불순물(impurity) 원자를 첨가하는 **도핑**(*doping*) 과정을 통하여 조절할 수 있다. 불순물 원자는 **전자 도너**(*electron doner*)나 **전자 억셉터**(*electron accepter*)로 작용할 수 있다. 인이나 비소와 같은 도너(donor) 원자는 재료내의 자유전자의 수를 증가시키는 반면에, 갈륨이나 알루미늄과 같은 억셉터(acceptor) 원자는 정공의 수를 증가시킨다. 도핑 원자의 수는 보통 순수 반도체 내에서의 자유전자의 수해 비해 매우 많으므로, 첨가 불순물(dopant)이 **다수 전류 운반자**(*majority current carrier*)가 된다. 특히 도너 원자로 도핑한 경우는 음(negative) 전하 운반자(전자)가 지배하게 되므로 *n-type* 반도체라 한다. 억셉터 원자로 도핑한 경우, 양(positive)전하 운반자(정공)가 지배하게 되어 *p-type* 반도체라 한다.

반도체는 도핑 여부에 상관 없이 온도 센서로 사용될 수 있다. 순수 반도체에서는 운반자의 수가 온도에 따라 급격히 증가하게 되어(식 6.8), 저항은 온도에 따라 급격히 감소하는 함수가 된다. 서미스터(6.8절 및 16.4.3절)는 이러한 효과에 기초한다. 이러한 센서는 음의 온도 계수(*n*egative *t*emperature *c*oefficient)를 가지므로 *NTC* 센서라 불리기도 한다. 한편 반도체에 많은 불순물이 첨가될 때(heavily doped), 전하 운반자의 이동도(mobility)

는 온도의 증가에 따라 감소하며, 따라서 저항은 온도에 따라 증가한다. 이러한 양의 온도 계수(*p*ositive *t*emperature *c*oefficient)를 가지는 센서를 *PTC*센서라 한다.

반도체는 또한 변형(strain)에도 반응하는데, 예를 들어 n형 베이스로 확산된 p형 영역은 저항으로 작용하여 변형을 받으면 저항값이 증가한다. 이러한 거동을 **피에조 저항**(*piezoresistivity*) 효과라 한다. 이러한 현상은 반도체 스트레인 게이지, 반도체 다이어프램 압력 센서(그림 6.16, 14.5.3절) 및 반도체 가속도계 등의 원리가 된다[19, 20].

6.15.2 *pn* 접합

대부분의 반도체 장치는 n형과 p형 반도체가 서로 접촉하는 **접합**(*junction*)을 가진다(그림 6.17). 정공(양전하)은 n형 영역으로, 전자(음전하)는 p형 영역으로 쉽게 들어갈 수 있으므로, 전류는 p형 재료에서 n형 재료로 쉽게 흐를 수 있다. 그러나 반대 방향으로는 전류 흐름에 큰 저항이 발생한다. 따라서 이러한 접합은 다이오드처럼 거동한다.

전압이 이러한 접합에 가해지면, 접합을 흐르는 전류는 그림 6.18과 같은 특성을 가진다. V가 양(positive)일 때, 접합에 **순(방향) 바이어스**(*forward-bias*)가 걸렸다고 한다. 순방향 전압이 임계(threshold) 전압에 도달하면 매우 큰 전류가 흐르게 된다. 반대로 전압이 음(negative)이면, 접합에 **역(방향) 바이어스**(*reverse-bias*)가 걸리게 되며, 매우 작은 양의 전류만이 흐른다. 역방향 전압이 증가하면서 급격히 전류는 $-I_0$ 값이 되고 전압 V에 상관없이 $-I_0$의 값으로 유지되는데, 이러한 I_0를 **역포화 전류**(*reverse saturation current*)라 부른다. 전형적인 I_0의 값은 실리콘의 경우 약 수 nA 정도이며, 게르마늄은 약 수 μA 이다. 역포화 전류는 실리콘보다는 게르마늄의 경우에 더욱 전압과 상관없이 일정한 값을 유지한다[21].

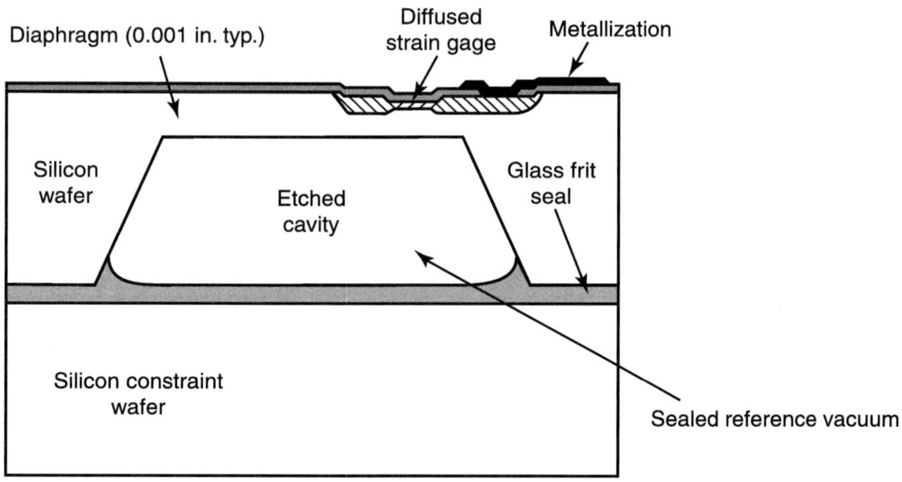

그림 6.16 반도체 다이어프램 절대 압력 센서의 단면(Motorola 제작). 외부 압력에 의해 다이어프램이 변형되어 게이지에 스트레인을 발생시킨다.

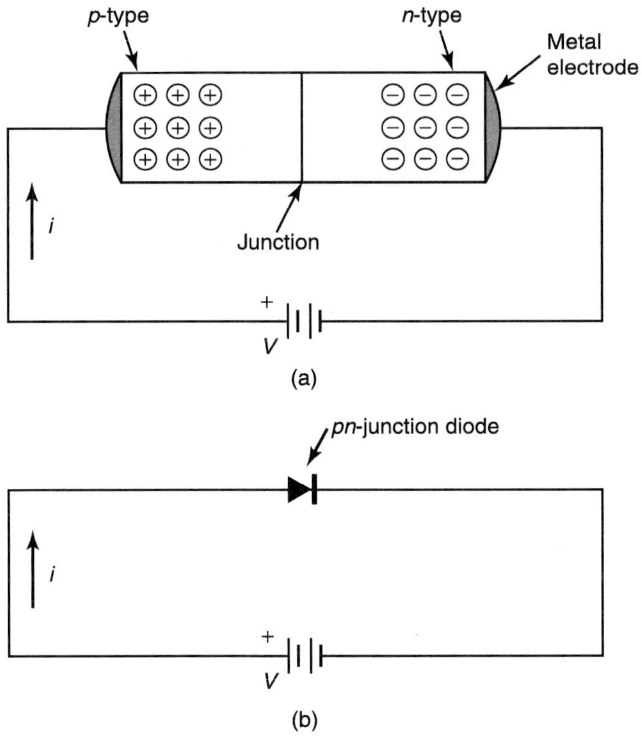

그림 6.17 (a) 전압이 가해진 pn 접합, (b) 다이오드 기호로 표시한 회로

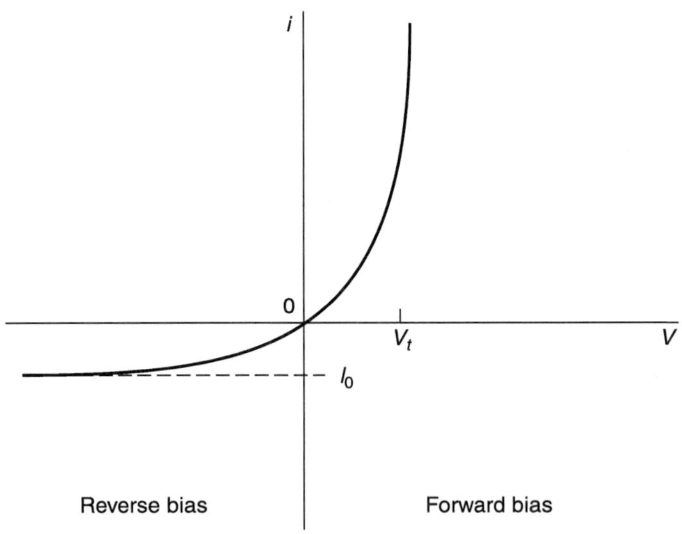

그림 6.18 pn 접합에 대한 전압–전류 곡선, I_0는 역포화 전류이며 V_t는 순방향 임계 전압이다.

그림 6.18의 전압-전류 곡선은 다음 식으로 기술되는데,

$$i = I_0\left[\exp\left(\frac{q}{kT}V\right) - 1\right] \tag{6.9}$$

여기서 q는 전자의 전하량이며, k는 Boltzmann 상수이다. 전류는 온도에 대한 강한 의존성을 보여 준다. 포화 전류도 또한 온도의 함수인데, 실내 온도 근처의 실리콘과 게르마늄 다이오드의 경우, 온도가 10℃ 증가할 때마다 거의 두 배씩 증가한다[18].

순방향 바이어스가 걸린 경우, 실리콘 pn 접합에서 양단의 전압 강하(즉 임계 전압) V_t는 실온에서 약 0.7 V이다. 이 전압은 온도가 증가함에 따라 2 mV/℃ 씩 감소하며, 이러한 전압의 변화가 바로 반도체-접합 온도 센서의 원리가 된다. 이러한 접합부의 온도 의존성을 적용하여, 선형적으로 반응하는 온도 감지 칩을 집적 회로 기술을 이용하여 제작하여 왔다(16.6절).

많은 반도체 접합 센서의 단점으로는, 접합부의 전기적 특성의 저하를 막기 위해서 동작 온도가 약 150℃ 이하로 유지되어야 한다는 점이 있다.

6.15.3 광다이오드

반도체 접합부(junction)는 열뿐만이 아니라 빛에도 민감하다. 만약 접합부가 반도체의 표면 근처에 형성되어 있다면, 접합부에 도달하는 광자(photon)는 새로운 쌍의 전자와 정공을 생성할 수 있으며, 이들은 서로 분리되어 반대 방향으로 흐르게 된다. 따라서 조사된 빛은 접합부에서 부가적인 전류 I_λ를 발생시키며, 전류는

$$i = I_0\left[\exp\left(\frac{q}{kT}V\right) - 1\right] - I_\lambda \tag{6.10}$$

이 된다. 광전류 I_λ는 입사광의 강도 $H(\mathrm{W/m^2})$에 직접 비례하므로

$$I_\lambda = \text{constant} \times H$$

이 되는데, 여기서 상수는 빛에 노출된 다이오드의 면적에 비례한다. 광다이오드의 전압-전류 특성을 그림 6.19에 나타내었다[22].

광전류(photocurrent)는 전형적으로 수 mA 정도이므로 역포화 전류보다는 매우 크다 ($I_\lambda \gg I_0$). 광다이오드(photo-diode)를 역방향 바이어스 전압에서 동작시키면, 출력 전류가 입사광의 세기에 직접 비례하도록 만들 수 있다($i \approx -I_\lambda \propto -H$).

반도체 접합부는 적외선 파장에 가장 잘 반응하지만, 감도를 가시광선과 근자외선(near-ultraviolet) 파장까지로 확대시킬 수도 있다. 일반적인 광다이오드는 보통 저렴한 실리콘 접합으로 제작되지만, 게르마늄과 같은 다른 반도체를 사용하여 제작하기도 한다.

광다이오드의 감도는 "암전류(dark current)"에 의해 제한되는데, 암전류란 입사광이

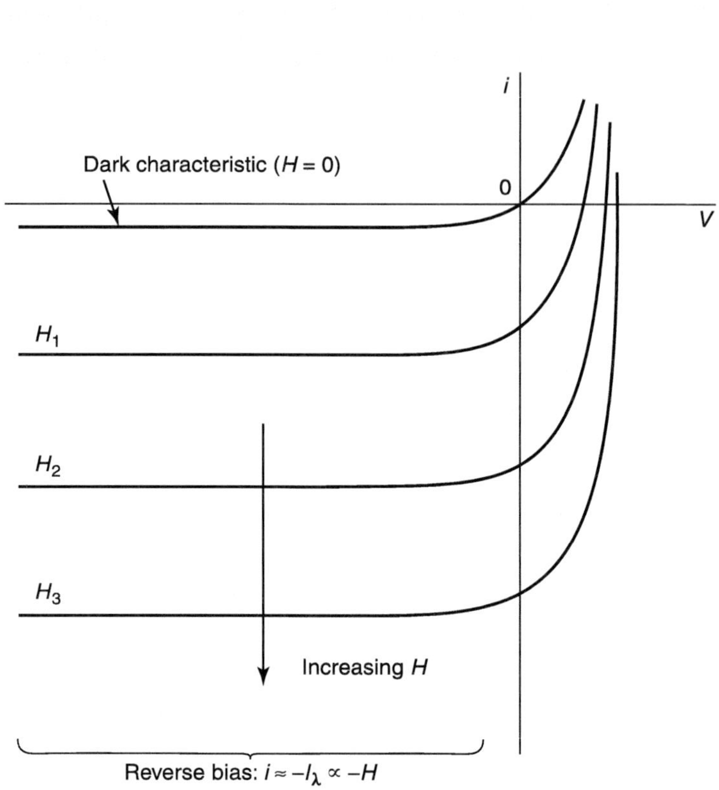

그림 6.19 여러 입사광의 세기 H에 대한 광다이오드 i–V 특성

없을 때의 접합전류를 말한다(식 6.9 참조). 이 전류는 온도에 따라 감소하므로, 다이오드를 매우 낮은 온도로 냉각시킴으로써 감도를 향상시킬 수 있다. 예를 들어 적외선의 고성능 감지 시에 광다이오드는 액체질소 온도(−198°C) 또는 액체헬륨 온도(−269°C)에서 동작하기도 한다[23].

어떤 벌크(bulk) 반도체는 *pn* 접합이 없어도 빛에 반응한다. 광자가 부가적인 전자-정공 쌍을 발생시켜서 저항을 감소시키게 되는데, 이와 같은 **광도전**(光導電, *photoconductive*) 재료의 예로 황화카드뮴(cadmium sulphide, CdS)과 카드뮴 셀레나이드(cadmium selenide, CdSe)를 들 수 있다. 고성능 적외선 감지를 위해서 저온 도핑된 게르마늄이 사용되기도 한다.

광검출기(photodetector)에 대해서는 다음 절에서 논의된다.

6.16 광검출 변환기

광검출기(Light-Detecting) 또는 광센서(photosensor)는 모든 종류의 빛을 검출하는데 사용된다. 따뜻한 물체에서 나오는 방사열, 레이저 빛, 다이오드에서 방출된 빛, 햇빛 등도 검출이 가능하다. 이러한 검출기들은 **열검출기**(*thermal detector*)와 **광자검출기**(*photon detector*)로 분류할 수 있다. 열검출기는 온도에 민감한 요소를 입사광에 의해 가열하는 방법을 사용한다. 광자검출기는 흡수된 광자에 반응하기 위해서, 표면으로부터 전자를 방출하는 **광전효과**(*photoelecric effect*)나 또는 6.15.3절에서 논의한 것과 같이 반도체에 부가적인 전자-정공 쌍을 생성하는 원리를 가진다.

광검출기 선정 시 고려사항은 검출하고자 하는 빛의 파장, 필요한 응답속도, 민감도를 들 수 있다. 일반적으로 열검출기는 광검출기에 비하여 응답이 매우 느리지만 넓은 파장대의 빛에 반응한다. 어떠한 검출기도 응답속도는 주변의 회로구성에 영향을 받는다. 가시광선과 근적외선 검출용으로는 반도체 검출기가 주로 사용된다. 광전자방출형 검출기(photoemissive detector)는 자외선 영역에 민감하게 반응한다. 실온상태의 물체로 부터의 방사열인 장파 적외선(long-wave infrared)광을 검출하기 위해서는 열검출기나 저온 냉각된 반도체를 사용할 수 있다.

6.16.1 열 검출기

열 검출기는 빛이 검출기를 가열할 때 발생하는 검출요소의 온도변화를 이용한다. 온도변화에 따라 검출요소의 다른 물리적 특성들이 변하게 되고, 이 변화를 측정하여 빛의 광량을 결정하게 된다[24]. 예를 들면 다음과 같다.

서모파일(*thermopile*) 검출요소는 여러 개의 열전대(thermocouple)를 연결하여 검출 온도에 비례하는 전압출력을 발생한다(16.5.6절 참조). **공기형**(*pneumatic*) 검출요소는 기체를 채운 챔버(chamber)를 사용하며, 기체가 가열되면 챔버 내 압력이 증가하므로, 압력을 측정하여 광량을 결정한다(16.3절 참조). **볼로메터**(*bolometer*)는 온도 의존성 전기저항을 센서로 사용한다(16.4절 참조). **초전기 센서**(*Pyroelectric sensor*)는 온도변화에 따라 발생되는 전하량을 이용한다(6.14절). 이들은 적외선 모션 센서로 널리 사용되어 자동 광스위치나 침입경보기 등으로 응용된다[24, 25].

전형적인 열 검출기의 응답시간은 검출요소의 크기와 배치에 따라 수 msec에서 수 초에 이른다. 특수한 초전기 센서는 응답시간이 1 nsec 이하인 경우도 있다. 열 검출기는 16.8절에서 자세히 다룬다.

6.16.2 광 검출기

광전자방출형 검출기(*photoemissive* detector)(표 6.2의 A)는 유리 또는 수정으로 만든 진공 엔벨로프(envelope) 내에서 음극-양극의 조합으로 구성되어 있다. 적절한 회로(일반적으로 수백 볼트의 직류 소스를 필요로 함)에서, 빛이 음극에 충돌하면 전자가 방출되고, 방출된 전자가 양극으로 이동하면서 작은 전류가 흐르게 된다. 몇 개의 연속적인 고전압

전극을 엔벨로프에 첨가함으로써 상당한 양으로 전류 증폭이 얻게 되어, **광전자 증배관**(*photomultiplier tube*, PMT)이 만들어 진다. PMT는 매우 높은 민감도를 지니기 때문에 광자 하나를 검출할 수도 있고, 상승시간(rise time)이 1 ns 정도로 매우 빠른 응답성을 지닌다. 소형의 반도체 광센서가 발명된 이후에는, 이 장치는 매우 높은 민감도를 요구하는 특수한 용도에만 사용되고 있다[26].

반도체 광센서는 여러 형태가 있는데, 일반적으로 근적외선(near-infrared) 파장에서 가장 우수한 성능을 나타낸다. 반도체 광센서를 분류하면 다음과 같다.

광도전 센서(*photoconductive* sensor)(표 6.2의 B)는 두 전극사이에 놓인 반도체 레이어(layer)로 구성된다. 레이어가 빛을 받으면, 흡수된 광자는 반도체에서 전자나 정공을 발생시키고, 따라서 저항이 줄어든다. 저항 감지 회로와 함께(7.6~7.9절), 광원의 세기의 함수인 출력이 얻어진다. 대표적인 광도전 센서는 황화카드뮴(cadmium sulphide, CdS), 카드뮴 셀레나이드(cadmium selenide, CdSe), 황화납(lead sulphide), 인듐 안티모나이드(indium antimonide, InSb), 수은 카드뮴 텔루라이드(mercury cadmium telluride, HgCdTe)를 사용한다. 이 중에서 가격이 저렴한 CdS 와 CdSe가 가장 많이 사용되지만, 가시광선과 근적외선 검출에 국한되고 응답이 비교적 느리다(상승시간 50 ms). InSb나 HgCdTe를 사용하는 장치는 원적외선 파장대에서 작동할 수 있고 응답속도가 100 ns 대로 빠르지만, 최적 성능을 위해서 액체질소 온도까지 냉각이 필요하다[27].

광다이오드(표 6.2의 C1, C2, C3)는 *pn* 접합을 사용하며 광도전 셀과 유사하다(6.15.3절). 역 바이어스 전압으로 동작할 때(그림 6.19), 광다이오드는 광에 민감한 전류원으로 거동한다. 상승속도는 1 ns 정도까지 빠르게 할 수 있다. *pin*-광다이오드는 진성(intrinsic) 반도체 층이 *p*와 *n*층 사이에 끼워져 있다는 점에서 일반적인 종류와는 다르다. 이렇게 함으로써 응답속도와 민감도를 개선할 수 있으며, 어떤 *pin*-광다이오드는 상승속도를 0.1 ns 아래로 줄일 수 있다[28].

애벌란시 광다이오드(*avalanche photodiode*, APD)는 광다이오드에 수백 V 대의 항복전압(breakdown voltage)에 근접한 역 바이어스 전압을 걸어 줌으로써 사용한다. 그 결과, 일반 *pn*-, *pin*-광다이오드 보다 10에서 100배 큰 전류를 발생시킬 수 있다. APD의 장점은 높은 이득(gain)과 빠른 응답(상승속도 0.1 ns 대)이 있으나, 매우 안정된 전압 공급과 안정된 작동온도의 유지가 요구되는 단점이 있다.

광트랜지스터(*phototransistor*)와 **광달링톤 셀**(*photodarlington* cell)(표 6.2의 D1과 D2)은 기본적으로는 광다이오드로서, 민감도를 증가시키기 위해서 동일한 패키지에 한두 개의 증폭단을 첨가한 것이다. 광트랜지스터는 APD와 비슷한 이득값을 가지나, 응답성은 느리다(상승시간 수십 μs). 광달링톤은 높은 이득을 지니나 수백 μs의 느린 상승시간을 가진다[29].

6.16.3 응용

광 검출기는 기계계측에서 널리 사용되고 있다. 예로 빛의 차단을 이용한 단순 계수(counting), 스트레인 측정, 온도측정(16.8절), 이슬점(dew-point) 제어[28], 프로세스 모니터 등이 있다. 레이져와 함께 사용하면, 유체속도 측정시스템(15.10절)과 진동측정 시스템(17.12절)의 기초를 제공한다.

광검출기는 1차원과 2차원 배열로 구성할 수 있다. 이러한 배열로 디지털 카메라를 구성할 수 있는데, 영상을 이산된 광검출기 배열의 전압신호로 변환할 수 있다(8.12절). CCD(*charge coupled diode*) array는 특히 중요한데, 디지털 이미지를 캡쳐(capture)하기 위해 광다이오드를 사용한다. 광검출기의 배열은 전장(whole-field) 온도 검출, 머신 비젼 시스템(machine vision system), 유체 흐름의 가시화를 비롯한 많은 측정에 사용될 수 있다.

다른 특수한 응용으로 광차단기(optointerrupter)와 광절연기(optoisolator)를 들 수 있다. 이들은 광다이오드와 LED로 구성되어 있는데, LED로부터 나온 빛이 광다이오드를 광전지에 도달하도록 배치되어 있다(그림 6.20 및 6.21). 빛을 가리는 마스크(mask) 등을

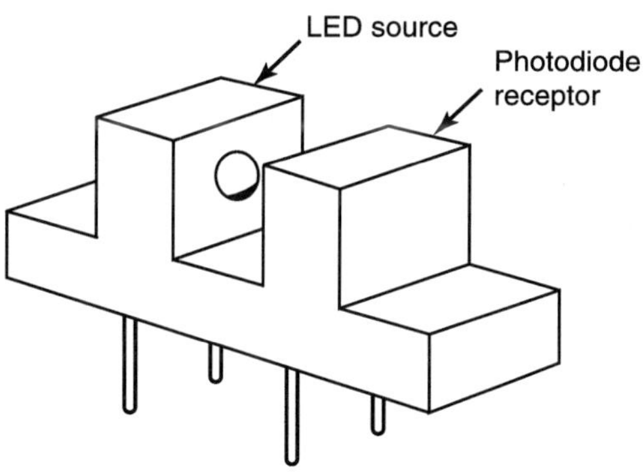

그림 6.20 LED광원과 광전지 센서로 구성된 옵토인터럽터, 광선 경로의 기계적인 차단은 계수, 트리거링, 동기화와 같은 다양한 목적에 사용된다.

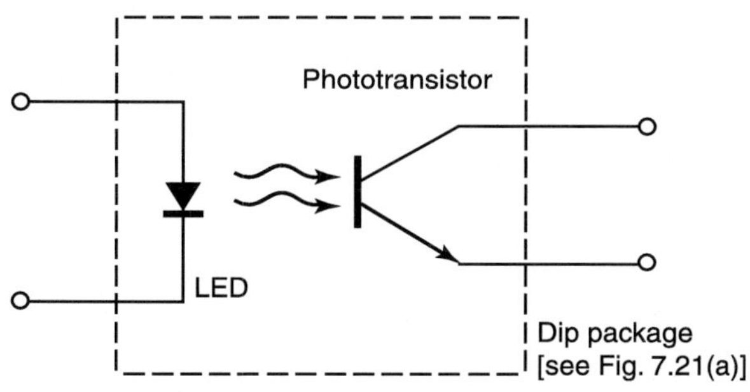

그림 6.21 옵토아이솔레이터의 기본적인 요소, 저임피던스 전류 회로를 고임피던스 전압 회로에 연결하는 데 사용된다. 또한 회로 사이의 완전한 전기적 절연을 제공하는 목적으로도 사용된다.

표 6.2 광검출기(photon detectors)

형태	기호 및 회로	출력형태	상대적인 주파수 응답	비고
A. 광방출 또는 광전자 중배판	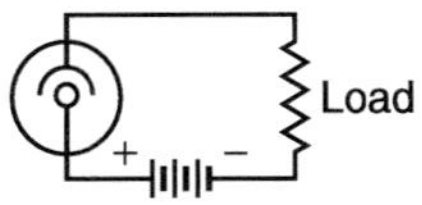	전류	매우 빠름 (very fast)	진공유리 또는 수정 엔벨로프에서 음극-양극의 조합으로 구성됨. PMT 이득은 10^3에서 10^8정도임. 고전압이 요구됨. 민감도 가장 높음.
B. 광도전 (또는 광저항)	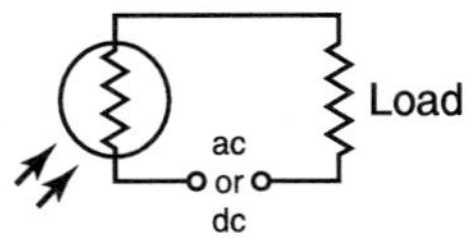	저항 변화	매우 느림 (extremely slow)	빛에 민감한 저항. 빛의 세기가 증가하면 저항이 감소됨. 고가형은 응답이 빠를 수 있음.
C1. 광다이오드 (*PN* 접합)		전류	매우 빠름 (very fast)	출력 전류가 작다는 단점이 있음. "암전류"가 매우 작지만(수 nA 정도), 0은 아님.
C2. *PIN* 다이오드	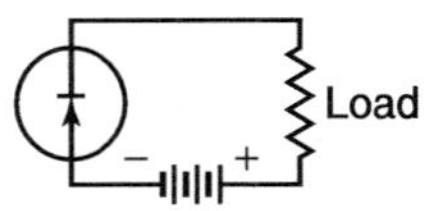	전류	매우 빠름 (extremely fast)	*PIN* 다이오드는 *P*와 *N*층 사이에 진성반도체 층이 있어서, 넓은 범위의 파장에 대해 응답할 수 있음.
C3. 애벌란시 광다이오드		전류	매우 빠름 (extremely fast)	APD는 breakdown voltage 근처에서 작동됨. 다른 광다이오드에 비해 높은 internal gain과 민감도를 가짐.
D1. 광트랜지스터	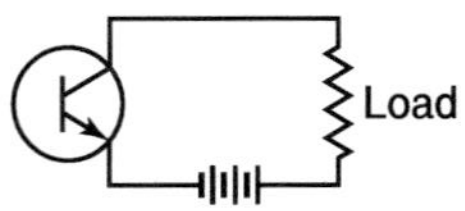	전류	느림 (slow)	증폭 능력으로 인해서, 주어진 입력에 대해서 광다이오드보다 훨씬 큰 전류를 공급함. 베이스는 거의 사용되지 않음.
D2. 광달링톤 (photodarlington)	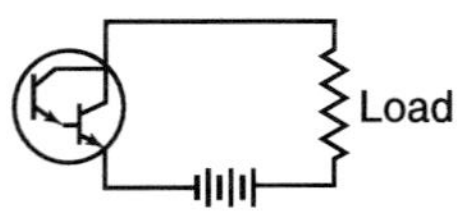	전류	매우 느림 (very slow)	광트랜지스터보다 훨씬 민감함.

이용하여 LED와 광다이오드 사이의 빛을 차단함으로써 계수(counting)를 비롯한 다양한 목적의 on/off 스위칭이 가능하게 한다. 광절연기는 저임피던스 전류 회로를 고임피던스 전압 회로로, 또는 그 반대로 정합시켜(matching)주는 데 사용된다. 또한 회로 사이에 고임피던스 절연을 제공하는데, 이는 건강과 관련된 일부 전자 기기에서 중요하게 사용된다[29].

6.17 홀 효과 센서

홀 효과(Hall effect)는 전류가 흐르는 도체를 자기장에 수직하게 두면 전류 및 자기장에 수직 방향으로 전압이 발생하는 현상을 말한다[30]. 이 전압은 자기장의 세기에 직접 비례한다. 근접한 물체의 위치에 따라 자기장이 변한다면, 홀 효과에 기초한 근접 센서(proximity sensor)를 만들 수 있다.

그림 6.22(a)에서 도체상에서 전류가 x-방향으로 흐르면, 전자는 x-방향으로 속도 $\mathbf{v}_d$로 움직인다. 자기장은 y-방향으로 흐른다. 이때 전자는 $-q$의 전하를 가지므로 z-방향으로 자기력 $\mathbf{F}_B$를 받게 된다.

$$\mathbf{F}_B = -q\mathbf{v}_d \times \mathbf{B}$$

이 힘에 의해서 전자는 위쪽으로 향하게 되므로, 도체의 상부를 따라 음전하가, 하부를 따라서는 양전하가 생성된다[그림 6.22(b)]. 이 전하분포가 전기장 $\mathbf{E}$를 형성하는데, 정상 상태에서는 전자에 작용하는 전기력과 자기력이 크기는 같고 방향이 반대가 된다.

$$\mathbf{F}_E = -q\mathbf{E} = -\mathbf{F}_B$$

윗 식으로부터 전기장의 세기는 $E = v_d B$가 된다. 전기장은 전압의 구배(gradient)이므로, 높이 l의 도체에 걸리는 전압차는

$$V_{\text{Hall}} = lE = v_d l B \tag{6.11}$$

이 된다. 이것이 홀 효과 전압이다.

홀 효과는 자기장내에서 전류가 흐르는 어떤 도체에서도 나타나지만, 금속보다는 반도체에서 훨씬 더 뚜렷이 나타난다. 그러므로 대부분의 홀 효과 변환기는 반도체를 사용하며, 흔히 IC 신호 조정 장치와 결합되어 구성된다. 또한 영구 자석이 변환기내에 설치되어 센서에 필요한 자기장을 공급하기도 한다(그림 6.23). 다른 자석이나 철금석(ferrous metal)과 같은 물체가 통과하면서 자기장을 변화시키면, 홀전압의 변화가 변환기의 출력 단자에 나타난다. 홀 효과 변환기는 위치 센서, 키보드 구동기(solid-state keyboards actuator), 전류 센서[31]등으로 사용된다. 저렴하고 강인하게 포장된 홀센서는 차량의 크랭크샤프트 타이밍 센서(timing sensor)로 사용되기도 한다[32].

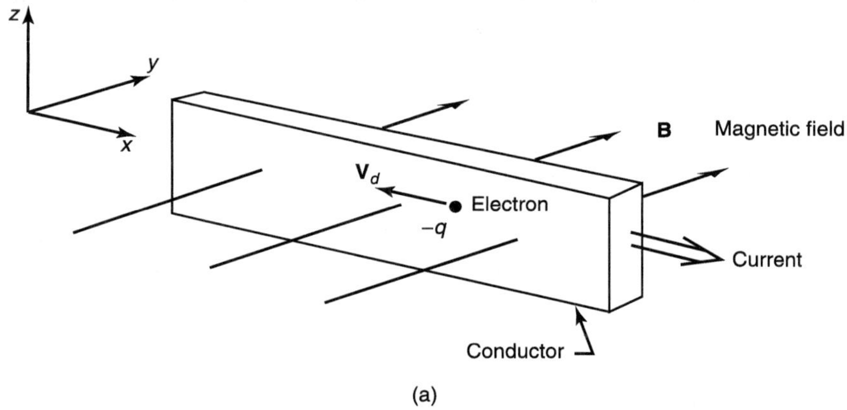

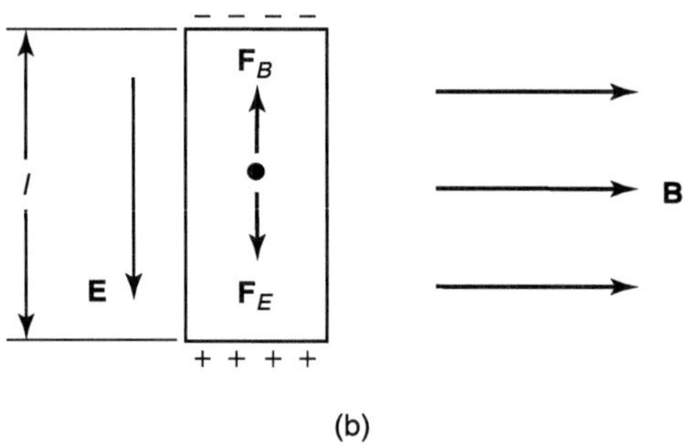

그림 6.22 홀 효과: (a) 도체에는 자기장과 수직한 방향으로 전류가 흐른다. (b) 전자는 자기력에 의해서 위쪽으로 이동하며, 반대되는 전기장이 형성된다.

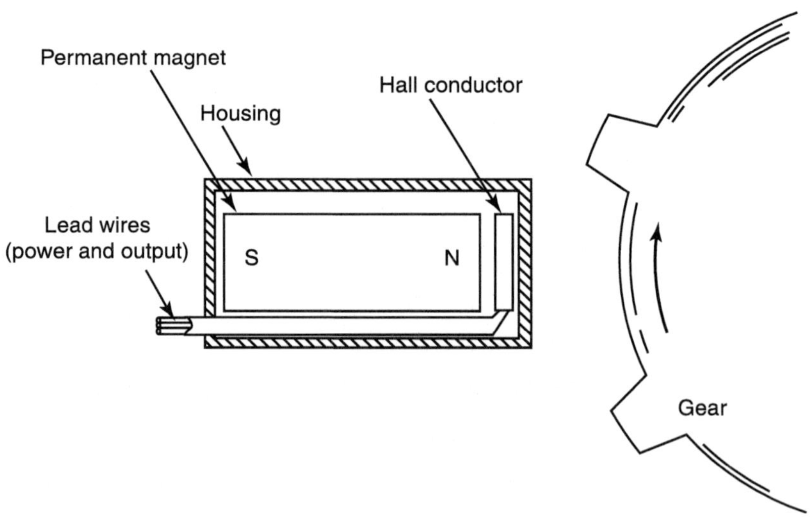

그림 6.23 홀 효과 기어 투스(gear-tooth) 센서[30]

6.18 설계와 연관된 문제

정확도, 감도, 동적 응답, 반복 정밀도, 원치 않는 압력을 제거하는 능력 등은 모두 계측 시스템의 각 부품에 절실히 요구되는 항목들이다. 이러한 품질을 제공하기 위해 결합되는 많은 파라미터들은 흔히 상충되는 문제들을 제공하므로, 최종 설계에서 절충되어져야만 한다. 실험 설계에 있어서의 불확실성에 대한 고려는 3.11.2 및 3.12절에서 논의되었으며, 계측 시스템의 응답에 대해서는 5장에서 다루어졌다. 여기서는 추가적인 설계 문제들을 살펴 보기로 한다.

6.18.1 제조 공차

부품이나 시스템을 설계하여 도면에 나타내는 일은 중요한 시작점이지만, 결국엔 장치를 제작하여야 하며, 어떠한 가공 공정도 길이나 각도 치수를 **'정확히'** 가공할 수는 없다는 점에 유의해야 한다. 치수는 항상 지정된 공차(tolerance)가 부여되어야 하는데, 이러한 변동이 성능에 미치는 영향을 어떻게 예측할 수 있을까? 다음 예제는 이 문제에 대한 한 가지 접근 방법을 예시해 준다.

예제 6.1 그림 6.24의 스프링 저울을 설계한다고 가정하자. 힘의 용량이 50 N이며, 최대 변형이 10 cm라 가정하자. 이는 5 N/cm의 변형 상수에 해당한다.

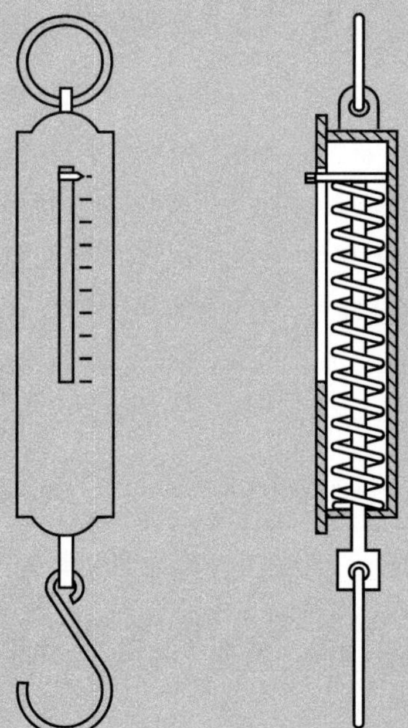

그림 6.24 스프링형 "피시(fish)" 저울

풀이: 코일 스프링에 대한 전형적인 설계 관계식을 사용하자[33]. 과부하를 막기 위한 적절한 변형 제한 장치를 갖춘다면, 평균 코일의 직경 D_m이 2 cm이며, 철선의 직경이 2 mm인 스프링이 응력에 대한 요구 조건을 만족시킬 것이다. 코일 스프링에 흔히 사용되는 변형 방정식은

$$K = \frac{F}{y} = \frac{E_s D_w^4}{8 D_m^3 n}$$

인데, 여기서 $K =$ 스프링 상수(N/m)

$F =$ 설계 하중(N)

$y =$ 해당 변형(m)

$E_s =$ 비틀림 탄성계수(철강의 경우는 약 80×10^9 Pa)

$n =$ 코일의 수를 각각 나타낸다.

이 관계식과 위의 설계값을 이용하여 요구되는 변형 상수를 제공하기 위해서는 코일의 수가 40이어야 한다는 것을 알 수 있다. 여기서 합리적인 공차를 적용시킨다면, 설계값은 다음과 같이 얻어진다.

$$D_w = 2 \pm 0.01 \text{ mm},$$
$$D_m = 2 \pm 0.05 \text{ cm},$$
$$n = 40 \pm \frac{1}{3} \text{ coils, and}$$
$$E_s = 80 \times 10^6 \pm 3.5 \times 10^6 \text{ kPa}$$

이제 다양한 불확도(제조 공차)가 변형 상수 K에 어떻게 영향을 주는지를 생각해 보자([34] 참조). 코일의 99%가 이러한 공차 중 어느 항목도 초과하지 않는다고 가정하자. 다시 말하자면, 각 변수에 대해 99%의 불확도 한계를 나타내도록 공차를 취한다. 그러면 3.10절에서 언급한 방식을 사용하여

$$\frac{U_K}{K} = \sqrt{\left(\frac{4 \times 0.01}{2}\right)^2 + \left(\frac{3 \times 0.05}{2}\right)^2 + \left(\frac{0.33}{40}\right)^2 + \left(\frac{3.5}{80}\right)^2}$$
$$= 0.0895 \approx 9\% \qquad \text{(99\% confidence)}$$

또는

$$K = 500 \pm 45 \text{ N/m} \quad (99\%)$$

을 얻을 수 있다. mm, cm 및 m 단위가 앞의 예제에서 사용되었으므로, 소수점의 위치에 주의하여야 한다.

공칭값(nominal value)에 해당하는 치수를 설계한다면, 제조 공차(manufacturing tolerance)에 따라서 50 N의 힘은 실제로는 45.5에서 54.5 N 범위내의 어떤 값으로도 표

시될 수 있다. 이 결과가 만족스럽지 않다면, (1) 제조 공차를 보다 잘 조정하거나, (2) 교정(calibration)을 위한 수단을 제공하여야 한다.

다양한 방법의 교정이 장치의 원하는 품질에 따라 사용될 수 있다. 이 경우에 두세 개의 면판(faceplate)을 사용할 수 있는데, 각각은 교정 범위내의 일부를 담당하도록 스케일되어 있다. 조립시에 단순한 교정은 가장 적절한 면판을 결정하게 된다. 13.4.1절은 이 예제에 적용될 수 있는 또 다른 방식을 보여 준다.

이 시점에서 또 다른 관찰을 하는 것이 필요하다. **중량**(*weight*)은 기본적으로 **힘**이므로, kg 단위 대신에 N 단위로 교정을 표현해야 한다. kg 단위로 교정된 눈금이 정확하기 위해선, 면판에 작용하는 중력가속도의 값을 포함해야 한다. 중력에 의한 표준가속도는 9.80665 m/s^2이며, 50 N범위에 해당하는 kg의 범위는 0에서 50/9.80665 $\approx$ 5.1 kg이 된다.

명백히 앞의 예제에서 사용한 절차는 다른 많은 공차 문제뿐만 아니라 대부분의 탄성 변환기에도 적용이 가능하다.

6.18.2 온도와 연관된 문제

이상적인 계측 시스템은 설계신호에만 반응하고 다른 모든 신호에는 반응하지 말아야 하지만, 이러한 이상적인 경우는 결코 존재하지 않는다. 측정에 악영향을 미치는 가장 경계해야 할 외부 자극 중의 하나가 바로 온도이다. 범용 계측 시스템에서 일정한 온도를 항상 유지할 수는 없으므로, 온도의 변화에 대응하여 이를 보상할 수 있는 일반적인 해결책을 찾아야 한다.

온도의 변화는 치수를 변화시키고, 탄성과 전기적 성질 등, 물리적 성질의 변화를 초래하며, 이로 인해서 **영점 편위**(零點偏位, *zero shift*)와 **눈금 오차**(*scale error*)라 불리는 편차가 발생한다(그림 3.2 참조)[35]. 영점 편위는 무입력(no-input) 시에 나타나는 출력의 변화를 의미힌다. 온도 이외의 요인에서도 영점 편위가 발생하지만, 온도가 가장 큰 요인이 된다. 대부분의 응용에서 무입력 조건(즉 입력이 0)에 해당하는 출력 눈금은 0이 되도록 조절된다. 예를 들어 지시계나 스프링 저울은 저울에 중량이 전혀 가해지지 않을 때 출력이 0으로 설정된다. 저울이 0으로 설정된 후에 온도가 변한다면, 스프링과 저울 사이에 치수 변화가 발생하여 무하중 눈금을 변경시킨다. 이러한 변화가 바로 **영점 편위**이며, 이는 주로 온도 변화에 따른 수축 또는 팽창에 기인하는 선형적인 치수 변화(dimensional change)의 함수이다.

치수 변화는 다음의 익숙한 관계에 의해서 팽창 계수(coefficient of expansion)의 항으로 표현된다.

$$\alpha = \frac{1}{\Delta T}\frac{\Delta L}{L_0} \tag{6.12}$$

및
$$L_1 = L_0(1 + \alpha \, \Delta T) \tag{6.13}$$

여기서
$\alpha =$ 선형 팽창 계수(ppm/def temp. $\times 10^{-6}$)
$L/L_0 =$ 길이의 단위 변화
$\Delta T =$ 온도변화($T_1 - T_0$)
$L_0 =$ 기준 온도 T_0에서의 길이
$L_1 =$ 다른 온도 T_1에서의 길이

를 각각 나타낸다.

영점 편위 외에도, 탄성 하중 전달 부재(resilient loadcarrying member)가 관계될 때, 온도 변화는 눈금 교정(scale calibration)에 영향을 미친다. 온도 변화에 의해서, 스프링의 코일과 철선의 직경이 변화되며, 또한 스프링 재질의 탄성 계수도 변경된다. 이러한 변동은 변형 상수의 변화를 초래하며, 따라서 하중-변형 관계를 변화시켜서 **눈금 오차**를 초래하게 된다.

열탄성 계수(thermoelastice coefficient)는

$$c = \frac{1}{\Delta T} \frac{\Delta E}{E_0} \tag{6.14}$$

와
$$E_1 = E_0(1 + c \, \Delta T) \tag{6.15}$$

로 정의 되는데,

여기서
$c =$ 인장 탄성 계수(tensile modulus of elsticity)에 대한 온도 계수(ppm/deg temp $\times 10^{-6}$)
$\Delta E/E_0 =$ 인장 탄성 계수의 단위 변화
$E_0 =$ 온도 T_0에서의 인장 탄성 계수
$E_1 =$ 온도 T_1에서의 인장 탄성 계수

를 각각 나타낸다.

유사하게, 비틀림 탄성에 대해서는

$$m = \frac{1}{\Delta T} \frac{\Delta E_s}{E_{s_0}} \tag{6.16}$$

와
$$E_{s_1} = E_{s_0}(1 + m \, \Delta T) \tag{6.17}$$

로 정의되는데,

여기서 $m =$ 비틀림 탄성 계수(torsional modulus of elasticity)에 대한 온도 계수(ppm/deg temp $\times$ 10^{-6})

$\Delta E_S/E_{S0} =$ 비틀림 탄성 계수의 단위 변화

$E_{S0} =$ 온도 T_0에서의 비틀림 탄성 계수

$E_{S1} =$ 온도 T_1에서의 비틀림 탄성 계수

를 각각 나타낸다.이들 양에 대한 대표적인 값들이 표 6.3에 나와 있다.

온도 변화에 의한 탄성의 변화가 계측 성능에 영향을 미치는 방식은 다음 예에서 알 수 있다. 어떤 계측 장치에서 복원 요소가 직사각형 단면을 가진 단판 외팔보 스프링(single-leaf cantilever spring)이라 가정하자. 기준 온도 T_0에서의 변형 방정식은

$$K_0 = \frac{F}{y} = \frac{3E_0 I_0}{L_0^3} = \frac{E_0 w_0 t_0^3}{4L_0^3} \tag{6.18}$$

가 되는데,

여기서 $K_0 =$ 변형 상수

$I_0 =$ 관성 모멘트

$w_0 =$ 기준 온도에서의 단면의 폭

$t_0 =$ 기준 온도에서의 단면의 두께

$L_0 =$ 기준 온도에서의 빔의 길이

를 각각 나타낸다.

다른 온도 T_1에 대해 다음과 같은 또 다른 방정식을 고려할 수 있다.

$$K_1 = \frac{[E_0(1 + c\ \Delta T)][w_0(1 + \alpha\ \Delta T)][t_0(1 + \alpha\ \Delta T)]^3}{4[L_0(1 + \alpha\ \Delta T)]^3} \tag{6.19}$$

그러므로

$$\begin{aligned}\text{Percent error in deflection scale} &= \left(\frac{K_0 - K_1}{K_0}\right) \times 100 \\ &= [1 - (1 + c\ \Delta T)(1 + \alpha\ \Delta T)] \times 100\end{aligned}$$

이 된다. 이 식을 전개한 다음 2차항을 무시하면,

$$\text{Percent scale error} = -(c + \alpha)\ \Delta T \times 100 \tag{6.20}$$

을 얻는다. 스프링이 스프링 황동(spring brass)으로 만들어진다면,

$$\text{Percent scale error}/°\text{F} = -(-217 + 11.2) \times 10^{-6} \times 100 = 0.021\%$$

가 된다. 따라서 +50°F의 온도 변화가 약 +1%의 눈금 오차를 초래한다(이는 이 스프링

표 6.3 몇몇 재료에 대한 온도 특성

재료	인장 탄성 계수, E Pa × 10^{-10} (psi × 10^{-6})	비틀림 탄성 계수, E Pa × 10^{-10} (psi × 10^{-6})	선형 팽창계수, α ppm/°C (ppm/°F)	인장 탄성 계수의 온도계수, c^* ppm/°C (ppm/°F)
고탄소 스프링강 (High-carbon spring steel)	20.7 (30)	7.93 (11.5)	11.6 (6.5)	−220 (−122)
크롬-바나듐강 (Chrome-vanadium steel)	20.7 (30)	7.93 (11.5)	12.2 (6.8)	−260 (−145)
스테인리스강 (Stainless steel Type 302)	19.3 (28)	6.9 (10)	16.7 (9.3)	−439 (−244)
스프링 황동 (Spring brass)	10.3 (15)	3.8 (5.5)	20.2 (11.2)	−391 (−217)
인청동 (Phosphor bronze)	10.3 (15)	4.3 (6.3)	17.8 (9.9)	−380 (−211)
인바 (Invar†)	14.8 (21.4)	5.6 (8.1)	1.1 (0.6)	+48.1 (+27)
아이소일래스틱 (Isoelastic†)	18.0 (26)	6.3 (9.2)	7.2 (4)	−36 to +13 (−20 to +7.3)
알루미늄 (Aluminum)	6.9 (10)	2.6 (3.8)	23 (13)	−270 to −400 (−150 to −220)

*C는 비틀림 탄성계수에도 사용될 수 있음.
† 상표명.

의 강성이 저하되어 주어진 하중에 대해 스프링이 원래보다 많이 변형됨을 의미한다).

이 예에서 스케일 오차가 물질의 함수임을 주목하기 바란다. 우리가 논의하고 있는 것은 탄성부재의 힘-변형관계이지, 단순한 운동전달용 기구(Bourdon-tube 압력계의 링키지와 같은)를 논의에 포함하지 않음을 확실히 하기 바란다.

비록 기계적인 양은 아니지만, 온도 변화에 의해 영향을 받는 또 하나의 양은 바로 전기 저항이다. 기본적인 저항 관계식은

$$R = \rho \frac{L}{A} \tag{6.21}$$

이며, 여기서 $R =$ 저기 저항(Ω)
$\rho =$ 저항률($\Omega \cdot$ cm)
$L =$ 도체의 길이(cm)
$A =$ 도체의 단면적(cm^2)이다.

온도가 변함에 따라 전기 도체의 저항은 변하게 되는데, 이는 팽창 또는 수축에 기인한 치수 변화와 재료 자체의 전류를 방해하는 성질의 변화라는 두 가지 요인에 의한 것이다. 구속되지 않은 도체에 대해서는, 후자가 전자보다 훨씬 중요한 요인이 되며, 구리에 대해서는 총 변화의 99% 이상이 이 요인에 의한 것이다[36]. 그러므로 대부분의 경우에 치수 변화의 영향에 대한 고려는 그다지 중요하지 않게 된다. 온도에 의한 치수 변화가 무시된다면, 온도에 대한 저항률(resistivity)의 변화는

$$b = \frac{1}{\Delta T} \frac{\Delta \rho}{\rho_0} \tag{6.22}$$

또는

$$\rho_1 = \rho_0 (1 + b\, \Delta T) \tag{6.23}$$

로 표시되는데, 여기서 $b =$ 저항률의 온도 계수[($\Omega \cdot$ cm)/($\Omega \cdot$ cm $\cdot$ deg)]
$\Delta T =$ 온도 변화(deg)
$\Delta\rho/\rho_0 =$ 저항률의 단위 변화
$\rho_0 =$ 기준 온도 T_0에서의 저항률($\Omega \cdot$ cm)
$\rho_1 =$ 다른 온도 T_1에서의 저항률($\Omega \cdot$ cm)

을 각각 나타낸다. 만약 온도에 따른 치수 변화를 고려한다면, 윗식은

$$\begin{aligned} \rho_1 &= \frac{R_0 A_0}{L_0} (1 + b\, \Delta T)(1 + \alpha\, \Delta T) \\ &= \rho_0 (1 + b\, \Delta T)(1 + \alpha\, \Delta T) \end{aligned} \tag{6.24}$$

가 된다. 표 6.4는 몇몇 재료에 대한 저항률 계수를 보여준다.

6.18.3 온도오차를 제한하는 방법

계측에서의 온도 문제는 다음의 세 가지 방법으로 해결할 수 있다.

(1) 재료 및 작동 온도 범위의 주의 깊은 선정에 의한 최소화(*minimization*)
(2) 온도에 대해 역으로 반응하는 요소나 효과를 사용한 보상(*compensation*)
(3) 온도 제어를 통한 제거(*elimination*)

경우에 따라 바람직한 방법이 달라지므로 정형화된 추천은 어렵지만, 이들에 대한 간략히 논의해 본다.

최소화

앞서 언급한 바와 같이, 온도에 의한 오차는 단순한 운동 전달 요소의 경우에는 열팽창에 의해, 탄성을 이용하는 변환기 요소의 경우에는 열팽창과 탄성 계수의 변화에 의해, 그리고 전기 저항을 이용하는 변환기의 경우에는 열팽창과 저항률 변화에 의해서 초래된다. 이러한 모든 효과는 낮은 온도 계수를 가진 재료를 선정함으로써 최소화될 수 있다. 물론 최소 온도 계수를 가진 재료가 항상 고강도, 저비용, 내부식성 등과 같은 바람직한 특징을 함께 가지고 있는 것은 아니다.

표 6.4 몇몇 재료에 대한 저항률 및 저항률의 온도 계수

재료	합금의 성분	20°C (68°F)에서의 저항률 Ω · cm×10^6	저항율의 온도계수, b Ω/Ω · deg×10^6 Per°C	Per°F
Aluminum	—	2.8	3900	2170
Constantan*	60% Cu, 40% Ni	44	11	6
Copper (annealed)	—	1.72	3900	2180
Iron	99.9% pure	10	5000	2800
Isoelastic*	36% Ni, 8% Cr, 4% Mn, Si, and Mo, remainder Fe	48	470	260
Manganin*	9–18% Mn, $1\frac{1}{2}$–4% Ni; remainder Cu	44	11	6
Monel*	33% Cu, 67% Ni	42	2000	1100
Nichrome*	75% Ni, 12% Fe, 11% Cr, 2% Mn	100	400	220
Nickel	—	7	6400	3550
Silver	—	1.6	4000	2250

주의: 위의 값들은 대략적인 근사값들이다. 실제 값은 정확한 성분에 따라 달라지며, 어떤 경우에도 냉간 가공의 정도에 따라 달라진다.

* 상표명

보상

온도 보상 방법은 시스템의 기본 특성에 따라 많은 다른 형태를 취하게 된다. 기계 시스템이 사용된다면, 복합적 구조(composit construction)를 가지는 보상 형태가 채택될 것이며, 전기 시스템의 경우에는 전기 회로에 의해 보상이 이루어진다.

복합적 구조에 의한 보상의 한 예는 시계의 평형휠(balance wheel)이다. 온도가 증가함에 따라 스프링 재료의 계수가 감소하는 동시에 휠의 관성 모멘트는 열팽창에 의해서 증가하므로, 이 두 요인에 의해서 시계가 늦어진다. 만약 휠의 림(rim)에 적절한 특성을 가진 바이메탈 요소를 사용한다면, 온도가 증가함에 따라 휠 스포크(wheel spoke)의 팽창과 스프링 계수의 변화가 모두 보상하기에 충분한 정도로 관성 모멘트가 감소하게 된다(선형 측정 장치에 대한 온도의 영향에 대해서 11.6절 참조).

전기 회로는 온도의 영향을 보상하기 위해서 다양한 수단을 사용한다. 6.8절과 16.4.3절에서 논의되는 서미스터(thermistor)는 이러한 목적에 매우 유용하다. 대부분의 회로 소자는 온도가 증가함에 따라 직류 저항이 증가하는 특성을 가지고 있다. 그러나 서미스터는 온도-저항 특성이 반대이고, 비교적 우수한 안정성을 가지므로, 단순한 온도-저항 보상에 매우 이상적이다.

저항 스트레인 게이지는 온도 변화에 특히 민감하다. 실제 상황은 매우 복잡한데, 이는 모재(base material)와 모든 게이지와 관련된 재료(지지대, 시멘트 및 그리드)의 열팽창 특성, 그리드 재료의 온도-저항 특성, 그리고 저항 장치이므로 열이 그리드에 의해서 발산된다는 사실이 복합되어 나타나기 때문이다. 그러나 유사한 게이지로부터의 출력을 이용하여 온도 영향을 서로 상쇄시킴으로써, 온도 보상 문제를 잘 해결할 수 있다. 이는 스트레인 게이지에 널리 사용되는 저항 브리지 회로를 사용함으로써 얻을 수 있다(12.10절 참조). 또한 자기 보상 게이지(self-compensating gage)도 개발되고 있다(13.5절 참조).

제거

온도 제어를 통해서 온도 문제를 제거한다는 세 번째 방법은 특별한 설명을 필요로 하지 않는다. 대규모로 주위의 온도를 제어하는 경우부터 소규모로 계측기내에 일정한 온도를 유지시키는 경우까지 많은 방법이 존재한다. 후자의 예로 주파수를 결정하는 수정(quartz) 크리스탈을 안정화시키는 데 사용되는 "크리스탈 오븐(crystal oven)"이 있다.

6.19 요약

이 장에서는 기계적 입력을 측정하기 위한 장치나 원리에 대해서 간략하지만 다양하게 살펴보았다. 일부 장치들은 이 책의 다른 부분에서 자세히 다루게 되므로, 표 6.1에 이에 대한 정보를 수록하여 놓았다. 더 자세한 정보를 얻기 위해서는, 추천 문헌들을 참고하기 바란다.

1. 센서는 흔히 1단계의 검출단계와 2단계의 변환 단계를 포함한다. 각 단계는 감지된 정보를 다른 형태, 흔히 전기 신호의 형태로 변환한다. 특수한 센서의 설계 및 선택은 충분한 감도와 최소의 소스 부담(loading) 등의 요구 조건에 의해 결정된다(6.1~6.4절).
2. 다양한 종류의 변환기가 감지 요소의 저항 변화에 기초한다(6.5~6.8절). 인덕턴스의 변화(6.10~6.12절)와 커패시턴스의 변화(6.13절)를 기초로 하는 변환기도 자주 사용된다.
3. 일부 감지 요소는 자체적으로 전력을 공급한다. 이러한 요소에는, 온도에 의존하는 기전력을 발생하는 열전대(6.9절)와 하중을 받을 때 전하를 발생하는 압전센서(6.14절) 등이 있다.
4. 반도체 소자는 다양한 감지 요소들 중에서 사용 범위가 점차 증가하고 있다(6.15절). 이들 센서는 초소형 전자 회로 제작 기술의 장점을 취한다.
5. 광검출 변환기는 열 및 광자장치로 분류된다. 다양한 광소자들이 6.16절에서 설명되었다.
6. 홀 효과 센서는 흔히 위치 측정 및 그와 관련된 응용에 사용된다(6.17절).
7. 제조 공차와 온도 오차는 측정 시스템을 설계할 때 고려되어야 한다. 흔히 이러한 오차의 크기는 불확실성 해석방법에 의해서 사전에 추정될 수 있다(6.18절, 3.10, 3.11.2, 3.12절 참조). 이러한 추정은 변환기 성능을 향상시키기 위한 지침으로 사용할 수 있다.

SUGGESTED READINGS

ISA Directory of Instrumentation. Research Triangle Park, N.C.: Instrument Society of America, yearly editions.

Gautschi, G. H. *Piezoelectric Sensorics.* Berlin: Springer-Verlag, 2002.

Juds, S. M. *Photoelectric Sensors and Controls.* New York: Marcel Dekker, 1988.

Khazan, A. D. *Transducers and Their Elements.* Englewood Cliffs, N.J.: Prentice Hall, 1994.

Kovacs, G. T. A. *Micromachined Transducers Sourcebook.* New York: McGraw-Hill, 1998.

Norton, H. N. *The Handbook of Transducers.* Englewood Cliffs, N.J.: Prentice Hall, 1989.

Nunley, W., and J. S. Bechtel. *Infrared Optoelectronics: Devices and Applications.* New York: Marcel Dekker, 1987.

Pallàs-Areny, R., and J. G. Webster. *Sensors and Signal Conditioning.* 2nd ed. New York: John Wiley, 2001.

Sydenham, P. H. (ed.). *Handbook of Measurement Science.* New York: John Wiley, 1992.

Todd, C. D. *The Potentiometer Handbook.* New York: McGraw-Hill, 1975.

Trietley, H. L. *Transducers in Mechanical and Electronic Design.* New York: Marcel Dekker, 1986.

Wilson, J., and J. F. B. Hawkes. *Optoelectronics: An Introduction.* 3rd ed. Harlow, UK: Prentice Hall Europe, 1998.

연습문제

6.1. Consider an inductive displacement probe having a diameter of 0.25 in. If the probe is set at a "stand-off" distance of 0.050 in. relative to a shaft, determine the probe sensitivity (mV/0.001 in. displacement) when the probe is used as shown in the circuit shown in Figure 6.25. Assume Eq. (6.3c) is valid here with $n = 100$ and that the excitation frequency is 1000 Hz.

6.2. It is desired to construct a dynamic compression force cell capable of measuring forces in the range of ±1000 N. If a quartz disk 1.0 mm thick and 10 mm in diameter is used as the sensing element, determine the force cell sensitivity (mV/N).

6.3. For a capacitive displacement transducer whose behavior can be represented by Eq. (6.6a), determine an expression for the sensitivity $de_o/d(d)$ for an excitation frequency f if the transducer is used as shown in Fig. 6.26.

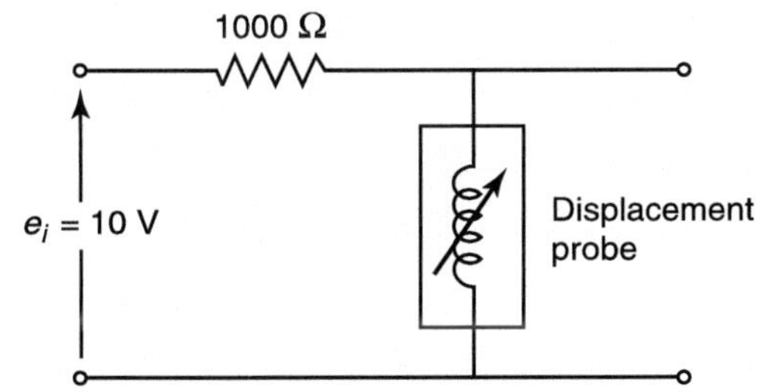

FIGURE 6.25: Circuit for Problem 6.1.

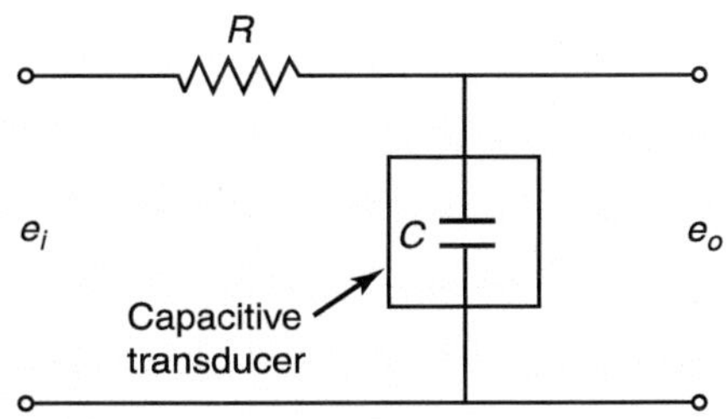

FIGURE 6.26: Circuit for Problems 6.3, 6.6, and 6.8.

6.4. A proving-ring-type force transducer is a very reliable device for checking the calibration of material-testing machines. An equation for estimating the deflection constant of the elemental ring, loaded in compression, is given Table 13.1. If $D = 10$ in. (25.4 cm) ± 0.010 in. (0.25 mm), t = the radial thickness of the section = 0.6 in. (15.24 mm) ± 0.005 in. (0.127 mm), w = the axial width of the section = 2 in. (5.08 cm) ± 0.015 in. (0.381 mm), and $E = 30 \times 10^6$ lbf/in.^{2} (20.68×10^{10} N/m^2) $\pm 0.5 \times 10^6$ lbf/in.^{2} (0.34×10^{10} N/m^2), calculate the value of K and its uncertainty, using English units.

6.5. Solve Problem 6.4 using SI units.

6.6. Consider the capacitive displacement transducer in Fig. 6.26 to be governed by the following relationship:

$$C = \frac{0.225A}{d}$$

where

C = capacitance (pF),
A = cross-sectional area of transducer tip (in.^{2}),
d = air-gap distance (in.)

Determine the change in e_o when the air gap changes from 0.010 in. to 0.015 in.

6.7. A capacitive displacement transducer as shown in Fig. 6.27 is constructed of two plates with area 2.0 in.^{2} separated by a distance of 0.006 in. If air is the separating medium, determine the sensitivity of the transducer in picofarads per 0.001 in. change in x.

FIGURE 6.27: Transducer arrangement for Problem 6.7.

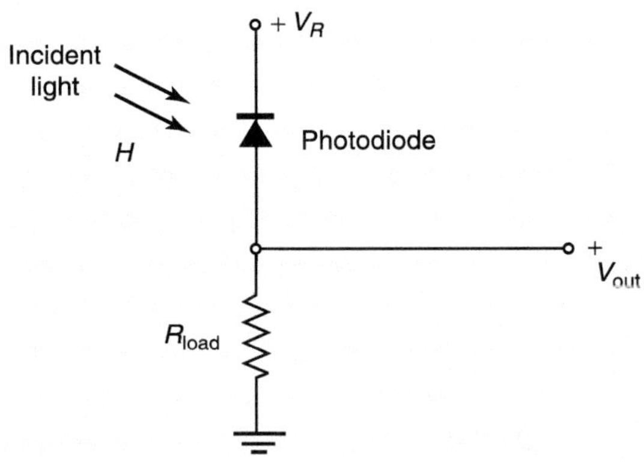

FIGURE 6.28: Circuit for Problem 6.10.

6.8. If the transducer of Problem 6.7 is inserted into the circuit of Fig. 6.26, determine the change in output voltage when x changes from 0.010 in. to 0.015 in. Is the sensitivity constant in this range?

6.9. **(a)** A commercial force sensor uses a piezoelectric quartz crystal as the sensing element. The quartz element is about 0.2 in. thick and has a cross section of about 0.3 in. by 0.3 in. The sensing element is compressed in the thickness direction when a load is applied over its cross section. The output voltage is measured across the thickness. What is the output of the sensor in volts per newton?

(b) A polyvinylidene fluoride film is used as a piezoelectric load sensor. The film is 25 μm thick, 1 cm wide, and 2 cm in the axial direction. It is stretched in the axial direction by the load. The output voltage is measured across the thickness. What is the output in volts per newton?

6.10. The circuit of Figure 6.28 may be used to operate a photodiode. The voltage V_r is a reverse-bias voltage large enough to make diode current, i, proportional to the incident light intensity, H. Under this condition, $i/H = 1\mu\text{A}/(\text{W/m}^2)$.

(a) Show that the output voltage, V_{out}, varies linearly with H.

(b) If $H = 1000$ W/m^2, $V_r = 5$ V, and an output voltage of 1 V is desired, determine an appropriate value of R_{load}.

6.11. Assuming that the specifications for Example 6.1 in Section 6.18.1 are for a nominal temperature of 20°C, calculate the nominal value for the deflection constant K for temperatures of (a) 40°C and (b) −20°C. (Use values for high-carbon spring steel.)

6.12. Calculate the deflection constant for the force transducer specified in Problem 6.4 for temperatures of (a) 40°C and (b) −20°C.

참고문헌

[1] Kneen, W. A. A review of the electric displacement gages used in railroad car testing. *ISA Proc.*, 6:74, 1951.

[2] Michael, P. C., N. Saka, and E. Rabinowicz. Burnishing and adhesive wear of an electrically conductive polyester-carbon film. *Wear*, 132:265–285, 1989.

[3] Beckwith, T. G., and R. D. Marangoni. *Mechanical Measurements*. 4th ed. Reading, Mass: Addison-Wesley, 1990, Section 7.8.

[4] Todd, C. D. *The Potentiometer Handbook*. New York: McGraw-Hill, 1975.

[5] Hutchinson, C. (ed). *The ARRL Handbook for Radio Amateurs*. 78th ed. Newington, Conn.: American Radio Relay League, 2000, p. 6.22. Revised annually.

[6] Carlson, A. B., and D. G. Gisser. *Electrical Engineering*. Reading, Mass.: Addison-Wesley, 1981, Chapter 17.

[7] Khazan, A. D. *Transducers and Their Elements*. Englewood Cliffs, N.J.: Prentice Hall, 1994, Chapter 3.

[8] Pallàs-Areny, R., and J. G. Webster. *Sensor and Signal Conditioning*. 2nd ed. New York: John Wiley, 2001, Chapter 4.

[9] Electronic micrometer uses dual coils. *Prod. Engr.,* 19:134, January 1948.

[10] Brenner, A., and E. Kellogg. An electric gage for measuring the inside diameter of tubes. *NBS J. Res.*, 42:461, May 1949.

[11] Low-temperature liquid-level indicator for condensed gases. *NBS Tech. News Bull.*, 38:1, January 1954.

[12] Heteny, M. *Handbook of Experimental Stress Analysis*. New York: John Wiley, 1950, p. 287.

[13] Sihvonen, Y. T., G. M. Rassweiler, A. F. Welch, and J. W. Bergstrom. Recent improvements in a capacitor-type pressure transducer. *ISA J.*, 2, November 1955.

[14] Leggat, J. W., G. M. Rassweiler, A. F. Welch, and Y. T. Sihvonen. Engine pressure indicators, application of a capacitor type. *ISA J.*, 2, August 1955.

[15] Welch, Weller, Hanysz, and Bergstrom. Auxiliary equipment for the capacitor-type transducer. *ISA J.*, 2, December 1955.

[16] Fleming, L. T. A ceramic accelerometer of wide frequency range. *ISA Proc.*, 5:62, 1950.

[17] *Kynar Piezo Film Technical Manual*. Valley Forge, Pa.: Penwalt Corporation, 1987.

[18] Carlson, A. B., and D. G. Gisser. *Electrical Engineering*. Reading, Mass.: Addison-Wesley, 1981, pp. 287–294.

[19] *Pressure Sensors*, Catalog BR121/D. Phoenix, Ariz.: Motorola, Inc., 1991.

[20] *Solid-State Sensor Handbook*. Sunnyvale, Calif.: SenSym, Inc., 1989.

[21] Alley, C. L., and K. W. Atwood. *Microelectronics*. Englewood Cliffs, N.J.: Prentice Hall, 1986, pp. 56–57.

[22] Wilson, J., and J. F. B. Hawkes. *Optoelectronics, an Introduction*. 2nd ed. Hemel Hempstead, UK: Prentice Hall International, 1989, pp. 280–286.

[23] *Handbook of Infrared Radiation Measurements*. Stamford, Conn.: Barnes Engineering Company, 1983, pp. 51–56.

[24] Dennis, P. N. J. *Photodetectors: An Introduction to Current Technology*. New York: Plenum Press, 1986.

[25] Pallàs-Areny, R., and J. G. Webster. *Sensors and Signal Conditioning*, 2nd ed. New York: John Wiley, 2001, Chapter 6.

[26] *Photomultiplier Handbook*. Lancaster, Pa.: Burle Technologies, Inc., 1980.

[27] Wilson, J., and J. F. B. Hawkes. *Optoelectronics: An Introduction*. 3rd ed. Harlow, UK: Prentice Hall Europe, 1998, Section 7.3.5.

[28] Kasap, S. O. *Optoelectronics and Photonics: Principles and Practices*. Upper Saddle River, N.J.: Prentice Hall, 2001.

[29] Horowitz, P., and W. Hill. *The Art of Electronics.* 2nd ed. New York: Cambridge University Press, 1989.

[30] Tipler, P. A. *Physics*. New York: Worth Publishers, Inc., 1976, pp. 848–850.

[31] *Hall Effect Transducers: How to Apply Them as Sensors*. Freeport, Ill.: Micro Switch, A Honeywell Division, 1982.

[32] Shuller, J., and A. Lee. Personal Communication to J. H. Lienhard, Chrysler Motors Corporation, February 1992.

[33] Shigley, J. E., and C. R. Mischke. *Mechanical Engineering Design*. 5th ed. New York: McGraw-Hill, 1989, Ch. 10.

[34] Haugen, E. B. *Probabilistic Approaches to Design*. New York: John Wiley, 1968.

[35] Gitlin, R. How temperature affects instrument accuracy. *Control Eng.*, 2, May 1955.

[36] Laws, F. A. *Electrical Measurements*. 2nd ed. New York: McGraw-Hill, 1938, p. 217.

Chapter 07 신호조정

7.1 서론

일단 기계적인 양이 검출되고 변환되면, 1단계의 출력을 수정하여 지시계나 기록계의 작동에 적합한 형태가 되도록 하는 것이 일반적으로 필요하다. 여기서는 이러한 중간단계인 신호 조정(signal conditioning) 단계에서 사용되는 몇 가지 방법을 소개하기로 한다.

동적인 기계량을 측정함에 있어 신호 조정 단계의 요소들이 지녀야할 특별한 특성이 요구된다. 즉 양호한 과도 응답특성과 큰 증폭이 흔히 요구되는데, 이러한 요구들은 유압이나 공압 등을 포함한 기계적인 방법으로는 만족시키기가 어려우므로, 전기 혹은 전자적인 요소들을 주로 사용하게 된다.

입력 신호는 흔히 검출기-변환기(detector-transducer)에 의해 기계적인 변위로 변환된다(표 6.1 참조). 그 후, 이차 변환기를 통하여 주로 전기적인 형태로 변환되는데, 이는 전기적 형태가 중간 단계에서 신호 처리하기가 쉽기 때문이다. 물론 어떤 경우에는 이러한 기계적 변위가 링키지, 기어 또는 캠과 같은 기계적인 중간 요소에서 신호처리되기도 하는데(예: 그림 6.1 참조), 이들 기계요소는 동적인 입력을 취급할 때는 충분한 신호크기를 가지도록 설계하기가 무척 어렵다.

동적 측정 분야에서는 순수한 기계적 시스템의 사용 빈도가 과거에 비하여 훨씬 줄었다. 이러한 순수 기계적 시스템의 몇 가지 근본적인 단점들은 간단히만 논의될 것이다.[1)]

기계적 요소에 의한 기계적인 증폭은 매우 제한적인데, 예를 들면 증폭이 수행되면 마찰력까지 함께 증폭되어 결과적으로 상당한 양의 원하지 않는 신호 부하(signal loading)가 생긴다. 이러한 효과에다가 백래시(backlash)와 탄성 변형이 겹쳐져서, 불량한 응답성을 초래한다. 관성효과는 주파수 응답특성을 감소시키고, 어떤 경우에는 시스템의 형상에 따라 위상 응답특성 또한 문제가 된다.

7.2 전기적 신호조정의 장점

전술한 바와 같이, 많은 검출기-변환기는 전기 신호로 출력을 제공하는데, 물론 이 경우에는 추후에 전기적으로 신호 조정을 수행하는 것이 편리하다. 그러한 신호조정의 대표적인 예로 저항 변화를 통한 전압 변화로의 변환, 오프셋 전압의 제거, 신호 전압의 증폭, 불필요한 주파수 성분의 제거 등을 들 수 있다. 또한 마찰 및 관성 효과를 줄이고 구조적 유연성의 요구사항을 최소화하기 위해서, **전력 증폭**(*power amplification*)이 용이한 전기적인 방법을 많이 사용한다. 전력 증폭기를 사용하여 추가적인 전력을 시스템에 공급함으로써, 입력보다 큰 출력 전력을 발생시킬 수도 있는데, 이러한 효과를 내는 기계적인 방법은 대

---

1) 이 책의 1판과 2판에서 기계적 신호조정의 방법과 문제점들에 관하여 자세히 다루고 있다.

부분의 계측기에서 찾기 어렵다 하겠다.[2] 또한 출력을 컴퓨터에 저장하거나, 전기적 제어, 디지털 디스플레이 등에서 처리해야 하는 경우에는 전기적 신호조정 방법이 필수적이다.

7.3 변조된(Modulated) 신호와 역변조된(Unmodulated) 신호

만약 아날로그 전기 신호가 피측정량(measurand)에 해당하는 신호 이외의 다른 실시간 변동 신호를 포함하지 않는다면, 피측정량 신호는 '순수(pure)' 하다고 할 수 있겠다. 반면에 어떤 경우에는 신호 주파수보다 높은 주파수로 진동하는 **반송파**(搬送波, *carrier*)와 측정량

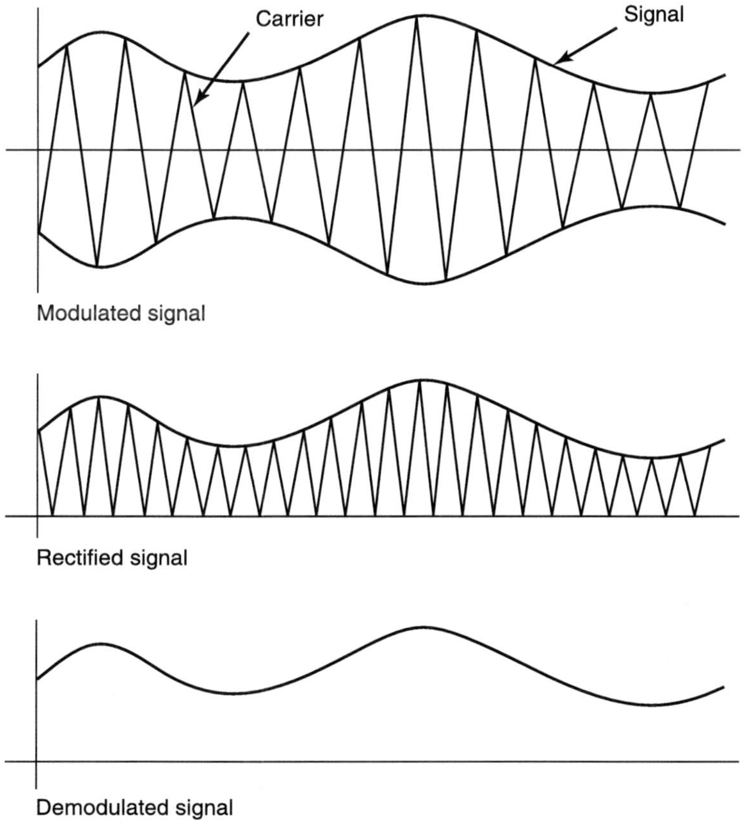

그림 7.1(a) 진폭 변조; 신호 정보는 반송파의 포락선에 포함되어 있다.

---

2) 신호 파워(signal power)를 증가시키기 위해 유압(hydraulic)과 공압(preumatic) 시스템이 사용되기도 한다. 하지만 이들은 주로 저속의 제어분야(예로 화학공정이나 전력생산 등)에 국한되어 사용된다. 다른 기계시스템과 같이, 마찰과 관성 때문에 동적 입력의 측정에 필요한 과도응답성에 한계가 있다.

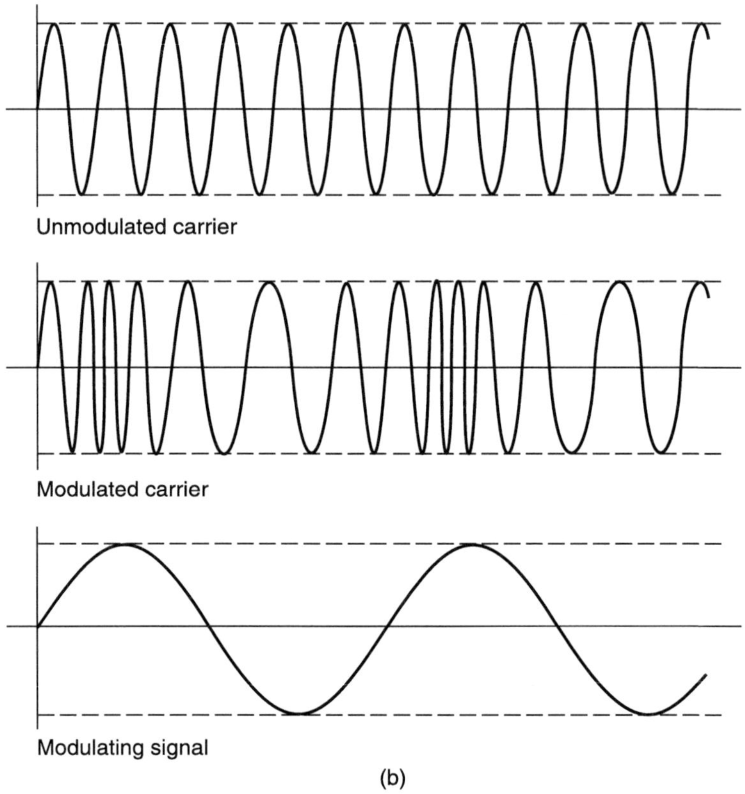

그림 7.1(b) 주파수 변조; 신호 정보는 반송파의 주파수 변동에 포함되어 있다.

신호가 '혼합(mixed)' 되기도 한다. 일반적인 경험 법칙에 의하면 주파수비는 최소한 10:1이 되어야 한다. 이 경우 신호가 반송파를 **변조**(變調, *modulation*)한다고 한다. 측정량 신호는 반송파의 진폭을 변화시키거나, 또는 주파수를 변화시킴으로써 반송파에 영향을 준다. 전자의 경우에는 반송파 주파수가 일정하게 유지되는 대신에 측정량에 의해 반송파의 진폭이 변하는데, 이를 진폭 변조(amplitude modulation, AM)라 한다(그림 7.1(a)). 후자의 경우에는 반송파 진폭이 일정하게 유지되는 대신에 측정량에 의해 반송파 주파수가 변하는데, 이를 주파수 변조(frequency modulation, FM)라 한다(그림 7.1(b)). 신호의 AM과 FM 변조과정을 이용하는 대표적인 응용례로 AM과 FM 라디오 방송을 들 수 있다.

변조 방법을 계측에 사용할 경우에는 진폭 변조를 더 일반적으로 사용한다. 수동 픽업(passive pickup)으로 얻어지는 거의 모든 기계적 신호는 유사한 AM형태로 변환될 수 있다. 인덕턴스나 커패시턴스에 기초한 센서는 교류 여자(ac excitation)를 필요로 한다. 차동 변압기(differential transformer, 6.11절)는 전자의 예이고, 액체 레벨을 측정하기 위한 커패시터 픽업(그림 6.12)은 후자의 예이다. 또한 어떤 저항형 센서(resistive-type sensor)도 경우에 따라 교류 여자를 사용하기도 한다.

변조된 반송파로부터 신호 정보를 추출하는 것 역시 필요하다. 진폭 변조(AM)된 신호에 대해서는, 이를 위하여 몇 가지 방법을 취할 수 있다. 가장 간단한 방법은 오실로스코프나 오실로그래프를 이용해서 전체 신호를 표시한 다음, 반송파의 포락선(envelope)으로부터 결과를 판독하는 것이다. 더 일반적인 방법으로는 그림 7.1(a)에서와 같이 혼합된 신호와 반송파를 정류(整流, rectification)와 필터링을 통해서 **복조**(復調, *demodulation*)하는 것이다. FM 복조는 주파수 판별(frequency discrimination), 라디오 검파(radio detection) 또는 IC 위상 동기 루프(phase-locked loop) 등의 더욱 복잡한 과정을 거쳐서 수행되지만, 더 자세한 논의는 이 책의 범위를 벗어난다.

7.4 입력 회로

전기적인 검출기-변환기는 두 가지 일반적인 형태가 있다: (1) **수동형**(*passive*), 신호를 발생하기 위해 보조 에너지원을 필요로 하는 형, (2) **능동형**(*active*), 자체적으로 에너지를 공급하는 형. 간단한 스트레인 게이지가 전자의 예이고, 압전 가속도계(piezoelectric accelerometer)는 후자의 예이다.

능동형(또는 self-powering) 검출기-변환기는 최소한의 회로만을 필요로 하는 반면에, 일반적으로 수동형은 보조 에너지를 공급하기 위한 특별한 회로구성을 필요로 한다. 이때 요구되는 특별한 회로구성은 검출-변환에 관련된 동작 원리에 따라 달라진다. 예를 들면 저항형 픽업은 교류 또는 직류 전원으로부터 전력을 공급받는 반면에, 용량형 및 유도형은 보통 교류 전원을 필요로 한다.

다음 목록은 모든 범주를 다 포함하는 것은 아니지만, 변환에 가장 일반적으로 사용되는 입력 회로의 형태를 분류한다: (1) 단순 전류 감지 회로, (2) 안정 회로, (3) 전압 분할 회로, (4) 브리지 회로, (5) 공진 회로, (6) 증폭기 입력 회로. 흔히 입력 회로 다음에 필터 회로가 뒤따라 사용된다. 이러한 입력 회로에 대해서 다음 절에서 자세히 논의한다.

7.5 단순 전류 감지 회로

그림 7.2(a)는 단순 전류 감지 회로를 나타내는데, 여기서 다양한 형태의 가변 저항 소자 중 하나가 변환기로 사용될 수 있다. 변환기의 가변저항을 kR_t라 한다면, 이 때 R_t는 변환기 저항의 최대값을 나타내고, k는 입력 신호의 크기에 따라 0.0에서 1.0(즉 0%에서 100%)사이의 값을 갖는 백분율 인자(percentage factor)를 나타낸다. 예를 들어 만약 변환기가 미끄럼 접촉 저항의 형태라면 k는 0%에서 100%까지의 전체 범위 내에서 값을 취하게 될 것이다. 반면 만약 변환기가 서미스터(thermistor)라면 k는 0%를 포함할 수 없고, 어떤 제한

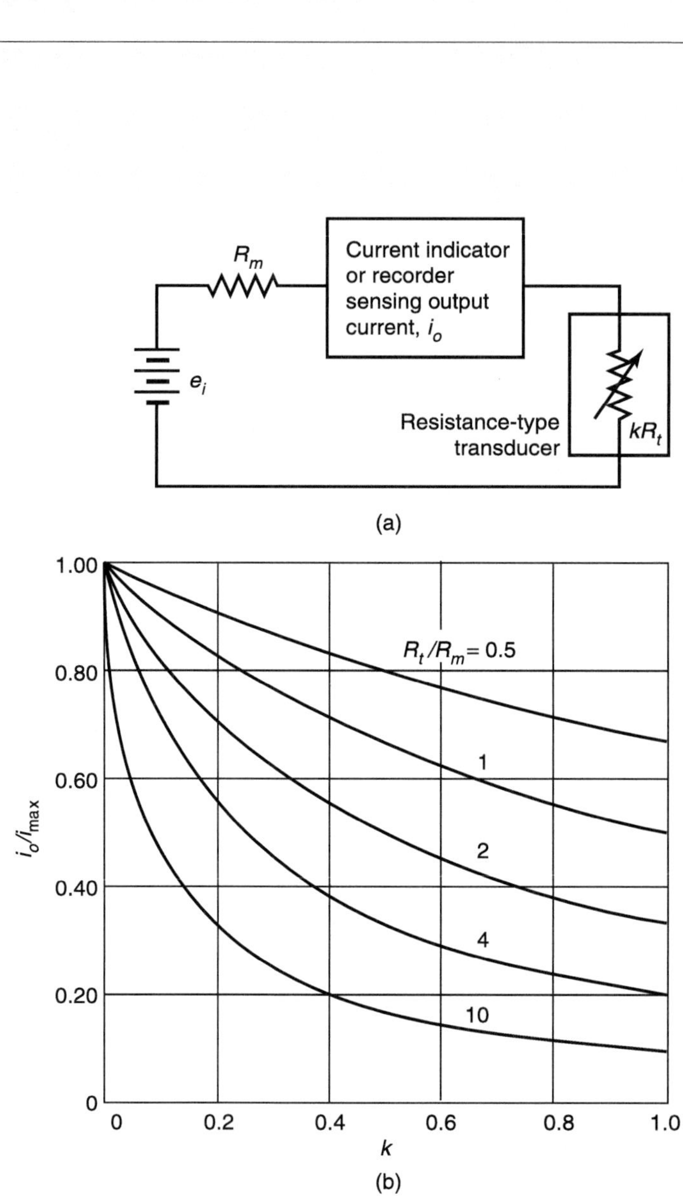

그림 7.2 (a) 단순한 전류 감지 회로, (b) 식 7.2의 선도, 단순한 전류 감지 회로에 대해 입력 신호 k의 항으로 전류의 변동을 보여 준다.

된 범위 내에서만 값을 가질 것이다. 한편 R_m은 변환기 저항을 제외한 회로의 나머지 부분에 대한 저항을 나타내며, 계기 저항과 전압원의 내부 저항 등을 포함한다.

만약 i_o가 회로에 흐르는 전류로서, 판독(readout) 장치에 의해 표시되는 전류치라 하면, 옴의 법칙(5.17절)에 의해서 다음과 같이 표현된다.

$$i_o = \frac{e_i}{kR_t + R_m} \tag{7.1}$$

여기서 $k = 0$일 때 회로에 최대 전류가 흐르고, 최대 전류값은 $i_{max} = e_i/R_m$이 된다. 따

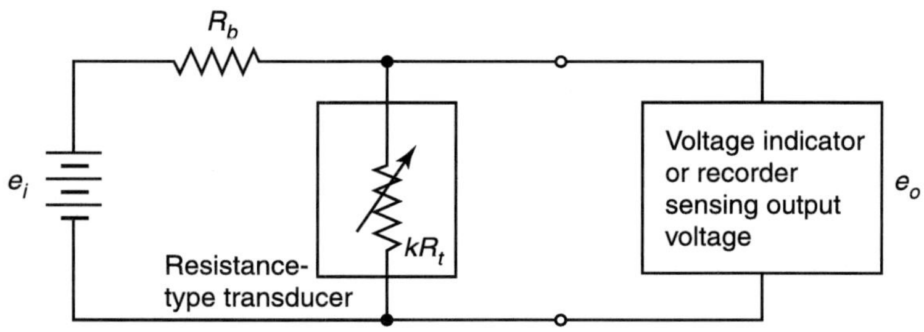

그림 7.3 전압 감지 회로의 도식적 표현

라서 식 7.1은 다음과 같이 다시 표현될 수 있다.

$$\frac{i_o}{i_{\max}} = \frac{i_o R_m}{e_i} = \frac{1}{1 + \left(\dfrac{R_t}{R_m}\right) k} \tag{7.2}$$

그림 7.2(b)는 다양한 값의 저항비 k 에 대한 식 7.2의 선도를 나타낸다. 이 선도에서 가로 좌표는 **신호 입력**의 측도(測度, measure)가 되고, 세로 좌표는 **출력**의 측도이다. 무엇보다도, 이 선도에서 입력과 출력의 관계가 비선형이라는 것을 관찰할 수 있는데, 이러한 비선형 관계는 물론 일반적으로 바람직하지 않다. 그리고 R_t~R_m 비가 커질수록 출력의 변동 혹은 민감도가 커짐을 보인다. 또한 출력이 i_{max}의 함수인데, 이 값은 e_i에 의존하고 있다. 따라서 교정(calibration)이 정확히 유지되기 위해, 계측 중에 구동 전압이 변동되지 않도록 주의 깊은 제어가 필요하다.

7.6 안정 회로

그림 7.3에 나타낸 바와 같이, 전류 감지회로의 응용으로서, **안정**(*ballast*) 회로라 불리는 전압감지 회로를 살펴보자. 회로에 흐르는 전체 전류를 감지하는 전류 지시계나 전류 기록계 대신에, 여기서는 전압 감지(voltage-sensitive) 장치(즉 어떤 형태의 전압계)를 사용하여 변환기의 양단의 전압을 감지한다. 전류 감지 회로에서 사용되는 R_m과 유사한 방식으로 **밸래스트 저항** R_b를 회로에 삽입한다. 만약 이 경우에 R_b가 없다면 전압계는 R_t의 변동에 따라 아무런 변화도 보이지 않고, 단지 전체 소스 전압만을 항상 측정하게 될 것이다. 따라서 회로의 적절한 동작을 위해서는 적당한 값의 저항 R_b가 필수적이다.

계기(meter)내 임피던스의 상대적인 크기에 따라 다음의 두 가지 경우가 존재할 수 있다. 첫째는, 일반적인 전압계(9.4절)와 마찬가지로 계기가 높은 임피던스를 가지는 경우로, 이때는 계기내로 흐르는 전류의 영향을 무시할 수 있다. 둘째는, 계기내 임피던스가 낮은 경우인데, 이때는 계기내로 흐르는 전류의 영향이 고려되어야 한다.

고 임피던스 계기를 가정하면, 옴의 법칙에 의해

$$i = \frac{e_i}{R_b + kR_t} \tag{7.3}$$

라 표현되고, 이때 e_o를 가변저항 kR_t 양단의 전압(판독장치에 의해 기록되는 값)이라 하면, 이 값은

$$e_o = i(kR_t) = \frac{e_i kR_t}{R_b + kR_t} \tag{7.4}$$

와 같이 된다. 이 식은 또한

$$\frac{e_o}{e_i} = \frac{kR_t/R_b}{1 + (kR_t/R_b)} \tag{7.5}$$

와 같이 나타낼 수도 있다. 주어진 회로에 대해서, e_o/e_i는 출력의 측도이고, kR_t/R_b는 입력의 측도이다.

η를 민감도, 즉 입력 변화에 대한 출력 변화의 비로 정의하면, 민감도는

$$\eta = \frac{de_o}{dk} = \frac{e_i R_b R_t}{(R_b + kR_t)^2} \tag{7.6}$$

이 된다. 만약 다른 값의 저항을 사용하여 R_b를 변화시키면 민감도도 따라서 변화할 것이다. 이는 민감도를 고려했을 때 R_b의 최적 값이 존재한다는 것을 의미한다. 다음과 같이 R_b에 대해 η를 미분함으로써 R_b의 최적값을 구할 수 있다.

$$\frac{d\eta}{dR_b} = \frac{e_i R_t (kR_t - R_b)}{(R_b + kR_t)^3} \tag{7.7}$$

두 조건 하에서 위의 미분값이 0이 되는데, (1) $R_b = \infty$인 경우에 최소 민감도가 얻어지며, (2) $R_b = kR_t$인 경우에 최대 민감도가 얻어진다.

전범위에서 사용되는 경우, 최대 민감도를 얻기 위한 두 번째 관계조건에서 저항은 적절히 절충된 값으로 사용되어야 하는데, 이는 상수인 R_b가 변수 kR_t (k에 따라 변하는)과 항상 같도록 설정될 수 없기 때문이다. 그러나 관심 있는 kR_t값의 범위가 주어진다면, R_b를 그 범위 내의 특정한 kR_t값으로 설정함으로써 그 범위 내에서는 최대 감도를 얻을 수 있을 것이다.

이 회로는 저항형 스트레인 게이지[1,2]의 동적 응용에 가끔 사용되는데, 이 경우 저항의 변화는 전체 게이지 저항에 비해서 아주 작다. 따라서 이 경우, 위의 관계로부터, 게이지 저항과 동일하게 설정된 밸래스트 저항이 바로 최대 민감도를 얻기 위한 최적 값이 된다는 것을 알 수 있다.

그림 7.4는 식 7.5에 의해 주어지는 안정 회로에 대한 입력과 출력의 관계를 보여 준다.

이미 논의되었던 전류 감지 회로와 유사한 단점이 이 회로에도 적용됨을 알 수 있다.

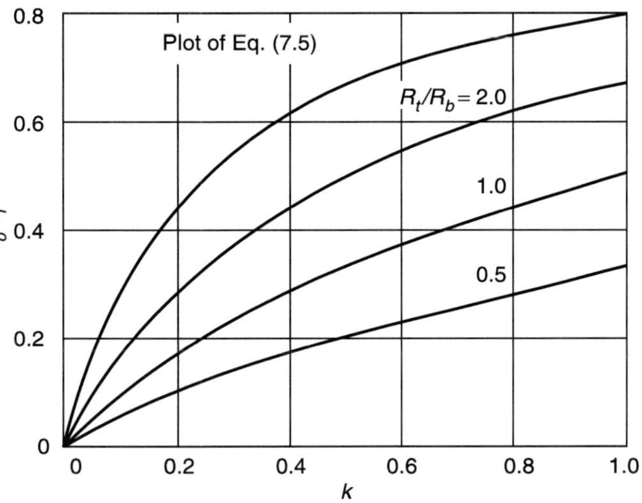

그림 7.4 전압 감지 회로에 대해 입력과 출력 사이의 관계를 보여 주는 곡선

(1) 공급 전압 e_i에서의 백분율 변화가 k에서의 유사한 백분율 변화보다 출력에 더 큰 변화를 초래하므로, 따라서 구동 전압을 일정하게 유지하기 위해 매우 깊은 주의가 필요하다. (2) 입력과 출력의 관계는 비선형이다.

7.7 전압분할 회로

분압기(*voltage divider*, 그림 7.5)는 계측 회로에서 도처에 존재하는 요소이다. 간단히 이 회로는 한 쌍의 저항을 이용해서 입력 전압 e_i를 더 작은 전압으로 분할한다. 출력 단자로 흐르는 전류량이 무시할 수 있게 작다면, 저항에 흐르는 전류는 옴의 법칙에 의해서

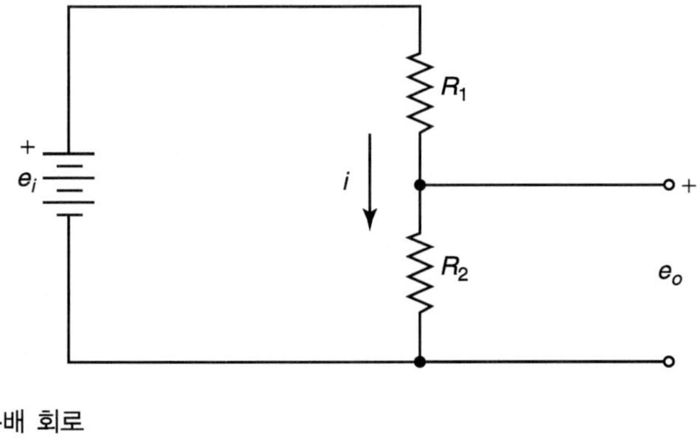

그림 7.5 전압 분배 회로

$$i = \frac{e_i}{(R_1 + R_2)}$$

이 되므로, R_2의 양단에서 측정된 출력 전압 e_o은

$$e_o = iR_2 = \frac{R_2}{R_1 + R_2} e_i \tag{7.8}$$

이 된다.

이러한 분압기는 이 장 전체에 걸쳐서 나온다. 앞 절의 전압 감지 회로는 기본적으로는 분압기(식 7.4 참조)로서, 입력 전압이 변환기 저항에 따라 분할된다. 브리지 회로(7.9절)는 한 쌍의 분압기에 해당하며, 비반전 증폭기(예제 7.5) 또한 분압기를 포함한다.

7.7.1 전압분할 전위차계

그림 7.6은 미끄럼 접촉 저항 변환기를 위한 매우 유용한 분압기 회로를 나타낸다. 이는 **전압 분할 전위차계**(*voltage-dividing potentiometer*) 회로로 알려져 있다. 이 회로는 앞의 전압 감지 회로에서처럼 슬라이더(slider)에 연결되는 것이 아니라 전체 저항의 양단에 연결된다. 판독 장치는 전체 저항 R_p의 일부(k에 의해 결정되는)에 의한 전압 강하를 감지하도록 연결한다.

이러한 회로 구성에서는, 저항 요소와 전압 지시계 임피던스의 상대적인 크기에 따라, 두 가지 다른 상황이 발생할 수 있다. 만약 지시계의 임피던스가 상대적으로 충분히 높다면, 지시계로 흐르는 전류의 양이 매우 적어 무시할 수 있게 되어, 이 회로는 분압기가 된다. 지시되는 출력 전압 e_o는 식 7.8로부터

$$e_o = \frac{kR_p}{R_p} e_i = ke_i$$

또는

$$k = \frac{e_o}{e_i} \tag{7.8a}$$

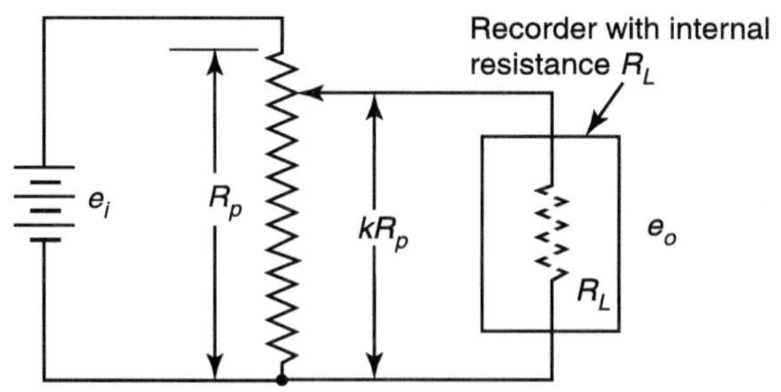

그림 7.6 단순한 전압 분배 전위차계 회로

로 결정될 수 있다. 반면, 만약 지시계에 무시할 수 없는 양의 전류가 흐르게 된다면, **부하 오차**(*loading error*)가 발생하게 된다(6.2절 참조).

7.7.2 부하오차

부하 오차(loading error)는 다음과 같이 해석될 수 있다. 그림 7.6에서 전원 e_i 측면에서 본 전체 저항은

$$R = R_p(1-k) + \frac{kR_pR_L}{kR_p + R_L}$$

와 같이 되며, 따라서 전류는

$$i = \frac{e_i}{R} = \frac{e_i(kR_p + R_L)}{kR_p^2(1-k) + R_pR_L}$$

이 된다. 그러면 출력 전압은

$$e_o = e_i - iR_p(1-k)$$

또는

$$\frac{e_o}{e_i} = \frac{k}{1 + (R_p/R_L)k - (R_p/R_L)k^2} \tag{7.9}$$

와 같이 된다. 만약 식 7.8a에 주어진 더 간단한 관계가 성립한다고 가정하면, e_o에서의 오차는 다음의 관계와 같이 계산될 수 있을 것이다.

$$\begin{aligned} \text{Error} &= e_i\left[k - \frac{k}{k(1-k)(R_p/R_L)+1}\right] \\ &= e_i\left[\frac{k^2(1-k)}{k(1-k)+(R_L/R_p)}\right] \end{aligned} \tag{7.10}$$

최대 출력(*full-scale output*), e_i와 비교하면, 이 관계는 다음과 같이 쓸 수 있다.

$$\text{Percent error} = \left[\frac{k^2(1-k)}{k(1-k)+(R_L/R_p)}\right] \times 100 \tag{7.11}$$

오차가 0이 되는 양단점($k=$ 0.0 또는 1.0)을 제외하면, 측정된 전압값은 시스템이 선형 분압기로 동작할 때(부하오차가 없는 경우)보다 항상 낮은 값을 취한다. 전위차계 저항에 가해지는 지시계 임피던스의 다양한 부하비(R_L/R_p 값)에 대해서, 슬라이더의 위치에 따른 오차의 변동을 그림 7.7에 나타내었다. 전위차계 저항에 비해 부하 저항이 커질수록, 오차는 점점 더 작아진다. 따라서 전압 측정 장치는 높은 내부 저항을 지니는 것이 바람직하다.

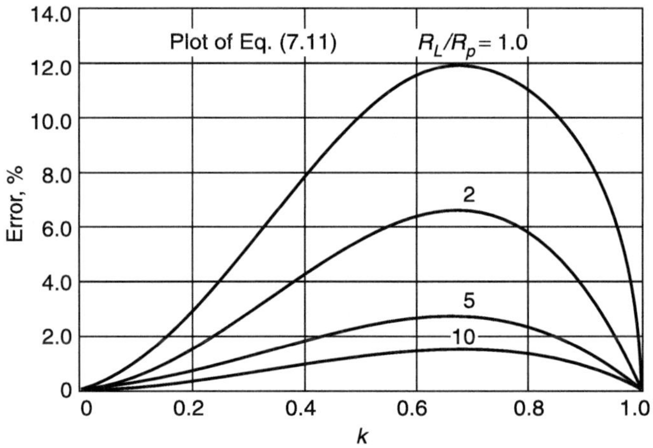

그림 7.7 전압 분배 전위차계 회로에서의 부하에 의해 발생되는 오차를 보여주는 곡선

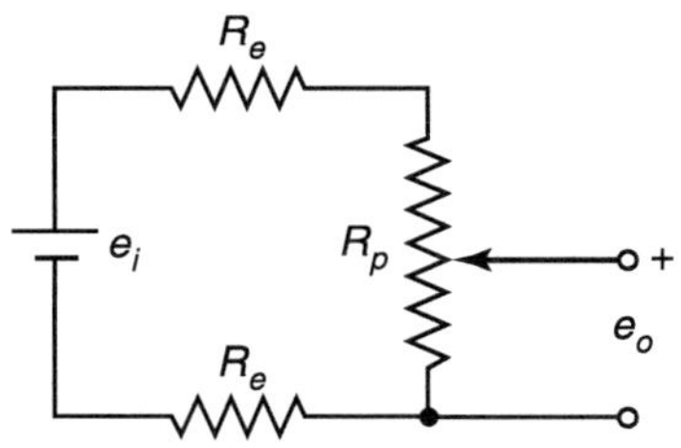

그림 7.8 저임피던스 지시계가 사용될 때 전위차계 회로의 선형성을 향상시키는 방법. 저항 R_e는 말단 저항이라 불린다.

7.7.3 말단 저항기의 사용

전위차계 출력과 입력 변위 k사이의 비선형성은 전위차계의 전체 범위 중에서 일부만을 사용함으로써 줄일 수 있다. 예를 들면 1000-Ω 전위차계를 사용한다면, 전체 범위 중에서 500-Ω 부분만으로 입력을 제한할 수 있다. 이러한 제한은 전위차계의 분해능(resolution)을 감소시키므로 비실용적일 수도 있으나, 선형성으로부터의 벗어남을 줄이는 효과를 내게 된다. 이와 유사한 효과는 말단 저항(*end resistor*, 그림 7.8)으로 알려진 저항을 사용하여 얻을 수도 있다. 상단과 하단 저항 중 하나를 쓰거나, 혹은 둘 다 이용하기도 한다. 이때 증가된 저항에 의해 전위차계 출력이 감소되므로 입력 전압 e_i를 적절히 증가시켜서 출력의 감소를 보상하는 것이 좋다.

7.8 변환기 저항의 작은 변화

어떤 저항형 변환기는 매우 작은 저항의 변화만을 보이는 경우가 있다. 예를 들면 포일(foil) 스트레인 게이지의 저항은 보통 사용 시 약 0.0001%만이 변할 뿐이다. 저항변화가 작다는 사실은 신호 조정 회로의 선택에 있어서 중요한 의미를 갖는다.

그림 7.9(a)에서와 같이 분압기 회로(혹은 안정 회로)가 변환기 저항 R_2와 또 다른 저항 R_1으로 구성된다고 가정하자. 저항은 초기에는 동일한 값을 가진다고, 즉 $R_1 = R_2 = R_0$라고 가정하면, 초기 출력 전압은

$$e_o = \frac{R_2}{R_1 + R_2} e_i = \frac{R_0}{R_0 + R_0} e_i = \frac{e_i}{2}$$

이 된다. 만약 변환기 저항이 $R_2 = R_0$와 $R_2 = (R_0 + \Delta R)$로 증가하면, 출력은 다음과 같이 변한다.

$$\begin{aligned} e_o + \Delta e_o &= \frac{(R_0 + \Delta R)}{R_0 + (R_0 + \Delta R)} e_i \\ &= \frac{R_0 + \Delta R}{2R_0 + \Delta R} e_i \end{aligned}$$

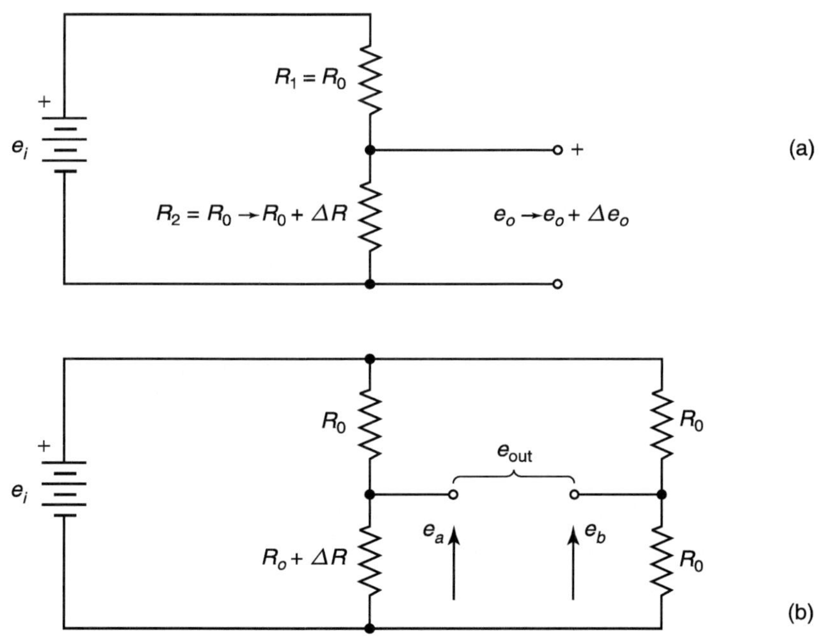

그림 7.9 작은 저항 변화를 측정하는 데 사용되는 분압기 회로

$$
\begin{aligned}
&= \frac{R_0}{2R_0}\left(\frac{1+\Delta R/R_0}{1+\Delta R/2R_0}\right)e_i \\
&= \frac{e_i}{2}\left(1+\frac{\Delta R/2R_0}{1+\Delta R/2R_0}\right) \\
&= \frac{e_i}{2}+\frac{e_i}{2}\left(\frac{\Delta R}{2R_0}\right)\left(\frac{1}{1+\Delta R/2R_0}\right)
\end{aligned}
$$

저항 변화가 매우 작다고, 즉 $\Delta R/2R_0 \ll 1$이라고 가정하면, 우변의 마지막 인자는 1로 근사화 된다. 그러므로

$$e_o + \Delta e_o \approx \frac{e_i}{2} + \left(\frac{e_i}{2}\right)\left(\frac{\Delta R}{2R_0}\right) \tag{7.12}$$

$$= e_o + \frac{\Delta R}{4R_0}e_i \tag{7.12a}$$

따라서 작은 저항의 변화에 대해서, 출력 전압은 ΔR에 비례하는 선형관계를 가지게 된다.[3] 이러한 선형성은 장점인 반면에, 그러나 수치 값을 살펴보면 이러한 회로의 단점이 명백해진다. 예를 들어 초기 저항이 $R_0 = 120\ \Omega$인 스트레인 게이지 변환기에서 전형적인 저항 변화는 $\Delta R = 240\ \mu\Omega$이다. 그러므로

$$\frac{\Delta e_o}{e_o} = \frac{(\Delta R/4R_0)e_i}{e_i/2} = \frac{\Delta R}{2R_0} = 10^{-6}$$

이 된다. $e_o + \Delta e_o$를 측정하기 때문에, 출력 전압에서의 변화를 관찰하기 위해서는 백만분의 1보다 분해능이 더 좋은 계기를 필요로 하지만, 일반적인 전압계의 분해능은 아무리 고성능이라 해도 0.01% 정도 밖에 되지 않는다.

훨씬 더 중요한 제한 요인은 입력 전압 e_i안정성이다. e_i가 출력의 초기 값과 최종 값 $(e_i + \Delta e_i)$사이에서 조금이라도 드리프트한다면, 식 7.12에 의해 출력은

$$
\begin{aligned}
e_o + \Delta e_o &\approx \frac{e_i + \Delta e_i}{2} + \left(\frac{e_i + \Delta e_i}{2}\right)\left(\frac{\Delta R}{2R_0}\right) \\
&\approx e_o + \frac{\Delta e_i}{2} + \frac{\Delta R}{4R_0}e_i
\end{aligned}
$$

이 된다. 따라서 e_i가 0.1%라도 드리프트해도$(\Delta e_i = 0.001e_i)$, 이러한 전압 변동에 기인한 Δe_o 의 변화는 $0.001(e_i/2)$가 되는데, 이는 스트레인에 발생하는 전압변화$(\Delta R/4R_0)$ $e_i = 10^{-6}(e_i/2)$ 보다 천 배나 더 큰 값이다.

---

3) 유사한 방법으로, 진입분배 전위차세(7.7.3절)에서 말단저항(end resistor)은 다른 저항값에 비해 변환기의 저항값 변화를 작게 함으로써 출력(output)의 변화를 근사적으로 선형화하는 역할을 한다.

물론 이러한 문제는 전체 출력 전압 중에서 아주 작은 전압의 변화량을 측정하기 위해 풀어야 할 어려운 과제인데, 이로부터 측정에서 아주 중요한 원칙 하나를 세울 수 있다: **"큰 숫자 사이의 작은 차이에 기초한 측정을 피하라."** 이러한 측정은 큰 숫자가 측정되는 정확도에 의해 제한되기 때문이다.

이러한 경우에 해결 방안은, 큰 오프셋 전압 e_o와는 상관없이, Δe_o 자체에 비례하는 출력 전압을 제공하는 회로를 설계하는 것이다. 이를 위하여 그림 7.9(b)와 같이 두 개의 고정된 저항 R_0와 중간점 전압 e_o를 가지는 분압기 하나를 더 도입하고, 두 분압기의 중간점 사이의 전압 차이를 출력 전압으로 측정할 수 있다.

$$e_{\text{out}} = e_a - e_b = (e_o + \Delta e_o) - e_o = \Delta e_o = \frac{\Delta R}{4R_0} e_i \tag{7.13}$$

따라서 이러한 방법으로 오프셋 전압 e_o로 발생하는 문제들을 제거할 수 있다.

사실상 두 분압기를 사용한 이러한 배열은 다음 절에서 논의될 휘트스톤 브리지 회로와 동일하다. 다만 휘스톤 브리지는 항상 작은 저항 변화로만 국한되지는 않는다는 점에서 차이가 있다.

7.9 저항 브리지

브리지 회로는 수동 변환기를 측정 시스템에 연결하는 데 사용되는 가장 보편적인 방법이다. 모든 가능한 회로구성 중에서, 1833년에 S. H. Christie[3,4]에 의해 고안된 휘스톤 저항 브리지(Wheatstone resistance bridge)가 가장 널리 사용된다. 그림 7.10은 직류 휘

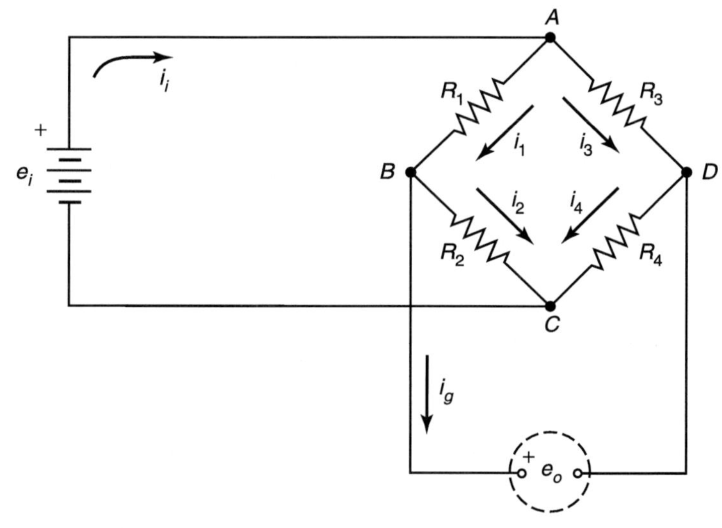

그림 7.10 단순 휘스톤 브리지 회로

스톤 회로를 나타내는데, 4개의 저항 암(*arm*), 전압원(배터리)과 검출기(계기)로 구성되어 있다. 실제 응용에서는 하나 또는 그 이상의 암의 위치에 저항 값을 결정하고자 하는 저항 변환기를 설치한다. 이런 종류의 회로에 사용되는 대표적인 저항 변환기로는 저항형 스트레인 게이지, 저항 온도계, 서미스터(thermistor) 등이 있다.

이러한 브리지 회로는 높은 정확도의 저항 측정을 가능하게 한다. 이 측정은, 계기의 전압이 0이 될 때까지 브리지의 하나 또는 그 이상의 암을 조정하여 브리지를 **평형**(*balance*)상태로 만들거나, 또는 계기의 눈금으로부터 브리지의 **불평형**(*unbalance*)의 크기를 측정함으로써 수행할 수 있다. 만약 브리지 회로가 복잡하게 느껴진다면, 무시할 만큼 작은 전류가 계기를 통해 흐를 때 브리지는 두 분압기의 중간점(B와 D)의 전압 차이를 출력으로 하는 한 쌍의 분압기 회로(ABC와 ADC)와 동일하다는 점을 이해한다면 도움이 될 것이다. 이러한 브리지 회로의 큰 장점은 두 분압기의 오프셋 전압이 상쇄되므로 브리지 출력 전압이 변환기 저항의 변화에 직접적으로 연관될 수 있다는 점이다(7.8절 참조).

그림 7.10을 이용하여, 브리지의 평형 조건을 해석할 수 있다. 브리지가 평형상태일 때는, 계기에 걸리는 전압은 0이 되어 계기에는 전류가 흐르지 않게 된다. 즉 $i_g = 0$이 된다. 이 경우 $i_1 = i_2$, $i_3 = i_4$가 된다. 또한 계기의 양단에 걸리는 전위차가 0이 되므로 $i_1R_1 = i_3R_3$, $i_2R_2 = i_4R_4$가 된다. 이 관계식들에서 i_1과 i_3를 소거함으로써 다음과 같은 평형 조건을 구할 수 있다.

$$\frac{R_1}{R_2} = \frac{R_3}{R_4} \tag{7.14}$$

또는

$$\frac{R_1}{R_3} = \frac{R_2}{R_4} \tag{7.14a}$$

이 두 관계식으로부터 브릿지의 평형 조건을 보다 쉽게 기억하기 위하여 다음과 같은 문장을 기억하면 도움이 될 것이다. **"휘스톤 저항 브리지가 평형을 이루기 위해서는, 마주 보는 두 저항끼리의 곱이 서로 같아야 한다(즉 $R_1R_4 = R_2R_3$)."**

기본적인 브리지 형태가 표 7.1에 요약되어 있다. **영평형**(零平衡) 브리지(*null* balance bridge)가 사용될 때, 미지의 저항을 가진 암의 저항은 브리지가 평형상태에 있도록 하는 다른 암의 저항 값들을 찾음으로써 결정된다. 따라서 평형을 이루도록 하나 또는 두 암(arm)의 저항을 조절할 수 있는 장치가 있어야만 한다. 그림 7.11은 몇 가지 평형상태에 대한 회로구성을 나타낸다. 사용할 형태를 결정하는 데 중요한 인자는 브리지 감도(bridge sensitivity)이다. 만약 큰 저항 변화를 수반하는 저항 변환기가 사용된다면, 평형을 위한 다른 저항의 조절범위도 커져야 하므로, 직렬 평형 배열(series balance arrangement)이 매우 유용하며, 미끄럼 접촉 가변 저항 변환기 또는 서미스터에 사용하기 적합하다. 저항 스트레인 게이지와 같이 작은 지항 변화를 수빈하는 저항 변환기가 사용된다면, 분로(分路) 평형

표 7.1 전압 브리지 회로 유형

브리지 형태	브리지 특징
영평형 브리지	평형을 유지하기 위해서 조정이 필요하다. 이를 통해 판독이 이루어진다. (예, 수동으로 조정되는 스트레인 지시계)
편향 브리지	초기 평형으로부터 브리지 출력의 편향 정도가 판독 됨.(예, 컴퓨터의 아날로그-디지털(A/D) 변환기로 출력하여 판독)
전압 감지 브리지	판독 계기가 브리지로부터 전류를 요구하지 않으므로, 소스 부하(source loading)의 문제가 없다. (예, 전자식 전압계 또는 아날로그-디지털(A/D) 변환기)
전류 감지 브리지	판독 계기가 브리지로부터 전류를 요구한다. (예, 단순 검류계와 같은 저임피던스 지시계)
교류 브리지	교류 전압원이 사용된다.
직류 브리지	직류 전압원이 사용된다.
정전압 브리지	브리지로의 전압 입력이 일정하게 유지된다. (예, 배터리 또는 정전압 전원을 사용)
정전류 브리지	브리지로의 전류 입력이 브리지의 불평형과 관계없이 일정하게 유지된다. (예, 정전류 전원을 사용)
저항 브리지	브리지 암이 순수한 저항 소자로 구성된다.
임피던스 브리지	브리지 암이 리액턴스 소자를 포함한다.

(shunt balance) 배열이 유용하다. 넓은 저항의 범위를 위해서는 직렬 평형과 분로 평형 배열을 둘 다 가진 브리지가 사용되기도 한다.

편향(偏向) 브리지(*deflection* bridge)를 사용할 때는, 계기 눈금에 나타난 브리지의 불평형이 바로 입력의 측도(측정)가 된다. 보통 편향 브리지는 초기에는 평형상태에 있다가, 변환기 저항의 변화에 의해 불평형이 초래된다. 실제로는 저항 제작시의 불균일성 때문에, 식 7.14a를 충분히 만족시키도록 초기의 변환기 저항과 동일한 값을 가지는 세 개의 저항을 얻는다는 것은 불가능하다. 따라서 다시 그림 7.11의 배열을 사용해서 하나 또는 그 이상의 암들을 조절함으로써 초기 평형상태를 이루도록 하여야 한다. 정적 입력 신호에 대해서는, 보통의 전압계를 사용하여 출력을 표시할 수 있다. 그러나 동적 신호에 대해서는, 오실로스코프(9.6절)로 출력을 표시하거나, 또는 출력을 아날로그-디지털 변환기를 통해 컴퓨터로 보내서 표시, 기록, 또는 다른 작업에 응용하도록 한다(8.11절).

편향 브리지의 출력은 고임피던스 또는 저임피던스 장치에 연결되기도 한다. 브리지를 간단한 D' Arsonval meter나 검류계(galvanometer)에 연결하면, 출력 회로는 저임피던스를 가지게 되어 감지할 수 있을 만큼의 전류(i_g)가 브리지로부터 검류계로 흐르게 된다. 한

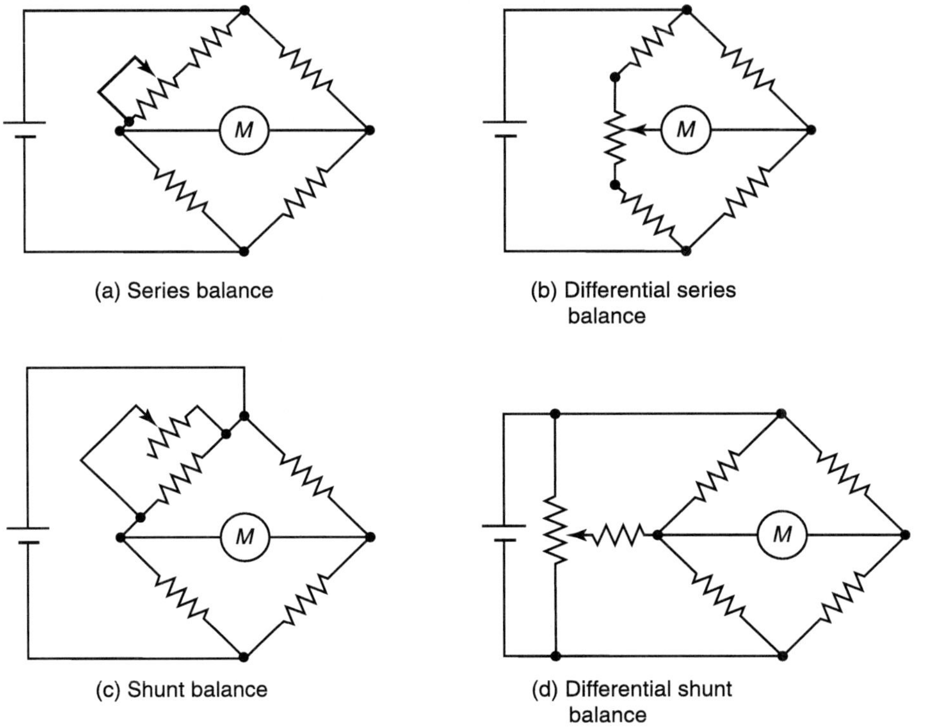

(a) Series balance
(b) Differential series balance
(c) Shunt balance
(d) Differential shunt balance

그림 7.11 직류 저항 브리지의 평형을 이루는 데 사용되는 배열

편 증폭이나 디지털 프로세싱이 필요한 대부분의 경우에는 브리지 출력은 고임피던스 장치에 연결되어 브리지로부터 장치로 전류가 흐르지 않게 되는데, 이러한 고임피던스 장치로는 전자적 전압계나 아날로그-디지털 변환기를 예로 들 수 있다. 전자의 경우, 브리지는 **전류 감지**(*current-sensitive*) 브리지라 하고, 후자의 경우의 브리지는 **전압 감지**(*voltage-sensitive*) 브리지라 한다.

7.9.1 전압 감지 휘스톤 브리지

가장 간단한 경우로서, 브리지 출력이 오시로스코프와 같은 고임피던스 장치에 직접 연결되는 경우를 먼저 고려해 보자. 그림 7.10에서, 출력 전압은 B와 D에서의 전압의 차가 된다.

$$e_o = e_B - e_D$$

식 7.8의 분압기 관계식을 사용하면 출력전압은

$$e_o = e_i\left(\frac{R_2}{R_1 + R_2} - \frac{R_4}{R_3 + R_4}\right) \tag{7.15}$$

$$= e_i \left(\frac{R_2 R_3 - R_4 R_1}{(R_1 + R_2)(R_3 + R_4)} \right) \tag{7.15a}$$

로 표현된다.

이제 저항 R_2가 ΔR_2 만큼 변한다고 가정하면, 변화된 출력 전압은

$$\begin{aligned} e_o + \Delta e_o &= e_i \left[\frac{(R_2 + \Delta R_2) R_3 - R_4 R_1}{(R_1 + R_2 + \Delta R_2)(R_3 + R_4)} \right] \\ &= e_i \left\{ \frac{1 + (\Delta R_2/R_2) - (R_4 R_1/R_2 R_3)}{[(1 + (R_1/R_2) + (\Delta R_2/R_2)][1 + (R_4/R_3)]} \right\} \end{aligned} \tag{7.16}$$

이 된다. 모든 저항이 초기에는 R로 같다고(이 경우에는 $e_o = 0$) 가정하면, 관계식은 다음과 같이 단순화될 수 있다.

$$\frac{\Delta e_o}{e_i} = \frac{\Delta R_2/R}{4 + 2(\Delta R_2/R)} \tag{7.17}$$

식 7.17로부터 도시한 그림 7.12(a)는 초기에 동일한 값의 저항들을 가지는 전압 감지 편향 브리지의 출력에 대한 관계를 보여 준다. 그림의 곡선을 관찰해 보면, 이런 형태의 저항 브리지는 원래 비선형이라는 사실을 알 수 있다. 그러나 실제 저항 변화는 매우 작기 때문에 선형으로 가정할 수 있다. 이 가정은 대부분의 저항 스트레인 게이지 회로에 적용된다. 이 경우에, $\Delta R_2/2R \ll 1$이므로 선형화된 출력은

$$\frac{\Delta e_o}{e_i} = \frac{\Delta R_2}{4R} \tag{7.18}$$

이 되며, 이는 식 7.13과 동일한 결과이다.

7.9.2 전류 감지 휘스톤 브리지

편향 브리지 출력이 검류계와 같은 저임피던스 장치에 연결되면, 감지할 수 있을 만큼의 전류가 흐르므로 검류계 저항이 브리지 방정식에서 고려되어야 한다. 검류계의 전류는 다음의 관계식에 의해 표현된다[5].

$$i_g = \frac{i_i (R_2 R_3 - R_1 R_4)}{R_g(R_1 + R_2 + R_3 + R_4) + (R_2 + R_4)(R_1 + R_3)} \tag{7.19}$$

여기서 i_g = 검류계의 전류

i_i = 입력 전류

R_g = 검류계의 저항을

나타내고, 나머지 기호는 그림 7.10에서 정의된 것과 같다.

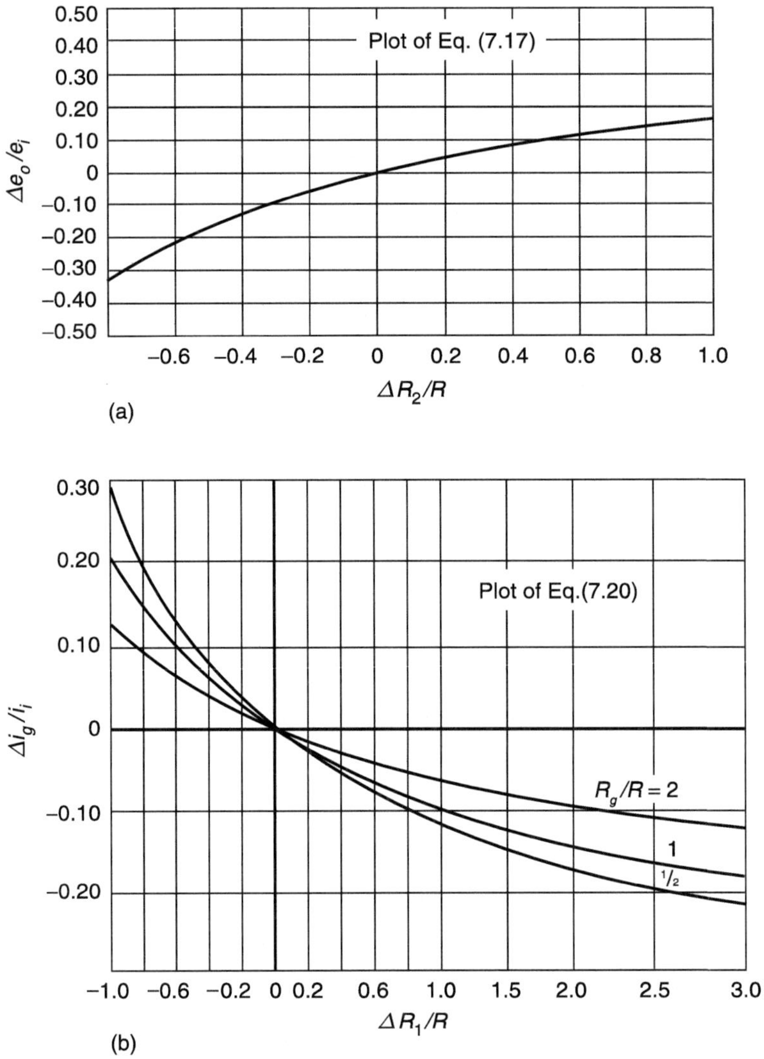

그림 7.12 (a) 초기에 저항 암들이 동일한 전압 감지 편향 브리지로부터의 출력, (b) 초기에 저항 암들이 동일한 전압 감시 편향 브리지로부터의 출력

만약 암 R_1에서 ΔR_1만큼의 저항 증가에 의해 초기 브리지 평형이 깨어지고 모든 암들이 같은 초기 저항 R을 갖는다고 가정하면, 다음과 같이 쓸 수 있다.

$$\frac{\Delta i_g}{i_i} = \frac{-\Delta R_1/R}{4[1+(R_g/R)]+[2+(R_g/R)](\Delta R_1/R)} \tag{7.20}$$

그림 7.12(b)는 R_g/R의 다양한 값에 대해 식 7.20을 도시한 결과를 보인다.

7.9.3 정전류 브리지

지금까지의 브리지 회로에 대한 논의는, 배터리와 같은 정전압 에너지 공급원을 가정해 왔다. 브리지 저항이 변함에 따라 브리지에 흐르는 전체 전류 또한 변하게 된다. 어떤 경우에는(12.9절 참조), **정전류**(*constant-current*) 브리지[4]를 사용하는 것이 바람직할 수 있다[6, 7]. 이러한 회로는 보통 상용의 **전류 조정** 직류 전원(*current-regulated* dc power supply)[5]을 이용하여 얻을 수 있는데, 이 때 브리지를 통해 흐르는 전체 전류 i_i 그림 7.10은 일정한 값으로 유지된다. 이러한 브리지도 판독장치의 임피던스의 크기에 따라 전압 감지 또는 전류 감지 브리지 중의 하나가 된다는 점에 주목해야 한다.

전압 감지 정전류 브리지에 대한 관계식은 다음과 같이 유도할 수 있다. 그림 7.10에서

$$i_i = \frac{e_i}{R_1 + R_2} + \frac{e_i}{R_3 + R_4} \tag{7.21}$$

또는

$$e_i = i_i \left[\frac{(R_1 + R_2)(R_3 + R_4)}{R_1 + R_2 + R_3 + R_4} \right]$$

로 표현된다. 식 7.15a에 대입하면

$$e_o = i_i \left[\frac{R_2 R_3 - R_4 R_1}{R_1 + R_2 + R_3 + R_4} \right] \tag{7.22}$$

을 얻게 되는데, 이는 전압 감지 정전류 브리지에 대한 기본적인 방정식이 된다. 이때 i_i는 일정한 값으로 유지된다는 조건이 필요하다. 어떤 암의 저항이 변한다면, 예를 들어 R_2가 ΔR 만큼 변한다면

$$e_o + \Delta e_o = i_i \left[\frac{(R_2 + \Delta R)R_3 - R_4 R_1}{R_1 + (R_2 + \Delta R) + R_3 + R_4} \right]$$

이 되며, 따라서 출력 전압의 변화 Δe_0는

$$\Delta e_o = i_i \left[\frac{(R_2 + \Delta R)R_3 - R_4 R_1}{R_1 + (R_2 + \Delta R) + R_3 + R_4} - \frac{R_2 R_3 - R_4 R_1}{R_1 + R_2 + R_3 + R_4} \right] \tag{7.23}$$

이 된다. 동일한 초기 저항에 대해서($R_1 = R_2 = R_3 = R_4 = R$),

$$\Delta e_o = i_i \left[\frac{\Delta R}{4 + (\Delta R / R)} \right] \tag{7.24}$$

---

4) 브리지 회로에서 "휘스톤"이란 용어는 일반적으로 정전압 저항 브리지에만 사용된다. 여기서도 정전류 브리지는 휘스톤 브리지라고 부르지 않는다.

5) 전원 출력(supply output)의 직렬 저항의 전압강하를 이용하여 피드백 전압을 제공함으로써 정전류를 얻게 된다. 이는 밸러스트 저항을 브리지와 전압원(voltage source) 사이에 두는 것으로 근사할 수 있는데, 이때 브리지 저항 변화로 인한 i_i로의 영향을 무시할 수 있도록 큰 값의 저항을 사용한다.

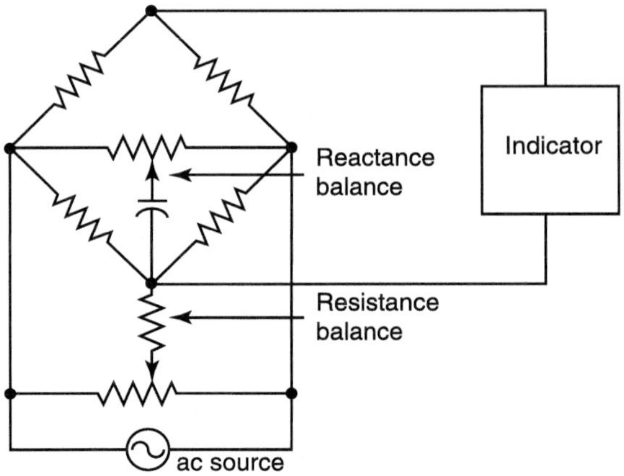

그림 7.13 교류 브리지를 평형시키는 데 사용되는 회로 구성

와 같이 된다. 식 7.17과 7.24를 비교해 보면 알 수 있듯이, 정전류 브리지는 정전압 브리지보다 선형성이 더 우수하다는 장점이 있다.

7.9.4 교류 저항 브리지

교류전원을 에너지 공급원으로 사용하는 저항 브리지도 있다. 그러나 이 경우의 문제점은 리액턴스(reactance)의 평형을 맞추어야 한다는 점이다. 휘트스톤 브리지는 엄밀한 의미에서 저항 브리지임에도 불구하고, 변환기에 연결된 케이블의 도선들이 너무 근접해 위치해 있거나 관련된 장비의 도선 등에 의해서 발생하는 표류(漂遊, stray) 커패시턴스와 인덕턴스를 완전히 제거하는 것이 불가능하다. 적절한 감도를 가지는 어떠한 시스템에서도, 만족할 만한 브리지 평형을 이루기 위해서는, 이러한 의도하지 않은 리액턴스 성분을 적절히 고려하여야 한다.

리액턴스 평형은 보통 회로에 추가적인 평형 조정장치를 회로에 도입함으로써 얻을 수 있다. 그림 7.13은 이 작업이 어떻게 제공되는지 보이고 있다. 저항 평형 조정기(resistance balance control)와 리액턴스 평형 조정기(reactance balance control)를 교대로 조정하면서 매번 브리지 출력을 조금씩 감소시켜 감으로써, 적절한 평형상태를 얻을 때까지 조정작업을 수행한다.

7.9.5 리드선에 대한 보상

흔히 센서와 브리지 회로는 거리가 다소 떨어져 있어야 한다. 이를 위하여 그림 7.14(a)와 같이 전선이나 도선(리드선)을 사용하여 센서와 나머지 브리지 회로를 연결한다. 이 그림에서는 저항 온도계나 스트레인 게이지와 같은 센서가 저항 소자의 형태로 표시되어 있

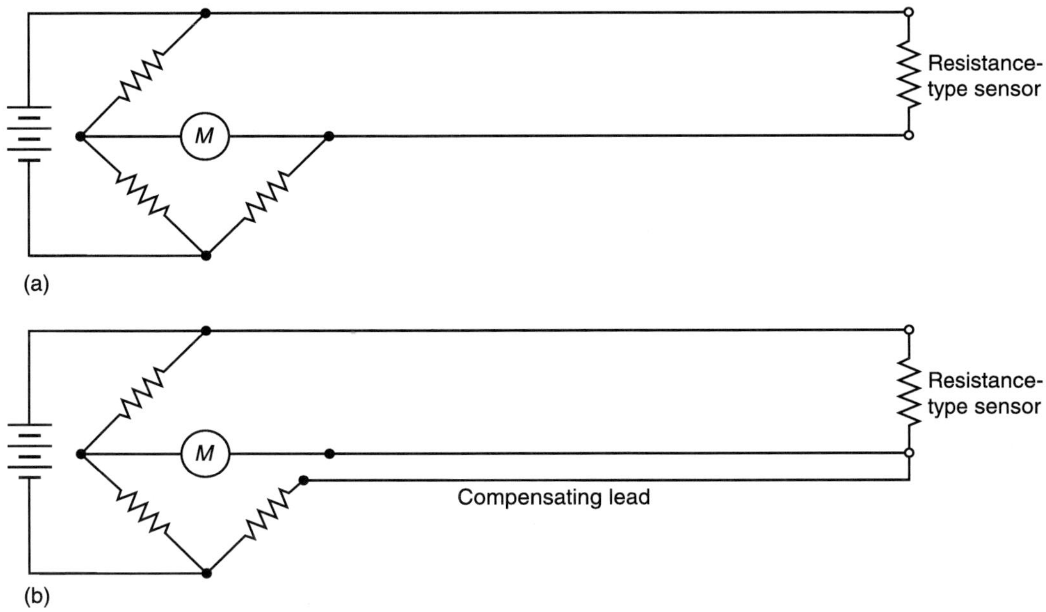

그림 7.14 (a) 멀리 떨어져 있는 센서를 가진 단순한 브리지, (b) (a)와 유사하지만 보상용 도선을 가진 회로

다. 도선에 의해 발생하는 추가적인 저항이나, 어떤 경우에는 전선을 따라 생기는 온도 구배(gradient)로 인하여 오차가 발생하기도 한다(12.8.3절과 16.4.2절 참조). 이러한 형태의 오차를 보상하기 위하여, 그림 7.14(b)와 같은 3선 회로(three-wire circut)을 사용할 수 있다. 회로를 보면, 보상용 도선을 사용하여 두 인접한 암에서 총 도선 길이와 평형을 이루도록 함으로써 긴 도선에 의한 불평형을 제거함을 알 수 있다.

7.9.6 브리지 감도의 조정

브리지 감도(Bridge Sensitivity)의 조정은 몇 가지 이유에서 바람직하다. (1) 이러한 조정은 필요이상으로 큰 입력신호를 감쇄시키는 데에 사용될 수 있다. (2) 시스템 교정과 판독 장치의 눈금 사이의 관계를 편리하게 제공하는 데 사용되기도 한다. (3) 각각의 변환기 특성을 미리 교정된(precalibrated) 시스템에 적합하도록 조정하는 데에 사용될 수 있다(이 방법은 상용 회로에 저항 스트레인 게이지의 게이지 인자(gage factor)를 적용하는 데 사용된다). (4) 이러한 조정은 온도의 영향과 같은 불필요한 외부 영향을 조절할 수 있는 수단을 제공한다(13.5절 참조).

브리지 출력을 조정하는 가장 간단한 방법은, 그림 7.15에서와 같이 하나 또는 두 개의 입력 도선에 가변 직렬 저항을 첨가하는 것이다. 모든 브리지 암이 동일한 초기 저항 R을 가진다고 가정하면, 전압 소스에 의해 보여지는 등가 저항 또한 R이 될 것이다. 그림과 같

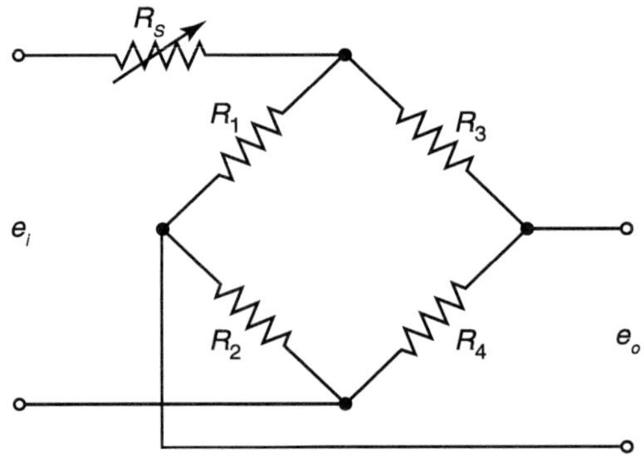

그림 7.15 가변 직렬 저항 R_s을 사용하여 브리지 감도를 조절하는 방법

이 직렬 저항을 첨가하고 분압기 회로처럼 생각하면, 브리지에 대한 입력은 다음의 인자에 의해 감소할 것이다.

$$n = \frac{R}{R + R_s} = \frac{1}{1 + (R_s / R)} \tag{7.25}$$

이때 n을 브리지 인자(*bridge factor*)라고 한다. 브리지 출력은 브리지 인자에 비례하여 감소되므로, 브리지 감도를 조절하는데 매우 유용한 방법이다.

7.10 자기 저항 또는 임피던스 브리지

리액턴스(자기 저항) 혹은 임피던스(Bridge Sensitivity) 브리지는, 하나 또는 그 이상의 암에 커패시터나 인덕터와 같이 리액턴스 소자들이 포함된다는 점을 제외하면, 휘트스톤 브리지와 같은 형태를 가진다. 이런 소자들은 본래 주파수에 따라 특성이 변하므로, 임피던스 브리지는 교류전원으로 여자된다. 임피던스 브리지는 무수히 많은 회로구성이 가능하여, 여기서 일반적으로 논의하기 보다는, 각각에 대한 자세한 내용들은 전문 자료를 참고하기 바란다[8, 9].

그림 7.16은 몇 가지 일반적인 교류 브리지의 배열을 보여 주는데, 보통 측정되는 소자의 종류와 평형 조건을 함께 명시하여 놓았다.

7.11 공진 회로

커패시턴스와 인덕턴스의 조합은, 그들의 상대적인 값과 공급 전압의 주파수에 따라서 여러 다양한 임피던스 특성을 제공한다. 임피던스는 저항과 마찬가지로 전류의 흐름을 방해하는 척도가 된다. 그림 7.17(a)에서와 같은 병렬 연결에서는, 인덕턴스(inductance)는 저주파 영역에서 임피던스(jwL)가 작게 되는 반면에, 커패시터는 고주파 영역에서 임피던

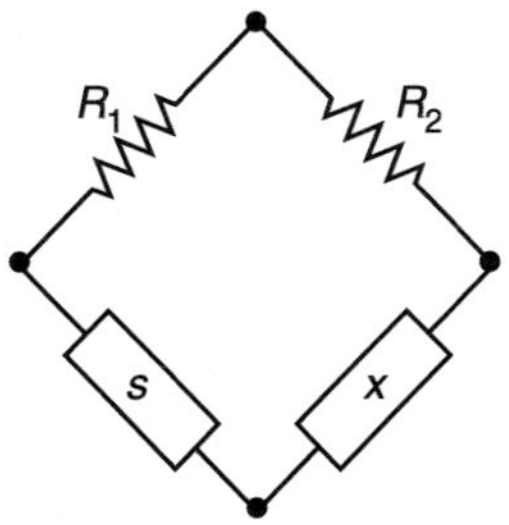

Comparison with series constants

Measures L or C
Balance equations:

$$R_x = R_s \frac{R_2}{R_1}$$

If inductive, $L_x = L_s \frac{R_2}{R_1}$

If capacitive, $C_x = C_s \frac{R_1}{R_2}$

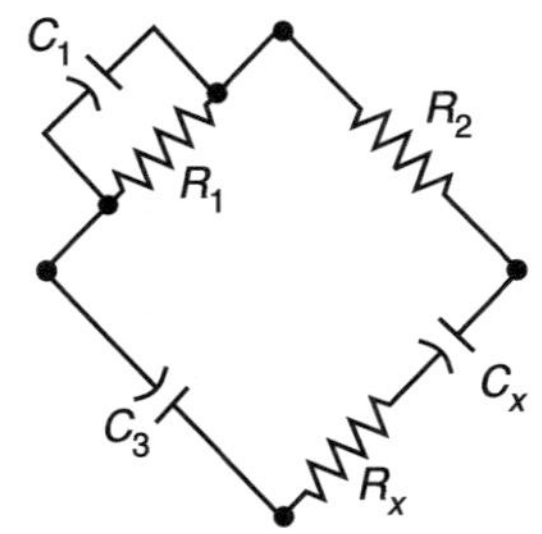

Schering circuit

Measures C
Balance equations:

$$C_x = C_3 \frac{R_1}{R_2}$$

$$R_x = R_2 \frac{C_1}{C_3}$$

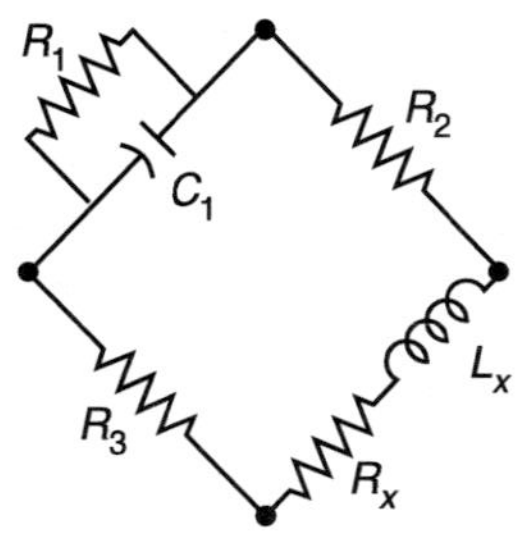

Maxwell circuit

Measures L (best for $\omega L_x/R_x < 10$)
Balance equations:

$$L_x = R_2 R_3 C_1$$

$$R_x = \frac{R_2 R_3}{R_1}$$

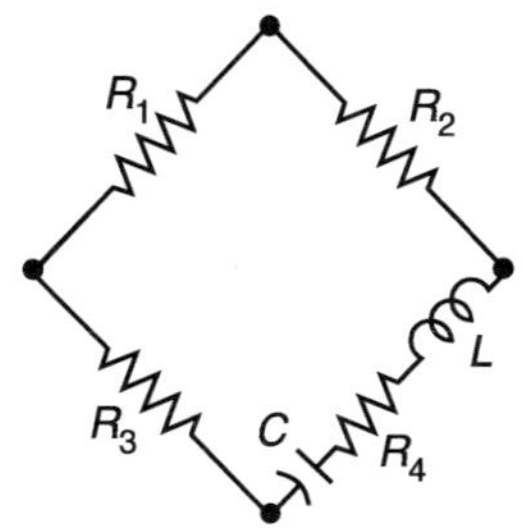

Resonant circuit

Measures L or C (f known), f (L and C known)
Balance equations:

$X_L = X_C$ or $L \cdot C = \frac{1}{\omega^2}$

$$f = \frac{1}{2\pi\sqrt{LC}}$$

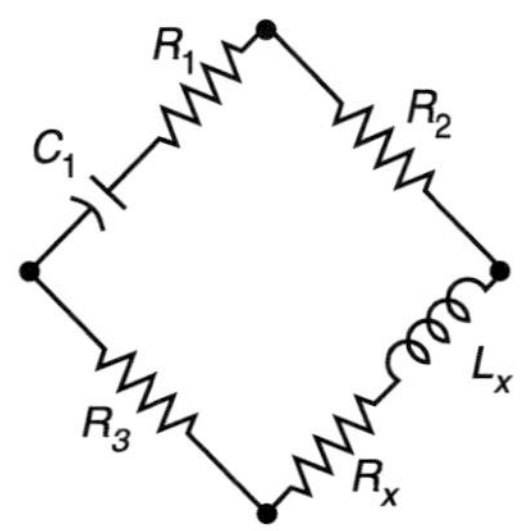

Hay circuit

Measures L (best for $\omega L_x/R_x > 10$)
Balance equations:

$$L_x = \frac{R_2 R_3 C_1}{1 + \omega^2 C_1^2 R_1^2}$$

$$R_x = \frac{\omega^2 C_1^2 R_1 R_2 R_3}{1 + \omega^2 C_1^2 R_1^2}$$

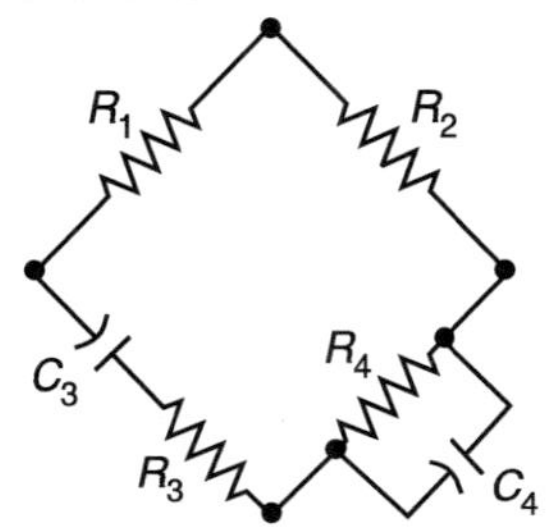

Wein, or RC, frequency bridge

Measures f
Balance equations:

$$f = \frac{1}{2\pi\sqrt{R_3 R_4 C_3 C_4}}$$

$$\frac{R_1}{R_2} = \frac{R_3}{R_4} + \frac{C_4}{C_3}$$

그림 7.16 임피던스 브리지 회로구성

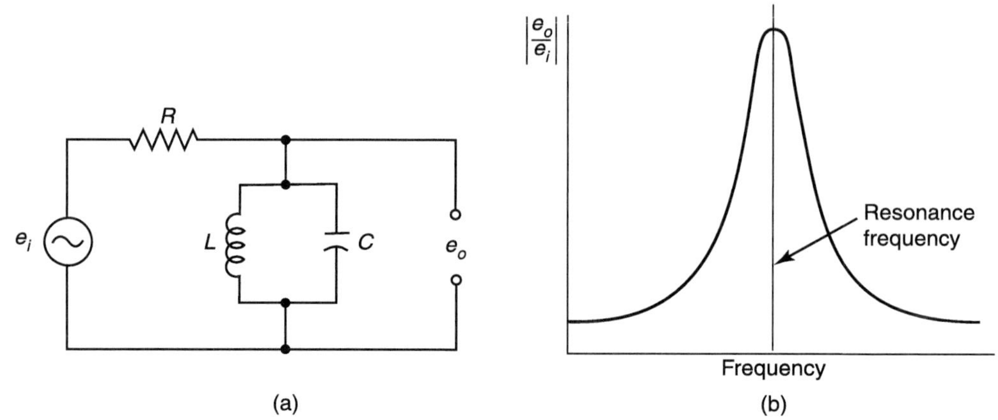

그림 7.17 병렬 *LC* 회로와 주파수-임피던스 특성을 보여 주는 곡선

스($1/jwC$)가 작게 된다. 어떤 중간 주파수에서 이 조합의 임피던스가 최대로 되어 전류 흐름을 최대한으로 방해하게 된다(그림 7.17(b)). 직렬 연결의 경우에는 유사하지만 반대 경향의 임피던스변화를 얻을 수 있다.

최대 임피던스에 해당하는 주파수를 공진 주파수(resonance frequency)라 하는데, 다음 관계식으로 결정된다.

$$f = \frac{1}{2\pi\sqrt{LC}} \tag{7.26}$$

여기서 $f =$ 주파수(Hz)
$L =$ 인덕턴스(H)
$C =$ 커패시턴스(F)

를 각각 나타낸다. 만약 용량형(capacitive) 변환기 소자가 사용된다면, 공진을 발생시키기 위해서 유도성(inductive) 소자와 조합을 이루도록 하여야 한다. 입력 신호의 변동(예를 들어 기계적인 압력)에 의해 발생되는 커패시턴스의 변동은 공진 주파수를 변화시키는데, 이 변화가 입력의 측도로 사용될 수 있다.

7.11.1 바람직하지 않은 공진조건

때때로 공진 현상은 원치 않는 출력을 유발하기도 한다. 공진회로는 인덕턴스와 커패시턴스의 조합을 사용하며 동적 신호 입력을 취급하는 데 주로 이용되므로, 대부분의 회로는 매우 민감하게 된다. 어떤 경우에는 회로의 커패시턴스와 인덕턴스가, 회로 소자들(전선을 포함하여) 사이에 존재하는 표류(stray) 커패시턴스와 인덕턴스 값보다 작게 되기도 한다. 따라서 어떤 입력 또는 여진(勵振, excitation) 주파수에서는 비선형성을 초래하는 공진(共振, resonance) 조건이 존재하기도 한다.

상용 장치에서는 가능한 한 이러한 공진을 피할 수 있도록 설계한다. 그러나 설계자가 이러한 범용 부품들이 어떻게 조립될 것이고 어떠한 성질의 입력 신호가 장치에 전달될 것인지를 항상 정확히 예측할 수 있는 것은 아니다. 결과적으로 본의 아니게 회로 소자의 배치가 바람직하지 않는 공진 조건을 초래하는 주파수 조건을 가지게 되는 경우도 발생한다.

7.12 전자 증폭 또는 이득

신호 조정(signal-conditioning) 장치에서 입력에 대한 출력의 비를 이득(gain)이라 부른다. 또는 이를 증폭비(1보다 큰 경우)나 감쇄비(1보다 작은 경우) 등으로 부르기도 한다. 이득은 전압, 전류 또는 전력의 항으로 다음과 같이 정의된다.

전압 이득 = 출력 전압 / 이득 전압
전류 이득 = 출력 전류 / 입력 전류
전력 이득 = 출력 전력 / 입력 전력

전력 이득을 표현하는 또 하나의 방법은 데시벨(*decibel*)을 사용하는 것이다. 데시벨(dB)은 벨(*bel*)의 1/10이며 전력의 비에 기초한다.

$$\text{Decibel (dB)} = 10\log_{10}(P_o/P_i) \tag{7.27}$$

여기서, P_o는 출력 전력, P_i는 입력 전력이며, 둘 다 같은 단위로 표시한다.

보통 사람의 귀는 오디오 증폭기로부터 1 dB의 전력비 차이에 해당하는 음향의 변화를 감지할 수 있는데, 이런 특성은 전력 레벨에는 관계없이 발생함이 관찰되어 왔다.

식 7.27로부터, 1 dB에 해당하는 비 (P_o/P_i)는 약 1.26의 값을 나타냄을 알 수 있다. 다시 말해서, 보통 사람의 귀로 증폭기로부터 나오는 음향 출력(이어폰이나 스피커 등에서 공급되는)의 증가를 감지하려면, 약 26%의 전력 증가가 요구된다. 데시벨로 표현되는 다른 유용한 전력비로는

$$P_o = 2 \times P_i:\ \ 3\text{ dB} \qquad P_o = \frac{1}{2} \times P_i:\ \ -3\text{ dB}$$

$$P_o = 10 \times P_i:\ \ 10\text{ dB} \qquad P_o = \frac{1}{10} \times P_i:\ \ -10\text{ dB}$$

$$P_o = 100 \times P_i:\ \ 20\text{ dB} \qquad P_o = \frac{1}{100} \times P_i:\ \ -20\text{ dB}$$

등이 있다. −3 dB에 해당하는 전력 반감점(電力半減點, half-power point)은 증폭기와 필터의 주파수응답을 특징을 나타내는 데 자주 사용된다.

저항의 경우, 전력은

$$\text{Power} = ei = e^2/R = i^2R$$

로 표현되는데, 여기서 $e =$ 전압, $i =$ 전류, 그리고 R은 저항을 나타낸다. 윗 식의 두 형태를 식 7.27에 대입하면

$$\text{dB} = 20\log_{10}\left(\frac{e_o}{e_i}\right) - 10\log_{10}\left(\frac{R_o}{R_i}\right) \tag{7.28}$$

또는

$$\text{dB} = 20\log_{10}\left(\frac{i_o}{i_i}\right) + 10\log_{10}\left(\frac{R_o}{R_i}\right) \tag{7.28a}$$

가 된다. $R_i = R_o$이면, 각 경우에서 마지막 항은 0이 된다. $R_i = R_o$일 때, 전력비 및 전압비에 대한 데시벨의 관계가 그림 7.18에 나타나 있다.

여러분은 데시벨은 기본적으로 **전력비**라는 사실과 앞의 식에서 R의 항을 생략하는 것은 증폭의 여부에 상관 없이 두 부하(load)가 동일한 경우에만 정당화된다는 사실을 기억해야 한다. 그럼에도 불구하고, 출력/입력의 비는 부하가 직접 관계되지 않을 때에도 종종 데시벨을 사용하여 표현되며 전압비를 다음과 같이 데시벨 단위로 표현하는 것을 자주 보게 된다.

$$\text{dB} = 20\log_{10}\left(\frac{e_o}{e_i}\right) \tag{7.28b}$$

또한 데시벨은 주파수응답에 대한 **보드 선도**(*Bode plot*)를 도시할 때도 많이 사용된다. 보드 선도에서는 선형 좌표축 상의 주파수 f에 대해 e_o/e_i를 나타내는 대신에, 로그 좌표의 주파수 축에 대해 데시벨 단위의 이득으로 주로 나타낸다(그림 7.26과 7.27을 비교할 것).

데시벨에 기초한 증폭의 계산은 두 가지 중요한 장점이 있다. (1) 비교적 작은 숫자가 관계되며, (2) 시스템의 여러 단계에서의 영향을 결합할 때 단순한 덧셈(addition)으로 처리할 수 있다.

전압계는 종종 데시벨 스케일을 보여 주는데, 이러한 경우에는 다음의 3가지 중요한 점을 알고 있어야 한다: (1) 실제 측정은 데시벨의 단위가 아니라 전압의 단위로 수행된다. (2) 데시벨은 비(ratio)이므로, 스케일은 어떤 **기준 전압**(*reference voltage*)에 기초를 두어야 한다. (3) 식 7.28에 의하면 그 스케일은 어떤 **기준 부하**(*reference load*)를 가정해야 한다.

대부분의 전압계 스케일은 600 Ω 저항에서의 1 mW의 전력에 기준을 두는데, 이는

$$P = \frac{e^2}{R}$$

로부터 전압

$$e = (PR)^{1/2} = (0.001 \times 600)^{1/2} = 0.7746 \text{ V}$$

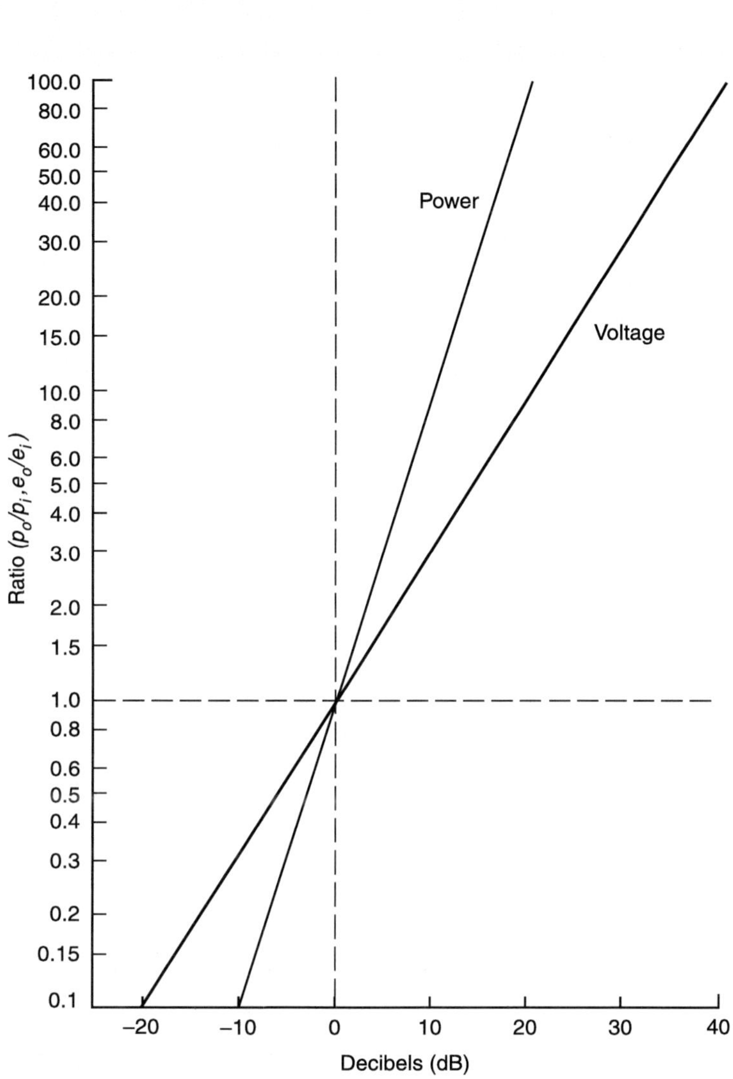

그림 7.18 전력과 전압의 데시벨과의 관계

에 해당된다. 이는 데시벨 눈금에서의 0은 0.7746 V에 해당하도록 임의로 설정된다는 것을 의미한다. 어떤 경우에는 기준이 계기 전면에 직접 표시되기도 하는데, 종종 dBm이란 약자가 위의 규약을 가리키는 데 사용된다. 왜 다른 값이 아닌 600 Ω인가? 이는 전자공학 분야가 나오기 훨씬 전에 전보와 전화 분야에서 유래하여 오랫동안 업계의 표준으로 인정되어 왔기 때문이다.

데시벨로 표시되는 전압계를 사용한다고 가정하자. 또한 만약 신호 소스 임피던스가 R_s로, 기준저항 R_r과 다르다면, 이 경우에는 다음과 같이 보정(correction)하여야 한다.

$$\mathrm{dB}_{(\mathrm{corrected})} = \mathrm{dB}_{(\mathrm{indicated})} + 10\log\left(\frac{R_r}{R_s}\right) \qquad (7.28\mathrm{c})$$

예제 7.1 600 Ω에 기준한 눈금을 가진 전압계를 사용하여 16 Ω 부하 양단에서 50 dBm이 얻어졌다고 가정하자. 진짜 dB값은 얼마인가?

풀이

$$dB_{(corrected)} = 50 + 10 \log \left(\frac{600}{16} \right) = 65.7 \text{ dB}$$

앞에서 논의한 대로, 부하와 기준 조건이 다를 때는 **진짜 dB값**을 얻기 위해서 보정을 해 주어야 한다. 그러나 만약 데시벨의 **차이나** 변화만을 원할 때는, 편리하게도 개별적인 눈금에 대해 보정할 필요가 없다. 다만 실제 측정하는 동안에 부하가 변하지 않고 유지되어야 한다.

7.13 전자 증폭기

기계 계측을 목적으로 하는 회로에서는 어떤 형태이든 증폭이 거의 항상 사용된다. 기계 계측을 위해서 장비를 효과적으로 사용하는 데 필요한 최소한의 전자공학 이상의 내용을 소개하는 것은 이 책의 목적이 아니므로, 자세한 이론보다는 응용에 직접 관련된 내용 위주로 간략히 논의한다.

전자 증폭(electronic amplication)은 3극 진공관(triode vacuum tube)의 발명에서 시작되었다. 에디슨(Thomas Alva Edison)은 진공 중에서 가열된 음극에서부터 양극으로 전자가 흐를 수 있다는 사실(에디슨 효과, *Edison effect*)을 발견하였다. Lee de Forest 는 제3의 그리드 전극을 음극과 양극에 삽입하고 이를 이용하여 진공중의 전자흐름을 제어할 수 있음을 보였다. 바로 이것이 3극 진공관의 원리가 되었으며, 다양한 형태와 많은 전극을 부가적으로 사용하여 전자 증폭의 기초를 제공하게 되었다.

물론 요즘에는 진공관이 많이 사용되진 않고, 그 대신에 비교적 저가이고, 잘 깨지지 않고, 보다 복잡한 반도체 장치가 주로 사용되고 있다. 역사적으로, '**전자**(*electronic*)' 라는 용어는, '**전기**(*electrical*)' 란 용어와 비교할 때, 회로의 일부분에서 물리적인 도체가 없는 공간을 통해 전자가 흐른다는 점을 내포하고 있다(이는 진공관의 의미를 내포한다). 다이오드(diode), 트랜지스터(transistor), IC (integrated circuit) **같은 고체**(*solid-state*) 소자들이 등장함으로써, 오늘날 전자공학이라는 용어는 더욱 넓은 의미를 갖게 되었다. 특별한 언급이 없는 한, 이 책의 나머지 부분에서 **전자공학**(*electronics*)이라는 용어는 가장 광범위한 의미로 사용될 것이다.

전자 증폭기(electronic amplifier)는 기계 계측에 사용되어 다음의 기본적인 기능중의 하나 또는 몇 가지를 수행한다. (a) 전압 이득, (b) 전류 이득 (전력), (c) 임피던스 변환(impdence transformation). 기계적 혹은 전기적 변환이 사용되는 대부분의 경우에, 출력으로는 아날로그 신호인 전압을 사용한다. 흔히 변환기로부터 얻을 수 있는 전압 레벨은 매우 낮으므로, 전압 증폭기를 사용하여 전압 레벨을 증가시켜서 다음의 작업을 수행하게 된다. 때때로 입력 신호는 최종적으로 기계제어나 기계적 지시계와 같은 다른 장치의 구동에 사용되기도 하는데, 이런 경우에는 전력이 증가되어야 하기 때문에 전압 이득만으로는 불충분하며, 따라서 전류 또는 전력 증폭기가 필요하게 된다.

어떤 경우에는 변환기가 충분한 신호 레벨을 제공하지만, 동시에 매우 큰 출력 임피던스를 수반하기도 하는데, 대부분의 압전형변환기(piezoelectric-type transducers)가 이에 해당한다. 고임피던스 선은 잡음에 대해 민감하다는 단점을 가지는데, 신호가 상당한 거리(어떤 경우에는 단지 몇 인치)에 걸쳐 전달되는 경우에는 외부로부터의 잡음의 영향이 허용되지 않을 수 있다. 저임피던스 선은 이런 문제가 작다. 따라서 임피던스 변환을 수행하는 증폭기를 삽입하여 고임피던스 입력을 받아들여서 저임피던스 출력을 내보내는 것이 바람직하다. 이런 형태의 증폭기는 종종 **버퍼**(*buffer*)라고 불린다.

이상적인(존재하지 않지만) 전자 증폭기는 다음의 몇 가지 성질을 갖추어야 한다.

1. 무한대의 입력 임피던스: 결과로 증폭기에는 입력 전류가 흐르지 않게 되어 앞의 단(stage) 또는 장치에 부하를 가하지 않는다.
2. 무한대의 이득(감쇠회로(attenuation circuit)을 부착하여 더 작은 이득을 얻을 수 있다.)
3. 제로(0) 출력 임피던스(낮은 잡음)
4. 신속한 응답(넓은 주파수 대역폭)
5. 제로 입력에 대해서 제로 출력
6. 외부로부터의 원치 않는 입력을 무시하거나 제거하는 능력

이들 중 어느 것도 완전히 실현시킬 수는 없지만, 이러한 성질에 접근하도록 하는 것은 가능하며, 이러한 가정을 사용하면 회로를 쉽게 해석할 수 있다.

오늘날 증폭기는 **집적회로**(*IC, integrated circuit*) 형태로 많이 제작된다. 말 그대로 집적회로는 회로요소들을 조합하여 하나의 장치로 제작한 것이다. 대부분의 요소들은 트랜지스터, 다이오드, 저항과 때론 커패시터를 포함하여, plug-in이 쉽게 패키지(package)화 되어 있다. 이들을 조합하면 보다 복잡한 회로들을 구성할 수도 있다: 예로 증폭기, 신호 혼합기, 타이머, 필터, 오디오 프리앰프(preamp), 오디오 출력 증폭기, 전압기준, 조정기(regulators), 비교기, 그리고 8장에서 논의될 많은 종류의 디지털 장치 등. 그 중에서도 기계계측에서 특히 중요한 요소로 연산증폭기(operational amplifier, op amp)가 있는데, 다음에서 보다 자세히 다루도록 한다.

7.14 연산 증폭기

연산 증폭기(operational amplifier, op-amp)는 기본적으로 직류 차동 전압 증폭기(DC differential voltage amplifier) 기능을 지닌 집적회로이다. 여기서의 '직류'의 의미는 처리 가능한 주파수 영역이 저주파수로 내려가 직류 전압까지 처리가 가능함을 나타낸다. '차동 전압 증폭기'는 2개의 입력 전압의 차이에 대한 응답을 출력으로 내보낸다는 점을 나타낸다. 이들 입력 중에서 비반전(*noninverting*) 입력은 (+) 부호로(그림 7.19). 반전(*inverting*) 입력은 (−) 부호로 표시한다. 출력 단자의 전압 e_o는 증폭기 이득 G와 전압차의 곱이 된다.

$$e_o = G(e_+ - e_-) \tag{7.29}$$

출력 전압은 입력 전압차가 증가함에 따라 어느 범위내에서는 비례적으로 증가하지만, 무한정으로 커지지는 못하고 전원 전압 V_{cc}와 V_{ee}의 값 중의 하나로 포화되어 제한된다. 연산 증폭기 응답이 그림 7.20에 나타나 있다.

연산 증폭기의 차동 특성은 계측에서 매우 중요한데, 그 이유는 이것이 두 입력 단자에 공통으로 작용하는 오프셋 전압과 잡음을 제거시킬 수 있기 때문이다. 예를 들면 근처의 전력선은 증폭기에 연결된 외부회로에 60 Hz의 잡음신호를 만들 수 있다. 이러한 전력선 잡음은 흔히 증폭기의 두 입력 단자에 동일한 형태로 입력될 수 있는데, 이것은 차동 증폭에 의해 제거될 수 있으며, 이러한 동작을 **공통 모드 제거**(*common-mode rejection*)라 한다. 또 하나의 예로, 만약 연산 증폭기가 전압 감지 휘트스톤 브리지(voltage-sensitive Wheatstone bridge)의 출력을 입력으로 받는다면, 두 분압기에 공통적인 오프셋 전압은 제거되고, 원하는 차동 전압만이 증폭된다.

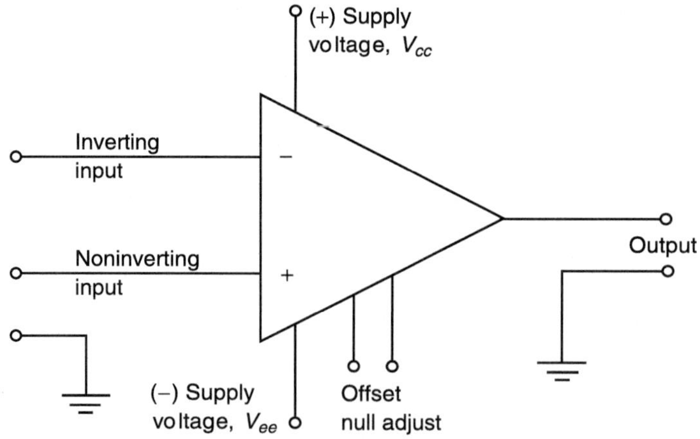

그림 7.19 전형적인 연산 증폭기 연결을 보여 주는 그림

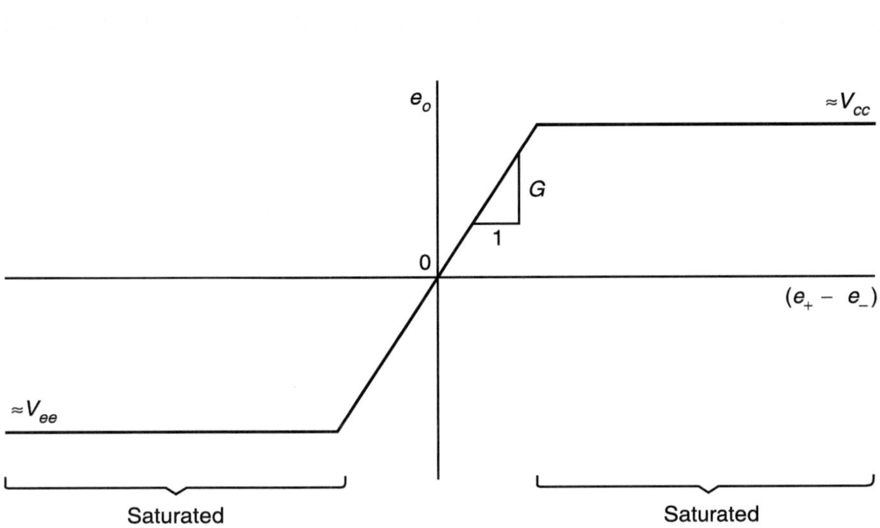

그림 7.20 연산 증폭기 출력응답

그림 7.19는 연산 증폭기의 외부 회로의 배치를 보여 준다. 크기는 같지만 극성이 반대인 2개의 전력 소스가 일반적으로 요구된다($-V_{cc} = V_{ee}$). 이러한 전압은 보통 5~30 V dc의 범위내의 값을 가지며, 9-V dc 배터리를 사용하는 경우도 종종 있다. 대부분의 연산 증폭기는 DIP(dual-in-line) 패키지형, 표준 TO형, surface-mount 패키지형 중 하나로 제작된다(그림 7.21(a) (b) (c)).

연산 증폭기는 7.13절에서의 이상 전압 증폭기 특성을 거의 만족시키는데, 그 이유는 다음과 같다.

1. 매우 큰 입력 임피던스를 가진다. (메가(10^6) 에서 테라(10^{12}))
2. 매우 큰 이득을 가진다. (10^5~10^6또는 100~120 dB)

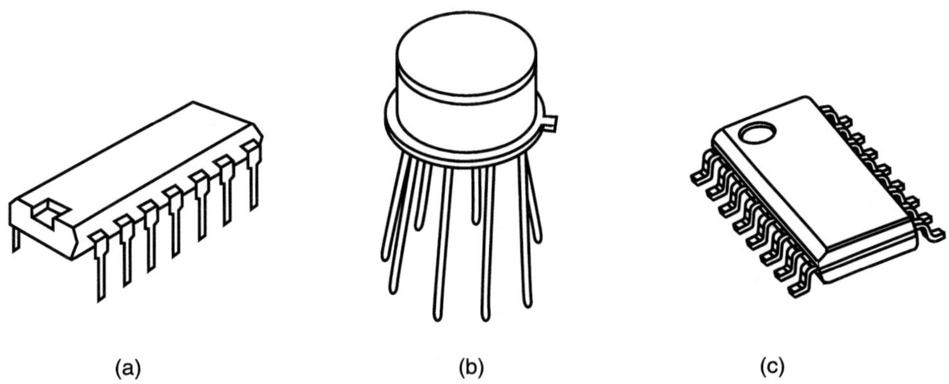

그림 7.21 (a) 전형적인 DIP(dual-in-line package), (b) 전형적인 TO 집적 회로 패키지 (c) 전형적인 표면 실장형 SOP(Small Outline Package).

3. 매우 작은 출력 임피던스를 가진다.
4. 매우 빠른 응답 또는 높은 슬루율(slew rate)을 가진다(1 μs 동안에 출력이 수볼트 정도 변할 수 있다).
5. 공통 모드 입력을 제거하는 데 매우 효과적이다.

대부분의 연간 증폭기에서 한 가지 비이상적인 특성은 차동 증폭 성질을 완전히 만족시키지는 못한다는 점이다. 즉 두 입력이 모두 공통적으로 접지되더라도 0이 아닌 출력 전압이 존재한다. 이는 연산 증폭기내의 다수의 트랜지스터, 저항, 그리고 다른 소자들이 완벽하게 정합되지(matched) 않기 때문이다. 이 결과로, 실제로는 작지만 0이 아닌 입력 전압에서 증폭기 출력이 0이 된다. 이러한 **입력 오프셋 전압**(*input offset voltage*)을 조정하기 위해서, 보통 연산 증폭기에는 "오프셋 널(offset null)" 또는 "밸런스(balance)"라고 표시된 핀이 공급되는데, 이것은 원하지 않는 오프셋 전압을 0으로 조정하는 수단이 된다 (예제 7.7 참조).

연산 증폭기의 두 번째 한계는 실제 공통 모드 제거 능력이 제한되어 있다는 점이다. 만약 2개의 입력 신호가 각각 공통 모드 전압 e_{cm}을 포함한다면, 연산 증폭기의 실제 출력은

$$e_o = G(e_+ - e_-) + G_{cm}e_{cm}$$

이 된다. 이와 같은 공통 모드 제거 능력은 데시벨 단위로 보통 표시하는 **공통 모드 제거비**(*common-mode rejection ratio*, CMRR)로 나타낸다.

$$\text{CMRR} = 20\log_{10}\left(\frac{G}{G_{cm}}\right) \tag{7.30}$$

전형적인 연산 증폭기는 60에서 120 dB의 CMRR을 가지며, 따라서 공통 모드 이득은 차동 이득보다 10^3에서 10^6정도 작게 된다. 물론 CMRR은 높을수록 바람직하다.

또한 열에 의한 드리프트(thermal drift)가 연산 증폭기 성능을 제한할 수도 있다. 내부와 외부에 있는 회로 소자들은 모두 온도에 민감하므로, 각 회로의 설계에서는 보통 이러한 점을 보상해 주는 회로를 포함시킨다. 매우 다양한 종류의 연산 증폭기가 존재하는데, 이들의 차이는 열적 안정성, CMRR, 오프셋 전압, 주파수 응답을 향상시키려는 시도에 따라 생기며, 당연히 이러한 점들이 가격에 반영된다.

7.14.1 대표적인 연산 증폭기 사양

연산 증폭기는 종종 특수한 응용에 필요한 성능을 최적화하도록 설계된다. 일반적인 범용 연산 증폭기 중의 하나가 LF411인데, 이 칩은 더 복잡한 연산 증폭기에 비교해서 매우 단순하지만, 손톱만한 그기의 패키지에 23개의 트랜지스터, 11개의 저항, 3개의 다이오드,

그리고 커패시터 1개를 포함하고 있다. 전형적인 LF411의 사양은 다음과 같다.

개루프 이득(open-loop gain)	2×10^5 (주파수에 의존)
입력 임피던스	$10^{12}\ \Omega$
입력 오프셋 전압	0.8 mV
입력 오프셋 전압 드리프트	7 μV/°C
입력 오프셋 전류	25 pA
입력 바이어스(bias) 전류	50 pA
CMRR	100 dB
최대 출력 전류	25 mA
슬루율	15 V/μs
최대 전원 전압	±1.8 V
전원 전류	1.8 mA
최대 입력 전압 범위	±15 V
최대 차동 입력	±30 V
단락(short-circuit) 출력 시간	일정하지 않음

7.14.2 연산 증폭기의 응용

연산 증폭기는 선형 전압 증폭기, 차동 증폭기, 적분기, 미분기, 전압 비교기, 함수 발생기(function generator), 필터, 임피던스 변환기(impedance transformer), 그리고 다른 많은 장치들의 기본 소자로 사용된다. 연산 증폭기는 전력 증폭기가 아니며, 또한 터무니없이 넓은 주파수 대역폭(bandwidth)에 대응하는 능력을 가지고 있지는 않다. 회로의 이득이 작을 때는 약 1 MHz 정도의 범위에서 왜곡되지 않은 주파수 응답이 얻어지지만, 이득이 증가하게 되면 이 범위가 줄어들게 된다. 또한 연산 증폭기의 최대 출력 전압은 공급 전압에 의해 제한된다.

기계 계측에서 연산 증폭기의 응용 예는 너무나 많으므로, 여기서는 몇 가지 응용 사례만을 소개하고자 한다. 그러나 이 몇 가지 예만 이해하더라도, 독자들은 연산 증폭기의 광범위한 응용에 대해 충분한 지식을 얻을 수 있을 것이다(장 끝에 있는 추천 서적을 참고하라).

대부분의 연산 증폭기 회로에 공통된 특성은 **부귀환**(負歸還) 또는 **부피드백 루프**(*negtive feedback loop*)의 사용이다. 연산 증폭기의 이득은 매우 크기 때문에, 두 입력 전압이 조금만 차이가 나도 증폭기는 포화에 이르게 된다. 이러한 포화를 막기 위해서, 출력 단자와 반전(−) 단자를 연결하는 것이 바로 부귀환 루프이다. 이 연결에 의해서, e_o에서 증가된 전압이 e_-에 공급되어 입력 전압의 차이를 감소시키게 된다. 이는 입력에서 $e_- \approx e_+$ 로 유지하는 효과와 같으므로, 입력 전압의 과도한 차이에 의해 발생하는 출력의 포화를 방지할 수 있다. 예제 7.2는 귀환이 없는 회로를 다루며, 연속되는 몇 개의 예제는 귀환 루프를 가진 회로를 다룬다.

예제 7.2 개루프(*open-loop*) 배치[6]는 다음의 특성을 갖는다.

1. 귀환 루프가 없다. R_L은 e_o에 의해 전력이 공급되는 부하 저항이다. 이 회로는 부동(浮動, floating)되거나 접지되어 있다.
2. 증폭기는 매우 광범위하게 작동한다. 0이 아닌 어떤 입력에도 증폭기는 쉽게 포화된다(예로, 매우 작은 입력이라도 출력을 전력 공급에 의해 허용된 한계까지 포화시킨다).
3. 이러한 배치는 잘 사용되지 않지만, 전압 비교기(voltage comparator)로 사용될 수 있다. (+)단자의 전압이 (−)단자의 전압보다 더 크면, 개루프 출력은 양(+)의 전압으로 포화된다. 반면에, (−)단자의 전압이 (+)단자의 전압보다 더 크면, 개루프 출력은 음(−)의 전압으로 포화된다. 정현파 입력(sinusoidal input)에 대해서는 사각파(square wave) 출력이 발생할 것이다.

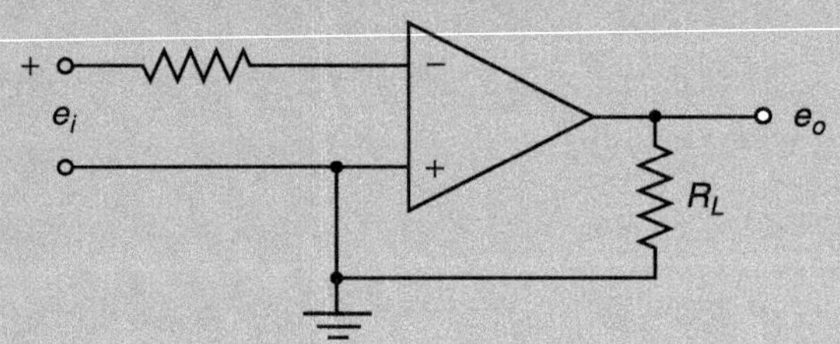

예제 7.3 전압 추종기(*voltage follower*) 또는 임피던스 변환기(*impedance transformer*)는 출력을 반전 입력 단자로 연결하는 귀환 루프를 가진다.

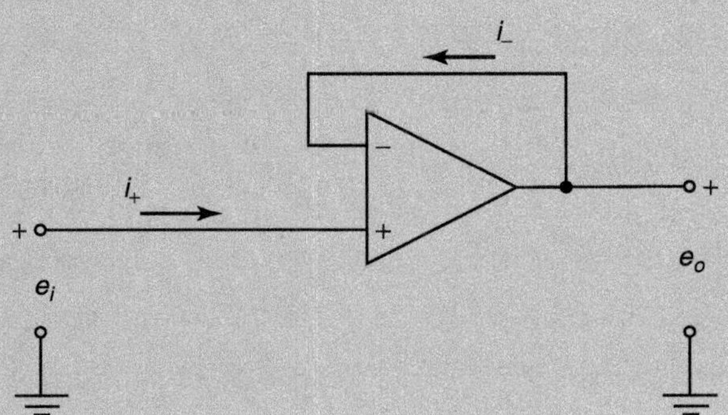

6) 연신증폭기 회로도에서는 회로에 사용된 단자들만을 표시하는 것이 관례이다. 전원 입력은 표시 여부에 상관없이 항상 필요하다. 영점조정은 최적성능을 위해 필요하지만 흔히 표시하지 않는다.

이 귀환 루프는 입력을 $e_- \approx e_+$ 로 유지시킴으로서 포화를 방지한다. $e_i = e_+$이며 $e_o = e_- \approx e_+$ 이므로, 출력 전압은 입력 전압과 같게 되어, 이 회로의 이득은 $G = 1$이 된다.

이 회로는 연산 증폭기의 높은 입력 임피던스를 이용한다. 입력 임피던스가 매우 크므로, 입력 전류 i_+는 나노 암페어(nA) 또는 피코 암페어(pA) 정도의 매우 작은 전류가 된다. 따라서 소스 로딩(source loading) 현상은 최소화되며, 종종 완전히 무시될 수도 있다($i_+ \approx 0$). 반면에, 출력 전류는 연산 증폭기가 허용하는 최대 전류까지 나올 수 있다. 이 회로는 입력 임피던스가 기가 옴($G\Omega$)인 반면에 출력 임피던스는 1옴도 안 된다는 점에서 임피던스 변환기로 동작한다고 생각할 수도 있다.

이 예제는 부귀환을 가진 어떤 연산 증폭기 회로에도 적용될 수 있는 두 개의 경험 법칙을 보여 준다.

1. 입력 전류 i_+와 i_-는 거의 0이다: $i_+ \approx 0, i_- \approx 0$.

2. 입력 전압 e_+와 e_-는 부귀환에 의해 동일한 값으로 유지된다: $e_+ \approx e_-$.

예제 7.4 반전 증폭기(*inverting amplifier*)는 가장 널리 사용되는 연산 증폭기 회로 중 하나이다. 그림에서 부귀환은 저항 R_2를 통해서 연결된다.

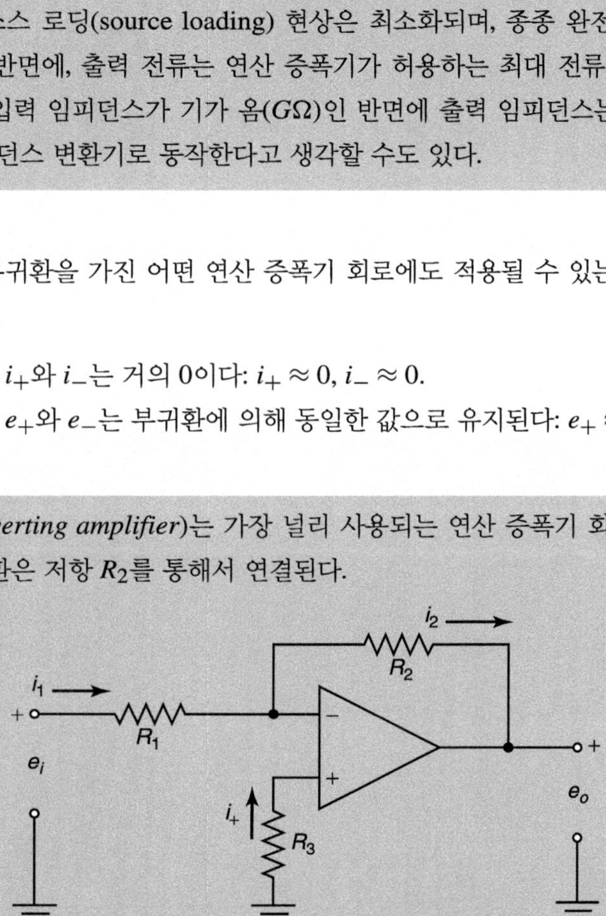

$i_+ \approx 0$이므로 옴의 법칙에 의해 $e_+ \approx 0$이 되며, 부귀환 루프가 존재하므로 $e_- = e_+ = 0$ 이 된다. 또한 반전 입력을 통해 어떤 전류도 흐르지 못하므로, 결과적으로 $i_1 = i_2$가 된다. 따라서 저항 R_1과 R_2에 옴의 법칙을 적용하면 i_1과 i_2는

$$i_1 = \frac{e_i - 0}{R_1} = \frac{e_i}{R_1}$$

$$i_2 = \frac{0 - e_o}{R_2} = -\frac{e_o}{R_2}$$

된다. 이로부터, e_i와 e_o사이에

$$e_o = -\frac{R_2}{R_1}e_i$$

의 관계를 얻을 수 있다. 이때 출력의 부호는 입력과 반대이며(즉 반전 또는 180°의 위상차), 회로의 이득은 $G = -R_2/R_1$이 된다.

저항 R_3는 일반적으로 R_1과 R_2의 병렬 연결시의 값과 근사적으로 같도록, 즉 $R_3 \approx R_1R_2/(R_1 + R_2)$이 되도록 연결하는데, 이 경우에 (+)와 (−) 단자는 거의 같은 입력 임피던스를 제공한다.

예제 7.5 이번에는 비반전 증폭기(*noninverting amplifier*)를 고려해 보자.

입력 전압은 (+) 단자에 공급되며(즉 $e_i = e_+$), 부귀환에 의해서 $e_i = e_+ = e_i$가 된다. 반전 단자 전압과 출력 전압은 전압 분배법칙(voltage-divider rule)에 의해

$$e_- = \left(\frac{R_1}{R_1 + R_2}\right)e_o$$

이 되며, 이를 다시 쓰면

$$e_o = \left(\frac{R_1 + R_2}{R_1}\right)e_i$$

의 관계를 얻을 수 있다.

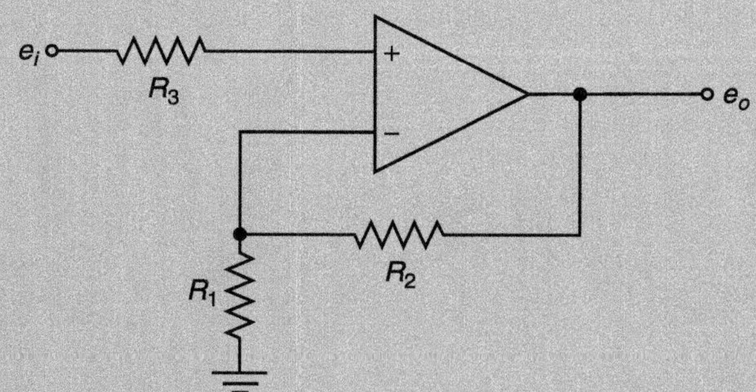

따라서 출력과 입력은 부호가 있으며, 회로의 이득은 $G = (R_1 + R_2)/R_1$이 된다. 저항 R_3는 반전 증폭기에서와 같은 역할을 수행한다.

예제 7.6

차동 증폭기(*differential amplifier*)는 다음과 같은 특성을 가진다.

1. $R_1 = R_2$이고 $R_3 = R_4$이면, $e_o = -(R_3/R_1)(e_{i_1} - e_{i_2})$이다(문제 7.21 참조).
2. (−)와 (+)에서의 입력 저항을 같게 하면, 이벽 오프셋 조정의 필요성(예제 7.7 참조)을 최소화시킬 수 있다.
3. 높은 CMRR을 얻기 위해서는 저항을 정확히 정합(matching)시키는 것이 필요하다.

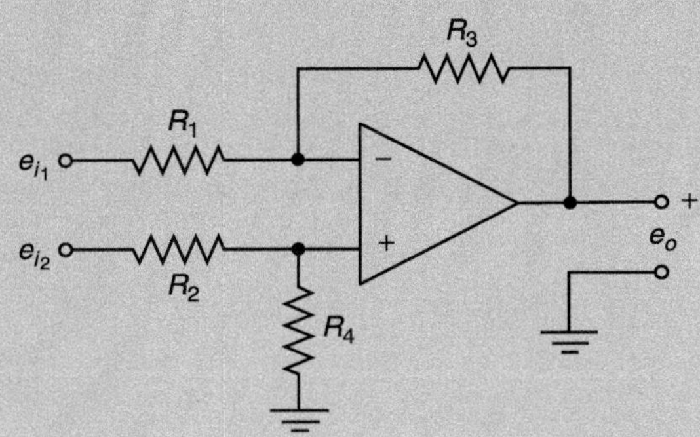

예제 7.7

입력 오프셋 조정 기능을 가진 증폭기가 아래에 도시되어 있다.

1. 이 회로는 제로 입력에 대해 제로 출력이 나오도록 미세 조정할 수 있다.
2. 아래의 예에서는 각 핀에 대한 번호를 보여 준다.

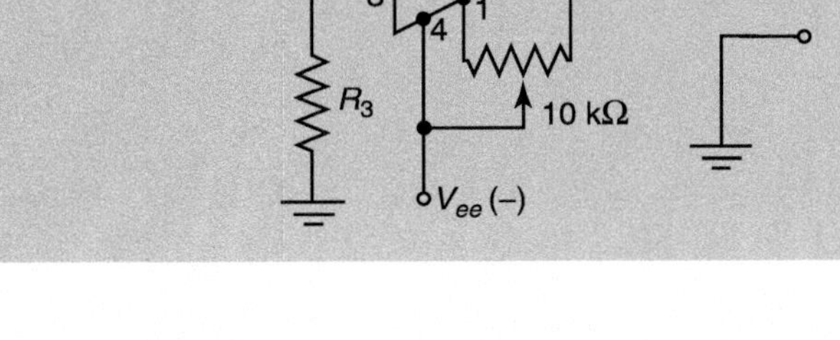

예제 7.8 전압 비교기(*voltage comparator*)는 다음과 같은 특성을 가진다.

1. e_i와 e_{ref}사이의 작은 전압차에 의해서, 출력 전압은 전원에 의해 허용되는 한계로 변하게 된다. 이때 e_{ref}는 원하는 기준 전압으로 설정되며, 귀환은 사용되지 않는다.
2. $e_i > e_{ref}$일 때 출력은 양(+)으로 포화되고, $e_i < e_{ref}$일 때는 음(−)으로 포화된다. 이러한 성질은 e_{ref}를 기준으로 하여 e_i의 크기에 대한 정보를 제공해 준다. 예를 들어 e_i가 점진적으로 증가하는 경우에, 이 값이 e_{ref}에 도달하게 되면 출력의 극성이반전되는데, 이러한 특성은 트리거(trigger) 동작에 사용될 수 있다(아날로그-디지털 변환에의 응용에 대해서는 8.11.2절을 참고하라).
3. 다이오드는 차동 입력을 제한하는 역할을 한다.

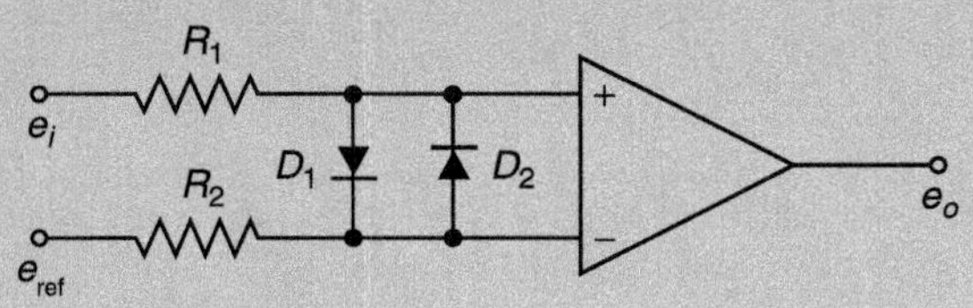

예제 7.9 가산 증폭기(*summing amplifier*)는 다음의 특성을 가진다.

1. $e_o = -\,[e_1\,(R_4/R_1) + e_2\,(R_4/R_2) + e_3\,(R_4/R_3)]$ (문제 7.22 참조)
2. $R_1 = R_2 = R_3 = R$이면, $e_o = -\,[(R_4/R)(e_1 + e_2 + e_3)$이 된다.
3. 이 회로는 디지털-아날로그 변화에 응용된다(8.11.1절). 또한 반전 증폭기와 유사성에 주목하기 바란다(예제 7.4).

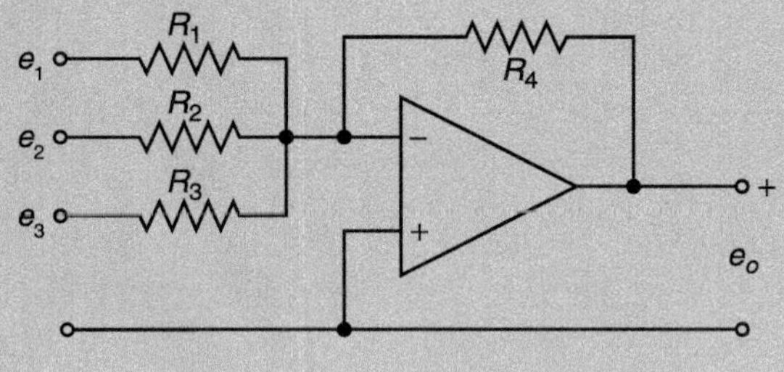

7.15 특수 증폭기 회로

7.15.1 계기용 증폭기

실제에선, 큰 공통 모드 신호가 존재하는 상황에서, 변환기로부터의 매우 작은 전압차이를 증폭해야만 하는 경우가 많이 있다. 동시에 변환기로부터 뽑아내는 전류는 변환기에 주는 소스 로딩(source losding)과 신호의 질 저하를 막기 위해 작게 유지되어야만 한다. 고정확도를 요구하는 계측이 필요한 경우에는, 차동 증폭기(예제 7.6)와 같은 일반적인 연산 증폭기회로는 적절한 입력 임피던스나 CMRR을 제공해 주지 못할 수도 있다.

계기용 증폭기(*instrumentation amplifier*)는 이런 문제를 해결하기 위해 세 개의 연산 증폭기를 사용한다(그림 7.22). 계기용 증폭기는 기본적으로는 차동증폭기인데, 전압추종기가 각 입력 단자에 연결되어 있다(만약 R_1을 임시로 제거한다면 이 점을 쉽게 이해할

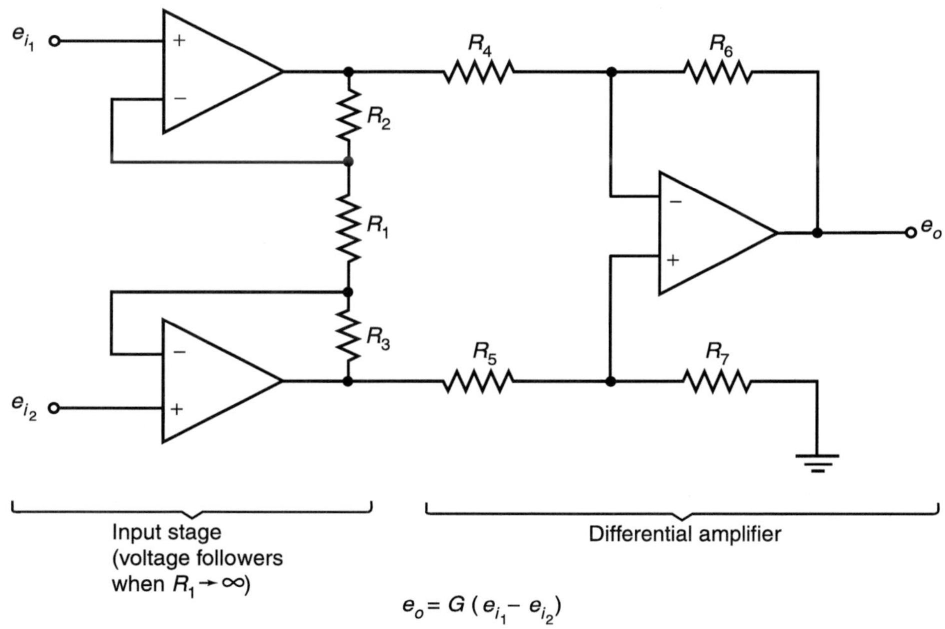

$$e_o = G(e_{i_1} - e_{i_2})$$

$$G = \left(1 + \frac{2R_2}{R_1}\right)\left(\frac{R_6}{R_4}\right)$$

$$R_2 = R_3$$
$$R_4 = R_5$$
$$R_6 = R_7$$

그림 7.22 계기용 증폭기 회로

수 있다). 전압 추종기는 op amp 임피던스의 (+)와 (−) 입력 임피던스를 크게 증가시키며, 두 전압 추종기 사이에 있는 R_1은 CMRR을 증가시키는 효과가 있다. 이 회로에서 저항을 매칭시키는 것은 차동 op amp 회로 단독으로 사용하는 경우보다는 덜 중요하다.

계기용 증폭기는 개별적인 소자로부터 구성하기도 하지만, 대부분의 경우에는 단일의 집적 회로 형태로 구입하여 사용한다. 전형적인 계기용 증폭기는 CMRR이 130 dB까지, 입력 임피던스가 10^9 Ω이상, 그리고 회로 이득이 1,000까지 된다.

7.15.2 전하 증폭기

전하 증폭기(*charge amplifier*)는 압전 변환기(piezoelectric transducers)와 함께 사용된다(6.14절, 13.6절, 14.6.3절, 18.5.1절 참조). 압전 변환기는 하중에 비례하는 전기 전하 $Q(t)$를 발생시키는 고임피던스 재료로 구성되어 있다. 전하 증폭기는 고임피던스 소스의 잠재적인 잡음 문제를 피하면서 전하에 비례하는 출력을 발생시킨다. 완전한 회로는 그림 7.23에 나타나 있다.

변환기, 케이블 및 귀환(feedback) 커패시턴스는 각각 C_t, C_c, C_f이다(전하와 커패시턴스에 관해서는 5.17절~5.19절 참조). 만약 큰 귀환 저항 R_f를 무시한다면, 이 회로의 출력은 다음과 같이 표현할 수 있다.

$$e_o = \frac{-Q(t)}{C_f + (C_t + C_c + C_f)/G}$$

여기서, G는 연산 증폭기의 개루프 이득(open-loop gain)이다. 연산 증폭기 이득은 매우 커서 분모의 두 번째 항은 보통 무시되므로, 출력은

$$e_o = -\frac{Q(t)}{C_f}$$

이 된다. 전하 증폭기의 출력은 케이블과 변환기 커패시턴스에는 무관하다는 점을 주목하라[10].

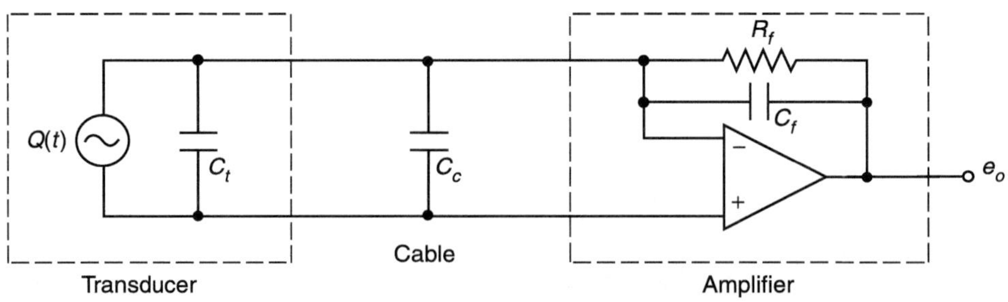

그림 7.23 전하 증폭기 회로

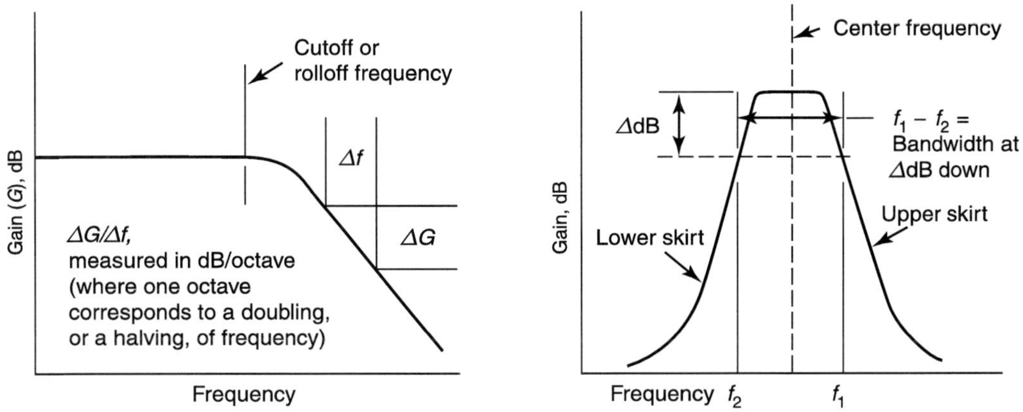

그림 7.24 (a) 저역 통과 필터에 적용되는 용어들, (b) 대역 통과 필터의 특성

저항 R_f는 전하 증폭기의 응답을 $f = 1/2\pi R_f C_f$ 이하의 주파수로 제한하는 역할을 한다. 이런 병렬 저항은 출력에 대한 저주파수 성분의 영향을 제거하기 위해 종종 도입되기도 하지만, 일부 병렬 저항 성분은 실제 커패시터에 항상 존재하고 있다.

비록 압전 효과는 19세기에 알려졌지만, 1950년대와 60년대에 매우 큰 입력 임피던스를 가진 증폭기가 개발된 이후에야 비로소 활용되기 시작했다. 전하 증폭기는 1950년에 W. P. Kistler가 특허를 냈고, MOSFET 회로와 테플론(Teflon)과 Kapton[11] 같은 고품질의 전기 절연체가 개발됨에 따라서 널리 사용되기 시작하였다.

7.16 필터

시간에 따라 변하는 피측정량(measurand)은 보통 많은 주파수 성분 또는 조화(harmonics)의 조합으로 구성되어 있다. 또한 신호는 흔히 원하지 않는 신호성분(잡음)을 포함하고 있어, 결과적으로 신호가 왜곡(distortion)되거나 변질되기도 한다. 이러한 경우에, 적절한 회로를 사용하여 원하지 않는 잡음의 일부 또는 전부를 선택적으로 제거하는 것이 가능하다(5.7절 참조).

필터링(filtering)은 피측정량의 원하는 성분은 통과시키면서 원하지 않는 성분을 감쇠시키는 과정을 말한다. 필터는 보통 **능동**(*active*) 필터와 **수동**(*passive*)필터의 두 종류로 분류된다. 능동 필터는 연산 증폭기와 같이 전력이 공급되는 소자를 사용하는 반면에, 수동 필터는 *RLC* 소자들만을 사용한다. 한편 필터는 **고역 통과**(*high-pass*), **저역 통과**(*low-pass*), **대역 통과**(*band-pass*), **그리고 노치**(*notch*) 또는 **대역 소거**(*band-reject*) 필터 등으로 분류되기도 한다. 각 경우의 기준은 신호 주파수이다. 예를 들어 고역 통과 필터는 어떤 차단 주파수(cutoff frequency)이상의 성분만이 통과하도록 한다. 또한 노치 필터는 선택된 대역의 주파수 성분을 감쇠시키는 반면에, 대역 통과 필터는 중심 주파수(center frequency) 근처 주파수 영역을 통과시킨다. 그림 7.24(a)와 (b)는 필터의 설계와 활용에 자주 쓰이는 용어들을 보여 주는데, 유사한 용어들이 고역 통과와 노치 필터에도 적용된다.

7.17 필터 이론

가장 단순한 저역 통과 및 고역 통과 필터는 하나의 저항과 커패시터로 구성된다. 이런 수동 *RC*필터는 1차 시스템(first-order system)에 해당한다(5.18절). *RC* 저역 통과 필터와 *RC* 고역 통과 필터가 그림 7.25(a)와 (b)에 각각 나타나 있다.

먼저 *RC* 저역 통과 필터를 고려해 보자. 커패시터는 저주파수 전류는 막고 고주파수 전류는 통과시키는 경향이 있으므로, 이 필터에서 커패시터의 기본 역할은 입력 신호의 고주파수 성분을 단락(short-circuit)시켜서 그대로 통과시켜 주는 것이다. 주파수 특성을 결정하기 위해서, 조화(harmonic) 입력 전압 e_i에 대한 필터 출력 e_o를 구해야 한다.

$$e_i = V_i \sin(2\pi ft)$$

만약, 출력부로 무시할 만한 전류만이 흐른다면, 저항과 커패시터에 흐르는 전류는 동일하다고 할 수 있으므로

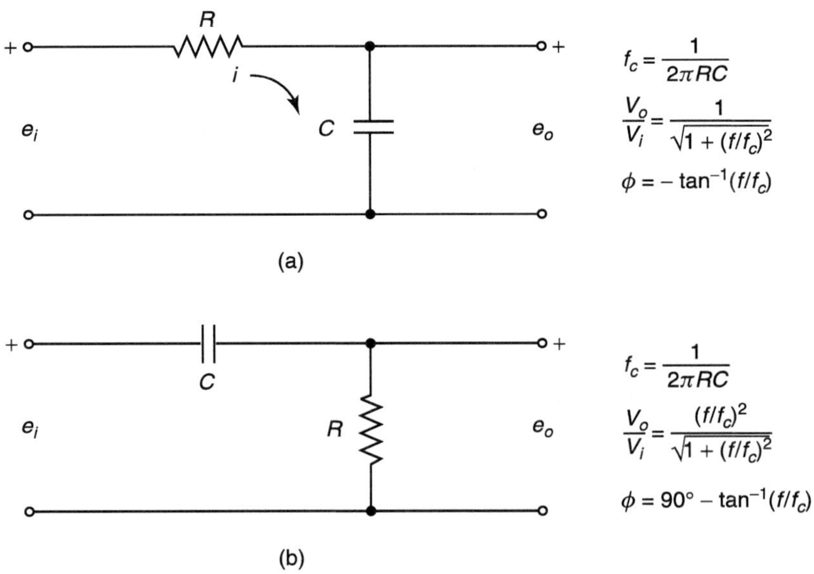

그림 7.25 1차 *RC* 필터: (a) 저역 통과, (b) 고역 통과

$$i = \frac{e_i - e_o}{R} = C\frac{d}{dt}e_o$$

또는
$$\frac{d}{dt}e_o + \frac{1}{RC}e_o = \frac{1}{RC}e_i = \frac{V_i}{RC}\sin(2\pi ft) \tag{7.31}$$

이 된다. 이 미분 방정식의 해는(예제 5.7 참조)

$$e_o = V_o \sin(2\pi ft + \phi) = \frac{V_i}{\sqrt{1 + (2\pi RCf)^2}}\sin(2\pi ft + \phi) \tag{7.32}$$

이 되는데, 여기서 위상 지연(phase lag) ϕ는

$$\phi = -\tan^{-1}(2\pi RCf) \tag{7.32a}$$

이다.

필터의 성능은 보통 차단 **주파수**(*cutoff frequency*) f_c로 특징지어진다.

$$f_c \equiv \frac{1}{2\pi RC} \tag{7.33}$$

식 7.32로부터 f_c의 항으로 주파수응답(또는 이득)을 표시하면

$$\frac{V_o}{V_i} = \frac{1}{\sqrt{1 + (f/f_c)^2}} \tag{7.33a}$$

이 되며, 식 7.32a로부터 위상 응답은

$$\phi = -\tan^{-1}\left(\frac{f}{f_c}\right) \tag{7.33b}$$

이 된다. 차단 주파수에서는

$$\frac{V_o}{V_i} = \frac{1}{\sqrt{2}} \quad \text{and} \quad \frac{P_o}{P_i} = \frac{1}{2} \tag{7.33c}$$

의 관계가 성립한다. 여기서 모두 신호강도의 −3 dB의 변화를 나타내고 있다(7.12절 참조)

그림 7.26은 주파수응답을 선형 좌표계에 나타낸 것이데, 이런 방법으로 그래프를 그리면 필터응답이 주파수에 따라서 조금씩만 변하는 것처럼 보인다. 그러나 이러한 선형 그래프는 주파수가 차단 주파수로부터 단지 3배 정도 증가한 범위만을 보여줄 수 있을 뿐이지만, 실제로는 필터는 자릿수가 다른 크기의 주파수들을 분리하는데 사용된다. 따라서 이러한 주파수 변화를 나타내기 위해서는 보드 선도(Bode plot, 7.12절) 같은 로그 눈금으로 표시된 그래프가 필요하게 된다.

그림 7.27는 저역 통과 필터의 응답을 보드 선도로 나타낸 것인데, 차단주파수에서 신호의 −3 dB의 감소를 보이고 있다. 표시된 주파수영역은 4자릿수의 크기변화를 가지고 진폭

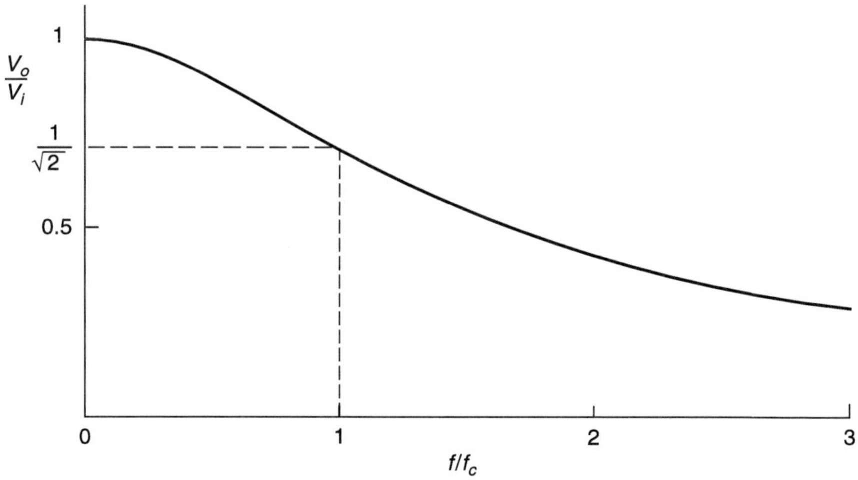

그림 7.26 *RC* 저역 통과 필터의 주파수응답(선형 좌표 사용)

의 변화는 0에서 −40 dB를 보이고 있다. f_c 이하의 주파수 영역에서는, 필터 응답이 평평하며 신호가 감소하지 않음을 보여 준다. 통과 대역(passband)에서 소거 대역(rejection band)으로의 천이는 주차수가 증가함에 따라 점진적으로 발생한다. f_c보다 훨씬 높은 주파수 영역인 소거 대역에서는, 진폭의 롤오프(amplitude rolloff)가 −6 dB/octave(octave당 주파수가 2배 변화) 또는 20 dB/decade(decade당 주파수가 10배 변화)가 된다.

이 필터는 진폭을 감쇠시킬 뿐만 아니라, 신호 주파수가 증가함에 따라 위상 편이(phase shift)를 증가시킨다(그림 7.28). −3 dB 점에서, 출력은 입력보다 45° 정도 지연된다.

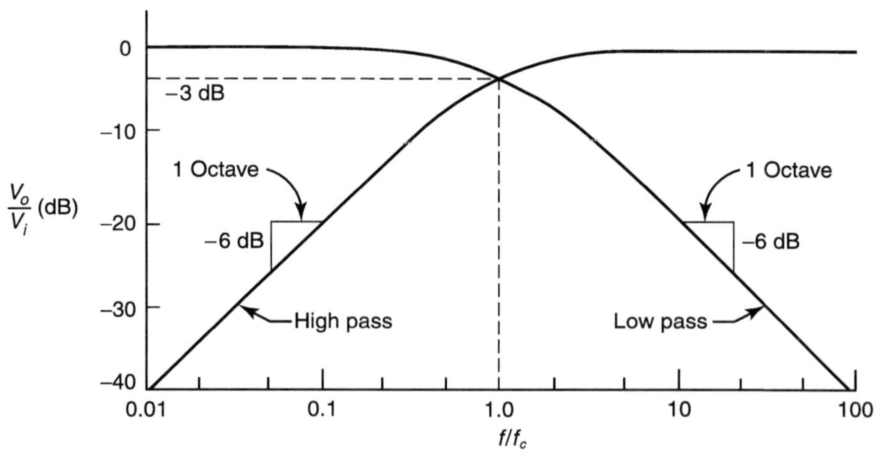

그림 7.27 *RC* 저역 통과 및 고역 필터의 주파수 응답(Bode 선도)

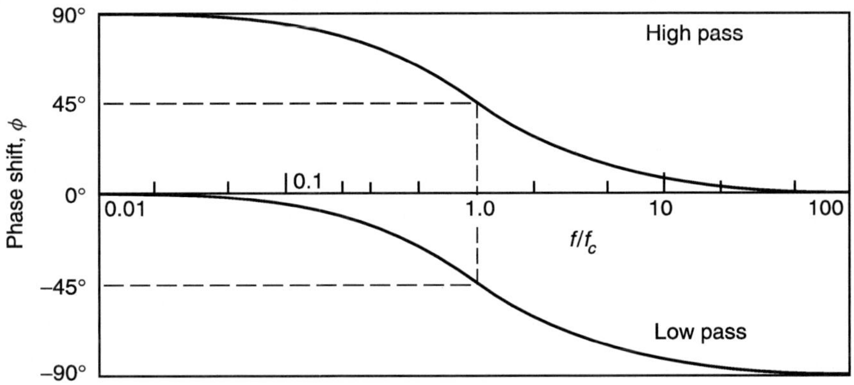

그림 7.28 *RC*고역 통과 및 저역 필터의 위상 응답

RC 고역 통과 필터는 저항과 커패시터의 위치를 바꿈으로써 얻어진다(그림 7.27(b)). 커패시터는 고주파수 성분을 통과시키는 동시에 저주파수 성분을 막는 역할을 수행하므로, 결과식은 상당히 유사하다.

$$e_o = V_o \sin(2\pi f t + \phi) = \frac{V_i(2\pi RCf)}{\sqrt{1+(2\pi RCf)^2}} \sin(2\pi f t + \phi)$$

여기서 위상 편이 ϕ는 지연(lag) ($\phi < 0$)이 아니라 리드(*lead*) ($\phi > 0$)가 된다.

$$\phi = 90° - \tan^{-1}(2\pi RCf)$$

한편 고역 통과 필터의 차단 주파수는 저역 통과 필터의 차단 주파수와 동일하다.

$$f_c \equiv \frac{1}{2\pi RC} \tag{7.34}$$

차단 주파수의 항으로, 주파수 응답과 위상 리드를 표시하면

$$\frac{V_o}{V_i} = \frac{(f/f_c)}{\sqrt{1+(f/f_c)^2}} \tag{7.34a}$$

$$\phi = 90° - \tan^{-1}\left(\frac{f}{f_c}\right) \tag{7.34b}$$

이 된다. −3 dB인 점은 이 경우에도 f_c가 되며, 소거 대역에서 롤오프(roll-off)는 −6 dB/octave 또는 −20 dB/decade이다. 고역 통과 주파수와 위상 응답이 그림 7.27과 7.28에 나타나 있다. 이 필터의 주 사용 목적 중의 하나는 직류($f = 0$) 오프셋을 제거하는 것이다.

1차 *RC* 필터는 차단 주파수 이상에서 상당히 느린 롤오프를 가지지만, 구조가 단순하기 때문에 원하는 주파수와 원하지 않는 주파수가 비교적 멀리 분리되어 있는 경우에 널

리 사용된다. 유사한 고역 통과 및 저역 통과 필터가 저항과 인덕터를 사용해서도 구성될 수 있지만, 1차 *RL* 필터는 거의 사용되지 않는다.

예제 7.10 5,000 Hz 신호에 응답하는 변환기가 60 Hz의 잡음을 받아들인다고 가정하자. 결과적으로 출력은

$$\{5\sin(2\pi\cdot 60\cdot t)+25\cos(2\pi\cdot 5000\cdot t)\}\ \text{mV}$$

이다. 60 Hz 잡음을 제거하기 위해 차단 주파수 1000 Hz의 고역 통과 필터를 사용한다면, 출력은 어떻게 되겠는가?

풀이: 진폭과 위상 편이는 각 요소에 대해 따로 계산된다.

$$\left(\frac{V_o}{V_i}\right)_{60}=\frac{(60/1000)}{\sqrt{1+(60/1000)^2}}=0.060$$

$$\left(\frac{V_o}{V_i}\right)_{5000}=\frac{(5000/1000)}{\sqrt{1+(5000/1000)^2}}=0.98$$

$$\phi_{60}=90^\circ-\tan^{-1}\left(\frac{60}{1000}\right)=86.6^\circ=1.51\ \text{rad}$$

$$\phi_{5000}=90^\circ-\tan^{-1}\left(\frac{5000}{1000}\right)=11.3^\circ=0.197\ \text{rad}$$

그러므로

$$e_0=\{0.3\sin(2\pi\cdot 60\cdot t+1.51)+24.5\cos(2\pi\cdot 5000\cdot t+0.197)\}\ \text{mV}$$

을 얻게 된다.

잡음 진폭은 신호 진폭의 20%에서 1.2%로 감소되지만, 동시에 신호 자체도 위상 편이와 함께 작은 진폭 감쇠가 생긴다는 점에 주목해야 한다. 이러한 신호의 변화는 바람직하지 않으므로, 좀 더 복잡한 필터를 사용하게 된다.

필터 성능에서 3가지 바람직한 요소는 다음과 같다.

1. 통과 대역과 소거 대역에서의 거의 평편한(flat)응답
2. 저역 통과 및 고역 통과 필터에서 높은 롤오프(roll-off) (dB/octave 단위로)
3. 대역 통과와 대역 소거 필터에서의 가파른 가장자리(skirt)

몇 개의 커패시터, 인덕터 또는 저항의 조합에 의해서 2차(또는 고차)의 전기적 응답을 얻음으로써 필터의 성능을 상당히 향상시킬 수 있다. 이러한 필터는 더 가파른 롤오프와 통과 대역에서 소거 대역으로의 더 급격한 천이를 가질 수 있다. 게다가, 이러한 복합의 *RLC*

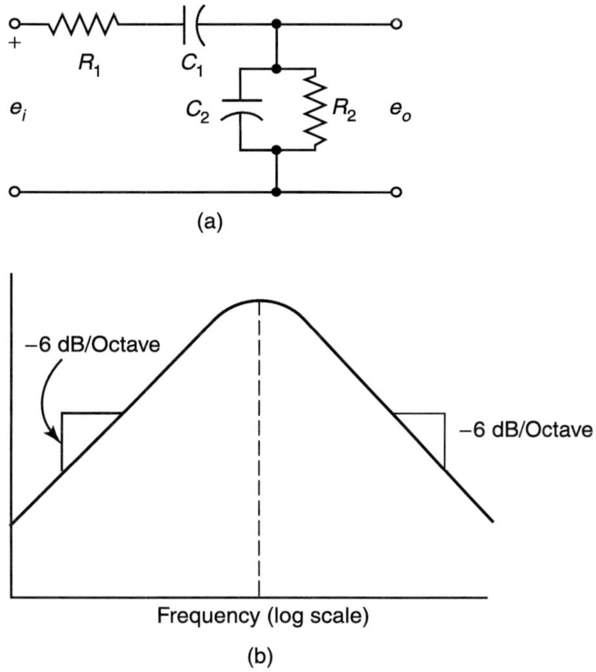

그림 7.29 (a) 단순 대역 통과 필터의 회로, (b) (a)의 대역 통과 필터의 성능 특성

배열을 사용하여 대역 통과와 노치필터를 구성할 수도 있다. 예를 들어 그림 7.29(a)와 (b)는 *RC*대역 통과 필터와 그 응답을 보여 준다.

$$\frac{V_o}{V_i} = \frac{1}{\sqrt{[1 + R_1/R_2 + C_2/C_1]^2 + [2\pi R_1 C_2 f - (1/2\pi R_2 C_1 f)]^2}} \qquad (7.35)$$

함께 사용되는 인덕터와 커패시터는 공진(resonance)을 발생시킬 수 있는데, 이것은 1차 *RC* 회로에서 보다 더 가파른 가장자리(skirt)를 만들 수 있다. 사실 7.11절의 공진 회로는 때때로 **동조 필터**(*tuned filter*)라고 불리는 대역폭이 좁은 대역 통과 필터를 만드는 데 사용된다. 그림 7.30은 몇 가지 추가적인 *LC*필터의 설계 예를 보여 준다.

두 가지 실제적인 문제가 수동 필터의 설계와 사용에 영향을 준다. 첫 번째로, 여기서 고려한 모든 필터는 출력 단자에서 무시할 만한 전류가 흐른다는 것을 가정하여 설계되었다. 만약 롤오프를 가파르게 하기 위해 몇 개의 필터가 직렬로 연결된다면, 한 필터가 빨아들인 전류는 그 앞의 필터의 성능을 변화시킬 수 있다. 이러한 소스 로딩(source loading)을 방지하기 위해서, 전압 추종기(예제 7.3)가 각 연속되는 필터 사이에 버퍼(budder)로서 사용되어야 한다.

두 번째 문제는 인덕터에 의한 것이다. 기계 계측에서 나타나는 주파수는 거의 100 kHz

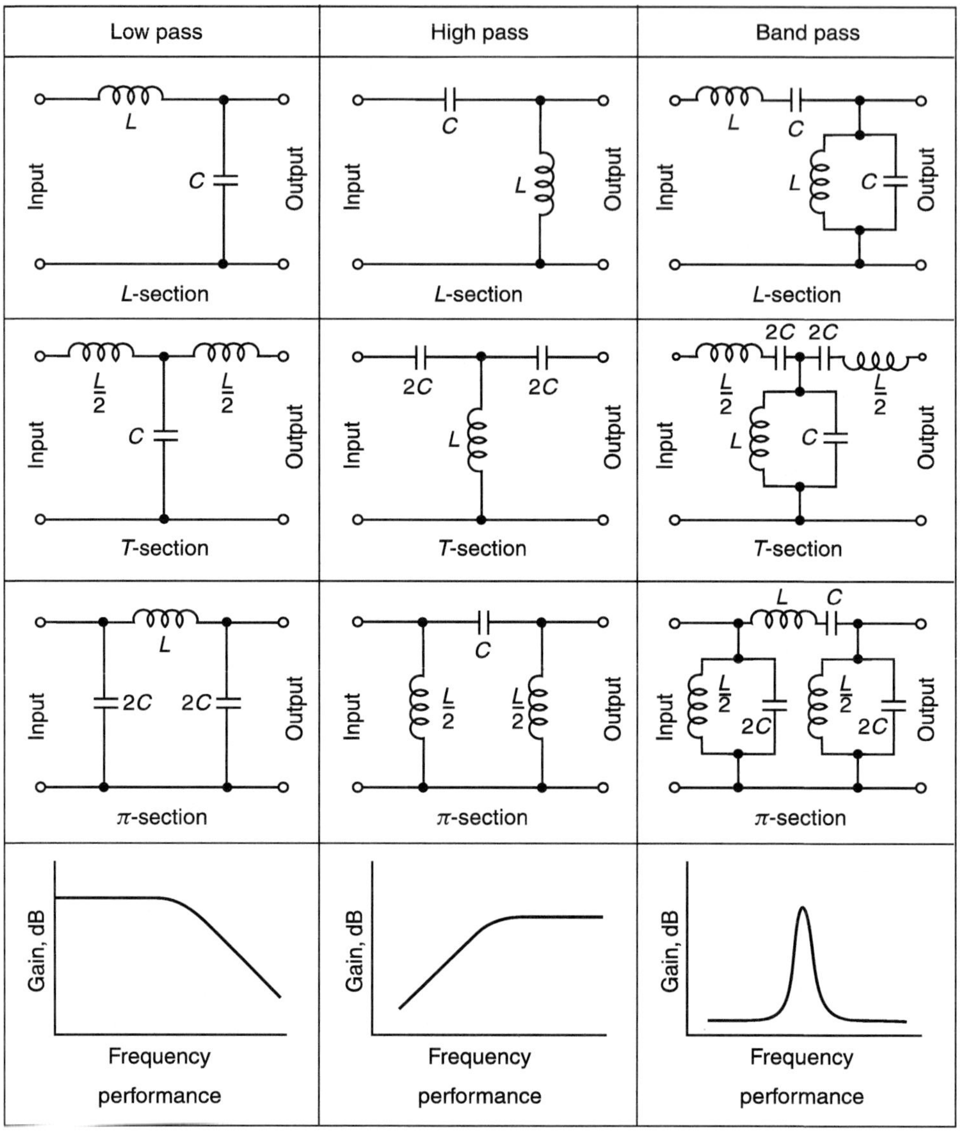

그림 7.30 *LC* 필터 배열 및 출력 특성의 예

를 넘지 않으므로, 이를 위해 요구되는 인덕터는 크기나 부피가 상당히 커야만 한다. 게다가, 최적의 인덕턴스 값이 항상 쉽게 얻어지는 것은 아니며, 인덕터는 상당한 내부 저항을 가지고 있다. 또한 다른 공학 분야에서 흔히 그러하듯이, 인덕터의 실제 사용은 이론적인 계산에서처럼 만족스럽지 않은 경우가 많이 있다. 이러한 문제를 피하는 일반적인 방법은 다음에 논의하는 능동 필터를 사용하는 것이다.

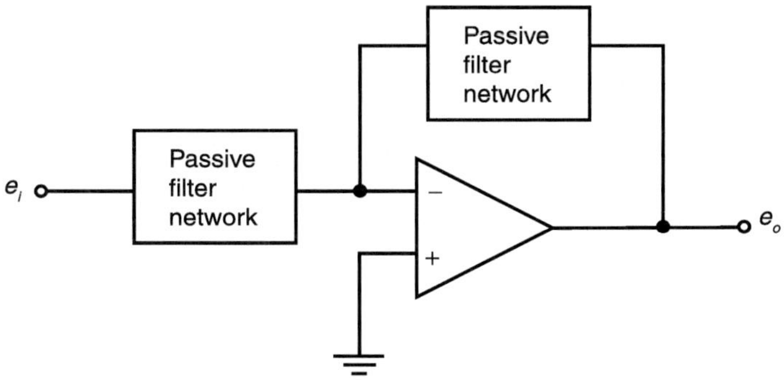

그림 7.31 기본적인 능동 필터 회로

7.18 능동 필터

연산 증폭기는 인덕터가 없고 소스 로딩(source loading)의 문제가 없는 필터 회로를 만드는 데 사용될 수 있다. 이러한 능동 필터(active filter)는 또한 매우 가파른 롤오프(rolloff), 평편한(flat) 통과 대역, 그리고 심지어는 조정 가능한 차단 주파수를 가질 수도 있다. 능동 필터는 매우 다양하면서도 깊이 있는 주제이므로, 책 전체가 이러한 능동 필터의 설계를 다룬 것도 있다.

그림 7.31은 기본적인 능동 필터를 보여 준다. 수동 필터 회로망이 연산 증폭기에 연결되는데, 이 경우에 연산 증폭기는 전력을 공급하고 임피던스 특성을 향상시켜 주는 역할을 수행한다. 수동필터 회로망은 저항과 커패시터만으로 구성되어 있다. 출력 임피던스는 일반적으로 작기 때문에, 이러한 필터는 성능의 저하 없이 출력 전류를 전달할 수 있다. 몇 가지 전형적인 능동 필터를 그림 7.32에 나타내었다.

능동 필터는 80 dB/octave의 롤오프와 소거 대역에서의 60 dB 이상의 감쇠를 제공할 수도 있다. 단일의 DIP 패키지에 포함된 집적 회로 형태의 고차 능동 필터를 구입할 수도 있다. 더 자세한 공부를 위해서는, 이 장의 끝에 있는 참고 문헌을 살펴보길 바란다.

7.19 미분기와 적분기

마지막으로, 연산 증폭기는 입력 신호의 시간 변화율에 반응 하는 **미분기**(*differentiator*)와 입력 신호의 시간 적분값에 반응하는 **적분기**(*integrator*)에 응용될 수 있다(그림 7.33(a)와 (b)).

미분기에서는, 저항과 커패시터에 흐르는 전류가 동일하며, $e_- = e_+ = 0$이므로 다음의 관계식을 얻을 수 있다.

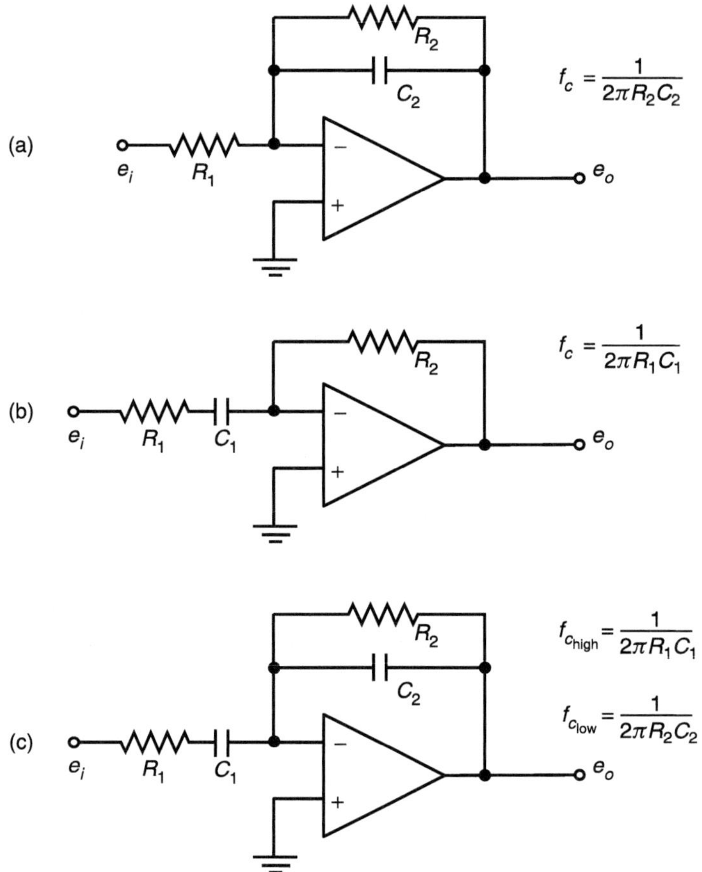

그림 7.32 1차 능동 필터: (a) 저역 통과, (b) 고역 통과, (c) 대역 통과

$$C\frac{d}{dt}e_i = -\frac{e_o}{R}$$

또는

$$e_o = -RC\frac{d}{dt}e_i \tag{7.36}$$

적분기에서는, 입력 전압 e_i의 시간 적분값에 비례하여 커패시터가 충전된다. 이 경우에도, 저항과 커패시터에 흐르는 전류가 동일하므로

$$\frac{e_i}{R} = C\frac{d}{dt}(-e_o)$$

또는

$$e_o = -\frac{1}{RC}\int e_i\,dt + \text{constant} \tag{7.36a}$$

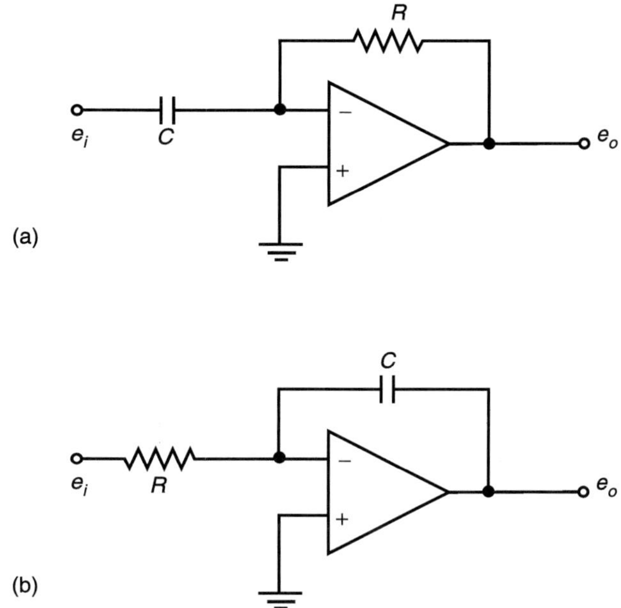

그림 7.33 (a) 연산 증폭기 미분기, (b)연산 증폭기 적분기

의 관계식을 얻게 된다. 오랜 시간에 걸친 커패시터의 충전에서의 드리프트(drift)를 막기 위해, 큰 저항인 R_f가 커패시터와 병렬로 배치된다. 이런 경우에 적분기 회로는 $f \gg 2\pi R_f C$를 만족하는 고주파수 신호로 제한된다.

7.20 차폐와 접지

7.20.1 차폐

전기 또는 전자 회로에 적용되는 차폐(遮蔽, shielding)는 다음의 목적을 위해서 사용된다.

1. 장치내에서 전기 에너지의 격리 또는 유지
2. 외부 에너지 소스로부터의 장치의 격리 또는 보호

첫 번째의 예로는, 컴퓨터로부터의 무선 주파수(radio-frequence) 방출을 최소화하기 위해 미 연방통신위원회(Federal Communications Commission)에서 요구하는 차폐이다. 두 번째 경우로는, 원하지 않는 외부 신호가 저레벨 신호의 회로로 들어가지 못하게 하는 차폐이다. 매우 일반적인 외부 에너지 소스로는 도처에 있는 60 Hz 전력선을 들 수 있다.

차폐의 종류에는 정전기적(electrostatic) 차폐와 전자기적(electromagnetic) 차폐가 있

다. 각 경우에 차폐는 보통 금속 봉입물(metallic enclosure)의 형태로 구성된다. 예를 들어 금속 편조(metallic braid)를 사용하여 신호 전송 전선을 차폐하거나, 회로를 부분적으로 또는 전체적으로 금속상자 속에 수용하기도 한다.

비자기적인(nonmagnetic) 금속만이 전자기적 차폐에 사용될 수 있는 반면에 강철, 알루미늄, 또는 구리 등 거의 대부분의 도체 금속이 정전기적 차폐에 사용될 수 있다. 장치 내의 어떤 회로들은 흔히 서로 차폐되어야 하지만, 특수한 증폭기나 변압기를 사용하여 부회로(subcircuit)간에 연결이 이루어져야만 한다. 예를 들어 전력 변압기는 종종 1차와 2차권선 사이에 구리 차폐가 사용되는데, 이 때 구리는 전자기적인 전력의 전달을 방해하지 않고, 정전기적 차폐 역할을 수행한다. 차폐에 대한 몇 가지 법칙은 다음과 같다 [12,13].

법칙 1 정전기적 차폐 봉입물이 유효하기 위해서는, 그 차폐가 포함된 회로의 제로-신호 기준 전위(zero-signal reference potential)에 연결되어야 한다.

법칙 2 차폐 도체는 신호용 접지의 제로-신호 기준 전위에 연결되어야 한다.

법칙 3 한 시스템에 필요한 차폐의 수는 독립적으로 처리되는 신호의 수와 회로에 공급되는 전원 입력의 수를 더한 것과 같다.

7.20.2 접지

저레벨 회로를 사용할 때는 **접지**(接地, *grounding*)가 필요하다. 접지는, (1) 장치의 다양한 부분에 전기적인 기준을 제공하거나, (2) 원하지 않는 전류의 배출 통로를 제공하기 위하여 필요하다.

접지 기준(*grounding reference*)은 (1) 대지 접지(earth ground) 또는 (2) 샤시 접지(chassis ground) 중의 하나이다. 후자의 경우, 샤시는 보통 기본적인 장착(mounting) 구조물(예를 들어 회로기판의 접지 평면), 또는 회로가 설치되어 있는 프레임을 의미한다. 그림 7.34는 이들 두 종류의 접지에 대한 도식적이 기호를 보여 준다.

이 책에서는 접지에 대한 간단한 논의만 다루지만, 다음의 몇 가지 법칙과 관찰 결과를 나열할 수 있다.

1. 전체 시스템이 접지될 수 있지만, 반드시 대지 접지일 필요는 없다. 예를 들어 비행기와 우주선에 쓰이는 회로는 어떤 공통 전위에 기준을 둔다.

그림 7.34 접지를 나타내는 기호

2. "회로"라는 용어가 전선 또는 부품들을 의미할 필요는 없다. 효과적으로 차폐되지 않으면, 장치 내에 있는 다양한 각 소자들은 하나 또는 그 이상의 소자와 용량성 경로(capacitive path)를 가지게 된다.
3. 차폐는 어떤 전위에 있더라도 차폐 기능을 제공한다.
4. 두 개의 인접한 점은 같은 전위를 가진다는 가정은 종종 유효하지 않다.
5. 한 소자의 전위 특성은 고주파수(또는 무선 주파수) 영역에서와 저주파수 영역에서 서로 같지 않다. 예를 들어 본드형 스트레인 게이지(bonded strain gage)요소와 그것이 장착된 구조물 사이에는 커패시턴스가 존재하는데, 직류 또는 저주파수에서는 이런 커패시턴스가 그다지 중요하지 않지만, 고주파수에서는 이런 커패시턴스가 전기적 경로를 제공할 수도 있다.
6. 접지 버스는 장비의 누전시에 대한 안전 장치이지만, 계측 장치에 대한 제로 전위 기준점은 아니다.
7. 모든 금속 봉입물과 외피(housing)는 접지되고 같이 접속되어야 하지만, 어떤 전류도 이러한 접속에서 흐르도록 허용되어서는 안 된다.
8. 경험에 의하면 건물의 접지와 관(conduit)과 같은 연계점으로부터 장비 랙(rack)을 절연시키는 것이 바람직하다. 이렇게 함으로써 랙은 계측에 가장 적합한 전위에 접속될 수 있다.
9. 어떤 주파수 범위에서 성립하는 법칙이 다른 주파수 범위에서는 부적절할 수도 있다.
10. 다양한 법에 의해서 요구되는 안전에 관한 관행은 실제 계측에 사용되는 관행과 상충되기도 한다.
11. 정전기적 차폐는 신호 회로를 둘러싼 단순한 금속 봉입물이다. 이것이 유효하기 위해서는, 차폐는 신호가 외부 또는 접지에 접속되는 제로 신호 전위에 연결되어야 한다.

다시 한번 말하지만, 차폐와 접지는 매우 복잡한 주제이고, 답을 구하기 위해서 흔히 어느 정도의 시행착오를 거쳐야 한다.

7.21 요소 결합 방법

전기 회로 소자들을 접속할 때, 흔히 결합 방법(coupling method)에 특별한 주의를 기울여야 한다. 경우에 따라서 변환기-증폭기, 증폭기-기록계, 또는 다른 소자들의 조합이 본질적으로 적합하지 않아, 직접적인 결합이 불가능하거나 또는 최적의 동작을 보장하지 못하게 된다. 이러한 결합 문제는 적절한 임피던스 정합(整合, impedance matching)의 결정과 감쇠(damping)와 같은 회로의 요구 조건의 유지 등을 포함한다. 이러한 문제들은 보통 최대 에너지 전달과 최적의 응답 충실도(fidelity)에 대한 요구에서 발생된다.

그러나 임피던스 정합의 중요성은 응용에 따라 상당히 달라진다. 예를 들어 대부분의

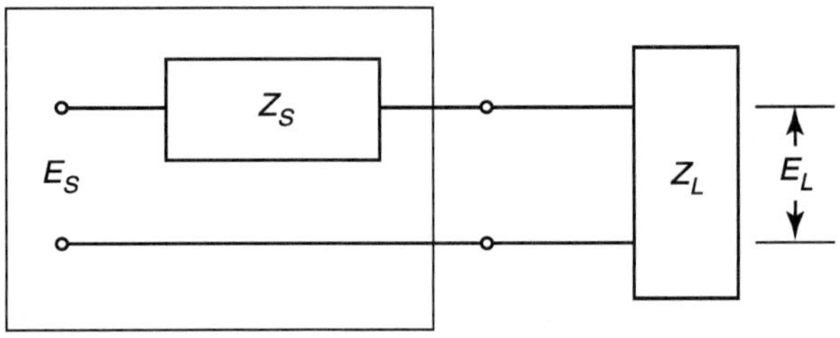

그림 7.35 전달 개념을 보여 주는 단순 회로

음극선 오실로스코프와 전자 전압계의 입력 임피던스는 비교적 높지만, 만족스러운 작동은 저임피던스 변환기에 직접 연결됨으로써 얻어질 수 있다. 이 경우에는, 측정되는 전압이 중요하게 되며 전력 전달은 단지 부수적인 문제이다. 대부분의 경우에, 저임피던스 소스로 고임피던스 회로 소자를 구동하는 것은 그 반대의 경우보다 문제를 적게 일으킨다.

전력 전달의 간단한 예로서 그림 7.35를 고려하자. 이 그림은 에너지 소스 E_S, 소스 임피던스 Z_S 및 임피던스 Z_L을 가지는 싱크(*sink*) 또는 부하(*load*)를 보여 준다. 이 예를 더 단순화하기 위해, 임피던스를 단순한 전기 저항 R_S와 R_L로 각각 취급하자. 그러면 R_L 양단에 걸리는 전압은

$$E_L = E_S\left(\frac{R_L}{R_L + R_S}\right)$$

이 되며, R_L에 전달되는 전력은

$$P = \frac{E_L^2}{R_L} = \frac{E_S^2}{R_L}\left(\frac{R_L}{R_L + R_S}\right)^2 \tag{7.37}$$

이 된다. 최대 전력 전달(maximum power transfer)을 위한 R_L의 값을 결정하기 위해서, $dP/dR_L = 0$이라는 조건으로부터 해를 구하여야 한다. $R_L = R_S$일 때 최대의 전력이 전달된다는 것을 쉽게 알 수 있고, 이러한 사실로부터, 비록 정확히 증명한 것은 아니지만 일반적으로 최대 전력 전달은 $Z_L = Z_S$일 때 발생한다고 할 수 있다.

전력 전달의 최적화에 더하여, 적절한 결합은 적합한 동적 응답을 제공하는 데 있어서도 중요하다. 회로 소자들에 따라 세 가지 특별한 결합방법이 일반적으로 사용되는데, 이는 (1) 정합 변압기(matching transformer)의 사용, (2) 임피던스 변환의 사용(예제 7.3 참조) 및 (3) 결합 회로망(coupling network)의 사용 등이다.

정합 변압기를 사용한 결합의 한 예는 17.14.1절에서 논의된 것과 같은 여진기(vibration exciter)를 구동하기 위하여 사용되는 전자식 전력 증폭기(power amplifier)이다. 이 문제는 음성 증폭기(speech amplifier)를 스피커에 연결하는 경우와 유사한데, 두 경우 모두 증폭기에서 구동 전력 소스의 출력 임피던스는 흔히 이것이 연결 되어야 하는 부하 임

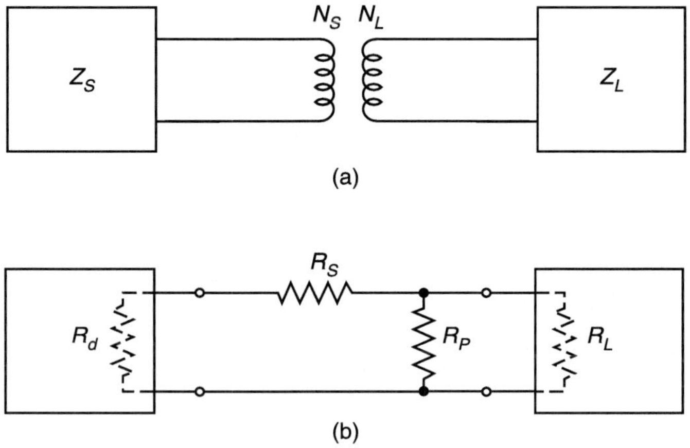

그림 7.36 임피던스 정합: (a) 결합 변압기의 사용, (b) 저항 패드의 사용

피던스보다 높게 된다. 변압기 결합은 일반적으로 그림 7.36(a)와 같이 사용된다. 정합 조건은 다음과 같은 관계로 표현될 수 있다.

$$\frac{N_S}{N_L} = \frac{Z_S}{Z_L} \tag{7.38}$$

여기서 $Z_S =$ 소스 임피던스
$Z_L =$ 부하 임피던스
$N_s/N_L =$ 변압기의 권수비(turns ratio)이다.

단순 전압 증폭기나 발진기(oscillator)와 같은 범용 장치들은 저임피던스 출력을 제공하기 위해 종종 버퍼(buffer)라 불리는 최종적인 증폭단을 포함하고 있다. 임피던스 소스를 줄임으로써, 연결선에서의 손실과 외부 잡음의 유입 가능성을 최소화할 수 있다.

적절한 결합은 정합 저항 패드(matching resistance pad)를 사용하여 얻을 수도 있는데, 그림 7.36(b)는 정합 저항 패드의 한 예를 보여 준다.

드라이버(driver) 출력과 부하 임피던스가 저항성(resistive)이라고 가정하면, 정합 조건은 다음과 같이 간단한 형태로 될 수 있다: 전압증폭기와 같은 구동장치(driving device)가 저항 회로망을 들여다본다면, R_L과 R_p의 병렬 조합과 직렬로 접속되어 있는 저항 R_s를 보게 될 것이다. 따라서 적절한 정합을 위해서는

$$R_d = R_s + \frac{R_p R_L}{R_p + R_L} \tag{7.39}$$

이 되어야 하는데,

여기서 $R_d =$ 드라이버의 출력 임피던스(Ω)

R_L = 로드 저항(Ω)

R_p = 병렬 저항(Ω)

R_s = 직렬 저항(Ω)을 각각 나타낸다.

한편 구동되는 장치(driven device)에서는 R_p와 직렬 연결된 R_s와 R_d로 구성되는 두 개의 병렬 저항을 볼 수 있게 된다. 따라서 적절한 정합을 위해서

$$R_L = \frac{R_p(R_s + R_d)}{R_p + (R_s + R_d)} \tag{7.39a}$$

이 되어야 한다. R_s와 R_p 를 구하면,

$$R_s = [R_d(R_d - R_L)]^{1/2} \tag{7.40}$$

과

$$R_p = \left[R_L\left(\frac{R_d R_L}{R_d - R_L}\right)\right]^{1/2} \tag{7.40a}$$

이 된다.

이제 R_d와 R_L을 알고 있다면, 정합 조건을 만족시키도록 식 7.40과 7.40a를 이용해서 R_s와 R_p의 값을 결정할 수 있다. 저항성 소자를 사용하는 데 있어서 신호 에너지의 손실을 피할 수는 없으며, 이러한 손실은 종종 **삽입 손실**(*insertion loss*)이라 부른다. 그러나 일반적으로 적절한 정합에 의해서, 회로망은 최적의 이득을 제공할 수 있다.

7.22 요약

전기적인 신호 조정은 많은 목적을 위해 사용된다: 센서 출력을 보다 사용하기 쉬운 형태로 변환하거나(예를 들어 저항 변화를 전압으로), 큰 오프셋 또는 잡음으로부터 작은 신호를 분리하거나, 신호 전압을 증가시키거나, 신호로부터 원하지 않는 주파수 성분을 제거하거나, 또는 신호가 출력장치를 구동할 수 있도록 한다.

1. 저항형 변환기에 대해서는, 저항 변화가 비교적 크다면 몇 가지 간단한 신호 조정회로가 유용하다. 여기에는 전류 감지 회로, 전압 감지 회로, 그리고 전압분배 회로가 포함된다(7.5, 7.6, 7.7절).
2. 작은 저항 변화에 대해서는, 브리지 회로는 좀 더 민감한 검출방법을 제공하는데, 이 회로에 의해 오프셋이 제거되며 출력은 저항 변화에 대해 선형적으로 변할 수 있다. 그러나 저항 변화가 너무 큰 경우에는, 브리지 회로는 비선형이 된다(7.8, 7.9절).
3. 유도성 센서와 용량성 센서에는 신호 조정 회로의 교류 여자(AC excitation)가 필수적이다. 교류에 의해 구동되는 회로에는 리액턴스 브리지(7.10절)와 공진회로(7.11절) 등이 있다.

4. 데시벨(dB)은 이득 또는 감쇠의 양을 측정하는 편리한 방법을 제공한다. 데시벨은 신호 전력의 대수적 측도(logarithmic measure)이다(7.12절).
5. 전자 증폭기는 신호 조정 회로에서 자주 사용되는 요소이다. 증폭기는 전압을 증가시키거나, 전력 또는 전류를 증가시키거나, 또는 임피던스를 변화시킨다(7.13절).
6. 연산 증폭기는 계측 회로에서 가장 일반적으로 사용되는 소자 중의 하나이다. 매우 다양한 연산 증폭기의 배열이 가능한데, 관련된 센서의 특성과 원하는 출력응답의 형태에 따라 적절한 배열이 결정된다(7.14, 7.15, 7.18, 7.19절).
7. 시간에 따라 변하는 피측정량의 측정에는 몇 가지 신호 조정 기법이 사용된다. 여기서는 반송파 변조(7.3절), 필터링(7.16~7.18절), 그리고 미분과 적분(7.19절) 등이 포함된다.
8. 필터는 신호로부터 원하지 않는 주파수 성분을 제거하는 역할을 한다. 필터는 통과 대역과 소거 대역을 분리하는 차단 주파수(또는 −3 dB 점)와 통과 대역에서 소거 대역으로의 롤오프(rolloff)의 기울기에 의해 특징지어진다. *RC* 필터는 가장 단순한 수동 필터의 형태이다. 필터는 일반적으로 잡음 제거, 직류 오프셋 제거, 그리고 반송파 복조 등에 응용된다(7.16~7.18절).
9. 차폐(shielding)와 접지(grounding)는 측정 회로를 구성하고 사용하는 데 있어서 필수적으로 고려해야 할 사항이다. 잡음 방지를 위한 차폐는 정밀한 측정이 요구될 특히 중요하다(7.20절).
10. 전력 전달이나 동적 응답을 최대화하기 위해서 소자들의 적절한 결합 방법이 설계되어야 한다. 그러나 만약 전력보다 전압 측정이 더욱 중요하다면, 장치의 입력 임피던스가 이것을 구동하는 장치의 출력 임피던스에 비교해서 크다면 충분하다(7.21절).

SUGGESTED READINGS

Carr, J. J. *Designer's Handbook of Instrumentation and Control Circuits*. San Diego: Academic Press, 1991.

Clayton, G. B., and S, Winder. *Operational Amplifiers*. 4th ed. Boston: Newnes, 2000.

Coughlin, R. F., and F. F. Driscoll. *Operational Amplifiers and Linear Integrated Circuits*. 5th ed. Upper Saddle River, N.J.: Prentice Hall, 1998.

Deliyannis, T., Y. Sun, and J .K Fidler. *Continuous-Time Active Filter Design*. Boca Raton, Fla.: CRC Press, 1999.

Floyd, T. L. *Electronic Devices: Electron Flow Version*. 5th ed. Upper Saddle River, N.J.: Prentice Hall, 2005.

Floyd, T. L. *Principles of Electric Circuits*. 7th ed. Upper Saddle River, N.J.: Prentice Hall, 2003.

Hague, B., and T. R Foord. *Alternating Current Bridge Methods*. 6th ed. London: Pitman, 1971.

Horowitz, P., and W. Hill. *The Art of Electronics*. 2nd ed. New York: Cambridge University Press, 1989.

Kibble, B. P., and G. H Rayner. *Coaxial AC Bridges*. Bristol, UK: Adam Hilger, 1984.

Morrison, R. *Grounding and Shielding Techniques*. 4th ed. New York: Wiley-Interscience, 1998.

Newby, B. W. G. *Electronic Signal Conditioning*. Oxford: Butterworth-Heinemann, 1994.

Ott, H. W. *Noise Reduction Techniques in Electronic Systems*. 2nd ed. New York: John Wiley, 1988.

Pallàs-Areny, R., and J. G. Webster. *Sensors and Signal Conditioning*. 2nd ed. New York: John Wiley, 2001.

Schaumann, R., and M. E Van Valkenburg. *Design of Analog Filters*. New York: Oxford University Press, 2001.

Stanley, W. D. *Operational Amplifiers with Linear Integrated Circuits*. 4th ed. Upper Saddle River, N.J.: Prentice Hall, 2002.

Zverev, A. I. *Handbook of Filter Synthesis*. New York: John Wiley, 1967.

연습문제

7.1. A force cell uses a resistance element as the sensing element. It is connected in a simple current-sensitive circuit in which the series resistance R_m is 100 Ω, which is one-half the nominal resistance of the force cell. Determine the current for force inputs of (a) 25%, (b) 50%, and (c) 75% of full range if the input voltage is 10 V.

7.2. If the force cell of Problem 7.1 is placed into a ballast circuit ($R_b = R_m$), determine the output voltage for the conditions of Problem 7.1.

7.3. For the ballast circuit of Problem 7.1, determine the sensitivity, η, for the three percentages of full range.

7.4. Equations (7.5) and (7.6) are derived on the basis of a high-impedance indicator. Analyze the circuit assuming that the indicator resistance R_m is comparable in magnitude to R_t.

7.5. For $E_s = 10$ V and $R_s = 75$ Ω, use Eq. (7.37) to plot P versus R_L over the range $0 < R_L < 200$ Ω.

7.6. The circuit shown in Figure 7.37 is used to determine the value of the unknown resistance R_2. If the voltmeter resistance, R_L, is 10 MΩ and the voltmeter reads $e_o = 4.65$ V, what is the value of R_2?

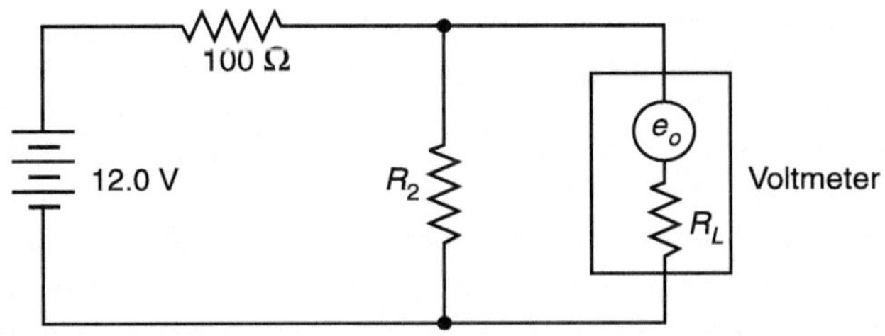

FIGURE 7.37: Circuit for Problem 7.6.

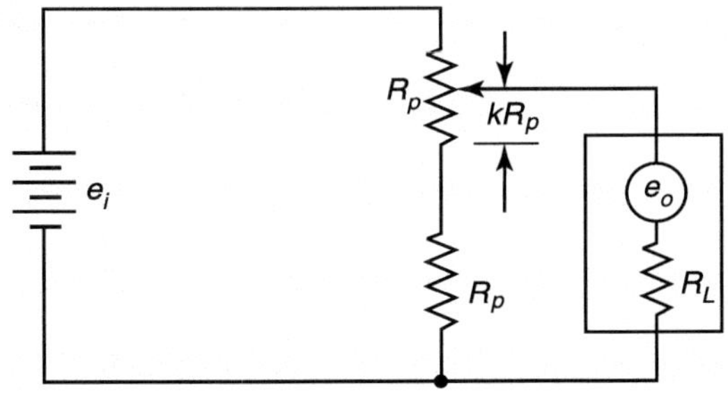

FIGURE 7.38: Circuit for Problem 7.7.

7.7. The voltage-dividing potentiometer shown in Fig. 7.5 is modified as shown in Fig. 7.38. Determine the relationship for e_o/e_i as a function of k. Compare the results with Eq. (7.9). What advantages or disadvantages does this circuit have over the general voltage-dividing potentiometer?

7.8. Write a spreadsheet template to solve Eq. (7.15a), permitting each term to be varied by a delta amount. [*Suggestion*: Rewrite the equation, multiplying each term by $(1 + k)$, where k is the delta plus/minus term—for example, $R_i(1 + k_i)$.]

7.9. A simple Wheatstone bridge as shown in Fig. 7.10 is used to determine accurately the value of an unknown resistance R_1 located in leg 1. If upon initial null balance R_3 is 127.5 Ω and if, when R_2 and R_4 are interchanged, null balance is achieved when R_3 is 157.9 Ω, what is the value of the unknown resistance R_1?

7.10. Consider the voltage-sensitive bridge shown in Fig. 7.10. If a thermistor whose resistance is governed by Eq. (16.3) is placed in leg 1 of the bridge while $R_2 = R_3 = R_4 = R_0$, determine the bridge output when $T = 400°\text{C}$ if $R_0 = 1000\ \Omega$ at $T_0 = 27°\text{C}$ and $\beta = 3500$. Plot the bridge output from $T = 27°\text{C}$ to $T = 500°\text{C}$ and determine the maximum deviation from linearity in this temperature range.

7.11. Referring to Fig. 7.10, show that if initially $R_1 = R_2 = R_3 = R_4 = R$ and if $\Delta R_1 = -\Delta R_2$, the bridge output will be linear. (*Note*: This bridge configuration is very commonly used when strain gages are applied to a beam in bending situations; see Table 12.4.)

7.12. Referring to Fig. 7.10, initially let $R_1 = R_2 = R_3 = R_4 = R$. In addition, assume that $\Delta R_4/R = -\Delta R_1/R$. Demonstrate the nonlinearity of the bridge output by plotting e_o/e_i over the range $0 < \Delta R_i/R < 0.1$. (*Suggestion*: Use a spreadsheet program.)

7.13. A resistive element of a force cell forms one leg of a Wheatstone bridge. If the no-load resistance is 500 Ω and the sensitivity of the cell is 0.5 Ω/N, what will be the bridge outputs for applied loads of 100, 200, and 350 N if the bridge excitation is 10 V and each arm of the bridge is initially 500 Ω?

7.14. Figure 7.39 shows a differential shunt bridge configuration. One or more of the resistances, R_i, may be resistance-type transducers (thermistor, resistance thermometer, strain gage, etc.), with the remaining resistances fixed. Resistance R_6 is a conventional voltage-dividing potentiometer, usually of the multiturn variety. It may be used either for initial

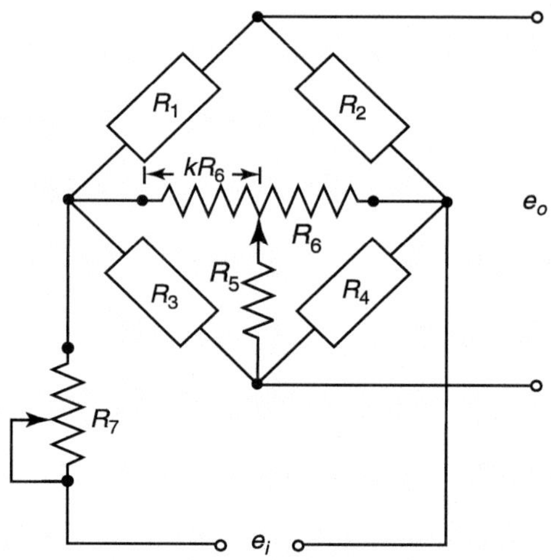

FIGURE 7.39: Circuit for Problem 7.14.

nulling of the bridge output or as a readout means. The variable k is a proportional term varying from 0 to 1 (or 0% to 100%); see Section 7.9. R_5 is sometimes called a *scaling resistor*. Its value largely determines the range of effectiveness of R_6. R_7 is used to adjust bridge sensitivity. Devise a spreadsheet template to be used for designing a bridge of this type.

7.15. Using the spreadsheet created in answer to the preceding problem, determine the null-balance range of ΔR_1 that the bridge can accommodate if

$$R_1 = 1000\ \Omega \text{ (nominal)},$$
$$R_2 = R_3 = R_4 = 1000\ \Omega \text{ (fixed)},$$
$$R_5 = 10,000\ \Omega,$$
$$R_6 = 12,000\ \Omega,$$
$$R_7 = 0\ \Omega$$

7.16. Using the spreadsheet from Problem 7.14 and the nominal resistance values listed in Problem 7.15, investigate changes in measurement range of the bridge as affected by (a) changes in R_5 and (b) changes in R_6. Investigate the linearity of the circuit when used in the null-balance mode, using k as the calibrated readout.

7.17. Referring to Problem 7.14, assume that the tolerances for resistances R_2, R_3, and R_4 are $\pm 5\%$. What will now be the effective null-balance range, ΔR_1, that can be accommodated?

7.18. Figure 7.40 shows a shunt balance arrangement for nulling a Wheatstone bridge. Suppose that $R_1 = R_3 = 120\ \Omega$, $R_{trim} = 127\ \Omega$, and $R_{pot} = 10\ \text{k}\Omega$. What is the maximum value of R_2 for which the bridge can be brought into balance by adjusting R_{pot}? What would be the maximum value if $R_1 = 119\ \Omega$ and $R_3 = 121\ \Omega$?

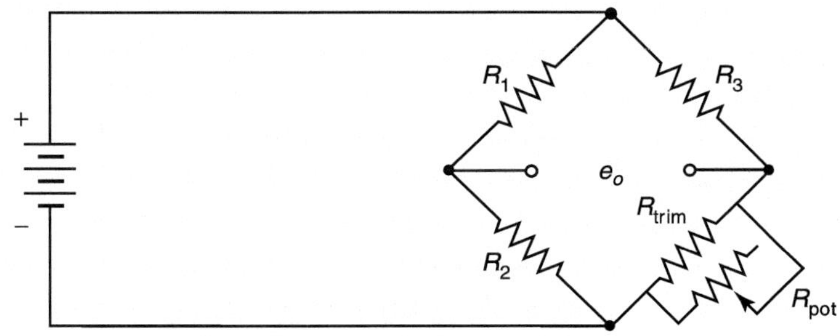

FIGURE 7.40: Circuit for Problem 7.18.

7.19. Show that an increase of 1 dB corresponds to a power increase of about 26%. Also show that an increase of n dB corresponds to a power increase to approximately $(1.26)^n$.

7.20. Equation (7.28c) may be written as

$$K = \frac{\text{dB}_{\text{(corrected)}}}{\text{dB}_{\text{(indicated)}}} = 1 + 10\frac{\log(R_r/R_s)}{\text{dB}_{\text{(indicated)}}}$$

where

$$\begin{aligned} K &= \text{correction factor}, \\ \text{dB}_{\text{(corrected)}} &= \text{corrected decibels}, \\ \text{dB}_{\text{(indicated)}} &= \text{indicated decibels}, \\ R_r &= \text{reference impedance}, \\ R_s &= \text{source impedance} \end{aligned}$$

Plot K versus R_r/R_s for $\text{dB}_{\text{(indicated)}} = 50$, 100, 150, and 200. Make separate families of plots (a) for $R_r/R_s \leq 1$ and (b) for $R_r/R_s \geq 1$.

7.21. Show that the input–output relationship for the differential amplifier described in Example 7.6 is $e_o = -(R_3/R_1)(e_{i_1} - e_{i_2})$.

7.22. Show that the input–output relationship for the summing amplifier described in Example 7.9 is $e_o = -[e_1(R_4/R_1) + e_2(R_4/R_2) + e_3(R_4/R_3)]$.

7.23. The circuit shown in Fig. 7.41 is a voltage-to-current converter. Determine the value of R_3 for which i_f in milliamps equals e_i in volts and find e_o.

7.24. The circuit shown in Fig. 7.42 accepts two input voltages, e_1 and e_2. Determine its output voltage, e_o.

7.25. The circuit shown in Fig. 7.43 uses a potentiometer to achieve variable gain. By adjusting the potentiometer, the gain can be raised or lowered. The total resistance of the pot is R_{pot} and the resistance of the pot between its movable wiper and ground is kR_{pot} for $0 \leq k \leq 1$. Find e_+ in terms of e_i and k, and then determine e_o and the gain.

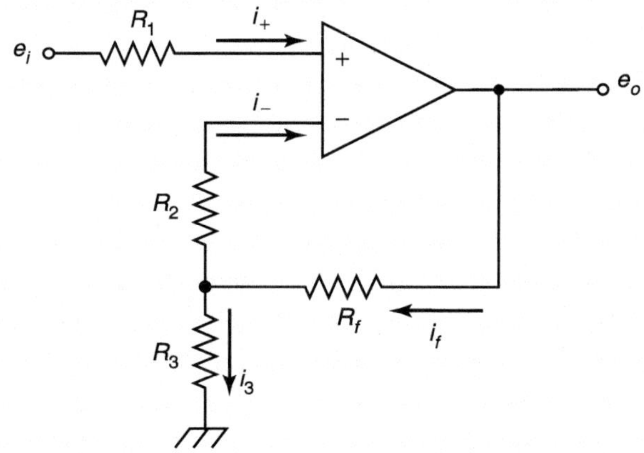

FIGURE 7.41: Circuit for Problem 7.23.

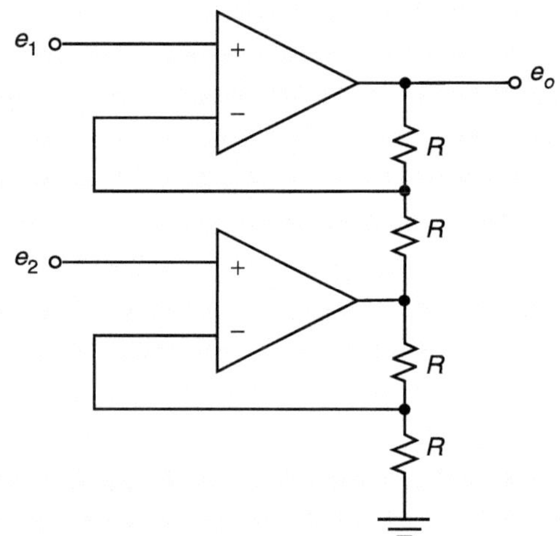

FIGURE 7.42: Circuit for Problem 7.24.

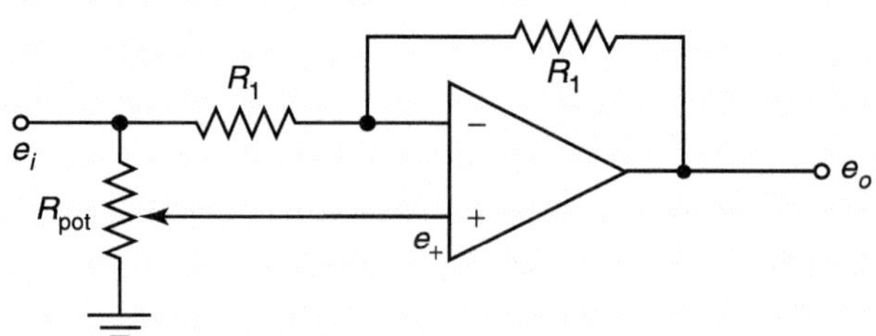

FIGURE 7.43: Circuit for Problem 7.25.

7.26. A noninverting amplifier (Example 7.5) is built using 1-kΩ precision resistors R_1, R_2, and R_3, which have a tolerance of ±1%. Determine the circuit's gain and the tolerance in the gain.

7.27. The current through a semiconductor diode is related to the voltage across it by $i = I_o(\exp(\lambda e) - 1)$, where $I_o = 1 \times 10^{-9}$A, $\lambda = 1.17 \times 10^4/T$, and T is the absolute temperature in kelvin. For $T = 300$ K and e_i on the order of one volt, show that the output of the circuit in Fig. 7.44 is proportional to the exponential of the input voltage.

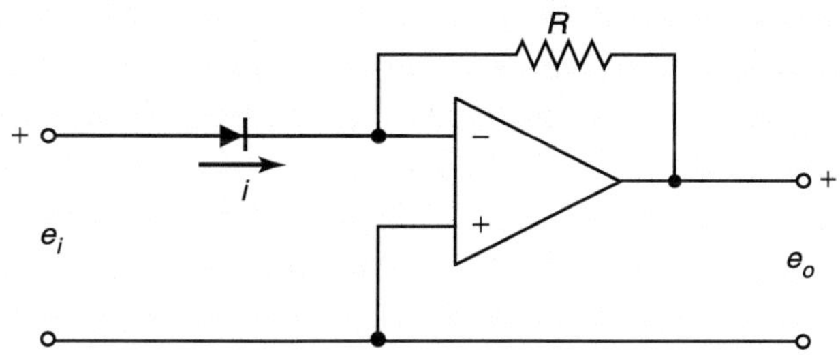

FIGURE 7.44: Circuit for Problems 7.27 and 7.28.

7.28. Show that, if the diode and the resistor in Fig. 7.44 are interchanged, the circuit output is proportional to the logarithm of the input voltage.

7.29. Determine the output of the circuit in Fig. 7.45 when the switch is in position A and when it is in position B.

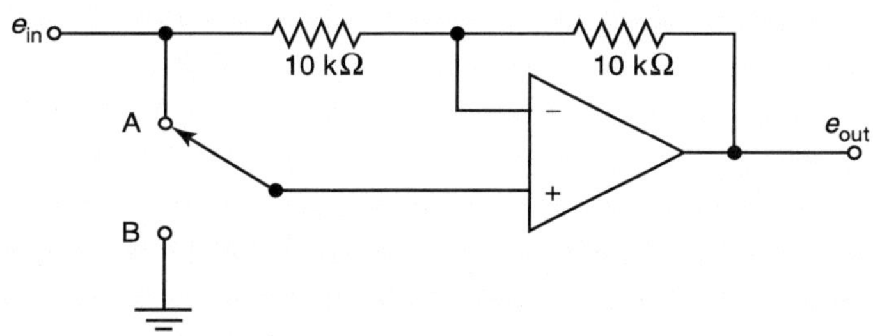

FIGURE 7.45: Circuit for Problem 7.29.

7.30. In the circuit of Fig. 7.46, a photodiode is reverse biased with a voltage e_b. In this condition, the photodiode generates a current, i, which is proportional to the intensity, H, of the light which irradiates it: $i = kH$. Determine the relation between the output voltage, e_o, and H.

7.31. For the summing amplifier of Example 7.9, if

$$e_1 = 8.0\sin(400t) \text{ V},$$
$$e_2 = -2.0\sin(400t) \text{ V},$$
$$e_3 = 3.0\cos(400t) \text{ V}$$

and $R_1 = R_2 = R_4 = 5$ kΩ, and $R_3 = 2.5$ kΩ, what is the rms output voltage?

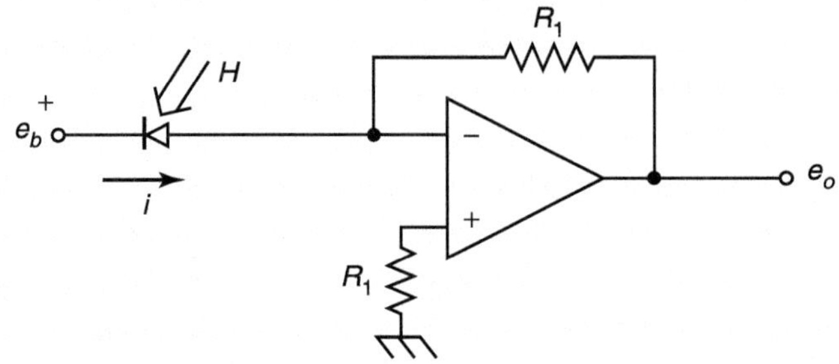

FIGURE 7.46: Circuit for Problem 7.30.

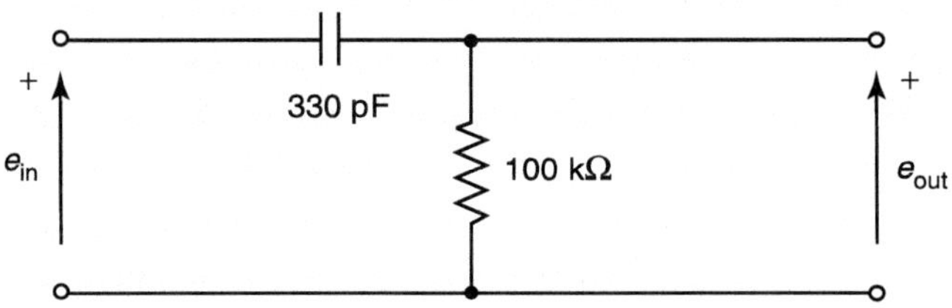

FIGURE 7.47: Circuit for Problem 7.32.

7.32. Consider the filter circuit shown in Fig. 7.47.

(**a**) What type of filter is this? Calculate its cutoff frequency in Hz.
(**b**) The following input signal is applied to the circuit:

$$e_{\text{in}} = \{5\sin(2\pi 200t) + 2.5\cos(2\pi 1000t) + 1.5\sin(2\pi 10000t)\}\text{ mV}$$

Determine e_{out}.

7.33. Consider the following data from an *RC* filter. From experimental testing, these data were obtained for a 1.0 V sine-wave input.

Frequency (Hz)	e_{out} **(volts)**
10.0	1.00
20.0	1.00
50.0	0.97
100.0	0.92
200.0	0.71
500.0	0.37
1,000.0	0.21
2,000.0	0.10
5,000.0	0.04
10,000.0	0.02

If the capacitor $C = 0.033\ \mu\text{F}$, determine the value of the resistor R.

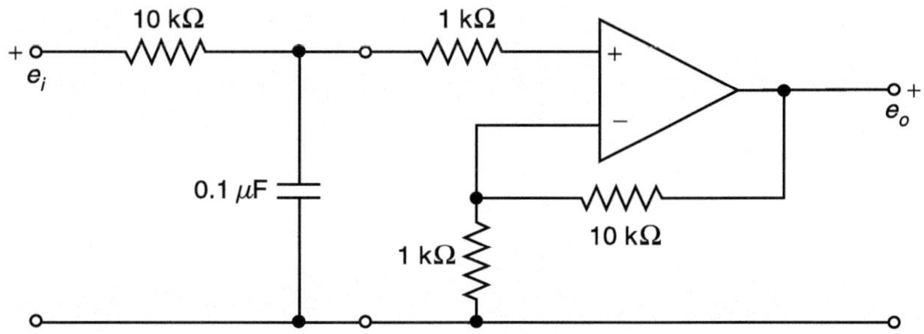

FIGURE 7.48: Circuit for Problem 7.35.

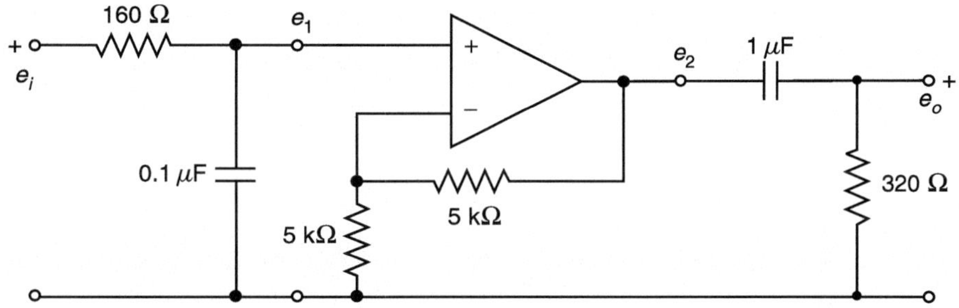

FIGURE 7.49: Circuit for Problem 7.36.

7.34. A set of RC low-pass filters are built from 100-kΩ resistors and 0.01-μF capacitors. The resistors' tolerance is $\pm 10\%$ and the capacitors' tolerance is $\pm 20\%$. Determine the cutoff frequency of these filters and the tolerance of the cutoff frequency.

7.35. Consider the amplifier circuit shown in Fig. 7.48. Determine the amplitude e_o if $e_i = 5\cos(40\pi t)$ if e_i is in millivolts and t is in seconds. What is the amplitude e_o if $e_i = 3.0\sin(4000\pi t)$?

7.36. Consider the circuit shown in Fig. 7.49.

(**a**) Qualitatively speaking, what does this circuit do to an ac signal?
(**b**) Make a Bode plot of the amplitude ratio $|e_1/e_i|$.
(**c**) Add a Bode plot of the amplitude ratio $|e_2/e_i|$ to the graph of part (b).
(**d**) Add a Bode plot of the amplitude ratio $|e_o/e_i|$ to the graph of parts (b) and (c).

7.37. Referring to Fig. 7.35 and Eq. (7.37), show that the maximum power is transferred when $R_L = R_s$.

참고문헌

[1] Geldmacher, R. C. Ballast circuit design. *SESA Proc.* 12(1): 27, 1954.

[2] Meier, J. H. Discussion of Ref. [1], in same source, p. 33.

[3] Wheatstone, C. An account of several new instruments and processes for determining the constants of a voltaic circuit. *Phil. Trans. Roy. Soc. (London)* 133:303, 1843.

[4] Wheatstone's bridge. In *Encyclopedia Britannica*, vol. 23. Chicago: William Benton, Publisher, 1957, p. 566.

[5] Laws, F. A. *Electrical Measurements*. 2nd ed. New York: McGraw-Hill, 1938, p. 217.

[6] Bowes, C. A. Variable resistance sensors work better with constant current excitation. *Instrument Technol.*, March 1967.

[7] Sion, N. Bridge networks in transducers. *Instrument Control Systems*, August 1968.

[8] Hague, B., and T. R. Foord. *Alternating Current Bridge Methods*. 6th ed. London: Pitman, 1971.

[9] Kibble, B. P., and G. H Rayner. *Coaxial AC Bridges*. Bristol, UK: Adam Hilger, 1984.

[10] Gautschi, G. H. *Piezoelectric Sensorics*. Berlin: Springer-Verlag, 2002, Chap. 11.

[11] Kistler Instrument Corporation. *Kistler Piezo-Instrumentation General Catalog*. 1st ed. Amherst, N.Y.: Kistler Instrument Corp., 1989.

[12] Morrison, R. *Grounding and Shielding Techniques*. 4th ed. New York: Wiley-Interscience, 1998.

[13] Ott, H. W. *Noise Reduction Techniques in Electronic Systems*. 2nd ed. New York: John Wiley, 1988.

Chapter

08 기계계측의 디지털 기술

8.1 서론

이 장에서는 기계 계측에 적용되는 디지털 논리와 회로에 대한 기초를 설명하고자 한다. 그러나 광범위한 주제를 제한된 분량으로 소개하여야 하므로, 이 장의 목적은 디지털 전자공학을 깊이 있게 다루고자 하는 것은 아님을 이해하여야 한다. 대신에, 각 주제를 개괄적으로 살펴봄으로써 이들의 장단점과 디지털 회로의 일반적 작동에 대한 이해를 얻고자 하는 것이다.

대부분의 피측정량(measurand)은 아날로그 형태에서 시작된다. 아날로그 변수 또는

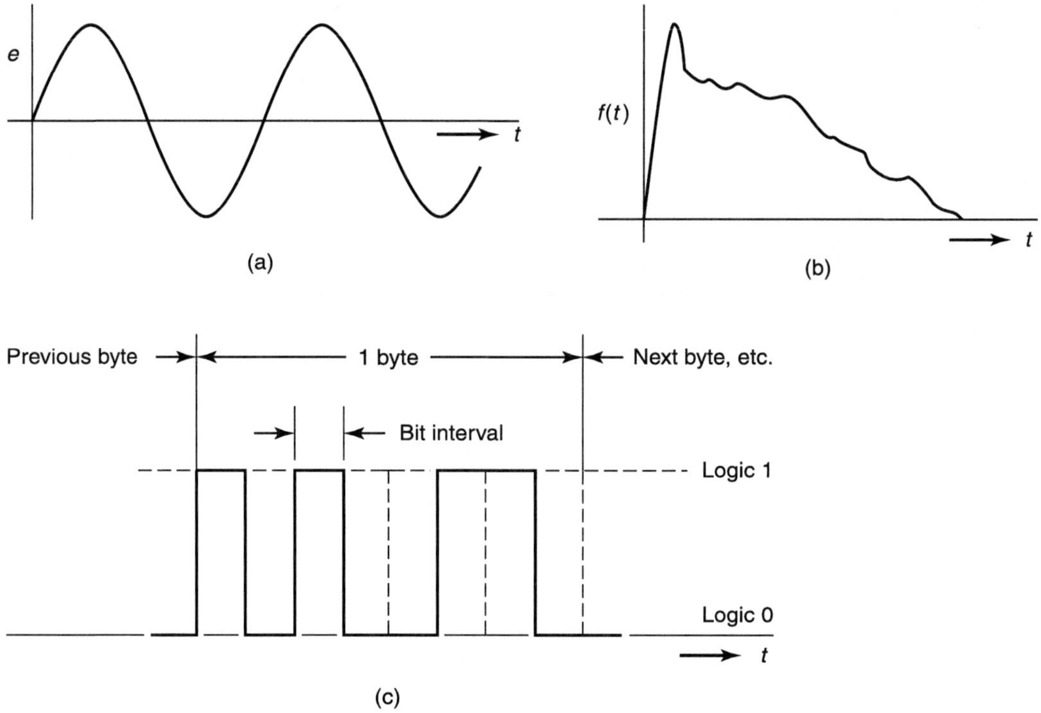

그림 8.1 아날로그 신호 (a)와 (b) 및 디지털 신호 (c)에 대한 전압-시간 관계의 예

신호란 불연속성 없이 부드럽고 균일한 형태로 시간에 따라 변화하는 양을 의미한다. 많은 경우에 진폭(amplitude)이 기본 변수가 되며, 어떤 경우에는 주파수 또는 위상이 기본 변수가 되기도 한다. 아날로그 형태의 대표적인 예로 보통 120 V, 60 Hz의 전력선 전압을 들 수 있다(그림 8.1(a)). 그러나 아날로그 신호는 단순한 정현파 또는 주기적인 형태일 필요는 없다. 기계적인 충격에 의해 초래되는 응력-시간의 관계(그림 8.1(b))도 아날로그 신호이다. 공기 중을 지나는 음성전달에 관계된 압력변화도 역시 아날로그 신호이다. 또한 보통의 D'Arsonval 계기에서의 판독도 전 범위에서 연속적으로 바늘이 이동할 수 있기 때문에 아날로그로 분류할 수 있다. 아날로그의 눈금은 흑색과 백색 사이에서 점진적으로 변하는 회색도(grayness)에 비유할 수 있는 반면에, 디지털 정보는 단지 흑색과 백색의 두 가지 중 하나만을 가진다고 생각할 수 있다.

디지털 정보는 비트(*bit*)의 형태로 전달되고 처리되는데(그림 8.1(c)), 각 비트는 (a) "논리 레벨(logic level)"로 미리 정의된 2개의 논리상태 중의 하나와 (b) 비트 간격(*bit interval*)이라고 불리는 비트 사이의 간격에 의해 정의된다. 가장 일반적으로 사용되는 2개의 논리 상태는, 0 V와 5 V의 직류 전압과 같이, 미리 정의된 전압레벨이다. 또한 전류나 반송 주파수의 시프트도 사용될 수 있다. 비트의 간격은 일반적으로 수정 제어 발진기

(crystal-controlled oscillator)(또는 **클록**(*clock*))으로 정확히 제어된다. 이러한 정보는 미리 결정된 순서로 특수하게 코드화된 비트 그룹에 의해서 전달된다. 예를 들면 문자 및 숫자 데이터는 3, 4 또는 그 이상의 비트의 다양한 조합으로 처리되는데, 각 조합은 한 **워드**(*word*)를 구성한다(8.6절 참조). 이때 워드란 디지털 정보의 어떤 단위에도 적용되는데, 특히 **바이트**(*byte*)란 용어는 8비트 워드를 일컫는다. 따라서 16비트 워드는 2바이트의 길이이다. 4비트 워드는 때때로 **니블**(*nibble*)이라고 한다.

그림 8.1(c)는 1바이트를 구성하는 비트의 가능한 조합 중 하나를 보여 준다. 이 경우 비트의 순서는 1010 0110이다. 이것으로부터 비트가 완전한 off/on/off의 순서의 펄스일 필요는 없다는 것을 알 수 있다. 즉 1바이트의 정보가 비트의 내용에 아무런 변화도 없이 0000 0000 또는 1111 1111이 될 수도 있다. 하나의 비트는 한 비트 간격 동안 일정하게 유지되는 2개의 다른 논리 상태 중 하나에 해당한다.

대부분 측정 입력은 아날로그 형태로 얻어지므로, 아날로그-디지털 변환기(analog-to-digital converter, ADC)가 요구된다(8.11절). 어떤 경우에는 디지털-아날로그 변환기(digital-to-analog converter, DAC)의 사용이 바람직하거나 필요하게 된다. 디지털 정보 처리의 예로 사람 음성의 *pulse-code modulation*(PCM)을 들 수 있는데, 이는 모든 디지털 통신 시스템에서 중요하게 사용되고 있다. 디지털 전화에서, 음성은 디지털 형태로 변환되어 전화선을 따라 전송된 후에 수신단에서 다시 원래의 아날로그 형태로 변환된다. 외관적으로는 순환하는 듯한 처리 방식을 취하는 몇 가지 이유는 8.2절에서 설명하기로 한다. 이러한 PCM은 컴퓨터, 음악 CD, 디지털 라디오, DVD, 디지털 TV 등에서 사용되는 디지털 오디오의 기본이다. 1937년에 Alec Reeves가 PCM을 처음 제안했을 때에는 디지털 반도체 회로가 아직 개발되지 않아서, 그의 아이디어는 당시 기술로는 적용되지 못했고, 20세기 후반에 들어서야 그의 발명이 열매를 맺게 되었다.

8.2 왜 디지털 방법을 사용해야 하는가?

현재, 디지털 전자기기는 어디에서나 사용되고 있다. 만약 수십년 전, 교수들이 학생이었던 시절에는 모든 장치가 아날로그였고 데이터를 손으로 기록했다는 사실을, 오늘날 학생들이 배운다면 무척 놀랄 것이다. 전압계는 아날로그 바늘과 눈금을 사용하는 (D'Arsonval) 디스플레이를 사용하고, 오실로스코프는 입력신호를 직접 증폭해서 음극선관을 구동하였고, 오실로스코프 신호를 저장하기 위해서 카메라와 필름을 사용하고, 그리고 컴퓨터를 사용한 데이터 획득과 처리는 연구소에서만 가능했었다.

지금은 디지털 계기로 바뀌었지만, 아날로그 계기들은 종종 매우 정확했기 때문에, 왜 디지털 계기들이 주류가 되었는가에 대한 의문을 가질 수 있을 것이다. 여러 가지 이유를 들 수 있는데, 첫째 디지털 전자기기는 아날로그 기기에 비해 설계와 생산이 용이하다. 집적회로 기술은 복잡한 장치를 저가에 대량생산이 가능하게 하였다. 이러한 장치들은 상당히 작고, 5~12 V dc에서 대부분 작동한다. 이런 점에서 상대적으로 부피가 있는(가령, 크고 고품질의 커패시터를 필요로 하는) 아날로그 장치들이나, 수백 볼트의 높은 작동전압을 필요로 하는 아날로그 장치들과 비교될 수 있을 것이다.

두 번째 이유는 데이터의 기록, 저장, 디스플레이가 쉽다는 점이다. 디지털 전압계는 측정 전압을 직접적인 숫자로 표시해 주고, 때로는 적절한 범위로 자동적인 스케일링을 제공한다. 아날로그 전압계는 지시바늘이 눈금 중간에 놓이는 경우에는 눈으로 보간(interpolation)해서 판독해야만 했다. 디지털 전압계는 직접 컴퓨터에 연결하여 데이터를 기록하거나 처리할 수도 있다. 따라서 좋은 그래프를 쉽게 만들고 출력할 수도 있다(여러분들의 교수들은 학생시절에 데이터 선도를 그리기 위해 그래프용지와 French curve를 사용했을 수도 있다). 또한 자동으로 쉽게 데이터를 정리할 수도 있다. 예를 들어 어떤 공정에 대한 온도, 유량 등이 즉시 결합되고 정리되어 즉석에서 모든 결과를 보여 줄 수 있다. 나아가 컴퓨터에 저장된 데이터의 스케일과 형태를 쉽게 바꾸어, 다양한 다른 이론들을 테스트할 수 있게 하여 원인 분석 등을 가능하게 한다.

디지털 계측은 또 다른 많은 장점들을 가지고 있다: 디지털 신호는 본질적으로 잡음에 강인하다(noise-resistant). 이는 디지털 신호는 진폭에 의존하는 것이 아니라, on/off 펄스의 특정 순서에 의존하기 때문이다. 그러므로 그 순서를 식별할 수 있는 한, 입력의 원래의 완벽한 정보는 손상되지 않게 된다. 정확도가 유지되고, 신호 처리와 잡음 등에 의해 유발되는 왜곡이 거의 없으며, 더 우수한 안정성을 가진다는 점에서 디지털 방식은 아날로그 방식에 비하여 매우 우수하다. 디지털 신호와 회로의 성질에 의해서, 처리 과정 중에 필요할 때마다 신호를 재생하거나 재구성하는 것이 가능하다. 정보를 가지는 펄스의 전압은 일반적으로 직류 5 V이다. 만약에 잡음 펄스가 이 정도 크기에 근접하는 매우 드문 경우를 제외하고는 잡음은 무시된다. 이러한 점은 제련소 또는 발전소처럼 신호를 1마일 이상의 비교적 먼 거리에 중계해야만 하는 대용량 처리 시스템의 중앙 통제에서는 특별히 유용하다. 이런 이점은 우주선에서 보내는 신호를 지상에서 기록하는 경우와 같은 무선통신에 사용될 때 더욱 명백하다. 가전제품에서도, 디지털 CD가 예전의 아날로그식 LP를 대체한 이유가 디지털 음악재생이 먼지, 진동, 마모에 강하고, 또한 크기가 작으면서 많은 음악을 저장할 수 있기 때문이다.

8.3 기계적 입력의 수치화

아날로그 피측정량이 디지털로 처리되려면

1. yes/no 펄스 형태로 변환되어야 하고,

2. 시스템의 나머지부분에서 사용될 수 있는 형태로 코드화되어야 하며,

3. 다른 입력, 제어 또는 명령 신호와 알맞게 조화되도록 동기화되어야(synchronized)한다.

이 세 가지 요구를 만족시키는 것을 일반적으로 인터페이싱(*interfacing*)이라 한다.

컴퓨터가 시스템의 일부일 때는, 입력을 디지털 펄스로 변환하여야 할 뿐 아니라 펄스를 컴퓨터에 사용될 수 있는 언어, 즉 이진 워드(*binary word*)로 변환하여야 한다. 또한 컴퓨터는 어떤 하나의 신호원에만 전념할 수는 없으며, 다른 신호원으로부터 데이터를 받고, 입력된 데이터를 처리하고, 그리고 데이터와 제어 명령을 출력해야만 한다. 어떤 소스로부터의 입력은 항상 자신의 차례가 오기를 기다려야 한다. 다시 말하면, 모든 입력과 출력은 적절한 인터페이싱을 통하여 동기화되어야 한다. 이러한 컴퓨터 데이터 습득(computer data acquisition) 대해 더 자세히 알아보기 전에, 관련 기초 이론과 디지털 계측의 기초에 대해 논하기로 한다.

궁극적인 목적이 단순히 디지털 형식으로 입력의 크기를 표시함인 단순 디지털형 장치에서는(시스템으로의 인터페이스가 목적인 경우에 반하여), 흔히 입력을 주파수로 변환시켜 주기만 하면 된다. 전형적인 변환기를 사용하여, 피측정량의 크기를 감지하고 이 양을 아날로그 전압으로 변환한 다음, 증폭시켜서 전압 제어 발전기(*voltage-controlled oscillator* VOC)[2],를 사용하여 전압에 비례하는 주파수를 발생시킨다. 그리고 주파수 측정회로(8.7.3절)를 사용하여 입력신호의 크기를 표시한다. 기계 계측의 분야에서, 스트레인 게이지 브리지, 서미스터 브리지, 차동 변압기(differential transformer), 열전대(thermocouple)등과 같이 전압 출력을 발생시키는 변환기를 많이 볼 수 있다. 또한 회전 또는 병진 운동과 같은 기계적 운동은 흔히 근접 변환기(proximity transducer, 6.12, 6.17절) 광검출기(photodetector 6.16절), 광 인터럽터(optical interrupter, 6.16절) 등에 의해 디지털 전압 펄스로 빠르고, 쉽고, 완벽하게 변환시킬 수 있다.

8.4 기본 디지털 회로 요소

8.4.1 기본 논리 요소

일반적인 단극 단투(single-pole single-throw, SPST) 스위치(그림 8.2(a))는 가장 단순한 형태의 디지털 소자로, 작동시 on/off신호를 발생시키고 제어가 가능하다. 즉 출력이 바이너리(binary)형태이다. 보통의 전기기계식 계전기(electromechanical relay)[그림 8.2(b)]는 좀 더 발전된 디지털 장치로, 전기적 입력을 사용하여 출력의 상태를 바꾼다. 좀 더 복잡한 스위치는 트랜지스터이다[그림 8.2(c)]. 적절한 바이어스 하에서 트랜지스터는 입력 신호에 따라 통전되기도(conducting) 하고 안 되기도 한다. 트랜지스터는 거의 이상적인 스위치 장치로 비교적 낮은 제어 전압으로 작동하며, 수백 GHz의 속도로 스위칭할

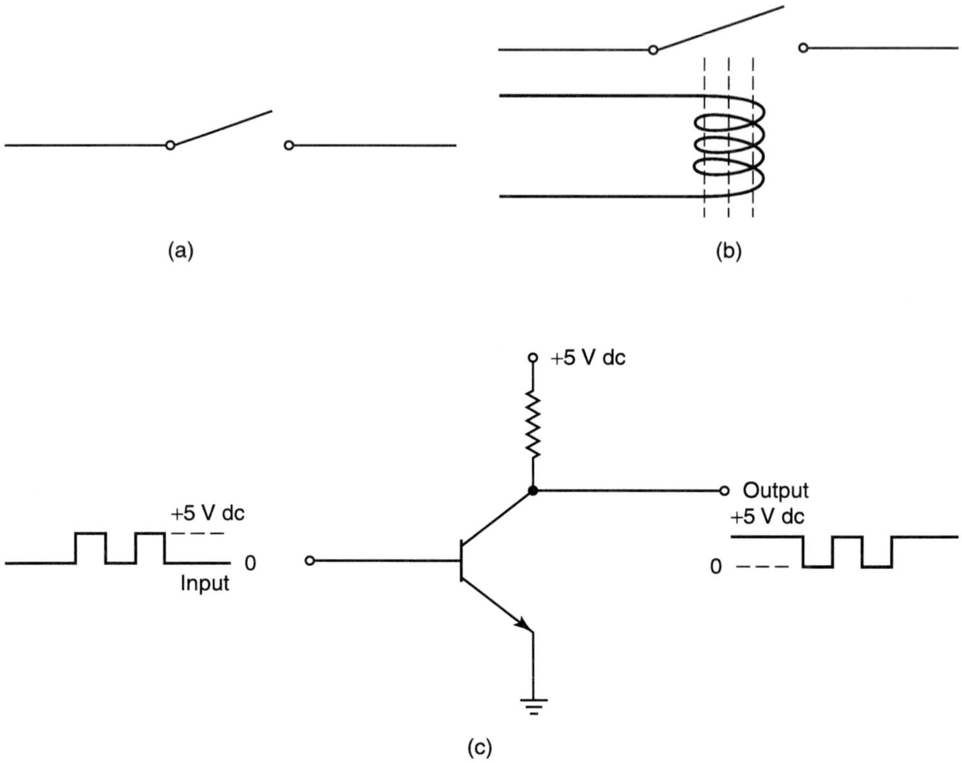

그림 8.2 디지털 스위칭 장치: (a) 기계적으로 동작하는 단순한 스위치, (b) 전기적으로 제거되는 계전기, (c) 트랜지스터 스위치, 트랜지스터 스위치에서는, 입력이 high이면 트랜지스터가 통전되어 효과적으로 출력을 접지에 단락시킴으로써 low출력을 제공한다. 입력이 low이면, 트랜지스터는 통전 되지 않으며, 출력에서 거의 +5 V dc를 제공한다. 신호의 반전을 원하지 않는다면 다른 방식으로 배열할 수도 있다.

수 있다. 또한 매우 작고 견고하게 제작할 수 있으며, 상대적으로 작은 전력을 소모하도록 설계가 가능하다. 초기에는 진공관을 대체하여 개별적인 트랜지스터를 다양한 회로에서 배선하여 사용하였지만, 최근에는 특별한 목적을 위해서 단일 기판 상에 저항과 다이오드 같은 다른 단순한 소자들과 함께 결합되어 있는 **집적회로 칩**(*integrated-circuit chip*, IC chip)의 형태로 많이 사용된다. 집적회로는 그림 7.21과 같이 주로 DIP(dual in-line package)나 surface-mount package에 내장되어있다.

오늘날 특수 목적용으로 다양한 집적 회로 칩들이 공급되고 있다. 이들 칩의 다양성과 복잡성이 지난 수십 년간 급속하게 증가하여 왔는데, op amp(7.14절)와 같은 단순 소자에서 논리소자(logic gate), 플립-플롭(flip-flop)과 같은 디지털 회로 요소, 그리고 압력계나 주파수 계수기와 같은 계측회로와 매우 복잡한 마이크로프로세서에 이르는 다양한 범위를 지닌다.

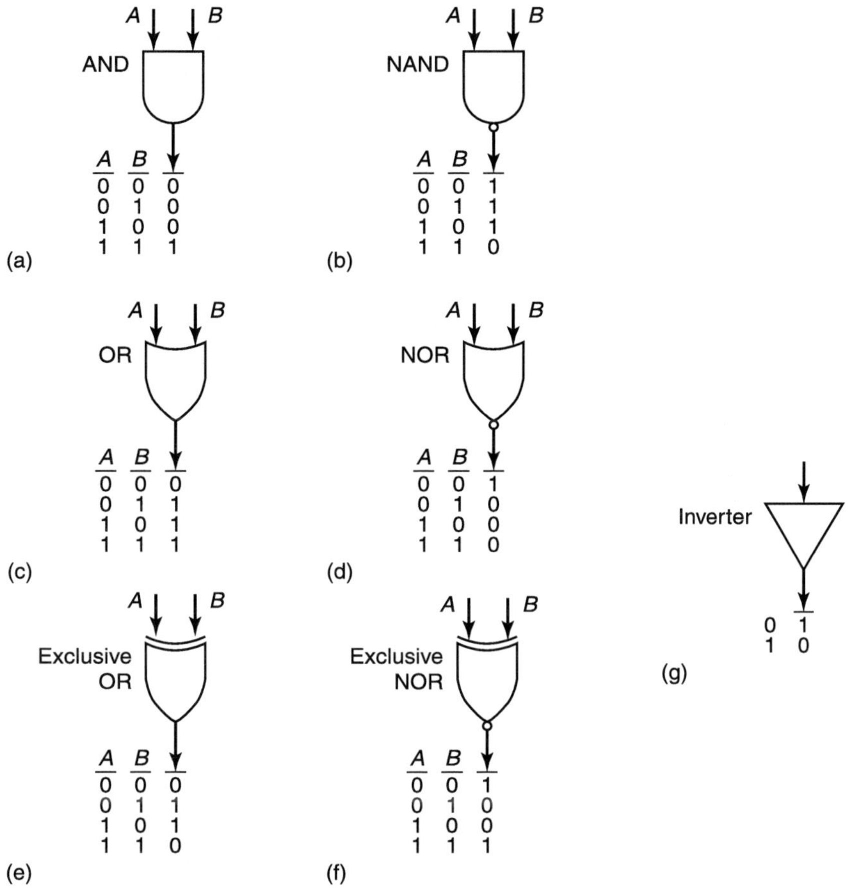

그림 8.3 일반적인 디지털 논리 게이트에 대한 기호 및 각 게이트에 대한 진리표

디지털 장치의 핵심은 논리소자인데, 이들은 트랜지스터를 사용한 단순회로로, 2개 혹은 그 이상의 입력에 따라 하나의 출력을 제공하는 역할을 한다. 편의상, 이들 회로는 특수한 약식기호로 표현되며, 그림 8.3에 많은 IC 칩을 구성하는 데 사용되는 일반적인 논리 소자에 대한 기호를 나타내었다. 그림 8.3(a)부터 8.3(f)까지의 요소는 **게이트**(*gate*)라 한다. 그림 8.3(g)는 간단한 인버터(inverter)이다. 이들 기호와 함께 모든 가능한 입력의 조합과 이에 해당하는 출력을 나타내는 **논리표**(*logic table*) 혹은 **진리표**(*truth table*)가 나와 있다. 기본 디지털 작동은 간단한 yes/no, on/off, 1/0으로 이루어짐을 기억한다면, 예를 들어 AND게이트의 진리표는, 입력 A와 B가 모두 1일 때만 출력이 1이 된다는 사실을 보여준다. 그러므로 *AND*법칙은:

> AND게이트에서는, 어느 하나의 입력만 0이어도 출력은 0이다. 즉 모든 입력이 1이어야만 출력도 1이 된다.

이와 같은 방식으로, 다른 게이트에 관한 법칙도 쉽게 결정할 수 있다. 특히 회로의 조합

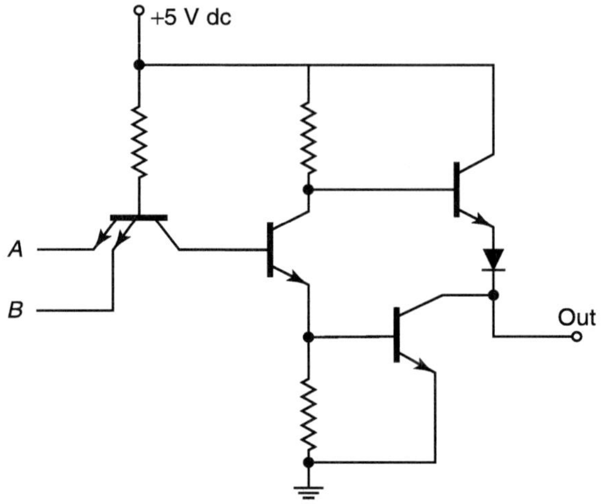

그림 8.4 NAND게이트의 내부 구조를 보여 주는 회로도

이 복잡해질수록 진리표는 설계자에게 중요하게 된다.

NAND 게이트는 그림 8.4에서와 같이 4개의 트랜지스터, 3개의 저항 및 1개의 다이오드로 구성되어 있다. 펄스열(chain of pulse)이 AND 게이트의 입력 *B*에 공급된다면, 이 입력의 통과 여부는 입력 *A*에 의해 제어된다는 것을 알 수 있다. 즉 *A*가 high이면 펄스는 통과할 것이고, low이면 통과되지 않게 된다. 이 간단한 예로부터, 게이트라는 용어의 유래와 중요성이 명백해진다.

게이트는 셋 이상의 입력으로 확장될 수도 있는데, 예를 들어 그림 8.5을 보면, 이 IC는 3개의 입력을 가진 NAND 게이트로 어느 한 개의 입력이 0이면 다른 입력에 상관없이 펄스가 통과한다. 즉 출력이 low가 되려면 모든 입력이 high이어야 한다. 이러한 배열에서는 여러 개의 제어조건이 동시에 맞을 때 신호의 통과를 막을 수 있다.

집적회로는 종종 회로 내 유효 게이트의 개수로 구분되기도 하는데, MSI (medium-

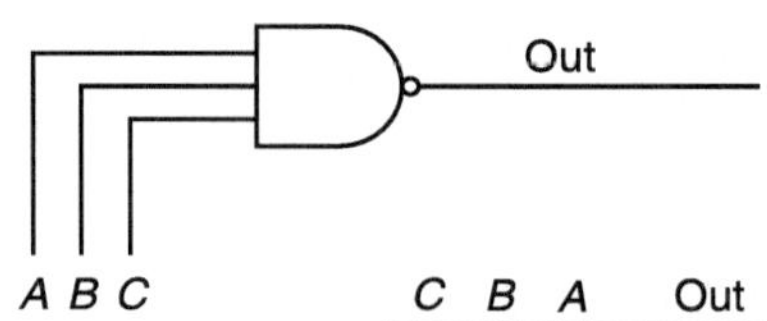

C	*B*	*A*	Out
0	0	0	1
0	0	1	1
0	1	0	1
0	1	1	1
1	0	0	1
1	0	1	1
1	1	0	1
1	1	1	0

그림 8.5 3개의 입력을 가진 NAND 게이트. 8개의 입력(즉 256개의 입력 조항)을 가진 NAND 게이트도 있다.

scale integration)칩은 칩당 20에서 100개의 개별 소자를 , LSI (large-scale integration) 칩은 100개에서 10,000개의 개별 소자를 그리고 VLSI (very large-scale integration)칩은 10^4에서 10^5개의 개별 소자를 포함하고 있다.

8.4.2 논리 요소의 조합: 플립 플롭

그림 8.6(a)는 매우 유용한 회로를 구성하도록 결합된 2개의 NAND 게이트를 보여준다. 회로는 2개의 입력 (S와 R)과 2개의 출력(Q와 $\overline{Q}$)을 가지는데, 출력은 항상 서로 다른 값을 가진다(하나가 1이면 다른 하나는 0이다). 간단한 플립플롭(flip-flop)으로서, A는 SET 게이트라 하고 B는 RESET게이트라 한다. 그들의 특별한 연결 형태와 각각의 진리표를 고려하면, 동작 가능한 조건이 다음과 같음을 알 수 있다.

	S	R	Q	$\overline{Q}$
Condition I	1	1	1	0
Condition II	1	1	0	1
Condition III	0	1	1	0
Condition IV	1	0	0	1

S 와 R이 초기에 모두 논리 1이라고 가정하면, 사전 조건(precondition)에 따라 조건 I 또는 II가 존재할 것이다. 2개의 출력 중 어느 하나가 주어진 입력에 해당 한다면, 그 입력은 **쌍안정**(*bistable*)이라 불린다. 어떤 경우에는, 이 회로를 **래치**(*latch*)라 부른다.

입력 S를 잠시 접지시키면(즉 논리 0), SET 조건이라 불리는 조건 III이 된다. 이것은 회로가 초기에 조건 I 또는 II인 것과는 상관없다. S를 논리 1로 바꾸는 것은 Q 또는 $\overline{Q}$에 어떤 변화도 일으키지 않는다(즉 래치에 해당한다).

R을 잠시 접지하면 조건 IV가 되고, 이 상태는 R이 논리 1이 되더라도 유지될 것이다. 이것을 RESET이라 하고, 출력은 SET과 RESET 사이에서 플립 및 플롭이 되는 것을 알 수 있다.

두 입력을 동시에 접지하면(S와 R이 동시에 0), SET과 RESET를 동시에 시도할 것이고, 이러한 상태는 일반적으로 피해야 한다. 상태의 변화가 S나 R이 low(0)일 때 일어나므로, 이러한 회로를 *active-low S-R latch*라 부른다.

이 회로는 다양하고 중요하게 사용된다. 예를 들어 래치로서 전자식 사건 계수기(event counter)에서 계수를 유지(hold)하고(래치), 다음 계수를 시작하기 위한 RESET 입력을 기다리는 데 사용된다. 플립플롭은 기억소자로 사용되는데, 다음의 사용을 위해 1바이트의 정보를 유지할 수 있다. 또한 **스위치 디바운서**(*switch debouncer*)를 위한 기초를 제공한다. 기계 접촉에 의존하는 일반적인 전기 스위치가 닫힐 때, 확실하게 접촉이 이루어질 때까지 실제로는 많은 미세 접촉이 이루어지고 떨어지곤 한다. 예로 계수 회로에서는 이

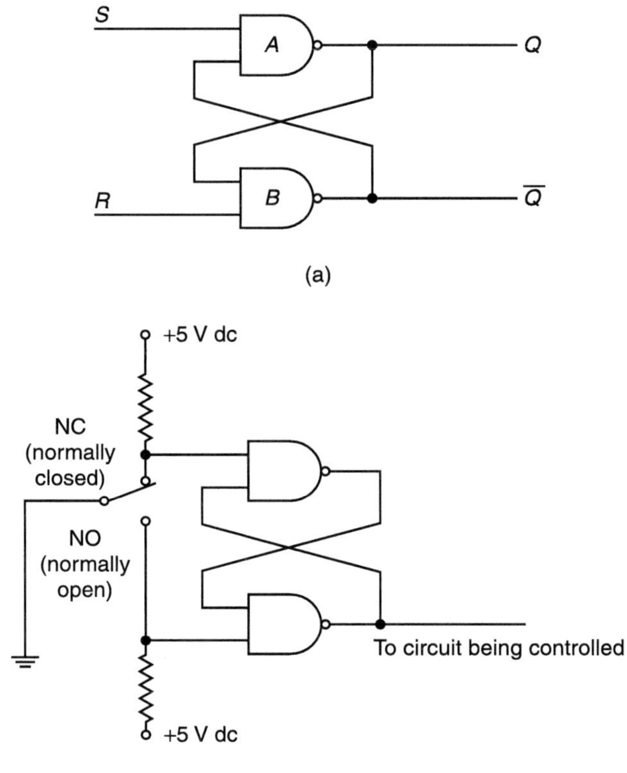

그림 8.6 (a) 플리플롭 또는 래치를 구성하는 2개의 NAND 게이트, (b) 스위치-디바운서

와 같은 스위치의 미세한 접촉들은 허용될 수 없다. 플립플롭 또는 래치를 스위치회로에 첨가함으로써(그림 8.6(b)), 래치가 처음의 순간적인 접촉에 반응하고, RESET 신호에 의해 회로가 다시 초기화되기 전까지는, 그 이후에 따라오는 접촉들은 무시하게 만들 수 있다. 이런 예들은 이회로가 적용되는 몇몇의 예에 불과하다. 즉 논의된 특별한 회로는 플립플롭이라고 불리는, 여러 가지 회로 중 하나일 뿐이다[3].

8.4.3 집적회로 군

특별한 특징을 가지지만 본질적으로는 같은 기능을 수행하는 몇몇의 집적회로군(*IC Families*)이 있다. 일반적으로 사용되는 새로운 그룹으로는 CMOS(*complementary metal oxide semiconductor*)가 있고, 오래된 그룹으로는 TTL (*transistor-transistor-logic*)을 들 수 있다. 각 그룹에서는 다양한 논리 요소가 결합되어 특별한 기능을 수행한다. 예를 들어 TTL 계열은 150개 이상의 다른 형태의 칩들로 구성되어 있는데, 표 8.1은 TTL계열에 대한 부분적인 목록이다. 이들 칩은 모두 유사한 외형을 가지지만(그림 7.21 참조), 각각 다른 기능을 수행하도록 설계되어 있다. 그림 8.7은 TTL계열의 일부 칩들을 도식적으로 나

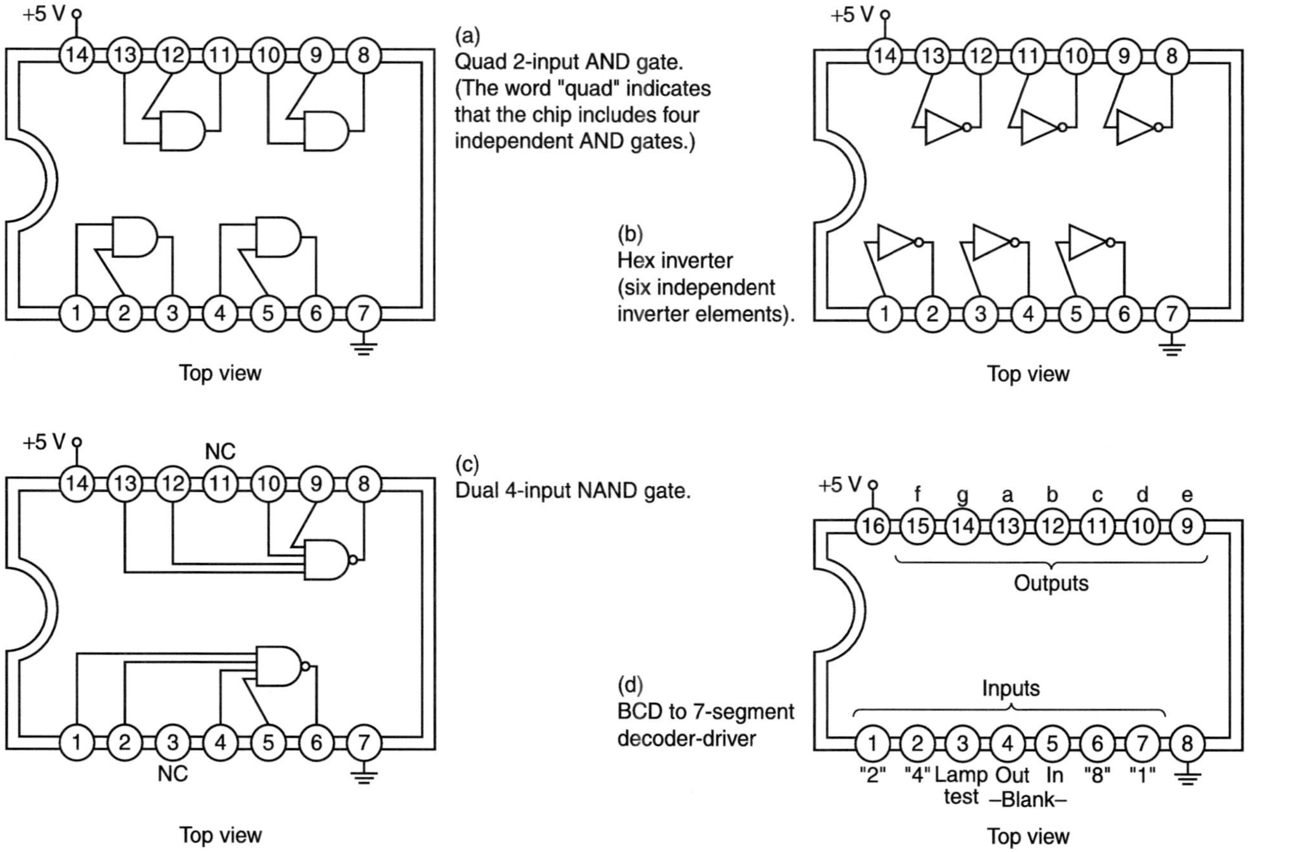

그림 8.7 4개의 전형적인 IC 칩 : (a) quad 2-input AND gate, (b) hex inverter(6개의 독립된 인버터가 포함되어 있음), (c) dual 4-input NAND gate, (d) BCD to 7-segment decoder-driver

타내고 있다. 그림 8.7(a), (b), (c)의 회로는 단순하므로 기능적 동작을 기호로 표시하여 나타냈지만, 그림 8.7(d)의 회로는 내부에 사용되는 소자의 숫자가 너무 많으므로 내부 구조를 나타내지 않았다. 표 8.1에 열거된 칩의 응용은 이 장의 후반부에서 다루기로 한다. 이러한 모든 기본 디바이스들은 CMOS IC 칩에서도 찾을 수 있다.

각 회로군 안에는 다양한 하위구분(subcategory, or subtype)이 가능한데, 각각 다른 전류, 전압, 속도 특성을 지닌다. 일반적으로 74와 따라오는 숫자 사이에 문자열을 표기하여 하위구분을 나타낸다. 예를 들어 'advanced high speed' CMOS (AHC subtype) quad two-input AND gate는 74AHC08로 칭하여 진다. 여기서 *quad*라는 단어는 4개의 gate가 단일 칩 상에 있음을 나타낸다.

CMOS 회로는 TTL 군과 비교하여 다른 타입의 트랜지스터로 이루어져 있다(bipolar junction transistor 대신에 field-effect transistor로 이루어져 있다). 그리고 대부분의 경우, CMOS 회로는 TTL 회로보다 더 좋은 전기적 특성을 지닌다. 따라서 최근에는 회로 설계에서 TTL 계열보다 CMOS 계열을 많이 사용한다.

8.4.4 IC 발진기와 클럭 신호

그림 8.8은 IC 발진기(oscillator)인 555 칩을 나타내고 있다. 이 칩은 23개의 트랜지스터, 15개의 저항 및 2개의 다이오드를 포함하고 있다. 이 패키지는 일반적인 우표의 반 정도 크기이며, 8개의 단자를 가지고 있고, 가격이 매우 저렴하다. 두세 개의 외부저항과 하나

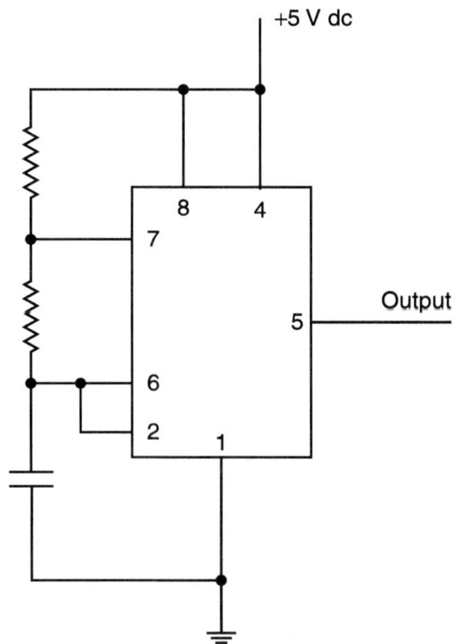

그림 8.8 555 비안정/단안정 발진기

표 8.1 TTL IC 칩에 대한 일부 목록

Type Number	Description
7400	Quad two-input NAND gate
7404	Hex inverter
7408	Quad two-input AND gate
7414	Hex Schmidt trigger
7416	Hex driver, inverting
7430	Eight-input NAND gate
7432	Quad two-input OR gate
7445	BCD to decimal (1-of-10) decoder driver
7447	BCD to seven-segment decoder driver
7474	Dual D-type flip-flop, positive-edge trigger
7475	Quad latch
7483	Four-bit full adder
7485	Four-bit magnitude comparator
7489	64-bit (16 × 4) memory
7490	Decade counter
7492	Base-12 counter
74109	Dual J-K flip-flop, positive-edge trigger
74121	Monostable multivibrator
74150	1-of-16 data selector/multiplexer
74154	1-of-16 data distributor/demultiplexer
74160	Synchronous BCD decade counter with asynchronous reset

의 커패시터를 적절히 연결하면, 두 상태를 오가며 **진동**(*oscillation*)하는 출력을 얻을 수 있다. 이러한 **비안정**(*astable*) **진동**에서, 555칩은 0.1 Hz에서 100 kHz 이상의 주파수범위에 걸쳐서 사각파를 출력할 수 있다. 적절한 외부 회로와 연결하면, 삼각파와 선형의 램프(ramp)파형을 출력할 수도 있다. 또 적절한 배열을 통하여 입력에 대한 싱글 펄스 출력을 생성할 수도 있고(*monostable operation*) 기타 다른 용도로 사용될 수 있다[4]. 이러한 IC 발진기는 특수 목적용 집적 회로가 얼마나 다양한 용도로 사용될 수 있음을 보이는 좋은 예이다.

555와 같은 칩은 많은 디지털 장치에서 시간 기준을 제공하는 데 사용되므로, 때때로 **타이머**(*timer*)라고 불린다. 예를 들어 플립-플롭은 입력이 변했을 때, *clock signal* 바뀔 때까지 출력의 변화를 지연하도록 설계될 수 있다. 표 8.1의 D-type과 J-K-플립플롭 (각각 7474, 74109)은 모두 이러한 특성을 지닌다. **동기형**(*synchronous*) 작동을 사용하여 회로 설계를 간단히 할 수 있다. 동기적이지 않은 회로를 **비동기**(*asynchronous*) 회로라 한다.

555칩을 기반으로한 clock 회로는 1% 내외로 안정적이지만 drift에 영향을 받을 수 있다. 따라서 매우 높은 정확도가 요구될 때는 수정진동자(quartz-crystal oscillator)가 사용된다. 이 회로는 매우 정확한 크기로 가공된 수정(quartz)을 이용하는데, 수정이 안정된 고주파수로 공진한다. 수정의 압전(piezoelectric) 특성(6.14절)에 기인하여 공진하는 크리스탈이 쉽게 전기회로에 결합(coupled)된다. 수정진동자는 기성품 IC로 싸고 쉽게 구입할 수 있는데, 10 kHz에서 100 MHz의 다양한 주파수를 지니며, 수 ppm(parts per million)의 높은 주파수 안정성을 지닌다. 이들은 모든 마이크로프로세서(micro processor)와 마이크로컴퓨터에 사용된다. 32.768 kHz로 진동하는 크리스탈 진동자는 손목시계에 사용되는데, 디지털 회로를 추가하여 이 주파수를 2^{15}로 나누면 1-Hz의 신호를 얻을 수 있어 초(second)를 셀 수 있다[5]. 크리스탈 주파수에서 10 ppm의 오차는 시계의 경우 하루에 1초의 오차량에 해당함을 주목하기 바란다.

8.4.5 디지털 디스플레이

어떤 경우에서는 표시나 판독 요소로 단순히 하나의 전구가 필요하기도 하다(예로 장치의 전원이나 사용가능 여부를 표시하는 경우). 혹은, 개별적인 전구의 조합을 이용하여 숫자나 문자를 디스플레이(alphanumeric display)할 수도 있다.

숫자/문자 표시 요소는 주로 LCD 형(liquid-crystal diode type, 액정형)이나 LED(light-emitting diode, 발광다이오드)형이 있다. LCD는 전력 소모가 매우 작다는 장점이 있어 디지털 시계와 같이 배터리로 구동되는 장치에서 주로 사용되지만, 적당한 외부 조명이나 backlight 램프가 필요하다는 단점이 있다. LED는 매우 밝지만(주로 적색이나 녹색임), 보다 많은 전력을 소비한다. 따라서 주로 외부전원에 연결하는 장치에 사용된다.

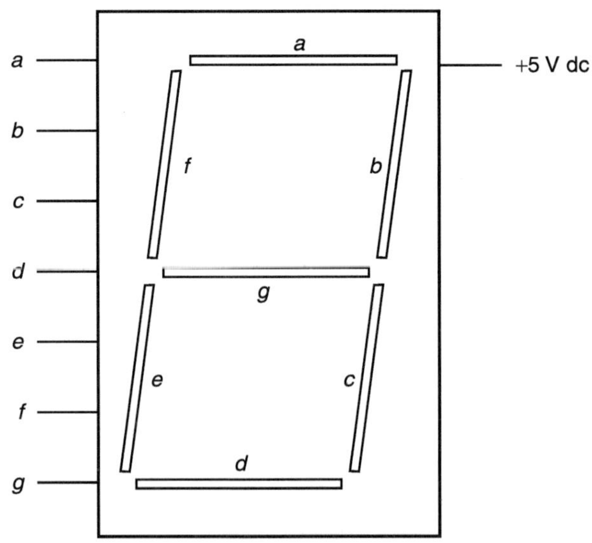

그림 8.9 전형적인 LED숫자 표시 소자. +5 V *dc*양극이 모든 세그먼트에 공통연결되어 있다. 예를 들어 적절한 전압 강하 저항을 통해서 핀 *a*를 접지시키면 세그먼트 *a*가 발광된다.

그림 8.9는 전형적인 LED 7-세그먼트(segment) 디지털 표시기의 배열을 보여준다. 각 세그먼트는 하나 또는 그이상의 LED 소자로 구성되어 있고, 적절한 IC 구동기(driver)에 의하여 적절히 스위치 되어 0에서 9까지의 숫자를 표시할 수 있다. 일반적으로 입력신호와 5V dc의 전압만이 필요하다.

디지털 표시기를 작동시키기 위해서는 정보를 2진(binary)과 십진(decimal)간에 적절히 변환하는 과정이 필요하다. 이러한 과정에서 정보를 2진 형태로 변환하는 것을 **엔코딩**(*encoding*)이라 부르며, 정보가 2진에서 십진으로 변환하는 것을 **디코딩**(*decoding*)이라 부른다. 이러한 과정을 이해하기 위해선 2진수와 십진수를 이해해야 하며, 다음의 두 절에서 숫자계와 이진 코드를 살펴본다.

8.5 숫자계

디지털 형식이든 아날로그 형식이든 측정 신호는 크기에 대한 정보를 전달한다. 이러한 크기 정보는 숫자로 표시되는데, 이러한 수는 어떤 종류의 수체계(number system)에서 정의되는가가 중요하다. HIGH/LOW, yes/no, on/off의 신호를 가지는 디지털 장치들은, 기수(base)가 2인 2진수 체계(binary system) 또는 2진법을 사용한다. 본 절에서는 디지털 동작에 적합한 수체계의 기초에 대해 설명하고자 한다.

우리는 10진수에서 각 숫자의 위치가 중요하다는 것을 알고 있다. 예를 들어 10진수 347.25를 고려해 보자. 3은 최상위 수이고, 5는 최하위 수이며, 이 수는 다음과 같이 전개된다.

표 8.2 기수에 다양한 지수 n을 취한 결과의 10진수 값*

n	2^n	4^n	8^n	16^n
⋮	⋮	⋮	⋮	⋮
−3	1/8	1/64	1/512	1/4096
−2	1/4	1/16	1/64	1/256
−1	1/2	1/4	1/8	1/16
0	1	1	1	1
1	2	4	8	16
2	4	16	64	256
3	8	64	512	4,096
4	16	256	4,096	65,536
5	32	1,024	32,768	1,048,576
6	64	4,096	262,144	16,777,216
⋮	⋮	⋮	⋮	⋮

*n은 지수인 동시에 진수체계의 위치이다.

$$347.25 = 3 \times 10^2 + 4 \times 10^1 + 7 \times 10^0 + 2 \times 10^{-1} + 5 \times 10^{-2}$$

각 숫자의 위치가 10을 기수로 하는 지수의 승수를 결정한다는 점이 명백하다.

2진수에서는 1과 0의 두 숫자만이 사용된다. 숫자 1은 ***high*** 상태(즉 +5 V dc)에 해당하고, 숫자 0은 *low*상태(즉 0 V dc)에 해당한다. 10진법에서와 마찬가지로 2진법에서도 숫자의 위치가 의미를 가진다. 2진수 11010.01_2를 고려해 보자(아래 첨자 2는 2진수라는 것을 명확하게 하기 위해 첨가되었다). 첫 번째 숫자 1은 최상위 수이고 마지막 1은 최하위 수이다. 각 숫자는 **비트(*bit*)**라 불리므로, **최상위 비트(*most significant*, MSB)**및 **최하위 비트(*least significant bit*, LSB)**라는 용어가 사용된다. 또한 10진법에서 소수점(decimal point)에 해당하는 것을 2진수에서는 2진 **소수점(*binary point*)**이라 부른다.

10진수의 각 위치는 10을 기수로 하는 지수에 해당하는 것과 마찬가지로, 2진수의 각 위치는 2를 기수로 하는 지수에 해당한다. 또한 10진수에서는 계수가 0부터 9사이의 모든 수인 반면에, 2진수에서는 0과 1만으로 제한된다.

위에 쓰여진 2진수를 등가의 10진수로 바꾸어 보자. 물론 **등가**라는 말은 두 숫자가 같은 크기 또는 양을 나타낸다는 의미이다(표 8.2 참조)

$$\begin{aligned} 11010.01_2 &= 1 \times 2^4 + 1 \times 2^3 + 0 \times 2^2 + 1 \times 2^1 + 0 \times 2^0 + 0 \times 2^{-1} + 1 \times 2^{-2} \\ &= 16 + 8 + 0 + 2 + 0 + 0 + \frac{1}{4} \\ &= 26.25_{10} \end{aligned}$$

여기서 0과 1의 위치에 따라 기수(base)가 곱해지는 횟수인 지수(power)가 달라짐을 알 수 있다. 이는 이진수와 십진수 모두에 적용된다.

또 다른 2개의 수체계가 디지털 장치에 일반적으로 사용되는데, 이는 8진수 체계(*octal* system)와 16진수 체계(*hexadecimal* system)이다. 이러한 두 수체계는 2진수 체계와의 변환에 있어서 10진수 체계보다 쉽고 편리한 이점을 가지고 있다.

수체계에 관한 더 자세한 내용은 부록 C에 있다.

8.6 이진 코드

위에서 논의한 일반적인 2진수는 여러 다양한 이진 코드(binary code)로 사용될 수 있다. 이들 중 몇 가지를 다음에 설명하고자 한다.

8.6.1 이진화된 십진수

숫자의 자릿수가 4개로 제한된 경우를 가정해보자(가령, 단지 4개의 on/off 스위치를 사용한다). 그러면 10진수로 환산하면 0에서 15까지로 범위가 제한되는 4비트 워드가 되고,

표 8.3 4비트 2진 코드와 Binary-coded Decimal

Decimal Digit	Binary	BCD
0	0000	0000
1	0001	0001
2	0010	0010
3	0011	0011
4	0100	0100
5	0101	0101
6	0110	0110
7	0111	0111
8	1000	1000
9	1001	1001
10	1010	*Illegal*
11	1011	*Illegal*
12	1100	*Illegal*
13	1101	*Illegal*
14	1110	*Illegal*
15	1111	*Illegal*

*four-level code*라 불린다.

이러한 코드 중의 하나가 2진화된 10진수(binary-coded decimal, *BCD*)이다. 비록 BCD는 4비트 워드이더라도 1001_2, 9_{10}보다 큰 모든 워드를 사용해서는 안된다. 이러한 BCD코드는 0에서 9까지의 10진수와 4비트 2진수를 쉽게 대응시킬 수 있다는 점에서 유용하다. 표 8.3은 이러한 상호 관계를 나타낸다. BCD코드가 사용될 때, 10진수의 각각의 숫자들은 각각의 4비트 워드로 분리되어 처리된다. 예를 들어 10진수 875_{10}은 100001110101_2로 변환된다.

8.6.2 위치 엔코더와 그레이 코드

그림 8.10은 5-bit 이진 코드를 기초로 한 이진 위치 엔코더(binary displacement encoder)의 한 형태를 보이고 있다. 그림의 "카드(card)"는 5개의 정보 트랙(track)과 하나의 기준 트랙으로 구성되어 있는데, 기준 트랙은 경우에 따라서 생략되기도 한다. 그림에는 나타나 있지 않지만 픽업(pickup)이 카드의 상대 위치를 센싱한다. 한 트랙당 센서가 하나씩 사용되는데, 광학 센서(optical sensor)를 사용하여 주어진 위치에서 각 트랙의 on/off 상태를 검출한다. 카드는 빛을 통과시키는지 아니면 반사시키는지에 따라, 투명하거나 불투명하다. 인쇄 배선(print-circuit)기법을 사용하여 카드를 제작하기도 한다. 센서에 감지된 출력은 onboard 혹은 remote 디지털 회로에서 처리된다.

그림 8.10의 경우와 같은 직접적인 이진 엔코더(direct binary encoder)는 다음의 단점

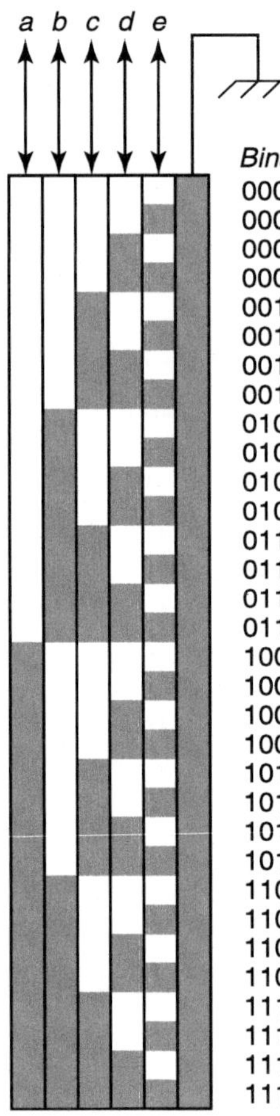

Binary	Decimal
00000	0
00001	1
00010	2
00011	3
00100	4
00101	5
00110	6
00111	7
01000	8
01001	9
01010	10
01011	11
01100	12
01101	13
01110	14
01111	15
10000	16
10001	17
10010	18
10011	19
10100	20
10101	21
10110	22
10111	23
11000	24
11001	25
11010	26
11011	27
11100	28
11101	29
11110	30
11111	31

그림 8.10 2진 변위 레코더

을 지닌다. 인접한 레벨에서 몇 개의 bit가 다른 경우, 관련된 위치센서가 동시에 인식을 못하는 경우 매우 큰 센싱오차를 야기할 수 있다. 예를 들면 그림에서 8번째 위치에서 9번째 위치로(7_{10}에서 8_{10}으로) 변하는 경우, 이진 엔코더의 출력은 00111_2에서 01000_2로 변할 것이다. 이때 트랙 b의 bit가 너무 빠르거나 느리게 바뀐다면, 읽혀진 위치는 00000_2이나 01111_2가 되어 첫 번째나 16번째 레벨로 인식하게 된다!

그레이코드(*gray code*)는 이러한 단점을 보완한 이진 코드로서, 위치 엔코더에서 선호된다. 그레이코드는 숫자의 크기에 위치의 의미를 두지 않는다. 대신에 인접한 레벨에서 하나의 bit 만 변하도록 코드 숫자의 순서를 설정한다. 따라서 한 트랙의 센서 변화가 너무 빠르거나 늦더라도 오차는 한 레벨로 국한되어 direct binary encoder에서 나타날 수 있는 큰 오차를 피할 수 있다. 4-bit 그레이 코드를 표 8.4에 나타내었다. 그림 8.11에 4-bit 그레이코드를 기초로 한 원형 카드를 나타내었으며, 이는 로터리 샤프트(rotary shaft)의 위치 엔코더에 사용된다.

표 8.4 4-bit 이진숫자와 그레이 코드

Decimal Digit	Binary	Gray Code
0	0000	0000
1	0001	0001
2	0010	0011
3	0011	0010
4	0100	0110
5	0101	0111
6	0110	0101
7	0111	0100
8	1000	1100
9	1001	1101
10	1010	1111
11	1011	1110
12	1100	1010
13	1101	1011
14	1110	1001
15	1111	1000

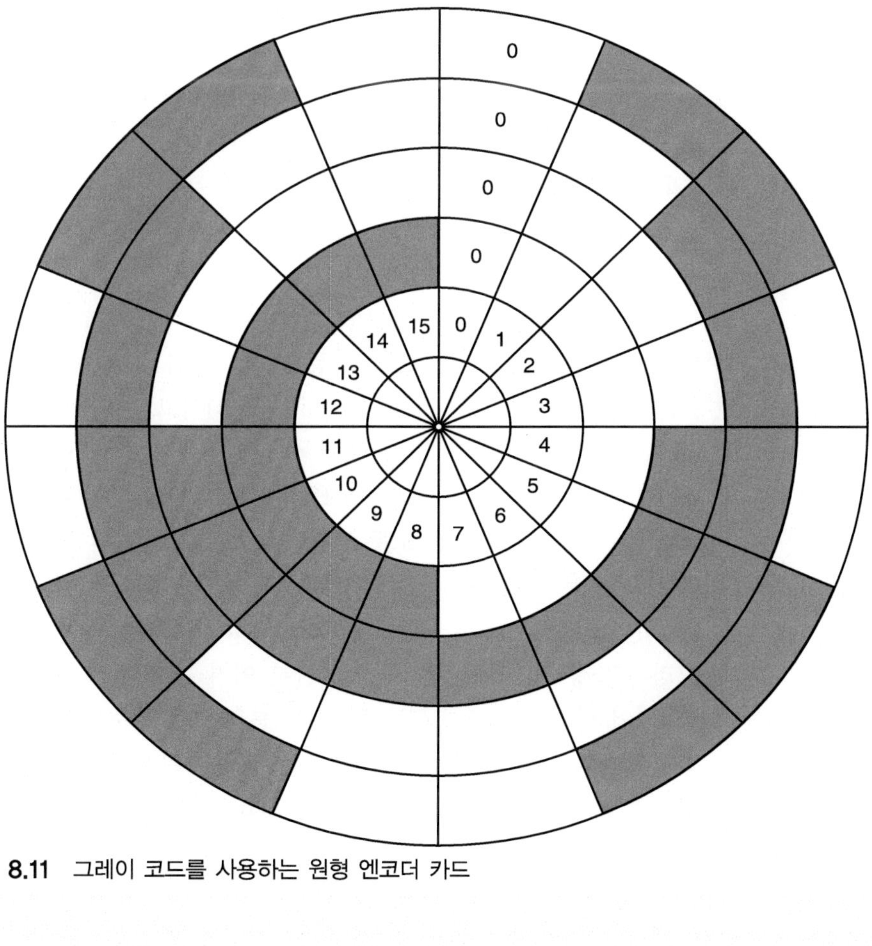

그림 8.11 그레이 코드를 사용하는 원형 엔코더 카드

8.6.3 알파뉴메릭 코드

앞에 나온 코드들은 숫자 데이터의 전송과 처리를 위한 것이다. 그러나 영숫자(alphanumeric) 정보는 이러한 숫자 데이터 외에도, 영어 문자와 구두점과 같은 다른 기호에 대한 규정도 함께 포함하여야만 한다.

일반적인 정보(단순한 숫자 데이터에 반하여)의 전송을 위한 가장 단순한 2진 코드중 하나가 국제 모르스 코드(International Morse Code)인데, 이는 **펄스 기간 변조**(*pulse-duration modulation*; PDM, 또는 pulse-length or pulse-width modulation)방식을 사용한다고 할 수 있다. 두 가지 다른 펄스폭을 가진 "dot(단점)"와 "dash(장점)"의 다양한 조합을 사용하여, 영문자, 10진수, 그리고 특별한 목적의 통신 부호를 전송하게 된다. 국제 모르스 코드는 다양한 문자들의 전송을 위해서 다양한 시간 간격을 사용한다는 점에서 **불균일한 시간 간격을 가지는 코드**(*uneven-length* code)이다. 이에 비해, **보드**(*Baudot*)또는 일반적인 전신 타자기(teletypewriter)코드는, **균일한 길이**를 가진 5개의 펄스로 구성되는 코드이다. 모든 문자는 5개의 on/off 상태의 조합으로 형성되는데, 각 문자는 **동일한** 지속 시간을 가진다. 그러나 이 두 코드는 기계계측에서는 그다지 중요하진 않다.

가장 광범위하게 사용되는 영숫자 코드는 **미국표준코드**(*American Standard Code for information interchange, ASCII*)이다[6]. 이 코드는 7비트의 2진 형식으로 2^7개, 즉 128개 문자를 가지고 있어, 영문자 대소 문자, 0부터 9까지의 숫자와 일부 제어 기호를 포함한다(표 8.5). ASC II 코드는 Baudot code를 보다 복잡하게 만든 7-bit teleprinter code에서 유래되었다. 따라서 처음 32개 문자와 마지막 문자는 제어코드로, 문자 표시와 무관하게 carriage return, line feed, form feed 와 같은 프린터 구동에 편리한 함수를 제어하는데 사용되므로 표에서 제외하였다.

ASCII코드를 등가의 2진수로 변환할 때는, 일반적으로 2진수를 3비트와 4비트의 두 그룹으로 나눈다. 예를 들어 문자 *a*의 등가 2진수는 110 0001로 쓰여 진다. 2진수의 제일 왼쪽이 최상위 비트(most significant bit, MSB)이고, 제일 오른쪽은 최하위 비트(least significant bit, LSB)이다. 데이터 처리 시 문자 *a*에 대한 ASC II 수는 110 0001로 나타날 것이며, 시간축에 대해서는 그림 8.12와 같이 나타날 것이다.

ASCII는 전세계의 문자를 모두 포함하진 않는다. 심지어 서부유럽의 언어조차도 ç, ñ, ö와 같은 액센트 문자 때문에 ASCII로는 불충분하다. 이런 단점은 ASCII에 bit 하나를 더 추가하여, 256 문자를 가지는 8-bit *extended ASCII* 를 만들어서 부분적으로 보완되었다. 그러나 불행히도 제작자들에 따라 다른 여러 가지 버전(version)의 extended ASCII가 발표되어, 아직 extended ASCII 라는 이름의 단일 표준은 없는 상태이다.

그 이후에 많은 작업을 통하여 여러 가지 표준화된 8-bit 문자 세트들을 정하게 되었는데, 현재 이러한 문자 세트들은 웹페이지(web page) 코닝에 자주 사용되고 있다. 영어를

표 8.5 ASCII 코드와 코드에 해당하는 10진, 2진, 16진수 표기

Dec	Binary	Hex	Char	Dec	Binary	Hex	Char	Dec	Binary	Hex	Char
32	010 0000	20	Space	64	100 0000	40	@	96	110 0000	60	‘
33	010 0001	21	!	65	100 0001	41	A	97	110 0001	61	a
34	010 0010	22	"	66	100 0010	42	B	98	110 0010	62	b
35	010 0011	23	#	67	100 0011	43	C	99	110 0011	63	c
36	010 0100	24	$	68	100 0100	44	D	100	110 0100	64	d
37	010 0101	25	%	69	100 0101	45	E	101	110 0101	65	e
38	010 0110	26	&	70	100 0110	46	F	102	110 0110	66	f
39	010 0111	27	’	71	100 0111	47	G	103	110 0111	67	g
40	010 1000	28	(	72	100 1000	48	H	104	110 1000	68	h
41	010 1001	29	)	73	100 1001	49	I	105	110 1001	69	i
42	010 1010	2A	*	74	100 1010	4A	J	106	110 1010	6A	j
43	010 1011	2B	+	75	100 1011	4B	K	107	110 1011	6B	k
44	010 1100	2C	,	76	100 1100	4C	L	108	110 1100	6C	l
45	010 1101	2D	–	77	100 1101	4D	M	109	110 1101	6D	m
46	010 1110	2E	.	78	100 1110	4E	N	110	110 1110	6E	n
47	010 1111	2F	/	79	100 1111	4F	O	111	110 1111	6F	o
48	011 0000	30	0	80	101 0000	50	P	112	111 0000	70	p
49	011 0001	31	1	81	101 0001	51	Q	113	111 0001	71	q
50	011 0010	32	2	82	101 0010	52	R	114	111 0010	72	r
51	011 0011	33	3	83	101 0011	53	S	115	111 0011	73	s
52	011 0100	34	4	84	101 0100	54	T	116	111 0100	74	t
53	011 0101	35	5	85	101 0101	55	U	117	111 0101	75	u
54	011 0110	36	6	86	101 0110	56	V	118	111 0110	76	v
55	011 0111	37	7	87	101 0111	57	W	119	111 0111	77	w
56	011 1000	38	8	88	101 1000	58	X	120	111 1000	78	x
57	011 1001	39	9	89	101 1001	59	Y	121	111 1001	79	y
58	011 1010	3A	:	90	101 1010	5A	Z	122	111 1010	7A	z
59	011 1011	3B	;	91	101 1011	5B	[	123	111 1011	7B	{
60	011 1100	3C	<	92	101 1100	5C	\	124	111 1100	7C	|
61	011 1101	3D	=	93	101 1101	5D	]	125	111 1101	7D	}
62	011 1110	3E	>	94	101 1110	5E	∧	126	111 1110	7E	~
63	011 1111	3F	?	95	101 1111	5F	_				

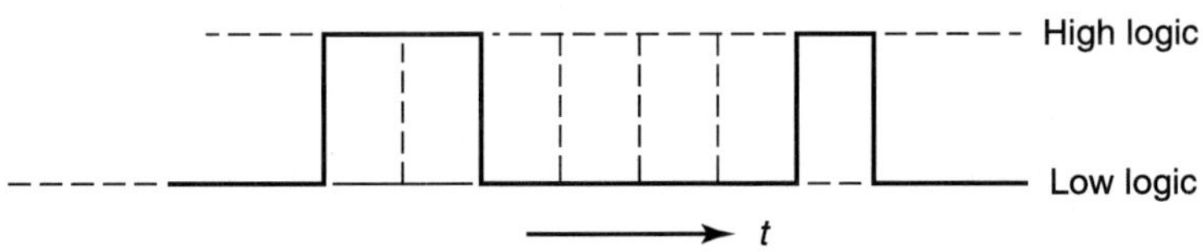

그림 8.12 시간축에 표시한 문자 a에 대한 ASCII 코드

포함한 서부 유럽 언어를 위해서는 *Latin 1 character set* [7]이라 불리는 ISO 8859-1 이 주로 사용된다. Latin 1 코드에서 127_{10} 이하의 문자들은 ASCII와 동일하다. 다른 언어들을 위하여 추가적인 여러 가지 표준 코드들이 정의되어 사용되고 있다.

최근 교역의 국제화와 정보 교환은 급격히 증가하였고, 따라서 어떠한 언어를 사용하던 간에 변경이 불필요한 문자 엔코딩 시스템을 사용하는 것이 바람직해졌다. 특히, 하나의 문서 내에서 여러 가지 다른 언어를 사용할 수 있도록 지원하고, 나아가 여러 가지 소프트웨어에서 사용이 가능한 엔코딩 시스템이 필요하게 되었다. 이러한 목적으로 개발된 것이 유니코드 표준(Unicode standard)인데[8], 유니코드는 모든 언어의 모든 문자에 대하여 고유 코드를 부여함을 목적으로 한다. 한자와 같이 어떠한 언어들은 수만 개의 문자를 사용하므로, 이를 위해서는 8비트로는 매우 부족하며, 유니코드의 초기 버전에서는 32비트를 사용하여 65,535개 문자를 처리할 수 있었으며, 현재 유니코드 4.0은 90,000개 이상의 문자에 고유 코드를 부여할 수 있다.

직렬, 병렬 전송

국제 모르스 코드와 보드(Baudot) 코드는 **직렬**(*serial*)방식이므로, 여러 개의 on/off 상태가 순차적으로 발생한다. 이들 코드가 도체에 의해 전송된다면, 단일의 전송 선로만이 요구된다. 어떤 경우에는 직렬 전송 대신에 **병렬** 전송(*parallel* transmission)이 사용되는데, 이것은 한 단어를 형성하는 비트들이 동시에 전송된다는 것을 의미한다. 가장 단순한 형태로, 이 병렬 전송은 코드 레벨(즉 한 워드의 비트의 수)만큼의 전송 선로를 필요로 하지만, 직렬 전송에 비해서 전송 시간을 상당히 단축시킬 수 있다. 병렬 방식은 흔히 하나의 기계 또는 장치내에서 사용되는 반면에, 직렬 방식은 전화선을 통해서 컴퓨터를 접속시키는 경우와 같이 전송선이 긴 경우에 주로 사용된다.

패리티와 오차 검출

전술한 바와 같이, 디지털 신호 전송은 아날로그 신호전송에 비해 전송오차가 적다. 그럼에도 불구하고 확률은 적지만 오차는 여전히 존재한다. 디지털 전송시스템은 초당 수백만 비트를 전송함을 감안하면, 비록 발생확률은 작다 하더라도, 결과적으로 오차(error) 검출 방법이 필요할 정도의 오차가 발생하게 된다.

이러한 문제의 해결방안 중 하나는 **패리티 방법**(*parity method*)인데, 이는 각 워드(word) 정보에 1 bit를 추가하는 방법이다. 예를 들면 7-bit ASCII 코드는 8번째 패리티 비트를 추가하며, 따라서 전송된 워드는 8비트를 가지게 된다. **짝수 패리티 방법**(*even parity* method)에서는 워드내 1(on 상태)의 총 개수가 짝수가 되도록 패리티 비트를 설정한다. 만약 수신된 워드에서 1 bit 가 잘못 전송되면 워드 내 1의 총수가 홀수가 되고, 따라서 수신기는 수신 오차(error)가 발생했음을 검출할 수 있다. **홀수**(*odd*) **패리티법**에서는

1의 총 개수가 홀수가 된다. 이러한 패리티 방법은 한 워드에서 2-bit가 잘못 전송된 경우에는 오차를 검출할 수 없지만, 이런 경우가 발생할 확률은 극히 적기 때문에(1 bit의 송신 오차 발생확률도 매우 작기 때문에) 문제가 되지 않는다.

8.6.4 바코드

오늘날 주변에서 바코드(bar code)의 응용을 쉽게 볼 수 있다. 흑색과 백색의 선들이 정렬되어 다양한 종류의 데이터, 즉 주소, 상품 목록 등 간단한 c진 코드로 적어 넣을 수 있는 모든 정보들을 코드화하고 있다. 저출력 레이저를 바 패턴에 비추면, 적절한 광검출기를 사용하여 패턴에서 반사된 빛을 검출하여 신호를 출력할 수 있다. 출력 신호는 전자회로에서 처리하여 현금출납기나 재고관리(inventory tracking) 시스템으로 보내질 수 있다.

바코드에 대한 여러 가지 표준이 있는데, 그 중에서 UPC(*Universal Product Code*)와 EAN(*European Article Numbering*) 시스템이 주로 사용된다. 전형적으로, 검은선은 1에 해당하고 흰색선은 0에 해당한다. 각 문자를 표현하기 위하여 7개의 선이 사용된다. 그러나 첫 번째와 마지막 선은 항상 반대(검은색과 흰색, 혹은 흰색과 검은색)로 사용해 근접한 문자와 구별할 수 있도록 한다. 남은 5개의 bit로 32가지의 조합이 가능하지만 모두가 사용되진 않는다. 대신, 2개의 검은색 바(bar)와 2개의 흰색 바의 조합이 사용되는데, 따라서 바의 폭은 1, 2, 3, 4개 선의 폭이 될 수 있고, 20개의 조합이 가능하다. 이러한 조합은 우측(right handed)과 좌측(left handed)의 두 가지 순서에서 0에서 9까지 10개의 십진수 디지트(digit)를 정의하는데 사용된다.

바코드에 따라서는, 14 digit까지 부호화(encode)될 수 있다. digit를 나타내는 바와 더불어, 가드 바(guard bar)가 바코드의 우측, 중앙, 좌측에 있다. 각 숫자코드는 표준화 기관에 의해 각 회사 및 제품에 할당되어 있다.

1차원 바코드 뿐만 아니라, 다양한 2차원 **배열형** 코딩 시스템도 사용되고 있는데, 이러한 시스템은 보다 많은 영숫자(alphanumeric) 데이터를 부호화 할 수 있고, 상용 배달 서비스의 라벨로 종종 사용된다.

8.7 단순 디지털 회로

8.7.1 사상 계수기

그림 8.13는 디지털 사상 계수기(event counter)의 단순화된 형태를 보여 준다. 2개의 10진수 표시부(*decade*)를 나타내었는데, 각각의 표시부는, 하나의 7-세그먼트 LED 표시기, 2개의 IC 칩과 몇 개의 전류 제한용 저항들로 구성되어 있다. 7490칩은 *10*진 계수기

(*decade counter*)라 불린다(표 8.1 참조). 이 칩은 14번 핀으로 입력 펄스를 직렬방식으로 받아들이며 출력으로 핀 *d*, *c*, *b*, *a*를 통하여 BCD(Binary-coded Decimal)펄스를 병렬 방식으로 내보내는데, 여기서 *d*는 최상위 비트에, *a*는 최하위 비트에 해당된다. 또한 이 칩은 아홉 번째 입력 펄스의 끝에 출력 펄스를 내보낸다. 이 펄스는 11번 핀으로부터 출력되어 상위 10진수 표시부의 입력 신호로 사용될 수 있어, 따라서 추가적으로 여러 decade를 직렬 연결해 사용할 수 있다. 나중에 다시 설명하겠지만, 이런 성질은 "나누기-10(divide-by-ten)" 기능을 가능케 한다.

7490칩으로부터의 BCD출력은 BCD-7세그먼트 디코더 드라이버(BCD-to-seven-segment decoder driver, 표 8.1 참조)라 불리는 7447칩으로 들어간다. 이 칩은 병렬의 BCD입력을 받아들여, 그 입력을 해독한(즉 10진수 출력으로 변환) 다음, 7-세그먼트 표시기의 적절한 세그먼트에 전원을 공급함으로써 원하는 10진수를 표시하게 한다. 이런 간단한 회로를 사용하여 약 100 kHz까지의 속도로 계수를 수행할 수 있다. 이런 기능 외에 7447칩은 제어 단자 3, 4, 5를 공급하는데, 이들 단자는 다음과 기능을 수행할 수 있다.

1. 표시기를 0으로 리셋한다.
2. 숫자 표시에 필요 없는 0을 공백으로 남겨둔다(예를 들어 5개의 LED를 가지고 25를 나타낼 때, 00025로 표시하지 않고 단지 25로 표시하게 해준다).
3. 적절한 위치에 소수점을 표시하게 해준다.

사상계수기는 LSI IC칩으로 구입할 수 있으며, 다음 절에서 설명할 다른 부가기능을 가지고 있다.

8.7.2 게이팅

그림 8.13의 계수 회로가 연속적인 펄스열로부터 펄스의 수를 세기 위해 사용된다고 가정하자. 이때 입력선을 게이팅(*gating*)하는 데 기계적인 스위치를 사용할 수는 없다. 이는 기계적인 스위치(또는 계전기)는 닫힐 때, 미결정 기간(period of indecision)이 존재하기 때문이다. 즉 완전한 접촉이 이루어지기 전에 미세한 접촉과 비접촉이 여러 번 반복되는데, 이것이 **스위치 해쉬**(*switch hash*)의 원인이 된다(이런 현상은 오실로스코프 화면에서 가끔 볼 수 있다).계수기는 올바른 신호와 그렇지 않은 신호를 구별할 수 없으며, 매우 빠르게 작동하므로 이런 모든 잘못된 펄스도 계수에 포함시키게 된다. 이런 조건에서는 입력에 디바운싱(debouncing) 회로(8.4.2절)를 사용해야 하는데, 이는 스위치의 첫 번째의 접촉을 인식한 다음, 래치(latch)되어 반복되는 접촉을 무시함으로써 각 스위치 동작을 한 번만 계수할 수 있게 한다.

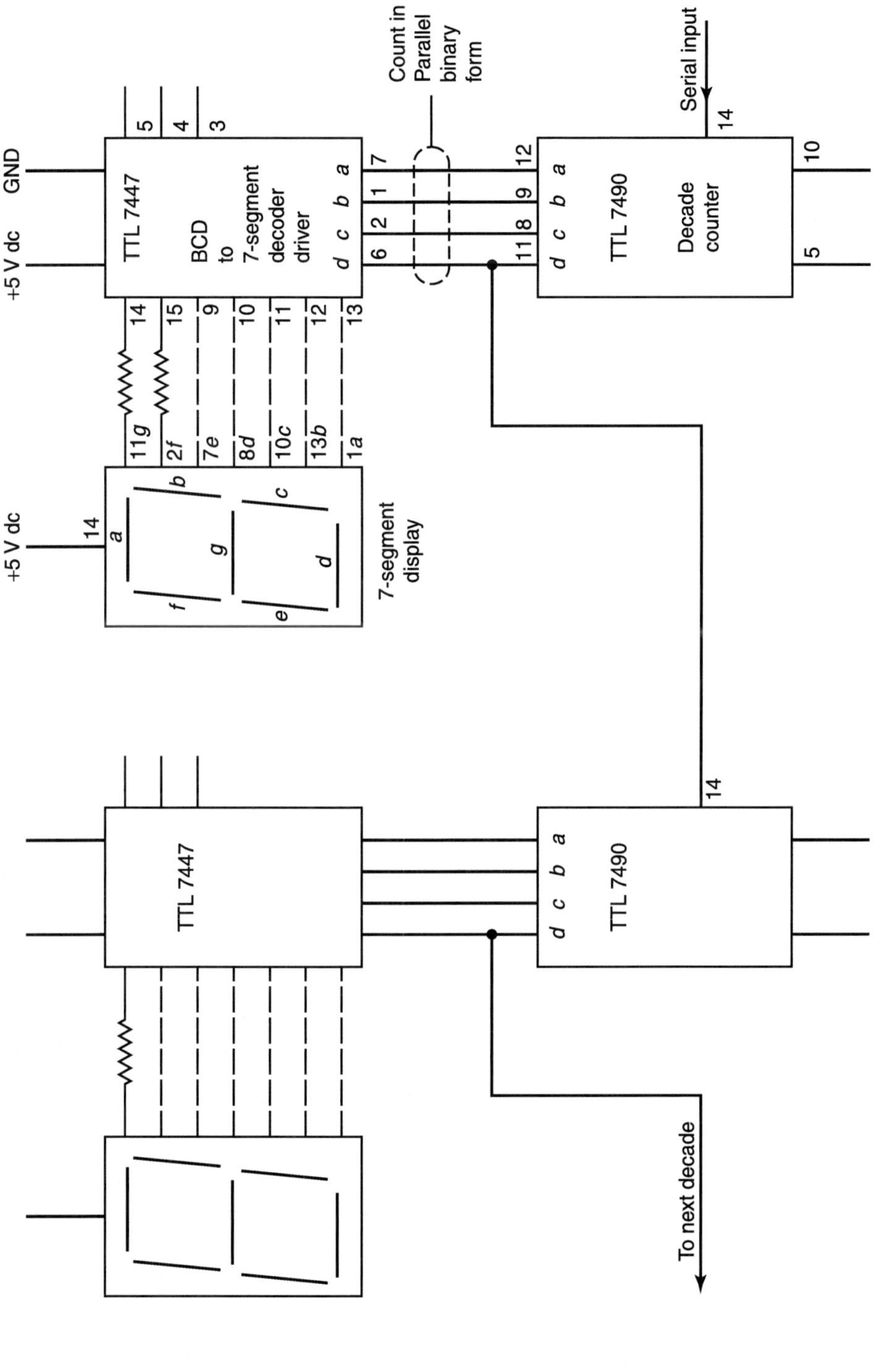

그림 8.13 단순 디지털 사건 계수기의 도식적인 회로도

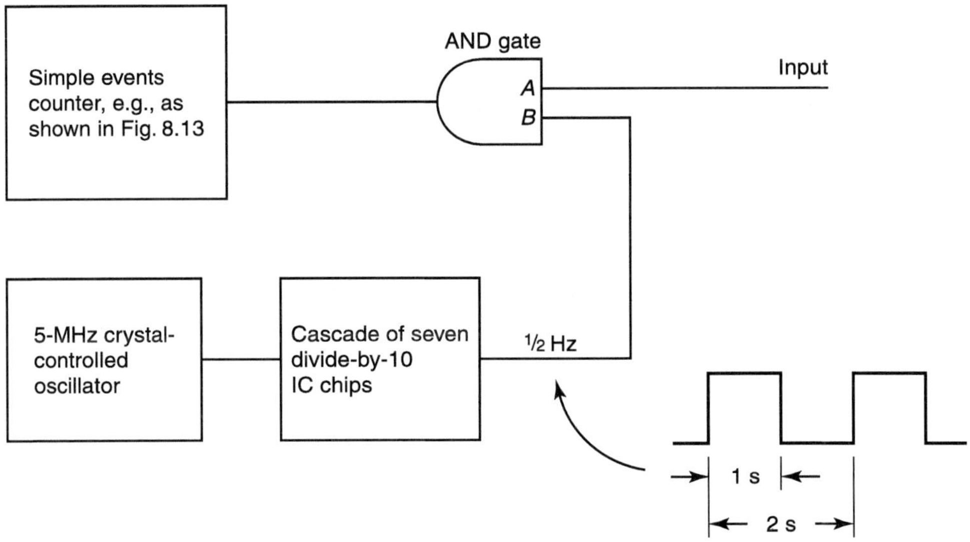

그림 8.14 단순한 주파수 측정기 회로에 대한 도식도

8.7.3 주파수 측정기

전자 스위치와 게이팅은 계수기 회로를 개폐하는 데 사용될 수 있다. AND게이트를 고려해 보자(그림 8.3(a) 참조). 입력 펄스는 *A*에 연결되고 제어 입력은 *B*에 연결된 다. 이때 두 입력이 모두 1일 때만 출력이 1이 되는데, 이것이 디지털 **주파수 측정기**(*frequency meter*)의 기본 부분이 된다.

미지의 주파수를 *A*에 입력하고 사각파 발전기(square-wave oscillator)로 *B*를 제어한다고 가정하자(그림 8.14). 계수기는 두 입력이 모두 1일 때에만 계수를 수행하며, *B*가 0일 때는 계수를 정지하게 된다. 명백히 계수의 정확도는 게이트되는 시간 간격의 정확도에 의존할 것이다. 발진기는 수정을 이용하는데, 수정은 비교적 짧은 속도로 진동한다. 예를 들어 기본적인 발진기는 5 MHz의 주파수를 가진다. 1/5 s의 주기는 확실히 대부분의 기계적인 입력을 게이팅하기에는 너무 짧다. 그러나 앞서 논의한 나누기-10(divide-by-ten)기능을 하는 7490 칩 7개를 직렬로 연결함으로써 기본 주기를 2초로 만들 수 있다. 이때 1초는 HIGH, 다음 1초는 LOW에 해당한다. 그림 8.14에 나와 있는 AND게이트를 사용함으로써 1초 동안 A로 들어오는 입력 펄스의 수를 계수할 수 있으므로 Hz 단위의 주파수를 얻을 수 있다. 여러 개의 나누기-10 칩을 직렬로 연결한 다음 여러 중간점에 적절히 접속하면, 다양한 게이팅 시간을 얻을 수 있다.

8.7.4 파형 정형

디지털 논리 회로는 high 상태와 low상태 사이의 순간적인 전환(toggling)을 필요로 한다. 위에서 설명한 간단한 계수기에 정현파(sine wave) 또는 다른 종류의 주기 파형을 입력시킨다고 가정하자. 만약 신호 레벨이 충분하다면 계수기가 동작할 수도 있지만, 피크값(peak, 최대값)이 다른 부분과 명확히 구분되지 않는 경우 계수기는 피크를 놓치거나 두 번 계수할 수도 있다. *Schmidt* 트리거(예를 들어 표 8.1의 TTL 7414)를 사용하면 정현파 신호를 펄스 신호로 변환하거나 불규칙적으로 변하는 신호를 순차적인 high/low 전압 신호로 변환할 수 있다.

Schmidt 트리거는 점진적으로 상승하는 입력을 받아들이면, 상승 트리거 레벨(rising trigger level)에 도달하기 전에는 low 출력전압을 유지한다. 그리고 high 출력전압으로 전도된 이후에는 신호가 하강 트리거 레벨(falling trigger level)이하로 떨어질 때까지 high 상태를 유지한다. 이 두 트리거 레벨은 약간 다르게 설정하여 신호가 트리거 레벨 근처에서 오르내리는 경우에 트리거가 반응하지 않도록 한다. 따라서 이러한 방법으로 입력 파형을 IC에 적합한 일련의 on/off 펄스형태로 변환시킬 수 있다.

8.7.5 IC 계수기 또는 주파수 메터

사상계수기, 주파수 측정기, 주기 측정기 등은 상호 유사하기 때문에 이런 모든 기능을 한 LSI 칩에 넣을 수 있다. 예로 1990년대에 유행했던 Intersil ICM7226A 칩을 들 수 있는데, 8-digit, 다기능, 주파수 카운터/타이머 칩이다. 이 칩은 고주파수 발진기(oscillator), decade time-base tounter, trigger, 8-decade data counter, 7-segment display decoder/driver 가 한 칩에 포함되어 있다. 이 칩은 전술한 모든 측정기로 동작할 수 있고 8-digit LED display를 구동할 수도 있다. 0.1 μs에서 10 s의 신호주기와 직류에서 10 MHz의 주파수 측정도 가능하다.

8.7.6 멀티플렉싱과 디멀티플렉싱

그림 8.15(a)는 멀티플렉서(*multiplexer*)또는 1-of-16 데이터 선택기(data selector)라고 불리는 IC 칩을 나타낸다(표 8.1의 TTL 74150 참조). 기계적으로는 단극(single-pole) 16-위치(position) 스위치와 유사하다(그림 8.15(b)). 그림에서 보듯이, 16개의 입력 중 통과가 허용되는 입력은 d, c, b, a의 제어포트(d가 MSB이고, a가 LSB이다)에 입력되는 2진수에 의해 결정된다.

디멀티플렉서(demultiplexer)또는 1-of-16 데이터 분배기(data distributor)는 멀티플렉서와 비슷하지만 반대의 동작을 한다(표 8.1의 TTL 74154참조). 하나의 입력단자를 통해 디지털 신호를 받은 후, 제어 포트의 2진수에 의해 선택된 특정 출력단자로 입력을 연결시킨다.

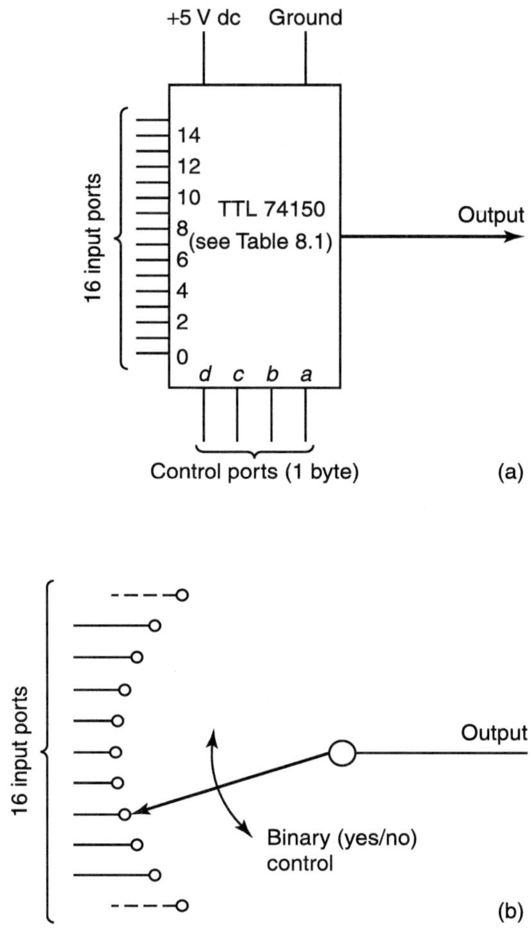

그림 8.15 (a) TTL 74150멀티플렉서, 또는 1-of-16 데이터 선택기. *dcba* 제어 포트의 16개의 가능한 논리 조합이 출력과 연결시킬 신호 입력을 선택하는 데 사용된다. (b) 거의 유사한 기능을 수행하는 기계적인 스위치. 다만 이 기계장치는 스위칭 순서가 정해져 있지만 멀티플렉서는 그렇지 않다는 점에서 약간의 차이가 있다.

멀티플렉서과 디멀티플렉서에 관심을 두는 이유는 무엇인가? 많은 경우에 주어진 정보 소스에 대한 감시와 기록이 연속적일 필요는 없으며, 주기적인 샘플링이면 충분할 것이다. 0에서 15까지의 2진수를 순차적으로 제어함으로써 16개의 다른 입력을 하나의 판독/기록/계산 시스템에 잇달아 연결시킬 수 있다. 이러한 방식은 많은 경우에 매우 경제적이다.

어떤 경우에는 멀티플렉싱이 단일 장치의 회로내에서 사용되기도 한다. 8.7.1절에서 논의한 사건 계수기를 다시 생각해 보자. 각 10진수의 표시부는 하나의 7-세그먼트 디코더 드라이버와 7개의 전류 제한 저항을 필요로 하였다. 좀 더 복잡한 계수기 회로는, 각

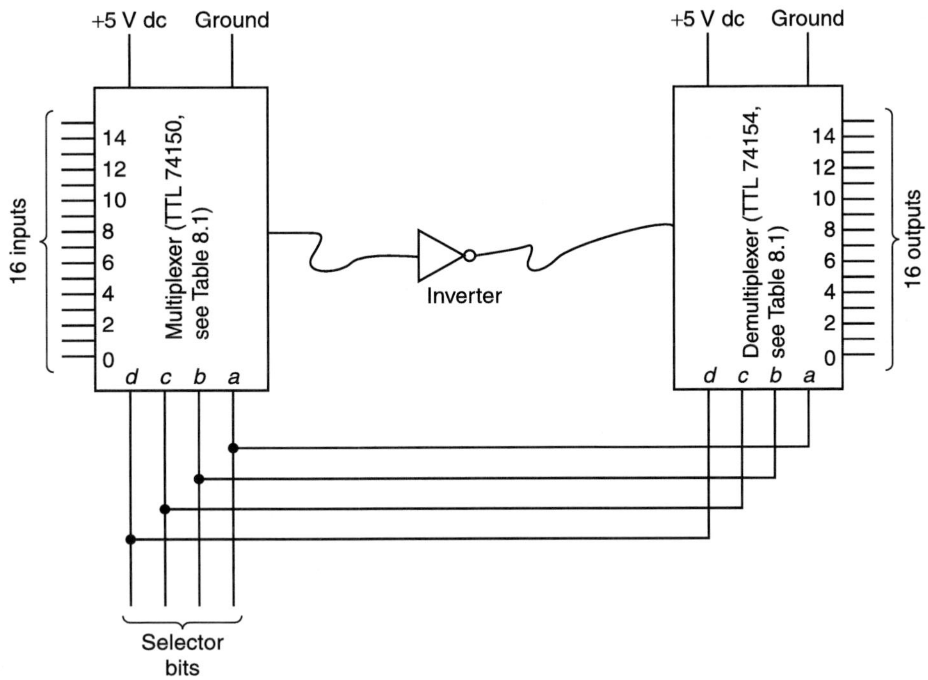

그림 8.16 멀티플렉서과 디멀티플렉서 회로

판독 소자가 하나의 드라이버-저항 조합에 순차적으로 연결되도록 구성된 멀티플렉서과 디멀티플렉서 조합을 사용한다. 이러한 방식으로 시간을 분할하여 사용함으로써, 회로 소자의 수를 줄일 수 있고 가격을 낮출 수 있다. 이 때 각 조합 사이의 전환속도가 충분히 빠르기 때문에, 실제로는 LED가 연속적으로 커져 있는 것처럼 보인다.

제련소나 발전소 같은 거대한 공장에서처럼, 정보 처리가 정보 소스로부터 상당히 떨어진 곳에서 수행되기도 한다. 멀티플렉서과 디멀티플렉서 조합을 이용함으로써 두 위치를 연결하는 단일 회로를 사용할 수 있다(그림 8.16). 물론 이런 경우에는 두 위치에서 2진 제어 회로를 동기화하는 것이 필수적이기 때문에 반드시 쉬운 것만은 아니지만, 간단한 해결책은 멀티플렉서과 디멀티플렉서의 포트 *d*, *c*, *b*, *a*를 각각 연결하는 4개의 전선을 추가함으로써, 16개의 전선이 아닌 5개의 전선만으로 정보를 전송할 수 있게 된다.

그러나 좀 더 복잡한 IC를 사용할 가능성도 있다. UART(universal asynchronous receiver/transmitter)는 하나의 칩에 멀티플렉서와 디멀티플렉서 세트에 해당하는 것을 포함하고 있다. 이 칩은 직렬-병렬, 혹은 병렬-직렬로 데이터 변환을 할 수 있다. 여기서 비동기(非同期, *asynchronous*)라는 말은 동작이 동기화될 필요가 없다는 의미보다는, 입력과 출력이 완전히 동기화될 필요가 없다는 의미이다. 즉 근사적인 동기화(±5% 정도)면 충분하다. 이것은 송신부와 수신부에서 따로 분리된 제어 발진기 또는 "클록(clock)"의 사용을 허용해 주는 것으로, 이때 두 발진기의 주파수는 완전히 똑같을 필요 없이 유사하면 충분하다. 따라서 이 경우엔 송신부와 수신부를 동기회로로 직접 연결할 필요가 없어진다.

8.8 계측시스템으로서의 디지털 컴퓨터

컴퓨터는 어디에서나 사용되는 중요한 도구가 되었다. 컴퓨터는 계측결과를 저장하고, 처리하고, 화면에 표시하고, 프린트하는 작업을 쉽게 할 수 있다. 어떤 경우에는 센서나 변환기를 직접 컴퓨터에 연결하여, 전압계, 오실로스코프, 스펙트럼 분석기 등 추가적인 장치의 역할을 수행하기도 한다. 이러한 동작을 실행하기 위한 컴퓨터용 소프트웨어를 구입할 수 있으며, 계측결과를 스프레드시트(spread sheet)프로그램이나 데이터 후처리용 프로그램 등으로 전송할 수도 있다. 다음 몇 개의 절에서 더욱 자세한 논의를 할 것이다.

물론, 컴퓨터는 디지털 시스템이다. 8.7.5절에 언급한 주파수 측정기는 어떻게 디지털 기기가 IC로 만들어질 수 있는가를 예로 보여준다. 그러나 이 측정기에서 받아들인 데이터는 디지털이다. 즉 입력 전압이 high인지 low인지를 결정하면 된다. 한편 변환기 신호가 완전히 아날로그 신호인 경우도 자주 있는데, 예로 온도 측정용 열전대(thermocouple) 신호를 들 수 있다. 이 경우 컴퓨터와 같은 디지털 기기로 처리하기 위해서는 아날로그 전압신호를 디지털 형태로 변환해야 한다. 이러한 변환은 ADC(*analog-to-digital converter*, 8.11절)로 수행한다. 아날로그신호를 저장하기 위한 컴퓨터 시스템도 ADC를 사용해야 하는데, 이때 ADC의 샘플링속도(sample rate)와 전압범위(voltage range)를 적절하게 설정하여 엘리어싱(aliasing)과 같은 신호왜곡(8.11.3절)의 발생을 피해야 한다.

ADC에서 출력된 데이터는 컴퓨터 버스(*bus*)를 통하여 컴퓨터 저장매체나 중앙처리장치에 전송되는데, 버스는 데이터와 제어신호를 전송하기 위한 내부회로이다. 대부분 컴퓨터 사용자에겐 **외부 버스**(*external bus*, 8.10.4절)만이 관심대상일 것이다. 외부 버스는 프린터, 외장 저장매체, 모뎀 등으로의 연결을 위한 컴퓨터의 입력 및 출력 포트(port)의 동작을 관장한다. 버스는 데이터의 직렬(serial)이나 병렬 전송(parallel transmission)을 사용한다. 버스의 일반적인 형태에는 IEEE1394(*Fire wire*), RS-232C, IEEE488(GPIB), USB(*Universal Serial Bus*) 등이 있다.

컴퓨터의 핵심은 **마이크로프로세서**(*microprocessor*, 8.9절)로 불리는 VLSI 집적회로이다. 마이크로프로세서는 **중앙처리장치**(*central processing unit*, CPU)를 구성하는 디지털 회로의 집합체이다. 마이크로프로세서는 컴퓨터 프로그램을 실행하고 입출력 포트와 메모리간의 정보 전송을 제어한다. 마이크로프로세서 CPU를 사용하는 컴퓨터를 간혹 마이크로컴퓨터로 부르기도 한다. 마이크로컴퓨터의 내부구조는 8.10절에서 다룬다.

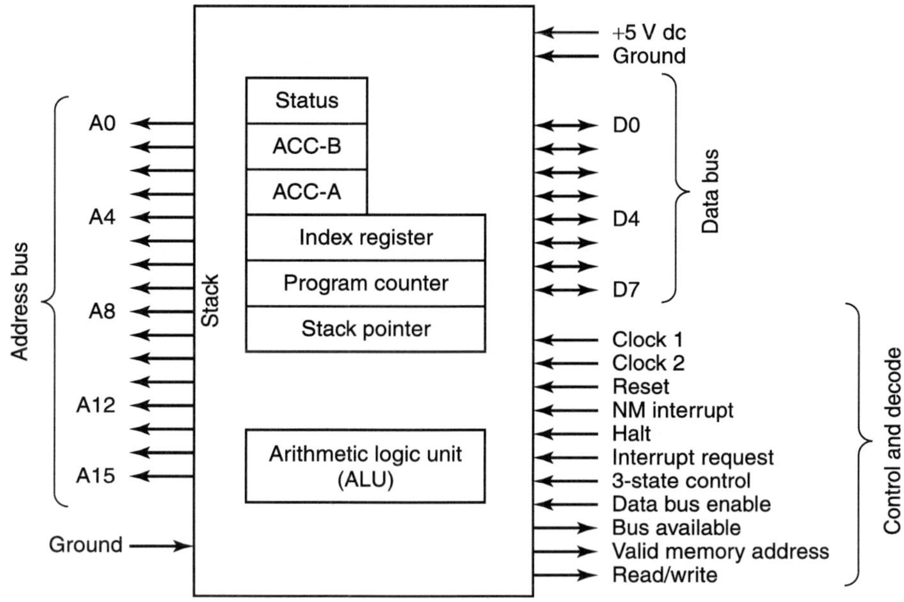

그림 8.17 Motorola 6800 마이크로프로세서의 단순화된 구성도

8.9 마이크로프로세서

마이크로컴퓨터에서 마이크로프로세서(microprocessor) 칩은 중앙처리장치(central processing unit, CPU) 역할을 한다. CPU는 디지털화된 정보의 흐름을 조정하는 제어 센터의 역할을 한다. 이것은 단순한 교통 제어기 이상인데, 왜냐하면 CPU는 정보를 구성하는 기본적인 비트의 흐름에 대한 체계적인 계획을 제공할 뿐만 아니라, 정보통로, 임시 "주차(parking)"공간, 진행/정지를 위한 게이팅 등을 할당하고, 제한된 범위에서 트래픽(traffic) 조작등을 수행하기 때문이다. 이것은 데이터 또는 명령어 입력을 디지털 형태로 받아서 디스플레이, 메모리, 제어가능한 외부 장치 등 미리 결정된(프로그램된) 목적지로 버스(bus)를 통해 내보낸다. 데이터 또는 명령어 입력의 소스는 외부 메모리, 키보드, 변환기나 다른 장치 등이 될 수 있다.

CPU는 4비트, 8비트, 16비트, 32비트, 64비트 등 매우 다양한 종류가 존재하며, 주어진 응용에 따라서 적당한 CPU를 선택한다. 4비트, 8비트 CPU는 비교적 단순한 응용에 사용되는 반면에, 32비트 또는 64비트 CPU는 범용 또는 고급 마이크로컴퓨터에 사용된다. CPU를 설명하기 위한 실례로, 8비트 Motorola 6800 계열이 적절하다. 이 칩은 지금은 거의 사용되고 있진 않지만, 이 칩 설계의 기본이론들은 모든 CPU에 거의 공통적으로 적용된다.

그림 8.17은 Motorola 6800의 외부 연결과 몇몇 내부 특징을 보여주는 단순화된 구성도이다. 이 구성도는 프로세서에 입출력되는 주요 버스들과 기본적인 내부 구조를 보여준다. 효과적으로 사용하기 위해서 시스템은 CPU 외부에 추가적인 보조 회로를 필요로 하는데, 여기에는 버퍼라 불리는 인터페이싱 장치, 입/출력 장치, 동기 클록, 메모리 등이 있다.

Motorola 6800 MPU는 DIP(dual-in-line-package) 형태의 단일 IC칩으로서, 그림 7.21에 나타난 칩과 형태는 비슷하지만 조금 더 크다. 전기적 접속에 사용되는 핀을 제외한 크기는 약 6 × 20 × 50 mm이다. 이 CPU 하나만을 위해 필요한 전력은 5 V dc에서 약 0.6~1.2 W 정도로, 오늘날 큰 CPU 전력의 1%에 못 미친다.

그림은 다음 사항을 보여 준다.

1. **어드레스 버스**(*address bus*)는 16개의 병렬 선로로 구성되어 있고, $2^{16} = FFFF_{16} = 65{,}536_{10}$개의 다른 기억 장소에 접근할 수 있다. 물론 실제로 활용되는 버스의 수는 보조 하드웨어에 따라 달라진다.
2. **데이터 버스**(*data bus*)는 8개의 양방향 선로로 구성되어 있고, 8비트(1바이트)의 데이터를 동시에 다룰 수 있다. 이 버스는 양방향이며, 데이터 흐름의 방향은 게이팅(8.7.2절)에 의해 제어된다. 8개의 비트는 $2^8 = FF_{16} = 256_{10}$의 조합을 구성한다.
3. 다양한 **제어와 해독**(*control and decode*) **선로**. 멀티플렉싱-디멀티플렉싱(8.7.6절)과 매우 유사한 버스의 동기화는 2개의 외부 클록 신호를 사용해서 제어된다. 많은 추가적인 선들이 나타나 있는데, 많은 경우에 이들의 이름으로부터 사용 용도를 알 수 있다.

그림 8.17은 6800 CPU의 내부 구조의 일부를 또한 보여준다. 다양한 **레지스터**(*register*)들이 사용되는데, 이것은 데이터, 명령, 또는 어드레스 등이 한 곳에서 다른 곳으로 전송될 때의 일시적인 기억 장소이다. 기본적으로, 모든 데이터와 명령은 누산기(accumulator) *A* 또는 *B* 중 적어도 하나를 통과해야 하는데, 각각의 누산기는 1바이트(8비트)를 취급할 수 있다. 2바이트(16비트) 어드레스를 다루기 위해서는, **인덱스 레지스터**(*index register*, IR), **프로그램 계수기**(*program counter*, PC), 그리고 **스택 포인터**(*stack pointer*, SP)가 추가된다.

그림 8.17에서 볼 수 있듯이 **스택**은 레지스터들로 구성된다. 그 내용은 연속적인(contiguous) 어드레스에 저장되며, 스택 포인터의 목적은 외부 RAM(random access memory)에서 스택 정보가 저장되는 위치를 기억하는 것이다. 프로그램 계수기는 시작위치(starting point)를 포함한 프로그램 스텝의 순서를 제어한다. 인덱스 레지스터는 프로그램에서 2바이트의 어드레스가 다루어지는 채널을 제공해 준다. 레지스터들의 내용은 언제든지 명령에 의해서 불러내어 이용할 수 있다.

산술 논리 연산 장치(arithmetic logic unit, ALU)는 수치를 다루는 비교적 제한된 능력을 가지고 있으며, 가산이나 감산 등의 산술 연산을 수행하거나 AND, OR 및

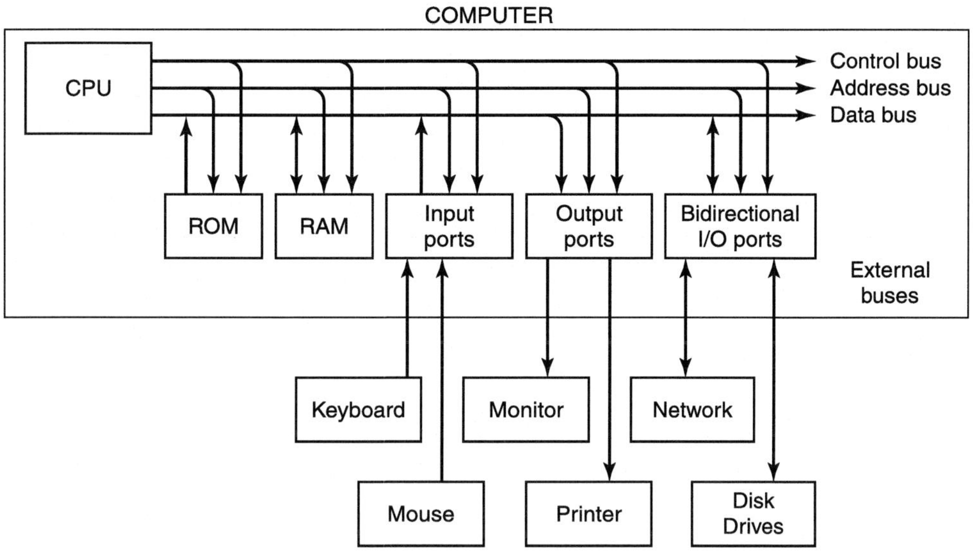

그림 8.18 전형적인 마이크로컴퓨터 시스템

EOR(8.4.1절)과 같은 몇 가지 논리 연산을 수행할 수 있다. 여러 바이트가 요구되는 데이터를 다루기 위해서는, ALU의 더하기와 빼기 기능을 위해, 자리올림(carryover)이나 빌림(borrow)을 필요로 한다. 상태 레지스터(status register, SR)가 올림수 등의 상태 정보를 간직하고 있다. 상태 레지스터의 **플래그**(*flag*)는 미리 결정된 조건에 따라, 세트되거나(1로 됨) 또는 세트되지 않는다(0으로 됨). 만약 가산을 수행할 때 한 바이트로부터 다음 바이트로 자리올림이 발생하면, 이러한 사실을 나타내는 비트는 상태 레지스터에 포함되어 다음의 상위 바이트에 더해진다. 또한 연산의 결과가 0이면, SR의 제로 플래그는 프로그램의 다른 점으로 분기할지의 결정을 내리도록 하는 데 사용된다. 방금 설명한 것은 상태 레지스터의 많은 기능 중 단지 2개일 뿐이다.

마이크로프로세서에 대한 자세한 논의와 현재의 설계에 관해서는 추천문헌을 참고하기 바란다.

8.10 마이크로컴퓨터

이미 여러 번 언급한 바와 같이, 마이크로프로세서가 마이크로컴퓨터(microcomputer)로서 동작하기 위해서는 여러 개의 보조 장치가 있어야만 한다. 그림 8.18은 마이크로컴퓨터의 구성도이며, 중요 구성요소를 나타내었다. 이전 절에서 서술한 3개의 마이크로크로세서 버스를 통하여 많은 주변장치들이 CPU와 통신한다.

8.10.1 롬

컴퓨터를 시작할 때 필요한 동작을 지시하는 프로그램이나 비디오, 키보드와의 통신에 관한 프로그램 등을 저장하는데 ROM(read only memory)을 사용한다. 이러한 작동을 시스템 BIOS(*basic input–output system*)이라 부른다. 컴퓨터를 시작하면 BIOS의 지시에 따라 컴퓨터는 하드디스크에서 OS(operating system) 프로그램을 불러들인다. ROM에 저장되는 데이터는 반영구적(semipermanent)이라 할 수 있는데, 즉 컴퓨터의 전원이 꺼진 상태에서도 데이터가 보존되지만, 사용자에 의해 때때로 데이터의 수정이 가능하다.

8.10.2 램

RAM(random access memory)은 프로그램의 실행을 위해 필요한 데이터와 정보를 일시적으로 저장하고 읽을 수 있다는 점에서 데이터의 "은행"이라 생각할 수 있겠다. RAM은 데이터의 읽고 쓰기가 가능한데, 프로그램 명령을 불러들이고(load), CPU에 보내고, 다른 프로그램 명령으로 대체될 수도 있다. RAM의 주소(address)들은 임의의 순서로 접근될 수 있고(*random* access), 전원이 꺼지거나 리부팅(rebooting)되면 저장된 데이터는 없어진다.

RAM은 하드디스크나 CD-ROM 등의 대용량 저장소보다 빠른 데이터 접근속도를 가진다. 따라서 컴퓨터는 자주 접근해야 하는 프로그램이나 데이터를 RAM에 저장하여 사용한다. 따라서 RAM의 용량이 클수록 컴퓨터의 성능이 향상된다.

8.10.3 입력과 출력 포트

마이크로프로세서는 입출력 포트(input and output port, I/O port)를 통하여 다른 장치들과 데이터를 주고 받는다. **입력 포트**(*input port*)는 데이터를 읽어 들이는 주소가 되고, **출력 포트**(*output port*)는 데이터를 보내게 되는 주소이다. 입력 포트에 연결되는 장치로는 키보드와 마우스 등이 있고 출력 포트에는 모니터나 프린터 등이 연결된다. 어떤 포트는 양방향으로 데이터 입출력이 모두 가능한데, 하드디스크, 네트워크 인터페이스(network interface), 컴퓨터로 제어되는 장치들이 있다.

8.10.4 외부 버스

컴퓨터의 포트에는 다양한 장치가 연결될 수 있는데, 따라서 다양한 데이터 전송 형식과 속도 등이 존재할 수 있다. 특정한 인터페이스 방식을 **외부 버스**(*external bus*) 혹은 **통신인터페이스**(*communications interface*)로 정의하여 포트와 외부 장치의 연결에 사용한다. 사용되는 일반적인 형식을 표 8.6에 정리하였다.

표 8.6 외부 버스

standard	최대속도*	비고
직렬 인터페이스		
RS-232C	~10 kbps	최대 케이블 길이 15 m, 9핀/25핀 커넥터, 한때 널리 사용됨.
RS-422A	10 Mbps	낮은 속도에서 최대 케이블 길이 1200 m.
USB1	12 Mbps	Universal Serial Bus. 1.5 Mbps 속도도 있음. 최대 127개 장치까지 연결가능.
IEEE 1394	400 Mbps	Fire Wire로 불림. 주로 디지털 비디오로 사용. 최대 63개 장치까지 한 포트에 연결가능. 6-pin 커넥터.
USB2	480 Mbps	디지털 비디오에 사용가능한 빠른 속도.
병렬 인터페이스		
Centronics	150 kBps	전통 PC 병렬포트 커넥터임. 출력만 됨. 속도는 종종 최대치보다 많이 느림. 최대 케이블 10 m. 8bit. 25핀/36핀. 현재 사용안함.
IEEE488	1 MBps	1960년대 HP에서 HP-IB bus로 개발. 최대 14개 장치까지 한 장치로 제어가능. 최대 케이블 20 m. 8bit. 24핀 커넥터. GPIB(General Purpose Interface Bus)로도 불림.
IEEE1284	2 MBps	Centronics 버스의 양방향 버전. 1994년 개발됨. 최대 케이블 10m. 8bit. 25핀/36핀 커넥터.
SCSI	320 MBps	Small Computer System Interface. 많은 버전이 있음. 8bit/16bit. 50핀/68핀 커넥터. 최대 16개 장치 연결. 주로 하드디스크 버스로 사용.
네트워크/무선 인터페이스		
Dial-up modem	56 kbps	옛날 모뎀은 300 bps 였음.
ADSL modem	변동	최대 속도는 Mbps대임. 실제속도는 종종 수백kbps대임.
Bluetooth	3 Mbps	2.4 GHz band wireless connection. 연결범위 10m 내.
IEEE802.11b	11 Mbps	2.4 GHz band wireless ethernet.
IEEE802.11g	54 Mbps	2.4 GHz band wireless ethernet.
IEEE802.11a	54 Mbps	5 GHz band wireless ethernet.
IEEE802.3	10 Gbps	이더넷. 10 Mbps와 100 Mbps 네트웍이 일반적임. 더 높은 속도의 네트워은 광섬유를 사용하기도 함.

*bps = bits per second. Bps = bytes per second.

직렬이나 병렬 데이터 전송(8.6.3절 참조)을 통하여 측정장치를 컴퓨터에 연결할 수 있다. 직렬연결의 속도는 초당 전송된 데이터 비트로 측정되고, 병렬연결의 속도는 초당 전송된 바이트로 측정된다. 병렬연결은 일반적으로 8이나 16 bit (1이나 2 byte)이다. 병렬케이블은 24개에서 68개의 와이어로 이루어져 있다. 네트워크나 무선연결이 계측기에 사용되기도 한다(이 경우 직렬 데이터 전송방식임). 네트워크 인터페이스를 사용하는 장치는 네트워크 주소를 가지고 있어 네스워크 상에 있는 컴퓨터나 다른 장치들이 데이터를 읽거나 명령을 보내는데 사용하게 된다.

디지털 기술의 다른 분야와 마찬가지로, 통신분야도 지속적으로 발전하여 데이터 전송속도도 빠르게 증가하고 있다. 최근 IEEE1394와 USB2 버스는 컴퓨터와 장치를 연결하는데 가장 많이 사용되는 직렬연결 방식이다. RS-232C나 USB1과 같은 구식 직렬연결방식은 빠르게 사라지고 있다. 1990년대 말까지 프린터연결에는 병렬연결방식이 많이 사용되었지만 최근엔 USB2방식으로 대체되고 있다. 과거에는 컴퓨터에 장치를 연결하기 위하여 RS-232 커넥터에 적절한 와이어를 납땜하고, 소프트웨어 셋팅을 조정하는 등의 많은 노력과 시간이 소모되었는데, 특히 양방향 통신의 동기화(*handshaking*이라 불림)에 많은 문제가 발생했었다. 오늘날엔 버스가 보다 표준화되고 컴퓨터 OS와 호환이 잘 되어 있어, 커넥터에 연결만 하면 양방향 통신을 쉽게 구축할 수 있다.

8.11 아날로그-디지털 변환과 디지털-아날로그 변환

8.3절에서 논의한 바와 같이, 몇몇 피측정량은 디지털 형태로 발생한다. 그러나 대부분의 기계적인 입력은 아날로그 형태로 존재한다. 그러므로 디지털 데이터 처리(data processing)를 수행하기 전에, 먼저 아날로그-디지털 변환(analog-to-digital conversion)이 필요하다. 같은 방법으로, 컴퓨터의 디지털 출력을 이용하여 아날로그 장치를 구동하기 위해서는 우선 디지털-아날로그 변환(analog-to-digital conversion)을 수행하여야 한다.

아날로그-디지털(A/D) 및 디지털-아날로그(D/A) 변환은 다양한 회로를 이용하여 수행할 수 있다. A/D와 D/A 변환기는 흔히 IC 칩으로 제작되는데, 경우에 따라 컴퓨터에 삽입 가능한 카드나 독자적인 데이터 레코딩 시스템으로 사용되기도 한다. 성능은 주로 bit 개수나 처리속도로 나타낸다. 여기서는 A/D와 D/A 변환기의 전형적 예들을 다루고, 더 자세한 내용은 참고 문헌을 참고하기 바란다.

8.11.1 디지털-아날로그 변환기

단순 D/A 변환기(D/A Converter)는 가산 증폭기(summing amplifier, 예제 7.9, 7.14.2절)에 기초한다. 그림 8.19를 참고로 하면, 가산된 전류는 일단의 디지털 스위치들에 의해 제어된다는 것을 알 수 있다. D/A 변환기를 구성하는 4개의 기본적인 요소는 다음과 같다:

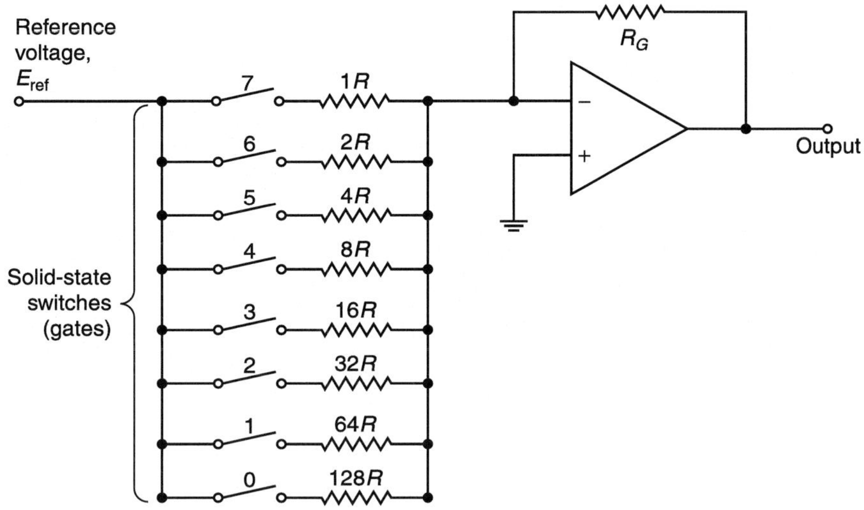

그림 8.19 단순 8비트 D/A 변환기

1. 안정된 기준 전압(예를 들어 $E_{ref} = 1$ V dc).
2. 가산 저항들의 사다리형 배열(ladder arrangement). 그림의 8비트 변환기 경우, 8개의 사다리형 저항이 사용된다. 저항값은 2^0에서 2^7R까지 2배씩 연속적으로 증가한다.
3. 일단의 디지털 스위치. 이것은 기계적인 스위치가 아니고 게이트(solid-state gate)이다[예를 들어 단순한 AND IC들(8.4.1절)]. 8개의 스위치는 디지털 입력에 의해 작동되므로, 단일의 데이터 바이트에 포함된 각 비트에 의해 각각의 스위치가 제어될 수 있다.
4. 연산 증폭기(op-amp) 출력 회로. 연산 증폭기의 출력 전압은 각 사다리의 분기(branch)로부터 나오는 전류들의 합에 R_G를 곱한 것과 같다. 이득 제어 저항인 R_G는 출력전압(대부분의 경우 최대값은 10 V dc)을 스케일링하기 위해 사용된다.

스위치가 닫히면, 회로의 저항값의 2n에 비례하는 전류가 연산 증폭기로 전달된다. 즉 스위치 0은 $i_0 = E_{ref}/128R = 2^{-7}E_{ref}/R$ 크기의 전류를 전달하고, 스위치 $i_1 = E_{ref}/64R = 2^{-6}E_{ref}/R$ 크기의 전류를 전달하는 식이다. 따라서 스위치 0이 최하위 비트 b_0에, 스위치 7이 최상위 비트 b_7에 해당한다. 선택된 스위치를 닫음으로써 출력 전압은 임의의 8-bit 수에 비례하도록 만들 수 있다. 예로 선택된 스위치 0, 5, 6을 닫으면, 출력 전압은 $0110\ 0001_2 (= 61_{16} = 97_{10})$에 비례한다. R_G를 사용하여 비례상수를 설정하기 때문에, 적당한 범위의 아날로그 전압을 제공하도록 출력 이득을 조정할 수 있다. 추가적인 출력회로를 사용하면 신호를 반전시키거나 옵셋값을 추가할 수 있다.

8.11.2 아날로그-디지털 변환기

전형적인 A/D 변환기(A/D Converter) 중의 하나는 **병렬 엔코더**(*parallel encoder*, 그림 8.20)이다. 이 회로는 일단의 전압 비교기(7.14.2절의 예제 7.8)와 일련의 저항을 사용하여, 주어진 아날로그 입력 신호를 일단의 기준 전압과 동시에 비교한다. 기본적인 요소는 다음과 같다:

1. 안정된 기준 전압(예를 들어 $E_{\mathrm{ref}} = 1$ V dc).

2. 동일한 값을 갖는 일련의 저항. 이 저항들은 E_{ref}와 접지 사이에서 전압 분배열(*voltage-dividing sequence*)을 형성한다. 3-bit 변환기에서는, $2^3 = 8$개의 저항이 사

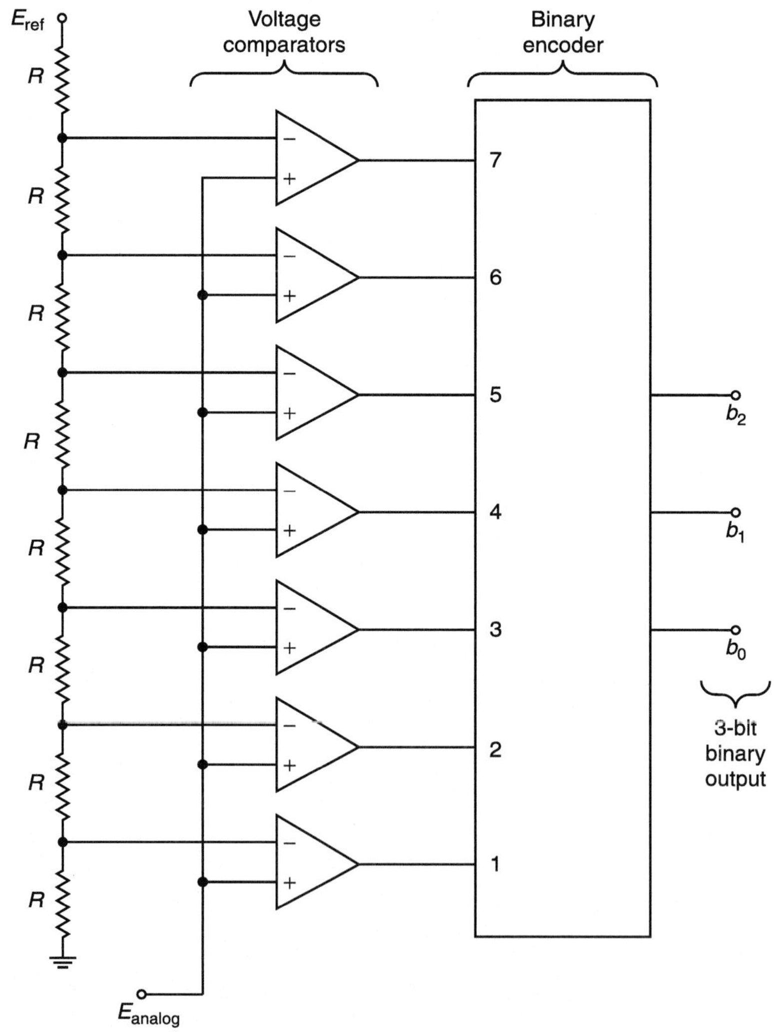

그림 8.20 3비트 병렬 A/D 변환기

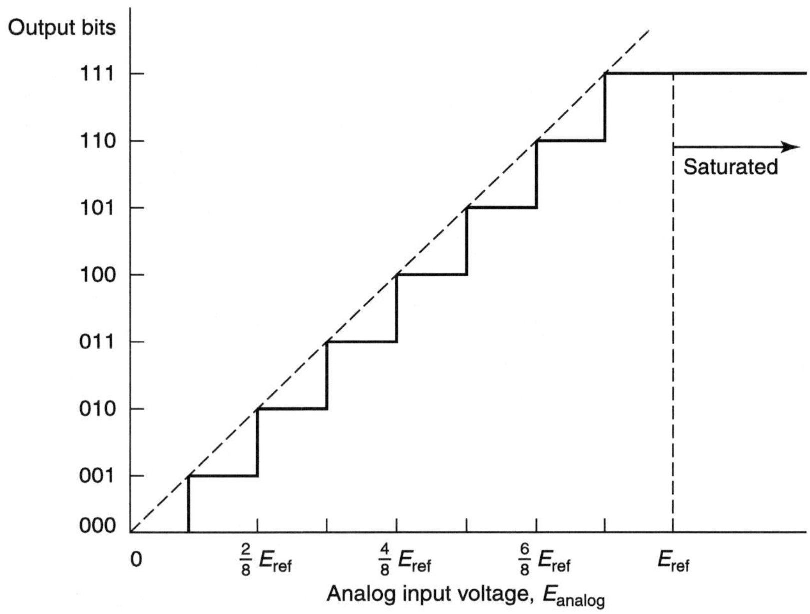

그림 8.21 3비트 병렬 A/D 변환기에서 2진 출력 대 아날로그 입력 전압

용된다. 저항 사이의 각 노드에서의 전압은 $(R/8R)\cdot E_{ref}$의 증분을 가지고 증가한다. 즉 $(\frac{1}{8})E_{ref}$,$(\frac{2}{8})E_{ref}$, $(\frac{7}{8})E_{ref}$ 등으로 기준 전압이 순차적으로 증가한다.

3. 일단의 전압 비교기. 아날로그 전압은 각 노드의 전압과 동시에 비교된다. E_{analog}가 주어진 기준 전압보다 크면 비교기의 출력 전압이 HIGH(on)가 되며, 작으면 출력 전압이 low(off)가 된다. 3비트의 변환기에선 $2^3-1=7$개의 비교기가 필요하다.

4. 엔코더 회로. 엔코더는 비교기의 출력(각각이 high/low 전압)을 판독하여, 1에서 7까지의 가능한 입력에 따른 3비트의 2진 출력을 발생시킨다(하나의 조건은 7개의 비교기 모두가 off되는 것임을 주목하라).

예를 들어 입력 신호가 $(\frac{3}{8})E_{ref}$와 $(\frac{4}{8})E_{ref}$ 사이의 값이면 비교기 1–3은 HIGH가 되며, 4-7은 LOW가 된다. 입력 상태는 2진 출력 $011_2(=3_{10})$에 해당하게 되어 3이다. 모든 비교기의 출력이 HIGH가 되면(즉 $E_{analog} > (\frac{7}{8})E_{ref}$) 엔코더의 출력은 111_2이고, 모든 비교기의 출력이 LOW이면(즉 $E_{analog} < (\frac{1}{8})E_{ref}$, 엔코더의 출력은 000_2이 된다. 디지털 출력은 그림 8.21에서 보듯이 E_{analog}의 함수로 주어진다.

병렬 A/D 변환은 모든 비트가 동시에 비교되어 매우 빠르므로, **플래시 엔코딩**(*flash encoding*)이라 불리기도 한다. 다른 A/D 변환기는 연속적인 근사 방법을 사용하여 동시에 한 비트를 설정하기도 한다. 또 다른 A/D 변환기는 VCO(voltage-controlled oscillator)를 사용하여 전압을 주파수로 변화하고 디지털 주파수 측정기를 사용하여 주파수를 디지털화 하기도 한다.

A/D 변환기의 출력이 이진수-이진화 십진수(binary-to-BCD) 엔코더로 보내진 후, 다시 BCD-to-seven-segment decoder/driver로 보내져 LED display로 나타난다면, 이는 디지털 전압계(*digital voltmeter*)가 된다. IC 기술을 이용하여 이 모든 기능이 저렴한 하나의 칩 안에 만들어질 수 있다. 디지털 전압계는 후에 9장에서 다룬다.

8.11.3 아날로그-디지털 변환시 고려사항

고품질의 A/D 변환기(ADC)는 시중에서 쉽게 구할 수 있고, 블랙박스처럼 안의 자세한 내용을 알 필요는 없지만, 정확한 결과를 얻기 위해서는 사용에 주의를 기울여야 한다. 다음은 ADC를 사용할 때 중요한 고려사항들이다.

포화 오차

A/D 변환기의 가장 명백한 한계는 응답할 수 있는 전압 입력값에 상한과 하한이 있다는 점이다. 전형적인 입력의 최대 범위는 0에서 10 V 또는 −10 V에서 +10 V이다. 입력 신호가 상하한을 초과한다면, 변환기가 포화되며, 출력되는 신호는 더 이상 입력에 따라 변화하지 않게 된다. 이러한 포화를 방지하기 위해 진폭 감쇠 또는 직류 오프셋 제거 등의 적당한 신호 조정(signal-conditioning)이 사용될 수 있다.

분해능과 양자화 오차

A/D 변환기는 입력 전압의 이산적인(discrete) 변화에 응답한다. 예를 들어 3비트 병렬 엔코더의 출력은 E_{analog}가 $E_{\text{ref}}/2^3$ 정도 변해야만 다른 값을 가지게 된다(그림 8.21). 그러므로 A/D 변환기에 의해 분해될 수는 가장 작은 전압 변화의 크기가 존재하며, 이를 분해능(resolution)이라 한다. 일반적으로, 비트 당 전압 분해능 ε_V는 최대 전압 범위와 변환기의 비트 수에 의해 결정된다.

$$\varepsilon_V = \frac{\Delta V_{\text{fs}}}{2^n} \tag{8.1}$$

여기서 ΔV_{fs} = 최대 전압 범위,
n = 변환기의 비트 수를 각각 나타낸다.

전형적인 A/D 변환기는 8, 12, 또는 16비트를 가지는데, 각각의 분해능은 최대 전압 범위 ΔV_{fs}를 $2^8 = 256$, $2^{12} = 4096$, $2^{16} = 65{,}536$으로 나눈 값에 해당한다. 예로 −10 V에서 +10 V의 범위를 갖는 16비트 변환기는 0.3 mV의 전압 분해능을 가진다. A/D 변환기에서 전압분해능의 값은 주어지며, 이는 디지털화된 데이터를 처리할 때 필요하다.

실제 아날로그 전압은 A/D 변환기의 분해능 사이의 값을 가질 수 있기 때문에, A/D

변환기에서의 이산화 또는 양자화 과정에서 오차가 유발되며, 이를 **양자화 오차**(*quantization error*)라고 한다. 이것은 디지털 표시기의 판독 오차(3.2.2절)와 유사하다. **양자화 불확도**(*quantization uncertainty*)에 대한 추정값은 $u_q = \varepsilon_V/2$ (95%)이 된다. 더 많은 비트 수를 갖는 A/D 변환기를 이용함으로써 양자화 오차를 줄일 수 있다.

변환 오차

A/D 변환기에서는 약간의 비선형성, 제로 오프셋 오차, 스케일 오차, 히스테리시스(hysteresis) 등이 발생할 수 있다. 이런 오차들은 입력의 이산화 과정의 부산물이다. 예를 들어 그림 8.21에서 변환된 값은 평균하여 최하위 비트의 1/2 정도에 해당하는 값만큼 점선보다 낮게 된다. 일반적으로, 제작자는 이러한 변환오차(conversion error)의 크기에 대해 명세를 제공한다.

샘플링 속도

시간에 따라 변하는 입력에 대해서 A/D 변환기가 연속적으로 값을 기록하는 속도를 샘플링 속도(sampling rate)라 부른다. 각 A/D 변환기는 가능한 최대 샘플링속도를 가지고 있는데, 전형적인 값은 약 1000 Hz에서 100 MHz 정도이다. 사용자는 소프트웨어를 통해서 샘플링 속도를 원하는 값으로 설정할 수 있다. 샘플링 속도가 기록된 신호의 정확도에 미치는 영향은 4.7.1절과 4.7.2절에서 언급했듯이, **엘리어싱**(*aliasing*)과 **주파수 분해능**(*frequency resolution*)이 주요한 고려사항이다.

A/D 변환을 위한 신호 조정

A/D 변환기를 잘 사용하기 위해서는, 흔히 아날로그 신호의 적절한 조정이 필요하다. 그 중에서 가장 중요한 고려사항으로는 엘리어싱(aliasing)의 방지, 양자화 오차의 최소화, 포화 오차의 방지 등이다. 엘리어싱은 저역 통과 또는 **앤티엘리어싱**(*antialiasing*)필터를 사용하여 아날로그 신호에서 $f_{\text{sample}}/2$ 이상의 고주파수 성분을 제거함으로써 방지할 수 있다. 양자화 오차는 신호를 최대한 증폭하여 A/D 변환기의 최대 범위로 확대함으로써 최소화할 수 있다. 그러나 이러한 방법은 때때로 포화오차를 피해야 한다는 고려사항과 상충하기도 한다.

예를 들어 열선 풍속계(hot-wire anemometer) 신호(15.9절)는 3-V의 직류 성분에 5 mV rms 정도로 작지만 중요한 교류 성분이 포함되어 있을 수 있다. 만약 ±10-V, 16비트의 A/D 변환기를 사용한다면, 교류 성분은 A/D 변환기의 분해능($20 \text{ V}/2^{16} = 0.3 \text{ mV}$) 근처에 존재하며, 또한 직류와 교류 성분의 합을 증폭하게 되면, 변환기를 포화시키게 된다. 이때 교류 성분을 정확하게 분석하기 위해는, 오프셋-이득(offset-and-gain 또는 "buck-and-gain") 증폭기를 사용할 수 있다. 이 증폭기는 정확하게 알고 있는 직류 전압

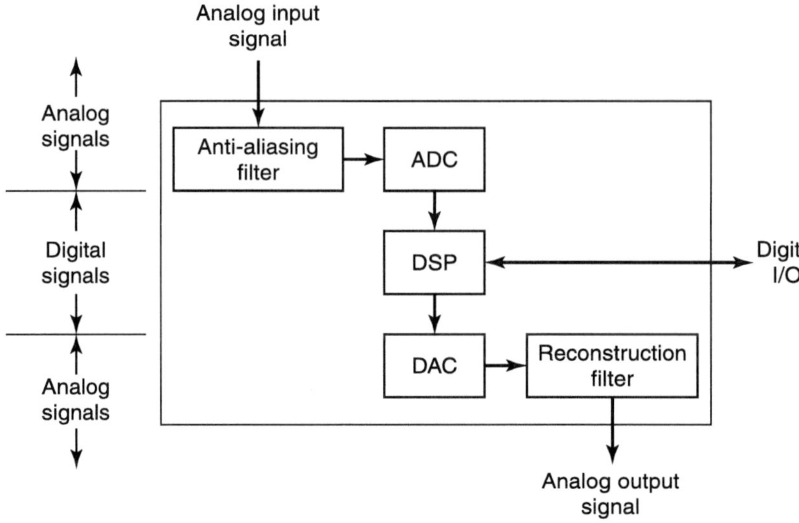

그림 8.22 디지털 신호처리 시스템

을 아날로그 신호로부터 뺀(또는 "buck") 다음, 남아 있는 교류 신호를 수백 배의 이득으로 증폭한다. 이때, 직류 오프셋 전압은 한 A/D 변환기 채널에 기록되고 증폭된 교류 성분은 다른 A/D 변환기에 기록된다. 이러한 방법으로, 두 성분 모두 정확하게 디지털화 할 수 있다.

8.11.4 디지털 신호 처리

디지털 기술은 통신 시스템, 오디오 시스템, 비디오 시스템에서 소리, 영상 신호를 포함하는 아날로그 신호를 필터링하거나 강화시킬 수 있게 하였다. **디지털 신호 처리기(DSP,** ***digital signal processor*****)**는 디지털 알고리즘을 사용한 필터링과 같은 여러 기능을 수행하는 집적회로이다. 예로 A/D 변환기, 디지털 신호처리기, D/A 변환기를 조합하면 전화기에서 통화할 때 노이즈를 제거하는 필터 회로를 얻을 수 있다.

삭동원리를 살펴보면, 4.7.1절에서 논의한 바와 같이, 디지털화된 데이터는 숫자상으로 처리될 수 있는데, 예로 FFT(Fast Fourier Transform)을 들 수 있다. FFT는 신호의 주파수를 알려주게 되고, 이 정보를 이용하여 신호를 디지털 방식으로 필터링할 수 있다. 디지털 알고리즘은 불필요한 주파수를 제거하거나, 관심있는 주파수를 강화시키는 데 사용할 수 있다[9]. 충분한 계산능력이 있다면, 이런 디지털 필터링 기술은 날카로운 주파수 컷오프(cut-off)를 구현할 수 있는데, 이는 아날로그 필터(7.16~7.18절)에서는 구현하기 매우 어렵다. 나아가, 디지털 필터는 온도변화에 따른 드리프트(drift)의 영향이 없고, 회로의 요소를 바꾸지 않고 프로그래밍을 통하여 다른 효과를 얻을 수 있다.

그림 8.22는 디지털 신호처리 시스템의 도식화된 배열을 나타내는데, 모든 것이 하나의 IC 칩에 포함되어 있다. 아날로그 신호는 앤티엘리어싱 필터를 통하여 A/D 변환기로 들어간다. 후에 DSP가 신호를 처리한 후 D/A 변환기로 보낸다. 재구성된 아날로그 신호는 최종 로우패스 필터(low pass filter) 혹은 *reconstruction* filter를 통하여 부드럽게 만들어진 후에 칩으로부터 출력된다. DSP 자체는 외부 I/O 인터페이스를 통하여 제어될 수 있다. 예로 오디오 DSP에서 음악에 콘서트 홀의 효과를 주기 위해 원래 신호에 가하는 인공 잔향(reverberation)의 레벨을 조절 할 수 있다.

DSP는 고속 연산을 위해 설계된, 특수목적의 마이크로프로세서이다. 다른 마이크로프로세서와 마찬가지로, DSP는 점점 싸지고, 작아지고, 성능이 좋아지고, 응용분야가 커져 왔는데, 지금은 핸드폰, 비디오 카메라, CD 플레이어, 컴퓨터 사운드카드, 디지털 텔레비전에서 사용되고 있다. DSP는 MRI(magnetic resonance imaging), CT(computed tomography) scanning 등의 의료영상처리와 통신시스템 (에코 감소, 신호압축, 신호 멀티플렉싱 등)을 비롯한 음성인식 시스템, 레이더, 소나(sonar), 지진학(seismology), 고속 모뎀, MP3 플레이어 등 많은 응용분야에 사용되고 있다.

예전에 아날로그 기술을 사용하던 신호처리 분야들(특히 필터링)은 디지털 신호 처리로 대체되고 있으며, 이러한 경향은 앞으로도 계속되며, 그 결과는 대단할 것이다.

8.12 디지털 이미지

디지털 카메라, 컴퓨터, 디지털 비디오 카메라의 도움으로, 디지털 영상(혹은 이미지)은 도처에 존재하는 유비쿼터스(ubiquitous)가 되었다. 이러한 일반인 대상분야 외에도 디지털 영상과 디지털 영상처리는 데이터 수집 및 분석의 중요한 수단이 되었다. 이 절에서는 디지털 영상에 관한 기본을 간략히 다룬다. 더 자세한 사항은 참고문헌을 참조하기 바란다.

영상(카메라 사진이건 x-레이 필름이건 간에)의 **디지털화**는 영상을 **픽셀**(*pixel*)이라 불리는 작은 사각형 그리드로 나누는 것으로 수행된다. 디지털로 정확하게 표현되기 위해서는, 일반적으로 픽셀 크기는 영상내의 특징형상보다 작아야 하는데, 그렇지 못한 경우 영상은 지그재그 형태로 보이게 된다(이를 *pixelation*이라 한다). 영상 표현에 요구되는 픽셀 수는 영상의 물리적 크기와 저장하고자 하는 세밀함에 따라 달라진다. 640픽셀 × 480 픽셀로 디지털화된 영상은 640 × 480 = 307,200 pixel이 요구되는데, 만약 1600 × 1200 픽셀의 경우 무려 1억 9천 개의 픽셀이 사용된다.

각 픽셀은 그 위치에서 영상의 강도(intensity)와 색 정보를 지닌다. 순수 흑백 이미지에서는 픽셀 당 1 bit만이 필요하다(말하자면, 0 = black, 1 = white). 그레이 스케일(grayscale) 이미지는 강도를 표현하기 위해 8 bit(혹은 1 byte)를 사용하여 $2^8 = 256$개의 다른 회색 변화를 픽셀에 적용할 수 있다. 컬러 이미지에서는 픽셀 당 3개의 컬러(red, green, blue)를 사용하는 것(RGB)이 일반적인 방법이다. 각각의 컬러는 다른 강도를 지닌다. 만약 각각의 3가지 컬러에 8 bit가 사용된다면(픽셀 당 총 24-bit), 각 픽셀은 $2^8 \times 2^8 \times 2^8 = 16.8$억의 색의 조합이 가능하다.

따라서 이미지 당 필요한 bit의 총 개수는 상당히 클 수 있다. 640 × 480 픽셀의 흑백 이미지는 겨우 307,000 bit (또는 38,400 byte)만이 필요한 반면, 같은 크기의 24 bit 컬러 경우 24 × 640 × 480 = 740만 bit (또는 921,600 byte)가, 1600 1200 픽셀의 24 bit 컬러이미지는 4600만 bit(또는 580만 byte)가 필요하다. 비교하자면, Jame Joyce의 소설 *Ulysses*는 ASCII형식으로 1200만 bit에 저장될 수 있다[10].

디지털 비디오는 연속된 디지털 이미지(프레임, frame)가 빠른 속도에서 보여지는 것이라 할 수 있는데, 전형적으로 **프레임 속도**(*frame rate*)는 초당 30 frame이다. 측정을 목적으로 한 경우, 훨씬 높은 프레임 속도가 사용될 수 있는데, msec에서 sec에서 일어나는 현상을 저장하기 위해서 100,000 frame/sec이상의 프레임 속도가 요구되기도 한다. 30 frame/sec, 비디오 크기 640 × 480 pixel, 24-bit color에서 요구되는 데이터 전송속도는 30 × 640 × 480 × 24 = 221 Mbit/sec 이다. 표 8.6과 비교하면 비디오카메라와 컴퓨터를 연결하기 위해서는 USB2나 IEEE1394 버스가 필요할 것이다.

비디오 데이터 속도와 음악 CD 같은 고품질 오디오의 경우를 비교해 보자. CD는 사람이 듣는 모든 스팩트럼(spectrum) -최대 주파수 20 kHz을 재생해야 하므로 44.1 kHz (22 kHz의 나이키스트 주파수)로 샘플링된다. 각 샘플은 16-bit의 음량(volume)으로 녹음된다. 따라서 두 채널 오디오(stereo)은 1.4 Mbit/sec의 데이터 속도를 지닌다. 분명히 오디오 신호를 컴퓨터에 연결하는 것은 비디오에 비해 작은 속도가 요구된다. 유사하게, 오디오 파일은 비디오 파일에 비해 작은 용량의 저장 공간이 요구된다.

일단 이미지가 디지털화 되면, 컴퓨터 소프트웨어를 사용하여 다양한 방법으로 이미지를 조작할 수 있는데, 어두운 형상을 밝게 하거나, 픽셀을 부드럽게 처리할 수도 있다. 이미지에 가하는 가장 일반적인 디지털 처리는 **이미지 압축**(*image compression*)이다. 이미지에서 인접한 픽셀의 데이터들은 유사하기 때문에 숫자상 알고리즘(numerical algorithm)을 사용하여 저장에 필요한 정보의 양을 줄일 수 있다. 가장 많이 사용되는 단일 이미지의 압축 방법은 JPEG 압축이고, 비디오에서는 MPEG 압축이 전형적인 방법이다.[1] 기타 다른 압축 알고리즘도 사용되고 있다. 적절한 압축을 통하여 눈에 띠는 명확성 손실 없이 디지털 이미지나 비디오 파일의 크기를 상당한 정도로 줄일 수 있다.

디지털 기술은 또한 형상인식과 이미지로부터의 측정에 사용될 수 있다. 가능성은 거의 무한한데, 두 가지만 예로 든다면, 디지털 비디오를 사용하여 액체 중에 있는 입자들의

---

1) JPEG는 Joint Photographic Experts Group의 약자이고, MPEG는 Moving Picture Experts Group의 약자이다. 이 둘 그룹은 각자의 영역에서 국제표준을 개발하기 위해 ISO(International Organization for Standardization)와 협력하고 있다.

운동을 기록하고, 소프트웨어를 사용하여 연속된 이미지에서 각 입자의 위치로부터 유체의 속도장을 계산할 수 있다(15.11절 참조). 두 번째 예는 적외선 온도 측정이다. 적절한 검출 어레이를 사용하면 표면으로부터 적외선 방사 사진을 얻을 수 있고, 소프트웨어를 사용하여 각 픽셀 위치에서의 온도를 계산하면 표면의 온도 분포를 나타낼 수 있다(16.8.5절 참조).

디지털 이미지는 컴퓨터 그래픽 프로그램과 같이 영상 검출 이외의 방법으로 만들 수도 있지만, 중요한 영상 검출요소로 CCD 어레이를 들 수 있다. CCD(*charge-coupled diode*) 어레이는 반도체 디바이스인데, 흡수되는 광자(photon)에 따라 전하를 발생하는 광검출 셀의 어레이로 구성된다[11]. CCD 어레이는 카메라의 렌즈 뒤에 놓이게 된다(과거에 필름이 있던 자리). 카메라의 셔터가 열리고 닫힌 후, 축적된 전하량은 받아들인 빛의 강도에 비례한다. 전하 증폭기(7.15.2절)를 이용하여 전하를 전압으로 변환한 후에, 어레이 내 각 픽셀의 전압을 A/D 변환기를 통해 디지털화 하고 저장한다. 각 픽셀에서 디지털화된 숫자(컬러 경우 숫자들)는 디지털 이미지에서 픽셀의 강도로 정의된다.

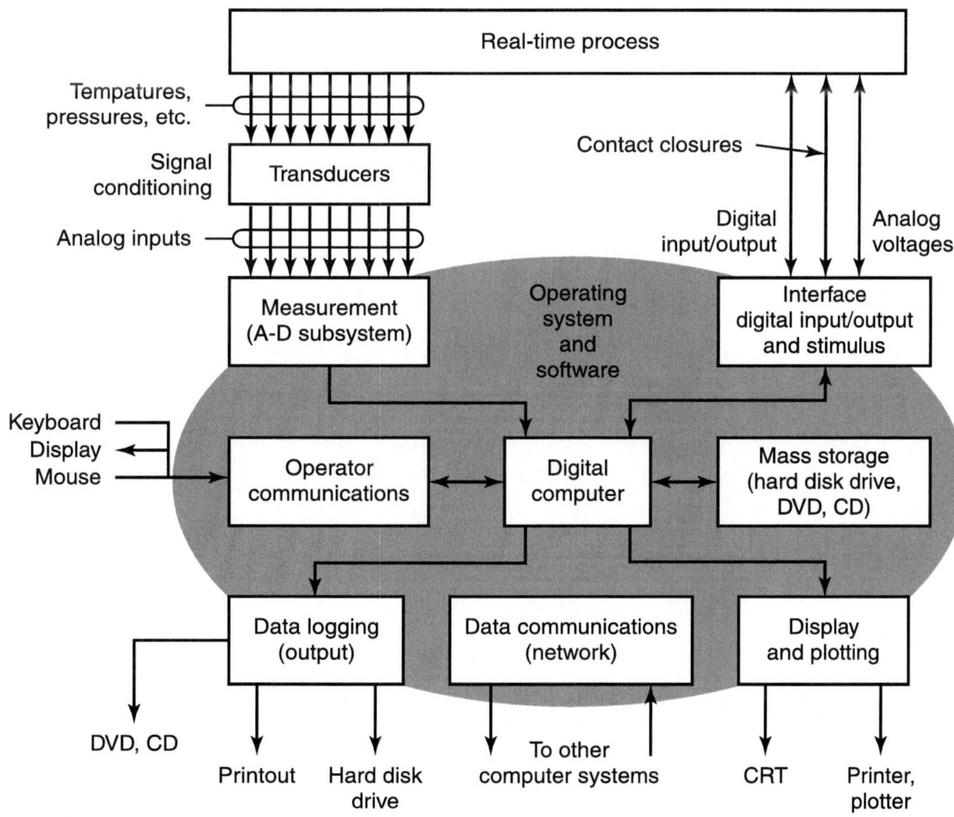

그림 8.23 집적화된 측정/제어 시스템의 가능성을 나타내는 블록다이어그램

8.13 총합된 계

특수 목적을 위해 복잡한 디지털 측정 시스템을 집적하는 가능성은 항상 열려있다. 시스템의 완성도는 주로 자원으로 제한되는데, 많은 경우 복잡한 시스템의 설계와 조립은 많은 시간과 비용이 필요하다. 반면, 방대한 양의 데이터를 수집하고 많은 계산시간이 필요하거나, 지속적인 모니터링과 제어가 필요한 경우에는 이러한 자동(automatic) 시스템에 소요되는 시간과 비용이 오히려 궁극적으로 비용을 절약할 수 있는 경우도 있을 수 있다.

그림 8.23은 고등 데이터 수집/처리 시스템이 지니는 거대한 가능성의 예를 보이고 있다. 센서(transducer)와 A/D 시스템이 부분적, 혹은 전체적으로 디지털 측정장치와 결합되어 있고, 디지털 측정장치는 적절한 버스를 통하여 컴퓨터와 연결되어 있다. 이러한 장치들은 9장에서 다루기로 한다.

8.14 요약

이 장을 마치면서 거듭 말하고자 하는 것은 제한된 지면에 디지털 기술을 요약하려고 시도하는 것은 매우 어렵다는 점이다. 그러나 여기서 소개된 내용을 통하여 추후에 더 심도 있는 공부를 위한 기초가 되기를 바란다. 본 토픽의 중요성은 현재 기계계측과 밀접한 관계가 있을 뿐더러, 앞으로의 개발에서도 그 중요성이 증가하고 있다는 것이다.

1. 디지털 신호는 on/off, 0/1, yes/no, 흑/백, low/high voltage 등의 단지 2가지 값만을 가진다. 디지털 정보는 비트의 집합으로 이루어지며, 각 비트는 2가지 가능한 값 중의 하나를 가진다(8.1절).
2. 디지털 계측은 컴퓨터와의 직접적인 인터페이싱, 잡음에 대한 강인성, 저전압의 사용, 그리고 숫자로 직접 표시되는 등의 장점을 가진다(8.2절). 아날로그 신호를 디지털 계측 시스템에서 처리하기 위해서는 적당한 디지털 형태로 변환하여야 한다(8.3절).
3. 디지털 회로의 기본 소자는 스위치(트랜지스터)와 논리 게이트이다. 이러한 소자들은 플립플롭, 수많은 집적 회루, 타이머 회로 및 디지털 표시 장치와 같은 더욱 복잡한 장치를 구성하기 위한 기본요소가 된다(8.4절).
4. 디지털 정보가 일련의 비트로서 표시될 때는, 비트 레벨에 0과 1을 할당하는 2진수 체계를 사용하여 해석된다(8.5절). 또한 2진수를 사용하여 정보를 디지털 코드로 표현할 수 있는데, 예로 2진화 10진 코드(BCD), 미국 표준코드(ASCII), Latin 1 character set (ISO 8859-1) 등이 있다. 흑/백의 디지털 패턴을 사용하여 위치정보나 제품의 라벨을 부호화 할 수도 있다(8.6절).
5. 간단한 디지털 회로는 사건 계수기, 주파수 측정기, 파형 정형(waveform-shaping) 장치, 멀티채널 스위치, 멀티플렉서 등을 포함한다(8.7절).

6. 디지털 컴퓨터는 계측 시스템에서 데이터의 기록과 처리를 위해 필수적인 구성요소이다. 마이크로컴퓨터는 마이크로프로세서, ROM과 RAM, I/O 포트, 외부 버스 혹은 통신인터페이스로 구성된다(8.8~8.10절).
7. 아날로그식 센서(transducer)나 장치가 디지털 컴퓨터나 마이크로프로세서에 연결될 때, 아날로그와 디지털 간의 신호형태의 변환은 매우 중요하다. 이를 위하여 아날로그-디지털(A/D) 혹은 디지털-아날로그(D/A) 변환기를 사용한다. A/D 와 D/A 변환기를 디지털 신호처리기(DSP)와 함께 사용하면 아날로그 신호를 효과적으로 필터링, 강화, 처리할 수 있다(8.11절).
8. 이미지는 픽셀 단위로 잘게 나눔으로써 디지털화 할 수 있다. 각 픽셀은 디지털 숫자(들)이 할당되어 그 위치에서의 강도와 색상을 나타낸다. 디지털 비디오는 연속적인 디지털 이미지들을 빠른 속도로 재생하는 것이다. 디지털 이미지와 비디오 파일은 컴퓨터 조작을 이용하여 다양한 종류의 측정에 사용될 수 있다. 디지털 이미지와 관련하여 상대적으로 큰 파일/데이터 전송속도가 요구된다(8.12절).

SUGGESTED READINGS

Balch, M. *Complete Digital Design*. New York: McGraw-Hill, 2003.

Brey, B. B. *The Intel Microprocessors: 8086/8088, 80186/80188, 80286, 80386, 80486, Pentium, Pentium Pro Processor, Pentium II, Pentium III, and Pentium 4: Architecture, Programming, and Interfacing*. Upper Saddle River, N.J.: Prentice Hall, 2003.

Floyd, T.L. *Digital Fundamentals*. 8th ed. Upper Saddle River, N.J.: Prentice Hall, 2003.

Gonzalez, R. C., and R. E. Woods. *Digital Image Processing*. 2nd ed. Upper Saddle River, N.J.: Prentice Hall, 2002.

Horowitz, P., and W. Hill. *The Art of Electronics*. 2nd ed. Cambridge, U.K.: Cambridge University Press, 1989.

Korneev, V. V., and A. Kiselev. *Modern Microprocessors*. 3rd ed. Hingham, Mass.: Charles River Media, 2004.

Kularatna, N. *Digital and Analogue Instrumentation*. London: The Institution of Electrical Engineers, 2003.

Rathore, T. S. *Digital Measurement Techniques*. 2nd ed. Pangborne, U.K.: Alpha Science International, 2003.

Smith, S. W. *Digital Signal Processing: A Practical Guide for Engineers and Scientists*. Boston: Newes, 2002.

Tocci, R. J., N. S. Widmer, and R. L. Moss. *Digital Systems: Principles and Applications*. 9th ed. Upper Saddle River, N.J.: Prentice Hall, 2004.

연습문제

8.1. Write the following binary numbers as base 10 numbers.
- **(a)** 1010111
- **(b)** 1010

(c) 1111
(d) 10111011

8.2. Write the following decimal numbers as binary numbers.
(a) 16
(b) 87
(c) 419
(d) 40177

8.3. Use a truth table to show that the output from the circuit in Fig. 8.24 is high except when the two inputs to either one or both of the AND gates are simultaneously high.

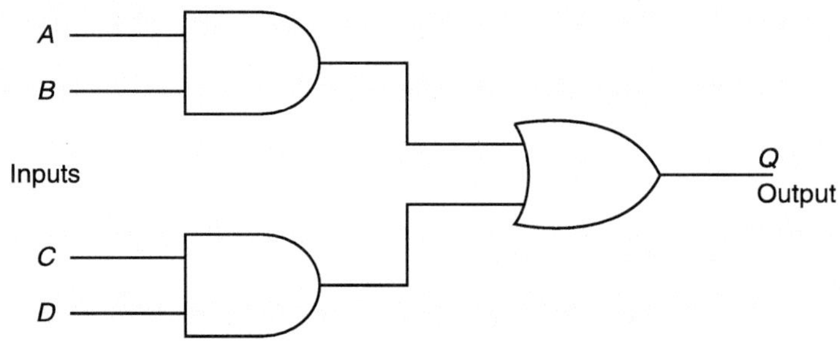

FIGURE 8.24: AND/OR circuit for Problem 8.3.

8.4. Use a truth table to show that the output from the circuit in Fig. 8.25 will be high only when both inputs of either of the OR gates are simultaneously low.

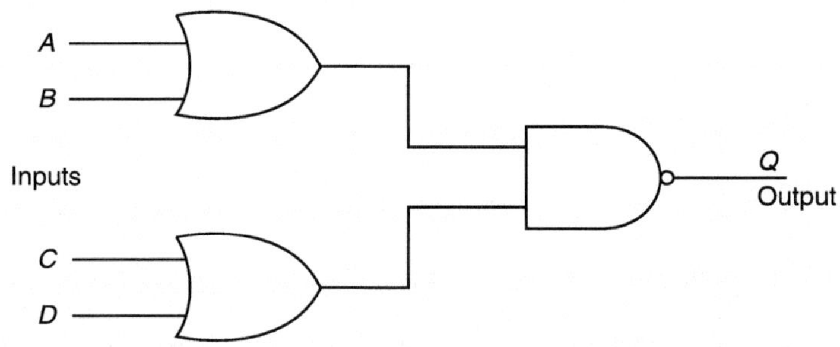

FIGURE 8.25: OR/NAND circuit for Problem 8.4.

8.5. Find the percent resolution of each.
(a) An 8-bit A/D converter
(b) A 12-bit A/D converter

8.6. The output from a temperature sensor is expected to vary from 2.500 mV to 3.500 mV. If the signal is fed to a 12-bit A/D converter having a ±5.0 V range, estimate the voltage increment represented by LSB. By what gain should the signal be amplified?

8.7. Each step of an 8-bit D/A converter represents 0.10 V. What will the output of the D/A converter be for the following digital inputs?

(a) 01000111
(b) 10101101

8.8. Use a truth table to determine under what set of conditions the output from the three-input NAND gate shown in Fig. 8.26 will be low.

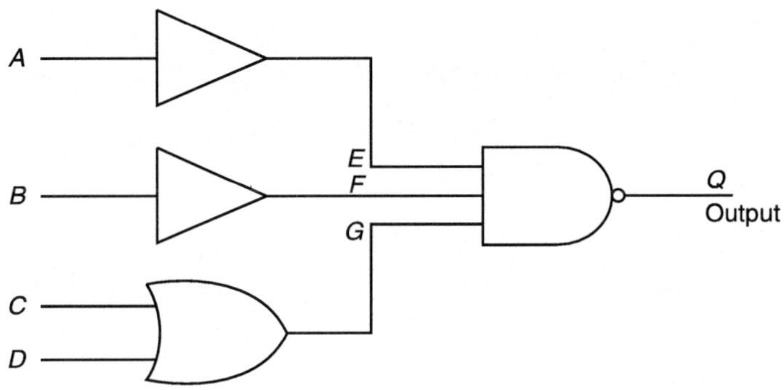

FIGURE 8.26: Circuit for Problem 8.8.

8.9. Compact disc digital audio tracks are usually recorded using 16 bits to digitize the volume of each sample on each of the two stereo tracks. Samples are taken at a frequency of 44.1 kHz. Some recordings are made using 24-bit samples and sample rates of 96 kHz.

(a) What file size (in bits) does each format require to record a three minute song?
(b) What is the Nyquist frequency for each format and how does it relate to the range of human hearing, which ends at about 20 kHz?
(c) If the dynamic range compares the highest voltage amplitude recordable to the lowest nonzero amplitude recordable, what is the dynamic range of each format in dB? Assume that the DA converter driving the speakers is noise free. How does this compare to human hearing, which spans roughly 120 dB?

참고문헌

[1] Robertson, D. *Alec Reeves 1902–1971*. Sacramento, Calif.: Privateline.com, 2002.

[2] Horowitz, P., and W. Hill. *The Art of Electronics*. 2nd ed. Cambridge, U.K.: Cambridge University Press, 1989, p. 240.

[3] Floyd, T. L. *Digital Fundamentals*. 8th ed. Upper Saddle River, N.J.: Prentice Hall, 2003, Chap. 8.

[4] Berlin, H. M. *The 555 Timer Application Source Book with Experiments*. Derby, Conn.: E & L Instruments, Inc., 1976.

[5] Horowitz, P., and W. Hill. *The Art of Electronics*. 2nd ed. Cambridge, U.K.: Cambridge University Press, 1989, Section 5.19.

[6] American National Standards Institute. *Coded Character Set—7-Bit American National Standard Code for Information Interchange (7-Bit ASCII)*, ANSI X3.4-1986. New York: ANSI, 1986.

[7] ISO 8859-1:1998. *Information technology—8-Bit Single-Byte Coded Graphic Character Sets—Part 1: Latin Alphabet No. 1*. Geneva, Switzerland: International Organization for Standardization, 1998.

[8] Aliprand, J., et al. (eds.) *The Unicode Standard, Version 4.0*. Boston: Addison-Wesley, 2003.

[9] Oppenheim, A. V., and R. W. Schafer *Digital Signal Proceesing*. Englewood Cliffs, N.J.: Prentice Hall, 1975.

[10] Joyce, J. *Ulysses*. Oxford, Miss.: Project Gutenberg Literary Foundation, 2002. (Online text available at http://www.gutenberg.org/)

[11] Wilson, J., and J. F. B. Hawkes. *Optoelectronics: An Introduction*. 3rd ed. Harlow, U.K.: Prentice Hall Europe, 1998, Section 7.3.7.

Chapter 09 판독과 데이터 처리

9.1 서론

계측 시스템의 최종적인 유용성은, 측정된 결과를 작업자나 제어 장치가 인식할 수 있는 형태로 제시하는 능력에 달려 있다. 단말 장치(terminating device)의 주요한 기능은, 이 장치에 주어지는 구동 신호를 받아들이는 것과 정보를 즉각적인 판독(readout)이 가능한 형태로 제공하거나 차후의 해석을 위해 신호를 저장하는 것이다.

단순한 가부(yes/no)의 표시를 제외하고 작업자가 직접 해석을 하기 위해서, 단말 장치는 판독 정보를 눈금에 대한 상대적인 변위 또는 디지털 형태로 제공한다. 첫 번째 경우의 예로는, 저울에서 눈금 위를 움직이는 바늘을 들 수 있다. 디지털 출력의 예로는 자동차의 주행 거리계(odometer), 전자식 10진 계수기(decade counter), 회전 드럼형 기계식 계수기 등을 들 수 있다.

위의 두 가지 형태를 제외한 경우로는, 자동차의 적색 오일 압력 등이나 일반적이지는 않지만 리트머스 시험지 등이 있다. 아마도 다른 예들을 생각해 볼 수 있을 것이다.

앞에서 여러 번 언급했듯이, **동적** 기계량의 측정은 한두 단계의 전기적인 장치의 사용을 전제로 한다. 많은 경우에, 사용되는 전자 부품들은 정교한 시스템으로 구성되어 있다. 음극선 오실로스코프(cathode-ray oscilloscope)를 예로 들 수 있다. 측정에 대한 시간 기준을 제공하는 스위프(sweep) 회로가 포함되어 있으며, 입력은 증폭단계를 거쳐서 최종적으로 제시된다. 그러나 완전한 시스템의 주목적은 입력 신호를 해석이 가능한 형태로 제시하는 것이다. 그러므로 이러한 자급식(self-contained) 시스템은 단말 장치의 필수 구성 요소로 분류될 것이다.

대부분의 경우에 동적 기계 계측은 어떤 형태의 전압 감지(voltage-sensitive) 단말 장치를 필요로 한다. 급격히 변하는 입력에는 기계식, 유공압식 및 광학식 시스템을 사용할 수 없는데, 이는 이들 시스템의 응답 특성이 매우 좋지 않거나 출력을 적절히 해석할 수 없기 때문이다. 그러므로 이 장에서의 대부분은 전자식 지시계(indicator)와 기록계(recorder)에 대해서 관심 있게 다룰 것이다.

가장 기본적인 판독 장치는 단순한 계수기(counter)이다. 기계식으로 구성된 계수 장치는 잘 알려져 있다. 대부분의 자동차 주행 거리계가 바로 여기에 해당하는데, 기어 감속을 통해서 구동축의 회전수를 측정한 다음 mile이나 km단위로 정보를 표시해 준다. 그러나 가장 일반적으로 사용하는 계수기는 8.7절과 다음 절에서 논의한 전자 계수기(counter)이다.

9.2 전자 계수기

전자 계수기는 다용도 디지털 계수기이다. 기본적으로 전자 계수기가 어떻게 동작하는가를 이해한다면, 이 장치의 사용법과 한계성을 알 수 있게 된다.

동작 원리를 이해하기 위하여, 먼저 비안정 발진기(astable oscillator) 또는 타이머(timer)를 고려해 보자(8.4.4절 참조). 장치로부터 나온 출력은 사각파이며, 이는 타이밍 신호로 사용된다(그림 9.1(a) 참조). 중요한 두 번째 IC는 J-K 플립-플롭(flip-flop)인데, 이는 8.4.2절에서 논의된 S-R 플립-플롭의 변형이다. 이 회로는 나누기-2 장치(divide-by-two device)로 사용된다. J-K 출력은 입력 사각파의 하강 에지(falling edge)에 의해 트리거링되며, 이러한 플립-플롭이 직렬로 연결되어 있다(즉 한 플립-플롭의 출력이 다음 플립-플롭의 입력이 된다). 예를 들어 클록 입력(clock input)의 각 주기에 대한 4비트의 이진 출력값 A3, A2, A1, A0가 그림 9.1(b)에 나와 있다. 여기서 A3는 최상위 숫자(most significant bit, MSB)이고 A0는 최하위 숫자(least significant bit, LSB)이다.

이 회로는 이진 계수기(binary counter)라 불리며, 일반 계수기의 주요 회로이다. 이 계수기는 1111_2 또는 15_{10}까지만 계수할 수 있다. 그러나 8개의 J-K 플립-플롭을 연결함으로써, 계수는 $1111\ 1111_2$ 또는 255_{10}까지 확대될 수도 있다. 전자 계수기에 대한 더 자세한 내용은 8.7절을 참고하라.

전자 계수기에 대한 도식적인 그림은 그림 9.1(c)에 나타나있다. 이진수는 십진수로 변환되어 발광 다이오드(LEDs) 또는 액정 표시(liquid-crystal display, LCD)에 의해 표시된다.

9.2.1 사상 계수기

사상 계수(event counting)는 전자 계수기를 사용하여 수행할 수 있는 가장 간단한 측정이다. 만약 클록을 단일의 물리적 사건마다 하나의 사각 파형을 발생시키는 장치로 대체한다면, 그림 9.2(a)에서처럼 전자 계수기는 사건의 횟수를 셀 수 있는 장치가 된다.

9.2.2 시간 간격계

그림 9.2(b)는 AND 게이트와 S-R 래치(그림 8.3(a) 참조)가 첨가된 이진 계수기를 보여준다. 만약 계수기가 리셋된다면, 래치 A에서 $Q = 0$이고 래치 B에서 $Q = 1$이 된다. t_1의 순간에 래치 A에 공급되는 전압은 래치 A에 대한 출력 Q를 HIGH로 만든다. 이로 인해서 AND 게이트가 on이 되며, 클록 신호는 AND 게이트를 통과하게 되어 계수기가 계수를 시작하게 된다. 래치 B에 공급되는 전압이 시간 t_2에 도달하면 바로 래치 B의 출력(Q)는 LOW가 되며, 이는 클록 신호가 AND 게이트를 통과하지 못하도록 한다. 이때 계수기가 측정한 클록 펄스의 수로부터, 시간 간격($t_2 - t_1$)을 계산할 수 있다. 명백히 클록 주파수가 높을수록 측정의 정확도가 증가한다.

9.2.3 단위 시간당 사상

전자 계수기에서의 기본 요소를 재배열하여 단위 시간당 사상 측정기를 얻을 수 있다(그림 9.2(c)참조). 이 응용에서는, 전자 계수기가 **게이트 시간**(*gate time*)이라 불리는 정해진 시간 동안의 펄스의 수를 세도록 구성되어 있다. 이때 게이트 시간은 S에서 스위치를 닫는 순간부터 R에서 저 펄스(low pulse)를 받아들이는 시간 사이의 간격이다. 만약 게이트 시간이 1초라면 계수기의 펄스의 수는 초당 펄스의 수가 된다.

9.2.4 계수 오차

계수의 정확도는 시간 기준 오차, 트리거 오차 및 ±1 계수 모호성 오차 등과 관련된다. 시간 기준 오차(time base error)란 의도한 주파수와 시간에 기준한 발진주파수와의 편차에 기인한다. 이는 단시간 또는 장시간 동안의 주파수 안정성의 부족으로부터 기인한다. 대

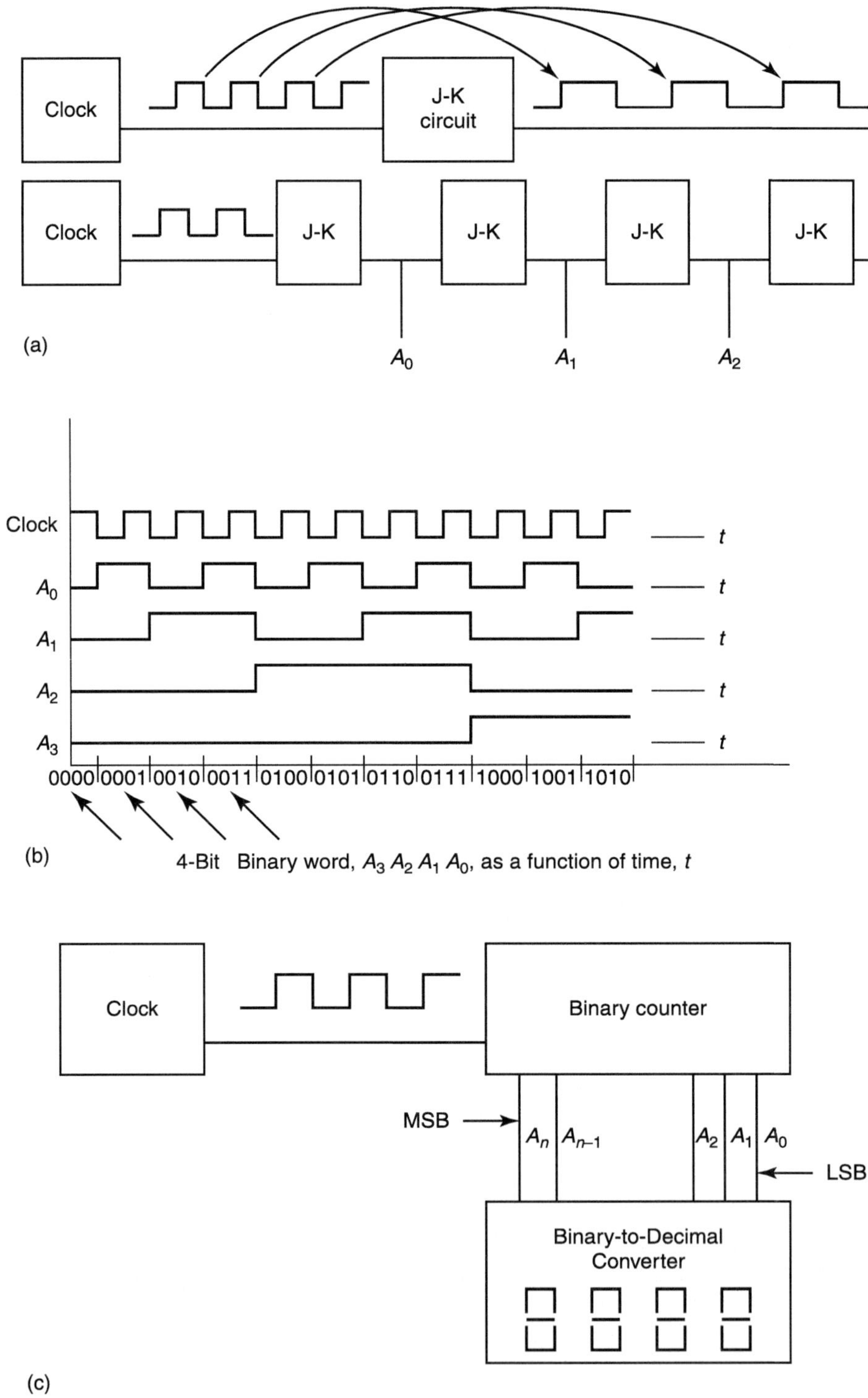

그림 9.1 (a) 주파수 분할기 회로, (b) 4비트 2진 계수기, (c) 전자 계수기에 대한 도식

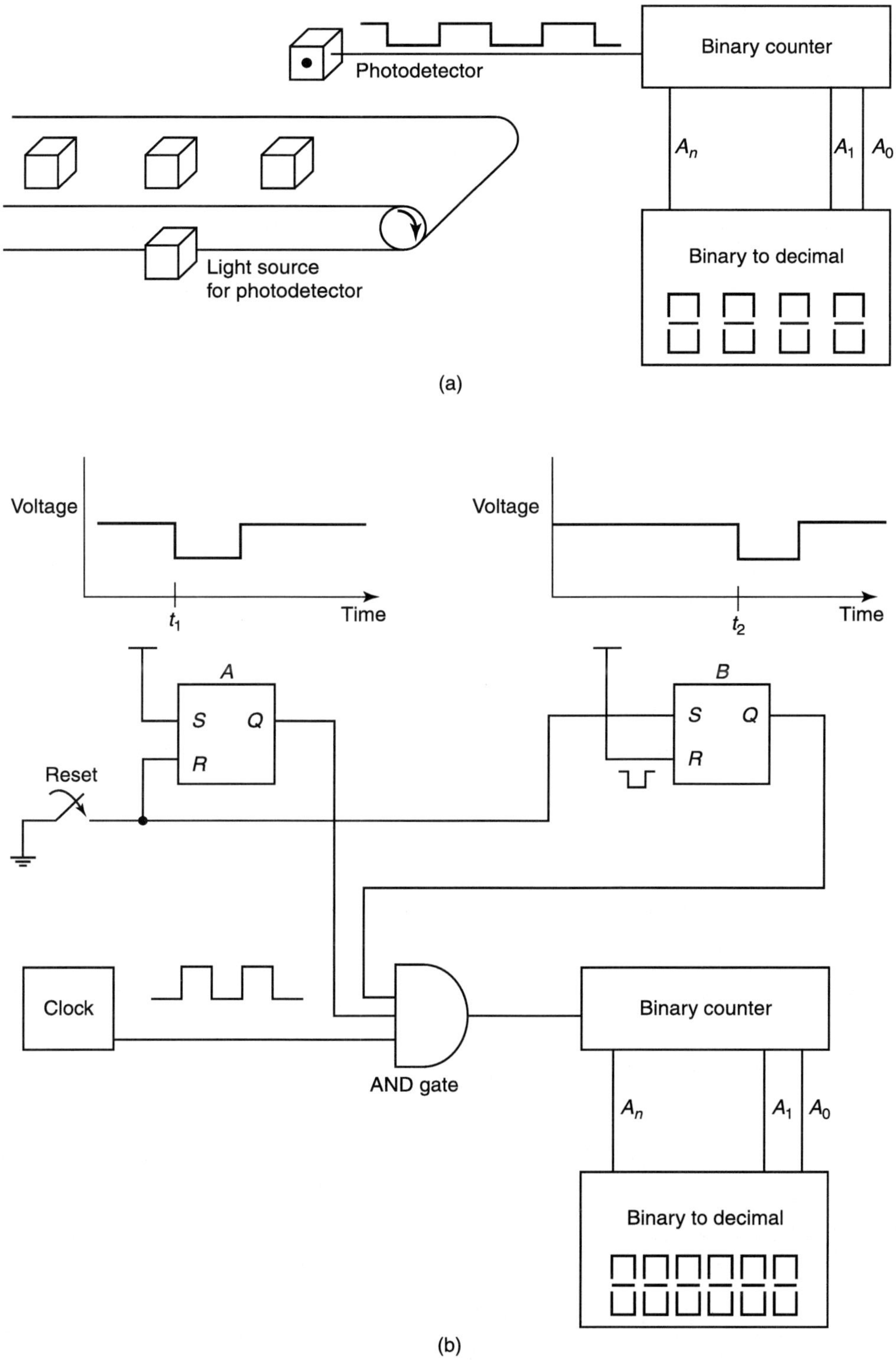

그림 9.2 (a) 사건 계수기로 사용되는 전자 계수기, (b) 시간 간격 측정기

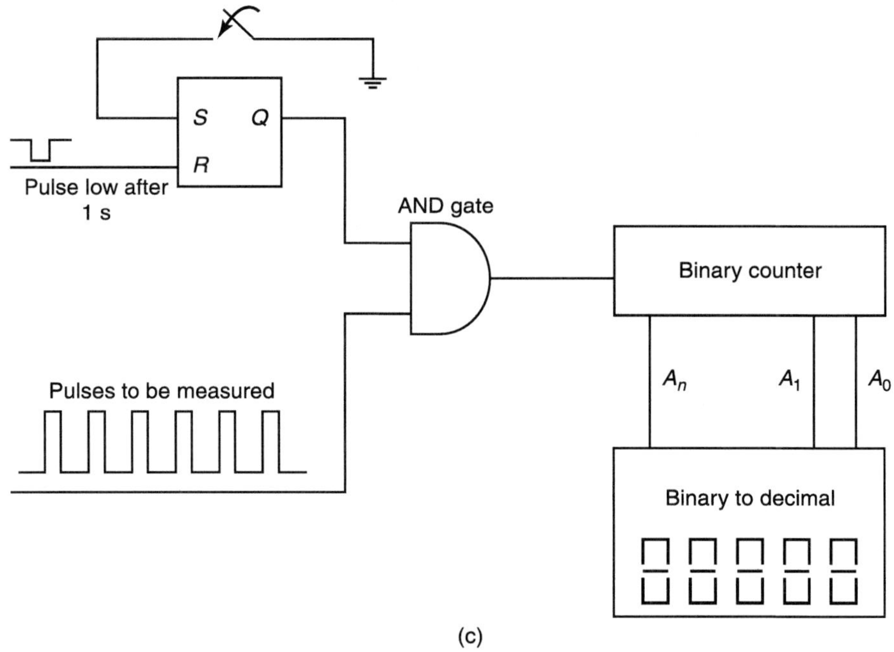

그림 9.2 (c) EPUT 계기

부분의 기계적 측정에 대하여, 이 오차는 무시할 만하다. 트리거 오차(trigger error)는, 게이팅 동작이 제어되는 정밀도와 관련된다. 불확도(uncertainty)는 긴 시간에 걸쳐서 평균을 취함으로써 제거될 수 있다.

마지막으로, 전자식 계수에서의 ±1 계수 오차(count error)는 게이팅과 측정된 펄스 사이의 동기화의 부족(내부 소스건 외부 소스건 간에) 때문에 흔히 발생한다. 이는 게이트를 닫거나 여는 시점이 특정한 사이클의 주기의 대부분을 포함하고 있지만 사이클의 에지를 놓쳐서 계수하지 못하는 경우에 발생한다. 주파수 측정에 있어서 이러한 오차는, 사이클 주기를 측정하여 주기의 역수로 주파수를 표시하도록 장치를 설계함으로 최소화될 수 있다. 이러한 방식으로, 특히 저주파수에서는 심각한 문제가 되는 1 계수 오차의 영향을 최소화시킬 수 있다. 이 방법은 전체 주파수 영역에 대한 주파수 측정의 정확도를 유지하는 데 도움을 준다.

9.3 아날로그 전기 지시계

전류나 전압 측정에 사용되는 일반적인 아날로그 지시 계기는 *D' Arsonval*의 지침운동(*D' Arsonval movement*)에 기초한다. 그림 9.3에서처럼 회전할 수 있는 가동 코일이 영구 자석에 의해 발생하는 자기장 속에 있으며, 코일은 나선형 스프링에 의해 회전이 구속

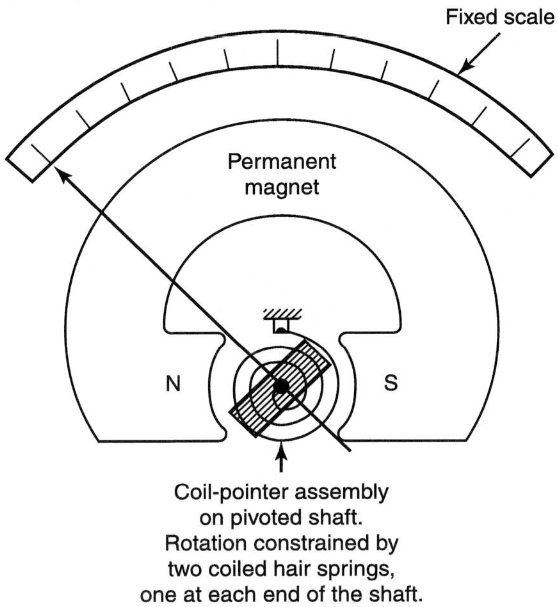

그림 9.3 D' Arsonval 계기의 동작

되는 축에 장착되어 있다. 피측정량인 전류가 코일을 통하여 흐르면 코일에 의한 자기장이 형성되는데, 이러한 두 자기장의 상호 작용에 의해서 가동 코일의 축에 구동 토크가 가해진다. 바늘의 회전은 구동 토크와 스프링에 의한 구속 토크의 평형이 이루어질 때까지 계속된다. D' Arsonval의 지침운동은 전기 계기의 기초가 된다(9.9절).

지시 계기는 (1) 간단한 전류계(ammeter) 또는 전압계(voltmeter), (2) 저항계(ohmmeter)와 VOM(volt-ohm-milliammeter), (3) 계측 시스템 (정보 판독에 선행하여 몇몇 형태의 증폭이 수행되는) 등으로 분류된다. 이 중 계기 시스템은 과거에는 진공관 증폭기를 사용했었기 때문에 진공관 전압계 또는 VTVM(vacuum-tube voltmeter)으로 알려져 있다. 지금은 고체(solid-state) 증폭기가 사용되지만 여전히 이 약어가 사용되고 있다.

D' Arsonval 계기가 흔히 최종적인 지시계로 사용된다. 한편 가동 철편형 계기(moving-iron meter)는 교류를 측정하는 데 사용될 수 있다. VOM 또는 밀리미터(MULTIMETER)와 같은 보다 다양한 형태에서는, 분류기(또는 분로 저항, shunt resistor)또는 배율기(multiplier) 등이 사용되어 장치의 유용성을 증가시킨다.

기본적으로 D' Arsonval 운동은 전류에 의해서 발생하지만. 전류계뿐만 아니라 전압계로도 사용될 수 있다. 어떤 경우에도 계기로 전류는 반드시 흘러야 한다. 대부분의 응용에서는, 전류가 적게 흐를수록 측정되는 회로에 주는 부하(*loading*)이 작아지게 된다. 계기의 운동은 덜 민감한 mA를 측정하는 경우의 몇 옴(ohm)에서부터 더욱 민감한 μA를 측정하는 경우의 약 2000 Ω 정도의 내부 저항을 가지고 있다. 그러나 실제 계기의 범위는 주로 관련된 범위의 저항에 의해 주로 지배된다.

그림 9.4는 도식적으로 기본적인 직류 전압계와 직류 전류계 회로를 나타내고 있는데, 배율기(multiplier) 또는 분류기(shunt resistor)가 기본적으로 동일한 계기에 각각 결합되어 사용된다. 회로의 부하(loading)을 최소화하기 위해서, 총 **전압계** 저항은 측정하는 회로의 저항보다 훨씬 커야만 하며, **전류계**의 저항은 가능한 한 작아야만 한다. 또한 전압계와 전류계 모두에서, 주어진 전류에 대하여 큰 편향(deflection)을 제공해 높은 감도를 얻을 수 있다.

9.3.1 전압계 감도

전압계 저항은 계기와 직렬로 연결된 배율기 저항에 의해 주로 결정된다. 배율기 저항이 높다는 것은 계기의 운동을 발생시키는 데 필요한 전류가 작다는 것을 의미한다. 감도(sensitivity)는 계기가 동일한 범위에 있더라도 계기마다 달라지므로, 전압계를 단순히

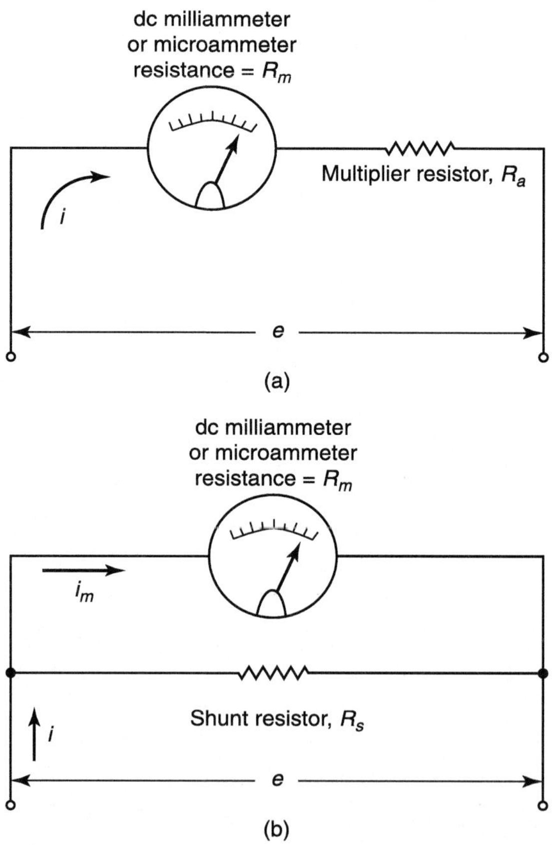

그림 9.4 (a) 직류 전압계 회로, (b) 직류 전류계 회로

총 저항만으로 평가하는 것을 불충분하다. 정격은 주로 ohm/V 로 표시되는데, 이 값은 *1 V*의 전압이 인가되었을 때 최대 편향(*full-scale deflection*)을 발생시키기 위해서 주어진 계기의 운동이 가져야 하는 총 전압계 저항으로 간주된다. 이 값은 저항과 운동 감도를 결합시킨 것으로, 이 값이 커질수록 주어진 계기에 대한 부하 효과(loading effect)는 작아지게 된다.

간단한 소형 멀티메터는 1 mA와 1000 Ω/V의 정격을 가진 계기를 사용하는 반면에, 보다 고급의 멀티메터는 50 μA와 20,000 Ω/V의 정격을 가진 계기를 사용한다.

그림 9.4(a)에 나타난 직렬 배율기 저항 R_a는 다음과 같은 관계로부터 결정된다.

$$R_a = \frac{e}{i} - R_m \tag{9.1}$$

9.3.2 전류계

전류계는 시험 회로(test circuit)와 직렬로 연결되기 때문에 계기 양단에 걸리는 전압 강하(voltage drop)를 가능한 한 작게 유지하여야만 한다. 이는 계기 저항과 분류기의 조합이 가능한 한 작은 값을 가져야 한다는 것을 의미한다. 그림 9.4(b)를 참고하여, 계기와 분로 양단에서 동일한 전압 강하가 발생한다는 사실로부터, 다음의 관계식을 얻을 수 있다.

$$R_s = \frac{i_m R_m}{i - i_m} \tag{9.2}$$

9.3.3 교류계

교류 전압의 측정은 직류 계기와 정류기(rectifier)를 결합함으로써 수행할 수 있다. 이런 형태의 계기는 보통 평균 제곱근(root-mean-square, rms)을 나타내도록 교정된다(4.5절 참조). 교류 전류 혹은 전압의 실효값은, 대응하는 교류값이 제공하는 유효 전력과 등가의 전력을 제공해 주는 직류값을 말한다. 이것은 흔히 가열능력(heating ability)으로 표현되기도 하는데, 이때 실효 전류(전압)는 교류 입력과 동일한 가열 능력을 가지는 직류 입력이다. 이 경우에는 순수 저항 부하로 가정하였다는 점에 주의하기 바란다.

일반적으로 순저항에 가해지는 직류에 대해서, 전력은

$$P = I^2 R = \frac{E^2}{R} \tag{9.3}$$

이 되는데, 여기서 P는 전력, I와 E는 각각 직류 전류와 전압, R은 저항 부하를 각각 나타낸다. 한편 시간에 따라 변하는 교류 입력에 대해서, 전력은

$$P = \frac{1}{T}\int_0^T i^2 R\, dt = \frac{1}{2\pi}\int_0^{2\pi} i^2 R\, d(\omega t) \tag{9.4}$$

또는
$$P = \frac{1}{T}\int_0^T \frac{e^2}{R}\,dt = \frac{1}{2\pi}\int_0^{2\pi} \frac{e^2}{R}d(\omega t) \tag{9.5}$$

이 되는데, 여기서 i와 e는 시간의 함수로 나타낸 전류와 전압이고, T는 사이클의 주기이다.

만약 식 9.3에 의해 표시되는 직류 전력과 식 9.4에 의해 표현되는 교류 전력을 등식화 시키면, 실효 전류(effective current) I_{eff}는

$$I_{\text{eff}} = I_{\text{rms}}$$
$$= \sqrt{\frac{1}{T}\int_0^T i^2\,dt} \tag{9.6}$$
$$= \sqrt{\frac{1}{2\pi}\int_0^{2\pi} i^2\,d(\omega t)} \tag{9.6a}$$

이 되며, 실효 전압 E_{eff}는

$$E_{\text{eff}} = E_{\text{rms}} = \sqrt{\frac{1}{T}\int_0^T e^2\,dt} \tag{9.7}$$
$$= \sqrt{\frac{1}{2\pi}\int_0^{2\pi} e^2\,d(\omega t)} \tag{9.7a}$$

가 된다.

가장 일반적인 경우로 교류가 정현 파형이면

$$i = I_0 \cos\frac{2\pi t}{T} = I_0 \cos\omega t \tag{9.8}$$

또는
$$e = E_0 \cos\frac{2\pi t}{T} = E_0 \cos\omega t \tag{9.8a}$$

가 되는데, 여기서 I_0와 E_0는 전류와 전압의 진폭을 각각 나타낸다. 이러한 식을 식 9.6a과 9.7a에 대입하여 정리하면

$$I_{\text{rms}} = \frac{I_0}{\sqrt{2}} \approx 0.707 I_0 \tag{9.9}$$

와
$$E_{\text{rms}} = \frac{E_0}{\sqrt{2}} \approx 0.707 E_0 \tag{9.9a}$$

을 얻을 수 있다.

이 결과로부터, 교류원(즉 정현파 소스)은 같은 진폭의 직류원이 공급하는 전력의 71% 만을 공급한다는 것을 알 수 있다. 120 V ac의 일반적인 선간 전압(line voltage)을 고려한다면, 전압의 진폭은

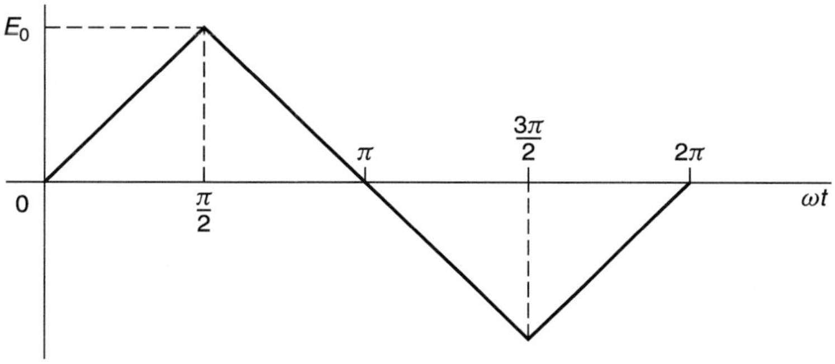

그림 9.5 예제 9.1에 대한 파형

$$E_0 = \frac{120}{0.707} \approx 170 \text{ V}$$

가 된다. 만약 절연이 고려된다면 이러한 피크 전압값을 적용하여야 한다. 이 경우에 피크-피크 진폭(peak-to-peak amplitude)은 약 340 V가 된다.

다음에 정현파가 아닌 두 가지 파형에 대한 예제가 나와 있다.

예제 9.1

그림 9.5의 파형을 고려하라. 대칭성을 고려하면, $0 < \omega t < \pi/2$인 영역에 대한 파형만을 다루면 된다.

풀이: 이 영역에 대하여

$$e = \frac{E_0}{\pi/2}\omega t$$

가 된다. 식 9.7a에 대입하여 전개하면

$$\begin{aligned} E_{\text{rms}} &= \left[\frac{1}{\pi/2}\int_0^{\pi/2}\left(\frac{E_0}{\pi/2}\right)^2 (\omega t)^2\, d(\omega t)\right]^{1/2} \\ &= \frac{E}{\sqrt{3}} \approx 0.577E_0 \end{aligned}$$

을 얻는다. 즉 그림 9.5의 파형은 동일한 진폭을 가진 직류에 비해 약 58%만이 유효하다.

교류 계기의 적분 회로는 정현 파형에 무관한 실효값을 발생시킨다는 점에 주목하여야 한다. E_0의 전압 진폭에 기초하고 문제 9.6을 참조하면, 다음의 사항을 확인할 수 있다.

1. 사각파에 대해, $E_{\text{rms}} = E_0$
2. 정현파에 대해, $E_{\text{rms}} = 0.707E_0$
3. 삼각파에 대해, $E_{\text{rms}} = 0.577E_0$

예제 9.2 그림 9.6의 사각파에 대하여 실효 전압을 구하여라.

풀이: 각 주기에 3개의 구별되는 영역이 있다

$$0 < \omega t < \frac{\pi}{2} \qquad e = 0$$
$$\frac{\pi}{2} < \omega t < \frac{3\pi}{4} \qquad e = E_0$$
$$\frac{3\pi}{4} < \omega t < 2\pi \qquad e = 0$$

식 9.7a를 적용시키면

$$\begin{aligned} E_{\text{rms}} &= \left\{ \frac{1}{2\pi} \left[\int_0^{\pi/2} (0)\, d(\omega t) + \int_{\pi/2}^{3\pi/4} E_0^2\, d(\omega t) + \int_{3\pi/4}^{2\pi} (0)\, d(\omega t) \right] \right\}^{1/2} \\ &= E_0 \left\{ \frac{1}{2\pi} \left(\frac{3\pi}{4} - \frac{\pi}{2} \right) \right\}^{1/2} \\ &= \frac{E_0}{\sqrt{8}} \approx 0.35 E_0 \end{aligned}$$

를 얻을 수 있다.

9.3.4 멀티메터와 저항측정

실험실에서 사용되는 다용도의 도구가 바로 VOM(volt-ohm-milliammeter)이다. 이 VOM은 스위치 배열을 가지고 있는데, 이를 조작하여 배율기(multiplier)와 분류기(또는 분로 저항, shunt resistor)를 적절히 접속하여 측정 범위를 확대시키며, 직류와 교류를 모두 취급하기 위해 정류기를 회로를 개폐시킬 수 있다. 또한 VOM은 내부의 전류원을 사용하여 저항을 측정할 수 있는데, 이미 알고 있는 전압을 미지의 저항에 가한 다음, 계기

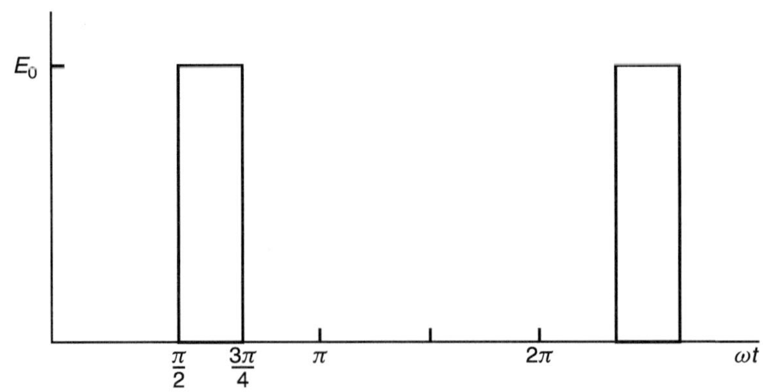

그림 9.6 예제 9.2에 대한 파형

의 움직임으로부터 저항에 흐르는 전류를 결정할 수 있다. 전기 저항계 모드에서는 전류의 흐름에 의한 계기의 움직임을 저항의 단위로 교정한 눈금이 나와 있으므로, 직접적인 저항값을 읽을 수 있다. 한편 저항 측정 시 주의할 점은 저항을 회로로부터 제거한 다음에 측정하여야 한다는 것이다.

9.4 전자 증폭기

전압계나 VOM으로의 입력을 증폭하는 이유가 두 가지가 있다. 하나는 장치의 감도를 증가시키는 것이다. 다른 이유는, 증폭에 의해서 계기의 입력 임피던스가 훨씬 더 커질 수 있으며, 이를 통해서 측정하고자 하는 회로에 가하는 부하 효과(loading effect)를 감소시킬 수 있다는 것이다.

비록 높은 입력 임피던스가 대부분의 경우에 바람직하지만, 전력선으로부터 방출되는 60Hz 험(hum)과 같은 잡음에 더욱 민감하게 된다는 단점을 가지고 있다. 공통 모드 잡음 제거(common-smode rejection) (7.14절) 기능을 제공하는 회로를 사용하면 이 경우에 매우 효과적이다.

9.5 디지털 판독 멀티메터

디지털 계수기(counter)는 개발된 이후에 다양한 측정 문제에 응용되어 왔다. 기본적으로 계수기는 단순하게 사건(event)을 계수하는 기능을 수행한다. 8.7절에서 간단한 계수 회로가 주파수를 측정하는 방법에 대해서 간략히 소개하였었다. 전압 측정에 이와 같은 주파수 측정 기능을 이용하는 간단한 방법은 계기를 전압 제어 발진기(voltage-controlled oscillator, VCO)와 결합하는 것이다. 인가되는 전압의 크기에 의해 VCO(예를 들어 National Semiconductor사의 LM566)의 주파수 출력이 결정된다. VCO, 주파수 계수기 그리고 적당한 스케일링 회로를 사용하여, 디지털로 표시되는 전압계를 구성할 수 있다. 그러나 이는 단순한 방식이지만, 단점이 이어 일반적으로 사용되지는 않는다.

더 일반적인 방법으로는 이중 경사 적분법(dual-slope integration)이 있다. 이 방법에 대한 중요한 구성 요소로는, 연산 증폭기 적분기(그림 7.33(b), 7.19절), 클록, 주파수 계수기 그리고 스케일링 및 제어 회로 등이다. 이때 클록은 수정에 의해 제어되는 단순한 고정 주파수 발진기로서 타이밍 펄스를 제공한다.

IC 게이팅(gating)을 통해, 적분기 커패시터가 미리 결정된 시간(클록 주파수에 기준한) 동안에 충전되었다가, 일정한 전류 비율로 방전되는데 이 방전 기간 동안 발생하는 클록 펄스 수를 계수한다. 이 계수가 바로 입력 전압의 측도(measure)가 되며, 적당한 스케일링을 통해 이 계수는 입력의 크기와 같게 된다. 한편 계기내에 다른 회로를 임피던스 측정기에 첨가하여, 직류/교류의 전압과 전류, 저항을 측정할 수 있는 범용 멀티메터를 구성할 수도 있다.

이중 경사 적분 회로의 장점은, 클록이나 적분기에 드리프트가 발생하더라도 거의 오차가 생기지 않는다는 점이다. 적분기 커패시터의 충전과 방전은 커패시턴스와 시간 간격에 의존하는데, 어느 하나의 변화도 자체적으로 보상될 수 있다. 만약 클록이 점점 느려진다면 충전 커패시터 값의 조그만 변화에 대해서도 적용된다.

다른 방법으로는 다음과 같은 것들이 있다.

1. 단일 경사 변환법(single-slope conversion),
2. 충전 평형법(charge balance),
3. 선형 일차 변환법(linear ramp conversion),
4. 축차 근사법(successive approximation).

이러한 방식은 여기서 소개되지는 않지만, 관심이 있는 독자는 이 장의 끝에 제시된 추천 문헌을 참고하여 더 자세한 내용을 공부하기 바란다.

많은 디지털 멀티메터들은 자동 극성 표시 기능과 자동으로 측정 범위를 설정하는 기능(소수점 위치의 자동 조정)을 지니고 있다. 이런 형의 많은 계기들은 $\frac{1}{2}$ 숫자를 표시한다(예를 들어 $3\frac{1}{2}$-숫자 표시). 이는 최상위 숫자(most significant digit)가 단지 0 또는 1의 값만을 가질 수 있는 의미로, 예를 들어 $3\frac{1}{2}$-숫자 디지털 계기는 1999보다 큰 숫자는 표시할 수 없다.

그림 9.7(a)는 다음과 같은 특징을 가지는 소형 디지털 판독 VOM이다.

0.1% 이상의 정확도를 지닌 1200 V dc 범위의 직류 전압계
1.5% 이상의 정확도를 지닌 1200 V rms 범위의 교류 전압계
직류 입력 저항 = 10 MΩ
2.0 A 범위의 직류 교류 전류계
20 MΩ 범위의 저항계
A/D 변환: 이중 경사 적분

그림 9.7(b)는 전형적인 디지털 전압계가 어떻게 작동하는가를 보여 준다.

9.6 음극선 오실로스코프

아마도 기계 계측에서 가장 널리 사용되는 판독 장치는 음극선 오실로스코프(cathode-ray oscilloscope, CRO)일 것이다. 이는 전자식 전압계와 마찬가지로 전압감지(voltage-sensitive) 기기이지민, 계기의 지침 대신에 무관성의 전자빔을, 그리고 계기의 눈금 대신에 형광 스크린을 사용한다. 그림 9.8은 대표적인 범용 CRO를 보여 준다.

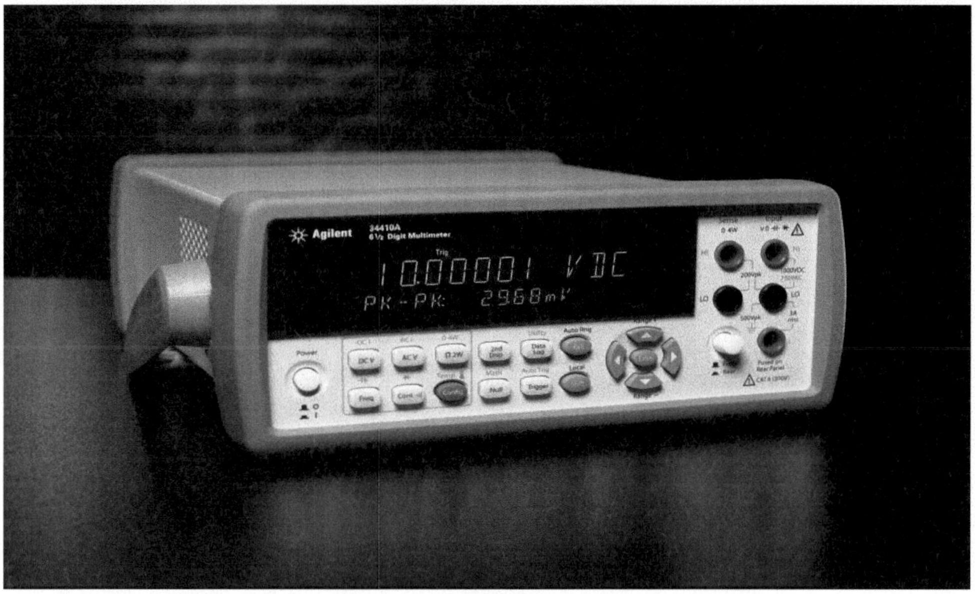

(a)

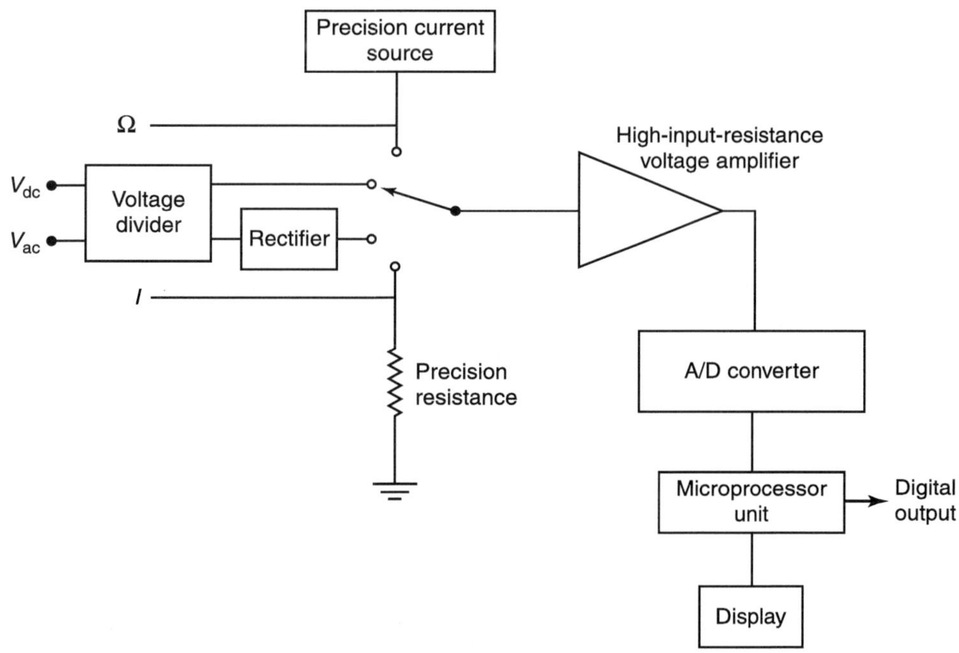

(b)

그림 9.7 (a) 디지털 표시부 전압-저항-밀리전류계(Agilent Technologies사 제공) (b) 전형적인 디지털 멀티메터

이 장치의 핵심은 그림 9.9에 도시되어 있는 음극선관(cathode-ray tube, CRT)이다. 음극으로부터 방출된 전자의 흐름은 형광 스크린에 정확히 초점이 맞추어지며, 스크린과 충돌한 위치에 휘점(輝點)을 형성한다. 편향판(偏向板, deflection plat)은 전자빔의 방향 제어를 통해서 스크린에서의 휘점의 위치를 제어한다. 만약 편향판 사이에 편향 전압을 가하여 전기장이 형성된다면, 그림 9.10에 보듯이 전자빔은 편향된다. 이러한 편향판을 수평과 수직으로 배열하면, 전자빔을 스크린상의 어느 위치로도 편향시킬 수 있게 된다.

그림 9.11은 전형적인 범용 음극선 오실로스코프의 블록 선도이다. 특수한 제어 단자와 입력 및 시험 단자들의 형태에 따라 매우 다양한 종류 CRO가 존재한다. 그림의 선도는 어느 특정한 상업용 CRO를 나타낸 것이 아니다. 어떤 CRO는 여기서 나타나지 않은 특징을 가지거나 반대로 여기서 나타난 특징의 일부를 갖지 않을 수도 있다.

9.6.1 오실로스코프 증폭기

전형적인 정전기식 음극선관의 감도는 비교적 낮은데, 0.010~0.15 cm/Vdc 또는 6~100 V/cm 정도의 편향 감도(deflection sensitivity)를 가진다. 그러므로 일반적인 측정을 위해서는, 신호가 편향판에 도달하기 전에 증폭이 수행되어야만 한다. 모든 범용 오실로스코프는 이러한 증폭 기능을 가지고 있는데, 대부분은 수직판과 수평판 모두에 대해 직류 및 교류 증폭 장치를 가지고 있다. 교류 증폭 또는 *ac* **증폭**(*ac coupling*)에서는 커패시터가 신호의 직류 성분을 막아 주므로 교류 성분만이 증폭 된다.

스크린 상의 트레이스(trace)의 진폭을 조절하기 위해 이득을 변화시키는 수단이 필요하게 되는데, 이는 흔히 가변 감쇠기(variable attenuator)와 그 뒤에 고정 이득 증폭기를 연결하여 사용함으로써 이러한 가변 이득의 기능을 수행한다.

9.6.2 톱니형 발진기 또는 시간 축 발생기

특수 목적 응용을 제외하고는, CRO는 **톱니파 발진기**(*sawtooth* oscillator)를 포함하고 있다. 톱니파 발진기는 **스위프 발진기**(*sweep* oscillator) 또는 시간축 발생기(time base generator)이라고도 불린다. 이러한 가변 주파수 발진기는 그림 4.9(c)에 나타난 형태로 출력 전압-시간의 관계를 발생시킨다. 이상적으로는, 전압이 시간에 비례하여 증가하다가 최대값에 도달하는 순간에 거의 일시적으로 원래 값으로 되돌아간다.

톱니파 발진기의 출력이 CRT의 수평 편향판에 가해지면, 휘점이 일정한 속도로 스크린 상을 수평으로 지나가게 된다. 전압이 최대값에 도달하였다가 0으로 되돌아가면, 휘점은 스크린상의 출발점으로 이동하여 다시 사이클을 반복한다. 경로의 길이는 발진기 주파수의 주기의 척도가 되며, 경로상의 각 점은 트레이시의 시작부터 측정된 비례적인 시간 간격을 타나낸다. 관습상 시간의 증가는 우측으로 측정한다. 이러한 방식으로 CRT 스크

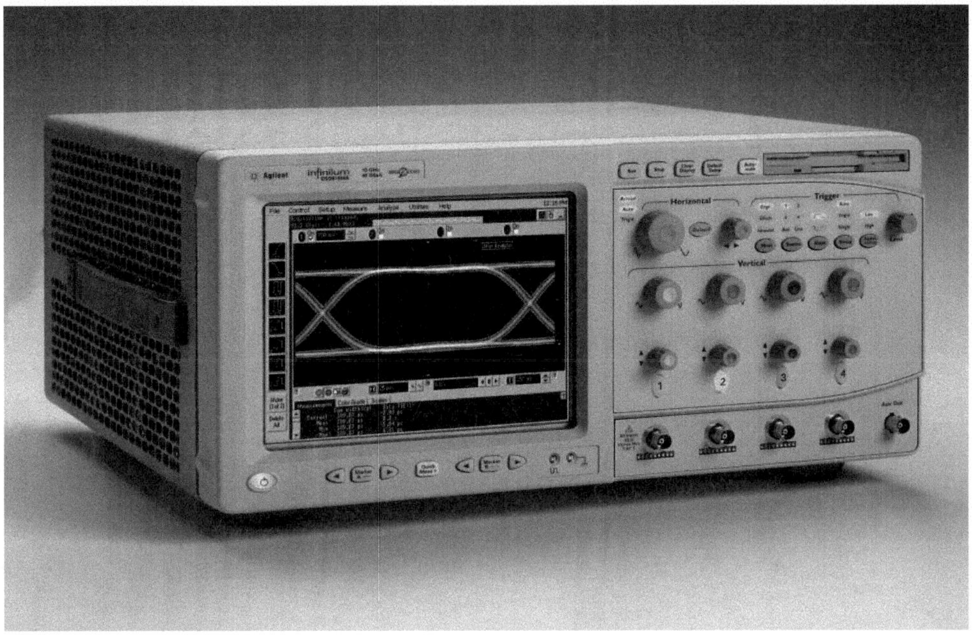

그림 9.8 모델 DSO81004A 디지타이징 오실로스코프(Agilent Technologies사 제공)

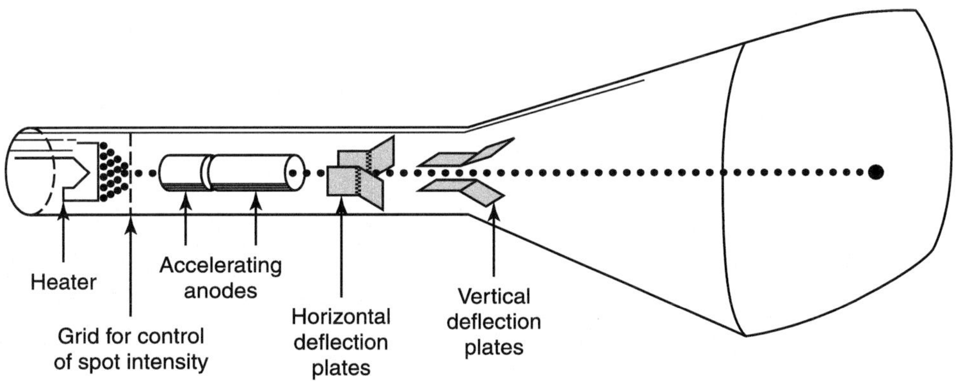

그림 9.9 기본적인 CRT의 구성 요소

린상의 x축을 따라 매우 유용한 시간축(*time base*)을 얻게 된다.

간단한 예로서, 일반적인 60 Hz 선간 전압이 CRT의 y 편향판에 가해지고 가변 주파수 스위프 발진기로부터의 출력이 x 편향판에 가해진다고 가정하다. 2개의 전압이 가해지면, 톱니파 발진기의 주파수는 제어 패널 상의 스위프 범위와 스위프 버니어(vernier) 제어에 의해서 조절된다. 톱니파 주파수가 정확히 60 Hz로 조정되면, 수직 입력 파형의 완전한 한 사이클이 그림 9.12(a)에서 보듯이 스크린상에 정지해 있는 것으로 보인다. 스위프 주

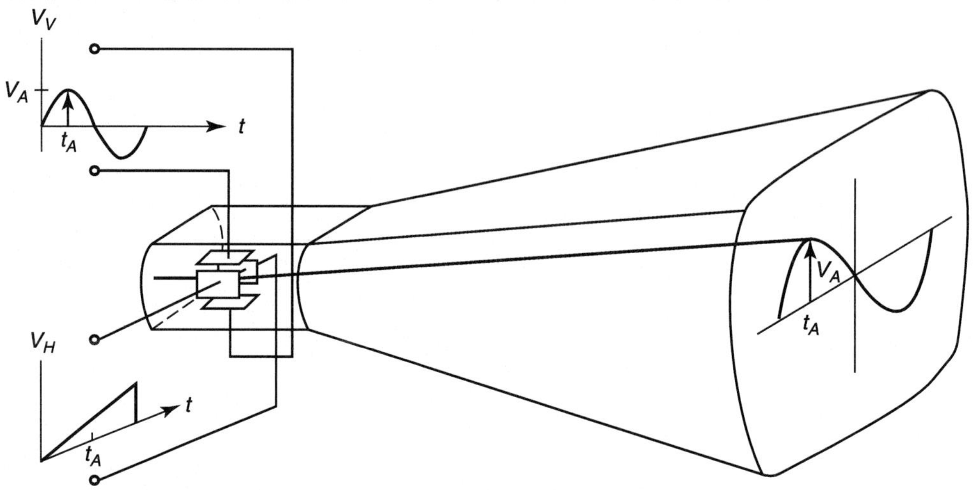

그림 9.10 시간에 따라 변하는 전압 V_V를 수직 편향판에, 톱니 파형 전압 V_H를 수평 편향판에 가하면, 전자빔에 의해서 화면에 신호 파형이 나타난다.

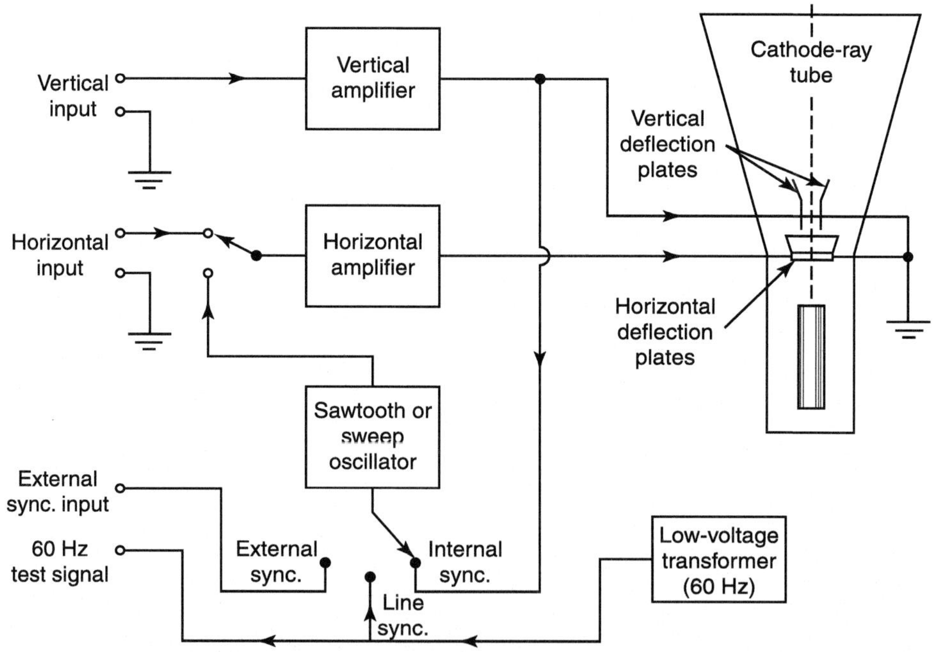

그림 9.11 범용 오실로스코프의 블록 선도

파수가 60 Hz보다 약간 크거나 작으면, 파형은 스크린상에서 좌측이나 우측으로 조금씩 움직이는 것으로 보인다. 파형이 스크린에서 한 완전한 파장을 정확히 움직이는 데 필요한 시간(초 단위로)의 역수는 스위프 주파수와 입력 주파수의 차이(H_z 단위로)이다. 어떤 경우에 이러한 관계는 주파수나 주기의 정확한 측정을 하는 데 사용되기도 한다.

만약 스위프 주파수가 정확하게 30 Hz로 변화하면 2사이클의 입력 신호가 그림 9.12(b)와 같이 고정된 상태로 나타날 것이다.

9.6.3 동기화 또는 트리거링

앞에서 언급한 예제에서, 스위프 주파수가 정확히 60 Hz라면 60 Hz파형의 한 사이클은 스크린상에서 정지되어 있는 것으로 보인다. 모든 형태의 전자식 발진기로부터의 주파수는 시간에 따라 드리프트(drift)하는 경향이 있다. 이는 계측 기기의 준비작동(warm-up)에 기인하는 온도 변화로 인하여, 부품의 특성이 변화되어 발생하게 된다. 그러므로 스크린상에 크리프(creep) 없이 파형을 정지시키기 위해서는 계속하여 트레이스를 관찰하고, 필요하면 스위프 주파수를 조정하여야 한다.

그러나 정상 상태 신호가 수직 단자에 적용될 때, 먼저 스위프 주파수가 입력 주파수 또는 입력 주파수의 배수가 되도록 조정된다면, 입력 주파수에 스위프 발진 주파수를 고정시키는 것이 가능하다. 이는 "Trigger Source"와 "Trigger Level" 제어를 통해서 조정된다.

이 예에서 수직 입력을 동기화 신호원으로 사용하고자 하므로, 트리거 소스를 "Internal"에 설정해야 한다(그림 9.12(c) 참조). 입력 신호로부터의 전압 펄스는 스위프 발진기에 가해지며, 작은 범위에 걸쳐서 발진기 주파수를 조정하는 데 사용된다. 만약 주파수가 초기에 입력 주파수의 정수배로 조정된다면, 스위프 발진기는 입력 신호와 조화되어 고정되며 트레이스는 스크린상에 정지될 것이다. 트리거 펄스가 발생되기 위해서는 트리거 레벨 전압이 주기 신호의 범위에 놓이도록 조정될 필요가 있다.

전기 기술자들은 흔히 60 Hz에서의 측정을 하게 되므로, 오실로스코프는 보통 전력선으로부터 직접적인 동기화 신호를 제공하도록 되어 있다. 트리거 소스 선택기에서 이러한 성질은 흔히 간단히 "Line"으로 표시되어 있다.

마지막으로 입력 신호와 밀접한 관계있는 외부 소스로부터 CRO 트레이스를 트리거링하는 작업이 흔히 필요하다. 예를 들어 전기식 압력 센서가 왕복형 공기 압축기내의 실린더 압력을 측정하는 데 사용된다고 가정하자. 검출기로부터의 압력 신호가 정상 상태이더라도, 부하의 변화 또는 밸브 작동의 오류 등에 의해서 이 신호를 동기화에 대한 소스로 사용하는 것은 바람직하지 않다. 이런 경우에는 외부 회로를 사용할 수 있는데, 간단한 개폐식 접촉 스위치를 압축기 축에 장착한 다음 건전지에 연결함으로써 동기화에 필요한 전압 펄스를 제공할 수 있다. 이런 회로는 외부 트리거 입력과 접지 사이에 연결될 수 있으며, 이때 트리거 소스는 "External"로 설정되어야 한다.

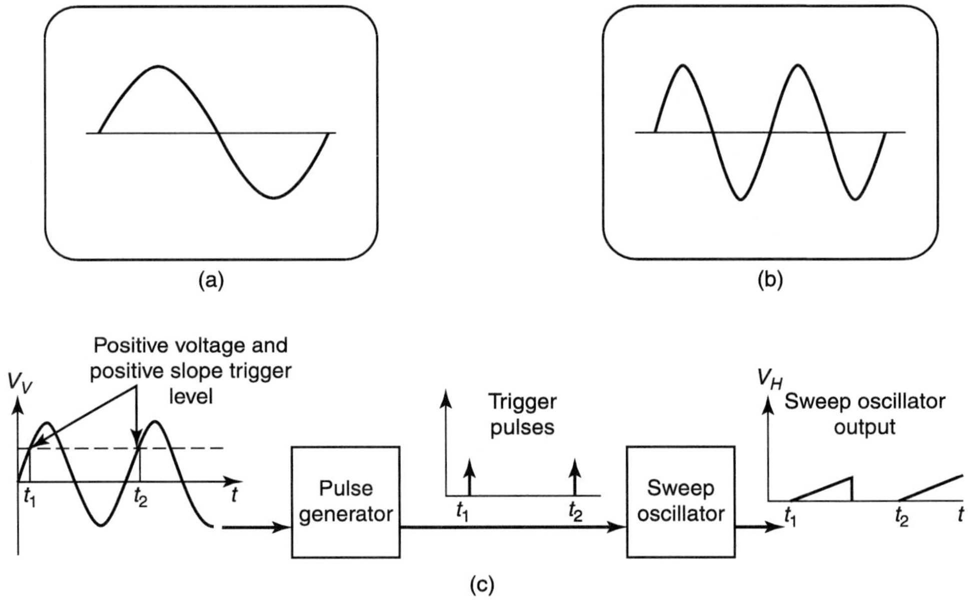

그림 9.12 내부 트리거링의 예제: (a) 수직 편향판에 60 Hz 전압을 가하고, 수평 스위프를 60 Hz로 조정한 경우, (b) 수평 스위프를 30 Hz로 변화시킨 경우, (c) 일반적인 내부 트리거 동기화

이 경우에, 외부로부터 펄스가 가해질 때만 **수평 스위프**가 발생한다. 위와 같은 외부 트리거링은 연속 스위프가 아닌 단일 스위프만이 필요할 때도 유용하다. 이런 경우에는, 동기화 접촉 스위치를 단순히 수동으로 조작하거나 시험 사이클에 통합시킬 수도 있다. 예를 들어 관심 있는 시험 신호가 발생하는 시점에 어떤 물체가 광전지로 입사되는 광선을 차단할 수 있도록 장치를 구성하면, 시험 신호와 동기화할 수 있는 초기 펄스를 제공할 수 있다.

외부 소스의 트리거링을 사용하여 스위프를 발생시킬 때, 스위프는 각 트리거링 펄스에 대해 한 번 발생한다. 이 경우에 스위프 속도(sweep rate)는 스위프 범위와 스위프 버니어(vernier)에 의해 조정된다. 물론, 스위프는 스위프 제어 설정에 의해 주어진 것보다 더 빠른 속도로 펄스화 될 수는 없다. 즉 전자빔은 그것이 다시 트리거링되기 전에 원점으로 되돌아 와야만 한다.

9.7 기타 음극선 오실로스코프

9.7.1 다중 추적

2개의 연속적인 입력에 대해서 정확한 시간 비교를 수행해야 하는 경우가 많이 있는데, 이는 CRO의 다중 트레이스(multiple-trace) 기능을 이용하여 해결할 수 있다. 디지털 오실로스코프는 여러 개의 트레이스를 동시에 보여 주는 것이 가능하지만, 이중 트레이스(dual-trace) 형이 가장 일반적으로 사용된다.

이중 트레이스를 구현하는 데는 다음의 2가지 방식이 있다: (1) 단일의 CRT 내에 2개의 분리된 전자총을 사용하는 방법, (2) 일반적인 1개의 전자총을 가진 음극선관의 수직판에 2개의 입력을 고속으로 게이팅(스위칭)하는 방법. 어떤 방법이든지 중복 회로(단자, 증폭기, 위치 제어기 등)가 요구되며, 두 번째 방법이 더욱 일반적으로 이용된다.

게이팅 방법을 사용할 때 오실로스코프 설계 엔지니어는 다음 두 방식 중 하나 또는 둘을 선택할 수 있다. **초프 트레이스**(*chopped-trace*) 방식이라고 불리는 첫 번째 방식은, 단일 스위프가 CRT 화면을 가로지르는 동안에 입력 A와 입력 B사이에서 연속적으로 여러 번 전환하는 방식인데, 전환 속도는 보통 200 kHz 정도이다. 대부분의 스위프 속도에 대해서, 게이팅이 매우 빠르며, 또한 형광 물질의 잔영이 남아 있으므로 두 트레이스는 연속적인 것으로 보인다. 그러나 스위프 속도가 증가함에 따라 트레이스의 실제적인 불연속성이 문제가 되기도 한다.

또 다른 방식은 먼저 입력 A, 그 다음에 입력 B, 그리고 다시 입력 A 등으로 교대로 전체 트레이스를 보여 주는 교번 게이팅(alternate gating) 방식이다. 이때 각 트레이스는 화면상에서 약간은 지속되므로 두 트레이스가 교대로 나타나더라도 마치 동시에 트레이스가 존재하는 것으로 보인다. 많은 이중 트레이스 스코프에는 이들 중 어느 한 방식을 선택할 수 있게 하는 스위치가 제공된다.

9.7.2 확대와 지연 스위프

증폭은 수평 스위프를 CRO 화면 크기의 수배로 늘리거나 확대하는 데 사용된다. 이는 수평 위치 제어의 조절 기능과 함께 결합되어, 보다 자세한 관찰을 위하여 수직 스위프의 한 부분을 확대한다는 것을 의미한다. 보다 발달된 오실로스코프는 유사한 기능을 수행하기 위해 '지연 스위프(*delayed sweep*)' 라 불리는 기능을 사용한다. 즉 사용자가 확대를 원하는 수직 표시의 조그만 부분을 선택하면, 선택된 속도로 그 부분을 볼 수 있다.

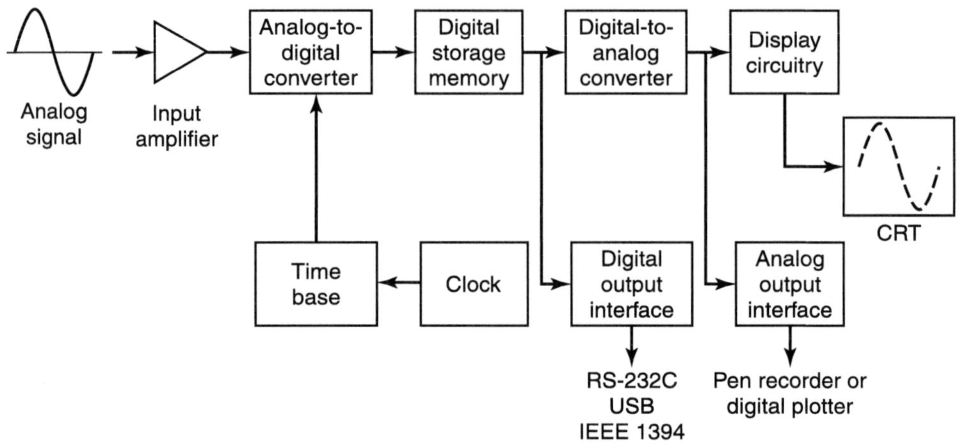

그림 9.13 디지털 저장 오실로스코프의 블록 선도

9.7.3 스토리지스코프

디지털 저장용 오실로스코프(digital storage oscilloscope)는 아날로그 입력 파형을 디지털 신호로 변환한 다음, 이를 기억 장치에 저장하거나 나중에 다시 CRT(그림 9.13)에 재현할 수 있다는 점에서 아날로그 오실로스코프와는 차이가 있다. 입력 신호는 저장 전에 신호를 디지털화하는 A/D변환기로 보내어진다(8.11절 참조). 저장된 내용은 D/A 변환기를 거쳐서 CRT 회로의 수직 및 수평 편향판으로 보내져서 재현된다. 데이터는 흔히 개별적인 점의 형태로 표시되지만, 전제적으로는 CRT 화면상에서 연속적인 트레이스의 형태로 보인다. 이때 각 점의 수직 화면 위치는 각 기억 장소에 저장된 2진수에 의해 주어지고, 수평 화면 위치는 그 기억 장소의 2진 어드레스로부터 얻어진다. 점의 개수는 이산화 속도(digitizing rate)에 대한 입력 신호의 주파수, 기억 용량, 기억 내용이 판독되는 속도 등의 3가지 인자에 의해서 결정된다. 이산화 속도에 대한 입력 신호의 주파수가 커질수록, 단일 패스(pass)에서 오실로스코프의 기억 장치에 저장될 수 있는 데이터 점의 수가 작아지게 되며, 따라서 재현되는 파형에 사용될 수 있는 점의 수도 작아진다.

디지털 저장 오실로스코프와 아날로그 오실로스코프는 각각의 장점을 가지지만, 디지털 오실로스코프는 성능면에서 아날로그 오실로스코프에 비해서 월등하다. 단지 파형을 포착하여 화면에 나타내 주는 기능뿐만 아니라, 디지털 오실로스코프는 다음과 같은 작업을 수행할 수 있다: 비교를 위해서 파형 데이터를 무기한으로 저장할 수 있고, 저장된 데이터를 다른 디지털 장치에 전송할 수 있으며, 또한 어떤 경우에는 데이터를 오실로스코프상에서 직접 처리할 수 있다. 게다가 최대, 최소, 피크-피크, 평균, 실효값(rms), 상승 시간, 하강 시간, 파형의 주파수, 그리고 펄스 지연 같은 파형의 파라미터들을 계산하여 오실로스코프 화면에 10진수의 형태로 표기할 수도 있다. 디지털 오실로스코프는 또한 과도 신호를 포착하는 데 적합하다. 만약 오실로스코프가 단일 스위프 모드로 설정되었다면, 데이터는 트리거 신호가 입력될 때마다 자동적으로 포착되어 저장된다. 결과적으로, 아날로그 오실로스코프에서의 본질적인 동기화 문제가 제거된다.

디지털 오실로스코프의 A/D 변환기는 가장 중요한 몇 가지의 작동 특성을 결정한다. 전압 분해능은 A/D 변환기의 비트 분해능에 의해서 결정되며, 저장 속도는 변환기의 최대 변환 속도에 의해 결정된다. 예를 들어 8, 10 또는 12비트를 사용하는 0~10 V 변환기는 각각 0.0391 V, 0.0098 V 및 0.0025 V까지 전압을 분해할 수 있다. 시간 분해능은 사용자가 각각의 저장된 파형을 위해 얼마의 기억 장소가 필요한지를 정의할 수 있다는 점에서 선택적이라 할 수 있다.

디지털 오실로스코프의 출력은 CRT에서의 트레이스와는 다른 형태로도 사용된다. 일반적으로 USB, RS-232C, IEEE-1394(8.10.4절)와 같은 디지털 출력 형식이 가능하다. 보다 효율적인 오실로스코프의 출력 기록을 위해 몇몇 오실로스코프는 캡쳐된 신호가 컴퓨터 분석을 위하여 CD-ROM에 즉시 저장될 수 있도록 하기 위하여 디스크 드라이브를 장착하고 있으며, 획득한 신호를 차후의 복잡한 데이터 해석을 위해 저장하기도 한다.

9.7.4 단일단자와 차동입력

신호가 오실로스코프에 연결될 때 단일 단자 입력(single-ended input)과 차동 입력(differential input)의 2가지 연결 방식이 사용된다.

단일 단자 입력이란, 각 증폭기 채널이 접지 단자 외에 단지 하나의 입력 단자만을 가지는 방식으로, 단지 접지에 기준한 전압만을 측정할 수 있다. 오실로스코프에서 가장 일반적인 입력은 BNC 동축 커넥터(coaxial connector)로 연결되는데, 이때 BNC 커넥터의 외부의 도체가 입력의 접지 단자이다.

차동 입력 방식은 3단자, 즉 각 증폭기 채널이 1개의 접지단자와 2개의 신호 입력 단자를 가진다. 이와 같은 방식으로 2개의 비접지점 사이의 전압을 측정할 수 있다. 즉 증폭기는 두 단자 사이의 차를 전자적으로 구하여, 그 차를 화면상에 나타낸다. 게다가 차동 증폭기는 원하지 않는 공통 모드 신호에 의한 문제를 감소시킬 수 있는데, 이러한 특징은 원하지 않는 큰 공통 모드 신호의 존재시에 작은 신호를 측정할 필요가 있을 때 유용하게 사용된다.

9.8 *XY* 플로터

xy 플로터(*xy-plotter*)는 2개의 dc 입력에 의해서 *xy* 평면상에 직교 그래프를 그리는 데 사용되는 장치이다. 물론, 이장치의 사용시에 가장 큰 장점은, 그래프가 자동적으로 작성되므로 손으로 직접 그리는 수고를 덜 수 있다는 점이다. 또한 한 용지 위에 중첩하여 여러 곡선들을 그릴 수도 있다. 그림 9.14은 전형적인 *xy* 플로터를 보여 준다. 기본 구성 요소는 압판(platen) 및 하나 혹은 그 이상의 서보 구동철필(stylus)인데, 그래프 용지가 기계적 수단이나 진공 또는 정전기 장치에 의해 압판에 부착된다. 또한 입력 신호의 증폭이 보통 요구된다.

성능을 나타내는 사양으로는, 입력 변위(진폭과 주파수), 감도, 철필의 슬루율(slew rate), 가속 한계, 분해능, 공통 모드 제거를 위한 장치 등이 있다. cm/s 단위로 표시되는 슬루율은 철필이 구동될 수 있는 최대 속도로, 이것은 특히 큰 진폭이 도시될 때 응답 특성을 제한하는 인자가 된다. 한편 철필의 최대 가속 한계는 진폭은 작지만 높은 주파수를 가진 입력이 도시될 때 더욱 중요한 인자가 된다.

일반적인 그래프의 크기는 22×28($8\frac{1}{2}$×11in.) 그리고 28×44 cm(11×17 in)이다. Two-stylus 모델(*xyz*)은 2개의 곡선을 동시에 플롯하는 것이 가능하다. 물론 *x*축이 내부 드라이브 시스템에 의해 제공된 시간이 아니라면 이 모델은 3개의 분리된 드라이브 시스템이 필요하다.

9.9 디지털 파형 기록계

대부분의 아날로그 *xy* 기록계들은 비교적 낮은 철필의 슬루율과 가속 한계에 의해 제한을 받는다. 디지털 형식의 플로터는 일반적으로 향상된 성능을 가지므로, 예전의 스트립 차트(strip-chart) 기록계를 대체하여 왔다. 그러나 스트립 차트 오실로그래프는 오랜 기록 시간이 필요한 응용에서는 여전히 사용되고 있다. 펜 또는 철필의 관성 때문에, 아날로그 오실로그래프의 최대 기록 주파수는 펜 또는 철필의 암(arm)이 충분한 진폭을 유지하도록 50 Hz 이하가 되어야 한다. 이러한 단점은 디지털 플로터를 사용함으로써 최소화할 수 있는데, 이는 *xy* 기록계, 파형 기록계 또는 저장 오실로스코프 및 디지털 전압계의 특성을 결합시킨 것이다. 디지털 플로터는 아날로그 신호를 샘플링하고, 이산화시킨 후에 기억장치에 저장하고 아날로그 형태로 도시한다.

그림 9.15은 HP 7090A 저주파 측정 플로터 시스템의 다양한 용도에 대해 나타낸 것인데, 이 시스템은 기계 계측에서 사용되는 센서로부터 발생하는 대부분의 신호를 기록하는데 사용될 수 있다. 이 그림은 동시에 입력 신호를 받아들일 수 있는 3개의 채널 중 하나만을 보여 준다. 각 채널은 버퍼(buffer)를 가지고 있는데, 각 버퍼는 1000개의 데이터 값을 저장할 수 있다. 버퍼를 사용하여 기록되는 동안에 동시에 입력 버퍼들이 다른 입력으로 채워질 수 있나. 버퍼에 있는 데이터는 다시 호출되어 도시될 수도 있고, 오실로스코프의 화면에 재현될 수도 있다.

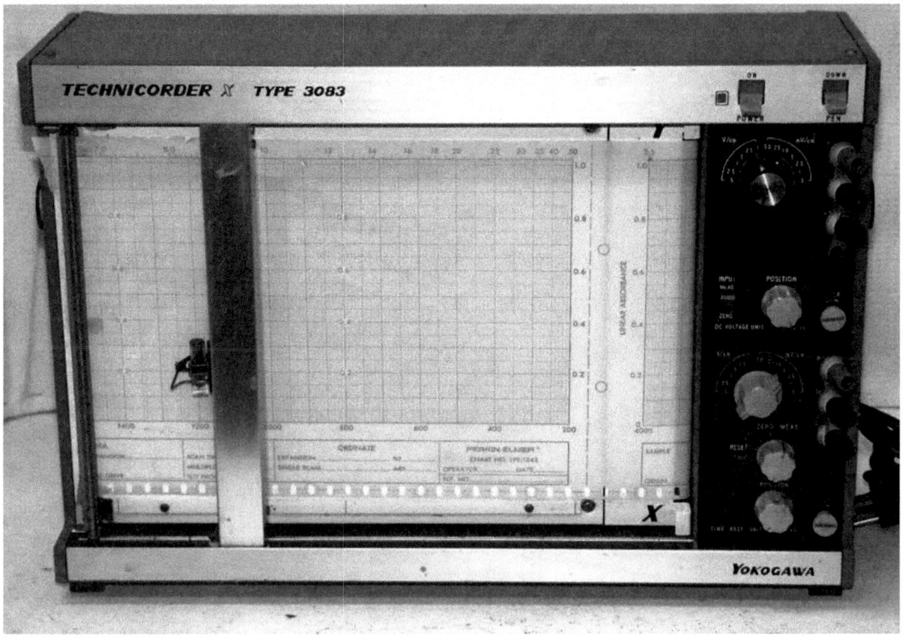

그림 9.14 *xy* 기록계(Labequip.com 제공)

직접 기록 모드는 실시간 기록을 하드카피 플롯(hard-copy plot)으로 작성하는 데에 사용될 수 있다. 입력 신호는 250 samples/s의 고정된 속도로 디지털 데이터로 변환되어 (기억 장치에 저장되지는 않음) 플로터의 스텝 모터를 구동시키는 데 사용된다. 어느 두 채널의 데이터는 시간축에 대한 또는 다른 채널에 대한 그래프로 도시될 수 있다.

9.10 스펙트럼 분석기

스펙트럼 분석기(spectrum analyzer)는 신호의 주파수 스펙트럼을 측정하는데, 스웹트(swept)형과 디지털형의 두 가지가 있다. 그림 9.16은 단순화된 스웹트형 스펙트럼 분석기의 작동을 보여 주는 블록 선도로, 관련된 블록들은 다음과 같다.

1. 톱니 파형 발생기(*sawtooth waveform generator*)는 고정된 주파수에서 작동하지만, 전압 출력은 램프의 형태로 선형적으로 변한다.
2. 전압 제어 발진기(*voltage-controlled oscillator*, VCO)의 출력 주파수 f_{VCO}는 주어진 주파수 영역에 걸쳐서 선형적으로 변하지만, 전압 진폭은 일정하다.
3. 믹서(mixer)는 입력 신호와 VCO 출력을 결합하는 기능을 수행한다. 이는 합과 차에 해당하는 2개의 주파수 성분을 만든다. 입력 주파수 f_{in}에 대해 이 두 주파수는 $(f_{\text{VCO}} - f_{\text{in}})$과$(f_{\text{VCO}} + f_{\text{in}})$이 된다(10.6절 참조).

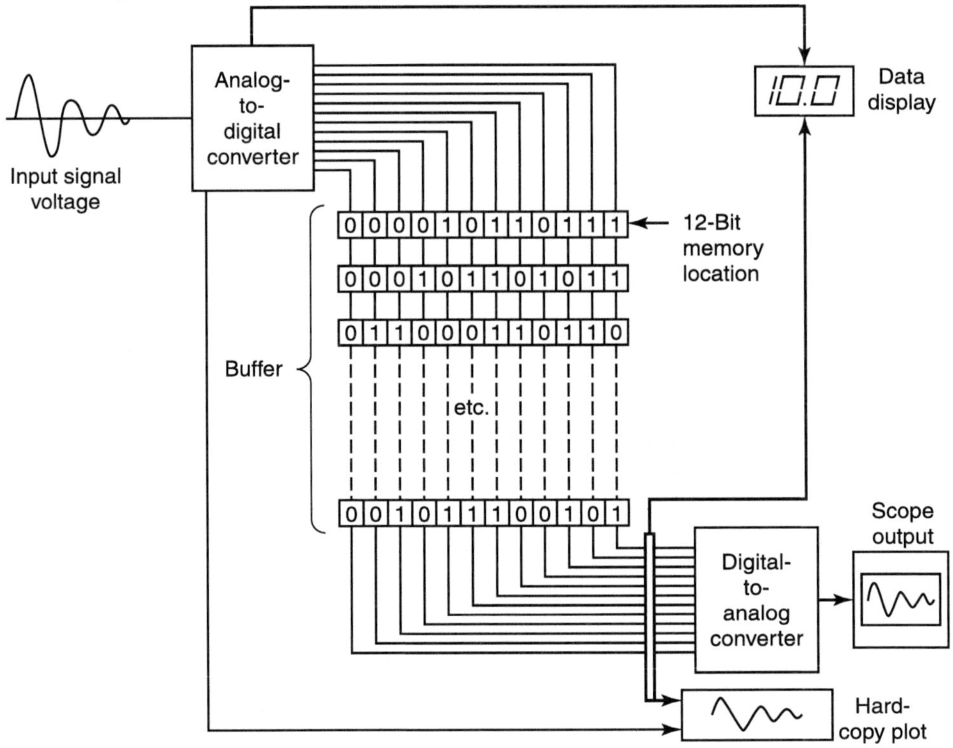

그림 9.15 HP 7090A 플로터 시스템

4. 중간 주파수(intermediate-frequency, *IF*) 대역 통과 증폭기(*band-pass amplifier*)는, 다른 주파수 성분을 배제하고 단일 주파수 ($f_{VCO} - f_{in}$)을 통과시키도록 통과 대역이 설정되어 있다.
5. 검출기(*detector*)는 기본적으로 전압 정류기로, 한 극성의 전압만을 통과시킨다.
6. CRT는 화면 표시에 사용된다.

톱니파 발생기의 출력이 0으로부터 선형적으로 증가함에 따라, CRT 전자빔이 화면상의 x축을 따라서 움직이도록 구동된다. 동시에 VCO로부터의 출력 주파수는 선형적으로 위로 이동한다. VCO 주파수와 입력의 주파수 성분의 차 주파수(difference frequency)인 ($f_{VCO} - f_{in}$)가 IF 증폭기의 통과 대역 주파수와 정합될 때, 진폭이 입력 성분의 진폭에 비례하는 신호 성분이 통과된다. 이 성분이 정류되어 차 주파수에 해당하는 점에서 수평 주파수 축상에 위치한 스파이크(spike)로 CRT 화면에 나타난다. 양 축은 입력 파라미터의 항으로 교정될 수 있다.

이런 결과를 가시화하기 위해서, 다음과 같이 두 성분을 가진 입력을 고려해 보자.

$$A(t) = 10\cos\ \Omega t + 5\cos 2\Omega t$$

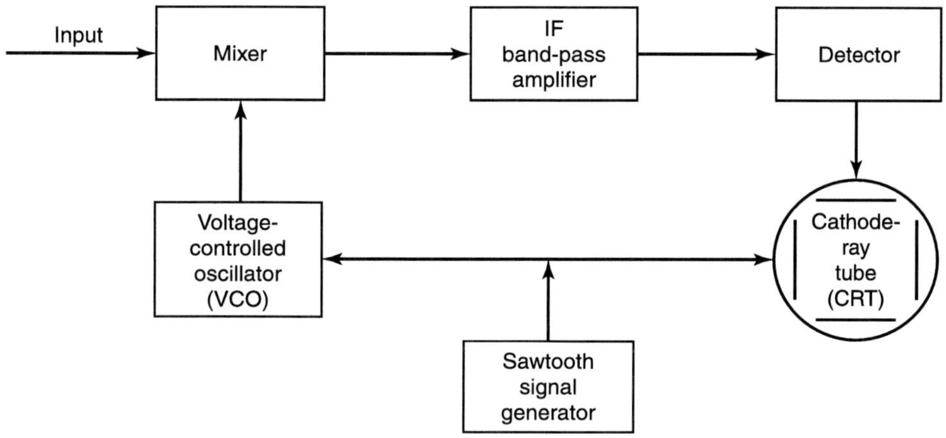

그림 9.16 스펙트럼 분석기의 블록 선도

그림 9.19(a)는 위의 함수를 진폭-시간 선도로 나타낸 것이며, 그림 9.17(b)는 스펙트럼 분석기에 의해 나타나는 진폭-주파수 선도이다. 이상적인 입력과 이상적인 응답에 대해, 2개의 스파이크는 완벽한 수직선에 의해 표시된다. 그러나 입력 주파수가 증가하게 되면, 스파이크가 뭉툭해지는 한계가 나타나게 된다.

가장 단순한 분석기에서도 주파수와 진폭의 범위를 조정하기 위한 다양한 조정 장치가 제공된다. 또한 IF 대역 통과 분석기는 입력 신호에서 주파수 성분을 분리시키도록 변화될 수도 있다. 이러한 분석기는 응용 용도에 따라 선택되는데, 진동과 음향의 측정에는 저주파 분석기가, 무선 주파수의 측정에는 RF 분석기가, TV를 위해서는 UHF 분석기가, 마이크로파를 위해서는 기가 Hz까지의 범위를 가진 분석기 등이 사용된다.

디지털 FFT(fast Fourier transform) 해석과 디지털 스펙트럼 분석기에 대한 설명은 4.7절과 18.6절에 주어져 있다.

9.11 랩뷰

랩뷰(LabVIEW)는 본래 개인용 컴퓨터로 “가상 기계(virtual instrument)”를 만들어 측정을 하기 위해 National Instrument사에서 개발된 프로그래밍 언어이다.

가상의 기계는 실험실에서 찾을 수 있는 어떠한 도구도 될 수 있다. (예를 들면 멀티미터, 오실로스코프, 필터 등); 그러나 랩뷰에서는 컴퓨터가 데이터 획득 카드를 통해 데이터를 수집하고, 프로그램은 컴퓨터 분석을 위하여 사용된다. 데이터는 하나의 형식으로 컴퓨터 모니터에 표시되고 그 형식은 일반적으로 기계 자체에서 볼 수 있다. 랩뷰의 장점은 사용자가 데이터 획득 카드를 갖춘 컴퓨터를 사용하기만 하면 무제한으로 기계를 만들 수 있다는 것이다. 하지만 데이터 획득 카드의 AD변환기의 제한적인 샘플링 속도와

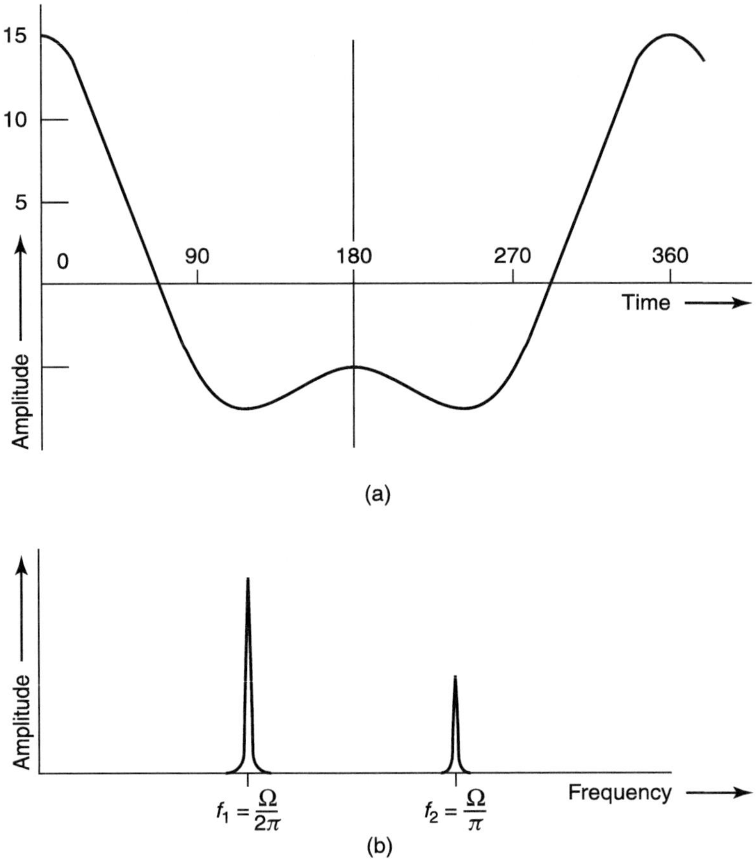

그림 9.17 (a) $A(t) = 10 \cos \Omega t + 5 \cos 2\ \Omega t$의 시간 영역 선도, (b) $A(t) = 10 \cos \Omega t + 5 \cos 2\ \Omega t$의 주파수 영역 선도

분해능 때문에 이러한 접근에는 한계가 있다. 그럼에도 불구하고, 이러한 시스템이 매우 유용하게 사용되는 이유는 다용도의 데이터 수집장치 때문이다. 또한 여러 기계들을 모의할 수 있기 때문이다. 데이터를 수집하기 위하여 컴퓨터를 사용하면 원거리 현장이나, 일정한 간격, 또는 매우 높은 속도로 조작되는 상황에 매우 유용하다.

랩뷰의 핵심은 "그래피컬 프로그래밍(graphical programming)"이라 불리는 프로그래밍 언어이다. 그래픽 프로그래밍이 기존의 프로그래밍 언어와 다른 점은 코드를 생성하는 데 있어 연속적인 방식으로 텍스트와 기호를 기반으로 한다는 점이다. 그래피컬 프로그래밍의 코드는 컴퓨터 스크린의 아이콘과 연결선을 기반으로 한다. 프로그램을 통해 선을 따라 아이콘에서 아이콘으로 데이터가 흐른다. 이 프로그램을 가상기계라고 부른다.

랩뷰에서 데이터는 도표와 그래프로의 두 가지 방식으로 표현된다. 도표는 실시간 데이터 표시를 위하여 사용된다. 이러한 방식의 데이터 처리는 그래프방식보다 더 빠르다. 그래프는 오프라인 분석을 위해 사용되고 이 데이터를 표시한다.

SUGGESTED READINGS

Hickman, I. *Oscilloscopes.* 5th ed. Boston: Newnes, 2000.

Ibrahim, K. F. *Instruments and Automatic Test Equipment: An Introductory Textbook.* New York: John Wiley, 1986.

Wolf, S., and R. F. M. Smith. *Student Reference Manual for Electronic Instrumentation Laboratories.* 2nd ed. Upper Saddle River, N.J.: Prentice Hall, 2003.

연습문제

9.1. Verify Eqs. (9.6a) and (9.7a).

9.2. Determine the rms voltage for the waveform shown in Fig. 9.18.

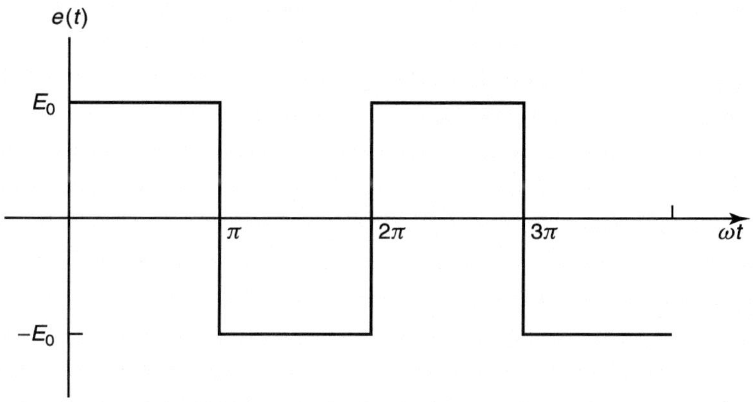

FIGURE 9.18: Waveform for Problem 9.2.

9.3. Determine the rms voltage for the waveform shown in Fig. 9.19.

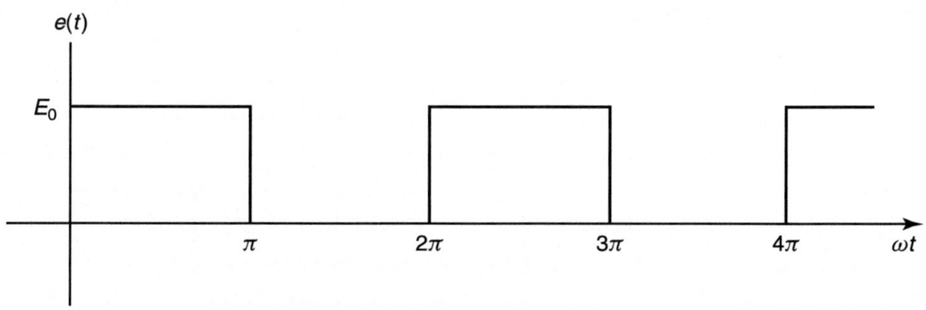

FIGURE 9.19: Waveform for Problem 9.3.

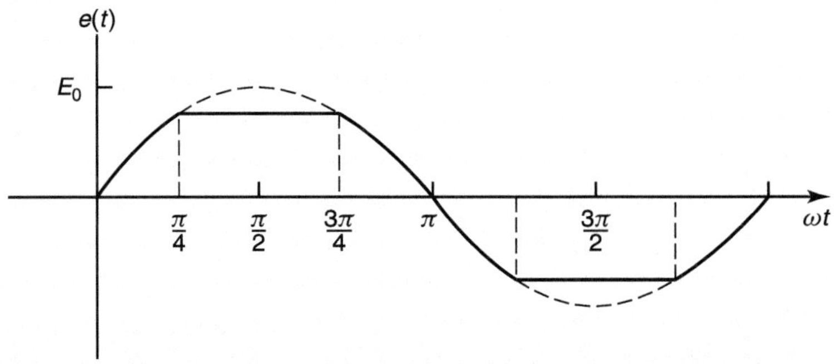

FIGURE 9.20: Waveform for Problem 9.4.

9.4. Figure 9.20 illustrates a clipped sine wave. Determine the rms voltage for this waveform.

9.5. What is the rms value for the waveform defined by by the following?

$$y = 10 \sin \omega t + 10 \sin 2\omega t$$

9.6. Assemble the apparatus shown in Fig. 9.21.

(**a**) Input selected waveforms and record the rms values indicated by the ac voltmeter (ACVM) and E_0 as determined by the oscilloscope.

(**b**) Use Eq. (9.7a) and calculate the rms value for the selected waveform and compare with the meter readout.

9.7. Collect the following equipment: a general-purpose oscilloscope (preferably a single-channel basic oscilloscope) and two variable-frequency signal generators, along with an assortment of appropriate leads. Connect one signal source to the vertical input terminals of the oscilloscope and the other to the horizontal terminals. Proceed to "turn the knobs." Experiment until you are familiar with the purpose and action of each of the controls. (Feel free to make any front-panel adjustments that are available, except for possible screwdriver balance adjustments. In addition, avoid holding an intense, concentrated, fixed spot on the screen. To do so could cause local burning of the phosphor.) Refer to Figs. 9.12(b), 10.6, and 10.9. Can you reproduce these patterns?

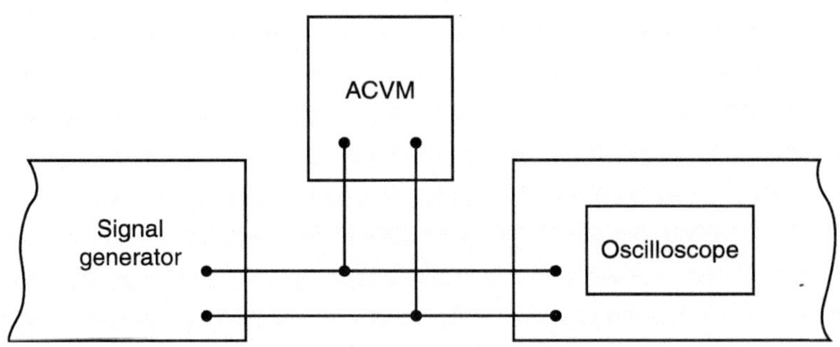

FIGURE 9.21: Circuit for Problem 9.6 (signal generator has sine, square, and triangular waveform capabilities).

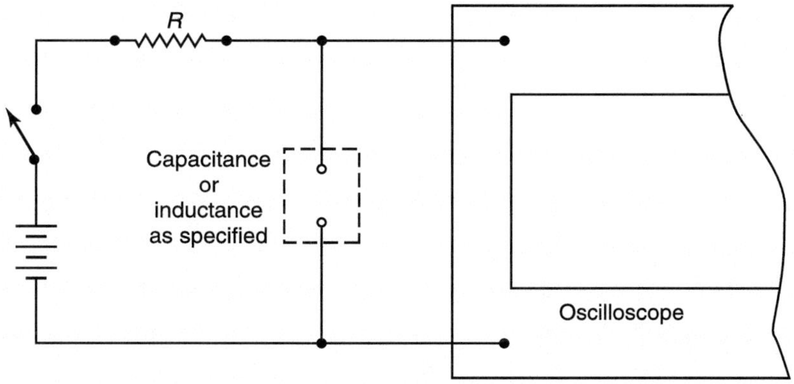

FIGURE 9.22: Experimental setup for Problem 9.8.

9.8. Figure 9.22 illustrates an experimental setup for determining the time constant for various combinations of R and C (or L). Insert a range of components and compare experimentally determined values for the resulting time constants with theoretical values. (Refer to Section 5.18.)

Problems 9.9 through 9.14 specify experimental exercises to be performed. Although the circuits are prescribed, specific component values are not specified since a variety of values as may be available will usually be quite satisfactory. So-called decade boxes of resistances, capacitances, and inductances are particularly useful because they permit a wide range of values. A decade box is simply an assembly of components, in switch-selectable decade steps of value.

9.9. Insert the circuit shown in Fig. 9.23 in the circuit of Fig. 9.24. Using components of known value, find the LC resonance frequency experimentally. Check against Eq. (7.26).

9.10. Duplicate the experiment given in Problem 9.9; however, use the experimentally determined resonance frequency and a known value of capacitance to determine an unknown inductance.

9.11. Using the circuit in Fig. 9.24, experimentally determine the characteristics of the circuit shown in Fig. 7.25(a).

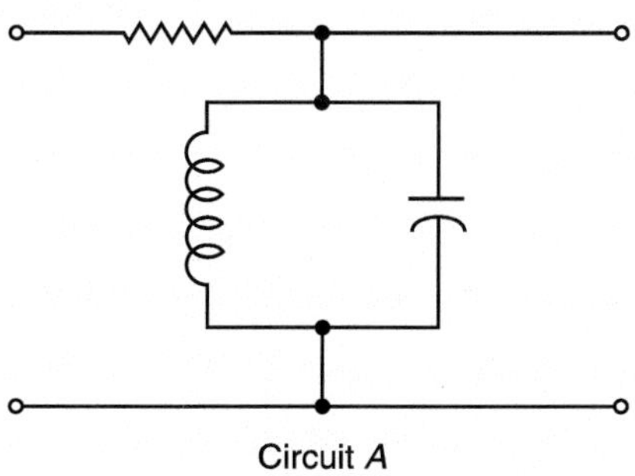

FIGURE 9.23: Parallel LC circuit to be used in Problems 9.9 and 9.10.

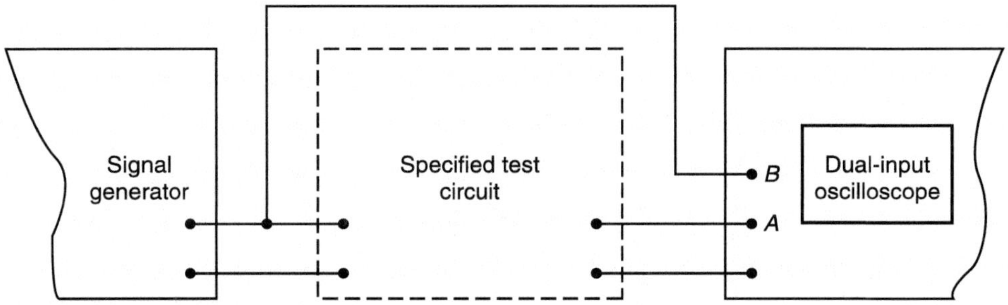

FIGURE 9.24: Circuit for Problems 9.9 through 9.14 (signal generator has sine, square, and triangular waveform capabilities).

9.12. Using the circuit in Fig. 9.24, experimentally determine the characteristics of the circuit shown in Fig. 7.25(b).

9.13. Using the circuit in Fig. 9.24, experimentally determine the characteristics of the circuit shown in Fig. 7.29(a).

9.14. Using the circuit in Fig. 9.24, experimentally determine the characteristics of the selected circuits shown in Fig. 7.30.

9.15. A pressure pickup is used for measuring the pressure time relationship in the cylinder of an internal combustion engine. The output is amplified and then applied to the vertical plates of an oscilloscope. Describe arrangements for synchronizing the scope trace with the engine speed (a) using internal sweep and (b) using external sweep. If the pickup is applied to the determination of the pressure time history resulting from detonations of explosive charges, how should the oscilloscope be configured to obtain satisfactory traces? Assume that the charges are "one shot" but that they may be repeated as desired.

PART II 응용 기계 계측

Chapter 10 계수, 단위 시간당 사상 및 시간 간격의 결정

10.1 서론

항목(items)이나 사상(events)을 계수(counting)하는 것은 공학에 있어서 기본적인 일이다. 계수되는 항목이나 사상의 예를 들면 증기의 힘(pounds of steam), 변위의 주기, 섬광의 수 등이 있으며 이산단위(discrete unit)로 구분될 수 있는 모든 것이 된다. 또한 시간의 개념이 도입되어 **단위 시간당 항목 또는 사상**(*Events Per Unit of Time*, EPUT)이 측정되기도 한다. *EPUT*와 **주파수**(*frequency*)는 일반적으로 서로 다른 함축적 의미를 가지고 있다. 보통 주파수는 기계적인 진동, 교류전압, 전류와 같은 정상 상태 진동 하에서의 현상을 나타내는 단위 시간당 사상의 계수를 말한다. 그러나 EPUT는 정상률(steady rate)에 의존하지 않으면서 간헐적으로 일어나는 사상계수의 개념을 포함한다. 방사성 물질(radioactive source)에서 방사되는 다수의 입자들이 한 예가 될 수 있다.

시간 간격의 개념이 종종 필요하게 되는데 주기적인 사상이 한 사이클(cycle) 동안 지속되는 기간을 **주기**(*period*)라 하며, 이러한 시간 간격은 일정치 않은 사상에서 일어나는 것일 수도 있고, 압력이나 힘에 의한 충격과 같은 "일회적 사상(one-shot event)"의 지속

시간이 될 수도 있다.

계수나 시간 측정(timing)에서의 문제점들은 주로 사상이 너무 빨리 진행되어 직접적인 관측으로 결정할 수 없을 때나 시간 간격이 너무 짧거나 혹은 특별한 정확성이 요구될 때 나타난다. 일반적으로 계수와 시간 측정에서의 문제점들은 다음과 같이 분류될 수 있다.

1. 총계를 결정하거나 이미 결정된 계수의 획득(attainment)을 나타내기 위한 **기본적 계수** (*basic counting*)
2. 발생률이 독립적인 **단위 시간당 사상 혹은 항목의 수**(*EPUT*)
3. 단위 시간당 일정하게 반복적으로 발생하는 사상의 사이클 수 혹은 **주파수**(*frequency*)
4. 두 개의 이미 결정된 조건이나 사상들 사이의 **시간 간격**
5. 이미 결정된 반복적인 조건이나 사상들 사이의 주기의 백분율 혹은 **위상 관계**

종종 오실로스코프, 컴퓨터, A/D 변환기와 같은 일반적인 실험실 장비들도 주파수원이나 표준과 함께 사용되면 EPUT, 시간 간격, 주파수, 위상 등을 측정할 수 있다. 아마도 사용자의 능력에 크게 좌우된다. 어떤 경우에는 하나의 기기가 필요로 하는 모든 것들을 제공할 수도 있다. 예를 들면 어떤 소형 멀티미터는 ac 입력신호의 주파수도 측정할 수 있다. 마찬가지로 디지털 저장형 오실로스코프는 신호의 주기나 주파수를 화면에 표시하는 소프트웨어 메뉴를 갖고 있으며, 이중 추적 오실로스코프의 경우에는 두 신호 사이의 시간 지연을 측정할 수 있다. 후자의 경우, 주기적인 신호의 시간 지연으로부터 위상 선도(phase lead)나 위상 지연(phase delay)을 구할 수도 있다. 여기에서 이와 같은 장비와 측정 방법에 대한 상세한 설명을 요하지는 않는다.

10.2 계수기의 사용

전자 계수기의 다양한 특성과 용법은 8.7절과 9.2절에 있으며, 이 절에서는 그 응용에 대해 살펴보도록 하자.

10.2.1 전자 계수기

기본적인 계수장치나 EPUT 기기로 사용되는 전자 계수기는 계수된 입력(counted input)이 전압 펄스로 변환되어야 한다. 특히 계수기를 트리거(trigger)하기 위해 사용된 입력함수는 계수 이외의 어떤 양과 반드시 유사할 필요는 없다. 즉 간단한 스위치를 사용한 입력함수에 의해 구동될 수 있다. 또한 광검출기, 가변저항, 인덕턴스나 커패시턴스 장치, 가이거(Geiger)관 등의 많은 것들이 적용될 수 있다. 필요하다면 계수기가 필요로 하는 정도까지 전압을 올리는데 증폭기(amplifier)가 사용될 수도 있다. 대부분의 전자 계수는 높은 임피던스 입력을 가지고 있기 때문에 특별한 능력(power)이 요구되지는 않는다. 또한 입

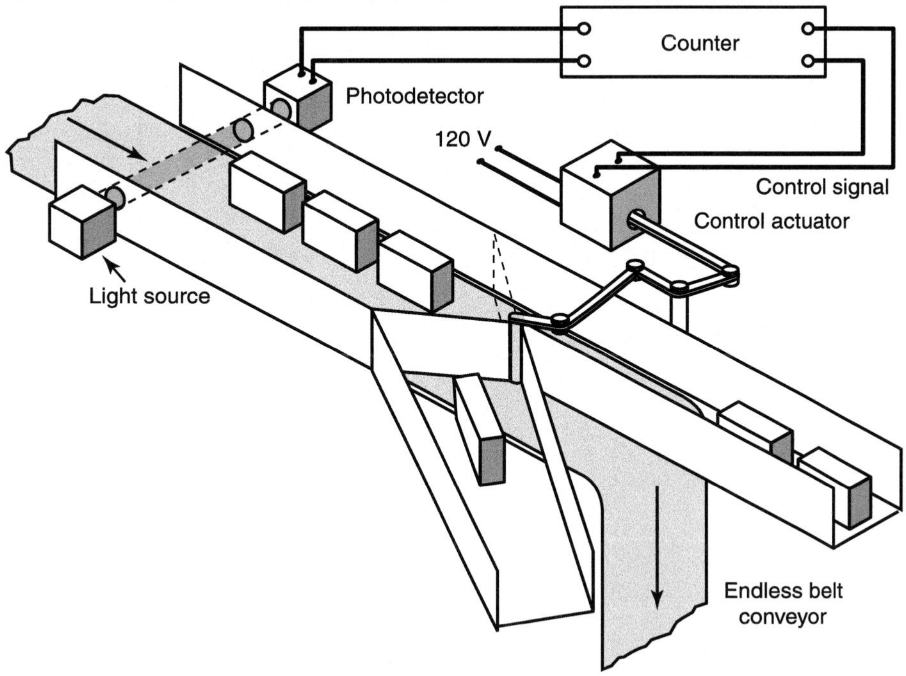

그림 10.1 미리 설정된 계수의 제어를 위한 계수장치

력신호가 독특한 사이클이나 펄스라면 변위, 속도, 가속도, 변형률, 압력, 부하 등 거의 모든 기계적인 양이 입력신호에 포함될 수 있다. 계수 사이클의 시작이나 정지는 직접 수동 스위치 조작이나 원격 스위치의 조작에 의해 제어될 수 있다. 그러나 9.2.4절에서 언급된 ±1계수의 불명료 오차를 간과해서는 안 된다.

단순 전자 계수기의 한 변형 형태로 **계수 조절 장치**(*count-control instrument*)가 있다. 이 장치는 미리 계수 값을 설정한 후, 계수가 그 값에 이르면 제어 신호로 사용될 수 있는 전기적 출력을 공급한다. 그림 10.1은 포장 작업을 위해 그러한 장치가 어떻게 사용되는지를 보여 준다.

10.2.2 단위 시간당 사상 수(EPUT)계

EPUT 계는 단순 전자 계수기와 미리 설정된 시간 간격으로 계수 공정을 조절하는 내부 시간 기준(internal time base)으로 되어 있다. 이것은 주파수를 직접 측정할 수 있으며 회전속도를 정확히 결정하는 데에도 매우 유용하다(8.6.2절과 10.7절 참조). 또한 이 계는 일정하게 변하는 입력에만 국한되지 않고 간헐적으로 변하는 단위 시간당 사상에도 적용될 수 있으며 공진형 선 압력 측정기(resonant wire pressure pickup), 터빈형 유동계(15.5.1절 참조)등과 같이 주파수에 민감한 측정기의 판독장치로도 응용될 수 있다.

10.2.3 시간-간격계

전자 계수기 회로의 배열을 바꿈으로써 시간-간격계(time-interval meter)를 얻을 수 있다. 이 경우에 있어서 입력파는 계수 공정의 시작과 정지를 조절하며 내부 발진기로부터의 펄스는 계수 정보(counted information)를 만든다. 이러한 방식으로 내부 발진기의 주파수를 안다면 시작과 정지 사이의 시간 간격을 알 수 있다.

그림 10.2는 시간-간격계의 간단한 한 가지 응용 예를 보여 주고 있다. 광검출기는 광선의 차단에 의해 파형을 낼 수 있도록 배열되어 있다. 즉 먼저 계수 공정을 시작하고 다음에 그것을 멈춘다. 계수기는 정확하게 안정된 출력을 알 수 있는 발진기로부터 사이클의 수를 기록한다. 예에서 보듯이, 계수는 비행체가 광선 사이의 거리를 가로지르는데 필요한 수십만 분의 1초를 가리킨다. 이 응용에 대한 상세한 전자 계수기의 작동 현상은 그림 9.2(b)에 언급되어 있다.

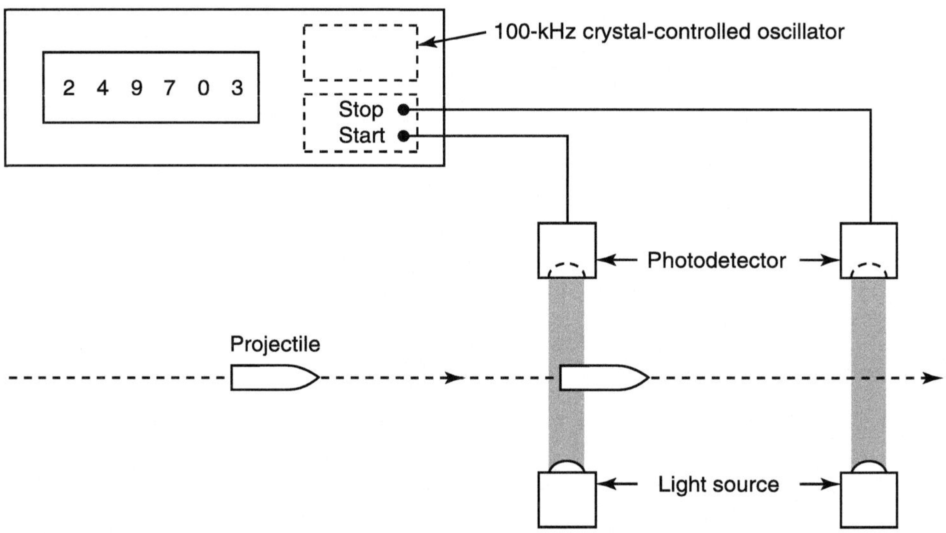

그림 10.2 광검출기 사이의 거리를 알 때, 비행체가 그 거리를 횡단하는데 걸리는 수십 만분의 1초를 계산하는 시간-간격계

10.3 스트로보스코피와 고속 영상화

10.3.1 스트로보스코프

스트로보스코프(*Stroboscope*)는 "회전하는(whirling)"과 "관찰하다(to watch)"의 의미를 갖는 그리스어의 두 단어에서 기원한다. 초기의 스트로보스코프는 그림 10.3에서 보듯이 회전하는 원판을 이용했다. 원판의 창과 정지한 막의 창이 일치한 순간에만 원판 뒤의 물체를 볼 수 있다. 원판의 속도와 물체의 움직임이 같다면 그 물체는 움직임이 없는 것처럼 보일 것이다. 어떤 면에서는 그 동작은 영화의 영사기에 의해 생성되는 상의 반대일 것이다. 또한 원판이 관찰된 물체의 주기보다 약간 작거나 큰 주기를 가지고 회전하도록 만들어졌다면 그 물체는 분명히 전방이나 또는 후방으로 천천히 움직이는 것으로 관찰된다. 이것을 통해 동작하고 있는 회전 기어, 축의 휩(whip), 헬리컬(helical)스프링의 파동 등과 같은 것들을 직접 관찰할 수 있다.

최근의 스트로보스코프는 다소 다른 원리로 동작한다. 회전하는 원판 대신에 제어가 가능한 강력한 섬광의 광원(light source)이 사용된다. 조절 가능한 주파수를 갖고 반복적으로 짧은 지속 시간(10~40 μs)을 갖는 섬광이 광원으로부터 비추어진다. 내부의 발진기에 의해 조절되는 주파수는 지금까지 연구되어 온 주기적인 운동(cyclic motion)에 따라서 변화된다. 판독 결과는 동기화에 필요한 섬광률(flashing rate)이다. 이 장치를 **스트로보 광**(*strobe light*)이라고 한다.

여기서 두 가지 주의사항이 있다. 첫째는 기하학적 형상에 관련된 작은 문제점이다. 예를 들면 그림 10.3에 예시된 기어가 연구의 주제이고 바퀴의 살(spoke)이 동기화의 대상으로 쓰인다고 가정하자. 여섯 개의 각 살은 연속적으로 주어진 위치에 있을 것이다. 그

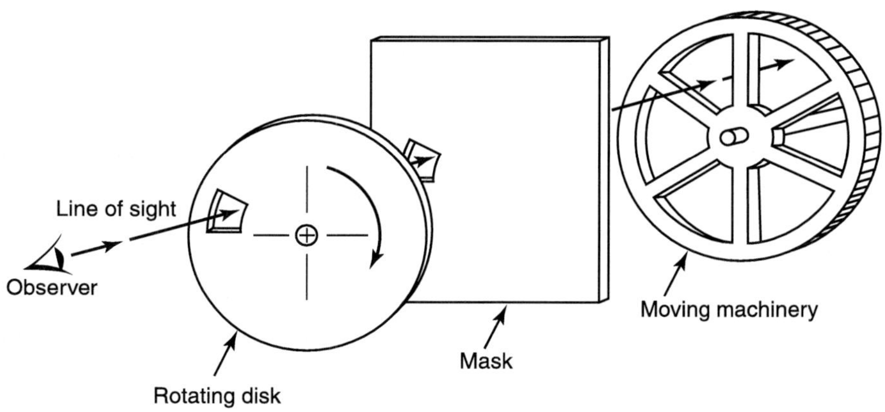

그림 10.3 초기 원판형 스트로보스코프의 주요부

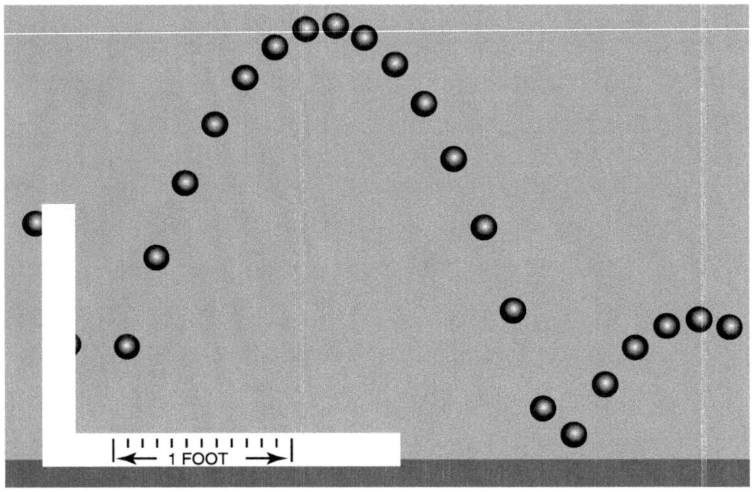

그림 10.4 "셔터 노출" 카메라 기술과 20 Hz의 섬광률을 가진 스트로보택 설치(strobotac set)에 의해 얻어진 사진(Genrad 社의 동의하에 게재함)

러나 확실하게 하기 위해 단 하나의 살만이 확인되도록 하여야 한다. 일반적으로 살 중의 하나에 분명한 표시를 한 후 그 살 하나만으로 일대일 동기화(synchronization)를 하는 것이다.

두 번째는 물체의 실제 사이클비(cycling rate)에 대한 섬광률의 배수비(multiple ratio)와 관련된 것이다. 예로서 크랭크 암의 회전을 생각해 보자. 암이 분당 1200회전(rpm)을 하고 섬광률은 분당 600번(cpm)이라고 가정하자. 이 암은 각각의 섬광에 같은 위치에 있고 정지해 있는 것처럼 보이지만 실제 주파수의 절반만 보여진다. 또 섬광률이 400번(cpm)이나 300번(cpm)이라면 암은 연속적인 섬광에 같은 위치에 있고 따라서 정지해 있는 것처럼 보일 것이다. 이것은 엘리어싱(*Aliasing*)의 한 예이다(4.7.2절 참조).

이러한 문제에서 확실한 접근 방법 중의 하나는 운동을 멈추게 하는 회전율을 살펴본 후, 회전율을 두 배로 하고 다시 한 번 검토하는 것이다. 또 다른 방법은 다음의 간편한 과정을 따르는 것이다.

1. 움직임을 정지시키는 섬광률 f_1을 결정한다.

2. 움직임이 다시 멈춰질 때까지 섬광률을 천천히 줄인다. 이 섬광률을 f_2라고 하자.

$$f_0 = \frac{f_1 f_2}{f_1 - f_2} \tag{10.1}$$

여기서 $f_0 =$ 물체의 실제 회전율, 주기율

항상 일대일 동기화를 얻을 필요는 없으며, 서술된 방법이 스트로보스코프의 일반적인 범위를 넘어 측정 상한을 넘을 수도 있다는 것에도 주의해야 한다.

더불어 그림 10.4에서 보듯이 스트로보 광은 반복적이지 않은 운동에도 사용될 수 있다. 셔터(shutter)를 열어 놓은 상태에서 스틸 카메라(still camera)를 사용하여, 스트로보 광으로 움직이는 물체의 경로를 찾는데 사용할 수 있다. 예를 들어 섬광률을 안다면 물체의 위치나 변위도 다양한 순간에서 결정할 수 있다. 또한 자료를 수치적으로 미분하여 순간 속도나 가속도를 결정할 수도 있다.

10.3.2 고속 영상화

스트로보스코피는 고속 포토그래피 또는 영화 제작과 밀접한 관계가 있다. 빠르고 연속적인 짧은 노출을 사용하는 것에 의해, 순간의 동적 운동을 기록하는 것이 가능하다. 예를 들면 그림 10.5는 외과 수술 도구 위에 물이 가득 찬 풍선이 떨어지면서 폭발하는 연속적인 영상을 보여주고 있다. 이 영상은 초당 10,000 프레임의 속도로 고속의 디지털 비디오 카메라에 의해 0.070 s동안 기록된 것이다.

고속 영상화의 기본적인 조건은 노출 시간이 움직이는 물체를 선명한 영상으로 기록할 수 있을 정도로 짧아야 하고, 변화를 추적할 수 있도록 충분히 많은 영상을 찍어야 한다는 것이다. 빠른 물체의 움직임은 노출이 짧아져야 하고, 더 높은 프레임 속도를 가져야 한다. 경험적으로 만일 물체가 시간 T에 대해 자신의 길이만큼을 이동한다면, 적절한 초점을[7] 얻기 위한 노출시간은 0.001 T이다. 충돌 시험이나 기계적인 운동 등 상대적으로 저속이면서 넓은 범위에서의 응용을 위해서는 μs(microsecond)단위의 노출시간과 최대 1000 fps(frames per second)의 프레임률을 필요로 한다. 반면에 고속의 탄도 연구나 폭약 연구 등에서는 10 ns에서 100 ns(nanosecond)의 노출시간과 최고 10^6 fps 프레임률을 필요로 할 것이다.

필름카메라가 고속 영화 제작에 오랫동안 이용되어 왔지만, 오늘날 대부분의 고속 영상화에는 디지털 비디오카메라가 사용된다. 디지털 장비의 이점으로는 영상의 처리가 데이터 추출, 편리한 사용법, 긴 녹화시간, 화학적 처리의 불필요성 등이 있다. 하지만 여전히 필름 장비도 이용되고 있는데, 그 이유는 보다 싼 가격, 더 큰 영상 또는 해상도, 초고속 프레임률 등이 있다.

고속 디지털 비디오카메라는 1000 fps부터 100,000 fps 이상의 프레임률이 가능하며, 비용은 속도 상승에 따라 올라가는 경향이 있다. 이러한 고속 카메라는 홈 무비에 적용되는 30 fps의 보통 디지털 비디오카메라보다 2배 이상의 등급을 사용한다. 회전거울과 다중 센서 그리고 몇 가지 트릭에 의해 10^6을 넘는 프레임률이 가능하나 단지 작은 수의 프레임만을 촬영하게 된다. 어떤 필름카메라는 프레임률이 2×10^6 fps에 달하지만 촬영 시간은 매우 짧다.

디지털 비디오카메라의 기초적인 구성 요소로는 렌즈 시스템, 전자 이미지 센서 셔터

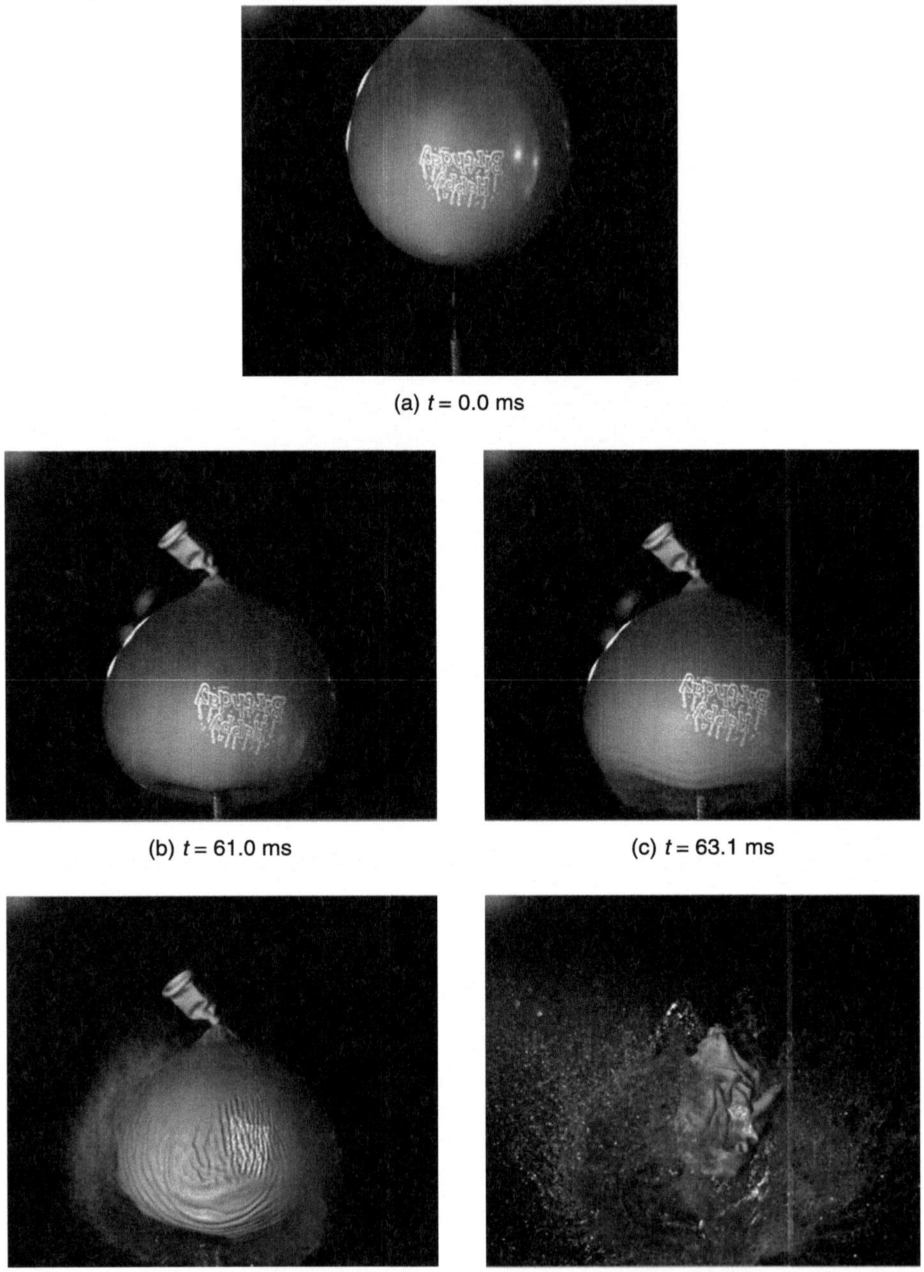

(a) $t = 0.0$ ms

(b) $t = 61.0$ ms

(c) $t = 63.1$ ms

(d) $t = 64.9$ ms

(e) $t = 70.4$ ms

그림 10.5 외과용 메스 위에 떨어지는 물이 가득 차 있는 풍선(MIT의 Ian W. Hunter 교수의 동의하에 게재함)

가 있다. 기계적인 셔터를 사용하는 필름카메라와 달리 많은 디지털 비디오카메라들은 노출을 자동으로 조절한다(이른바 **전자 셔터**이다). 어떤 카메라는 셔터 속도를 조절할 수 있는데 50 ns부터 5 s의 노출 범위를 가진다. 전자 이미지 센서는 이전의 CCD 배열보다 제작과 시스템 통합면에서 이점을 갖는 CMOS 배열[1]로 주로 제작된다. 하지만 어떤 형태이더라도 영상이 촬영되는 순간에 디지털 데이터가 센서에서 메모리로 전송된다. 그 다음 이더넷 또는 USB 인터페이스를 이용하여 컴퓨터로 전송할 수 있다. 또한 컴퓨터로 카메라의 작동을 완전히 통제할 수 있다.

이미지에서 픽셀의 수에 의해 결정되는 디지털 카메라의 해상도는 프레임 속도가 올라감에 따라 감소하게 된다. 카메라가 특정한 데이터 처리 속도(bit/s)를 초과할 수 없기 때문이다. 예를 들면 1000 fps로 1024 × 1024 픽셀의 8비트 회색조 영상을 촬영하는 카메라는 약 8 Gbit/s 또는 1 Gbyte/s의 데이터 처리 속도(8.12절 참조)를 가진다. 센서에서 메모리로 전송하기 위해 사용되는 어떤 데이터 버스(8.10.4절 참조)라 할지라도 이러한 한계를 가진다. 만일 프레임 속도가 10의 배수로 증가하게 되면, 이미지당 픽셀의 수는 대응해서 감소하게 된다. 컬러 디지털 영상은 흑백 영상보다 3배는 커서 프레임 속도 또는 이미지 크기 또는 양쪽 다를 낮추는 것이 필요할 수도 있다.

우리는 노출시간이 기록 속도에 좌우된다는 것을 이미 알고 있다. 영상을 얻기 위해서는 노출시간 동안 충분한 양의 빛이 감지장치 또는 필름에 모아져야만 된다. 따라서 노출시간이 짧을수록 더 강한 빛을 필요로 한다. 이는 부분적으로 카메라의 f-수치(조리개)를 늘리는 것으로 해결할 수 있으나, 대부분의 경우 고속 영상화는 정밀하고 강한 조명을 필요로 한다. 넓은 공간을 밝혀야 하는 경우에는 램프로부터의 열기가 문제인데, 차량 충돌 시험에서는 냉방장치의 수십 킬로와트의 부하가 추가될 수 있다. 그 외의 일반적인 경우에는 반사판을 갖춘 할로겐 램프나 사진관 조명만으로도 충분하다.

마지막으로, 포토그래피를 언제 시작하고 종료할 것인가의 문제가 남아있다. 만약 전체 사상이 순식간에 벌어진다면 인간의 반사작용으로 바로 그 순간에 시작 버튼을 누르는 것은 거의 불가능하다. 따라서 전자 트리거를 필요로 하게 된다[2]. 여기서 실험주의자들의 재능이 발휘되는데 예를 들면 충돌 시험에서는 가속도계에 의해 녹화가 시작되도록 할 것이다. 그리고 그림 10.2에 나타낸 것과 같이 광선의 단락으로 발사체의 통과를 포착할 수도 있으며, 초음속의 사상에서는 마이크로폰으로 충격파를 감지함으로써 촬영이 가능하다. 또한 물체의 통과를 감지하기 위해 정전 용량 센서나 자기 센서 등을 이용하거나 얇은 와이어를 설치하여 그것이 끊어지도록 할 수도 있으며, 이때 발생한 회로의 전기저항 변화를 녹화하게 된다.

10.4 표준 주파수

주파수(*frequency*)는 주어진 시간 동안 발생한 현상이나 연속된 사상의 반복 횟수이고 주파수의 역수가 주기(*period*)이다. 표준 주파수(frequency standards)는 시간을 이산 비트(discrete bit)로 나누는 것이다. 이때 이산 비트는 비교 수단을 통해 사상 시간을 측정하기 위한 시간 표준으로 사용될 수 있다. 대신에 표준 주파수는 함수 발생기와 같이 기기를 구동하거나 다른 주파수원을 보정하기 위한 주파수원으로서 충분히 이용될 수 있다.

종종 표준 주파수는 수십 kHz에서 GHz에 이르는 단일 주파수로 쓰기 위해 만들어진다. 물론 그 주파수 신호는 8.7절에서 논의된 "divide-by-*X*" IC 칩과 같은 주파수 분할 회로에 의해 다른 요구 주파수(예를 들면 1 Hz)로 줄일 수도 있다. 표준 주파수 신호는 여러 가지 방법에 의해 다른 신호와 비교될 수 있다. 10.5절에서 기술되어 있는 리사주 선도가 한 가지 방법이며, 오실로스코프를 이용하여 쉽게 적용할 수 있다. 또 다른 방법으로는 10.6절에 기술된 헤테로다인으로 라디오 주파수 신호에 유용하다.

주파수원은 전기적이나 기계적일 수도 있으며 양쪽 모두의 조합일 수도 있다. 진자는 시계를 위한 기계적인 표준 주파수로 오랫동안 사용되어 왔으며, 또한 음악가가 연습에서 템포를 유지하기 위해 사용한 기계적인 메트로놈의 기초이기도 하다. 또 다른 음악적 예로, 소리굽쇠는 주어진 음조에서 진동하는 기계적인 공명기이다—아마 440 Hz에서 A음. 기계적인 공명기는 선율을 조정하고 공명하는 주파수를 출력하는 전기적 회로와 결합될 수도 있다. 10.4.3절에서 설명되어 있는 석영-수정 진동자(또는 발진자)는 상당히 중요한 예이다.

양자 역학 공명기는—원자의 에너지 수준과 관련된—국제 표준 시간을 정하는 세슘 시계와 같은 "원자의 시계"의 기초가 된다(2.6절 참조). 세슘시계는 매우 정확하나 가격이 수만 달러나 한다. 루비듐 원자는 정확도가 약간 떨어지지만 10분의 1정도의 비용으로 원자 표준 시간을 제공할 수 있다. 이러한 원자시계는 가장 높은 정밀도와 안정성이 요구될 때만 사용된다.

순수한 전기 진동자 또한 주파수원으로 사용되는데, IC 진동자(8.4.4절), *LC* 공명 회로(7.11절)등을 포함한 다양한 아날로그와 디지털 회로로 망라된다. 이러한 형태를 이용한 대다수의 회로는 정밀도와 안정성 면에서 값싼 석영-수정 진동자[3]보다도 못하다. 그럼에도 불구하고 대다수의 전지장치에서 저정밀도의 주파수원으로서 일반적으로 이용되고 있다. 쉽게 이용 가능한 또 다른 전기적 주파수원은 보통의 60 Hz 선간전압(물론 알맞은 전압 트랜스와 더불어)이며, 이는 약 ±0.05 Hz의 안정적인 주파수 신호를 제공한다.

전자 진동자는 때때로 다음과 같이 주파수에 따라 분류된다.

1. 가청 주파수(0에서 20 kHz까지)
2. 초음파(20에서 50 kHz까지)
3. 라디오 주파수(50 kHz에서 10 GHz까지)

이 절의 나머지 부분에서는 실습 표준으로 쉽게 활용할 수 있는 몇 가지의 고정밀도 주파수원을 논의할 것이다.

10.4.1 광역 위치제어계 신호

광역 위치제어 시스템 또는 GPS는 24개 이상의 위성 네트워크이며, 지구상의 내비게이션 선로를 제공한다. 원래 군용으로 만들어 졌으나 1980년대부터 민간인의 사용이 가능하게 되었다. 일반 소비자용 제품인 작은 GPS 위치제어 수신기는 지구상의 어떤 곳이라도 그 위치를 10~20 m 범위 이내로 발견할 수 있다.

여기서 정확한 시간 측정은 필수적이기 때문에 GPS 위성 내부에는 세슘이나 루비듐 원자시계가 장착되어 있다. 따라서 GPS 신호는 단지 위치 정보뿐만 아니라 정확한 시간과 주파수 신호도 포함하고 있다. GPS **타이밍 수신기**는 몇 ns(nanosecond)의 정확한 시간을 얻을 수 있으며, 주파수는 4×10^{-14} [5]보다 더 작은 오차 범위 내에서 결정될 수 있다. 이 GPS 수신기는 일반적으로 MHz 범위에서 초당 1펄스의 타이밍 출력과 여러 가지 표준 주파수 출력을 제공한다(GPS 타이밍 수신기는 좀 더 일반적으로 사용하는 GPS 위치 수신기와는 다른 기계라는 점을 유의할 필요가 있다).

10.4.2 라디오 시간과 주파수 전달

정확한 주파수와 시간 표준은 국립표준기술연구원 라디오 방송국의 전송을 수신함으로써 이용할 수 있다. WWV와 WWVB 방송국은 콜로라도의 포트콜린즈에 위치하고 있고 WWVH 방송국은 하와이에 있다. WWV와 WWVH는 **고주파 방송국**(*high frequency*, HF 또는 단파)으로 분류되고, 2.5 MHz에서 20 MHz 사이의 여러 대역에서 방송한다. WWVB는 60 kHz로 전송하는 **저주파 방송국**(*low frequency*, LF)으로 분류된다. 저주파수는 그 주파수의 고유 전송 경로에서 변동 요인의 감소로 인해 장거리에서 보다 안정적인 수신을 제공하는 이점을 가지고 있다. 이 라디오 방송국의 신호는 NIST의 주 기초 표준 주파수, 즉 세슘원자시계에서 직접적으로 나온 신호이다(2.6절). 예를 들면 WWVB의 60 kHz 전송신호는 전자 장비 또는 2차 표준 주파수를 보정하기 위해 사용된다.

라디오 방송은 다양한 시간과 주파수 신호를 포함하고 있다. WWVB는 1 bit/s의 속도로 이진화십진 형식(binary-coded-decimal, BCD)의 시간 코드를 송신한다(8.6절). WWV와 WWVH는 부 반송 주파수 상에 BCD 시간 신호뿐만 아니라 **협정세계시**(*coordinated* *universal time*, UTC)와 500 Hz 또는 600 Hz의 짧은 음을 포함하고 있다. 그 중에서도 WWVB는 미국 대륙[1] 에서 전파시계와 손목시계의 시간을 맞추기 위한 신호를 제공한다. 시계 자체는 저렴한 석영-수정 진동자로 작동하므로 하루에 수초의 오차가 누적된다. 따라서 이러한 시계에는 작은 AM라디오[6]에 있는 소형 안테나가 들어있으며, 라디오 신호는 정기적으로 시간을 조정하는 데 이용된다.

WWVB의 주파수 신호에서 불확실성은 10^{10}에서 10^{12} 내의 일부분이다. 그에 따른 시간 신호의 불확실성은 0.1 ms에서 15 ms이다[8].

10.4.3 석영-수정 진동자

석영-수정 진동자는 압전 효과를 이용하여 진동하는 전압을 발생시키는 전기 기계적 공명기이다(6.14절 참조). 우리는 마이크로프로세서와 컴퓨터와 같은 디지털 회로에 타이밍 신호를 제공하는 진동자의 중요성에 대해 벌써 언급하였다(8.4.4절 참조). 수정 진동자는 표준 주파수에서 가장 광범위하게 사용되고 있는 것이다.

석영-수정 진동자는 정확한 치수로 가공된 합성 또는 천연 석영으로 만들어진다. 이 때 석영의 치수는 기계적인 공진 주파수를 결정하게 된다. 수정에는 진동을 구동하고, 신호를 출력하기 위한 전기회로가 통합되어 있다. 다양한 등급의 진동자가 있는데, 디지털 손목시계에 이용되는 비교적 저렴한 것은 구동회로를 포함한 IC 칩 형태로 이용 가능하며, 약 1달러의 비용으로 100만분의 10정도의 주파수 정확도를 얻을 수 있다.

높은 등급의 수정 진동자는 온도나 다른 환경 변화에 따른 수정의 감도를 적절히 보정하게 되어 있다. 가장 간단한 방법으로는 구동회로에 서미스터(16.4.3절 참조)와 같은 온도 센서를 넣는 방법이 있다. 이 때 센서의 출력은 온도에 따라 유발되는 수정의 공진 주파수 변동을 교정하는 데 이용된다. 이러한 진동자는 10억분의 1에서 100정도의 정확도를 가지며, 종종 계수기나 함수 발생기 등을 위한 빌트인(built-in)표준 주파수로 사용된다.

최고의 석영 진동자는 오븐(*oven*)이라 불리는 항온 인클로져(enclosure)내부에 진동자를 집어넣어 온도 변동을 완전히 제거한 것이다. 오븐제어 수정 진동자는 10억분의 1이상의 장 주파수의 안정성과 함께 1초의 간격에 대해 1조분의 1이상의 정확도를 갖는다. 이러한 형태의 발진자는 그 가격이 수천 달러에 이른다[4].

---

1) 미국 이외에도 많은 다른 국가에서 시간 신호를 방송한다. 대표적으로 India(10 MHz)의 ATA, China(68.5 kHz)의 BPC, Canada(3.330, 7.335, 14.670 MHz)의 CHU, Germany(77.5 kHz)의 DFC77, South Korea(5 MHz)의 HLA, Japan(40.60 kHz)의 JJY, 그리고 United Kingdom(60 kHz)의 MSF 등이 있다. 따라서 전파시계는 전 세계 대부분의 장소에서 보정될 수 있다.

10.4.4 복합 파형 발진자와 함수 발생기

복합 파형(4.4절)은 특수한 응용분야에서 다양하게 응용된다. 램프파나 톱니파는 스위프 발생기(sweep generators)에서 사용되며(9.6.2절), 구형파는 신호 조절기의 응답(5.20절)을 평가하기 위해 또는 디지털 컴퓨터에서 동기화와 부호화를 하기 위해 사용된다. 이러한 대다수의 기능들은 IC 칩의 형태로 이용이 가능하다.

실험실의 일반 장비인 **함수 발생기**(*function generator*)도 복합 파형들을 제공한다. 사용자는 전면부의 패널에서 주파수, 파형, 공제, 오프셋(offset), 그리고 출력전압 신호의 다른 특성들을 조절할 수 있다. 또한 외부 트리거에 의한 입력이 주어질 수도 있다. 함수 발생기의 정교함과 품질은 지불되는 비용에 따라 모델별로 다양하게 나타난다. 고품질의 함수 발생기는 내부 표준 주파수를 갖고 있으며 적절한 파형 생성회로의 적용을 통해 사용자-지정 출력을 얻을 수 있다. 다른 것들은 60 Hz 선간전압을 이용해 표준 주파수를 제공하게 된다. 어떤 경우에는 디지털 파형이 생성되며 사용자는 어떠한 요구 출력 신호라도 프로그램 할 수 있다. 프로그래밍 명령은 USB, GPIB(IEEE488), 이더넷 등과 같은 외부 버스를 통해서 컴퓨터에 의해 장비로 전송된다(8.10.4절 참조).

10.5 주파수와 위상 관계의 결정을 위한 리사주 선도의 이용

리사주 선도(Lissajous Diagram)는 서로 다른 두 주파수원에서 주파수 및 위상의 관계와 같은 상대적인 특성을 파악하기 위한 간단한 접근법이며, 오실로스코프에서 보정된 가변 주파수원을 미지 신호와 비교함으로써 구현된다. 1815년에 최초로 Nathaniel Bowditch가 복합 진자에 의해 생긴 가느다란 모래 스트림을 이용하여 연구하였다[9]. 이 기법은 예제를 통해 쉽게 설명될 수 있다.

다른 주파수원에서 나온 2개의 60 Hz 정현파 전압이 음극선 오실로스코프의 수평 및 수직판에 각각 한 개씩 연결되어 있다고 가정하자. 이로부터 얻을 수 있는 결과는 아래의 패턴들 중 하나일 것이다.

동일 위상 관계

만일 두 전압이 동일 위상에 있다면, x 전압이 증가할수록 y 전압 또한 증가할 것이다. x 전압은 수평축을 따라 광선을 굴절시킬 것이고, y 전압은 수직 방향으로 굴절시킬 것이다. 궤적의 결과는 그림 10.6(a)에서 보여 주는 바와 같이 관의 표면을 가로지르는 대각선이 된다. 이 선이 수평축과 이루는 각도는 상대전압 크기와 오실로스코프 이득 결정에 의해 좌우된다.

90° 위상 관계

2개의 60 Hz 정현파 전압이 90° 위상차를 갖는다고 가정하자. 그 때 한 전압이 0을 통과할 때 다른 전압은 최대가 될 것이며 그 반대도 성립된다. 궤적의 결과는 그림 10.6(b)에 보는 바와 같다. 일반적으로 수평 및 수직축을 따라 타원 모양이 된다.

180° 위상 관계

그림 10.6(c)는 2개의 전압이 180° 위상차를 가질 때의 결과 양상을 보여 준다.

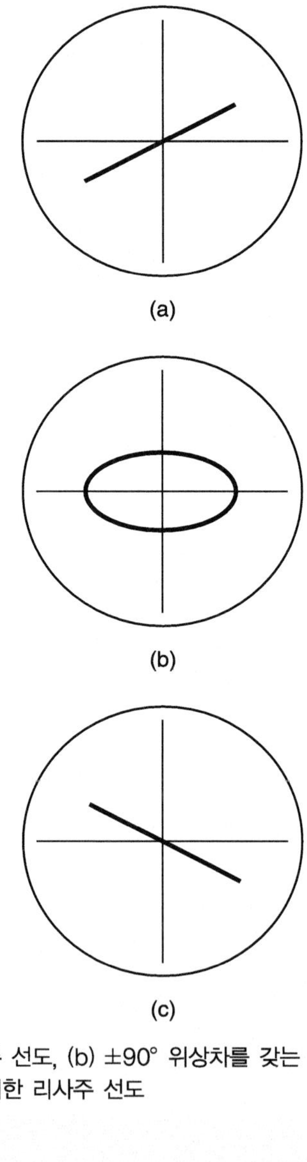

그림 10.6 (a) 동일 위상 리사주 선도, (b) ±90° 위상차를 갖는 정현파 입력에 대한 리사주 선도, (c) 180° 위상차를 갖는 입력에 대한 리사주 선도

리사주 선도의 다른 형태

중간 형태는 수평선에 대해 기울어진 축을 가진 타원이다. 그림 10.7은 수평 입력이 중간 스위프에 있을 때를 보여 주고 있으며, 수직선은 y_1의 수직 입력에 상응하는 각도 θ만큼 진행한다.

사인파 곡선으로부터 다음과 같은 관계를 알 수 있다.

$$\sin\theta = \frac{y_1}{y_2} = \frac{y\text{-intercept}}{y\text{-amplitude}}$$

따라서 타원으로부터 y_1, y_2 값을 구하면 두 입력 사이의 위상 관계를 알 수 있다.

이 방법의 응용 예가 바로 증폭기를 이용하여 위상 이동을 측정하는 것이다. 샘플링 된 증폭기 입력신호가 오실로스코프의 x 입력 단에 연결되고, 증폭기 출력이 그림 10.8에서 보는 바와 같이 y 입력 단에 연결된다. 증폭기의 주파수 영역을 주사한다면(scanning)위상 이동을 발견할 수 있을 것이다. 물론 오실로스코프 회로 혹은 증폭기 외부회로의 어떤 부분에서도 주파수와 위상 이동이 발생하지 않는다.

리사주 선도가 주파수를 측정하기 위해 어떻게 사용되는지 명백해졌을 것이다. 전압 출력을 가진 미지의 주파수원이 오실로스코프의 y 입력 단에 연결되어 있고, 가변 주파수

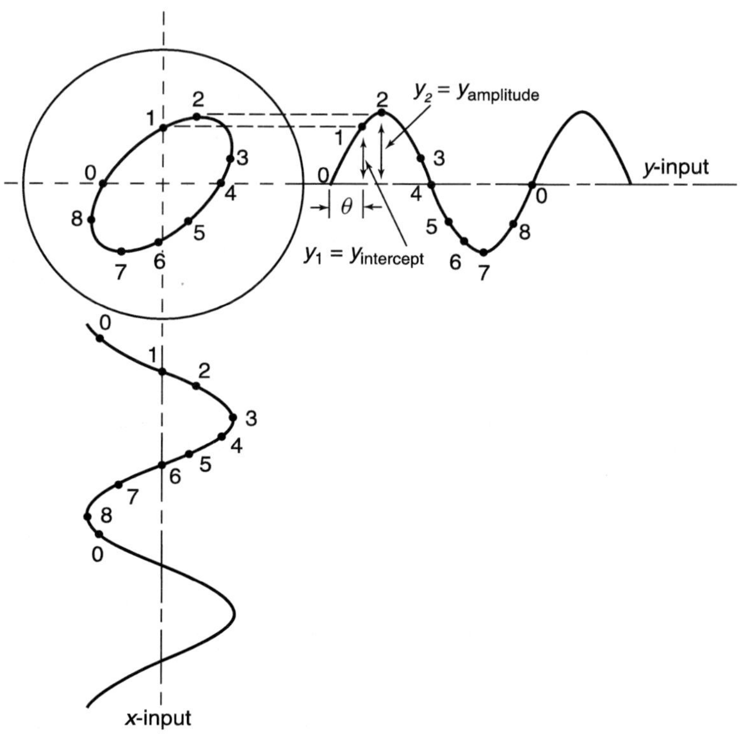

그림 10.7 각도 θ의 위상 관계를 갖는 동일 주파수의 정현파 입력에 대한 리사주 선도

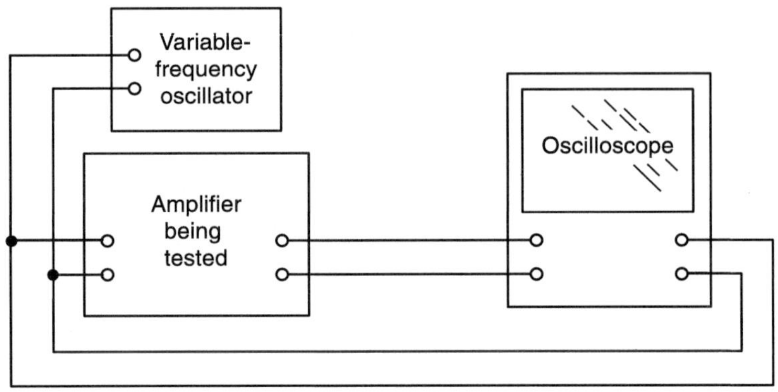

그림 10.8 증폭기에서 위상 이동을 측정하기 위한 구성

발진기의 출력이 x 입력 단에 연결되어 있다고 가정하자. 일반적으로 두 신호의 주파수는 다르다. 그러나 발진기 주파수를 조정함으로써 그림 10.6과 10.7에서와 같은 주파수 선도를 얻을 수 있다. 타원과 같은 형태일 때, 발진기와 미지의 주파수는 동일하다는 증명이 성립되며 한 개를 알면 다른 것도 알게 된다.

다행히도 이 방법은 동일 주파수로 제한되지 않는다. 그림 10.9는 여러 다른 주파수에 대한 리사주 선도를 보여 주고 있다. 이러한 형상에서 보면 다음과 같은 기본적인 관계가 있음을 알 수 있다.

$$\frac{\text{vertical input frequency}}{\text{horizontal input frequency}} = \frac{\text{number of vertical maxima on Lissajous figure}}{\text{number of horizontal maxima on Lissajous figure}}$$

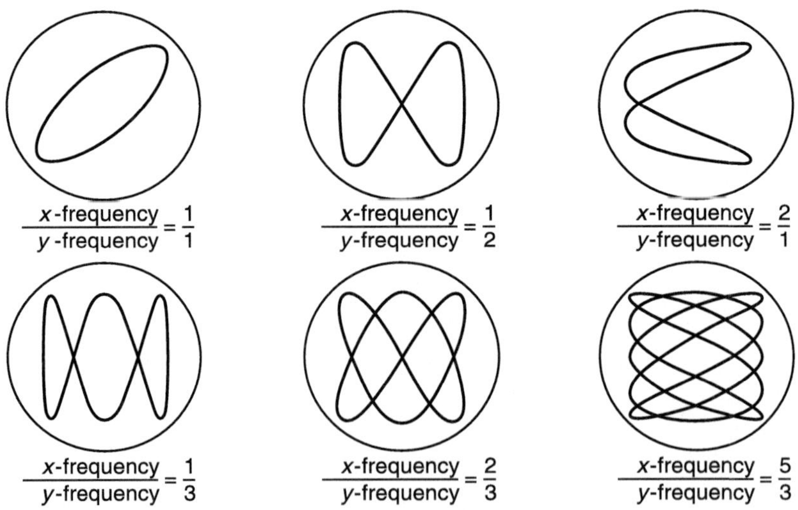

그림 10.9 여러 주파수비에서의 정현파 입력에 대한 리사주 표현

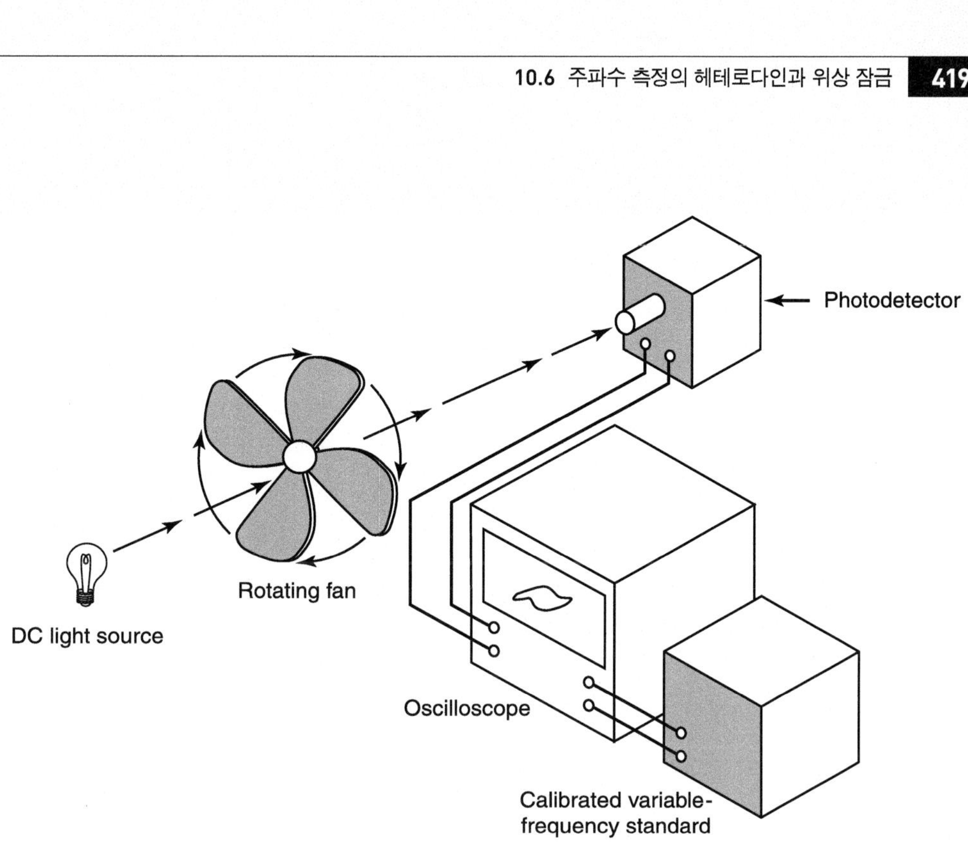

그림 10.10 광전 센서와 표준 주파수를 사용한 송풍기 속도 결정 방법

선도는 두 입력 주파수가 각각 고정되어 있거나 비례적으로 변하는 경우에만 스크린 상에서 유지된다. 더불어 선도의 대칭은 두 입력 사이의 위상 관계에 따라 좌우될 것이다.

만약 주파수가 적당히 고정된다면, 10:1의 비율이 큰 어려움 없이 결정될 것이다. 이것은 발진기 혹은 신호 발생기와 같은 가변 주파수원이 어떻게 교정되는가 하는 방법을 제시한다. 60 Hz 선전압(line voltage)(작은 감소 변압기를 통한)과 같은 고정된 주파수원의 사용에 의해 어떤 가변 주파수원은 많은 점(point)에 대해 교정될 것이다. 위에서 언급한 10:1의 관계를 이용하여 60 Hz 선전압은 6 Hz에서 600 Hz까지 점 교정을 위해 사용될 수 있다.

마지막으로, 순수 사인파 입력이 항상 필요한 것은 아니다. 그림 10.10은 송풍기의 속도 결정을 위한 간략화 된 구성도를 보여 주고 있다. 이 경우에 "1:1" 리사주 선도는 대략 타원보다 평행사변형의 모양을 갖는다.

10.6 주파수 측정의 헤테로다인과 위상 잠금

거의 동일한 주파수를 갖는 두 개의 순수 오디오 음원(音原)이 있다고 하자. 이들이 혼합되면 제 3의 음인 맥놀이(그림 4.7 참조)가 발생하고, 그 주파수는 두 개의 높이차에 대한 함수로 나타난다. 만약, 음원 중 주파수를 알 수 있는 한 음원을 조절하여 맥놀이를 없애게 되면 나머지 음원의 주파수는 비교를 통해 알 수 있다. 반대로, 미지의 주파수를 갖는 음원을 조절하여 이미 알고 있는 특정한 음원과 일치시킴으로써 그 미지 음원을 보정할 수도 있다. 예를 들면 음악가가 음차(音叉)로 악기의 음조를 조절할 때 사용하는 방법이다. 이와 같은 방법으로 주파수를 측정하는 것을 **헤테로다인**(*Heterodyne*)방법이라고 하며, 그 수학적인 배경은 4.4.1절에 있다.

헤테로다인 방법의 일반적인 이점으로는 측정하기 위해 주어지는 신호의 주파수보다 매우 낮은 주파수 영역에서 측정이 이루어진다는 것이다. 고주파 신호의 측정은 신호의 주기가 짧기 때문에 측정 장비의 시간 지연에 따른 오차에 보다 취약하다. 따라서 가청 주파수 이상의 신호를 측정하는데 헤테로다인 방법이 특히 유용하다. 한 가지 예로써, 레이저-도플러 속도계는 뿌려지는 빛의 주파수에 나타나는 작은 변화를 측정함으로써 유체의 속도를 알 수 있다(15.10절). 라디오 주파수도 이러한 방법을 이용해 측정된다. 이 경우 잘 보정된 가변 주파수 발진자에서 나오는 표준 신호를 이용한다. 방송 신호의 경우에는 일반 라디오 신호기가 혼합기(mixer)의 역할을 한다. 발진 주파수는 조정하여 기지 신호와 미지 신호의 주파수 차이가 가청 영역에 들도록 하면 두 라디오 방송이 간섭할 때와 유사한 진폭 변조 잡음이 발생한다. 그 다음에는 맥놀이가 완전히 사라지도록 발진자를 미세 조정하면 된다. 영 맥놀이는 사람의 귀로 20 Hz 또는 30 Hz 이내까지 가능하고, 적절한 장비(예, 오실로스코프)를 이용하면 훨씬 낮은 수준으로 끌어내릴 수 있다.

그림 10.11은 헤테로다인 방법을 이용한 주파수 측정을 블록 다이어그램으로 표현한 것이다. 그림에서처럼 **혼합기**(*mixer*)라 불리는 회로를 이용하여 주파수를 알고 있는 발진자 신호와 미지의 신호를 비교하게 된다. 실제로 혼합기는 신호를 곱하는 라디오 주파수 구성 요소이며, 그 출력은 주파수의 합과 차로 표현된다. 만약 주파수 f_1과 f_2를 갖는 사인파가 입력이라면, 그 출력은 다음과 같다.

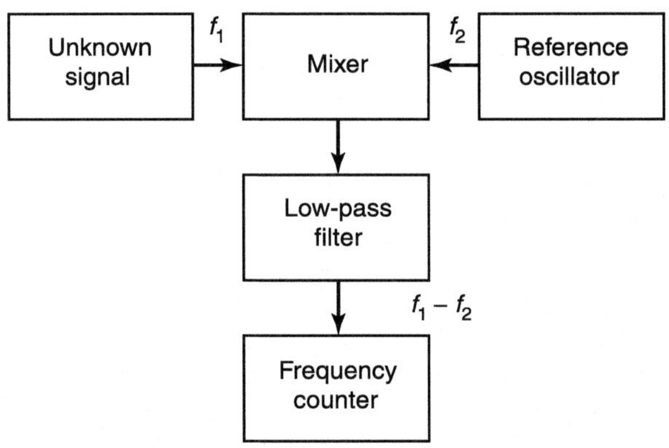

그림 10.11 헤테로다인 방법의 주파수 측정

$$\sin(2\pi f_1 t)\sin(2\pi f_2 t) = \frac{1}{2}\cos[2\pi(f_1 - f_2)t] - \frac{1}{2}\cos[2\pi(f_1 + f_2)t] \quad (10.2)$$

혼합된 신호는 저역 필터(low pass filter)를 이용해($f_1 - f_2$)의 맥놀이 신호로 여과된 후 주파수 계수기에서 미지 주파수를 측정한다. 또한 맥놀이 신호를 조정 가능한 기준 발진자(전압 제어 발진자)로 피드백해서 발진 주파수를 미지의 변동 주파수에 맞추는 것도 가능하다. 후자가 위상 잠금 루프(phase-locked loop)라고 불리는 것으로 피드백 루프가 기준 발진자를 미지의 발진자에 동조시킨다(그림 10.12(a)). 미지 신호의 변동을 보다 정확하게 측정하기 위해서 VCO 주파수와 맥놀이 신호가 모니터 되기도 한다. 이러한 두 방법은 주로 주파수 원의 특성 파악과 보정에 응용된다[10, 11].

또한 위상 잠금 루프는 저주파 신호의 계수기에서 1의 계수 오차를 줄이기 위해 이용된다(9.2.4절). 그림 10.12(b)에 나타낸 것과 같이 피드백 루프에 N으로 나누는 회로를 삽입하여 VCO의 출력이 f_u의 저주파 입력보다 N배 큰 $N \cdot f_u$의 주파수로 구동되도록 할 수

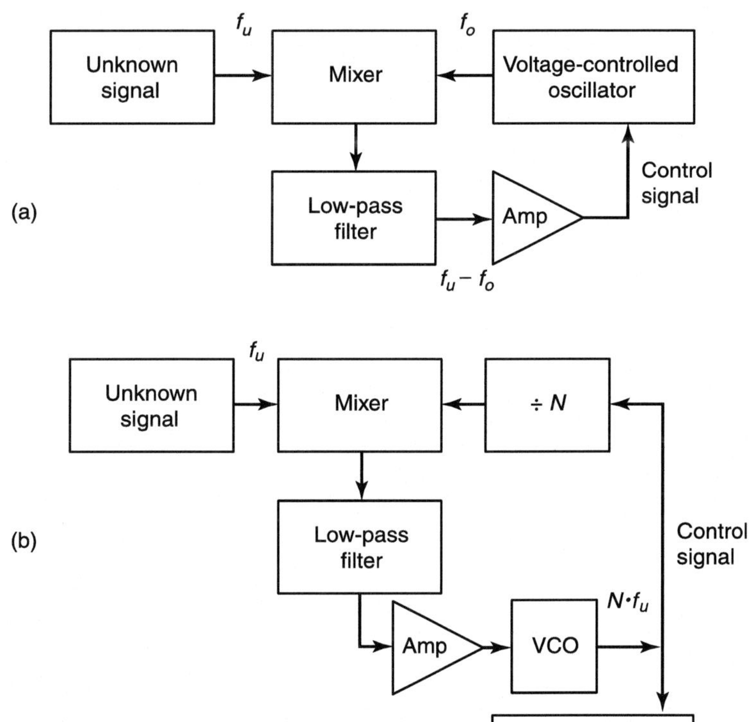

그림 10.12 위상 잠금 루프법의 주파수 측정: (a) 피드백 루프로 발진 주파수 f_o를 미지 주파수 f_u에 동조 (b) 저주파 계수를 위한 분해능 곱셈장치

있다. 이때 주파수 계수기로 VCO의 출력을 측정하게 되면 계수 분해능이 N배 증가한다. 예를 들어 신호가 1초 동안 계수되고 $N = 1000$이라면 계수된 숫자는 f_u로 계수된 것 보다 큰 1000이 되므로 $N \cdot f_u$에서 ±1의 계수(±1 Hz)의 오차는 f_u에서 ±1/1000 계수(또는 ±0.001 Hz)에 이르게 된다. 따라서 측정값은 계수기로부터 나온 숫자를 N으로 나누어 구하게 된다.

10.7 회전운동의 측정

직접계수와 EPUT 검출의 가장 일반적인 예는 회전운동의 계측일 것이다. 전형적으로 모니터하고 있는 장치에서 회전당 일정한 수의 펄스를 생성하기 위해 어떤 센서들이 구성되는데, 펄스의 계수에 의해 회전의 수 또는 각 위치가 검출된다. 만일 계수회로가 시계 또는 시간 기초를 갖고 있다면, 각속도도 측정될 것이다. 일반적으로 분당 회전수(rpm) 단위로 각속도를 직접 표시하는 장치를 **회전 속도계**(*tachometer*)라고 한다.

많은 다른 장치들이 회전운동의 측정을 위해 사용되어 왔고, 대부분은 다음과 같은 항목으로 분류된다.

1. 전기적
  (a) 가변저항 센서
  (b) 홀 효과(Hall-effect)
  (c) 발진기(ac, dc)

2. 광학적
  (a) 광학 샤프트 엔코더
  (b) 비접촉식 광학 회전 속도계
  (c) 스트로보스코프

3. 기계적
  (a) 직접 계수기
  (b) 원심 속도계

전기 회전 속도계는 비접촉 수단에 의해 각속도 혹은 각 위치의 측정이 가능한 가변 자기저항 검출기(6.12절) 또는 홀 효과 장치(그림 6.23)를 이용한다. 예를 들어 검출기가 회전하는 기어의 톱니 근처에 있다면, 전자 계수기나 주파수 측정기로 매우 정확한 속도 측정이 가능하다. 또한 작은 영구 자석 발전기(ac 또는 dc)와 전압 측정 회로를 이용해 회전 속도를 측정하는 것도 가능하다.

광학 장치는 각속도와 각 위치 측정을 위해 광범위하게 사용되고 있다. 광검출기나 광학 인터럽터(그림 6.20)는 기계 요소의 회전 또는 운동으로부터 광선의 단속에 의해 전압 펄스를 제공할 수 있다. 이러한 펄스는 자기저항이나 홀 효과 센서로부터 나온 것들과 유사한 방법으로 처리된다. 원형이진 엔코더에 기초한 광학 샤프트 엔코더[그림 8.11(b)]도 각속도 측정에 유사하게 적용된다. 비접촉 광학 회전 속도계는 손에 들고 쓰는 소형기기로 접합한다. 회전 속도계로부터 나온 광선은 반사 테이프와 같이 간단한 이동 패턴에 의해 반사되고, 반사된 빛의 펄스를 계수함으로써 회전 속도가 매우 정확하게 측정된다.

또한 10.3절에 언급된 다양한 스트로보스코프 방법들도 광학 속도 측정에 사용된다.

기계적 계수기는 디지털형 **직접 계수기**이거나 기어 감속기를 이용한 계수기이다. 후자의 경우는 축 끝에서의 각운동이 웜과 기어에 의해 감속되고, 출력이 회전량으로 표시된다. 두 경우 모두 주어진 시간 동안 단순히 회전수를 계수하여 분당 회전수가 계산된다. 계수기에 타이밍(timing)장치가 도입될 수도 있다. 이때 타이머(timer)는 계수가 일어나는 시간 간격을 조절하는 내부 클러치를 동작시키기 위해 사용된다. **원심 속도계**는 원심력과 기계적인 스프링이 평형을 이루는 **원심 조속기**(*fly* ball governor)의 원리를 이용한다. 결과로서 나온 변위는 적절한 장치로 보정하여 속도를 표시하는 계기에 나타내게 된다.

물론 광학 또는 전기적인 센서는 기계적인 장치에 비해 연속적인 검출, 비접촉식 작용, 디지털 출력 등과 같은 상당한 이점을 갖는다. 따라서 기계적인 장치를 이용한 회전 측정은 일반적으로 사용되지 않고 사라져가고 있다.

SUGGESTED READINGS

Diddams, S. A., J. C. Bergquist, S. R. Jefferts, and C. W. Oats. Standards of time and frequency at the outset of the 21st century. *Science*, 306:1318–1324, 2004.

Horowitz, P., and W. Hill. *The Art of Electronics*. 2nd ed. New York: Cambridge University Press, 1989.

Lombardi, M. A. *NIST Time and Frequency Services*. National Institute of Standards and Technology, Special Publication 432. Washington, D.C.: U.S. Government Printing Office, Jan. 2002.

Rathore, T. S. *Digital Measurement Techniques*. 2nd ed. Pangborne, U.K.: Alpha Science International, 2003.

Ray, S. F. (ed.). *High Speed Photography and Photonics*. Oxford, U.K.: Focal Press, 1997.

연습문제

10.1. Prove the validity of Eq. (10.1).

10.2. Using an electronic counter, monitor the local power-line frequency. Use a step-down transformer to avoid the danger of the line voltage. What variations are noted over the period of the test? Compare results using (a) the setting for frequency readout and (b) the setting for period readout.

10.3. Use a flashing-light-type stroboscope and determine the time–speed relationship for a shop-bench-type grinder as it *decelerates*. A suggested technique is as follows: Set the stroboscope flashing rate to a predetermined frequency; then turn off the grinder power, simultaneously starting a timer (e.g., a stopwatch). Determine the time required for the first synchronization between wheel speed and flashing rate. Repeat for a range of flashing rates until sufficient data are obtained to plot a deceleration versus time curve. This approach is a very simple one that requires a minimum of test equipment. Why would this approach not be viable to determine the acceleration–time plot for the typical bench grinder? Other more sophisticated schemes may be devised; propose other approaches to measuring the decelerating speed–time characteristics.

10.4. Use the power-line frequency to calibrate a signal generator over the range 10 to 600 Hz. *Be sure to use a step-down transformer to isolate the line and to obtain a reasonably low voltage (say, no more than* 6 V ac).

10.5. Suggest a means of using an oscilloscope for measuring the actuating time of a simple double-throw electric relay. [*Hint:* Use the relay actuation voltage to trigger the sweep and a circuit using the relay contacts for the timing-limit switches. Would it be practical to use a debouncing element in the circuit? (See Section 8.4.2.)]

10.6. Show that an ellipse is generated on an oscilloscope display when the y-input is $A_0 \sin(\omega t - \phi)$ and the x-input is $A_i \sin \omega t$.

10.7. Make a test arrangement similar to that shown in Fig. 10.10 (or with modifications as desired) and determine the time–speed relationship for a common office fan as it accelerates from rest to full speed. Observe the oscilloscope screen, determining the time for the Lissajous diagram to transit the one-to-one ratio. Adapt the procedural suggestions given in Problem 10.3 to this setup. Use the curve-fitting methods given in Sections 3.13 and 3.14 to find a relationship, $\omega = f(t)$. Check to see whether, by chance, the relationship approximates first-order characteristics. Run a similar set of tests to determine the speed–time curve for deceleration.

10.8. Devise an experimental method for determining the *accelerating* speed-time characteristics of a shop-bench-type tool grinder (see Problem 10.3).

10.9. Reference [12] describes a simple method for determining the fundamental resonance frequency of a turbine blade. In essence, the method consists of striking the blade with a soft mallet and using a microphone to pick up the sound. The microphone output is fed to an oscilloscope and its frequency is compared with that of a signal generator using the Lissajous technique. Any harmonics of significance would also be displayed. Locate a complex elastic member and use the method to study its characteristics of frequency of vibration.

10.10. Using the basic approach and the "complex elastic member" suggested in the final sentence of Problem 10.9, make a harmonic analysis of acoustic signal captured by the microphone. Use available equipment as appropriate, such as a storage oscilloscope or a computer-operated A/D converter with appropriate software.

참고문헌

[1] Fuller, P. W. W. Project design and planning. In S. F. Ray (ed.), *High Speed Photography and Photonics.* Oxford, U.K.: Focal Press, 1997, Chap. 14.

[2] Brandt, T. High-speed CMOS imagers are flexible. *Laser Focus World*, 40(2), Feb. 2004.

[3] Fuller, P. W. W. Synchronization and triggering. In S. F. Ray (ed.) *High Speed Photography and Photonics.* Oxford, U.K.: Focal Press, 1997, Chap. 3.

[4] Horowitz, P., and W. Hill. *The Art of Electronics*. 2nd ed. New York: Cambridge University Press, 1989, Sects. 5.12–5.19.

[5] Parker, T. E., and D. Matsakis. Time and frequency dissemination: Advances in GPS transfer techniques. *GPS World*, November 2004, pp. 32–38.

[6] Lombardi, M. A. *Radio Controlled Clocks*. Proceedings of the 2003 NCSL International Workshop and Symposium, Tampa. Boulder, Colo.: NCSL Internation, 2003.

[7] Lombardi, M. A. *NIST Time and Frequency Services*. National Institute of Standards and Technology, Special Publication 432. Washington, D.C.: U.S. Government Printing Office, Jan. 2002.

[8] Lombardi, M. A. *NIST Frequency Measurement and Analysis System: Operator's Manual.* NISTIR 6610. App. A. Boulder, Colo.: Time and Frequency Division, National Institute of Standards and Technology, 2001.

[9] Lissajous Figures. In *The New Encyclopædia Britannica*. 15th ed., Vol. 7. Chicago: Encyclopædia Britannica Inc., 1998, p. 393.

[10] Levine, J. Introduction to time and frequency metrology. *Rev. Sci. Instr.* 70(6):2567–2596, 1999.

[11] Howe, D. A., D. W. Allan, and J. A. Barnes. *Properties of Oscillator Signals and Measurement Methods.* Boulder, Colo.: Time and Frequency Division, National Institute of Standards and Technology, 2000.

[12] Rosard, D. D. *Natural Frequencies of Twisted Cantilever Beams*. ASME Paper 52-A-15, 1952.

Chapter

11 변위와 치수측정

11.1 서론

선형 변위의 결정은 모든 계측 중 가장 기본적인 것이다. 변위는 물체의 크기를 결정하고 이동량을 나타낼 수 있다. 공간 좌표 중 하나를 선택하여 구체적으로 표현할 수도 있다. 스트레인(12장)이나 각변위 같은 단위가 없는 물리량은 단위 변위 형태(*unit displacement form*)로 표현되어 측정 가능하다.

다른 양보다 더 큰 범위까지, 계측의 간단한 과정인 직접 비교(*direct comparison*)를 이용해서 변위를 계측할 수 있다. 변위 측정의 가장 일반적인 형태는 표준과 직접 비교하는 것이다. 0.5 mm(약 0.02 in.) 정도의 계측은 표준 강철자(steel rule)를 사용함으로써 어려움 없이 잴 수 있다. 더 나은 분해능과 감도를 위해서는 더 복잡한 측정 시스템이 필요하다. 0.005 mm(약 0.0002 in.)의 정도를 재는 측정은 대표적으로 작은 변위를 확대시키기 위해 기어 시스템을 사용하는 정밀 기계 메커니즘의 사용으로 가능하다. 예를 들면 마이크로미터는 축의 선형 변위를 축의 원동 위에 있는 눈금을 따라 더 큰 회전으로 바꾸어 준다. 고 분해능 장치들(수 in.까지)은 교정된 게이지 블록 세트와 직접 비교될 수 있다. 매우 높은 분해능은 빛의 파장 부분(약 0.005 μm 또는 0.2 μin.)까지 변위 측정이 가능한 광학 간섭계로부터 얻을 수 있다.

검토를 위해 표 11.1에 여러 가지의 측정 장치를 분류하였다. 약간의 예외는 있지만 이러한 대부분의 시스템은 정해진 물리적 치수를 측정하기 위해 사용된다. 위의 장치들을 구체적으로 검토하기 전에 다음의 측정문제를 고려해 보자.

표 11.1 변위 측정 장치의 분류

저 분해능 장치(1/100 in.까지)(0.25 mm)
1. 강청자를 직접 또는 다음의 보조 장치와 함께 사용 a. 캘리퍼스(calipers) b. 디바이더 c. 표면 게이지 2. 두께 게이지
중 분해능 장치(1/10,000 in.까지)(2.5 × 10^{-3} mm)
1. 마이크로미터(보통 내부, 깊이, 나사의 이 등의 여러 형태)를 직접 또는 다음의 보조 장치와 함께 사용 a. 망원 게이지 b. 확대 볼 게이지(expandable ball gages) 2. 버니어 계기(외부, 내부, 깊이, 높이 등의 여러 형태) 3. 특정 목적 게이지(플러그, 링, 스냅, 테이퍼 등) 4. 다이얼 지시계 5. 측정용 현미경
고 분해능 장치(수 μin. 까지)(2.5 × 10^{-5} mm)
게이지 블록을 집접 또는 다음의 비교 측정기와 함께 사용 a. 기계식 비교 측정기 b. 전기식 비교 측정기 c. 광학 평판과 단색 광원
초고 분해능 장치
특별한 광원을 사용한 여러 형태의 간섭계

11.2 치수 측정에서의 문제

그림 11.1에 있는 치수대로 구멍을 뚫어야 하고, 대량으로 가공해야 한다고 가정하자. 그림 11.2의 플러그 게이지로 치수를 검사할 것이다. 플러그 게이지 한쪽은 **통과**(*go*), 반대편은 **비통과**(*no-go*) 끝이다. 만약 게이지의 통과 끝이 구멍에 맞으면 구멍이 충분히 크게 뚫어져 있다는 것이고 또 비통과 끝이 들어가지 않으면 구멍이 너무 크게 뚫리지 않았다는 것을 알 수 있다.

플러그 게이지 자체도 설계와 가공이 이루어져야 한다. 플러그 게이지의 치수는 경험상으로 측정될 부분 공차의 10% 정도의 공차를 가지고 결정한다. 이 방법으로 플러그 게이지 끝은 그림 11.2와 같이 치수가 기입된다.

0.0004 in.(부품 공차 0.004의 10%)의 게이지 공차는 1.504 in.의 상한 치수에 대해 **비통과** 끝에 대칭적으로 (0.0002 in.씩) 적용되었다. 반면에 **통과** 끝에 적용되는 게이지 공차는 측정 작업 중에 발생하는 1/10000 in.만큼의 마모를 고려해서 치수를 기입한다. 이러한 공차는 게이지 마모를 특정 한계 값에 근접하게 하여 게이지의 수명을 연장시킬 수 있다. 이상적으로 **통과** 끝은 게이지가 사용될 때마다 끼워져서 마모가 생기고 **비통과** 끝은 끼워지지 않아 마모가 발생되지 않을 것이다.

게이지가 정확하게 만들어졌다는 가정 하에 구멍의 올바른 측정을 위한 준비가 이루어졌다. 게이지가 공차 안에 있는지를 어떻게 알 수 있을까? 표 11.1에 있는 고분해능 장치들에 포함된 **게이지 블록**을 사용하여 측정함으로써 알아낼 수 있다. 게이지 블록 세트는 작은 치수(0.01에서 10 in.)의 표준 블록으로 이루어져 있다.

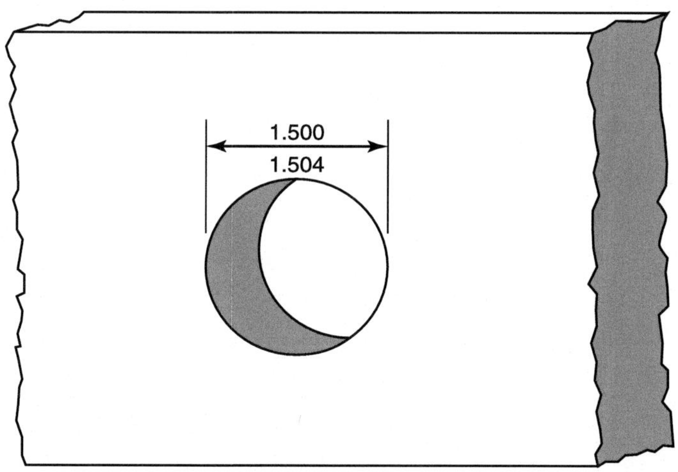

그림 11.1 내경의 대표적 치수 기입(영국 단위)

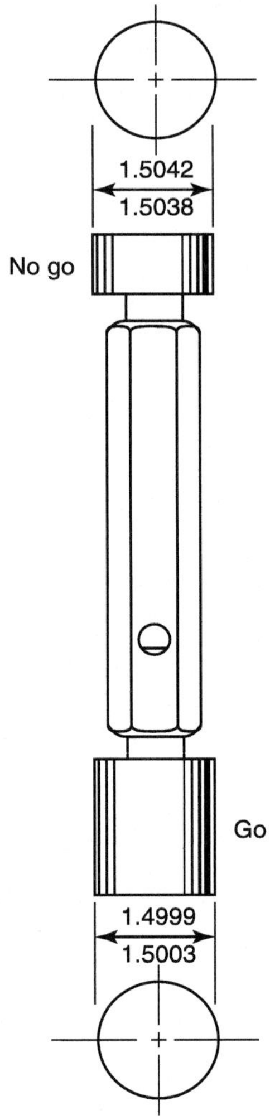

그림 11.2 통과/비통과 플러그형 게이지

비교 방법(다음 부분에서 설명될)을 사용함으로써 플러그 게이지의 치수를 검사할 수 있어야 한다. 게이지 블록이 사용되기 위해서 기본 길이 표준(2.4절)과 비교하여 측정되어야 한다는 것을 간과해서는 안 된다.

측정 표준의 중요성을 제기하기 위해 다음의 예를 들겠다. 위에서 언급한 1.500-in.구멍이 자동차 제작자가 사용하려는 것이라고 가정하자. 당연히 게이지를 만드는 전문회사에 의해서 플러그 게이지는 제작될 것이다. 게이지 제조업자와 자동차 제조업자 모두 게이지 블록을 사용한 측정을 의심 없이 표준화할 것이다. 동일한 기본 표준으로부터 다른 게이지 블록 세트가 만들어지지 않는다면, 자동차 제조업자가 지정한 치수는 게이지 제작자에 의해서 다시 만들어지지 않을 것이다.

11.3 게이지 블록

게이지 블록(gage block) 세트는 산업의 치수 표준이다. 그것들은 치수 측정 장치의 교정, 특정한 목적의 게이지 설치, 게이지 장치로서 보조 장치와 함께 직접 사용되며, 정해진 길이를 가지고 있다. 게이지 블록 세트는 종류에 따라 정해진 공차 범위 안에 들어가는 정확한 치수와 평행면을 가지는 작은 강철 블록들로 구성되어있다. 보통 다음 종류들의 블록이 유용하게 사용된다.

SI 단위계

블록의 등급	공차 μm[1]
0	±0.10 에서 ±0.25
1	±0.15 에서 ±0.40
2	±0.25 에서 ±0.70
3	±0.50 에서 ±1.30

영국 단위계

블록의 등급		공차 μm[2]
Class B	작동(working) 블록	±8
Class A	기준(reference) 블록	±4
Class AA	마스터(master) 블록	1 in.까지의 모든 블록은 ±2, 더 큰 블록은 ±2 μin./in.

게이지 블록은 다방면에 이용되는 여러 개의 블록의 세트 형태로 제공된다. 그림 11.3은 다음과 같은 치수의 76개의 블록(두 개의 마모(wear) 블록 제외)으로 구성된 세트를 보여준다.

두께가 1.005 mm 인 1개의 블록
1.01부터 1.49까지 0.01 mm 씩 증가하는 49개의 블록
0.5부터 9.5까지 0.5 mm 씩 증가하는 19개의 블록
10부터 40까지 10 mm 씩 증가하는 4개의 블록
50부터 75까지 25 mm 씩 증가하는 3개의 블록
두께가 각각 2 mm 인 두 개의 카바이드(carbide) 마모 블록

블록은 시간이 지남에 따라 발생하는 치수 변화를 최소화하기 위해 열처리가 된 강철로 만들어진다. 열처리는 강철에 본질적으로 내재된 스트레인을 없애기 위해 가열과 냉각을 교대로 반복하는 것이며 대략 62 Rockwell C로 경화된다.

---

1) 매우 작은 변위 혹은 공차를 위하여 엔지니어는 μm 혹은 μin(1×10^{-6} in)를 공통적으로 사용한다. 물리학자는 때때로 angstrom(1×10^{-7} mm)을 사용한다. 단위변환은 1μm = 39.37 μin.이며, 1Å = 0.003937 μin.이다. 스트레인이나 어떤 계수들의 물량은 단위가 없다. 이러한 경우 ppm(part per million)이 관습적으로 사용된다.

2) 공차의 범위가 나열되었으며, 이 값은 블럭의 크기에 좌우된다.

그림 11.3 76개로 구성된 게이지 블록 세트(Mitutoyo America 社의 동의하에 게재함)

하나의 세트 안에 크기 분포는 세심하게 이루어지고, 그림 11.3의 세트에서는 0.005 mm 간격으로 치수를 변화시킬 수 있는 정밀한 변위 조합이 95,000가지 이상 가능하다.

11.4 게이지 블록의 조립

주어진 치수를 만들기 위해 2개 이상의 블록을 짜 맞추어 조립할 수 있다. 14.715 mm의 표준 치수가 요구된다면 적당한 조합에 도달하는 과정은 바로 아래와 같이 반복적인 뺄셈으로 이루어진다.

	사용된 블록
요구치수 = 14.715	
소수 넷째 자리 = 1.005	1.005
나머지 = 13.71	
소수 둘째 자리 = 1.21	1.21
나머지 = 12.5	
소수 첫째 자리 = 2.5	2.5
나머지 = 10.0	
두 개의 소모 블록 = 4.0(2.0 each)	4.0
나머지 = 6.0	
일의 자리 = 6.0	6.0
나머지 = 0.0 검사...	14.715

블록을 다른 것 위에 단순히 놓는다고 해서 쌓았다고 볼 수는 없다. 블록들 사이의 얇

은 기름막을 제외한 모든 것을 제거하는 방법으로 쌓아야한다. 이 기름막은 블록 자체의 필수 부분이다. 제조 중에 생겼기 때문에 완전히 제거될 수 없다. 이 기름막의 두께는 항상 0.2 μin. 정도이다[1].

제대로 짜진 블록들은 표면 사이의 접착력이 대기압의 30배 정도이기 때문에 쉽게 분리되지 않는다. 조립된 블록들이 이러한 특성을 보이지 않는다면 제대로 결합되어 있지 않는 상태로 간주해야 한다. 이렇게 해서 조립된 블록들은 여러 가지 방법으로 **직접** 비교를 위해 사용된다. 두 가지 간단한 방법을 그림 11.4에 도시하였다.

게이지 블록은 블록을 고정시키기 위한 클램핑 장치들을 포함한 특별한 보조 장치와 함께 사용된다. 그렇게 사용될 때, 높이 게이지, 스냅 게이지, 디바이더, 핀 게이지들은 기본 치수를 만드는 게이지 블록들과 함께 조립된다. 이런 형태의 보조 장치는 게이지 블록과 상관없이 측정된 치수를 알 수 있다.

11.5 정반

블록이 그림 11.4에서처럼 사용될 때 정확한 기준면이 요구된다. **정반**이라고 부르는 이러한 평면은 블록들의 정확도에 상응하는 정확도를 가지고 만들어져야 한다. 예전에는 반대편에 적당히 리빙(ribbing)을 한 시효된(aged) 주철판이 사용되었다. 서로 겹치도록 세트의 판이 준비되고, 판들끼리 서로 계속적으로 상호 작용을 하면 세 개의 표면은 점차 완전히 평평한 표면에 근접하게 된다.

기계적인 랩핑(lapping)과 연마(polishing)된 화강암 정반은 수공으로 제작된 주철형을 대체해 오고 있다. 화강암은 다음과 같은 여러 가지 장점이 있다. 첫째로는 이완(relaxing)되는 데 필요한 충분히 긴 시간이 지났다는 장점을 가지고 있기 때문에 어느 다

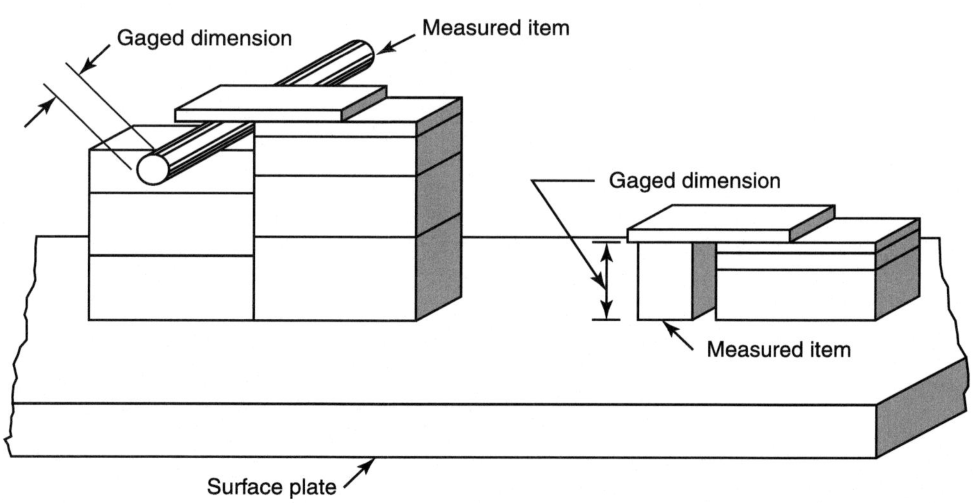

그림 11.4 길이 치수의 직접 비교에 게이지 블록을 사용하는 두 가지 방법

른 재료보다 내재된 잔류응력이 적다. 따라서 판이 준비되었을 때 휘어지는 경향이 덜하다. 둘째로 공구나 공작물이 판 표면에 실수로 떨어졌을 때 금속과는 달리 휨이 생기는 잔류 응력이 유도되지 않는다. 하지만 충격을 받은 부분에서 약간의 가루가 생긴다. 세 번째로 화강암은 부식되지 않는다.

11.6 온도 문제

온도의 차이나 변화는 치수 측정시 문제점을 유발한다. 게이지 블록용 강철들의 팽창계수는 대략 11.2 ppm/°C (6.4 ppm/°F)이다. 단 1°의 변화도 게이지 공차에서 치수 크기 변화를 유발할 수 있다. 표준 측정 온도는 20°C(68°F)로 정해져 있다.

온도 문제에 대해 몇 가지 해결책이 있다. 첫째로 가장 확실한 해결책은 공기의 온도가 20°C로 조절되는 측정실을 사용하는 것이다. 이 과정은 작업 공간이 허락될 때 가능해진다. 하지만 단순한 블록 조작을 유발하므로 이 방법도 완전한 해결책이 아니다. 이러한 이유로 단열 장갑과 집게를 자주 사용해야 한다. 또한 전구로부터의 복사열을 최소화 해야한다[2].

석유나 부식되지 않는 액체 항온조는 블록과 공작물이 같은 온도를 유지하도록 하기 위해서 사용된다. 비교하기 위해 탕으로부터 꺼내질 수도 있고 극단적인 경우에는 잠긴 상태에서 측정이 이루어질 수도 있다.

반면에 온도 조절이 가능하지 않다면, 주어진 상태에 따라 수정을 할 수 있다. 만약 게이지 블록과 공작물이 같은 재료라면, 둘 다 같은 온도에 있는 한 온도 오차는 없을 것이라는 것을 쉽게 알 수 있다. 대부분의 경우에서 강철 부분은 강철 게이지 블록으로 잰다. 그리고 팽창계수의 차이가 약간 있고, 게이지와 강철 부분의 온도가 약간 다를지라도 인지할 수 있는 보정이 가능하고, 앞의 여러 단락에서 제시된 것처럼 항상 문제를 일으키지는 않는다.

측정되는 부분과 블록 둘 다 상온 T_r에 있으면 다음의 식을 적용하여 수정할 수 있다.

$$L = L_b\left[1 - (\Delta\alpha)(\Delta T)(10^{-6})\right] \tag{11.1}$$

여기서 $\Delta\alpha = (\alpha_p - \alpha_b)$,

$\Delta T = (T_r -$ 표준 기준 온도)

$L =$ 측정되는 치수의 실제 길이(기준 온도에서)

$L_b =$ 블록 위에 표시된 치수의 합에 의해 결정되는 게이지 블록들의 공칭 길이

$\alpha_p =$ 측정될 부분의 열팽창 계수(ppm/°)

$\alpha_b =$ 게이지 블록 재료의 열팽창 계수(ppm/°)

$T_r =$ 임계온도

위의 관계를 사용할 때$\Delta\alpha$, ΔT 의 부호를 정확히 해 주어야 한다.

예제 11.1 $L_b = 10$ cm, $\alpha_p = 13$ ppm/°C, $\alpha_b = 11.2$ ppm/°C, $T_r = 24$ °C일 때 L을 구하여라.

풀이: SI 단위를 사용하면

$$\begin{aligned} L &= 10\left[1 - (1.8)(4)(10^{-6})\right] \\ &= 9.999928 \text{ cm} \end{aligned}$$

예제 11.2 $L_b = 9.7153$ in, $\alpha_p = 5.9$ ppm/°F, $\alpha_b = 6.4$ ppm/°F, $T_r = 62$ °F일 때 L을 구하여라.

풀이: SI 단위를 사용하면

$$\begin{aligned} L &= 9.7153\left[1 - (-0.5)(-6)(10^{-6})\right] \\ &= 9.715271 \text{ in.} \end{aligned}$$

11.7 비교 측정기의 이용

게이지 블록의 주된 응용 중에 하나는 비교 측정기라고 불리는 장치를 교정하는 것이다. 이름에서 알 수 있듯이 비교 측정기는 알고 있는 치수와 모르는 치수를 비교하기 위해 사용된다. 기계식 비교 측정기의 한 형태를 그림 11.5에 도시하였다(그림은 보통의 다이얼 지시계(indicator)를 나타낸다). 여러 종류의 측정 장치들은 스트레인 게이지형, 완전 기

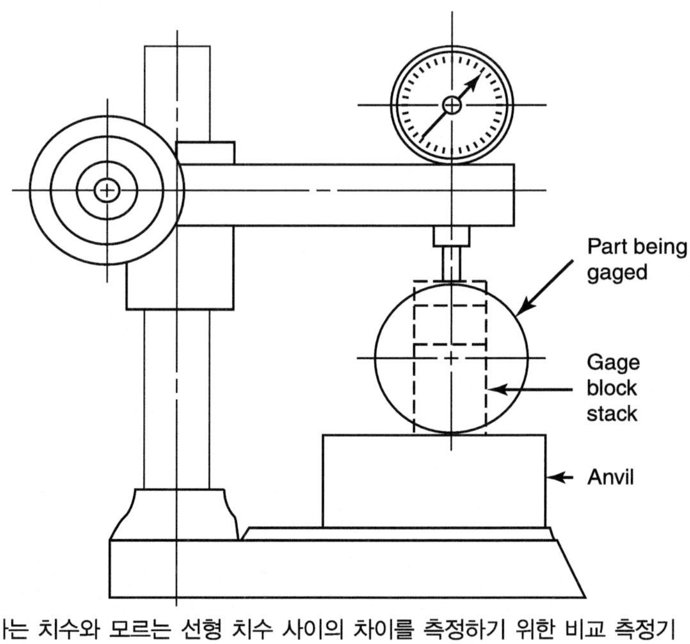

그림 11.5 아는 치수와 모르는 선형 치수 사이의 차이를 측정하기 위한 비교 측정기

계식 장치, 가변 인덕턴스 등의 비교 측정기 형태를 띠고 있으며, 불확실성을 최소화하기 위해서 측정 장치의 분해능과 정확도를 게이지 공차에 더할 수 있을 것이다. 블록 공차보다 더 정밀하게 잴 수 있는 능력을 가지는 센서를 사용하는 것은 불필요할 것이다.

비교 측정기의 사용 예로, 플러그 게이지의 직경을 알고자 한다고 가정하자. 먼저 공칭 치수는 일반적인 마이크로미터를 사용하여 측정한다. 게이지 블록을 대략의 치수까지 쌓아서 비교 측정기의 앤빌(anbil) 위에 올려놓고, 지시계는 영점이 잡힐 때까지 지지 기둥을 따라 조절한다. 그러고 나서 게이지 블록을 제거하고 측정할 부분을 대체한다. 지시계의 눈금 변화는 쌓였던 블록 높이와 모르는 치수 사이의 차이를 나타내므로 따라서 측정하고자 하는 물건의 치수를 알 수 있는 것이다. 대부분의 게이지 블록 세트들이 기초 치수(예로 1/10000 in.의 단계)에서 매우 작은 치수의 변화를 할 수 있는 일련의 블록들을 가지기 때문에 게이지 세트는 비교 측정기를 교정하는데 매우 쉽게 사용될 수 있다.

11.8 단색광

소규모 선형 치수의 정밀 측정에 사용되는 간섭계 방법은 다음 절에서 기술할 것이다. 이러한 간섭계에 가장 필요한 요소는 단색광(단일 색 또는 파장)을 갖는 광원이다.

단색광에는 여러 가지 광원이 있다. 광학 필터는 근사적으로 단파장 광의 좁은 파장대를 분리시키기 위해 하나 또는 여러 개의 조합으로 사용된다. 또한 프리즘은 백색광을 원래의 성분들로 분리시키기 위해 이용되며, 원하는 파장을 분리시키기 위해 슬릿과 함께 사용된다. 그렇지만 이 방법들은 둘 다 매우 비효율적이다. 대부분의 실제적인 광원은 불연속적인 파장들에서 빛을 방사하는 임의의 원소의 원자를 전기적으로 여기시킴으로써 발생된다. 여기 시스템은 램프나 레이저가 사용된다. 표 11.2는 여러 주요 색들의 대략적인 파장에 대해 열거했으며, 표 11.3에는 몇 개의 구체적 광원의 파장을 나타내었다.

램프에 이용되는 원소로는 수은, 수은 198, 카드뮴, 크립톤, 크립톤 86, 탈륨, 나트륨, 헬륨 및 네온이 있다[3]. 이들은 기체가 아니면 기체화하여 주입하고, 높은 전압 또는 주파수의 전기적 위치에너지를 사용하여 가시광선을 만들어 낸다.

예를 들어 헬륨 램프는 우리에게 익숙한 네온사인에 사용된 방법으로 얻어진다. 관에 헬륨을 채우고 빛을 발생하기 위해 고 전압원을 연결한다. 발생되는 빛은 좁은 범위의 파장들이며 실제 사용에 충분한 세기를 가진다. 이광원의 파장은 0.589 μm (23.2 μin.)이다.

레이저 광원은 여러 형태가 있으며 그 중에 가스 레이저는 치수 측정에 가장 많이 사용된다. 일반적인 예로 적색의 헬륨-네온 레이저(0.6328 μm의 파장)와 청록색의 아르곤-이온 레이저(0.5 μm 주변의 다양한 파장)를 들 수 있다. 가스 레이저는 단색 광원으로서 램프에 비해 다음과 같은 주요 장점들이 있다. (1) 매우 좁은 파장대를 가지는 극 단색광이다. (2) 좁고 지향성 있는 광선으로 이루어진 고평행광이다. (3) 편광되어 있다. (4) 높은

표 11.2 여러 주요 색들의 대략적인 광파장

색	파장의 범위 μm	μin.
보라색	0.399 to 0.424	15.7 to 16.7
파란색	0.424 to 0.409	16.7 to 19.3
녹색	0.490 to 0.574	19.3 to 22.6
노란색	0.574 to 0.599	22.6 to 23.6
주황색	0.599 to 0.645	23.6 to 25.4
빨간색	0.645 to 0.699	25.4 to 27.5

표 11.3 특정 광원들의 파장

광원	파장		프린지 간격	
	μin.	μm	μin./fringe	μm/fringe
레이저				
아르곤 이온	18.03	0.4579	9.01	0.2290
	19.21	0.4880	9.606	0.2440
	20.26	0.5145	10.13	0.2573
크립톤 이온	16.26	0.4131	8.13	0.2066
	25.48	0.6471	12.74	0.3236
	26.63	0.6764	13.32	0.3382
헬륨 이온	24.91	0.6328	12.46	0.3164
램프				
수은 198	21.5	0.546	10.75	0.273
헬륨	23.2	0.589	11.6	0.295
나트륨	23.56	0.598	11.78	0.299
크립톤 86	23.85	0.606	11.92	0.303
카드뮴레드	25.38	0.644	12.69	0.322

코히어런스(coherence)를 갖는다.

코히어런스(coherence)의 특성은 간섭 측정에 매우 유용하다. 광선의 길이에 대해 광파가 그 자신의 위상을 유지할 때 광선이 **코히어런스**(*coherent*)하다고 한다. 따라서 광선이 자신의 위상을 유지하는 거리를 광선의 **간섭 길이**(*coherence length*)라고 부른다. 이 길이 밖에서 광선은 약간의 위상 변화를 보인다. 두 개의 코히어런스 광선의 위상차와 그것들의 경로 길이의 차를 관련짓는 간섭 측정은 간섭의 길이 보다 작은 경로 차에서만 가능하다. 레이저가 램프보다 매우 큰 간섭 길이를 가지기 때문에 간섭에 의해 매우 큰 길이를 측정할 수 있다. 한 예로 단색광 램프는 기껏해야 수십 센티미터에 지나지 않는 간섭 길이를 가지고 있어 비슷한 거리의 간섭 측정밖에 할 수 없다. 반면에 주파수 안정화된 헬륨-네온 레이저는 수 킬로미터 이상의 간섭 길이를 가질 수 있다. 이론적으로 레이저 간섭은 수백 미터의 거리를 일부분의 광파장으로 측정할 수 있다.

11.9 간섭계

게이지 블록의 절대 길이를 정하는데 몇몇 정확하고 신뢰성 있는 방법들이 사용되어야 한다는 것은 의심할 여지가 없다. 그렇다면 어떻게 게이지 블록을 교정하는가? 다른 게이지 블록과 비교하는 방법 등은 이미 언급했지만 2.4절에 언급한 특정한 광원의 파장과 같은 더 기본적인 표준을 가지고 비교가 되어야 할 것이다. 간섭계를 사용함으로써 이러한 매우 기본적인 측정이 가능하다.

역사적으로 중요한 간섭계(interferometer)는 Albert A. Michelson(1852~1931)에 의해 고안되고 사용되었다. 1960년까지 길이 표준은 백금-이리듐 원형(prototype) 미터 막대에 정교하게 그어진 두 직선에 의해 정의된 미터였다. 이런 종류의 게이지를 **직선 표준**(*line standard*)이라 부르는 반면 보통의 게이지 블록은 단 **표준**(*end standard*)이라 한다. Michelson의 원래 목적은 미터 막대와 비교해서 어떤 광원으로부터 생성된 빛의 파장을 결정하는 것이다. 물론 그 표들은 지금 바뀌었다. 지금은 빛을 표준으로 사용하며 게이지 블록 치수와 같은 길이를 측정한다.

Michelson형 간섭계의 기본 요소들은 그림 11.6에 그려져 있다. 레이저 광선은 광선 분리기를 통과한다. 여기서 빛의 50%는 각각의 2개의 거울 또는 큐브 코너 반사기를 향한다. 광선은 광선 분리기에서 다시 반사되고, 그 일부는 구멍과 광 감지기를 통과한다. 감지기에서 두 개의 광선들은 그들의 경로 차이에 따른 파장의 수에 좌우되어 보강되거나 상쇄되는 간섭을 일으킨다.

하나의 반사기는 미지의 치수의 길이를 따라 횡단할 수 있다. δ 거리만큼 움직인다면, 광선의 경로는 2 δ만큼 증가하게 된다. 이동 중에 광감지기에서 발생되는 연속되는 어두운 **프린지**(*fringe*)의 개수는 경로 변화에 따른 파장수 N과 같다.

$$2\delta = N\lambda$$

통과한 프린지를 계수함으로써 N이 구해지고 거리 δ가 측정된다. 주의 깊게 관찰하면 프린지의 1/100의 변화도 분석될 수 있다.

연속적인 프린지사이에서 이동하는 반사기에 의해 가로지른 거리는 $\lambda/2$ 또는 광원의 빛의 파장의 3/2이다. 따라서 $\lambda/2$을 **프린지 간격**(*fringe interval*)이라 부른다(표 11.3 참고).

이 기본 배치에 많은 변종이 고안되고 있다. 예로 Michelson은 *etalons*이라 불리는 기지(known)의 프린지 수를 나타내는 계단 게이지를 고안해서 많은 수의 프린지를 세는 문

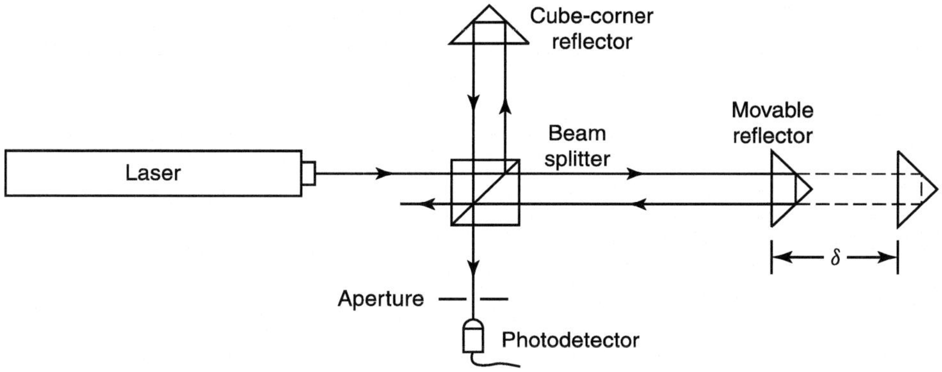

그림 11.6 Michelson형 간섭계

제를 축소시켰다. 그것은 보다 긴 거리를 계단화하기 위해 야드(yard)나 미터 막대를 사용한 것과 유사하다.

게이지 블록 간섭계들은 광학 장치의 제작자들에 의해 만들어진다. 비록 자세한 설계는 다르지만 모두 기본적으로 같은 작동 원리를 이용한다. 게이지 블록 간섭계의 구축에 관한 더 많은 정보는 참고문헌[3, 4, 5]을 참고하길 바란다.

11.8에서 언급 되었듯이 높은 간섭 길이의 가스 레이저는 단색 광원에서의 크기에 비해 2 내지 3차수 큰 거리의 측정을 가능하게 한다. 향상된 간섭 길이는 램프와 비교해서 레이저의 매우 좁은 선폭과 밀접한 관계가 있다. 예를 들면 수은-198 광원은 546.1 nm의 중심파장에 대해 대략 0.005 nm의 파장 분포를 갖는다($\Delta\lambda/\lambda \approx 10^{-6}$). 이런 정확도의 부족 때문에 경로 차이가 증가할수록 프린지는 더욱 불확실해진다. 실제, 간섭 길이는 $L_c \approx \lambda^2/\Delta\lambda = 60$ cm보다 다소 작다. 반대로, 적절한 가격의 안정화된 주파수를 갖는 헬륨-네온(helium-neon) 레이저는 간섭 길이 $L_c \approx 85$ m로 중심 파장 632.8 nm에 대해 약 5×10^{-6} nm의 선폭을 갖는다($\Delta\lambda/\lambda \approx 7.5 \times 10^{-9}$). 특정 광원의 실제 간섭 길이나 선폭은 퍼짐을 최소화하는 노력에 상당히 영향을 받을 것이다.

시중에서 구할 수 있는 레이저 간섭 시스템[3)]은 큰 거리에 걸쳐 고해상도를 얻기 위해 이 원리를 적용한다. 사양은 21 m(70 ft)의 사용 범위와 1.2 nm의 해상도 그리고 1 m/s의 반사계 이동 속도를 보인다. 이 장치의 대표적인 응용 방법으로는 통합된 회로의 조립(웨이퍼 스테퍼(wafer stepper)와 전자 광속 석판인쇄술의 제어 같은), 정밀한 공구, 기계적 진동해석 등이 있다.

레이저 빛의 반사된 펄스는 거리 측정을 위해서도 사용된다. 이 펄스 반향(*pulse-echo*) 기술에서 빛의 짧은 펄스가 측정하고자 하는 거리의 물체를 향한다. 반사된 펄스가 돌아

3) Agilent 108978 레이저 간섭계

오기 전까지의 시간 Δt를 측정하여 광속 c에 대해 $L = c\Delta t/2$와 같이 거리를 계산한다. 이러한 접근법은, 예를 들면 지구에서 달까지의 거리 (to ±15 cm)를 측정하는데 사용되고[6], 수신된 반사광의 각도나 위치의 변화 역시 반사하는 면의 거리 측정을 위해 사용되기도 한다.

11.10 측정용 현미경

그림 11.7은 일반용 저배율 현미경의 단면을 보여준다. 기본적으로 이 계기는 대물 렌즈를 포함하는 대물 셀, 눈과 필드 렌즈를 포함하는 접안 셀, 그리고 십자선 고정 장치, 경통과 몸체통에 조립된 모든 것으로 구성된다. 접안 셀은 경통에서 조정되고 그것에 의해 대

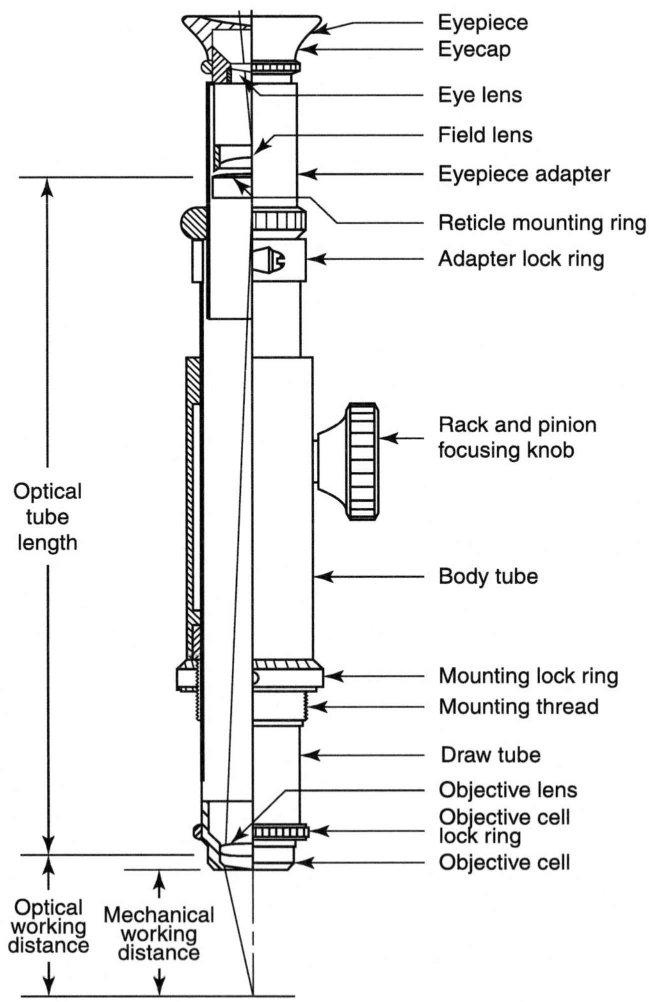

그림 11.7 간단한 저배율 현미경의 단면(The Gaertner Scientific 社의 동의하에 게재함)

안렌즈가 십자선에 정확히 초점 맞도록 해 준다. 경통은 현미경의 초점을 맞추기 위해 몸체통의 랙과 피니언으로 조정한다.

렌즈 시스템에서 광학적 우수성이 필수적으로 요구되는 것 외에, 십자선의 배열도 측정용 현미경의 핵심이다. 십자선은 눈금, 격자, 선을 포함한 평면 윤곽의 한 형태를 뜻한다. 그림 11.8은 여러 가지 형태의 십자선을 나타낸다. 현미경을 사용할 때 십자선과 작업물이 직접 비교가 가능하도록 중첩시킨다. 그림 11.8(a)와 같은 눈금이 사용되고 눈금과 작업물 사이의 관계가 알려져 있으면, 치수는 직접 비교에 의해 구해진다.

기계적인 측정에 사용되는 현미경은 상대적으로 저배율이다. 대부분 100× 보다 작고 때론 대략 40×이다. 이들은 다음과 같이 분류된다: (1) 고정눈금 (2) 필러형 (3) 이동 (4) 이동대 (5) 견인통 및 (6) 디지털. 이중에 고정눈금과 필러형은 대부분 0.050 in.로부터 0.200 in.까지(1에서 5 mm) 비교적 작은 치수 측정에 쓰인다.

11.10.1 고정 눈금 현미경

고정 눈금 현미경에서는 그림 11.8(a)에 나타난 것과 같은 형태의 십자선(reticles)을 이용한다. 초점을 적절히 맞춘 후 눈금을 작업물의 치수와 간단히 비교함으로써 눈금 단위의 수를 결정한다. 물론, 눈금 단위는 전체 눈금 치수로 변환되어야 한다. 다시 말해서, 계기는 교정되어야 한다. 이것은 유리에 에칭된 교정 눈금에 초점을 맞추는 방법을 사용한다. 전형적인 교정 눈금은 0.1 mm 당 100개의 눈금과 0.004 in. 당 100개의 눈금이다. 교정 눈금과 십자선 눈금의 비교는 긍정적인 교정 방법이다. 어떤 현미경은 미리 교정되어 있어 영원히 유지될 것으로 기대된다. 그러나 대물 렌즈에 변화가 있으면 재보정이 필요하다.

11.10.2 필러형 현미경

필러형 현미경은 움직이는 십자선을 이용한다. 실제 대부분의 경우에 단일 또는 중복선이 가는 피치 나사산에 의해 움직인다. 이 피치 나사산은 한 바퀴를 100개로 나눈 마이크로미터 드럼으로 되어있다. 전체 구간은 보통 약 6 mm(0.25 in.)이다. 중복 필러(bifilar)형으로 불리는 중복선을 이용하든 것이 더 많이 사용된다. 사용시에 중복선을 치수의 한 끝단에 맞추고 마이크로미터 드럼에 의해 표시되는 움직임을 이용하여 다른 끝단으로 이동

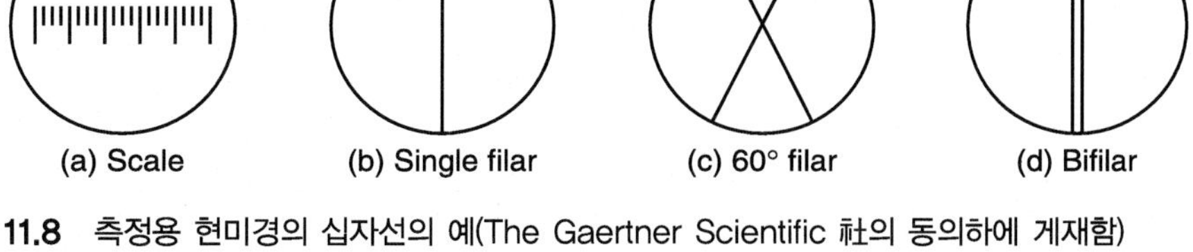

그림 11.8 측정용 현미경의 십자선의 예(The Gaertner Scientific 社의 동의하에 게재함)

시킨다. 일반적으로 중복 필러형이 단일 선을 갖는 형태에 비해 사용하기 용이하다. 그림 11.8에서 단일 필러형과 중복 필러형 현미경에 의해 얻어진 화면의 차이를 볼 수 있다.

필러 측정 현미경의 사용시 문제점 중 하나는 마이크로미터 나사의 회전수를 항상 알고 있어야 한다는 것이다. 이 문제를 해결하기 위하여 두 가지 방법이 사용된다. 첫 번째는 간단한 계수기(counter)를 현미경 몸체에 부착하여 직접 회전수를 표시하는 방법이다. 더 일반적인 방법은 그림 11.9에서 보이는 것과 같이 화면에 내장된 홈(built-in notched bar) 또는 빗살(*comb*)을 이용하는 방법이다. 빗살의 각 홈은 마이크로미터 휠의 한 바퀴에 해당한다. 각각 5바퀴와 10바퀴에 해당하는 작은 홈과 큰 홈도 주어진다. 빗살을 사용할 때는 마음속의 눈금을 이용한다. 예를 들어 그림 11.9에서 초기에 마이크로미터 휠이 85를 가리킨다고 가정한다. 사용자는 큰 눈금을 마음속으로 오른쪽으로 읽으면서 0, 1000, 2000, 3000 등으로 표시할 것이다. 그러므로 처음 읽은 값은 085가 될 것이다. 그리고 가는 선을 측정하고자 하는 치수의 다른 끝단으로 움직인다. 이제 마이크로미터의

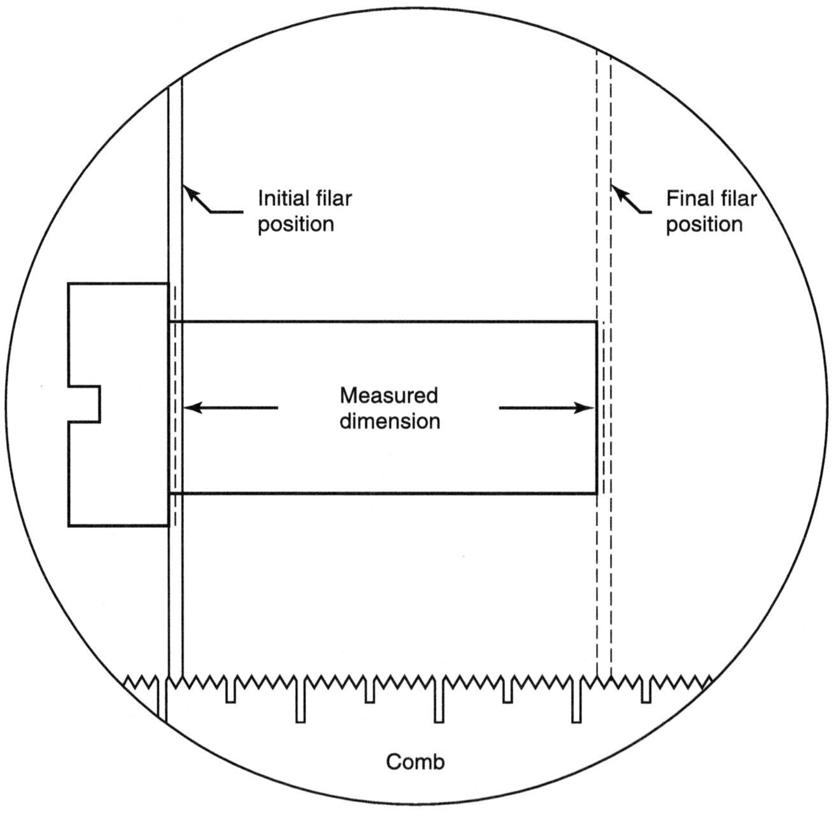

그림 11.9 현미경 드럼 회전수를 알기 위한 기준 빗살을 보여 주는 필러형 현미경의 접안 렌즈(eyepiece)를 통해서 본 그림(The Gaertner Scientific 社의 동의하에 게재함)

눈금이 27이라고 가정하자. 빗살에 작용하는 마음속의 눈금에 대한 관계는 수백이나 수천 곳이 작용하므로 읽는 값은 3127이 된다. 그러면 치수는 3127에서 85만큼 작은 3042 마이크로미터 눈금이 된다. 앞서의 교정으로부터, 각각의 마이크로미터 눈금은 0.000032 in.로 결정되어있다. 그러므로 실제 치수는 3042 × 0.000032 또는 0.09734 in이다.

11.10.3 이동형 및 이동대 현미경

이동형 현미경은 가는 피치의 리드 스크루(lead screw)에 의해 작업물에 대하여 상대적으로 움직인다. 이 움직임은 일반적인 마이크로미터 사용법과 비슷한 방법으로 측정된다. 이 경우에 현미경은 단지 확대 지수를 제공하기 위해 사용된다. 이동대 현미경은 작업물이 현미경에 대하여 상대적으로 움직인다는 것을 제외하고는 비슷하다. 두 경우 모두, 현미경은 단지 지수만을 제공하고 마이크로미터의 조정으로 측정을 한다. 약 4 또는 5 in.가 일반적인 이동 한계이며 최소단위는 0.0001 in.이다.

공구 현미경(*toolmaker' s* microscope)라고 불리는 계기는 이동대 현미경의 정교한 형태로 각도 접안렌즈(protector-type eyepiece)와 헴께 특별한 조명기를 사용한다.

11.10.4 견인통 현미경

견인통 현미경은 초점의 위치를 측정하기 위하여 광학통 면에 있는 눈금을 사용한다. 현미경은 광축 방향으로의 변위를 결정하기 위해 사용된다. 예를 들면 스텝의 높이를 측정할 수 있다. 계기를 첫 번째 높이에 초점을 맞추고 눈금을 읽는다. 그러고 나서, 계기를 두 번째 높이로 이동시킨 후 두 번째 눈금을 읽는다. 눈금의 차이가 스텝의 높이가 된다.

버니어 눈금은 일반적으로 초점의 깊이가 매우 얕은 현미경과 함께 사용된다. 전형적인 측정 구간은 $1\frac{1}{2}$ in.이며, 최소 단위는 0.005 in.이다.

11.10.5 초점 맞춤

어떤 측정 현미경에서든지 적절한 초점 맞춤은 필수적이다. 먼저, 작업물의 상에 관계없이 접안 렌즈를 십자선상에서 주의 깊게 조절하여야 한다. 이것은 십자선의 상이 가장 뚜렷해질 때까지 접안 렌즈를 광학통에 대하여 아래위로 움직임으로써 조절할 수 있다. 그리고 작업물이 뚜렷한 초점을 맞출 때까지 랙과 피니언으로 전체 광학계를 조절한다.

시차(parallax)를 검사함으로써 초점이 적절한지 확인할 수 있다. 눈이 한 점에서 다른 점으로 약간 움직일 때, 십자선과 작업물의 상 사이의 상대적인 위치는 변하지 않아야 한다. 이 검사를 할 때, 십사선의 상이 작업물에 대해 움직이면 초점이 적절히 맞추어지지 않은 것이다.

11.10.6 디지털 현미경

이미 설명된 광학이나 육안 현미경이 이외에 디지털 현미경이 있다. 다양한 디지털 기기들은 광학 현미경에서의 인간의 눈 위치에 디지털 카메라를 놓았다. 카메라는 일반적으로 CCD 배열(8.12절 참고)로 이루어져 확대한 이미지를 디지털로 변환한다. 디지털 현미경으로부터 나온 이미지는 바로 디스크 드라이브에 기록하거나 화면에 표시하거나 네트워크를 통해 다른 지역으로 보낼 수 있다. 더 나아가서 모든 디지털 이미지 처리 방법을 적용할 수 있다. 이러한 현미경을 위한 렌즈 시스템은 상을 화면에서 관찰할 때 시야와 확대에 대해 잘 적응 되도록 조금 다르게 설계되어 있다.

11.11 전 영역 변위 측정

대부분의 기계적인 변위는 떨어진 점 사이의 상대적인 이동으로 측정되어진다. 점 A는 기준점에 대하여 어떤 양만큼 이동된다. 때때로 경계 안의 모든 점들의 움직임을 제공하는 전 영역 지도를 포함하여, 일련의 점들의 상대적인 움직임이 요구된다. 일반적으로 궁극적인 목적은 실험적 응력 해석 형태와 관계가 있다[7].

레이저 홀로그래피(holography)는 전 영역 변위 측정의 원리이다. 물체의 초기에 이동되지 않은 면의 3차원 영상을 홀로그래피 판에 저장한다. 그리고 그 면을 이동시킨 후(변형시키는 하중을 적용하여), 이동된 면의 영상과 저장된 원래 영상을 간섭시킨다. 그 결과 얻어진 간섭무늬는 본질적으로 면의 영상과 저장된 원래 영상을 간섭시킨다. 그 결과 얻어진 간섭무늬는 본질적으로 면의 변위 지도이다. **홀로그래피 간섭계**(*holography interferometry*)에 대한 자세한 정보는 이 장의 추천도서에 나와 있다.

11.12 변위 변환기

6장에서 기본적으로 변위에 민감한 여러 가지 장치를 수록하였다. 이것은 아래와 같다.

1. 저항형 전위자계(Resistance potentiometers)(6.6절)
2. 저항형 스트레인 게이지(Resistance strain gages)(6.7절과 12장)
3. 가변 인덕턴스 장치(Variable-inductance devices)(6.10절)
4. 차동 변압기(Differential transformers)(6.11절과 11.13절)
5. 전기 용량형 변환기(Capacitive transducers)(6.13절)
6. 압전형 변환기(Piezoelectric transducers)(6.14절)
7. 홀 효과 변환기(Hall-effect transducers)(6.17절)

6장에 수록된 대부분의 다른 변환기들도 변위 측정을 위해 구성될 수 있다. 예를 들면 가변 자기저항(variable-reluctance) 변환기(6.12절)는 본질적으로 속도에 민감하다. 적분 회로와 같이 결합하여 변위에 관계된 출력을 만들 수 있다.

보통 가변 인덕턴스, 전기 용량형, 압전형 그리고 변형률에 민감한 변환기는 단지 작은 변위(100 nm에서 5 mm까지도)에만 적당하다. 이런 장치들은 일반적으로 다이아프램 기반의 압력 센서의 이차 변환기로 사용된다(14.5절). 차동 변압기는 100 nm에서 300 mm의 사이에서 사용된다. 전선이 감겨진 저항형 전위차계는 대부분의 다른 것과 같이 작은 범위에 민감하지 않지만, 전도성 필름 전위차계는 약 100 nm에서도 민감하다. 그리고 실제 전위차계가 사용되는 최대 변위는 제한이 없다[8, 9]. 압전형을 제외하고 모두 정적 변위와 동적 변위에 함께 사용된 수 있다.

변위 변화기의 또 다른 중요한 부류는 8.6.2절에서 설명된 **이진 광학 엔코더**이다. 엔코더는 직선이나 각의 변위 측정이 모두 가능하다. 회전형 엔코더는 한 회전당 20에서 100,000펄스의 분해능을 갖는다. 선형 엔코더는 수 μm에 이르는 정확도를 갖는다.

11.13 차동 변압기(LVDT)

차동 변압기(LVDT)는 특별한 중요성을 가지고 있고, 기본적인 기계적 변위 변환기이기 때문에 이장에서 상세히 다루겠다.

선형 가변 차동 변압기 또는 LVDT와 같은 기기에서는 코일과 변압기의 철심 사이의 상대적인 변위에 비례하는 교류전압이 발생된다. 그림 11.10은 이것의 구성을 간단히 보여주고 있다. 그림에서 보여지는 것과 같이 이것은 세 개의 코일과 하나의 철심을 사용하는 상호 인덕턴스(mutual-inductance) 기기이다.

중심 코일은 외부 교류 전원으로부터 충전되고, 반대 위상으로 서로 연결된 끝단의 두 개의 코일은 픽업(pickup) 코일로 사용된다. 출력의 크기와 위상은 2개의 픽업 코일과 전원코일 사이의 상대적인 연결에 관계된다. 그리고 상대적인 연결은 철심의 위치와 관계된다. 이론적으로 픽업 코일 각각에 유도되는 전압이 같은 크기를 갖고 출력이 0이 되는 철심 위치가 존재한다. 다음에 확인하겠지만, 이 조건에 정확히 도달하는 것은 어렵다.

그림 11.11은 일반적인 차동 변압기의 특성인 출력과 철심 위치 사이의 관계를 보여주고 있다. 사용 범위 내에서 철심 변위는 0점 위치에서 양방향으로 비례적인 출력을 갖는다. 일반적으로, 선형 구간은 2차 코일의 길이에 의해 결정된다. 출력 전압의 크기가 0점 위치에서 양방향으로 철심의 변위와 이상적으로 일치한다고 하여도 전원과 출력 사이에 존재하는 위상 관계는 0점으로부터 180° 변한다. 그러므로(나중에 설명할) 위상 결정이나 위상에 민감한 회로의 사용을 통해서 0점의 양방향 변위로부터 발생되는 출력을 구분할 수 있다.

표 11.4에 일반적인 차동 변압기의 사양을 수록하였다.

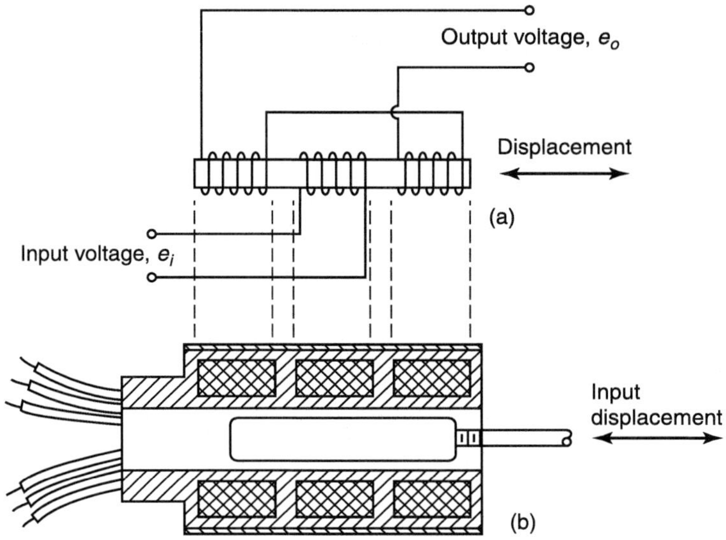

그림 11.10 차동 변압기. (a) 개략적 구성 (b) 일반적인 변압기의 단면

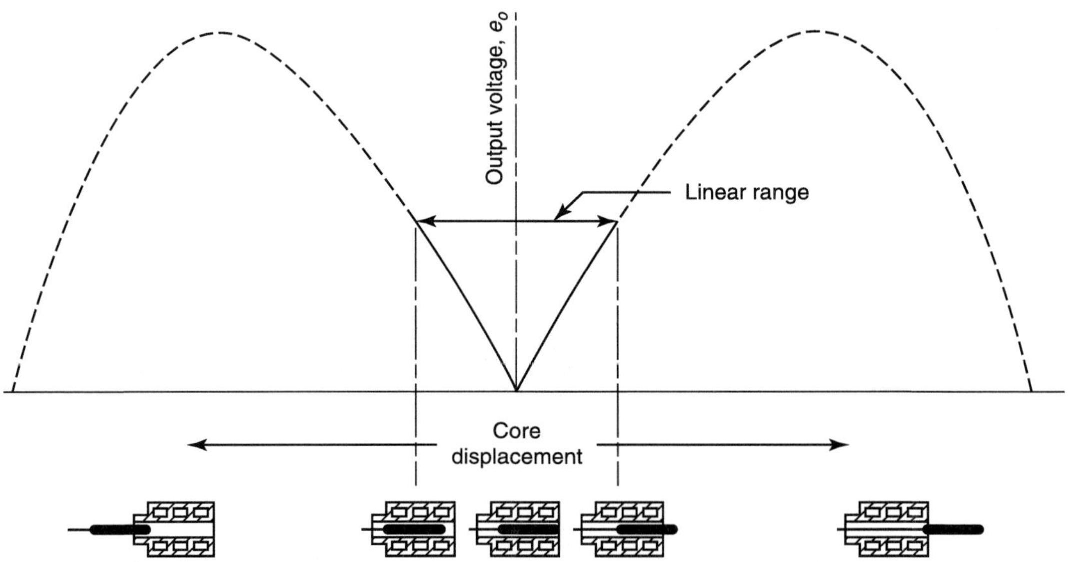

그림 11.11 일반적인 차동 변압기의 성능 특성

표 11.4 일반적인 가변 차동 변압기의 사양

선형 범위 mm	변압기 OD × Length mm	철심 Diam. × Length, mm	철심 질량, g	감도 mV/(mm · V_{in}) 2.5 kHz	10 kHz
±0.125	9.5 × 10	2.7 × 4.6	0.1	102	335
±0.625	9.5 × 17	2.7 × 10	0.4	180	310
±1.25	9.5 × 20	2.7 × 13	0.4	102	130
±5.0	21 × 64	6.3 × 42	8	100	
±10.0	21 × 110	6.3 × 75	16	32	
±25.	9.5 × 140	2.7 × 76	2.5	28	30
±100.	21 × 400	6.3 × 180	36	8.0	
±250.	21 × 780	6.3 × 220	43	3.0	

11.13.1 입력 전원

입력 전압은 1차 코일의 전류 용량에 의하여 제한된다. 대부분의 적용 분야에서, LVDT의 민감도는 엄격한 정격을 적용시킬 수 있을 정도로 크다. 일반적으로 LVDT는 특정한 주파수에 대하여 설계된다. 통상적으로 사용되는 변압기는 3 V rms에서 2.5 kHz로 작동하도록 만들어져 있다. 대부분의 2.5kHz 차동 변압기는 0.1 watt의 여자 전력(excitation power)보다 적게 출력 된다. 분리 신호 조절 장치는 철심 위치의 구동력이나 디지털 해독이 가능하다.

때때로 반송파(*carrier*) 주파수로 불리어지는 여자 주파수(excitation frequency)는 변압기의 동적 응답을 제한한다. 원하는 정보를 여자 주파수에 덧붙이는데 반송파와 신호의 주파수 사이의 최소비율 10:1이 보통 한계로 여겨진다. 10:1보다 작은 비율에 대해서는 신호의 의미가 없어지므로, 동적인 신호의 증가가 요구될 때는 더 높은 여자 주파수가 사용되어야 한다.

변압기의 민감도는 보통 "철심변위 1 mm당 단위 입력 전압에 대한 출력전압(mV)"또는 "철심변위 0.001-in.당 단위 입력 전압에 대한 출력전압(mV)"으로 표현된다. 이것은 여자 전압에 비례하고 위에서 언급한 바와 같이 주파수에 대해 변화한다[10]. 물론, 출력은 LVDT의 설계와 관련이 있고 민감도는 코일의 감은 수가 증가함에 따라 증가한다. 그러나 철심에 대한 솔레노이드 효과 때문에 한계가 있다. 실제 적용에서 이 효과는 최소화되어야 하므로 일반적인 목적의 LVDT 설계에서는 적절한 절충이 요구된다[11].

솔레노이드나 철심에 의해 작용하는 축방향의 힘은 철심이 중심에 있을 때 0이며 변위에 대해 선형적으로 증가한다. 여자 주파수가 증가할수록 이 힘은 감소한다. 예를 들면 ±0.03 in.(±0.76 mm)의 선형 구간을 갖는 LVDT는 7 Vrms의 구동 전압에 대하여 60

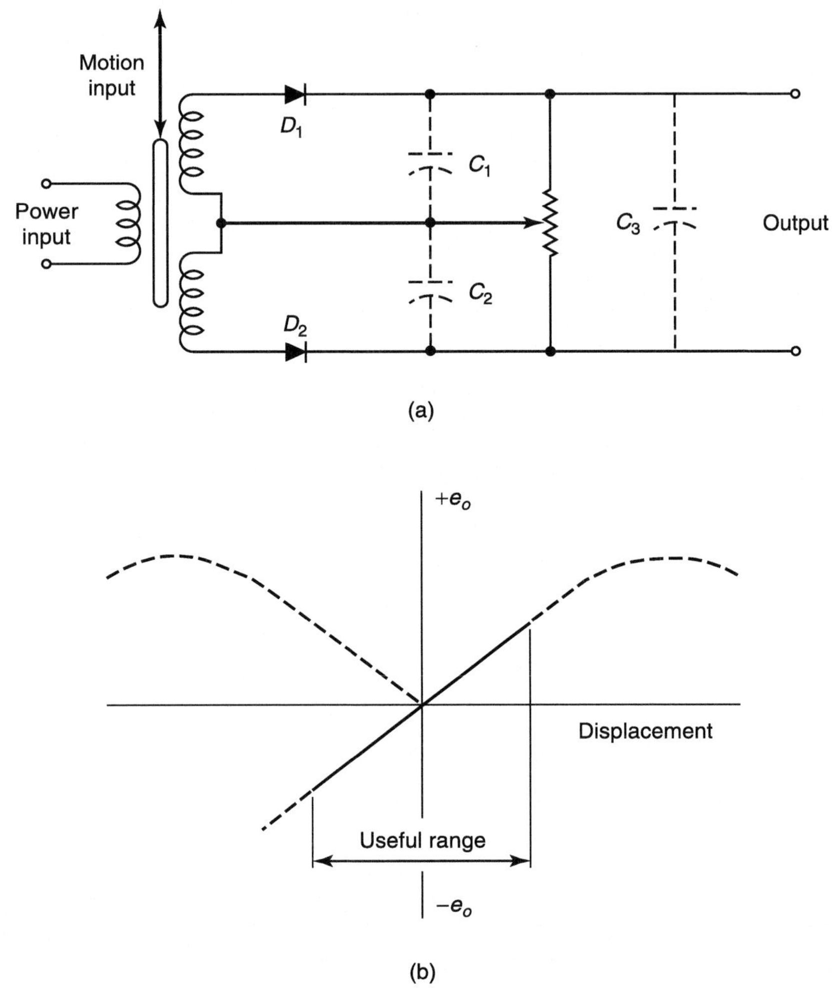

그림 11.12 (a) 0점 균형의 정확함을 향상시키기 위한 구성 (b) 복조된 출력

Hz에서는 $1.80 \times 10^{-4} \times$ lbf(0.8 mN), 1000 Hz에서는 1.80×10^{-5} lbf(0.8 mN)의 축방향 힘을 가한다.

최대의 민감도가 필요할 때는 외부의 추가적인 요소가 없이는 정확한 0점 추종이 어렵다. 무엇보다도 우선 반작용적인 균형과 더불어 저항 균형이 필요하다. 이 균형은 전체 저항이 출력 부하를 최소화시키기에 충분히 높고, 그림 11.12(a)에서 삽입된 것처럼 평행한 전위차계의 사용으로 이룰 수 있다. 20,000 Ω이나 그 이상이 사용된다. 저항의 균형과 더불어 작은 반작용적인 불균형이 0점에 남는다. 그것은 2개의 픽업 코일의 물리적인 특성에서 피할 수 없는 차이나 특정한 설비에 존재하는 외부 전원으로부터 야기된다. 이 불균형은 보통 시험에 의해 결정되는 값과 위치를 갖는 작은 커패시턴스의 사용으로 없앨 수 있다. 그림 11.12(a)에 점선으로 표시된 것처럼 한 개나 그 이상의 콘덴서가 필요하다. 또한 두 개의 다이오드 D_1과 D_2도 사용된다. 이것은 그림 11.12(b)에서와 같이 0점의 양방향에 +와 − 전압을 제공하는 출력 신호의 효과적인 복조를 위해 필요에 따라 첨가하기도 하고 첨가하지 않기도 한다.

집적회로 기술은 LVDT 몸체에 사인파 진동기, 복조기(demodulator), 그리고 증폭 회로를 연결시키는 것을 가능하게 한다. 이런 형태에서, LVDT는 직류 전원 공급시(보통 ±15 V)로부터 에너지를 공급받아 철심의 위치에 선형적으로 비례하는 직류 출력 전압(보통 0.04에서 8 V/mm 변위)을 출력한다. 기판 위의 회로는 위상을 판별할 수 있어서 0점이 지났을 때에 출력 전압의 부호를 바꾼다.

11.13.2 LVDT의 장점

LVDT는 다른 많은 상대적인 변환기에 비해 여러 가지 장점을 지니고 있다. 첫째, 1차 수신 변환기로 작동할 때 기계적인 변위를 비례적인 전기적 전압으로 변환한다. 알고 있듯이 이것은 기본적인 변환이다. 이에 비하여 전기적인 스트레인 게이지는 탄성체 형태의 보조체를 필요로 한다. 더욱이, 철심이 기기의 다른 부분으로부터 완전히 분리될 수 있기 때문에 LVDT는 기계적으로 과부하가 걸릴 수 없다. 또한 LVDT는 높거나 낮은 온도나 온도의 변화에 상대적으로 덜 민감하고, 비교적 높은 출력을 발생하며 중간의 증폭 작용 없이 사용이 가능하다. 그리고 재사용이 가능하며, 가격도 적절하다.

LVDT의 가장 큰 단점은 동역학적 측정 영역에 있다. 철심은 접착된 스트레인 게이지에 비해 상당한 무게를 갖는다.

11.14 표면 조도

표면 처리는 여러 측정 단위를 통하여 많은 방법에 의해 측정된다. 아래에 사용되고 있거나 제안된 기본적인 방법들 중에 몇 가지를 수록하였다.

1. **표준(*standard*) 표면과 외관 비교(*visual comparison*).** 이 방법은 표면 조도보다 더 많이 나타나는 외관에 기초를 두고 있다.
2. 표면을 가로질러 끌려지는 스타일러스(stylus)를 사용하는 **스타일러스(*stylus*) 또는 트레이서(*tracer*) 방법.** 이 방법은 양적인 결과를 얻는데 가장 일반적이다.
3. **광학적인 측정(*optical measurement*).** 이들은 표면에서 빛의 반사, 광학 추종자, 주사 공초점 현미경(scanning confocal microscope), 그리고 표면에 의한 빛의 반사 또는 회절을 사용하는 여러 가지 다른 기술을 포함한다.
4. **간섭법(*interferometry*).** 이 장에서 먼저 이야기된 것들과 관련 있는 기술 사용한다.

5. 커패시턴스 방법(*capacitance method*), 이 방법은 전기 용량이 실제 표면적 함수이며, 거친 표면이 고른 표면에 비해 더 큰 용량을 갖는다고 가정한다.
6. 주사 탐침 현미경(*scanning prove microscope*). 이 기기는 원자 현미경(*atomic force microscope*)(AFM)과 주사형 터널 현미경(*scanning-tunneling microscope*)(STM)을 포함한다. 뒤의 기기는 작은 스타일러스가 표면 위를 지나가면서 양자역학적인 효과(tunneling)를 탐지하여 원자 스케일의 표면구조를 측정한다[12, 13].

그림 11.13이 가공된 표면의 표본 윤곽이라고 가정하자. 그 위에 수록된 값들은 위와 아래의 단면적이 같은 곳에 위치한 기준면 *x-x*로 부터의 표면의 실제 편차로 생각할 수 있다. 이 값들은 표 11.5에 절대값으로 수록하였으며, 평균은 12.89 μ in.로 계산된다. 그리고 평균제곱근(rms)의 평균은 14.58 μ in.로 계산된다. 정점과 정점의 높이는 27 + 22, 49 μ in.인 것을 볼 수 있다. 각각의 값들(피크투피크의 높이, 산술평균 편차, 평균제곱근)은 조도의 측정에 사용된다.

가장 일반적으로 사용되는 표면 조도는 산술 평균 편차(*arithmetical average deviation*)로 아래 식으로 정의된다[14].

$$R_a = \frac{1}{l} \int_0^l |z|\, dx \tag{11.2}$$

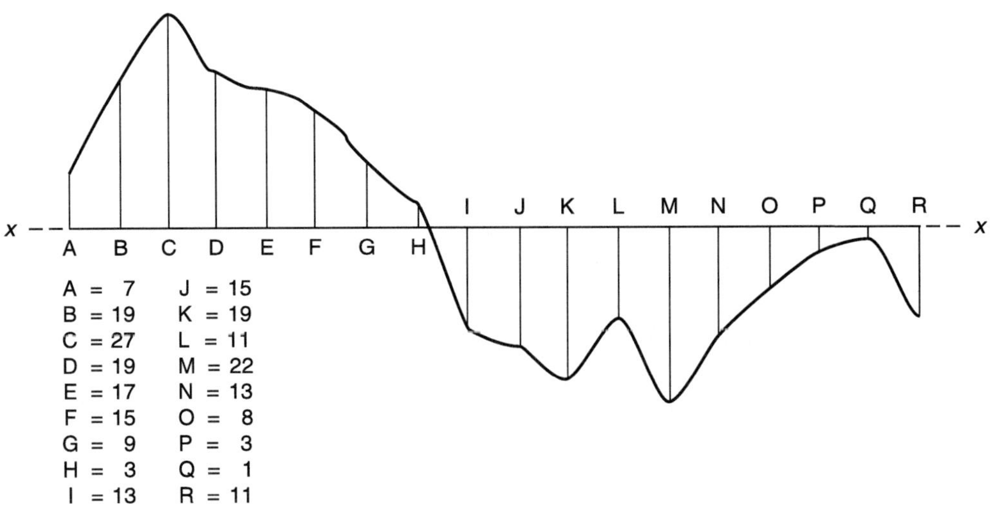

그림 11.13 표면 처리된 금속 표면의 가정된 윤곽

표 11.5 평균 절대 높이와 제곱평균 평방근의 계산

위치	절대높이 from *x-x*, μin.	높이의 제곱
A	7	49
B	19	361
C	27	729
D	19	361
E	17	289
F	15	225
G	9	81
H	3	9
I	13	169
J	15	225
K	19	361
L	11	121
M	22	484
N	13	169
O	8	64
P	3	9
Q	1	1
R	11	121
	총합 = 232	총합 = 3828

$$\text{평균 절대 높이} = \frac{232}{18} = 12.89\ \mu\text{in.}$$

$$\text{평균제곱근 높이} = \sqrt{\frac{3828}{18}} = 14.58\ \mu\text{in.}$$

여기서 $R_a =$ 산술 평균 편차
$z =$ 중심선으로부터 곡선 윤곽의 좌표
$l =$ 평균을 택한 길이

거리 y를 정의하는데 사용된 **중심선**은 그림 11.13에서 x-x선에 해당한다. 예제에서 값 12.89 μin.는 식 11.2로부터 실제 계산된 값이다.

트레이서를 사용하는 많은 조도 측정 시스템은 rms 높이를 산출한다. 주어진 표면에 대하여 이 값은 산술평균 편차에 비해 대략 11%정도 크다. 두 값 사이의 차이는 하나와 다른 것 사이의 정규 분포에 비해 작으므로 일반적으로 무시된다. 실제 표면에 대한 상대적인 값의 개념은 표 11.6에서 구할 수 있다[15].

표 11.6 다양한 생산 과정에 따른 대표적인 표면 조도의 범위, R_a

공정	μm	μin
화염절단	12.5-25	500-1000
톱절단	1.8-25	63-1000
평삭, 전자빔	0.8-6.3	32-250
바렐 연마	0.2-0.8	8-32
연삭	0.1-1.8	4-63
호닝	0.1-0.8	4-32
래핑	0.05-0.4	2-16
사형주조, 열간압연	12.5-25	500-1000
단조	3.2-12.5	125-500
냉간압연, 인발, 압출	0.8-3.2	32-125

표면 조도를 측정하는 데 다른 방법에 비해 트레이서 방법이 많이 사용되지만, 이것은 여러 가지 중요한 문제를 야기한다. 첫째, 스크라이버(scriber)가 표면의 윤곽을 따라가기 위해서는 가능한 날카로운 끝단을 가져야 한다. 구형의 끝을 갖는 원추형의 끝단이 가장 일반적이다. 2~5 μm(80에서 160 μin)의 끝단 반경이 많이 사용된다. 그러므로 스타일러스는 항상 실제 윤곽을 따라가는 것은 아니다. 표면의 불규칙성을 주로 기복이 있거나 완만한 언덕과 적절한 수직 반경의 골짜기로 여긴다면 스타일러스는 확실히 윤곽을 따라갈 것이다. 반면, 표면이 울퉁불퉁하다면 스타일러스는 모든 골이 미치지는 못할 것이다.

두 번째, 스타일러스는 표면에 끌릴 때 실제 정점을 둥글게 만들 것이다. 이 문제는 끝단의 반경이 감소할수록 증가한다. 그러므로 스타일러스 끝단의 반경을 다룰 때에 모순적인 요구 사항이 존재한다. 즉 표면의 결함은 물질 상수의 함수이고 이는 표면 조도의 측정에 의해 영향을 받으면 안 된다는 것이다.

세 번째 문제는 스타일러스가 전체 표면의 매우 적은 비율만 검사할 수 있다는 것이다.

이런 문제에도 불구하고, 트레이서 방법은 의심할 여지없이 가장 일반적으로 사용된다. 여기에 압전 요소(6.14절), 가변 인덕턴스(6.10절), 가변 자기 저항(6.12절)과 같은 여러 가지 형태의 2차 변환기가 사용된다. 각 경우에 스타일러스의 운동은 변환기 요소로 옮겨지고, 아날로그 전기 신호로 변환된다. 현대 시스템은 이 신호를 디지털화하고 마이크로프로세서나 컴퓨터를 이용하여 적절하게 측정된 표면 피니싱을 계산하거나 보여준다.

SUGGESTED READINGS

Doiron, T., and J. Beers. *The Gauge Block Handbook.* NIST Monograph 180. Gaithersburg, Md.: National Institute of Standards and Technology, 2005.

Farago, F. T., and M. A. Curtis. *Handbook of Dimensional Measurement.* 3rd ed. New York: Industrial Press, 1994.

Khazan, A. D. *Transducers and Their Elements.* Englewood Cliffs, N.J.: Prentice Hall, 1994.

Pallàs-Areny, R., and J. G. Webster. *Sensors and Signal Conditioning.* 2nd ed. New York: John Wiley, 2001.

Slocum, A. H. *Precision Machine Design.* Englewood Cliffs, N.J.: Prentice Hall, 1992.

Smith, W. J. *Modern Optical Engineering.* 3rd ed. New York: McGraw-Hill, 2000.

Vest, C. M. *Holographic Interferometry.* New York: John Wiley, 1979.

Whitehouse, D. *Surfaces and Their Measurement.* New York: Taylor & Francis, 2002.

연습문제

11.1. Using the dimensioning "rules" given in Section 11.2 for go/no-go gages, sketch and dimension a plug gage for gaging a hole that carries the dimension 1.125/1.132 in.

11.2. Assuming that the dimensions specified for the plug gage in Fig. 11.2 correspond to a temperature of 68°F, calculate the limiting dimensions corresponding to (a) 90°F and (b) 40°F. Use data for chrome-vanadium steel listed in Table 6.3.

11.3. Using the set of blocks listed in Section 11.3, specify a combination to provide a dimension of 2.7816 in.: (a) including wear blocks, and (b) without wear blocks.

11.4. Equation (11.1) is written assuming that both the blocks and the gaged dimension are at the same nonstandard temperature. Modify the relation to care for a situation in which the blocks and the gaged part are at different temperatures, neither of which is the standard temperature.

11.5. A Michelson-type interferometer is shown in Fig. 11.14. The laser beam passes through a beam splitter, travels to each of two mirrors, and is reflected back to a photodetector. Mirror A is movable; as its position changes, the interference at the photodetector changes. This interference produces either light or dark fringes, corresponding to high and low voltages at the photodetector output.

(a) If the laser wavelength is 0.5145 μm, how many dark fringes will occur as mirror A is moved a distance of $\delta = 100\ \mu$m?

(b) When the mirror is moved at a constant speed, the photodetector voltage seen on an ac-coupled oscilloscope trace is shown in Fig. 11.14(b). At what speed is the mirror moving?

(c) Mirror A, initially at rest, moves a short distance and stops. The dc-coupled oscilloscope output voltage trace is shown in Fig. 11.14(c). How far did mirror A move?

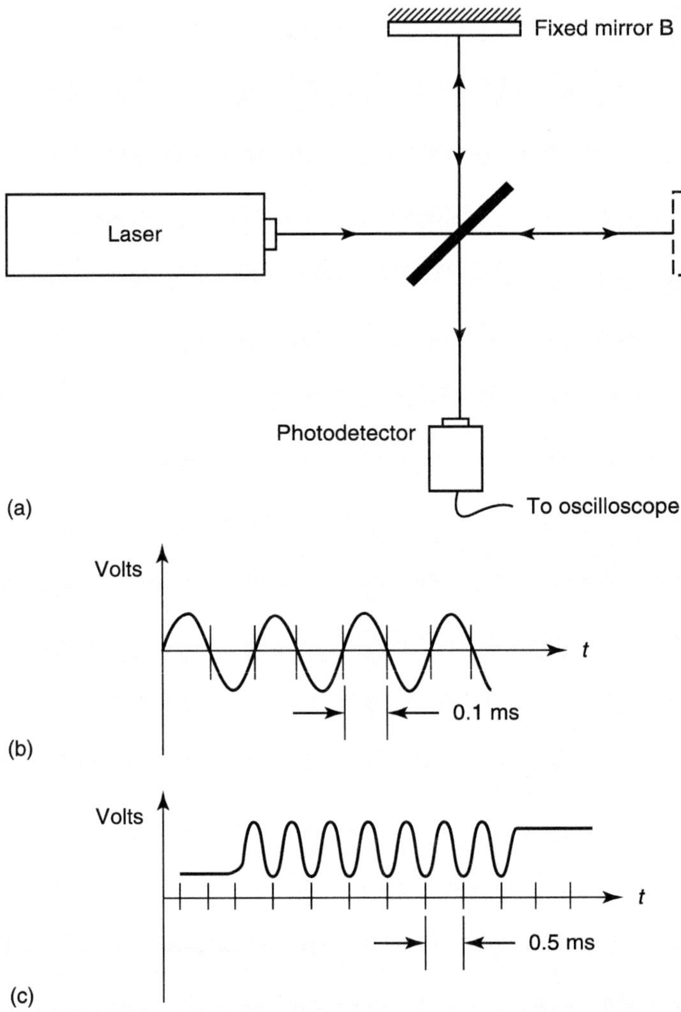

FIGURE 11.14: (a) Michelson interferometer, (b) ac-coupled oscilloscope trace when mirror A moves at constant speed, (c) dc-coupled oscilloscope trace when mirror A, initially at rest, moves a distance δ and stops.

참고문헌

[1] Peters, C. G., and W. B. Emerson. Interference methods for producing and calibrating end standards. *NBS J. Res.* 44:427, April 1950.

[2] Metrology of gage blocks. *NBS Circular* 581:67, April 1, 1957. Washington, D.C.: U.S. Government Printing Office.

[3] American Society of Tool and Manufacturing Engineers. *Handbook of Industrial Metrology*. Englewood Cliffs, N.J.: Prentice Hall, 1967.

[4] Scarr, A. J. T. *Metrology and Precision Engineering*. New York: McGraw-Hill, 1967.

[5] Doiron, T., and J. Beers. *The Gauge Block Handbook*. NIST Monograph 180. Gaithersburg, Md.: National Institute of Standards and Technology, 2005.

[6] Jenkins, F. A., and H. E. White. *Fundamentals of Optics*. 4th ed. New York, McGraw-Hill, 1976, pp. 655–656.

[7] Khan, A. S., and X. Wang. *Strain Measurements and Stress Analysis*. Upper Saddle River, N.J.: Prentice Hall, 2001.

[8] Kneen, W. A review of electric displacement gages used in railroad car testing. *ISA Proc.* 6:74, 1951.

[9] Todd, C. D. *The Potentiometer Handbook*. New York: McGraw-Hill, 1975.

[10] Pallàs-Areny, R. and J. G. Webster. *Sensors and Signal Conditioning*. 2nd ed. New York: John Wiley, 2001, Section 4.2.3.

[11] Boggis, A. G. Design of differential transformer displacement gauges. *SESA Proc.* 9(2):171, 1952.

[12] Hansma, P. K., and J. Tersoff. Scanning tunneling microscopy. *J. Applied Physics* 61:R1, 1987.

[13] Lieber, C. M. Scanning tunneling microscopy. *Chemical & Engineering News,* April 18, 1994.

[14] Whitehouse, D. *Surfaces and Their Measurement.* New York: Taylor & Francis, 2002.

[15] *ASME B46.1-2002: Surface Texture*. New York: American Society of Mechanical Engineers, 2002.

Chapter 12 변형률과 응력: 측정과 해석

12.1 서론

모든 기계나 구조부재는 외부하중이나 힘을 받을 때 어느 정도 변형을 한다. 이 변형은 백분율 변위 혹은 변형률로 규정된 상대변위의 결과이다. 단순 축 하중에 대해(그림 12.1),

$$\varepsilon_a = \frac{dL}{L} \approx \frac{L_2 - L_1}{L_1} = \frac{\Delta L}{L_1} \tag{12.1}$$

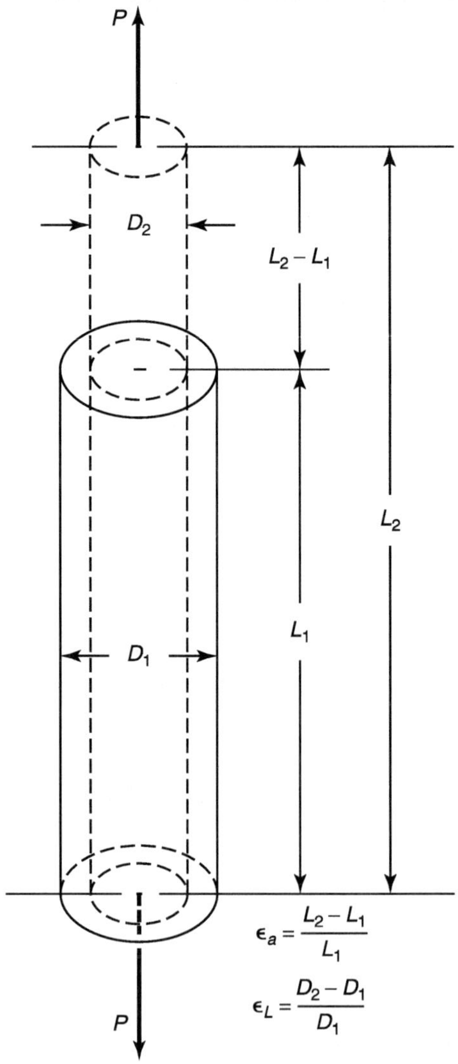

그림 12.1 축 변형률과 가로 변형률에 대한 관계 정의

여기서 $\varepsilon_a =$ 축 변형률

$L_1 =$ 초기 선형 치수 또는 게이지 길이

$L_2 =$ 최종 변형된 선형 치수

더 정확하게는 **단위 변형률**(*unit strain*)이란 용어가 사용되어야 하며 일반적으로는 **변형률**이란 단어가 단독으로 사용된다. 이어지는 논의에서 변형률은 식 12.1로 정의된 양의 의미로 사용한다. 만약 어떤 치수의 정미 변화가 요구되면 **전변형률**(*total strain*)이란 용어가 쓰일 것이다.

대부분의 공업재료에 적용될 때 변형률의 양은 대단히 작은 수이기 때문에 통상 일백만을 곱한다. 결과 수는 **마이크로스트레인**(*microstrain*)[1] 또는 ppm(parts per million)으로 불린다.

단순 인장시험 시편이나 굽힘을 받는 보의 외곽부에서와 같이 단축조건 하의 응력-변형률 관계는 다음과 같다.

$$E = \frac{\sigma_a}{\varepsilon_a} \tag{12.2}$$

여기서 $E =$ 영 계수 또는 탄성 계수(Young' s modulus)

$\sigma_a =$ 단축 응력

$\varepsilon_a =$ 응력 방향의 변형률

이 관계는 선형이다. 즉 E는 대부분의 재료에 따라 다르며 응력이 비례 한도 아래를 유지하는 한 고유한 상수이다.

어떤 부재가 탄성범위 내에 단순 단축 인장 응력을 받을 때(그림 12.1), 가로 변형률은 다음 관계를 따른다.

$$\nu = -\frac{\varepsilon_L}{\varepsilon_a} \tag{12.2a}$$

여기서 $\nu =$ 프와송비(Poisson' s ratio)

$\varepsilon_L =$ 가로 변형률(lateral strain)

더 일반적인 조건은 통상적으로 응력을 받는 **부재의 자유표면**(*free surface*) 위에 존재한다. 그림 12.2에서처럼 수직응력 σ_x와 σ_y를 받는 한 요소를 고려해 보자. 응력 σ_x와 σ_y가 동시에 작용한다고 가정하자. 만약 σ_x가 먼저 작용하면 x방향의 변형률은 σ_x/E와 같을 것이다. 동시에 푸아송 비 때문에 y 방향의 변형률은 $-\nu\sigma_x/E$가 될 것이다.

이제 y 방향의 응력 σ_y가 적용된다고 가정하자. 이 응력은 y 변형률 σ_y/E와 x 변형률 −

---

1) 이 장과 책의 전반에 걸쳐 **마이크로스트레인**이란 용어는 자주 사용될 것이며 편의상 약자 μ-strain 또는 $\mu\varepsilon$ 이 흔히 쓰인다.

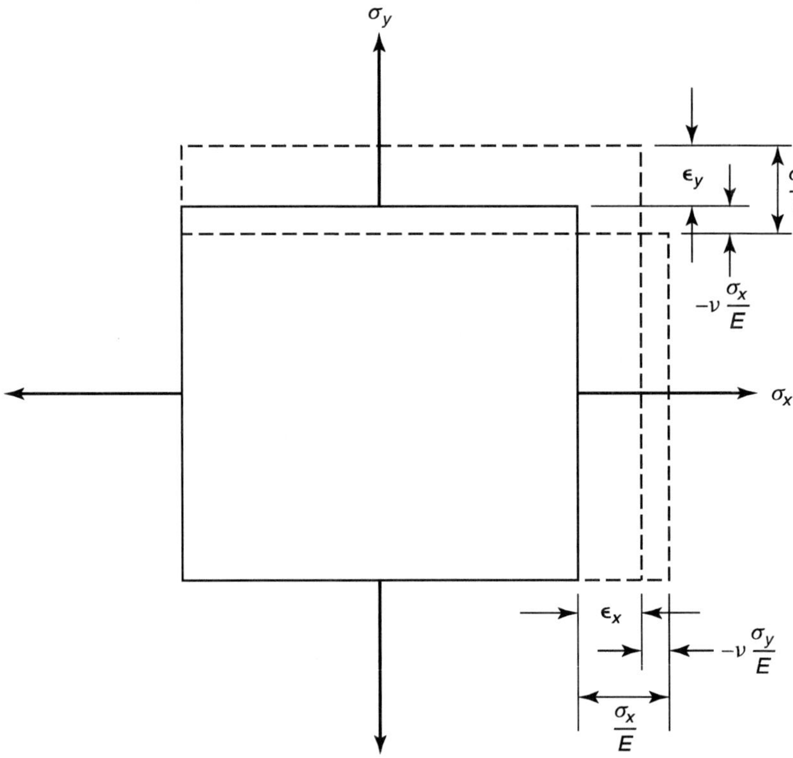

그림 12.2 기지의 수직 응력들로 된 2축 응력조건에서 취한 한 요소

$\nu\sigma_y/E$를 발생시킨다. 따라서 정미(net) 변형률은 다음 관계로 표현된다.

$$\varepsilon_x = \frac{\sigma_x - \nu\sigma_y}{E} \qquad \varepsilon_y = \frac{\sigma_y - \nu\sigma_x}{E} \tag{12.3}$$

만약 이 관계들을 σ_x와 σ_y에 대해 동시에 풀면 다음 식을 얻게 된다.

$$\sigma_x = \frac{E(\varepsilon_x + \nu\varepsilon_y)}{1-\nu^2} \qquad \sigma_y = \frac{E(\varepsilon_y + \nu\varepsilon_x)}{1-\nu^2} \tag{12.4}$$

제3축 방향으로 작용하는 응력 σ_z가 존재하면 더욱 일반적인 3차원 관계가 얻어진다.

$$\begin{aligned} \varepsilon_x &= \frac{1}{E}[\sigma_x - \nu(\sigma_y + \sigma_z)] \\ \varepsilon_y &= \frac{1}{E}[\sigma_y - \nu(\sigma_z + \sigma_x)] \\ \varepsilon_z &= \frac{1}{E}[\sigma_z - \nu(\sigma_x + \sigma_y)] \end{aligned} \tag{12.5}$$

12.2 변형률 측정

변형률은 직접 또는 간접적으로 측정될 수 있다. 현대의 스트레인 게이지들은 원래부터 변형률에 민감하다; 즉 단위 출력은 단위 치수 변화(변형률)에 직접적으로 비례한다. 그러나 1930년까지의 통상의 실험 과정은 어떤 초기 게이지길이 L에 걸친 변위 ΔL을 측정하고 식 12.1을 이용해 결과 평균 변형률을 계산하는 것으로 구성되었다. **신장계**(*extensometer*)라 불리는 기구를 사용하였으며, 이 장치는 일반적으로 기계식이거나 광학식 레버계와 연관되어 약 50 mm에서 25 cm(약 10 in.)까지의 게이지길이 범위에 걸친 변위를 감지하였다. Huggenburger와 Tuckerman 신장계들은 각각 더욱 진보된 기계식과 광학식의 대표적인 것들이다. 참고문헌 [1]에는 신장계의 실제 예에 대한 요약이 잘 되어 있다.

전기식 스트레인 게이지는 단순저항(resistance), 용량(capacitance)[2, 3], 인덕턴스(inductance)[4] 또는 압전(piezoelectric) 원리들을 이용한 장치이다. 저항 형식들이 가장 일반적이며 다음 절에서 상당히 자세하게 논의할 것이다. 그것들은 다른 형의 전기적 게이지에 비해 우선 크기와 질량에서 장점을 가지고 있다. 반면에 다른 기계적 양을 측정하기 위한 교정 장치에 사용되는 변형률 민감 게이지 요소는 보통 인덕턴스형이며 용량형은 더 특수한 목적 응용에 사용된다. 인덕턴스와 용량형 게이지들은 일반적으로 저항형보다 세련되지 못하나 장기간에 걸쳐 양호한 교정을 유지할 수 있다. 인덕턴스 게이지는 때때로 압연기 프레임 위에 압연 하중을 감시하는 것과 같이 영구 설치하여 사용할 수 있다. 토크미터는 흔히 인덕턴스형[5]과 용량형[2]을 포함하여 한두 가지 다른 형태의 스트레인 게이지들을 사용한다.

그 밖의 변형률 측정 기술은 광탄성(photoelasticity), 모아레 기술(12.18절) 및 홀로그래픽 간섭계(holographic interferometry)와 같은 광학적 방법[6]을 포함한다(11.11절).

12.3 전기저항 스트레인 게이지

1856년 Lord Kelvin은 동선과 철선이 변형을 받을 때 저항이 변한다는 것을 보였다. 그는 지시계로 갈바노메터가 부착된 휘스톤 브리지를 사용하였다[7]. 아마도 최초의 저항선 스트레인 게이지는 1931년에 Carlson에 의해 만들어졌을 것이다[8]. 그것은 비접착식이었으며 게이지길이만큼 떨어진 두 기둥 사이에 선들을 당겨 매어 설치하였다. 최초의 접착식 스트레인 게이지는 아마 Bloach가 사용하였을 것이다[9]. 그것은 변형되는 부재의 표면에 직접 적용하게 탄소막 저항 요소로 구성되어 있다.

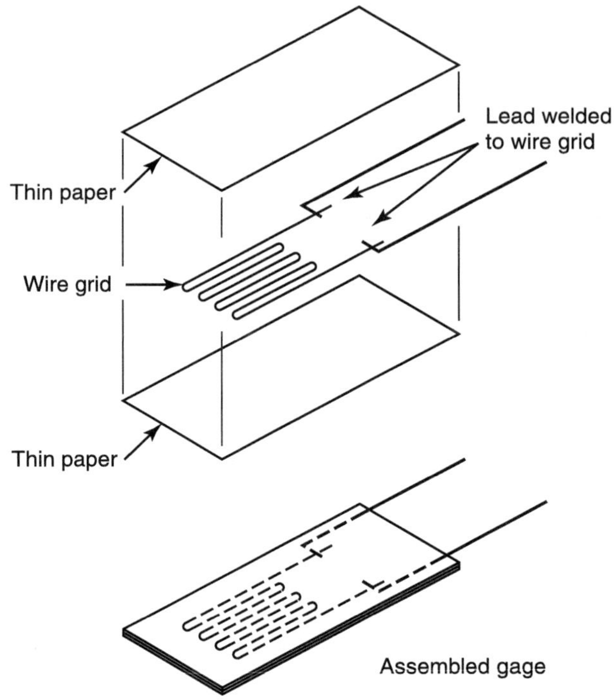

그림 12.3 접착식 선형 스트레인 게이지의 구성

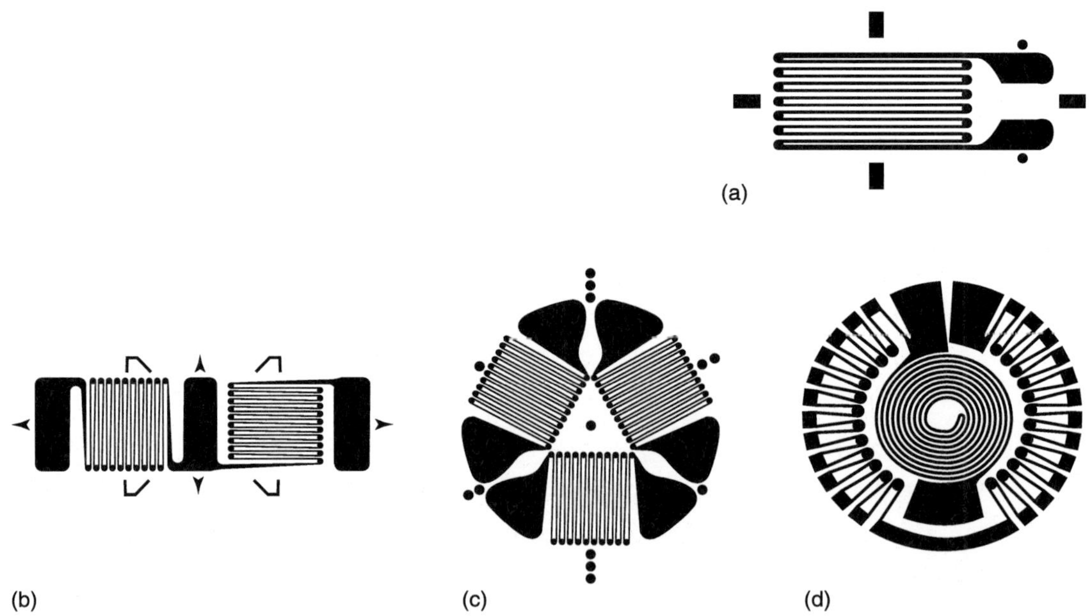

그림 12.4 대표적인 박 게이지형 요소 (a) 단일 게이지 (b) 2요소 로제트(rosette) (c) 3요소 로제트 (d) 여러 다른 특수 목적 게이지의 일례. 후자는 압력을 받는 박막에 사용된다.

1938년에 Edward Simmons는 인장 충격 하의 응력-변형률 관계의 연구에서 접착식 선 게이지를 사용하였다[10]그의 기본적 착상은 미국 특허 No. 2,292,549에 등록되어 있다. 거의 같은 시기에 M.I.T.의 Ruge는 얇은 종잇조각 사이에 선을 설치하여 예비 조립체를 만드는 착안을 구상하였다. 그림 12.3은 그 일반적 구조를 보여준다.

1950년대 동안의 재료와 제조법의 발전은 박형 게이지를 생산하게 하였으며 곧 선 게이지를 대체하게 하였다. 그 일반 형태는 얇은 에폭시 지지대 위에 금속박 요소로 구성되어 있으며 회로 인쇄기술을 이용하여 제조된다. 이러한 형태의 가장 중요한 장점은 거의 무제한의 평면 배열들이 가능하다는 것이다. 몇 가지 예가 그림 12.4에 보여지고 있다.

12.4 금속저항 스트레인 게이지

금속저항 스트레인 게이지의 작동 이론은 상대적으로 단순하다. 선 혹은 박(foil)의 길이가 기계적으로 당겨질 때 그 도체의 길이는 길어지고 단면은 가늘어져서 전기저항이 변한다[10]. 만약 저항 요소가 변형되는 부재 위에 직접 부착되어 있으면 그 요소 또한 변형을 받게 되며 저항의 변화는 변형률의 항으로 교정될 수 있다.

전기적 성질과 기계적 성질 사이의 관계는 다음과 같이 유도된다. 초기 도체의 길이를 L, 단면적을 CD^2(일반적으로 단면이 원형일 필요는 없다; 고로 D는 단면 치수이며 C는 비례상수이다. 만약 정 사각 단면이면 $C = 1$이고 원형 단면은 $C = \pi/4$ 등등). 만약 도체가 축 방향으로 인장 변형을 받으면 길이는 늘어나고 가로 치수는 푸아송 비의 함수로 줄어들어야 한다.

식 6.2의 관계에서 시작하면

$$R = \frac{\rho L}{A} = \frac{\rho L}{CD^2} \tag{12.6}$$

만약 도체가 변형되면 식 12.6의 양들은 C를 제외하고 각기 변할 것이다. 이 식을 미분하면,

$$\begin{aligned} dR &= \frac{CD^2(L\,d\rho + \rho\,dL) - 2C\rho LD\,dD}{(CD^2)^2} \\ &= \frac{1}{CD^2}\left((L\,d\rho + \rho\,dL) - 2\rho L\frac{dD}{D}\right) \end{aligned} \tag{12.7}$$

식 12.7을 식 12.6으로 나누면,

$$\frac{dR}{R} = \frac{dL}{L} - 2\frac{dD}{D} + \frac{d\rho}{\rho} \tag{12.8}$$

표 12.1 여러 그리드(grid) 재료의 대표적 성질

그리드 재료	성분		근사 저항률			근사저항 온수계수 ppm/°C	최대작동 온도 °C(근사치)
			근사 게이지율 F	Microhm cm	Ohms per mil · foot		
니크롬 V*	80% Ni	20% Cr	2.0	108	650	400	1100
콘스탄탄*, 코펠*, 어드밴스*	45% Ni	55% Cu	2.0	49	290	11	480
아이소 일래스틱*	36% Ni 0.5% Mo	8% Cr; Fe remainder	3.5	112	680	470	—
카르마*	74% Ni 3% Al	20% Cr 3% Fe	2.4	130	800	18	815
망가닌*	4% Ni Mn	12% 84% Cu	0.47	48	260	11	—
백금-이리듐	95% Pt	5% Ir		24	137	1250	1100
모넬*	67% Ni	33% Cu	1.9	42	240	2000	—
니켈			-12†	7.8	45	6000	—
백금			4.8	10	60	3000	—

* 상표이름
† 냉간 작업으로 넓게 변함

이것은 다음과 같이 정리될 수 있다.

$$\frac{dR/R}{dL/L} = 1 - 2\frac{dD/D}{dL/L} + \frac{d\rho/\rho}{dL/L} \tag{12.8a}$$

또

$$\frac{dL}{L} = \varepsilon_a = \text{축 변형률}$$
$$\frac{dD}{D} = \varepsilon_L = \text{가로 변형률}$$

과

$$\nu = \text{프와송 비} = -\frac{dD/D}{dL/L}$$

이것들을 대입하면 게이지율(gage factor)로 알려져 있는 기본 관계를 얻을 수 있으며 그것을 기호 F로 표기할 것이다.

$$F = \frac{dR/R}{dL/L} = \frac{dR/R}{\varepsilon_a} = 1 + 2\nu + \frac{d\rho/\rho}{dL/L} \tag{12.9}$$

이것이 저항형 스트레인 게이지의 기본 관계이다.

저항률(resistivity)이 변형 중에도 일정하게 유지된다고 가정하면 식 12.9에 의한 게이지율은 푸아송 비만의 함수가 되어야 하며 탄성 범위 내에서는 1 + (2)(0.3) = 1.6에서 크게 변하지 않을 것이다. 표 12.1에 여러 재료에 대한 게이지율이 기재되어 있다. 명백히 푸아송 비 이외의 것이 포함되어야 하며 저항률이 다른 한 변수라면 그 효과는 모든 재료에 대해 일치하지 않는다는 것이 명백하다. 니켈에 대한 게이지율 값에 유의하라. 증가되는 길이와 감소되는 직경을 가진 신장선(탄성 조건을 가정)이 실제 저항을 감소시켜 음의 값이 나타난다.

포함된 물리적 기구에 대한 불완전한 지식에도 불구하고 금속 게이지에 대한 게이지율 F는 보통의 요구 변형률 범위에서 본질적으로 하나의 상수이며 실험적으로 결정된 값은 주어진 재료에 대해 어느 정도 일관성이 있다.

식 12.9를 다시 쓰고 미분을 저항 변화의 증분으로 대치하면 다음 관계식을 얻는다.

$$\varepsilon = \frac{1}{F}\frac{\Delta R}{R} \tag{12.10}$$

실제 응용 시 F와 R값은 게이지 제조자에 의해 주어지며 사용자는 측정되는 입력 상황에 대응하는 ΔR을 결정한다. 이 과정은 저항 스트레인 게이지 사용에 대한 기본 사항의 하나이다.

12.5 접착식 금속 스트레인 게이지의 선정 및 설치 인자

접착식 금속 스트레인 게이지의 성능은 다음 5가지 게이지 인자에 지배를 받는다. (1) 그리드 재료와 배열 (2) 대지 재료(backing material) (3) 접착재와 접착법 (4) 게이지 보호 (5) 연관된 전기회로.

그리드 재료의 바람직한 물성은 다음과 같다. (1) 높은 게이지율(F) (2) 높은 저항률(ρ) (3) 낮은 온도감도 (4) 높은 전기적 안정성 (5) 높은 항복강도 (6) 높은 내구도 (7) 높은 가공성 (8) 양호한 납땜 및 용접성 (9) 낮은 히스테리시스 (10) 타재료와 접합 시 낮은 열 기전력(emf) (11) 양호한 부식저항.

온도감도는 저항 스트레인 게이지 사용 시 가장 우려되는 인자 중의 하나이다. 많은 응용에서 전기 회로 내에 보상이 제공되지만 이 기법이 항상 문제점을 제거하지는 못한다. 여기에는 두 인자가 포함 된다. (1) 그리드 지지부와 그리드 사이의 팽창의 차이로 발생한 변형률(이것은 게이지의 하중에 의한 변형률과 구별할 수없는 변형률이 된다) (2) 온도 변화에 따른 저항률 ρ의 변화.

직류회로가 사용되었다면 열 기전력이 게이지 출력에 중첩되는 것을 피해야 한다. 교류회로에서는 이 인자가 그렇게 중요하지는 않다. 그리드와 리드선의 접합 점에서의 부식은 소형의 정류기 작용을 한다고 생각될 수 있으며 직류회로보다는 교류회로에서 더욱 심각할 것이다.

표 12.1에는 몇 가지 가능한 그리드 재료와 스트레인 게이지로 사용 시 영향을 주는 성질들이 기재되어 있다. 상용 게이지는 보통 콘스탄탄이나 아이소일레스틱(isoelastic)이다. 전자는 상대적으로 낮은 온도계수와 적당한 게이지율을 갖고 있다. 아이소일레스틱 게이지는 콘스탄탄 게이지보다 40배 더 민감하다. 그러나 그것은 훨씬 높은 출력과 일반적으로 그 밖의 특성이 양호하다. 따라서 짧은 변형률 변동 시간으로 온도 문제를 최소화하는 동적 응용에 주로 유용하다.

니켈의 게이지율은 상대적으로 높은 값일 뿐 아니라 음의 값이기 때문에 특별히 관심을 끈다. 그러나 니켈에 대한 F 값은 그것이 어떻게 진행되느냐에 의존하며 상대적으로 넓은 범위에 걸쳐 변한다는 사실에 주목해야 한다. 냉간 가공은 니켈과 니켈합금의 변형률과 온도 관련 특성에 크게 영향을 미치며 이 양상은 특정 온도의 자기보상 게이지(self-compensating gage)를 생산하는 데 유용하게 사용된다(12.10.2절 참조).

통상의 대지 재료는 페놀을 먹인 종이, 에폭시형 플라스틱 필름과 에폭시를 먹인 유리섬유를 포함한다. 대부분의 박 게이지는 적당한 온도(−75° 에서 100°C) 범위에서 에폭시 필름대지를 사용한다. 표 12.2는 통상 추천되는 온도 범위를 표시한다.

만일 제조자가 추천하는 기술을 주의 깊게 따른다면 스트레인 게이지를 부착하는 데 별 어려움이 없을 것이다. 그러나 광범하게 적용되는 한 관찰을 해보도록 하자. 일관되게

표 12.2 스트레인 게이지 대지 재료와 접착제에 대한 일반 추천사항

그리드와 대지 재료	추천 접착제	허용 온도 범위 °C
에폭시 위의 박(foil)	시아노 아크릴레이트	−75 to 95
페놀을 먹인 유리섬유 위의 호일	페놀	−240 to 200
벗길 수 있는 박 또는 선	세라믹	−240 to 400 (1000°C까지의 짧은 동적 시험)
자율 필라멘트 선	세라믹	−240 to 650 (1100°C까지의 짧은 동적 시험)

만족스런 결과를 기대하려면 **청결**(*cleanlines*)이 절대적으로 요구된다. 부착면은 모든 부식, 도장 등을 깨끗이 닦아 바닥재가 노출되어야 하고 모든 유막의 흔적은 제거되어야 한다. 몇몇 게이지 제조업자는 게이지 사용을 위한 교범과 함께 청소하는 재료를 공급하기도 하며 이것은 대단히 바람직하다.

대부분의 게이지 설치는 주위 조건으로부터 게이지의 보호 준비가 될 때까지는 불완전하다. 후자는 기계적 남용, 습기, 기름, 먼지와 오염 같은 것들을 포함한다. 다시 말하면 게이지 공급자는 이런 목적으로 석유계 왁스, 실리콘 레진, 에폭시 조제, 고무화 브러싱 혼합물 등을 포함하는 추천 재료들을 제공한다. 뜨거운 기름, 물, 액화가스 등에 잠기는 경우와 같이 여러 형태의 보호가 요구되기 때문에 다양한 재료들이 필수적이다. 한 극단적인 게이지 보호에 대한 요구는 바다에서의 실험을 위해 선박이나 잠수함 외장에 부착하는 게이지의 경우에 찾을 수 있다[11]. 이 경우 게이지 전체에 걸친 경화된 고무부츠를 포함하는 특수 보호법이 사용된다.

게이지는 하나 또는 그 이상의 요소들을 포함한다(그림 12.4 참조). 응력 해석 시 단축 응력 조건에서는 단일 요소 게이지가 적용되지만 2요소 로제트는 주응력이나 관심 축들이 알려져 있을 때 2축 응력 상태에 적용되며, 2축 응력 상태가 완전히 알려져 있지 않을 때는 3요소 로제트가 적용된다(보다 완전한 논의를 위해서는 12.15.2절을 보라).

12.6 금속 스트레인 게이지회로

금속저항 게이지의 감도를 고려할 때 그 유용성과 신뢰성은 참으로 놀랄만하다. 식 12.10에 의한 기본 관계는 다음과 같다.

$$\varepsilon = \frac{1}{F}\frac{\Delta R_g}{R_g} \tag{12.11}$$

대표적인 게이지 상수는

$$F = 2.0 \qquad \text{과} \qquad R_g = 120\ \Omega$$

이다. 1 ppm(1 $\mu\varepsilon$)의 변형률은 상용 장비로 검출될 수 있다. 고로 게이지 내에 측정되어야 할 상응하는 저항 변화는 다음과 같이 0.0002%가 될 것이다.

$$\Delta R_g = FR_g\varepsilon = (2)(120)(0.000001)\,\Omega = 0.00024\ \Omega$$

이와 같이 작은 변화를 측정하기 위해서는 확실히 통상의 저항계보다는 훨씬 민감한 측정장치가 요구될 것이다.

이 목적을 위해 세 가지 회로 구성이 사용된다. 단순 전압 분할 전위차계 회로 또는 안정회로라고 하는 것(7.6절)과, 휘스톤 브리지회로(7.9절) 및 정전류 회로. 실제는 몇 가지 형태의 브리지회로가 가장 널리 사용된다.

12.7 스트레인 게이지 안정회로

그림 12.5는 단순 스트레인 게이지 안정회로 구성을 예시한다. 식 7.4를 이용하여 R_g를 kR_t 대신에 대입하면 다음과 같다.

$$e_o = e_i\frac{R_g}{R_b + R_g}$$

그리고

$$de_o = \frac{e_i R_b\, dR_g}{(R_b + R_g)^2} = \frac{e_i R_b R_g}{(R_b + R_g)^2}\frac{dR_g}{R_g}$$

식 12.11에서

$$de_o = \frac{e_i R_b R_g}{(R_b + R_g)^2}F\varepsilon \tag{12.12}$$

여기서 e_i = 구동 전압

e_o = 출력 전압

R_b — 안전지힝(Ω)

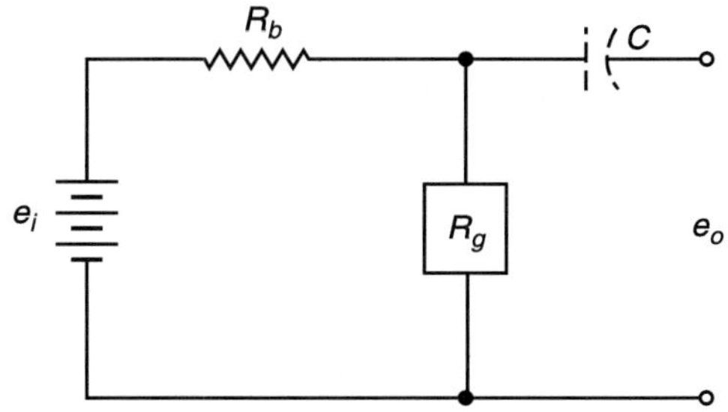

그림 12.5 스트레인 게이지와 함께 사용되는 안정회로

R_g = 변형률게이지 저항(Ω)
F = 게이지율
ε = 변형률

이 회로의 근본적인 제한 사항은 다음 예에서 확인할 수 있을 것이다. $R_b = R_g = 120\ \Omega$이라고 하자. 120 Ω의 저항은 스트레인 게이지에서 일반적이며 7.6절을 상기하면 안정저항과 변환기저항이 같은 경우 최대 감도를 얻을 수 있다. 또 $e_i = 8\text{V}$, $F = 2.0$으로 일반적 값을 취하자. 그러면

$$e_o = 8\left(\frac{120}{120+120}\right)\text{V} = 4\ \text{V}$$
$$de_o = \frac{8 \times 120 \times 120 \times 2 \times \varepsilon}{(120+120)^2} = 4\varepsilon$$

지시계가 1 $\mu\varepsilon$의 변형률을 지시하도록 하려면 4 V에서 4 μV 혹은 0.00010%의 변동을 감지해야 한다. 이러한 엄격한 요구 조건으로 인해 안정회로는 **정적**(*static*) 변형률 작업에 실제로 적합하지 않다. 그러나 정적 변형률이 무시되는 동적 변형률 측정에는 사용할 수 있을 것이다. 만약 출력도선에 캐패시터(capacitor)를 넣으면 직류 구동전압은 봉쇄되고 변하는 성분만이 통과될 것이다(그림 12.5). 온도 보상은 되지 않고 단지 과도기적 변형률에만 관심이 있다면 이 보상은 별로 중요하지 않다.

12.8 스트레인 게이지 브리지회로

저항브리지 구성은 스트레인 게이지와 함께 사용하기에 특별히 편리하다. 왜냐하면 그것은 변형률이 0인 경우에 대해 영위로 쉽게 조정할 수 있으며 앞서 12.5절에서 논의된 것처럼 온도 효과를 효율적으로 줄이거나 제거할 수 있는 수단을 제공하기 때문이다. 그림 12.6은 최소 브리지 배열을 보여준다. 여기서 암 1은 시험편 위에 부착된 변형률 수감 게이지를 구성한다. 암 2는 가능하면 시험 장소에 가까이 놓여 시편과 같은 재료로 만들어

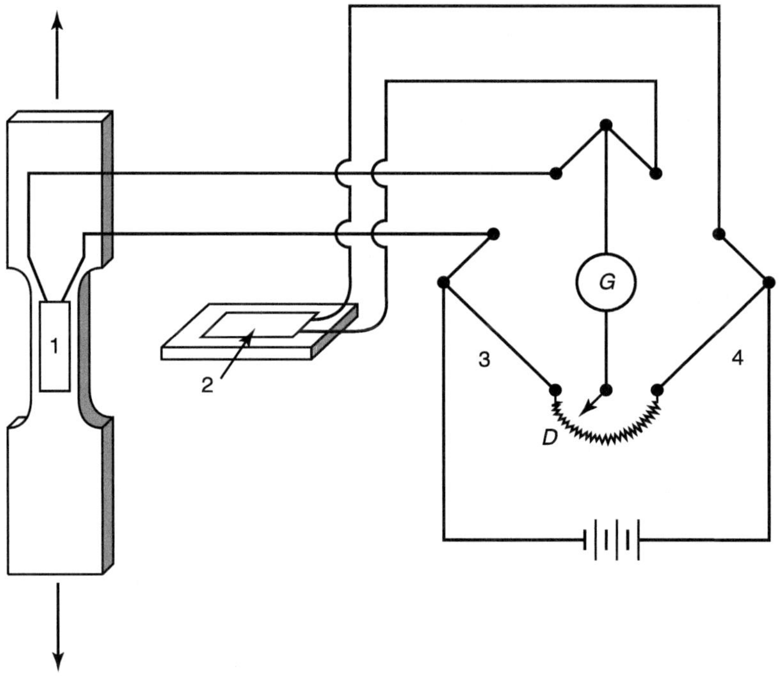

그림 12.6 변형률 측정을 위한 단순저항 브리지 배열

지고 온도가 같지만 변형을 받지 않는 물체 위에 부착된 동일형의 게이지로 구성된다. 암 3과 4는 단순히 안정성을 향상하기 위한 고정저항이며 브리지를 조정하기 위해 요구되는 미끄럼선 저항 D부분이 더해져 있다.

만약 초기저항들이 공칭으로 같은 전압수감 편위 브리지를 가정하고 식 7.17을 이용하면

$$\frac{\Delta e_o}{e_i} = \frac{\Delta R_1/R}{4 + 2(\Delta R_1/R)}$$

또 $$\varepsilon = \frac{1}{F}\frac{\Delta R_1}{R} \quad \text{or} \quad \Delta R = FR\varepsilon$$

그러면 $$\Delta e_o = \frac{e_i F\varepsilon}{4 + 2F\varepsilon}$$

$e_i = 8$ V 이고 $F = 2$에 대해

$$\Delta e_o = \frac{8 \times 2 \times \varepsilon}{4 + (2)(2)\varepsilon}$$

만약 분모의 둘째 항을 무시하면(통상 무시할 만함)

$$\Delta e_o = e_o = 4\varepsilon \text{ V}$$

또는 $\varepsilon = 1\ \mu\varepsilon$에 대해, $e_o = 4\ \mu\text{V}$

유사 조건 하에서 브리지와 안정회로 배열에 대한 출력 증분이 똑같은 것을 알 수 있다. 그러나 브리지가 갖고 있는 놀랄만한 장점은 증분 출력이 큰 고정저항에 중첩되지 않는다는 것이다. 12.10절에서 논의되겠지만 또 다른 중요한 장점은 "더미(dummy)" 혹은 보상 게이지와 연관된 브리지 회로의 이용을 통해 온도 보상이 쉽게 얻어진다는 것이다.

12.8.1 변형률을 수감하는 2개와 4개의 암을 갖는 브리지

많은 경우의 브리지 구성 시 1개 이상의 암(arm)을 사용할 수 있다. 이것은 두 변형률 사이의 관계가 알려져 있는, 굽힘과 같은 경우에 특히 그렇다. 단면이 중립축에 대해 대칭인 보에서는 인장과 압축 변형률이 부호를 제외하고는 같다는 것을 안다. 이 경우 게이지 1과 2는 모두 변형률 측정에 사용될 수 있을 것이다. 이것은 그림 12.7에서처럼 게이지 1은 보의 인장부에 게이지 2는 압축부에 부착하면 된다(표 12.4의 경우 *F*를 참조하라). 저항 변화들은 크기가 같고 부호가 반대일 것이며 두 배의 브리지 출력이 실현될 것이다.

물론 4개의 브리지 암이 변형률을 수감한다면 단 1개의 게이지를 사용했을 때보다 *4*배의 출력을 얻을 수도 있을 것이다. 이 경우 게이지 1과 4는 인장 변형률을 2와 3은 반대

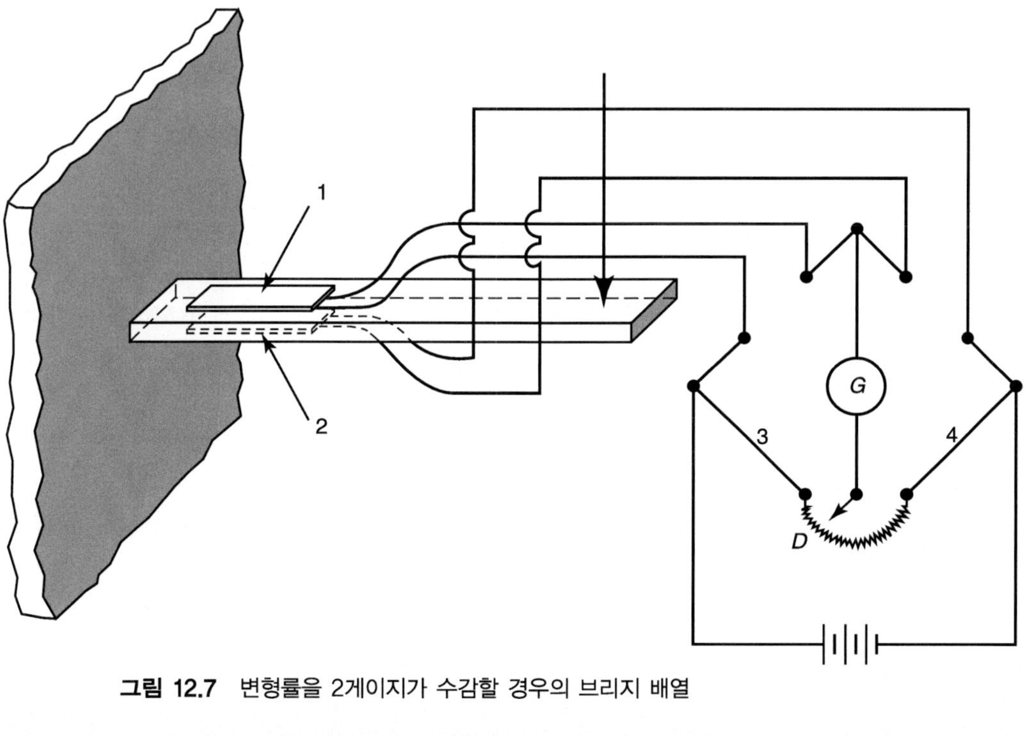

그림 12.7 변형률을 2게이지가 수감할 경우의 브리지 배열

부호인 압축 변형률을 기록하도록 부착될 것이다(표 12.4의 경우 G).

이 종류의 브리지 회로들은 영위 평형 브리지(null-balance bridge)나 편위 브리지(deflection bridge)로 사용될 것이다(7.9절 참조). 전자에서는 미끄럼선 운동이 변형률을 지시하게 될 것이다. 이 브리지는 정적 측정에 사용되는 변형률 지시장치에 가장 유용하다. 그러나 대부분의 동적 변형률 계측계는 전압 또는 전류 수감형의 편위 브리지를 사용한다. 초기 평형이 이루어진 후 출력은 필요 시 증폭되어 음극선 오실로스코프 빔이나 디지털 기록계의 입력과 같은 지시계를 편위시키는 데 사용된다. 또한 일정 전류 브리지는 특정한 장점을 제공할 것이다(7.9.3절).

12.8.2 브리지 상수

이 시점에서 다음 식으로 정의되는 브리지 상수를 소개해 보자.

$$k = \frac{A}{B} \tag{12.13}$$

여기서 $k =$ 브리지 상수
$A =$ 실제 브리지 출력
$B =$ 단일 게이지만 사용하여 최대변형률을 수감할 경우의 출력

그림 12.7에서 예시된 보기에서 브리지 상수(Bridge constant)는 2가 된다. 이것은 브리지가 단지 한 개의 게이지가 변형률을 수감해서 얻는 값의 2배를 제공하기 때문이다. 만일 4게이지가 사용되면 4배의 출력이 되고 브리지 상수는 4가 될 것이다. 또 다른 경우들(12.16절)에서는 푸아송 비의 함수인 가로 변형률을 수감하도록 게이지가 부착될 수도 있다. 그러한 경우 푸아송 비 0.3에 대해 브리지 상수들은 1.3과 2.6이 일반적이다.

12.8.3 리드선 오차

스트레인 게이지와 다른 계측 장비 사이에 간혹 긴 리드선을 사용할 필요가 있을 때 리드선 오차(*Lead-Wire Error*)가 개입될 수 있다. 독자는 이 문제점의 해결책이 논의되어 있는 7.9.5절과 16.4.2절을 참고하라.

12.9 단순 일정 전류 스트레인 게이지회로

동적 변형률의 측정은 그림 12.8에서 보는 것처럼 단순회로에서 수행될 수 있다. 이 경우 동력원이 참 일정 전류를 공급하고 지시계(그림의 CRO)가 게이지 저항에 비해 거의 무한대의 임피던스를 갖는다고 가정된다. 변형률의 결과로 게이지저항이 변할 때 게이지를 가로지르는 전압, 즉 CRO의 입력은 다음과 같을 것이다.

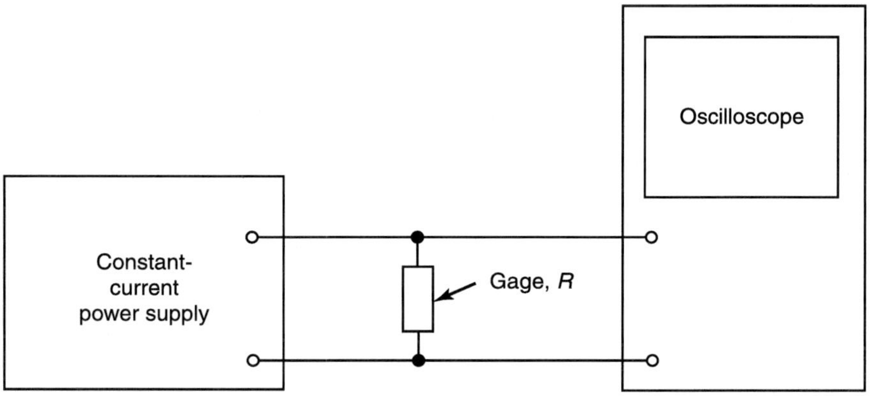

그림 12.8 단일 게이지 일정 전류 회로

$$e_i = i_i R \tag{12.14}$$

이고

$$\Delta e_i = i_i \, \Delta R \tag{12.14a}$$

식 12.14(a)를 식 12.14로 나누면

$$\frac{\Delta e_i}{e_i} = \frac{\Delta R}{R}$$

식 12.10에 $\Delta R/R$을 대입하면

$$\varepsilon = \frac{1}{F} \frac{\Delta e_i}{e_i} \tag{12.14b}$$

CRO는 직접 직류 요소를 없애기 위해 교류 유형으로 설정되어야 하고 물론 CRO의 증폭 능력은 적당한 판독을 제공하도록 충분해야 한다.

12.10 온도 보상

이미 언급했듯이 저항선 스트레인 게이지는 통상적으로 온도에 대단히 민감하다. 그리드와 시험재료 사이 팽창의 차이와 그리드 재료의 저항률 온도계수 둘 다가 이 문제에 관련된다. 표 12.1에서 보는 것처럼 온도 효과는 신중히 고려되어야 할 만큼 충분히 크다. 온도 효과는 데이터 축소 문제의 일부로 (1) 상쇄 혹은 보상 (2) 평가에 의해 다루어질 것이다.

보상은 (1) 인접 암 평형을 이용하거나 보상 게이지 (2) 자기 보상 수단에 의해 제공된다.

12.10.1 인접 암 보상 게이지

그림 12.6과 그림 12.7과 같은 브리지 구성을 고려해 보자. 초기 전기적 평형은 다음과 같을 때 얻어진다.

$$\frac{R_1}{R_2} = \frac{R_3}{R_4}$$

만약 암 1과 2의 게이지들이 비슷하고 유사 재료에 부착되어 있어 두 게이지가 온도 변화에 의해 야기된 동일한 저항 변동 ΔR_t를 받는다면 12.16절의 식 12.19에 $\varepsilon_1 = \varepsilon + \varepsilon_T$와 $\varepsilon_2 = \varepsilon_T$를 대입하면

$$\frac{de_o}{e_i} = \frac{F}{4}\left[\varepsilon_1 - \varepsilon_2\right] = \frac{F}{4}\varepsilon$$

이고 만약 ΔR_t가 작다면 브리지가 평형 상태로 남아 있고 온도 변화에 영향을 받지 않음을 알 수 있다. 보상 게이지가 단순히 브리지를 완성시키고 온도 성분을 평형시키기 위해서 사용될 때 "더미(dummy)" 게이지라 한다.

12.10.2 자기 온도 보상

어떤 경우 인접 암 보상이나 더미 게이지에 의한 온도 보상을 얻는 것이 어렵거나 불가능할 수 있다. 예를 들어 시험부의 온도 구배가 커서 유사 온도의 두 게이지를 유지하는 것이 불가능하다. 또 어떤 경우에는 브리지회로보다 안정회로를 사용하는 것이 바람직하며 따라서 인접 암 보상의 가능성을 제거시킨다. 이런 종류의 상황에는 **자기 보상**(*self compensation*)이 더 바람직하다.

가용한 자기 보상 게이지의 두 일반 형태는 **선택된 융해 게이지**(*selected-melt gage*)와 **양 요소 게이지**(*dual-element gage*)이다. 전자는 합금의 적당한 조작과 특수한 냉간 가공 공정을 통하여 그리드 재료의 온도감도에 걸친 조절이 이루어진다는 사실에 기반을 두고 있다. 이 접근을 통해 얻어진 그리드 재료는 게이지가 특정한 시험 재료에 부착될 때 어떤 온도 범위에 걸쳐 온도 변화에 대한 매우 낮은 외견 상의 변형률을 보이도록 해 줄 것이다. 그림 12.9는 대부분의 탄소강의 팽창계수에 해당하는 6 ppm/°F의 팽창계수를 갖는 어떤 재료와 함께 사용하기 위한 보상된, 선택된 융해 게이지의 대표적 특성을 보여준다. 이 경우 실제 보상은 근사적으로 50°F~250°F 의 온도 범위에 걸쳐 이루어진다. 타 게이지들은 다른 온도 팽창과 온도 범위에 대해 보상될 것이다. 이 곡선들은 그리드 재료의 조작을 통해 얻어지는 조정의 정도에 대한 아이디어를 준다.

자기 보상에 대한 두 번째 접근은 한 게이지 조립체 내에 직렬로 연결된 2개의 그리드 요소를 이용한다. 두 요소는 다른 온도 특성을 가지고 있으며 게이지가 특정 시험 재료에

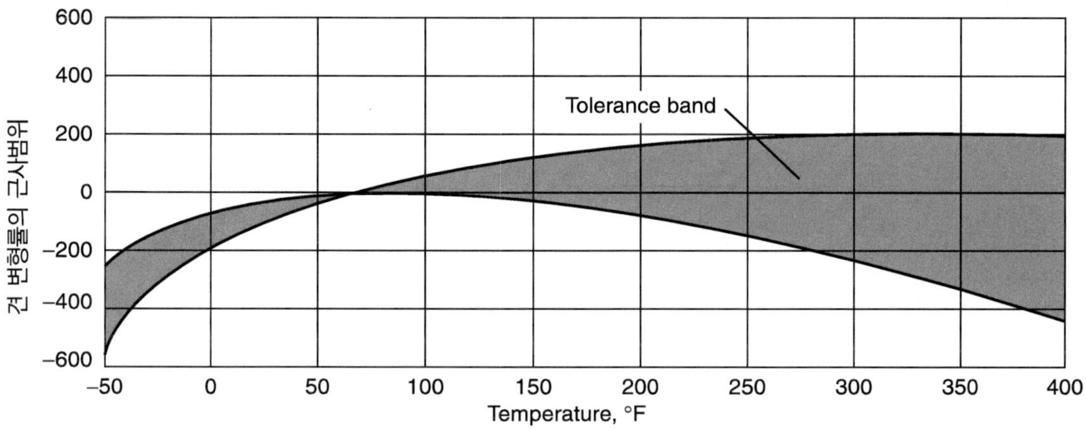

그림 12.9 적당한 재료에 부착된 대표적인 선택된 융해 게이지에 대한 온도 대 외 견 변형률의 근사 범위

부착될 때 온도로 야기된 정미 변형률이 최소가 되도록 선택된다. 일반적으로 이런 종류의 게이지 성능은 그림 12.9에서 보여진 선택된 융해 게이지의 경우와 유사하다.

선택된 융해 게이지나 양 요소 게이지는 외관 상 차이가 없다. 어떤 회사는 게이지의 다른 사양들을 인식하도록 하기 위해 색깔 분류띠(color-coded backing)를 사용한다.

12.11 교정

이상적으로 어떤 계측계의 교정은 측정될 변수의 기지 표본을 정확하게 도입하고 그로부터 계의 응답을 관찰하는 것으로 이루어진다. 이러한 이상은 보통 접착식 저항 스트레인 게이지 작업에서는 변환기의 본래 특성 때문에 실현될 수 없다. 통상 게이지는 변형률(또는 응력)이 미지인 단순한 이유 때문에 시험부재에 부착된다. 일단 부착되면 게이지는 교정을 위해 기지 변형률 상태로 거의 이전되기 힘들다. 물론 이것은 만일 게이지가 힘, 압력, 토크 등을 측정할 목적으로 적당한 탄성부재에 적용되는 2차 변환기로 사용되는 경우에는 해당되지 않는다. 이런 종류의 경우는 기지 입력을 도입하고 만족스런 교정을 수행하는 것이 완전히 가능할 것이다. 그러나 실험적으로 변형률을 결정할 목적으로 게이지가 사용될 때 교정 문제에 대한 또 다른 접근법이 요구된다.

저항 스트레인 게이지는 신중히 조정된 조건 하에 제조되며 게이지 각 로트에 대한 게이지율은 약 ±0.2%의 지시된 공차 내에서 제조자에 의해 제공된다. 게이지율과 게이지 저항을 알면 임의의 저항 스트레인 게이지계를 교정하는 단순한 방법이 가능하다. 이 방법은 게이지에 기지의 작은 저항 변화의 도입에 대한 계의 응답을 결정하고 그로부터 등가 변형률을 계산하는 것으로 구성된다. 저항 변화는 그림 12.10에서 보는 것처럼 게이지

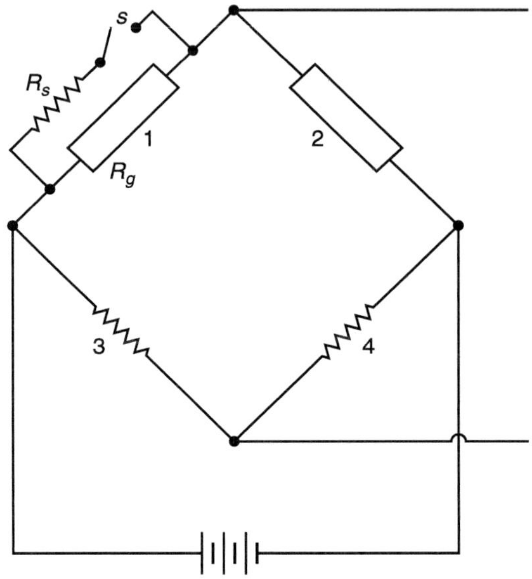

그림 12.10 교정을 위한 션트저항을 채용한 브리지

단자 사이에 상대적으로 큰 값의 정밀저항을 연결함으로써 발생된다. 스위치 S가 닫히면 브리지 암 1의 저항은 약간 변하며 다음 계산에 의해 결정된다.

$$R_g = \text{게이지저항}$$
$$R_s = \text{션트저항}$$

이라 하면, 스위치가 닫히기 전 암 1의 저항은 R_g와 같고 스위치가 닫힌 후 암 1의 저항은 병렬저항 결정법에 의해 $(R_g R_s)/(R_g + R_s)$가 된다. 따라서 저항 변화는

$$\Delta R = \frac{R_g R_s}{(R_g + R_s)^2} - R_g = -\frac{R_g^2}{R_g + R_s}$$

이제 등가 변형률(equivalent strain)을 결정하기 위해 식 12.11에서 주어진 관계를 이용하면

$$\varepsilon = +\frac{1}{F}\frac{\Delta R_g}{R_g}$$

대신에 대입하면 등가 변형률은 다음과 같이 구해진다.

$$\varepsilon_e = -\frac{1}{F}\left(\frac{R_g}{R_g + R_s}\right) \tag{12.15}$$

예제 12.1 $R_g = 120$, $F = 2.1$, $R_s = 100$ kΩ(즉 100,000 Ω)을 가정하자. 게이지 단자 간에 션트 저항이 연결될 때 지시되는 등가 변형률은 얼마인가?

풀이: 식 12.15에서

$$\varepsilon_e = -\frac{1}{2.1}\left[\frac{120}{100{,}0000 + 120}\right] = -0.00057$$
$$= -570\ \mu\text{-strain}$$

동적 교정은 때때로 수 교정 스위치를 종종 쵸퍼(chopper)라고 불리는 매초 60 또는 100회 접촉을 제동하는 전기적으로 구동된 스위치로 대체하면 된다. CRO 화면에 표현되거나 기록될 때 얻어진 궤적은 구형파(square wave)가 될 것이다. 궤적 내의 단(*step*)은 식 12.15에서 계산되는 등가 변형률을 표시한다.

전기적 교정에는 다른 방법들도 있다. 한 계에서 스트레인 게이지 브리지를 최초 브리지 부하와 같도록 조정된 대체부하로 대치하고[12], 한 직렬저항을 교정을 위해 사용한다. 또 다른 방법은 정확하게 알고 있는 전압을 브리지 회로망에 넣어주는 것이다.

12.12 상업적으로 유용한 변형률 계측계

금속형 게이지와 함께 사용될 수 있는 상업적으로 유용한 시스템은 4가지 일반형으로 구분된다.

1. 정적 측정용으로 단일 채널의 기본 지시계
2. 음극선 오실로스코프(CRO)혹은 컴퓨터 데이터 획득 시스템 외부 또는 통합부로 된 단일 채널 시스템
3. 데이터 획득 시스템(그림 8.23 참조), 이 시스템에서 변형률은
   (1) 표시됨(디지털 또는 비데오 터미널에 의해)
   (2) 기록됨(자기 테이프 또는 하드카피 인쇄)
   (3) 제어 목적으로 시스템에 피드백(feed back)됨

이러한 시스템의 광범한 이용 범위와 차이점들을 논의제적이며 이 책에서는 개략적인 범위만을 다룬다. 기술 수준에 대한 더 자세한 내용은 많은 상용 공급업체가 제공하는 소책자나 기술 자료를 참고하는 것이 좋다.

12.12.1 기본 지시계

전형적으로 기본 지시계는 미터형 또는 디지털형으로 판독되는 수동 혹은 자체 평형 휘

스톤 브리지, 증폭기, 게이지율의 범위를 조절하는 조정 기구로 구성된다. 단일 액티브(active) 게이지, 2게이지와 4게이지를 다루는 브리지 회로가 역시 공통적으로 준비된다. 4게이지보다 적은 경우는 브리지 루프가 계측 장비 내에서 완결된다. 측정 과정은 초기 조건 하에서 브리지를 영위로 만들고 시험 조건을 적용한 후에 브리지를 다시 평형시킨다. 초기와 최종 판독치와의 차이는 변형률 증분을 제공한다. 그러한 장비들은 흔히 디지털형의 직접 변형률을 제공하기 위하여 일반적으로 미리 교정된다. 대부분의 변형률 지시계는 현재 동적 변형률 데이터를 오실로스코프나 컴퓨터 데이터 획득시스템에 디스플레이하기 위한 아날로그 출력단자를 가진다.

12.13 스트레인 게이지 스위칭

기계적 개발 문제는 흔히 시험부재 전체를 통해 많은 게이지의 부착을 요구하며, 동시 또는 거의 동시에 지시치를 읽어야 할 때가 자주 있다. 물론 데이터가 동시에 정밀하게 기록되어야 한다면 포함된 각 게이지별로 분리된 채널을 준비할 필요가 있을 것이다. 그러나 보통은 정상 상태 조건이 유지되거나 시험 사이클이 반복되며, 모든 데이터가 기록될 때까지 읽기가 연속적으로 수행될 것이다. 다른 경우에는 예산의 제약 때문에 동시에 다중 읽기나 기록의 중복을 피하기 위해 게이지에서 게이지로 순차적으로 스위칭하여 데이터를 취하는 것이 바람직하다.

고속 다중 변형률 측정을 위해서는 아마도 8.7.6절의 멀티플렉싱 방법이나 8.11절의 다채널 A/D 변환기를 포함한 8장에서 기술한 디지털기술을 추천한다.

12.14 회전축 위의 스트레인 게이지 사용

회전축에서 스트레인 게이지 정보를 얻는 방법은 적어도 3가지가 있다. (1) 직접 연결법 (2) 원격 계측법 (3) 슬립링법. 축이 천천히 회전하고 단지 데이터의 한 표본 추출이 요구될 때 게이지들과 계측계의 나머지 부분 사이를 직접 연결할 수 있다. 충분한 길이의 리드선이 준비되면 그 선이 축에 감기는 것이 허용될 것이다. 실제는 주어진 선 길이에서 선을 먼저 회전축에 감아 놓으면 축이 회전하여 선을 풀고 다시 반대 방향으로 감기게 되기 때문에 가용 시간은 두 배가 될 것이다. 만일 기계가 선 끝이 접근될 때 빨리 정지될 수 없으면 신속히 또는 자동적으로 분리시키는 장치가 준비되어야 할지도 모른다. 이것은 사실 빨리 벗겨질 수 있는 납땜으로도 충분하다. 피복선은 축 위 코일선으로부터 야기되는 반작용 효과를 최소화하기 위해 사용되어야 한다. 물론 이 기술은 어느 정도 제한되어 있지만 저속에서 잘 작동되고 다른 방법들에서의 근본적 문제점을 피할 수 있기 때문에 간과할 수 없다.

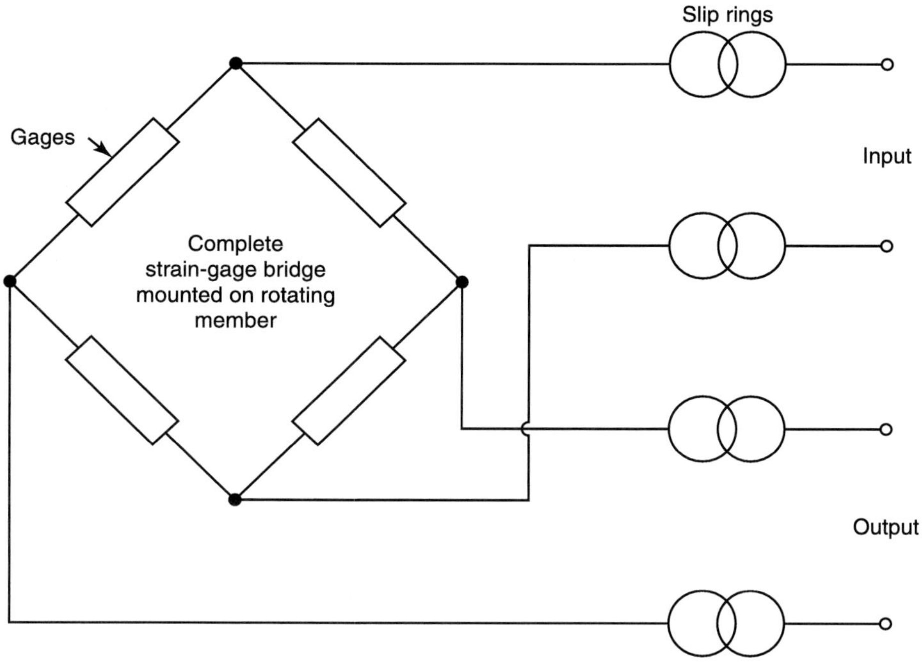

그림 12.11 브리지 외부의 슬립링

둘째 방법은 축 위에 장착된 무선 주파수 송신기를 이용해서 스트레인 게이지 정보를 송신하고 가까이 있는 수신기로 신호를 잡는 방법이다. 이 방법은 성공적으로 사용되어 왔으며[13] 그 과정과 장비는 더 일반적 용도에도 틀림없이 완전할 것이다. RF 송신기의 주파수 변화가 변형률의 함수이며 상업적으로 가용한 상대적으로 소형인 트랜지스터로 된 FM 장비가 있다. 이러한 계는 추가비용이 정당화될 수 있을 때 대단히 실용적이다.

회전축으로부터 스트레인 게이지 정보를 얻는 가장 일반적인 방법은 의심할 여지없이 슬립링을 이용하는 것이다. 슬립링 문제는 앞 절에서 논의한 스위칭 문제와 추가변수들이 그 문제를 더 어렵게 한다는 것을 제외하면 유사하다. 링과 브러시의 마모와 접촉온도 변화와 같은 인자들로 인해 시험 점에서 전 브리지(full bridge)를 사용하고 그림 12.11에서처럼 브리지 외부에 슬립링을 연결하는 것이 필수적이다.

성능이 아주 만족할만한 상용 슬립링 조립체가 이용될 수 있다. 그러나 그것들을 사용 시 해결하기 어려운 문제가 나타난다. 이 조립체는 브러시 지지부와 두 베어링 사이에 설치된 링으로 구성되어 보통 자체 유지를 한다. 설치 시 링은 축의 자유단에 사용되어야 하고 축이 시험 점에서부터 어떤 베어링에 의해 빈번히 분리되어야 한다. 이 배열은 베어링의 한 편에 위치한 게이지로부터 반대편에 위치한 슬립링까지 리드선을 얻는 데 문제점을 나타낸다. 어떤 방법으로 축을 통해 리드선을 연결하는 것이 필수적이며 그것이 항상 쉬운 것은 아니다. 이것이 특별한 문제가 되지 않을 때 상업용 슬립링 조립체는 실용적이며 또 아마도 문제에 대한 가장 경제적인 해결책일 것이다.

12.15 응력-변형률 관계

앞에서 기술했듯이 스트레인 게이지는 일반적으로 두 가지 이유 중의 하나 때문에 사용된다: 변형률 측정을 통해 응력 조건을 결정하기 위해서 또는 힘, 압력, 변위와 같은 양들과 연관하여 교정된 2차 변환기로 작동되기 위해서이다. 어느 경우에나 스트레인 게이지의 지능적 사용을 위해서는 응력-변형률 관계를 잘 이해해야 한다. 보통 스트레인 게이지 실험을 위해서는 일반적인 3차원 경우보다는 **평면**(*plane*)에 대한 지식으로 충분하다. 왜냐하면 응력을 받는 부재의 **비부하면**(*unloaded surface*) 외에 아무데나 스트레인 게이지를 부착하는 일은 매우 드물기 때문이다. 평면 응력 문제의 재검토를 위해서 독자는 부록 E를 참조하라.

12.15.1 단순 인장 응력 상태

굽힘 또는 인장이나 압축부재에서 비부하 된 외부 파이버는 단축 응력을 받는다. 그러나 이 조건은 결과적으로 3축 변형률 조건이 된다. 왜냐하면 응력 방향 내의 가로 방향 변형률이 있을 것이기 때문이다. 통상 인장(또는 압축) 상태가 단순하고 많이 쓰이기 때문에 (그림 12.1 참조) 기본적 **응력-변형률 관계**는 그것에 기초한다. 영계수는 식 12.2로 표현된 관계로 정의되고 푸아송 비는 식 12.2(a)로 정의된다. 이 두 정의들은 단순 1방향 응력계의 기초 하에 정의된다는 것을 깨닫는 것은 중요하다.

이런 유의 상황에 대한 변형률 측정 후 응력의 계산은 아주 단순하다. 응력은 축 방향에서 마이크로스트레인 단위로 측정된 변형률을 시험 재료의 탄성계수를 단순히 곱해서 결정된다.

예제 12.2

그림 12.6의 알루미늄 인장부재의 탄성계수는 6.9×10^{10} Pa (10×10^6 lbf/in.^{2})이고 게이지에 의해 측정된 변형률은 326 $\mu\varepsilon$ 이라고 하자. 게이지에 존재하는 축 응력은 얼마인가?

풀이:

$$\sigma_a = E\varepsilon_a = (6.9 \times 10^{10}) \times (325 \times 10^{-6})$$
$$= 22.4 \times 10^6 \text{ Pa } (3250 \text{ lbf/in.}^2)$$

예제 12.3 스트레인 게이지가 그림 12.7에서처럼 보 위에 부착되어 있다. 보는 강재이고 탄성계수는 20.3×10^{10} Pa (29.5×10^6 lbf/in.^{2})이다. 만일 두 게이지로부터 읽은 값이 390 $\mu\varepsilon$이라면 게이지 길이 방향의 응력은 얼마인가? 브리지 상수는 2라는 점에 유의하라.

풀이:

$$\sigma_b = E\varepsilon_b = (20.3 \times 10^{10}) \times (390 \times 10^{-6}/2)$$
$$= 3958 \times 10^4 \text{ Pa } (5700 \text{ lbf/in.}^2)$$

12.15.2 2축 응력 상태

흔히 게이지들은 한 방향 이상의 응력들을 받는 위치에서 사용된다. 만약 시험 점이 보통의 경우처럼 자유 표면이면 *2축(biaxial)* 상태라 부른다. 이 상태의 좋은 예는 외부 표면 또는 원통 압력 용기의 셸에서 존재한다. 이 경우 원주 상에 작용하는 원주 응력이 있고 이것은 길이쪽의 이음매를 열려는 경향이 있다. 또한 뚜껑을 날려버리려는 길이 방향(축 방향)의 응력이 있다. 이 상태가 그림 12.12에 나타나 있다.

외부 표면의 응력-변형률 조건은 그림 12.2의 상태에 해당된다. 두 응력 σ_L과 σ_H는 주응력들이며(길이와 원주 방향은 전단 응력이 없음), 해당 응력은 만약 영 계수와 푸아송 비를 알거나 추정할 수 있다면 식 12.4를 이용하여 계산될 것이다.

예제 12.4 변형률 측정에 의해 원통 압력 용기의 외부 표면 위 원주(또는 후프) 방향 응력을 결정한다고 하자. 재료의 탄성계수는 10.3×10^{10} Pa이고 푸아송 비는 0.28이다. 변형률 측정에 의한 원주와 길이 방향 변형률들은 마이크로스트레인($\mu\varepsilon$) 단위로 다음과 같이 결정되었다.

$$\varepsilon_H = 425 \qquad \text{이고} \qquad \varepsilon_L = 115$$

풀이: 식 12.3를 이용하면

$$\sigma_H = \frac{E(\varepsilon_H + \nu\varepsilon_L)}{1 - \nu^2} = \frac{10.3 \times 10^{10}(425 + 0.28 \times 115) \times 10^{-6}}{1 - (0.28)^2}$$
$$= 5.11 \times 10^7 \text{ Pa } (7.42 \times 10^3 \text{ lbf/in.}^2)$$

비록 직접적 관심은 없을지 모르지만 길이 방향 응력 역시 다음과 같이 구할 수 있다.

$$\sigma_L = \frac{E(\varepsilon_L + \nu\varepsilon_H)}{1 - \nu^2} = \frac{10.3 \times 10^{10}(115 + 0.28 \times 425) \times 10^{-6}}{1 - (0.28)^2}$$
$$= 2.61 \times 10^7 \text{ Pa } (3.8 \times 10^3 \text{ lbf/in.}^2)$$

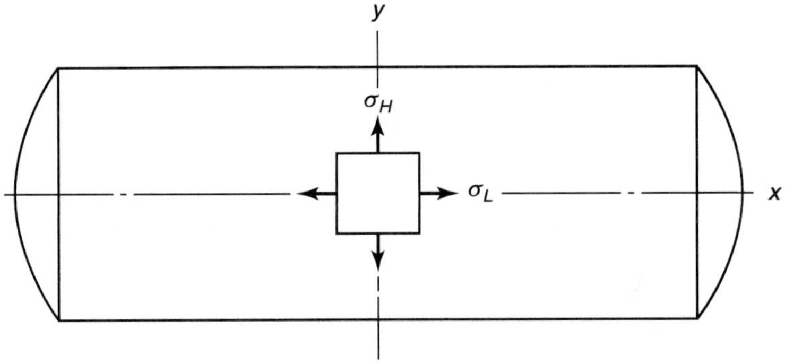

그림 12.12 원통 압력 용기의 셸(shell)에 위치한 요소

얇은 원통 압력 용기에 대해 전통적으로 예상되는 응력 비 2:1과 변형률 비가 같지 않다는 점에 유의하라.

식 12.4는 두 수직 방향의 응력들을 결정해 주지만 이 정보는 두 직각 방향이 **주응력 방향**과 일치할 때만 **완전한** 응력-변형률 양상을 준다(부록 E 참조). 만약 주응력 방향을 모르면 구한 값은 단지 최대 응력일 가능성만 있을 뿐이다. 일반적으로 주응력 방향을 완전히 모르면 적어도 3개의 변형률 측정이 행해져야 하며 그림 12.4처럼 3요소 **로제트**(*rosette*)의 어떤 형태를 사용할 필요가 있다. 세 방향으로 확인된 변형률 데이터로부터 완전한 응력-변형률 양상을 얻을 수 있다. 로제트 게이지들에 대한 응력-변형률 관계는 표 12.3에 주어진다.

비록 완전하게 응력 상태를 정의하는 데 단지 3개의 변형률 측정만이 필요하지만 *T*-delta 로제트는 네 번째 게이지를 포함하며 때때로 다음과 같은 이유 때문에 사용된다.

1. 네 번째 게이지는 다른 세 요소로부터 얻은 결과를 검토하기 위해 사용될 수 있다.

2. 만일 주 방향들을 근사적으로 알고 있으면 게이지 *d*는 추정 방향으로 놓는다. 그래서 만약 게 이지 *b*와 *c*의 읽은 값들의 크기가 거의 같으면 그 추정이 타당하다는 것을 알 수 있으며 식 12.4로부터 주응력들은 아주 간단히 산술 계산될 것이다. 만일 방향 추정이 부정확했다면 계 측된 전체 데이터는 여전히 표 12.3의 식을 이용할 수 있을 것이다.

3. 만일 4개의 읽은 값들이 표 12.3의 *T*-delta 식에 사용된다면 그 평균 효과로 인하여 단지 3개의 읽은 값들을 사용할 때보다 더 정확도를 갖게 된다.

T-delta 로제트의 장점에도 불구하고 직각형의 것이 아마도 가장 인기가 있으며 등각 델타 종류가 두 번째로 많이 사용될 것이다.

표 12.3 로제트 게이지에 대한 응력-변형률 관계

로제트 종류:	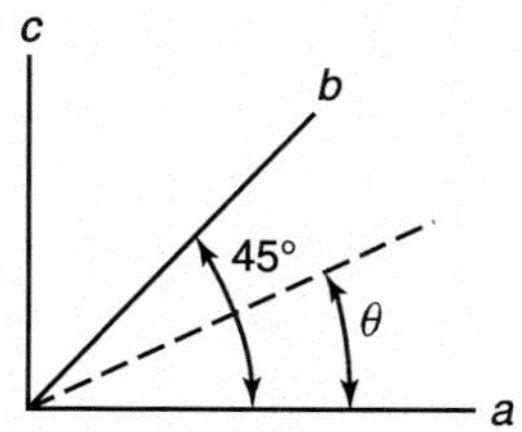 직각	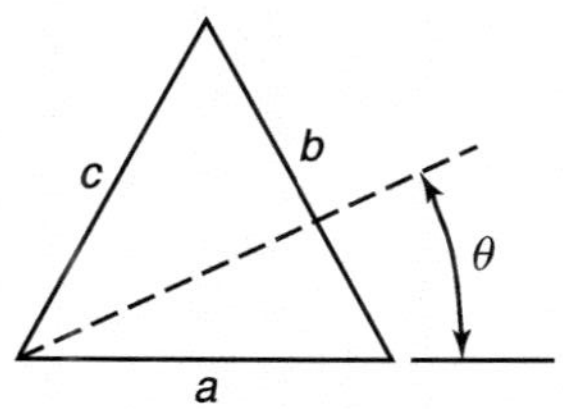 등각(델타)	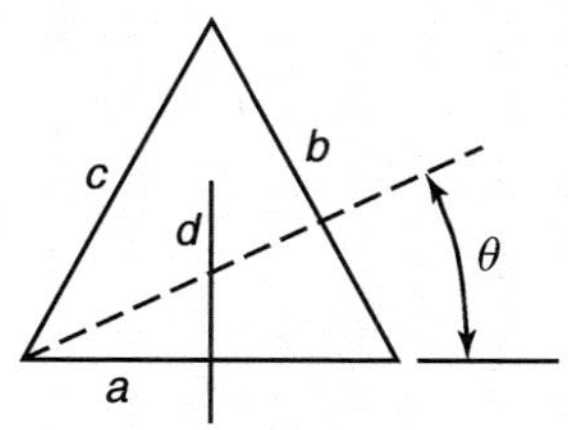 T-델타
주 변형률 $\varepsilon_1, \varepsilon_2$	$\frac{1}{2}\left[\varepsilon_a+\varepsilon_c \pm \sqrt{2(\varepsilon_a-\varepsilon_b)^2+2(\varepsilon_b-\varepsilon_c)^2}\right]$	$\frac{1}{3}\left[\varepsilon_a+\varepsilon_b+\varepsilon_c \pm \sqrt{2(\varepsilon_a-\varepsilon_b)^2+2(\varepsilon_b-\varepsilon_c)^2+2(\varepsilon_c-\varepsilon_a)^2}\right]$	$\frac{1}{2}\left[\varepsilon_a+\varepsilon_d \pm \sqrt{(\varepsilon_a-\varepsilon_d)^2+\frac{4}{3}(\varepsilon_b-\varepsilon_c)^2}\right]$
주응력 σ_1, σ_2	$\frac{E}{2}\left[\frac{\varepsilon_a+\varepsilon_c}{1-\nu} \pm \frac{1}{1+\nu}\times \sqrt{2(\varepsilon_a-\varepsilon_b)^2+2(\varepsilon_b-\varepsilon_c)^2}\right]$	$\frac{E}{3}\left[\frac{\varepsilon_a+\varepsilon_b+\varepsilon_c}{1-\nu} \pm \frac{1}{1+\nu}\times \sqrt{2(\varepsilon_a-\varepsilon_b)^2+2(\varepsilon_b-\varepsilon_c)^2+2(\varepsilon_c-\varepsilon_a)^2}\right]$	$\frac{E}{2}\left[\frac{\varepsilon_a+\varepsilon_d}{1-\nu} \pm \frac{1}{1+\nu}\times \sqrt{(\varepsilon_a-\varepsilon_d)^2+\frac{4}{3}(\varepsilon_b-\varepsilon_c)^2}\right]$
최대전단응력 τ_{max}	$\frac{E}{2(1+\nu)}\times \sqrt{2(\varepsilon_a-\varepsilon_b)^2+2(\varepsilon_b-\varepsilon_c)^2}$	$\frac{E}{3(1+\nu)}\times \sqrt{2(\varepsilon_a-\varepsilon_b)^2+2(\varepsilon_b-\varepsilon_c)^2+2(\varepsilon_c-\varepsilon_a)^2}$	$\frac{E}{2(1+\nu)}\times \sqrt{(\varepsilon_a-\varepsilon_d)^2+\frac{4}{3}(\varepsilon_b-\varepsilon_c)^2}$
$\tan 2\theta$	$\frac{2\varepsilon_b-\varepsilon_a-\varepsilon_c}{\varepsilon_a-\varepsilon_c}$	$\frac{\sqrt{3}(\varepsilon_c-\varepsilon_b)}{(2\varepsilon_b-\varepsilon_a-\varepsilon_c)}$	$\frac{2}{\sqrt{3}}\frac{(\varepsilon_c-\varepsilon_b)}{(\varepsilon_a-\varepsilon_d)}$
$0 < \theta < +90°$	$\varepsilon_b > \frac{\varepsilon_a+\varepsilon_c}{2}$	$\varepsilon_c > \varepsilon_b$	$\varepsilon_c > \varepsilon_b$

*참고문헌: [1, 14, 15]

†주의 : $\theta =$ 대수학적으로 큰 응력의 축에 대해 로제트의 a축에서 시계반대 방향으로 양의 값을 취해 잰 기준각

예제 12.5 그림 12.13은 압력 용기 가까이의 응력 상태를 결정하기 위해 사용된 직각 로제트를 예시한다. 얇은 벽 용기에서 주응력 방향들이 원주와 길이 방향에 해당된다는 가정이 불연속 부분을 제외한 셸 면에서 성립된다. 그러나 노즐 근처에서의 응력 조건은 완전하게 모르며 적어도 3요소를 갖는 로제트가 사용되어야 한다.

로제트의 데이터($\mu\varepsilon$단위)가 다음과 같았다고 가정하자.

$$\varepsilon_a = 72 \qquad \varepsilon_b = 120 \qquad \varepsilon_c = 248$$

또 $$\nu = 0.3 \qquad E = 20.7 \times 10^{10}\ \text{Pa}$$

풀이: 표 12.3의 식 형태에서는 각 경우에 대해 주변형률, 주응력과 최대 전단 관계들이 유사한 근호들을 포함한다. 그러므로 로제트의 데이터를 평가 시 먼저 근호의 값을 계산하는 것이 편리하다. 또 주응력 관계에서 둘째 항은 전단 응력과 같다는 것에 유의해야 할 것이다. 그러므로 주응력들을 계산하기 전에 전단 응력을 계산하면 수학적 조작이 최소로 될 것이다. 고로

$$\begin{aligned}\sqrt{2(\varepsilon_a - \varepsilon_b) + 2(\varepsilon_b - \varepsilon_c)^2} &= \sqrt{2(72-120)^2 + 2(120-248)^2}\\ &= 193\ \mu\text{-strain}\end{aligned}$$

이고
$$\begin{aligned}\varepsilon_1 &= \frac{1}{2}[72 + 248 + 193] = 256\ \mu\text{-strain}\\ \varepsilon_2 &= \frac{1}{2}[72 + 248 - 193] = 63\ \mu\text{-strain}\\ \tau_{\max} &= \frac{20.7\times10^{10}}{2(1+0.3)}(193)\times10^{-6} = 1537\times10^4\ \text{Pa}\ (2230\ \text{lbf/in.}^2)\\ \sigma_1 &= \frac{20.7\times10^{10}}{2}\times\frac{72+248}{0.7}\times10^{-6} + 1537\times10^4\\ &= (4731+1537)\times10^4 = 6268\times10^4\ \text{Pa}\ (9091\ \text{lbf/in.}^2)\\ \sigma_2 &= (4731-1537)\times10^4 = 3194\times10^4\ \text{Pa}\ (4632\ \text{lbf/in.}^2)\end{aligned}$$

주 평면들을 결정하기 위해 요소 A의 축으로부터 시계 반대방향으로 를 취하면

$$\begin{aligned}\tan 2\theta &= \frac{(2\varepsilon_b - \varepsilon_a - \varepsilon_c)}{(\varepsilon_a - \varepsilon_c)}\\ &= \frac{(2\times120) - 72 - 250}{(72-150)} = 0.46\\ 2\theta &= 25^\circ \quad \text{또는} \quad 205^\circ\end{aligned}$$

또는 $$\theta = 12.5^\circ \quad \text{또는} \quad 102.5^\circ$$

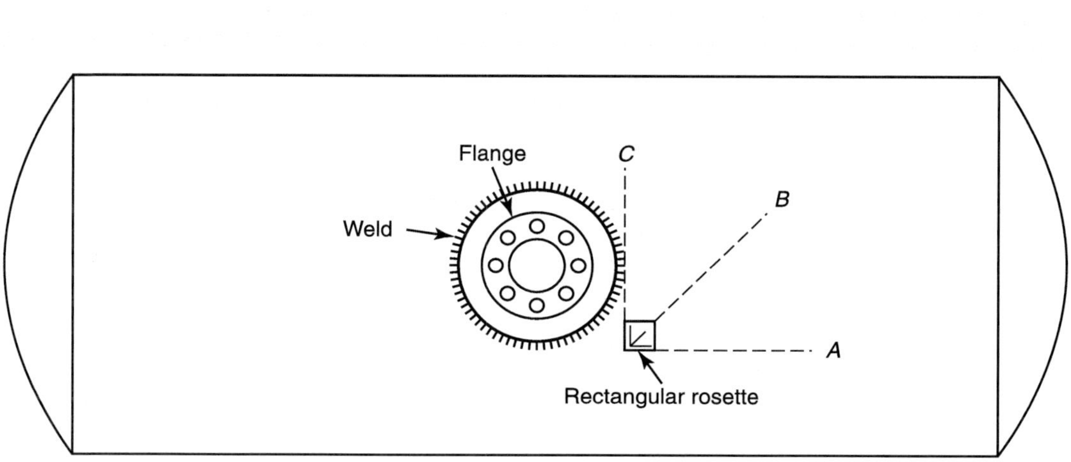

그림 12.13 압력 용기의 노즐 가까이에 부착된 로제트

적절한 상한을 위해 다음과 같이 검사해야 한다(표 12.3의 마지막 줄을 보라):

$$\frac{\varepsilon_a + \varepsilon_c}{2} = \frac{72 + 248}{2} = 160$$

이것은 ε_b보다 크다. 그러므로 최대 주응력은 0° 와 90° 사이에 있지 않다. 따라서 $\theta =$ 102°.그림 12.14는 이 상태를 예시한다.

12.16 게이지 부착 위치와 결과의 해석

주어진 상태에서 요구되는 데이터를 얻기 위하여 흔히 몇 가지 다른 배열로 게이지를 위치하게 할 수 있다. 그러나 가장 좋은 방법이 있으며, 어떤 경우에는 적절한 게이지 위치 결정에 의해 원하지 않는 변형률 성분이 제거될 수도 있다. 예를 들어 축 방향 하중만이 주요 관심일 때 의도하지 않은 굽힘을 제거한다거나 또는 축의 굽힘 성분만이 요구될 때 비틀림 변형률을 배제하는 것이다.

다음 논의는 게이지의 적절한 위치를 결정하고 결과를 해석하는 데 도움을 줄 것이다. 표 12.4에서와 같은 표준(*standard*) 브리지 배열을 가정하고 게이지들은 이 표준에 따라 다음 예들에서 번호 붙여질 것이다. 4개 미만의 게이지가 사용될 때 브리지 구성은 변형률에 무관한 고정저항들로 완성된다.

7.9.1절의 식 7.15(a)에 주어진 관계를 상기하면 주어진 입력 e_i 에 대한 브리지 출력 e_o는

$$e_o = e_i \frac{R_1 R_4 - R_2 R_3}{(R_1 + R_2)(R_3 + R_4)} \tag{12.16}$$

만약 각 브리지 암의 저항이 변수라고 가정하면

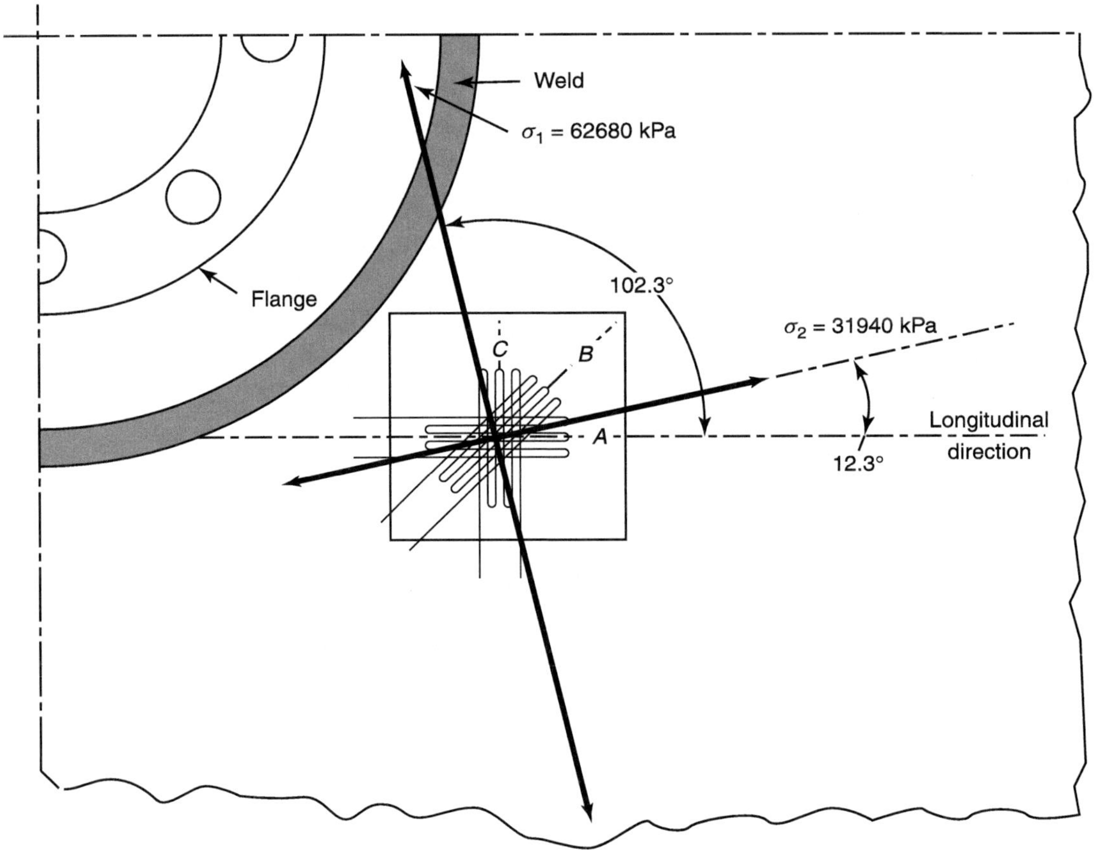

그림 12.14 그림 12.13의 로제트에 의한 데이터로부터 결정된 응력 상태

$$de_o = \frac{\partial e_o}{\partial R_1} dR_1 + \frac{\partial e_o}{\partial R_2} dR_2 + \frac{\partial e_o}{\partial R_3} dR_3 + \frac{\partial e_o}{\partial R_4} dR_4 \tag{12.17}$$

식 12.16을 이용하면 여러 편미분들을 산정할 수 있으며 다음과 같이 쓸 수 있다.

$$\frac{de_o}{e_i} = \frac{R_2 dR_1}{(R_1 + R_2)^2} - \frac{R_1 dR_2}{(R_1 + R_2)^2} - \frac{R_4 dR_3}{(R_3 + R_4)^2} + \frac{R_3 dR_4}{(R_3 + R_4)^2} \tag{12.17a}$$

여기서 dR_1, dR_2, dR_3, dR_4는 각 브리지 암의 변동저항들이다.

통상적으로 하나의 브리지를 구성하는 게이지들은 동일한 로트일 것이므로

$$R_1 = R_2 = R_3 = R_4 = R$$

각 게이지는 서로 다른 저항 변화를 할 수 있으므로 dR들에 하첨자를 써야 하지만 R들에서는 그것들을 떼어버릴 수 있다. 그래서

표 12.4 스트레인 게이지 위치 결정

<table>
<tr><td colspan="2">표준 브리지 배열
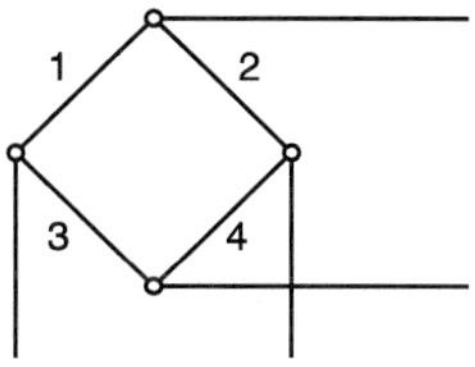
</td><td>영위를 위한 요구사항: $\dfrac{R_1}{R_2} = \dfrac{R_3}{R_4}$
$K = 브리지\ 상수 = \dfrac{브리지\ 출력}{주게이지의\ 출력}$</td></tr>
<tr><td>A</td><td>$k = 1$
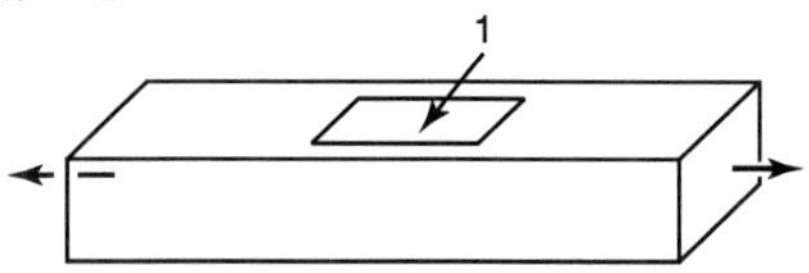
</td><td>암2 또는 암3에 더미게이지를 사용하면 온도보상
굽힘에 대한 보상 못함</td></tr>
<tr><td>B</td><td>$k = 2$
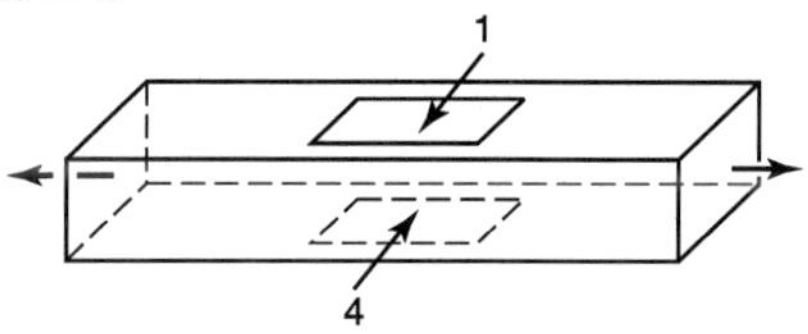
</td><td>굽힘에 대해 보상됨
2암 브리지는 온도보상을 못함
4암 브리지(암2와 3에 더미게이지)는 온도 보상함</td></tr>
<tr><td>C</td><td>$k = 1 + \nu$
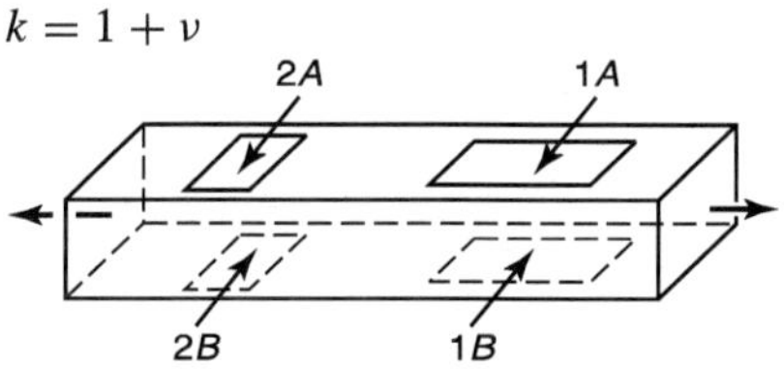
</td><td>2암 브리지가 온도와 굽힘 보상함</td></tr>
<tr><td>D</td><td>$k = 2(1 + \nu)$
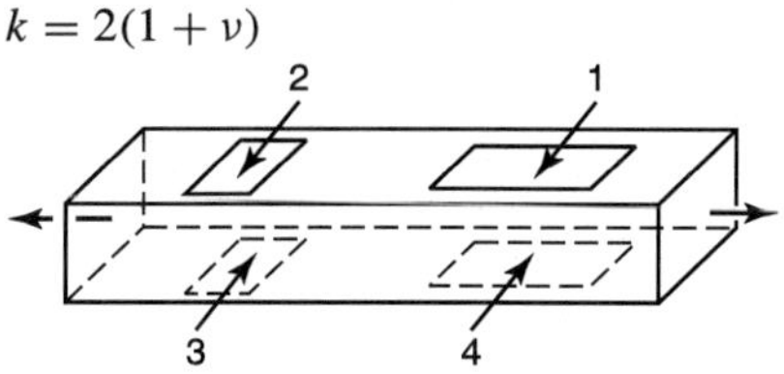
</td><td>4암 브리지가 온도와 굽힘 보상함</td></tr>
<tr><td>E</td><td>$k = 1$
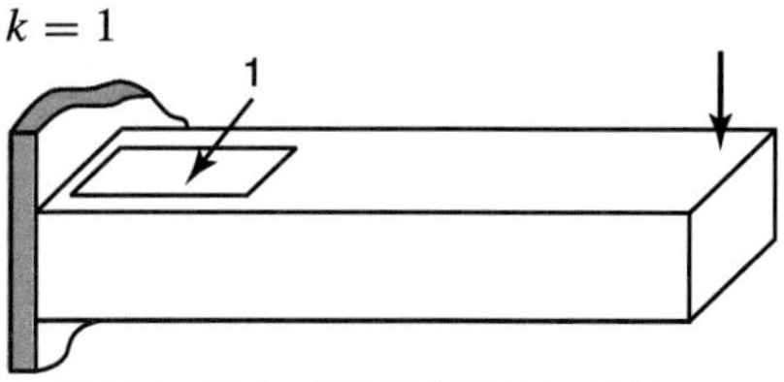
</td><td>더미게이지가 암2 또는 암3에 사용될 때 온도 보상이 됨
브리지 또한 축과 비틀림 하중 성분에 민감함</td></tr>
</table>

표 12.4 스트레인 게이지 위치 결정 (계속)

표준 브리지 배열	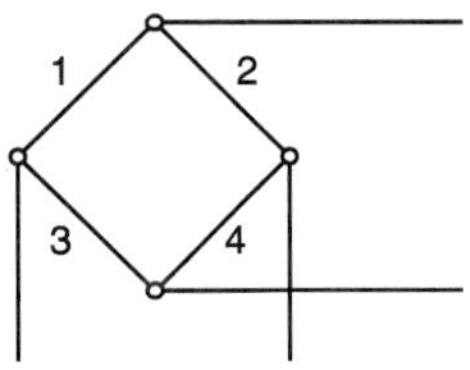	영위를 위한 요구사항: $\dfrac{R_1}{R_2} = \dfrac{R_3}{R_4}$ $K =$ 브리지 상수 $= \dfrac{\text{브리지 출력}}{\text{주게이지의 출력}}$
F	$k = 2$ 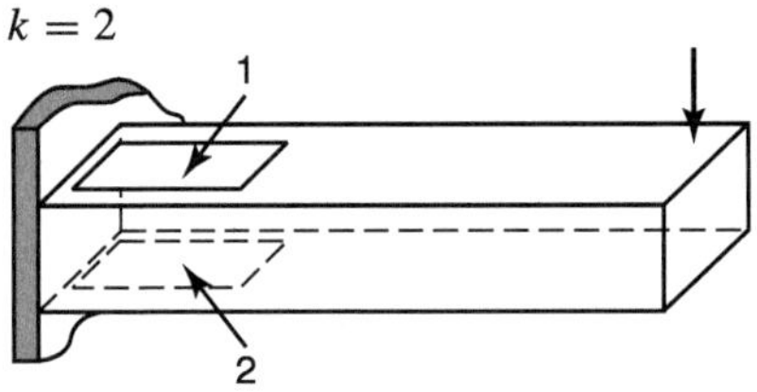	온도 효과와 축 및 비틀림 성분들이 보상됨
G	$k = 4$ 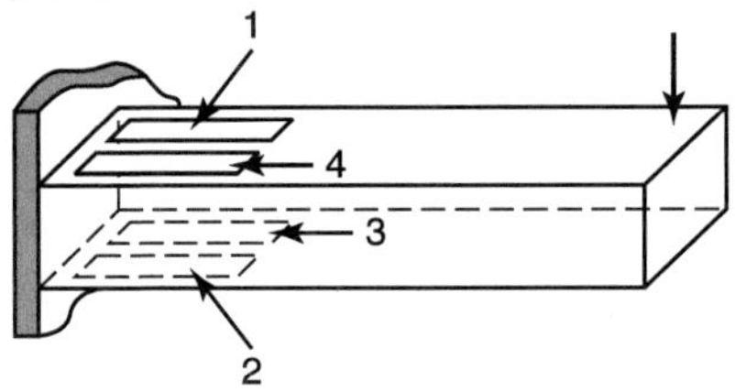	4암 브리지 온도 효과와 축 및 비틀림 성분들이 보상됨
H	$k = \dfrac{a+b}{a}$ 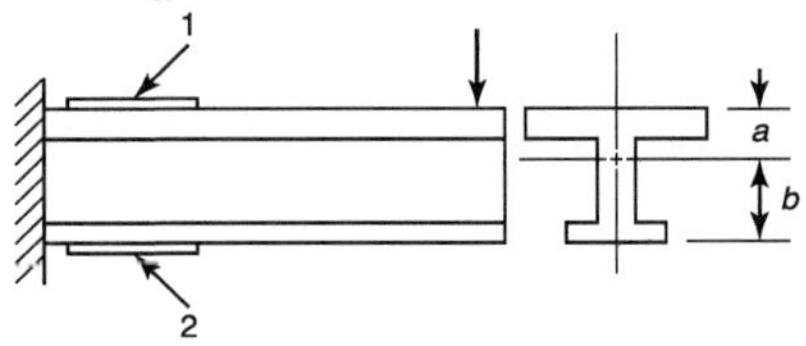	온도 효과와 축 및 비틀림 성분들이 보상됨
I	$k = 1 + \left(\dfrac{b}{a}\right)\nu$ 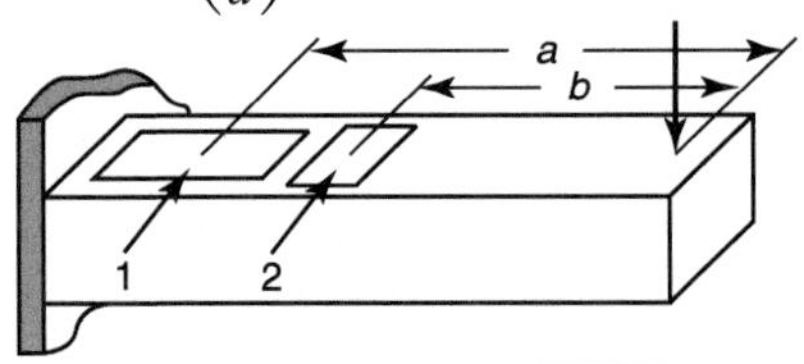	온도 효과가 보상됨 축과 비틀림 하중 성분들은 보상되지 않음

표 12.4 스트레인 게이지 위치 결정 (계속)

표준 브리지 배열

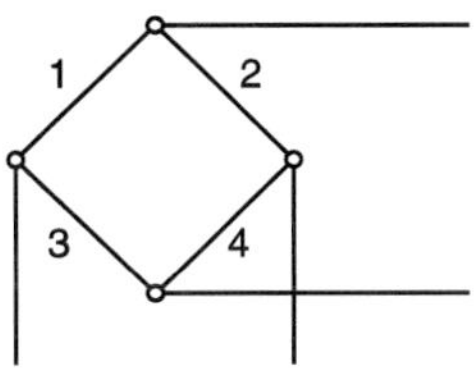

영위를 위한 요구사항: $\dfrac{R_1}{R_2} = \dfrac{R_3}{R_4}$

$K =$ 브리지 상수 $= \dfrac{\text{브리지 출력}}{\text{주게이지의 출력}}$

Torsion

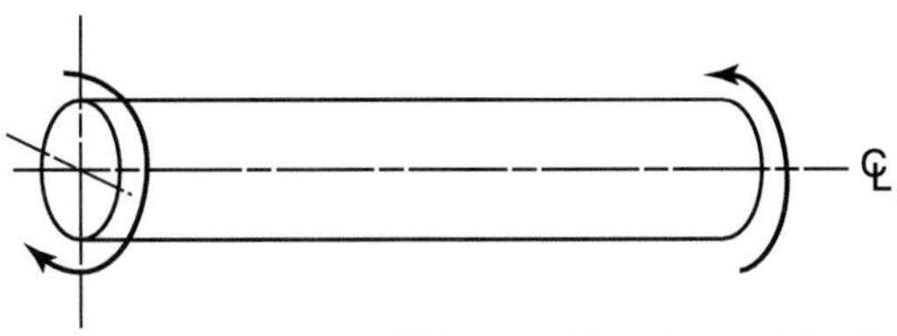

J	$k = 2$	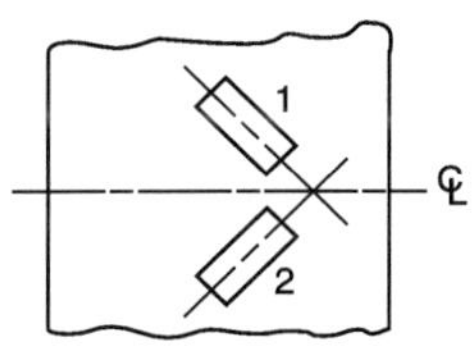	2암 브리지 온도효과와 축하 중 성분들이 보상됨 굽힘 성분들은 두드러짐
K	$k = 2$	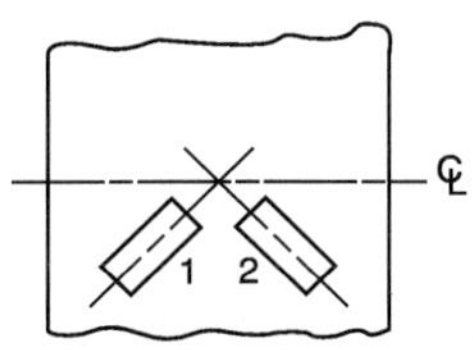	2암 브리지 온도효과와 축하 중 성분들이 보상됨 굽힘 성분들은 두드러짐
L	$k = 4$	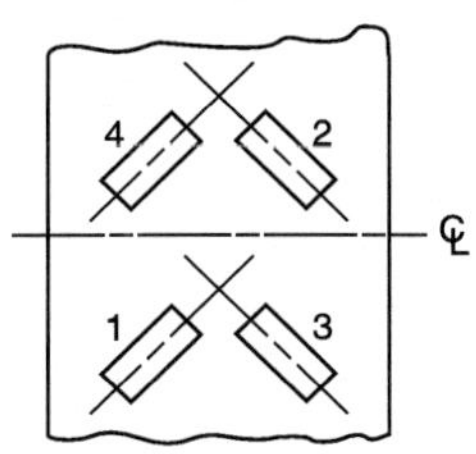	4암 브리지 비틀림에만 민감함 (게이지 1과 3은 게이지 2와 4에 대해 축 반대편에 있음)

$$\frac{de_o}{e_i} = \frac{dR_1 - dR_2 - dR_3 + dR_4}{4R} \tag{12.17b}$$

식 12.10에서

$$\frac{dR_n}{R_n} = F\varepsilon_n \tag{12.18}$$

여기서 $F =$ 게이지율

$\varepsilon_n =$ 게이지 n에서 감지된 변형률

식 12.18과 식 12.17b를 조합하면

$$\frac{de_o}{e_i} = \frac{F}{4}[\varepsilon_1 - \varepsilon_2 - \varepsilon_3 + \varepsilon_4] \tag{12.19}$$

여기서 ε들은 각 게이지에서 감지된 변형률들이다.

식 12.19는 표준 4암 브리지에서 얻은 변형률 결과들에 대한 적절한 도움을 주며, 응력 해석 하는 사람이 실험을 위해 게이지를 적절한 위치와 방위에 부착할 수 있도록 도와준다.

예를 들어 단지 하나의 액티브(active) 게이지가 사용될 때 식 12.19는 다음과 같이 줄어든다.

$$\frac{de_o}{e_i} = \frac{F\varepsilon_1}{4}$$

계속되는 논의에서 브리지 상수라는 용어는 12.8.2절에 주어진 정의를 따른다.

예제 12.6 가장 단순한 응용은 그림 12.6에서와 같은 외부 보상 게이지와 함께 단일 측정 게이지를 이용한다(또 표 12.4의 경우 A). 이 배열은 주로 축 방향 변형률에 민감하지만 또한 원하지 않은 굽힘 변형률도 감지할 것이다. 시험 재료와 동일한 변형을 받지 않는 재료 표본 위에 부착된 보상 게이지는 그것의 온도와 시편의 온도가 동일하게 되도록 위치하게 한다. 이 경우

$$\varepsilon_1 = \varepsilon_a + \varepsilon_b + \varepsilon_T$$
$$\varepsilon_2 = \varepsilon_T$$
$$\varepsilon_3 = 0 \text{ (한 고정저항)}$$
$$\varepsilon_4 = 0 \text{ (한 고정저항)}$$

여기서 ε_a = 축하중에 의해 발생된 변형률
ε_b = 어떤 굽힘성분에 의해 발생된 변형률
ε_T = 온도 변화에 의해 발생된 변형률

풀이: 식 12.19에 대입하면

$$\frac{de_o}{e_i} = \frac{F}{4}[\varepsilon_a + \varepsilon_b]$$

만일 굽힘 변형률이 무시되면,

$$\frac{de_o}{e_i} = \frac{F\varepsilon_a}{4}$$

이고 브리지 상수는 1이다. 온도 효과에 의해 야기된 변형률이 소거된 것에 유의하라.

예제 12.7 표 12.4의 경우 G에 있는 배열은 4개의 브리지 암 각각에 게이지를 사용한다. 게이지 1과 4는 양의 굽힘 변형률 성분을 감지하고 게이지 2와 3은 음의 굽힘 변형률을 감지한다. 모든 게이지들은 축 하중과 또는 온도로부터 야기된 동일 변형률들을 감지할 것이다. 부가해서 부재가 어떤 축 토크를 받으면 게이지 1과 2는 이 토크로부터 같은 변형률을 수감하고 게이지 3과 4도 마찬가지다. 모든 게이지들이 부재의 길이 축에 작용하는 어떤 토크로부터 동일 크기의 변형률을 수감한다. 그러나 게이지 1과 2에 의해 감지되는 변형률들은 각각 게이지 3과 4에서의 변형률들과 부호가 반대이다.

풀이: 이 효과들을 식 12.19에 대입하면

$$\frac{de_o}{e_i} = \left(\frac{F}{4}\right)(4\varepsilon_b) = F\varepsilon_b$$

결국 굽힘 변형률들만이 수감될 것이며 브리지 상수는 4이다.

12.16.1 게이지의 직렬연결

그림 12.15는 브리지 암 1과 2에 3개씩 6개의 게이지가 직렬로 연결된 로드셀(load cell)을 보여준다. 처음 얼핏 보아서는 직렬로 연결된 세 게이지가 같은 조건에서의 단일 게이지보다 3배 큰 출력을 낼 것으로 생각된다. 이 경우 그렇지는 않다. 왜냐하면 dR만을 고려해서는 안 되고 저항 변화의 백분율 dR/R을 재고려해야 하기 때문이다. 이 경우 한 암의 저항 변화는 단일 게이지보다 3배 크지만 또한 전체 저항도 역시 3배 커진다. 그러므

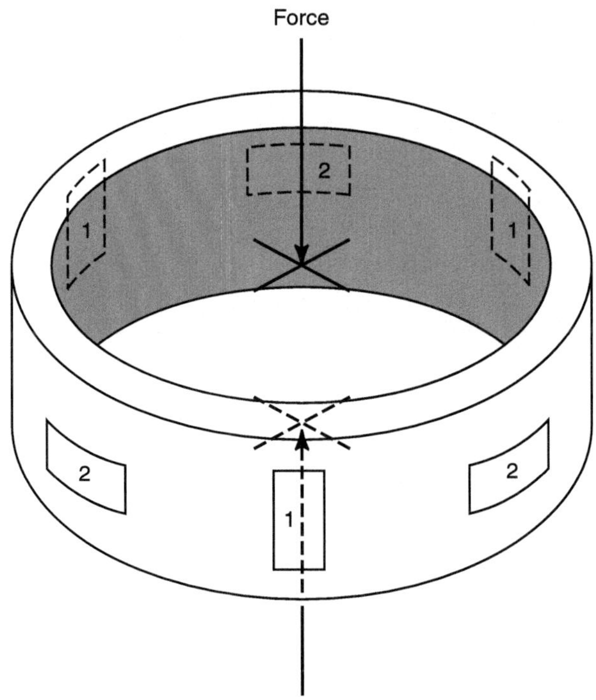

그림 12.15 3개의 직렬연결된 축게이지와 3개의 직렬연결된 프와송비 게이지를 채용한 로드셀

로 얻어지는 유일한 장점은 편심 하중으로 야기된 부정확한 읽기를 제거하기 위해 **평균한다는**(*averaging*) 것뿐이다. 남은 두 암들(그림에서 보이지 않음)은 비활동 변형률 게이지들이거나 고정저항들일 것이다. 따라서 브리지 상수는 $1 + \nu$ 이다.

12.17 특수 문제

12.17.1 교차감도

스트레인 게이지는 게이지의 감지 축을 따라서 평행하게 대부분의 변형률 수감 필라멘트가 배열된다. 그러나 어쩔 수 없이 그리드의 일부분은 가로로 놓이게 된다. 이 가로 부분의 그리드는 가로 방향의 변형률을 수감하고 그 효과는 길이 방향의 출력에 중첩될 것이다. 이것을 **교차감도**(*cross-sensitivity*)라 한다. 이 오차는 작으며, 2 또는 3%를 초과하는 경우가 드물며 많은 적용들에서 전체 정확도는 그것을 고려해서 보장하지는 않는다. 더 자세한 고려를 위해서 독자는 [15], [16]과 [17]을 참고하라.

12.17.2 소성 변형률과 항복 후 게이지

보통의 상용 스트레인 게이지는 변형률 크기가 3%로 커질 때까지 탄성적으로 거동한다. 이것은 강철에서의 거의 1,000,000 lbf/in.^{2} 해당하는 탄성 응력이 된다는 것을 생각할 때 (만약 탄성 조건이 강에서 유지되었다면)놀랄만한 성능임을 나타낸다. 그러나 그것은 항복점을 넘어서는 변형률 정보를 찾는 엔지니어의 관점에서 볼 때 그리 큰 것은 아니다. 연강이 변형된 재료일 때 응력이 다시 항복 응력 위로 올라가기 전에 변형률은 바로 탄성한도를 얻을 때보다 15%만큼 커진다. 그러므로 보통저항 게이지의 사용할 수 있는 범위가 초과된다.

이를 위해 **항복 후**(*postyield*) 게이지라는 게이지가 개발되었으며 가용 범위가 약 10%에서 20%까지 확장되었다. 매우 연질 조건인 그리드 재료가 사용되며 시험 재료의 변형률과 함께 유동될 수 있도록 한다. 물론 "탄소성"(elastic-plastic) 그리드를 개발하는 데 있어 주요한 문제는 두 상태 모두에서 동일한 게이지율을 얻는 것이다. 데이터 축소는 특수한 문제로 이에 관해서는 참고 문헌 [18]과[19]를 보라.

12.17.3 저항 스트레인 게이지의 피로 응용

스트레인 게이지들은 다른 공학 구조들에서처럼 피로 파괴를 받는다. 동일한 인자들이 그것들의 피로 한도를 결정하는 데 포함된다. 일반적으로 취약부는 순 그리드와 사용자가 연결하기 위해 만든 리드선의 접합부에서 형성되는 불연속이다. 물론 어떤 피로문제에서와 마찬가지로 변형률 수준이 수명을 결정하는 가장 중요한 인자이다.

아이소일레스틱(isoelastic) 그리드 재료는 콘스탄탄보다 피로 특성이 더 좋으며 캐리어 재료 역시 피로 특성 결정의 중요한 인자이다. 그림 12.16은 지금 논의된 대부분 인자들의 효과를 예시한다.

12.17.4 저온에서의 응용

극저온 온도에서 저항선 스트레인 게이지는 열과 재료 연계 문제 모두를 인지하고 수행하여야 한다. 앞서 논의했듯이 저항 변형률게이지는 온도 변화에 민감하며 이런 온도 상태에서 온도보상은 필수적이다. 12.10절에서 논의한 더미게이지를 게이지 저항에 미치는 온도효과를 없애기 위해 브리지회로에 추가할 수 있다. 더미게이지는 측정용 게이지와 동일한 온도환경에 놓이도록 해야 하고 측정게이지와 동일온도와 노이즈 수준을 체험하여야 한다. 문제의 재료 측면에서 접착제와 대제는 이러한 온도에서 유리처럼 단단해 지고 깨지기 쉽게 될 수 있다. 어떤 그리드 재료의 기계적 성질들이 심하게 단축되더라도 다른 나머지 것들은 단지 약간 영향이 미칠 뿐이다. 금속 박게이지는 극저온 작업에도 여전히 유용하다. 접착제, 전형적인 에폭시는 측정 시에 야기되는 열적 변형률을 피하기 위해 이상적으로는 게이지 대재와 유사한 열적 선팽창 계수를 가지게 해야 한다.[20]

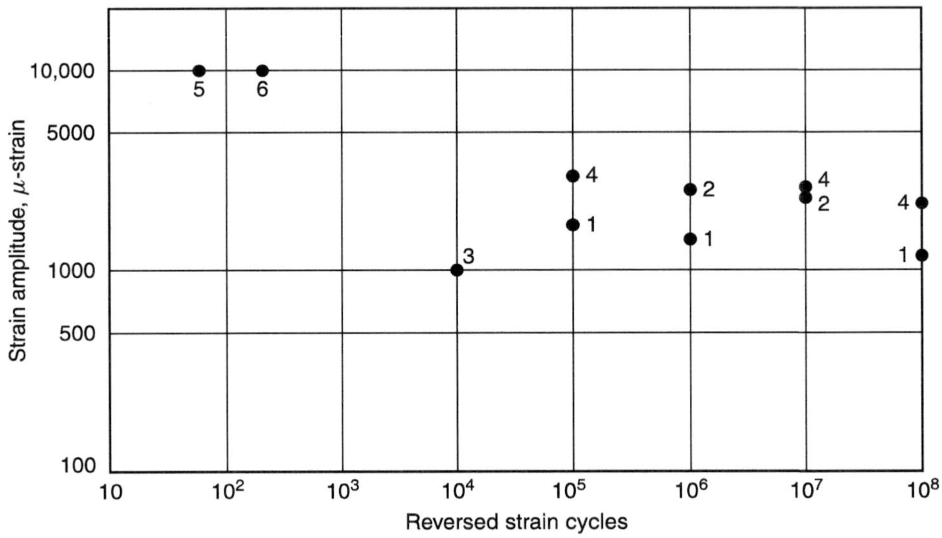

그림 12.16 여러 가지 재료로 구성된 게이지의 변형률 수준에 대한 피로 한도의 관계(제조자의 문헌을 포함한 여러 자료로부터 얻은 데이터)

12.17.5 고온 응용

폴리마이드나 캡톤 대지의 게이지에 대한 최대 연속 사용조건은 약 100°C 에서 250°C 범위이다. 주요 제한 인자는 접합제와 캐리어재의 용해에 있다. 이 온도에서 그리드 재료는 특별한 문제를 야기하지 않는다. 1000°C 까지 높은 온도에서 응용을 위해서는 세라믹 기저의 절연 어떤 형태가 사용되어야 한다. 그리드는 떼어 버릴 수 있는 지지형일 수 있으며 바로 밑에 접착제가 있는 자유요소형이거나 용접할 수 있는 형식이 될 것이다.

자유요소 게이지의 사용은 지정 점 위에 게이지를 설치하는 것을 포함한다. 솔질할 수 있거나 세라믹 접착제를 화염 분무한 재료들이 사용된다. 전자의 적용은 접착제로 확실히 된 자유요소 게이지 위에 절연 도포를 시키는 것으로 구성된다. 이 공정은 상당한 숙련과 굽거나 경화시키는 온도 사이클링을 신중히 제어할 것을 요구한다.

화염 분무(flame spraying)는 플라즈마 형의 총을 사용한다[21]. 세라믹의 용해된 입자들은 시험 표면 위로 내뿜어지며 그리드 요소를 시험부에 접착하기 위한 접착제와 절연 재료 둘 다로 사용된다. 양 경우 모두 연결부에 필수적 고온 특성들을 부여하기 위해 리드선들이 점용접되어야 한다. 리드선 온도저항변화 역시 문제가 될 수 있다. 이 형태들의 어느 하나를 만족스럽게 사용하기 위해서는 상당한 기법이 개발되어야 한다.

용접할 수 있는 스트레인 게이지는 세라믹형 절연물로 둘러싸여 금속 덮개 내에 캡슐화 되어 있는 저항 요소로 구성되어 있다. 게이지는 조립체의 끝을 시험부재에 점용접해서 사용된다[22]. 1900°C 또는 그 이상에서 유용하고 0.3 in. 게이지길이에 걸쳐 ±0.0002 in.의 전체 정확도를 갖는 새로운 레이저를 기초한 신장계(extensometer)가 [23]에 기술되어 있다.

12.17.6 크리프

게이지와 시험 표면 사이의 접합부에서의 크리프는 스트레인 게이지 작업에서 종종 무시되는 인자이다. 이 문제는 근사적으로 피로 문제와 정 반대로 주로 장기간 동안에 변화하는 정적 변형률 시험에서만 중요하다. 예를 들어 잔류 응력은 때로 응력을 받은 재료를 제거할 때 늘어난 치수를 계측하여 결정된다. 이 경우에 변형률은 게이지에 딱 한 차례 적용된다. 이 하중 사이클은 반복될 수 없다. 이러한 상황들 아래의 게이지 크리프는 그 크리프 크기와 동일한 직접오차를 발생시킨다. 만일 하중이 천천히 주기적으로 변하게 되면 크리프는 결과에 히스테리시스 루프로 나타날 것이다. 이 효과는 몇 가지 것들의 함수이지만 주로 변형률 수준과 접합에 사용된 접착제에 의해 결정된다.

12.17.7 잔류 응력의 결정

경우에 따라 구조물이나 기계 요소 내에 존재하는 잔류 응력들을 결정하는 것은 필수적이다. 이 응력들은 일반적으로 주물이나 열처리와 같은 기계적 성형 공정 동안에 발생된다. 이 응력들은 앞에서 묘사된 변형률 측정 기술(비록 그것들이 해석되는 구조물을 파괴하겠지만)에 의해 결정될 수 있다.

예제 12.5의 압력 용기를 고려해 보자. 만약 용접에 의한 압력 용기 노즐 근처의 잔류 응력을 추정하길 원하면 직각 로제트가 보이는 것처럼 압력을 넣지 않은 용기에 부착될 것이다. 여러 스트레인 게이지 리드선들이 변형률을 읽는 장비에 연결된 후에 재료의 정지 상태로부터 로제트를 포함하는 압력 용기의 부분을 잘라내고 게이지로부터의 변형률 변화가 기록된다. 이 데이터를 이용해서(부호 변화에 주의) 압력을 넣지 않은 용기의 이 위치에 존재하는 잔류 응력들이 추정될 것이다. (이 공정의 한 예로 문제 12.26 참조.)

대부분의 스트레인 게이지 제조자는 특수 스트레인 로제트를 제공하며 그것에 의하여 스트레인 게이지 요소들은 단일 구멍이 뚫린 양상으로 배열되고 그 지역 내의 응력들을 완화하여 재료를 완전히 잘라 버릴 필요성이 없다.

12.18 맺음말

변형률은 실험 응력 해석의 열쇠가 되는 것일 뿐 아니라 엔지니어가 관심을 갖는 필수적인 다양한 기계적 형식의 입력, 즉 힘, 토크, 변위, 압력, 온도, 운동 등을 위해서도 측정될 수 있다. 이러한 이유 때문에 스트레인 게이지는 모든 형태의 계측계에 2차 변환기로 매우 광범하고 성공적으로 사용된다. 그것들의 응답 특성은 우수하고 신뢰할 수 있을 뿐 아니라 상대적으로 선형이며 값도 싸다. 그러므로 실험적 작업과 관련된 엔지니어는 그것들의 사용과 응용 기법을 숙달해야 할 것이다.

SUGGESTED READINGS

Dally, J. W., and W. F. Riley. *Experimental Stress Analysis.* 3rd ed. New York: McGraw-Hill, 1991.

Doyle, J. F. *Modern Experimental Stress Analysis.* Chichester, England: John Wiley, 2004.

Hannah, R. L., and S. E. Reed. *Strain Gage Users' Handbook.* Bethel, Conn.: Society for Experimental Mechanics, 1992.

Khan, A. S., and X. Wang. *Strain Measurements and Stress Analysis.* Upper Saddle River, N.J.: Prentice Hall, 2001.

Murray, W. M., and W. R. Miller. *The Bonded Electrical Resistance Strain Gage: An Introduction.* New York: Oxford University Press, 1992.

Doyle, J. F., and J. W. Phillips. *Manual on Experimental Stress Analysis.* 5th ed. Bethel, Conn.: Society for Experimental Mechanics, 1989.

연습문제

12.1. A single strain gage is mounted on a tensile member, as shown in Fig. 12.6. If the readout is 425 μ-strain, what is the axial stress (a) if the member is of steel, and (b) if the member is of aluminum? See Appendix D for values of E.

12.2. A strain gage is centered along the length of a simply supported beam carrying a centrally positioned, concentrated load. The beam is four gage lengths long. What correction factor should be applied to care for the strain gradients if the purpose of the measurement is to determine the maximum strain?

12.3. A resistance-type strain gage having a factor of 2.00 ± 0.05 and a resistance of $121 \pm 2\ \Omega$ is used in conjunction with an indicator having an uncertainty of $\pm 2\%$. What maximum uncertainty may be introduced by these tolerances? What probable uncertainty?

12.4. Four strain gages are located as shown in Fig. 12.17. The gages are connected in a full bridge (see Case G, Table 12.4). Their nominal resistances are 300 Ω and their gage factors are 3.5. If the bridge is powered with a regulated 5.6-V dc source, what will be the voltage output corresponding to the maximum design load of 300/18 = 16.67 lbf?

12.5. Two strain gages are mounted on a cantilever beam as shown in Fig. 12.7. If the total strain readout is 620 μ-strain, what are the outer fiber stresses (a) if the member is of steel, and (b) if the member is of aluminum?

12.6. Assume a system configured as shown in Fig. 12.10, using a conventional oscilloscope for readout.

(a) Make a list of variables that you feel will have a measurable effect on the overall uncertainty of the system. Indicate those that you would expect to change with input magnitude and those that will be relatively constant; see Eq. (12.11). Include the uncertainty due to limits of resolution of the readout method and note that some form of system calibration must be used, with its attendant uncertainty.

(b) Assign what you believe to be reasonable uncertainties to each factor in your list and determine the overall uncertainty in the final readout. Finally, divide the uncertainties into two categories: those having a major effect on the overall uncertainty and those of minor importance.

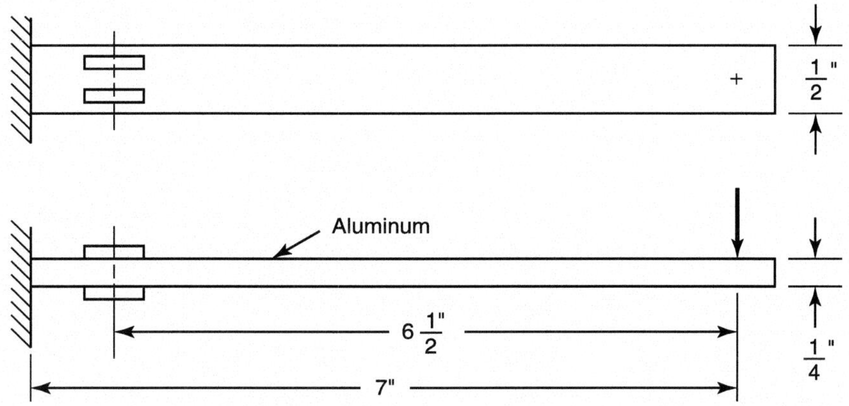

FIGURE 12.17: Strain-gage/beam configuration described in Problem 12.4.

12.7. A plastic specimen is subjected to a biaxial stress condition for which $\sigma_x = 1380$ and $\sigma_y = 605$ lbf/in.^{2}. Measured strains (in microstrain) are $\varepsilon_x = 1780$ and $\varepsilon_y = 139$. Calculate Poisson's ratio and Young's modulus.

12.8. Two identical strain gages are mounted on a constant-moment beam as shown in Fig. 12.18. They are connected into a Wheatstone bridge as shown in Fig. 12.18(b). With no load on the beam the bridge is nulled with all arms having equal resistances. When the loads are applied, a bridge output of 650 μV is measured. Determine the gage factor for the gages on the basis of the following additional data: $E = 29.7 \times 10^6$ lbf/in.^{2}, Poisson's ratio = 0.3, and the gage nominal resistance is 120 Ω.

12.9. A two-element strain rosette is mounted on a simple tensile specimen of steel. One gage is aligned in an axial direction and the other in a transverse direction. The gages are connected in adjacent arms of the bridge. If the total bridge readout (based on single-gage calibration) is 900 μ-strain, what is the axial stress in pascal? $E = 20 \times 10^{10}$ Pa (29×10^6 lbf/in.^{2}) and $\nu = 0.29$.

12.10. Each line in Table 12.5 represents a set of data corresponding to a given plane stress condition. The first three columns are strains (in microstrain) obtained using a three-element *rectangular* rosette. The final two items are material properties. For a selected set of data, determine the following:

(a) The principal strains
(b) The principal stresses
(c) The maximum shear stress
(d) Principal directions referred to the axis of gage a

Also, sketch the following:

(e) Mohr's circles for stress
(f) Mohr's circles for strain
(g) An element similar to that shown in Fig. 12.14

Use units corresponding to those given for E.

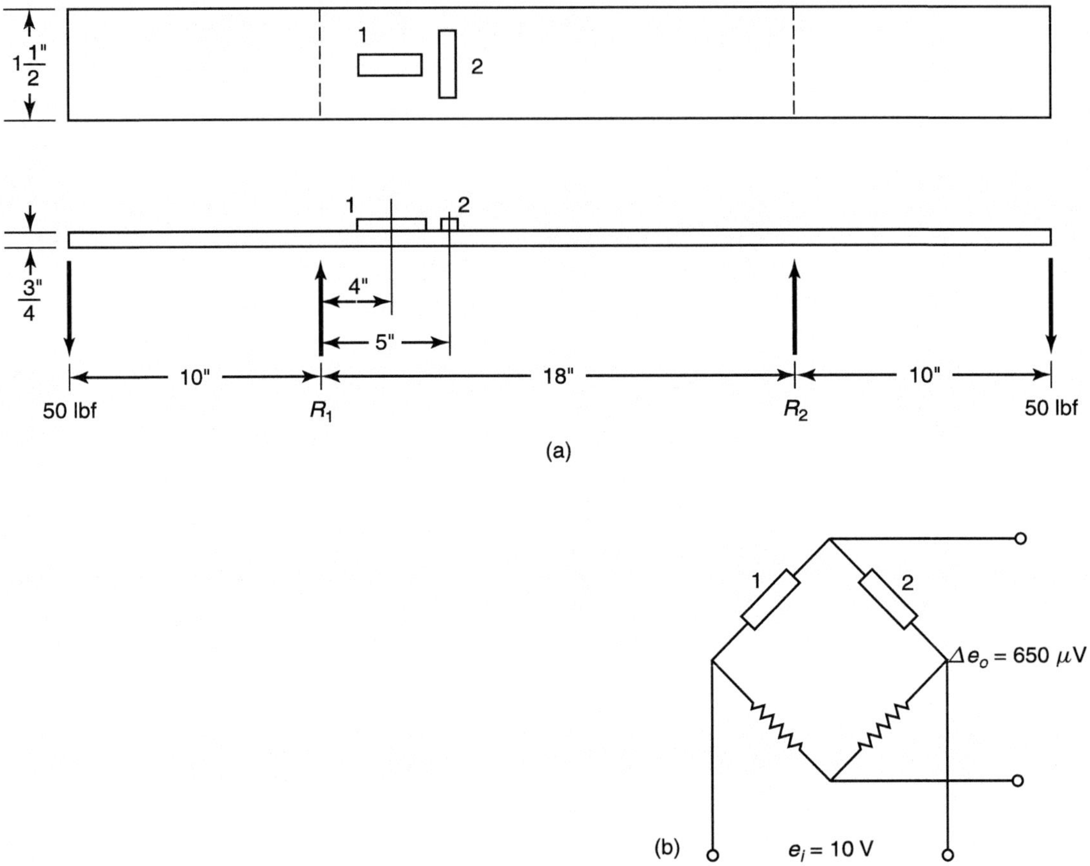

FIGURE 12.18: Detail of arrangement described in Problem 12.8.

TABLE 12.5: Data for Problem 12.10

ε_a	ε_b	ε_c	E	ν
−320	210	680	10×10^6 lbf/in.^{2}	0.29
1585	470	0	29×10^6 lbf/in.^{2}	0.3
1250	−820	425	15×10^6 lbf/in.^{2}	0.28
−1020	985	−420	30×10^6 lbf/in.^{2}	0.3
2220	0	0	30×10^6 lbf/in.^{2}	0.29
0	850	−990	7.5×10^{10} Pa	0.28
−1010	−125	1440	20×10^{10} Pa	0.3
−210	−510	−212	10×10^{10} Pa	0.28
ε	ε	ε	E	ν
ε	ε	$-\varepsilon$	E	ν
ε	$-\varepsilon$	$-\varepsilon$	E	ν

12.11. Repeat Problem 12.10(a) through (g), assuming an equiangular rosette.

12.12. If a rectangular-type rosette happens to be aligned such that elements a and c coincide with the principal directions, then measured values of ε_a and ε_c will be ε_1 and ε_2 (or vice versa). Show that under these circumstances the strain sensed by b will be $(\varepsilon_1 + \varepsilon_2)/2$.

12.13. Devise a spreadsheet template and/or a computer program to evaluate the rectangular strain rosette relationships in Table 12.3.

12.14. Devise a spreadsheet template and/or a computer program to evaluate the T-delta strain rosette relationships in Table 12.3.

12.15. Devise a spreadsheet template and/or a computer program to evaluate the equiangular strain rosette relationships in Table 12.3.

12.16. Values of ν and E must be used in equations for converting strains to stresses. For steel, $\nu = 0.3$ and $E = 30 \times 10^6$ lbf/in.^{2} are often assumed. In fact, however, for steel ν may vary over the approximate range 0.27 to 0.32 and E may vary over a range of about 28×10^6 to 32×10^6 lbf/in.^{2}. Using the rectangular rosette strain values given in Example 12.5 in Section 12.15.2, analyze the effects of variations in assumed values ν and E on the calculated principal strains, stresses, and directions. It is suggested that the spreadsheet template (or program) written for Problem 12.13 be used to minimize the drudgery of number crunching.

12.17. Show how strain gages may be mounted on a simple beam to sense temperature change while being insensitive to variations in beam loading.

12.18. Two strain gages are mounted on a steel shaft ($E = 20 \times 10^{10}$ Pa and Poisson's ratio = 0.29), as shown in Case J, Table 12.4. The gage resistance is 119 Ω and $F = 1.23$. When a 250,000-Ω resistor is shunted across gage 1, a 3.4-cm upward shift is recorded on the face of the oscilloscope. When the shaft is torqued, a 5.7-cm shift is measured. For these conditions, and assuming bending and axial loading may be neglected,

(a) Calculate the maximum torsional stress.
(b) What are the three principal stresses on the shaft surface?
(c) Plot Mohr's circles for stress.
(d) If a bending moment and/or axial load is present, how would the results be affected?

12.19. Strain gages A, B, C, and D are mounted on a plate subjected to a simple bending moment M and an axial load F, as shown in Fig. 12.19. Gages are to be inserted into a standard bridge (see Table 12.4) in order to accomplish the following:

(a) To sense bending only and, under this requirement, provide maximum bridge output
(b) To sense axial stress only (eliminating bending stress)

In each case, what will be the bridge constant, and will adjacent-arm temperature compensation be accomplished?

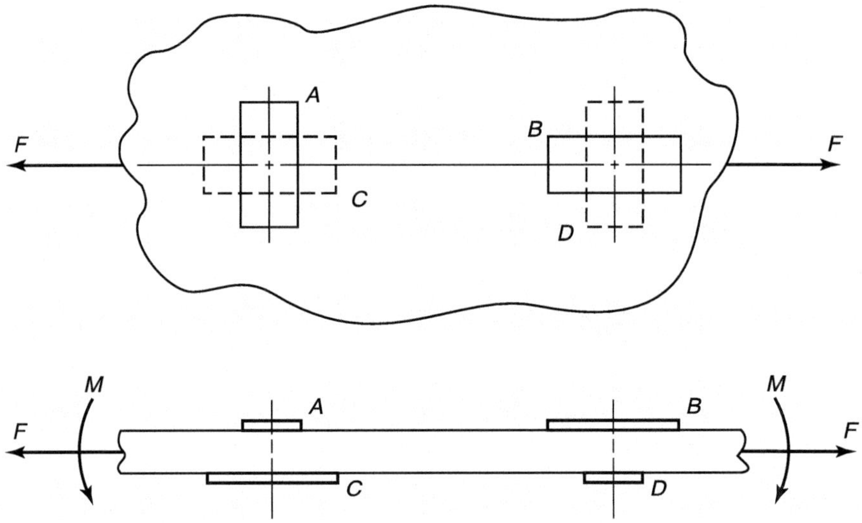

FIGURE 12.19: Arrangement of strain gages described in Problem 12.19.

12.20. To determine the power transmitted by a 10 cm (3.94 in.) shaft, four strain gages are mounted as shown in Case L, Table 12.4. They are connected as a four-arm bridge and the output is fed to a chart recorder. Gage resistances are 118 Ω with a gage factor of 2.1. A 210,000 Ω calibration resistor may be shunted across one of the gages. Figures 12.20(a) and (b) show the calibration and strain records, respectively. The chart speed is 100 mm/s. The shaft is of steel with $E = 20 \times 10^{10}$ Pa and Poisson's ratio = 0.3. Determine the extreme and mean values of transmitted power in watts.

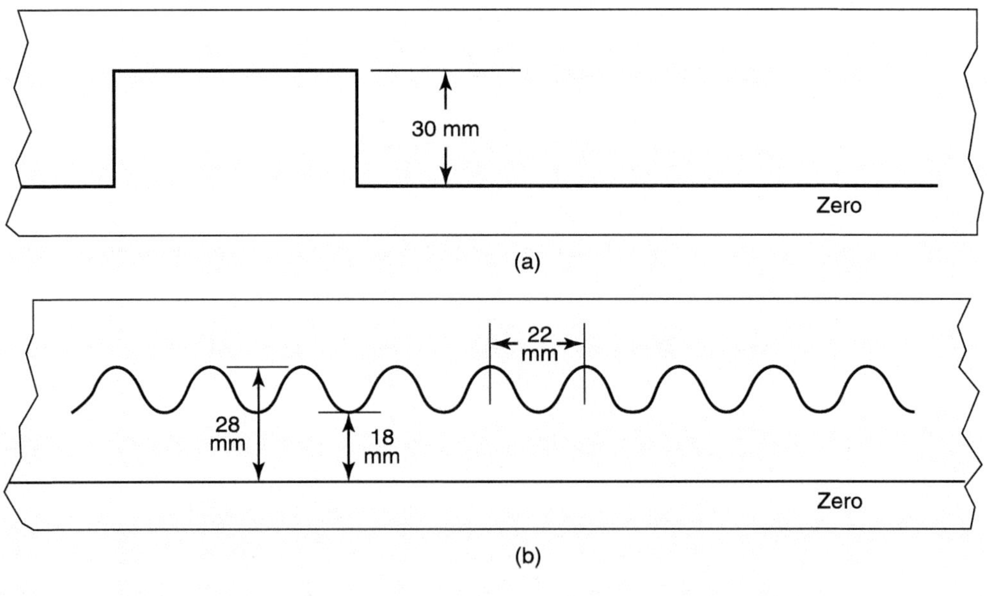

FIGURE 12.20: Recorder output for conditions of Problem 12.20.

12.21. Four axially aligned, identical strain gages are equally spaced around a $1\frac{1}{4}$-in. (31.75-mm)-diameter bar, as shown in Fig. 12.21. The basic load on the bar is tensile; however, because of a small load ecentricity a bending moment also exists. If the strain readings shown on the sketch are determined for the individual gages, what axial load and bending moment must exist? Also determine the position of the neutral axis of bending.

12.22. Four gages are mounted on a thin-walled cylindrical pressure vessel. Two of the gages are aligned circumferentially (these are gages 1 and 4 in the standard bridge, Table 12.4), and the remaining gages 2 and 3 are aligned in the axial direction. (Note that this is not necessarily an optimal configuration.) If the bridge output is 27.8 units when a 300,000-Ω resistor is shunted across gage 1, and an output from the bridge of 47 units is recorded when the vessel is pressurized, what is the circumferential stress? Use $F = 3.5$, $R_g = 180\ \Omega$, $E = 7 \times 10^{10}$ Pa, and Poisson's ratio = 0.3. Assume that the conventional 2-to-1, circumferential-to-longitudinal stress ratio applies. (See Example E.2, Appendix E.)

12.23. Strain readouts from a rectangular strain rosette are $\varepsilon_a = 620$, $\varepsilon_b = -200$, and $\varepsilon_c = 410\ \mu$-strain. Assume that under the same conditions an equiangular rosette is mounted and that its a element is aligned with the direction of the a element of the original rectangular rosette. What readouts should be expected from the delta gage? Assume the same gage factor and resistances for both rosettes. (*Hint:* See Appendix E for Mohr's circles for strain.)

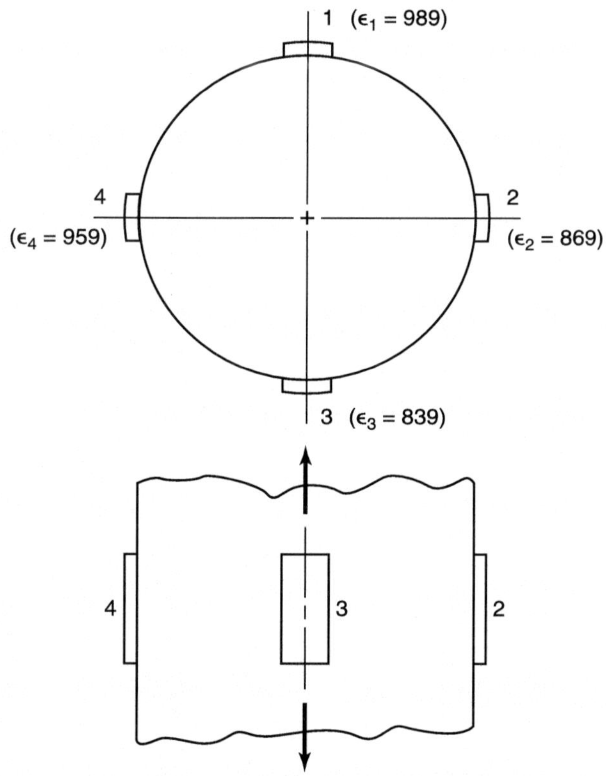

FIGURE 12.21: Configuration of strain gages described in Problem 12.21. Values of ϵ are in microstrain.

12.24. A strain gage having a resistance $R_g = 120\ \Omega$ and a gage factor $F = 2.0$ is used in an optimum ballast circuit. What is the maximum error over a range of $0 < \varepsilon < 1500\ \mu$-strain relative to a "best" straight line referenced to $\varepsilon = 0$?

12.25. Analyze the effect of lead wire length and wire gage on the sensitivity of the following strain gage circuits:

(**a**) Ballast circuit
(**b**) Circuit shown in Fig. 12.6
(**c**) Circuit shown in Fig. 12.7
(**d**) A four-arm bridge such as shown in Fig. 12.19

The following data may be useful if a quantitative analysis is being made.

Wire Size A.W.G.*	Ohms per 1000 ft at 25°C
12	1.62
15	3.25
18	6.51
20	10.35
24	26.17

* American Wire Gage.

12.26. A mechanical engineering student wishes to determine the internal pressure existing in a diet soda can. She proceeds by carefully mounting a single-element strain gage aligned in circumferential direction on the center of the soda can, as shown in Fig. 12.22. After wiring the gage properly to a commercial strain indicator, she "pops" the flip-top lid, which relieves the internal pressure. She notes that the strain indicator reads $-400\ \mu$-strain. If the can body is made of aluminum with a thickness of 0.010 in. and a diameter of 2.25 in., what was the original internal pressure of the sealed can?

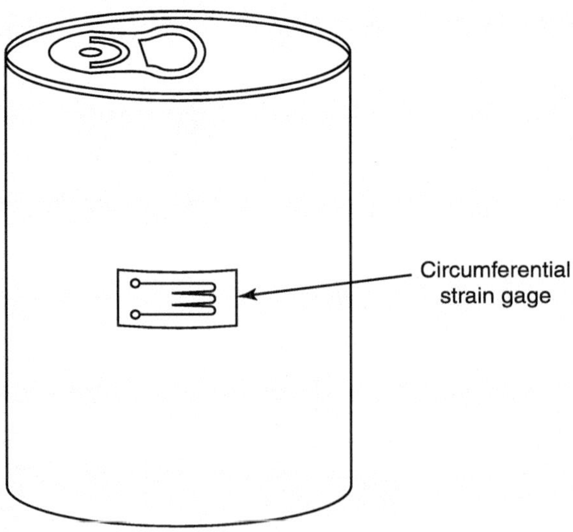

FIGURE 12.22: Instrumented soda can.

12.27. Another student also performed the experiment described in Problem 12.26. Unfortunately, he did not have access to the commercial strain indicator, and instead he had to construct his own Wheatstone bridge circuit. His strain gage had an initial resistance of 120 Ω and a gage factor of 2.05. He used the single gage as one leg of the bridge, which he powered with a 6-V battery. The bridge output was fed to an amplifier (gain = 1000), and the amp's output was read by a voltmeter. The student balanced the bridge circuit before he opened the can. After the can was opened, the voltmeter indicated a voltage of −1.57 V. What was the measured strain for his can?

참고문헌

[1] Hetenyi, M. *Handbook of Experimental Stress Analysis*. New York: John Wiley, 1950.

[2] Brookes-Smith, C. H. W., and J. A. Colls. Measurement of pressure, movement, acceleration and other mechanical quantities by electrostatic systems. *J. Sci. Inst. (London)* 14:361, 1939.

[3] Carter, B. C., J. F. Shannon, and J. R. Forshaw. Measurement of displacement and strain by capacity methods. *Proc. Inst. Mech. Eng.* 152:215, 1945.

[4] Langer, B. F. Design and application of a magnetic strain gage. *SESA Proc.* 1(2):82, 1943.

[5] Langer, B. F. Measurement of torque transmitted by rotating shafts. *J. Appl. Mech.* 67(3):A.39, March 1945.

[6] Khan, A. S., and X. Wang. *Strain Measurements and Stress Analysis.* Upper Saddle River, N.J.: Prentice Hall, 2001.

[7] Thompson, K. On the electro-dynamic qualities of metals. *Phil. Trans. Roy. Soc. (London)* 146:649–751, 1856.

[8] Eaton, E. C. Resistance strain gage measures stresses in concrete. *Eng. News Rec.* 107:615–616, Oct. 1931.

[9] Bloach, A. New methods for measuring mechanical stresses at higher frequencies. *Nature* 136:223–224, Aug. 19, 1935.

[10] Clark, D. S., and G. Datwyler. Stress-strain relations under tension impact loading. *Proc. ASM* 38:98–111, 1938.

[11] Mills, D., III. Strain gage waterproofing methods and installation of gages on propeller strut of USS Saratoga. *SESA Proc.* 16(1):137, 1958.

[12] Frank, E. Series versus shunt bridge calibration. *Instr. Automation* 31:648, 1958.

[13] Campbell, W. R., and R. F. Suit, Jr. A transistorized AM-FM radio-link torque telemeter for large rotating shafts. *SESA Proc.* 14(2):55, 1957.

[14] Baumberger, R., and F. Hines. Practical reduction formulas for use on bonded wire strain gages in two-dimensional stress fields. *SESA Proc.* 2(1):133, 1944.

[15] Perry, C. C., and H. R. Lissner. *The Strain Gage Primer*. 2nd ed. New York: McGraw-Hill, 1962, p. 157.

[16] Meier, J. H. On the transverse sensitivity of foil gages. *Exp. Mech.* 1: July 1961.

[17] Wu, C. T. Transverse sensitivity of bonded strain gages. *Exp. Mech.* 2:338, Nov. 1962.

[18] Plan, T. H. H. Reduction of strain rosettes in the plastic range. *J. Aerospace Sci.* 26:842, December 1959.

[19] Ades, C. S. Reduction of strain rosettes in the plastic range. *Exp. Mech.* 2:345, November 1962.

[20] Timmerhaus, K. D., and T. M. Flynn. *Cryogenic Process Engineering*. New York: Plenum, 1989.

[21] Leszynski, S. W. The development of flame sprayed sensors. *ISA J.* 9:35, July 1962.

[22] Rastogi, V., K. D. Ives, and W. A. Crawford. High-temperature strain gages for use in sodium environments. *Exp. Mech.* 7:525, December 1967.

[23] Karnie, A. J., and E. E. Day. A laser extensometer for measuring strain at incandescent temperatures. *Exp. Mech.* 7:485, November 1967.

Chapter 13 힘과 토크의 측정

13.1 서론

길이, 시간과 변위들은 기본적인 측정 치수들이며 질량(*mass*)은 물질량(*quantity of matter*)의 계량 단위이다. 힘(*force*)은 유도 단위이고 무게(*weight*)는 독특한 특성을 갖는 힘이다.[1)]

질량은 두 물체 사이에 작용하는 중력적 인력(힘)을 결정하는 기본적 매개변수들의 하나이다. 뉴턴의 만유인력의 법칙은 다음 관계로 표현된다.

$$F = \frac{Cm_1m_2}{r^2} \tag{13.1}$$

---

1) 여기서 독자는 2.9절의 "단위계 사이의 환산"을 복습하는 것이 바람직함.

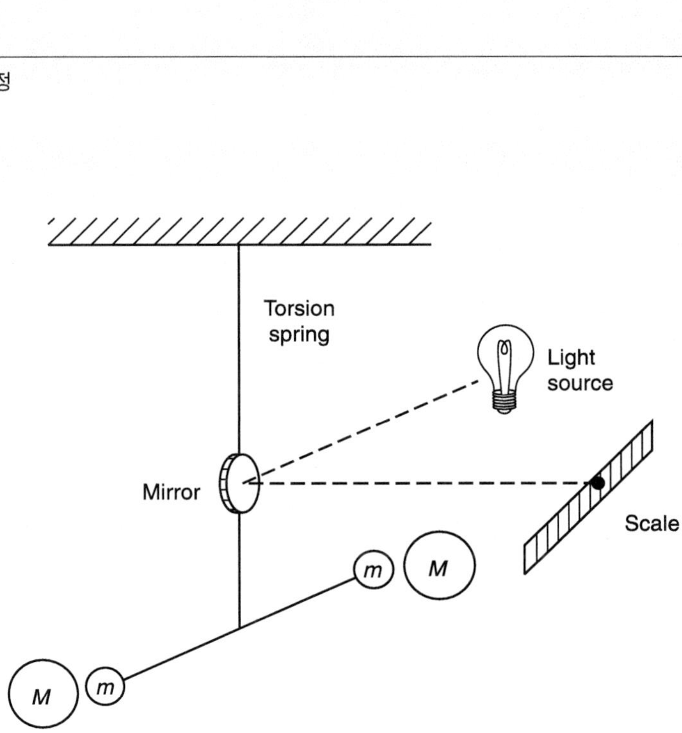

그림 13.1 중력 상수를 측정하기 위해 Cavendish가 사용한 비틀림 저울

또는

$$C = \frac{Fr^2}{m_1 m_2} \tag{13.1a}$$

C의 단위는 N · m^2/kg^2 또는 lbf · ft^2/lbm^{2}이고

여기서 $m_1, m_2 =$ 각각 물체 1과 2의 질량
$r =$ 물체들 사이의 거리
$F =$ 하나가 상대방에 작용하는 상호 인력
$C =$ 중력 가속도

영국의 과학자 Henry Cavendish(1731~1810)는 그림 13.1에 있는 것과 같이 C 값을 결정하기 위하여 민감한 비틀림 저울을 사용했다. SI 단위계에서 $C = 6.67 \times 10^{-11}$ N · m^2/kg^2.

인력 질량 둘 중의 하나가 지구이고 다른 하나가 지구 위에 있는 어떤 물체일 때 무게(weight)혹은 중량이라 부르는 상호 인력이 결과로 나타난다. 질량과 무게는 뉴턴의 운동 법칙을 통하여 관련이 된다. 제1법칙의 요지는 "질점에 작용하는 모든 힘의 결과력이 0이 아니면 질점의 운동이 변하게 될 것이다"라는 말에 포함되어 있다.

제2법칙은 "한 질점의 가속도는 결과 작용력과 직접 비례하며 동일 방향이다"라고 기술할 수 있다. 이것을 표현하면 다음과 같다.

$$\frac{F_1}{a_1} = \frac{F_2}{a_2} = \frac{m}{g_c} = \frac{w}{g} \tag{13.2}$$

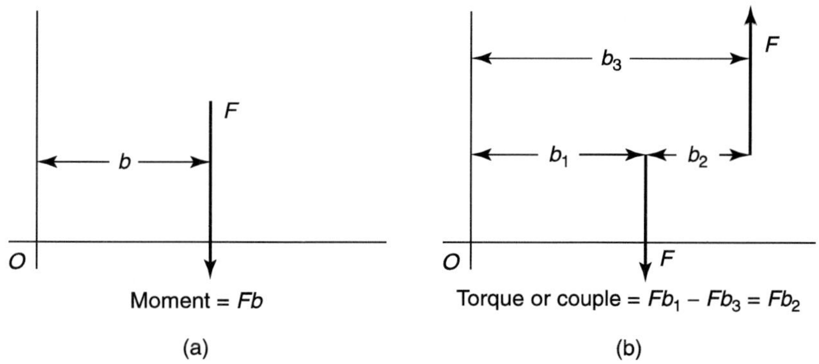

그림 13.2 중력 상수를 측정하기 위해 Cavendish가 사용한 비틀림 저울

식 (13.2)의 정확함을 입증하기 위해 단위들을 검토해 보자(표 2.6 참조). SI 단위계에 대해

$$\frac{F}{a}\left(\frac{\mathrm{N\cdot s^2}}{\mathrm{m}}\right)=\frac{m}{g_c}\left(\frac{\mathrm{kg\cdot N\cdot s^2}}{\mathrm{1\ kg\cdot m}}\right)$$

영국 공학 단위계(English Engineering System)를 사용하면

$$\frac{F}{a}\left(\frac{\mathrm{lbf\cdot s^2}}{\mathrm{ft}}\right)=\frac{m}{g_c}\left(\frac{\mathrm{lbm\cdot lbf\cdot s^2}}{\mathrm{32.2\ lbm\cdot ft}}\right)$$

물체나 입자에 대해 작용하는 가장 보편적인 힘은 지구 중력, 즉 무게일 것이다. 만일 이것이 유일한 힘이면 결과 가속도는 **진공 중**(*vacuo*)의 특정 위치에서 떨어지는 것과 같다. 무게와 중력 둘 모두는 위치에 따라 변한다. 그러나 그것들의 비는 일정하며 식 13.2에서 표현된 것처럼 질량 m에 비례한다.

식 13.2에서 알 수 있듯이 m/g_c나 w/g가 뉴턴의 제 2법칙 적용에 요구되는 것은 아니다. F는 작용력이고 a는 결과 가속도일 때, 임의 비 F/a는 필요 값을 입증하기 위해 근거가 될 것이다. 그러나 비 w/g가 특히 편리하다. 왜냐하면 지구 표면에 걸쳐서 g는 어느 정도 일정하고 많은 공학 문제에서 흔히 하나의 상수로 고려되기 때문이다. 결과적으로 무게 측정은 비 w/g를 결정하는 것으로 충분하다. g의 표준 값은 32.1739 $\mathrm{ft/s^2}$ 혹은 9.80665 $\mathrm{m/s^2}$이며 반올림하여 32.2 $\mathrm{ft/s^2}$이나 9.81 $\mathrm{m/s^2}$을 보통 사용한다.

힘은 그 작용선을 따른 효과에 추가하여 작용선을 통과하지 않는 임의 축에 대해 상대적으로 선회시키려고 한다. 그러한 선회 효과는 그것이 형성되는 방식에 따라 **토크**(*torque*), **모멘트**(*moment*) 또는 **우력**(*couple*) 등 여러 가지로 부른다. 모멘트라는 용어는 그림 13.2(a)에 예시된 것과 같은 조건에 적용되며 **토크**와 **우력**은 반 평형력을 포함하는 그림 13.2(b)와 같은 경우에 적용된다.

질량 표준

앞의 2.5절에서 기술하였듯이 질량의 기본 단위는 킬로그램으로 프랑스 Sevres에 있는 국제 원기 킬로그램(International Prototype Kilogram)과 같다. 1그램은 국제 원기 킬로그램의 1/1000과 같은 것으로 정의된다. 보통 사용되는 avoirdupois[2)] pound는 0.43559237 킬로그램이고 2.5절에 언급한 것처럼 1959년에 승인되었다. 실험 실용 표준을 위한 여러 분류와 공차는 미국국립표준기술연구소(National Institute of Standards and Technology)가 추천하고 있다[1, 2].

13.2 측정 방법

다른 계측 분야에서처럼 힘과 무게 계측 문제에 관한 두 기본 접근법이 있다: (1) 직접비교 (2) 교정된 변환기를 통한 간접비교. 직접비교 방법은 영위평형(null-balance) 기법으로 몇 가지 형태의 대저울(beam balance)을 사용한다. 만일 대가 증폭되거나 감소되지 않으면 그 비교는 직접법이다. 그러나 흔히 앉은뱅이저울(platform scale)의 경우에는 힘은 감소 크기가 변수로 되어 있는 레버계를 통해 감소되며 미지 무게와 평형을 위해 더 작은 무게를 사용하게 될 것이다. 이 방법은 계의 교정을 요구한다.

질문: 대칭저울을 사용할 때 힘들이나 질량들을 비교하는가? (문제 13.2는 이 질문을 확장한 것이다.)

13.3 기계적 무게 측정 시스템

기계적 무게 측정 시스템(mechanical weighting systems)은 이집트에서 시작되었으며 아마도 B.C. 5000년 이전에 사용된 것 같다[3]. 최초의 장치는 전통적으로 공평함을 상징하는 데 사용되었던 끈과 동일 크기의 암을 가진 형태였다. 암의 크기가 다른 저울(*unequal-arm* balance)은 처음 그림 13.3(a)와 같은 형태가 사용되었다. 덴마크식 대저울(Danish steelyard)이라 부르는 이 장치는 Aristotle(384~322 B.C.)의 *Mechanics*에 묘사되어 있다. 평형은 끈의 고리를 통하여 대를 이동함으로써 달성되며 평형이 얻어질 때까지 고리는 지점으로 작용한다. 후에 암의 크기가 다른 로마식 대저울에는 고정된 회전점과 이동 평형추를 채용하였으며 오늘날도 아직 사용되고 있다(그림 13.3b 참조).

13.3.1 분석천칭

아마도 가장 단순한 무게나 힘을 계측하는 시스템은 그림 13.4와 같은 통상적인 동일크

---

2) 프랑스어로 "상품 무게(goods of weight)"를 의미함

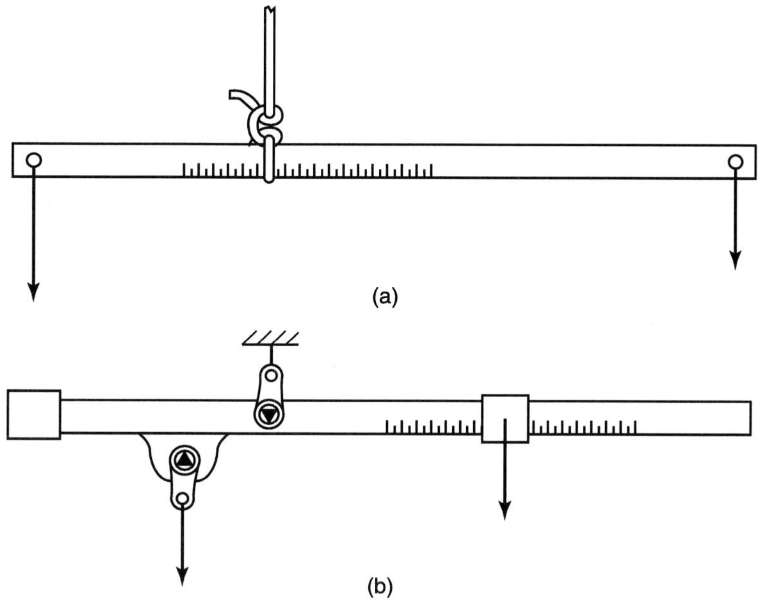

그림 13.3 (a) 덴마크식 대저울 (b) 로마식 대저울

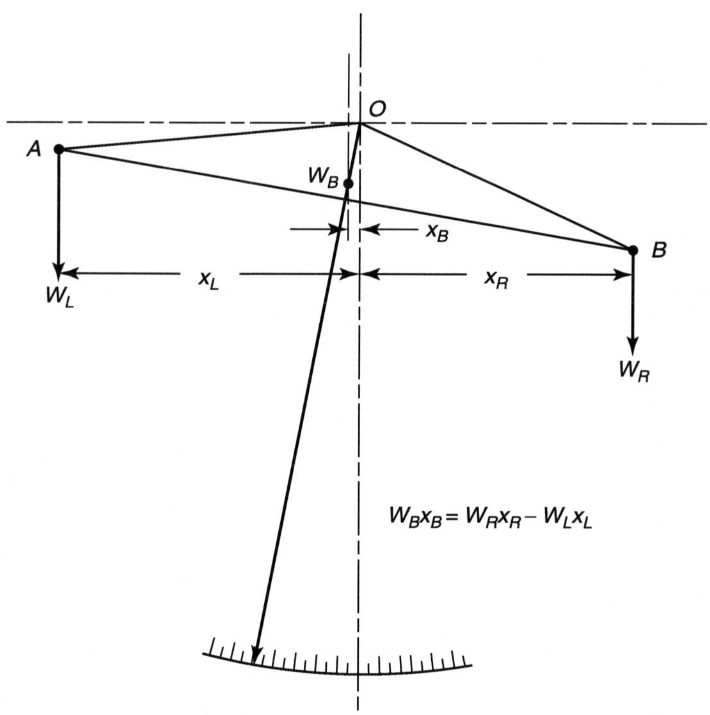

그림 13.4 분석천칭의 평형 조건

기 암의 대저울이다. 기본적으로 이 장치는 **모멘트 비교**의 원리에 의해 작동한다. 미지 무게나 힘에 의해 야기된 모멘트는 기지값에 의한 것과 비교된다. 암이 같은지의 검토는 두 무게를 단순히 바꿔 보면 쉽게 알 수 있다. 만약 초기에 평형이 되었고 무게를 바꾼 후에도 평형이 유지된다면 암 길이가 같을 때 무게들은 같다고 결론내릴 수 있다. 시스템의 참 영위를 검토하기 위한 이 방법은 **대칭법**(*method of symmetry*)으로 알려져 있다.

암의 크기가 같은 저울의 일반적 예는 주로 화학과 물리학에서 사용되는 분석천칭이다. 이 방식의 장치에는 0.0002 lbm(0.0001 kg)의 감도를 가지고 400 lbm(180 kg) 정도로 큰 용량으로 구성된 것이 있다[4]. 보다 작은 크기의 분석천칭은 0.001 mg의 감도로 구성되는 것도 있을 수 있다. 이 평형 방식의 작동을 지배하는 몇 가지 인자들은 5.10절에서 논의되었다.

13.3.2 다중 레버 시스템

큰 무게를 측정할 때 암의 크기가 같거나 다른 저울로는 적합하지 않다. 그러한 경우에 그림 13.5에 개략적으로 나타낸 다중 레버 시스템(multiple-lever systems)이 흔히 사용된다. 이 시스템에 의해 큰 무게 W는 훨씬 작은 무게 W_p와 W_s로 측정된다. 무게 W_p는 분동

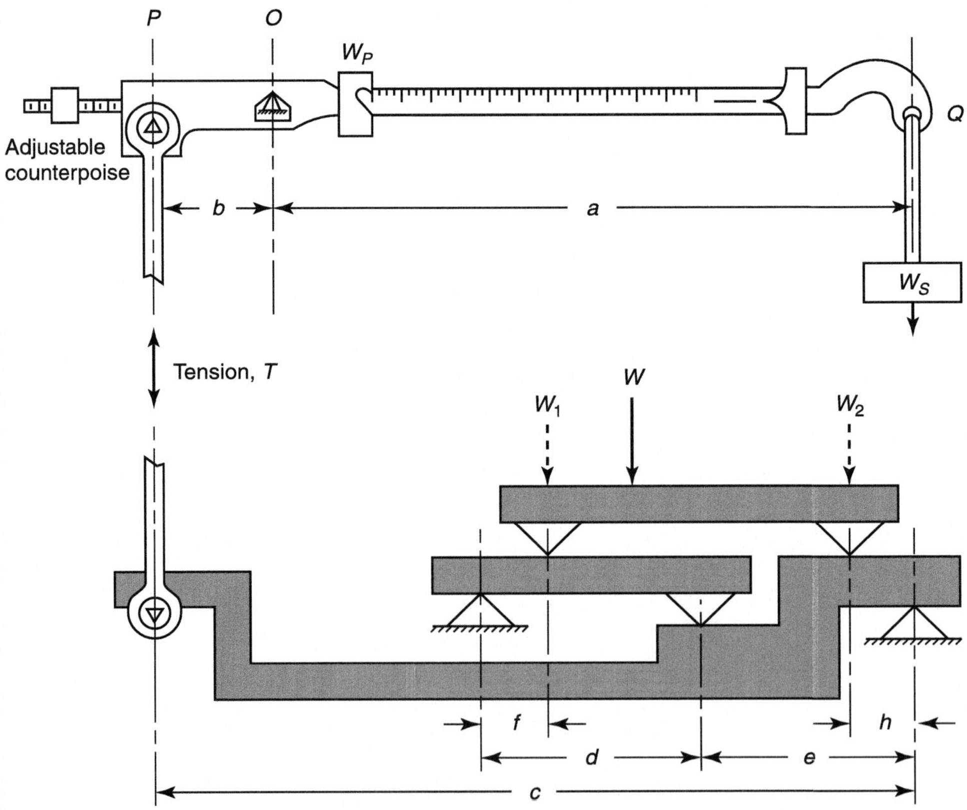

그림 13.5 무게 측정을 위한 다중 레버 시스템

추(poise weight)이고 W_s는 접시추(pan weight)이다. 조정 평형추(counterpoise)는 초기 0 평형을 얻는 데 사용된다.

W_p를 대의 0 눈금에 두고 평형추를 조정하여 초기 평형을 맞추고 W_1과 W_2가 W를 대체한다고 가정하자. 앉은뱅이저울 위의 W는 접시추 W_s에 의해 평형되고 다음 관계를 쓸 수 있다.

$$T \times b = W_s \times a \tag{13.3}$$

이고

$$T \times c = W_1 \frac{f}{d} e + W_2 h \tag{13.4}$$

이제 링크 장치가 다음과 같이 비례 관계를 만족하면

$$\frac{h}{e} = \frac{f}{d}$$

$$T \times c = h(W_1 + W_2) = hW \tag{13.4a}$$

이 관계로부터 W는 저울 위의 어느 곳에 놓아도 될 것이며 저울 나이프 에지에 대한 상대 위치는 중요하지 않다.

식 13.3과 13.4a를 연립하여 T에 대해 풀면

$$\frac{W_s a}{b} = \frac{Wh}{c}$$

또는

$$W = \frac{ac}{bh} W_s = RW_s \tag{13.5}$$

상수

$$R = \frac{ac}{bh}$$

는 **저울확대비**(*multiplication ratio*)이다.

지금 저울대가 u lb/in.의 눈금으로 나누어져 있다면 v in.의 분동이 동은 저울대 끝에 있는 접시 위에 W_p를 놓은 것과 같은 결과여야 한다. 그러므로

$$W_p v = uva \quad \text{또는} \quad u = \frac{W_p}{a}$$

이 관계는 어떤 분동무게 W_p에 대한 저울대 상에 필요한 저울 눈금을 결정한다.

이 종류의 눈금에 대한 동적 응답은 고유 진동수(natural frequency)와 감쇠(damping)의 함수이다. 고유 진동수는 이동 질량, 확대비와 복원력의 함수일 것이다. 후자는 지점들, 즉 주로 저울대의 O, P와 Q등의 상대 수직 위치에 의해 결정된다. 만약 O가 PQ 선보다 아래에 있으면 저울대는 불안정하며 평형이 얻어지기 어려울 것이다. 지점 O는 정상적으로는 PQ 선 위에 있고 그 선 사이의 거리가 증가될 때 고유 진동수와 감도 둘 다 줄어든다.

13.3.3 진자식 힘 측정기구

힘과 무게의 측정을 위해 사용되는 모멘트 비교장치의 또 다른 종류는 그림 13.6에 나타나 있다. 이 장치를 보통 **진자식 저울**(*pendulum scale*)이라 한다. 진자식 기구는 기본적으로 고정 길이 레버들을 리본이나 테이프 연결 섹터(sector)로 대체한 다중레버형의 힘 측정 장치이다. 입력은 직접력 혹은 적당한 앉은뱅이저울로부터 전달되는 무게에 비례하는 힘으로 하중봉(load rod)에 가해진다. 하중이 작용되면 그림에서처럼 섹터는 점 A에 관해 회전하고 평형추(counterweight)는 바깥쪽으로 이동한다. 이 운동은 하중과 평형 모멘트가 같아질 때까지 평형추의 유효 모멘트를 증가시킨다. 평형봉(equalizer bar)의 운동은 래크와 피니언에 의해 지시침의 이동으로 바뀌고 섹터 외곽선은 선형 다이얼 눈금을 제공하는 역할을 한다. 이 장치는 13.9절의 동력계(dynamometer)를 포함하여 많은 다른 힘계측 시스템에 응용된다.

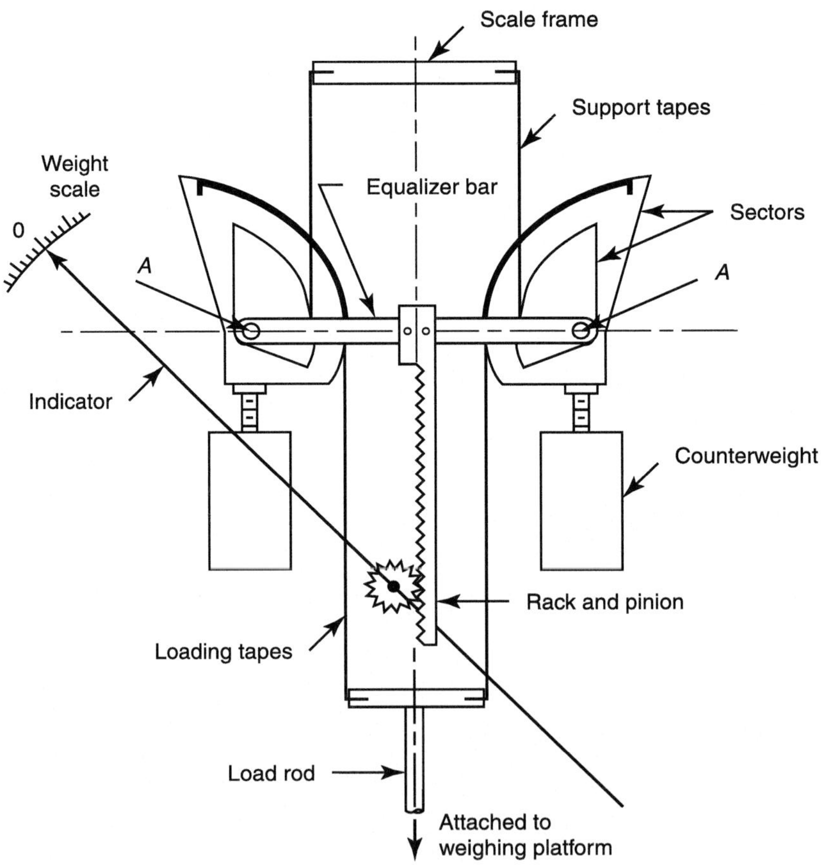

그림 13.6 진자 저울의 요체

13.4 탄성 변환기

많은 힘-변환 시스템은 어떤 탄성부재나 부재의 조합들을 이용한다. 부재에 하중이 가해지면 보통은 선형인 상응하는 처짐이 발생한다. 이 처짐이 직접 관찰되면 힘이나 하중의 척도로 사용되거나, 혹은 변위를 보통은 전기적인 다른 형태의 출력으로 바꾸는 데에 쓰이는 2차 변환기로 사용된다.

대부분의 힘을 받는 탄성부재들은 다음 관계를 만족한다.

$$K = \frac{F}{y} \tag{13.6}$$

여기서 $F =$ 작용 하중
$y = F$의 작용점에서의 결과 처짐
$K =$ 처짐 상수

한 요소의 처짐 상수를 결정하기 위해서 처짐 방정식만을 쓰는 것은 당연하며 만약 처짐이 하중의 선형 함수이면 K는 구해진다. 표 13.1에는 일반형으로 표현된 대표적인 관계가 기재되어 있다.

검출-변환기 요소의 세부 설계는 주로 용량, 요구 감도와 임의 2차 변환기 성질의 함수이며 입력이 정적인가 혹은 동적인가에 의존한다. 비록 모든 상황을 논의하는 것은 불가능하지만 고려해 볼만한 몇 가지 인자들이 있다.

통상 검출-변환기는 가능하면 민감해야 한다. 즉 단위 입력 당의 최대 출력을 얻어야 한다. 탄성부재는 하중 하에서 상당히 처질 것이 요구되며 가능하면 낮은 K 값을 지시해야 한다. 그러나 최종 설계에서 절충해야 할 상반되는 인자들이 자주 있다. 예를 들어 압연롤의 하중을 조임판과 베어링 블록 사이에 셀(cell)을 설치하여 계측하려면 스프링 같은 로드셀을 거의 사용할 수 없다. 즉 하중 하에 상당히 처지는 것은 곤란하다. 탄성감도는 손실이 있지만 강성이 있는 로드셀을 구성하는 것이 필수적이며 가능하면 민감한 2차 변환기를 사용해서 이 손실의 보상을 시도해야 한다.

감도를 포함한 또 다른 인자는 반응 시간이거나 평형에 도달하기 위해 요구되는 시간이다. 이것은 5.11절에서 언급했듯이 감쇠와 고유 진동수 양자의 함수이다. 신속한 응답은 높은 고유 진동수에 상응하며 강성 탄성부재가 필요해진다.

응력은 또한 임의 하중부재의 제한 인자가 될 것이다. 응력이 전체 단면뿐만 아니라 모든 고립점에서 탄성한계 이내에 남아 있어야 한다는 것은 특히 중요하다. 이 관점에서 잔류 응력들이 흔히 중요시된다. 비록 부하 응력이 재료의 탄성 한도보다 상당히 아래에 있더라도 그것이 부재가 이미 가지고 있는 **고정**(*locked-in*) 응력에 더해져서 전체는 너무 커질 수가 있다. 비록 그러한 상황이 고립된 한 점에서 발생되더라도 히스테리시스와 비선

표 13.1 여러 탄성 요소의 처짐 방정식과 처짐 상수

		탄성요소	처짐방정식	처짐상수 K
A	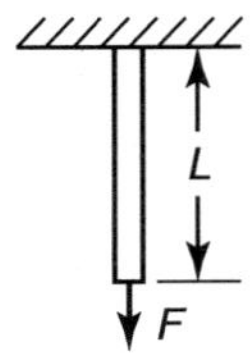	F = 하중 L = 길이 A = 단면적 y = 하중시 처짐 E = 영계수	$y = \frac{FL}{AE}$	$K = \frac{AE}{L}$
B	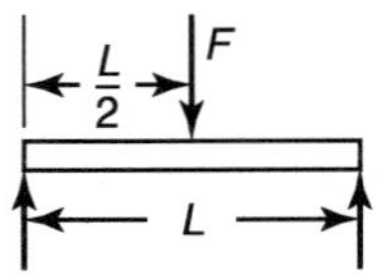	F = 하중 L = 길이 E = 영계수 I = 관성모멘트	$y = \frac{1}{48}\frac{FL^3}{EI}$	$K = \frac{48EI}{L^3}$
C	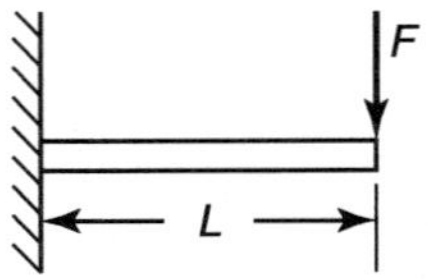	F = 하중 L = 길이 E = 영계수 I = 관성모멘트	$y = \frac{1}{3}\frac{FL^3}{EI}$	$K = \frac{3EI}{L^3}$
D		F = 하중 D_m = 평균코일경 N = 코일수 E_s = 전단탄성계수 D_w = 선경	$y = \frac{8FD_m^3N}{E_sD_w^4}$	$K = \frac{E_sD_w^4}{8D_m^3N}$

		탄성요소	처짐방정식	처짐상수 K
E	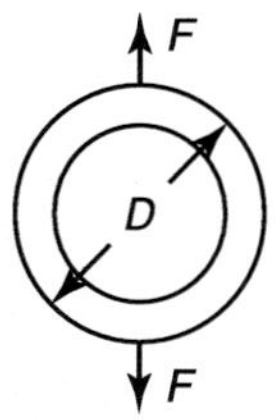	$F =$ 하중 $D =$ 직경 $E =$ 영계수 $I =$ 굽힘단면의 도심 축에 대한 관성모멘트	$y = \frac{1}{16}\left(\frac{\pi}{2} - \frac{4}{\pi}\right)\frac{FD^3}{EI}$	$K = \frac{16}{(\pi/2) - (4/\pi)}\left(\frac{EI}{D^3}\right)$
F	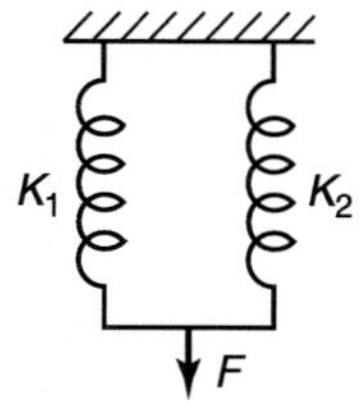	$K_1 =$ 부재 1의 처짐상수 $K_2 =$ 부재 2의 처짐상수 $F =$ 하중	$y = \frac{F}{K_1 + K_2}$	$K = K_1 + K_2$
G	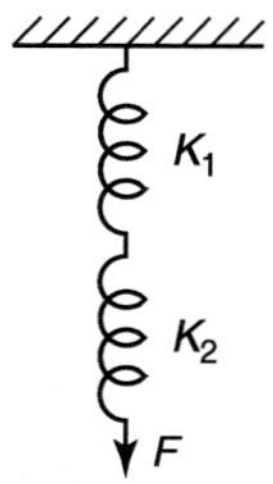	$K_1 =$ 부재 1의 처짐상수 $K_2 =$ 부재 2의 처짐상수 $F =$ 하중	$y = F\left(\frac{1}{K_1} + \frac{1}{K_2}\right)$	$K = \frac{1}{(1/K_1) + (1/K_2)}$

형성이 결과로 발생한다.

제조 공차는 아직도 탄성 하중 요소를 설계하고 적용하는 데에 중요한 또 다른 인자이다. 제조 공차는 6.18절에서 자세하게 언급한 바 있다.

13.4.1 교정의 조정

다양한 교정의 조정(calibration adjustment)이 탄성 하중부재의 특성 변화를 고려하기 위해 행해진다. 때때로 조립 시의 간단한 검토와 몇 가지 표준 저울 등급의 하나를 선택하는 것으로도 충분할지도 모른다. 6.18.1절의 코일 스프링의 공차에 대해 치수 공차로 생긴 처짐 상수 불확도는 9%로 결정하였다. 조립 시의 신속한 단일 교정과 두 면판의 선택은 이 불확도를 반으로 줄일 수 있었다. 4개의 판들은 불확도를 ±2.5%로 줄인다. 이 기법은 하중 계측장치뿐 아니라 눈금(scale)을 이용하는 모든 다양한 저가의 계측기에 흔히 사용된다. 그러나 그것은 사용 시 교정의 조정을 위해서 제공되지는 않는다.

코일 스프링이 사용될 때 스프링을 나사로 조이거나 풀 수 있는 끝 이음을 사용해서 코일의 유효수를 조정하기 위해 여러 방법들이 때때로 제공되며 액티브(active) 코일의 수를 변화시키면 스프링의 강성을 변화시킬 수 있다. 다른 경우들에서는 의도적으로 응력에 대해 스프링을 과도 설계하고 규정된 코일 수에 다른 스프링을 추가해서 너무 휘어지지 않도록 하여 어떤 경우에도 허용 공차를 넘지 않도록 한다. 그러면 조립 시에 스프링들은 요구 처짐 상수를 얻기 위해 바퀴 위에서 완충 역할을 할 것이다.

만약 2차 변환기가 사용되면 그 특성을 조정하여 교정을 제공할 수 있다. 한 예로서 바로 앞에서 논의한 스프링의 부하 처짐을 감지하기 위해 전압-분할 전위차계를 사용할 수

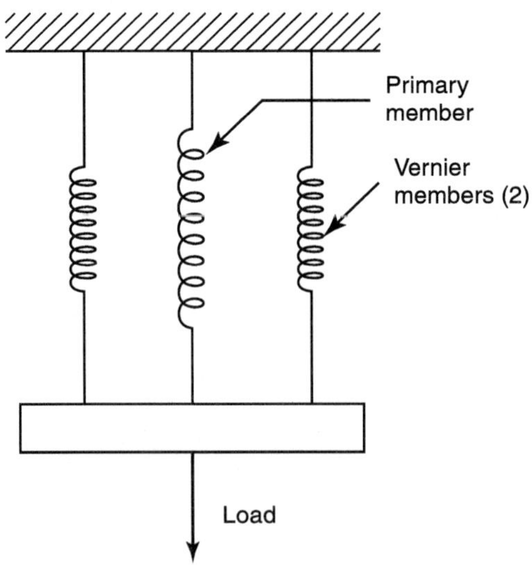

그림 13.7 평행한 버니어부재를 채용한 근사적 교정법

있다. 이 과정에 원격 지시나 기록을 제공하도록 해도 좋다. 조정 가능한 직렬저항을 회로 배열에 사용하여 완전한 시스템을 위한 교정을 준비할 수 있다.

그림 13.7은 지나치게 좁은 공차를 유지할 필요성을 최소화하는 교정의 조정 기법을 예시하고 있다. 여기서 전체 하중은 주요부재(이 경우는 코일 스프링)와 하나 또는 그 이상의 버니어(vernier)부재(그림의 작은 스프링)들 사이에 분담된다. 설계는 버니어부재들이 전체 부하의 10% 이하를 받도록 요청할 수 있다. 조립 시 버니어는 조립체의 불확도가 어떤 규정된 값, 말하자면 ±0.2% 이하로 만들기 위해 어떤 강성 범위에서 선택된다. 이 종류의 기법은 광범한 영역의 탄성장치에 적용할 수 있다.

13.4.2 프루빙 링

이 장치는 오랫동안 재료 시험기를 교정하기 위한 **표준**(*standard*)이 되어 왔으며 일반적으로 큰 정하중을 정확하게 측정하는 수단이다. 그림 13.8은 압축형 링의 구성을 보여준다. 용량은 일반적으로 300에서 300,000 lbf(1334 N에서 1.334 MN)의 범위에 있다[5].

여기서도 다시 변위는 작용 하중의 척도로 사용되며 정밀 마이크로미터에 의해 계측된

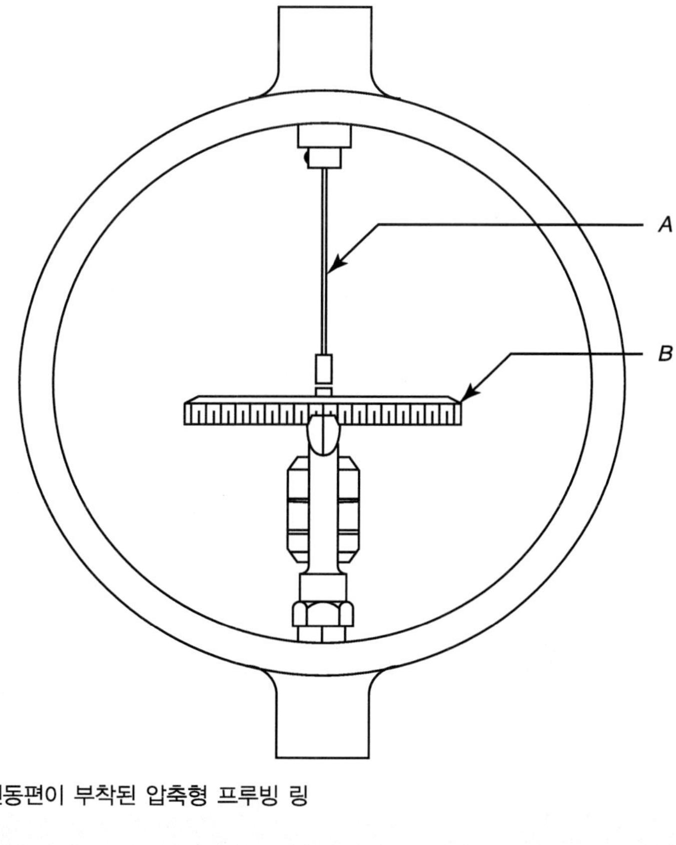

그림 13.8 진동편이 부착된 압축형 프루빙 링

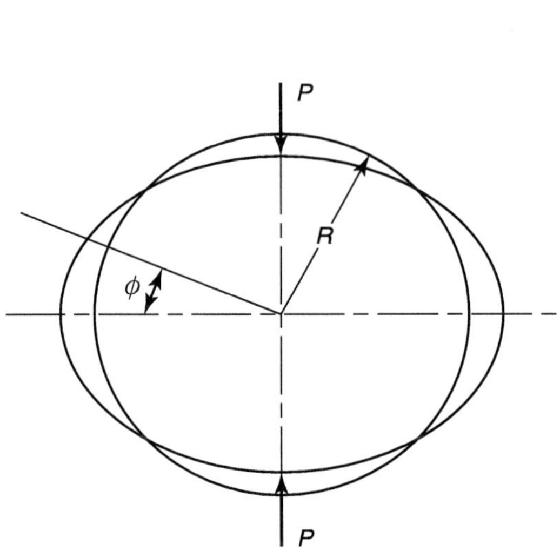

그림 13.9 직경 방향으로 압축 하중을 받는 링

다. 반복될 수 있는 마이크로미터 설치는 진동편(vibrating reed)의 도움을 받아 이루어진다. 사용 시 진동편 A가 잡아 당겨지고(전기적으로 구동되는 진동편 또한 유용함) 마이크로미터 스핀들 B는 진동의 뚜렷한 감쇠가 지시되는 접촉까지 진행된다. 비록 다른 작업자가 어느 정도 다른 개별 눈금읽기들을 얻는다 하더라도, 0과 부하읽기 둘 모두 동일 작업자에 의해 이루어지고 준비된다면 여전히 눈금읽기에 일관된 차이를 얻을 것이다. 인치당 40에서 60 마이크로미터 나사로 1/100,000 또는 2/100,000인치까지 정밀 읽기가 가능하다[5].

원형 링에 대한 표 13.1에 주어진 방정식은 링의 두께가 반경에 비해 대단히 작다는 가정으로 유도된다. 대부분의 프루빙 링(proving ring)들은 얼마간의 반경 방향의 두께를 가진다. 그러나 Timoshenko[6]는 두꺼운 링 대신에 얇은 링을 사용 시 반경에 대한 단면 두께의 비가 $\frac{1}{2}$에 대해서도 단지 4%의 오차만 생긴다는 것을 보였다. 인테그럴 보스에 의해 강성도의 증가는 25% 정도라고 소개되어 있다[5]. 그러므로 보다 간단한 얇은 링 방정식의 사용이 통상 정당하다는 것은 확실하다.

응력은 다음 관계식에 의해 결정되는 굽힘 모멘트로부터 계산될 수 있다[6].

$$M = \frac{PR}{2}\left(\cos\phi - \frac{2}{\pi}\right) \tag{13.7}$$

기호들은 그림 13.9에 나타낸 것과 대응한다.

13.5 스트레인 게이지 로드셀

하중의 척도로 전체 처짐을 이용하는 대신에 스트레인 게이지 로드셀(strain-gage load cells)은 국부 변형의 형태로 하중을 계측한다. 저항 게이지는 이 목적에 아주 적합하다(12장 참조). 이 경우 탄성부재의 많은 가능한 형태 중의 하나를 선정하고 최대 출력을 얻기 위해 부재에 게이지를 부착한다. 만약 계측된 하중이 크면 직접 인장-압축부재가 사용된다. 만일 하중이 작으면 굽힘에 의해 변형률을 증폭하여 사용하는 것이 이점이 있다.

그림 3.10은 변형률에 민감한 4게이지들을 모두 이용하고 게이지들의 온도 보상을 제공하는 인장-압축계에 대한 배열을 보여 주고 있다. 이 경우 브리지 상수(12.8.2절)는 2(1 + ν)일 것이며 여기서 ν는 재료의 푸아송 비이다. 이 종류의 압축계는 3백만 lbf의 용량을 가진 것도 사용된다[7]. 표 12.4에 예시되었던 단순보의 배열도 역시 사용된다.

그림 13.11은 프루빙 링 스트레인 로드셀을 예시하고 있다. 그림 3.11(a)의 브리지 출력은 굽힘 변형률만의 함수이며 축 변형률은 브리지 배열에 의해 소거된다. 그림 13.11(b)처럼 게이지를 부착하면 게이지 1과 4에 의해 굽힘과 축 성분 모두를 포함한 출력이 되기 때문에 어느 정도 큰 감도를 얻을 수 있다.

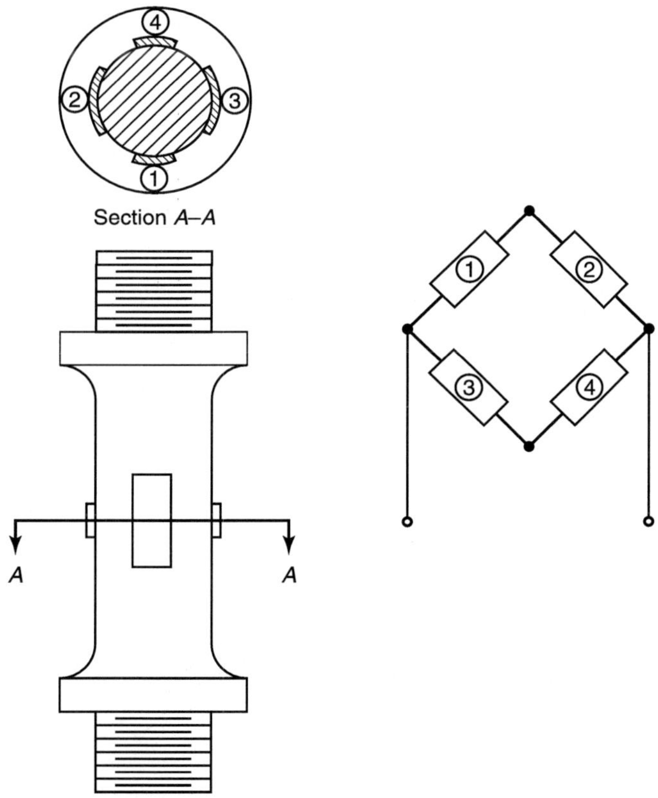

그림 13.10 인장-압축 저항 스트레인 게이지 로드셀(load cell)

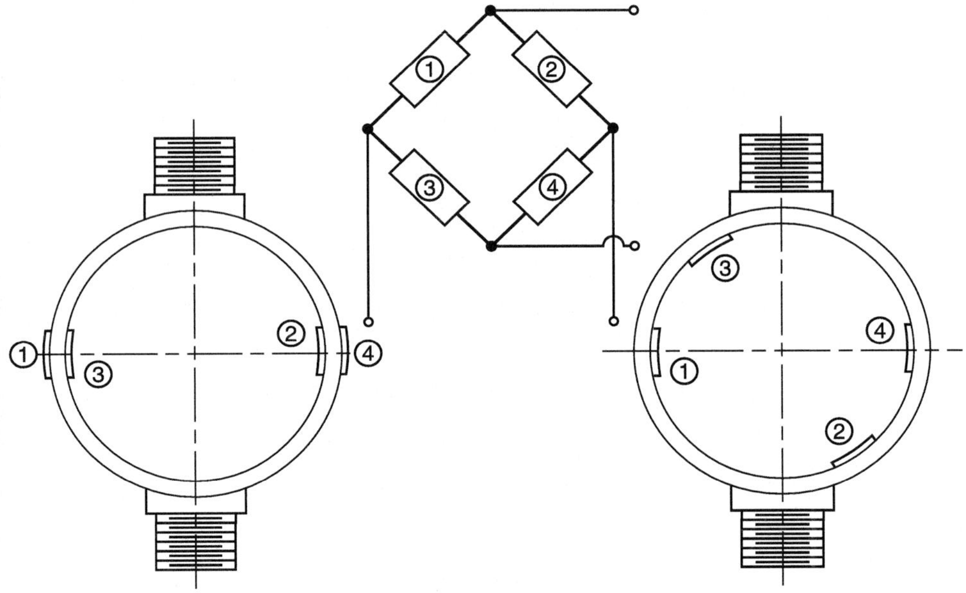

그림 13.11 저항 스트레인 게이지를 2차 변환기로 채용한 원형 로드셀의 두 가지 배열

온도감도

탄성 로드셀 요소의 감도는 온도 변화의 영향을 받는다. 이 변화는 두 인자들에 의해 야기된다. 즉 영 계수와 치수의 변화 때문이다. 두 효과 중에 영 계수는 100°F 변화 당 대략 2.5%(100 K 변화 당 4.5%) 정도이다. 반대로 강의 인장부재 단면적의 증가는 100°F 변화 당 단지 약 0.15%(100 K 변화 당 1.27%) 정도일 것이다.

명백하게 임의 상용 로드셀에서 준비되는 것처럼 $\pm\frac{1}{2}$%의 정확도가 요구될 때는 특히 영 계수의 변화에 대한 보상 수단이 공급되어야 한다. 저항 스트레인 게이지가 2차 변환기로 사용될 때 계수 효과에 대해 반대 방향으로 변하는 브리지의 전기적 감도를 발생하게 하면 전기적으로 보상이 이루어진다. 온도가 증가하면 탄성 요소에 대한 처짐 상수는

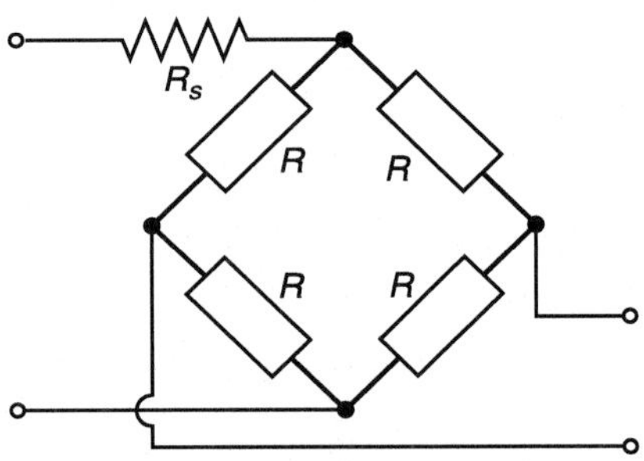

그림 13.12 보상 저항을 가진 스트레인 게이지 브리지의 개략도

감소한다. 즉 보다 스프링처럼 되고 주어진 하중에 대해 처짐이 커진다. 이 증가된 감도는 그림 13.12에서와 같이 온도 감지용 보상 저항 요소 R_s를 사용하여 스트레인 게이지 브리지의 감도를 줄이면 상쇄된다.

7.9.6절에서 논의되었듯이 입력 리드선 내에 저항을 도입하면 다음 인자로 표현되는 동일-암 브리지의 전기적 감도를 감소시킨다.

$$n = \frac{1}{1 + (R_s/R)}$$

초기 평형된 동일-암 브리지에 대한 관계 식 7.17을 이용해서 보상에 대한 요구 조건들이 분석될 수 있다. 만일 다음을 가정하고

$$2\frac{\Delta R}{R} \ll 4$$

식 7.17을 식 7.18로 줄이면

$$\frac{\Delta e_o}{e_i} = \frac{k}{4}\frac{\Delta R}{R}$$

특히 스트레인 게이지 브리지에서 $\Delta R/R$은 항상 작기 때문에 이것은 사실이다. 브리지 상수 k는 하나 이상의 액티브 게이지를 사용할 때 고려된다. 만일 4게이지가 모두 액티브 게이지이면 $k = 4$이다. 그림 13.10과 같은 배열에 대해서 $k = 2(1 + \nu)$이다. 만약 보상 저항기를 고려하면 식은 다음과 같이 될 것이다.

$$\frac{\Delta e_o}{e_i} = \frac{k}{4}\frac{\Delta R}{R}\left[\frac{1}{1 + (R_s/R)}\right] \tag{13.8}$$

식 12.10을 다시 쓰면

$$\varepsilon = \left(\frac{1}{F}\right)\left(\frac{\Delta R}{R}\right)$$

식 12.2의 영 계수 E의 정의에 따라

$$P = EA\varepsilon$$

감도에 대해 풀면

$$\frac{\Delta e_o}{P} = \left(\frac{e_i}{4}\right)\left(\frac{FRk}{A}\right)\left[\frac{1}{E(R + R_s)}\right] \tag{13.9}$$

게이지들이 온도 변화를 보상하도록 배열되고, 게이지 율 F가 온도 변화에 따라 변하지 않으며, 탄성부재 단면적의 변화가 무시된다고 가정하면, 완전한 보상은 $E(R + R_s)$가 온도에 따라 상수로 유지될 때 이루어질 것이다.

식 6.15와 6.23을 이용해서 다음과 같이 쓸 수 있으며

$$E(R+R_s) = E(1+c\,\Delta T)\,[R+R_s(1+b\,\Delta T)] \tag{13.10}$$

이로부터 아래와 같이 표현된다.

$$\frac{R_s}{R} = -\frac{c}{b+c} \tag{13.11}$$

이 식은 탄성 계수의 온도 계수 c와 전기적 저항률의 온도 계수 b의 적절한 평형을 통하여 온도 보상이 이루어질 수 있다는 것을 의미한다. 왜냐하면 c는 보통 음의 값이고(표 6.3 참조), 저항들은 음이 될 수 없기 때문이며 이들은

$$b > -c$$

를 따른다. 부가하여 식 6.2를 쓰면

$$R_s = \rho\frac{L}{A} = -R\left(\frac{c}{b+c}\right) \tag{13.12}$$

이것으로부터

$$L = -\frac{RA}{\rho}\left(\frac{c}{b+c}\right) \tag{13.12a}$$

이 관계에서 보상을 위한 특정 요구 조건들이 유도될 것이다. 일반적으로 선 형태의 한 저항 재료가 선정된 후 요구 길이는 식 13.12a를 통하여 결정된다.

비록 앞에서는 한 단일 저항을 사용하였지만 상업용 로드셀은 그림 13.13에서처럼 통상 두 개의 **계수 저항기**(*modulus resistor*)를 사용한다. 이 기법은 계측 장비에 무관하게 적절한 연결을 보장하며 또한 12.11절에서 기술한 션트저항에 의한 전기적 교정도 할 수 있다. 그러나 그림 13.14와 같은 두 교정저항들을 사용하는 것이 필수적이다. 만약 각 저항이 전체 저항의 반으로 고려된다면 식 12.15에 주어진 관계는 성립할 것이다.

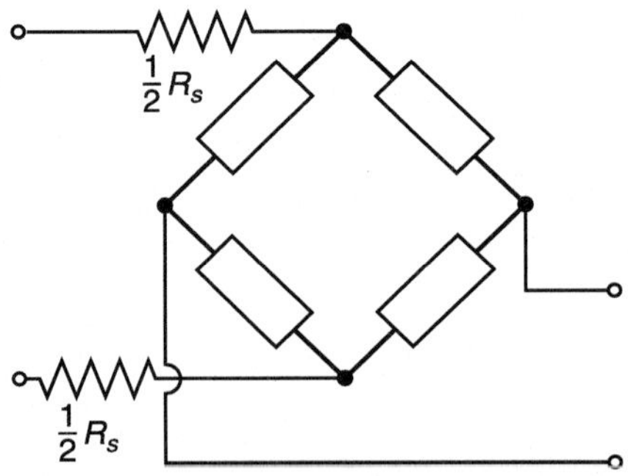

그림 13.13 두 보상저항을 가진 스트레인-게이지 브리지

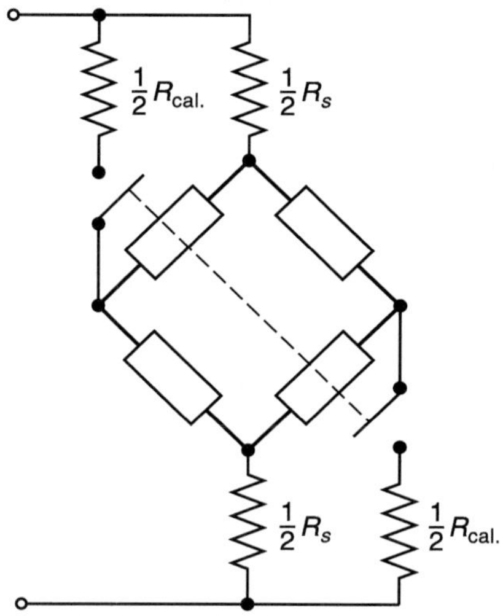

그림 13.14 어떻게 교정이 이루어지는지를 보여주는 스트레인-게이지 브리지의 개략도

13.6 압전 로드셀

압전 2차 변환기를 이용한 로드셀은 특히 동적 하중, 즉 특별히 충격적 혹은 돌발적으로 적용되는 하중 계측에 유용하다. 이러한 변환기는 정전 전하를 발생시키고(6.14절), 이 전하는 일반적으로 전하 증폭기의 사용을 통해 조건이 설정된다(7.15.2절). 변환기의 출력은 단위 입력 당의 쿨롱(coulomb)으로 표현되며 10～20 pC/lbf(2.3～4.5 pC/N)가 대표적인 값이다. 바람직한 품질을 얻으려면 주어진 단위에서 넓은 하중 영역, 우수한 주파수 응답, 큰 강성, 높은 분해능과 상대적으로 작은 크기여야 한다. 한 가지 중요한 제약은 압전장치가 정적에서보다는 근본적으로 동적에 적합하다는 것이다. 장기간 정적 출력 안정성은 일반적으로 실현되지 않는다.

다축 셀(multiaxis cell)들이 이용될 수 있다. 석영 마스터 수정이 변환기 요소를 만들기 위해 얇게 분할될 때 분할된 면의 선택에 따라 다른 성질을 갖는 요소를 얻을 수 있다. 인장-압축, 전단 또는 굽힘에 대해 선택적으로 민감한 요소들을 얻도록 분할이 취해질 수 있다(6.14절 참조). 이들 특성의 이점을 이용하여 로드셀은 수직 하중과 혹은 토크 출력의 여러 조합들을 제어하도록 설계될 것이다.

13.7 탄도식 무게 계측

그림 13.15는 탄도식 무게 계측(*ballistic weighting*)에 대한 아주 단순화한 한 예를 나타낸다. 이러한 시스템들은 특히 확실한 생산 응용에 적용될 수 있다[8].

이론적으로 만약 한 질량이 선형 하중-처짐 특성을 가진 어떤 부재에 갑자기 작용하면 동적 변위는 정확하게 최종 정적 처짐의 두 배일 것이다. 이는 감쇠가 없는 한 사실이다. 이 사실은 무게 측정 시스템의 기초로 사용될 수 있다. 이 형식의 시스템에 대한 기본 방정식은

$$\frac{m}{g_c}\frac{d^2y}{dt^2} + Ky = \frac{mg}{g_c} \tag{13.13}$$

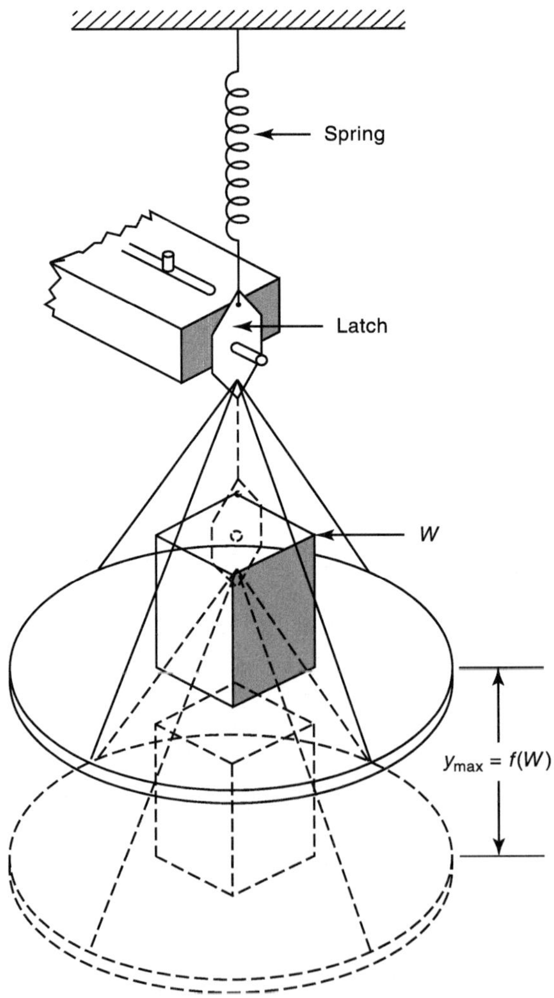

그림 13.15 탄도식 무게 측정 시스템

여기에서 $m =$ 질량
$K =$ 처짐 상수
$g_c =$ 차원 상수
$g =$ 중력에 의한 국부적 가속도
$y =$ 처짐
$t =$ 시간

이 방정식의 해는

$$y = \frac{mg}{g_c K}(1 - \cos\omega_n t) \tag{13.13a}$$

이고 최대 값은 $t = \pi/\omega_n$일 때

$$y_o = \frac{2mg}{g_c K} = 2y_{\text{static}} \tag{13.14}$$

여기서 $\omega_n =$ 비감쇠 고유 진동수이다. 진동 주기는 다음과 같다.

$$T = 2\pi\sqrt{\frac{m}{g_c K}} \tag{13.15}$$

계측 시 접시를 느슨한 스프링으로 그림 13.15와 같이 고정한 후 측정할 무게를 그 위에 놓고 장치를 푼 다음 최대 이동 거리를 계측한다. 만약 감쇠가 최소로 되면 최대 변위는 무게와 선형 비례할 것이며 무게를 측정하는 데 사용할 수 있다. 물론 이 시스템은 단지 질량 측정에만 유용하며 힘을 측정하는 데 사용할 수 없다.

13.8 유압 및 공압 시스템

힘이 피스톤 혹은 격막(diaphragm)의 한 쪽에 작용하고 유압이나 공기압이 다른 쪽에 작용하면 어떤 특정 압력 값이 그 힘을 정확하게 평형시키는 데 필수적일 것이다. 유압과 공압식 로드셀(hydraulic and pneumatic systems)은 이 원리에 기초한다.

유압 시스템으로 전통적인 피스톤과 실린더 배열을 사용할 수 있다. 그러나 피스톤과 실린더 벽 사이와 필요한 패킹(packing)과 실(seal) 사이의 마찰을 예측할 수 없으므로 양호한 정확도를 얻기는 힘들다.[3] 격막식 실을 가지는 **부유피스톤(*floating piston*)**을 사용하면 이 변수를 실제적으로 제거할 수 있다.

---

3) 사중량(dead-weight) 시험기는 이 기술의 예외이다(그림 14.3). 이 규정된 과정은 피스톤이 실린더 내에서 회전하고 있어서 읽기가 취해질 때 무게를 일정하게 하는 것이다. 이렇게 하면 본질적으로 실 마찰이 제거된다.

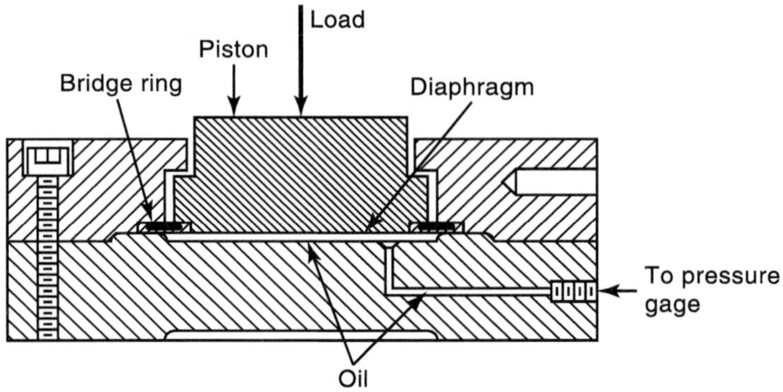

그림 13.16 유압식 로드셀의 단면

그림 13.16은 유압식 로드셀의 단면을 보여준다. 이 로드셀은 몇 몇 재료 시험기에 사용된 형식과 유사하다. 정상적으로 피스톤은 실린더 벽에 실제 접촉하지 않지만 얇은 탄성 격막 또는 강(鋼)의 브리지 링이 작은 피스톤 이동을 허용하는 포지티브 실(positive seal)로 사용된다. 기계적인 정지는 실이 과도하게 변형되는 것을 방지한다.

힘이 피스톤에 작용할 때 결과적인 오일 압력은 단순 브르돈 게이지와 같은 어떤 형태의 압력 감지계로 전달된다. 계가 유체로 완전히 채워지면 아주 작은 이동이나 유동이 요구될 것이다. 피스톤 이동은 최대 용량에서 0.002 in.(50 μm) 이내일 것이다. 적어도 이 관점에서 이 시스템은 우수한 동적 응답을 가진다. 그러나 전체적 응답은 주로 압력 감지 요소의 응답에 의해 결정된다.

이런 종류의 로드셀은 아주 높은 용량과 정확도가 가능하다. 용량은 5,000,000 lbf (22.2 MN)까지 정확도는 읽기의 $\pm\frac{1}{2}$%정도 혹은 용량이 커지더라도 용량의 $\pm\frac{1}{10}$%가 유지될 것이다. 유압식 로드셀은 어느 정도 온도 변화에 민감하기 때문에 0점 설정을 위한 준비가 되어야 한다. 계측 공정 동안의 온도변화는 10°F 변화 당 약 $\frac{1}{4}$%(10 K 변화 당 0.45%)의 오차를 야기한다.

공기압식 로드셀(*pneumatic load cells*)은 압력이 적용 하중의 척도가 되며 저항 면적부에 길쳐 작용하는 입력에 의해 작용 하중이 평형되는 유압식 로드셀과 유사하다. 그러나 압력 매체로 유체 대신에 공기가 사용되는 것 외에도 공압식 로드셀은 몇 가지 중요한 관점에서 유압식과 다르다.

공압식 로드셀은 보통 피스톤 대신에 신축성 있는 재료로 만든 격막을 사용하며 그것들은 자동적으로 평형 압력을 조정하도록 설계되어 있다. 그림 13.17은 대표적인 배열을 보여준다. 공기압이 격막의 한 쪽에 작용하고 위치 조정 **블리드**(*bleed*) 밸브(valve)를 통해 빠져나가는 것이 허용된다. 그러므로 격막 아래의 압력은 압력원과 블리드 밸브 위치 둘 모두에 의해 조정된다. 격막은 하중을 지탱하기 위해 정확하게 적절한 공기 압력을 줄 위치를 찾는다. 여기서 공급 압력은 밸브의 유효 면적에 그 값을 곱한 것이 적어도 그 하

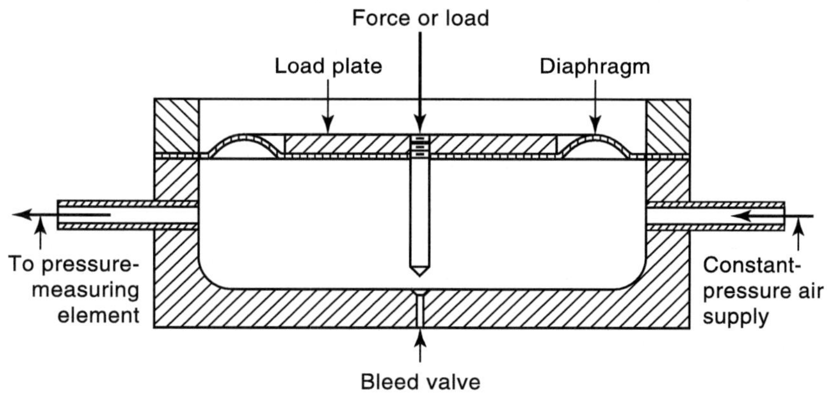

그림 13.17 공기압식 로드셀의 단면

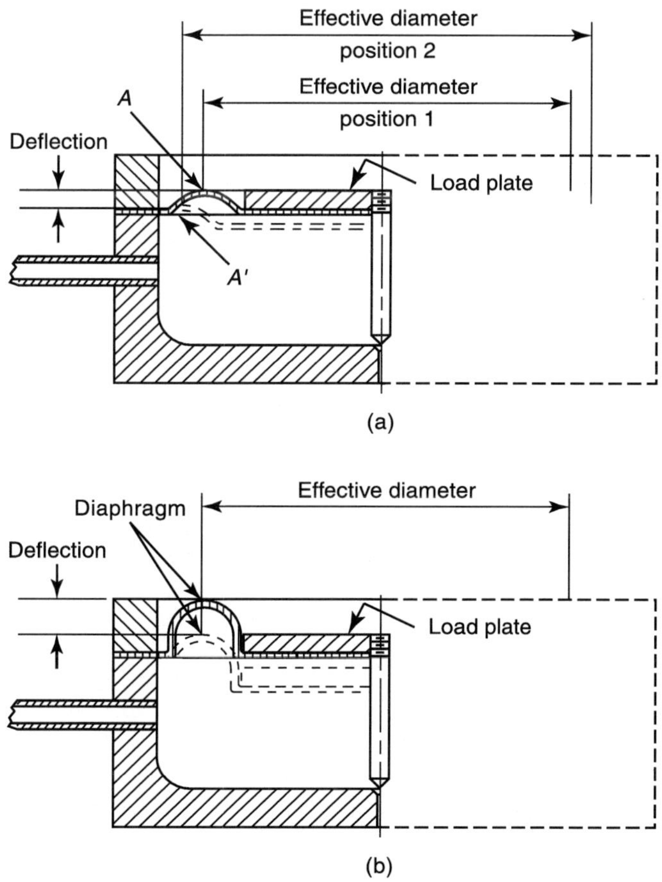

그림 13.18 (a) 어떻게 유효 단면적 변화가 일어나는지를 보여주기 위한 격막의 단면 그림 (b) 충분한 "롤(roll)"이 있으면 유효 단면적은 거의 일정하다.

중을 지탱하기에 충분하다고 가정한다.

하중의 크기가 바뀔 때 측정 격막은 그 위치가 약간 변하게 되는 것을 알고 있다. 설계 시에 세심한 주의가 없으면 그림 13.18(a)에 참고된 것처럼 이 원인에 의해 비선형이 발생될 것이다. 격막이 움직일 때 하중판(load plate)과 고정 하우징(housing) 사이의 부분이 그림처럼 변할 것이다. 만약 격막이 완전히 신축성 있는 재료라서 인장력 외에는 어떤 것도 전달할 수 없다면 수직 하중 성분은 하우징으로 전달되고 하중판은 격막 위치에 따라 점 A 또는 A'에 나타날 것이다. 그러면 격막의 이 부분 기하학에 의존하여 유효 면적이 변할 것이다. 만일 그림 13.18(b)에서처럼 완전 반원형 롤로 되어 있으면 이 효과는 최소화될 것이다.

단순 공압식 로드셀은 동적으로 불안정한 경향을 띠기 때문에 대부분의 상업용 형식들은 이 경향을 줄이기 위해 점성 감쇠기를 준비한다. 또한 자중(tare) 조정을 위해 부가적인 챔버(chamber)와 격막들이 더해질 수도 있다.

단일 단위 용량은 80,000 lbf(356 kN)까지 얻을 수 있으며 병렬 단위들을 사용하면 하중이나 힘은 증가될 것이다. 오차는 예상되는 최대 눈금치의 0.1% 정도로 작다.

13.9 토크 측정

토크 측정은 종종 기계를 작동시키기 위해 요구되거나 기계에 의해서 발전되는 동력 즉 기계적 동력을 결정하는데 연관된다. 이러한 관계로 토크 측정 장치는 통상 **동력계**(*dynamometer*)로 불린다. 적용 시에는 토크와 각속도(angular speed) 둘 모두가 결정되어야 한다. 토크를 측정하는 또 다른 중요한 이유는 응력이나 처짐 해석을 위해 필요한 정보를 얻기 위한 것이다.

토크 측정 장치에는 3가지 기본형들이 있다. 즉 흡수, 구동 및 전달형 동력계들이다. **흡수형 동력계**(*absorption dynamometer*)는 기계적 에너지를 측정되는 토크로 소산시킨다. 그러므로 엔진이나 전기 전동기와 같은 동력원에 의해 발전된 동력이나 토크를 계측하는 데 특히 유용하다. **구동형 동력계**(*driving dynamometer*)는 이름처럼 토크나 동력을 계측하고 또한 에너지를 공급하여 시험 장치를 운전시킨다. 따라서 펌프(pump)와 압축기(compressor)의 특성 같은 것들을 결정하는 데 유용하다. **전달형 동력계**(*transmission dynamometer*)는 단순히 어떤 위치에서의 토크를 감지할 것을 목적으로 기계 내나 기계들 사이 적절한 위치에 설치되는 수동형 장치로 생각될 수 있다. 그것들은 전달되는 에너지나 동력을 가감하지 못하며 때때로 **토크 미터**(*torque meter*)로 불린다.

13.9.1 기계식 및 유압식 동력계

아마도 흡수형 동력계(dynamometer)의 가장 단순한 형태는 프로니 브레이크(*prony brake*)이며 이것은 엄격하게는 기계적 에너지를 열로 변환시키기 위해 건마찰(dry friction)에 의존하는 기계적 장치이다. 이 종류에는 그림 13.19에 나타나 있는 것처럼 두 가지 다른 형태가 있다.

유사한 원리에 의해 작동하는 또 다른 형태의 동력계는 물 브레이크(*water brake*)이며 이것은 입력 에너지를 소산시키기 위해 건마찰 대신에 유체마찰을 이용한다. 그림 13.20은 가장 단순한 형태로 된 이 형식의 동력계를 보여준다. 용량은 속도와 물 높이 두 인자

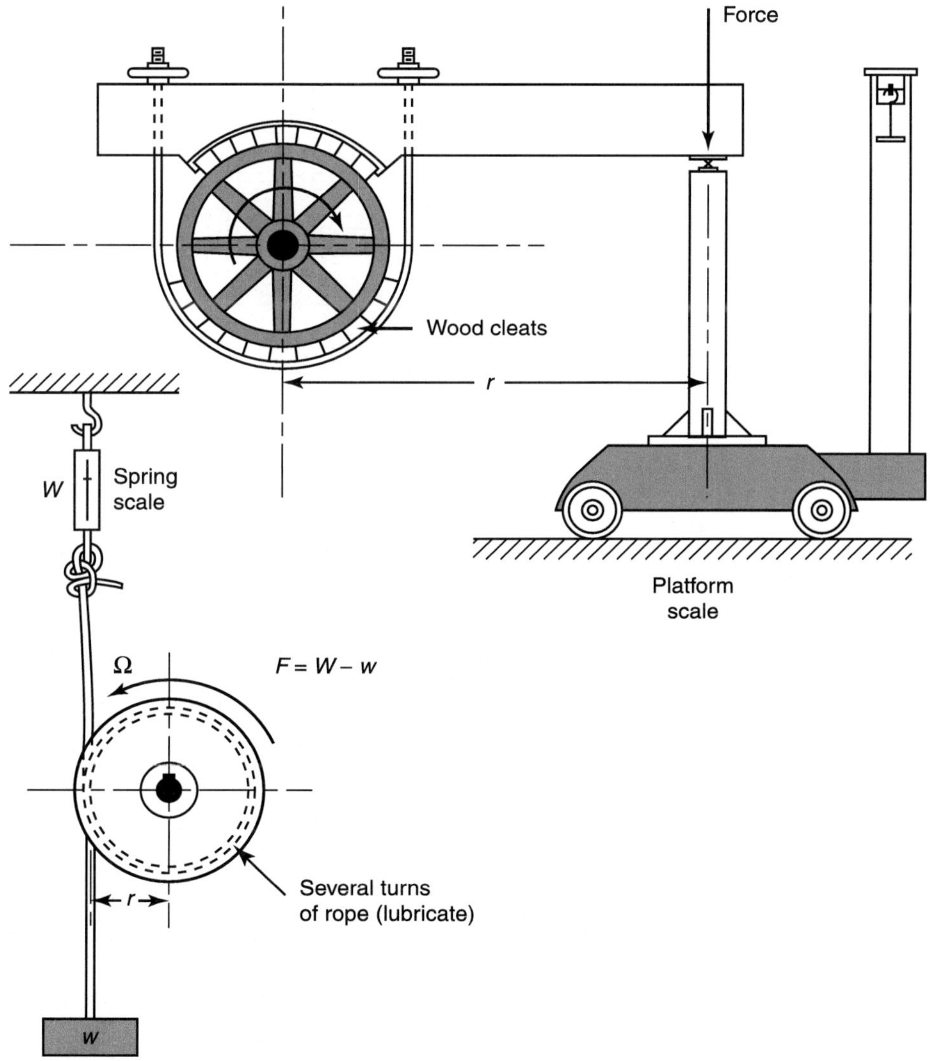

그림 13.19 프로니 브레이크의 두 가지 형태

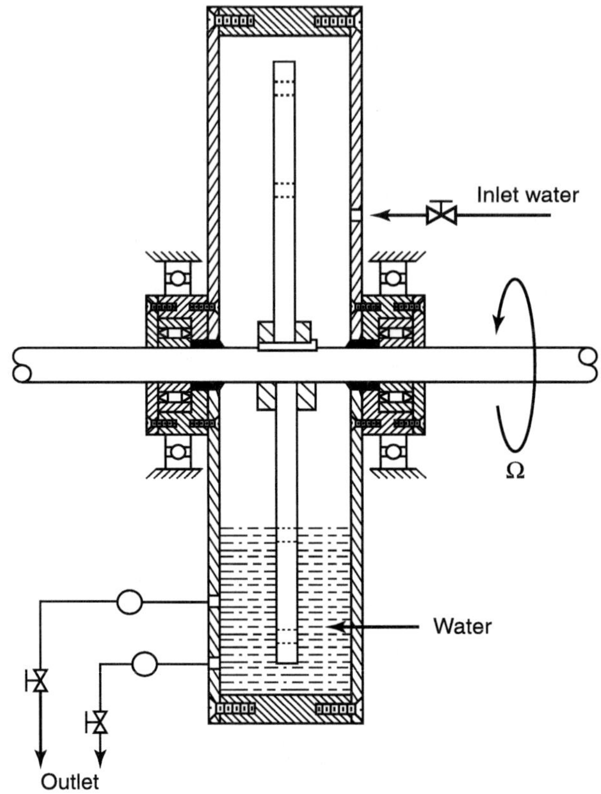

그림 13.20 대표적인 물 브레이크의 단면

의 함수이다. 동력 흡수는 근사적으로 속도의 세제곱의 함수이며 주어진 속도에서의 흡수는 하우징 내의 물 높이를 조정해서 조절된다. 이 형태의 동력계는 단순 프로니 브레이크보다 상당히 큰 용량으로 만들어진다. 왜냐하면 물을 케이스 안에서 밖으로 순환시켜 발생된 열을 쉽게 제거하기 때문이다. 트러니언 베어링은 동력계 하우징을 지지하며 반작용 암에 의해 받는 구속 외에는 하우징이 자유롭게 회전하도록 허용한다.

앞의 각 장치들에서 동력 흡수 요소는 구동 기계의 입력 축과 함께 회전하려는 경향이 있다. 프로니 브레이크의 경우에 흡수 요소는 완전한 브레이크 조립체이고 물 브레이크에서는 하우징이다. 각 경우 그러한 회전은 반경 r의 반작용 암 끝에 놓인 저울이나 로드셀의 어떤 형태와 같은 힘 측정 장치에 의해 구속된다. 기지 반경에서의 힘을 계측하면 토크는 단순한 다음 관계에 의해 계산된다.

$$T = Fr \tag{13.16}$$

만약 구동기의 각속도를 안다면 동력은 다음과 같이 결정될 수 있다.

$$P = 2\pi T\Omega \tag{13.17}$$

여기서 $T =$ 토크
$F =$ 반경 r에서 계측된 힘
$P =$ 동력
$\Omega =$ 초당 회전 각속도

이 시점에서 위의 관계에 사용된 단위들을 주의 깊게 고려해 보는 것이 현명할 것이다. 식 13.17을 다시 정리하면 다음과 같다.

$$P = F(2\pi\ r\ \Omega) = \text{힘} \times \text{거리/시간}$$
$$= \text{일/단위 시간}$$

SI 단위계를 사용하면 일은 주울(joule, J)단위로 계측되며 1 J은 1 N에 1 m를 곱한 것과 같다. 혹은

$$\mathrm{J = N \cdot m}$$

기계적 동력은 따라서 N · m/s = J/s = watts(W)가 되고 식 13.17의 검토된 단위는 와트(watt)가 된다. 영국 단위계를 이용하면 식 13.17로부터 결정된 동력은 lbf · ft/s 단위가 된다. 영국 단위계는 종종 마력(*horsepower*, hp)이라는 항으로 변환하는 추가 단계를 거친다. 1 hp는 550 lbf · ft/s 또는

$$\mathrm{hp} = \frac{2\pi T \Omega}{550} \tag{13.18}$$

와트를 마력으로 변환하기 위해서는 다음 관계를 이용하면 된다.

$$\mathrm{W} = 745.7 \times \mathrm{hp} \tag{13.19}$$

예제 13.1

만약 $F = 120$ N(또는 26.98 lbf), $r = 75$ cm(또는 2.46 ft)이고 회전속도는 20 rev/s라면 동력은 얼마인가?

풀이: SI 단위를 사용하면

$$P = 2\pi \cdot 120 \cdot 0.75 \cdot 20 = 11{,}310\ \mathrm{W}$$

영국 단위계를 사용하면

$$P = 2\pi \cdot 26.98 \cdot 2.46 \cdot 20 = 8340\ \mathrm{lbf \cdot ft/s}$$
$$= 15.16\ \mathrm{hp}$$

등가 관계를 검토하면

$$\frac{11,310}{15.16} = 746\ \mathrm{W/hp}$$

13.9.2 전기식 동력계

거의 모든 회전 전기기계는 구동형 동력계나 흡수형 동력계 또는 둘 모두로 사용될 수 있다. 예상되듯이 그러한 목적을 위해 특별히 설계된 전기 동력계(electric dynamometer)들은 대부분 사용하기에 편리하다. 여기에는 4가지 가능성이 있을 수 있다. (1) 와전류(eddy-current) 동력계 (2) 요람형(cradled) 직류(dc)동력계 (3) 직류전동기와 발전기 (4) 교류(ac)전동기와 발전기.

와전류 동력계(*eddy-current dynamometer*)는 엄격히 흡수형이다. 그것들은 펌프나 압축기와 같이 시험 기계를 구동시킬 수 없다. 그러므로 내연기관 엔진이나 전기 전동기와 같은 어떤 원(source)으로부터 동력을 계측하는 데만 유용할 뿐이다.

와전류 동력계는 다음 원리에 기초를 둔다. 어떤 전도 재료가 자속장(magnex flux field)을 통하여 이동할 때 전류를 흐르게 하며 전압이 발생된다. 만일 그 도체가 완전한 회로의 일부분을 형성하는 도선이라면 전류가 회로를 통하여 흐르게 될 것이며 어떤 형태의 교환장치(commutating device)와 함께 ac 또는 직류발전기가 될 수 있다. 만약 도체가 단순히 짧은 금속봉과 같이 절연 재료이고 일반적으로 고려할 때 완전한 회로의 일부가 아니라도 전압은 여전히 유도될 것이다. 그러나 실제적으로 봉 자체 내의 단회로 경로를 통하여 단지 국부 전류만이 흐를 것이다. 이 전류를 와전류라 부르며 열의 형태로 소산될 것이다.

와전류 동력계는 자기장의 플럭스 내에서 회전하는 금속판이나 바퀴로 구성된다. 이 자장은 자장 요소나 외부 원(source)에 의해 여자 되고 트러니언 베어링에 장착된 동력계 하우징에 부착되어 있는 코일에 의해 만들어진다. 금속판이 회전할 때 와전류가 발생되고 자기장과 함께 반작용력은 트러니언 베어링 안의 전체 하우징을 회전시키려 한다. 토크는 물 브레이크에 대한 것과 똑같은 방법으로 계측되며 식 13.16, 13.17 및 13.18이 적용될 수 있다. 하중은 자장 전류의 조정에 의해 조절된다. 물 브레이크에서와 마찬가지로 기계적 에너지가 열에너지로 변환되며 만족할 만한 소산의 문제를 제시한다. 대부분의 와전류 동력계는 수냉 되어야 한다. 이 장치의 특별한 장점은 주어진 용량에 대해 비교적 소형이며 낮은 속도에서 양호하게 조정될 수 있다는 것이다.

물론 모든 형식 중에 가장 융통성 있는 것은 그림 13.21에 있는 요람형 직류동력계(*cradled dc dynamometer*)이다. 이 형식의 기계는 5000 hp(3730 kW)용량까지의 흡수형과 구동형 동력계 둘 모두로 사용할 수 있다. 기본적으로 이 장치는 어느 유형(mode)에서도 작동이 허용되도록 적절한 제어가 되는 직류전동기 발전기이다. 흡수형 동력계로 사용할 때 동력계는 직류발전기 역할을 하며 입력기계적 에너지는 전기적 에너지로 변환되고 이 에너지는 저항 래크(rack)에서 소산된다. 이 후자의 양상은 와전류동력계와는 달리 열이 기계 밖에서 소산된다는 것은 중요하다. 트러니언 베어링 내에서 요동으로 반작용토크가 측정되며 식 13.16, 13.17과 13.18이 직접 적용될 수 있다.

회전 방향과 작동 유형에 따라 토크가 어느 방향에서도 측정되도록 되어 있다. 구동 동

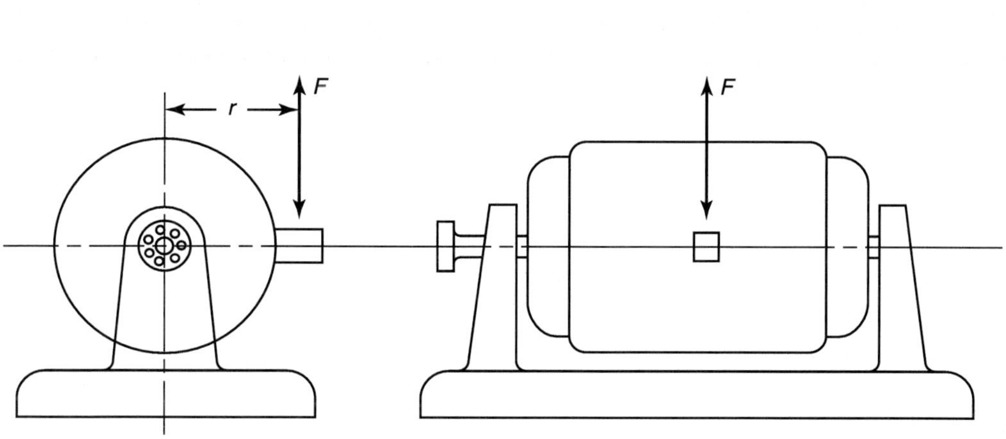

그림 13.21 범용 전기식 동력계

력계로서의 이 장치는 직류전동기로 사용되고 어떤 경우에는 이 목적을 위해 적절한 직류동력원을 얻는 데 문제가 있다. 교류전동기에 의해 구동되는 직류발전기 장치나 정류원의 사용이 요구된다. **저속에서의 용이한 제어와 양호한 성능**은 이 형태 기계의 특징이다.

통상의 **전동기**(*electric motor*)나 **발전기**(*generator*)가 동력 측정에 사용될 수도 있다. 이것은 교류 기계류 장치 보다 직류 기계류 장치가 사용될 때 더 가능성이 있다. 전동기나 발전기를 요동하는 것은 구동형 또는 흡수형 중 어느 것의 응용에도 각각 사용될 수 있다. 반작용 토크와 속도를 계측하면 동력이 계산될 것이다. 물론 이것은 설계 시와 최소 마찰 배열로 조립 시, 특별한 노력을 필요로 한다. 구동 속도나 흡수 하중의 조정은 계자전류(field current)의 제어를 통하여 이루어지며 부착된 로드셀이 사용될 것이다.

전동기나 발전기의 특성 대 속도에 대한 지식은 또 다른 접근법을 제공한다. 만일 직류발전기가 **흡수형 동력계**(*absorption dynamometer*)로 사용되면

$$\text{흡수된 동력} = \frac{(e)(i)}{\text{효율}} \tag{13.20}$$

여기서 e = 볼트 단위의 출력 전압
i = 암페어 단위의 출력 전류
효율 = 발전기의 효율

같은 방법으로 직류전동기가 **구동형** 동력계로 사용되면 e와 i가 **입력** 전압과 전류인 것을 제외하면 식 13.20은 유지된다. e와 i가 분리되어 모두 측정되거나 혹은 와트미터가 사용되고 전기 동력이 직접 계측될 것이다.

많은 응용에서 단지 근사적인 결과만이 요구될지도 모르지만 **전형적인** 전동기나 발전기의 어느 경우에도 제조자에 의해 공급되는 효율이 충분해야 한다. 보다 정확한 결과를 얻기 위해 어떤 형의 동력계가 사용되는 특정 기계의 효율을 결정하기 위해 요구될 것이다. 교류전동기나 발전기의 사용은 가능하지만 훨씬 어려우며, 여기서 논의하지 않는다.

어떤 경우 동력 계측 시 범용 전기식 회전 기계류의 응용은 특별하게 고려되어야 하며 동력 계측을 목적으로 특정하게 설계된 장비만큼은 만족할만한 결과를 주지 못한다.

13.10 전달형 동력계

앞에서 언급했듯이 전달형 동력계(transmission dynamometers)는 시험계에 포함된 에너지를 적당히 더하거나 뺄 수 없는 수동형 장치로 생각될 수 있다. 기어트레인 배열과 벨트나 체인장치를 포함하는 다양한 장치들이 이 목적으로 사용되어 왔다.

속도 변화를 주는 어떤 기어박스는 입력 토크와 출력 토크 사이의 차이와 동일한 반작용 토크를 받는다. 요동하는 기어박스의 반작용 토크가 계측될 때 입력 토크나 출력 토크의 한 함수가 얻어질 것이다.

벨트나 체인 배열이 또한 사용될 수 있으며 그 배열에서 반작용력은 긴장 및 이완 장력 사이의 차의 함수이다. 어느 주풀리(main pulley)에서의 토크 역시 긴장과 이완 장력 사이의 차의 함수이다. 그러므로 계측된 반작용력은 힘과 속도 정보로부터 얻어진 토크의 항으로 교정되며 동력이 결정될 것이다. 일반적으로 다루기 거북하고 비용과 연관되는 이러한 종류의 배열에 의해 개입되는 기계적 손실은 어떤 경우의 특별한 응용을 제외하고는 이 장치들을 불만족스럽게 할 것이다.

보다 일반 형태의 전달형 동력계는 탄성 하중 전달부재 내의 단위 또는 전변형률의 교정된 계측에 기초를 둔다. 탄성형의 많이 이용되는 동력계는 표 12.4에서 제시되었던 것처럼 토크 전달축 부분에 부착하는 접착식 스트레인 게이지를 사용한다[9, 10]. 흔히 **토크 미터**(*torque meter*)라 부르는 이러한 동력계는 원동기와 피동기 사이 또는 어떤 기계의 두 부분 사이의 커플링(coupling)으로 사용된다. 완전한 4-암 브리지는 온도감도를 최소화하기 위한 계수형(modulus) 게이지와 연관되어 사용된다(13.5절 참조). 전기적 연결은 슬립링을 통하여 이루어지며, 브러시가 사용되지 않을 때 그것들을 들어 올려 마모를 최소화할 수 있도록 한다. 일반적인 스트레인 게이지 지시계나 기록계 중 어떤 것도 출력을 해석하는 데 사용될 수 있다. 이 형식의 동력계는 100에서 30,000 in. · lbf(12에서 3500 N · m)까지 용량에 상용으로 이용될 수 있다. 정확도는 $\frac{1}{4}$%까지 요구된다.

대부분의 경우 저항 스트레인 게이지 변환기는 굽힘 변형률이 이용될 수 있을 때 가장 민감하다. 그림 13.22는 계측을 위해 비틀림을 굽힘으로 바꾸어 주는 방법을 제시한다.

슬립링은 마모를 받으며 영구 설치가 요구될 때 귀찮은 유지 문제가 따른다. 이러한 이유 때문에 움직이는 축에 직접 전기적 연결이 필요 없는 전기식 토크 미터를 고안하려는 많은 시도가 행해져 왔다. 인덕턴스형[11.12]과 용량형[13] 변환기들이 그림 6.13에서와 같이 이 목적을 위해 사용되고 있다.

탄성계수의 변화에 기인한 온도감도에 부가하여 온도에 따른 자기상수(magnetic

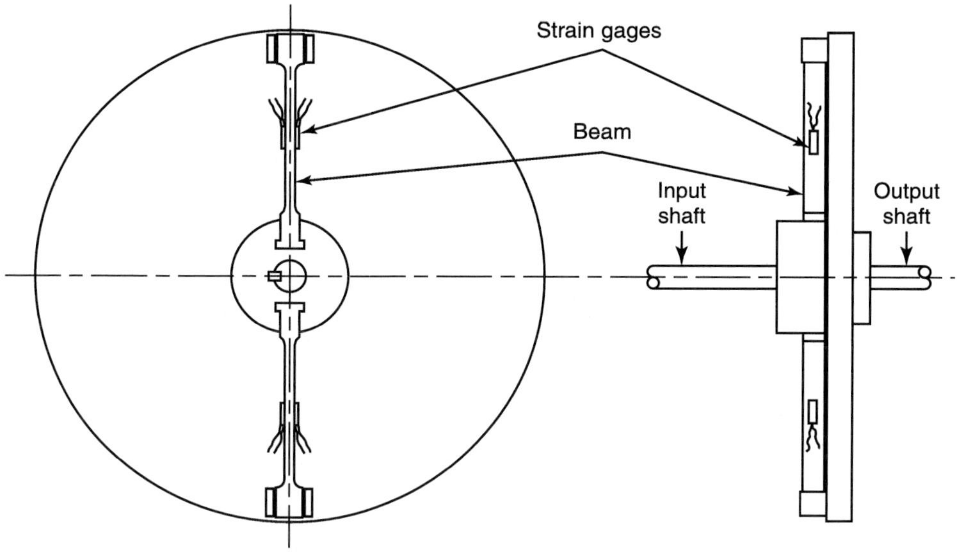

그림 13.22 토크를 감지하기 위해 보와 스트레인 게이지를 채용한 전달형 동력계

constants)의 변화에 의해 인덕턴스형에 더 변화가 생길 것이다. 이것은 스트레인 게이지 로드셀에서 사용했던 것과 유사한 방법으로 저항기들에 의해 보상할 수 있다(13.5절).

이 형식들은 상대적으로 고가이며 범용 계측 장비로 고려될 수 없다. 그러나 영구 설치 시 유지 문제 없이 장기간 사용할 수 있는 이점이 있다.

SUGGESTED READINGS

ASME PTC 19.7-1980. *Measurement of Shaft Power*. New York: ASME, 1980.

ASME PTC 19.5.1-1964. *Weighing Scales*. New York, 1964.

Butcher, T., L. Crown, R. Suiter, and J. Williams (eds.). *NIST Handbook 44: Specifications, Tolerances, and Other Technical Requirements for Weighing and Measuring Devices*. Gaithersburg, Md.: National Institute of Standards and Technology, 2005.

연습문제

13.1. There are various sources of data on local gravitational accelerations, such as geological surveys, university physics departments, research organizations, and oil, gas or mining companies. Determine the value of gravitational acceleration for your particular locality.

13.2. Consider a simple balance-beam-type scale (Fig. 13.4). Does the scale compare "weights" or does it compare "masses"? Is the scale sensitive to local gravity? Is it as functional on a mountain top as it is at sea level? Would the scale perform its function in gravity-free space?

13.3. A mass of volume V and unit density d is weighed on a sensitive scale. Write a short summary of the problem that may be presented by air buoyancy as it affects measurement accuracy. Include consideration of the type of scale that is used.

13.4. What will 1 kg of water weigh (a) in Ft. Egbert, Alaska? (b) in Key West, Florida? (c) on the moon? (See Appendix D for gravitational data.)

13.5. What will 1 lbm of water weigh in each of the locations listed in Problem 13.4?

13.6. Very often spring scales of the type shown in Fig. 6.24 carry divisions marked in kilograms. Is this practice fundamentally correct? Basically, what does such a device measure when a mass is suspended from it? What is the relationship between mass and weight?

13.7. Assume that a spring of the type referred to in Problem 13.6 is properly calibrated to measure force in newtons. If, on the surface of the moon (gravitational acceleration = 1.67 m/s), a reading of 50 N is obtained when an item is suspended from the scale, what weight would be indicated if the measurement were made under standard conditions on the surface of the earth? What would be the mass of the item in kilograms?

13.8. Prepare a spreadsheet template for designing a cantilever-beam-type load cell (see Case C, Table 13.1). Assume a beam with a rectangular cross section.

13.9. Using the template prepared for Problem 13.8, determine the deflection constant for a steel beam 6 in. long, $\frac{3}{8}$ in. wide, and $\frac{1}{8}$ in. thick. Investigate the effect of tolerances on each dimension and on the modulus of elasticity. Assign tolerances on each variable with the aim to control the value of the deflection constant to $\pm 3\%$.

13.10. Referring to Fig. 13.10, show that small transverse and/or angular misalignments of the load relative to the centerline of the cell will not affect the readout.

13.11. A proving-ring-type force transducer is a very reliable device for checking the calibration of material-testing machines. An equation for estimating the deflection constant of the elemental ring, loaded in compression, is given in Table 13.1. If $D = 10 \pm 0.010$ in. (254 ± 0.25 mm), $t =$ the radial thickness of the section$= 0.6 \pm 0.005$ in. (15.24 ± 0.127 mm), $w =$ the axial width of the section $= 2 \pm 0.015$ in. (50.8 ± 0.381 mm), and $E = 30 \times 10^6 \pm 0.5 \times 10^6$ lbf/in.^{2} ($20.68 \times 10^{10} \pm 0.34 \times 10^{10}$ N/m^2), calculate the value of K and its uncertainty, using English units.

13.12. Solve Problem 13.11 using SI units.

13.13. Determine the bridge constant for the arrangement shown in Fig. 13.11(b).

13.14. A torque meter is incorporated in the coupling between an electric motor and a dc generator. If the effect of a small 60-Hz torque component is to be limited to no more than 3% of the readout, what are the limiting natural frequencies for the two mass system? Damping is negligible. (Refer to Section 5.16.2.)

참고문헌

[1] *Specifications and Tolerances for Field Standard Weights*. National Institute of Standards and Technology Handbook 105-1. Washington, D.C.: U.S. Government Printing Office, 1990.

[2] *Standard Specification for Laboratory Weights And Precision Mass Standards*, ASTM E617-97 (2003). W. Conshohocken, Pa.: ASTM International, 2003.

[3] Weighing machines, *Encyclopedia Britannica*, Encyclopedia Britannica. Inc. Chicago, Ill.: William Benton Publisher, 23:483, 1957.

[4] *Instruments*, 25:1300, Sept. 1952.

[5] Wilson, B. L., D. R. Tate, and G. Borkowski. Proving rings for calibrating testing machines. *NBS Circular C454*. Washington, D.C.: U.S. Government Printing Office, 1946.

[6] Timoshenko, S. *Strength of Materials*, Part II, 2nd ed. New York: Van Nostrand, 1941, p. 88.

[7] High capacity load calibrating devices. *NBS Tech. News Bull.* 37: Sept. 1953.

[8] Bell, R. E., and J. A. Fertle. Electronic weighing on the production line. *Electronics*, 28(6):152.

[9] Ruge, A. C. The bonded wire torquemeter. *SESA Trans.* 1(2):68, 1943.

[10] Rebeske, J. J., Jr. *Investigation of a NACA High-Speed Strain-Gage Torquemeter*, NACA Tech. Note 2003. Jan., 1950.

[11] Langer, B. F. Measurement of torque transmitted by rotating shafts. *J. Appl. Mech.* 67:A.39, March 1945.

[12] Langer, B. F., and K. L. Wommack. The magnetic-coupled torquemeter. *SESA Trans.* 2(2):11, 1944.

[13] Hetenyi, M. *Handbook of Experimental Stress Analysis*. New York: John Wiley, 1950, Chaps. 6 and 7.

Chapter 14 압력의 측정

14.1 서론

압력은 매질(보통 유체)에 의하여 단위 면적에 수직하게 작용하는 힘으로 보통 pascal(1Pa = 1 N/m^2) 또는 pounds-force/inch (lbf/in.^{2}, 또는 psi)로 표시된다. 또 압력의 측정은 두 압력단의 차이로써, 즉 측정할 압력과 알고 있는 기준 압력간의 차이로써 기록된다. 대기압은 가장 일반적인 기준(reference) 압력이며, 이 대기압과 압력 차이의 결과를 **게이지 압력**(*gage pressure*)이라 한다. 게이지 압력은 압력 용기와 파이프 벽에 가해지는 순수한 힘을 결정하는 데 매우 중요하다. 또 기준 압력을 영기압(완전한 압력의 부재)으로 하여 측정된 압력은 **절대 압력**(*absolute pressure*)으로 불린다. 영국 단위계에서는, 게이지 압력과 절대 압력을 각각 psig와 psia로 구분하여 쓰고 있다. 그림 14.1은 이 관계를 표시한다.

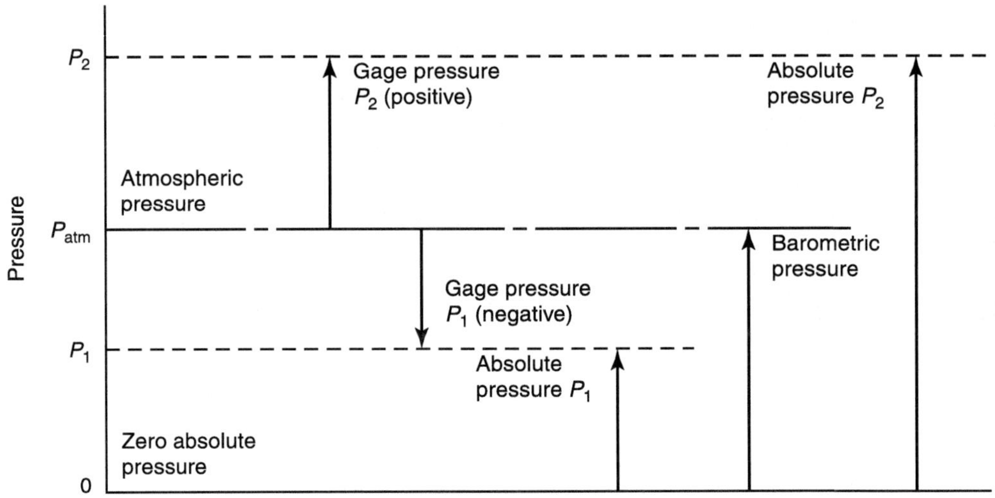

그림 14.1 절대 압력, 게이지 압력 및 대기압과의 관계

압력은 보통 수은이나 물과 같은 유체 기둥(column)의 밑면에서 단위 면적당 작용하는 정수 압력(hydrostatic force)으로 측정한다. 예를 들면 기준 대기압(101,325 Pa 또는 14.696 psia)은 높이가 760 mm(또는 29.92 in.)의 수은주 밑면에 미치는 압력과 대략적으로 동일하다.[1] 그러므로 압력의 단위는 비록 mm나 inches가 아니지만 기준 대기압을 760 mmHg나 약 29.9 inHg로 규정한다. 이와 같이 액체 기둥을 이용하는 압력 측정을 마노메트리(*manometry*)라 부른다(14.4절 참조).

대기압보다 작은 절대 압력을 흔히 **진공**(*vacuum*)이라 부르며 진공은 때때로 음의 게이지 압력으로 측정된다(즉 -7 psig $=$ 7 psi vacuum). 한편, 거의 진공 상태일 때는 대기압의 작은 변화도 측정되는 게이지 압력에서 큰 오차를 발생시킨다. 그러므로 항상 높은 진공(high vacuum)은 절대 압력으로 나타낸다. 높은 진공에서의 낮은 압력은 흔히 토르(1torr $=$ 1 mmHg) 또는 수은의 마이크로미터(micrometer, μmHg) 단위로 계산된다.

높은 압력은 대기압(1 atm $= 1.01325 \times 10^5$ Pa), bar(1 bar $= 10^5$ Pa), megapascal(1 MPa $= 10^6$ Pa)의 단위로 종종 표현된다. 압력 측정의 단위는 표 14.1에 요약되어 있다.

---

1) 압력은 ρgh와 같다. 여기서 ρ는 액체의 밀도, g는 중력이고, h는 액주의 높이이다. 액체의 밀도는 온도에 따라 변하므로 1대기압에 대한 정확한 액수의 높이는 측정 지역에서의 중력과 대기온도에 따라 결정된다.

표 14.1 여러 가지 압력 단위와 Pascal과의 관계식[1](H_2O는 4℃, Hg는 0℃일 때이다.)

1 microbar = 0.1 Pa	1 inH_2O = 249.1 Pa
1 μmHg = 0.1333 Pa	1 kPa = 1000 Pa
1 N/m^2 = 1 Pa	1 ftH_2O = 2989 Pa
1 mmH_2O = 9.807 Pa	1 inHg = 3386 Pa
1 mbar = 100 Pa	1 psi = 6895 Pa
1 mmHg = 133.3 Pa	1 bar = 10^5 Pa
1 torr = 133.3 Pa	1 atm = 101325 Pa

14.2 유체의 정압과 동압

유체가 정지해 있을 때 유체 내의 주어진 지점에 있는 작은 압력 센서는 센서의 방향에 관계없이 같은 **정압**(*static pressure*)을 읽을 것이다. 다시 말해 유체내의 어떤 한 지점에 위치한 작은 표면은 이 표면이 위로 또는 아래로 또는 좌로 또는 우로 향하여도 이에 관계없이 같은 압력이 작용한다. 중력(gravitational force)은 유체 내의 낮은 위치에서 더 높은 압력이 작용하게 하는 수직 압력 구배를 만들 수 있다. 그러나 어떤 특정 위치에서 미소 표면에서의 압력은 그것의 방향(orientation)에 무관하다.

유체가 움직일 때 그 안에 놓인 표면에서는 정압뿐만 아니라 **동압**도 발생한다. 예를 들어 표면이 유동 방향에 수직이면 유체는 표면에서 정지되고 유체의 운동에너지가 부가적인 압력으로 변환된다. 이것은 마치 사람이 바람 속에 서 있을 때 경험하는 압력과도 같다. 한편, 표면이 유동 방향에 평행하다면 유체는 정체되지 않으며 어떠한 부가적인 압력을 만들지 않고 표면을 횡단하여 흐른다. 이와 같이 움직이는 유체 내에서는 압력 변환기(pressure transducer)의 지시값이 그것의 방향에 따라 다르다.

그림 14.2에는 공기 유동관(air duct) 안에 각각의 압력을 보여 주는 2개의 작은 관이

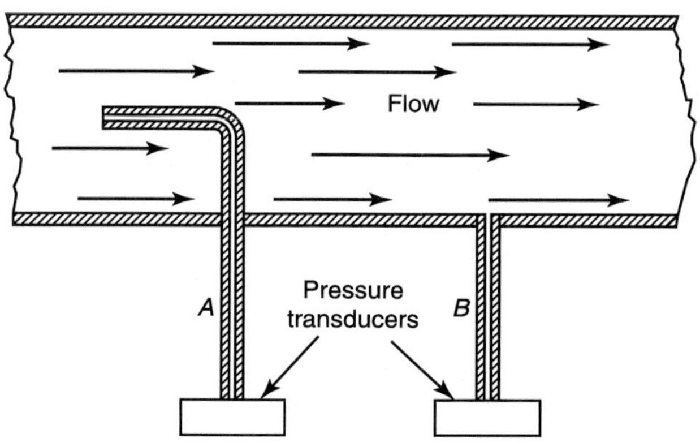

그림 14.2 충돌압관 A와 정압관 B. 관 A에서 전압 즉, 정체압을 감지한다.

있다. 압력 탭(pressure tab) *B*는 관에서 단지 정압(static pressure)만 감지한다. 반면에 관 *A*는 유동이 관 입구와 충돌되도록 유동 방향과 일직선으로 놓여있다. 따라서 이 관은 **전압**(*total pressure*) 또는 **정체압**(*stagnation pressure*)을 감지한다. 전압은 공기 흐름을 따라 같이 움직일 때 감지되는 압력과 일치한다. 정체압은 흐름이 등엔트로피적으로(isoentropically) 정지될 때 얻을 수 있는 압력으로 정의된다. 정체압과 정압 사이의 차이는 유체의 운동에 기인하며, 그 차이를 **속도 압력**(*velocity pressure*) 혹은 **동압**(*dynamic pressure*)이라고 부른다.

$$동압 = 전압 - 정압$$

15.8절에서 논의한 것처럼 이런 압력 차이는 유체의 속도 측정을 위해 이용될 수 있다.

그러므로 우리는 올바른 압력 측정을 얻고 또 해석하기 위해서는 유동 조건을 반드시 고려해야만 한다. 역으로 말해 유동 측정을 올바르게 해석하기 위해서는 압력 조건이 반드시 고려되어야만 한다.

음압

탄성체 내에서 음파(sound wave)는 정압을 기점으로 상하로 요동하며 변하는 압력을 가지는 축방향의 압력 변화(전파 경로를 따라)로 전파한다. 어느 점에서의 압력과 평균 압력과의 순간적인 차이를 **음압**(*sound pressure*)이라 한다. 음압은 보통 상대적으로 작기 때문에 종종 그 단위가 microbar(1 μbar $= 10^{-1}$ Pa)로 표현된다. 음압은 제18장에서 설명하는 것과 같이 마이크로폰과 관련 장치를 사용해서 측정된다.

14.3 압력 계측 변환기

대부분의 경우 압력은 압력의 차이를 힘으로 변환시키고 그 힘을 측정함으로써 측정한다. 이때 힘은 물체나 액주의 중량(weight)을 직접 비교함으로써 측정하기도 하고, 다른 경우로 곡관 튜브나 다이아프램과 같은 탄성부재에 발생하는 변형을 이용함으로써 측정하기도 한다. 여기서 변형은 다시 기계적인 방법으로 측정될 수도 있고, 스트레인 게이지(strain gage), 인덕턴스형(inductive)/용량형(capacitative) 센서들과 같은 2차 변환기에 의해서 측정될 수도 있다. 또 다른 경우로, 압력에 기인한 스트레인이 탄성체 자체의 전기적 성질을 변화시키는 현상을 이용하기도 한다. 그 예로 압전 재료를 들 수 있는데, 압전 재료는 가해진 하중에 비례하는 전하를 발생시킨다.그 외에도 특히 진공 시스템과 관련하여 압력 계측에 대한 여러 가지 방법들이 고안되고 있다.

압력은 단위 면적당 힘이고, 따라서 힘과 면적을 정의하는 길이(length)와 질량(mass), 시간(time)의 표준과 반드시 연계되어야 한다. 그것은 압력을 정의하는 별도의 표현이 없기 때문이다. 압력을 표준과 연결시키는 가장 대표적인 방법은 고정된 질량체를 알고 있는 중력값에 노출하여 힘을 만들고, 이 힘이 정확하게 측정된 면적에 작용하도록 하는 것이다. 예를 들면 피스톤힘 평형기(piston force balance)나 정하중 시험기는(dead-weight tester) (그림 14.3) 다른 압력 게이지를 교정하기 위해 사용되는 정압을 만들어낸다. 질량체가 위에 올려진 피스톤은 아래 부분에 있는 유체의 압력에 의해 지지된다. 만약에 피스톤의 면적을 알고 있다면, 압력은 알고 있는 질량값과 그 공간의 중력값을 이용하여 쉽게 계산할 수 있다. 이러한 장치들은 압력 센서의 정확한 교정을 위해 표준관리기관에서 일반적으로 사용되고 있다. 이 장치를 적절히 활용하면, 만분의 일[2] 보다 더 정확하다. 유사한 방법으로 압력이 액주의 바닥에 작용하는 정수압(액주의 높이는 알고 있는 값)과 평행을 이루도록 하는 방법이 있다. 이를 이용하는 장치를 **마노미터**(*manometry*)라고 한다.

측정하고자 하는 압력이 시간에 따라서 빠르게 변할 경우에는 (동압 측정)변환기가 반드시 이 신호를 잡아주기 위한 충분히 높은 주파수 응답을 가져야 한다. 일반적으로, **동압 측정**(*dynamic* pressure measurement)에는 오직 전기-기계 방식의 변환기만 적합한데, 이 경우에도 관련된 탄성체의 무게는 빠르게 변하는 환경에 충분히 응답할 정도로 가벼워야 한다. 게다가 변환기 자체의 응답에서, 우리는 반드시 변환기와 측정하고자 하는 압력 지점(point) 사이에 있는 모든 연결관이나 연결 챔버들의 응답도 고려해야만 한다.

예를 들면 항공기 외판에 어느 특정 위치(point)의 압력을 측정하는 데 사용되는 다이아프램식 변환기를 생각해보자. 이 경우는 다이아프램을 항공기 외판에 함께 부착하는 것이부적절할 수도 있다. 아마도 다이아프램의 크기가 압력 구배에 비해 너무 크거나, 또는

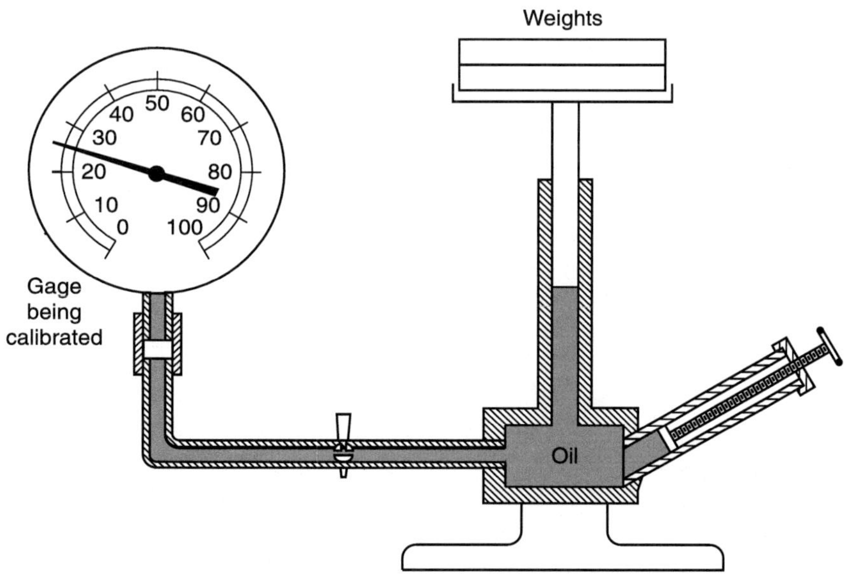

그림 14.3 정하중 시험기

다이아프램의 설치가 표면을 크게 교란시키거나, 큰 온도 변화로부터 보호하기 위해 센서를 내부에 장치하는 것이 필요할 수도 있다. 그러한 경우에 압력은 통로를 통해 감지(pickup) 요소로 전달되며, 작은 공간이나 공동(cavity)이 다이아프램의 위에 존재하게 된다. 본질적으로 통로와 공동은 변환기의 필수 부분이며 이들의 질량, 탄성, 감쇠 특성들은 시스템의 전체 응답성의 결정에 영향을 끼친다. 따라서 단지 변환기의 특성만을 안다는 것으로 주파수 응답을 평가하기에 충분하지 않음이 명백하다. 이 항목들은 14.9절에서 좀 더 논의하겠다.

압력 계측에 대한 국제적 회의는 수십 개국들의 국가표준관리기관들에 의해서 정기적으로 열리고 있다. 이러한 국제적 회의의 자료는 압력 계측 분야에서 높은 수준의 정확성에 대한 상세한 정보들을 제공한다[3,4].

14.4 마노미터

마노미터(manometry)는 액주에 의해서 생겨난 정수압을 비교하여 압력 측정을 하는 원리를 이용한 것이다. 마노미터는 가장 기본적인 압력 측정 장치 중 하나이다. 마노미터는 간단하고, 비싸지도 않고, 오차가 상대적으로 작으며, 거의 모든 감도 수준에서 적용된다. 하지만 측정 압력 범위가 작고, 동적 반응에는 약한 것이 가장 큰 단점이다. 다시 말해 200 kPa(30 psi)보다 큰 압력을 측정하는 데에는 대단히 비실용적이며, 천천히 변화하는 압력 이외에는 적합하지가 않다.

단순한 웰형 압력계(well-type manometer)가 그림 14.4에 나타나 있다. 정미 액주(net liquid column)에 대한 힘-평형 표현은

$$(P_{1a}A - P_{2a}A) = Ah\rho\left(\frac{g}{g_c}\right) \tag{14.1}$$

또는

$$(P_{1a} - P_{2a}) = P_d = h\rho\left(\frac{g}{g_c}\right) \tag{14.1a}$$

가 된다.

여기서 P_{1a}와 P_{2a} = 작용한 절대 압력

P_d = 차이 또는 차압

ρ = 유체의 밀도, 질량/체적

h = 정미 액주 높이 또는 "수두(head)"

g = 중력 방향의 체적 힘(body force)

g_c = 차원 상수(표 2.6 참조)

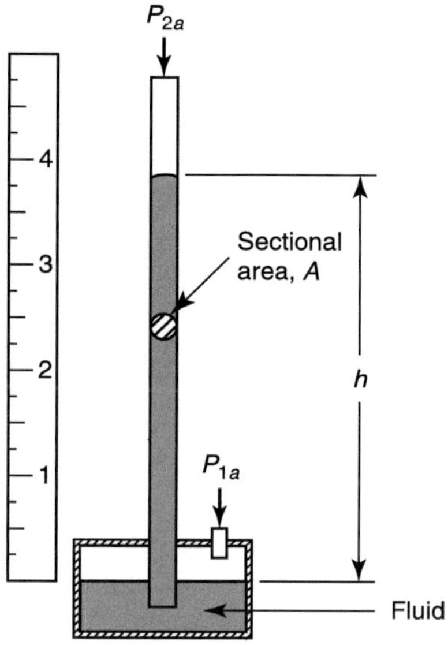

그림 14.4 웰형 압력계

실제로 압력 P_{2a}는 보통 대기압을 말하며 앞의 식은 다음과 같이 된다.

$$(P_{1a} - P_{\text{atm}}) = P_{1g} = h\rho\left(\frac{g}{g_c}\right) \tag{14.2}$$

여기서 P_{1g} = 점 1에서의 게이지 압력

위 식을 간략한 형태로 다시 쓰면 아래와 같다.

$$P_d = h\rho\left(\frac{g}{g_c}\right) \tag{14.2a}$$

여기서 사용될 단위를 알아보기 위하여 SI 단위계에 대해 위 식의 우변에 단위를 대입하면,

$$(\text{m})(\text{kg/m}^3)(\text{m/s}^2)(\text{N}\cdot\text{s}^2/\text{kg}\cdot\text{m}) = \text{N/m}^2 = \text{Pa}$$

영국 단위계를 사용하면,

$$(\text{ft})(\text{lbm/ft}^3)(\text{ft/s}^2)(\text{lbf}\cdot\text{s}^2/\text{lbm}\cdot\text{ft}) = \text{lbf/ft}^2$$

예제 14.1 중력 가속도가 9.75 m/s^2 (31.99 ft/s^2)이고 온도가 20°C(68°F)인 곳에서 높이가 1 m(3.281 ft)인 수주의 바닥에서의 압력을 계산하여라.

풀이: 표 D.1(부록 D)에서 20°C의 물의 밀도는 998.2 kg/m^3 (62.32 lbm/ft^3)이다. SI 단위 사용하면,

$$P_{SI} = (1)(998.2)(9.75/1) = 9732 \text{ Pa} \qquad (\text{or N/m}^2)$$

영국 단위계를 사용하면

$$P_{Eng} = (3.281)(62.32)(31.99/32.17) = 203.3 \text{ lbf/ft}^2 = 1.412 \text{ psi}$$

유체의 밀도가 포함되어 있으므로 정확한 측정을 위해 온도 변화가 고려되어야 한다는 것을 알 수 있다. 마노미터는 어느 정도의 온도감도(sensitivity)를 갖고 있다.

작용한 절대 압력 P_{2a}을 0으로 하고, P_{1a}가 대기압이면 기압계(barometer)가 된다. 이 경우 유체로는 보통 수은이 사용된다. 최근에는 보건 법규상 수은의 사용을 엄격하게 제한하고 있어서, 전통적인 수은계는 상대적으로 점점 사용을 하지 않고 있다.

그림 14.5는 단순한 U자관(U-tube) 압력계의 기능을 나타낸다. 압력은 U자관의 양끝에 작용하고 압력계 유체는 힘의 평형(force equilibrium)이 이루어질 때까지 움직인다. 압력 P_{1a}와 P_{2a}는 밀도가 ρ_t인 어떤 유체에 의해 압력계 양단에 전달되고, 한편 압력계 유체는 더 큰 밀도 ρ_m을 갖는다. 이 경우 일반적으로 다음 식이 성립된다.

$$P_{1a} - P_{2a} = h(\rho_m - \rho_t)\left(\frac{g}{g_c}\right) \tag{14.3}$$

대부분 경우에 두 유체의 밀도 차는 충분히 커서, 작은 편의 밀도가 무시될 수 있다($\rho_m \gg \rho_t$). 예를 들면 공기가 전달 유체이고 물이 압력계 유체일 때이다. 이 경우 우리는 단순한 U자관(*simple* U-tube)이라고 부를 수 있고 식 14.3을 줄여서 아래와 같이 표현할 수 있다.

$$P_{1a} - P_{2a} = h\rho_m\left(\frac{g}{g_c}\right) \tag{14.3a}$$

예제 14.2 그림 14.5에서 압력계 유체를 물과 수은으로 가정하라. 압력계가 물이 흐르는 벤츄리 미터(venturi meter, 15.3절 참조) 양단에 걸린 압력을 측정하는 데 사용되는 상황이 이런 경우이다. 교과서에 사용된 두 가지의 단위계로 표시된 다음의 적절한 데이터를 이용하여 압력 차이를 구하라.

h = 10 in. 또는 $\frac{5}{6}$ ft(0.254 m)
물의 밀도 = 62.38 lbm/ft^3 (999.2 kg/m^3)
H_2O와 Hg의 비중 = 각각 1과 13.6
표준 중력 가속도는 32.174 ft/s^2 (9.80665 m/s^2)를 사용한다.

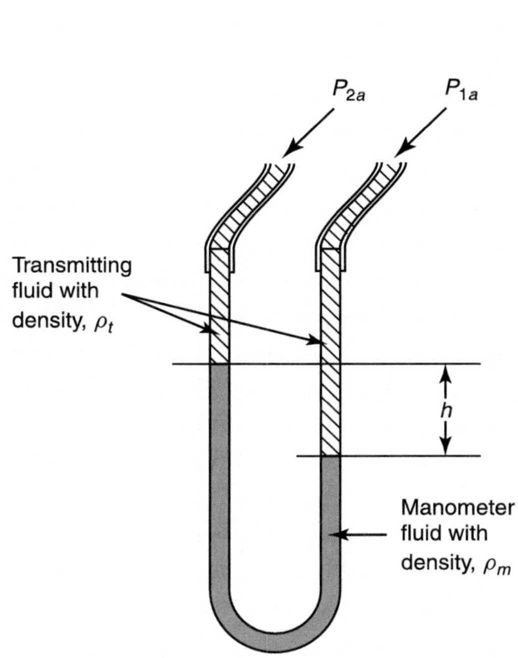

그림 14.5 U자관 마노미터

풀이: 영국 단위계를 사용하면,

$$P_{1a} - P_{2a} = \left(\frac{5}{6}\right)(13.6 - 1)(62.38)\left(\frac{32.174}{32.174}\right)$$
$$= 655 \text{ lbf/ft}^2 = 4.55 \text{ psi}$$

SI 단위계를 사용하면,

$$P_{1a} - P_{2a} = (0.254)(13.6 - 1)(999.2)\left(\frac{9.80665}{1}\right)$$
$$= 31{,}360 \text{ Pa} = 31.4 \text{ kPa}$$

한편, 위의 두 답이 같은 물리량을 나타내며, 각 경우에 사용된 단위가 적절함을 여러분 스스로 알아보아라.

일반적으로 U자관 압력계는 밀도가 더 큰 유체가 사용될 때는 더 큰 압력 측정 범위를 가질 것이고, 밀도가 더 낮은 유체가 사용될 때는 더 큰 감도(sensitivity, 단위 압력 변화에 대한 높이의 변화)를 가질 것이다(식 14.3a 참조).

$$\text{Sensitivity} = \frac{h}{\Delta P} = \frac{1}{\rho_m(g/g_c)} \tag{14.3b}$$

더 큰 감도는 변위 증분 기구를 통해 얻을 수 있으며 그 중 두 가지가 그림 14.6과 그림 14.7에 나타나 있다. $h = L\sin\theta$일 때, 한 개의 경사진 관을 가지는 마노미터에 대하여

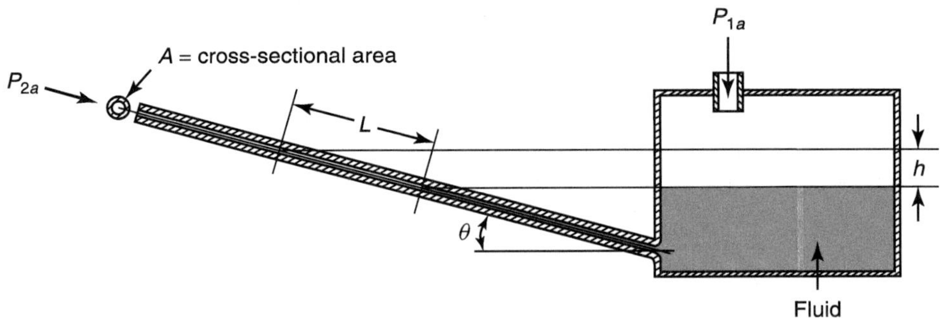

그림 14.6 경사진 관형 마노미터

(그림 14.6)압력 차이 식은

$$P_{1a} = \frac{\rho_m (L \sin\theta) g}{g_c} + P_{2a} \tag{14.3c}$$

그러므로

$$\text{Sensitivity} = \frac{L}{\Delta P} = \frac{1}{\rho_m \sin\theta\,(g/g_c)} \tag{14.3d}$$

이종 유체(two-fluid)식 압력계의 경우에는(그림 14.7) 감도는 아래와 같다.

$$\text{Sensitivity} = \frac{h}{\Delta P} = \frac{1}{[(d/D)^2(\rho_2 + \rho_1) + (\rho_2 - \rho_1)](g/g_c)} \tag{14.4}$$

저장 용기(reservoir)의 직경이 크고 유체 밀도가 비슷할 때 감도는 상당히 클 수 있다

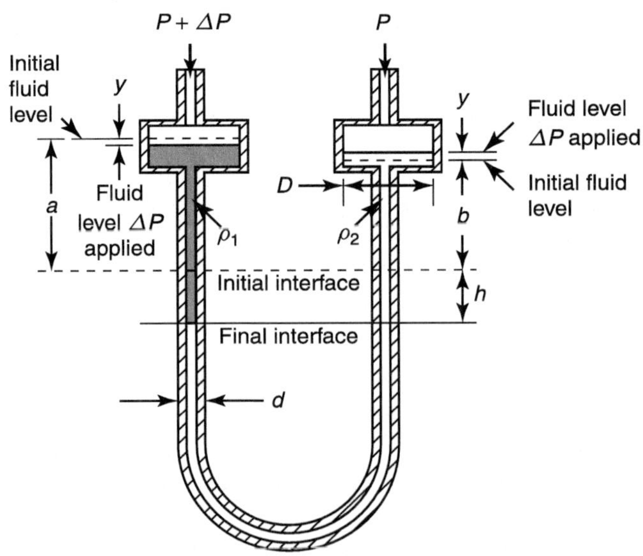

그림 14.7 저수조를 가진 이종유체 마노미터

(*micromanometer*). 단순한 U자관 압력계와 비교하면 변위 증폭률은 다음과 같다.

$$M = \left[\frac{\rho_m}{(d/D)^2(\rho_2 + \rho_1) + (\rho_2 - \rho_1)} \right] \tag{14.4a}$$

여기서 $\rho_m =$ 단순한 압력계 내의 유체 밀도이고 $\rho_2 > \rho_1$이다. micromanometer에 대한 추가적인 연구는 Brombacher에 의해서 수행되었다[5].

높은 정확도의 측정을 위해서, 무엇보다도 마노미터 액체의 눈금 측정에 각별한 주의를 기울여야 한다. 액체의 표면을 읽는 가장 일반적은 수단은 직접 눈으로 액체가 인접해 있는 눈금과 비교하는 것이다. 적절한 빛과 렌즈의 배열을 가지고, micrometer 단위의 정확한 값을 얻는 것도 가능하다. 용량형 센서에 의한 관측, 간섭계에 의한 관측, 초음파를 포함한 고도의 분석과 첨단 기술이 사용되기도 한다[6].

14.5 부르돈관 게이지

부르돈관 게이지는(Burdon-tube gages, 그림 6.1 참조) 탄성형 변환기와 마찬가지로 압력과 탄성력의 평형 시 발생하는 처짐이나 변형을 압력 측정에 사용하는 원리로 사용한다. 보통 타원 단면을 가지는 이 관은 그림 14.8에서 보는 바와 같이 처음에는 반경 R의 원호로 감겨 있다. 원호의 각은 보통 360° 보다 작으나 감도를 증가시키는 것이 요구되는 경우에는 이 관을 여러 바퀴 감은 나선형으로 되어 있다.

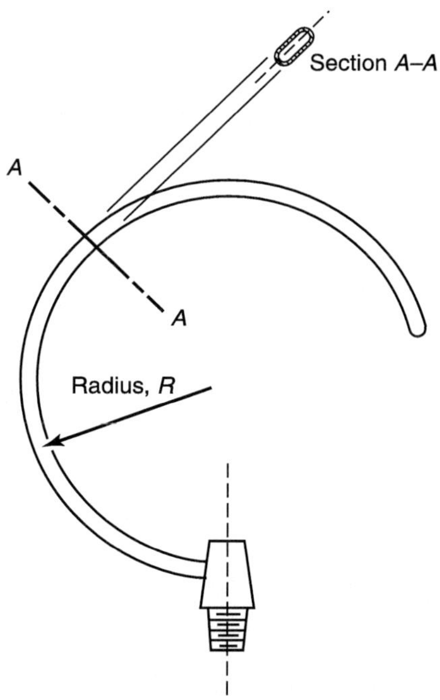

그림 14.8 부르돈관

압력이 이 관에 작용하면 타원 단면은 밖으로 펴져 원형의 단면이 된다. 이때 원호의 내외 측의 길이들은 거의 원래의 길이와 같아지기 위하여 관이 감긴 상태에서 펴지게 된다. 단순한 압력계에서는 관 끝의 이동량을 링크 장치와 기어 장치를 통해 지시침에 전달하며 눈금에 대한 지시침의 이동량이 압력 측정치가 된다(그림 6.1). 다른 형태로는 변위를 감지하기 위해 관의 끝단에 LVDT와 같은 위치 변환기(position transducer)를 연결시킬 수 있다. 부르돈관의 역학적 움직임은 능숙한 기본적 계산에 앞서 많은 분석 연구가 그 과제이다 [7]. 하지만 중요한 특징은 바로 압력으로 인한 변위의 변화가 거의 선형족이라는 것이다.

부르돈관 게이지는 꽤 넓은 압력 범위에 유용하다. 공업용으로 최대로 계측할 수 있는 수치는 100 kPa이하에서부터 150 MPa이상까지 있다. 정확성은 일반적으로 전체 계측치의 0.5~2%의 오차율을 가지고 있다. 부르돈관 게이지는 일반적으로 압력이 정적일 때나 느리게 변화할 때만 사용 가능하다. 압력 변이의 방향이 바뀔 때, 링크나 기어에서의 마찰과 반발로 인하여 계측 시 이력이 생길 수 있다.

많은 동적 압력 측정 장치는 압력 변환기로서 탄성 다이아프램을 사용한다. 사용되는 다이아프램은 평평한 형태와 주름이 잡혀 있는 형태가 있다. 평판형(flat type)은(그림 14.9(a)) 다이아프램의 아주 작은 처짐량(deflation)에 감응하는 전기적 2차 변환기(secondary transducer)와 함께 자주 사용되며, 반면에 주름형(corrugated type)은(그림 14.9(b)) 더 큰 처짐량이 요구될 때에 특히 유용하다.

다이아프램의 변위는 잘 알려져 있는 아네로이드 기압계(aneroid barometer)에서 사용되는 것과 같은 지시침(pointer)과 눈금판(scale)을 가진 형태의 지시계에 기계적인 방법으로 전달될 수 있다. 공학적 측정 방법에서 특히 동적 측정이 요구될 때 다이아프램의 운동을 흔히 전기적인 2차 변환기에 의해 감지하며, 이것의 작동 원리는 다음 절에서 논

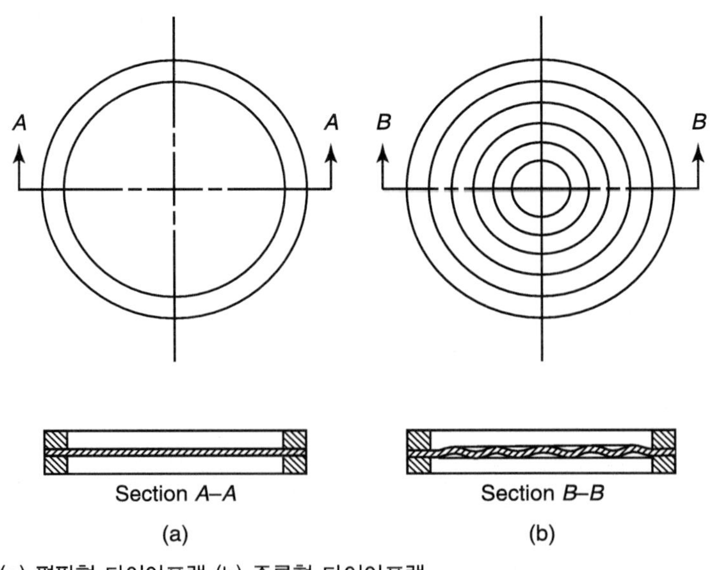

그림 14.9 (a) 평판형 다이아프램 (b) 주름형 다이아프램

의되겠지만 저항식, 용량식, 인덕턴스식(inductive), 압전식(piezoelectric) 또는 압저항식(piezoresistive) 등이 있다. 2차 변환기의 출력(output)은 적당한 중간 장치를 통해서 지시계(indicator), 기록계(recorder) 또는 제어계(controller)에 전달된다.

일반적으로 압력 변환기의 다이아프램 설계에는 아래의 요구 조건을 어느 정도 포함한다.

1. 크기와 전체 하중은 사용된 재료의 물리적 성질에 적합해야 한다.
2. 휨성(flexibility)은 2차 변환기가 요구하는 감도를 제공할 정도로 한다.
3. 변위 체적은 적당한 동적 응답을 주기 위해 최소로 해야 한다.
4. 다이아프램의 고유 진동수는 만족스러운 진동수 응답을 주기 위해 충분히 커야 한다.
5. 출력은 선형적이어야 한다.

14.5.1 평판 금속 다이아프램

평판 금속 다이아프램(flat metal diaphragms)의 처짐은 응력이나 선형성 범위에 의해 제한된다. 일반적으로 선형적인 압력-변위(pressure-displacement) 관계를 유지할 수 있게 하는 최대 처짐은 다이프램 두께의 약 30%라는 것이 밝혀졌다.

어떤 경우에는 2차 변환기를 다이아프램과 그것의 중앙에 물리적으로 연결할 필요가 있다. 이것은 기계적인 연결 링크가 사용되는 경우에 필요하다. 전기적인 2차 변환기에도 요구될 수 있다. 부가하여 보조 스프링의 힘(auxiliary spring force)이 다이아프램의 처짐 상수를 증가시키기 위해 때때로 도입되기도 한다. 이 때문에 다이아프램의 중앙 표면에 어떤 형태의 보스(boss)나 보강재(reinforcement)가 필요하게 되며, 따라서 다이아프램의 휨성(flexibility)은 감소하게 되고 이론적인 설계 분석은 더 복잡해진다. 중앙에 연결 장치가 설치되면 보통 집중력(concentrated force)이 가해질 것이다. 그러므로 다이아프램에는 일반적으로 두 처짐력, 즉 분포 압력 하중(distributed pressure load)과 중앙 집중력(concentrated force)이 동시에 작용한다.

종종 발생하는 단순 평판 다이아프램의 단점에, *oil canning*이라 불리는 비선형성이 있다. 이 용어는 단순한 오일 캔이 압축될 때 오일 캔의 밑면의 거동에서 유래된 것이다. 평판 다이아프램 압력 픽업에서 뜻하지 않은 작은 요철은 특별한 조심을 하지 않으면 제거하기 어렵다.

다이아프램 설계는 참고문헌[8]에 상세히 설명되어 있다.

14.5.2 주름진 다이아프램

주름진 다이아프램(corrugated diaphragms)은 보통 평판형보다 더 큰 직경에 사용된다. 주름형은 선형적 처짐을 증가시켜 응력을 감소시킨다. 평판형에 비해서 더 큰 크기와 처짐은 주름형 다이아프램의 동적 응답을 감소시키므로 정적인 압력 측정에 흔히 이용된다.

2개의 주름형 다이아프램이 양 가장자리에서 연결되는 것도 있는데 이것을 **압력캡슐**

(*pressure capsule*)이라고 부른다. 이것은 보통 아네로이드 기압계(aneroid barometer)에서 사용되고 있는 형태이다.

이와 유사하게, 금속 벨로우즈(bellows)가 때때로 압력 감지 요소로 사용되며 일반적으로 3 kPa에서 10 MPa까지의 압력 범위에서 유용하다. 그러나 이 형식에서는 히스테리시스(hysteresis)와 영점 변이(zero shift)가 대부분의 다른 형식에서보다 더 문제가 되기도 한다.

14.5.3 반도체 다이아프램

다이아프램은 실리콘 칩에 직접 미세 가공할 수 있다. 이것을 반도체 다이아프램 압력 센서라고 한다(그림 6.16 참조). 반도체 다이아프램(semiconductor diaphragms)은 보통 처짐을 탐지하는 압전저항식(piezoresistive)이나 용량식 센서(capacitative sensor)와 함께 새겨 넣어진다[9]. 브리지 회로(bridge circuitry)와 증폭(amplification), 온도 보상, 그리고 그 외 다른 신호 처리 회로들도 표준화된 직접회로기술(standard integrated circuit technology)에 의하여 직접 칩에 장착될 수가 있다. 어떤 모델은 상당히 저렴하다.

실리콘 다이아프램 압력 변환기는 때때로 간단하게 "압저항식"(piezoresistive) 변환기라고도 한다. 대체로 변환기의 이용 범위는 150 Pa에서 100 MPa까지다.

14.6 추가적인 압력 변환기

다양한 종류의 압력 변환기가 사용되고 있다. 이 중 많은 변환기들이 다이아프램의 처짐 방식에 기초를 두고 있고 대부분의 전기-역학적인 변환기 원리가 다이아프램식 압력 감지기(pickups)에 이용되고 있다. 또한 탄성 처짐의 다른 유형에 압력을 스트레인과 변위로 바꾸어 이용하는 것도 있다. 다음 예제들은 여러 종류 중에 대표적인 것들이다.

14.6.1 스트레인 게이지와 평판 다이아프램

대표적인 방법은 단순히 스트레인 게이지(strain gages)를 직접 다이아프램 표면에 부착시키고 측정된 변형을 압력으로 변환하는 방법이다. 종종 직면하게 되는 이 방법의 결점은 게이지를 설치하는 실질 유용 면적이 좁다는 것이며, 이 이유 때문에 짧은 길이의 게이지가 사용되어야 한다.

특별한 나선형 그리드(spiral grid)가 이러한 경우에 사용되어 왔다. 그리드는 장력이 걸리는 요소와 함께 다이아프램의 중앙 면에 설치된다(그림 12.4 참조). 보통 스트레인 게이지는 그림 14.10에 설명되어 있는 것과 같이 설치되기도 한다. 압력이 게이지의 반대면에 자용하면 중앙에 부착된 게이지는 인장을 받게 되고, 빈면에 외측의 게이지는 압축

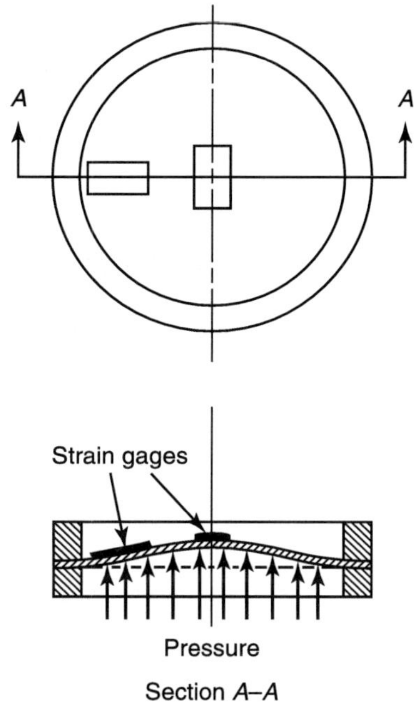

그림 14.10 스트레인 게이지의 평판형 다이아프램상의 부착 위치

을 감지하게 된다. 이 두 게이지는 인접한 브리지 암(bridge arm)에 연결되어 각각의 출력이 더해지고 동시에 온도 보상이 가능하다. 몇몇의 상용 변환기는 두꺼운 필름저항들을 다이아프램에 직접 부착해서 만든 4-게이지 브리지 방식을 쓰고 있다. 새로운 설계를 위해서는, 다이아프램에 있는 게이지의 강도와 질량의 영향을 고려해야 한다.

다른 형태로 굽힘 빔과 다이아프램의 중앙을 로드(rod)에 의하여 연결시키는 것이 있다. 스트레인 게이지는 빔에 설치된다. 로드는 다이아프램으로부터 게이지를 열적으로 분리시키는 역할을 한다.

스트레인 게이지 방식 압력 변환기의 이용 범위는 대략 10 kPa에서 100 MPa사이이다.

14.6.2 인덕티브 변환기

가변 인덕턴스(variable inductance, 6.10~6.12절)는 다이아프램과 함께 사용되는 2차 변환기의 한 형태로서 때때로 사용되어 왔다. 그림 14.11은 이런 종류 중의 한 장치를 나타낸다. 가해진 압력에 의해 다이아프램은 한쪽 극(pole)에 가까이 이동하게 되고, 다른 한 극으로부터 멀어지게 됨으로써 상대적인 인덕턴스(relative inductance)가 변화된다. 그림에서 보는 것과 같이 인덕턴스 브리지 회로가 사용될 수 있다. 가변 인덕턴스나 가변 저항 변환기는 상당히 튼튼하고 높은 감도를 나타낸다. 인덕티브 변환기(Inductive Transducers)는 교류 여자(excitation)와 주변 코일들을 필요로 하기 때문에 상당히 부피가 크므로, 대

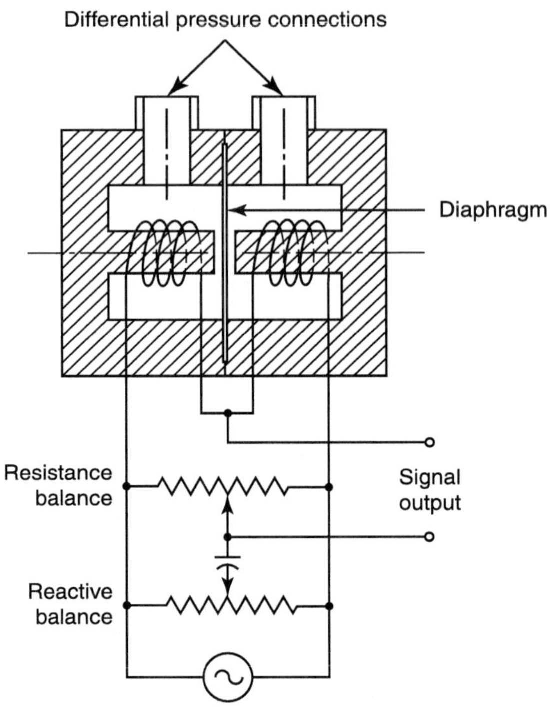

그림 14.11 인덕턴스형 2차변환기가 사용되는 차압셀

개 실험실 환경에 가장 적합할 것이다. 인덕티브 변환기의 이용 범위는 20 Pa에서 70 MPa까지이다.

14.6.3 압전식 변환기

압전식 변환기(piezoelectric transducers)는 전형적으로 약간의 압축력을 가한 금속 다이아프램 뒤에 몇 개의 수정편을 배치시킴으로써 만들어진다. 다이아프램의 굽힘이 수정편에 응력을 가하게 되면 압전하가 발생하게 된다(6.14절 참조). 이 전하를 검출하여 압력을 측정한다. 압전하는 상당히 빠르게 방전되기 때문에, 동압 측정에 가장 적합하다.이 압전식 변환기의 높은 강도는 매우 높은 고유 주파수를 갖게 한다(예를 들면 150 kHz). 그러나 최저 주파수 한계 때문에 수분 이상의 주기를 갖는 변화의 측정에는 적합하지 않다. 단, 감도는 대개 높은 편이다.

전하 증폭기(charge amplifier)는 압전하를 전압으로 바꾸어주는데 이용된다(7.15.2절). 그러나 상용 장비들은 이런 처리 요소를 변환기와 함께 내장하고 있다. 압전식 압력 변환기의 이용 범위는 100 kPa에서 1 GPa 사이이다. 이 압전식 압력 변환기는 내연기관의 실린더, 유압 계통, 탄도장치의 측정을 포함해서 여러 분야에 적용된다[11]. 0.1 Pa의 압력 변화를 분석할 수 있는 저압 압전 센서는 마이크로폰에서 이용된다.

14.6.4 용량식 변환기

용량식 압력 변환기는 캐패시터의 한쪽 판을 유연한 다이아프램으로 사용한다(그림 6.14 참조). 그리고 다이아프램의 범위에 따른 용량 변화를 캐패시턴스 브리지나 발전기의 진동 주파수의 변화를 이용하여 검출한다. 용량식 변환기는 매우 높은 감도를 가지고 있어서, 고 분해능의 진공 압력 측정에 매우 유용하다. 용량식 변환기(capacitative transducers)의 이용 범위는 약 100 Pa에서 10 MPa사이이다. 용량식 센서의 단점은 온도에 대한 민감도와 장시간 사용 시 나타나는 드리프트(drift)이다[12,13].

또한 용량식 다이아프램은 콘덴서 마이크로폰의 기본이 된다(그림 18.8 참조).

14.6.5 스트레인 게이지 압력셀

어떤 형태의 닫힌 용기는 가압하면 변형될 것이며, 이 변형을 저항 스트레인 게이지와 같은 적당한 2차 변환기로 감지하면 작용한 압력을 측정할 수 있다. "압력셀(*pressure cell*)"이라는 용어는 이런 형태의 압력 감지 장치(pressure-sensing device)에 점차로 적용되고 여러 형태의 탄성 용기(containers)나 셀(cell)이 고안되어 왔다.

저압의 측정에는 납작하게 눌려진 관(pinched tube)이 사용된다(그림 14.12). 이 장치는 관이 둥글게 되려는 경향 때문에 굽힘 작용이 발생하게 된다. 그림에서 보는 바와 같이 위치에 관계없이 설치되는 2개의 무응력 상태인 온도 보상 게이지와 함께 게이지는 평평한 면에 직경 방향으로 맞은편에 부착되며, 이러한 배치로 전기적 브리지가 만들어진다.

가장 단순한 형태의 스트레인 게이지 압력 변환기는 그림 14.13에 표기된 것과 같은 원통관일 것이다. 이 경우, 원통관의 측면에 부착된 두 게이지가 무변형 점에 설치된 2개의 온도 보상 게이지와 함께 압력을 감지하는 데 사용된다. 온도 보상 게이지들은 셀(cell)의 끝에 고정된 한 분리디스크(disk) 위에 설치된 것을 그림에서 볼 수 있다. 설계 관계식

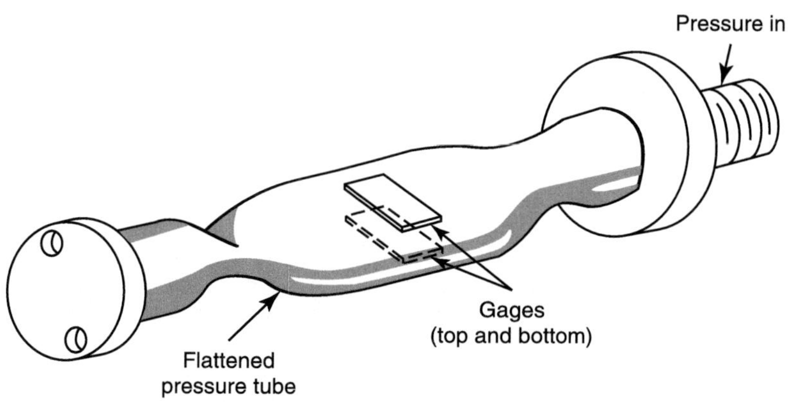

그림 14.12 저항 스트레인 게이지를 2차 변환기로 사용하는 납작한 관형 압력셀

은 대부분의 기계 설계 서적에서 볼 수 있다.

게이지율이 F인 원주 방향으로 부착된 한 쌍의 스트레인 게이지(그림 14.13)의 감도는 다음과 같은 관계식2)으로 표현된다.

$$\frac{\Delta R}{P_i} = \frac{2FRd^2}{E}\left[\frac{2-\nu}{D^2-d^2}\right] \tag{14.5}$$

여기서 ΔR = 스트레인 게이지의 저항 변화량
R = 호칭 게이지 저항
P_i = 내부 압력
d = 원통의 내경
D = 원통의 외경
E = 영률
ν = 푸아송 비

2개의 원주 방향으로 부착된 게이지가 있으므로 브리지 상수는 2가 된다. 단일 스트레인 게이지가 사용된다면 감도는 식 14.5에 의해 주어지는 것의 절반이 될 것이다. 물론 이런 관계는 탄성 상태가 유지되고 게이지가 말단 구속력에 의해 영향을 받지 않도록 위치해 있을 때에만 적용된다.

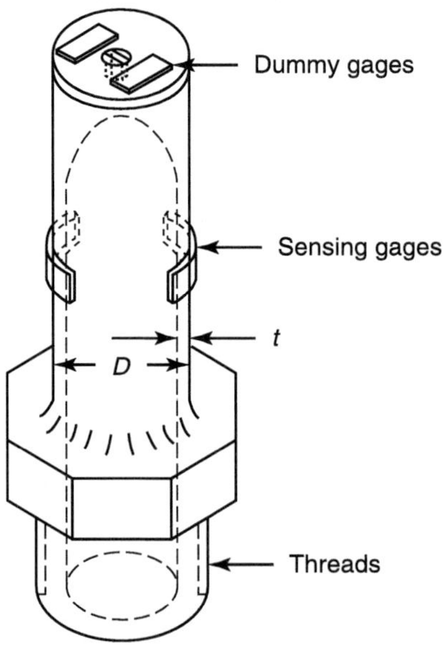

그림 14.13 원통형 압력셀

2) 식 14.5는 두꺼운 벽면을 이용하는 압력 실린더에 대한 Lamé 식을 기초로 하였다. 문제 14.25를 참조

이런 형태의 셀에서 내부 체적을 최소화함으로써 주파수 응답이 개선될 수 있다. 내부 체적 최소화는 플러그(plug)와 같은 고체 충전체(filter)를 사용하여 압력 변화에 따라 셀을 입출하는 유체의 흐름을 줄임으로써 가능하다.

그림 14.14는 이런 형식의 변환기에 사용되는 전기 회로를 나타낸다. 게이지 M은 13.5절에서 기술한 모듈러스(modulus) 게이지로 온도에 따른 영률의 변화를 보상하기 위해 사용된다. 보정저항과 출력저항은 미리 정해진 브리지 저항과 보정을 제공하기 위해 조정된다.

14.7 고압 측정

고압의 범위는 약 1 MPa(약 10 atm)에서 시작하여 현대 기술의 한계까지 확장된 100 GPa(약 10^6 atm)정도까지의 범위로 정의되어 왔다[14]. 동압 측정에 쓰이는 압전식 변환기(piezoelectric transducers)와 정압 측정에 쓰이는 부르돈관 게이지와 같은 여러 보편적인 장치들은 500 MPa에서 1 GPa까지의 압력에 사용될 수 있다. 이러한 압력 측정을 위한 부르돈관은 단면이 거의 둥글며 벽 두께 대 직경의 비가 크다. 그러므로 그것들은 매우 강하고, 변형이 작다. 이런 이유로 고압용 부르돈관은 주로 나선 형태로 여러 번 감겨져 있다.

14.7.1 전기저항식 압력계

매우 높은 압력은 전기저항식 게이지로 측정될 수 있으며 이 게이지는 전기 전도체 자체에 압력을 직접 작용시킴으로써 일어나는 저항 변화를 이용한다. 압력 감지 요소는 비교적 가는 와이어를 느슨하게 감은 코일로 되어 있다. 와이어의 단면과 길이는 그 자체의 전기저항에 영향을 줄 수 있고, 두 차원 모두 재료의 체적 탄성률(bulk modulus)에 의하여

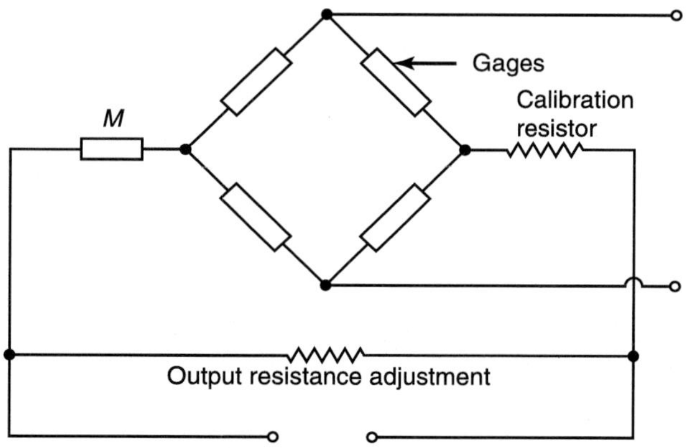

그림 14.14 모듈러스 게이지를 사용하는 압력셀의 스트레인 게이지 회로

결정되는 비율로 압력에 의해 변한다. 따라서 압력은 이 전기저항의 변화로부터 결정될 수 있다.

그림 14.15는 체적 탄성률 게이지의 단면을 나타낸다. 감지 요소는 실제로 작용 매질에 접촉되어 있지 않으며, 등유(kerosene)를 채운 벨로우즈(bellows)에 의해 분리되어 있다. 그림에서 보는 바와 같이 감지 코일의 한 끝은 중앙 단자에 연결되어 있고 다른 한 끝은 접지되어 있어서 이로써 필요한 전기 회로는 완성된다.

식 12.8은 다소 다른 용도로 쓰였지만 또한 위의 상황에도 적용할 수 있다. 이 관계식을 다시 쓰면,

$$\frac{dR}{R} = \frac{dL}{L} - 2\frac{dD}{D} + \frac{d\rho}{\rho} \tag{14.6}$$

여기서 $R =$ 전기저항
$L =$ 전도체의 길이
$D =$ 와이어 직경
$\rho =$ 전기저항률

전기적인 연속성(전기적인 회로를 구성하는)을 주는 와이어의 끝이 압력을 받지 않으므로, 와이어는 2축 응력을 받게 될 것이다. 식 12.2a로 표현된 관계식을 사용하고 $\sigma_x = \sigma_y = -P$와 $\sigma_z = 0$이라고 가정하면, 다음과 같이 쓸 수 있다.

$$\varepsilon_x = \varepsilon_y = \frac{dD}{D} = -\frac{P}{E}(1-\nu) \tag{14.7}$$

또

$$\varepsilon_z = \frac{dL}{L} = \frac{2\nu P}{E} \tag{14.7a}$$

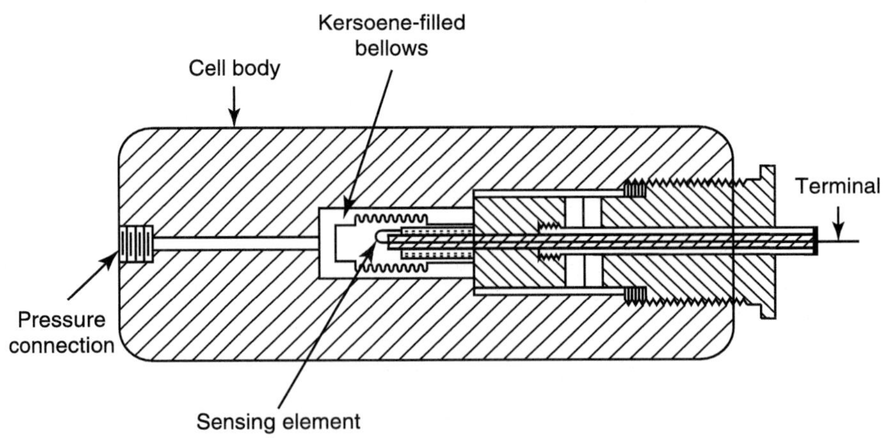

그림 14.15 체적 탄성률 게이지의 단면도

위의 관계식을 결합하면,

$$\frac{dR}{R} = \frac{2P}{E} + \frac{d\rho}{\rho} \tag{14.8}$$

만약에 저항률이 압력에 의존하지 않는다면, 즉 $d\rho = 0$이라면, 저항의 변화와 압력 간의 관계가 선형적인 결과를 낳게 된다. 그러나 실질적으로, 저항은 2차식으로 나타내는 것이 더 바람직하다.

$$\frac{dR}{R} = k_0 P - k_1 P^2 \tag{14.9}$$

여기서 k_0는 저항의 압력계수를 의미한다.

특수합금(특히 망간합금, 구리 84%, 망간 12%, 니켈 4%)이 보통 저항식 게이지에 사용된다. 식 14.9에서 망간의 각각의 계수값은 $k_0 = 2.3 \times 10^{-5}$/MPa, $k_1 = 2.5 \times 10^{-10}$ /MPa^{2}이다. 그런데 압력계수 k_0는 압력과 관계되는 온도에 다소 민감하다. 망간을 예를 들어, 20~50°C 범위에서 k_0는 온도(°C) 증가 당 0.02%증가한다. 그 외 다른 합금들도 대부분 비록 망간보다 압력계수 값이 작거나 온도에 더 민감하지만 전기저항식 압력 게이지로 시도되었다. 예를 들면 금 합금(금과 2.1%의 크롬)은 $k_0 = 1 \times 10^{-5}$/MPa이고, 같은 온도 범위에서 온도(K) 증가 당 0.08%감소한다. 수치적으로는 성능이 떨어지지만, 고압 수소 환경에서는 금-크롬 합금이 적용된다.

14.8 저압 측정

일반적으로 대기압을 기준으로 하여 대기압보다 낮은 압력을 저압(low pressure) 또는 진공(vaccum)이라 한다. 물론 우리는 양(*posituve*)의 크기의 절대 압력이 언제나 존재한다는 것을 알고 있다. 심지어 진공조차도 양의 크기의 절대 압력을 가지므로 절대 압력이 영이 될 수는 없다.

옛 문헌에서는, 진공하의 절대 압력은 종종 수은의 마이크로미터(micrometers)로 표현하는데(μmHg) 이것은 0.133 Pa과 동등하다. 토르(torr, 1 mmHg 또는 133 Pa)의 단위 또한 흔히 사용된다. 오늘날의 실상 표현은 SI 단위의 파스칼(Pa)을 사용한다.

저압 측정에는 다음과 같은 두 가지 방법이 있다. (1) 힘의 작용으로 야기된 변위를 직접 측정하는 법과, (2) 체적, 열전도도 등과 같은 압력의 변화에 따라 변화하는 특성의 측정을 통해 압력을 결정하는 **간접적인** 또는 **추정적인** 방법이 있다. 첫 번째 분류에 포함되는 장치는 나선형 부르돈관, 평판식 및 주름식 다이아프램, 캡슐식, 여러 가지 형식의 마노미터 등이다. 이것들은 이미 앞장에서 거론되었으므로 여기서는 더 이상 논의할 필요는 없으며, 다만 사용할 때 최소 압력치 범위가 1에서 100 Pa로 제한된다는 점을 지적해 둔다. 더 낮은 압력을 측정하기 위해서는 보통 간접적인 방법 중의 하나를 이용한다.

14.8.1 맥라우드 게이지

맥라우드 게이지의 작동은 Boyle의 기본 관계식에 기초를 둔다.

$$P_1 = \frac{P_2 V_2}{V_1} \tag{14.10}$$

여기서 P_1과 P_2는 각각 초기와 최종 상태에서의 압력이고, V_1과 V_2는 이에 대응하는 상태에서의 체적이다. 알려진 체적을 가지는 저압 기체를 더 높은 압력으로 압축한 후 결과적인 체적과 압력을 측정함으로써 초기 압력을 계산할 수 있다.

그림 14.16은 맥라우드(McLeod) 게이지의 기본 구조와 동작을 나타내며 측정은 다음과 같은 방법으로 이루어진다. 미지의 압력을 점 A에 연결하여 미지 압력의 유체가 구(bulb) B와 모세관 C를 채운 후, 저장 용기(reservoir) D에 있는 수은을 추출하여 수은주(mercury level)가 어두운 빛깔로 표시된 체적에 차도록 조절된다. 이때 수은주가 분기점(cutoff point) F에 도달하면, 이미 알려진 체적의 구에 기체가 차게 된다. 이 기체는 수은

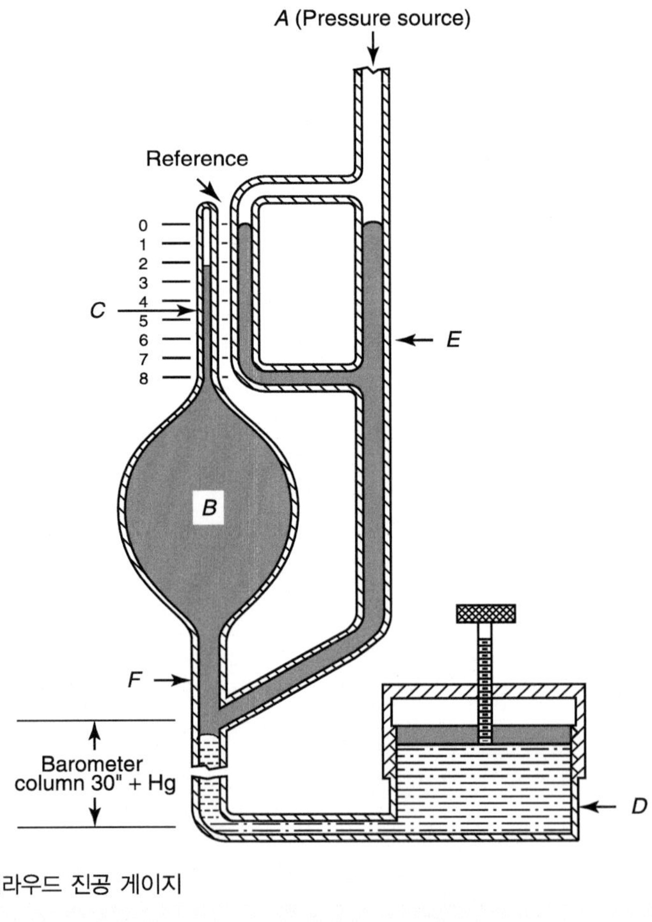

그림 14.16 맥라우드 진공 게이지

주가 상승함에 따라 구내에서 계속 압축된다. 그 후 수은주는 계속 상승하여 E에 있는 기준 영점(zero reference point)에 도달하게 된다. 이런 상태 하에서 구의 상부에 있는 모세관에 남아 있는 기체의 체적은 직접 눈금으로 읽을 수 있으며, 두 칼럼(column)의 높이 차가 갇힌 압력의 척도가 되고 이로부터 초기 압력이 Boyle의 법칙에 의해 계산된다.

증기가 함유된 기체 압력은 압축에 의해 응축이 일어나기 때문에 맥라우드 게이지로는 정상적으로 측정할 수 없다. 다른 범위의 측정 계기를 사용하면 약 0.01에서 10 kPa까지의 압력을 이 형태의 게이지로 측정할 수 있다.

14.8.2 열전도 게이지

전류가 흐르고 있는 도선의 온도는 3가지 인자에 의존하는데 이 인자는 전류의 세기, 저항, 열의 방출률이다. 열의 방출률은 둘러싼 매질의 전도도에 크게 좌우된다. 도선 주의에 있는 매질의 밀도가 감소함에 따라 전도도가 감소하여 도선은 주어진 같은 전류에 대해 더 뜨거워질 것이다. 기체 전도도가 감소하기 시작하는 압력은 대략 130 Pa정도이다. 압력이 약 1 Pa이하에서는, 기체 전도도의 영향은 발견할 수 없을 정도로 작고, 열복사에 의한 열손실이 우세해지게 된다.

이 현상은 저압을 측정하는 두 가지 열전도 게이지에 대한 기초가 된다. 두 가지 모두 가열된 필라멘트를 사용하거나 도선의 온도를 측정하는 방법에 차이가 있다. 챔버(chamber)에 둘러싸인 단일 백금 필라멘트(platinum filament)가 **피라니 게이지**(*Pirani gage*)에 사용되며 주위의 압력이 변함에 따라 필라멘트의 온도와 저항이 변한다. 그림 14.17에 보는 바와 같이 저항 변화는 압력으로 보정된 저항 브리지를 사용하여 측정되며, 보상 셀(compensating cell)은 주위의 온도 변화에 의해 발생된 변화를 최소화하는 데 사용된다.

열전도에 의존한 두 번째 게이지가 **열전대**(*thermocouple*)형이며, 이 경우에 필라멘트의 온도는 직접 필라멘트에 용접된 열전대에 의해 직접 측정된다. 그림 14.18에서 보는 바와 같이, 필라멘트와 열전대는 두 챔버에 설치되어 있다. 측정용 챔버와 기준 챔버에서의 상태가 서로 같다면 열전대에 전류는 흐르지 않는다. 측정용 챔버에서 압력이 변하면 전도도가 변하고 이것은 온도의 변화를 야기시키며 이 온도는 열전대 전류에 의해 검출될 것이다.

이 두 경우에 있어서 게이지는 전도도 또한 이런 인자에 의존하기 때문에 일정한 가압 매질에 대해 보정이 되어야 한다. 이러한 형식의 게이지는 1~100 Pa의 범위에서 유용하다.

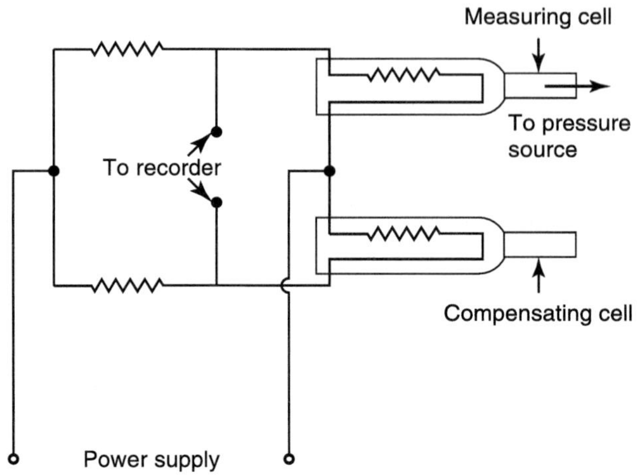

그림 14.17 피라니형 열전도 게이지

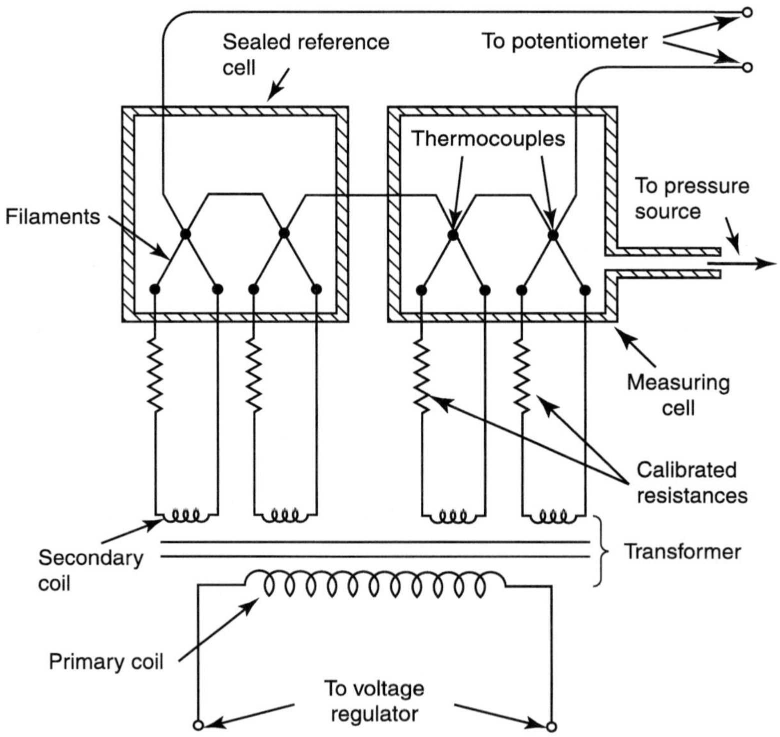

그림 14.18 열전대형 열전도 게이지

14.8.3 이온화 게이지

극히 낮은 압력 측정에는 10^{-6} Pa까지의 압력에 유용한 이온화 게이지(*Ionization Gages*)가 사용된다. 이온화 게이지가 사용될 수 있는 최대 압력은 약 0.1 Pa(1 μmHg)이다. 압력 측정용 이온화 셀은 보통의 삼극 전자관(triode electronic tube)과 매우 유사하다. 이 셀은 측정하려는 초저 압력 상태의 관내에 가열된 필라멘트와 양으로 바이어스(bias) 된 그리드(grid)와 음으로 바이어스 된 플레이트(plate)가 있다. 그리드는 가열된 필라멘트로부터 전자를 끌어당기며 이것과 기체 분자와의 충돌에 의해 기체 분자의 이온화가 발생한다. 여기서 양으로 충전된 분자는 관의 플레이트로 끌려가며 외부 회로에 전류를 흐르게 한다. 이때 회로의 전류흐름은 기체 압력의 함수이다.

가열된 필라멘트 이온화 게이지의 단점들은, (1) 과도한 압력은(0.1~0.2 Pa이상) 필라멘트의 급속한 산화를 야기하며 그 수명을 단축시키고, (2) 전자의 방출량은 필라멘트 온도의 함수이므로 필라멘트 전류를 조심스럽게 제어할 필요가 있다. 다른 형태의 이온화 게이지는 가열된 필라멘트 대신 알파(alpha) 입자의 방사성 발생원(radioactive source)을 사용하여 이러한 단점을 최소화한다. 이러한 게이지가 유용할 수 있는 매우 큰 압력의 범위는 0.01 Pa에서 대기압까지이다[15].

14.9 압력 계측계의 동적 특성

기본적인 압력 측정 변환기는 단독적인 동적 특성이 5장에서 기술되었던 일반화된 계와 이론적으로 유사한 스프링 질량계에 의해 구동되고 감쇠된다. 그러나 그것의 적용에 있어서 완전한 압력 측정계의 실제적인 동적 특성은 일반적으로 픽업(pickup) 자체만의 특성보다는 기본적인 픽업의 외부적인 인자에 의해 더 많이 제어된다. 다시 말하면 전체적인 동적 성능(performance)은 변환기 자체보다 전체 계에 변환기가 삽입되는 방법에 따라서 더 크게 영향을 받는다.

픽업이 움직이는 공기(dynamic air)나 기체의 압력을 측정하는 데 사용되는 경우에 감쇠계를 결정하는 데에 픽업의 외적 인자가 큰 비중을 차지한다. 외부의 공기회로(pneumatic circuitry)는 계의 응답성에 영향을 미치는 그 자체의 진동 특성이 있다. 액체 압력을 측정할 때 계의 유효 스프링 질량은 필연적으로 약간의 액체 질량을 포함하며 이에 덧붙여서 도관의 탄성이 작용하여 전체 스프링 상수를 변화시킨다. 공기와 액체회로의 연결관과 불가피한 공동(cavity)은 측정 압력과 작용 압력 사이에 차이를 주는 손실과 위상 지연(phase lag)을 나타낸다.

많은 이론적인 연구가 이 효과를 규명하기 위해 행해졌다[16~19]. 그러나 각각의 사용에서 그 자체의 개별적인 장점에 비중을 두며 이런 이유로 포함된 몇몇의 인자에 대한 일반적인 요점이 논의될 것이다.

일반적으로, 압력 변환기를 측정하고자 하는 압력이 작용하는 위치에 가능한 가깝게 설치해야 하는데, 이것이 가능하지 않을 때는 전체 계에서의 동적 교정이 변환기 하나만의 동적 교정보다 훨씬 중요하다.

14.9.1 기체 충진계

실제로는, 압력을 어떤 형태의 수송관이나 연결관을 통해 전달하는 것이 필요할 때가 있다. 이 방법은 특히 변환기의 부피가 크거나 측정하고자 하는 환경이 부적합할 때 쓰인다. 그림 14.19는 이런 유형의 경우를 나타낸다.

만일 가압된 매질이 공기와 같은 기체이면 오르간 관(organ pipe) 내의 공기가 공명하는 방식과 똑같은 방식으로 음향학적 공진(acoustical resonance)이 발생할 것이다. 공진 구동 주파수가 존재하면 그림에서 보는 바와 같이 절부(node)와 복부(antinode)가 생길 것이다. 공기의 움직임이 없는(zero motion) 점(point)으로 특징 지워지는 절부는 막힌 끝(이것은 다이아프램과 같은 압력 감지 요소의 변위가 무시된다고 가정한다)에서 발생하며, 최대 압력 변화는 이 점에서 발생한다. 최대 진동 운동은 복부(antinode)에서 발생하며 인접한 절부와 복부 사이의 거리는 공진 주파수 파장의 4분의 1과 같다. 이론적인 공진 주파수는 다음의 관계식에서 결정될 것이다.

$$f = \frac{c}{4L}(2n - 1) \tag{14.11}$$

여기서 f = 공진주파수(기본파, 조화파 모두가 포함된), Hz
c = 가압된 매질 내의 음속, m/s
L = 연결관의 길이, m
n = 어떤 양의 정수(단지 기수 조화 운동만 발생한다는 것에 주목할 것)

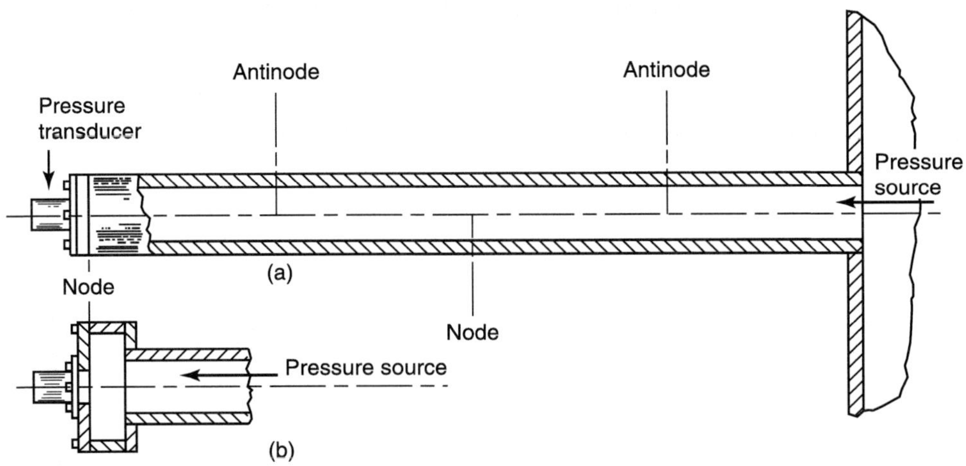

그림 14.19 (a)기체 충진식 압력 측정계 (b) 기체 충진식 압력 측정계에 사용되는 공동

많은 경우에 그림 14.19(b)에서 보는 바와 같이 픽업을 관에 연결시키기 위해 픽업의 끝에 공동이 필요하게 된다. 매질이 기체이고 픽업장치를 포함한 봉쇄된 계의 탄성이 기체에 비해서 비교적 강하다고 가정되면, 이것은 Helmholtz 공진기로 알려진 계가 된다. 질량과 탄성을 갖는 기체 주(column)는 기본 진동수가 다음의 관계식으로 표현되는 음향학적 공진을 갖는 스프링-질량계를 형성한다[20].

$$f = \frac{c}{2\pi}\sqrt{\frac{a}{V(L+\sqrt{\pi a}/2)}} \tag{14.12}$$

여기서 $a =$ 연결관의 단면적, m^2

$V =$ 관의 체적을 제외한 공동의 순(net) 내부 체적, m^3

이 식은 관 체적(aL)이 공동 체적(V)에 비하여 작을 때에 정확하다. 하지만 관 체적이 작지 않을 때, 근사적으로 아래 식으로 대신하여 쓰게 된다.

$$f = \frac{c}{2\pi}\sqrt{\frac{a}{V(L+aL/2)}} \tag{14.13}$$

길이가 긴 관에 대한 좀 더 완벽한 식이 Anderson에 의해 주어졌다[19].

14.9.2 액체 충진계

압력 측정계가 기체보다 액체로 채워질 경우에는 상당히 다른 상황이 나타난다. 액체는 전체 스프링 질량의 대부분을 차지하게 되므로 이 계의 고유 진동수(natural frequency)를 결정하는 데 중요한 인자가 된다.

단일 자유도를 가정하면 고유 진동수는 아래와 같이 표시된다.

$$f = \frac{1}{2\pi}\sqrt{\frac{k_s}{m}} \tag{14.14}$$

여기서 $f =$ 고유 진동수, Hz

$m =$ 움직이는 물질의 상당 질량 $= m_1 + m_2$, kg

$m_1 =$ 움직이는 변환기 요소의 질량, kg

$m_2 =$ 액주의 상당 질량, kg

$k_s =$ 변환기의 강성도(stiffness), N/m

단순화된 해석에 의하여 White[21]는 액주의 유효 질량에 관한 다음의 근사 관계식을 유도했다.

$$m_2 = \frac{4}{3}\rho a L\left(\frac{A}{a}\right)^2 \tag{14.15}$$

여기서 $\rho =$ 액체의 밀도, kg/m^3
$a =$ 관의 단면적, m^2
$L =$ 관의 길이, m
$A =$ 변환기 감지 요소의 유효 면적, m^2

A는 실제의 다이아프램이나 벨로우즈의 면적과 반드시 같지는 않으며, 다음의 관계식으로 정의되는 **유효 면적**(*effective area*)임에 주의해야 할 것이다.

$$A = \frac{\Delta V}{\Delta y} \tag{14.16}$$

여기서 $\Delta V =$ 감지 요소의 처짐에 따른 체적의 변화량, m^3
$\Delta y =$ 감지 요소에 나타난 변위, m

마찬가지로, 변환기의 강성도 k_s는 체적 변화 ΔV를 수반한 압력 변화 ΔP(Pa)의 항으로 기술하면,

$$k_s = \frac{\Delta P \cdot A}{\Delta V / A} \tag{14.17}$$

식 14.15를 식 14.14에 대입하면,

$$f = \frac{1}{2\pi}\sqrt{\frac{k_s}{m_1 + \frac{4}{3}\rho a L (A/a)^2}} \tag{14.18}$$

많은 경우에 액체의 상당 질량 m_2는 m_1보다 상당히 더 크므로 m_1은 감지될 만한 오차 없이 생략될 수 있다. 이렇게 생략하고 a를 관의 지름으로 바꿔서 나타내면,

$$\begin{aligned} a &= \pi D^2/4 \\ D &= \text{tubing I.D., in m} \\ f &= \frac{D}{8A}\sqrt{\frac{3k_s}{\pi \rho L}} \end{aligned} \tag{14.19}$$

앞에서 언급한 바와 같이 압력 픽업은 갈바노미터(galvanometer)와 사이즈모식(seismic-type) 가속도계를 포함하는 것과 같은 방식으로 구속 스프링 질량을 포함하므로 좋은 주파수 응답은 단지 측정계 자체의 고유 진동수보다 훨씬 낮은 진동수 범위에서 얻을 수 있다. 이런 이유로 압력 측정계는 요구되는 감도와 설치 요구 조건에 일치하는 높은 고유 진동수를 갖는 것이 바람직하다. 식 14.19를 살펴보면 연결관의 직경이 커야 되고 그 길이는 최소 한도로 짧아야 한다는 것을 알 수 있다.

이에 덧붙여 이 일반적인 형태의 계에 대한 최적의 성능을 얻기 위해서는 오히려 일정한 양의 감쇠가 필요하다는 것을 알 수 있다. White[21]은 거론된 종류의 계에서의 감쇠

비 ξ에 관해 다음의 관계식을 제시하였다.

$$\xi = \frac{4\pi L\nu(A/a)^2}{\sqrt{k_s m}} \tag{14.20}$$

$$= \frac{4\pi L\nu(A/a)^2}{\sqrt{k_s[m_1 + \frac{4}{3}\rho a L(A/a)^2]}} \tag{14.21}$$

여기서, $\nu =$ 유체의 점도이다. 만일 m_1이 무시되고, $a = \pi D^2/4$를 대입하면 다음과 같은 식을 쓸 수 있다.

$$\xi = \frac{16\nu A}{D^2}\sqrt{\frac{3L}{\pi k_s \rho}} \tag{14.22}$$

14.10 교정법

압력계의 정적 교정은 최대 한계 압력이 특별히 높지 않다면 특별한 문제점을 발생시키지 않는다. 잘 알려진 분동식 압력계는(dead-weight tester, 그림 14.3) 변환기의 출력을 비교하기 위한 정확한 기본 압력을 제공하는 데 사용된다. 이런 종류의 시험기는 특수한 장치를 사용한다면, 1 GPa(150,000 psi)의 높은 압력까지 유용하다.

비록 정적 교정이 양호하다 하더라도 동적 측정에 사용되는 변환기는 변환기의 주파수 응답을 결정하기 위해서 어떤 형식으로든 동적 교정도 해야 한다. 압력 변환기가 흔히 2차적 시스템 (스프링–질량–감쇠)으로 모델화된다면, 동적 교정은 주파수의 함수인 진폭비를 결정하기 위해 변환기의 고유 주파수(natural frequency), 감쇠비(damping ratio)와 정적 진폭(static amplitude), 즉 변환기의 변환 함수를 찾는데 사용될 수 있다(5.16절과 5.20절 참조)[22,23].

동적인 교정 문제는, (1) 주기적이거나 맥동적인 압력원을 얻는 문제와 (2) 그러한 압력원에 의해 제시되는 진압력–시간(true pressure-time) 관계식을 정확히 결정하는 문제로 구성된다. 이 두 문제는 다음의 몇 절에서 기술될 것이다.

동적 압력원은 주기적(정적으로 진동)인 것과 불규칙적(과도기적)인 것이 있다.

I. 주기적 압력원(periodic pressure sources)
- **(a)** 피스톤과 챔버
- **(b)** 회전 밸브(rotating valve)
- **(c)** 사이렌 원판(siren disk)
- **(d)** 음향적 공진기(acoustic resonator)

II. 불규칙한 압력원(aperiodic pressure sources)
- **(a)** 급개판(quick-release valve)

(b) 밀폐용기 안의 폭발물

(c) 충격 관

주기성을 갖는 압력원을 사용할 때 압력원의 주파수는 변환기의 주파수 응답특성을 직접 측정할 수 있도록 가변할 수 있다. 비주지적인 압력원을 사용할 경우에는 추가적인 계산이 필요할 것이다.

14.10.1 주기적 압력원

대부분의 주기적 압력원(periodic pressure sources)은 기체의 매개체로 고안되었다. 그래서 일반적으로 저 주파수와 진폭으로 제한하면 거의 사인 함수의 모양으로 가깝게 된다. 하지만 고진폭이나 주파수 영역에서는, 압력 변화가 압축성 기체 흐름의 비선형적 거동에 의하여 톱니식으로 들쭉날쭉한 모양으로 되는 경향이 있다[23,24].

정상 상태의 주기적 교정(steady-state pressure calibration)의 압력원은 그림 14.20과 같은 간단한 보통의 피스톤과 실린더 장치이다. 만일 피스톤의 행정이 동일하다면 압력의 진폭은 실린더 체적을 조절함으로써 변화될 수 있을 것이다. 체적이 고정된 경우, 알고 있는 거듭된 압력 변화가 하나의 주파수를 낳을 수 있다. 진폭과 주파수 범위는 기계적 설계에 의존하나 7 MPa의 최대 압력과 100에서 1000 Hz까지의 진동수를 얻을 수 있다[22,25].

이것과 매우 유사한 방법은 마이크로폰(microphone)의 교정에 사용된다. 이 경우에 요구되는 압력 진폭은 매우 작으므로 피스톤이 기계적인 연결 링크(linkage)로 작동되는 대신에 전자 기계가 사용된다[26]. 이것은 피스톤의 운동원이나 주기적 관성 하중으로 액체의 매개체로 적합한 후반 방법으로 진동 시험용 교반기(vibration test shaker)를 사용할 수 있음을 암시한다[23].

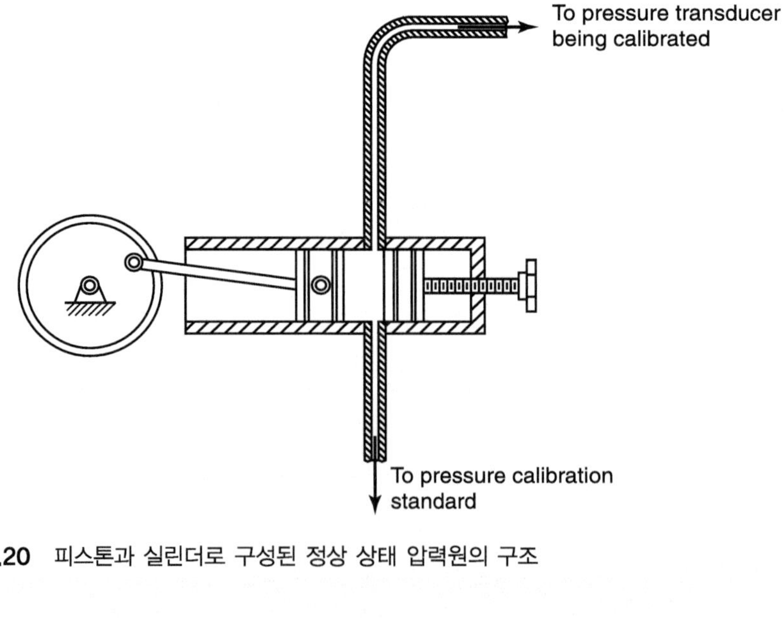

그림 14.20 피스톤과 실린더로 구성된 정상 상태 압력원의 구조

몇몇의 압력원은 주기적으로 고압력원과 저압력원 사이에 있는 압력을 바꾸어서 변환기로 보내는 회전 밸브(rotating valve)를 기초로 하고 있다. 만약에 음향적 공진기(acoustic resonator)가 체적을 포함한 기체를 피할 수 있다면, 이 압력 신호는 근사적으로 직각을 나타낼 것이다. 최근의 고안에 의하면 이 압력원은 100 kPa와 1 kHz까지 에서도 사용된다[27, 28].

그림 14.21은 정상 상태의 주기적 압력을 얻기 위한 또 다른 방법을 나타낸다. 이 형태의 압력원은 7 kPa까지의 진폭으로 3000 Hz까지 사용되고 있다[29]. 이 방법을 변화시킨 것으로 압력원을 교대로 대기에 방출하고 차단하도록 뚫린 일련의 구멍을 갖는 모터로 작동되는 사이렌형 원판(siren type disk)으로 사용한 것이 있다[30]. 사이렌은 200 kPa의 진폭으로 1 kHz의 주파수까지 사용되고 있다[22].

음향적으로 작동되는 공진계(14.9.1절 참조)로 구성된 정상 상태 정현파(sinusoidal) 압력 발생기가 사용되어 왔다. 전형적인 배열로는 이동 가능한 피스톤으로 한쪽 끝을 막아버린 관에 확성기를 위치시키는 것이다. 피스톤의 위치는 확성기로부터 반파장 거리를 조절한다. 이런 시스템은 낮은 진폭으로 낮은 주파수까지 사용되고 있다[17, 23].

앞에서 제안된 모든 방법은 단지 압력 변화의 공급원을 제시하였지만, 그 자체에서 크기나 시간적인 특성을 결정하는 방법을 제시하지 않았다. 그러나 이 장치들은 성능이 보증된 장치로 미지의 특성을 갖는 픽업과 비교할 때 특히 유용하다.

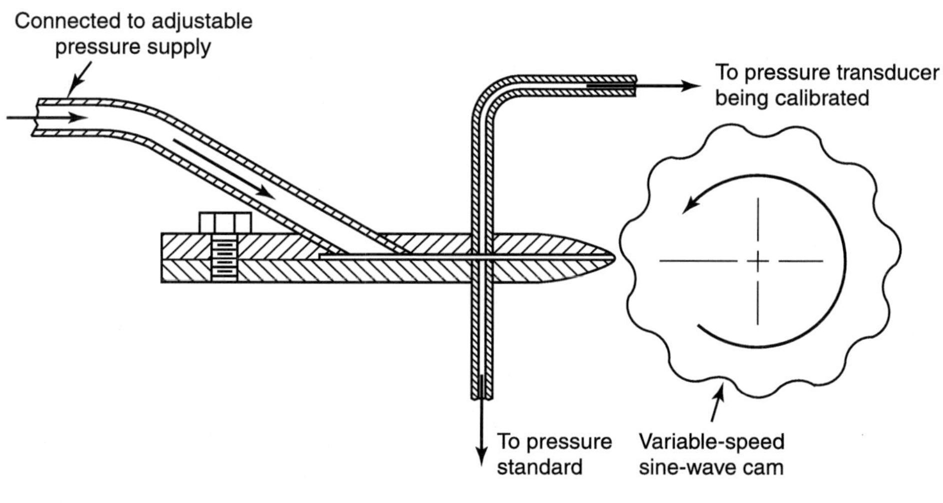

그림 14.21 제트와 캠으로 구성된 정상 상태 압력원

14.10.2 불규칙한 압력원

압력 변환기의 동적 특성을 결정하는 데 사용되는 정상 상태의 주기적 압력원은 발생될 수 있는 진폭과 진동수에 의해 제한되며 큰 진폭과 정상 상태 진동수를 동시에 얻기는 어렵다. 이런 이유로 변환기의 고진폭 범위에서 고주파수 영역을 정하기 위해서 압력에서의 어떤 형태의 계단 함수로 재구분하는 것이 필요하다. 전형적으로, 변환기의 계단-압력 변화(step-changed pressure)에 대한 응답이 기록되며, 라플라스 변환(Laplace transform)은 변환기의 동적 특성을 정하는 데 사용된다.

여러 가지 방법들이 필요한 맥동을 발생시키기 위해 사용되고 있다. 가장 간단한 방법 중의 하나는 압력원과 변환기 사이에 빠르게 작동하는 밸브를 사용하는 것이다. 이 고안들은 변환기가 고압의 챔버를 갑작스럽게 대기 중으로 노출시키는 것이나 저압의 챔버를 갑작스럽게 고압의 큰 챔버로 노출시키는 것으로 조절된다. 이 방식에서 최대 압력의 0%에서 90%까지 올리는데 걸리는 상승시간(rise time)은 1 ms이하로 보고되었다[22~24].

계단 압력 함수의 또 다른 발생원으로는 다이너마이트 폭탄의 폭발과 같은 압력 발생기 내에 밀폐된 폭발물 장치이다. 여기서 최고 압력은 순(net)내부 체적에 의해 제어되며 0.3 ms내에 5 MPa 정도의 고압력 계단이 얻어졌다[17,22,27].

충격관(*shock tube*) 장치는 과도 압력 "표준(standard)"에 가장 근접한 것을 제공함이 확실하다[24,31]. 충격관의 구조는 아주 간단하다. 그림 14.22와 같이 이 장치는 양끝이 막혀 있고 다이아프램에 의해 두 챔버가 분리되어 있는 긴 관으로 구성된다. 다이아프램을 사이에 두고 압력 차를 증가시키면 다이아프램은 외부에서 제어되는 프로브(probe)나 단도(dagger)에 의해 또는 자체 압력 차에 의해 터지게 된다. 다이아프램이 파열되면 압력의 불연속이나 충격파(*shock wave*)가 저압 영역으로 흐르고 희박파(rarefaction wave)는 초기에 더 높았던 압력의 챔버를 통해서 흐르게 된다. 감쇠된 압력파는 챔버의 끝에서 반사되며 압력 계단으로부터 이미 기체 입자가 지닌 속도에 더해지기 때문에 더 큰 속도로 계단 압력을 따라 관 아래로 흐르게 된다. 그림 14.23은 다이아프램의 과열로 즉시 야기되는 흐름의 연속을 보여준다.

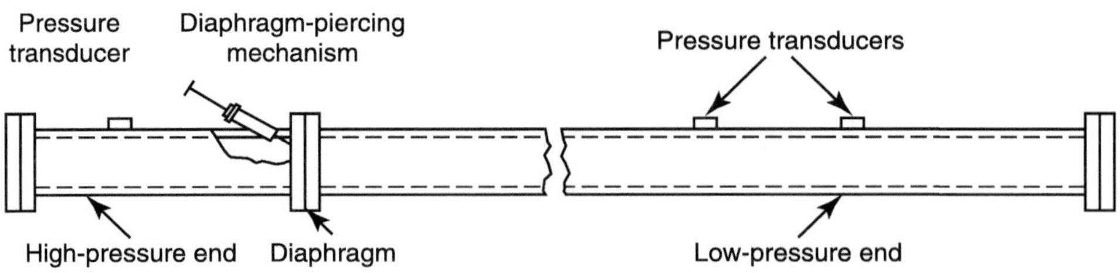

그림 14.22 충격관의 구조

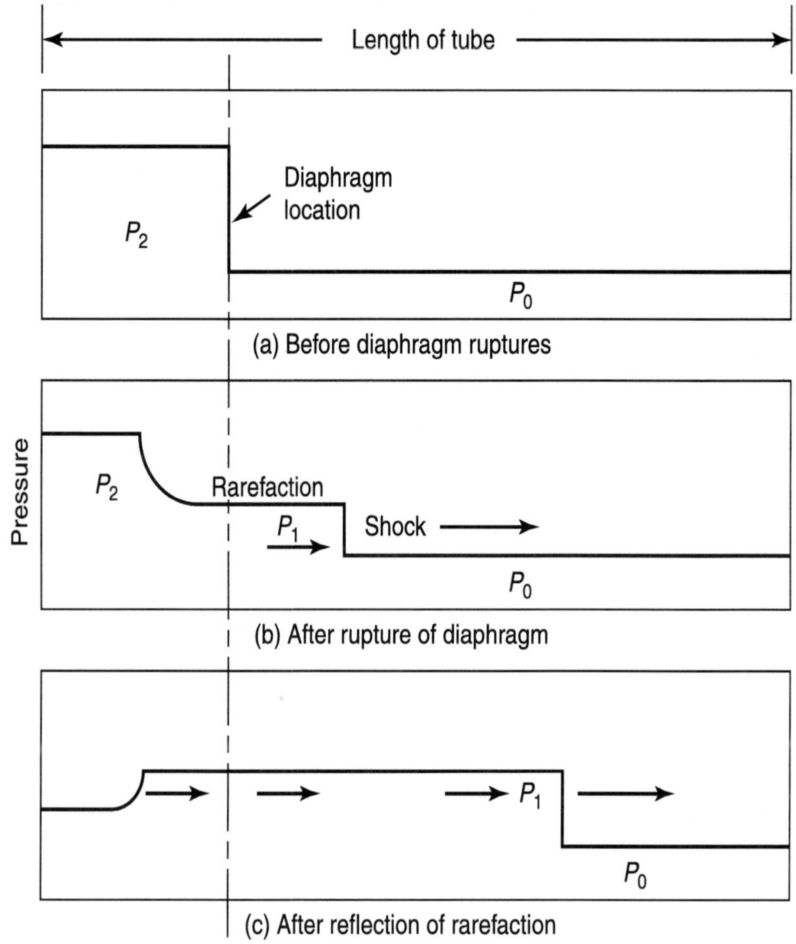

그림 14.23 다이아프램이 파열된 직후와 직전의 충격관내의 압력변화

압력과 충격파의 속도와의 관계식은 다음과 같이 표현될 것이다[32].

$$\frac{P_1}{P_0} = 1 + \frac{2k}{k+1}(M_0^2 - 1) \tag{14.23}$$

여기서 P_1 = 중간 과도 압력
P_0 = 초기의 낮은 압력
k = 비열비 (표 15.2 참조)
M_0 = 초기의 낮은 압력에 대응하는 마하(Mach) 수

기체의 물성치가 알려져 있다면, 전파 속도(propagation velocity)의 측정으로 압력 펄스(pressure pulse)의 크기가 충분히 결정될 것이다. 전파 속도는 관 벽에 정확히 위치된 압력 픽업에서 제공된 정보로부터 결정될 것이다. 이런 방법으로 알게 된 과도 압력 펄스

는 단순히 충격관 벽에 부착된 픽업에 의해 압력 변환기 또는 전체 압력 측정계에 적용될 것이다. 이 방법으로 결정되는 응답 특성은 진동 스펙트럼(spectrum)으로 장치나 계의 일반적인 응답을 계산하는 데 사용된다.

충격관의 상승 시간(rise time)은 얇은 충격파가 통과하는 시간이며, 일반적으로 1 sec 이하이다. 시험 지속 기간은 중간 압력 P_1이 변환기에 유지되는 시간이다. 이것은 충격관의 길이의 함수이고, 전형적으로 수 밀리 초(msec)이다. 그래서 충격관은 수백 Hz이상의 주파수 영역 교정에 사용된다. 저 주파수의 교정에는 주로 빠르게 움직이는 밸브를 사용한다[22, 24]. 교정을 위한 충격관의 압력 범위는 20 MPa까지이다.

SUGGESTED READINGS

ASME PTC19.2-1987. Instruments and Apparatus: Part 2. *Pressure Measurement.* New York: American Society of Mechanical Engineers, 1987.

Benedict, R. P. *Fundamentals of Temperature, Pressure and Flow Measurements*, 3rd ed. New York: Wiley-Interscience, 1984.

Fowles, G. *Flow, Level and Pressure Measurement in the Water Industry.* Oxford, U.K.: Butterworth-Heineman, 1993.

Gautschi, G. H. *Piezoelectric Sensorics.* Berlin: Springer-Verlag, 2002.

Kovacs, G. T. A. *Micromachined Transducers Sourcebook.* New York: McGraw-Hill, 1998.

Peggs, G. N. (ed.). *High-Pressure Measurement Techniques.* London: Applied Science Publishers, 1983.

연습문제

14.1. Standard atmospheric pressure is 1.01325×10^5 Pa. What are the equivalents in (a) newtons per square meter, (b) pounds-force per square foot, (c) meters of water, (d) inches of oil, with 0.89 specific gravity, (e) millibars, (f) micrometers, and (g) torr?

14.2. Determine the factors for converting pressure in pascals to "head" in (a) meters of water; (b) centimeters of mercury.

14.3. The following are some commonly encountered pressures (approximate). Convert each to the SI units, Pa or kPa: (a) automobile tire pressure of 32 psig; (b) household water pressure of 120 psia; (c) regulation football pressure of 13 psig.

14.4. First in SI units and then in English units,

(a) Write expressions relating the height of a fluid column in terms of a reduced gage pressure (a vacuum).
(b) Under standard conditions of atmosphere and gravity, what is the maximum height to which water may be raised by suction alone?
(c) Under similar conditions, to what height may a column of mercury be raised?
(d) On the surface of the moon, what is the height to which water could be raised by suction alone? (See Appendix D for data.)

14.5. The common mercury barometer may be formed by sealing the upper end of a tube (e.g., Fig. 14.4), inverting it and filling it with mercury, then righting the tube into a mercury-filled reservoir. A vacuum is formed over the column and the height of the column is governed primarily by the pressure (air pressure) applied at the base. Under these conditions, is a true zero absolute pressure (a complete vacuum) formed over the column? Investigate the vapor pressure of mercury and determine the degree of error introduced if it is ignored.

14.6. Rewrite Eq. (14.3) in terms of specific gravities.

14.7. Write a few sentences explaining the mechanics of "suction."

14.8. Write a few sentences explaining the operation of a syphon.

14.9. The U-tube-type manometer (Fig. 14.5) uses mercury and water as the manometer and transmitting fluids, respectively. What value of h should be expected at 20°C if the applied differential pressure is 80 kPa (11.6 psig)? (See Appendix D for data.) Use SI units.

14.10. A dual-fluid U-tube manometer, Fig. 14.5, located at Fort Egbert, Alaska, displays a pressure, $\Delta h = 5.400$ in. fluid displacement. Under identical conditions, except for location, determine what pressure would be indicated (a) at Key West, Florida, and (b) on the moon. (Refer to Appendix D for data.)

14.11. Figure 14.24 illustrates a manometer installation. Write an expression for determining the static pressure in the conduit in terms of h_1, h_2, and the other pertinent parameters.

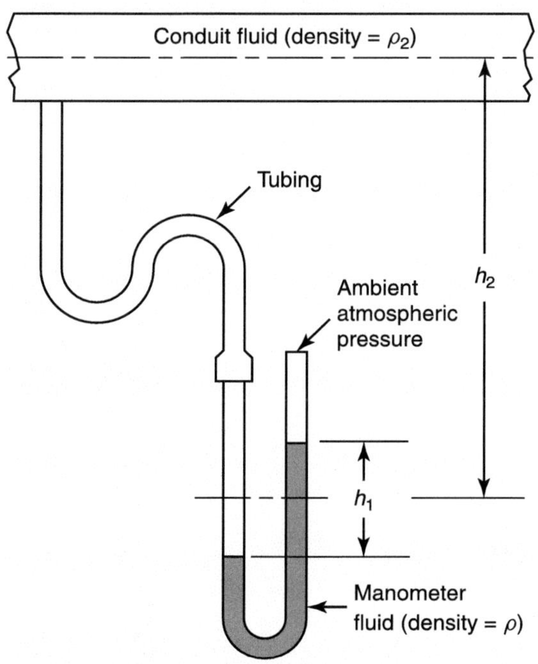

FIGURE 14.24: Manometer arrangement referred to in Problem 14.11.

14.12. For the conditions shown in Fig. 14.24, if the manometer fluid is Hg and the conduit fluid is H_2O (both at 20°C), $h_1 = 18.4$ cm (7.24 in.), and $h_2 = 0.7$ m (2.30 ft), what pressure exists in the conduit? Solve using SI units.

14.13. Express the ratio of sensitivities of an inclined manometer (Fig. 14.6) to that of a simple manometer in terms of the angle θ. For an inclined manometer six times more sensitive than a simple manometer, what should be the angle of inclination?

14.14. Verify Eqs. (14.4) and (14.4a).

14.15. The manometer shown in Fig. 14.7 uses water and carbon tetrachloride as the two fluids (see Appendix D for data). If the area ratio is 0.01, what magnification will result as compared to the simple manometer using (a) water as the fluid and (b) carbon tetrachloride as the fluid?

14.16. Derive an expression for the two-fluid manometer in Fig. 14.7, substituting reservoirs of diameters D_1 and D_2 for the like-sized reservoirs shown in the figure.

14.17. A two-fluid manometer as shown in Fig. 14.7 uses a combination of kerosene (specific gravity, 0.80) and alcohol-diluted water (specific gravity, 0.83). Also, $d = \frac{1}{4}$ in. (6.35 mm) and $D = 2$ in. (50.8 mm). What amplification ratio is obtained with this arrangement as compared to a simple water manometer? What error would be introduced if the ratio of diameters was ignored?

14.18. Confirm Eq. (14.3c).

14.19. Note that Eq. (14.3c) is based on a moving datum—namely, the liquid level in the reservoir. Derive an equation for the differential pressure based on the movement of the liquid in the inclined column only. (Note that a practical solution would be to make provision for adjusting the reservoir level to an index or "zero" line.)

14.20. Figure 14.13 shows a cylindrical pressure cell using two sensing strain gages. If the cylinder may be assumed to be "thin wall," then

$$\sigma_H = \frac{Pd}{2t}$$

and

$$\sigma_L = \frac{Pd}{4t}$$

(See Appendix E, Figure E.10, for symbol meanings.)

For this case, show that

$$\frac{\Delta R}{P} = \frac{FRd}{Et}\left[1 - \frac{\nu}{2}\right]$$

where

F = gage factor,
R = gage resistance,
E = Young's modulus, and
ν = Poisson's ratio

14.21. For a circular diaphragm of the type and loading shown in Fig. 14.9(a), the maximum normal stress occurs in the radial direction at the outer boundary, expressed as follows [33]:

$$\sigma_r = \frac{3}{4}\left(\frac{a}{t}\right)^2 P$$

Greatest linear deflection occurs at the center and is equal to

$$Y_{\text{max}} = \left(\frac{3}{16}\right)\left(\frac{Pa^4}{Et^3}\right)(1-\nu^2)$$

where

$$\begin{aligned} P &= \text{pressure,} \\ a &= \text{radius,} \\ E &= \text{Young's modulus, and} \\ \nu &= \text{Poisson's ratio} \end{aligned}$$

For $a = \frac{1}{4}$ in. (6.35 mm), $E = 30 \times 10^6$ psi (20.68×10^7 kPa), and $\nu = 0.3$, and for a design stress of 9×10^4 psi (6.2×10^5 kPa), what maximum deflection may be expected if $P = 300$ psi (2.07×10^3 kPa)?

14.22. Solve Problem 14.21 using SI units and reconcile the two answers.

14.23. A thin-walled, cylindrically sectioned tube of nominal diameter D and wall thickness t is subjected to a pressure P. Circumferential (hoop) and longitudinal stresses may be determined from the relations $\sigma_H = PD/2t$ and $\sigma_L = PD/4t$ (see Example E.2, Appendix E). Using Eqs. (12.2a), show that the corresponding circumferential and longitudinal strains are

$$\varepsilon_H = \left(\frac{PD}{2Et}\right)\left(1 - \frac{1}{2}\nu\right) \quad \text{and} \quad \varepsilon_L = \left(\frac{PD}{2Et}\right)\left(\frac{1}{2} - \nu\right)$$

14.24. A pressure transducer is constructed from a steel tube having a nominal diameter of 15 mm (0.59 in.) and a wall thickness of 2 mm (0.0787 in.).

(**a**) If the design stress is limited to 2.75×10^8 Pa (3.99×10^4 psi), what maximum pressure may be applied to the transducer?

(**b**) For the maximum pressure calculated in part (a), determine the circumferential and longitudinal strains that should be expected. Use $E = 20 \times 10^{10}$ Pa (29×10^6 psi) and $\nu = 0.3$.

14.25. The simple stress relations given in Problem 14.23 assume a uniform stress distribution through the wall of the cylinder. For so-called heavy-wall cylinders, this simplifying assumption leads to error. The following, more complex relations, often referred to as the Lamé equations, must be used:

$$\sigma_H = \frac{P(D^2 + d^2)}{D^2 - d^2} \text{ on the inner surface,}$$

$$\sigma_H = \frac{2Pd^2}{D^2 - d^2} \text{ on the outer surface,}$$

$$\sigma_L = \frac{Pd^2}{D^2 - d^2},$$

$$\sigma_r = -P \text{ on the inner surface}$$

All are principal stresses (see Appendix E).

(a) For a design stress of 2.75×10^8 Pa (3.99×10^4 psi), $d = 2$ cm (0.787 in.), and $D = 5$ cm (1.968 in.), what is the maximum pressure that may be applied?

(b) If the maximum pressure is applied, what circumferential and longitudinal strains should be expected on the outer surface? Use 0.3 for Poisson's ratio and 20×10^{10} Pa for Young's modulus.

14.26. Derive Eq. (14.5). Note that this equation is based on the Lamé equations for heavy-wall pressure vessels. See Problem 14.25.

14.27. Confirm Eq. (14.8).

14.28. The speed of sound in an ideal gas, c, may be expressed by the relation [32]

$$c = \sqrt{kRT}$$

where

k = the ratio of specific heats (1.4 for air),
R = the gas constant (287 J/kg·K for air), and
T = absolute temperature (in kelvin)

Using the above equation and Eq. (14.11), determine the change in frequency in percent, corresponding to a temperature change from 10°C to 40°C.

14.29. A pressure-measuring system involves a $\frac{1}{4}$-in.-diameter tube, 24 in. long, connecting a pressure source to a transducer. At the transducer end there is a cylindrical cavity $\frac{1}{2}$ in. in diameter and $\frac{1}{2}$ in. long. Proper performance requires that the frequency of applied pressures be such as to avoid resonance. Calculate the resonance frequency of the system.

14.30. Assume that the 24-in. connecting tube used in Problem 14.29 is reduced to zero length. What will be the resonance frequency? [Use Eq. (14.12), letting $L = 0$.]

14.31. A Helmholtz resonator consists of a spherical cavity to which a circularly sectioned tube is attached. It may be considered as approximating the tube and cavity of Problem 14.29. The resonance frequency of a Helmholtz resonator may be estimated by the relation [32]

$$f = \frac{c}{2\pi}\sqrt{\frac{a}{VL}}$$

The symbols have the same meaning as in Eq. (14.12). Use this equation to estimate the resonance frequency of the system described in Problem 14.29.

참고문헌

[1] Taylor, B. N. *Guide to the Use of the International System of Units (SI).* NIST Special Publication 811. Gaithersburg, Md.: National Institute of Standards and Technology, 1995.

[2] Benedict, R. P. *Fundamentals of Temperature, Pressure and Flow Measurements*. 3rd ed. New York: Wiley-Interscience, 1984.

[3] Proceedings of CCM third international conference: Pressure metrology from ultra-high vacuum to very high pressures—10^{-7} to 10^{9} Pa. *Metrologia* 36(6), 1999.

[4] Proceedings of CCM second international seminar: Pressure metrology from 1 kPa to 1 GPa. *Metrologia* 30(6), 1993/94.

[5] Brombacher, W. G. *Survey of Micromanometers*. NBS Monograph 114. Washington, D.C.: U.S. Government Printing Office, 1970.

[6] Tilford, C. R. Three and a half centuries later—The modern art of the manometer. *Metrologia* 30:545–552, 1993/94.

[7] Kardos, G. *Bourdon Tubes and Bourdon Tube Gages: An Annotated Bibliography.* New York: American Society of Mechanical Engineers, 1978.

[8] Di Giovanni, M. *Flat and Corrugated Diaphragm Design Handbook.* New York: Marcel Dekker, 1982.

[9] Kovacs, G. T. A. *Micromachined Transducers Sourcebook.* New York: McGraw-Hill, 1998.

[10] Wenk, E. Jr. A diaphragm-type gage for measuring low pressures in fluids. *SESA Proc.* 8(2):90, 1951.

[11] Gautschi, G. H. *Piezoelectric Sensorics.* Berlin: Springer-Verlag, 2002, Chap. 8.

[12] Adams, E. D. High-resolution capacitative pressure gages. *Rev. Sci. Instr.* 64(3):601–611, 1993.

[13] Miiller, A. P. Measurement performance of high-accuracy low-pressure transducers. *Metrologia* 36:617–621, 1998.

[14] Peggs, G. N. (ed.). *High Pressure Measurement Techniques*. London: Applied Science Publishers, 1983.

[15] ASME PTC19.2-1987. Instruments and Apparatus: Part 2. *Pressure Measurement*. New York: American Society of Mechanical Engineers, 1987.

[16] Iberall, A. S. Attenuation of oscillatory pressures in instrument lines. *NBS J. Res.* 45:85, July 1950.

[17] Hylkema, C. G., and R. B. Bowersox. Experimental and mathematical techniques for determining the dynamic response of pressure gages. *ISA Proc.* 8:115, 1953, and *ISA J.* 1:27, February 1954.

[18] Brown, F. T. The transient response of fluid lines. *J. Basic Engr.* 84:547–552, 1962.

[19] Andersen, R. C. *Analysis and Design of Pneumatic Systems.* New York: John Wiley, 1967, Sect. 4.3.

[20] Lord Rayleigh. *The Theory of Sound*, vol. II. 2nd ed. New York: Dover Publications, 1945, p. 188.

[21] White, G. Liquid filled pressure gage systems. *Instrument Notes* 7. Los Angeles: Statham Laboratories, January–February 1949.

[22] Bean, V. E. Dynamic pressure metrology. *Metrologia* 30:737–741, 1993/94.

[23] Hjelmgren, J. *Dynamic Measurement of Pressure—A Literature Survey.* SP Report 2002:34. Borås, Sweden: SP Swedish National Testing and Research Institute, 2002.

[24] Damion, J. P. Means of dynamic calibration for pressure transducers. *Metrologia* 30:743–746, 1993/94.

[25] Taback, I. The response of pressure measuring systems to oscillating pressure. *NACA Tech. Note 1819*: February 1949.

[26] Badmaieff, A. Techniques of microphone calibration. *Audio Eng.* 38: Dec. 1954.

[27] Schweppe, J. L., L. C., Eichberger, D. F. Muster, E. L. Michaels, and G. F. Paskusz. *Methods for the Dynamic Calibration of Pressure Transducers.* National Bureau of Standards Monograph 67. Washington, D.C.: U.S. Department of Commerce, 1963.

[28] Kobota, T., and A. Ooiwa, Square-wave pressure generator using novel rotating valve. *Metrologia* 36:637–640, 1999.

[29] Patterson, J. L. A miniature electrical pressure gage utilizing a stretched flat diaphragm, *NACA Tech. Note 2659*: April 1952.

[30] Meyer, R. D. Dynamic pressure transmitter calibrator. *Rev. Sci. Inst.* 17: 199, May 1946.

[31] Bean, V. E., W. J. Bowers, W. S. Hurst, and G. J. Rosasco, Development of a primary standard for the measurement of dynamic pressure and temperature. *Metrologia* 30:747–750, 1993/94.

[32] Thompson, P. A. *Compressible-Fluid Dynamics.* New York: McGraw-Hill, 1972.

[33] Roark, R. J. *Formulas for Stress and Strain.* New York: McGraw-Hill, 1965, p. 217.

Chapter 15 유체 유동의 측정

15.1 서론

유체 유동(Fluid flow)은 매우 다양한 형태로 존재한다. 흐르는 매체가 액체, 기체, 미립 고체(granular solid) 또는 이들의 조합일 수 있다. 또 흐름의 형태가 층류(laminar) 또는 난류(turbulent)이거나, 정상 상태(steady-state) 또는 과도 상태(transient-state)일 수 있다. 측정하려는 것이 한 점에서의 속도일 수도 있고, 관로(channel)를 따라 흐르는 유량이거나, 단순히 유동장 전체의 가시화일 수 있다. 이러한 것들이 적절한 측정 기법의 선택에 영향을 주고, 여러 가지 다른 측정 방법들이 다양한 상황에 따라 개발되고 있다. 이 장에서는 일반적인 측정법에 대해 중요한 사항을 대략적으로 소개하도록 한다.

유량 측정의 가장 직접적인 방법은 일정한 시간 동안 흐른 유체의 체적이나 질량을 용기에 담아서 기록하는 것이다(**1차 유량 측정**, *a primary measurement* of flow rate). 그러나 종종 압력 차이나 기계적 응답과 같은 양이 유량(flow rate)을 추정하는 데 사용된다(**2차 유량 측정**, *a secondary measurement*). 또 유량계와 속도 센서를 구별할 수도 있다. 즉 **유량계**(*flowmeters*)는 관(tube)이나 채널(channels)을 지나는 체적이나 질량 유량(예: liters/minute, kilograms/second)을 측정하지만 **속도 감지 프로브**(*velocity-sensing probes*)는 어느 한 점에서의 유속(예: m/s)을 측정한다. 속도 감지 프로브는 유량계의 한 부분으로 사용될 수도 있다. 그러나 그 반대의 경우는 드물다. 아울러 **유동 가시화 기술**(*flow-visualization* techniques)은 전체 유체의 흐름의 상(image)을 얻는데 사용된다.

유량 측정 방법의 분류는 다음과 같다.

1. 1차 또는 정량 방법(Primary or Quantity Methods)
   (a) 중량 탱크(weight tanks) 등
   (b) 원통형 체적 탱크(volume tanks), 벨 프루버(bell provers) 등

2. 유량계(flowmeters)
   (a) 방해 유량계(Obstruction meters, 압력차에 응답)
      i. 벤츄리(venturi meters)
      ii. 노즐(flow nozzles)
      iii. 오리피스(orifices)
      iv. 가변 면적 유량계(variable-area meters)
   (b) 체적 유량계(Volume flowmeters, 체적 유량에 응답)
      i. 터빈과 프로펠러 유량계(turbine and propeller meters)
      ii. 전자기식 유량계(electromagnetic flowmeters, 액체만 해당)
      iii. 와류 유량계(vortex-shedding meters)
      iv. 초음파 유량계(ultrasonic flowmeters)
      v. 변위 유량계(positive-displacement meters)
   (c) 질량 유량계(Mass flowmeters, 질량 유량에 응답)
      i. 코리올리 질량 유량계(coriolis meters)
      ii. 임계 유동 벤츄리 유량계(critical flow venturi meters)
      iii. 열유속계(thermal mass flow anemometers)

3. 속도 프로브
   (a) 압력 프로브
      i. 전압(total pressure)과 피토-정압 튜브(Pitot-static tubes)
      ii. 방향 감지 프로브
   (b) 열선과 열막 풍속계(hot-wire and hot-film anemometers)

(c) 도플러법

i. 레이저 도플러 유속계(laser-Doppler anemometer)

ii. 초음파 도플러 유속계(ultrasonic-Doppler anemometer, 액체만 해당)

(d) 입자-화상 속도계(particle-image velocimetry)

4. 유동 가시화 기술(Flow-visualization techniques)

(a) 연기 자국과 연기 선(가스)

(b) 염료 분사, 화학적 침전물, 입자 추적(액체)

(c) 수소 기포 기법(액체)

(d) 레이저 유도 형광(laser-induced fluorescence)

(e) 굴절률 변화(refractive-index change): 간섭 측정(interferometry), 슈리렌법(schlieren), 그림자법(shadowgraph)

상기 방법들은 유량 측정계의 전부를 나타낸 것은 아니지만 기계 공학도에게 기본적으로 관계되는 것을 나타내고 있다. 방해 유량계는 아마도 산업 현장에서 가장 자주 사용되는 것일 것이다. 위의 방법 중 일부는 실제 적용이 너무 단순해서 간략하게 설명되었는데 **정량법**(*quantity* methods)이 이에 해당한다. 중량 탱크(weight tank)는 액체 유량계의 정상 상태 교정에 특히 유용하다.

15.2 유동 특성

우리는 질량 유량, $\dot{m}$(kg/s)나 체적 유량 Q(m^3 /s)를 사용하여 덕트(duct)나 관을 지나는 유동을 측정할 수 있다. 이러한 두 물리량은 유체의 밀도 ρ(kg/m^3)와 연관되어 있다.

$$\dot{m} = \rho Q \tag{15.1}$$

우리는 또한 덕트 내에서의 덕트 단면적 A를 이용하여 유체의 평균 속도 V를 정의할 수 있다.

$$V = \frac{\dot{m}}{\rho A} = \frac{Q}{A} \tag{15.2}$$

유체가 균일한 관로를 아주 낮은 속도로 지나갈 때, 각각의 입자들의 움직임은 일반적으로 관로의 벽과 평행한 선을 따라 움직인다. 이 입자 속도는 그림 15.1(a)에 나타낸 것과 같이 속도 분포가 중심에서 최대가 되고, 벽에서는 영이 된다. 이러한 흐름을 **층류**(*laminar*)라 한다.

유량이 증가함에 따라 관 내의 입자 움직임이 불안정하고, 불규칙한 와류를 발생시키는 **난류**(*turbulent*)에 가까워진다. 이러한 경우에는 그림 15.1(b)에 나타난 것과 같은 시평균(time-average) 속도 분포를 고려한다. 이러한 변화가 일어나는 **근사 속도**를 **임계속도**

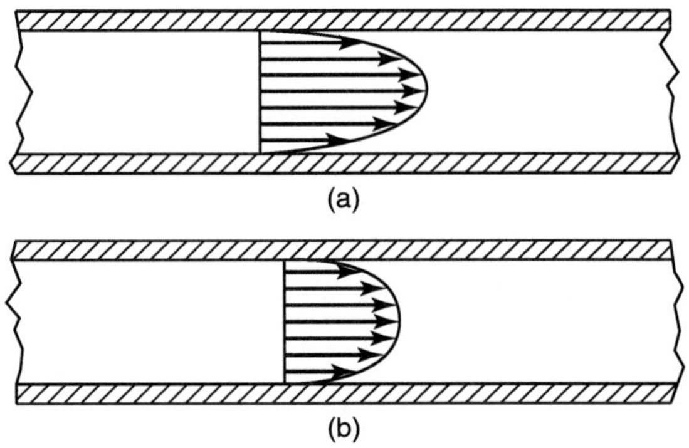

그림 15.1 관내에서 유체의 속도 분포 (a) 층류, (b) 난류

(*critical velocity*)라 한다.

임계속도는 다음과 같이 레이놀즈 수(Reynolds number), Re_D,[1]로 불리는 무차원 수의 함수임이 실험적으로 알려져 있다.

$$Re_D = \frac{\rho V D}{\mu} \tag{15.3}$$

여기서 D = 유체흐름의 단면 길이(도관이 원형 단면의 파이프인 경우는 보통 직경)[2]

ρ = 유체의 밀도

V = 유체의 속도

μ = 유체의 동점성 계수

관의 임계 레이놀즈 수는 보통 2100~4000 사이이다. 이 범위 이하에서 그 유동은 층류가 될 것이고, 이 범위 이상에서 유동은 난류가 될 것이다.

관이나 덕트를 통한 체적 유량 Q는 면적 A를 가로지르는 부분에서의 속도 분포 $V(x,y)$의 적분이다.

$$Q = \int_A V(x,y)\, dA \tag{15.4}$$

유량계가 Q 또는 Q와 V를 측정하는데 반하여 속도 프로브는 $V(x,y)$를 측정한다. 그러나 Q를 얻기 위해 속도 프로브의 출력을 적분할 수 있다.

---

1) 동점성 계수를 나타내는 μ는 사용되는 단위계에 따라 kg/m · s나 lbf · s/ft^{2}로 나타낸다. 식 15.3에 사용된 형식이 보통이나, 영국 단위계에서는 타당한 단위를 얻기 위하여 식 15.1에 g_c를 포함하는 것이 요구된다.

2) 아래첨자 D는 파이프의 호칭경을 나타낸다. 레이놀즈 수가 벤츄리 또는 오피리스의 목 부분의 직경을 사용할 때는 소문자 d가 사용된다. 즉 레이놀즈 수는 Re_d로 표시된다.

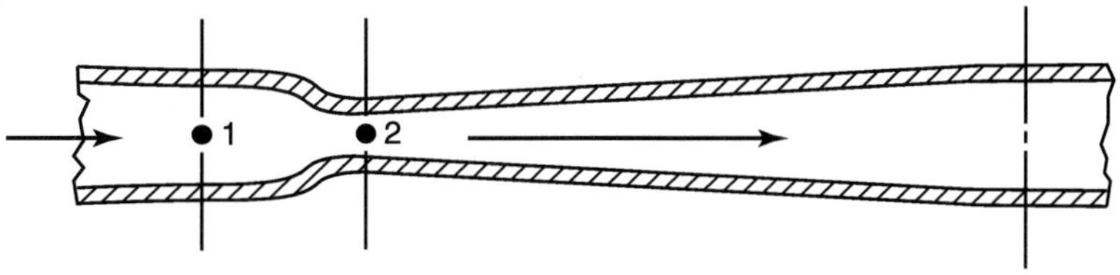

그림 15.2 관의 단면적 변화

유체속도나 높이의 변화는 압력의 변화를 초래한다. 예를 들어 비압축성 유체가 넓은 단면에서의 점 1에서부터 좁은 단면에서의 점 2까지 흐를 경우(그림 15.2), 식 15.2에 의하여 평균 속도는 반드시 증가할 것이다. 비압축성 유체의 흐름에 대한 베르누이 방정식(Bernoulli' s equation)은 압력의 변화 식으로 다음과 같이 주어진다[3].

$$\frac{P_1 - P_2}{\rho} = \frac{V_2^2 - V_1^2}{2g_c} + \frac{(Z_2 - Z_1)g}{g_c} \tag{15.5}$$

여기서			
	$P =$ 절대압력,	N/m^2(또는 Pa)	lbf/ft^2
	$\rho =$ 밀도,	kg/m^3	lbm/ft^3
	$V =$ 선형 속도,	m/s	ft/s
	$Z =$ 높이,	m	ft
	$g =$ 중력 가속도,	$9.807\ m/s^2$	$32.17\ ft/s^2$
	$g_c =$ 차원상수,	$1\ kg \cdot m/N \cdot s^2$	$32.17\ lbm \cdot ft/lbf \cdot s^2$

위의 관계식은 점 1과 점 2 사이를 통과할 때 유체에 대하여 또는 유체에 의한 기계적인 일이 없고, 또 유체로 또는 유체로부터의 열전달도 없다고 가정한다. 이 방정식은 일반적으로 **방해 유량계**(*obstruction meter*)로 분류되는 유량 측정 장치의 작동과 **압력 프로브**로 분류되는 속도 감지 장치의 작동을 평가하는 기초가 된다.

15.3 방해 유량계

그림 15.3에 3가지의 일반적인 방해 유량계(obstruction meters)의 형태, 즉 벤츄리, 유동 노즐, 오리피스가 나타나 있다. 각 경우에서 유량계는 흐르는 유체의 통로에서 유동을 방해하는 역할을 하여 속도의 국부적인 변화를 일으킨다. 유체의 흐름이 최대로 제한되는 점에서 최대 속도와 최저 압력이 나타난다. 속도를 측정하기 위하여 이 최저 압력과 상류의 압력과의 차이를 측정한다.

압력 강하의 일부는 운동에너지의 소실(dissipation) 때문에 회복될 수 없게 된다. 그러

---

3) 베르누이의 방정식은 압력 손실이 없는 유체의 유선(streamline)에 적용되고 국부 속도(local velocity)로 표시된다. 또 손실이 무시할 정도이면 덕트 내의 평균 속도를 사용하여 나타낼 수 있다.

므로 출구 압력이 항상 입구 압력보다 낮다. 이는 그림에서 보여주듯이 재팽창을 가지는 벤추리가 가장 효과적임을 의미한다. 반면, 오피리스 유량계에서는 차압의 30~40%의 손실이 발생한다.

15.3.1 비압축성 유체용 방해 유량계

식 15.2로부터 비압축성 유체에 대하여 다음의 관계가 성립한다.

$$\rho_1 = \rho_2 = \rho \quad \text{and} \quad \dot{m} = \rho A_1 V_1 = \rho A_2 V_2$$

여기서 점 1과 점 2는 그림 15.3에 나타나 있다. 압력 손실이 없는 이상 유체의 경우, $Z_1 = Z_2$라 가정하고, $V_1 = (A_2/A_1)V_2$를 식 15.5에 대입하면,

$$\frac{P_1 - P_2}{\rho} = \frac{V_2^2 - V_1^2}{2g_c} = \frac{V_2^2}{2g_c}\left[1 - \left(\frac{A_2}{A_1}\right)^2\right] \tag{15.6}$$

그리고 식 15.6을 V_2에 대해 정리하면 다음과 같은 질량 유량을 얻을 수 있다.

$$\dot{m}_{\text{ideal}} = \rho A_2 V_2 = \left[\frac{A_2}{\sqrt{1 - (A_2/A_1)^2}}\right]\sqrt{2g_c\rho(P_1 - P_2)} \tag{15.7}$$

주어진 유량계에 대하여, A_1과 A_2는 고정된 값이므로, E라고 하는 **접근 인자 속도**(*velocity of approach factor*)를 계산하는 것이 편리하다.

$$E = \frac{1}{\sqrt{1 - (A_2/A_1)^2}} \tag{15.7a}$$

원형 면적에 대해서, 면적 $= \pi$(지름)$^2/4$ 이므로,

$$E = \frac{1}{\sqrt{1 - \beta^4}} \tag{15.7b}$$

여기서 $$\beta = \frac{d}{D}$$

또는 $d =$ 작은 직경
$D =$ 큰 직경

방해 유량계를 통한 유량 손실을 고려하기 위해 **송출계수**(*discharge coefficient*) C를 도입한다. 즉

$$C = \frac{\dot{m}_{\text{actual}}}{\dot{m}_{\text{ideal}}} \tag{15.7c}$$

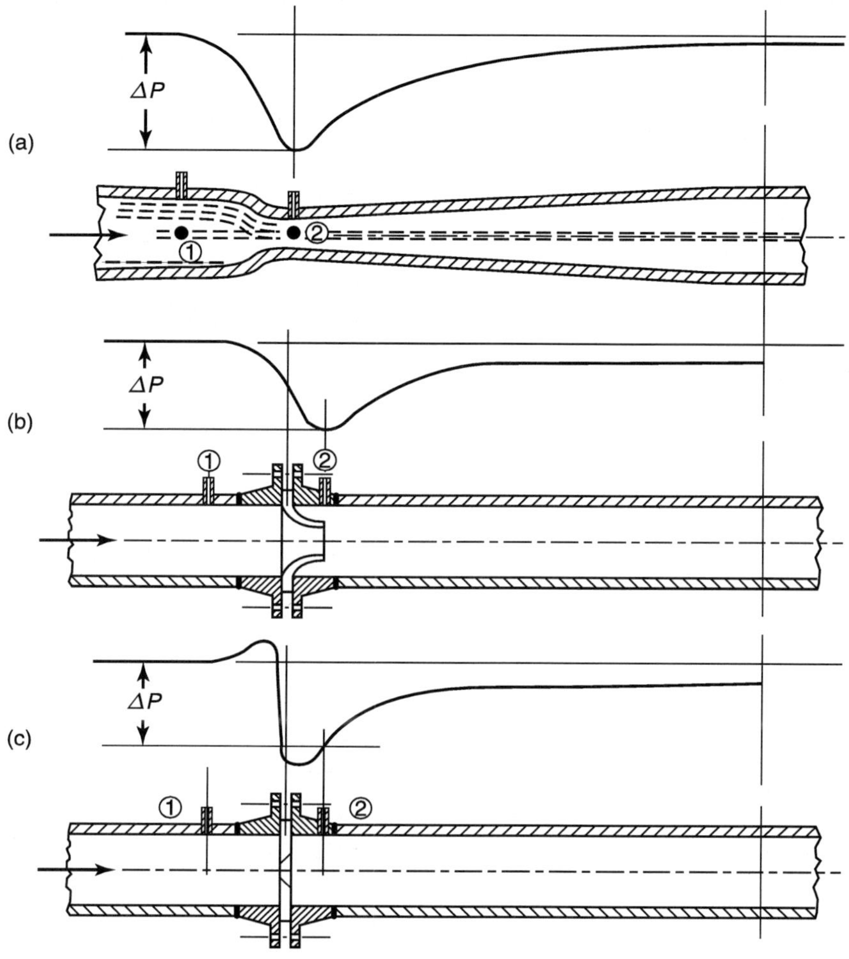

그림 15.3 (a) 벤추리, (b) 노즐, (c) 오리피스 유량계

이고, 송출계수(discharge coefficient) C는 접근 인자 속도(velocity of approach factor)와 결합하여 **유량계수**(*flow coefficient*) K를 얻는다.

$$K = CE = \frac{C}{\sqrt{1-\beta^4}} \tag{15.7d}$$

결과적으로 식 15.7은 다음과 같이 표현할 수 있다.

$$\dot{m}_{\text{actual}} = CEA_2\sqrt{2g_c\rho(P_1 - P_2)} \tag{15.8a}$$

$$= KA_2\sqrt{2g_c\rho(P_1 - P_2)} \tag{15.8b}$$

그리고 $Q_{\text{actual}} = \dot{m}_{\text{actual}}/\rho$이므로,

$$Q_{\text{actual}} = KA_2\sqrt{\frac{2g_c}{\rho}}\sqrt{P_1 - P_2} \tag{15.8c}$$

15.3.2 벤츄리 관의 특성

국제적 표준형이 되는 벤츄리 관(venturi tube) 유량계는 3가지 유형이 있다[1]. 이 표준은 벤츄리 관의 구조에 대한 상세한 사항을 포함한다. 일반적인 벤츄리 관의 치수는 그림 15.4와 같다.

표준 벤츄리 관은 송출계수(discharge coefficient) C가 이상적인 값, 즉 1에 근접하는 고효율 장치이다. 표 15.1은 3가지 표준형 벤츄리 관에 대한 송출계수와 불확도, 그리고 동작 범위를 나타내고 있다.

15.3.3 유동 노즐의 특성

그림 15.5에 두 가지 표준형의 유동 노즐(flow-nozzle)에 대한 예가 표시되어 있다[2]. 입구의 접근 곡선은 유체와 벽 사이의 분리가 일어나지 않도록 완만해야 하며, 또 평행 부분은 유체가 목(throat) 부분에서 잘 충만되게 하기 위하여 사용된다. 송출계수는 국제적 표준형으로서 주어지는 아래 관계식에 의해 계산되며, 불확도는 2%이다.

$$C = 0.9965 - 6.53\sqrt{\frac{\beta}{\text{Re}_d}} \tag{15.9}$$

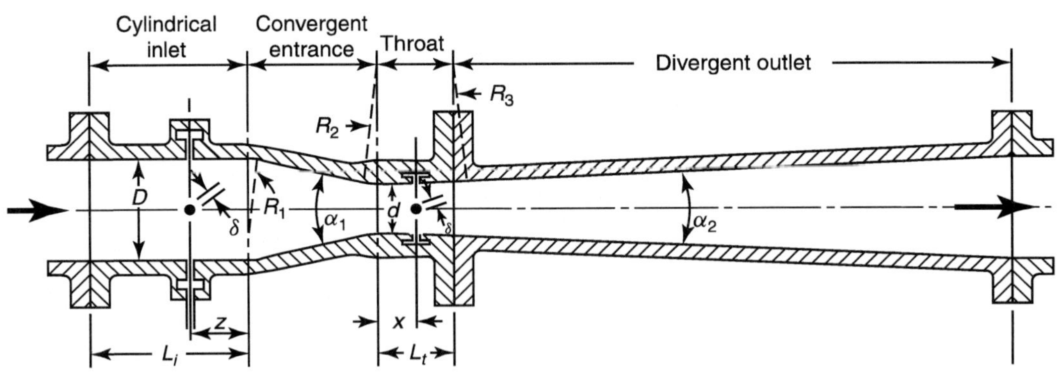

그림 15.4 표준 벤추리관의 권장 치수 비율. 변화 반지름(R_1, R_2, R_3)과 압력탭 직경 δ 등에 관한 규격은 ISO 규격에 주어져 있다.[1]

표 15.1 표준 벤추리 관에 대한 송출 계수들[1]

Type	Range	C
As cast	$100\text{ mm} \le D \le 800\text{ mm}$ $0.3 \le \beta \le 0.75$ $2.5 \times 10^5 \le \mathrm{Re}_D \le 2 \times 10^6$	$0.984 \pm 0.7\%$
Machined	$50\text{ mm} \le D \le 250\text{ mm}$ $0.4 \le \beta \le 0.75$ $2 \times 10^5 \le \mathrm{Re}_D \le 1 \times 10^6$	$0.995 \pm 1\%$
Rough welded sheet iron	$200\text{ mm} \le D \le 1200\text{ mm}$ $0.4 \le \beta \le 0.7$ $2 \times 10^5 \le \mathrm{Re}_D \le 2 \times 10^6$	$0.985 \pm 1.5\%$

이 식은 $0.2 \le \beta \le 0.8$과 $10^4 \le \mathrm{Re}_D \le 10^7$ 에 범위에 있을 때에 적용된다.

유용한 송출계수의 범위는 그림 15.6에 나타나 있다. 유동 노즐은 특히 레이놀즈 수가 작을 때 벤츄리보다 손실이 크다.

15.3.4 오리피스의 특성

평판 오리피스(orifice)의 사용에 있어서 중요 변수는 오리피스와 관의 직경의 비, 압력 탭(tap)의 위치이다. 그림 15.7은 전형적인 오리피스 설치를 나타낸다. 3가지 탭의 위치: (1) 플랜지 탭(flange tap), (2) "$1D$" 와 "$\frac{1}{2}D$" 탭, (3) 코너 탭(corner tap)이 표시되어 있다. 이들은 그림 15.7에 모두 나타나 있으나 한 오리피스에는 한 가지만이 사용된다. 다른 방해 유량계처럼, 국제적 표준형은 오리피스 유량계의 적절한 치수와 위치를 명시해 놓았다[3].

오리피스를 통하여 유체가 흐를 때 유체가 오리피스에 접근함에 따라 유체에 발생한 횡단 속도 성분은 하류에까지 전달된다. 이 결과로, 그림 15.8(a)에서 나타나 있는 것과 같이 흐름의 단면적이 최소가 되는 부위는 오리피스가 아닌 약간 더 하류 부분에서 일어나게 된다. "*vena contracta*"란 말은 이 최소 흐름 크기의 위치와 상태를 나타내며, 이 지점이 또한 최소 압력 지점이기도 하다. 이 vena contracta의 위치에 대한 가이드가 그림 15.8(b)에 나타나 있다.

Vena contracta의 형성은 오리피스의 형상에 민감하기 때문에 정확한 측정값을 얻기 위해서는 주의하여 가공하여야 한다. 만약 평판 두께가 파이프 직경의 2%보다 크다면, 오리피스의 하류 측면은 대략 45° 정도로 경사지게 되어야 한다. 마찬가지로 파이프의 꺾어진 부분이나 밸브의 영향을 억제하기 위해서는 오리피스의 상류 부분에서는 곧은 파이프의 추가적인 길이(직경의 수십 배)가 필요하고, vena contracta의 방해를 피하기 위해서

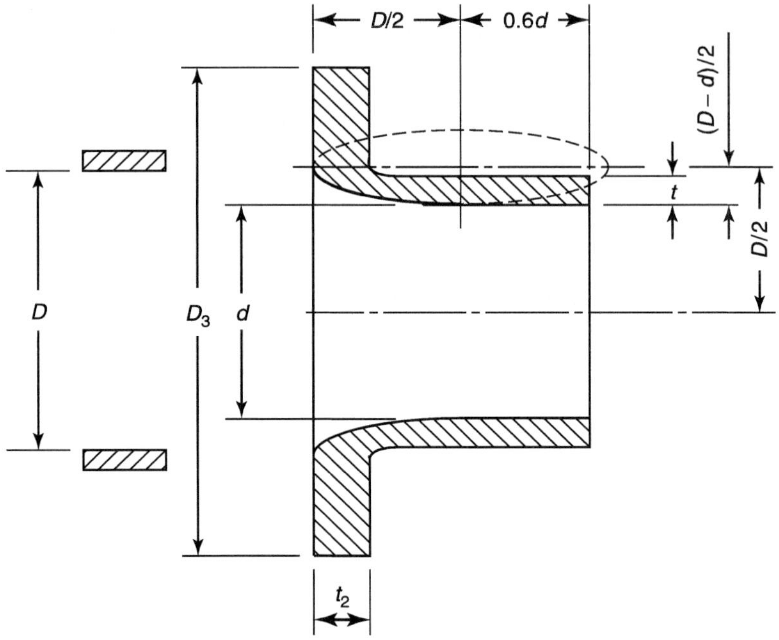

(a) High ratio $0.25 \le \beta \le 0.8$

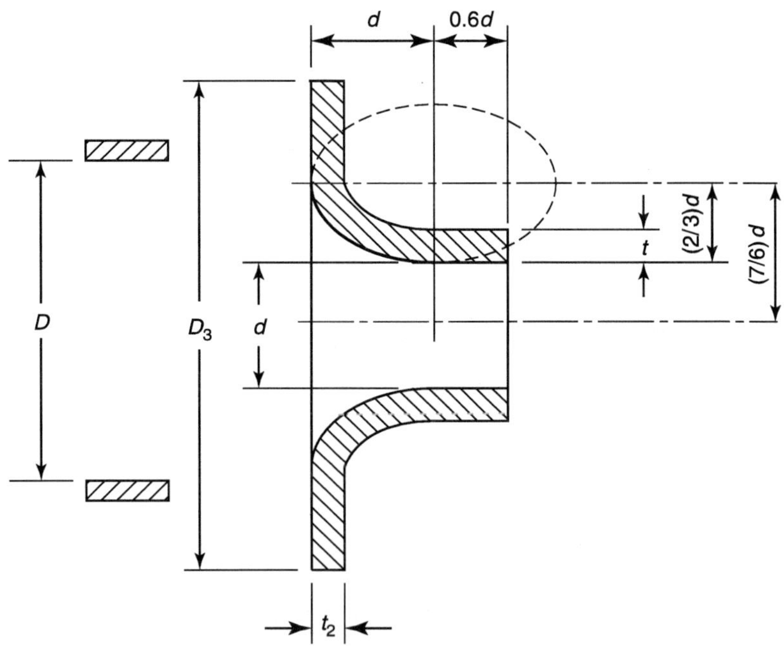

(b) Low ratio $0.2 \le \beta \le 0.5$

그림 15.5 장반경(long-radius) 유동노즐의 치수관계[2] : (a) 고비율 $0.25 \le \beta \le 0.8$; (b) 저비율 $0.2 \le \beta \le 0.5$, 3 mm $\le t_2 \le 0.15\ D$, $D >$ 65 mm일 경우 $t \ge 3$ mm ; 그 외에서는 $t \ge 2$ mm

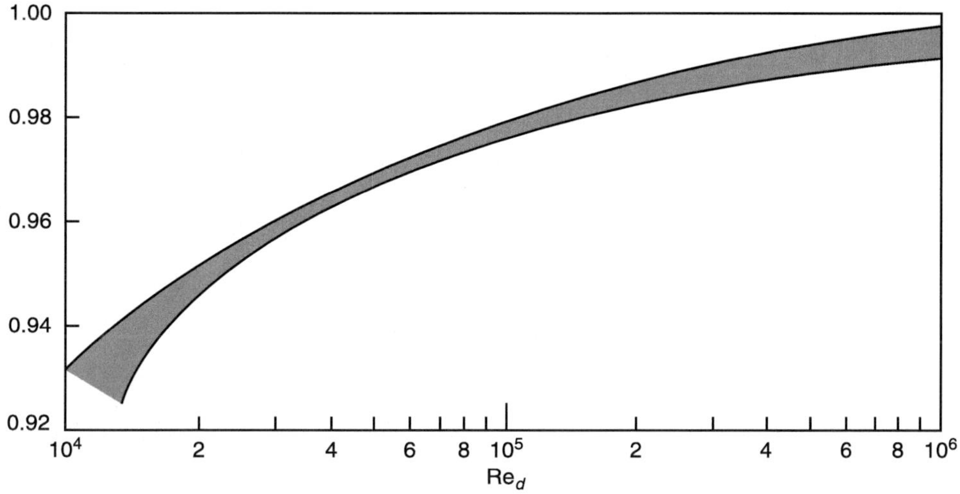

그림 15.6 장반경(long-radius) 유동노즐의 송출계수 범위

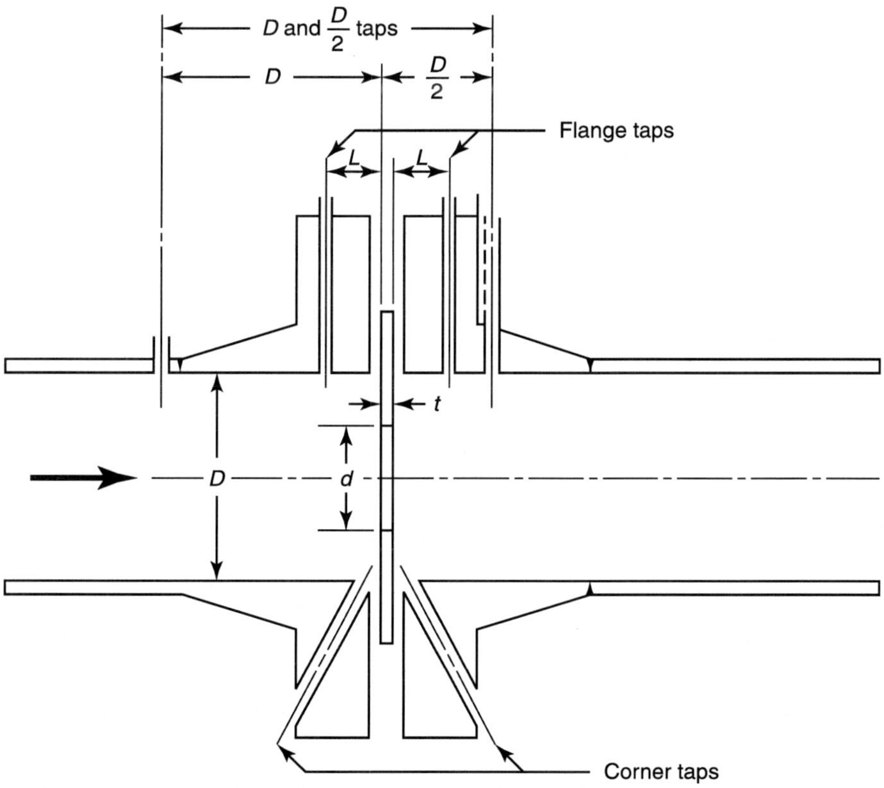

그림 15.7 오리피스에 사용되는 압력탭의 위치; $L = 25.4$ mm

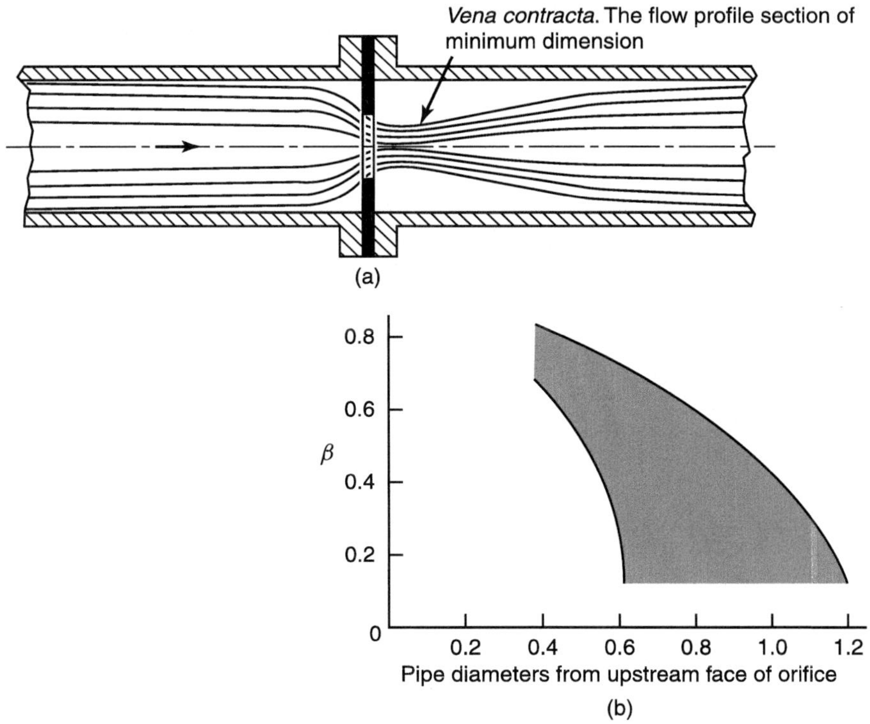

그림 15.8 (a) 오리피스에서 vena contracta 위치 (b) 오리피스 면으로부터 측정한 vena contracta 위치의 범위

하류 부분에서도 충분하게 곧은 길이가 요구된다. 표준형은 이보다 더 상세한 조건들을 만족시켜야 한다[3].

코너 탭(conner tapping) 오리피스 유량계의 송출계수는 다음 식에 의해서 구해질 수 있다 [3, 4].

$$C = 0.5961 + 0.0261\beta^2 - 0.216\beta^8 + 0.000521\left(\frac{10^6\beta}{\mathrm{Re}_D}\right)^{0.7} + (0.0188 + 0.0063A)\beta^{3.5}\left(\frac{10^6}{\mathrm{Re}_D}\right)^{0.3} \tag{15.10}$$

여기서

$$A = \left(\frac{19,000\beta}{\mathrm{Re}_D}\right)^{0.8} \tag{15.10a}$$

반복 계산이 필요한 경우에는 스프레드 시트와 같은 코드를 활용하는 것이 편리할 것이다. 이 식은,

$$0.1 \le \beta \le 0.75 \quad \text{and} \quad \text{Re}_D \ge \begin{cases} 5,000 & \text{for } \beta \le 0.56 \\ 16,000\beta^2 & \text{for } \beta > 0.56 \end{cases} \tag{15.10b}$$

그리고 $d \ge 12.5$ mm, 71.12 mm $\le D \le$ 1000 mm의 범위 내에서 적용시킬 수 있다. 식 15.10의 불확도는 $0.2 \le \beta \le 0.6$ 와 $\text{Re}_D \ge 10{,}000$ 의 범위에서 0.5%이다. 다른 탭핑이나 좀 더 작은 D 값에서는 식 15.10에 추가적인 항이 포함된다. 그림 15.9는 식 15.10에 의하여 주어진 오리피스의 송출계수를 몇 가지 β 값에 대해 레이놀즈 수의 함수로 나타내 주고 있다.

오리피스 판은 급격한 압력 변화와 부유물질, 그리고 그 밖의 요인들에 의해서 손상을 받는다는 단점이 있다. 압력차에 따른 최대 응력값은 다음 식과 같다. 이 관계식은 더 복잡한 방정식[5]로부터 얻어졌으며 푸아송 비(Poisson' s ratio) = 0.3(일반적인 강철인 경우에 해당)이라 가정하였다.

$$\sigma_{\max} = \frac{FD^2\,\Delta P}{t^2} \tag{15.11}$$

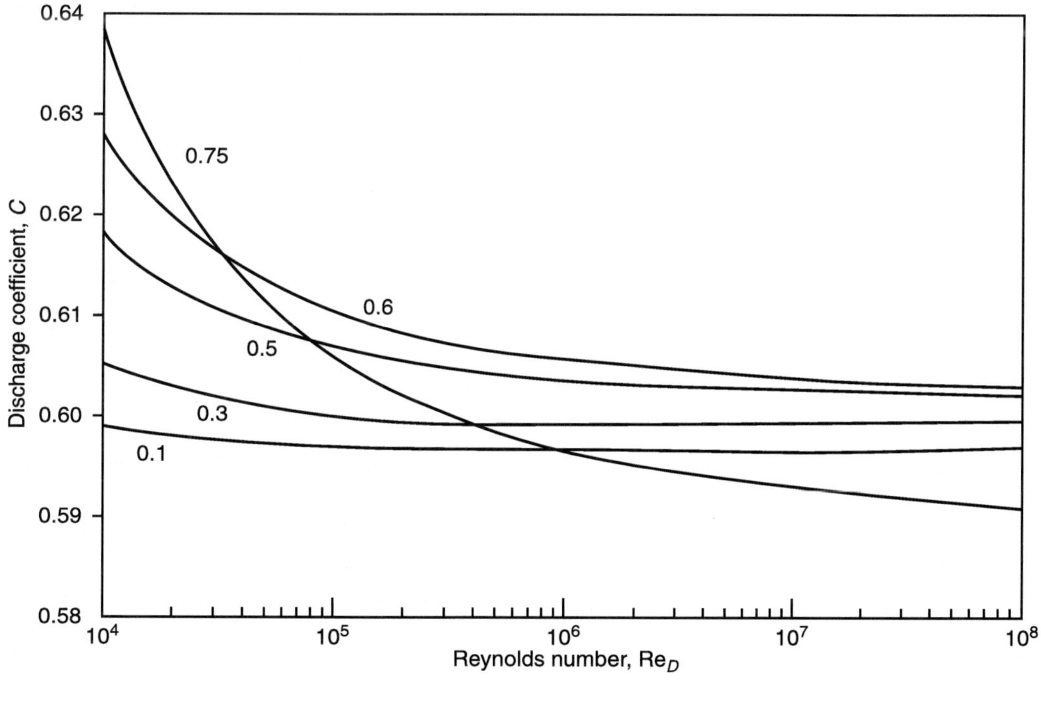

그림 15.9 여러 β 값들에 대하여 식 15.10을 이용하여 계산한 코너 탭 평판 오리피스의 송출계수 범위

여기서 δ_{max} = 최대 수직 응력(고정된 가장 자리에서 반경 방향)
t = 평판의 두께
ΔP = 평판 전후에서의 압력차
F = 다음에 의해 계산되는 값

β	0.2	0.3	0.4	0.5	0.6	0.7	0.8
F	0.18	0.17	0.15	0.12	0.09	0.06	0.04

표준에 따르면, 평판의 두께는 $0.005D \le t \le 0.05D$ 의 범위 이내라야 한다.

예제 15.1

코너 탭(coner tap)이 설치된 오리피스 유량계가 30 L / s(분당 475.5 gallons)의 물이 흐르는 200 mm-직경(7.874 in.)의 관에 설치되어 있다. 목 부분의 직경이 120 mm(4.724 in.)이라면, 압력 탭에 걸리는 압력차는 얼마가 되겠는가? 단, 물의 온도는 20°C (68°F)이다.

(a) SI단위계를 이용하여 구하고, (b) 영국 단위계를 이용하여 구하라. 부록 D의 표에 제시된 물의 물성을 이용하라.

풀이: (a) 20°C의 물에서 밀도와 동점성 계수는

$$\rho = 998.2\ \text{kg/m}^3$$
$$\mu = 10.05 \times 10^{-4}\ \text{Pa}\cdot\text{s}$$

파이프의 면적 A_1, 오리피스의 면적 A_2는

$$A_1 = 0.03142\ \text{m}^2 \qquad A_2 = 0.01131\ \text{m}^2$$

직경비와 접근 인자 속도는

$$\beta = \frac{d}{D} = \frac{120}{200} = 0.600$$
$$E = \frac{1}{\sqrt{1-\beta^4}} = 1.072$$

파이프 안에서의 속도, V_1은

$$V_1 = \frac{Q}{A_1} = \frac{30 \times 10^{-3}}{0.03142} = 0.9548\ \text{m/s}$$

레이놀즈 수는

$$\text{Re}_D = \frac{\rho V_1 D}{\mu} = \frac{(998.2)(0.9548)(0.200)}{10.05 \times 10^{-4}} = 1.897 \times 10^5$$

이렇게 구한 β와 Re_D를 식 15.10a와 15.10에 대입하면, $A = 0.1055$와

$$C = 0.5961 + 0.0261(0.6)^2 - 0.216(0.6)^8 + 0.000521\left(\frac{10^6(0.6)}{1.897 \times 10^5}\right)^{0.7}$$

$$+ [0.0188 + 0.0063(0.1055)]\,(0.6)^{3.5}\left(\frac{10^6}{1.897 \times 10^5}\right)^{0.3} = 0.6084$$

따라서 $K = CE = (0.6084)(1.072) = 0.6522$가 된다. 결과적으로, SI단위계에서 $g_c = 1$이므로, 식 15.8(c)를 다시 정리하면

$$\begin{aligned} P_1 - P_2 &= \left(\frac{Q}{KA_2}\right)^2\left(\frac{\rho}{2g_c}\right) \\ &= \left[\frac{30 \times 10^{-3}}{(0.6522)(0.01131)}\right]^2\left[\frac{998.2}{2(1)}\right] \\ &= 8255 \text{ Pa} = 8.26 \text{ kPa} \end{aligned}$$

(b) 68°F의 물에서

$$\rho = 62.32 \text{ lbm/ft}^3 \quad \text{그리고} \quad \mu = 2.099 \times 10^{-5} \text{ lbf} \cdot \text{s/ft}^2$$

아울러, $Q = 475.5$ gpm $= 1.060$ ft^3/s, $A_1 = 0.3382$ ft^2, $A_2 = 0.1217$ ft^{2}와

$$\beta = \frac{4.724}{7.874} = 0.600$$

$$E = \frac{1}{\sqrt{1 - \beta^4}} = 1.072$$

파이프 안의 속도 V_1은

$$V_1 = \frac{1.060}{0.3382} = 3.134 \text{ ft/s}$$

레이놀즈 수는 이 경우에 반드시 g_c를 포함해야 한다(예제 2.2 참조).

$$\text{Re}_D = \frac{\rho V_1 D}{g_c \mu} = \frac{(62.32)(3.134)(7.874/12)}{(32.17)(2.099 \times 10^{-5})} = 1.898 \times 10^5$$

위의 (a)에서와 같이, 식 15.10a와 15.10에 β와 Re_D를 대입하여, $C = 0.6084$와 $K = 0.6522$를 도출하였다. 결국

$$\begin{aligned} P_1 - P_2 &= [(1.060)/(0.6522)(0.1217)]^2\,[(62.32)/2(32.17)] \\ &= 172.7 \text{ lbf/ft}^2 = 1.203 \text{ lbf/in.}^2 \end{aligned}$$

수직으로 세워진 파이프의 경우는 문제 15.10을 참조하라.

15.3.5 벤츄리, 유동 노즐, 오리피스 유량계의 상대적 이점

양호한 압력 회복과 적은 마모는 벤츄리의 주요한 이점이다. 그러나 벤츄리는 오리피스나 노즐을 사용한 경우보다 비용과 공간을 많이 필요로 하여 그 장점이 상대적으로 감소된다. 오리피스는 비싸지 않고 현존하는 파이프 플랜지 사이에 설치할 수 있다. 하지만, 오리피스의 압력 회복은 좋지 않고, 특히 마멸이나 마모로 인해서 정확성이 떨어지기 쉽다. 또한 상류 유동 장애에 대하여 매우 민감하게 반응하기 때문에, 유동 조건이나 곧은 상류 파이프의 충분한 길이를 필요로 한다. 유동 노즐은 낮은 압력 회복 문제를 제외하고는 벤츄리의 이점을 가지고 있다. 그리고 길이가 짧은 이점을 가지고 있다. 오리피스와 비교해보면 유동 노즐이 비싸고 설치하기가 상대적으로 어렵다. 그리고 세 가지 중에서는 가장 낮은 정확도를 갖는다.

이들 유량계의 공통된 단점은 압력차가 유량의 제곱에 정비례한다는 것이다(식 15.8). 이것은 만약 이 유량계들이 넓은 범위의 유량에 사용된다면, 훨씬 더 넓은 범위의 압력 측정 장비들이 필요하다는 것을 의미한다. 만약 압력 범위가 일반적인 경우라면 낮은 유량에서의 정확성은 나쁠 것이다. 이 범위에서의 낮은 압력 측정은 압력 변환기의 분해 능력

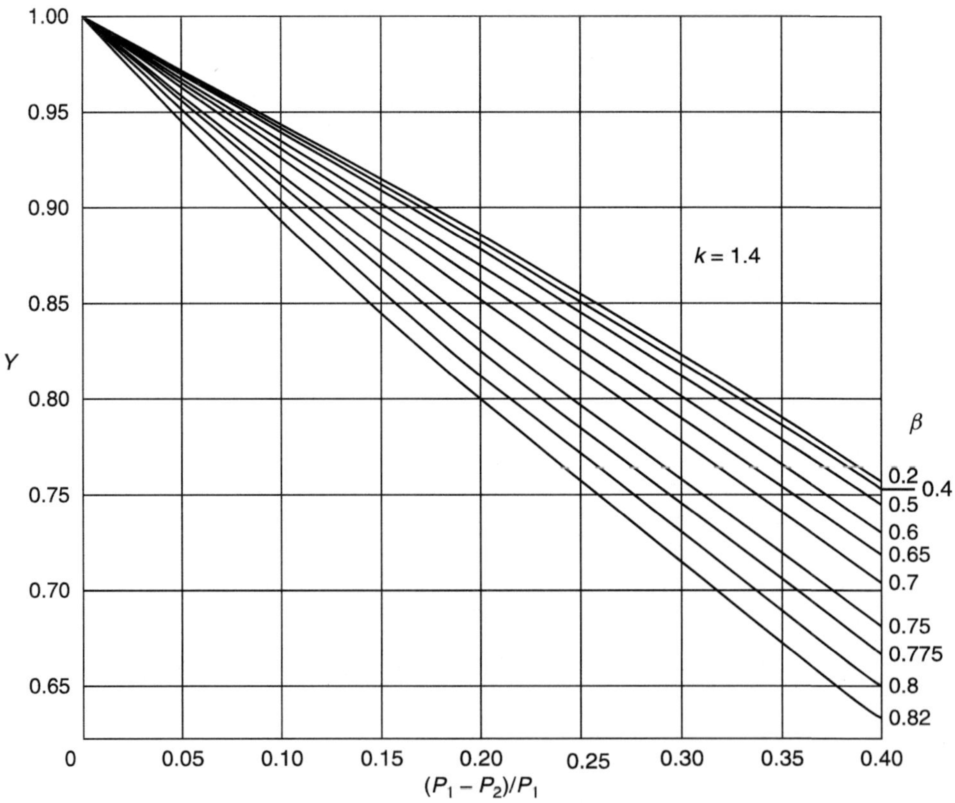

(a)

그림 15.10 $k = 1.4$일 때의 확장 계수 (a) 벤추리와 노즐[6]

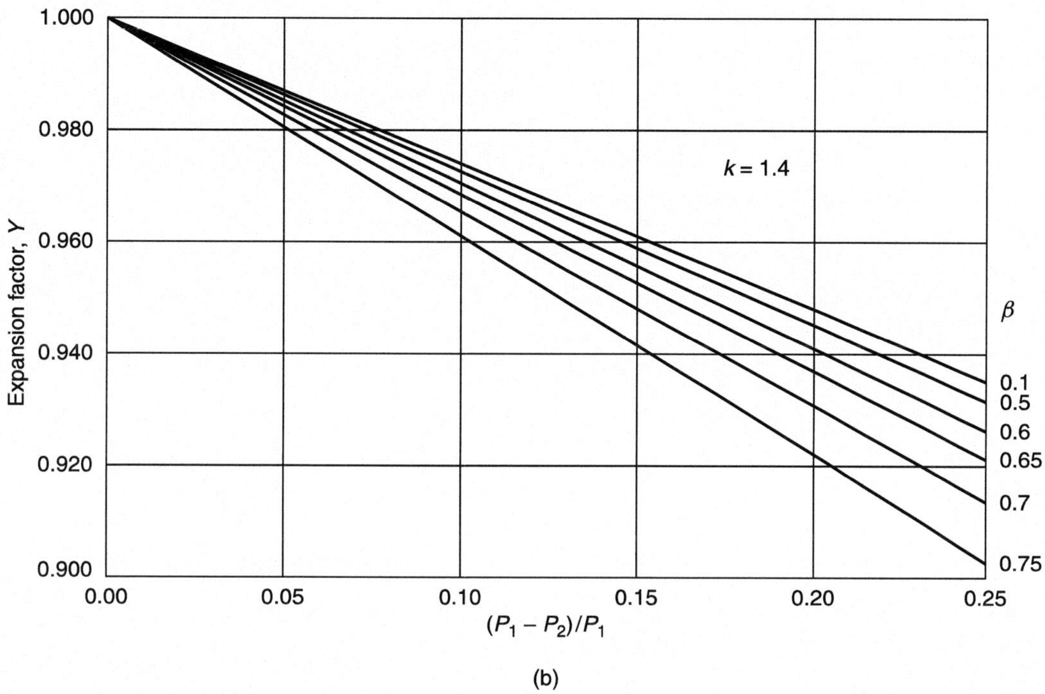

그림 15.10 (b) 오리피스

에 의해 제한될 것이다. 하나의 대책은 2개 이상의 압력 측정 체계를 이용하는 것이다: 하나는 작은 유량에서, 나머지 하나는 높은 유량에서 이용한다.

15.4 압축성 유체용 방해 유량계

압축성 유체가 15.3절에서 설명한 형태의 방해 유량계를 흐를 때 밀도는 그 과정 동안에 일정한 상태로 유지되지 않는다. 즉 $\rho_1 \neq \rho_2$이다. 이런 일반적인 유동에서는 조건 1(그림 15.2)에서의 밀도에 대한 에너지 관계식 15.5에 기초하여 식 15.8a에 무차원 팽창계수(*expansion factor*) Y를 도입하면,

$$\dot{m} = CEA_2Y\sqrt{2g_c\rho_1(P_1 - P_2)} \tag{15.12}$$

Y의 값은 1보다 작거나 같다. 비압축성 유동일 경우에는 $Y = 1$에 해당한다.

팽창계수 Y는 노즐과 벤츄리에 대해서는 이론적으로 계산되고 오리피스에 대해서는 실험적으로 결정된다. 노즐과 벤츄리에 대하여 그 값은 다음의 관계식으로 계산된다[1]:

$$Y = \left[\left(\frac{P_2}{P_1}\right)^{2/k}\left(\frac{k}{k-1}\right)\left(\frac{1-(P_2/P_1)^{(k-1)/k}}{1-(P_2/P_1)}\right)\left(\frac{1-\beta^4}{1-\beta^4(P_2/P_1)^{2/k}}\right)\right]^{1/2} \tag{15.12a}$$

여기서

$$k = \frac{\text{specific heat at constant pressure}}{\text{specific heat at constant volume}}$$

여러 기체들에 대한 비열비 k의 근사값이 표 15.2에 주어져 있다. 오리피스 유량계에서, 실험에 의한 관계식이 다음의 식으로 주어진다[3].

$$Y = 1 - \left[0.351 + 0.256\beta^4 + 0.93\beta^8\right]\left[1 - \left(\frac{P_2}{P_1}\right)^{1/k}\right] \tag{15.12b}$$

이 관계식의 불확도는 퍼센트로, $P_2 / P_1 \geq 0.75$ 일 때, $3.5(1 - P_2 / P_1)$이다. 이 관계식 모두 다 절대 압력을 반드시 사용해야 한다.

표 15.2 20°C일 때의 대략적인 비열비

Gas	Specific Heat Ratio, *k*
Ar, He, Kr, Xe	1.67
Air, CO, H_2, N_2, O_2	1.4
CH_4, CO_2	1.3

$k = 1.4$를 가지는 유체가 흐르는 벤츄리와 노즐에 대한 팽창계수 Y가 압력비에 대해서 그림 15.10(a)에 표시되어 있다. 그림 15.10(b)는 오리피스 유량계에 대한 것이다. 그래프에서, 우리는 $(P_1 - P_2) / P_1 \gtrsim 0.01$일 때, 압축성이 중요해진다는 것을 알 수가 있다.

예제 15.2

$\beta = 0.6$인 오리피스가 0.25 m 직경의 원형 단면 관을 통하여 흐르는 30°C 의 공기의 유량 측정에 사용되고 있다. vena contracta 탭 사이의 차압이 80 kPa이고 상류의 절대 압력 P_1이 400 kPa일 때, 유량을 구하여라.

풀이: 우리는 부록 D에 나와 있는 표 D.3을 통해 기압이 1 atm일 때, 밀도와 동점성 계수를 알 수 있다. 여기서 밀도(점성 계수는 아님)는 반드시 덕트 안에서의 높은 압력을 고려하여 보정되어야 한다:

$$\begin{aligned}
\rho_1 &= \rho_{\text{atmos}}\left(\frac{P_1}{P_{\text{atmos}}}\right) \\
&= 1.14[(400 \times 10^3)/(101.325 \times 10^3)]\ \text{kg/m}^3 \\
&= 4.50\ \text{kg/m}^3 \\
\mu_1 &= 1.85 \times 10^{-5}\ \text{Pa} \cdot \text{s}
\end{aligned}$$

주어진 값을 이용하여

$$E = \frac{1}{\sqrt{1-\beta^4}} = 1.072$$
$$A_1 = 0.04909 \text{ m}^2$$
$$A_2 = 0.01767 \text{ m}^2$$

$k = 1.4$ 일 때, 식 15.12b로부터 Y를 구할 수 있다.

$$Y = 1 - \left[0.351 + 0.256(0.6)^4 + 0.93(0.6)^8\right]\left[1 - \left(\frac{400-80}{400}\right)^{1/1.4}\right]$$
$$= 0.9411$$

식 15.10에서 C를 구하기 위해서는 레이놀즈 수가 필요한데, 유량을 결정하기 전까지 이를 계산할 수 없다. 하지만 레이놀즈 수를 포함한 항은 큰 레이놀즈 수에서 작기 때문에, C를 계산할 때 무시해도 된다. 따라서

$$C \cong 0.5961 + 0.0261(0.6)^2 - 0.216(0.6)^8 = 0.6019$$

SI 단위계에서 $g_c = 1$이므로 식 (15.12)를 이용하여

$$\dot{m} = (0.6019)(1.072)(0.01767)(0.9411)\sqrt{2(1)(4.50)(80 \times 10^3)}$$
$$= 9.105 \text{ kg/s}$$

이제 Re_D의 값을 계산할 수 있고 C의 추정값에 대한 정확성이 결정된다.

$$V_1 = \frac{\dot{m}}{\rho_1 A_1} = \frac{9.105}{(4.50)(0.04909)} = 41.21 \text{ m/s}$$
$$\text{Re}_D = \frac{\rho_1 V_1 D_1}{\mu_1}$$
$$= \frac{(4.50)(41.21)(0.25)}{1.85 \times 10^{-5}}$$
$$= 2.506 \times 10^6$$

식 15.10에 있는 모든 항을 사용하여 C를 다시 구하면 우리가 앞서 추정하였던 값의 0.5%의 범위 내에 있는 0.6045로 산출된다.

15.4.1 폐색 유동과 임계 벤츄리

압축성 유체의 흐름을 고려할 때는 특별한 주의가 필요하다. 그림 15.3에서 나와 있는 것과 같은 노즐의 목 부분 같은 수축부에서의 압력차는 유동을 구동시킨다. 유량이 증가됨에 따라 하류 압력은 아마도 감소할 것이고, 수축부를 통과하는 유속은 결국 음속에 도달하게 된다(마하 수 = 1.0). 이것이 발생할 때 노즐을 지나는 하류에서의 압력 변화는 상류의 유동에 영향을 주지 않는다. 수축부 하류에서의 압력이 더 떨어지면 더 이상 질량 유

량에 영향을 주지 않는다. 이렇게 수축부에서 마하 수(Mach number)가 1이 되는 경우를 **폐색 유동**(*choked flow*) 조건이라고 한다[7].

폐색 유동 조건에 대한 **임계 압력비**(*critical pressure ratio*)는 상류 전압, P_{t1}과 목 부분 압력, P_2의 식으로 표현된다(전압에 대한 설명은 15.8절 참조).

$$\frac{P_2}{P_{t1}} = \left(\frac{2}{k+1}\right)^{k/(k-1)} \tag{15.13}$$

압력비 P_2/P_{t1}가 식 15.13에 주어진 값보다 크다면 유량은 식 15.12에 의하여 추정될 수 있다. 그러나 식 15.13에 주어진 압력비에 도달했을 때 유체는 폐색 유동 조건이 되고 질량 유량은 압력비가 점점 더 낮아져도 증가될 수 없다. 공기의 경우 $k = 1.4$이고, 이 비는 0.528이다.

폐색 유동 조건은 질량 유량의 매우 정밀한 측정에 사용되고 있다. 특별한 경우로 일단, 음속 유동(sonic flow)이 벤츄리 노즐의 목 부분에 도달하면, 이상 기체에 대한 질량 유량은 다음과 같다.

$$\dot{m} = \frac{C A_2 P_{t1}}{\sqrt{R T_{t1}}} \sqrt{k} \left(\frac{2}{k+1}\right)^{(k+1)/2(k-1)} \tag{15.14}$$

위 식에서 C는 노즐의 송출계수이고, A_2는 목 부분 면적, R은 기체 상수, T_{t1}은 전체 온도를 뜻한다(16.10.2절 참조). 유량 측정에는 도넛형이나 실린더형의 벤츄리 노즐 목이 사용된다[8]. 적절히 설계된 노즐에서의 송출계수는 약 0.99이며, 레이놀즈 수에 약간 의존한다. 또 실제 기체는 완벽하지 않다는 사실을 고려하여 추가적인 보정을 할 수도 있다.

임계 벤츄리(critical flow venturi meter)는 매우 높은 정확성(불확도가 1%미만), 질량 유량과 상류 압력과의 선형적인 관계, 하류 압력에 영향을 받지 않는 등의 장점을 가지고 있다. 그러나 상대적으로 동작 범위가 제한된다는 단점을 지니고 있다. 주로 실험실이나 교정을 하는 데 쓰이고 있다.

15.5 기타 유량계

앞에서는 직접적으로 유동에 따른 압력 차이를 검출하는 유량계에 대해서 다루었다. 그러나 여러 다른 물리적 현상이 체적 유량이나 질량 유량에 비례하는 응답을 만들어내는 데 이용될 수 있다. 이들 중 몇몇 장치들은 높은 정확성을 가지고 있는데 특히 터빈이나 코리올리, 변위 유량계가 그렇다. 코리올리 유량계를 제외하면, 여기서 설명되는 유량계는 유량에 선형적인 응답을 가지고 있다. 이는 높거나 낮은 유량에서 같은 분해능을 가진다는 것을 의미하는 것이며, 이것은 방해 유량계보다 더 좋은 장점이다. 표 15.3은 여러 가지 범용 유량계의 특성을 요약하고 있다.

표 15.3 보편화된 유량계들의 특성들[4, 9]. 만약 정확도가 낮아도 된다면 몇몇 유량계는 좀 더 넓은 범위에서도 사용가능하다. 몇몇 형태의 유량계는 보다 넓은 적용을 위해 특별히 설계되기도 한다.

Type	Gas	Liquid	Slurry	Dirty	Accuracy	Range	ΔP	Cost
Differential Pressure Sensing								
Venturi	Y	Y	Y	Y	M	5 : 1	M	M/H
Flow nozzle	Y	Y		Y	M	5 : 1	M	M
Orifice	Y	Y			M	5 : 1	H	L/M
Variable area	Y	Y			VL	10 : 1	M	L
Volume Flow Rate Sensing								
Turbine	Y	Y			H	10 : 1(l) 30 : 1(g)	M	L/M
Electromagnetic		Y	Y	Y	M	100 : 1	L	M
Vortex	Y	Y		Y	M	10 : 1	M/H	L/M
Ultrasonic		Y			M	20 : 1	L	M/H
Positive displacement	Y	Y			H	10 : 1(l) 80 : 1(g)	M/H	M/H
Mass Flow Rate Sensing								
Coriolis	Y	Y	Y	Y	H	100 : 1	L/M	M/H
Critical flow venturi	Y				H	3 : 1	H	M
Thermal mass flow	Y	Y			L	15 : 1(l) 50 : 1(g)	M	M

Y—suitable for this application; H—high, M–medium, L—low, VL—very low; (l)—liquid range, (g)—gas range.
Dirty—suitable for dirty fluids; ΔP—pressure loss through meter.

15.5.1 터빈형 유량계

기상대에서 풍속을 측정하기 위해서 사용하는 잘 알려진 풍속계는 간단한 자유류(free-stream) 터빈 유량계이다. 또 강에서 물의 유량을 측정하기 위해 약간 비슷한 형태의 회전차식 유량계가 토목 기술자 간에 사용된다[10]. 컵형과 프로펠러형의 회전자가 주로 사용된다. 각각의 경우 단위 시간당 회전자의 회전수가 측정되며 이 회전수가 유량 측정에 사용된다.

그림 15.11은 관 내의 유량 측정에 대하여 이와 같은 방법을 적용한 현대적인 응용을 보여 주고 있다. 유량에 비례하여 회전하는 회전자의 회전수는 자기 저항식(reluctance) 픽업(pick-up) 코일에 의해 감지된다. 영구자석이 회전자 안에 장착되어 있고 회전익(rotor blade)이 코일을 지날 때마다 자기 회로의 투자율의 변화에 의해 출력 단자에 펄스형 기전력을 발생시킨다. 터빈익(turbine blade)은 일정 유량 범위에서 회전 속도가 체적 유량과 선형적인 비례 관계를 가지도록 설계된다. 낮은 정확도를 가진 모델은 기계적 계수기(mechanical counter)와 연결된 웜-기어(worm-gear)를 구동하는 로터(rotor)로도 쓰이고 있다. 이것들은 때때로 수도 미터나 가스 미터로 쓰인다.

터빈형 유량계는 가장 정확한 유량계 중 하나이다. 높은 정확도를 가진 모델은 액체 유동에서는 0.25~0.5%의 불확도를, 기체 유동에서는 0.25~1.5%의 불확도를 가지고 있다. 단, 베어링 마모 때문에 주기적으로 재교정해야 할 필요가 있다. 터빈형 유량계는 작동 범위 한계점인 낮은 유량에서는 정확도가 감소된다. 최대 유량 대 최소 유량의 비는 액체에 대해서는 10 : 1,기체에 대해서는 30 : 1이다. 이 유량계는 불안정한 유동 상태에서는 정확성이 감소한다.

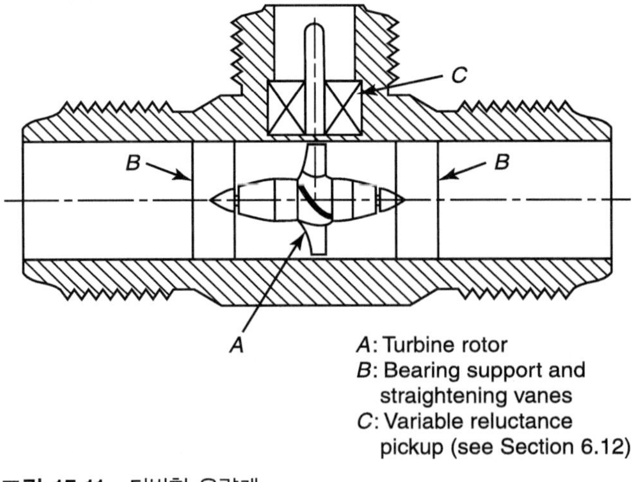

그림 15.11 터빈형 유량계

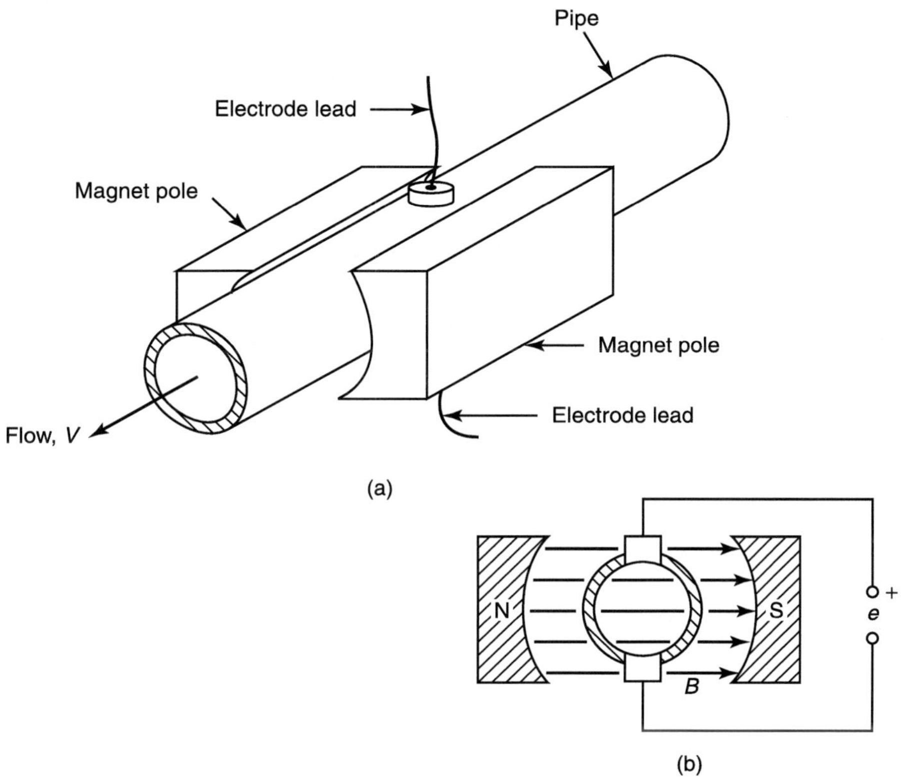

그림 15.12 (a) 자기 유량계의 구조 (b) 자장과 전극을 나타내는 단면도

15.5.2 전자기식 유량계

전자기식 유량계(electromagnetic flowmeters)는 도체가 자장 속을 움직일 때 기전력이 발생한다는 패러데이(Faraday)의 전자유도 법칙에 기초를 둔 것이다. 관계식은 다음과 같다.

$$e = SBDV \times 10^{-4} \tag{15.15}$$

여기서 $e =$ 유도 기전력, volt
$S =$ 감도계수
$B =$ 자속 밀도, gauss
$D =$ 자속 밀도, gauss
$V =$ 도체의 속도, m/s

이 유량계의 기본적인 배치 형태가 그림 15.12에 나타나 있다. 직경 방향으로 파이프를 가로지르는 자속(magnetic flux)을 받는 파이프 내를 유체가 통과할 때 유체는 파이프 직경 D와 같은 크기를 가지고 평균 속도 V로 움직이는 도체로서 작용한다. 유체의 상대적인 운동은 유속에 비례하여 유도되는 기전력을 발생시킨다. 이 기전력은 관 벽에 설치된 전극에 의해 검출된다. 보통 사인파와 직사각파 형태의 교류 자속을 사용하는 것이 일반적이다. 출력은 적합한 회로에 의해 검출되고 처리된다. 균일한 자속과 속도에서는, 감도계수 $S = 1$이다. 그러나 실제로는 B와 V 둘 다 균일하지 않고, S의 값은 교정에 의해서 결정된다[11].

대부분의 사례에서, 유체는 미약한 전기적인 도체(tap water와 비교해서)이면 되고, 도관은 반드시 부전도성 물질이어야 한다. 전극은 흐르는 유체와 직접 접촉할 수 있도록 관 내부 표면에 표면과 평행하게 설치한다. 불량한 사인파에서는 와전류와 기전력에 영점 이동이 발생될 수 있다. 대부분의 최신 유량계는 사각파 여자 또는 신호 처리 회로를 사용함으로써 영점 부근까지 정확한 출력을 제공한다.

상용화된 전자기 유량계는 0.5~2%의 불확도를 가진다. 이것은 움직이는 부분이 없어서 부식성 액체와 슬러리에 특히 유용하고, 기포(void)가 적은 균일한 기체-액체 혼합유동에서도 사용할 수 있다. 일반적으로 교정은 측정액체의 종류에 크게 의존하지 않는다.

15.5.3 코리올리 유량계

코리올리 유량계(coriolis flowmeter)는 유체가 진동하는 관을 흐를 때 관의 단면에서의 코리올리 힘을 측정하여 질량 유량을 측정한다. 이 힘은 질량 유량과 진동 주파수의 곱에 비례적인 관계가 있다. 이 힘은 일반적으로 관에서 일어나는 굽힘과 휨으로부터 측정된다.

코리올리 유량계는 정확성이 유량계의 범위에 따라 다르지만 매우 정확하다. 0.4%~1%의 값이 대부분이다. 측정 유량의 범위는 100 : 1 정도이다. 코리올리 유량계는 가스와 액체 둘 다 적합하고, 점성과 밀도, 온도와는 직접적인 관련이 없다.

15.5.4 와류 유량계

와류 유량계(vortex shedding flowmeters)는 그림 15.13에서 보여주는 것과 같이 각진 방해물(bluff body)이 흐름 안에 놓여 있을 때 와류가 번갈아서 형성되는 현상에 기초를 두고 있다. 와류 발생 진동수 f(Hz)는 유량의 함수이다.

$$f = \left(\frac{\mathrm{St}}{D}\right) V \tag{15.16}$$

여기서 St = 스트롤 수(Strouhal number)라 부르는 교정 상수
V = 유속(m/s)
D = 흐름 방향에 수직한 방향으로의 방해물의 치수(m)

스트롤 수는 넓은 범위의 레이놀즈 수에서 근시적으로 일정하므로 와류 발생 진동수는 속도에 비례하게 된다[12]. St의 값은 유량계에서 교정상수로 간주되기도 한다.

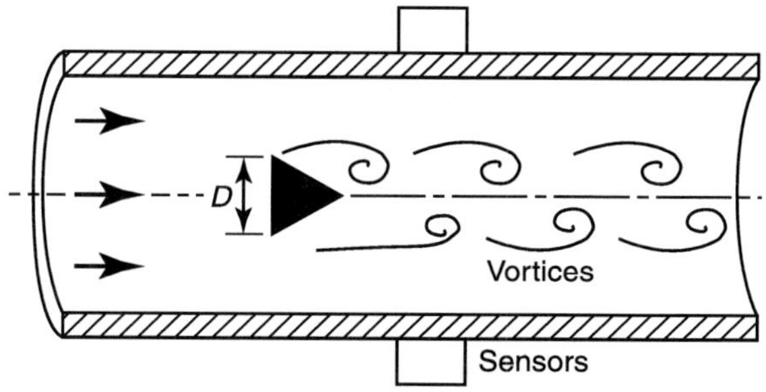

그림 15.13 유체의 흐름에 놓여 있는 각진 방해물로부터 발생되는 와동발산

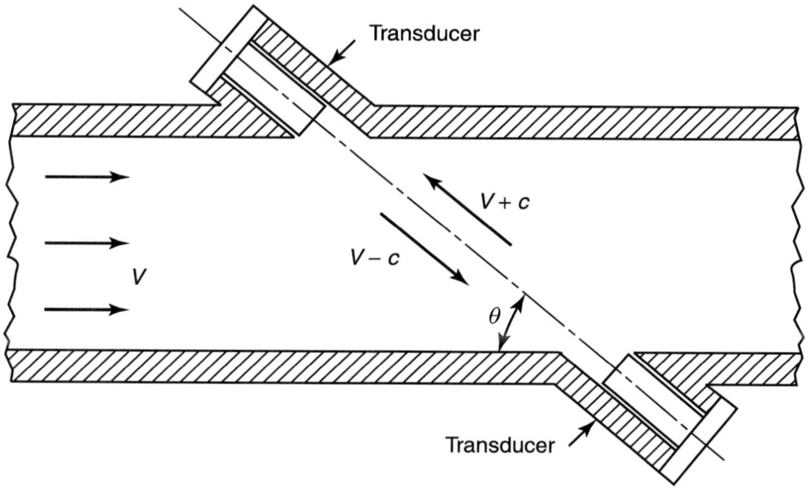

그림 15.14 초음파 유량계

이 와류 발생 진동수를 감지하기 위하여 다양한 방법이 사용된다. 한 가지는 방해 물체를 탄성 지지대(elastic support)에 설치하고 지지대의 진동을 측정하는 것이다. 또 방해물의 양 측면에 하나씩 설치한 가열 서미스터(Thermistor), 그리고 다이어프램의 휨이 와류를 검출하는 데 사용되기도 한다. 또 다른 방법에 펄스 형태로 진폭 변조시킨 초음파 빔을 이용하는 방법이 있다. 압전 압력 변환기를 방해 물체의 뒤에 설치하여 이용하는 방법도 있다.

상업적으로 이용하는 와류 유량계는 유량의 0.5%~1.5%의 정확성을 가지고 있다. 이 유량계는 액체나 기체 유동 모두 사용할 수 있다. 비록 파이프 지름에 의존하는 레이놀즈 수가 일반적으로 2×10^4 이상이어야 하지만 상대적으로 점성에 덜 민감한 편이다.

15.5.5 초음파 유량계

초음파는 인간이 들을 수 있는 가청 주파수보다 높은 주파수의 음파이다. 초음파는 음파의 이동 시간을 이용하여 유체의 평균 속도를 측정하는데 사용될 수 있다. 한 쌍의 압전식(piezo electric) 또는 자왜식(magneto strictive) 변환기를 수 인치 떨어진 도관의 외부에 설치한다(그림 15.14). 한 쪽에서 음파를 보내고, 다른 한 쪽에서 수신한다. 음파가 음원에서부터 수신부까지 이동할 때, 정상 상태 유체에서의 이동 속도 c는 유체의 속도 V로 인하여 증가하거나 감소할 것이다. 예를 들어 음파가 유체의 흐름 방향으로부터 θ의 각도로 파이프를 가로지를 때, 음파의 유효 속도는 $c \pm V\cos\theta$이다. 여기서 부호는 음파가 상류쪽으로 가는가 하류쪽으로 가는가에 따라 다르다. 음파가 하류 방향으로 가는 것보다 상류 방향으로 가는 속도가 더 느리기 때문에 유체의 속도는 상류와 하류 사이에서의 음파의 이동 시간 차나 상대적인 위상차로부터 결정될 수 있다. 상류와 하류의 음파를 모두 만들기 위해서, 2개의 초음파 변환기의 기능을 서로 바꿔 준다.

유량은 만약 측정된 속도 V가 단면에 대해서 균일하다면, V와 파이프의 단면적을 곱하여 얻을 수 있다. 이러한 가정은 난류에서 적합하다.

기체에 대해서는, 초음파 주파수는 10~100 kHz사이의 범위에 있다. 음속이 큰 액체의 경우에는 파장을 짧게 유지하기 위하여 주파수가 100 kHz에서부터 수 MHz까지로 더 크다. 유체 속의 입자(특히 기포)는 음파를 감쇄시킬 수 있고, 전파 시간 측정을 방해할 수 있다. 그러므로 초음파 유량계(ultrasonic flowmeters)는 깨끗한 단상(single-phase)의 유체에 가장 적합하다. 초음파 유량계는 전형적으로 수분의 1%에서 약 ± 5%까지의 오차를 나타내는 정확도를 가지고 있다.

15.5.6 변위 유량계

변위 유량계(positive displacement flowmeters)는 많은 형태와 종류가 있다. 보통의 예로 수도와 가스 요금을 산정하기 위해 사용되는 수도 계량기와 가스 계량기가 있다. 기본적으로, 변위 유량계는 회전하는 유압 또는 공압 챔버로 이들의 회전 운동 사이클을 몇 가지 형태의 계수기가 기록한다. 한 사이클에 해당하는 체적 변위는 높은 정확도로 알려져 있고, 따라서 체적 유량이나 통과한 전체 체적을 결정할 수 있다. 유동에 의한 에너지 중 장치 안에서 마찰을 이겨내는 데 필요한 에너지만이 흡수된다. 이는 입구와 출구 사이에서의 압력강하에 의하여 명백히 알 수 있다. 펌프에 사용되는 다양한 구성 형태가 계량기에 적용되고 있다. 여기에는 보조기기와 왕복형 피스톤, 슬라이딩 베인 장치(sliding-vane arrangements)와 여러 종류의 기어와 로터, 노딩(nodding)디스크, 나선형 스크류 장치, 다이아프램 등 여러 가지가 포함된다.

변위 유량계는 높은 정확성(0.2%~2%)과 매우 넓은 유량 범위(대개 100:1), 매우 낮은 유량과 on/off의 유동 조건에서의 정확성 유지, 그리고 일반적으로 유체의 점성과 속도에 대한 프로파일에 대해서 민감하지 않다는 장점을 가지고 있다. 그러나 이러한 유량계는 매우 깨끗한 유체를 요구하고(입자들이 마모나 응착(jamming)을 유발할 수 있기 때

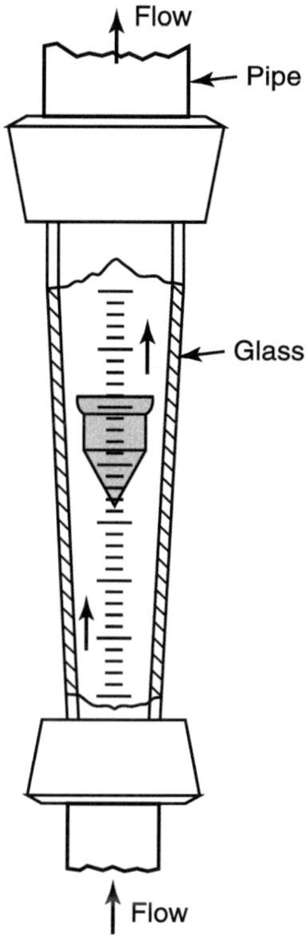

그림 15.15 가변 면적 유량계

문에), 블록 라인(blocked line)을 만들 수 있는 가능성이 있으며(반드시 응착된다), 유동의 맥동을 야기시킬 수 있다는 단점이 있다.

15.5.7 가변 면적 유량계

가변 면적 유량계(variable-area meters)의 단면이 그림 15.15에 나타나 있다. 이 장치는 상용 상표인 로타미터(*Rotameter*)라고도 알려져 있다. 여기에는 **플로트**(*float*)와 플로트가 자유롭게 움직일 수 있는 테이퍼(tapered) 관이 주요 두 부품이다. 플로트는 그것이 움직이는 액체보다 무거워야 하기 때문에 어떤 면에서는 잘못된 명칭일 수도 있다. 유체가 관을 통하여 위로 올라감에 따라 플로트에는 4가지 힘이 작용한다. 그것은 하향 중력, 상향 부력, 압력 및 점성 항력이다.

주어진 유량에서 플로트는 그것에 작용하는 힘들이 서로 평형을 이루는 관 내의 어떤 위치에 머물 것이다. 세심한 설계를 통하여 밀도와 점도의 변화를 최소화하고 단지 압력을 변수로 한다. 압력은 유량 및 플로트와 관 사이의 환상 면적(annular area)에 의존한다. 따라서 플로트의 위치는 유량만에 의해 결정된다. 로터미터에 대한 기본식[13]은 다음과 같다.

$$Q = A_w C \left[\frac{2g v_f (\rho_f - \rho_w)}{A_f \rho_w} \right]^{1/2} \tag{15.17}$$

여기서 $Q =$ 체적 유량
$v_f =$ 플로트의 체적
$g =$ 중력 가속도
$\rho_f =$ 플로트의 밀도
$\rho_w =$ 액체의 밀도
$A_f =$ 플로트의 면적
$C =$ 송출계수(discharge coefficient)
$A_w =$ 환형 오리피스의 면적
$= \left(\frac{\pi}{4}\right)[(D + by)^2 - d^2]$
$D =$ 플로트가 기준점에 있을 때, 관의 직경
$b =$ 높이의 단위 변화에 대한 관 지름의 변화
$d =$ 플로트의 최대 직경
$y =$ 기준점에서부터 플로트의 높이

일반적으로 D, b 그리고 d 값은 근본적으로 y에 대한 A_w의 선형 변화가 이루어지도록 선택될 것이다. 그러므로 유량은 방해 유량계와 대조적으로 지시값의 선형 함수가 된다.

가변 면적 유량계의 단점은 다음과 같다: 유량계를 수직되게 설치해야 한다; 불투명 유체가 사용되는 경우에는 플로트를 볼 수 없다; 부유 고체를 많이 포함한 액체에는 사용할 수 없다; 고온 또는 고압에서는 비싸다; 항상 전기적 판독을 제공해 주는 것은 아니다; 유체의 밀도에 의해서 교정이 영향을 받을 수 있다; 그리고 그리 정확한 편이 아니다; 장점은 다음과 같다: 압력 손실이 전 유량에서 일정하여 유량계의 전 범위에 걸친 유량 눈금이 균일하다; 용량은 플로트나 관 또는 이 양자를 교체함으로써 비교적 쉽게 변경시킬 수 있다; 많은 부식성 액체도 복잡하지 않게 취급할 수 있다; 흐름의 상태를 쉽게 볼 수 있다; 매우 적은 유량에서 사용 가능한 모델도 있다. 가변 면적 유량계의 정확도는 일반적으로 전체 스케일의 2%이상이며, 10%나 그 이상의 정확도를 갖는 경우도 있다.

15.6 유량계의 교정

표준화된 유량을 발생하는 장치가 유량계의 교정(calibration of flowmeters)을 위하여 필요하다. 이미 알고 있는 유량의 유체가 유량계를 통하여 흐를 때 그 유량을 유량계의 지시값과 비교한다. 기본 유입량이 시간과 직선적인 치수(체적 유량) 또는 중량(질량 유량)의 측정을 통하여 결정될 때, 이 절차를 1차 교정(*primary calibration*)이라 한다. 1차 교정을 받은 유량계는 비교 교정(*comparative calibration*)을 통하여 다른 유량계들을 표준화하기 위한 2차 표준(*secondary standard*)으로 사용된다. 일반적으로, 낮은 밀도를 갖고 다루기 어려운 기체의 교정보다는 액체의 교정에서 높은 정확도가 얻어진다[11].

1차 교정은 보통 일정한 유량으로 수행되는데, 정해진 시간 동안에 흐른 전체 유량을 측정한다. 질량으로 수행하는 1차 교정은 보통 액체를 모아 무게를 측정하는 중량 탱크(*weight tank*)를 이용한다(3.11.2절 참조). 비록 후자의 방법이 주로 액체만을 위해 사용되지만 적당한 조작으로 기체의 교정을 위해서도 사용될 수 있다. 액체의 체적 변위는 주의 깊게 측정된 탱크나 컨테이너에서의 액면 레벨도 측정된다. 기체의 경우에는 액체 위에 가스 챔버를 만들 수 있는 뒤집힌 벨(bell)로 구성된 벨 프로버(*bell prover*)를 사용하여 체적을 결정한다. 벨의 가장자리 밑 부분이 액체 표면 아래에 놓여진다(그림 15.16 참조). 기체가 교정하고자 하는 유량계를 통해서 챔버 안으로 들어온다. 기체의 유입으로 벨이 액체보다 위로 떠오르게 되며, 챔버 안은 일정한 압력이 유지된다. 벨의 변위로부터 체적을 측정할 수 있다[14].

그림 15.17은 직접적으로 질량이나 체적을 측정하지 않는 방법이다. 알고 있는 용량(직경)의 수직 파이프가 수집기(collector)로 사용된다. 밑바닥의 압력 또는 수두로부터 모여진 질량을 알 수 있다. 이 방법으로 20~300,000 kg/h의 범위를 다루는 유량계에 대

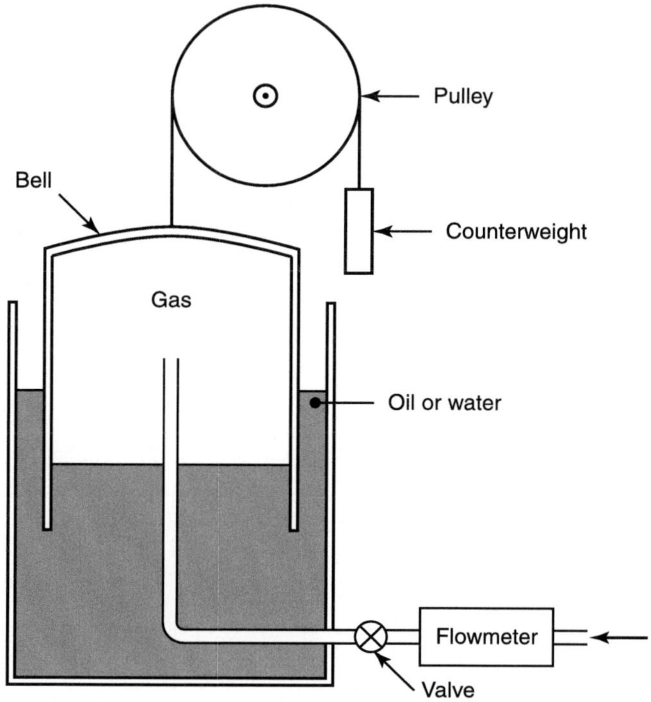

그림 15.16 기체 유동 교정에 사용되는 벨 프로버

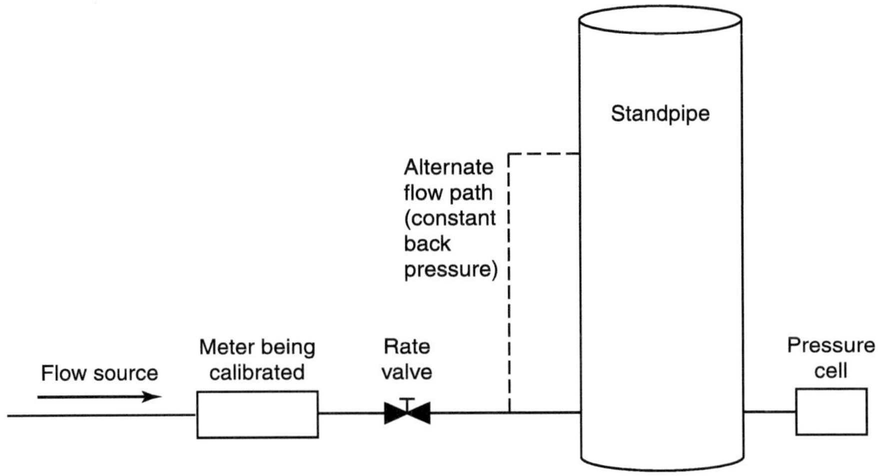

그림 15.17 유량계 교정에 사용되는 수직 파이프형 수집기

하여 0.1% 이내의 교정이 이루어진다[15]. 이러한 방식의 정확성은 액체의 밀도를 얼마나 정확히 아는가에 달려있다.

2차 교정은 단순히 교정하려는 유량계와 2차 표준을 직렬로 연결시키고 희망하는 유량 범위에 대하여 그것들의 상대적인 지시값과 비교함으로써 이루어진다. 터빈 유량계나 변위 유량계와 같은 높은 정확도를 가진 유량계가 일반적으로 2차 표준으로 사용된다. 이 때 유량계에 가까이 있는 엘보(elbow), 티(tee) 등의 선형 방해물에 의해 야기되는 상호 작용이나, 다른 형태의 장애(disturbance)를 최소화하도록 유량계 설치에 세심한 주의가 필요하다. 이러한 목적으로 표준 유량계의 상류 쪽에 유동 직선화 장치(Flow straighteners)를 설치하기도 한다. 표준 유량계는 종종 한 쌍으로 사용되는데 이는 어느 한 쪽의 표준 유량계의 드리프트(drift)가 둘 사이의 차로 나타날 수 있도록 하기 위해서이다.

ISO나 다른 표준기관에서 고안된 방해물 유량계에서는, 교정은 유량계의 적절한 치수를 측정하고, 이를 표준 송출계수나 유량계수에 대한 방정식에 대입함으로써 수행된다. 이 방식의 불확도는 1%~2%이다.

측정되는 유체의 점성과 밀도의 변화는 유량계의 교정에 영향을 줄 수 있으며, 레이놀즈 수와 다른 파라미터들에게도 영향이 미쳐서 유량계의 성능에 영향을 줄 수 있다. 이러한 성질들은 특수한 유체에만 국한된 것이 아니라, 유체의 온도와 압력에도 상관이 있다. 액체의 점성은 특별히 온도에 민감하다. 일반적으로, 교정은 특정 유체를 사용하여 미리 예상된 동작 온도와 압력에서 수행되어야 한다. 교정계를 다른 환경이나 다른 유체로 변경하는 경우에는, 이러한 성질들이 유량계의 응답에 어떻게 영향을 미치는 가에 대해서 알고 있다면 보정(corrections)을 적용할 수 있다.

표 15.4 속도측정 기술. 응답과 분해능은 대표적인 값들이다. 각각의 주파수 응답은 프로브의 디자인, 작업 환경, 부속품들에 따라 달라질 수 있다. 예를 들어 미립자상 속도계(PIV) 분해능은 현미경을 장착한다면 0.1 μm까지 도달할 수 있다.

Device	Cost	Frequency Response (Hz)	Spatial Resolution (mm)	Reversing Flow?
Pitot tube	Low	< 0.1	5	No
Hot-wire anemometer	Moderate	10,000	1	No
Laser-Doppler anemometer	High	100	0.1	Yes
Ultrasonic-Doppler anemometer	Moderate		10	Yes
Particle image velocimeter	High	30	1	Yes

15.7 유속의 측정

유량은 보통 유속에 비례한다. 그러므로 속도를 측정함으로써 유량을 측정할 수 있다. 때로는 그 자체의 속도 특히 유체에 대한 상대 속도가 요구된다. 후자의 예가 공기 중을 나는 항공기이다[16]. 다음 절에서는 유체의 절대속도와 상대속도의 측정에 대하여 다룬다. 장비는 일반적으로 평균 속도보다는 국부속도를 측정하도록 되어 있으며 우리는 기호를 단순화하여 V라 표시하기로 한다.

유속은 유동계의 비정상 상태 때문이거나, 난류의 결과로 시간에 따라 변화할 수 있다. 난류 유동의 경우에는, 속도는 시간에 대한 평균값을 중심으로 변동한다. 이러한 변동의 주파수는 유동 조건에 따라, 킬로헤르츠(kHz)단위까지 도달할 수 있다. 측정되는 속도는 시간 평균 속도이거나 순간 속도이다. 물론, 후자에서 우리는 반드시 속도 센서의 주파수 응답을 고려해야 한다.

표 15.4는 몇 가지 유속을 측정하기 위한 일반적인 기술을 주파수 응답 및 공간 분해능과 함께 열거하였다. 또한 역방향으로 흐르는 유체를 측정할 수 있는 기능도 명시하였다. 우리는 다음 절들에서 이러한 장치들에 관하여 논의할 것이다.

15.8 압력 프로브

어느 유체의 어떤 한 지점에서의 압력을 측정하는 대부분의 이유는 그 지점의 유동 조건을 결정하기 위해서이다. 유동 매질은 대칭관, 파이프, 또는 제트 엔진이나 압축기 같이 복잡한 구조를 지나는 기체나 액체일 것이다.

한 지점에서의 압력 측정은 압력 변환기와 측정 지점을 관으로 연결하여 이루어진다. 압력 프로브(*Pressure Probes*)는 측정점에서의 압력에 대해 신뢰할 수 있고 판독 가능한

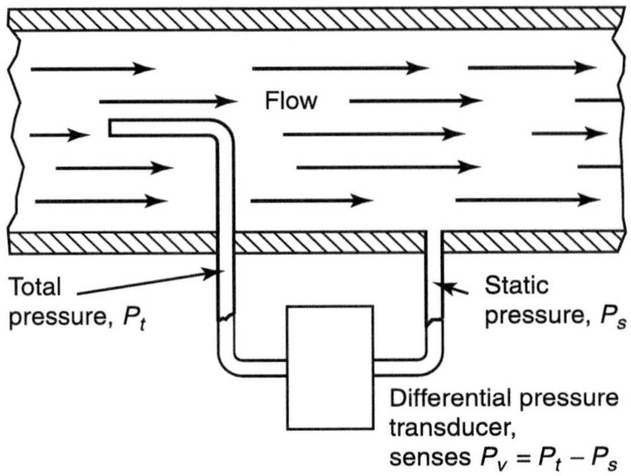

그림 15.18 전압 및 정압 측정 프로브

지시값을 제공한다. 그러나 프로브 자체가 압력을 어느 정도 변화시킬 수 있기 때문에 다소 어려움이 있다.

압력 프로브에는 여러 가지 형태가 있으며 그 선택은 요구되는 정보, 유효 공간, 압력 구배, 유량과 유동 방향의 불변성에 의존한다. 기본적으로 압력 프로브는 2개의 다른 압력의 하나나 둘 다를 측정한다(그림 15.18). 14.2절에서 우리는 **정압**과 **전압**에 대해 간단히 설명하였고, 또 그 차이는 유속의 결과라고 했다. 그것은 다음과 같이 표시된다.

$$P_t = P_s + P_v \tag{15.18}$$

여기서 $P_t =$ 전압 (**정체압**이라고도 한다)

$P_s =$ 정압

$P_v =$ 속도압

15.8.1 비압축성 유체

비압축성 유체(incompressible fluids)에 대한 식 15.5를 다시 쓰면 우리는 다음과 같이 쓸 수 있다.

$$P_t = P_s + \frac{\rho V^2}{2g_c}$$

여기서 $\rho =$ 유체의 밀도

$V =$ 속도

$g_c =$ 차원상수

속도를 표시하면,

$$V = \sqrt{\frac{2g_c(P_t - P_s)}{\rho}} = \sqrt{\frac{2g_c(\Delta P)}{\rho}} \tag{15.19}$$

여기서 $\Delta P = P_t - P_s$. 여기서 보듯이 속도는 단순히 전압과 정압의 차를 측정함으로써 결정할 수 있다.

속도가 유량 측정에 사용될 때에는 채널 또는 도관을 통한 속도 분포를 알아야 한다. 이 경우 속도 프로브를 단면을 가로질러 측정하여 속도 분포를 결정하고 이로부터 평균치를 계산할 수 있으며 또한 교정에 의하여 상수가 결정될 수 있다(문제 15.30 참조).

15.8.2 압축성 유체

높은 속도에서는, 압력 측정에 의해 속도를 결정하는 과정에서 반드시 기체의 압축성(compressible)을 고려해야 한다. 유동이 아음속(subsonic)인 경우에는 프로브의 끝에서 기체의 등 엔트로피 압축이 일어나고 압력이 P_s에서 P_t로 변한다. 만약에 유동이 초음속(supersonic)이라면, 충격파가 프로브의 앞 쪽에 발생할 것이다. 아음속(subsonic) 조건에서, 등 엔트로피 유동식[7]의 속도와 압력 간의 관계는 다음과 같다.

$$\begin{aligned} V &= \sqrt{2\left(\frac{k}{k-1}\right)\left(\frac{P_s}{\rho_s}\right)\left[\left(\frac{P_t}{P_s}\right)^{(k-1)/k} - 1\right] g_c} \\ &= \sqrt{2\left(\frac{k}{k-1}\right)\left(\frac{P_s}{\rho_s}\right)\left[\left(1 + \frac{\Delta P}{P_s}\right)^{(k-1)/k} - 1\right] g_c} \end{aligned} \tag{15.19a}$$

여기서 $k =$ 비열비(표 15.2 참조)

$\rho_s =$ 유체의 밀도(정적 밀도)

이 방정식은 유체의 속도가 음속의 30~100% 사이에 있을 때 사용된다. 즉 마하수(Mach numbers)가 0.3∼1 사이일 때이다. 초음속 유동에서는, 충격파를 고려한 추가적인 수정이 필요하다. 이상 기체에서의 음속은 $c = \sqrt{kRT}$ 로 주어져 있다. 여기서 R은 기체상수이고, T는 절대온도이다.

15.8.3 전압 프로브

기압계의 지시가 정압 측정에 사용되는 개방 제트(open jet)와 같은 경우를 제외하고 전압이나 정체압(stagnation pressure)의 측정은 보통 정압 측정보다는 약간 쉬운 편이다. 그림 14.2의 A에 나타난 피토관(Henri Pitot의 이름을 따라서 명명)은 보통 정체 압력 측정에 사용된다. 그러나 피토관은 그림 15.19에 표시된 바와 같은 구조를 가진 정압공(static openings)과 함께 조합되어 있는 경우가 많다. 이것은 피토 정압관(*Pitot-static tube*) 또는 가끔 프란틀-피토관(Prandtl-Pitot tube)으로 불린다. 정상 상태 유동에서는 간

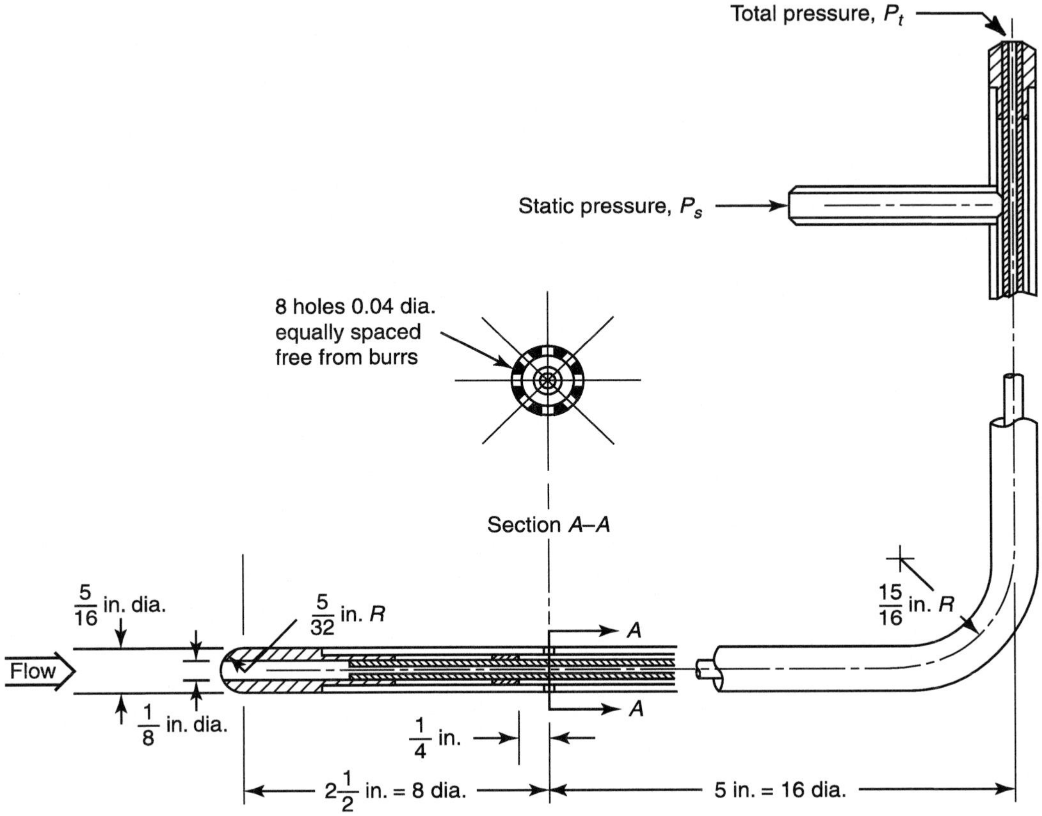

그림 15.19 피토 정압관

단한 차압 마노미터(종종 경사형으로 되어 있는)이면 압력 측정에 충분하며, $P_t - P_s$ 가 직접 결정된다. 압력 변동이 존재할 때는 다이아프램과 같은 어떤 형태의 압력 변환기가 사용되며 물론 충분한 응답을 위해 관 연결에 있어 특별한 주의가 있어야 한다(14.9절 참조).

보통의 피토 정압관(Pitot-static tube)의 사용에 있어 큰 문제는 흐름의 방향과 관의 방향의 정확한 일치를 얻는 일이다. 프로브 축과 유선 사이에 형성되는 각도를 편각(*yaw angle*)이라 부른다. 이것은 영(zero)이 되어야 하나 대부분의 경우 편각은 일정하지 않다. 흐름의 크기나 방향이 고정되어 있지 않기 때문이다. 그러한 경우에 있어 편각에 대한 감도는 매우 중요하다. 피토 정압관은 그림 15.20과 같이 편각에 대해 특히 예민하다. 비록 감도가 정체압공공과 정압공의 양 방향에 모두 영향을 받지만 후자의 영향이 더 크다.

정체압 또는 전압만을 측정하기 위하여 고안된 Kiel 관(정압공은 없음)이 그림 15.21에 나타나 있다. 이것은 특별히 벤츄리로 둘러싸인 충동관으로 구성되어 있다. 이 형식에서 곡선은 편각의 변화에 대하여 민감하지 않음을 나타내고 있다. Kiel 관의 변화형은 유선형 벤츄리에 비하여 끝 부분이 경사진 원통형 도관을 사용했으며 이것은 성능 상에 거의 영향을 미치지 않고 제작비도 비싸지 않다.

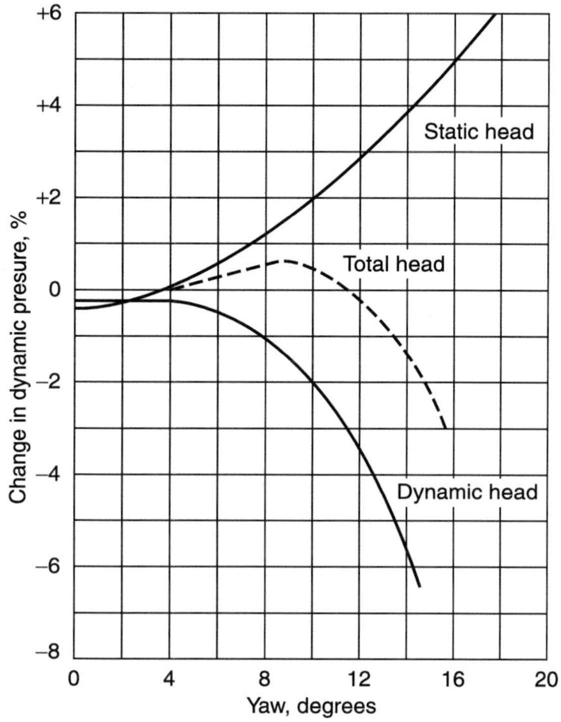

그림 15.20 표준 피토 정압관의 편각에 대한 감도(Courtesy: The Airflo Instrument Company, Glastonbury, Connecticut)

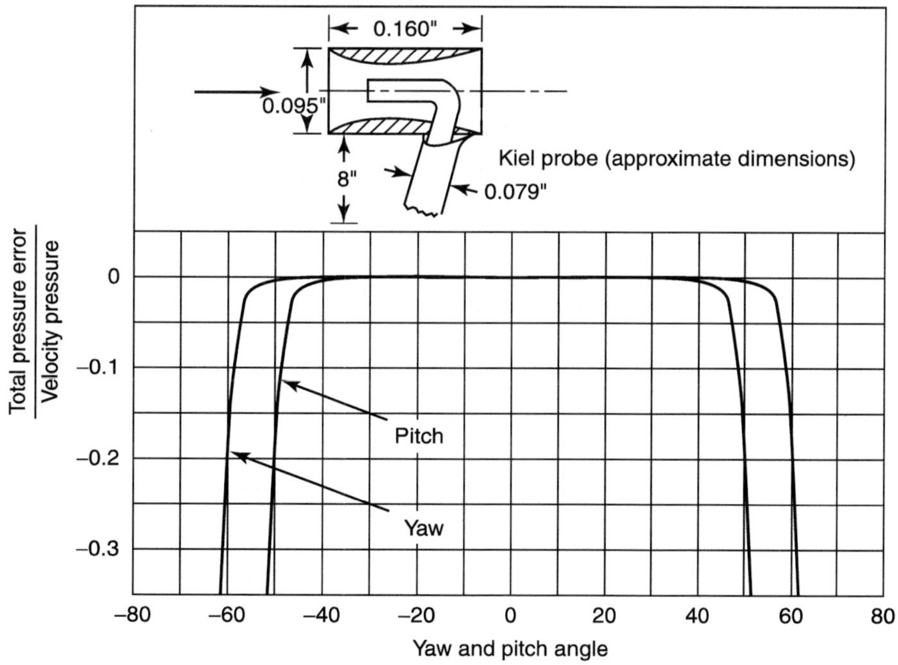

그림 15.21 Kiel형 전압관과 편각에 대한 감도(Courtesy: The Airflo Instrument Company, Glastonbury, Connecticut)

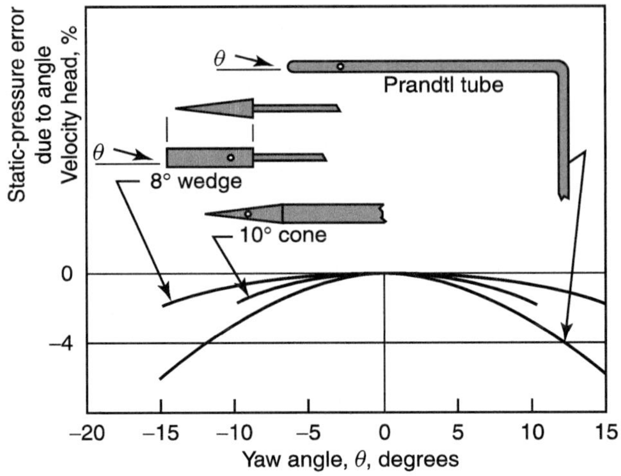

그림 15.22 여러 가지 정압 감지기의 편각에 대한 특성(Courtesy: Instrument Society of America, Reasearch Triangle Park, North Carolina)

15.8.4 정압 프로브

정압 프로브(*static-pressure probes*)는 여러 가지 형태로 사용되어 왔다[17]. 이상적으로는 흐름 방향에 수직인 축의 단순한 구멍이어야 완전하다. 그러나 약간의 흠집이나 편각은 다소의 오차를 초래한다. 전에 언급한 바와 같이 여러 가지 상황에서 편각은 계속 변한다. 이러한 이유로 특수한 정압 프로브가 사용된다. 그림 15.22는 몇 가지 이런 형식의 프로브와 이에 해당하는 편각 감도를 나타내고 있다.

이미 언급한 바와 같이 압력-흐름 상태에서는 단순히 프로브의 존재가 측정코자 하는 변수를 변화시킨다. 프로브는 다른 프로브, 그 자신의 지지부, 그리고 덕트 고는 관의 벽과도 상호 작용을 한다. 그러한 상호 작용은 근본적으로 기하학적 함수이며 상대적 치수 비율의 함수이다. 이것은 또한 Mach 수의 함수이기도 하다. 이러한 분야에 대해 많은 노력이 행해지고 있다[18, 19].

15.8.5 방향 감지 프로브

그림 15.23은 두 가지 형식의 방향 감지 또는 편각 프로브를 보여 주고 있다. 이 프로브는 2개의 충동관(impact tube)을 사용한다. 각각의 경우에 프로브는 흐름에 직각으로 위치해 있고 그 축 주위로 회전할 수 있다. 그 때 프로브의 각 위치는 구멍에서 감지되는 압력이 같을 때까지 조정될 수 있다. 이때 흐름 방향은 구멍 사이의 각도의 2등분선에 일치하게 된다. 프로브는 또한 두 구멍 사이의 중앙에 제 3의 구멍을 둘 수 있다. 적당하게 정렬되었을 때 이 추가된 구멍은 최대 충동 압력을 감지할 것이다.

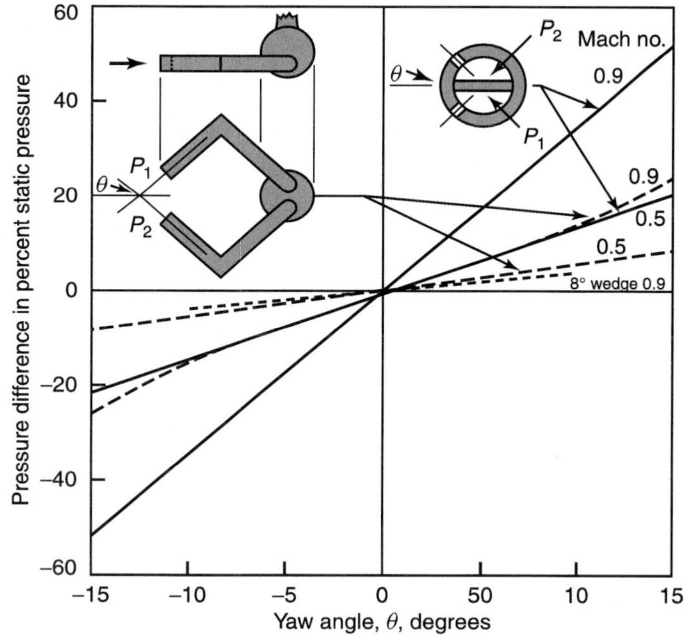

그림 15.23 특수한 방향 감지기와 감지기의 편각 특성(Courtesy: Instrument Society of America, Reasearch Triangle Park, North Carolina)

예제 15.3 피토 정압관이 공기가 흐르는 관의 중심에서 공기의 속도를 결정하기 위하여 사용된다. 정압은 124 kPa(18 psia), 공기 온도는 26.7°C(80°F), 차압은 3.8 in(96.5 mm의 물)로 측정되었다. 공기 속도는 얼마인가? (a) SI계 (b) 영국계를 이용하여 계산하여라.

풀이: (a) SI단위계를 사용하여 표 D.2로부터, 표준 대기압(101.325 kPa)에서 $\rho_{26.7} =$ 1.153 kg/m^{3}이다. 124 kPa에서

$$\rho_{26.7} = (124/101.325) \times 1.153 = 1.411 \text{ kg/m}^3$$
$$1 \text{ mm H}_2\text{O} = 9.807 \text{ Pa (from Table 14.1)}$$
$$\Delta P = 96.5 \times 9.807 = 946.4 \text{ Pa}$$
$$P_t = P_s + \Delta P = 124,000 + 946.4 = 124.946 \text{ kPa}$$
$$k = 1.4$$

식 15.19a에 $g_c = 1$을 대입하면

$$V = \sqrt{2(1.4/0.4)(124,000/1.411)[(124,946/124,000)^{(0.4/1.4)} - 1] \times 1}$$
$$= 36.57 \text{ m/s}$$

(b) 영국 단위계를 사용하여 표 D.2로부터, 압력 14.7 psia에서 $\rho_{80} = 0.0735$ 1 bm/ft^{3}이다.

$$\rho_{80} = (0.0735)(18/14.7) = 0.0900 \text{ lbm/ft}^3$$
$$1 \text{ in. } H_2O = 5.202 \text{ lbf/ft}^2 \text{ (using results from Table 14.1)}$$
$$\Delta P = 3.8 \times 5.202 = 19.77 \text{ lbf/ft}^2$$
$$P_s = 18 \times 144 = 2592 \text{ lbf/ft}^2$$
$$P_t = P_s + \Delta P = 2592 + 19.77 = 2612 \text{ lbf/ft}^2$$
$$k = 1.4$$

식 15.19a에 대입하면

$$V = \sqrt{2(1.4/0.4)(2592/0.090)[(2612/2592)^{(0.4/1.4)} - 1] \times 32.17}$$
$$= 119 \text{ ft/s (or 36.4 m/s)}$$

위의 예제에서 필요한 수학적 조작을 면밀히 살펴보면, P_t와 P_s가 일반적으로 거의 같은 크기가 되기 때문에 상당량의 계산 오차가 있을 수 있음을 알 수 있다. 따라서 비율의 계산은 매우 정확해야만 한다.

무시된 압축성의 영향을 결정하기 위해서 (a)의 값을 식 15.19에 대입하면

$$V = \sqrt{2 \times 1 \times (946.4)/1.411} = 36.63 \text{ m/s}$$

본질적으로 동일한 값을 얻을 수 있다. 이 경우에는 마하 수가 낮기 때문에 유동이 비압축성에 가깝다. 이 온도에서 공기에서의 음속은 약 347 m/s 정도이다. 좀 더 높은 유속에서는 일치도가 훨씬 낮을 수 있다(문제 15.28은 이 문제와 관계가 있다).

15.9 열 유속 측정법

유동류(moving stream)에 있는 가열된 물체는 유속이 증가하는 비율에 비례하여 열을 잃는다. 만약 한 물체가 알고 있는 전력으로 전기적으로 가열되면 냉각률에 따라 결정되는 어느 온도에 도달할 것이다. 따라서 이 온도로 속도를 측정할 수 있다. 역으로 물체의 온도가 일정하게 유지되도록 피드백 시스템(feed-back system)에 의해 가열 전력(heating power)이 조절될 수 있다. 그런 경우에 가열 전력의 변화를 이용하여 속도를 측정한다. 이런 관계가 **열 유속**(*Thermal Anemometry*) 측정의 기본 원리이다.

가장 잘 알려진 열 유속 프로브는 **열선과 열막 유속계**(*hot-wire and hot-film anemometers*)이다. 열선 유속계는 2개의 큰 직경의 갈고리(prongs)로 지지된 가는 도선으로 구성되어 있다 ; 전류는 도선의 온도가 유체 온도 이상이 되도록 도선을 충분히 가열시킨다(그림 15.24). 전형적으로 도선은 직경이 4~10 μm이고, 길이가 1 mm이며, 플라티늄(platinum) 또는 텅스텐(tungsten)으로 만들어진다. 이러한 가는 도선은 매우 끊어지기 쉬우며 따라서 열선 프로브는 단지 혼합물이 없는 기체 유동에만 사용된다. 액체나 혼합물이 포함된 기체 유동의

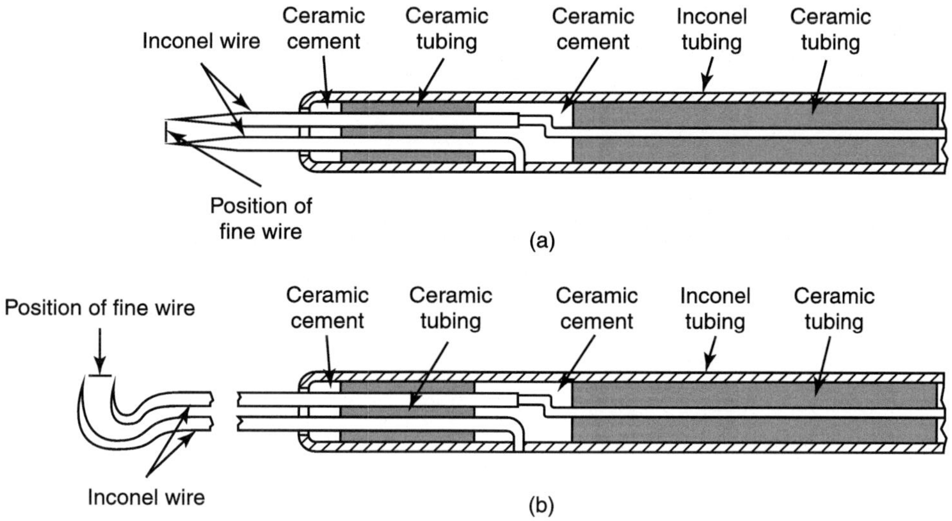

그림 15.24 두 종류의 열선 유속계의 프로브: (a) 프로브 축에 수직하게 설치된 도선, (b) 프로브 축에 수평하게 설치된 도선

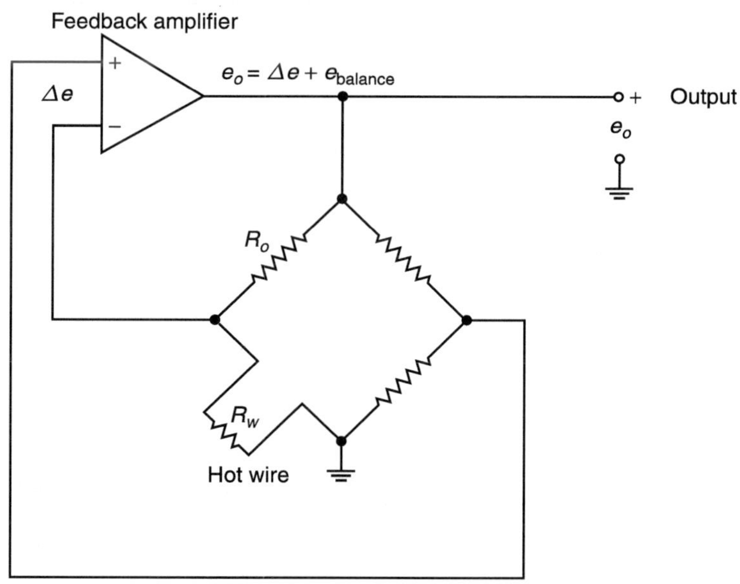

그림 15.25 등온 유속계의 브리지 회로

경우에는 그 대신에 열막 유속계가 사용된다. 이 경우 수정 섬유(quartz fiber)가 갈고리 사이에 걸리며 섬유 표면에 플라티늄 막이 덮여 있어서 전기적으로 가열된다. 섬유는 직경이 약 25~150 μm 이며 기계적 강도가 열선에 비해 매우 크다.

열선과 열막 프로브는 주로 피드백 제어 회로(feedback-controlled bridge, 그림 15.25)

에 의해 일정한 온도에서 작동된다. 프로브는 전압 수감형 휨 브리지(voltage-sensitive deflection bridge, 7.9절)의 일부가 된다. 브리지를 통해서 흐르는 전류는 가열 전력(heating power)을 도선으로 공급한다. 도선의 저항은 온도의 함수이며(16.4.1절), 유속의 증가는 도선의 온도를 낮추고, 따라서 도선의 저항을 낮추어 브리지 불평형을 야기한다. 전압의 불평형은 피드백 증폭기를 작동시켜 브리지에 공급되는 전압과 전류를 증가시킨다. 추가된 전류가 가열 전력을 증가시키고 그리하여 도선 온도와 저항은 올라가며 브리지 평형을 회복시킨다. 또 브리지에 공급된 전압은 회로 출력으로서 사용된다. 고품질(high-quality)의 브리지는 이미 상용화되어 있으며, 이를 대신하여 사용할 만한 브리지를 최소한의 비용으로 제작할 수도 있다[20].

유속과 브리지 출력과의 관계는 전력(electrical power)을 열손실과 같다고 놓음으로써 얻어진다. 가열 전력은

$$\text{Electrical power} = \frac{e_w^2}{R_w} = \left(\frac{R_w}{R_o + R_w} e_o\right)^2 \frac{1}{R_w} = e_o^2 \left(\frac{R_w}{(R_o + R_w)^2}\right)$$

여기서 $e_w =$ 도선 사이의 전압(V)
$R_w =$ 도선의 저항(V)
$R_0 =$ 브리지 회로의 저항(Ω)
$e_0 =$ 출력 전압(Ω)

도선에서의 열 손실은 주로 대류에 기인한다. 복사는 무시할 만하고, 지지부(supporting prongs)로의 전도는 보정에 의해 계산된다. 열 손실률은 와트(watt)단위로 다음과 같은 형태를 취한다.

$$\text{Rate of heat loss} = A_w h(T_w - T_f)$$

여기서 $A_w =$ 도선의 표면적(m^2)
$T_w =$ 도선의 온도 (K)
$T_f =$ 유체온도 (K)
$h =$ 대류 열 전달계수($\mathrm{W/m^2K}$)

작은 직경의 도선에 대한 열 전달계수는 다음과 같이 주어진다.

$$h = A + B\sqrt{\rho V}$$

여기서 A와 $B =$ 도선직경, 유체, 그리고 온도에 의존하는 상수
$\rho =$ 유체의 밀도($\mathrm{kg/m^3}$)
$V =$ 도선에 접근하는 유체의 속도 (m/s)

전력과 열 손실이 같다고 보고 문제를 풀어보면, 우리는 다음 식을 얻게 된다.

$$e_o^2 = \left(\frac{(R_o + R_w)^2}{R_w}(T_w - T_f)A_w\right)\left(A + B\sqrt{\rho V}\right) \tag{15.20}$$

브리지는 도선의 온도와 저항상수를 일정하게 유지하므로, 저항과 온도는 새로운 상수 C와 D로 통합된다.

$$e_o^2 = C + D\sqrt{\rho V} \tag{15.20a}$$

이 결과를 보통 *King' s law*라 부른다[21].

열선과 열막은 사용되기 이전에 반드시 교정되어야 한다. 전형적으로 피토관과 같은 제 2의 표준과의 비교가 여러 유속에 대하여 이루어지며, 결과는 C와 D값을 결정하는 데 사용된다.

한 쌍의 열선이나 열막 프로브를 서로 경사지게 이용하면, 2개의 유량 속도 벡터를 측정할 수 있다. 전형적으로 열선들이 프로브 본체(probe body)에 ±45°의 각도를 이루기 때문에, 이러한 배열을 *X-wire probe*라 부른다.

만약 주위 온도가 변화한다면 중요한 문제가 발생한다. T_f의 작은 변화는 열선에 근접한 곳에 가는 선(fine-wire) 저항 온도계("냉선")를 위치시키고, 식 15.20에서 온도 차이의 변화를 허용함으로써 수정될 수 있다. 좀 더 큰 온도 변화를 위해서는 A와 B값이 온도의 함수가 되는 식 15.20을 좀 더 많이 수정하는 것이 필요하다[22, 23].

열선 유속계의 장점은 고주파수 응답과 탁월한 공간 분해능(spatial resolution)에 있다. 열선(hot-wire)의 주파수 응답은 10 kHz에 도달할 수 있으며 만약 공간 분해능의 손실[24]이 중요하지 않다면 열선은 몇 배 더 높은 주파수로도 응용될 수 있다. 그러나 상대적으로 고가이고 잘 부러지는 특성이 있으므로 열선의 좋은 응답 특성이 유속 측정에 필수적일 때 사용하는 것이 타당하다. 대부분의 고주파수 응답은 난류 유동에서 변동이 심한 속도 측정에 필요하다.

열 유량계(*thermal flowmeters*) 또한 가능하다. 관이나 파이프 안의 유량 측정에 이 장치가 사용된다. 한 가지 형태로서 관 벽의 한 부분에 전기적으로 열을 가하면 흐르는 유체의 질량 유량에 비례하여 하류에서 유체의 온도가 변화하는 원리를 이용하여 유량을 추정한다. 자동차 연료 분사 시스템은 마이크로프로세서 컨트롤 시스템의 일부로서 조금 다른 구조의 열 유량계를 사용한다. 열막 감지기(hot-film sensor)가 흡입 다기관(manifold)에 설치되어 있으며 이 감지기는 상대적으로 거친 구조이고 신뢰도의 향상을 위하여 주파수 응답은 낮추어져 있다. 열막 신호는 ρV를 결정하며, ρV가 다기관 횡단 면적과 곱해질 때 전 질량 유량이 얻어진다. 온도 감지기가 주위 조건의 변화를 보상하기 위하여 함께 설치된다. 측정된 질량 유량은 마이크로프로세서가 정확한 연료 혼합물을 연료 분사기에 주입하는 것을 가능하게 한다.

열선과 열막 유속계에 대한 연구는 광범위하게 진행되고 있으며, 이러한 주제를 다룬 논문의 대부분이 이 유속계의 성능과 사용에 대한 것을 다루고 있다[23, 25].

15.10 도플러 편이 계측

주어진 주파수의 빛 또는 음파는 움직이는 유체 속에 있는 입자로부터 산란될 때, 주파수의 변화, 즉 도플러 편이(*Doppler Shift*)를 하게 된다. 산란된 파(scattered wave)의 도플러 편이는 산란 입자의 속도에 비례한다. 따라서 산란된 파와 그렇지 않은 파 사이에서의 주파수 차이를 측정함으로써 입자의 속도, 즉 유속을 계산할 수 있다. 유체의 속도 측정에 가장 많이 사용되는 파는 레이저 빛과 초음파이다.

도플러 편이는 사이렌이나 자동차 경적에서 들을 수 있는 것과 같이 움직이는 소리의 음원이 지나갈 때 소리의 피치(pitch) 변화와 유사하다. 유동 입자로부터 산란된 파에서의 도플러 편이의 크기는 관찰자의 위치뿐만 아니라 입사파에 상대적인 입자의 방향에도 의존한다(그림 15.26). 다음의 계산식이 관찰된 주파수 편이를 나타낸다[26].

$$\Delta f = \left(\frac{2V}{\lambda}\right)\cos\beta\sin\left(\frac{\alpha}{2}\right) \tag{15.21}$$

여기서 $\Delta f =$ 도플러 주파수 편이(Hz)
$V =$ 입자의 속도(m/s)
$\lambda =$ 산란되기 전의 최초 파의 파장(m)
$\beta =$ 속도 벡터와 각도 SPQ의 2등분선 사이의 각(angle)
$\alpha =$ 관찰자와 입사파의 축 사이의 각(angle)

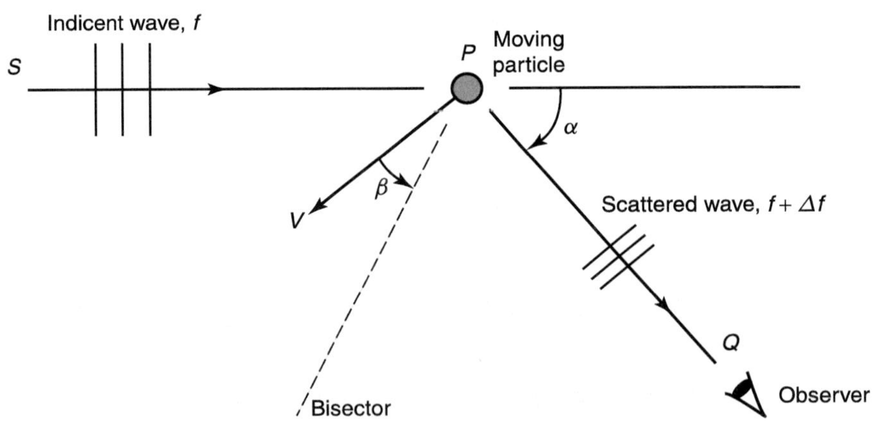

그림 15.26 주파수가 f인 입사파가 속도 V로 움직이는 입자에 의하여 분산될 때, 관측자는 주파수가 $f + \Delta f$인 분산파를 관측한다. Δf는 도플러 주파수 편이이다(식 15.21).

앞 식에서 주파수 편이의 주요 특성은 입자속도에 대한 이것의 비율이다. 만약 우리가 이 편이를 측정할 수 있다면 우리는 입자속도를 계산할 수 있다. 이 때 입자가 유동과 같이 움직인다면 이 속도는 유속과 같을 것이다.

레이저 빛과 초음파는 상대적으로 고주파이기 때문에 도플러 편이는 원래 파의 주파수에 비하면 매우 작다. 예를 들어 산란된 레이저 빛의 주파수 변화는 작은 경우에는 단지 $1/10^8$(예제 4.3 참조)이 될 것이다. 도플러 주파수를 측정하기 쉬운 맥놀이 진동 주파수로 만들어 측정하기 위해 산란파를 원래의 기준파와 헤테로다인(*heterodyne*) 처리하는 것이 일반적이다(4.4.1절 참조).

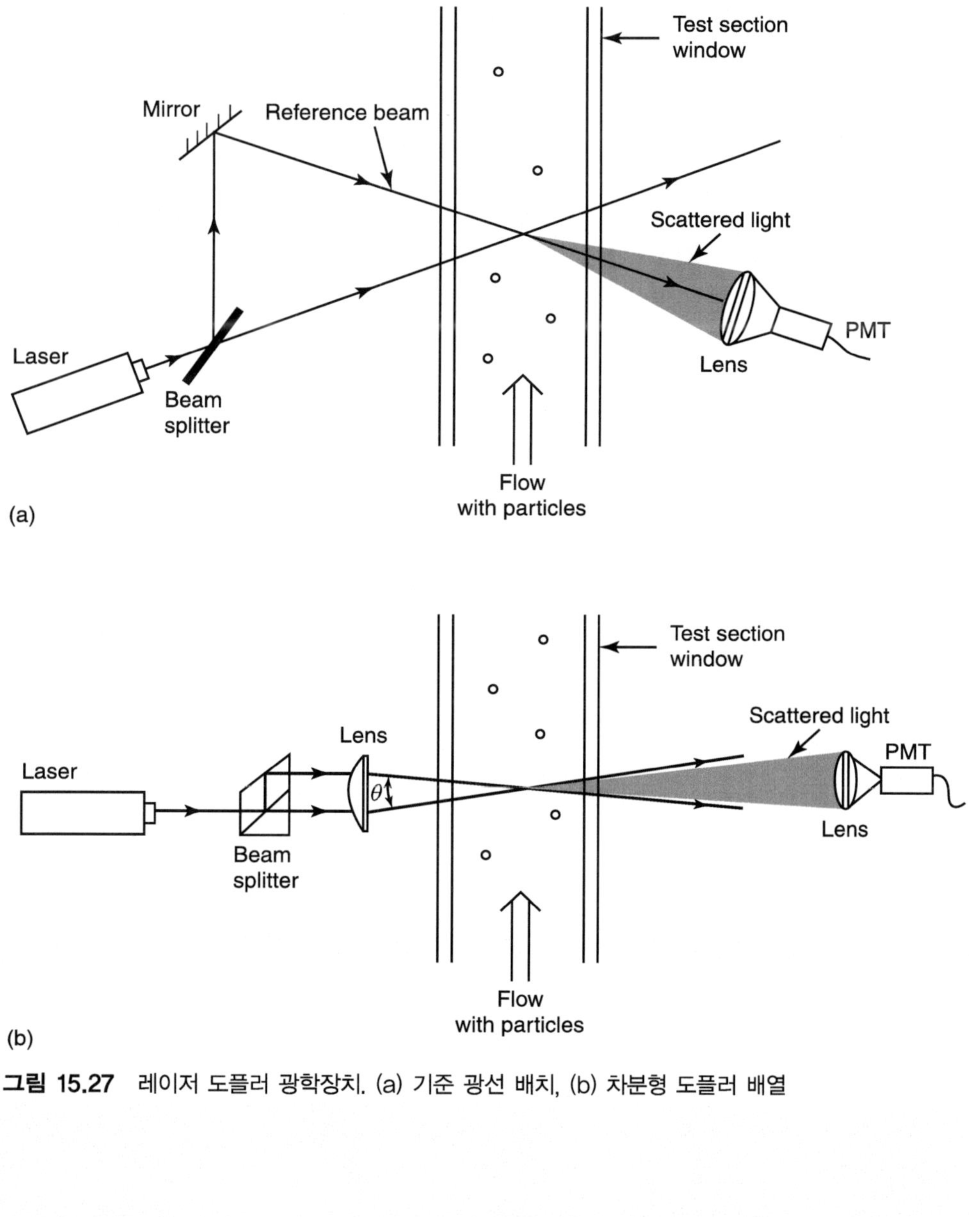

그림 15.27 레이저 도플러 광학장치. (a) 기준 광선 배치, (b) 차분형 도플러 배열

15.10.1 레이저 도플러 유속계

초기 레이저 도플러 유속계(LDA, *Laser-Doppler Anemometry*)에서 광 검출기에 광학적 헤테로다인(heterodyne)을 만들기 위해 분리된 산란 빔(scattered beam)과 기준 광선을 사용했다(그림 15.27(a)). 유체에 있는 입자에 의해 산란된 빛은 도플러 편이의 1/2의 주파수로 맥놀이를 만들기 위해 기준 광선으로부터의 빛과 간섭된다(식 4.9). 불행하게도 적당한 헤테로다인을 만들기 위해 기준 광선의 강도가 산란된 빛의 강도와 거의 같아야 하기 때문에 이러한 시스템을 설치하는 데 상당한 어려움이 따랐다(그림 4.7(a)와 4.7(b)를 비교). 그래서 기준 광선 시스템은 그림 15.27(b)에서 보여 주는 **차분형 도플러**(*differential Doppler*) 접근법으로 바뀌게 되었다.

차분형 도플러 시스템은 레이저를 2개의 동등한 강도 광선으로 분리시키며 그 광선들은 교차점에 집중된다. 교차점을 통해 지나가는 입자는 양쪽 광선으로부터 빛을 산란시키며 이 빛은 광전자증배관(PMT, photomultiplier tube)에 모여진다. 각 광선에 대한 도플러 편이는 각각의 다른 각도 때문에 서로 다르지만 2개의 산란된 파의 강도는 동일하다. 검출기에서의 맥놀이 주파수는 2개 광선의 도플러 편이의 차이이다. 그림 15.28에서 우리는 상업적인 LDA 발신기/수신기의 배열을 볼 수 있다.

차분형 LDA의 신호는 광선이 교차되는 지점에서 만들어지는 밝고 어두운 **간섭무늬**

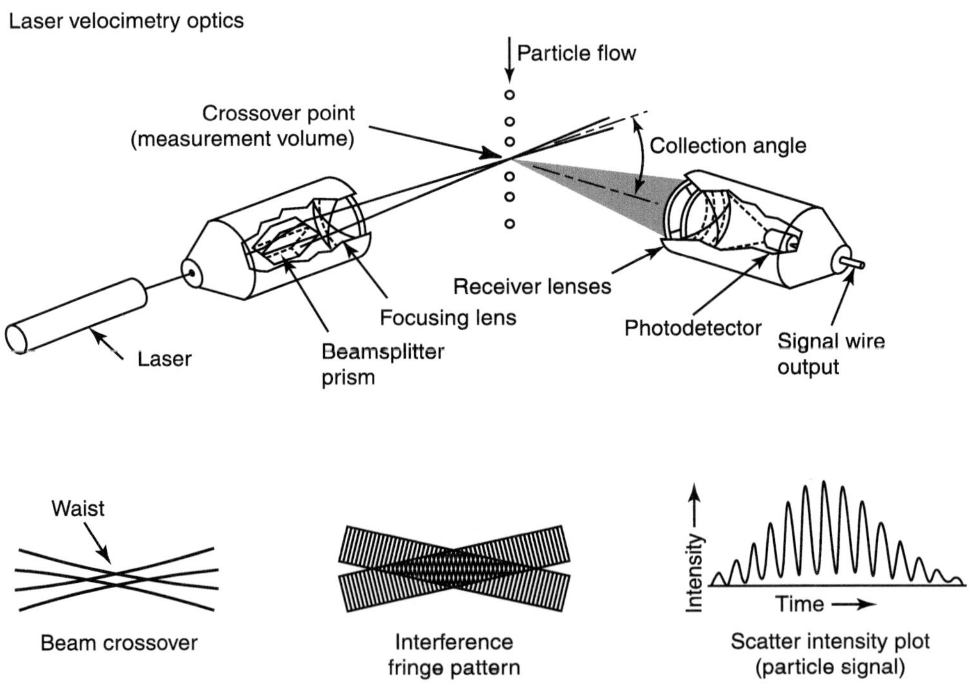

그림 15.28 LDA 송신기 및 수신기(Courtesy: David Carr, Aerometrics Inc., Sunnyvale, California)

(*interference fringes*)의 입장에서 해석될 수 있다(그림 15.28 참조). 이러한 무늬 사이의 거리는

$$\delta = \frac{\lambda}{2\sin(\theta/2)} \tag{15.22}$$

여기서 $\delta =$ 간섭무늬 사이의 간격(m)
$\lambda =$ 레이저 파장(m)
$\theta =$ 2개 빔 사이의 각도

간섭무늬 패턴을 가로지르는 작은 입자는 입자가 각 무늬를 횡단할 때 강도가 변화하는 산란된 빛의 파열(burst)을 만들어 낸다(그림 15.28). 이러한 **도플러 파열**(*Doppler burst*)의 주파수는 입자의 속도를 무늬 사이의 거리로 나눈 값이다.

$$f_D = \frac{V_x}{\delta} = \left(\frac{2V_x}{\lambda}\right)\sin\left(\frac{\theta}{2}\right) \tag{15.23}$$

여기서 $f_D =$ 도플러 편이 주파수(Hz)
$V_x =$ 무늬 방향에 수직 방향으로의 입자의 속도(m/s)

도플러 파열 주파수(Doppler burst frequency)는 단지 간섭무늬 평면에 수직인 속도 성분에 의존한다는 사실에 유의하라. 또한 도플러 주파수는 광증배관(PMT)의 위치와는 무관함을 유의하라.

PMT신호는 주파수 f_D, 그리고 입자속도 V_x를 구하기 위해 전기적으로 처리된다. 도플러 주파수를 감지하기 위해 가장 흔한 방법으로는 신호의 푸리에 변환(Fourier transform)을 계산하는 것이고, 다른 방법으로는 디지털 시간-상관(digital time-correlation) 기법이 있다[27].

광선 교차 체적은 초점렌즈에 따라 매우 작게 될 수 있다. 대표적인 광선 **프로브의 체적**(*Probe volume*)은 주축이 0.1~1 mm인 타원형이며 간섭무늬 간격은 수 마이크로미터이다. 일반적으로 산란 입자들이 유체에 투입되어진다. 액체의 경우 유체 중의 불순물이 이런 입자의 역할을 할 수 있다. 그렇지 않으면, 작은 폴리스틸렌 구를 추가하기도 하고 또는 심지어 약간의 우유도 그러한 역할을 할 수 있다. 기체의 경우 비휘발성 오일이 함유된 에어로졸이 사용될 수 있다. 양질의 신호를 얻기 위해서는, 일반적으로 산란 입자들의 직경이 간섭무늬 간격보다 더 작아야 한다. 기체 유동에 있어서 입자들의 직경은 약 1 μm가 일반적이다.

유체 입자들이 임의의 시간 간격 동안 프로브 체적을 가로지르고 결과적으로 데이터는 각 입자들의 속도를 모두 포함하므로 반드시 통계적으로 분석되어야 한다. 또한 LDA 시스템의 주파수 응답은 빛이나 전기적인 구성보다는 교차지점을 가로지르는 입자들의 빈도에 더 종속적이다. 주파수 응답은 좋은 시드(seed) 상태에서는 수백 Hz까지 도달한다.

산란된 빛의 실제적인 강도는 산란 입자 직경에 대한 레이저 파장의 비, 입자의 굴절률 [28]과 산란 입자가 보이는 각도에 의존한다. 가장 강한 신호는 산란 입자의 직경이 레이저 파장의 몇 배로 크고, 그리고 입자가 작은 수집 각(collection angle, 그림 15.28 참조)을 사용하여 보일 때 얻어진다. 그렇지만 산란된 빛에 대한 수집 각은 만약 공간이 제한되거나 약한 신호도 무방하다면 180° 까지 증가시킬 수 있다.

마지막으로, 보통의 LDA는 유동 방향을 구분할 수 없음에 유의해야 한다. V_x의 양의 값과 음의 값은 같은 도플러 편이를 가져올 것이다. 이러한 어려움은 한쪽 레이저 빔에 알고 있는 **주파수 편이**(*frequency shift*)를 가함으로써 극복할 수 있다.

주파수 편이를 사용한다면 LDA는 유동 역전(flow reversal)을 측정할 수 있는 매우 드문 속도 측정계들 중의 하나가 된다. 이것은 간섭무늬 패턴을 이 주파수로 이동시키게 하여 정지 입자도 이 주파수로 빛을 산란시키게 한다. 움직이는 입자에서는 주파수 편이는 도플러 편이만큼 증가하거나 감소할 수 있다. 그리고 유동 방향이 바뀌었을 때, 측정된 파열 주파수가 더 이상 zero를 지나가지 않는다. 대신 주파수 편이에 비해 크거나 작게 된다. 주파수 편이를 사용하면 LDA는 유동 역전(flow reversal)을 측정할 수 있는 매우 드문 속도 측정계들 중의 하나가 된다. 또 추가적인 레이져 빔이 사용된다면 동시에 2개나 3개의 속도성분을 측정할 수 있다.

상업용 LDA는 매우 비싸며, 그것의 용도는 단지 국소적이고 비침습적 측정(nonintrusive measurement)이 절대적으로 필요할 때에 사용된다. 만약 관입(intrusion)이 묵인될 수 있고, 유동 역전이나 유동 유발 분자가 문제가 되지 않는다면 열 유속계가 더욱 경제적이다.

15.10.2 초음파 도플러 유속계

수백 kHz∼수 MHz 범위의 초음파가 유체에서의 도플러 유동 측정에 사용되어 왔다. 초음파 발신기(transmitter)와 수신기(receiver)는 압전(piezoelectric) 변환기이고, 종종 관 밖에 고정되도록 설계된다.

LDA처럼 초음파-도플러 방법(ultrasonic-doppler anemometry)도 입자들이 유동 중에 존재해야 한다. 산업 장지에 초음파-도플러 유동 측정기를 사용하기 위해서는 입자의 투입이 쉽지 않으므로, 슬러리(slurries)의 측정과 이미 미립자들을 포함하고 있는 더러운 액체의 측정에 가장 널리 응용된다. 초음파 유속 측정기는 2%이상의 정확도를 가지고 있으며, 잘못된 설치로 인해 오차가 발생할 수 있다[11].

초음파 빔은 상대적으로 넓어(아마도 센티미터 단위)지려는 경향이 있기 때문이다. 초음파-도플러 시스템의 공간분해능은 좋지 않다. 그러한 결과, 초음파-도플러기는 레이저 도플러에서와 같이 아주 작은 범위의 들쑥날쑥한 난류 유동의 속도를 측정하는 능력은 없다.

15.11 유동 가시화

많은 유동들은 너무 복잡해서 설계자가 유동장의 형태를 예측하는 데 어려움이 있다. 유동장의 실험적인 가시화는 설계 과정의 필수적인 부분이 된다. 예컨대 자동차를 지나는 유동의 이해는 항력을 결정하는 일과 연료 효율을 개선시키는 일을 위해 필수적이며, 특히 차의 후반부 쪽의 유동과 그것의 후류(wake)에 대해서는 더욱 그러하다. 보통 설계 차체의 축소형이 풍동(wind tunnel)에서 실험된다. 차의 상류로 들어오는 연기 자국은 그것이 모델을 지나갈 때 유동이 눈에 보이게 된다. 설계자는 박리된 유동의 영역을 확인할 수 있고 항력을 감소시키기 위해 자체 외형을 조정할 수도 있다.

물론 유동 가시화(flow visualization)는 전 유동장을 보여 줄 수 있다는 것이 장점이며 반면에 속도 프로브는 단일 점에서 정보를 제공한다. 박리의 영역, 재순환, 그리고 압력 손실 등이 상세한(그리고 좀 더 비싼)계산이나 속도 측정이 없이도 제거될 수도 있다.

유동 가시화의 기술은 대단히 다양하다. 많은 경우는 입자(particle) 또는 염료와 같이 눈에 보이는 물질을 유동 안으로 삽입시키는 것이다. 다른 경우로는 유체 자체의 밀도 변화(즉 굴절률 변화)를 가시화한다. 일상적인 기술 가운데 몇 가지가 다음에 소개되어 있다. 좀 더 깊은 내용을 원한다면 다음에 추천하는 도서를 참조하기 바란다.

1. **연기선 가시화(*Smoke Wire Visualization*)**: 얇은 강철선(~0.1 mm)이 기름(oil)으로 덮여 있고 공기 유동 중에 놓여 있다. 전기 펄스는 선을 가열하여 기름을 연소하여 연기를 발생한다. 연기의 가는 유선은 유체 경로를 보이면서, 유동과 함께 흘러간다.
2. **수소 기포(*Hydrogen Bubble*) 가시화**: 매우 가는 선, 종종 직경이 25~100 μm인 백금이 물의 유동에 수직되게 놓여진다. 다음으로 평판 전극이 유동 가까이에 놓여진다. 약 100 V의 dc 전력이 선에 작용할 때 전류는 물을 통해 지나가며 선 표면에서 전기 분해를 야기시킨다. 이때 매우 작은 수소 기포가 만들어진다. 이런 기포들은 너무 작아서 부력에 별로 지배되지 않으며 대신에 이것들이 가시적인 표식이 되어 물을 따라 간다[29].
3. **미립자 트레이서(*Particulate Tracer*) 가시화**: 반사적이거나 또는 색깔이 있는 입자들은 유동 형태를 가시화한다. 액체의 경우, 액체 밀도에 근접한 입자들이 좋다. 직경은 25~200 μm가 대표적이다. 예로서 폴리스틸렌 구, 속에 작은 홈이 있는 유리 구, 물고기 비늘, 알루미늄 혹은 마그네슘 조각들이 있다. 기체의 경우 큰 입자들은 유동 밖으로 나가는 경향이 있음으로 매우 작은 직경의 입자들이 사용된다. 탄화수소 오일 혹은 티타늄 이산화물의 연기, 작은 기름방울, 다양한 홈이 있는 구 그리고 헬륨으로 가득한 비누방울 등이 사용되어 왔다[30, 31].
4. **염료 분사(*Dye Injection*)**: 색깔 있는 염료가 실험 물체의 표면에 있는 작은 구멍 혹은 다른 구멍들을 통하여 액체 유동으로 주입된다. 염료 자국은 그것이 물체를 통과할

때 액체에 의해 취해진 경로를 보여 준다.

5. 화학적인 지시기들(*Chemical Indicators*): 용액의 색깔을 바꾸거나 좋은 콜로이드 침전물의 형태를 만들기 위해 종종 전기적으로 화학적 변화를 야기한다. 예를 들면 수소기포 전기 장치는 티몰-청색(thymol-blue) 용액을 오렌지색에서 청색까지 변화시킬 수 있다.
6. 레이저 유도 형광(*Laser-induced Fluorescence*): 형광은 어떤 색깔(혹은 주파수)의 빛은 흡수하고 다른 색깔(낮은 주파수)의 빛은 재방사하는 몇 가지 분자들의 경향(tendency)이다. 형광 다이가 염료 분사처럼 물에 주입되어 지나고 레이저 빛의 가는 면(sheet)이 유동의 특별한 평면에서 염료를 자극하기 위해 사용된다. 자극된 형광은 평면에 있는 유동을 가시화한다. 청색-녹색 아르곤-이온 레이저에 사용되는 대표적인 염료는 로다민(rhodamine, 어두운 적색이나 황색의 형광을 낸다)과 플루오레세인(fluoresceine, 녹색 형광을 낸다) 등이다. 레이저 유도 형광은 기체 유동에 잘 적용된다[32].
7. 굴절률 변화(*Refractive-index-change*) 가시화: 굴절률은 유체밀도(혹은 온도)에 따라 변한다. 굴절률의 변화는 유체를 통과하여 지나가는 빛을 반사시키거나 위상 어긋남을 일으킬 것이다. 적당한 광학 배열로써 이런 효과들을 가시화 할 수 있다. 예들 들어 충격파에서 갑작스런 밀도 변화는 빛을 반사시키고, 사진(실루엣 사진)에서 얇은 그림자로써 나타나게 할 수 있다. 압축성 유동에서의 더 작은 밀도 변화, 또는 부력 유도 유동에서의 온도 구배는 슈리렌(*shlieren*)기술과 홀로그래픽 간섭 측정(*holographic interferometry*)과 같은 굴절률 방법을 사용하여 가시화(그리고 정량적으로 측정)될 수 있다[33].

디지털 화상 처리 기법(Digital Image Processing)은 위에 언급된 방법들의 유용한 부속물이다. 예를 들어 시간에 대한 연속적인 화상의 디지털 신호화는 시간에 따른 입자의 운동을 추적하도록 처리될 수 있으며, 이는 전장 속도(whole-field velocity) 측정을 가능케 한다. 이런 기술을 **입자 화상 속도계**(*particle-image velocimetry*), 또는 PIV[31, 34]라 한다. PIV시스템은 이미 상용화 되어 있다.

SUGGESTED READINGS

H.-E. Albrecht, M. Borys, N. Damaschke, and C. Tropea. *Laser Doppler and Phase Doppler Measurement Techniques*. Berlin: Springer-Verlag, 2003.

Baker, R. C. *An Introductory Guide to Flow Measurement (ASME Edition)*. New York: ASME Press, 2003.

Baker, R. C. *Flow Measurement Handbook*. Cambridge, U.K.: Cambridge University Press, 2000.

Bruun, H. H. *Hot-Wire Anemometry: Principles and Signal Analysis*. Oxford, U.K.: Oxford University Press, 1995.

Goldstein, R. J. *Fluid Mechanics Measurements*. 2nd ed. Washington, D.C.: Taylor and Francis, 1996.

Lynnworth, L. C. *Ultrasonic Measurements for Process Control: Theory, Techniques, and Applications*. San Diego: Academic Press, 1989.

Merzkirch, W. *Flow Visualization*. 2nd ed. Orlando, Fla.: Academic Press, 1987.

Miller, R. W. *Flow Measurement Engineering Handbook*. 3rd ed. New York: McGraw-Hill, 1996.

Raffel, M., C. E. Willert, and J. Kompenhans. *Particle Image Velocimetry*. Berlin: Springer-Verlag, 1998.

Yang, W.-J. (ed.) *Handbook of Flow Visualization*. 2nd ed. Washington, D.C.: Taylor and Francis, 2001.

연습문제

15.1. Water at 30°C (86°F) flows through a 10-cm (3.94-in.) I.D. pipe at an average velocity of 6 m/s (19.68 ft/s). Calculate the value of Re_D, using SI units. Check for proper unit balance. Obtain required data from Appendix D.

15.2. If Problem 15.1 had specified 4-in., Schedule 120 commercial steel pipe, what would be the resulting Re_D? (Check any general engineering handbook for the significance of pipe "schedule" numbers.)

15.3. Check Eq. (15.5) for a balance of units using (a) the SI system of units and (b) the English system.

15.4. An 8-in. ID (20.32-cm) pipe is connected by means of a reducer to a 6-in. ID pipe. Kerosene (see Appendix D for data) flows through the system at 2000 gal/min (7.57 m^3/min). What pressure differential in inches of Hg should exist between the larger and the smaller pipes? What differential pressure should be found if the fluid is changed to water at the same flow rate?

15.5. Solve Problem 15.4 using SI units and reconcile the answers.

15.6. A section of horizontally oriented pipe gradually tapers from a diameter of 16 cm (6.3 in.) to 8 cm (3.15 in.) over a length of 3 m (9.84 ft). Oil having a specific gravity of 0.85 flows at 0.05 m^3/s (1.77 ft^3/s). Assuming no energy loss, what pressure differential should exist across the tapered section? Check unit balance.

15.7. Solve Problem 15.6 using English units.

15.8. If the conduit described in Problem 15.6 is oriented into a vertical position with the larger diameter at the lowest point, what differential pressure across the section should be found? Solve (a) using SI units and (b) using English units. (c) Check the two answers for equivalency. (d) Would there be a difference if the smaller diameter is at the lowest position?

15.9. Show that Eq. (15.8c) may be written as follows:

$$Q = KA_2\sqrt{2gh}$$

where h = the differential pressure across the meter, measured in the "head" of the flowing fluid. Check the unit balance.

15.10. When an obstruction meter is placed in a vertical run of pipe (as opposed to a horizontal run), what precautions must be made in measuring the differential pressure?

15.11. Prepare a spreadsheet template for solving venturi tube problems.

15.12. A machined venturi meter is placed in a horizontal run of 8-in., schedule 40 commercial pipe [I.D. = 7.981 in. (202.7 mm)] for the purpose of metering medium heating oil as it is pumped into a large storage tank. The throat diameter of the venturi is 6.00 in. (152.4 mm). If the differential pressure is held to 2.54 psi (17.5 kPa) for one-half hour, how many gallons (liters) of oil should have been pumped? The oil temperature is 60°F (15.6°C) and its specific gravity is 0.86.

15.13. Solve Problem 15.12 using SI units.

15.14. Water at 15°C and 650 kPa flows through a 15 × 10 cm (15-cm pipe and 10-cm throat diameter) as-cast venturi tube. A differential pressure of 25 kPa is measured. Calculate the flow rate (a) in kg/min and (b) in m^3/h.

15.15. A rough-welded venturi meter with a 40-cm (15.75-in.) diameter throat is used to meter 15°C (59°F) air in a 60-cm (23.62-in.) duct. If the differential pressure is measured to be 84 mm (3.31 in.) of water and the upstream pressure (absolute) is 125 kPa (18.13 psi), what is the flow rate in kg/s? In m^3/s?

15.16. Prepare a spreadsheet template to be used for solving corner-tapped orifice meter problems.

15.17. Use the spreadsheet template prepared in answer to Problem 15.16 to check the calculations in Example 15.1(a).

15.18. A corner-tapped orifice meter is used to measure the flow of kerosene in a 75-mm (2.95-in.) diameter line. If $\beta = 0.4$, what differential pressure may be expected for a flow rate of 1.3 m^3/min (47.67 ft^3/min) when the temperature of the fluid is 10°C (50°F)?

15.19. A corner-tapped orifice meter is used to measure the flow of 60°F water in a 4-in. I.D. pipe. Prepare a plot of differential pressure readout (inches of H_2O) versus β over a range $0.2 < \beta < 0.75$ if the flow rate is fixed at 230 gal/min. (*Note*: A spreadsheet solution is recommended.)

15.20. A corner-tapped orifice meter is to be used in a 4-in. ID pipe carrying water whose temperature may vary between 40°F and 120°F. The range of flow rate is from 150 to 600 gal/min. The differential pressure across the orifice will, among other things, depend on the value of β. To minimize losses, it is desirable to use as large an orifice diameter as is feasible.

Investigate and specify the type of differential pressure sensor to be used. Considering sensitivity limits, determine the largest practical value of β that will satisfy your specifications. Write a statement explaining the selections you have made. It is suggested that a spreadsheet be used.

15.21. A orifice meter has a nominal throat diameter of 2.75 in. If the orifice is calibrated at 60°F, plot the percent error introduced caused by temperature change over a range of 35°F to 120°F for (a) a steel plate, and (b) a brass plate. See Table 6.3 for coefficients.

15.22. If the steel plate used for a $\frac{3}{16}$-in.-thick orifice plate in a 5-in.-diameter pipe has a yield strength of 45,000 lbf/in.^{2} and $\beta = 0.5$, estimate the differential pressure above which distortion may be expected.

15.23. Direct secondary calibration is used to determine the flow coefficient for an orifice to meter the flow of nitrogen. For an orifice inlet pressure of 25 psia (172 kPa), the flow rate determined by the primary meter is 9 lbm/min (19.8 kg/m) at 68°F (20°C). If the differential pressure across the orifice being calibrated is 3.1 in. (7.87 cm) of water, the conduit diameter is 4 in. (10.16 cm), and $\beta = 0.5$, what is the value of $(K \times Y)$? (Use $\rho = 0.0726$ lbm/ft^3 at 68°F and standard pressure.) Solve using English units.

15.24. Solve Problem 15.23 using SI units.

15.25. Using Eq. (15.13), plot P_2/P_{t1} versus k over a range of $k = 1$ to 1.4.

15.26. A Pitot-static tube is used to measure the velocity of 20°C (68°F) water flowing in an open channel. If a differential pressure of 6 cm (2.36 in.) of H_2O is measured, what is the corresponding flow velocity? Check the result by using English units and comparing your answer to the SI result.

15.27. Using the data given in Problem 15.26, what would be the result if the temperature of the flowing water were 50°C, the water in the manometer were at 5°C, and the measurements are made at (a) Key West, Florida, and (b) Ft. Egbert, Alaska? (*Note*: See Appendix D for data and overlook "significant figures" by carrying the results to the degree required to show a difference.)

15.28. A Pitot-static tube is used to measure the velocity of an aircraft. If the air temperature and pressure are 5°C (41°F) and 90 kPa (13.2 psia), respectively, what is the aircraft velocity in km/h if the differential pressure is 450 mm (17.5 in.) of water? (a) Solve using Eq. (15.19), then (b) using Eq. (15.19a).

15.29. Solve Problem 15.28 using English units.

15.30. The velocity profile for turbulent flow in a smooth pipe is sometimes given as [35]

$$\frac{V(r)}{V_{\text{center}}} = \left[1 - \left(\frac{2r}{D}\right)\right]^{1/n}$$

where D = the pipe diameter, r = the radial coordinate from the center of the pipe, and n ranges in value from about 6 to 10, depending on the Reynolds number. For $n = 8$, determine the value of r at which a Pitot tube should be placed to provide the velocity V_{av}, such that $Q = AV_{av}$.

15.31. Like a Pitot-static tube, a hot-wire probe may also suffer from angular misalignment errors. Figure 15.29 defines three possible angles that the probe may have relative to its desired alignment. Describe separately what error is incurred when each angle is nonzero. Give qualitative answers and assume that the angles remain less than 45°.

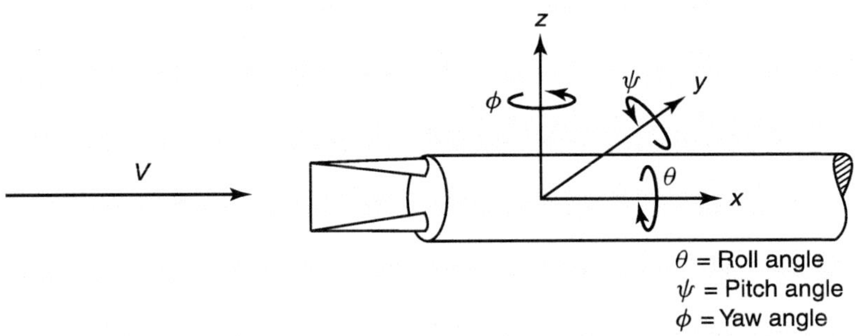

FIGURE 15.29: Angular orientation of a hot-wire probe.

참고문헌

[1] ISO 5167-4:2003 *Measurement of fluid flow by means of differential devices inserted in a circular cross-section running full—Part 4: Venturi tubes.* Geneva: International Organization for Standardization, 2003.

[2] ISO 5167-3:2003 *Measurement of fluid flow by means of differential devices inserted in a circular cross-section running full—Part 3: Nozzles and Venturi nozzles.* Geneva: International Organization for Standardization, 2003.

[3] ISO 5167-2:2003 *Measurement of fluid flow by means of differential devices inserted in a circular cross-section running full—Part 2: Orifice plates.* Geneva: International Organization for Standardization, 2003.

[4] Baker, R. C. *An Introductory Guide to Flow Measurement (ASME Edition).* New York: ASME Press, 2003, App. 4.3.

[5] Roark, R. J. *Formulas for Stress and Strain.* 4th ed. New York: McGraw-Hill, 1965, p. 221, Case 17.

[6] ASME PTC 19.5, Application—Pt. II of Fluid Meters: Interim Supplement on Instruments and Apparatus, 1972, p. 232.

[7] Thompson, P. A. *Compressible-Fluid Dynamics*. New York: McGraw-Hill, 1972.

[8] ISO 9300:1995 *Measurement of gas flow by means of critical flow Venturi nozzles*. Geneva: International Organization for Standardization, 1995.

[9] Miller, R. W. *Flow Measurement Engineering Handbook*. 3rd ed. New York: McGraw-Hill, 1996.

[10] Nagler, F. A. Use of current meters for precise measurement of flow. *ASME Trans.* 57:59, 1935.

[11] Baker, R. C. *Flow Measurement Handbook*. Cambridge, U.K.: Cambridge University Press, 2000.

[12] Lienhard IV, J. H., and J. H. Lienhard V. *A Heat Transfer Textbook*. 3rd ed. Cambridge, Mass.: Phlogiston Press, 2003, Section 7.6.

[13] Schoenborn, E. M., and A. P. Colburn. The flow mechanism and performance of the rotameter. *Trans. AIChE* 35(3):359, 1939.

[14] Wright, J. D., and G. E. Mattingly. *NIST Calibration Services for Gas Flow Meters: Piston Provers and Bell Prover Facilities*. Gaithersburg, Md.: National Institute of Standards and Technology, Special Publication 250-98, 1998.

[15] Jarret, F. H. Standpipes simplify flowmeter calibration. *Control Eng.* 1:37, December 1954.

[16] Gracey, W. Measurement of aircraft speed and altitude. *NASA Reference Pub. 1046*: 1980.

[17] Gracey, W. Measurement of static pressure on aircraft. *NACA Tech. Note 4184*: November 1957.

[18] Gettelman, C. C., and L. N. Krause. Considerations entering into the selection of probes for pressure measurement in jet engines. *ISA Proc.* 7:134, 1952.

[19] Krause, L. N., and C. C. Gettelman. Effect of interaction among probes, supports, duct walls and jet boundaries on pressure measurements in ducts and jets. *ISA Proc.* 7:138, 1952.

[20] Itsweire, E. C., and K. N. Helland. A high-performance low-cost constant-temperature hot-wire anemometer. *J. Phys. E: Sci. Instrum.* 16:549–553, 1983.

[21] King, L. V. On the convection of heat from small cylinders in a stream of fluid, with applications to hot-wire anemometry. *Phil. Trans. Roy. Soc. (London)* 214, 14, Ser. A:373–432, 1914.

[22] Lienhard V, J. H. *The decay of turbulence in thermally stratified flow*. Doctoral dissertation, University of California, San Diego, 1988, Chapter 3.

[23] Bruun, H. H. *Hot-Wire Anemometry: Principles and Signal Analysis*. Oxford, U.K.: Oxford University Press, 1995.

[24] Wyngaard, J. C. Measurement of small-scale turbulence structure with hot wires. *J. Phys. E: Sci. Instrum.* 1:1105–1108, 1968.

[25] Freymuth, P. *Bibliography of Thermal Anemometry*. 2nd ed. St. Paul, Minn.: TSI, Inc., 1993.

[26] Drain, L. E. *The Laser Doppler Technique*. New York: John Wiley, 1980, Chapter 3.

[27] H.-E. Albrecht, M. Borys, N. Damaschke, and C. Tropea. *Laser Doppler and Phase Doppler Measurement Techniques*. Berlin: Springer-Verlag, 2003.

[28] Van de Hulst, H. C. *Light Scattering by Small Particles*. New York: Dover Publications, 1981.

[29] Geller, E. W. An electrochemical method of visualizing the boundary layer. *J. Aero. Sci.* 22:869–870, 1955.

[30] Merzkirch, W. *Flow Visualization*. 2nd ed. Orlando, Fla.: Academic Press, 1987, p. 46.

[31] Raffel, M., C. E. Willert, and J. Kompenhans. *Particle Image Velocimetry*. Berlin: Springer-Verlag, 1998, pp. 13–22.

[32] Hansen, R. K., and J. M. Seitzman. Planar Fluorescence Imaging in Gases, in Yang, W.-J. (ed.) *Handbook of Flow Visualization*. 2nd ed. Washington, D.C.: Taylor and Francis, 2001.

[33] Merzkirch, W. *Flow Visualization*. 2nd ed. Orlando, Fla.: Academic Press, 1987, Chap. 3.

[34] Adrian, R. J. Particle-imaging techniques for experimental fluid mechanics. *Annu. Rev. Fluid Mech.* 23:261–304, 1991.

[35] Fox, R. W., and A. T. McDonald. *Introduction to Fluid Mechanics*. 5th ed. New York: John Wiley, 1998, pp. 353–354.

Chapter 16 온도의 측정

16.1 서론

온도 변화는 주로 온도에 따라 변하는 물질의 특성들의 변화를 관측함으로써 측정된다. 다른 기본 물리량의 경우처럼 측정 기준과의 직접적 비교와는 달리(질량은 국제 원형 킬로그램(International Prototype Kilogram))과의 비교에 의해 측정된다. 온도 측정은 알려지지 않은 온도를 기준 온도와 직접 비교하기 어렵다. 전통적인 열역학에서는 이러한 비교를 서로 다른 온도인 두 개의 계(system) 사이에 카르노(Carnot) 엔진을 연결함으로써 수행된다. 실제 온도 측정에 있어서는 이러한 직접적 비교 대신에 부피, 압력, 전기 저항, 복사 에너지와 같은 양의 변화를 측정하여 온도를 측정한다.

2.7절에 국제온도눈금(ITS-90)을 기술하였다. 이 눈금은 물질의 응고점과 삼중점 같은 매우 잘 재현될 수 있는 물질의 상태를 기준으로 온도를 **정의한다**. 이렇게 정의된 기준 온도는 여러 가지 온도계를 교정하는데 사용된다. 이들 온도계는 물리적 성질, 즉 압력 또는 전기 저항과 같은 성질이 온도에 따라 변화하므로 이와 같은 물리적 성질의 변화에 상응하는 온도를 측정한다. 따라서 실제 온도 측정에 있어서 온도 그 자체는 결코 직접적으로 측정될 수 없다고 할 수 있다.

이 장에서 우리는 일반적인 온도 감지 기술을 보여 준다. 이런 온도계는 다음처럼 다양한 물리적 성질의 변화에 기초한다.

1. 물리적 차원의 변화
   (a) 유리관 온도계
   (b) 바이메탈 요소(Bimetallic elements)

2. 기체 압력 또는 증기 압력의 변화
   (a) 일정 체적 기체 온도계
   (b) 압력식 온도계(기체, 증기, 액체로 채워짐)

3. 전기적 특성의 변화
   (a) 저항 온도계(RTD, PRT)
   (b) 서미스터(Thermistors)
   (c) 열전대(Themocouples)
   (d) 반도체 접합 센서

4. 복사열의 변화
   (a) 열 및 광센서(Thermal and photon sensors)
   (b) 전복사 고온계(Total-radiation pyrometers)
   (c) 광학적 및 2색 고온계(Optical and two-color pyrometers)
   (d) 적외선 고온계(Infrared pyrometers)

5. 화학적인 상태 변화
   (a) 융해 표시(Fusible indicators)
   (b) 액정(Liquid crystals)
   (c) 기준 온도(고정점) 셀

이런 방법 중 전기 센서가 가장 널리 이용된다. 특히 자동 또는 원격 기록이 요구될 때, 그리고 온도 센서가 제어계의 일부로 구성될 때 많이 이용된다. 바이메탈 소자는 낮은 정확도, 적은 비용을 가지는 다양한 응용 분야에 이용된다. 복사 센서는 온도 감지기가 접촉하지 않고 온도를 측정할 때에 이용되며 연소기와 같은 높은 온도의 응용 분야나 또는 더 낮은 온도에서의 적외선 감지에 이용된다. 복사 감지기는 원래 광학적 감지기이므로 전장(whole-field)온도 측정에 적당하다. 친숙한 유리관 온도계는 값이 싸고 이용이 간편하므로 공장 또는 가정에서 계속해서 사용되고 있다. 화학적 상태 변화 방법은 공학적 작업에서는 덜 이용된다.

표 16.1은 여러 온도 측정 장치의 근사적 측정 범위와 불확도를 개략적으로 나타낸다.

표 16.1 여러 가지 온도 측정 소자 및 장치의 특성

Type	Useful Range*	Limits of Uncertainty*	Comments
Liquid in Glass			
Mercury filled	−37 to 320°C −35 to 600°F	0.1°C 0.2°F	Low cost. Remote reading not practical.
Pressurized mercury	−37 to 650°C −35 to 1200°F	0.1°C 0.2°F	Lower limit of mercury-filled thermometers determined by freezing point of mercury.
Alcohol	−75 to 130°C −100 to 200°F	0.5°C 1°F	Upper limit determined by boiling point.
Bimetal	−65 to 430°C −80 to 800°F	0.5 to 12°C 1 to 20°F	Rugged. Inexpensive.
Pressure Systems			
Gas (laboratory)	−270 to 100°C −450 to 212°F	0.002 to 0.2°C 0.005 to 0.5°F	Very accurate. Quite fragile. Not easily used. Used as an interpolating standard for ITS-90 (see Section 2.7).
Gas (industrial)	−270 to 760°C −450 to 1400°F	0.5 to 2% of full scale	Bourdon pressure gage used for readout. Rugged, with wide range.
Liquid (except mercury)	−90 to 370°C −125 to 700°F	1°C 2°F	Relative elevations of readout and sensing bulb are critical. Smallest bulb. Up to 3 m (10 ft) capillary.

표 16.1 여러 가지 온도 측정 소자 및 장치의 특성(계속)

Type	Useful Range*	Limits of Uncertainty*	Comments
Liquid (mercury)	−37 to 630°C −35 to 1200°F	0.5 to 2% of full scale	Same as above.
Vapor pressure	−75 to 340°C −100 to 650°F	0.5 to 2% of full scale	Fast response. Nonlinear. Lowest cost.
Thermocouples			
General	−270 to 2300°C −454 to 4200°F	±1 to 2°C ±2 to 4°F	Extreme ranges. Usually inexpensive. Small size.
Type B: Pt/30% Rh (+) vs. Pt/6% Rh (−)	870 to 1700°C 1600 to 3100°F	±0.5%‡	Not for reducing atmosphere. Use nonmetallic sheath. Preferred to types S and R above 1200°C.
Type E: Chromel† (+) vs. Constantan† (−)	−250 to 900°C −420 to 1650°F	±0.5%‡	Highest output of common thermocouples. Not for reducing or vacuum atmosphere. Best common type for cryogenics.
Type J: Fe (+) vs. Constantan† (−)	0 to 760°C 32 to 1400°F	±0.75%‡	Most atmospheres. Popular and inexpensive. Calibrations less consistent.
Type K: Chromel† (+) vs. Alumel† (−)	−250 to 1260°C −420 to 2300°F	±0.75%‡	Oxidizing or inert atmosphere. Less oxidation than types E, J, and T. Most linear type. Popular.
Type N: Nicrosil† (+) vs. Nisil† (−)	−250 to 1260°C −420 to 2300°F	±0.75%‡	Higher stability and oxidation resistance than types E, J, K, and T above 1000°C. Oxidizing or inert atmosphere.

표 16.1 여러 가지 온도 측정 소자 및 장치의 특성(계속)

Type	Useful Range*	Limits of Uncertainty*	Comments
Type R: Pt/13% Rh (+) vs. Pt (−)	−50 to 1480°C −50 to 2700°F	±0.25%‡	Not for reducing atmospheres. Use nonmetallic sheath.
Type S: Pt/10% Rh (+) vs. Pt (−)	−50 to 1480°C −50 to 2700°F	±0.25%‡	Not for reducing atmosphere. Most stable type. Use nonmetallic sheath.
Type T: Cu (+) vs. Constantan† (−)	−200 to 370°C −330 to 700°F	±0.75%‡	All atmospheres. Stable. The high thermal conductivity may cause errors.
W/5% Re (+) vs. W/26% Re (−)	400 to 2310°C 750 to 4200°F	±1.0%‡	No standards. Not for oxidizing or reducing atmospheres. Highest temperature limit of all thermocouples.
Resistance			
Platinum	−260 to 980°C −435 to 1800°F	0.02 to 0.2°C 0.04 to 0.4°F	High repeatability. Linear. Used as an interpolating device for ITS-90 (see Section 2.7). Sensor can be used as far as 1500 m (5000 ft) from readout.
Nickel	−180 to 320°C −300 to 600°F	—	High repeatability. Nonlinear. Produces greater resistance change per degree than does Pt. Sensor can be as far as 1500 m (5000 ft) from readout.
Thermistor (metal oxide)	−100 to 315°C −150 to 600°F	0.3°C 0.5°F	Negative temperature coefficient. Highly nonlinear. Less stable than metal types.

표 16.1 여러 가지 온도 측정 소자 및 장치의 특성(계속)

Type	Useful Range*	Limits of Uncertainty*	Comments
Thermistor (doped germanium)	−273 to −173°C −459 to −280°F	0.03°C 0.05°F	High repeatability. Nonlinear. Negative temperature coefficient. Cryogenic sensor.
Thermistor (carbon-glass)	−272 to 50°C −458 to 125°F	0.05°C 0.1°F	High repeatability. Nonlinear. Negative temperature coefficient. Cryogenic sensor.
Semiconductor Junction			
Diode (silicon, GaAlAs)	−272 to 50°C −457 to 125°F	0.05°C 0.1°F	Nonlinear. High accuracy requires calibration. Cryogenic sensor.
Linear integrated circuit	−50 to 150°C −60 to 300°F	0.5°C 1°F	Inexpensive. Linear. Easily integrated into electronics. Limited temperature range.
Pyrometers			
Total radiation	200 to 2000°C 400 to 3600°F	0.75 to 2%§	Rugged. Least complex type.
Spectral band	250 to 3000°C 500 to 5400°F	0.5 to 1%§	More sensitive than total radiation type.
Disappearing filament	800 to 4200°C 1500 to 7600°F	0.5 to 2%§	Requires manual manipulation by operator.
Infrared	−75 to 2500°C −100 to 4500°F	0.5 to 2%§	Particularly useful for low temperatures.

*Approximate values. Actual values depend on many factors such as sheathing and insulation, physical size of sensor or thermocouple wire gage, purity of materials, calibration employed, etc. Types such as thermocouples and resistance thermometers require additional signal-conditioning apparatus; values given are for sensors only. Unsuitable ranges of certain thermocouple types are omitted.

†Trade names of alloys.

‡In higher ranges. Percentages refer to temperature in °C.

§For measurement of blackbodies with $\varepsilon = 1$. For surfaces of lower or poorly known emissivity, the error may be much larger.

표에 열거된 값은 단지 근사치이며 많은 열거되지 않은 인자로 인한 편차가 있을 수 있다. 이런 인자들 중에는 제작자나 연구소의 교정 기술, 특별한 감지기의 작동 범위를 넓히려는 노력 및 사용된 정밀한 형태의 전기 신호 조절 장치들이 있다.

16.2 열팽창의 이용

16.2.1 유리관 온도계

보통의 온도계는 유리구 액주형이 대표적인 예이다(그림 16.1). 기본적인 요소는 아래쪽 끝에 상대적으로 큰 구(bulb), 눈금이 표시된 모세관, 그리고 모세관의 일부분과 구에 채워진 액체로 구성되어 있다. 추가로 관의 상부 끝에는 작은 구가 설치되어 있어 예상 온도 범위를 초과할 경우를 대비해 안전하게 액체를 저장할 수 있다.

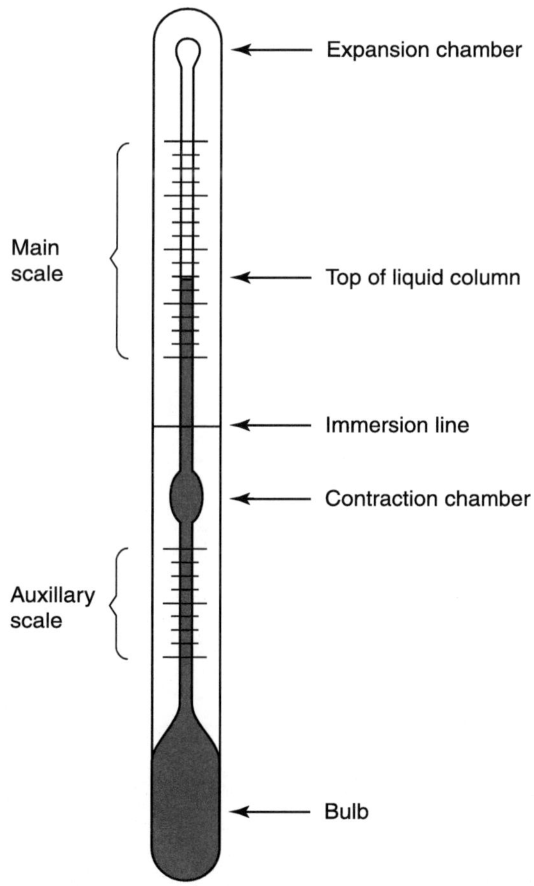

그림 16.1 유리관 액주 온도계

온도가 올라감에 따라 유리에 비해 액체의 팽창이 더 크므로 액체는 온도계의 모세관 또는 유리관을 따라 상승하며 이 상승 높이가 온도의 측정에 이용된다. 액체 위의 유리관 안에 밀폐된 공간은 진동 또는 공기나 다른 가스로 채워져 있다. 높은 온도 범위를 측정하기 위하여 주의 깊게 조절된 초기 압력 하에 불활성 기체를 이 공간에 충전함으로써 액체의 비등점을 상승시켜 전체 사용 범위를 증가시키게 된다. 추가로 그러한 압력은 액주가 분리될 가능성을 최소화한다.

고품질의 유리관 온도계는 몇 가지 추가적인 특징들은 포함한다. **잠김선**(*immersion line*)은 온도계에 표시된 깊이까지 측정된 매체를 담그는 깊이를 나타내는 지시선이다. 수축 챔버(contraction chamber)는 모세관의 필요한 전체 길이를 줄여주고, 온도가 떨어졌을 때, 구 안으로 생기는 기공을 막아준다. 마지막으로 보조 눈금(auxillary scale)은 예를 들어 0°C 나 100°C 처럼 온도계의 주요 끝 범위를 교정하기 위한 것이다.

유리관 온도계에 이용되는 액체의 기대되는 여러 성질들은 다음과 같다.

1. 온도와 길이의 관계는 선형적인 눈금이 가능하도록 선형화되어야 한다.
2. 액체는 팽창계수가 가능한 한 큰 것이어야 한다. 이런 이유로 알콜이 수은보다 우수하다. 팽창이 클수록 모세관의 내경은 더 커도 가능하며 따라서 더 쉽게 판독할 수 있다.
3. 액체는 적절한 온도 변화 범위 내에서 상변화가 없어야 한다. 수은은 저 온도 한계를 응결점인 −37.97°F (또는 −38.87°C)로 제한하며 알콜은 비등점으로 인해 고온에서 제한된다.
4. 액체는 가는 관 안으로 주입되었을 때 잘 보여야 한다. 수은은 이 점에서 우수하나, 반면에 알콜은 추가적으로 염색을 해야 한다.
5. 액체는 될 수 있으면 모세관 벽에 부착되지 말아야 한다. 온도가 빨리 떨어질 때 관벽에 남아 있는 엷은 막은 더 낮은 값을 읽게 만든다. 이런 점에서 수은은 알콜보다 우수하다.

자체의 온도 범위 안에서 수은은 유리관 온도계에 대해 가장 좋은 액체임에 틀림이 없고 따라서 주로 고급 기기에 사용된다. 알콜도 대체로 만족스럽다. 다른 액체들도 주로 더 낮은 온도 범위까지 사용하려는 목적으로 이용된다.

16.2.2 교정과 눈금 보정

고급 유리관 온도계는 온도계의 유리관에 직접 눈금이 새겨져 있기 때문에, 눈금을 유리관에 상대적으로 이동시키는 것이 기계적으로 불가능하다. 또한 기기의 예상되는 정확도에 따라 눈금을 새기는 데 있어서 주의가 더 요구된다(그리고 이것이 비용을 크게 좌우한다). 눈금이 결정되는 **표준점들**(*bench marks*)을 확립하는 과정은 **포인팅**(*pointing*)이라고 알려지며, 두 개 또는 그 이상의 **표시**나 **점**이 필요하다. 이와 반대로 특이한 온도계는 어느 정도 비선형을 나타낸다. 이것은 액체나 유리의 온도에 대한 길이의 변형 특성이 비선형적이거나 유리관 내경이 일정하지 않기 때문이다. 가장 단순한 경우에 물의 융점 및 비등점과 같은 두 기준점이 세워지고, 그 후 등 간격의 눈금이 그 두 점 사이에 삽입되어 완전한 눈금을 만든다. 더욱 정확한 눈금을 만들려면 추가적인 점 – 때때로 다섯 개 정도 – 이 사용된다. 이런 목적을 위한 교정점은 16.12절에 논의된 것처럼 상평형 온도로 알려진 점들을 사용하여 얻어진다.

온도에 가장 민감한 것은 구(bulb)이며, 여기에 가장 많은 액체가 담겨져 있다. 그러나 유리 온도계 전체가 사실상 온도에 민감하다. 온도 변화에 따라 유리관과 상부의 구도 또한 체적 변화를 가져오며, 결과적으로 액체의 공간 및 온도계의 지시를 변화시킨다. 이런 이유로 고도의 정확도를 얻기 위해서는 유리 온도계가 어떻게 온도에 영향을 받는지를 미리 규정하는 것이 필요하다. 가장 좋은 것은 전체 온도계가 일정한 온도 매체에 완전히 잠길때 가능하나, 종종 이것은 불가능하며 특히 매체가 액체일 때는 더욱 그렇다. 따라서 일반적으로 관 주위에 표시된 교정 잠김선으로 표시된 깊이까지 액체에 담근 후 이 상태에서 온도계를 교정한다. 온도계의 정확도는 오직 이러한 조건에서 규정되지만, 절대적인 균일성을 보장하지는 않는다. 왜냐하면 관의 윗 부분이 주위 조건에 의해 약간의 변화가 일어나기 때문이다. 온도계의 정확도는 구체적인 일부 잠김(specified partial immersion)과 구체적인 주위 온도로만 규정된다. 전자의 경우에는 **전체가 잠긴 온도계**(*total immersion thermometer*)라 부르고, 후자의 경우에는 **일부분만 잠긴 온도계**(*partial immersion thermometer*)라 부른다.

실제 온도계의 잠김이 교정과 다를 때 정확한 온도는 다음의 관계식에서 얻어진다[1, 2].

$$T = T_{\text{obs}} + kn\,(T_1 - T_2) \tag{16.1}$$

여기서 $T =$ 보정온도

$T_{\text{obs}} =$ 실제 관측 온도

$T_1 =$ 일부분만 잠긴 온도계의 교정을 위한 구체적인 관의 온도 또는 전체가 잠긴 온도계의 그 매체의 온도

$T_2 =$ 액체 위로 나온 관 주위의 온도(이것은 주 온도계의 관에 부착된 2차 온도계를 통해 측정될 수 있다.)

$k =$ 액체와 유리간의 팽창계수 차이(수은 온도계의 경우 일반적으로 이용되는 값은 화씨의 경우 0.00009, 섭씨의 경우 0.00016)

$n =$ 보정되어야 할 액체 위로 돌출된 수은주의 눈금 개수

n의 값은 다음과 같이 결정된다. 즉 전체가 잠긴 온도계의 경우 n은 온도계의 구에서 위

로 상승한 수은의 실제 길이로 온도 눈금으로 측정된다. 일부분만 잠긴 온도계에 대해서는 온도계의 유리관 옆에 새겨진 교정 잠김선과 실제 수은주 사이의 온도 눈금수이다. 온도계가 너무 깊이 잠길 때는 n의 값이 마이너스가 된다.

유리관 온도계 교정에 영향을 주는 또 다른 요소는 작용 압력 특히 구에 작용하는 압력의 변화이다. 그 결과로 나타나는 탄성 변형은 관의 변위를 가져오고 따라서 잘못된 지시값을 야기시킨다. 대기압하의 일반적 변화는 매우 정밀한 작업 외에는 그리 중요하지 않다. 그러나 만약 온도계가 매우 높은 압력의 영향을 받는다면 상당한 오차가 발생할 수 있다.

16.2.3 바이메탈 온도 감지 요소

서로 다른 팽창계수를 가지는 두 개의 금속판이 접합되었을 때 온도 변화는 결합체를 휘어지게 한다[3]. 이와 같은 바이메탈 판은 일반적인 가정용 가열 장치의 온도 조절 장치와 같은 제어 장치의 기초를 이루며, 온도 측정에도 어느 정도 사용된다. 후자의 경우 감지판은 통상 간단한 헬리컬 스프링(helical spring)과 비슷한 나선형으로 감겨져 있으며, 온도가 변화함에 따라 나선형의 자유단은 회전한다(작용 온도차에 따라 나선의 직경이 증가하거나 감소한다). 그리고 회전 운동은 직접 원형 눈금판 위의 지시 바늘의 움직임으로 지시된다.

바이메탈 온도 감지 요소를 갖는 온도계는 그것의 견고함, 판독의 용이함, 낮은 가격, 특수한 형태로의 변형의 편리성 때문에 자주 이용된다(연습문제 16.4 참조).

16.3 압력식 온도계

그림 16.2는 간단한 **정적**(*constant-volume*)기체 온도계를 설명한 것이다. 보통 수소나 헬륨가스가 감온부(bulb) A에 충진되어 있고, 수은주 B가 조절되어 기준점 C가 유지된다. 이 방법에서 일정 체적의 기체는 감온부와 연결된 모세관내에 유지된다. 수은주 h는 가스 압력의 측정치이고 온도의 값으로 환산될 수 있다.

이러한 형태로는 기기가 깨지기 쉽고, 사용하기가 어려워서 사용이 실험실로 제한되지만 이것은 **압력식 온도계**(*Pressure Thermometers*)라 불리는 실제적인 기기의 작동 원리를 잘 나타내고 있다.

그림 16.3은 실제 압력식 온도계의 기본 요소를 보여 주며 필수적인 부분은 감온부(bulb) A, 관(tube) B, 압력 감지계(pressure-sensing gage) C, 그리고 충진 매체이다. 압력식 온도계는 충진 매체가 완전히 액체, 완전히 기체, 또는 액체와 이 액체 증기의 혼합이냐에 따라서 **액체 충진식**(*liquid-filled*), **기체 충진식**(*gas-filled*), **증기 충진식**(*vapor-filled*)으로 불리어진다. 이 온도계의 중요한 장점은 기록과 조절 장치를 직접적으로 움직일 수 있는 충분한 출력을 낼 수 있다는데 있다. 압력식 온도 감지 장치는 일반적으로 다른 시스

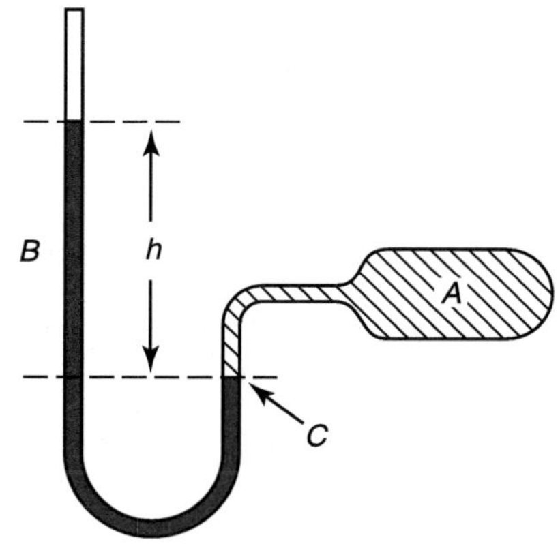

그림 16.2 정적 기체 온도계의 주요 구성 요소

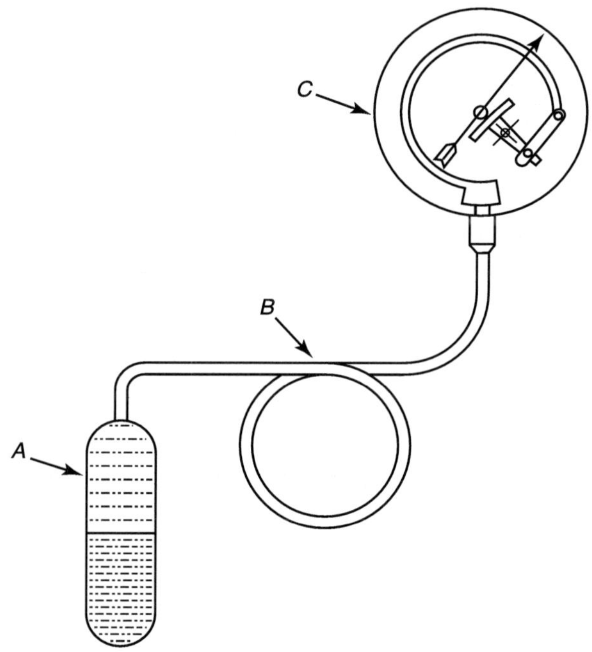

그림 16.3 실제 압력식 온도계의 동작을 보여주는 모식도

템보다 가격이 낮다. 관의 길이는 100 m(330 ft) 정도의 긴 길이가 적합하다.

감온부 *A*와 그 속에 충진되어 있는 액체 또는 기체의 온도 변화에 따른 팽창(또는 수축)은 그 계의 체적과 압력을 변화시킨다. 액체가 충진되어 있는 계에서 감지 장치 *C*는 주로 온도변화에 비례한 체적 증감 때문에 체적 변동 지시계로서 작용한다. 기체나 액체가 충진된 계에서 감지 장치는 온도 측정을 가능하게 하는 압력을 나타내는 압력 지시계로 작용한다. 물론 두 경우에 있어서 압력과 체적은 모두 변한다.

이상적인 경우 관 또는 모세관은 감온부와 지시계 사이를 연결하는 단순한 링크 역할을 한다. 그러나 액체나 기체가 충진된 온도계가 사용될 때 관과 관내의 충진물 또한 온도를 감지한다. 따라서 관과 관내의 충진물이 온도계의 교정 조건과 어떤 차이가 있으면 지시 오차를 나타낸다. 이 오차는 관의 체적에 대한 감온부의 체적을 증가시킴으로써 줄일 수 있으나 감온부의 크기를 증가시키는 것은 온도계의 시간 응답을 떨어뜨리고, 그 결과로 또 다른 근본적인 문제를 발생시킬 수 있다. 반면에 관의 크기를 어느 정도 줄이는 것은 시간 응답을 저하시키지는 않는다. 대부분의 경우에 모세관내에서의 유량은 무시되기 때문이다. 무시할 수 없는 오차의 다른 원인은 교정으로는 설명할 수 없는 감온부와 지시계의 높이 차로부터 초래되는 어떤 압력 구배(pressure gradient)이다.

증기압식(vapor-pressure)은 감온부(bulb)내에 자유 액체 표면이 존재하는 한, 관을 따른 온도는 오차 요인이 되지 않는다. 이 경우에 증기에 대한 Dalton의 법칙이 적용되어, 즉 두 상태(액체와 증기)가 함께 존재하면 주어진 온도에서는 단지 한 압력만이 작용한다. 이것은 증기압식의 중요한 장점이다. 그러나 대부분의 경우, 이런 방식의 관은 액체로 충진되므로 높이 차이에 의해 생기는 오차의 영향을 받을 수 있다.

16.4 열저항 요소

우리는 이미 6.18.2절에서 대부분의 물질의 전기 저항은 온도에 따라 변한다는 것을 알았다. 12.10절과 13.5절에서 이것은 스트레인 게이지의 출력에 대해 골치 아픈 외부 입력으로 작용함을 알았다. 그러나 원치 않을 때는 곤란했던 온도와 전기 저항의 관계가 훌륭한 온도 측정 방법의 근원이 될 수 있다.

관습적으로, 온도에 민감한 저항 요소는 보통 전기 전도성이 좋은 금속으로 만들어지며, 예로 니켈, 구리, 백금, 은 등이 있다. 이러한 요소를 사용하는 온도 측정 장치는 일반적으로 **저항 온도계**(*resistance thermometer*) 또는 **저항 온도 감지기**(*Resistance Temperature Detector*)라 하며 약자로는 *RTD*라 한다. 최근에는 이 기본요소를 큰 저항 계수를 갖는 반도체 재료로 만든다. 이러한 재료는 코발트, 망간, 니켈 산화물의 결합체이다. 이러한 장치를 서미스터(*thermistor*)라 부른다.

이러한 두 가지 재료 사이의 가장 중요한 차이는 저항 온도계의 저항 변화는 적고 양인데 반해(온도가 증가함에 따라 저항의 증가를 가져옴), 서미스터의 저항 변화는 상대적으로 크고 음의 성질이 있다. 추가적으로 저항 온도계형은 거의 선형적인 온도-저항 관계를 나타내는 데 반하여 서미스터는 비선형적이다. 다른 중요한 차이는 사용될 수 있는 온도 범위에 있다. 서미스터의 실제적인 사용 범위는 약 −100°C~300°C(−150°F~575°F)사이이다. 저항 온도계의 범위는 훨씬 커서 약 −260°C~1000°C(−435°F~1800°F)사이이다. 끝으로 금속 저항 요소는 반도체 산화물보다 시간적으로 안정하고 따라서 더 낮은 히스테리시스(hysterisis)로 더 좋은 재생 특성을 갖는다.

16.4.1 저항 온도계

저항 온도계의 중요성과 정확성은 1990년의 국제 온도 눈금(International Temperature Scale)에서 백금 저항 온도계를 −295.35°C~961.78°C 범위의 온도에 눈금을 만드는 보간 표준(Interpolation standard)으로 사용하도록 명시한 것으로 알 수 있다(2.7절 참조).

저항 온도계 요소에 사용되는 재료에는 요구되는 특성들이 있다. 이 재료는 시간 응답을 나쁘게 하지 않도록 부피를 그리 크지 않은 편리한 크기로 제작할 수 있는 고유 저항을 가져야한다. 그리고 이 저항 온도 계수가 크고 가능한 일정하여 거의 선형적인 출력을 내야 한다.이 재료는 부식에 강해야 하고 사용 온도 범위에서 상태 변화가 없어야 한다. 끝으로 재현성과 균일성을 보여야만 실제 이용이 가능하다. 또, 정밀한 저항 온도계를 제작하기 위해서는 제작 후의 잔류 변형(residual strains)을 최소화하기 위하여 제작 후 주의 깊은 열처리를 해야 한다.

일반적으로 이러한 조건들을 모두 수용할 만한 재료는 없지만 특별히 백금(platinum)이 가장 보편적으로 사용되는 재료이며 텅스텐, 은 및 철과 같은 재료도 사용되어 왔다. 그 외에는 어느 정도 절충될 수 있는 특정 재료가 선택된다.

RTD의 저항-온도 관계는 실험적으로 결정되며 대부분의 금속에 대해 결과는 정확히 다음 식으로 표현된다.

$$R(T) = R_0\left[1 + A(T - T_0) + B(T - T_0)^2\right] \tag{16.2}$$

여기서 $R(T)$ = 온도 T에서의 저항
R_0 = 기준 온도 T_0에서의 저항
A와 B = 재료에 따른 저항 온도 계수

제한된 온도 범위(백금의 경우 약 50 K)에 대해서는 저항 변화에 따른 선형 근사식이 수용할 만하나 높은 정확도를 위해서는 더 높은 차수의 다항식이 요구된다[4].

$$R(T) = R_0[1 + A(T - T_0)] \tag{16.2a}$$

가장 일반적인 형태는 유리, 세라믹 또는 운모(mica)로 제작된 전기적으로 단열된 지주 둘레를 금속선으로 감은 것이다. 여기서 전기적으로 단열된 지주는 그림 16.4와 같이 단순한 평판 조각에서부터 복잡한 새장(bird-cage)모양에 이르기까지 다양한 형태를 가질 수 있다[5]. 설치된 요소는 보호관에 넣어 사용한다. 영구적인 설치를 할 때나 부식 또

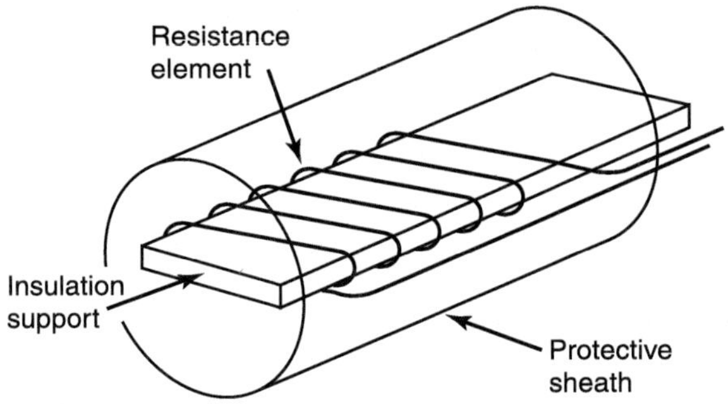

그림 16.4 간단한 RTD 구조

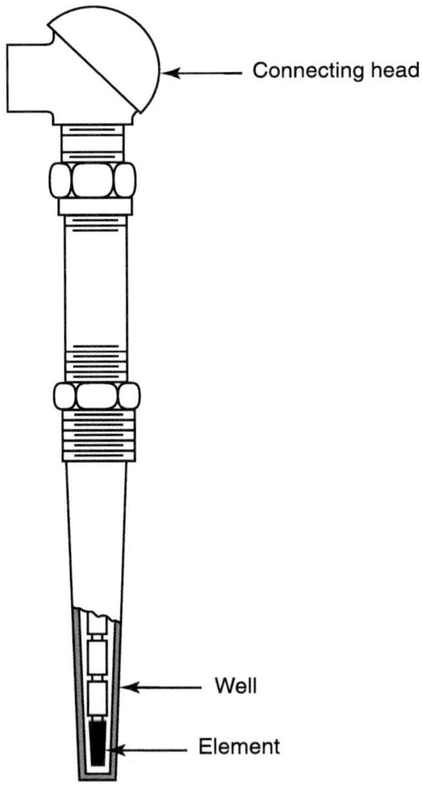

그림 16.5 산업용 저항 온도계의 현장 설치용 구조도

는 기계적인 면에서 부가적인 보호가 필요할 때에는 그림 16.5와 같이 외통(*well*)이나 소켓(*socket*)을 사용할 수 있다.

더욱 최근에는 금속 유리 슬러리(metal-glass slurry)의 얇은 막이 저항요소로 이용된다. 이러한 막은 세라믹 위에 형성되고 레이저로 절개된다. 막(film) RTD는 선(wire) RTD보다 저렴하고 주어진 크기에 대해 더 큰 저항을 가진다. 그러나 이것들은 다소 불안정하다[6]. 또 얇은 스트레인 게이지 구조와 유사한 저항 요소가 이용되고 있다. 저항 그리드(grid)는 Kapton처럼 지지된 막 위에 새겨지며 측정 표면에 부착된다. 이런 센서는 일반적으로 낮은 변형 감도와 높은 온도 감도를 가지도록 설계된다.

표 16.2는 몇 가지 전형적이며, 상업적으로 사용할 수 있는 저항 온도계의 특성을 나타낸 것이다.

16.4.2 저항 온도계의 계장

RTD에서 저항 변화를 측정하는 데 여러 종류의 전기 브리지가 사용된다. 그러나 온도계를 브리지에 연결함에 있어서 특별한 주의가 있어야 한다. 얼마간의 도선이 필요한데 이 도선에서 생기는 온도를 포함한 어떤 원인에 기인한 저항 변화는 온도계 요소의 신뢰성을 저하시킨다. 따라서 도선 저항은 요소 저항에 비하여 상대적으로 낮게 유지되어야 하며 이에 부가하여 도선의 저항 변화를 보상하기 위한 수정 작업이 필요하다.

그림 16.6(a), (b), (c)는 도선 오차를 최소화하기 위하여 사용되는 세 가지의 서로 다른 배열을 설명한 것이다. 그림을 보면 암(arm) *AD*와 *DC*는 각각 같은 길이의 도선이므로 따라서 도선이 처음부터 같은 특성을 가지고 있고 같은 주위의 상태하에 있다면 그것들에 의하여 생기는 효과는 상쇄된다. 각각의 경우에서 배터리와 전압계는 평형에 관계없이 교환할 수 있다. 그러나 Siemens의 배열이 사용될 때 평형 상태에서 중앙 도선에는 전류가 흐르지 않으며 이것은 장점이 될 수 있다. Callender 배열은 두 개의 온도계 사이의 온도차에 비례하는 출력을 나타내기 위하여 온도계가 암(arm) *AD*와 *DC*에 사용될 때 매우 유용하다. 4도선(four-lead) 배열은 3도선(three-leads) 배열과 같은 방법으로 사용된다. 그러나 같지 않은 도선 저항을 검사할 수 있도록 세 가지 방식을 조합하여 사용할 수 있으며, 그의 평균치로서 더 정확한 결과가 가능하다. 이러한 형식은 가장 높은 정확도가 요구될 때 사용된다.

보통 실제로는 영위 평형형(null-balance form) 브리지가 사용되나 편위형 브리지(deflection bridge)도 사용될 수 있다(7.9절 참조). 일반적으로 영위 평형형 브리지는 정적인 온도 또는 천천히 변화하는 온도에 한하여 사용되는 반면에 편위형 브리지는 더 빨리 변하는 입력에 대해 사용된다. 동적인 변화는 단순히 지시되는 것보다 더 편리하게 기록되며 이를 위해 온도의 시간 변화율에 따라 자기 평형형(self-balancing), 또는 편위형이 사용된다.

저항 브리지가 측정에 사용될 때 전류는 반드시 각 브리지 암을 통해 흐르며, 따라서 i^2R에 해당하는 발열에 의한 오차를 일으킨다. 저항 온도계에서 이와 같은 오차는 요소로부터의 전도와 복사에 의하여 일어나는 오차와 정반대이며 일반적으로 각 암이 다른 암과 비슷한 효과로 나타나기 때문에 전체 효과는 균형이 되어 오차는 작다. 저항의 발열로부터 발생하는 전체 오차의 예측은 서로 다른 전류 값을 읽고 영 전류(zero current) 상태

표 16.2 저항 온도계 요소의 대표적인 특성

Type of Element	Case Material	Temperature Range, °C (°F)	Resistance, Ω	Temperature coefficient, A, Ω/(Ω · °C) (approx.)	Limits of Error*, K	Response,† s
Platinum (laboratory)	Pyrex glass	−190 to 540 (−310 to 1000)	25 at 0°C	0.00385	±0.01	
Platinum (industrial)	Stainless steel	−200 to 125 (−325 to 260)‡ −18 to 540 (0 to 1000)§	100 at 0°C 100 at 0°C	0.00385	±1 ±2	10 to 30 10 to 30
Platinum (film)	Ceramic coating	−50 to 600 (−60 to 1100)	100 at 0°C	0.00385	±0.3	~1
Rhodium-iron	Alumina and glass	−272 to 200 (−458 to 390)	27 at 0°C	0.0037	±0.04	
Copper	Brass	−75 to 120 (−100 to 250)	10 at 25°C	0.0038	±0.5	20 to 60
Nickel	Brass	0 to 120 (32 to 250)	100 at 20°C	0.0067	±0.3	20 to 60

*Typical values.

†Time required to detect 90% of any temperature change in water moving at 30 cm/s. The lower value is for the thermometer case only, whereas the higher value is for the thermometer in a protective well. Actual values vary considerably with sensor packaging and flow conditions. Response in gases will be much slower than in liquids; response will be faster at higher flow speeds.

‡Low range.

§High range.

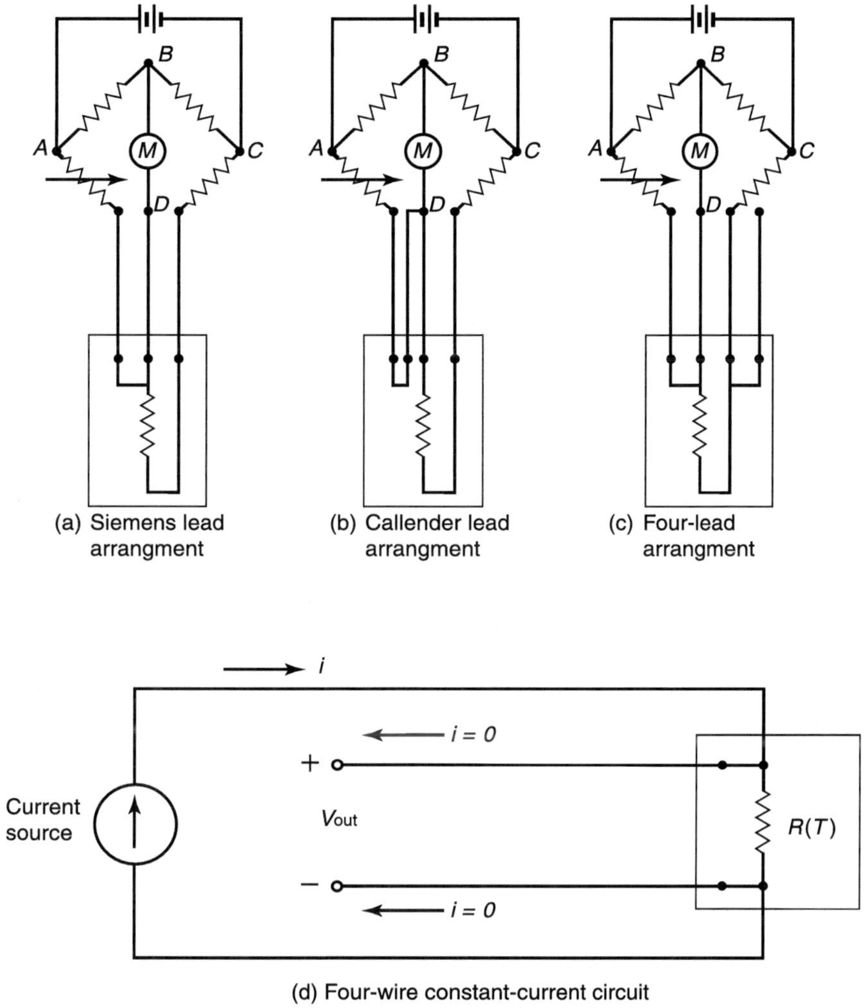

그림 16.6 도선의 저항을 보상하기 위한 네 가지 방법

와 비교하여 얻을 수 있다.

그림 16.6(d)는 RTD 저항 측정에서의 4선 정전류 회로(four-wire constant-Current circuit)를 나타낸다. 이 경우 전류원(current source)은 도선이나 센서의 저항 변화에 관계없이 전류 i를 일정하게 유지한다. 출력 전압 V_{out}은 고입력 임피던스 계기(high input impedence meter)로 판독하므로, 거기서 출력 도선으로 나오는 전류나 전압 강하는 없다. 따라서 출력 전압은 센서의 저항에 거의 선형적이며 그 값은 $V_{\text{out}} = iR(T)$와 같고 도선의 저항과는 무관하다. 그러나 이 회로는 근본적으로 안정형 회로(ballast-type circuit)이므로 작은 저항의 변화에 대해서는 브리지 회로의 감지하지 못하며(7.8절 참조), 또한 저항 발열 효과(ohmic heating effects)는 여전히 존재한다.

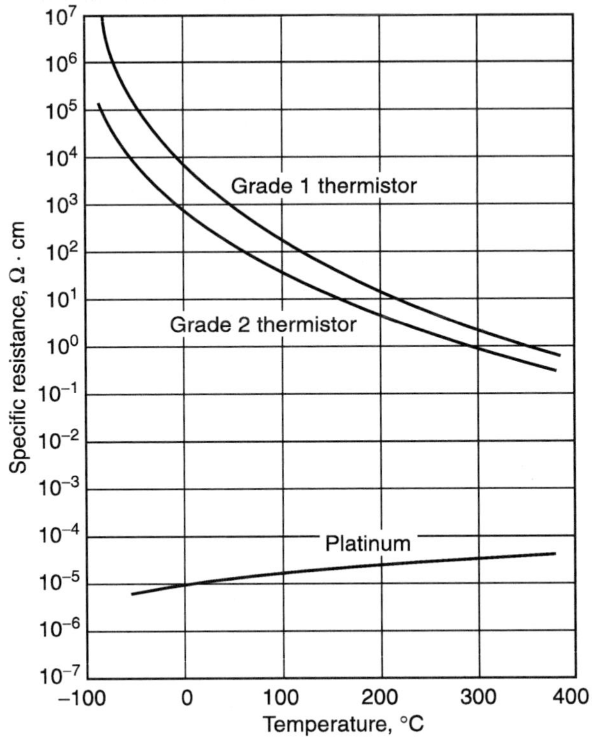

그림 16.7 대표적인 서미스터의 온도와 저항과의 관계

16.4.3 서미스터

서미스터는 세라믹과 같은 재질의 반도체 재료로 만들어졌으며 열에 민감하게 변하는 저항기이다. 금속과는 달리 서미스터는 온도에 대하여 음(negative)으로 반응한다. 즉, 온도가 올라감에 따라 저항체의 저항은 감소한다(6.15.1절 참조). 그림 16.7은 전형적인 온도-저항 관계를 보여 준다.

서미스터는 고유 저항이 100~450,000 Ω·cm을 가지며 망간, 니켈, 코발트의 산화물 형태로 이루어져 있다. 저온 응용에서는 도프된 게르마늄이나 탄소가 첨가된 유리가 이용된다. 이들은 그림 16.8에 표시된 바와 같은 여러 가지 형태로 이용할 수가 있다. 몇몇 형태는 자동차 엔진에 사용되는 공기와 물의 온도 센서 또는, 인쇄 회로 기판에 사용되는 표면 장착 칩과 같은 특수한 용도로 패키지화 되어 있다. 표 16.3은 상업적으로 이용할 수 있는 서미스터의 특성을 나열하고 있다.

서미스터에 대한 온도-저항 함수는 다음의 관계로 주어진다.

$$R = R_0 \exp\left[\beta\left(\frac{1}{T} - \frac{1}{T_0}\right)\right] \tag{16.3}$$

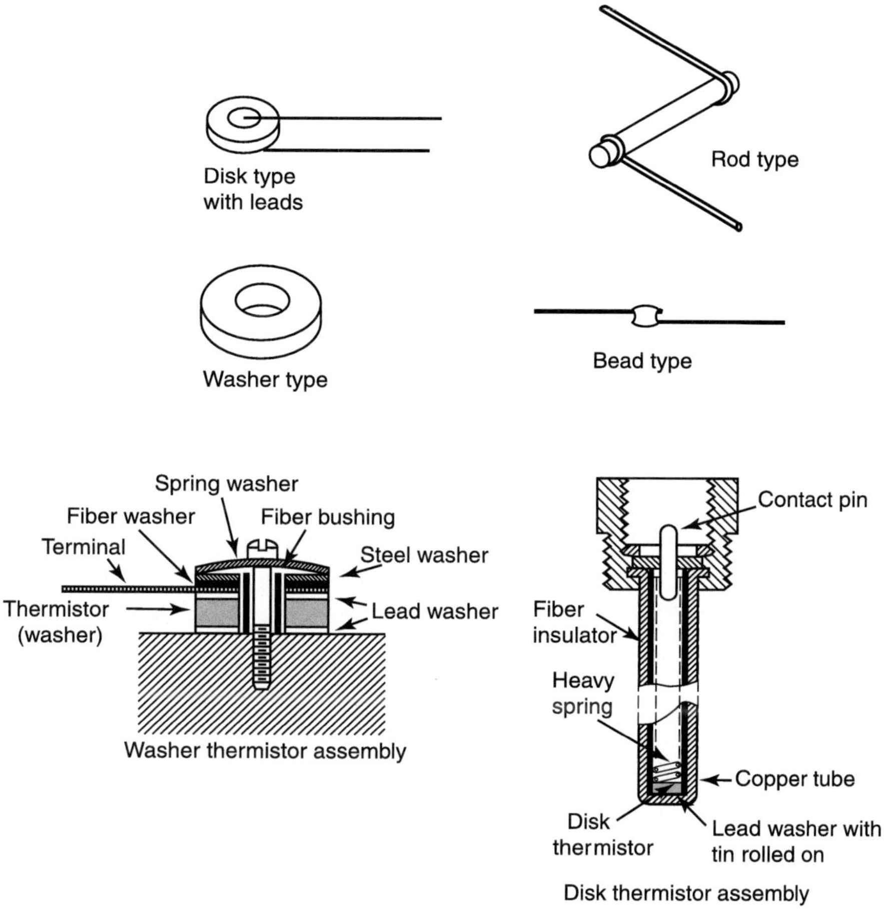

그림 16.8 상업적으로 이용되는 여러 가지 서미스터의 형태

표 16.3 대표적인 금속 산화 서미스터의 규격. 어떤 형태이든 넓은 범위의 저항이 가능하다.

Type (see Fig. 16.8)	Resistance			Approximate Maximum Continuous Temperature, °C
	At 0°C	At 25°C	At 50°C	
Bead	165 kΩ	60 kΩ	25 kΩ	—
Glass-coated bead	8.8 kΩ	3.1 kΩ	1.3 kΩ	300
Washer	28.3 Ω	10 Ω	4.1 Ω	150
Washer	3270 Ω	1000 Ω	360 Ω	150
Rod	103 kΩ	31.5 kΩ	11.3 kΩ	150
Rod	327 kΩ	100 kΩ	36 kΩ	150
Disk	283 Ω	100 Ω	40.7 Ω	125

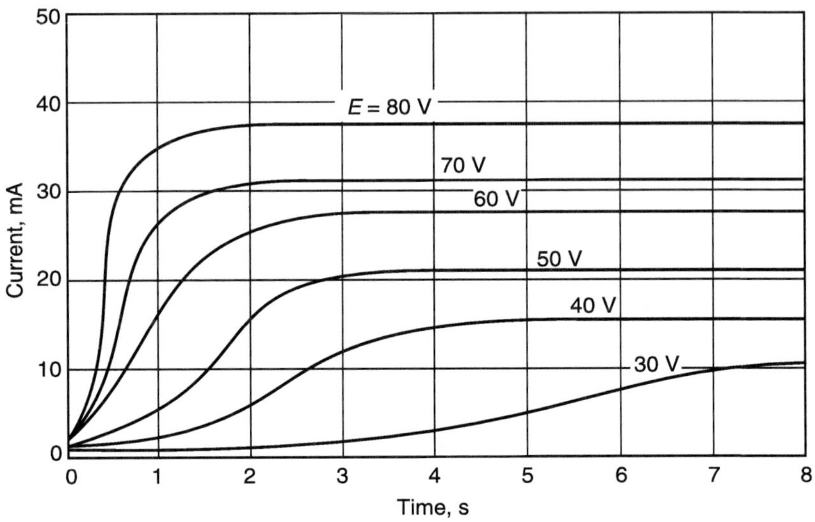

그림 16.9 서미스터의 대표적인 전류와 시간의 관계

여기서 R = 온도 $T(K)$에서의 저항

R_0 = 기준 온도 $T_0(K)$에서의 저항

β = 상수 (단위 K)

상수 β는 서미스터의 형태나 등급에 의존한다. 금속-산화 서미스터에서 β는 일반적으로 1000~5000 K 범위이다.

서미스터가 전기 회로에 이용될 때 전류는 그것을 통해 흐르고 저항 열이 저항에 의하여 발생된다. 발생한 열의 발산정도에 따라 저항이 변하고 요소의 온도가 변한다. 그리고 어떤 저항 값에서 주어진 주위의 조건에 대하여 온도 평형을 이룰 것이다. 서미스터와 전기회로 특성을 적절히 이용함으로써 이 장치는 온도의 측정이나 조절에 사용될 수 있다. 더욱이, 변화하는 주위 온도에 대하여 전기 회로를 보상하는 데에도 유용하다. 이것은 대부분의 전기적인 요소가 양(positive)의 특성을 갖고 있는 반면에 서미스터는 음(negative)의 온도 특성을 갖고 있기 때문에 충분히 가능하다. 또한 큰 범위에서 일어나는 시간 지연(time-delay) 기능도 전기적인 상태와 열전달 상태를 알맞게 평형을 이루게 함으로써 가능하다.

그림 16.9는 대표적인 서미스터의 자기가열(self-heating) 응답 특성을 나타낸다. 물론 주위의 상태(열전달 상태)가 실제 적용에 있어서 가장 큰 요인이다. 서미스터는 상당히 작아질 수 있으므로(직경이 수 mm 정도) 주위 온도 변화에 따른 서미스터의 응답은 잠재적으로 매우 빨라진다.

서미스터가 가지고 있는 고유의 고감도(high sensitivity)는 온도 측정을 위하여 매우 간단한 전기 회로의 사용을 가능하게 한다. 보통의 전기 저항기는 계기 그 자체의 정확도 한계 내에서 사용될 수 있으며 더욱 영위 평형형이나 편위 브리지형과 같은 여러 형태의 저항 브리지 중의 하나가 사용된다(7.9절). 또한 간단한 안정형 회로(ballast circuits)가 사용된다(7.6절). 어떤 경우에는 특별한 선형 회로가 온도에 선형적으로 변하는 출력 전압을 얻기 위해 사용된다.

서미스터의 온도-저항 특성만을 이용하거나 또는 조절된 열전달과 결합함으로써 서미스터는 압력, 수위, 동력 및 그 밖의 다른 많은 양들을 측정하는 데 사용되어 왔다. 그것들은 또한 온도 조절, 타이밍(relay와 함께 서미스터의 지연 특성을 이용함으로써 가능), 과부하 보호기, 경고 장치 등에 이용된다.

서미스터는 또한 매우 큰 온도계수를 가지게 만들 수 있다. 이러한 *PTC* 센서들은 주성분으로 티탄산염화바륨(barium titanate)을 가지는 반도체 산화물로 만들어지거나 또는 그것들을 도프한 실리콘으로 만들어진다. PTC 센서는 온도 증가에 따라 큰 저항 값의 증가를 나타낸다. 이러한 저항 변화를 주어진 온도에서 급격히 일어나게 할 수도 있다. 이것은 PTC 서미스터를 온도 조절 스위치 요소로서 이용할 수 있게 한다. 저항 자체 발열을 이용함으로써 서미스터는 또한 전류 차단 장치(current-limiting)로도 응용될 수 있다.

16.5 열전대

1821년 T.J. Seeback은 서로 다른 두 개의 금속을 접합시키면 그 사이에 기전력이 발생함을 발전 하였다[7]. 후에 그 전위(potential)는 실제로 두 개의 다른 온도로부터 생기는 것을 알았다. 즉 2개의 다른 금속의 접합부 온도사이의 온도 구배에 기인하는 것이다(그림 16.10). 이러한 지벡 기전력(*Seebeck emf*)은 온도 차이에 따른 도체의 양 끝단 사이의

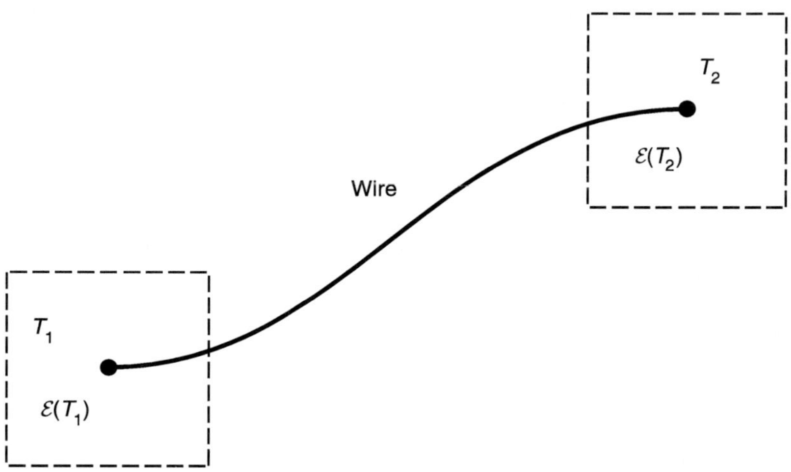

그림 16.10 온도가 변화하는 도선의 끝단 사이의 지벡 기전력

전압 차이이고, 이러한 재료의 특성을 **지벡 계수**, σ라 부른다.

$$\mathcal{E}(T_2) - \mathcal{E}(T_1) = \int_{T_1}^{T_2} \sigma(T)\, dT \tag{16.4}$$

만약 도선 끝점의 온도가 같다면, 도선의 중앙부의 온도가 높거나 낮다 할지라도 아무런 기전력도 발생하지 않는다.

그림 16.11에 나타낸 것과 같이 서로 다른 재료 A, B가 도선으로 연결되어 있을 때, 발생하는 기전력은 두 도선의 자유단(free ends)의 온도와 두 도선사이의 접점의 온도에 의존한다. 특히 두 자유단(free ends)이 온도 T_{ref}를 갖고, 접점이 온도 T_m을 갖는다면, 자유단(free ends)사이의 전압차이는 다음과 같다.

$$\begin{aligned} E &= \int_{T_{\text{ref}}}^{T_m} \sigma_A\, dT \;+\; \int_{T_m}^{T_{\text{ref}}} \sigma_B\, dT \\ &= [\mathcal{E}_A(T_m) - \mathcal{E}_A(T_{\text{ref}})] \;+\; [\mathcal{E}_B(T_{\text{ref}}) - \mathcal{E}_B(T_m)] \\ &= [\mathcal{E}_A(T_m) - \mathcal{E}_B(T_m)] \;-\; [\mathcal{E}_A(T_{\text{ref}}) - \mathcal{E}_B(T_{\text{ref}})] \end{aligned}$$

만약 우리가 재료 A, B의 **상대적 지벡 기전력**(*relative Seebeck emf*)을 $\mathcal{E}_{AB}(T) \equiv \mathcal{E}_A(T) - \mathcal{E}_B(T)$로써 정의한다면,

$$E = \mathcal{E}_{AB}(T_m) - \mathcal{E}_{AB}(T_{\text{ref}}) \tag{16.5}$$

어떠한 주어진 쌍으로 된 재료들도 상대적 지벡 기전력(relative Seebeck emf)을 측정할 수 있고, 온도의 함수로서 표로 나타낼 수가 있다. 더욱이 도선의 구성이 정밀하다면, 이 기전력은 높은 재현성과 신뢰할만한 온도 측정의 방법을 제공해준다. 예를 들어 그림 16.11의 회로에서, 온도 T_{ref}를 알고 있다면, E의 측정을 통해서 모르는 온도 T_m를 $\mathcal{E}_{AB}(T)$와 식 16.5의 값을 이용하여 결정할 수 있다.

그림 16.11은 가장 간단한 **열전대**(*thermocouple*) 유형의 회로이다. 특별히 주목해야 할 점은 이러한 회로는 항상 두 온도에서의 접점들을 포함하고 있다. 일반적으로, 하나의 접점

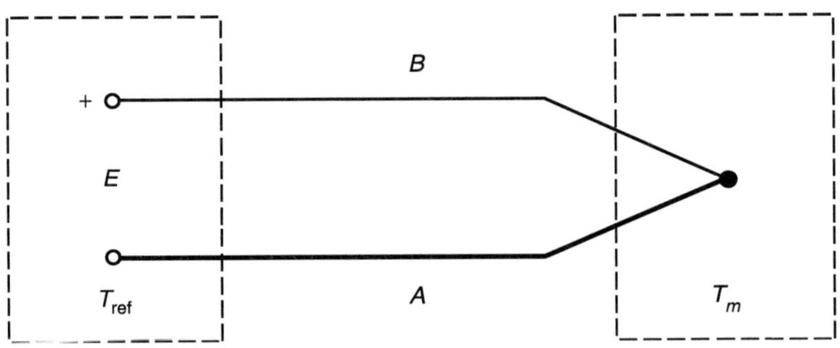

그림 16.11 각각 다른 도체가 연결될 때의 전위차

은 미지의 온도를 감지한다. 이 하나는 우리가 **온접점** 또는 **측정 접점**(*hot* or *measuring* junction)이라고 부른다. 두 번째 접점은 이미 알고 있는 고정된 온도로 유지되며 이 점을 **냉접점** 또는 **기준 접점**(*cold* or *reference* junction)이라 한다.

Seebeck 효과 외에도 두 가지 다른 열전 현상으로, Petier 효과[8]와 Thomson 효과[9]가 있다. 두 가지 효과 모두 전류의 흐름과 관련이 되어있다. Petier 효과는 전류가 두 금속의 접점을 통과 할 때 접점을 가열하거나 냉각시킨다. Thomson 효과는 비등온 도체에 전류가 흐를 때 가열하거나 냉각시키는 효과이다.

Peltier 효과와 Thomson 효과는 전류가 열전대 회로에서는 무시할 정도로 작기 때문에 보통 열전대의 온도 측정에서는 무시한다. 전류는 회로 기전력에 오차를 낳는 저항 전압 강하를 일으키기 때문에 바람직하지 않다. 따라서 열전대는 반드시 개방 회로 형태로 사용되어야하며, 그것들의 기전력은 반드시 오직 높은 입력 임피던스 장치를 이용하여 측정되어야 한다.

16.5.1 열전대를 위한 적용 법칙

언급된 회로 주변의 지벡 기전력을 통합함으로써 열전대의 거동을 증명할 수 있는 법칙들이 있다[10].

> **중간 금속 법칙(Law of intermediate metals)**. 만약 제3의 금속이 열전대 회로에 중간 금속으로 연결될 때 두 개의 접점이 동일한 온도 하에 있을 때에는 중간 금속의 연결은 열전대의 정미 기전력(net emf)에 영향을 미치지 않는다.

이 법칙은 식 16.4에 양 끝단이 같은 온도($T_2 = T_1$)인 도선은 아무런 기전력도 발생시키지 못한다는 것에 나타나 있다. 그림 16.12에 이 법칙의 적용이 나타나 있다. 그림16.12(a)에서와 같이 제3의 금속 C가 삽입되고 새로운 접합점 r과 s가 온도 T_3으로 유지된다면 회로에서의 정미 전위E는 변하지 않을 것이다. 이것은 열전대 회로의 온도 기능을 교란시킴없이 측정 장치나 회로의 삽입이 가능하도록 한다. 그림 16.12(b)에서는 두 접점 r과 s가 온도 T_m으로 유지되는 한 측정 접점에 제3의 금속을 삽입시킬 수 있다는 것을 보여준다. 따라서 열전대를 구성할 때 연납(soft solder) 또는 경납(hard solder)과 같은 접합 물질의 사용이 가능하다. 그리고 열전대는 그의 성능을 변화시키지 않는 범위에서 도체 또는 부도체 재료의 내부나 표면에 직접적으로 삽입하여 사용할 수 있다.

식 16.5를 이용하여 다음의 식을 증명할 수 있다.

> **중간 온도 법칙(Law of intermediate temperature).** 간단한 열전대 회로에서 양 접점의 온도가 $T_m = T_2$, $T_{ref} = T_1$일 때 기전력은 E_{T_2,T_1}로 되고, 온도가 $T_m = T_3$ 그리고 $T_{ref} = T_2$일 때, 기전력은 E_{T_3,T_2} 이 되며, 온도가 $T_m = T_3$, $T_{ref} = T_1$일 때, 기전력은 $E_{T_3,T_1} = (E_{T_3,T_2} + E_{T_2,T_1})$이 된다.

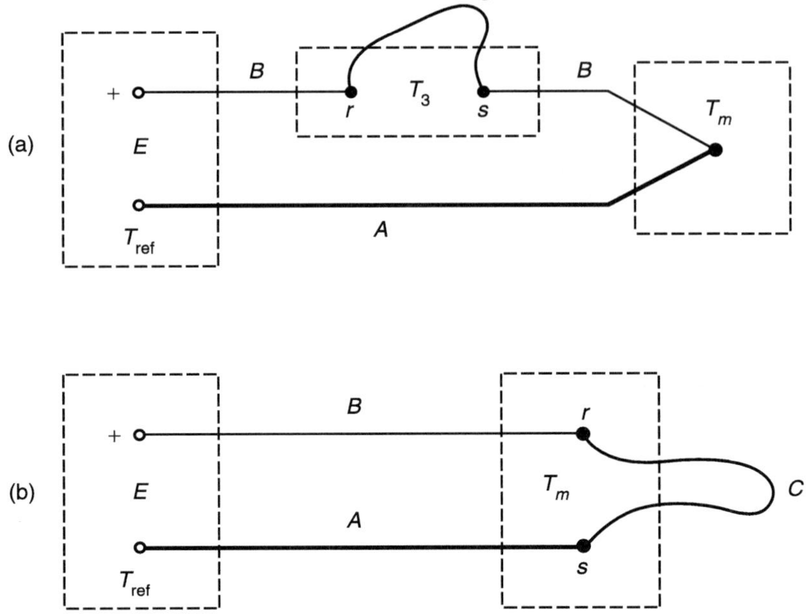

그림 16.12 중간 금속에 관한 법칙을 설명하는 도형

이것은 온도는 알고 있으나 직접적으로 조정할 수 없는 기준 접점에 대한 직접적인 교정을 가능하게 한다. 또한 접점이 실제로 표준 온도에 있지 않더라도 표준 기준 온도(보통 $T_{ref} = 0°C$)에 의거한 열전대 표의 사용을 가능하게 한다.

16.5.2 열전대 재료와 설치

이론적으로 어떤 두 개의 서로 다른 도체 재료가 열전대 구성을 위하여 사용될 수 있다. 그러나 실제로 몇몇 재료와 혼합 재료는 다른 것들보다 우수하며 어떤 재료는 주어진 온도 범위에 대해 표준이 되고 있다. 표 16.1에 이 재료와 혼합 재료를 표시한다. 여기에 표시된 문자명은 미국국립 표준협회(ANSI)의 표준이다.

열전대 도선은 스풀(spool)에서도 사용가능할 뿐만 아니라, 완전한 프로브(probe) 회로의 한 부분으로서도 사용가능하다. 감긴 도선으로 사용할 때, 열전대는 2개의 선을 함께 꼬거나, 브레이징(brazing), 용접(welding), 접합(junction)의 방법을 사용하여 만든다(그림 16.13). 고온용 도선은 테플론(Teflon) 보호막을 입히거나, 유리섬유 보호막을 입혀서 시중에 팔리고 있다. 음의 열전 소자의 보호막은 모든 열전대 형태에서는 빨간색의 코드를 입힌다. 노출된 도선을 사용할 경우, 도선의 전기적 절연을 위하여 세라믹 분리 소자를 사용하기도 한다(그림 16.14).

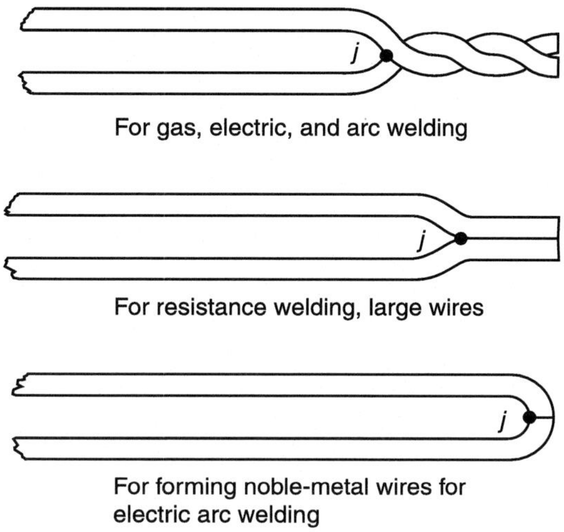

그림 16.13 일반적인 열전대의 구조

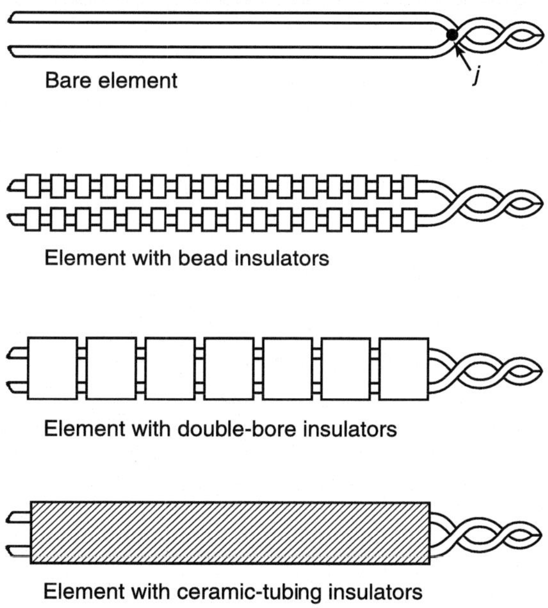

그림 16.14 열전대 도선을 절연하는 방법

열전대는 보다 많은 프로브를 구성하거나 고온 보호 및 부식 방지을 위하여 종종 끝단이 막힌 관 안에 봉해진다. 프로브 덮개는 보통 스테인리스 스틸, 인코넬, 고온 세라믹 등으로 만든다. 열전대는 산화광물 분말(mineral-oxide powder)이나 세라믹 절연체를 이용

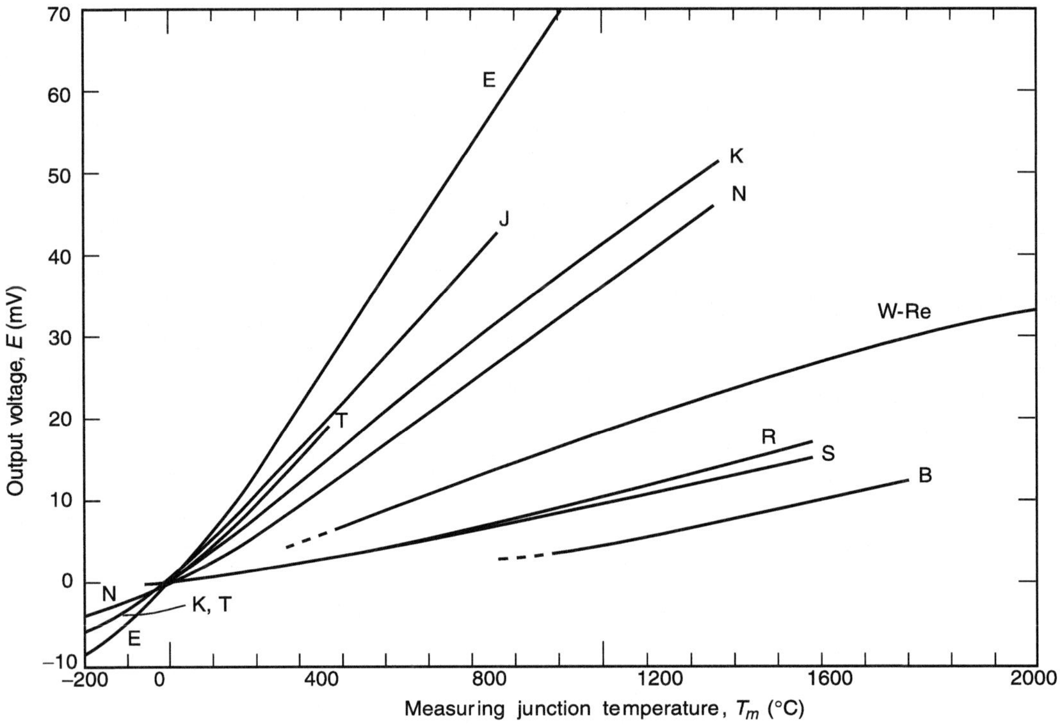

그림 16.15 기준 접점이 0℃일 때에 열전대의 전압과 온도와의 관계. 전압은 권장 사용범위에서만 나타내었다.

하여 덮개와 분리시킬 수 있다. 다양한 프로브 구성이 상업적으로 가능하다. 그림 16.5는 하나의 전형적인 보호관 형태를 보여주고 있다.

또 열전대 접합부내에서 정확한 온도 측정 지점을 정밀하게 알아야 하는 경우가 있다. 이것은 특별히 접합부의 크기나 온도 구배가 클 때 중요하다. 이를 위한 유효 위치(*effective location*)가 그림 16.13과 16.14의 접합부 *j*로 표시되어 있다.

보통 작동중인 열전대의 온도가 증가할 때 굵은 도선이 요구된다. 이것은 열전대 전압에서 부식 영향을 최소화 시켜준다. ASTM(American Society for Testing and Materials)에서는 작동 온도의 함수로서 도선 규격 표준을 제공한다[10]. 하지만 도선의 크기가 증가함으로써, 측정하는 접점의 질량도 커진다. 따라서 접점의 온도 변화에 필요한 시간도 증가한다. 또한 보호관은 열전대의 응답을 현저하게 감소시킨다. 따라서 보통 시간 응답과 내구력사이의 절충이 필요하다.

표 16.4 기준 접점 T_{ref}가 0℃일 때, 열전대의 전압 E(단위:mV)와 온도 T_m의 관계. 값들은 권장 사용범위까지로 제한하였다[11].

	Thermocouple Type				
Temperature °C (°F)	Chromel vs. Constantan E	Iron vs. Constantan J	Chromel vs. Alumel K	Pt/10% Rh vs. Platinum S	Copper vs. Constantan T
−200 (−328)	−8.825		−5.891		−5.603
−150 (−238)	−7.279		−4.913		−4.648
−100 (−148)	−5.237		−3.554		−3.379
−50 (−58)	−2.787		−1.889	−0.236	−1.819
0 (32)	0.000	0.000	0.000	0.000	0.000
50 (122)	3.048	2.585	2.023	0.299	2.036
100 (212)	6.319	5.269	4.096	0.646	4.279
150 (302)	9.789	8.010	6.138	1.029	6.704
200 (392)	13.421	10.779	8.139	1.441	9.288
300 (572)	21.036	16.327	12.209	2.323	14.862
400 (752)	28.946	21.848	16.397	3.259	
600 (1112)	45.093	33.102	24.906	5.239	
800 (1472)	61.017		33.275	7.345	
1000 (1832)			41.276	9.587	
1200 (2192)			48.838	11.951	
1400 (2552)				14.373	

16.5.3 열전대의 EMF값

열전 기전력의 크기는 매우 작고, 일반적으로 단위는 밀리볼트 단위이다. 출력값은 여러 가지 형태로 다양하며, 그림 16.15에서 나타나 있는 것과 같이 항상 온도의 증가에 따라 증가한다. 몇몇의 전압값은 표 16.4에 주어져 있다. K형의 열전대에 대해 보다 많은 상세한 데이터는 표 16.5에 나타나 있다. 각각의 경우, 전압 E값은 식 16.5에서 $T_{ref} = 0°C$ 로부터 얻어진다.

열전대 기전력의 모든 표는 국립표준 연구소(NIST)에 의하여 문서 형태로 출간되었다[11]. 이 표의 자료는 일반적으로 사용되는 모든 열전대에 대하여 1°C 증분에 대하여 기전력을 5∼6자리 유효 수까지 나열한 확장 표이다. 이들은 또한 온도의 함수로서 전압을 다항식으로 나타내었다. 이 표는 ANSI나 ASTM 표준으로 채택되어 있다.

데이터의 축소 또는 컴퓨터 데이터 프로세싱을 목적으로 NIST의 몇 가지 다항식이 표 16.6과 16.7에 주어져 있다. 표 16.6에서는 E값을 T_m의 함수로서 정확한 NIST의 참조 함수를 수록하고 있다. 표 16.7은 NIST의 근사 역함수(E의 함수로서의 T_m값)와 그것의 최대 오차를 수록하였다. 그 밖의 열전대 형태의 다항식과 온도 범위는 참고문헌에 포함되

표 16.5 기준 접점 T_{ref}가 0℃일 때, 열전대 K형의 전압 *E*(단위: mV)와 온도 T_m의 관계

	Type K				
°C	0	5	10	15	20
−200	−5.891	−5.813	−5.730	−5.642	−5.550
−175	−5.454	−5.354	−5.250	−5.141	−5.029
−150	−4.913	−4.793	−4.669	−4.542	−4.411
−125	−4.276	−4.138	−3.997	−3.852	−3.705
−100	−3.554	−3.400	−3.243	−3.083	−2.920
−75	−2.755	−2.587	−2.416	−2.243	−2.067
−50	−1.889	−1.709	−1.527	−1.343	−1.156
−25	−0.968	−0.778	−0.586	−0.392	−0.197
0	0.000	0.198	0.397	0.597	0.798
25	1.000	1.203	1.407	1.612	1.817
50	2.023	2.230	2.437	2.644	2.851
75	3.059	3.267	3.474	3.682	3.889
100	4.096	4.303	4.509	4.715	4.920
125	5.124	5.328	5.532	5.735	5.937
150	6.138	6.340	6.540	6.741	6.941
175	7.140	7.340	7.540	7.739	7.939
200	8.139	8.338	8.539	8.739	8.940
225	9.141	9.343	9.545	9.747	9.950
250	10.153	10.357	10.561	10.766	10.971
275	11.176	11.382	11.588	11.795	12.002
300	12.209	12.416	12.624	12.832	13.040
325	13.248	13.457	13.665	13.875	14.084
350	14.293	14.503	14.713	14.923	15.133
375	15.343	15.554	15.764	15.975	16.186

어 있다[11].

주어진 온도에서 E형 열전대는 일반적인 열전대 중 가장 높은 출력 전압을 내지만 그럼에도 이 전압값 역시 70밀리볼트보다 작다. 열전대의 온도 감도는 상대적으로 낮다. 예를 들어 표 16.4에서 E형의 전압은 온도가 100°C 에서 200°C 까지 증가함에 따라 6.319 mV에서 13.421 mV까지 증가한다. 온도 1° 당 평균 변화는 단지 약 71 μV이다. 이러한 요인 때문에 열전대는 정확하면서도 감도가 좋은 전압 측정을 필요로 하며 실제 약 0.1 °C보다 더 작은 온도 변화에 대해서는 믿을 만한 사용 도구가 될 수 없다.

표 16.6 측정 접점 온도 T_m(℃)의 다항식 함수로써 나타낸 열전대의 출력 E(단위: mV): $E = a_0 + a_1T_m + a_2T_m^2 + \cdots + a_nT_m^n$. K형 열전대에서는, $\alpha_0\exp\{\alpha_1(T_m - 126.9686)^2\}$을 다항식에 더해준다. 기준접점은 0℃이다.[11]

Type	E		J	K	T
Temperature Range	−270°C to 0°C	0°C to 1000°C	−210°C to 760°C	0°C to 1372°C	0°C to 400°C
a_0	0.000 000 000 0	0.000 000 000 0	0.000 000 000 0	$-1.760\,041\,368\,6 \times 10^{-2}$	0.000 000 000 0
a_1	$5.866\,550\,870\,8 \times 10^{-2}$	$5.866\,550\,871\,0 \times 10^{-2}$	$5.038\,118\,781\,5 \times 10^{-2}$	$3.892\,120\,497\,5 \times 10^{-2}$	$3.874\,810\,636\,4 \times 10^{-2}$
a_2	$4.541\,097\,712\,4 \times 10^{-5}$	$4.503\,227\,558\,2 \times 10^{-5}$	$3.047\,583\,693\,0 \times 10^{-5}$	$1.855\,877\,003\,2 \times 10^{-5}$	$3.329\,222\,788\,0 \times 10^{-5}$
a_3	$-7.799\,804\,868\,6 \times 10^{-7}$	$2.890\,840\,721\,2 \times 10^{-8}$	$-8.568\,106\,572\,0 \times 10^{-8}$	$-9.945\,759\,287\,4 \times 10^{-8}$	$2.061\,824\,340\,4 \times 10^{-7}$
a_4	$-2.580\,016\,084\,3 \times 10^{-8}$	$-3.305\,689\,665\,2 \times 10^{-10}$	$1.322\,819\,529\,5 \times 10^{-10}$	$3.184\,094\,571\,9 \times 10^{-10}$	$-2.188\,225\,684\,6 \times 10^{-9}$
a_5	$-5.945\,258\,305\,7 \times 10^{-10}$	$6.502\,440\,327\,0 \times 10^{-13}$	$-1.705\,295\,833\,7 \times 10^{-13}$	$-5.607\,284\,488\,9 \times 10^{-13}$	$1.099\,688\,092\,8 \times 10^{-11}$
a_6	$-9.321\,405\,866\,7 \times 10^{-12}$	$-1.919\,749\,550\,4 \times 10^{-16}$	$2.094\,809\,069\,7 \times 10^{-16}$	$5.607\,505\,905\,9 \times 10^{-16}$	$-3.081\,575\,877\,2 \times 10^{-14}$
a_7	$-1.028\,760\,553\,4 \times 10^{-13}$	$-1.253\,660\,049\,7 \times 10^{-18}$	$-1.253\,839\,533\,6 \times 10^{-19}$	$-3.202\,072\,000\,3 \times 10^{-19}$	$4.547\,913\,529\,0 \times 10^{-17}$
a_8	$-8.037\,012\,362\,1 \times 10^{-16}$	$2.148\,921\,756\,9 \times 10^{-21}$	$1.563\,172\,569\,7 \times 10^{-23}$	$9.715\,114\,715\,2 \times 10^{-23}$	$-2.751\,290\,167\,3 \times 10^{-20}$
a_9	$-4.397\,949\,739\,1 \times 10^{-18}$	$-1.438\,804\,178\,2 \times 10^{-24}$		$-1.210\,472\,127\,5 \times 10^{-26}$	
a_{10}	$-1.641\,477\,635\,5 \times 10^{-20}$	$3.596\,089\,948\,1 \times 10^{-28}$			
a_{11}	$-3.967\,361\,951\,6 \times 10^{-23}$			$\alpha_0 = 1.18597\,6 \times 10^{-1}$	
a_{12}	$-5.582\,732\,872\,1 \times 10^{-26}$			$\alpha_1 = -1.18343\,2 \times 10^{-4}$	
a_{13}	$-3.465\,784\,201\,3 \times 10^{-29}$				

표 16.7 열전대의 출력 E(단위: mV)의 다항식 함수로써 나타낸 측정 접점 온도 T_m(℃): $T_m = c_0 + c_1E + c_2E^2 + \cdots + c_nE^n$. 기준접점은 0℃이다.[11]

Type	E		K		
Temperature Range	−200°C to 0°C	0°C to 1000°C	−200°C to 0°C	0°C to 500°C	500°C to 1372°C
EMF Range	−8.825 mV to 0.0 mV	0.0 mV to 76.373 mV	−5.891 mV to 0.0 mV	0.0 mV to 20.644 mV	20.644 mV to 54.886 mV
c_0	0.000 000 0	0.000 000 0	0.000 000 0	0.000 000 0	$-1.318\ 058 \times 10^{2}$
c_1	$1.697\ 728\ 8 \times 10^{1}$	$1.705\ 703\ 5 \times 10^{1}$	$2.517\ 346\ 2 \times 10^{1}$	$2.508\ 355 \times 10^{1}$	$4.830\ 222 \times 10^{1}$
c_2	$-4.351\ 497\ 0 \times 10^{-1}$	$-2.330\ 175\ 9 \times 10^{-1}$	−1.166 287 8	$7.860\ 106 \times 10^{-2}$	−1.646 031
c_3	$-1.585\ 969\ 7 \times 10^{-1}$	$6.543\ 558\ 5 \times 10^{-3}$	−1.083 363 8	$-2.503\ 131 \times 10^{-1}$	$5.464\ 731 \times 10^{-2}$
c_4	$-9.250\ 287\ 1 \times 10^{-2}$	$-7.356\ 274\ 9 \times 10^{-5}$	$-8.977\ 354\ 0 \times 10^{-1}$	$8.315\ 270 \times 10^{-2}$	$-9.650\ 715 \times 10^{-4}$
c_5	$-2.608\ 431\ 4 \times 10^{-2}$	$-1.789\ 600\ 1 \times 10^{-6}$	$-3.734\ 237\ 7 \times 10^{-1}$	$-1.228\ 034 \times 10^{-2}$	$8.802\ 193 \times 10^{-6}$
c_6	$-4.136\ 019\ 9 \times 10^{-3}$	$8.403\ 616\ 5 \times 10^{-8}$	$-8.663\ 264\ 3 \times 10^{-2}$	$9.804\ 036 \times 10^{-4}$	$-3.110\ 810 \times 10^{-8}$
c_7	$-3.403\ 403\ 0 \times 10^{-4}$	$-1.373\ 587\ 9 \times 10^{-9}$	$-1.045\ 059\ 8 \times 10^{-2}$	$-4.413\ 030 \times 10^{-5}$	
c_8	$-1.156\ 489\ 0 \times 10^{-5}$	$1.062\ 982\ 3 \times 10^{-11}$	$-5.192\ 057\ 7 \times 10^{-4}$	$1.057\ 734 \times 10^{-6}$	
c_9		$-3.244\ 708\ 7 \times 10^{-14}$		$-1.052\ 755 \times 10^{-8}$	
Maximum Error	±0.03°C	±0.02°C	±0.04°C	±0.05°C	±0.06°C

표 16.7 (계속)

Type	J	N	S	T	
Temperature Range	0°C to 760°C	600°C to 1300°C	250°C to 1200°C	−200°C to 0°C	0°C to 400°C
EMF Range	0.0 mV to 42.919 mV	20.613 mV to 47.513 mV	1.874 mV to 11.950 mV	−5.603 mV to 0.0 mV	0.0 mV to 20.872 mV
c_0	0.000 000	$1.972\ 485 \times 10^{1}$	$1.291\ 507\ 177 \times 10^{1}$	0.000 000 0	0.000 000
c_1	$1.978\ 425 \times 10^{1}$	$3.300\ 943 \times 10^{1}$	$1.466\ 298\ 863 \times 10^{2}$	$2.594\ 919\ 2 \times 10^{1}$	$2.592\ 800 \times 10^{1}$
c_2	$-2.001\ 204 \times 10^{-1}$	$-3.915\ 159 \times 10^{-1}$	$-1.534\ 713\ 402 \times 10^{1}$	$-2.131\ 696\ 7 \times 10^{-1}$	$-7.602\ 961 \times 10^{-1}$
c_3	$1.036\ 969 \times 10^{-2}$	$9.855\ 391 \times 10^{-3}$	3.145 945 973	$7.901\ 869\ 2 \times 10^{-1}$	$4.637\ 791 \times 10^{-2}$
c_4	$-2.549\ 687 \times 10^{-4}$	$-1.274\ 371 \times 10^{-4}$	$-4.163\ 257\ 839 \times 10^{-1}$	$4.252\ 777\ 7 \times 10^{-1}$	$-2.165\ 394 \times 10^{-3}$
c_5	$3.585\ 153 \times 10^{-6}$	$7.767\ 022 \times 10^{-7}$	$3.187\ 963\ 771 \times 10^{-2}$	$1.330\ 447\ 3 \times 10^{-1}$	$6.048\ 144 \times 10^{-5}$
c_6	$-5.344\ 285 \times 10^{-8}$		$-1.291\ 637\ 500 \times 10^{-3}$	$2.024\ 144\ 6 \times 10^{-2}$	$-7.293\ 422 \times 10^{-7}$
c_7	$5.099\ 890 \times 10^{-10}$		$2.183\ 475\ 087 \times 10^{-5}$	$1.266\ 817\ 1 \times 10^{-3}$	
c_8			$-1.447\ 379\ 511 \times 10^{-7}$		
c_9			$8.211\ 272\ 125 \times 10^{-9}$		
Maximum Error	±0.04°C	±0.04°C	±0.01°C	±0.04°C	±0.03°C

16.5.4 열전대의 EMF측정

고전적적으로, 열전대의 기전력은 전압 평형 전위차계(voltage-balancing potentiometer)와 고정된 기준 전압, 표준 전지를 사용하여 측정하여 왔다[10]. 하지만 오늘날에는 가장 정확한 측정을 위해 모든 양질의 디지털 전압계가 있다. 사실 디지털 전압계는 대부분 측정하려는 접점의 온도를 바로 나타내주는 열전대 온도계를 구현하기 위해 마이크로프로세서와 LED를 장착하고 있다.

가장 단순한 열전대 설치는 그림 16.16에 나타나 있다. 측정 접점은 온도 T_m을 감지한다. 기준 접점은 열전대 도선이 전압의 입력 끝단과 만나는 지점에 위치한다. 만약 우리가 지시계의 두 입력 끝단이 온도가 T_{ref}로 같다고 생각하면, 이 회로는 그림 16.11에 나와 있는 것과 동일하다고 볼 수 있으며, 감지되는 전압은 $E = \varepsilon_{AB}(T_m) - \varepsilon_{AB}(T_{ref})$ 이 될 것이다.

전압 지시를 만들기 위해서는, T_{ref}를 지시계의 입력 끝단에 있는 온도 센서를 이용하여 반드시 측정해야 한다. 디지털 열전대 온도계에서는, 이 2차 센서는 하나의 완전한 온도 센서(16.6절)나 마이크로프로세서와 한 쌍인 교정 서미스터(16.4.3절)가 될 수 있다. 구식 전위차계에서는, 간단한 양질의 액주 온도계였다. 독자는 아마도 왜 열전대가 모든 조건에서 필요한지(그냥 T_m을 측정하는 2차 센서를 사용하면 안 되는지) 의문이 들 것이다. 일반적으로 이 의문의 해답은 열전대의 매우 넓은 온도범위와 견고성, 작은 크기 그리고 상대적으로 빠른 시간응답성 등이 포함된다.

표 16.6과 16.7에서의 다항식의 관계를 사용하는 것을 설명하기 위해서, 예제 16.1에서 얻은 값들을 확인해 보기로 한다. 0°C에서의 기준접점과 3.557 mV의 기전력을 지닌

예제 16.1

그림 16.16과 같은 장치의 설치에서 기준 온도가 20°C이며, K형(크롬-알루미늄) 열전대를 사용하는 전위차계의 지시가 2.759 mV이다. 측정 접점 온도는 얼마인가?

풀이: 지시는 20°C에 기준을 두며, 열전대 표는 0°C에 기준을 두고 있으므로, 기전력을 보정하기 위해서는 다음과 같이 중간 온도 법칙을 사용하여야 한다.

$$E_{T_m,0} = E_{T_m,20} + E_{20,0}$$

여기서, $E_{T_m,0}$과 $E_{T_m,20}$은 각각 0 와 20°C에 기준을 둔 미지의 온도에 대응하는 기전력이며, $E_{20,0}$ 은 0°C 에 기준을 두고 20°C에 대응하는 기전력이다.

표 16.5를 이용하면, $E_{20,0} = 0.798$ mV이고, 따라서

$$E_{T_m,0} = 2.759 + 0.798 = 3.557 \text{ mV}$$

표의 값을 참고하면 $T_m = 87$°C이다.

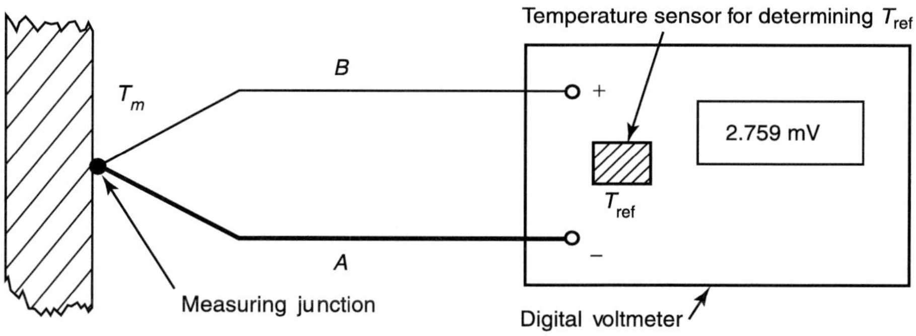

그림 16.16 열전대 기전력을 측정하기 위한 간단한 배열

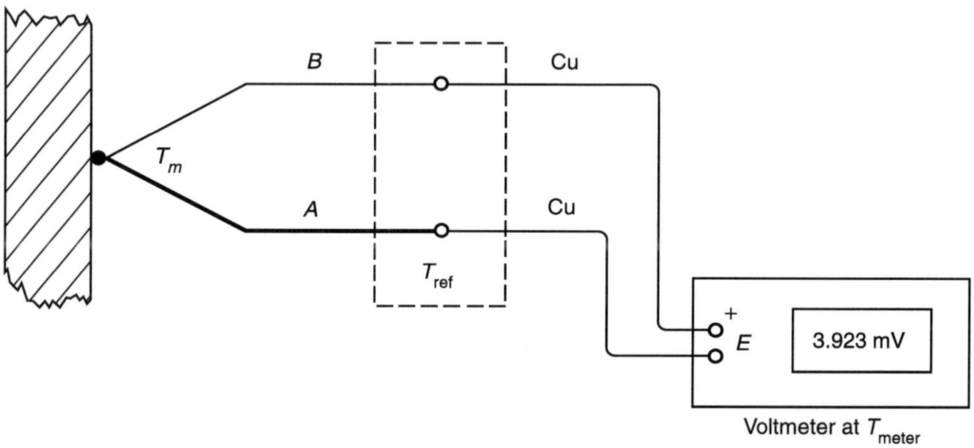

그림 16.17 열전대 회로에 사용된 연장선

K형 열전대를 통해 방정식을 이용하여 온도를 구해보면,

$$\begin{aligned} T_m &= 0.000 + (2.508355 \times 10^{1}) \times (3.557) + (7.860106 \times 10^{-2}) \times (3.557)^2 + \cdots \ ^\circ\mathrm{C} \\ &= 86.96^\circ\mathrm{C} \end{aligned}$$

열전대 도선은 보통의 구리와 같은 가장 일반적인 재료와 비교하여 상대적으로 비싸다. 따라서 가격을 줄이기 위해서 종종 열전대와 기록계 사이에 값싼 도선을 이용한다. 그림 16.17에 이러한 유형의 배열이 나타나 있다. 전과 같이, 우리는 전압계의 입력 끝단이 같은 온도 T_{meter}로 같다고 가정하자. 이 회로의 기준 접점은 열전대 도선과 구리 도선이 만나는 지점에 있다. 작동하기 위한 도선배열을 하기 위해서 반드시 이 두 접점 또한 같은 온도 T_{ref}이어야만 한다.

그러면 회로의 출력은 각 도선의 지벡 기전력을 합산함으로써 다음과 같이 구할 수 있다.

$$\begin{aligned} E =& [\mathcal{E}_{\text{Cu}}(T_{\text{ref}}) - \mathcal{E}_{\text{Cu}}(T_{\text{meter}})] + [\mathcal{E}_{A}(T_{m}) - \mathcal{E}_{A}(T_{\text{ref}})] \\ &+ [\mathcal{E}_{B}(T_{\text{ref}}) - \mathcal{E}_{B}(T_{m})] + [\mathcal{E}_{\text{Cu}}(T_{\text{meter}}) - \mathcal{E}_{\text{Cu}}(T_{\text{ref}})] \\ =& \mathcal{E}_{AB}(T_{m}) - \mathcal{E}_{AB}(T_{\text{ref}}) \end{aligned} \tag{16.6}$$

다시 말하면, 2개의 구리 도선은 같은 끝단 온도(T_{ref}, T_{meter})를 가지기 때문에, 그들의 지벡 기전력은 상쇄된다. 회로의 출력 전압은 그림 16.11과 16.16의 회로와 동일하다.

실험실에서의 열전대 사용은 정확히 조절된 온도의 기준 접점을 사용한다. 이에 대한 일반적인 배열은 그림 16.18과 같이 듀어병(Dewar Flask)에 얼음과 물을 혼합한 것을 이용한다. 얼음 용기는 얼음이 녹을 동안 0°C (32°F)을 유지한다. 이 회로의 전압은

$$E = \mathcal{E}_{\text{FeCn}}(T_{m}) - \mathcal{E}_{\text{FeCn}}(0°\text{C})$$

주의깊게 얼음 용기를 사용할 때 그 기준은 매우 정확할 수 있다. 하지만 만약 듀어병 바닥에 얼음이 녹으면, 남아 있는 물은 듀어병 위쪽에 아직도 얼음이 떠 있다 할지라도 4 °C 만큼 상승할 수 있다. 이는 현저한 오차를 만들 수 있다(얼음 용기에 관한 자세한 내용은 16.12절 참조).

예제 16.2

실험하는 동안에, 열전대 회로는 얼음 용기 안에 기준 접점과 40°C가 되는 덕트(duct) 안에 측정 접점을 가지고 있다. 실험은 수 시간 계속되어 듀어병 안에 있는 얼음의 상당수가 녹았고, 듀어병 바닥에 있는 4°C의 물 속에 기준 접점이 있다. 그럼에도 불구하고 실험자는 접점이 0°C라 가정한다면 그의 측정에서 발생되는 오차는 어떻게 될 것인가?

풀이: 실제 출력 전압은 $E_{40,4}$가 될 것이다. 중간 온도 법칙에 의해서 $E_{40,0} = E_{40,4} + E_{4,0}$이다. 따라서 표 16.5로부터

$$E_{40,4} = E_{40,0} - E_{4,0} = 1.612 - 0.158 = 1.454 \text{ mV}$$

실험자는 예상 전압을 $T_m = 36.1$°C에 상응하여 아래와 같이 나타낼 것이다.

$$E_{T_m,0} = 1.454 \text{ mV}$$

그리하여 그는 온도를 실제 온도 40°C 보다 36.1°C 라고 보고할 것이다. 얼음 용기의 융해가 −3.9°C 의 오차를 발생시킨다.

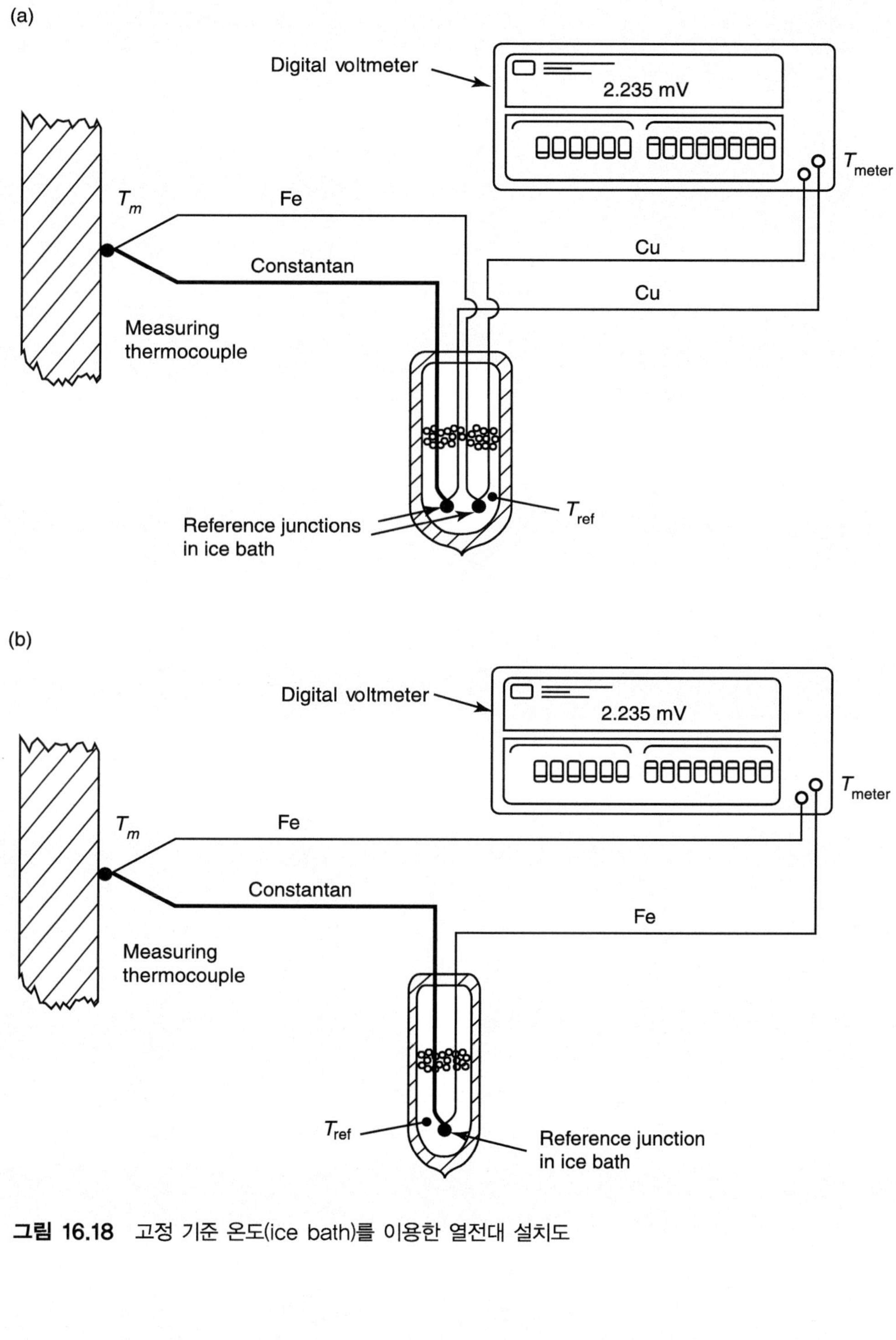

그림 16.18 고정 기준 온도(ice bath)를 이용한 열전대 설치도

예제 16.3 듀어병은 액화 질소를 담고 있다. 질소의 상부 표면이 따듯한 공기와 접촉하기 때문에, 질소는 끓는점 77 K에 도달하게 된다. 중온의 구리 한 덩어리를 저온의 듀어병 안으로 집어넣는다. 이 덩어리는 중앙부에 K형 열전대를 삽입했으며, 열전대의 끝단은 구리 도선으로 질소 안에 있는 그 덩어리 표면과 연결되어 있다(그림 16.19). 이 회로는 어떻게 작동하겠는가? 그리고 열전대 회로의 출력이 0.579 mV일 때, 덩어리의 온도는 얼마나 되겠는가?

풀이: 기준 접점들은 구리선과 열전대 도선의 연결된 지점들이다. 액화 질소는 구리 덩어리의 온도를 내려가게 하는 동안에 온도 77 K = −196°C에서 기준접점을 받쳐 주는 고정된 온도 용기로써 작용한다.

출력이 0.579 mV일 때의 온도를 찾기 위해서, 우리는 전의 예제에서와 같이 반드시 0 에서의 기준 접점이 아니라는 것을 유의해야 한다.

$$E_{T_m,-196} = E_{T_m,0} + E_{0,-196} = E_{T_m,0} - E_{-196,0}$$

기준접점과 측정 접점이 마지막 시점에서는 교차한다는 것을 주의하라(서로의 기호가 바뀐다)[1)]. 표 16.5로부터 우리는 $E_{-196,0} = -5.829$ mV라는 것을 찾을 수 있다. 그리하여

$$E_{T_m,0} = 0.579 + (-5.829) = -5.250 \text{ mV}$$

이고, 표로부터 $T_m = -165$°C 라는 것을 확인할 수 있다.

16.5.5 전장

전에 언급했던 것과 같이, 디지털 회로는 전자식 열전대 온도계를 구성하기 위해서 사용할 수 있다. 이러한 장치들은 외부의 기준 접점 조절없이 직접 열전대 도선이나 프로브로 연결되어있다. 마이크로프로세서는 예를 들어 프로그래밍된 NIST의 다항식을 이용하여 열전대 도선의 전압을 가시 온도로 바꾸어 준다. 또한 온도계의 입력 단자에서의 기준접점 전압은 반드시 고려해야 한다.

전자식 온도계에서의 기준 접점보상은 몇 가지 방법이 있다. 교정 온도 센서는 입력단자에 온도계를 결합시키거나 마이크로프로세서를 탑재시킬 수 있다. 이와 대신해서, 전자 회로를 빙점 기준 접점의 대체로 사용할 수 있다. 이러한 **전자식 영점**(*electronic icepoints*)은 특수한 열전대 형태의 0°C 접점과 동일한 안정적인 기전력을 발생시킨다[12]. 저온 접점 보상과 증폭을 포함한 직접회로는 또한 저렴한 가격에 이용할 수 있다.

---

1) 특히, $E_{0,-196} = \mathcal{E}_{\text{CrAl}}(0) - \mathcal{E}_{\text{CrAl}}(-196) = -[\mathcal{E}_{\text{CrAl}}(-196) - \mathcal{E}_{\text{CrAl}}(0)] = -E_{-196,0}$.

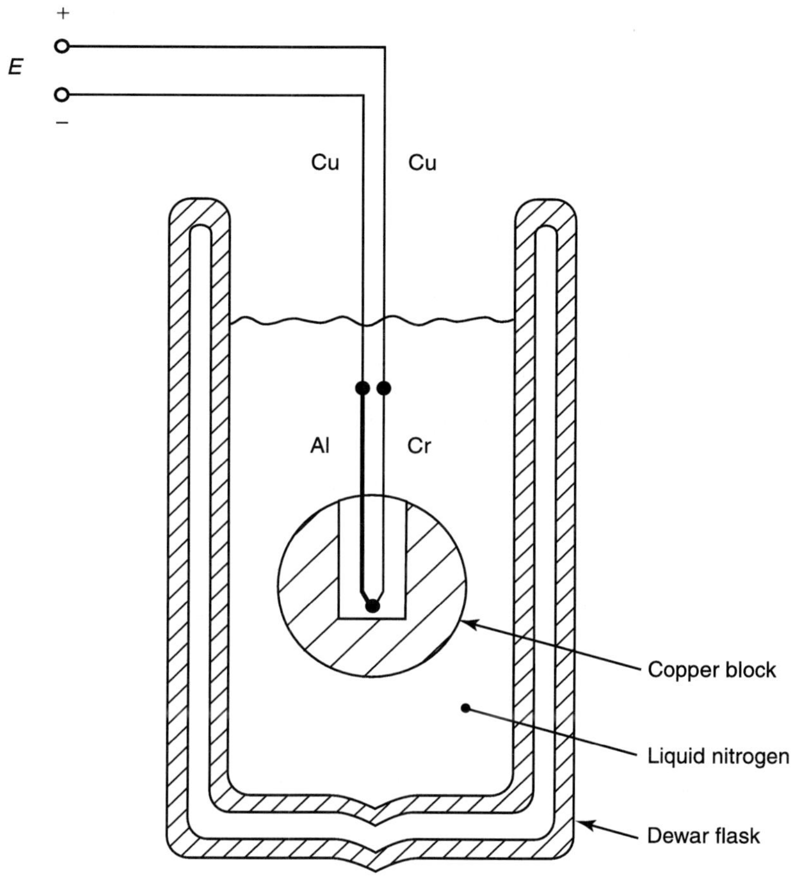

그림 16.19 액화 질소안에 구리 덩어리를 삽입한 열전대

디지털 열전대 온도계의 전형적인 사양은 아래와 같다.

범위	−100～1000°C
분해능	0.1 또는 1°C
응답 시간	2초 이하
입력 임피던스	100 MΩ
표시가능한 단위	°C 또는 °F

이러한 온도계는 휴대형이거나, 판넬 장착형이기도 하고 또는, benchtop 형태이기도 하다. 또 특정 온도-기전력과 빙점 사이의 관계를 결합시킴으로써 단일 도선형으로 만들어지기도 한다.

16.5.6 병렬로 연결된 열전퇴와 열전대

열전대는 그림 16.20에 표시한 바와 같이 전기적으로 직렬 또는 병렬로 연결할 수 있다. 병렬로 연결된 열전대는 특별한 명칭이 없는 반면에 직렬로 연결되었을 때 그 전체를 보통 **열전퇴**(*Thermopile*)라고 한다.

열전퇴 그림 16.20(a)를 형성하기 위해 연결된 n개의 열전대로부터 나오는 총 출력은 각각의 기전력의 합과 같으며 만약 열전대가 동일하다면 총 출력은 단일 열전대 출력의 n배가 될 것이다. 예를 들어 그림 16.20(a)의 열전퇴는 5개의 열전대를 가지므로 $5[\varepsilon_{AB}(T_1) - \varepsilon_{AB}(T_2)]$의 출력을 가진다. 물론 하나의 열전대보다 열전퇴를 사용하는 목적은 보다 민감한 감지 요소를 얻기 위한 것이다.

보통 열전대를 열전퇴의 형태로 결합할 때는 한 점의 온도를 측정하기 위해 열전대를 가능한 가깝게 모아 결합할 필요가 있다. 반면에 접점들은 각각의 기전력이 단락되는 것을 막기 위해 전기적으로 분리 시켜야 한다. 조밀한 열전퇴의 구성은 적합한 전자 기판에

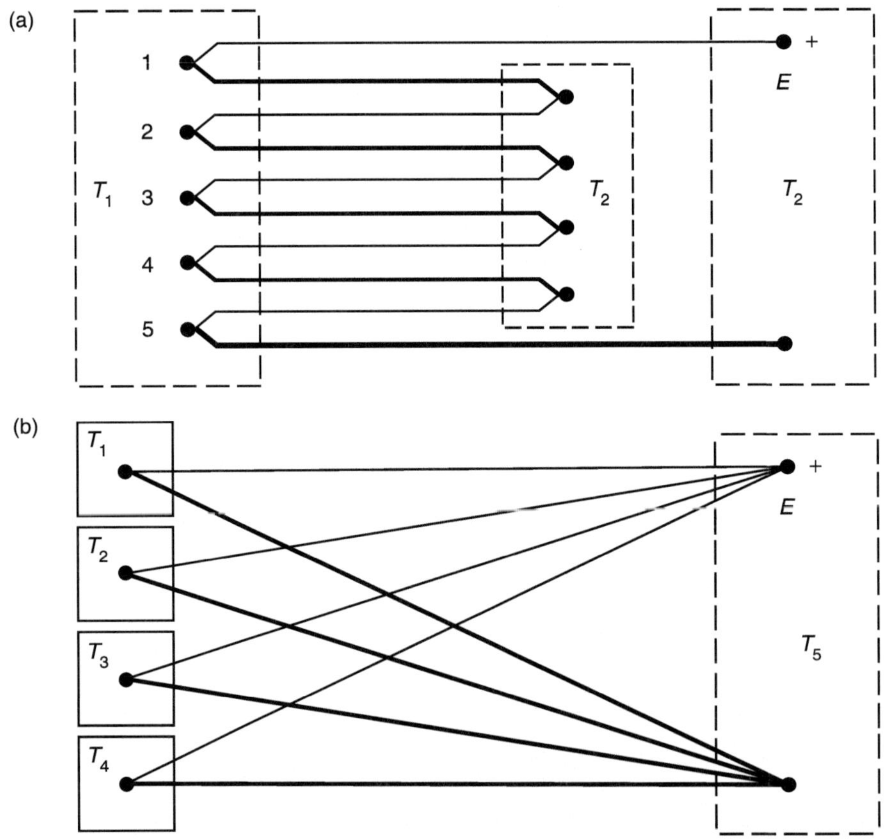

그림 16.20 (a) 열전대가 직렬로 연결되어 만들어진 열전퇴, (b) 병렬로 연결된 열전대

뛰어난 금속 필름 형상을 축적한 현대의 회로 제작 기술에 의해 현저하게 발전하고 있다. 이러한 얇은 필름 열전퇴는 열유속계(16.11절)와 고온계(16.8절)에 사용되고 있다.

열전대의 병렬연결은 어떤 경우에 장점이 될 수 있는 평균값을 제공한다. 이러한 형태의 결합은 일반적으로 열전퇴라 말하지 않는다. 마찬가지로, 어느 한 부분에 퍼져있는 접점들과 병렬로 연결된 열전퇴는 공간적인 평균 온도를 제공한다.

16.6 반도체 접합 온도 센서

서로 다르게 도프된 반도체 부분들 사이의 접합은 온도에 강력히 의존하는 전압–전류 곡선 관계를 가지며(6.15절 참조), 이러한 종속 관계는 온도 센서의 두 가지형–다이오드 센서와 모놀리식(monolithic) 직접회로 센서(그림 16.21(a))–에 사용된다. 많은 반도체 센서처럼 이 장치들은 최대 작동 범위로 100~150°C 사이 값을 가지며, 두 가지형 모두 그 크기가 수 mm정도로 작게 될 수 있다.

반도체 다이오드 센서는 잘 교정하면 매우 정확하다. 다이오드는 약 10 μA의 고정된 순방향 전류(fixed forward current)로 작동되며, 순방향 전압은 4선 정전류 회로(four-wire constant-current circuit)로 측정된다. 그림 16.6(d)에서 저항 장치를 다이오드로 바꾼다. 다이오드의 순방향 전압은 그림 16.21(b)의 교정치에서 알 수 있듯이 온도에 따라 감소하는 관계를 가진다. 다이오드 센서는 1.4 K에서 300 K 사이의 온도 범위에서 약 50 mK 정도로 정확하다[13]. 대표적인 다이오드는 실리콘 또는 갈륨–알루미늄 비소이고 그것들은 종종 저온의 온도 측정에 이용된다. 정밀한 다이오드일수록 상대적으로 비싸다.

모놀리식 직접 회로 장치는 절대 온도에 비례하는 출력 전압을 발생시키는 실리콘 트랜지스터를 이용한다. 적당한 전압(4~30 V)이 센서에 가해지며 회로를 통해 흐르는 전류는 전류계를 통하여 측정된다(그림 16.21(c)). 그러한 센서의 하나가 아날로그 장치 AD590이며, 이것은 수치적으로 Kelvin단위의 절대 온도와 똑같은 수의 A단위의 전류를 흐르게 한다(예: 298 K 또는 25°C에서 298 μA이다.) 이 장치는 전류원이므로 전압 노이즈나 도선 오차에 대한 감도는 매우 작다. IC 온도 센서는 상당히 저렴하다(수 달러 정도). 그것들은 제어 회로 센서로서, 정밀 전자 장치의 온도 보상 요소로, 그리고 심지어 열전대 회로에서 전자적 빙점으로도 이용된다. 정확도는 약 0.5°C이다.

16.7 선형 수정 온도계

수정 결정의 공진 진동수와 온도 사이의 상관관계는 오랫동안 인지되어 왔다. 일반적으로 이 관계는 비선형적이고, 응용에 있어서 온도 변화에 의해 초래되는 진동수 편이(fre-

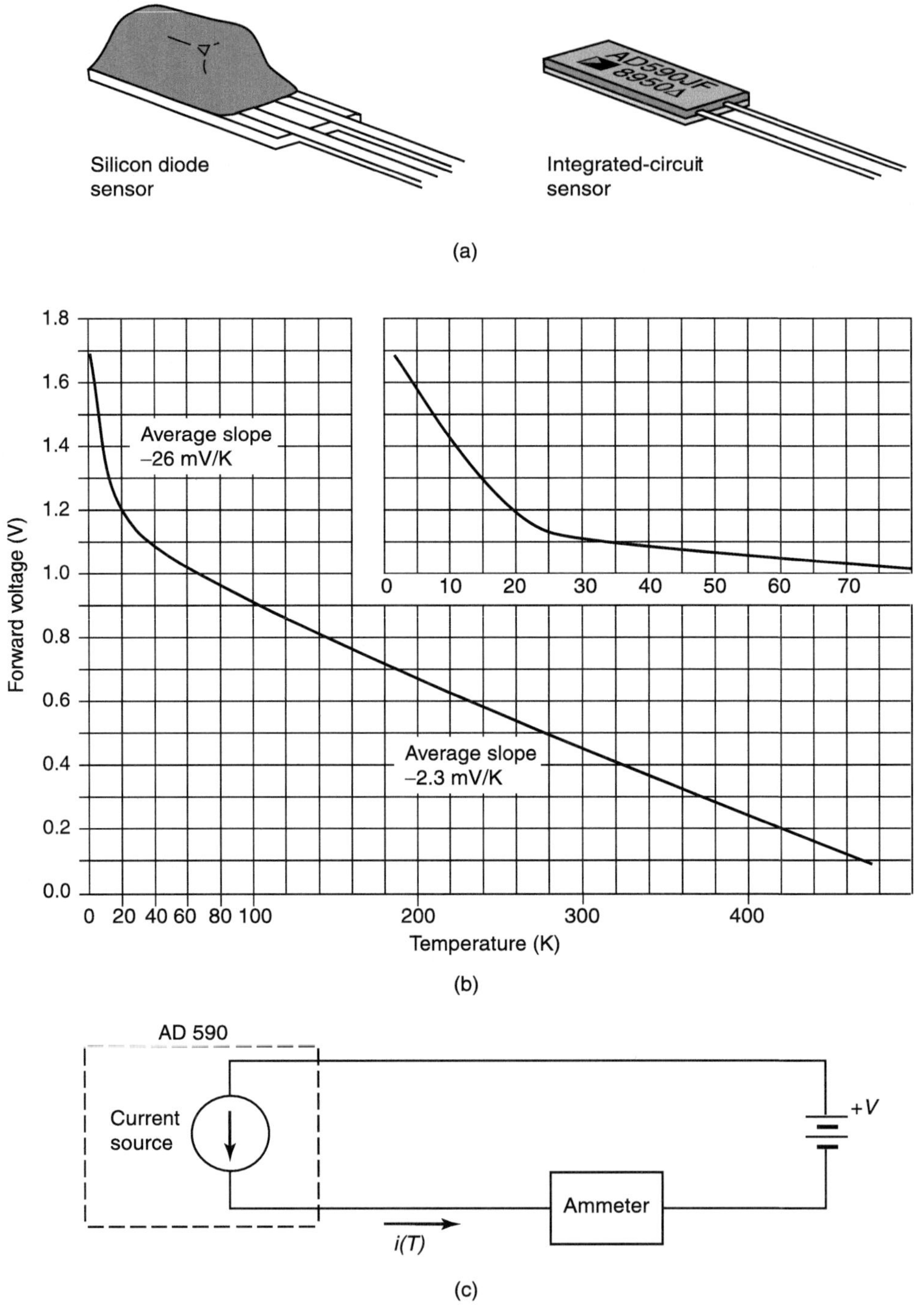

그림 16.21 (a) 반도체 접합 센서(Courtesy:Lake Shore Cryotronics, Inc., and Analog Devices, Inc); (b) 온도에 대한 다이오드의 순방향 전압 (Lake Shore Standard Curve 10); (c) 전형적인 AD590 측정회로

quency drift)를 최소화하는 데 상당한 노력이 기울여져 왔다. Hammond[14]는 −40 °C~230°C(−40°F~446°F)의 범위에 대하여 직선에서 0.05% 이하로 벗어나는 1000 Hz/°C의 온도−진동수 관계를 제공하는 “LC” 또는 “linear cut” 이라 불리는 새로운 결정 방위를 발견했다. 이 선형성은 백금 저항 온도계의 0.55%값에 필적할 만하다.

공칭 공진 주파수(nominal resonator frequency)는 28 MHz이며 센서 출력은 기준 발진기(reference oscillator)에 의하여 공급되는 28.208 MHz의 기준 주파수와 비교된다. 주파수 차는 검출되어 펄스(pulse)로 변환된 후 전자계수기(electronic counter)로 전달되며, 여기서 온도 크기가 숫자로 표시된다. 여러 가지 프로브가 가능한데 모두 시간 상수는 1초이다. 분해능은 반복적인 표시 속도에 달려 있고 10초안에 0.0001°C 의 분해능을 얻을 수 있다. 1초 안에 4회의 속도로 온도를 표시할 수 있고, 절대적인 정확도는 ±0.040 °C정도이며, 3000 m 정도의 원격 측정(remote sensing)이 가능하다.

16.8 고온 측정

*Pyrometry*란 단어는 그리스어로 “불”을 뜻하는 *pyros*와 “측정하다”를 뜻하는 *metron*에서 유래된다. 문자 그대로 이 용어는 온도 측정을 뜻한다. 그러나 공학에서 이 용어는 보통 약 500°C (≈ 1000°F)로부터 그 이상 범위의 온도 측정에 붙여진다. 열전대와 저항식 온도계의 어떤 것은 500°C 이상에서도 사용될 수 있으나, 고온 측정은 주로 열 복사에 의한 온도 측정을 의미한다.

그림 16.22에 나타낸 바와 같이 전자 복사는 넓은 범위의 파장(또는 주파수)에 걸쳐 있다. 고온 측정은 이 스펙트럼의 특정 대역폭내의 에너지 샘플링(sampling)에 기초를 둔다. 어떤 주어진 파장에서 물체의 복사 에너지 강도는 그 물체의 온도에 따른다. 따라서 알고 있는 파장의 방사 에너지를 산출함으로써 물체의 온도를 구할 수 있다.

고온 측정계는 본래 온도 측정을 위해 특별히 설계된 광 검출기(photo dectector)이며, 광 검출기처럼(6.16절) 두 종류가 있다. 즉 **열 검출기**(*thermal detector*)와 **광자 검출기**(*photon dectector*)로서, 열 검출기는 물체로부터 복사된 에너지가 목표물에 집중될 때 목표물의 가열 및 그로 인해 생기는 온도 증가에 기초한다. 목표물의 온도는 열전퇴, 초전기 요소(pyroelectric element, 6.14절), 서미스터, RTD 등으로 측정될 수 있다. 광자 검출기는 광전도식이나 광 다이오드식의 반도체를 사용한다. 이들은 저항의 변화나 접합 전류 또는 전압의 변화를 통해 복사되는 빛의 강도에 직접적으로 응답한다.

고온계는 또한 측정되는 파장의 종류에 따라 분류될 수 있다. **전 복사 고온계**(*total-radiation pyrometer*)는 모든 파장 또는 적어도 넓은 범위의 파장(이를테면 모든 가시 파장)에서의 에너지를 흡수한다. **광학 고온계**[*spectral-band pyrometer*(또는 *optical* pyrometer)]는 좁은 범위의 파장에서의 복사된 에너지를 측정한다(이 대역은 종종 한 개의 특정 파장

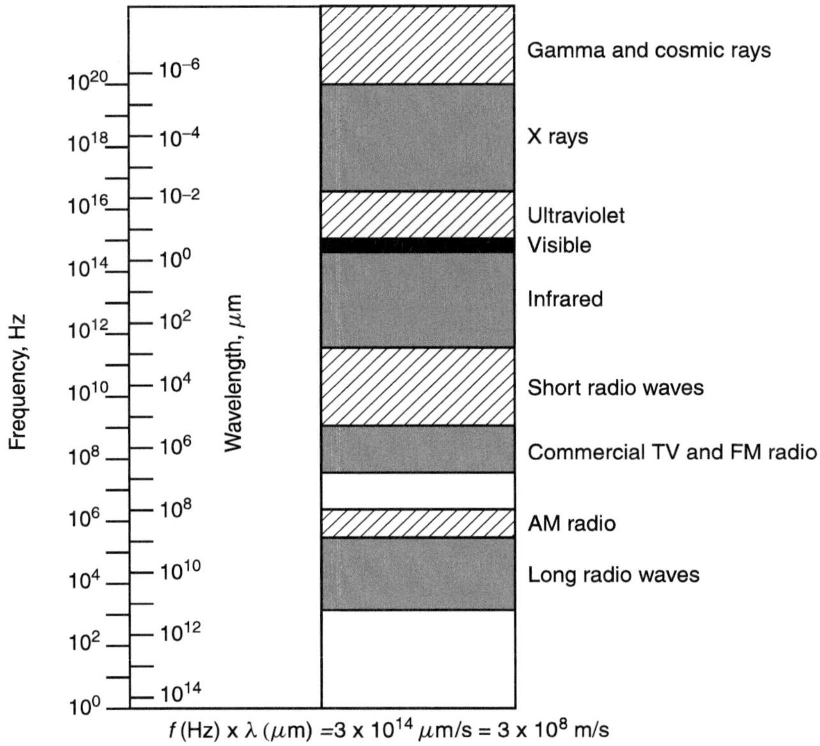

그림 16.22 전자 복사 스펙트럼

을 측정할 만큼 좁을 수 있다). **광대역의 고온계**(*wide-band pyrometer*)는 강한 신호를 얻기 위해 좀 더 넓은 범위의 파장을 사용한다. **적외선 고온계**(*infrared pyrometer*)는 광대역의 고온계의 한 형태로서, 복사가 약하거나 주로 적외선 파장영역인 실내 온도에 가까운 곳에 측정에 사용된다. **2색 고온계**(*two-color pyrometer*)는 두 개의 특정 파장에서의 에너지를 비교한다.

적외선 고온계는 실내온도 또는 그 이하의 온도에 사용될 수 있기 때문에 순전히 고온 측정 기술로 알려진 복사 고온계에 대한 고전적인 인식을 바꾸어 놓았다. 사실 앞에서 언급했듯이 고온계에 대한 그리스어적 의미는 이제 더 이상 그리 부적절하다고 할 수 없게 되었다. 어쨌든 고온계는 목표물과 직접적으로 접촉하지 않고 그것의 온도를 측정하는 뛰어난 특징을 가지고 있다.

16.8.1 복사 고온 측정 이론

절대 온도 0°C 이상에서 모든 물체는 에너지를 방출한다. 또한 모든 물체는 에너지를 복사 또는 방사할 뿐만 아니라, 다른 에너지원으로부터 에너지를 받고 또 흡수한다, 우리는 강철판이 약 550°C로 가열될 때 그것은 백열(glow)하기 시작한다는 것을 알고 있다. 즉 강판의 표면으로부터 **방사하는** 가시 광을 느끼게 된다. 온도가 상승함에 따라 빛은 더 밝아지고, 더 강하게 된다. 그리고 색이 흐린 적색에서부터 오렌지색과 황색을 거쳐 마침내 융해 온도(1430~1540°C)에서 거의 하얀 빛으로 변하게 된다.

따라서 우리는 근사적으로 550°C에서 1540°C의 온도 범위에 걸쳐 **가시광**의 형태로 에너지가 철로부터 복사된다는 것을 안다. 또한 질량이 매우 크면 550°C 이하나 거의 실내 온도에서도 강철판이 여전히 **적외선 복사**의 형태로 에너지와 **열**을 복사하고 있다는 것을 손을 대보지 않고도 감지할 수 있다. 우리의 감각이 필요한 정보를 제공하기 때문에 에너지가 어떤 범위의 온도에서 복사된다는 것을 안다. 우리의 감각이 더 낮은 온도에서는 정확하지 않다 할지라도 우리 몸으로부터 열이 벽으로 방출되고 있기 때문에 방안의 차가운 벽의 존재를 느낄 수 있다. 이런 종류의 에너지 전달은 에너지를 전달하기 위해 사이에 매개체가 필요하지 않다. 오히려 매개 물질이 전달을 간섭한다.

우리가 말하는 에너지는 빛의 속도로 퍼지는 전자파(electromagnetic wave) 또는 광자(photon)로서 전달된다. 모든 물질은 그 물질의 절대 온도와 물리적 성질에 의존하는 어떤 비율로 복사 에너지를 방사하고 흡수한다. 물질의 표면에 입사하는 복사 에너지는 부분적으로 흡수되고, 반사되고, 투과한다. 이 각 부분은 **흡수율**(*absorptivity*)(α), **반사율**(*reflectivity*)(ρ), **투과율**(*transmissivity*)(τ)의 항으로 측정된다. 여기서,

$$\alpha + \rho + \tau = 1 \tag{16.7}$$

이상적인 반사체에서는 상당히 잘 연마된 표면에 의해 $\rho \to 1$의 상태에 접근한다. 대부분의 경우, 기체는 $\tau \to 1$인 높은 투과성의 물질이다. 반면에 불투명한 물질에서는 $\tau = 0$ 이다. 그리고 큰 공동 안으로 약간 열린 구멍이나 또는 **흑체**(*black body*)는 $\alpha \to 1$인 이상적인 흡수체에 접근한다. 이는 공동으로 들어간 광자가 열린 구멍으로 반사되어 되돌아 나오기 어렵기 때문이다.

주위와 복사 평형 상태에 있는 물체는 그것이 흡수한 만큼 에너지를 방사한다. 따라서 우수한 흡수체가 또한 좋은 복사체일 것이며 **이상적인 복사체**는 α가 1인 값을 가지리라 결론지을 수 있다. 복사를 흡수와 구별할 때 흡수율 ε 보다도 **방사율**(*emissivity*) α이 사용된다. 그러나 이 두 가지는 *Kirchhoff*의 법칙으로부터 다음과 같은 관계를 갖는다.

$$\varepsilon = \alpha$$

일반적으로 α, ρ, τ, ε 각각의 특성은 파장과 온도 그리고 표면으로 들어오거나 나가는 복사 각도들의 함수로 되어 있다. 다행히도 표면과 수직한 방향으로 약 50° 이내의 각도들은 방향 의존성이 무시할 정도로 작다. 고온계는 일반적으로 이러한 각도 범위이내에서 사용된다. $\tau = 0$인 불투명한 물체에서, Kirchhoff의 법칙과 식 16.7은 α와 ρ가 만약 ε를

알고 있다면 결정된다는 것을 의미한다. 표 16.8은 일부 재료에 대한 방사율(모든 파장에 대해 평균화한)의 값을 나열하였다.[2)]

앞에서도 언급했듯이 온도가 증가함에 따라 색이 변한다. 물론 색의 변화는 파장의 변화에 상응하고, 최대 복사 파장은 온도 증가에 따라 감소한다. 파장의 감소는 색을 적색으로부터 황색으로 변화시킨다. 540°C에서 강철은 짙은 적색이다. 하지만 815°C에서 그 색은 밝은 적색이고, 약 1200°C에서는 하얀 색이 된다. 각 온도에서 최대 복사에너지는 각각 3.5, 2.6, 1.9 μm의 파장에서 일어난다.

만약 우리가 이상적인 복사체를 여러 온도로 가열하면서 각 파장에서의 상대적인 강도를 결정한다면 그림 16.23에서와 같은 특성 에너지 분포 곡선에 대한 데이터를 얻을 수 있을 것이다. 더 고온인 물체의 복사 강도는 증가할 뿐만 아니라, 최대 방사 파장이 더 짧은 파장으로 이동한다. 이상적인 복사체(흑체)에 대한 강도분포(또는 스펙트럼)는 다음처럼 표시될 수 있다[15].

$$E_{\lambda,b} = \frac{C_1}{\lambda^5(e^{C_2/\lambda T} - 1)} \tag{16.8}$$

여기서 $E_{\lambda,b}$ = 흑체에 의한 파장 λ에서의 방사 에너지, $W/m^2 \cdot \mu m$

T = 절대 온도, K

λ = 파장, μm

$C_1 = 374.18\ MW \cdot \mu m^4/m^2$

$C_2 = 14388\ \mu m \cdot K$

어느 온도에서의 최대 강도의 파장은 *Wien*의 변위 법칙(*displacement law*)으로 주어진다.

$$\lambda_{max} T = 2897.8\ \mu m \cdot K \tag{16.8a}$$

비 이상적인 물체에 대해서는 강도 분포는 파장으로 근사된 방사율 $\varepsilon(\lambda)$를 곱해야 한다.

$$E_\lambda = \varepsilon(\lambda) E_{\lambda,b} = \frac{\varepsilon(\lambda) C_1}{\lambda^5(e^{C_2/\lambda T} - 1)} \tag{16.8b}$$

여기서 E_λ 는 비 이상체의 스펙트럼이다.

이러한 관계식들이 광학 또는 2색 고온계의 기본이 된다. 광학 필터를 사용하여 관심이 있는 파장들 외의 모든 것을 제거하고 관심 파장의 강도만 측정된다. 물체의 온도는 측정한 강도로부터 식 16.8b와 $\varepsilon(\lambda)$의 값을 이용하여 계산할 수 있다. $\varepsilon(\lambda)$의 불확도가 바로

---

2) Kirchhoff의 법칙은 어떤 특정 파장에만 유효하다. α가 모든 파장에 대해서 평균화될 때, 만약 물체가 고온이거나 저온의 물체로부터 복사열을 흡수한다면 그 값은 파장에 대한 평균인 ε와는 다를 것이다[15]. 복사 이론에서는, 단일 파장에서의 값들을 스펙트럴 값(*spectral value*)이라 하고, 모든 파장에 대해 평균화한 값들을 전체 값(*total value*)이라고 한다.

표 16.8 표면에서의 총 방사율[15]

Surface	Temperature, °C	Emissivity
Polished silver	200	0.01–0.04
Polished aluminum	200–600	0.04–0.06
Platinum wire	40–1370	0.04–0.19
Heavily oxided aluminum	90–540	0.20–0.33
Rusted iron	40	0.61–0.85
Rolled sheet steel	40	0.66
Roofing paper	40	0.91
Plaster	40–260	0.92
Rough red brick	40	0.93
Rough concrete	40	0.94
Smooth glass	40	0.94
Water, ≥0.1 mm deep	40	0.96
Black body	—	1.00

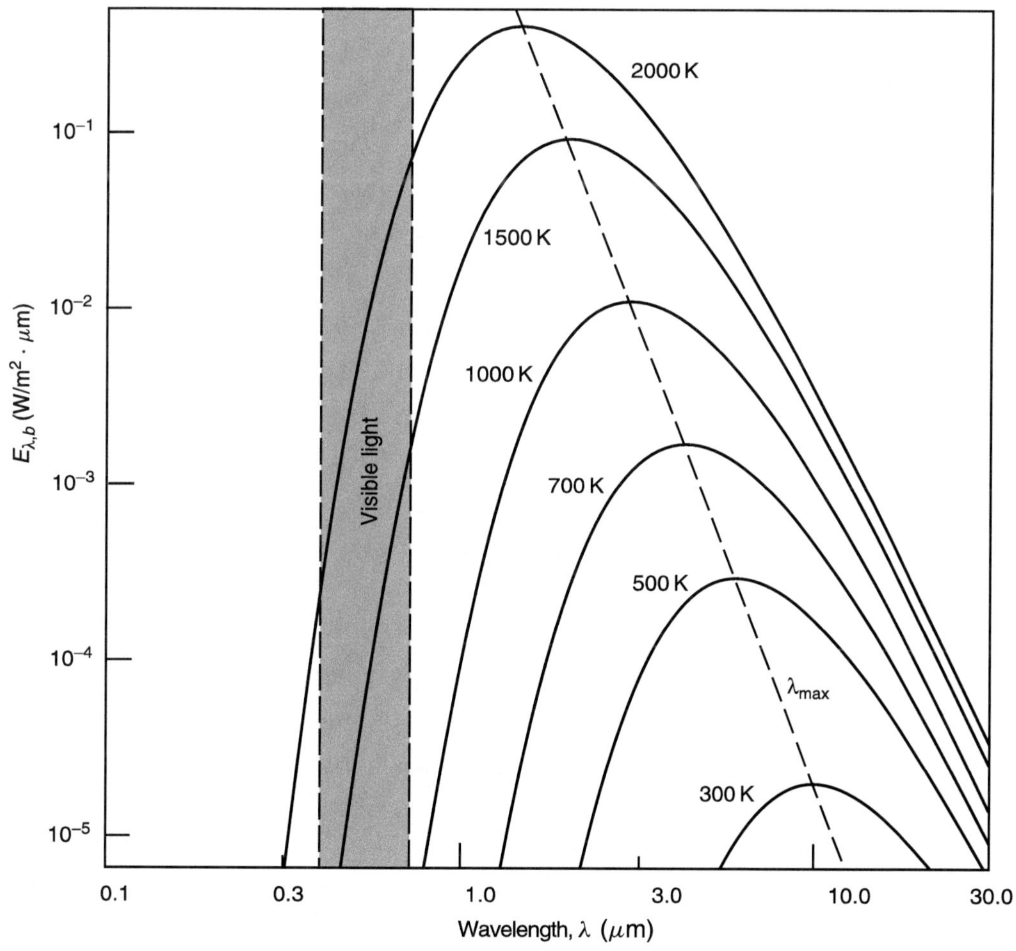

그림 16.23 이상 복사체 또는 흑체의 파장과 온도의 함수로써 나타낸 복사 세기(ε = 1)

측정한 온도의 불확도와 직결되는 점을 유의하여야 한다.

전 복사 고온계에서는 필터가 쓰이지 않고, 전 파장영역에서의 복사가 사용된다. 그리하여 검출기는 열원에서 표면에서 방출되는 전 복사 에너지 q에 비례하는 에너지를 받는다. 이 때 q는 스테판-볼츠만(*Stefan-Boltzmann*)법칙에 의해 다음과 같이 표현된다.

$$q = \int_0^\infty E_\lambda \, d\lambda = \int_0^\infty \varepsilon(\lambda) E_{\lambda,b} \, d\lambda = \varepsilon \sigma T^4 \tag{16.9}$$

여기서 q = 열원에서 방출되는 복사 열 유속, W/m^2

$\varepsilon(\lambda)$ = 파장 λ에서 열원의 방사율

ε = 모든 파장에 대해 평균화한 열원의 방사율

T = 열원의 절대 온도, K

σ = Stefan–Boltzmann 상수, $5.6704 \times 10^{-8}\ W/m^2K^4$

복사 열유속 q는 검출기로 접속되며, 검출기의 온도 상승이 측정된다. 열원의 방사율 ε를 알면, 열원의 온도는 식 16.9로부터 계산할 수 있다. 교정 시험은 검출기의 온도상승과 q 사이에 관계를 만드는 데 필요하다.

복사 온도계의 광학 시스템에 특별한 주의가 필요하며, 필요한 파장 범위를 통과시키기 위한 적절한 광학 유리가 선택되어야 한다. 즉, 파이렉스(pyrex) 유리는 0.3∼2.7 μm의 범위에, 유용 규사(fused silica)는 0.3∼3.8 μm 범위에, 그리고 플르오르화 칼슘(calcium fluoride)은 0.3∼10 μm의 파장 범위에서 사용된다. 파이렉스 유리가 고온 측정에 사용되지만, 그것은 실제적으로 550°C 이하의 저온 복사에는 불투명체이다. 또 다른 렌즈 물질를 선택하거나 또는 적당한 광학 필터를 삽입함으로써 단지 적외선 파장만 감지하도록 만들어질 수도 있다(예, 2∼10 μm).

복사 고온계는 이론적으로 열원으로부터 적절한 거리에 떨어져서 사용되나 이 거리에는 실제적으로 제한이 있다. 그 이유는 첫째, 표적의 크기가 평균 온도를 결정하는데, 일반적으로 열원으로부터 거리가 멀수록 표적이 크므로 넓은 부위의 온도를 평균하게 된다. 둘째로, 주위의 대기의 상태가 고온계 지시에 결정적인 영향을 끼칠 것이다. 만약에 연기 또는 먼지가 존재하거나, 또는 어떤 기체들이나 고체 물질이(비록 그것들이 방사 입자를 통과시킬 정도로 투명할지라도) 경로에 있을 때 상당한 에너지 흡수가 일어날 수 있다. 그러나 흡수가 일정치 않고 시간에 따라 변화한다면 이것은 매우 곤란한 문제가 될 것이다. 셋째, 특히 측정된 물체의 방사율이 낮다면, 물체 주위의 열 복사가 측정 물체로부터 고온계로 반사될 수 있다. 예를 들어 전에 언급했던 노(furnace)안에 있는 철의 경우, 노의 벽으로부터의 복사가 철에 의해 고온계로 반사될 수 있다. 또 다른 경우로, 반사된 햇빛이 오류를 일으키는 경우도 있다. 이러한 이유로 세밀한 고온계의 관측 부품 선택과 함께 측정 거리를 최소화하는 것이 좋다.

모든 고온계에서, 교정은 광학계의 효과, 검출기 응답 그리고 이를 모를 때에는, 열원 방사율을 계산하는 데 필수적이다.

16.8.2 전복사 고온 측정

그림 16.24는 전 복사 고온계에서 열 검출기의 작동 방법을 간단히 설명한 것이다. 이 장치의 중요한 부분은 빛이 감지기에 수직으로 입사되게 하는 장치와 온도를 감지하기 위한 근사적 흑체인 감지기로 이루어져 있다. 빛을 수직으로 입사되게 하는 장치로 그림에서는 배플(baffle)이 사용되었으나 흔히 렌즈가 사용된다. 비록 이 장의 앞에서 소개했듯이 감지 요소는 어떤 형이든지 가능하지만 일반적으로 열전퇴나 초전기 센서 등의 형태가 이용되고 때로 서미스터나 기체 압력 온도계가 이용된다. 검출기에 흡수된 에너지와 또 검출기에서 주위로 방출된 에너지, 그리고 검출기의 도선을 통하여 전도된 열손실 등이 열적 평형을 유지한다. 이 때 검출기의 평형 온도는 교정된 눈금에 의하여 열원의 온도로 환산된다.

그림 16.25는 상용화된 고온계의 단면을 보여 준다. 전 복사 고온 측정은 원래 550°C 이상의 온도에서 이용되나, 이 고온계는 매우 낮은 복사(50~375°C)에서 감지하는 기기를 설명한 것이며, 그 구조는 전형적인 일반 복사 온도계의 구성과 같다. 렌즈와 거울이 열전퇴에 복사 에너지를 집중시키기 위해 사용되었다. 열전대의 기준 온도는 저항 온도계에 의해 조절되는 히터를 사용하여 렌즈, 거울 및 열전퇴로 이루어진 부분이 일정 온도로 유지하는 데 사용된다. 많은 경우에 온도 보상은 전기 회로에 연결된 온도 보상 저항기를 사용하여 얻어진다.

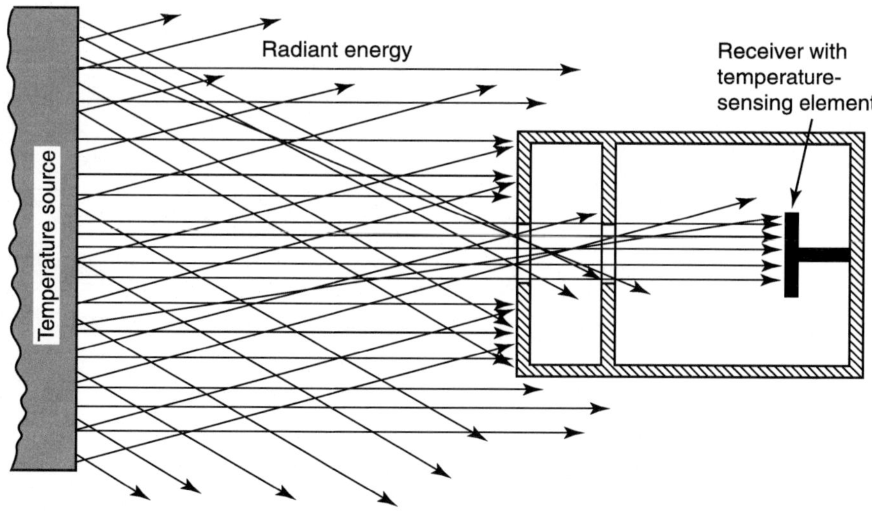

그림 16.24 간단한 전복사 고온 측정기

전에 언급한 바처럼, 복사하는 물체의 방사율을 아는 것은 온도를 찾을 때 필요하다. 핸드북 데이터는 측정하고자 하는 어느 표면의 정확한 값을 사용할 경우 쓰인다. 아니면, 열전대와 같이 어떤 표준화된 장치와 고온계의 지시를 비교하는 교정을 실시할 수 있으며 때로는 단일점 교정만으로 충분할 때도 있다. 전 복사 고온계 교정을 위하여 조절하는 장치들은 다음과 같은 것이 있다.

1. 마이크로프로세서 기반의 감지 회로 또는 출력 표시
2. 열전퇴 또는 렌즈의 가변 열림(aperture)기구
3. 측정 접점(hot junction) 부근의 열전퇴 하우징(housing)에 박힌 이동 금속플러그 [적절한 열 방출(heat sink)로 작용]
4. 렌즈식 고온계의 열전퇴로 반사되는 에너지의 양을 가변시키기 위한 이동 오목거울 (그림 16.25 참조)

전 복사 고온계에서 추정한 방사율의 오차에 따라 생기는 온도 오차는 다음식과 같다[16].

$$\frac{\Delta T}{T} = -\frac{1}{4}\frac{\Delta \varepsilon}{\varepsilon} \tag{16.10}$$

예를 들어 ε가 10% 과다 추정될 경우 절대 온도는 2.5% 과소 평가된다.

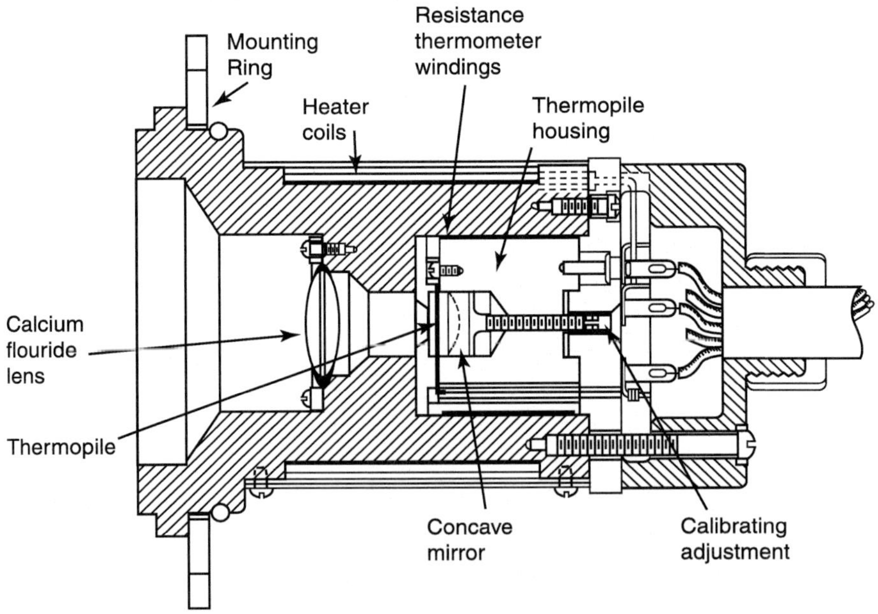

그림 16.25 상용화된 저온 측정용 고온도계의 단면도(Courtesy: Honeywell, Inc., Process Control Division, Ft. Washington, pennsylvania)

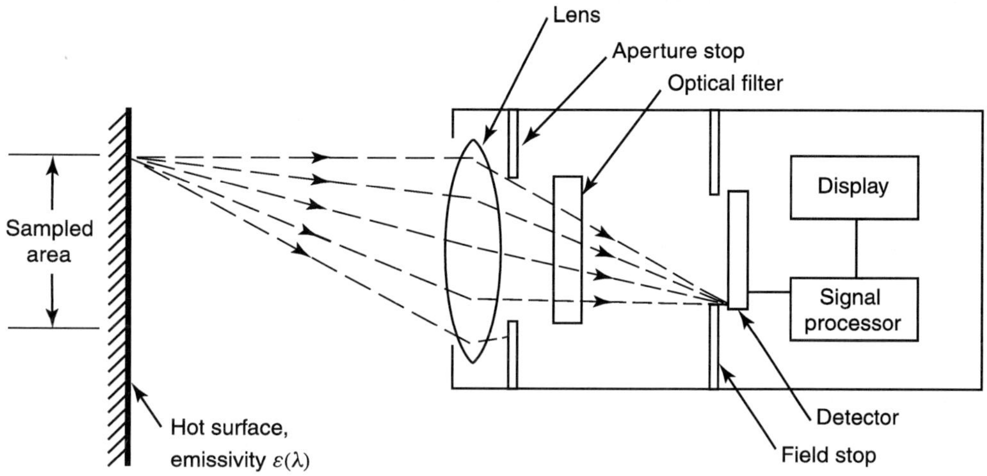

그림 16.26 광 고온계의 구조도. 광선은 표본 면적의 끝부분에서 나오는 것을 보여주고 있는데, 시야 조리개에서 상의 크기를 제한하는데 반해 구경조리개는 수집된 빛의 양을 제한하는 것을 보여주고 있다. 마찬가지로 표본 면적에서의 다른 점으로부터 나온 광선에 대해서도 그려질 수 있다.

16.8.3 광학적인 고온 측정

광 고온계는 적당한 필터를 사용해 단지 한두 개의 파장을 분리한 후 거기에서 나오는 복사 강도를 측정한다. 이 강도는 교정된 열원과의 광학적 비교나 또는 교정된 열 또는 광 검출기의 지시값을 사용하여 구해진다. 강도 분포와 온도와의 관계식 16.8은 측정된 강도와 온도 사이의 근본적인 관계를 제공한다.

일반적인 경우, 0.65∼0.85 μm의 파장이 광학 필터에 의해 선택된다. 복사는 출력이 전기적으로 출력되는 실리콘 광 다이오드의해 검출된다(그림 16.26). 이러한 장치들은 일반적으로 500℃ 이상의 고열원에 사용된다. 사용되었던 파장에서의 열원 방사율은 반드시 알아야하고, $\varepsilon(\lambda)$의 적절한 값은 고온계의 마이크로프로세서 입력값이다.

이러한 장치들은 전 복사 고온계보다는 방사율의 불확도에 대해 덜 민감하다. $C_2/\lambda T > 2$에서 온도 오차와 방사율 오차간의 관계식은 다음과 같다[16].

$$\frac{\Delta T}{T} = -\frac{\lambda T}{C_2}\frac{\Delta \varepsilon}{\varepsilon} \tag{16.11}$$

$C_2/\lambda T$ 의 전형적인 값들은 10이상이며, ε의 10%가 넘는 과다 추정치는 절대온도의 1% 또는 그 이상의 과소 추정 결과를 초래한다. 부가하여, 짧은 단일 파장에서의 복사는 전 복사보다 온도에 따라 급격히 변하기 때문에 광 고온계는 전 복사 고온계보다 온도 변화에 더 민감하다.

소멸 필라멘트 고온계(*dissappearing filament pyromoter*)는 광학적 비교형의 한 예이다(그림 16.27). 전기적으로 가열된 필라멘트의 강도를 특별한 파장에서 열원의 강도와

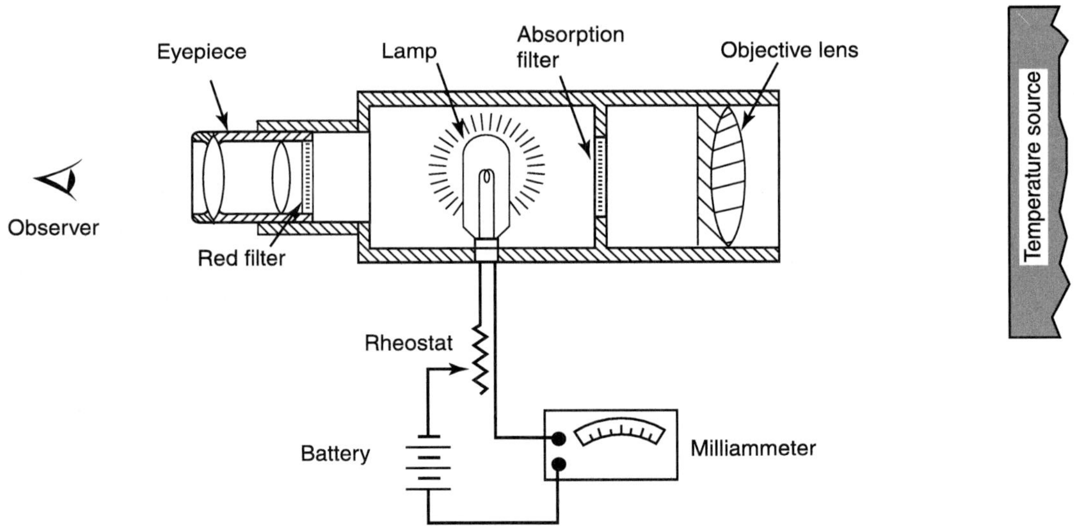

그림 16.27 소멸 필라멘트 고온계의 구조도

같게 변화시킨다. 사용할 때 고온계는 미지의 열원을 보도록 놓으며, 램프 필라멘트와 열원이 겹쳐서 나타나고 관찰자에게 초점이 잘 맞도록 대물렌즈를 이용하여 거리를 조절한다. 대개 처음엔 필라멘트가 그림 16.28과 같이 미지 열원보다 뜨겁거나 또는 차게 나타날 것이다. 그러면 전지 전류를 조절하여 필라멘트(또는 선단과 같은 표시부분)가 (그림 16.28(c))처럼 안 보이게 한다. 이때 밀리암미터(milliammeter)가 지시하는 전류가 온도 지시로 사용될 수 있다. 일반적으로 적색 필터(red filter)는 대략적인 단색 상태를 얻기 위해 사용하며 흡수 필터(absorption filter)는 필라멘트가 낮은 강도로 작동되도록, 그래서 수명을 길게 하기 위해 사용된다. 필라멘트는 대개 텅스텐으로 만들어지며, 고 정확도로 교정될 수 있다. 하지만 소멸 필라멘트 고온계는 대부분 전자 광 고온계로 교체되어 왔다.

*2*색 고온계(*two-color pyrometry*)는 방사율의 영향을 최소화하는 광학 고온계의 개조

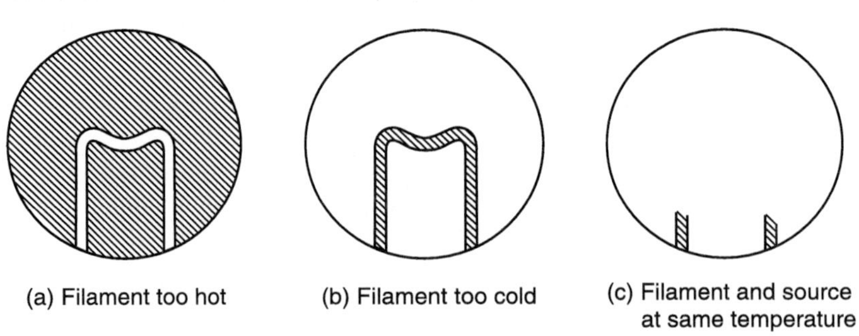

그림 16.28 필라멘트의 모습 (a) 필라멘트의 온도가 매우 높을 경우, (b) 온도가 매우 낮을 경우, (c) 온도가 일치할 경우

폼이다. 특히, 2색 고온 측정기는 2개의 파장 λ_1과 λ_2에서 열원의 강도를 측정한다. 만약 파장이 거의 같거나 방사율이 매우 급격히 변하지 않는다면, 방사율은 거의 각 파장에 대해 같다고 볼 수 있다. 그래서 측정된 두 강도비는 단지 온도에만 의존할 것이다.

$$\frac{\varepsilon(\lambda_1)E_{\lambda_1}}{\varepsilon(\lambda_2)E_{\lambda_2}} \approx \frac{E_{\lambda_1}}{E_{\lambda_2}} = \left(\frac{\lambda_2}{\lambda_1}\right)^5 \frac{(e^{C_2/\lambda_2 T} - 1)}{(e^{C_2/\lambda_1 T} - 1)}$$

2색 고온계는 마치 강철과 알루미늄의 공정처럼, 시간에 따라 열원 방사율이 변화하는 상황에 특별히 유용하다[17]. 2색 고온계는 강도비만을 측정하면 되기 때문에, 계측기의 시야(Field of view)보다도 작은 물체들에도 쓰인다. 2색 고온계는 1234.93 K(2.7절)이상의 범위에서 ITS-90의 온도 표준을 제공하며, 일반적으로 고정밀 광학 측정에 사용된다[4].

16.8.4 적외선 고온 측정

적외선 영역은 약 0.75 μm의 파장에서 시작하며 – 가시광 영역이 끝나는 지점 – 위로 약 1000 μm의 파장까지 확장된다. **적외선 고온측정**은 단순히 적외선 파장에 대해 전 복사 고온계나 광학적 고온계를 적용시킨 것이며 일반적으로 특정 열원으로부터 받은 복사에너지를 여과하므로써 이루어진다. 적외선 감지의 이득은 Wein의 변위 법칙(그림 16.23)에 의해 설명되며, 그것은 저온의 물체가 가지는 최고 복사 강도는 적외선 파장에서 발생함을 보여준다. 예를 들어 25°C (298 K)의 물체는 9.7 μm의 파장에서 복사 강도가 최대이다. 그러므로 적외선 검출은 실내 온도와 근사한 물체의 복사 측정에 필수적이다.

보통의 적외선 검출기는 광학 필터를 사용하여 2∼14 μm 사이의 일부 파장 영역을 감지한다. 이 범위는 약 200∼1400 K 사이의 최고 복사 온도에 해당한다. 그러나 이 간격은 또한 열원과 검출기 사이에 있는 공기에 의한 적외선 흡수를 피하기 위한 것이기도 하다. 일반적으로 대기에 의한 흡수는 2∼5 μm와 8∼14 μm사이의 일부 영역에서 최소가 된다. 대부분의 상업용 고온계는 이러한 투과 대역폭 중 하나에 파장의 중심을 가진다. 인공위성에 이용되는 원적외선 검출기와 같은 특수 장치는 100 μm까지의 파장에 응답한다. 그러나 이런 긴 파장에 대한 검출기는 극저온 온도에서 작동되어야만 한다.

적외선 고온계의 검출기로 16.11절에서 설명한 Gardon 게이지 형태의 열전퇴 열 유속 센서가 자주 이용된다. 초전기(pyroelectric) 물질은 특별히 광대역 IR(infrared)에 유용하다. 이러한 물질은 온도가 증가함에 따라 감소하는 고유 정전기의 극성을 갖는다. 그래서 초전기 요소는 압전 물질이 변형에 응답하는 것과 같이 온도 변화에 대응하여 전하를 발생시키는 열 검출기로서 동작한다. 초전기 물질은 트리글리신 황산염(TGS, triglisine sulfate), 탄탈화 리튬($LiTaO_3$, lithium tantalate)과 같은 강유전성 결정과 PVDF (polyvinylidene fluoride)와 같은 몇몇 유기적 폴리머 막을 포함한다[18].

압전 전하처럼 초전기 전하도 시간이 지나면 없어진다. 따라서 정적인 상태의 온도를 측정하기 위해서는 회전하는 "초퍼(chopper)"가 이용되는데 이것은 주기적으로 복사를 차단하여, 최고 진폭이 물체의 온도에 해당되는 사각파 신호를 만들어 준다[19]. 전기 신호 조절 장치는 피에조 전기 장치의 그것들과 유사하다(7.15.2절). 초전기 센서(pyroelectric sensor)는 온도 측정에 사용되는 것 외에도 광 스위치 방식이 운동 센서나 도난 경보기로도 일상적으로 사용된다.

적외선 측정에서 초점을 조정하는 광학 장치는 일반 유리의 나쁜 적외선 투과율로 인해 복잡하다. 적외선 렌즈나 투과함은 때때로 게르마늄으로 만들어지며, 게르마늄은 광대역 IR 투과율을 가진다. 거울은 주로 윗면에 반사 코팅이 되어 있다[19]. 저온을 측정하는 경우에는 고온계 자신의 거울이나, 렌즈, 투과창으로부터의 배경 복사가 열원의 복사와 비슷할 수 있다. 이때 회전하는 초퍼를 주기적으로 열원 복사를 분리하여 배경 신호를 효과적으로 제거거할 수 있다.

다른 고온계에서처럼, IR 고온계도 방사율 정보에 의존한다. 식 16.11은 이러한 장치들에서 불확도를 추정하는데 사용된다. 방사율에 기인한 온도 오차는 적외선 고온계에서는 장파장을 포함하기 때문에 커지는 경향이 있다.

16.8.5 열 화상

적외선 고온 측정의 가장 중요한 응용은 전장(whole-field) 온도 측정이며, 이는 **열 화상**(*thermal imaging*) 또는 **적외선 써모그래피**(*infrared thermography*)로 불린다. IR 써모그래피는 의학 화상, 건물의 열량 누출 검사, 위성조사, 전기 장비의 온도 분포 측정 등에 이용된다. 많은 장치는 단일 배열의 광 검출기를 스캔하여 상을 얻는다. 더욱 최근의 장치는 실리콘-다이오드 디지털 비디오 카메라를 위해 개발된 CCD(CCD, charge-coupled diode)배열 기술을 이용하고 있다. 여기서 검출기는 2차원 배열로 카메라 렌즈의 뒤에 설치되며 관측 열 화상을 기록하게 된다. 현재 광전도 센서 배열이 주로 이용된다. 놀랍게도 광 검출기(실리콘 다이오드와 같은)는 IR 배열로 이제는 이용되지 않는다. 이것은 이 물질이 1 μm이상(실리콘처럼)의 광대역 감도가 낮거나 검출기 배열을 만들기 어렵기 때문이다.

방사율이 관측 영역에 걸쳐서 변할 수 있기 때문에 방사율의 불확도는 열 화상 시스템에서는 심각한 문제가 될 수 있다.

16.9 기타 온도 지시 방법

이 장의 서론에서 주어진 온도 측정의 한 가지 방법은 언급하지 않았다. 그것은 화학적 상태 또는 상 변화의 응용이다. 이러한 원리들에 입각한 몇몇의 기기들을 언급하겠다[20].

Seger cone은 온도를 검사하는 수단으로서 세라믹 산업에서 오랫동안 사용되어 왔다.

이러한 장치들은 산화물과 유리로 만들어진 단순하고 작은 원추형이다. 미리 정해진 온도에 도달하면 원추의 선단이 연화되고 비틀려서 그 온도에 이르렀다는 지시를 제공한다. Seger cone은 600°C에서 2000°C의 온도 범위를 대상으로 하는 표준 시리즈로 만들어져 있다.

비슷한 온도 지시기로는 크레용 막대기, 래커(lacquer), 알약같은 펠릿(pellet)의 형태로 이용되는 것이 있다, 이들의 각각은 약 50°C에서 1100°C 의 온도 범위를 측정하기 위하여 교정된다. 크레용 또는 레커를 온도 지시가 필요한 부분에 칠한다. 래커가 마른 후에는 래커와 크레용은 색체가 흐리고 흰색이다. 만약 지정된 온도에 도달하면 표시된 부분이 액체가 되고 빛난다. 알약 형태로도 사용되며 지정된 온도에 도달할 때 녹고 빛나는 액체와 같은 형태를 가진다. 어떤 범위내의 다양한 온도를 측정하기 위하여 크레용, 래커, 펠릿을 사용함으로써 시험 과정에서 얻어진 최고 온도를 좀 더 정확하게 결정할 수 있다.

액정(*liquid crystal*)은 온도 지시계 중 아마 가장 화려할 것이다. 액정은 액체와 결정체의 성질을 나누는 어떤 유기적 결합체의 중간 상태이다. 온도 증가가 한계 영역을 통과함에 따라 액정 지시는 상한 온도에 도달할 때까지 연속적으로 산란하여 적색, 노란색, 녹색, 청색, 자주색으로 변한다. 결정체의 조성을 변화시킴에 따라 완전한 색깔 변화가 50°C 만큼의 간격에 걸쳐서 또는 1°C 만큼의 간격에 걸쳐서 발생될 수 있다. 액정지시는 주로 −30～120°C 사이에서 유용하다. 그것들은 주로 0.1°C 만큼의 작은 온도 변화까지 분해 가능하다.

액정은 상업적으로 다양한 온도범위에서 다양한 형태로 이용가능하다. 액정은 나중에 사용할 목적으로 액정 슬러리(slurry)형태의 작은 펠릿으로 캡슐화할 수 있다. 또한 액정 지시는 주로 산란되는 빛이 더 가시광화 되도록 하기 위해 만들어진 검은 플라스틱 판 위에 얇은 막으로 코팅되어 있으며, 이 판은 온도 분포를 알려고 하는 표면에 부착된다. 액정을 사용하는 높은 정확도의 측정은 대개 표면에 색 패턴을 기록하기 위한 디지털 카메라에 쓰인다. 디지털 상은 온도 분포를 결정하기 위해 컴퓨터로 분석한다.

16.10 온도 측정 오차

온도 측정에 관련하여 가능한 오차 발생 원인의 수는 끝이 없다. 하지만 특별히 주의하여야할 중요한 몇 가지가 있다. 이들은 다음 몇 페이지에 걸쳐서 토론될 것이다.

16.10.1 전도, 대류와 복사에 의한 오차

온도 측정 요소는 열이 몇 가지 평형 조건이 만족할 때까지 주위 환경과 구성요소 사이에서 전달되기 때문에 온도를 감지하는 것이다.

예를 들어 용광로 내부의 기체 온도를 측정하기 위해 열전대를 사용하는 경우를 생각해 보자. 열전대를 노벽(가스 또는 석탄 연료)에 삽입하였을 대, 열은 대류에 의하여 잠긴 가스로부터 전달된다. 또한 열은 노벽과 연료 베드와 같은 백열광을 내는 고체 또는 소용돌이치는 가스에 떠다니는 고체로부터 전달된 복사에 의해서도 감지 요소로 흐를 것이다. 마지막으로 열은 전도에 의해서 감지 요소에서 연결 부위를 통하여 전달된다, 검출프로브에 의해서 지시되는 온도는 모든 이러한 주위 환경의 인자의 함수가 될 것이며, 그 결과를 합리적으로 조절하고 해석하기 위해서 그들의 영향에 관심을 두어야 한다.

대류 효과

기체나 액체의 온도를 측정할 때, 우리는 프로브가 유체의 온도에 도달하게 하는 대류에 의한 열 유량에 의존한다. 유체와 프로브사이의 열 전달률은 다음 관계식으로 나타낼 수 있다

$$Q = hA(T_f - T_t) \tag{16.12}$$

여기서 $Q =$ 전달된 열, W
$h =$ 열전달 계수, W/m^2K
$A =$ 프로브의 표면적, m^2
$T_f =$ 유체 온도, K
$T_t =$ 프로브 온도, K

열전달 계수 h는 상관 관계나 특수 상황에 적합한 식을 이용하여 예측할 수 있다[15]. 하지만 몇몇 요인들은 알아둬야 한다. 열전달 계수가 일반적으로 유체에서 정지상태보다 유동상태일 때 더 크며, 유체의 속도가 증가함에 따라서 이 계수도 커진다. 액체상태에서의 열전달 계수는 일반적으로 기체상태보다 10~20배까지 더 크다(다른 요소들은 같다). 추가적으로, 열전달 계수는 큰 물체보다 작은 물체에서 일반적으로 크다. 기체와 비금속 액체에서의 h의 대표 범위는 다음과 같다.

정지상태에서의 기체	5~25 W/m^2 K
유동상태에서의 기체	10~200 W/m^2 K
정지상태에서의 액체	50~2000 W/m^2 K
유동상태에서의 액체	100~10,000 W/m^2 K

예제 16.4 4 m/s 속도의 공기안에 지름 5 mm의 서미스터가 놓여있다. 저항은 40 kΩ이며, 그에 상응하는 온도는 30°C이다. 만약 감지 전류가 1 mA이고 열 전달 계수 $h = 110\ \mathrm{W/m^2K}$이라면 공기 온도는?

풀이: 서미스터에서 소비된 전력은 대류에 의하여 이동했음에 틀림없다. 따라서

$$Q = hA(T_{\text{therm}} - T_{\text{air}}) = i^2 R$$

그래서

$$\begin{aligned} T_{\text{air}} &= T_{\text{therm}} - \frac{i^2 R}{h(\pi D^2)} \\ &= 30.0 - \frac{(10^{-3})^2(40 \times 10^3)}{(110)\pi(0.005)^2} \\ &= 25.4^\circ\mathrm{C} \end{aligned}$$

오차(4.6 K)는 써미스터로 가는 전류를 낮춰줌으로써 줄일 수 있다.

복사 효과

프로브와 다른 온도의 어느 열원 또는 열싱크(sink) 사이의 복사는 절대 온도의 4승차의 함수이다. 그러므로 복사는 온도가 증가할수록 점점 더 온도 오차의 중요한 원인이 되는 것이 사실이다. 16.8.1절에서 언급한 바와 같이 복사 열전달은 관련된 각 부분의 방사율의 함수이다. 이러한 이유로 밝고 빛나는 프로브가 흐리거나 또는 매연에 덮인 것보다 열복사에 의한 영향이 적다.

복사 열교환에 대한 계산은 일반적으로 대상 물체의 기하학적인 구성을 고려해야 한다. 하지만 한 가지 간단한 경우, 즉 작은 물체와 이를 둘러싸는 커다란 등온체 사이의 복사는 특히 중요하다[15]. 이 경우, 우리는 다음의 식으로 복사 열전달을 추정할 수 있다.

$$Q = \varepsilon A \sigma (T_t^4 - T_e^4) \tag{16.13}$$

여기서
Q = 프로브로부터 전달된 열, W
ε = 프로브의 방사율
A = 프로브의 표면적, $\mathrm{m^2}$
σ= Stefan–Boltzmann 상수, $5.6704 \times 10^{-8}\ \mathrm{W/m^2K^4}$
T_e = 둘러싸인 온도, K
T_t = 프로브의 온도, K

이 식은 프로브의 표면적이 그것을 둘러싸는 표면적보다 작을 경우 적용된다.

예제 16.5 열전대가 커다란 빈 덕트 안에 있다. 이 열전대는 방사율 $\varepsilon = 0.5$이고 덕트 벽의 온도는 400 K이다. 열전대는 470 K를 나타낸다. 만약 대기와 열전대 사이의 열전달 계수가 $h = 80\ \mathrm{W/m^2K}$이라면 대기 온도는?

풀이: 열전대는 대류에 의해 대기열로부터 열을 받고 벽으로 열을 복사하여 열을 잃는다. 그리하여,

$$Q_{\mathrm{conv}} = Q_{\mathrm{rad}}$$
$$hA(T_{\mathrm{air}} - T_{\mathrm{tc}}) = \varepsilon A\sigma(T_{\mathrm{tc}}^4 - T_{\mathrm{wall}}^4)$$

그래서

$$\begin{aligned} T_{\mathrm{air}} &= \frac{\varepsilon\sigma}{h}(T_{\mathrm{tc}}^4 - T_{\mathrm{wall}}^4) + T_{\mathrm{tc}} \\ &= \frac{0.5(5.6704 \times 10^{-8})}{80}[(470)^4 - (400)^4)] + 470 \\ &= 478.2\ \mathrm{K} \end{aligned}$$

복사오차는 **열적 보호막**(*thermal shielding*)을 적절히 사용함에 의해서 대부분 제거할 수 있다. 이것은 프로브 주위에 열복사를 방해하는 물체를 설치하여 프로브를 복사 열원 또는 열싱크에 노출되는 것을 막는 것이다. 저온용에서 이런 보호막은 얇은 금속판을 이용하여 만들어진다. 고온용은 금속 또는 세라믹 슬리브(sleeve)나 관 등이 쓰여진다. 가스 온도 측정이 요구되는 곳에 적용할 때는 프로브 주위에서 흐름의 정체가 생기지 않도록 보호막을 설치하는 데 있어서 주의가 필요하다. 앞에서 지적했듯이 바람직한 대류 전달은 기체 속도의 함수이다.

이러한 요인들에 대한 고찰은 고속도용 **열전대**(HVT, *high-velocity thermocouple*) [21]로 알려진 흡기식의 고온용 프로브의 개발을 유도하였다. 그림 16.29에 몇 가지형의 팁을 가진 흡기식 프로브를 설명한다. 기체는 끝단에서 유입되어 온도 감지 요소를 통과한 후, 밖으로 배출되거나 도는 그것이 측정 과정이나 기능을 변경하지 않는다면 열원으로 되돌아갈 것이다. 재생 가능한 보호막은 감지 요소를 복사열로부터 보호하며, 흡기의 사용으로 대류이동이 증가된다. 이 요소에 흐르는 기체 질량 유량은 최대의 효과를 위해 $20\ \mathrm{kg/m^2}$보다 작아서는 안 된다.

단일 보호막을 사용할 때는 그림 16.29(b)와 같이 보호막의 온도는 보호막을 통하여 흡입되는 가스로부터의 대류 열전달에 의해 크게 영향을 받는다. 그러나 그 외부는 열복사 효과와 그 평형 온도에 영향을 받으므로 감지 요소는 여전히 복사에 의해서 다소 영향을 받게 될 것이다. 최대의 보호는 그림 16.29(b)의 아래쪽 두 부분과 같이 여러 겹의 보

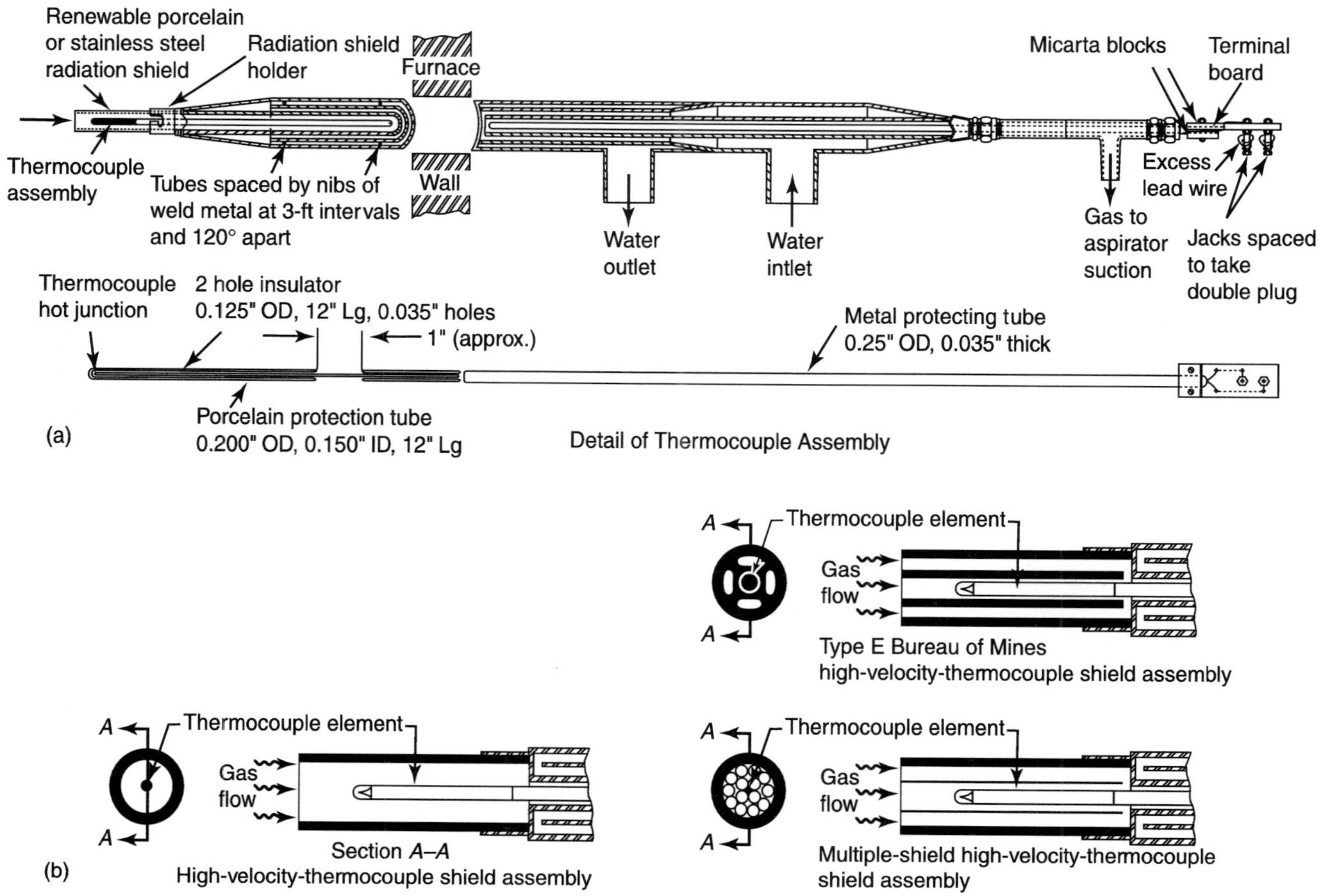

그림 16.29 (a) 흡기식 고속도용 열전대, HVT, (b) 사용되는 여러 가지 형태의 팁(Courtesy:Babcock&Wilcox, Barberton, Ohio)

호막을 사용함으로써 이루어진다. 여러 겹 보호막을 사용한 열전대는 복합 고속도용 열전대(HMVT, *multiple high-velocity thermocouple*)로 알려져 있다[21]. 열전대 HVT와 MHVT의 유효함과 보호막이 없는 열전대의 비교가 그림 16.30에서 그래프로 설명되어 있다.

복사 효과에 대한 논의는 열전대의 고온 적용에 주안점을 두었다. 그러나 그 원리는 물론 다른 온도 측정 장치나 상황에서도 적용할 수 있다. 복사는 고온에서뿐만 아니라 저온에서도 오차를 유발하며 모든 형태의 감지 요소에서 비슷한 문제가 나타난다. 측정 유체가 기체보다도 액체일 때 이 문제는 현저하게 감소한다. 그 이유는 대부분의 액체와 공기 중의 수증기까지도 열복사를 흡수하는 필터로서 작용하기 때문이다.

전도 효과

일반적으로, 열이 온도센서 지역으로 전도가 된다면, 온도구배가 생길 것이다. 이러한 구배는 센서의 지시온도와 기대 온도간의 차이를 유발시킨다.

따듯한 유체안에 있는 온도 측정 프로브를 생각해보면 이 프로브는 역학적인 보조가 필요할 것이다. 그리고 일반적으로 몇몇 연결부는 반드시 외부 판독기 또는 기록 장치로 만들어져야 한다. 이러한 보조 장치와 연결부들은 저온의 벽이나 주위 환경으로 전도되는 열의 통로를 제공해준다. 이상적으로, 유체와 프로브 간의 전도는 프로브가 유체온도로 유지되도록 해줄 것이다. 그러나 만약 열이 보조 장치들에 의해 점차적으로 프로브로 전도된다면, 감지 요소는 유체의 온도보다 얼마정도 낮은 온도에 머물게 된다. 열전달 용어로 이러한 프로브를 열전도의 "핀"(fin)으로써의 거동이라 부른다[15].

이러한 핀효과는 비전도성 분리기를 프로브의 지지 기구(*thermal break*이라고 부른다). 안에서 설치하거나 충분하게 긴 프로브를 이용함으로써 줄여 줄 수 있다. 프로브의 감지 요소(열전대 접점)가 프로브의 끝에 있고 프로브의 바닥이 바로 벽에 붙어있는 경우를 가정하면, 프로브의 길이가 아래의 관계식을 만족한다면 핀 전도 오차는 최소화될 수 있다.

$$L > 5\sqrt{\frac{kA_c}{hP}} \tag{16.14}$$

여기서
$L =$ 센서에서 벽까지의 프로브 길이, m
$h =$ 프로브와 유체간의 열전달 계수, W/m^2K
$P =$ 프로브의 한도(프로브 지름의 배), m
$A_c =$ 프로브의 단면적, m^2
$k =$ 프로브의 열 전도도, $W/m \cdot K$

프로브의 난변이 강화 주입기(filter)를 속 안에 답재한 스테인리스 보호막같이 몇 가지 디

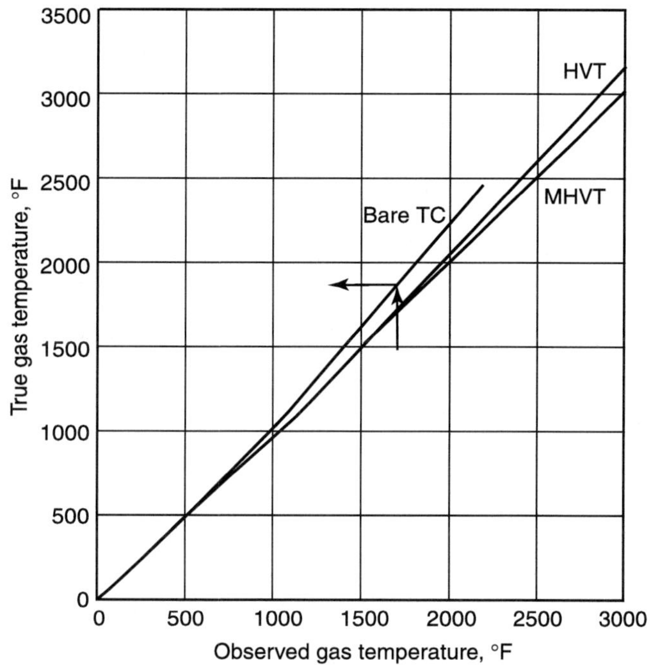

그림 16.30 고속도용 열전대(HVT)의 유효성을 나타내는 그래프(Courtesy:Babcock&Wilcox, Barberton, Ohio)

른 재료들을 포함하는 경우, kA_c의 곱은 각각의 단면에 대해 계산되어야 하고, 그 결과를 모두 더하여 프로브의 kA_c의 유효값을 구해야 한다. 예를 들어 앞의 경우는 $(kA_c)_{\text{effective}} = (kA_c)_{\text{steel}} + (kA_c)_{\text{filter}}$로 표현할 수 있다. 유체와 접촉하는 경우에는, 프로브의 바깥 표면만 고려하면 된다.

전도 효과는 또한 표면 온도 측정에도 영향을 미친다. 열전대가 고온의 표면에 부착되어 있고 열전대의 도선이 저온의 공기에 노출되어 있을 경우에는 열은 열전대의 도선을 통해 표면으로 전도될 것이다. 이 결과는 열전대 주변에서 표면부를 냉각시켜, 측정 오차를 발생시킨다[22]. 이런 종류의 오차는 만약에 표면부가 열 전도성이 떨어지거나 열전대가 열 전도성이 낮은 세멘트 층에 의해 표면부와 격리되어 있다면 특히 중요하다. 이러한 오차를 줄이는 한 가지 방법은 측정 위치로부터 약간의 거리가 떨어진 위치까지 열전대 도선을 표면을 따라 가게 하는 것이다. 이렇게 함으로써 냉각효과는 접점의 위치로부터 도선이 표면에서 떨어지는 위치로 옮겨가게 될 것이다.

또 열전대를 표면 온도 측정을 위해 표면으로부터 약간의 깊이로 물체 내부에 심을 경우유사한 문제가 일어날 수 있다. 만약 열이 표면부을 따라 흐른다면, 물체에는 온도구배가 존재할 것이며 표면온도와 내삽된 센서에 의해 기록된 것과 차이를 일으킬 수 있다. 이러한 오차들은 비전도체나 열전달률이 큰 물체에서 더 크게 나타난다.

16.10.2 빠르게 움직이는 기체의 온도 측정

온도 프로브가 기체 유동 내에 삽입되면 흐름은 프로브의 존재로 인하여 부분적으로 정지할 것이다. 이 때 소멸된 운동 에너지는 열로 변환될 것이며 이것은 지시 온도에 영향을 주게된다. 이와 같은 상황에서 두 "이상(ideal)"상태가 정의된다. **정적 상태**(*static* or true state)는 계기를 흐름과 같이 이동해 가며 관찰하는 상태이고, **정체 상태**(*stagnation* or total *state*)는 기체가 정지되고 그의 운동 에너지가 완전히 열로 변환하여 결과적으로 온도가 상승할 때 얻어지는 상태이다. 움직이는 흐름 속에 고정 프로브를 삽입하는 것은 이 두 상태 사이의 상태를 지시할 것이다. 내연 기관에서 배출되는 배기가스에서 두 상태 사이의 온도차는 최대 200°C 정도가 된다는 것이 알려져 있다[23].

단열 상태를 가정할 때 움직이는 기체에서 정체 상태와 정적 상태의 온도 사이의 관계를 나타내는 식은 다음과 같다[24].

$$T_t - T_s = \frac{V^2}{2c_p} \tag{16.15}$$

이 관계는 또한 다음과 같이 쓸 수 있다.

$$\frac{T_t}{T_s} = 1 + \frac{1}{2}(k-1)M^2 \tag{16.15a}$$

여기서 $T_t =$ 정체 또는 전체 온도, K
$T_s =$ 실제 또는 정적 온도, K
$V =$ 유속, m/s
$c_p =$ 평균 정압 비열, J/kg · K
$k =$ 비열비
$M =$ 마하수, V/(음속)

운동 에너지 변환을 일으키는데 대한 프로브의 유효성은 다음 관계로 표현된다.

$$r = \frac{T_i - T_s}{T_t - T_s} \tag{16.16}$$

여기서 $T_i =$ 프로브가 지시하는 온도, K
$r =$ 에너지 변환에 비례하는 "**회복 계수**(*recovery factor*)"

만약 $r = 1$이면, 프로브는 정체 온도를 측정할 것이며, $r = 0$이면, 정적 즉 실제온도를 측정할 것이다. 단열조건에서 사용되는 계기에 대한 회복계수는 본질적으로 일정하며 프로브 구성의 함수임이 실험에 의해 알려져 있다. 또 그것은 유동 가스의 성질, 온도, 압력, 속도 등에 거의 무관하다[24]. 그러나 실제에서는 열 복사와 열 전도로 인한 열 손실이 프로브를 유속의 변화에 민감해지도록 한다[25].

식 16.15와 식 16.16을 연립하면 다음과 같다.

$$T_s = T_i - \frac{rV^2}{2c_p} \tag{16.17}$$

또는

$$T_t = T_i + \frac{(1-r)V^2}{2c_p} \tag{16.17a}$$

주어진 프로브에 대한 회복계수 r은 실험적으로 결정될 수 있다[23,25]. 그러나 이것은 정적 또는 정체 온도를 결정하기에 충분하지 않다. 식 16.17과 16.17a는 지시 온도 T_i와 회복계수 r을 알고 또 유속과 유체의 성질들을 알아야 한다는 것을 가리킨다. 이들의 값을 알 때 이 관계식으로부터 직접 원하는 온도를 산출해 낼 수 있다. 그러나 많은 경우에 유속을 결정하는 것은 실제적으로 곤란하므로 그 상황에 대한 이론적인 고찰이 필요하다.

음속도($M = 1$)에 대해서는

$$T_t = \phi T_i \tag{16.18}$$

여기서

$$\phi = \frac{k+1}{2 + r(k-1)} \tag{16.19}$$

고속 기체의 온도 측정에 대한 한 가지 방법은 **음속류 고온계**(*sonic-flow pyrometer*)를 사용하여 마하 1에서 그 온도를 측정하는 것이다. 이 기기는 그림 16.31에 나타나 있다. 이 계기의 기본적인 부분은 노즐 목부분에 있는 온도 감지 요소(열전대)이다. 온도가 측정될 기체는 노즐 목부분에서 임계 또는 음속도를 발생하도록 노즐을 통해 흡입된다(또는 압력이 가해진다). 이런 상태에서 식 16.18과 16.19가 적용되고, 이 방법에서 유속의 결정은 필요치 않다. 그러나 이 때에도 비열 비는 알아야 할 필요가 있지만, 비열 비는 일반적으로 충분히 정확하게 결정하거나 추정할 수 있다.

16.10.3 온도 요소의 응답

이상적인 온도 변환기는 온도의 시간적 변화율에 관계없이 변동하는 입력에 정확하게 응답한다. 그러나 실제로는 이와 같은 이상 상태는 실현될 수 없다. 즉 시간 지연(time lag)이 감지와 결과 사이에 존재하며 측정계는 실제 온도(true temperature) 입력을 지시하는 일이 드물다. 그림 16.32는 낮은 응답성 때문에 생기는 오차의 크기를 예시한 것이다.

시간 지연은 각각의 열전달 상황에 따라 결정되며 그 상태의 복잡성은 대류, 전도 및

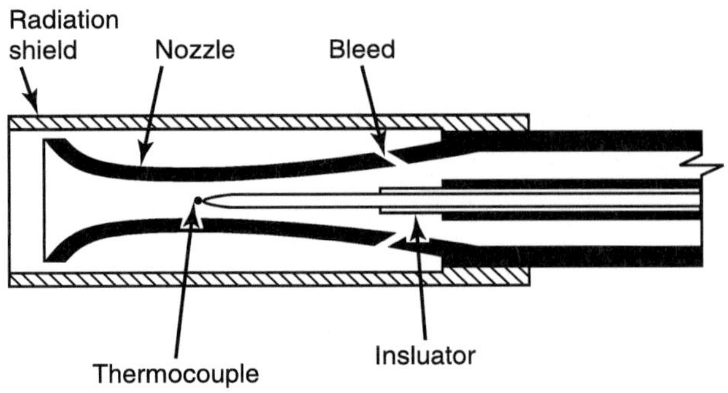

그림 16.31 음속류 고온계의 단면도(Courtesy:the National Institute of Standard and Technology[24])

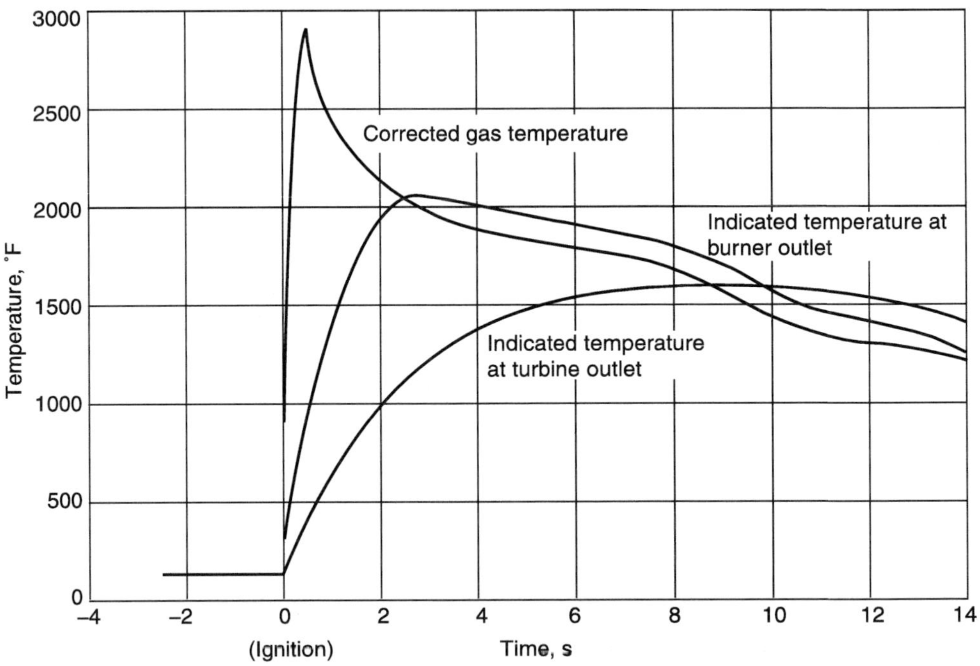

그림 16.32 거대한 제트 엔진의 초기 작동 시간동안 크기와 위치가 다른 두 개의 열전대로부터 측정된 온도와 시간과의 관계(Courtesy:Instrument Society of America)

복사 성분들의 상대적인 중요성에 크게 영향을 받는다. 열복사와 전도가 설계와 응용에 의해서 최소화된다고 가정하면 프로브가 단위 시간당 받는 열과 대류에 의해 전달되는 열량은 같다고 할 수 있다[15].

$$mc\left(\frac{dT_p}{dt}\right) = hA(T_g - T_p) \tag{16.20}$$

또는

$$\tau\left(\frac{dT_p}{dt}\right) + T_p = T_g \tag{16.20a}$$

여기서

T_p = 프로브의 온도, K
T_g = 주위 유체의 온도, K
c = 프로브의 비열, J/kg
m = 프로브의 질량, kg
t = 시간, s
h = 대류 열전달 계수, W/m^2K
A = 유체에 노출된 프로브의 표면적, m^2
$\tau = mc/hA$ = 시정수, s

만약 프로브가 유체와 만났을 때의 초기 온도를 T_{p_0}라 한다면, 우리는 식 16.20a를 아래와 같이 쓸 수 있다.

$$\int_0^t dt = \tau \int_{T_{p0}}^{T} \frac{dT_p}{T_g - T_p} \tag{16.20b}$$

이것을 풀면

$$T_p = T_g - (T_g - T_{p0})e^{-t/\tau}$$

$$\Delta T_p = T_p - T_{p0}$$

여기서 아래와 같이 놓으면

$$\Delta T_p = (T_g - T_{p0})(1 - e^{-t/\tau}) \tag{16.21}$$

이 관계는 온도 T_{p_0}인 프로브가 온도 T_g인 유체에 갑자기 노출된 것에 해당된다. 이것은 프로브가 용광로 벽에 갑자기 삽입되거나 또는 액체 용기에 잠길 때에 가깝다.

τ의 값은 프로브에 대한 **시정수**(*time constant*) 또는 **시간 특성**이며, 최대 가능 온도 변화 $(T_g - T_{p_0})$의 63.2%를 얻는데 필요한 시간(초)임을 알 것이다(5.15.1절 참조). 분명 τ는 가능한 한 작아야 하므로 예상할 수 있듯이 소 질량, 저 열용량, 큰 열전달 계수 및 넓은 면적 등의 조건이 필요하다. 낮은 시정수의 프로브는 빠른 응답을 보이며, 그리고 역관계도 성립한다.

진동수 ω인 온도의 정상 정현 파동 변화(steady sinusoidal variation)에 대한 응답에서

지시된 온도는 감소된 진폭으로 진동하며 위상과 시간에 대한 지연을 나타낼 것이다 (5.15.2절, 예제 5.4 참조). 믿을 수 있는 응답을 얻기 위해서는 $\omega\tau \ll 1$이 바람직하다.

주어진 프로브에 대한 시정수는 그 프로브만으로서는 결정되지 않는다. 그리고 대류 열전달 계수는 또한 유체 흐름의 특성에도 의존한다. 이러한 이유로 주어진 프로브는 서로 다른 상태에 놓여질 때마다 상이한 시정수를 나타낼 것이다. 예를 들어 프로브는 대개 기체 유동에서보다 액체 유동에서 응답이 훨씬 더 빠르다.

많은 경우에 실제 프로브의 응답 특성이 식 16.21의 적용에 의해 매우 근사적으로 얻을 수 있다 할지라도 다른 많은 경우에서 좀 더 복잡한 상황들이 나타난다. 이는 실제적인 온도 감지 요소에 부가하여 다른 요소들이 포함되어 있어서 복합적인 시정수 문제로 되기 때문이다. 상응하는 온도 응답은 시정수의 수 배일 수 있다.

예를 들어 보호관(well) 속의 보통 온도계나 보호 시즈(sheath) 속의 열전대(그림 16.5)와 저항 온도계의 경우는 두 개의 시정수 모델에 의하여 더 정확하게 근사시킬 수 있다 [27,28]. 프로브와 보호막은 특정 시정수를 가질 것이다. 이 상황을 분석하면 다음과 같다, 우리는 온도 T_1에서 조립된 프로브와 보호막이(그림 16.33) 온도 T_2의 매개물에 갑자기 삽입되었다고 가정한다. 식 16.20에서 다음과 같은 두 개의 관계식을 얻을 수 있다.

$$m_j c_j \frac{dT_j}{dt} = h_j A_j (T_2 - T_j) - h_p A_p (T_j - T_p) \tag{16.22}$$

그리고

$$m_p c_p \frac{dT_p}{dt} = h_p A_p (T_j - T_p) \tag{16.22a}$$

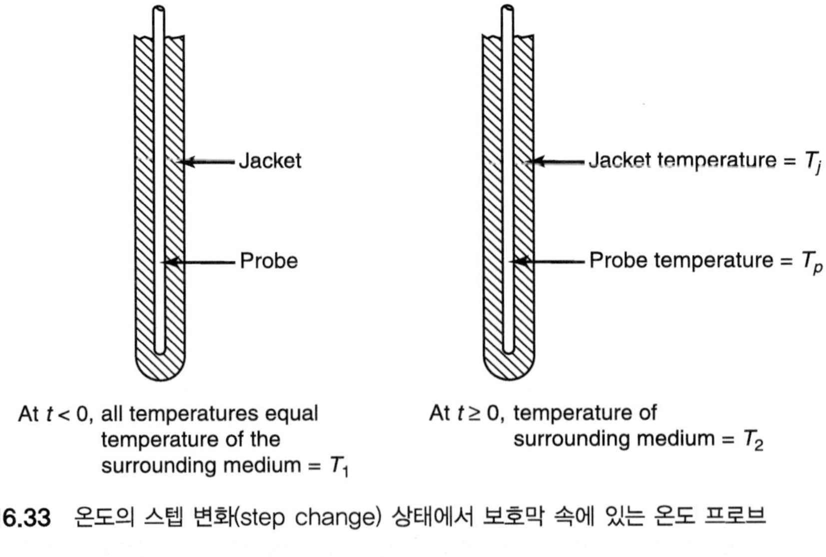

그림 16.33 온도의 스텝 변화(step change) 상태에서 보호막 속에 있는 온도 프로브

여기서 첨자 j와 p는 각각 보호막과 프로브를 나타내며 이 관계들은 다음과 같이 쓸 수 있다.

$$\tau_j \frac{dT_j}{dt} = T_2 - T_j - \frac{h_p A_p}{h_j A_j}(T_j - T_p) \tag{16.23}$$

그리고

$$\tau_p \frac{dT_p}{dt} = T_j - T_p \tag{16.23a}$$

식 16.23의 마지막 항을 무시한다고 가정하면 간단하게 된다. 이 가정은 만약

$$\frac{h_p A_p}{h_j A_j} \ll 1$$

이면, 합리적이다.이 가정이 성립될 때, 식 16.23과 16.23a를 연립하면 다음과 같이 된다.

$$\tau_j \tau_p \frac{d^2 T_p}{dt^2} + (\tau_j + \tau_p)\frac{dT_p}{dt} + T_p = T_2 \tag{16.24}$$

이 식의 해는

$$\frac{T_2 - T_p}{T_2 - T_1} = \frac{\Delta T}{\Delta T_{\max}} = \left(\frac{\zeta}{\zeta - 1}\right) e^{-t/\zeta\tau_p} - \left(\frac{1}{\zeta - 1}\right) e^{-t/\tau_p} \tag{16.25}$$

여기서 $\Delta T =$ 지시된 온도와 실제 온도와의 순간 차이

$\Delta T_{\max} = t = 0$에서의 매개체의 온도와 프로브 온도와의 차이

$\zeta = \tau_j/\tau_p$

의 여러 값에 대한 특성이 그림 16.34에 나타나 있다. $\zeta = 0$에서 식 16.25가 식 16.21로 되돌아감을 알 수 있으며, 보호판에 대한 시정수가 증가함에 따라 전체의 시간 지연도 증가된다.

16.10.4 온도 요소 응답의 보상

열전대와 저항 온도계와 같은 전기적 온도 감지 요소에서의 시간 지연은 디지털 신호 처리 기술을 사용하거나 적절한 전기적 회로망의 사용으로 거의 보상할 수 있다. 이런 디지털적인 접근은 측정된 시계열(time series) 온도의 퓨리에 변환를 수행하는 것과, 시간 지연을 보정해주는 적절한 회로를 구성하는 것을 포함한다[29,30]. 이러한 방법은 고 주파수 응답이 필요하고 디지털 신호처리가 보편적으로 적용되는 난류유동에서의 측정에 아주 적절하다.

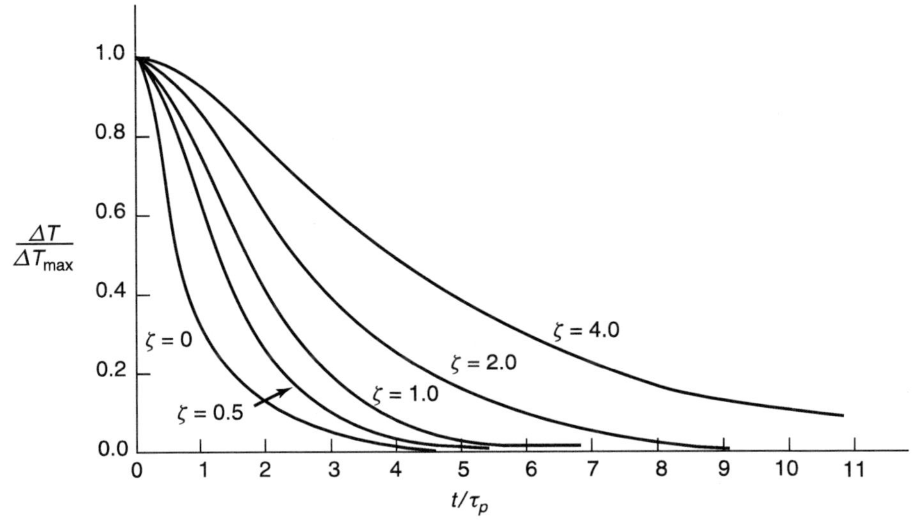

그림 16.34 2개의 시정수 문제. 여러 가지 $\zeta = \tau_j/\tau_p$의 비에 대한 $\Delta T/T_{max}$ 와 $t/\tau p$의 관계 그래프

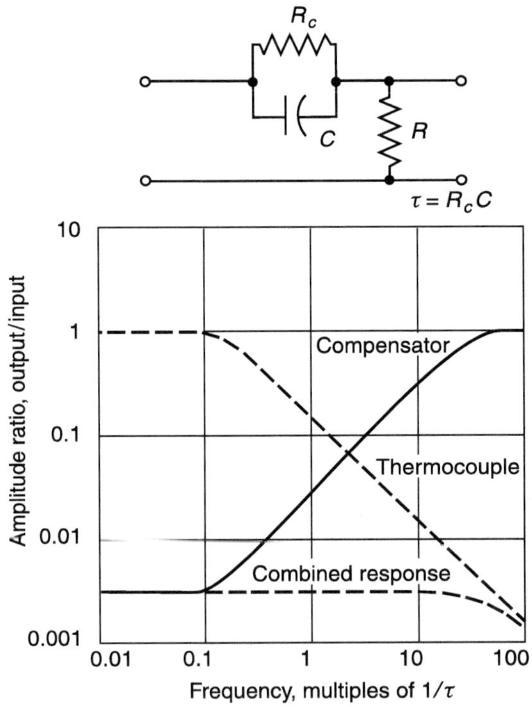

그림 16.35 간단한 *RC*회로에 의한 전기적 보상의 예(Courtesy:Instrument Society of America)

전기적 기술은 전기적 시간 특성이 감지 요소의 시간 지연을 보상해 주는 형식의 필터(7.17절)를 선택함으로써 이루어진다[31,32]. 그림 16.35는 그러한 보상기의 간단한 형태

를 설명한 것이다. 이 예에서 설명한 바와 같이 열전대의 응답은 입력 주파수의 증가에 따라 약화된다(이것은 시정수 역수의 배수로 표시된다). 저항기와 캐패시턴스의 적절한 선택으로 조합된 응답은 약 100배로 늘어날 수 있다.

위에 모든 접근 방법들은 이것들이 사용되는 조건하에서 센서의 시정수를 정확하게 알고 있는 것을 필요로 한다. 하지만 일반적으로 가장 실용적인 것은 센서의 시정수를 최소화하는 것이며, 그러면 보상을 필요로 하지 않을 것이다.

16.11 열유속의 측정

열유속(heat flux)은 단위 면적당 열 유량 비율이며 일반적인 단위는 W/m^2 또는 $Btu/h \cdot ft^2$으로 나타낸다. 열 유속은 다음과 같이 쓸 수 있다.

$$q = -k\frac{dT}{dx} \tag{16.26}$$

여기서 q = 열유속, W/m^2
k = 재료의 열전도계수, $W/m \cdot K$
T = 온도, K
x = 열유동 방향으로 재료의 길이, m

온도보다는 열 유속을 아는 것이 과대 온도(excessive temperature)를 피하도록 설계되는 곳에 특별한 가치가 있을 것이다. 예를 들어 초음속 비행기, 가스 터빈 날개, 로켓 모터의 연소벽의 어떤 위치에서 특히 요구된다.

열 유속계는 여러 가지 형태가 있으며[33], 그 중 특히 중요한 3가지가 슬러그형(slug type, 그림 16.36), 박(foil) 또는 막형(membrane type, 그림 16.37) — 흔히 Gardon gage로 알려져 있다 — 그리고 다겹 막형(thin–film layered type, 그림 16.38)이다.

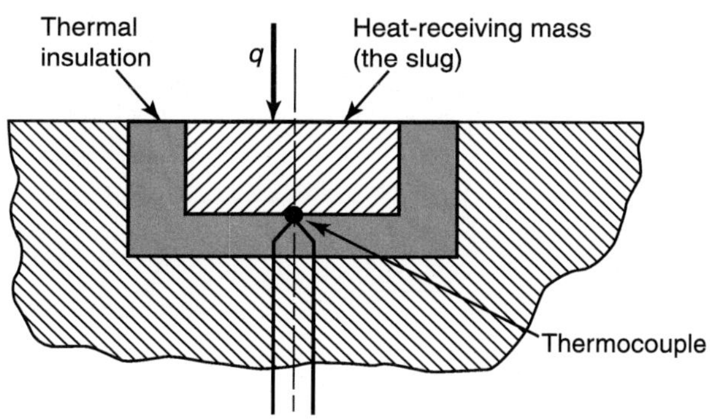

그림 16.36 슬러그형 열유속 센서의 단면도

그림 16.36과 같이 슬러그형 지시계의 주요 구성 요소는 온도센서(주로 열전대)와 주위로부터 단열되어 있는 질량 덩어리(mass) 또는 슬러그(slug)로 이루어져 있다. 열이 유입됨에 따라 슬러그와 그 주위와의 온도 차이를 일으킨다. 이에 관한 식은 다음과 같다.

$$qA_{\text{top}} = mc\frac{dT}{dt} + Q_{\text{loss}} \tag{16.27}$$

여기서 A_{top} = 슬러그 윗 면 표면적, m^2
m = 슬러그의 질량, kg
c = 슬러그의 비열 용량, J/kg · K
T = 슬러그의 온도, K
t = 시간, s
Q_{loss} = 열 절연체를 통한 열손실율, W

슬러그의 온도는 센서에 의해서 측정되고, 교정을 통해서 열유량이 표시된다. 슬러그는 높은 열 전도성을 가지고 있어서 그것의 온도가 균일해야만 Q_{loss}가 최소화될 수 있다. 게이지의 주요한 단점으로는 정상 상태 조건하에서는 사용할 수가 없다는 점이다. 이 게이지를 **열량계**(*thermal capacitance calorimeter*)라 부른다.

Gardon gage[34] 또는 **애심토틱 열량계**(*asymptotic calorimeter*)의 구조는 그림 16.37에 나타나 있다. 이것은 내삽된 동재질의 열싱크(heat sink)와 얇은 콘스탄탄(constantan) 막 및 열전대로 되어 있다. 이 구성은 2개의 구리−콘스탄탄 열전대 접합으로 나누어지며 하나는 막의 중심에 있고 다른 하나는 막과 열싱크 사이의 경계면에 있다. 따라서 열전대 출력은 막의 중심과 주위 사이의 온도차의 함수이다. 또 이것은 막에서 싱크로의 열 흐름의 함수이다. 이 관계식은 다음과 같다.

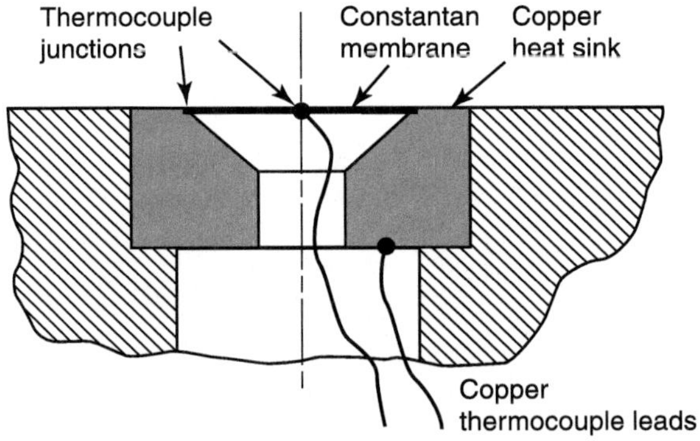

그림 16.37 박형 또는 막형 열유속 센서의 단면도(Gardon gage)

$$q = 4\left(\frac{tk}{R^2}\right)\Delta T \\ = Ce \tag{16.28}$$

여기서 $t =$ 막의 두께, m
$k =$ 막 재료의 열전도 계수, W/m · K
$R =$ 막의 반경, m
$\Delta T =$ 막의 중심과 가장자리 사이의 온도차, K
$C =$ 보정 상수, W/m^2 · K · mV
$e =$ 열전대의 밀리볼트 출력, mV

초소형 제작 기술(microfabrication technology)로, 단지 몇 밀리미터 지름의 막에 많은 수의 열전대(열전퇴로 연결된)를 만들어 내는 것이 가능해졌다. 이런 형태의 게이지들은 TO-can(그림 7.21)으로 패키지화될 수 있다. 이것은 적외선 열 검출기의 센서로 매우 넓은 범위에서 사용된다(16.8절 참조).

다결 게이지(layered gage)는 그림 16.38에 나타나 있다. 여기서 온도 센서는 얇은 열저항층의 윗면과 아랫면에 부착된다. 열 유량은 근사적으로 식 16.26을 이용하여 온도 차이를 측정한 것으로부터 직접 구해질 수 있다.

$$q = -k\frac{dT}{dx} \approx k\frac{\Delta T}{\delta} \tag{16.29}$$

여기서 $k =$ 저항막의 열전도 계수, W/m · K
$\Delta T =$ 아랫면과 윗면간의 온도차, K
$\delta =$ 저항막의 두께, m

온도 센서는 주로 RTD나 열전대를 사용한다. 막 열저항층 사이의 온도 차이가 매우 작기 때문에 열전퇴가 ΔT를 구하는 데 이용된다. 100 이상의 열전대 접합들이 직렬로 연결되

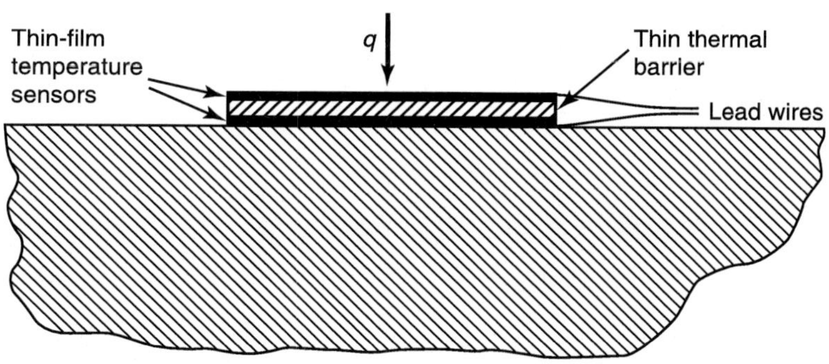

그림 16.38 다결 막형 열유속 게이지(수직방향의 크기는 과장되어 있음)

어 막의 반대편에 연속적인 접합점이 위치한다.

다겹 게이지는 초소형 제작 기술의 발달로 인하여 높은 진동수 응답 센서로 실용화되었으며, 한편 초소형 제작 기술은 얇은 막 온도센서(0.1~0.5 μm 두께)를 상대적으로 얇은(1~75 μm) 열저항층에 부착하는 것을 가능하게 만들었다. 어떤 응용 분야의 경우, 센서는 Kapton 막[35]의 각 면에서 스퍼터(sputter)되지만 다른 설계에서는 센서와 열저항층이 지지하는 세라믹 접착면 위에서 순차적으로 스퍼터된다[36]. 이 기술은 급격하게 발전해 나가고 있다.

열 유속계의 교정은 복사, 전도 및 대류같은 열전달을 포함하고 있으며, 일반적으로 게이지 형태와 그것의 구체적 적용분야에 대해 의존적이다[33]. 한 가지 공통적인 접근은 온도를 알고 있는 흑체 열원으로부터 열 유속을 알고 있는 게이지로 열이 전달되는 열 복사를 이용하는 것이다[37].

16.12 온도 측정 장치의 교정

1.7절에서 언급한 바와 같이 가치 있는 결과를 얻기 위해서는 측정 과정과 장치가 신뢰성을 가져야 한다. 이것은 측정의 모든 영역에 적용되는 사실이다. 그러나 어떤 이유에선가 온도 측정 장치는 다른 어떤 측정 장치보다 정확치 못하다는 인상을 줄 때가 많다. 예를 들면 열전대 표를 사용할 때 대개 금속의 결합이 표에 지시된 요구 조건을 만족한다고 생각한다. 수은 유리관 온도계의 눈금 분할과 저항 온도계의 특성은 의심할 필요가 없으며, 처음에 교정이 잘되어 있으면 그것은 무한히 유지될 것이라고 가정한다.

물론 이런 생각들은 옳지 않다는 것을 안다. 열전대의 출력은 기본 금속의 순수성과 합금의 동질성 및 균일성에 크게 관계된다. 특성이 같지만 다른 회사에서 생산된 합금은 실제로 다른 표가 필요할 만큼 서로 다른 온도–기전력 관계를 가질 수 있다. 더욱이 경년열화(aging)는 열전대의 출력을 변화시킬 것이다. 저항 온도계의 안정도는 요소내의 잔류 변형이 있느냐 없느냐에 따라 크게 관계되며, 같은 요소들로부터 비교적 유사한 결과를 얻기 위해서는 신중히 사용되어야 하고, 금속의 야금에 있어 신중한 관리가 요망된다.

온도 측정계에서의 모든 교정은 1990 국제 온도 규격을 따라야한다(ITS–90). 이러한 규격에 따른 직접적인 교정법으로 고정된 물리 상태(녹는점, 삼중점 등)과 2.7절에 설명한 보간법을 사용한다. 이러한 교정들은 거의 표준 관리 연구실에서만 사용된다. 이렇게 교정된 온도계가 1차 표준 온도계가 되고, 나머지 온도계들은 비교과정을 통해 교정된다.

일반적인 경우, 온도계는 이미 알고 있는 온도의 용기(enclosure)에 두고 그 때의 출력값을 읽어서 교정한다. 용기 온도는 이미 교정된 다른 온도계를 그 안으로 집어넣거나 용기를 결빙점이나 용융점 온도로 유지함으로써 알 수 있다.

알고 있는 온도의 용기는 2가지 일반적인 형태가 있는데 그 중 하나는 이미 언급한 바

있는 고정점을 이용하는 것이다. 고정점 용기는 결빙 점을 알고 있는 물질을 일정량 담을 수 있도록 되어 있는데, 주로 사용되는 물질은 ITS-90(표 2.5 참조)에 의해 온도가 등록된 물질이다. 용기 재료로 저온용에는 유리, 고온용에는 그라파이트(graphite)를 사용한다. 또 용기에는 가열용 코일이 사용되며, 이 고정점을 사용하여 교정할 온도 센서는 용기의 가운데에 있는 홈에 넣는다. 히터로 가열시켜 온도를 기준 물질의 용융점까지 상승시켜 그 물질이 완전히 융해될 때까지 지속한다. 다음에는 냉각시켜서 응고점에 도달하도록 한다. 응고점에서 고체와 액체가 같이 공존하는 상태를 유지하는 동안(특수 용기에 따라 수 분간에서 몇 일간)의 온도는 안정하고 일정하다. 약 0.1 K의 정확도는 쉽게 얻을 수 있으며, 세심한 작업을 수행하면 1 mK이상의 정확도를 얻을 수 있다[4].

교정 용기의 다른 종류로는 고온의 작업을 하는 용광로를 포함한 가변 온도 용기, 약 −50∼600℃ 에 사용되는 유동성 액체 용기와 매우 낮은 온도의 작업을 하는 저온 유지 장치(cryostat)가 있다[38]. 이것들은 값싸고 뛰어난 적응성 때문에 고정점셀보다 더 많이 사용되고 있다. 가변 온도 용기로 적절한 출력−온도 방정식(예를 들면, 식 16.2)의 계수를 조정하는데 사용되는 인접 온도에서의 많은 교정 데이터를 얻을 수 있다.

가장 간단하게 가능한 교정 용기는 듀어병이나 확장 폴리스틸렌 상자(polystyrene box)같은 절연 용기 안에 잘게 부셔진 얼음과 물로 구성된 빙점 용기이다. 빙점은 0℃를 포함한 온도 범위를 가진 온도센서의 교정을 검사하기 위한 편리한 방법이다. 적절하게 수행했다면, 얼음 용기는 0℃의 온도에서 10 mK보다 더 정확하다. 빙점을 만들기 위해 가장 중요한 지침서가 아래에 제시되어있다[17].

- 얼음을 만들거나 물을 더 보충할 때는 깨끗한 물을 써야한다. 증류수가 가장 좋다. 염분이나 유기 오염체는 반드시 피해야한다, 이는 어는점 온도를 떨어뜨릴 수 있기 때문이다. 낮은 정확도를 요구하는 실험에서는 비록 전기적 저항성이 0.5 MΩ · m를 넘는다고 할지라도 수돗물을 사용해도 무방하다.
- 얼음은 반드시 5 mm 지름이 넘지 않은 조각으로 조각내거나 부셔야한다.
- 얼음은 반드시 용기 안에 촘촘히 넣어야 하며, 그 후엔 물로 채워야한다. 이 얼음물은 반드시 센서와 좋은 접촉을 만들어 낼 것이다.
- 용기의 바닥에 고인 액체는 반드시 주기적으로 사이펀(siphon)으로 빨아 올려야 한다.

추가로 1차 고정점은 ITS−90에 의해 정해졌으며 수많은 2차 고정점이 도표화되었다(예로 [39] 참조). 몇몇 예로는 이산화탄소 또는 드라이아이스의 승화점(−78.5℃), n−dcosane의 삼중점(43.9℃), 물의 비등점(100℃), 납의 어는점(327.5℃)을 포함한다. 상용화된 고정점셀은 1차와 2차 물질 모두에 기반을 두고 있다.

유리구 액주 온도계의 교정은 [40]에 상세히 설명되어 있다.

SUGGESTED READINGS

ASME 19.3-1974 (R1998) *Temperature Measurement*. New York: American Society of Mechanical Engineers, 1998.

ASTM. *Manual on the Use of Thermocouples in Temperature Measurement*. 4th ed. ASTM manual series MNL 12. Philadelphia: American Society for Testing and Materials, 1993.

Bentley, R. E. (ed.) *Handbook of Temperature Measurement*, Vols. 1–3. Singapore: Springer-Verlag, 1998.

Burns, G. W., and M. G. Scroger. *Temperature-Electromotive Force Reference Functions and Tables for Letter-Designated Thermocouple Types Based on the ITS-90*. NIST Monograph 175. Washington, D.C.: U.S. Department of Commerce, National Institute of Standards and Technology, 1993. (Supercedes NBS Monograph 125)

Goldstein, R. J., P. H. Chen, and H. D. Chang. Measurement of Temperature and Heat Transfer, Chapter 16 of Rohsenow, W. M., J. P. Hartnett, and Y. I. Cho (eds.), *Handbook of Heat Transfer*. 3rd ed. New York: McGraw-Hill, 1998.

Lawton, B., and G. Klingenberg. *Transient Temperature in Engineering and Science*. New York: Oxford University Press, 1996.

Lienhard IV, J. H., and J. H. Lienhard V. *A Heat Transfer Textbook*. 3rd ed. Cambridge, Mass.: Phlogiston Press, 2003.

Mangum, B. W., and G. T. Furukawa. *Guidelines for Realizing the International Temperature Scale of 1990 (ITS-90)*. NIST Technical Note 1265. Washington, D.C.: U.S. Department of Commerce, National Institute of Standards and Technology, 1990.

McGee, T. D. *Principles and Methods of Temperature Measurement*. New York: John Wiley, 1988.

Michalski, L., K. Eckersdorf, and J. McGhee. *Temperature Measurement*. New York: John Wiley, 1991.

Nicholas, J. V., and D. R. White. *Traceable Temperatures: An Introduction to Temperature Measurement and Calibration*. 2nd ed. New York: John Wiley, 2001.

Preston-Thomas, H. The International Temperature Scale of 1990 (ITS-90). *Metrologia* 27:3–10, 1990 (with corrections in *Metrologia* 27:107, 1990).

연습문제

16.1. At what temperature readings do the Celsius and Fahrenheit scales coincide?

16.2. The temperature indicated by a "total immersion" mercury-in-glass thermometer is 70°C (158°F). Actual immersion is to the 5°C (41°F) mark. What correction should be applied to account for the partial immersion? Assume ambient temperature is 20°C (68°F).

16.3. The uncertainty of a thermometer is stated to be ±1% of "full scale." If the thermometer range is −20°C to 120°C, plot the uncertainty as a percentage of the reading over the thermometer's range.

16.4. The following relation [3] may be used to determine the radius of curvature, r, of a bimetal strip that is initially flat at temperature T_0:

$$r = \frac{t\{3(1+m)^2 + (1+mn)[m^2 + (1/mn)]\}}{6(\alpha_2 - \alpha_1)(T - T_0)(1+m)^2}$$

where

t = the combined thickness of the two strips,
m = the ratio of thicknesses of low- to high-expansion components,

$n =$ the ratio of Young's modulus values of low-to high-expansion components,

α_1 and $\alpha_2 =$ coefficients of linear expansion, with $\alpha_1 < \alpha_2$,

$T =$ the temperature, in °C or °F, depending on the units for α_1 and α_2

(a) Devise a spreadsheet template to solve for r, using the preceding equation.

(b) If 12-cm-long by 1-mm-thick strips of phosphor-bronze and Invar are brazed together to form a bimetal temperature sensor, determine the deflection of the free end per degree change in temperature. Recall that for a beam in bending, $1/r = d^2y/dx^2$. See Table 6.3 for material properties. Let $T_0 = 20°\text{C}$ and $T = 100°\text{C}$.

16.5. The element of a resistance thermometer is constructed of a 50-cm (19.7-in.) length of 0.03-mm (0.0012-in.) nickel wire. What will be the nominal resistance of the element? (See Table 12.1 for resistivity.) If we assume that the temperature coefficient of resistivity is constant over the common range of ambient temperatures, what will be the change in resistance of the element per degree C? Per degree F?

16.6. If platinum is substituted for nickel in Problem 16.5, what are the calculated values?

16.7. The circuit shown in Fig. 16.6(a) is used with a platinum resistance thermometer having a resistance of 1200 Ω at 200°C. Also, $R_{AB} = R_{BC} = 8000\ \Omega$ and $R_{DC} = 6800\ \Omega$. Using the data for platinum listed in Problem 3.35, plot the bridge output voltage (assume a high-impedance readout device) versus temperature over a range of 0°C to 500°C. Refer to Sections 7.9 through 7.9.3 for bridge circuit relationships.

16.8. The circuit shown in Fig. 16.39 is used to drive a platinum resistance thermometer, $R(T)$, whose temperature response is given by Eq. (16.2a). If the temperature varies over a range of $\Delta T = \pm 10$ K, show that the current i through the sensor is approximately constant and that the output voltage is approximately given by $e_o = (A \cdot e_i/2101)\,\Delta T$, where A is the temperature coefficient from Eq. (16.2a).

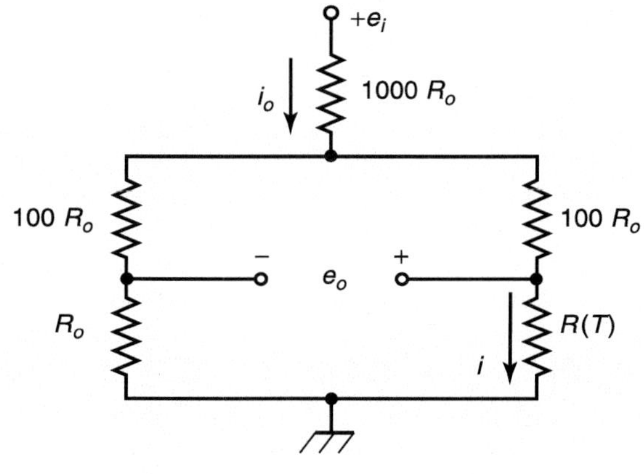

FIGURE 16.39: Circuit for Problem 16.8.

16.9. Investigate the techniques used by the various automobile manufacturers for measuring and displaying engine temperatures. What accuracies do you think are obtained by the various systems?

16.10. Devise a simple thermistor calibration facility consisting of a variable-temperature environment, an accurate resistance-measuring means that avoids ohmic heating of the element, and a reliable temperature-measuring system to be used as the "standard." Calibrate several thermistors and evaluate their degree of adherence to Eqs. (16.3). (Avoid the problems implied in Problem 16.14.)

16.11. Prepare spreadsheet templates for Eq. (16.3) to solve

(a) for R when T, T_0, R_0, and β are given;
(b) for β when T, T_0, R, and R_0 are given.

16.12. The following are data for the calibration of a thermistor.

Temperature, °F	Resistance, kΩ
78	3.16
76	3.23
72.5	3.89
68	4.24
65	4.47
61	4.76
58	5.31
54	5.77
50.5	6.37
47.5	6.80

For each line of data, calculate the value of β, using Eq. (16.3), and T_0 and R_0 corresponding to the values of 68°F (20°C). Some spread in the results will be found; however, use the average of the calculated values as the magnitude of β. (Use of the spreadsheets prepared in answer to the previous problem is recommended.)

16.13. Write Eq. (16.3) using the value of β found in answer to Problem 16.12, and plot the result over the range of data. Spot-check several points.

16.14. A small insulated box is constructed for the purpose of obtaining temperature calibration data for thermistors. Provision is made for mounting a thermistor within the box and bringing suitable leads out for connection to a commercial Wheatstone bridge. The bulb of a standardized mercury-in-glass thermometer is inserted into the box for the purpose of determining reference temperatures. A small heating element (a miniature soldering iron tip) is used as a heat source.

After the heater is turned on, thermistor resistances and thermometer readings are periodically made as the temperature rises from ambient to a maximum. The heater is then turned off and further data are taken as the temperature falls.

It is quickly noted, however, that there is a very considerable discrepancy in the "heating" resistance–temperature relationship compared with the corresponding "cooling" data. Why should this have been expected? Criticize the design of the arrangement described above when used for the stated purpose. How would you make a *simple* laboratory setup for obtaining reasonably accurate calibration data for a thermistor over a temperature range of, say, 80°F to 400°F?

16.15. Prove the law of intermediate metals for the situation shown in Fig. 16.12(a) using Eq. (16.4).

16.16. Prove the law of intermediate temperatures using Eq. (16.5).

16.17. Show that the output of the circuit in Fig. 16.18(b) is $E = \mathcal{E}_{\text{FeCn}}(T_m) - \mathcal{E}_{\text{FeCn}}(0°\text{C})$.

16.18. An ice-bath reference junction is used with a copper-constantan thermocouple. For four different conditions, millivolt outputs are read as follows: −4.334, 0.00, 8.133, and 11.130. What are the respective junction temperatures (a) in degrees C and (b) in degrees F?

16.19. Chromel-alumel thermocouples are used for measuring the temperatures at various points in an air conditioning unit. A reference junction temperature of 22.8°C is recorded. If the following emf outputs are supplied by the various couples, determine the corresponding temperatures: −1.689, −1.108, −0.113, and 3.185 mV.

16.20. A K-type thermocouple circuit (Fig. 16.40) has its reference junction in liquid nitrogen at 1 atm pressure (77 K). The output voltage is measured to be 1.340 mV.

(a) What is the temperature of the measuring junction?

(b) What would the output voltage be if the measuring junction were now placed in room temperature air (20°C)?

(c) What would the output voltage be if the reference junction were placed in room temperature air (20°C) while the measuring junction remained at the temperature of part **(a)**?

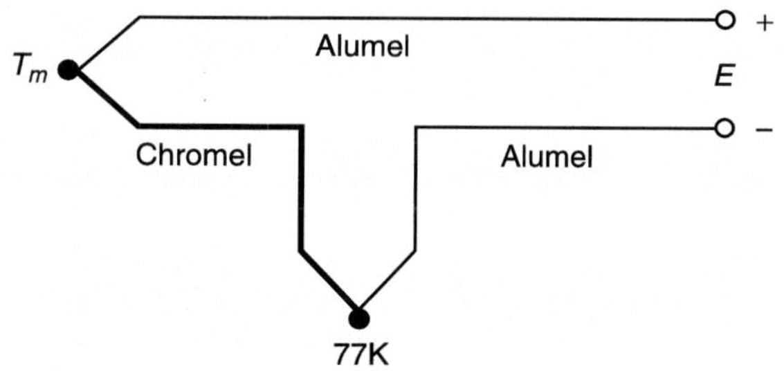

FIGURE 16.40: Circuit for Problem 16.20.

16.21. Select a thermocouple type and write a computer program or spreadsheet that calculates measuring junction temperature as a function of circuit emf, assuming that the reference junction temperature is 0°C. If you will be performing experiments with thermocouples, select the thermocouple type used in your lab. Take the appropriate equation from Table 16.7.

16.22. Use appropriate equations from Table 16.6 to calculate the emf's that are expected for the following situations, assuming a circuit such as that shown in Fig. 16.16. If you wrote a thermocouple spreadsheet, you may use it in your calculations.

TC Type	Temperature at the Reference Junction, °C	Temperature at the Measuring Junction, °C
E	0	500
E	20	750
J	0	650
K	80	1150
T	100	315

16.23. Use appropriate equations from Tables 16.6 and 16.7 to calculate the temperature at the measuring junction for each of the following situations. Assume a circuit such as that shown in Fig. 16.16. If you wrote a thermocouple spreadsheet, you may use it in your calculations.

TC Type	Temperature at the Reference Junction, °C	emf, mV
E	0	60.63
E	90	−4.36
J	15	16.30
J	280	−11.78
K	0	29.79
K	700	−8.14

16.24. A type N thermocouple has its reference junctions at 0°C. Plot the measuring junction temperature as a function of emf over the range 0.0 mV to 45.0 mV, using equations from Table 16.7. If you have written a thermocouple spreadsheet, you may use it to do the job.

16.25. Consider the thermocouple circuit shown in Fig. 16.41. Copper extension wires are connected to the thermocouple circuit. Suppose that the extension wire junctions are also at 0°C. Show that the output voltage is unchanged when the second piece of alumel (marked *) is eliminated and the copper lead is directly connected to the chromel wire.

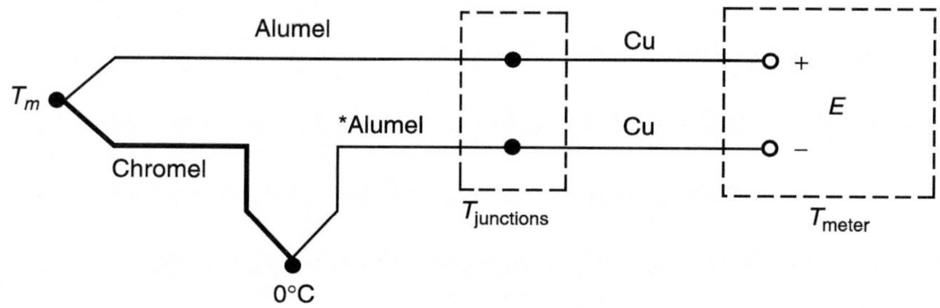

FIGURE 16.41: Circuit for Problem 16.25.

16.26. The temperature difference between two points on a heat exchanger is desired. The measuring and reference junctions of a chromel-alumel thermocouple are embedded within the inlet and outlet tubes, 1 and 2, respectively, and an emf of 0.381 mV is read. Why does this reading provide insufficient data to determine the differential temperature accurately? What additional information must be obtained before the answer may be found?

16.27. Show that the output voltage of the thermopile in Fig. 16.20(a) is $5[\mathcal{E}_{AB}(T_1) - \mathcal{E}_{AB}(T_2)]$.

16.28. A thermopile is constructed from three type K thermocouples (Fig. 16.42). The measuring junctions each have different temperatures (T_1, T_2, and T_3), and the reference junctions are all at 0°C.

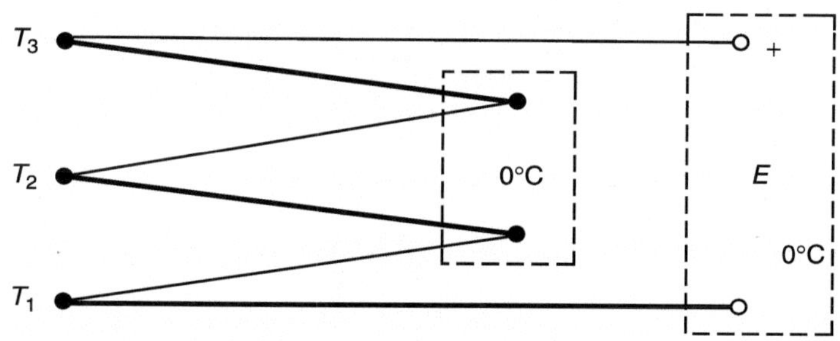

FIGURE 16.42: Circuit for Problem 16.28.

(a) What is the output emf, E, of the thermopile when $T_1 = 20$°C, $T_2 = 25$°C, and $T_3 = 30$°C?

(b) If the user of the thermopile were to assume that all three temperatures were equal, what temperature would he or she calculate? How does this compare to the actual average of the three temperatures?

(c) If instead, $T_1 = 800$°C, $T_2 = 1000$°C, and $T_3 = 1200$°C, what temperature would the user calculate? How does this compare to the true average temperature?

16.29. The sensitivity of a measuring device is the rate of change of its output with respect to its input (see Section 6.1). For a thermocouple circuit, then, the sensitivity is dE/dT_m.

(a) Estimate the sensitivities of type E, K, and S thermocouples near 100°C. Assume an icepoint reference junction, and use the data in Table 16.4 or 16.5.

(b) If you are measuring thermocouple emf with a voltmeter that has a resolution 0.1 mV, what is the smallest temperature change that you can detect with type E, type K, and type S thermocouples, respectively?

(c) To detect a change of 0.1°C using a type K thermocouple, what is the minimum resolution that the voltmeter must have?

(d) Estimate the sensitivity of the thermopile in Fig. 16.20(a), assuming that type K thermocouples are used, that $T_2 = 0°C$, and that T_1 is near 100°C. To detect a change of 0.1°C with this thermopile, what minimum resolution must the voltmeter have?

16.30. Thermocouple wire is generally manufactured to meet ASTM tolerances that vary by wire type. For commercial-grade type E thermocouples between 0°C and 900°C, this tolerance is ±1.7°C or ±0.5% (whichever is greater). The tolerance is a bound on the bias error of the thermocouple's temperature as calculated from the measured emf using the NIST standards. The actual size of the bias error for any specific thermocouple is unknown. To measure temperature to an accuracy better than the standard tolerance, the thermocouple must first be calibrated.

(a) A type E thermocouple probe using an electronic icepoint is calibrated by comparison to a platinum resistance thermometer (PRT). Both sensors are placed into a well-stirred temperature-controlled liquid bath. The following readings are obtained.

PRT Temperature, °C	Thermocouple emf, mV
25.0	1.526
35.1	2.146
50.2	3.091
63.5	3.941
74.9	4.681

Use these data to find an equation for the thermocouple's temperature as a function of its emf.

(b) Suppose that the calibrated thermocouple is now used to measure a temperature. The thermocouple circuit has the same electronic icepoint but now uses a lower-quality voltmeter. Discuss the uncertainty in that measurement and estimate its size (at 95% confidence). You may assume the following uncertainties in the equipment used.

Calibration Equipment	
PRT	±0.05°C (bias, 95%)
Voltmeter	±0.001 mV (bias, 95%)
Liquid bath	temperature fluctuations are small and random

Thermocouple Equipment	
Electronic ice point	±0.25°C (bias, 95%)
Voltmeter	±0.005 mV (precision, 95%)

16.31. To eliminate high-frequency electrical noise, a low-pass filter is connected to a type K thermocouple circuit, as shown in Fig. 16.43. The output is displayed on an oscilloscope having 1 MΩ input impedance. The thermocouple circuit's output is steady (i.e., a dc voltage), and the filter's cut-off frequency is known to be appropriate.

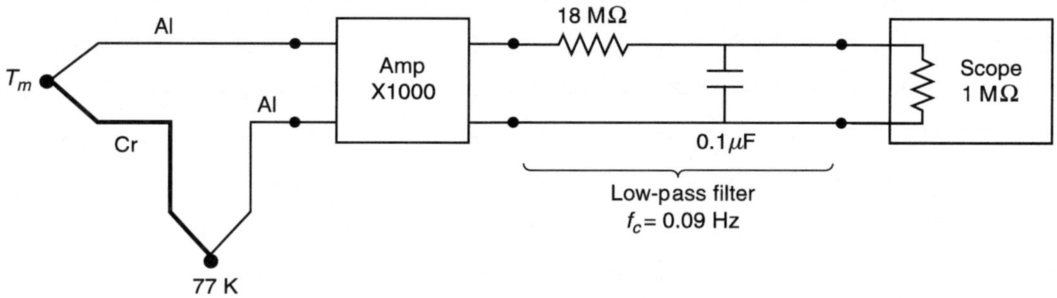

FIGURE 16.43: Circuit for Problem 16.31.

When the voltages are read from the scope and converted to temperatures, the results are clearly wrong: The apparent value of T_m is close to 77 K, when it should be much higher. Explain why, and describe a better filter.

16.32. Plot the error in measured temperature as a function of temperature for the following types of pyrometers, assuming a 10% error in emissivity: a total radiation pyrometer; a spectral-band pryometer operating at 0.9 μm; and an infrared pyrometer sensitive to wavelengths from 8 to 14 μm. Use a range of 200°C to 2000°C.

16.33. Referring to Eq. (16.15a), plot the ratio of static to total temperatures versus Mach number over the range of $M = 0$ to 3 and for $k = 1.3$, 1.4, and 1.5.

16.34. If you did not work Problems 5.3 and 5.12, do so now.

16.35. The following temperature–time data were recorded after a probe was placed in a warm environment:

Time, s	Temperature, °C
0	20
4	83
8	123
12	152
20	182
30	194
40	201
50	203

(a) Plot the data points.
(b) From the plot, determine a time constant for the system.
(c) Write a response equation assuming first-order process.
(d) Calculate sufficient points to plot the theoretical curve.
(e) Decide, on the basis of the plot, whether or not the process may be considered a single time-constant first-order type.

16.36. A "two time-constant" temperature transducer has time constants in the ratio $\zeta = 4/1$, where $\tau_p = 1.5$ s. If the transducer, initially at a temperature of 80°C, is suddenly immersed in a 500°C environment, what will be the temperature indicated after 3 s?

16.37. If the transducer in Problem 16.36 is initially at 500°C and is suddenly immersed in an 80°C environment, what temperature will be indicated after 3 s?

16.38. The performance of a temperature-measuring system approximates that dictated by two time-constant theory: $\tau_p = 10$ s and $\tau_j = 25$ s. If the system is subjected to the temperature input shown in Fig. 16.44, we see that the probe will not have sufficient time to produce a readout approximating T_{max}. If, however, at the end of the 18-s pulse, the system indicates 135°C, what must be the value of T_{max}?

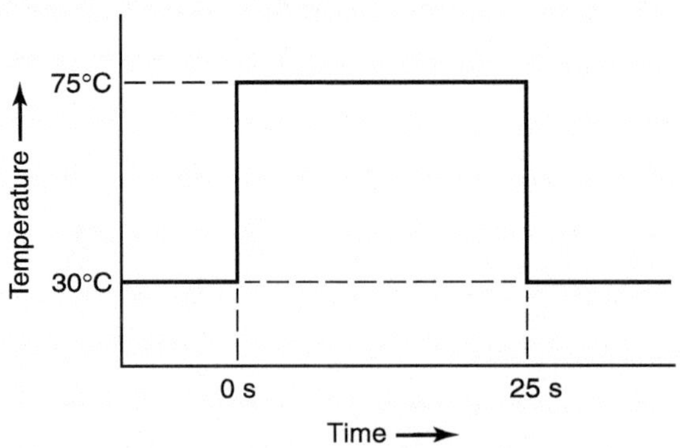

FIGURE 16.44: Temperature–time relationship for Problem 16.38.

16.39. The behavior of a temperature-measuring system approximates two time-constant theory with $\tau_p = 6$ s and $\tau_j = 14$ s. If the system experiences a perturbation as shown in Fig. 16.45, what will be the indicated temperature at $t = 15$ s? At $t = 25$ s? At 25 s the temperatures of the probe and the jacket will not be the same; however, on the assumption that both are at probe temperature, estimate the indicated temperature at 60 s. Will the calculated value be too high or too low? State your reasoning in answering the last question.

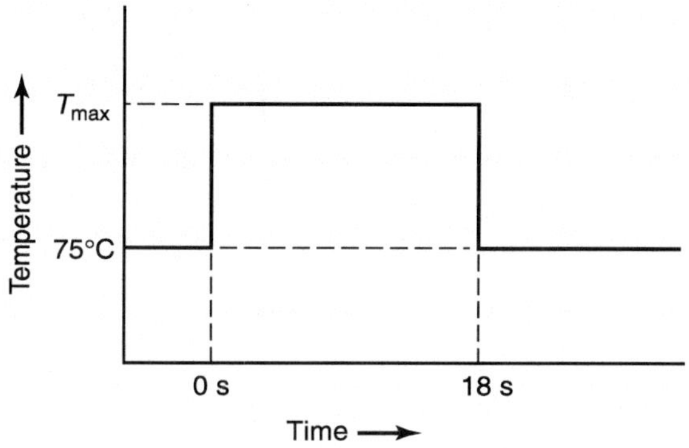

FIGURE 16.45: Temperature–time relationship for Problem 16.39.

16.40. We wish to have both a continuous record and an instantaneous readout of energy flow rate from heated water passing through a pipe. Temperature, pressure, and rate of flow each vary over a range of values.

(a) Analyze the problem and prepare a block diagram of the various measurements and functional problems that must be solved.
(b) Insofar as you can, detail the steps to a solution.

(*Note:* Figure 8.23 may help in providing a starting point.)

16.41. A thin-film layered heat-flux gage consists of a Kapton film with a single thin-foil thermocouple junction coated on either side (Fig. 16.38). The film has a thickness of 25 μm (± 1 μm at 95% confidence) and a conductivity of 0.20 W/m · K (± 0.01 W/m · K at 95% confidence).

(a) If the thermocouples operate in a range where their output is 40 μV/°C, and if the thermocouple voltage can be measured to ± 1 μV (at 95% confidence), what is the smallest heat flux that can be measured to an uncertainty of no more than 10% (at 95% confidence)?
(b) Describe how the heat-flux gage could be modified to measure a heat flux one-tenth as large as that found in part **(a)** with the same percentage uncertainty.
(c) Thermocouple junctions may have systematic error of up to 2°C. What should be done to ensure accurate heat flux readings with this gage?

참고문헌

[1] Wise, J. A. *NIST Measurement Services: Liquid-in-Glass Thermometer Calibration Service.* NIST Special Publication 250-23. Washington, D.C.: U.S. Department of Commerce, National Institute of Standards and Technology, 1989.

[2] Horrigan, E. C. Liquid-expansion thermometers, Chapter 5 in Bentley, R. E. (ed.), *Resistance and Liquid-in-Glass Thermometry*. Singapore: Springer-Verlag, 1998. (*Handbook of Temperature Measurement*, Vol. 2)

[3] Eskin, S. G., and J. R. Fritze. Thermostatic bimetals. *ASME Trans.* 62(5):433–442, 1940.

[4] Mangum, B. W., and G. T. Furukawa. *Guidelines for Realizing the International Temperature Scale of 1990 (ITS-90)*. NIST Technical Note 1265. Washington, D.C.: U.S. Department of Commerce, National Institute of Standards and Technology, 1990.

[5] Riddle, J. L., G. T. Furukawa, and H. H. Plumb. *Platinum Resistance Thermometry.* NBS Monograph 126, Washington, D.C.: U.S. Government Printing Office, April 1973.

[6] *The Temperature Handbook*. Stamford, Conn.: Omega Engineering, Inc., 1989.

[7] Seebeck, T. J. *Evidence of the Thermal Current of the Combination Bi-Cu by Its Action on Magnetic Needle*. Berlin: Abt. d. Königl, Akad. d. Wiss. 1822–23, p. 265.

[8] Peltier, M. Investigation of the heat developed by electric currents in homogeneous materials and at the junction of two different conductors. *Ann. Chim. Phys.* 56:371, 1834.

[9] Thomson, W. Theory of thermoelectricity in crystals. *Trans. Edinburgh Soc.* 21:153, 1847. Also in *Math. Phys. Papers* 1:232, 266, 1882.

[10] ASTM. *Manual on the Use of Thermocouples in Temperature Measurement.* 4th ed. ASTM manual series MNL 12. Philadelphia: American Society for Testing and Materials, 1993.

[11] Burns, G. W., and M. G. Scroger. *Temperature-Electromotive Force Reference Functions and Tables for Letter-Designated Thermocouple Types Based on the ITS-90.* NIST Monograph 175. Washington, D.C.: U.S. Department of Commerce, National Institute of Standards and Technology, 1993.

[12] Muth, S., Jr. Reference junctions. *Instr. Control Systems* 40:133–134, May 1967.

[13] *Lake Shore Product Catalog*. Westerville, Ohio: Lake Shore Cryotronics, Inc., 1991.

[14] Hammond, D. L., and A. Benjaminson. Linear quartz thermometer. *Instr. Control Systems*, 38(10):115, 1965.

[15] Lienhard IV, J. H., and J. H. Lienhard V. *A Heat Transfer Textbook*. 3rd ed. Cambridge, Mass.: Phlogiston Press, 2003.

[16] Ballico, M. J. Radiation Thermometry, Chapter 4 in Bentley, R. E. (ed.), *Temperature and Humidity Measurement*. Singapore: Springer-Verlag, 1998. (*Handbook of Temperature Measurement*, Vol. 1)

[17] Nicholas, J. V., and D. R. White. *Traceable Temperatures: An Introduction to Temperature Measurement and Calibration*. 2nd ed. New York: John Wiley, 2001.

[18] Keyes, R. J. (ed.) *Optical and Infrared Detectors*. 2nd ed. New York: Springer-Verlag, 1980.

[19] *Handbook of Infrared Radiation Measurement*. Stamford, Conn.: Barnes Engineering Company, 1983.

[20] Childs, P. R. N. Advances in Temperature Measurement, in J. P. Hartnett, T. F. Irvine, Y. I. Cho, and G. A. Greene (eds.), *Advances in Heat Transfer*, Vol. 36. San Diego: Academic Press, 2002.

[21] *Steam, Its Generation and Use*. 38th ed. New York: The Babcock and Wilcox Company, 1975.

[22] Tszeng, T. C., and V. Saraf. A study of fin effects in the measurement of temperature using surface mounted thermocouples. *J. Heat Transfer*, 125(5):926–935, Oct. 2003.

[23] Hottel, H. C., and A. Kalitinsky. Temperature measurement in high-velocity air streams. *J. Appl. Mech.*, 67:A25, March 1945.

[24] Lalos, G. T., A sonic-flow pyrometer for measuring gas temperatures. *NBS J. Res.* 47(3):179, Sept. 1951.

[25] Benedict, R. P. *Fundamentals of Temperature, Pressure, and Flow Measurements*. 3rd ed. New York: John Wiley, 1984.

[26] Moffat, R. J. How to specify thermocouple response. *ISA J.*, 4:219, June 1957.

[27] Linahan, T. C.. The dynamic response of industrial thermometers in wells. *ASME Trans.* 78(4):759–763, May 1956.

[28] Coon, G. A. Responses of temperature-sensing-element analogs. *ASME Trans.* 79(8):1857–1868, Nov. 1957.

[29] Fralick, G. C., and L. J. Forney. Frequency response of a supported thermocouple wire: Effects of axial conduction. *Rev. Sci. Instrum.*, 64(11):3236–3244, Nov. 1993.

[30] Hopkins, K. H., J. C. LaRue, and G. E. Samuelson. Effect of variable time constants on compensated thermocouple measurements. *NATO Advanced Study Institute on Instrumentation for Combustion and Flow in Engines*. Dordrecht: Kluwer, 1988.

[31] Shepard, C. E., and I. Warshawsky. Electrical techniques for compensation of thermal time lag of thermocouples and resistance thermometer elements. *NACA Tech. Note 2703*: May 1952.

[32] Shepard, C. E., and I. Warshawsky. Electrical techniques for time lag compensation of thermocouples used in jet engine gas temperature measurements. *ISA J.*, 1:119, Nov. 1953.

[33] Diller, T. E. Advances in Heat Flux Measurements, in J. P. Hartnett, T. F. Irvine, and Y. I. Cho (eds.), *Advances in Heat Transfer*, Vol. 23. New York: Academic Press, 1993.

[34] Gardon, R. An instrument for the direct measurement of intense thermal radiation. *Rev. Sci. Instr.* 24(5):366–370, May 1953.

[35] Epstein, A. H., G. R. Guenette, R. J. G. Norton, and C. Yuzhang. High-frequency response heat-flux gauge. *Rev. Sci. Instr.* 57(4):639–649, April 1986.

[36] Hager, J. M., S. Simmons, D. Smith, S. Onishi, L. W. Langley, and T. E. Diller. *Experimental Performance of a Heat Flux Microsensor*. New York: ASME Paper No. 90-GT-256, 1990.

[37] Pitts, W. M., and Burgess, S. R. *Collected Reports and Publications by the National Institute of Standards and Technology on Heat Flux Gage Calibration and Usage.* NIST Special Publication 971. Washington, D.C.: U.S. Department of Commerce, National Institute of Standards and Technology, 2001.

[38] Horrigan, E. C. Calibration Enclosures, Chapter 8 in Bentley, R. E. (ed.) *Resistance and Liquid-in-Glass Thermometry*. Singapore: Springer-Verlag, 1998. (*Handbook of Temperature Measurement*, Vol. 2)

[39] Crovini, L., R. E. Bedford, and A. Moser. Extended list of secondary reference points. *Metrologia* 13:197–206, 1977.

[40] Horrigan, E. C. Calibration and Use of Liquid-in-Glass Thermometers, Chapter 6 in Bentley, R. E. (ed.), *Resistance and Liquid-in-Glass Thermometry*. Singapore: Springer-Verlag, 1998. (*Handbook of Temperature Measurement*, Vol. 2)

Chapter 17 운동의 계측

17.1 서론

기계적인 운동은 표 17.1에 열거된 것과 같이 다양한 매개 변수에 의해 정의된다. 이러한 값들은 시간이 변함에 따라 일정하거나 주기적으로 변하거나 혹은 복잡한 형태로 변할 수 있다. 정적 변위(static displacement)의 측정에 대해서는 11장에서 자세히 언급되었다. 넓은 의미에서, 변위의 시간에 대한 변화가 연속적이면서 어느 정도 반복적으로 나타날 때 이것을 **진동**(*vibration*)이라 부른다. 이에 반해, 동적 응답(dynamic action) 전에 감소하거나 완전히 사라져 버리는 과도기적 단일 사상(event) 형태의 반응이 발생할 때 이것을 **충격**(*shock*)이라 부른다. 물론 충격 작용도 반복적으로 변하거나 어떤 경우에는 변위와 시간의 관계가 정상적인 진동의 특성을 가질 수도 있다. 그러나 충격은 용어가 말해주듯이 일반적으로 불연속적인 특성을 가져야 한다. 첨언하면, 반드시 필요한 특성은 아니지만 가파른 파두면(wavefronts)은 종종 충격 작용과 연관되어 설명된다.

기계적인 충격과 기계적인 진동 두 경우 모두 주파수, 진폭, 파형의 매개 변수들을 포함한다. 계측이란 기본적으로 시간에 따른 변위, 속도, 가속도의 기록을 얻기 위해 필요한 계기를 적용시키는 것을 의미한다. 이러한 계측 결과의 해석을 통해 주파수와 조화 성분의 진폭, 그리고 직접 측정할 수 없는 변위와 시간 사이의 관계와 같은 부가적인 정보들을 얻을 수 있다.

많은 부분에 있어 진동의 계측에 사용된 계기들은 직접 충격의 계측에 적용될 수 있다. 그러나 각각의 시험 절차와 방법은 상당히 다르다. 이러한 가속도, 속도, 변위와 같은 기본적인 값들은 사이즈믹 변환기(seismic transducer)와 같은 간단한 기기에 의해 측정될 수 있다.

표 17.1 운동 매개 변수(Motion Parameters)

운동 매개 변수	정의 관계	
	선형 운동	각 운동
변위	$s = f(t)$	$\theta = g(t)$
속도	$v = \dfrac{ds}{dt}$	$\omega = \dfrac{d\theta}{dt}$
가속도	$a = \dfrac{dv}{dt} = \dfrac{d^2s}{dt^2}$	$\alpha = \dfrac{d\omega}{dt} = \dfrac{d^2\theta}{dt^2}$
저크(Jerk)	$\dfrac{da}{dt}$	$\dfrac{d\alpha}{dt}$

17.2 진동계와 가속도계

현재 통용되는 명명법에 의하면 **진동 측정기**(*vibration pickup*)나 **진동계**(*vibrometer*)란 **변위**(*displacement*)와 **속도**(*velocity*)에 비례하여 보통 전압으로 출력을 내는 검출 변환기(detector-transducers)를 의미한다. 변위나 속도의 감지는 주로 2차 변환 소자에 의해 결정된다. 예를 들면 6.11절과 11.13절의 차동 변환기(differential transducer)나 6.6절과 7.7절의 전압 분할 전위차계(voltage-dividing potentiometer)를 사용할 때는 출력이 변위에 비례한다. 반면에, 6.12절의 가변 자기 저항 소자가 사용될 때는 출력이 속도의 함수가 된다.

가속도계(*accelerometer*)란 출력 값이 **가속도**(*acceleration*)에 따라 변하는 측정기를 일컫는다. 진동 측정기와 가속도계 사이에는 설계와 응용 측면에서 볼 때 기본적인 차이가 존재한다.

17.3 기본적인 진동계와 진동 검출기

진동 측정 계기 분야에 많은 발전이 있었지만 아직까지 가장 민감한 진동 검출기 중 하나는 인간의 감촉이다. 밸런스 기계 장치를 전문으로 하는 한 회사에서 이루어진 실험에 의하면, 사람의 손끝은 0.3 μm(12 μin.)의 진폭을 갖는 정현파 진동을 감지할 수 있다[1]. 또한 진동하는 물체를 손으로 꽉 잡고 있을 때 감지할 수 있는 최소 진폭은 0.025 μm(1 μin.) 정도이다. 이 두 경우 모두 약 300 Hz일 때 최고의 감도(sensitivity)가 발생되었다.

운동의 진폭이 약 1 mm 보다 클 때는, 그림 17.1(a)에서 보이는 것과 같은 **진동 쐐기**(*vibrating wedge*)에 의해 간단하게 측정될 수 있다. 종이나 그와 비슷한 다른 얇은 재료를 검정색의 쐐기 모양으로 만들어 진동하는 물체의 표면에 붙인다. 쐐기의 대칭축을 운동 방향에 수직으로 놓고 물체가 진동함에 따라 그림 17.1(b)에서 보듯이 연속적으로 2개의 극단 위치(extreme position)에 쐐기가 있다고 가정한다. 이때 상(image)은 쐐기의 색깔이 남아있는 중간 부분과 음영 사이의 보상 작용으로 인해 색깔 변화가 생기는 두 부분으로 분리된다. 이와 같이 이미지가 겹치는 점 X의 위치를 관찰함으로써 진폭을 측정할 수 있다. 여기서는 쐐기의 두께가 운동 진폭의 두 배와 같다. 이 장치는 운동의 파형에 대한 정보를 알려주지는 못한다. 주파수 측정을 위한 간단한 장치 중에는 유효 길이(effective length)의 변화에 따라 공진 주파수가 변하는 작은 외팔보(cantilever beam)가 있다. 계기 케이스를 주파수를 측정하고자 하는 물체에 부착하고, 공진이 일어나는 보의 길이를 찾아 천천히 보의 길이를 조절한다. 이때 공진 주파수에 도달하면 보 끝단의 진폭은 현저하게 커지게 된다. 이 장치는 단지 눈금의 분해능에만 제한되는 정밀도로 높은 감도를 갖는다.

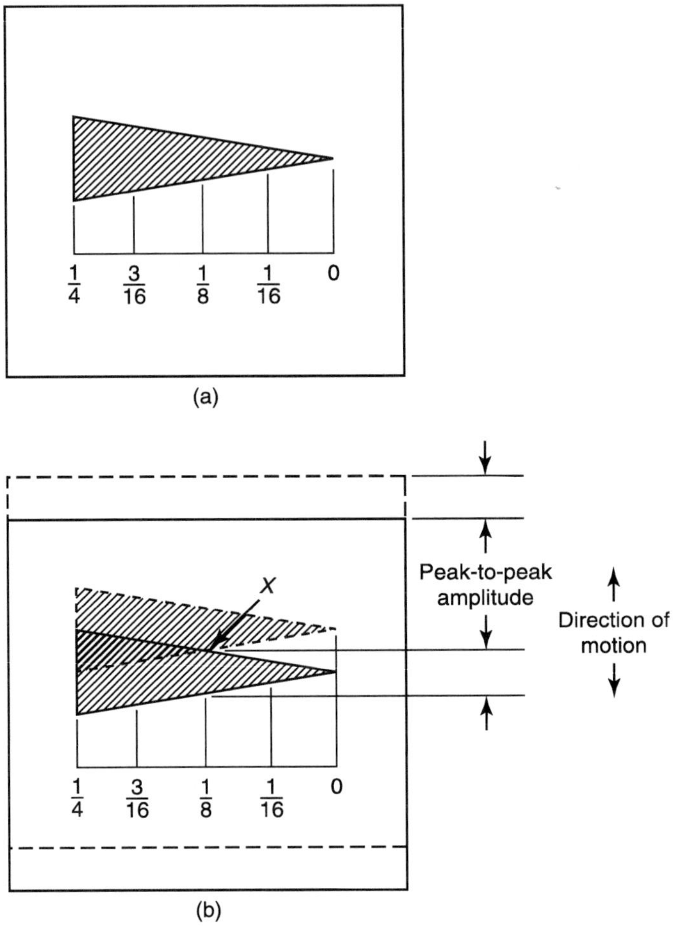

그림 17.1 진동 쐐기 진폭 표시기: (a) 정지된 쐐기, (b) 쐐기의 극단 위치

17.4 기본적인 가속도계

가장 기본적인 가속도 측정 장치는 가속도 레벨 표시기(acceleration-level indicator)이다. 이와 비슷한 형태의 계기는 많이 있지만 이것들은 모두 미리 결정되어 있는 가속도 레벨에 도달했는지 여부만 표시하는 형식으로 되어있다. 이러한 계기 중 하나인 예압이 가해진 전기적 접촉을 이용한 계기의 개념도가 그림 17.2에 나타나 있다[2]. 이론적인 작동 방식은 스프링과 질량에 작용하는 관성력이 미리 설정된 예압을 초과할 경우 떨어지게 되는 것이며, 이것을 이용해 어떤 형태의 표시기로써 사용할 수 있다. 지금까지 어느 정도 이런 형태의 장치들이 많이 만들어져 왔다. 두 번째 가속도 레벨 표시기로 **원숏**(*one-shot*) 형태가 있다. 가속도 레벨은 인장력을 받는 물체에 파괴가 일어났느냐 아니냐에 따라 결

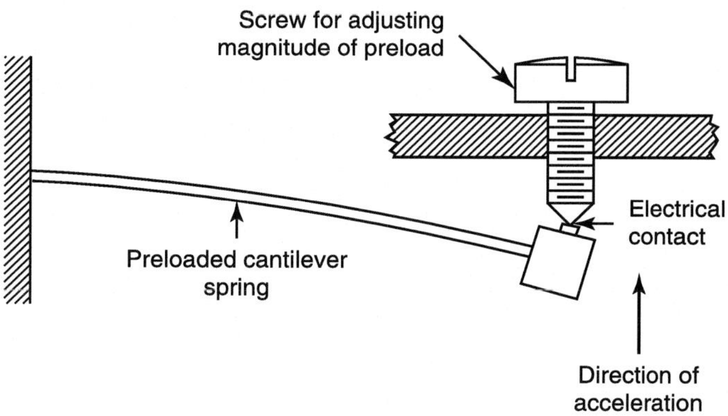

그림 17.2 예압이 가해진 스프링 타입의 가속도계

정된다. 이때에는 완전한 취성 재료(brittle material)를 사용하여야 한다. 그렇지 않으면 이전에 경험한 가속도에 의해 발생되는 냉간 가공 효과에 의해 재료의 물리적 특성이 변할 수 있고, 그에 따라 교정(calibration)도 변하게 되는 문제점이 있다. 그리고 그러한 재료는 실제 존재하지 않기 때문에 이 제한 조건은 중요한 것이다. 위에서 설명된 접근 방법들은 간단하다는 장점이 있지만 단지 대략적인 표시만을 할 수 있다.

17.5 사이즈믹 계기

진동 검출기와 가속도계는 그림 17.3에 개략적으로 나타내어진 것과 같이 일반적으로 사이즈믹 형태이다. 스프링으로 지지된 질량이 적당한 하우징(housing) 내부에 놓여있고 질량과 하우징 사이의 상대 운동을 감지하기 위한 센서가 하우징 부분에 부착되어 있다. 뒤에서 설명하겠지만 여기에 감쇠(damping)도 포함될 수 있다. 그림에서는 질량과 하우징 사이에 놓인 감쇠 기호로 나타내었다.

기본적으로 사이즈믹 계기의 응답은 관성 질량에 관련된 가속도의 함수이다. 그러나 출력은 질량과 하우징의 상대 운동에 의해 결정된다. 이 원리는 사이즈믹(seismic) 질량 계기인 **진동계**(*vibrometer*)와 **가속도계**(*accelerometer*)의 원리가 된다. 보다 일반적으로 사용되는 형태의 진동 측정기 중에 일부는 코일과 영구 자석에서 나온 자기장 사이의 상대 운동을 사용하는 가변 자기 저항 변환기(variable-reluctance transducer)를 쓰고 있다. 이 경우에는 출력이 단면을 통과하는 자력선에 비례하기 때문에 계기가 속도에 민감하다.

공진 주파수(natural frequency)의 감쇠를 적절히 선택함으로써 질량과 하우징 사이의 상대운동이 가속도의 함수가 되는 사이즈믹 계기를 설계하는 것이 가능하다. 그러한 계기로부터 나온 출력은 가속도로 교정될 수 있으며 이러한 계기가 가속도계이다. 이 두 형태의 계기에 필요한 기본적인 사항은 다음 절에서 살펴보기로 한다.

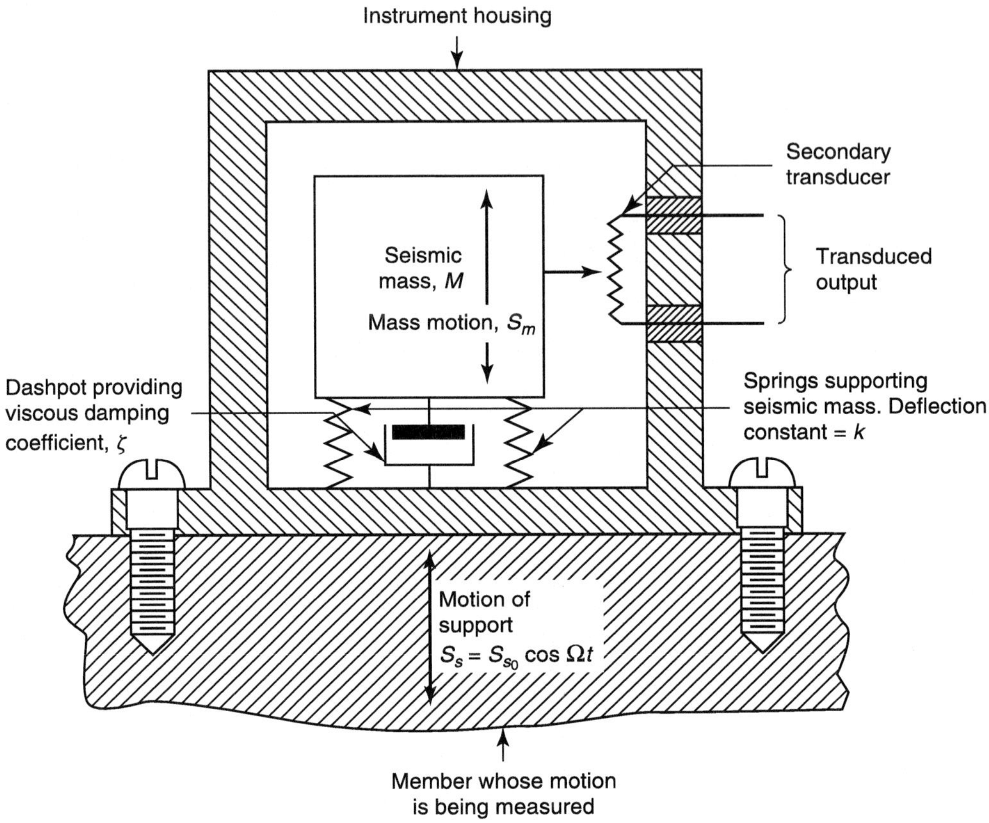

그림 17.3 사이즈믹 타입(Seismic type)의 운동-측정 계기

17.6 사이즈믹 계기의 일반 이론

그림 17.3은 점성 감쇠(viscous damping)를 갖고 지지대에 작용하는 조화 운동에 의해 가진되는 1자유도의 시스템을 보여준다. 여기서는 앞으로 서술될 관계를 어느 정도 제한하기 위해 **단순 조화 운동**(*simple harmonic excitation*)을 가정한다. 그러나 이러한 특별한 경우를 통해서도 사이즈믹 계기에 대해 많은 것을 배울 수 있다.

다음과 같이 명명하면

$M =$ 사이즈믹 요소의 질량

$g_c =$ 차원 상수

$k =$ 스프링 지지대의 휨 상수

$\zeta =$ 감쇠 계수

$S_m =$ 정적 평형 상태에서 측정된 질량 M의 절대 변위
$S_{m_0} =$ 질량 M의 변위 진폭
$S_s =$ 지지대의 변위
$= S_{s0} \cos \Omega t$
$S_r = S_m - S_s$
$=$ 두 번째 변환기가 감지할 질량과 지지대 사이의 상대 변위
$S_{r_0} =$ 질량과 지지대 사이의 상대 변위 진폭
$t =$ 시간 (번역누락)
$\Omega =$ 가진 주파수
$\omega_n =$ 시스템의 비감쇠 고유 진동수 $= \sqrt{kg_c/M}$
$\phi =$ 위상각

자유 질량 M에 대해 뉴턴의 제2법칙을 적용하면 질량의 운동 미분 방정식을 다음과 같다.

$$\frac{M}{g_c}\frac{d^2 S_m}{dt^2} + \zeta \frac{dS_r}{dt} + kS_r = 0 \tag{17.1}$$

각 항은 힘을 나타낸다. 첫째 항은 관성력(inertia force), 두 번째는 감쇠력(damping force), 세 번째는 탄성력(spring force)이다. 다음과 같이 대체하면

$$S_m = S_s + S_r \tag{17.2}$$

다음을 얻는다.

$$\frac{M}{g_c}\frac{d^2 S_r}{dt^2} + \zeta \frac{dS_r}{dt} + kS_r = -\frac{M}{g_c}\frac{d^2 S_s}{dt^2} \tag{17.3}$$

그런데

$$S_s = S_{s0} \cos \Omega t$$

이므로,

$$\frac{M}{g_c}\frac{d^2 S_r}{dt^2} + \zeta \frac{dS_r}{dt} + kS_r = \frac{M}{g_c} S_{s0}\Omega^2 \cos \Omega t \tag{17.4}$$

이 방정식은 일정한 계수를 갖는 2차의 선형 미분 방정식이고 식 5.24와 매우 유사하다. 따라서 두 식을 비교하면 다음과 같이 해를 얻을 수 있다.

$$\begin{aligned} S_r &= e^{-t/\tau}\left[A \cos \sqrt{1-\xi^2}\,\omega_n t + B \sin \sqrt{1-\xi^2}\,\omega_n t\right] \\ &\quad + \frac{(M/kg_c) S_{s0}\Omega^2 \cos(\Omega t - \phi)}{\sqrt{[1-(\Omega/\omega_n)^2]^2 + [2\xi(\Omega/\omega_n)]^2}} \end{aligned} \tag{17.5}$$

여기서 ξ는 임계 감쇠 계수에 대한 감쇠 계수의 비이다. 그리고 위상각은 다음과 같다.

$$\phi = \tan^{-1}\left[\frac{2\xi(\Omega/\omega_n)}{1-(\Omega/\omega_n)^2}\right] \tag{17.6}$$

식 17.5의 우변의 첫째 항은 과도기적 성분(transient component)을, 두 번째 항은 정상 상태(steady state)의 성분을 나타낸다. 만약 시간 간격이 시정수(time constant)의 몇 배에 해당하면 과도기적 성분은 무시 가능하며 그 경우에는 다음과 같이 쓸 수 있다.

$$S_{r0} = \frac{S_{s0}(\Omega/\omega_n)^2}{\sqrt{\left[1-(\Omega/\omega_n)^2\right]^2 + [2\xi(\Omega/\omega_n)]^2}} \tag{17.7}$$

17.6.1 진동 측정기

S_{r_0}가 사이즈믹 질량 M과 지지대 사이의 상대 변위 진폭이고 S_{s_0}는 계기 하우징 즉 질량이 부착될 지지 물체의 변위 진폭을 나타낸다고 생각하고 식 17.7을 살펴보자. 또한 계기의 출력이 상대 변위인 S_r의 함수이지만 측정하고자 하는 양인 S_s의 직접적인 함수는 아니라는 것을 다시 한 번 되새겨 보자.

식 17.7을 살펴보면 상대 진폭이 지지대의 진폭의 직접적인 함수가 되기 위해서는 S_{s_0}의 총 계수가 상수가 되어야 한다는 것을 알 수 있다. 주어진 계기에 대해서 비감쇠 고유 진동수와 감쇠는 이미 정해져 있다. 따라서 유일한 변수는 강제 주파수(forcing frequency)이다. 그러면 S_{r_0}/S_{s_0} 대 Ω/ω_n의 관계를 그려봄으로써 그 함수가 어떤 형태인지 살펴보자. 여러 가지 감쇠비에 대해 수행된 결과 곡선이 그림 17.4에 나타나 있다. 곡

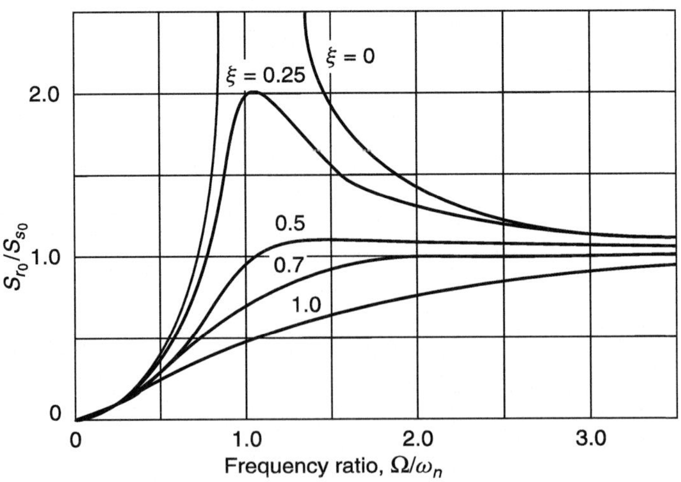

그림 17.4 사이즈믹 계기의 조화 변위에 대한 응답 곡선

선을 잘 살펴보면 Ω/ω_n의 값이 1보다 매우 클 때는 원하는 바와 같이 진폭비가 거의 1이 됨을 볼 수 있으며 이 경우에 감쇠비의 값은 별로 중요하지 않다는 것도 알 수 있다. 그러나 주파수비가 1 부근일 때는 진폭비가 굉장히 커지며 감쇠에 따라 많은 영향을 받는다는 것을 알 수 있다. 또한 Ω/ω_n의 값이 1보다 작을 때는 진폭비가 1에서부터 크게 변화하며 어떤 감쇠비에 대해서는 비록 공진 주파수 근처일지라도 1에서 별로 변화가 없음을 그림 17.4에서 알 수 있다.

결론적으로 계기를 공진 영역에서 사용하고자 한다면 약 65%에서 70% 정도의 감쇠비가 필요하다는 것을 알 수 있다. 또한 어떤 경우에 있어서는 계기의 일반적인 사용 목적에 따라 감쇠를 선택하여야 하며 작동 원리에서 기인하는 고유 오차는 항상 존재하며 두 번째 변환기와 다음 단계의 계기에 의해 오차는 점점 증가한다는 사실도 고려해야 한다.

한 예로서 다음 조건하에서의 모순을 찾아보면

$$\begin{aligned} \xi &= \text{감쇠비} = 0.68 \\ S_{s_0} &= 0.38 \text{ mm } (0.015 \text{ in.}) \\ f_n &= \text{계기의 비감쇠 고유 진동수} = 4.75 \text{ Hz} \\ f_e &= \text{가진 주파수} = 7 \text{ Hz} \end{aligned}$$

그러면

$$\frac{f_e}{f_n} = \frac{7}{4.75} = 1.474, \qquad \left(\frac{f_e}{f_n}\right)^2 = 2.17$$

식 17.7을 이용하면

$$\begin{aligned} S_{r_0} &= \frac{2.17 \times 0.015}{\sqrt{[1-(2.17)]^2 + (2 \times 0.68 \times 1.474)^2}} \\ &= 0.01404, \\ \text{Inherent error} &= \left(\frac{0.01404}{0.015} - 1\right) 100 = -6.38\% \end{aligned}$$

17.6.2 사이즈믹 진동기의 위상 이동

이 절에서는 상대 진폭과 지지대의 진폭 사이의 위상 관계를 알아보기로 한다. 물론 모든 주파수 영역에 대해서 두 경우의 위상차가 0일 때가 가장 바람직할 것이다. 식 17.6을 그래프로 나타낸 그림 17.5에 의하면 감쇠가 0일 때 강제 주파수가 공진 주파수보다 작으면 사이즈믹 질량은 정확히 지지대와 동일한 위상에서 움직이고(물론 같은 진폭은 아니지만), 공진 주파수보다 크면 지지대의 운동과 정확히 180°의 위상차를 가지고 움직인다는 것을 알 수 있다. 즉 공진점에서 갑작스런 위상 이동이 생긴다. 다른 감쇠에 대해서도 주파수비에 따라 서서히 변한다는 것 이외에는 비슷한 위상 이동을 보여준다.

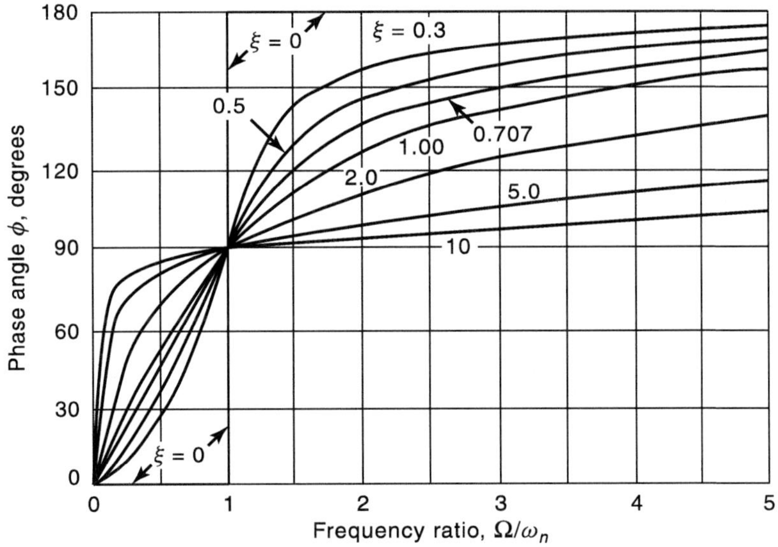

그림 17.5 사이즈믹 계기에서의 위상각, 주파수 비, 감쇠간의 관계

간단한 실험을 통해 이러한 위상 이동 관계를 규명할 수 있다. 5, 6개의 고무밴드를 일렬로 묶어 스프링처럼 만든 다음 한 쪽은 손으로 잡고 다른 한쪽에는 약 0.25 kg ($\frac{1}{2}$ lb) 정도의 질량을 달아 놓음으로써, 지지대에 의해 가진되는 사이즈믹 질량 실험 장치를 만들 수 있다. 손을 위아래로 흔들면서 상대 운동을 관찰할 수 있고, 최대 진폭을 얻었을 때의 손의 진동수를 측정하여 시스템의 고유 진동수를 찾을 수 있다. 고유 진동수보다 낮은 영역에서 손을 위아래로 흔들 때는 손의 움직임을 따라, 질량도 위아래로 움직이는 것을 관찰할 수 있을 것이다. 이 경우 사이즈믹 질량은 근사적으로 지지 물체, 즉 손의 운동과 동상(*in phase*)에 있다고 말한다. 이번에는 고유 주파수 보다 높은 영역에서 손을 위아래로 움직이면 손이 위로 움직일 때는 질량은 아래로, 손이 아래로 움직일 때는 질량은 위로 움직이는 것을 볼 수 있을 것이다. 이러한 운동을 이상(*out of phase*)에 있다고 말한다.

이러한 실험을 통해 볼 때 위싱 이동의 관점에서는 가능하다면, 감쇠를 0으로 갖는 계기를 설계하는 것이 가장 바람직할 것이다. 그러나 공진 영역 부근에서는 심각한 문제에 빠질 수도 있다.

지금까지 보았듯이 공진 영역 부근에서의 진폭과 위상 이동은 교정(calibration)에 의해 설명될 수 있으며 단일 주파수(*single frequency*) 조화 운동의 경우에는 실제로 적용될 수도 있다. 만약 항상 단순 조화 운동만을 측정한다면 위상 이동은 그리 중요한 요소는 아니며 파형과 진폭이 정확하다면 최대 상대 운동이 지지대(support) 운동의 최대값(peak)과 정확히 일치하는지의 여부 또한 그렇게 중요한 것은 아니다. 실제로 어려운 점은 입력이 서로 다른 위상 이동을 갖는 많은 조화파로 이루어진 복잡한 파형일 때 생긴다.

5.4절과 5.5절에서 보았듯이 만약 복잡한 파형의 특정 조화항(harmonic term)이 나머지 항에 대해서 위상 이동이 생긴다면, 결과적인 파형의 모양은 찌그러지고 옳지 않은 결과가 나온다. 반면에, 상대적인 변화 없이 모든 조화파가 전체적으로 이동한다면, 원래의 모양은 유지되고 대부분의 응용에 있어서 아무런 문제없이 결과가 나온다.

위상 이동에 의한 파형의 찌그러짐(distortion)이 최소화되는 세 가지 경우가 있다. 첫째, 모든 항(term)에 대해서 지연(lag)이 없으면 찌그러짐도 없다. 둘째, 모든 성분이 180° 지연되면 그것의 상대적인 값은 변화가 없다. 그리고 마지막으로 위상 이동이 조화 차수(harmonic order)와 비례하면, 즉 주파수에 따른 선형적인 이동이 있으면, 정확한 상대적인 관계가 유지된다.

위상 이동이 없는 것은 더 이상 말할 필요도 없을 것이다. 180°의 위상 이동이 발생했을 때는 모든 sin, cos 항들은 단순히 부호만 바뀌고 상대적인 진폭은 영향을 받지 않고 그대로 유지된다.

주파수에 선형적으로 비례하는 위상이동은 첫 번째 조화파가 ϕ 라디안(radian)만큼 지연되고 두 번째는 2ϕ, 세 번째는 3ϕ 만큼 위상이 각각 지연된다. 다음의 관계는 그러한 상황을 보여준다.

$$f(t) = A_0 + A_1 \cos \omega t + A_2 \cos 2\omega t + A_3 \cos 3\omega t + \cdots \tag{17.8}$$

선형적인 위상 이동은 또한 다음과 같이 표현될 수도 있다.

$$\begin{aligned} f(t) &= A_0 + A_1 \cos(\omega t - \phi) + A_2 \cos(2\omega t - 2\phi) \\ &\quad + A_3 \cos(3\omega t - 3\phi) + \cdots \\ &= A_0 + A_1 \cos \beta + A_2 \cos 2\beta + A_3 \cos 3\beta + \cdots \end{aligned} \tag{17.8a}$$

여기서 $\beta = \omega t - \phi$이다. 전체적인 관계는 일정하게 지연되고, 각 항은 다른 항들과 서로 같은 조화 관계를 유지한다. 따라서 위상의 찌그러짐은 없다. 나중에 보겠지만 진동 측정기는 두 번째의 상황(180°의 위상 이동)을 근사적으로 따르며, 반면에 가속도계는 선형적인 위상 이동 형태(linear phase shift type)를 취한다.

그림 17.5는 공진 주파수보다 높은 영역에서 사이즈믹 형태의 변위 혹은 속도 측정기에 의해 사용될 때, 주파수비가 증가됨 따라 위상 이동이 180°로 접근함을 보여준다. 그러나 그 변화율은 감쇠에 의해 결정된다. 감쇠가 0일 때는 가진 주파수가 계기의 공진 주파수를 지날 때 즉시 변화하며, 어느 정도 감쇠비가 있을 때는 180°로의 위상 이동 속도가 급격히 줄어든다. 이와 같이 주파수 영역에서 좋은 진폭과 위상 응답을 얻기 위해서는 감쇠를 결정할 때 어느 정도 타협점이 필요하게 된다. 그러나 일반적으로 위상 응답(phase response)보다는 진폭 응답이 더 큰 문제가 되기 때문에 어떤 경우에는 감쇠를 최소로 정하여 주지만 보통 경제적인 계기는 임계 감쇠의 약 60~70%를 갖도록 설계한다. 어떤 경우에는 주파수비가 1보다 커지면 커질수록 진동계의 상대 운동이 더욱 정확하게 원하고자 하는 운동을 나타내게 된다.

17.6.3 진동계의 일반 이론

사이즈믹 질량 형태의 진동 측정기가 운동에 대한 정보를 만족스럽게 알려 주기 위해서는 계기의 비감쇠 고유 진동수보다 큰 입력 강제 주파수를 가해야 한다. 계기의 비감쇠 고유 진동수가 낮아질수록 입력 강제 주파수의 범위는 커지며 공진 주파수보다 조금 높은 영역에서는 진폭과 위상 응답이 적절히 선택되어야 한다. 물론 가능한 변위의 범위는 각각의 특별한 계기를 어떻게 설계하느냐에 따라 달라진다. 일반적으로 진동계의 크기가 커질수록 더 큰 변위의 진폭을 수용할 수 있다. 그러나 크기가 증가할수록 신호원에 가해지는 힘도 증가하게 된다.

17.7 사이즈믹 가속도계

이 절에서는 진동계와 비슷한 형태의 사이즈믹 계기인 가속도계를 살펴보자. 기본적으로 가속도계의 제작은 설계 매개 변수(parameter)가 출력과 가속도에 비례하도록 되어 있다는 것 외에는 진동계(그림 17.3)와 같다.

식 17.7을 다시 쓰면 다음과 같다.

$$S_{r_0} = \frac{S_{s_0}\Omega^2}{\omega_n^2\sqrt{[1-(\Omega/\omega_n)^2]^2+[2\xi\Omega/\omega_n]^2}} \tag{17.9}$$

또는

$$S_{r_0} = \frac{a_{s_0}}{\omega_n^2\sqrt{[1-(\Omega/\omega_n)^2]^2+[2\xi\Omega/\omega_n]^2}} \tag{17.10}$$

여기서 a_{s_0}는 지지대(supporting member)의 가속도 진폭이다.

식 17.10을 잘 살펴보면 가속도계를 어떻게 적절히 설계하고 사용하느냐 하는 문제를 분명히 알 수 있다. 지지대와 사이즈믹 질량 사이의 상대 변위를 지지대의 가속도를 측정하는 지표로 사용되기 위해서는 식의 근(radical)이 상수가 되어야 한다. 분모에 있는 ω_n^2 항은 주어진 계기에 따라 고정되어 있고 변하지 않는다. 이와 같이 만약 근이 상수이면 상대 변위는 직접적으로 가속도에 비례할 것이다. K를 다음과 같이 놓자.

$$K = \frac{1}{\sqrt{[1-(\Omega/\omega_n)^2]^2+[2\xi\Omega/\omega_n]^2}} \tag{17.11}$$

여러 가지 감쇠비에 대해 K와 Ω/ω_n의 관계를 그려보면 그림 17.6과 같다. 그림을 살펴보면 강제 주파수가 변화함에 따라 효과적으로 진폭비를 일정하게 유지하는 유일한 방법은 주파수비가 0에서 0.40 사이의 범위에 있고 약 0.7의 감쇠비를 가질 때이다. 사용 가능 영역은 허용 오차의 크기에 의해 결정된다.

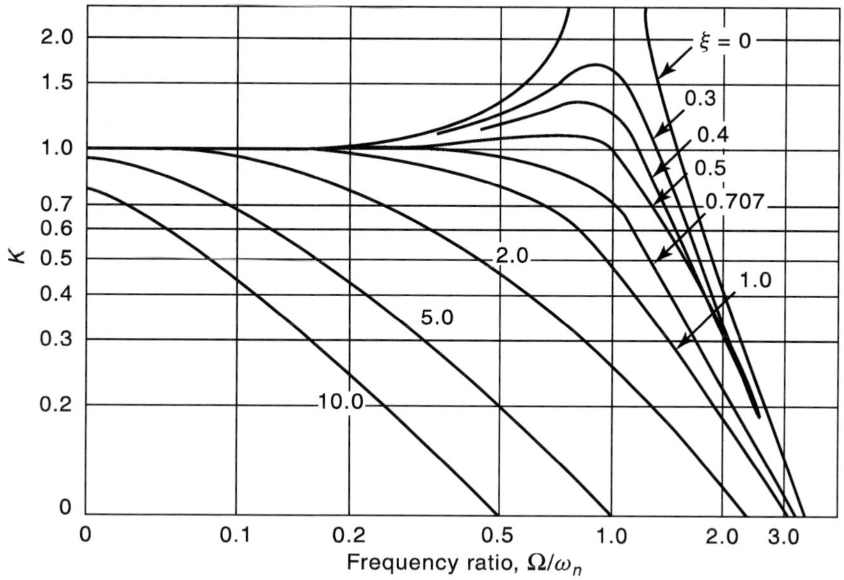

그림 17.6 사이즈믹 계기의 정현파 가속도에 대한 응답 곡선

17.7.1 가속도계 내의 위상 지연

그림 17.5와 제한된 가속도계의 작동 범위 즉 $\Omega/\omega_n = 0\text{~}0.4$, $\xi = 0.70$일 때를 다시 한 번 보면 위상이 주파수에 따라 거의 선형적으로 변화함을 알 수 있다. 이러한 관계는 좋은 위상 응답 특성을 나타낸다.

17.7.2 가속도계의 일반 법칙

사이즈믹 계기가 만족스러운 가속도계로 사용되기 위해서는 자신의 비감쇠 고유 진동수의 약 40%보다 작은 강제 주파수에서 사용되어야 하고 계기의 감쇠는 임계 감쇠의 70% 정도가 되어야 한다.

진동 측정기와 가속도계 두 경우에 모두 같은 감쇠를 사용할 수도 있다. 그러나 이 두 계기의 유용한 사용 영역은 각각의 비감쇠 고유 진동수의 반대 방향에 위치한다. 진동 측정기는 낮은 비감쇠 고유 진동수를 갖도록 만들어졌고 이것은 강성이 약한 스프링을 단 질량을 사용한다는 것을 의미한다. 반면에 가속도계는 자신의 비감쇠 고유 진동수 보다 낮은 영역에서 사용되어야 한다. 따라서 강성이 강한 현가 질량을 사용한다. 이러한 이유로 가속도계는 진동계보다 감도는 떨어지지만 강성에 있어서는 강한 계기임을 알 수 있다.

그림 17.3은 진동계나 가속도계 중 어떤 것을 나타내는 데도 사용할 수 있다. 17.6과 17.7절에서 말했듯이 사이즈믹 계기에 대한 기본적인 정보는 질량과 지지대의 상대 운동이다. 이 운동을 감지하기 위해 감지 운동의 2차 변환기가 필요하다(질량-스프링의 조합

이 1차 변환기 형태이다). 그림에는 전압 분할 전위차계가 나타나 있지만, 이 책에서 논의된 모든 변환 원리는 이러한 목적으로 사용된다. 이러한 계기에는 가변 자기 저항 장치와 가변 인덕턴스 장치, 스트레인 게이지, 비접착된 스트레인 게이지(strain gage), 압전 저항 센서와 압전 센서, 가변 커패시턴스 변환기와 앞의 절에서 언급되지 않은 몇 가지 흔하지 않은 장치들이 있다.

위에 나열된 대부분의 장치들은 가변 자기 저항 장치만 제외하고 모두 변위 센서이다. 가변 자기 저항의 경우에는 출력이 속도의 함수이며, 다시 말해 단면을 통과하는 자기력선의 함수이다. 따라서 이러한 형태의 센서 감도는 단위 변위에 대한 전압이 아니라 단위 속도에 대한 전압이다. 가변 자기 저항 변환기는 진동계로서 효과적으로 사용될 수 있다. 여기에는 두 가지 기본 설계가 있다. (1) 영구 자석이 사이즈믹 질량에 부착되어 케이스에 부착되어 있는 측정기 코일에 대해 상대적으로 움직인다. (2) 자석이 하우징에 고정되고 코일이 사이즈믹 질량의 부분을 형성한다. 코일이 움직이는 경우에 있어서 전기 회로가 더 결정적인 역할을 하지만 이 중 어떤 것도 탁월한 장점을 갖고 있지는 않다.

가장 보편적인 형태의 가속도계는 그림 17.7에서 보듯이 여러 가지 형태로 된 압전 소자를 사용한다. 티탄산염 바륨(barium titanate), 지르콘산염 납(lead zirconate), 티탄산염 납(lead titanate), 그리고 메타니온산염 납(lead metaniobate)을 포함하고 있는 다결정 세라믹

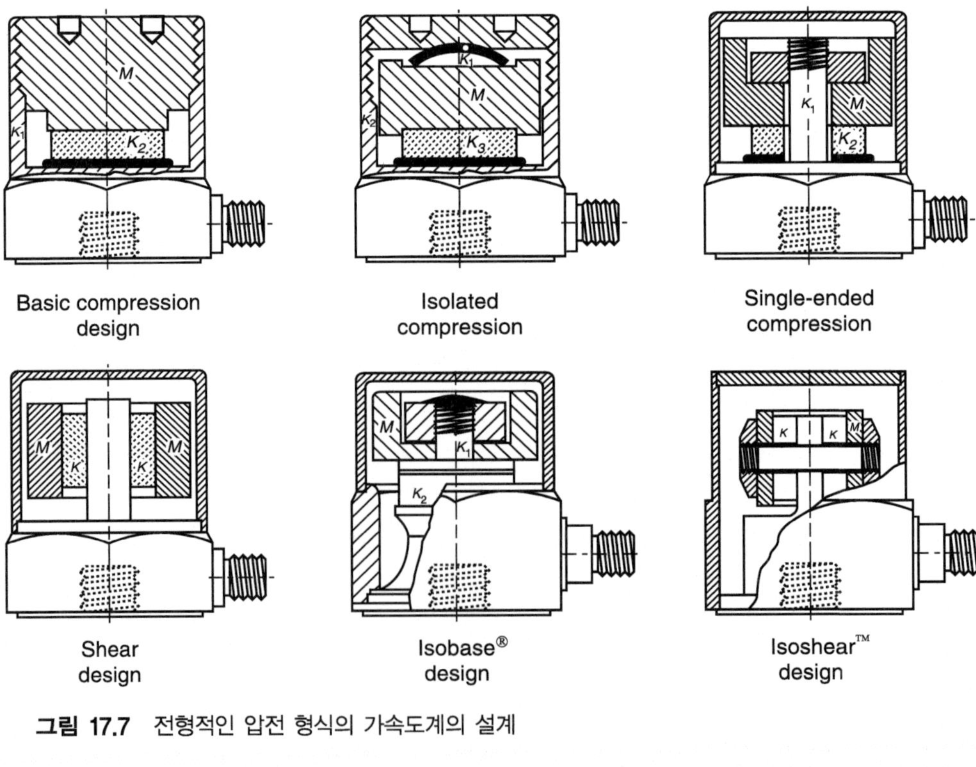

그림 17.7 전형적인 압전 형식의 가속도계의 설계

이 여기에 사용되는 압전 재료들이다[3]. 그림에서 보듯이 주파수 범위나 감도(sensitivity)와 같은 요구되는 특성에 따라 다양한 형태의 설계가 가능하다.

압전 형태가 갖는 중요한 장점에는 고감도, 초소형, 그리고 강인성(ruggedness)등이 있다. 감쇠비는 0.002에서 0.25로 상대적으로 낮지만 얻을 수 있는 유용한 선형 주파수 범위가 설계시에 결정된 높은 비감쇠 고유 진동수(100,000 Hz 이상)에 의해 여전히 높게 된다.

압전 장치의 출력 임피던스는 매우 높기 때문에 적절한 매칭(matching), 노이즈, 그리고 연결 케이블의 운동과 길이에 의해서 여러 가지 문제가 야기될 수도 있다. 적절한 신호 처리를 위해서는 일반적으로 7.14절의 임피던스 변압 증폭기(impedance-transforming amplifier)나 7.15.2절의 전하 증폭기(charge amplifier)가 필요하다. 각 장치들은 나름대로의 장, 단점이 있으며 최고의 효율은 계기가 가속도계 근처에 위치할 때 얻을 수 있다. 사실 어떤 경우에 있어서는 현대의 고집적 회로 기술에 의해 가속도계 하우징의 내부에 증폭 회로를 포함시키는 것이 가능하게 되었다. 따라서 계기를 어떻게 적절히 선택하느냐는 그것을 어디에 응용하는지에 달려 있다.

실리콘 미세 기계 가공 또는 미세전자기계시스템(MEMS) 기술은 저가의 반도체 가속도계를 만드는데 적용된다. 이들은 6.15.1절에 기술된 압전저항 원리에 의해 작동한다. 집적회로 기술은 신호 조정기를 내장해서 가속도계를 다른 제품과 쉽게 결합시킬 수 있다.

17.8 교정

진동 측정기나 가속도계가 진폭 측정 계기로서 유용하게 사용되기 위해서는 단위 입력(변위, 속도, 가속도)에 대해 출력 신호(일반적으로 전압)의 크기를 결정하는 교정 단계를 거쳐야 한다. 가속도계에 대해서는 중력 가속도(g)에 대한 출력 전압이 결정될 수 있다. 또한 교정은 유용한 주파수 범위 내에서 출력 전압이 어떻게 변하는가 하는 것을 보여 주어야 한다.

사이즈믹 형태의 변환기의 교정에는 다음의 두 가지 접근 방법이 있다. (1) 절대적인 방법(질량, 길이, 시간의 물리적인 개념에 직접적으로 기반을 둔다), (2) 비교를 통한 기술 방법이다.

두 번째의 접근 방법은 구속된 변환기를 비교할 수 있는 어떤 표준(standard)을 사용하는 방법이다. 여기서 표준이라는 것은 교정이 확실히 이루어진 매우 믿을 만한 특성을 가진 변환기를 의미한다. 이 방법이 매우 쉽고 보편적으로 사용될 것같이 보이지만 여기에는 피해야 할 많은 함정이 있다. 오차가 없는 판독을 위해서는 다음과 같은 요소를 만족해야 한다[4, 5].

1. 가해진 운동은 정확하게 동일해야 한다.

2. 표준에 관련된 판독 장치는 완전히 표준의 한 부분이 되어야 하고 전체 시스템을 쫓아갈 수 있는 교정을 가져야 한다.
3. 관련된 판독 장치는 둘 다 동일한 응답을 가져야 한다.
4. 표준은 장시간 신뢰도를 가져야 한다.

위의 요구 조건 중 어떤 것도 쉽게 만족되지는 않는다.

다음에 오는 2개의 절에서는 사이즈믹 형태의 변환기의 교정에 있어서의 좀 더 근본적인 방법을 논의하기로 한다.

17.9 진동계의 교정

일반적으로 진동 측정기는 이미 알고 있는 진폭과 주파수를 갖는 정상 상태의 조화 운동을 가함으로써 교정될 수 있다. 측정기의 출력은 신뢰할 수 있는 전압계나 음극선 오실로스코프(cathode-ray oscilloscope)를 사용하여 측정되는 정현파의 전압이다. 물론, 여기서 근원적인 문제는 확실한 진폭과 주파수를 갖는 조화 운동을 얻는데 있다.

전기(電機, electromechanical)식 가진기가 일반적으로 사용된다[6]. 이러한 종류의 장치들은 17.14절에 자세히 설명되어 있다. 이러한 형태의 가진기는 초당 수천 사이클의 주파수로 사용 가능한 진폭을 갖는 조화 운동을 만들어 낼 수 있다.

17.10 가속도계의 교정

가속도계의 교정은 다음과 같이 나눌 수 있다.

1. 정적 교정
   (a) 중력 가속도(g) 전도(turnover) 방법
   (b) 원심 분리기(centrifuge) 방법
2. 정상 상태의 주기적인 교정
   (a) 구형 진동 테이블 또는 백투백(back-to-back) 가속도계 교정 가진기(exciter)의 사용

17.10.1 정적 교정

중력 가속도 전도 방법

범위가 작은 가속도계는 단순히 하나의 수직 위치로부터 다른 수직 위치로 180° 감지축을 회전시킴으로써, 즉 가속도계의 위아래를 뒤집음으로써 2 g의 레벨 교정을 할 수 있다. 이 방법은 긍정적으로 받아들일 만하지만 적용 가능한 가속도의 한계가 존재한다. 이러한

원리의 한 가지 간단한 설비가 참고문헌에 설명되어 있다[7]. 물론 정밀한 교정을 위해서는 국부적인 중력 가속도가 사용되어야 한다.

원심분리기 방법

제한이 없는 정적 가속도가 회전 테이블의 원심 분리기에 의해서 결정될 수 있다. 회전의 중심을 향한 가속도 성분은 다음과 같은 관계로 표현된다.

$$a_n = r(2\pi f)^2 \tag{17.12}$$

여기서 $a_n =$ 사이즈믹 질량의 가속도

$r =$ 테이블의 중앙에서부터 사이즈믹 질량의 무게 중심까지 측정된 회전 반지름

$f =$ 테이블의 회전속도(rev/s)

회전축은 수직이라고 가정한다. 큰 문제점은 아니지만 이 방법의 단점은 계기와 전기적으로 연결된다는 것이다.

17.10.2 정상 상태의 주기적인 교정

백투백(back-to-back) 가속도계 교정

진동 가속도계를 교정하는 것은 관심있는 다양한 주파수에서의 감도(mV/g 또는 pC/g)를 결정하는 것이다. 미국 기계협회는 백투백 비교 방법이 가장 편리하고 가장 저렴한 기술이라고 증명했다.

백투백 교정에서는 시험 가속도계와 NIST 추적가능 양단 교정 표준 가속도계(traceable double-ended calibration standard accelerometer)가 연결되어 있고, 이 쌍을 다양한 중력 가속도 가진기로 가진한다. 만약 NIST 추적가능 양단 교정 표준 가속도계가 즉시(또는 재정상)가능하지 않다면, 보조 가속도계로 대체할 수 있다.

가속도계는 그림 17.8에서 보이는 것과 같이 연결되어 있다. 가진기 진동수와 진폭이 조절 가능하고 교정 표준의 출력과 시험가속도계의 출력이 비교가능하다. 가속도계가 이 방법에 의해 교정되었을 때, 시험 표준과 관련된 시험장치의 질량이 고려되어야 한다. 시험장치의 질량이 시험 표준 질량의 30%를 초과하였을 경우 질량 부하 보정이 반드시 고려되어야 한다[8].

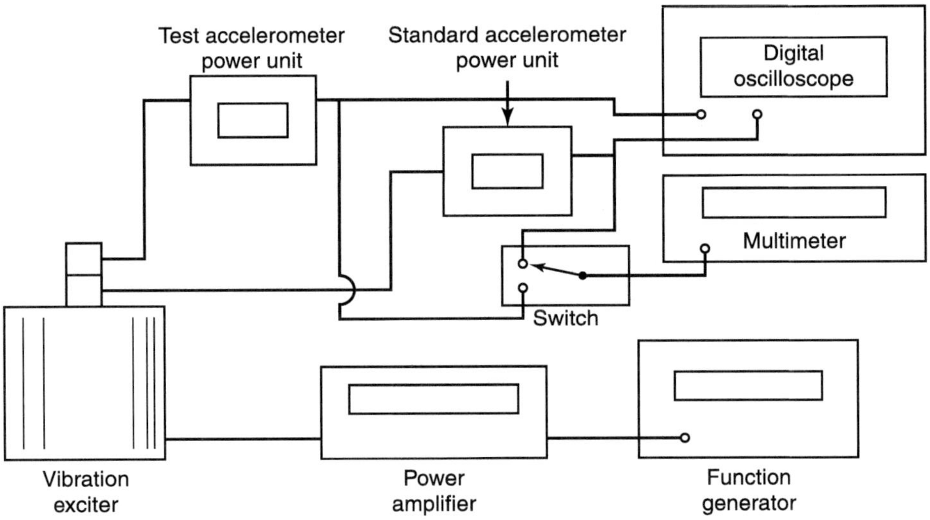

그림 17.8 백투백(back-to-back) 가속도계 교정

17.11 사이즈믹 계기의 과도적인 양에 대한 응답

지금까지의 사이즈믹 계기에 대한 논의는 크게 단순 조화 운동에 국한되었었다. 복잡한 파형이나 과도기적 파형에 대해서는 계기가 과연 어떻게 응답할까? 4.4절에서 보았고 5.16절에서 더 자세히 살펴보았듯이 복잡한 파형은 적절한 진폭과 위상관계를 갖는 일련의 단일 정현 성분으로 분석될 수 있다. 그렇다면 어느 정도 범위내의 각각의 조화 입력에 대해 신뢰할 만한 응답을 낼 수 있는 사이즈믹계기는 그 범위 내의 주파수 성분으로 구성된 복잡한 입력에 대해서도 신뢰할 수 있는 응답을 얻어야 한다. 물론 그러한 가정이 정당하다면 가속도계의 고유 특성에 의해 가속도계가 진동 측정기보다 적용 영역에 있어서 훨씬 제한을 많이 받을 것이다. 가속도계는 자신의 고유 진동수의 대략 40% 정도까지를 주파수 영역으로 제한받는 반면에 진동 측정기는 자신의 고유 진동수보다 큰 주파수에서 작동만 하면 되는 제약 조건을 갖고 있다. 그러나 진동계와 가속도계의 상대적인 이점을 비교해 보면 위상 응답이라는 측면에서 볼 때 가속도계가 분명히 장점을 가지고 있다. (17.6.2와 17.7.1절)

가벼운 스프링으로 연결된 사이즈믹 질량을 갖는 진동 측정기를 만듦으로써 거의 모든 주파수 영역에서 만족스럽게 수행할 수 있다. 가속도계에 있어서 약 40%의 값 이상의 주파수 성분은 피해야 한다. 그러나 일반적으로 고주파의 입력에 대해 감쇠가 일어난다. 그림 17.9는 구형파(square-wave) 펄스에 대한 가속도계의 이론적인 응답을 나타낸다[9, 10]. 서로 다른 감쇠비와 비감쇠 고유 진동수에 대해 결과가 나타나 있다.

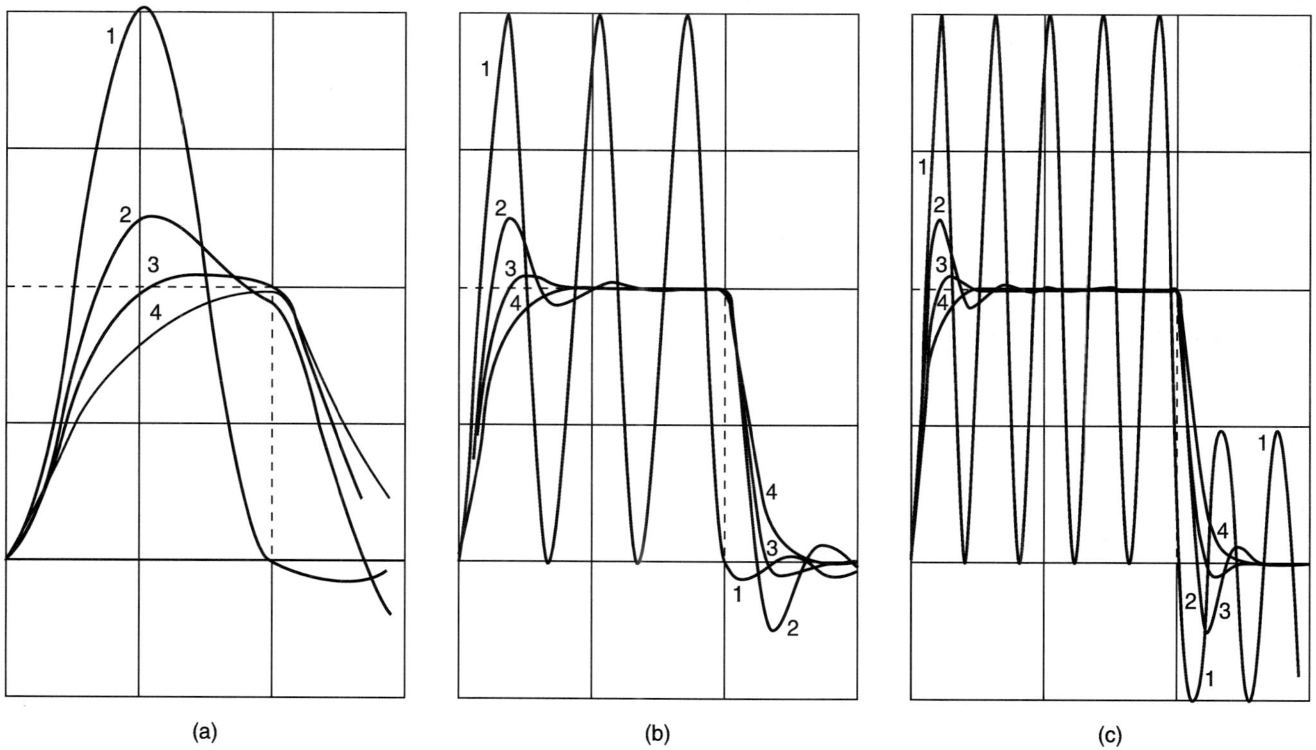

그림 17.9 가속도계에 정방형의 펄스가 가해질 때 응답 (a) 가속도계의 고유 주기(고유 진동수의 역수)가 펄스 주기의 1.014배일 경우 (b) 가속도계의 고유 주기가 펄스 주기의 0.334배일 경우 (c) 가속도의 고유 주기가 펄스 주기의 0.203배일 경우 (1) 감쇠비가 없는 경우 (2) 감쇠비 = 0.4인 경우 (3) 감쇠비 = 0.7인 경우 (4) 감쇠비 = 1.0인 경우(자료 제공: 미국 국립표준연구소)

무엇보다도, 이 곡선들은 감쇠비가 약 0.7일 때가 최적에 가깝다는 것을 확실히 보여준다. 또한 지금까지 언급되었듯이 가능한 큰 비감쇠 고유 진동수를 갖는 계기를 사용하는 것이 바람직하다는 것도 보여준다. 이것은 이전의 논의들이 이러한 결론에 수렴된 것으로, 그리 놀랄 일은 아니다. 그러나 높은 비감쇠 고유 진동수는 강성이 큰 서스펜션(suspension)이 필요하며 그 결과가 질량과 계기의 하우징 사이의 상대 운동은 작아지고 그에 따라 응답에서 얻은 장점들이 2차 변환기의 분해능(resolution)의 감소라는 단점에 의해 사라지게 된다.

이것은 가속도계의 선정은 적절한 타협점에 기반을 두어야 한다는 것을 더욱 강조하는 것이다. 즉 가속도계가 자신의 장점에 의해서만 선정될 수 있는 것이 아니라 전체 시스템을 고려해 만족스러운 전체 응답을 가지면서 가장 큰 비감쇠 고유 진동수를 갖도록 선택되어야 함을 의미하는 것이다.

17.12 레이저 속도 변환기에 의한 속도 계측

그림 11.6은 레이저 변위 센서의 단순화된 형태를 보여 준다. 이동 가능한 반사경(reflector)이 진동하는 표면 $\delta = \delta(t)$에 붙어 있다면 뒤쪽에서 반사된 광선은 먼저 나뉘어진 광선과 합쳐져 광검출기(photodetector)로 감지 가능한 여러 개의 연속적인 어두운 줄무늬를 발생시킨다. 단위 시간당 줄무늬의 개수는 표면의 속도를 나타낸다. 이 변환기를 통해 측정되는 속도는 이동 반사경의 레이저 광선 방향으로의 속도 성분이다.

실제에서는 모든 표면에 쉽게 부착될 수 있는 역반사 테이프가 이동 반사경으로 이용된다. 이 장치의 동작 거리는 보통 1.0 m 이하 정도이다. 이것은 비접촉 방식의 속도 센서이기 때문에 사이즈믹 방식(seismic-type) 변환기를 사용할 경우 측정 대상의 질량을 크게 변화시킬 수 있는 구조물의 속도 측정에 이용될 수 있다.

대표적인 이 변환기의 응용은 다음과 같다.

1. 연소 기관과 같은 뜨거운 표면의 속도 측정
2. 진동하는 박막의 속도 측정
3. 회전하는 기계의 회전 축 궤도 해석
4. 사이즈믹(seismic) 변환기의 부착이 불가능한 기계요소의 속도 측정

17.13 진동과 충격 시험

진동과 충격시험 시스템은 여러 가지의 연구 개발 과제와 관련하여 매우 중요하다. 장비가 완전한 정상 상태(steady-state)나 과도적인 동적 상태에서 만족스럽게 작동되도록 하려면

많은 사양이 요구된다. 이러한 시험에는 바로 직면한 시험에만 유일하게 적용되는 장비가 필요하지만 그 시험에 이용되는 원리는 다른 것들에도 공통적으로 적용되는 것이다.

많은 소비재 품목은 그 개발 과정의 일부로서 동적 시험을 필요로 한다. 모든 종류의 방진(防振, vibration-isolating) 방법은 그것의 효과를 알아보기 위한 시험이 필요하다. 어떤 물질의 피로 시험은 진동 시험 방법을 이용한다. 동적 시험을 받는 대표적인 품목에는 자동차 라디오, 시계, 전조등, 방열기, 점화장치와 같은 많은 자동차 부품들과 완충장치, 차체와 같은 보다 큰 요소들도 포함된다. 물론 많은 항공기 부품들과 다른 군사용 품목들도 엄격한 진동과 충격 사양을 만족해야 한다. 미사일의 부속품들은 기계적, 음향적 원인으로 인해 매우 혹독한 동적 환경에 처하게 된다.

동적 시험은 정확하게 사용 환경과 일치한다고 가정될 수도 있다. 그러나 이러한 상황은 항상 필요한 것도 바람직한 것도 아니다. 무엇보다도 사용 환경은 대개의 경우 다시 반복될 수 없다. 즉 한 순간의 상황이 다른 순간과 동일하지는 않다는 것이다. 오늘날의 상황과 요구 조건은 예전의 그것들과는 다르다. 따라서 **표준**의 작동 상황을 정의하는 것은 불가능하지는 않지만 대개의 경우 어려운 일이다. 그렇지만 동적 시험은 정확하게 제어되고 측정 가능한 조건하에서 취약한 특정 부의를 정확하게 지적해 낼 수 있다. 예를 들어 명확하게 결정되는 공진 주파수, 파괴가 일어날 수 있는 진폭과 주파수의 조합 등과 같은 인자는 설계 단계에서 밝혀질 수 있다. 이와 같은 정보를 이용하여 설계 기술자는 교정을 위한 측정이 필요한지, 아니면 그러한 상황은 작동 영역 밖이므로 중요하지 않다고 볼 수 있는지를 결정할 수 있을 것이다. 많은 경우 현장에서의 시험은 매우 긴 시간이 요구되지만 동적 시험은 빠른 속도로 진행할 수 있다는 장점이 있다.

동적 시험에 대한 검토는 2개의 영역(진동 시험과 충격 시험)으로 나뉜다.

17.14 진동과 가진계

특정한 진동에 대한 시험 항목을 선정하기 위해서는 운동원이 필요하다. 가진을 위해 사용되는 장비는 일반적으로 단순하게 진동 테이블 또는 **진동 가진기**라 칭해진다. 대부분의 경우 단순한 조화 운동이 가해지지만 복잡한 파형을 가해주는 시스템도 사용 가능하다.

여러 가지 형태의 진동 테이블이 있는데 종류는 가진력원(source of driving force)에 따라 달라진다. 일반적으로 주요 운동원은 전자기식, 기계식, 유압-공압식이거나 어떤 경우에는 음향식인 것이 사용될 수 있다. 대개의 경우 각 종류는 선택을 가능하도록 하는 고유의 한계를 가지고 있다.

17.14.1 전자기계

작은 전자식 가진기의 단면이 그림 17.10에 나타나 있다. 이것은 공극 *h* 사이에 일정한 자속을 공급하는 계자 코일과 가변 주파수원(variable-frequency source)에서 공급되는 구동 코일로 구성되어 있다. 일정한 자속의 발생을 위해 영구 자석이 사용되기도 한다. 휨 스프링(flexure spring)을 이용한 구동 코일의 지지는 2개의 자장간의 상호 작용력에 의해 구동될 때 코일이 왕복 운동을 할 수 있도록 해 준다. 전자기 구동 헤드(electromagnetic driving head)는 일반적인 라디오 스피커 안에 있는 자장과 보이스 코일(voice coil)의 배치와 유사함을 알 수 있다.

전자기 가진기는 백터력의 용량(vector force capacity)에 의해 정격이 결정되고 또 그것은 보이스 코일의 전류를 통과시키는 능력에 의해 제한된다. 절연체의 온도 제한이 기본적으로 가진기의 힘 용량(force capacity)을 결정한다. 구동력은 대부분 단순 조화 함수의 형태(복잡한 파형이 사용될 수도 있다)이고 4.2절에서 논의되었던 조화 변위와 같이 생각될 수도 있다. 정격(定格, rating)을 결정하는데 이용되는 힘은 보이스와 계자 코일 사이에 발생되는 백터력이다.

그러나 **정격 힘**(*rated force*)을 시험 대상물의 구동에 전부 적용할 수는 없다. 시험 대상물을 진동하는데 사용할 수 있는 힘은 공급되는 전체 힘에서 진동 테이블 시스템의 동작하는 데 필요한 힘을 빼야한다. 다음과 같이 표현될 수 있다.

$$F_n = F_t - F_a \tag{17.13}$$

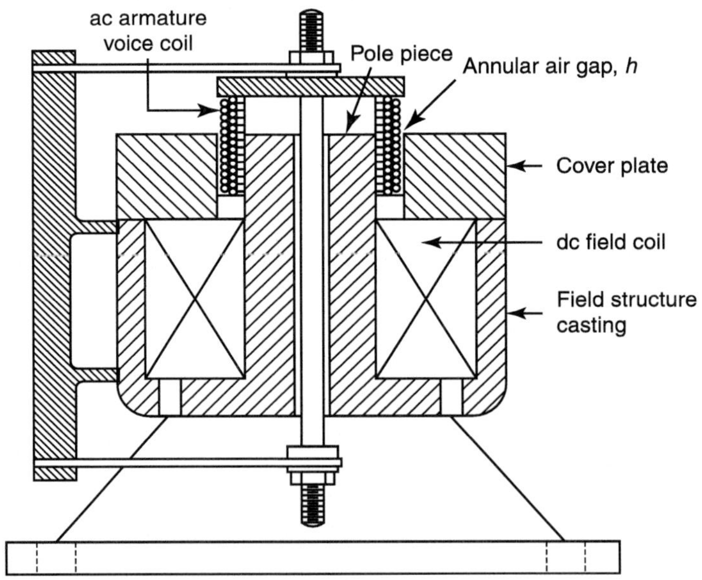

그림 17.10 전자기식 가진기 내부 구조 단면도

여기서 $F_n =$ 순수하게 시험 대상물을 진동하는데 사용할 수 있는 힘

$F_t =$ 제작사의 정격 용량 또는 보이스와 계자 코일 사이의 전자기적 상호작용에 의해 공급되는 전체 힘

$F_a =$ 보이스 코일, 테이블, 보이스 코일의 휨 보(flexure beam)의 적절한 부분을 포함한 진동 테이블 시스템의 동작 부분을 가속시키는 데 필요한 힘

실제에서는 전체 백터력 F_t의 관점에서 생각하고 단순히 진동 테이블의 움직이는 부분의 무게는 시험 대상물과 부착용 브라켓(mounting braket)같이 필요한 부속물의 무게를 더하여 생각하면 편리하다. 표 17.2는 시중에서 구입 가능한 대표적인 전자기식 진동 테이블 시스템의 사양을 나타낸다.

17.14.2 기계적 형태의 가진계

기계식 진동 테이블에는 2개의 기본적인 형식(직접 구동과 관성에 의한 구동)이 있다. 직접 구동 진동 테이블은 단순히 어떠한 형태의 기계적 링크 장치에 의한 왕복 운동을 발생시키는 시험 테이블로 구성되어 있다. 이러한 용도로는 크랭크와 커넥팅로드 메커니즘, 스카치 요크(Scotch yokes), 캠이 이용될 수 있다.

또 다른 기계식은 구동력을 인가하기 위하여 역회전하는 질량을 이용한다. 중량의 상대적인 편차에 의해 힘이 조절되고 역회전(counterrotation)은 한 방향으로만 힘을 더해 준다. 말하자면 x방향의 가진력은 상쇄시키고 y방향으로는 힘을 더해 준다. 주파수는 속도 변화가 가능한 모터에 의해 조절된다.

표 17.2 특정한 전자기식 진동 테이블의 사양

Maximum Rated Force, lbf	Frequency Range, Hz	Maximum Double Amplitude, in.	Weight of Moving Armature, lbm
50	0–5,000	$\frac{1}{2}$	$\frac{3}{4}$
100	0–10,000	1	$1\frac{1}{4}$
300	0–5,000	1	$2\frac{3}{4}$
1,500	0–4,000	$1\frac{1}{4}$	20
3,200	5–3,000	$\frac{1}{2}$	25
20,000	5–3,000	1	95
40,000	2–2,000	1	250

이와 같은 관성을 이용한 시스템에는 두 가지의 주요한 장점이 있다. 우선 큰 힘을 가할 수 있는 능력을 어렵지 않게 얻을 수 있고 다음으로는 주파수 사이클이 바뀌어도 시스템의 가진 진폭은 변하지 않는다. 따라서 시스템이 20 Hz에서 1.27 mm(0.05 in.)의 진폭으로 가진하도록 설정되었다면 주파수를 50 Hz로 바꾸어도 진폭은 바뀌지 않을 것이다. 이러한 현상의 원인은 이용 가능한 가진력과 가속을 위해 요구되는 힘 모두 가진 주파수 제곱의 조화 함수임을 알고 있으면 이해될 수 있을 것이다. 따라서 요구되는 가진 주파수가 바뀌면 이용할 수 있는 가진력도 바뀌게 된다.

17.14.3 유압식 및 공압식 계

전자기식이나 기계식 진동 테이블 시스템의 중요한 단점은 부하 용량(load capacity)과 주파수가 각각 제한되어 있다는 것이다. 결과적으로 제어 가능한 다른 가진원을 찾기 위한 시도는 유압과 공압 영역에서의 연구로 이어지게 되었다.

그림 17.11은 진동 시험에 사용되는 유압 시스템을 블록 형태로 나타낸다[11]. 이 장치에서는 전기적으로 작동되는 서보 밸브가 주 제어 밸브를 작동시키고 이것은 주 구동 실린더 양끝으로의 흐름을 제한한다. 유압 시스템에서는 460 mm(18 in.) 정도의 큰 진폭을 갖고도 큰 용량(500,000 lbf 또는 2.2 MN까지)과 상대적으로 높은 주파수(400 Hz까지)를 얻을 수 있다. 물론 두 가지의 최대값을 동시에 얻을 수는 없다. 이와 같은 종류의 시스템을 성공적으로 설계하려면 충분한 용량과 요구되는 속도에 반응하여 동작할 수 있는 능력을 가진 밸브의 개발이 주요 문제점으로 대두된다.

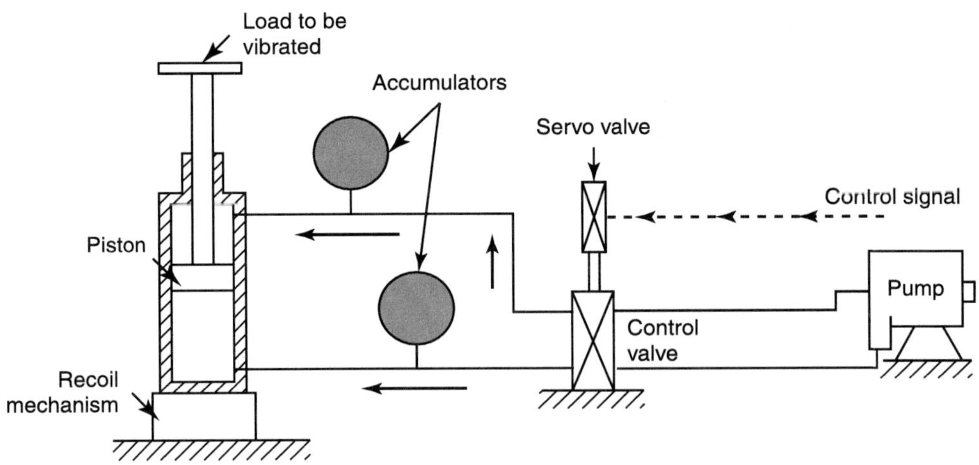

그림 17.11 유압으로 구동되는 가진기의 블록선도

17.14.4 각 시스템의 상대적 이점과 제한

주파수 영역

높은 주파수 영역은 전자기식 진동 테이블을 이용해서만 얻을 수 있다. 일반적으로 전자기식 테이블의 가진력 용량이 커지면 가해줄 수 있는 최대 주파수는 낮아지게 된다. 그러나 표 17.2에 나타나 있는 180-kN(40,000 lbf) 용량의 진동 테이블도 2,000 Hz의 높은 주파수를 발생시킬 수 있다. 기계식 진동 테이블로 이와 같은 값을 얻으려면 120,000 rpm의 회전 속도가 요구된다. 작은 기계식 장비에서 얻을 수 있는 최대 주파수는 120 Hz(7,200 rpm) 정도이고 보다 큰 장비에서는 60 Hz(3,600 rpm) 정도이다. 유압식 장비는 현제로서는 2,000 Hz 정도에 제한되고 있다.

힘의 제한

현재 180 kN(40,000 lbf) 정도의 최대 백터력을 가지는 전자기식 진동 테이블이 개발되었는데, 이 같은 방식과 크기의 진동 테이블에 쓰이는 가변 주파수 동력원은 매우 비싸다. 기계식과 유압식의 주파수 한계에서 볼 때 유압식 진동 테이블을 이용하면 낮은 가격에서 보다 높은 가진 용량(force capacity)을 얻을 수 있다. 그러나 기계식과 유압식 장비에는 세심한 설계가 필요하고 보수 및 유지비용이 문제가 될 수도 있다. 기계식 진동 테이블은 특히 베어링과 기어의 파손에 영향을 받기 쉽다. 반면에 유압식에는 밸브와 패킹(packing)의 문제가 내재되어 있다.

최대행정

전자기식 진동 테이블에서는 24.5 mm(1 in.)나 그보다 약간 큰 값 정도가 피크간의 변위 상한선으로 간주된다. 기계식은 127이나 152.4 mm(5나 6 in.) 정도의 변위를 가해 줄 수 있다. 그러나 유압식 진동 테이블을 이용해서는 458 mm(18 in.)나 되는 행정을 가해줄 수 있다.

자기장

전자기식 진동 테이블은 상대적으로 강력한 고정 자계(fixed magnetic field)를 필요로 하기 때문에 솔레노이드, 릴레이나 유도 전압이 문제가 되는 대상을 시험할 때에는 때때로 특별한 주의가 필요하다. 자속은 어느 정도 완벽하게 구조물 안으로 제한되지만 진동 테이블 바로 옆에는 비교적 높은 자장이 나타나게 된다. 따라서 동작이 자장에 민감하게 반응하는 대상물은 영향을 받을 수도 있다. 테이블 주위의 자장을 줄이기 위해 디가우징 코일(degaussing coil)이 사용되기도 한다.

비정현파의 가진

진동 테이블의 운동은 정현파 형태이거나 복잡할 수도 있고 주기적이거나 완전히 불규칙적일 수도 있다. 정현파 형태가 가장 일반적이긴 해도 어떤 때에는 다른 파형이나 불규칙한 운동이 요구되기도 한다[12]. 이러한 부분에서는 전자기식 진동 테이블이 절대적인 우위를 점하고 있다. 유입식이 비조화 형태의 운동을 발생시킬 수 있다 해도 복잡한 파형의 정밀한 제어는 쉽지 않다. 미래에 발전된 기능의 밸브가 개발된다면 상황이 바뀔 수도 있다.

일반적인 스피커의 보이스 코일은 재생시키려고 하는 소리에 따라 보통 복잡하고 불규칙적인 운동을 생성한다. 복잡하고 불규칙적인 테이블 헤드의 운동도 본질적으로는 같은 방식으로 만들어 낸다. 신호원으로 고정 주파수의 조화 발진기를 이용하는 대신 완전히 불규칙하거나 미리 결정된 불규칙적인 신호원이 사용된다. 전자적인 **잡음원**(*noise* source)이나 실제의 운동이 자기 테이프에 기록되어 진동 테이블은 구동하는 신호원으로 이용될 수 있다. 예를 들면 전투 차량의 운동을 변환기를 통해 자기 테이프에 기록하여 전자식 기어(electronic gear)로 받고 다시 그 운동의 기록은 진동 테이블을 구동하는 데 이용할 수 있다. 이와 같은 방법으로 동일한 과정의 반복이 가능하다.

17.15 진동 시험법

시험 대상에 삼각함수의 파형을 가하는 데는 **주먹구구법**(*Brute-force method*)과 **공진법**(*Resonance Method*)[13]의 두 가지 방법이 있다. 주먹구구법의 경우는 시험 대상이 가진기 테이블에 부착되고 가진기는 자신의 운동을 통해서 문자 그대로 시험 대상을 앞뒤로 움직이기 위한 힘을 가하게 된다. 공진법은 원하는 공진 주파수를 가진 기계적 스프링-질량 장치를 이용한다. 시험대상은 가진기에 의해 가진되는 시스템의 일부로 장착된다. 가진기는 단순히 감쇠에 의해 소비되는 에너지만 공급한다.

17.15.1 주먹구구법

주먹구구 방식 시험에서는 가진기가 규정된 운동을 통해 시험 대상을 구동하는데 필요한 모든 가속력을 공급해 줄 수 있어야 한다. 복잡한 파형도 이용될 수 있지만 규정된 운동은 일반적으로 삼각함수 곡선의 형태이다. 이러한 종류의 결합에 내재되어 있는 문제점은 다음과 같은 예에서 나타난다.

삼각함수의 파형으로 10 kg의 시험 대상을 100 Hz에서 2 mm(두 배의 진폭 = 4 mm)의 변위 진폭으로 진동시킬 것을 요구하는 진동시험 조건을 가정해 보자. 얼마만큼의 힘의 진폭이 요구되겠는가?

최대 힘은 최대가속도와 상응할 것이고 최대 가속도는 다음과 같이 계산될 수 있다.

$$\text{Circular frequency} = \Omega = 2\pi \times 100 = 628 \text{ rad/s},$$

$$\text{Maximum acceleration} = \text{the displacement amplitude} \times (\Omega)^2$$

$$= \left(\frac{2}{1000}\right)(628)^2 = 789 \text{ m/s}^2$$

$$\text{Maximum force} = \frac{ma}{g_c} = \frac{(10 \times 789)}{1\ (\text{kg} \cdot \text{m/s}^2)(\text{N} \cdot \text{s}^2/\text{kg} \cdot \text{m})}$$

$$= 7890 \text{ N, or about } 1770 \text{ lbf}$$

물론 이것은 시험 대상물만 진동시키는데 필요한 힘의 진폭이다. 만약 지지 장치가 필요하다면 그것도 진동 테이블 자체의 이송코일을 따라서 진동되어야 한다. 이러한 것들이 (장치 및 보이스 코일 조립 부품) 5 kg의 질량을 가진다고 가정해 보자. 그러면 3,945 N의 추가적인 백터력(vector force)이 필요하다. 따라서 진동 테이블의 정력 용량은 최소한 12,000 N 정도가 되어야 한다.

17.15.2 공진법

공진 시스템은 시험 대상이 부착되어 있는 어떤 형태의 스프링-질량 장치를 이용한다. 그림 17.12는 다음에서 특징이 설명될 작은 실험 장치를 나타낸다. 실험 대상물은 3.493 kg의 중량을 가지고 있고 시험 사양에서는 ±32 mm의 진폭을 가진 50 Hz삼각함수 파형의 진동을 요구한다.

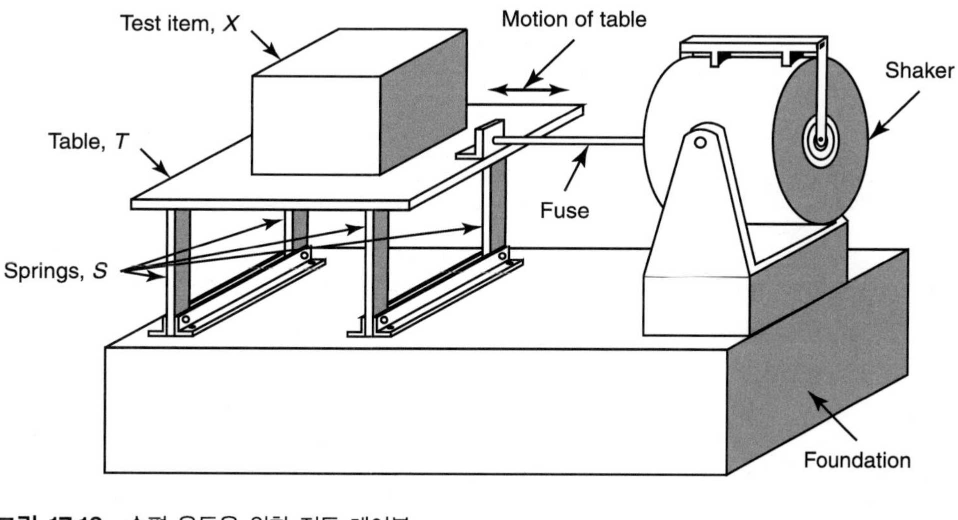

그림 17.12 수평 운동을 위한 진동 테이블

그림에 나타난 대로 스프링으로 지지된 테이블이 설계되었다. 처음에 시험이 시작될 때에는 공진 주파수가 58 Hz이었다. 적은 질량을 더하여 주파수를 정밀하게 50 Hz로 조정하였다. 마지막 중량의 분포는 다음과 같다.

시험의 대상	3.493
찬문을 포함한 테이블	2.154
가진기 중 동작부분	0.159
판 스프링 중량의 $\frac{1}{3}$	0.227
총합	6.033 kg

50 Hz에서 시스템의 최대 용량을 시험해 보면 2.154 kg의 진동 테이블은 실제로는 시험 대상이 장착된 테이블을 50 Hz의 주파수로 ±4.3 mm의 진폭으로 움직일 수 있다. 이와 같은 일을 하기 위해 필요한 힘은 다음과 같이 계산될 수 있다.

$$\text{Maximum acceleration} = S_0\Omega^2 = \left(\frac{4.3}{1000}\right)(2\pi \times 50)^2 = 424.4 \text{ m/s}^2$$

$$\text{Necessary accelerating force} = \frac{ma}{g_c} = 424.4 \times 6.033 = 2547.67\text{N}$$

확실히 진동 테이블은 이러한 힘을 공급하지 못한다. 필요한 가속력의 거의 전부는 스프링에 의해 공급된다.

이러한 형태의 공진 시스템은 **하나의 주파수**에 제한되어 동작한다는 것을 쉽게 이해할 수 있다. 조절이 가능한 스프링과 질량을 이용해서 제한된 영역에서 응용될 수 있는 시스템으로 설계될 수도 있지만 일반적으로 시스템은 직면해 있는 문제를 위해 설계되어야 한다.

다른 형식의 기계적 공진 시스템에는 수직의 스프링-질량 배치, 양단 자유보[14, 15], 소리굽쇠 시스템[14] 등이 있다.

17.16 충격 시험

기계 공학자에게는 보다 높은 속도로 동작하는 기계의 설계가 요구되고 있다. 속도가 증가함에 따라 대부분 직접적으로 비례하지는 않지만 속도의 제곱에 비례하여 가속도도 증가하게 된다. 가속도의 크기와 가속도의 변화율 모두 증가한다. 결과적으로 물체의 하중은 가해진 하중보다 매우 커지게 되고 따라서 설계상 매우 중요한 인자가 된다. 많은 문제들의 복잡성으로 인해 **충격 시험**이라고 불리는 연구 분야가 필요하게 되었다[16].

가속도 시험은 가속도 하중이 중요한 의미를 갖는 모든 시험을 포함하여 말하는 것인데 충격 시험이라는 것은 이 **가속도 시험**의 한 분류이다. 정적이거나 크기에 상관없이 상대적으로 느리게 변화하는 가속도가 관계된 시험도 가속도 시험에 포함될 수 있다. 그러나 충격 시험은 일반적으로 적절한 크기에서 큰 크기로 변하는 가속도 변화를 포함한다고 여겨진다. 어느 경우든 기본적인 문제는 그러한 하중을 가하는 동안이나 가한 후에 시험 대상이 올바르게 작동할 수 있는가를 판단하는 것이다.

보다 더 수동적인 형태의 가속도 시험에서는 일정하거나 또는 크기는 크면서 비교적 느리게 변하는 가속도를 이용하여 대상물을 시험한다. 인체를 포함한 시스템의 부분들이 지속적이거나 느리게 변하는 큰 크기의 가속도를 견디는 능력을 시험하기 위하여 이러한 실험에는 원심 분리기, 로켓용 썰매, 움직이는 비행기 같은 것들을 이용한다. 이러한 실험은 일반적으로는 초고속 비행기와 미사일의 성능을 연구하는 데 적용되는 아주 특수한 경우에 국한된다. 따라서 이 부분은 넘어가고 주요 관심을 첫 번째 형태의 가속도 시험, 말하자면 충격 시험에 집중시키겠다.

대부분의 군사 장비는 인수되기 전에 반드시 특정한 충격 시험을 통과하여야 한다. 예를 들어 배로 운반되는 장비는 배 자체의 무장, 비접촉 지뢰의 폭발 같은 것들로부터 충격을 받을 수 있다. 비행기의 장비들은 반드시 동작 및 착륙시의 하중을 견딜 수 있어야 하고 포병과 통신 장비는 험난한 지형에서 사용되므로 혹독한 취급을 받게 된다. 게다가 많은 산업용 및 민간용 물품들도 운반 도중에 철로의 경사나 우편의 활송 장치 같은 데에서 충격을 받게 된다.

결과적으로 충격 시험은 많은 물품들의 유용성을 결정하는데 필요한 단계로 인식되고 있다. 시험 대상의 동적 특성에 따라 의미 있는 충격 시험을 하기 위해서는 가속도의 크기 외에 가속도의 변화율, 가속도를 받는 시간이 모두 고려되어야 한다.

일반적으로 충격 시험은 크게 저 에너지와 고 에너지(그림 17.13) 영역으로 나뉠 수 있다. 저 에너지는 짧은 시간동안 큰 가속도가 가해지는 경우에 해당된다. **집중적, 급작스러운** 등의 용어가 쓰일 수 있다. 그러나 속도(말하자면 에너지)는 크지 않을 수도 있다. 반면

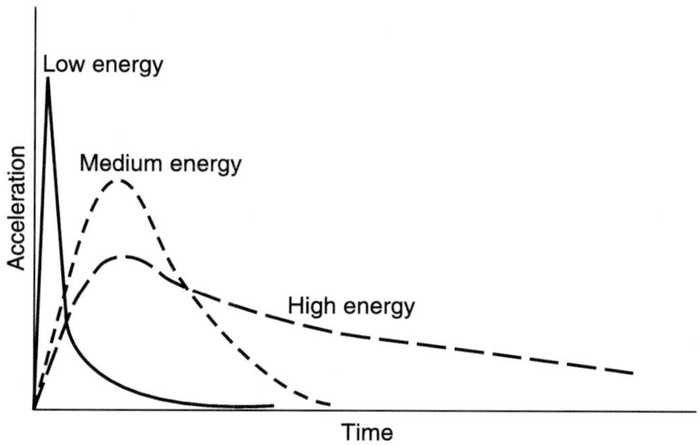

그림 17.13 저, 중, 고 에너지 기계적 충격 발생 장치의 특성

에 큰 에너지의 충격이 긴 시간동안 가해지면 상대적으로 큰 속도가 생긴다. 큰 충격 에너지에 수반되는 가속도의 크기는 일반적으로 비교적 작다. 전자와 같은 종류의 충격은 **충격적**이고 **동적**이라 말할 수 있다. 후자는 때때로 **충격 하중**에 반대되는 단어로 **에너지 하중**이라 칭해지기도 한다. 충격 시험에 적용되는 에너지는 상당히 주관적으로 결정된다. 어떤 시험 대상에 대해서는 높은 에너지 충격이 엄격하게 적용되고, 또 다른 것에 대해서는 그 반대일 수도 있다.

17.17 충격 장비

충격 시험에 필요한 운동을 발생시키기 위하여 몇 가지 다른 방법이 사용된다. 접근 방법은 일반적으로 요구되는 에너지를 필요한 시점까지 어떠한 형태의 위치 에너지로 저장해 두었다가, 원하는 시간-가속도의 관계에 따라 에너지를 방출하는 것이다. 이와 같은 동작을 하기 위한 방법으로는 압축 공기나 유압, 스프링 부하, 중력 가속도의 이용 등을 들 수 있다. 그러나 이러한 시험이 의미가 있으려면 가속도의 크기 외에 다른 것들도 고려되어야 한다는 점도 일반적으로 인식되고 있다. 중력 가속도를 이용한 방법이 가장 널리 사용된다.

17.17.1 공기총 충격 발생 장치

기본적으로 공기총 시스템은 관 안쪽에서 고압 공기의 작용에 의해 움직이는 피스톤을 이용한다. 에너지는 축적 장치(accumulator) 안에 압축된 공기로 저장된다. 압축 공기가 기계적인 래치 메커니즘에 의해 갇혀 있는 동안은 피스톤에 큰 압력을 가하게 된다. 구속이 풀렸을 때는 실험 대상이 붙어 있는 피스톤은 급격하게 가속된다. 실린더 아래 부분에 갇혀 있는 공기는 피스톤을 감속시키는 역할을 하게 되고, 결국에는 피스톤을 정지시킨다. 이러한 작동 원리에 의한 장치는 1.4×10^6 N·m(10^6 ft·lbf) 이상의 에너지 용량을 가지고 있는 것이 개발되어 있다[17].

17.17.2 스프링 부하 시험 장치

이름에서도 나타났듯이 이 장지는 가속에 필요한 에너지를 저장하기 위해 기계적인 스프링을 이용한다. 수직 가속을 발생시키기 위해 설계된 한 장치를 살펴보면 한쪽 끝은 시험물 수송대에 그리고 다른 한쪽은 스프링에 다양한 초기 장력을 줄 수 있는 추와 연결된 나선형 장력 스프링을 이용한다. 스프링에 미리 인장되어 있어 시험대상이 장착된 수송대는 기계적인 트리거링 메커니즘에 의해 풀려져 급작스럽게 윗방향으로 가속된다. 수송대가 정해진 만큼의 거리를 이동한 후에는 스프링에 연결된 수송대의 끝 부분이 고정되어 있는 갈고리를 때리게 된다. 그것에 의해 스프링의 행정이 제한되게 된다. 그러나 운송대는 중력 가속도에 의해 정지될 때까지 계속 윗방향으로 운동한다.

17.17.3 유공압 장비

유공압 장비의 주요 부분이 그림 17.14에 나타나 있다. 작동시 초기 공압이 챔버 B로 들어온다. 이 압력은 피스톤의 넓은 면적에 작용하게 된다. 챔버 A에서는 작은 면적에 미치는 유압이 넓은 면적에 미치는 공압보다 커질 때까지 유압은 증가하게 된다. 피스톤이 들려지는 순간에 갑자기 유압이 피스톤의 넓은 면적에 작용되게 되어 윗방향으로 급격한 운동이 일어난다. 펄스의 형태는 매터링 핀(matering pin)의 모양에 의해 조절된다[18, 19].

17.17.4 중력 장비

중력을 이용한 충격 장비에는 일반적으로 낙하 방식과 해머 방식 두 가지 방식이 있다. 해머 방식은 종종 고중력 가속도 장비(high-*g*-machine)라고 불리고 일반적으로 낙하 방식보다 큰 가속을 발생시킬 수 있다.

기본적으로 낙하 방식 장비는 시험 대상을 부착하기 위한 지지대, 지지대를 상승시키기 위한 승강 시스템, 지지대의 낙하를 발생시키는 방출 장치, 지지대가 부딪히게 되는 충격 패드나 막음 장치(arrester)로 구성되어 있고, 낙하를 조절하기 위한 안내면(guide)이 있다(그림 17.15).

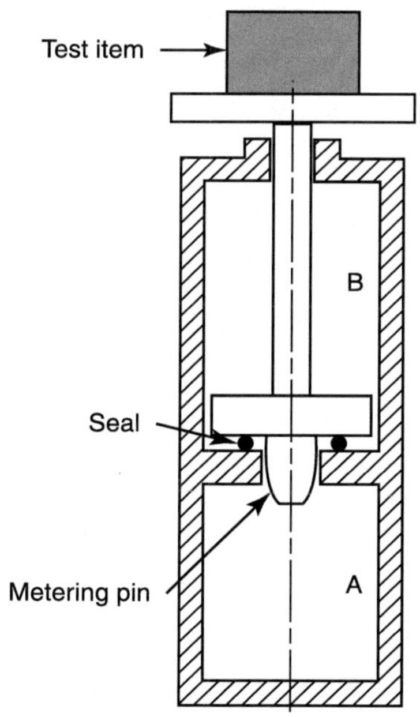

그림 17.14 유공압 충격 발생 장치의 형태

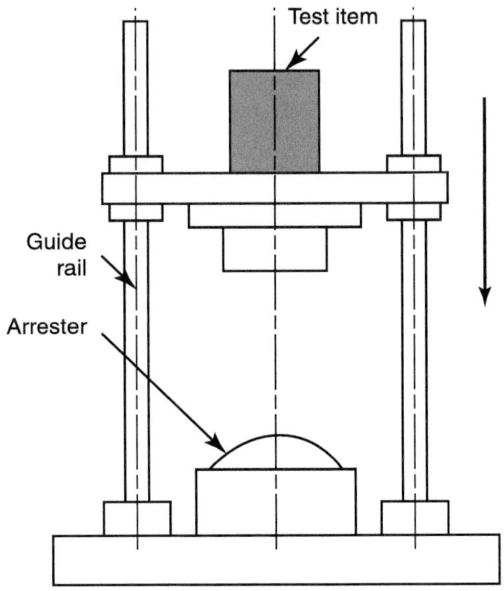

그림 17.15 낙하 방식의 기계적 충격 발생 장치

가속도-시간의 관계는 낙하 높이와 막음 장치 패드(arrester pad)의 종류를 조절하여 바꿀 수 있다. 패드의 선택은 정확한 충격의 특성을 결정하는데 있어 매우 중요하다. 예를 들어 패드가 매우 단단하면 아주 짧은 순간의 가속도 파형이 나타난다. 반면에 좀 더 유연한 패드를 이용하면 더 긴 시간이 유지되고 피크 가속도의 크기는 낙하 높이로 바꾸어 조절할 수 있다.

원하는 가속도-시간의 관계를 얻기 위해 고무 패드의 모양을 바꿀 수도 있다. 모래 구덩이도 여러 가지 모양의 충격 포면과 함께 이용된다. 다른 예로 시험 지지대에는 납으로 된 블록에 충격을 가하고 관통할 수 있는 핀이나 펀치가 장착된 경우도 있다. 핀의 형상은 얻고자하는 파형을 가할 수 있도록 설계되어 있다.

그림 17.16은 충격이 머리 손상에 미치는 영향을 연구하는데 이용되는 해머 형태의 충격 발생 장치의 동작을 나타낸다. 앞, 뒤, 옆부분에서 가해지는 충격으로 인한 두개골 전반에 미치는 변형의 전파가 평가되었다. 그 외에도 가상 뇌세포를 통한 압력 파형의 전파에 대해서도 많은 연구가 진행되고 있다[20].

17.17.5 각 충격 장비의 상대적 이점과 제한

이 장에서 논의된 각 충격 시험 장비는 확실하게 구분되는 특징을 가지고 있다. 공기총 방식은 높은 에너지의 충격을 발생시킨다. 일반적으로 말해 높은 에너지는 큰 속도를 의미하고 높은 속도에 이르기 위해서는 상당히 큰 시험 대상의 변위가 필요하다. 큰 속도에는

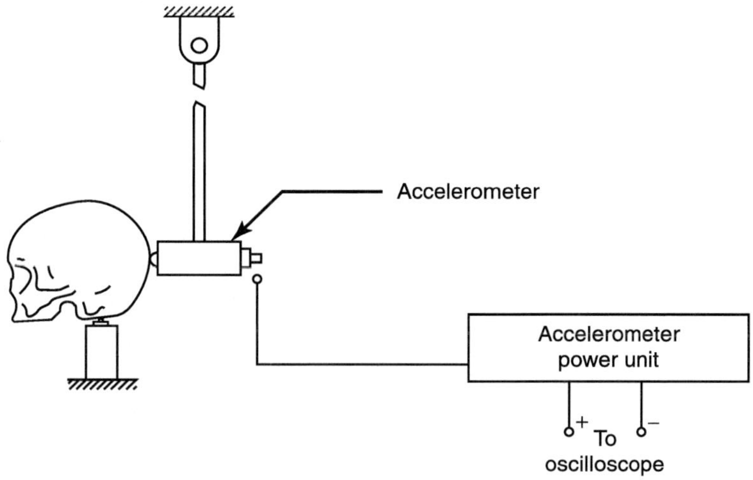

그림 17.16 진자 방식 충격 발생 장치의 연구 응용

비교적 큰 가속도나, 긴 시간 또는 두 가지 요인의 조합에 의해 얻어질 수 있다. 어느 경우든 시험 대상은 상당히 먼 거리를 이동하여야 한다.

반면에 낙하 방식과 해머 방식의 장비는 낮은 에너지 영역에 속한다. 높은 가속도를 얻을 수도 있지만 단지 짧은 시간의 범위에서만 가능하다. 이러한 사실로 인해 시험 대상은 비교적 낮은 속도로 움직이게 되고 낮은 에너지를 받게 된다. 유공압 방식의 장비는 중간 정도의 에너지를 가하는 장비로 분류될 수 있다.

17.18 실제적 충격 시험

다음 예제에는 충격 시험에 적합한 몇 가지 매개 변수들이 설명되어 있다. 그림 17.17(a)는 동응력 해석 실험에 사용되는 장치를 나타낸 것이다. 진자 OA는 자유롭게 스윙할 수 있어 끝단에 작은 질량이 붙어 있는 강철 외팔보를 때리게 된다. 충격이 가해지는 기점에는 비탄성 충격을 촉진시키기 위해 작은 플라스틱 원판이 부착되어 있다. 보의 양면에 붙어 있는 스트레인 게이지는 D점에 위치하게 된다. 게이지의 출력은 적절한 값으로 증폭되어 출력을 위해 오실로스코프(oscilloscope)로 입력된다. 그림 17.17(b)는 진자가 정지 상태에서 $h = 0.18$ in.에 해당하는 원호를 따라 스윙할 때 얻어지는 오실로스코프의 궤적을 나타낸 것이다. 그림은 보정될 출력값을 보여 준다.

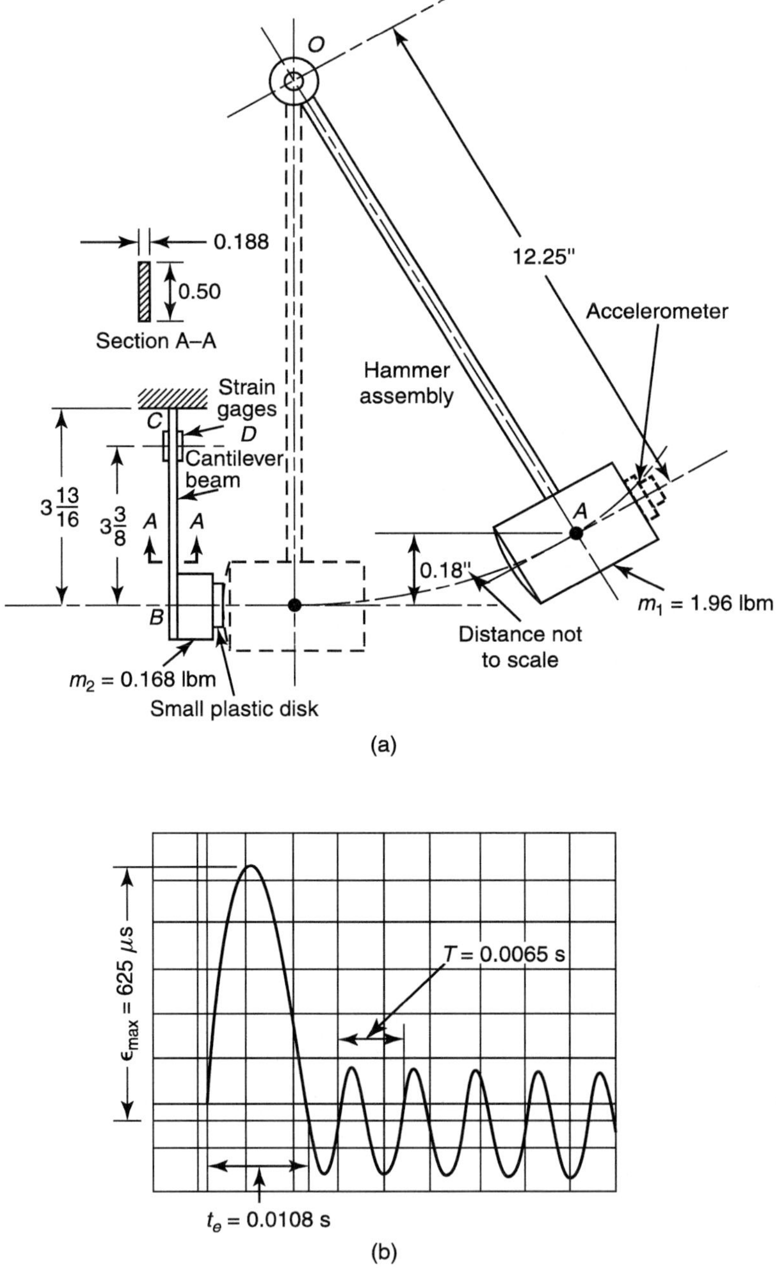

그림 17.17 (a) 기계적 충격 해석을 보여주기 위한 실험 장비; (b) (a)의 실험 장치로부터 구한 실험 결과

예제 17.1 이론적 관계식을 적용하여 (a) 최대 응력, (b) 진자의 타면(tup)과 보 사이의 접촉 시간, (c) 보의 자유 진동 주기의 이론값과 실험값을 비교하여라. 적절한 크기와 질량은 개략도에 나타나 있다. 진자의 등가 질량 m_1은 진자 타면의 질량과 팔(arm)의 질량 중 1/3을 더한 것이다. 등가 질량 m_2는 B의 작은 보의 질량 중 1/3을 더한 것이다.

진자의 초기 위치 에너지는 충격 순간에 전부 운동 에너지로 바뀐다는 사실에 주의하여라(에너지 손실 무시). 질량 m_1과 m_2 사이의 비탄성 조건에 의하면 운동량 보존 법칙이 적용될 수 있고 거기에서 충격 에너지 손실을 계산할 수 있을 것이다. 나머지 에너지는 보에 의해 흡수 된다.

접촉 시간은 m_1과 m_2가 보에 단단히 고정되어 있다고 생각하고 변형-시간 관계를 보의 자유 진동에 해당하는 반 삼각함수 파형(half sine wave)으로 가정하여 계산할 수 있다.

풀이: 1. 충돌 직전의 해머 속도는

$$V_1 = \sqrt{2gh} = \sqrt{2 \times 386 \times 0.18} = 11.8 \text{ in./s}$$

충돌 직후의 속도는 운동량 보존 법칙을 이용하여 계산할 수 있고

$$V_2 = \left(\frac{m_1}{m_1 + m_2}\right) V_1 = \left(\frac{1.96}{1.96 + 0.168}\right) \times 11.8 = 10.9 \text{ in./s}$$

따라서 보에 흡수되는 에너지는

$$U_2 = \frac{\frac{1}{2}(m_1 + m_2)V_2^2}{g_c} = \frac{\frac{1}{2}(1.96 + 0.168) \times (10.9)^2}{386} = 0.327 \text{ in.} \cdot \text{lbf}$$

보에서

$$I = \frac{bd^3}{12} = \frac{0.5 \times (0.188)^3}{12} = 2.769 \times 10^{-4} \text{ in.}^4$$

보를 변환시키는데 필요한 일은

$$U_2 = \int_0^L \frac{M_1^2 \, dx}{2EI} = \frac{F^2 L^3}{6EI}$$

여기서

$$M_1 = Fx \qquad (0 \le x \le L)$$

위의 식을 대입하여 F_{max}를 구하면

$$F_{\text{max}} = \sqrt{\frac{6EIU_2}{L^3}} = \sqrt{\frac{6 \times 30 \times 10^6 \times 2.769 \times 0.327 \times 10^{-4}}{(3.8125)^3}}$$

$$= 17.15 \text{ lbf}$$

스트레인 게이지에서는 ($M_2 = 3.375 \times F_{max} = 57.88$ in. 1bf수식) 이므로

$$\begin{aligned} \varepsilon &= \frac{M_2 c}{EI} \qquad \text{(where } c = 0.188/2) \\ &= \frac{57.88 \times 0.094}{30 \times 10^6 \times 2.769 \times 10^{-4}} \\ &= 655\ \mu\text{-strain} \end{aligned}$$

2. 진자의 타면과 보 사이의 접촉시간을 계산하기 위해 진동의 반주기 동안 진자의 타면이 보의 끝에 고정되어 있다고 가정하자. 따라서

$$\begin{aligned} \text{Period of vibration} &= 2\pi \sqrt{\frac{m_1 + m_2}{kg_c}} \\ &= 2\pi \sqrt{\frac{1.96 + 0.168}{449.7 \times 386}} \\ &= 0.022 \text{ s} \end{aligned}$$

$$\text{Time for one-half cycle} = \text{time of contact} = t_e = 0.022/2 = 0.011 \text{ s}$$

3. 자유단의 주기를 계산하자 (질량 m_2가 끝에 붙어 있다고 가정하고)

$$T = 2\pi \sqrt{m_2/kg_c} = 2\pi \sqrt{0.168/449.7 \times 386} = 0.0062 \text{ s}$$

SUGGESTED READINGS

Den Hartog, J. P. *Mechanical Vibrations*. 4th ed. New York: Dover, 1985.

Gautschi, G. H. *Piezoelectric Sensorics*. Berlin: Springer-Verlag, 2002.

McConnell, K. G. *Vibration Testing: Theory and Practice*. New York: John Wiley, 1995.

Weaver, W. Jr., S. P. Timoshenko, and D. H. Young. *Vibration Problems in Engineering*. 5th ed. New York: John Wiley, 1990.

연습문제

17.1. A simple frequency meter is described in the final paragraph of Section 17.3. The undamped first-mode frequency of a uniformly sectioned cantilever beam may be calculated from the expression

$$f = 3.52\sqrt{\frac{EIg_c}{mL^4}}\ \text{Hz}$$

where

$$\begin{aligned} E &= \text{Young's modulus for the material of the beam,} \\ m &= \text{the mass of the beam per unit length,} \\ I &= \text{the area moment of inertia of the beam section,} \\ L &= \text{the length of the beam} \end{aligned}$$

For a steel wire of $1\frac{1}{2}$-mm (0.0039-in.) diameter, plot the resonance frequencies over a range of $L = 10$ to 25 cm (3.94 to 9.84 in.). (Use density of steel = 7900 kg/m^3.)

17.2. Referring to Problem 17.1, we may design an instrument of wider range by providing a series of small masses to be attached to the outer end of the beam. In this case,

$$f = \frac{1}{2\pi}\sqrt{\frac{3EIg_c}{(M_1 + M_B)L^3}}\ \text{Hz}$$

where

$$\begin{aligned} M_1 &= \text{the mass of the attachment,} \\ M_B &= \text{one-third the mass of the beam} \end{aligned}$$

Design a system to cover the range of $50 < f < 2000$ Hz.

17.3. The waveform from a mechanical vibration is sensed by a velocity-sensitive vibrometer. The oscilloscope trace indicates that the motion is essentially simple harmonic. A 1-kHz oscillator is used for time calibration, and 4 cycles of the vibration are found to correspond to 24 cycles from the oscillator. Calibrated vibrometer output indicates a velocity amplitude ($\frac{1}{2}$ peak-to-peak) of 3.8 mm/s. Determine (a) the displacement amplitude in mm and (b) the acceleration amplitude in standard g's.

17.4. A vibrometer is used to measure the time-dependent displacement of a machine vibrating with the motion

$$y = 0.5\sin(3\pi t) + 0.8\sin(10\pi t)$$

where y is in cm and t is in s. If the vibrometer has an undamped natural frequency of 1 Hz and a critical damping ratio of 0.65, determine the vibrometer time-dependent output and explain any discrepancies between the machine vibration and the vibrometer readings.

17.5. An accelerometer is used for measuring the amplitude of a mechanical vibration. The following data are obtained:

Waveform: simple sinusoidal,
Period of vibration $= 0.0023$ s,
Output voltage from accelerometer $= 0.213$ V rms,
Accelerometer calibration $= 0.187$ V/standard g

What vibrational displacement (amplitude) is sensed by the accelerometer? Express your answer (a) in millimeters; (b) in inches.

17.6. An accelerometer is designed to have a maximum practical inherent error of 4% for measurements having frequencies in the range of 0 to 10,000 Hz. If the damping constant is 50 N · s/m, determine the spring constant and suspended mass.

17.7. A seismic-type vibrometer is characteristically a relatively fragile instrument, whereas an accelerometer is relatively rugged. Explain why this is so.

17.8. Refer to most any introductory vibrations text and review the material on viscous damping including that on the logarithmic decrement. Use such equipment as may be available to obtain a displacement-time record for a decaying damped free vibration, such as that shown in Fig. 17.18(a). The vibrating element may be a simple cantilever beam with concentrated end mass, as shown in Fig. 17.18(b), and the like. A phono-pickup vibration sensor should suffice as a transducer and an oscilloscope or oscillograph as the terminating device. Using data as defined in the figure, determine the damped frequency of vibration and the viscous damping coefficient

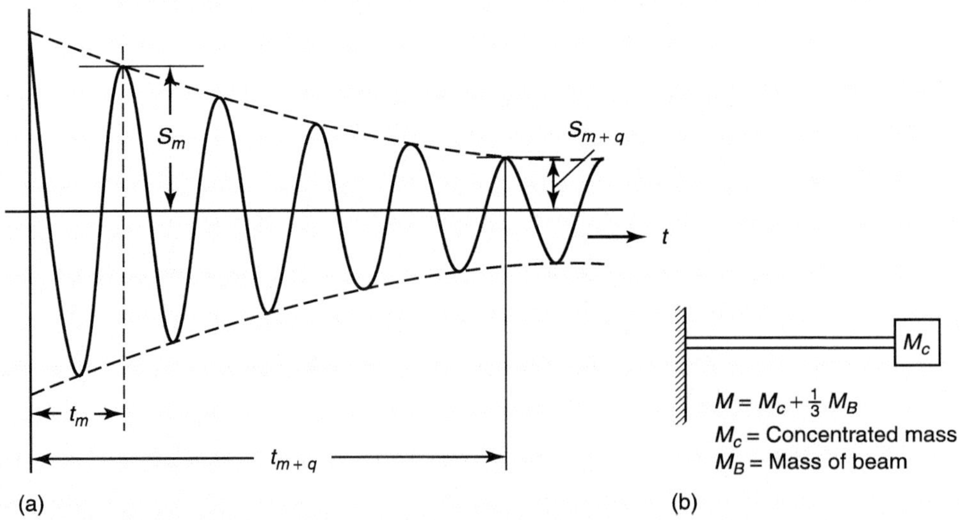

FIGURE 17.18: (a) Displacement-time record and (b) equipment setup for Problem 17.8.

$$c = \frac{M\omega_{nd}\delta}{\pi g_c}$$

where

$$\omega_{nd} = \text{the circular frequency of free vibration,}$$
$$\delta = \text{the logarithmic decrement}$$
$$= \frac{1}{q}\ln\left(\frac{S_m}{S_{m+q}}\right)$$

17.9. An electromagnetic-type sinusoidal vibration exciter having a rated force capacity of 25 N (5.62 lbf) is to be used to excite a test item weighing 3 kg (6.61 lbm). If the moving parts of the shaker have a mass of 0.75 kg (1.65 lbm) and the amplitude of the vibration is 0.15 mm (0.0059 in.) (double amplitude = 0.30 mm), determine the maximum excitation frequency that can be applied.

17.10. At full rated load of 5000 N, a load cell deflects 0.10 mm. If it is used to measure the thrust of a small (200-kg) jet engine, what maximum frequency component of the thrust may be accurately measured if the inherent error is limited to 2%? Damping is negligible. What is the basis that you use for determining the limiting frequency?

참고문헌

[1] Fibikar, R. J. Touch and vibration sensitivity, *Prod. Eng.* 27: November 1956, p. 177.

[2] Hudson, D. E., and O. D. Terrell. A preloaded spring accelerometer for shock and impact measurements. *SESA Proc.* 9(1):1, 1951.

[3] Pennington, D. *Piezoelectric Accelerometer Manual*. Pasadena, Calif.: Endevco Corporation, 1965.

[4] Kistler, W. P. Precision calibration of accelerometers for shock and vibration. *Test Eng.* 16, May 1966.

[5] Edelman, S. Additional thoughts on precision calibration of accelerometers. *Test Eng.* 17, November 1966.

[6] Lewis, R. C. Electro-dynamic calibration for vibration pickups. *Prod. Eng.* 22:September 1951.

[7] Easily made device calibrates accelerometer. *NBS Tech. News Bull.* 94, June 1966.

[8] www.dytran.com/graphics/a9.pdf

[9] Levy, S., and W. D. Kroll. Response of accelerometers to transient accelerations. *NBS J. Res.* 45:4, October 1950.

[10] Welch, W. P. A proposed new shock-measuring instrument. *SESA Proc.* 5(1):39, 1947.

[11] Adler, J. A. Hydraulic shakers. *Test Eng.* April 1963.

[12] Crandall, S. H. *Random Vibration*. New York: John Wiley, 1959.

[13] Unholtz, K. Factors to consider in setting up vibration test specifications, *Mach. Des.* 28:6, March 22, 1956.

[14] Wozney, G. P. Resonant vibration fatigue testing. *Exp. Mech.* January 1962.

[15] Application and design formulae for free-free resonant beams. *MB Vibration Notebook*. New Haven, Conn.: MB Manufacturing Co., March 1955.

[16] Lazarus, M. Shock testing: A design guide. *Mach. Des.* October 12, 1967.

[17] Armstrong, J. H. Shock-testing technology at the Naval Ordnance Laboratory. *SESA Proc.* 6(1):55, 1948.

[18] Brown, J. Selection factors for mechanical buffers. *Prod. Eng.* 21:156, November 1950.

[19] Brown, J. Further principles of buffer design, *Prod. Eng.* 21:125, December 1950.

[20] Marangoni, R. D., C. A. Saez, D. A. Weyel, and R. A. Polosky. Impact stresses in human head-neck model. *J. Eng. Mech. Div., ASCE* 104(EM1):1978.

Chapter 18 음향의 측정

18.1 서론

소리는 상당히 다른 두 가지 관점으로 묘사된다: (a) 물리적 현상으로써의 관점, 또는 (b) 사람의 청각을 통해 감지되는 '정신음향학' 의 관점이다. 이렇게 근본적으로 다른 두 가지 관점이 사람들의 생각에 존재해 왔다. 단순하거나 복잡한 파형의 소리와 연관된 '물리적 매개변수' 의 측정은 '사람의 청각에 의해 감지되는 매개변수' 를 평가하는 것보다 매우 단순한 일이다.

때때로 음향을 측정하는 이유가 청각과는 관계가 없을 수도 있다. 예를 들어 강한 추진력을 갖는 로켓이나 제트 엔진의 운용이 수반한 음압의 변이는 미사일과 비행물체에 구조적 결함을 가할 만큼 충분히 클 수 있다[1]. 소리의 진동에 의해 구조적 피로 파괴가 일어난 것이다. 이러한 경우의 매개변수 측정은 정신음향학적 관계와는 직접적인 관련이 없다. 그러나 측정된 음향의 대부분의 경우 사람의 청각과 직접적으로 관련되고 더해진 복잡성은 피할 수 없다.

소음(*noise*)은 원하지 않는 소리로 정의할 수 있다. 소음은 인간의 활동에 많은 영향을 준다. 과도한 소음은 직접적인 대화가 어렵거나 불가능하게 만들 수 있다. 소음은 마케팅 기구나 다른 장치들의 인자가 될 수 있다. 주위의 지속적인 소음은 결국 청각 손상의 원인이 될 수 있고 또 단순한 방해요인으로 작용해 일의 효율을 떨어뜨릴 수도 있다. 이러한 소리의 모든 측면은 사람의 청각과 불가분의 관계에 있다. 안락한 소리에 관여하는 공학자는 드물다. 거의 대부분이 소음, 소음의 감쇠, 그리고 소음의 조절에 관여하고 있다.

물리적으로 일정한 주파수 대역에서 공기 중의 소리는 대기평균에 대한 공기압에서 반복되는 변이이다. 공기의 입자는 음파의 진행방향에 따라 진동하고 이러한 이유로 파형은 종형파가 된다. 단일 음색이나 주파수(복잡한 형상의 음과 대조됨)의 경우에는 진동이 단순 배음으로 표현되며 아래와 같이 표현된다[2].

$$S = S_0 \cos\left[\frac{2\pi}{\lambda}(x \pm ct)\right] \tag{18.1}$$

여기서 $S =$ 전달 매질에서 입자의 변위

$S_0 =$ 변위의 진폭

$\lambda =$ 파장 $= c/f$

$x =$ 전파되는 방향으로 원점으로 부터의 거리

$c =$ 파의 속도

$t =$ 시간

$f =$ 주파수

기체를 매개체로 앞으로 진행하는 파에서[2],

$$p = -B\frac{\partial S}{\partial x} = -B\frac{2\pi}{\lambda}S_0 \sin\left[\frac{2\pi}{\lambda}(ct - x)\right] \tag{18.2}$$

여기서 $P =$ 주위압력(P_{amb})에 대한 압력변이

$B =$ 단열팽창계수

18.2 음향(소음)의 특성

가장 단순한 형태의 소리는 하나의 주파수로 되어있는 순수한 소리이다. 이런 음원은 생성하기가 매우 어렵다. 단일 음원과 그것의 공기와의 결합이 본질적으로 순수해야 할 뿐만 아니라 주위에 있는 모든 반사음의 제거를 필요로 한다. 반사나 반향은 관측지점에서 직접 전파되는 파와 반사파 사이의 상호작용에 의해 왜곡된 지속파(standing wave)를 만

든다. **자유음장** 상태는 **무향실**[1)](반사가 없는)에서 근사적으로 만들 수 있다. 이러한 방의 벽들은 최초의 작은 반사가 흡음재에 흡수 되는 것을 반복하여 본질적으로 모든 소리 에너지를 흡수하는 쐐기 모양의 흡음재로 정렬되어 있다. 이러한 조건에서는 소리는 돌아오지 않고 음원으로부터 퍼져 나가기만한다. 그래서 이런 장소에 변환기 하나를 놓아두는 것만으로도 원하지 않는 왜곡의 원인이 될 수 있다.

순수음(pure tone) 보다 **무작위 소음**(*random noise*)이 더 많은 연구 대상이 된다. 무작위 소음은 수많은 음원들로부터 나오는 여러 소리가 합쳐져서 생성된다. 센서나 귀에 전달되는 소리는 보통 음원이 하나 이상이다. 소리 에너지의 기본 원천을 **1차 음원**(*primary* sources)이라 한다. 기계공학에서 이런 음원들은 기어의 톱니나 베어링 같은 기계부품의 상호작용, 하우징 패널이나 샤프트 지지대 같은 다양한 진동 부분 또는 유압, 공압 기계, 연소 작용 등의 결과이다. 1차 음원으로부터 나온 음파는 천장이나 벽 또는 다른 기계 같은 주의 물체에 의해 차단된다. 이러한 음파의 일부분은 흡수되고 나머지는 반사된다(그림 18.1). 반사되는 각각의 지점이 **2차 음원**이 되어 픽업장치에 들어가게 되고 1차 음원과 섞이게 된다. 1차 음원과 여러 반사점으로부터의 2차 음원의 조합이 **지속파**를 생성하고, 전체 공간에서 음의 세기가 더 커지거나 줄어드는 결과를 가져온다. 대개의 경우 1차 음원은 단일음이 아니고 주파수와 진폭이 약간의 무작위성을 갖는다. 그 결과 지속파는 공간에 고정되어 있는 것이 아니고 주위를 떠도는 것이라고 생각될 수 있다. 맥놀이도 또

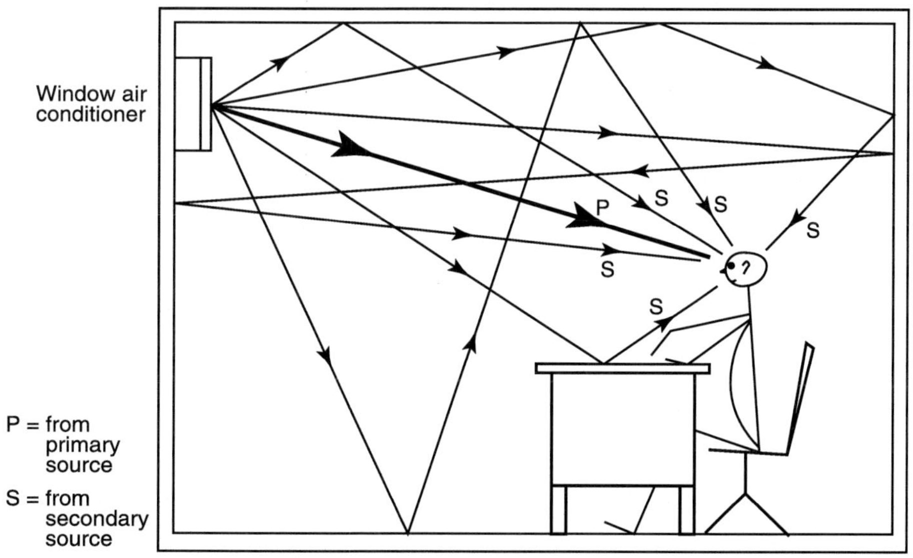

그림 18.1 음향(소음)의 1차 음원과 2차 음원을 나타내는 그림

1) 완벽하지는 않지만 값싸게 무향실을 대체하는 방법은 최대한 조용한 열린 공간을 이용하는 것이다. 되도록 작은 언덕이 좋다.

한 마찬가지이다(4.4절, 10.6절 참조). 발생된 음(내연기관이나 공기압축기에서)과 관련된 매개변수를 평가하는 것은 분명 매우 힘든 일이다. 보통 상태에서 매개변수와 주위 환경을 분리하는 것은 불가능하다. 사실 이런 분리의 가치 자체가 의문이다. 무향실에서의 실험이 소음원을 이해하고 관리하는 데는 도움을 줄 수 있을지라도, 의미 있는 도입을 위한 일상생활에 관련된 의미있는 결과는 1차 음원과 2차 음원사이의 상호작용을 포함하고 있어야 한다. 주위환경은 어떤 분석에 있어서도 피할 수 없는 존재인 것이다.

18.3 기본 음향학적 매개변수

18.3.1 음압

음파에 있어서 어떤 점에서의 공기 압력과 평균 공기 압력의 순간적 차이를 음압이라고 한다. 측정단위는 파스칼(P_a), 또는 제곱미터 당 뉴튼 μ(N/m^2), 더 보편적으로는 제곱미터 당 마이크로 뉴튼(μN/m^2)들이 있다. 마이크로바(μbar) 또한 쓰이는데 이것은 제곱센티미터당 다인(dyne)과 같다.[2)]

앞에서 말한 바와 같이 음압은 절대 압력과 주위를 둘러싼 압력과의 순간적인 차이를 말한다. 음압의 제곱평균을 다음과 같이 정의하도록 한다.

$$p_{\text{rms}}^2 = \frac{1}{T}\int_0^T p^2\,dt \tag{18.3}$$

여기서 $p = p(t) =$ 그 지점에서의 순간 음압(Pa)

$p_{\text{rms}} =$ 음압의 평균제곱근(root-mean-square)(Pa)

$T =$ 평균 측정 시간(s)

순수 음파(pure-tone)는 다음과 같이 표현한다.

$$p = P\sin\omega\left(\frac{x}{c} - t\right) \tag{18.3a}$$

여기서 $\omega = 2\pi f$

어떤 점 x에서 음압의 제곱평균은 다음과 같이 주어진다.

$$p_{\text{rms}}^2 = \frac{P^2}{T}\int_0^T \sin^2\omega\left(\frac{x}{c} - t\right)\,dt \tag{18.3b}$$

만약 $T = 1/f = 2\pi/\omega$이면,

---

2) 1 μN/m$^2 =$ 0.00001 μbar.

$$p_{\mathrm{rms}} = \frac{P}{\sqrt{2}} \tag{18.3c}$$

여기서 P는 순수 음파의 진폭이다.

특정한 측정 조건에서 음압은 관심 있는 모든 주파수의 몇 주기를 포함할 만큼 충분한 시간에 대해 평균된다. 따라서 부분적인 주기의 기여는 rms값에 큰 영향을 끼치지 못한다.

18.3.2 음압 수준

보편적인 청력을 가진 사람이 고통 없이 들을 수 있는 최대 음압과 구별할 수 있을 정도의 가장 작은 음압 사이의 비는 대략 1000만 : 1이다(그림 18.2 참조). 이렇게 큰 범위 때문에 로그 단위를 쓰게 된다. 그리고 그 단위로 데시벨(dB)(7.12절 참조)을 사용하고 대부분의 음향이나 소음의 측정에 기본이 된다. 기본적으로 데시벨은 파워(*power*) 비율에 대한 척도이다.

$$\mathrm{dB} = 10\ \log_{10}\left(\frac{\mathrm{power}_1}{\mathrm{power}_2}\right) \tag{18.4}$$

음향 파워는 음압의 제곱에 비례하기 때문에[3] 식 18.4는 다음과 같이 쓰여진다.

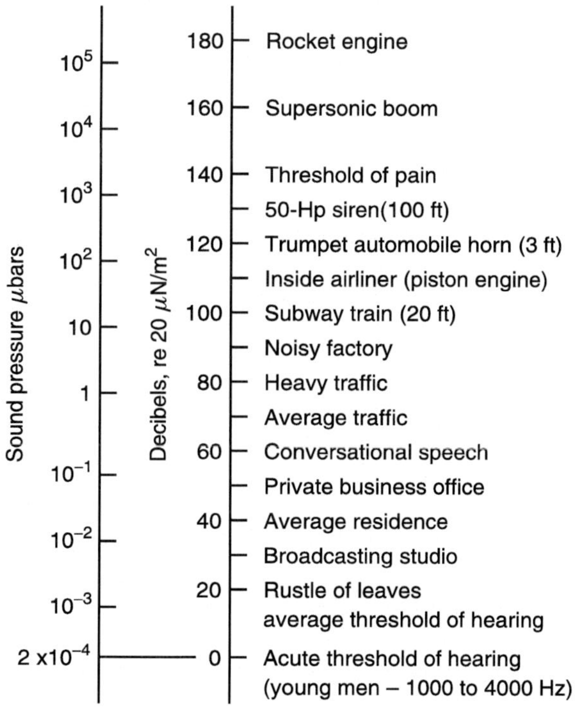

그림 18.2 특정 음압과 음압원

$$dB = 10\ \log_{10} \frac{p_1^2}{p_0^2} = 20\ \log_{10} \left(\frac{p_1}{p_0} \right) \tag{18.5}$$

일반적으로 데시벨은 절대적인 수치가 아니고 상대적인 것이지만 일반적으로 인정된 기준이 제시된다면 절대적인 양으로 사용할 수 있다. 즉 다음과 같은

$$p_0 = 0.00002\ \text{N/m}^2 = 20\ \mu\text{N/m}^2$$

p_0를 rms값으로 하여 음압 수준에 대한 표준으로 많이 사용한다. 이 값은 사람의 가청 한계 값과 정확히 일치한다는 것을 감안할 때 큰 의미를 갖는다(그림 18.2). 따라서

$$\text{SPL} = 20\ \log \left(\frac{p}{0.00002} \right) \qquad \text{re: } 20\ \mu\text{N/m}^2 \tag{18.6}$$

여기서 SPL = 음압수준(Sound Pressure Level), dB

p = 음원으로부터의 음압의 rms값, N/m^2

주의: 많은 음압 수준 측정에는 상용로그가 사용되는데, 나머지 장에서는 이 기준이 생략될 것이다. 그리고 "re: 20 μN/m^2"도 이것이 기준의 표준이라는 것을 감안하여 생략할 것이다.

예제 18.1 1 N/m^2 의 rms 음압을 음압 수준으로 나타내면 얼마인가?

풀이:

$$\text{SPL} = 20\ \log \left(\frac{1}{0.00002} \right) \approx 94\ \text{dB}$$

수준이라는 단어의 사용에 있어서는 특별한 주의를 기울여야 한다. 음향 수준(*sound level*), 크기 수준, 소음 수준 등 수준이라는 단어를 사용하는데 대해 아직도 다양한 논의가 있다. 수준이라는 단어의 사용은 데시벨로 표현되는 로그 스케일을 사용한다. 이 사실을 기억하는 것은 단위를 일관적으로 유지하는 데 도움을 준다.

18.3.3 파워, 세기, 파워 수준

식 18.4에서 제시되었던 바와 같이 소리는 그 양이 파워의 항으로 표시되는 에너지를 포함한다. 보통 단위는 와트(W)이다. 이상적인 점원으로부터 파워가 바깥으로 방사됨에 따라 그것은 연속적으로 더욱 더 넓은 공간으로 퍼져 나아간다. 평면파(plane wave)나 구면파(spherical wave)의 경우 진행방향의 세기는[3](그림 18.3 참조) 다음과 같다.

$$I = \frac{(p_{\text{rms}})^2}{\rho_0 c} = \frac{W}{A} \tag{18.7}$$

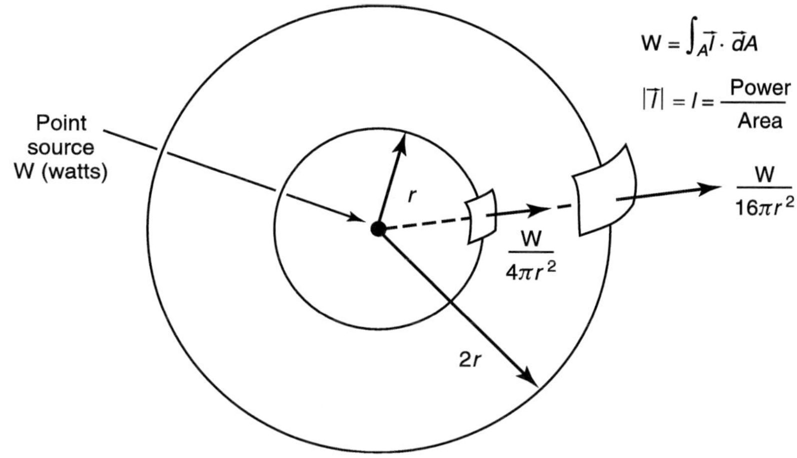

그림 18.3 음향 파워와 구형파의 세기 사이의 관계

여기서 $\rho_0 =$ 매체의 평균 밀도

$c =$ 매체에서의 음속

$W =$ 와트로 표시된 음향 파워

$A =$ 면적

벡터 음향 세기 측정의 응용에 대한 보다 깊은 논의는 18.7.3절에 주어진다.

음향 파워 수준(PWL)은 데시벨로 표시되기 때문에 보통 10^{-12} W의 기준 수준이 주어져야 한다. 그렇기 때문에 파워 수준은 다음과 같이 주어진다.

$$\text{PWL} = 10\ \log(\text{W}/10^{-12})\ \text{dB} \qquad \text{re: } 10^{-12}\ \text{W} \tag{18.8}$$

파워 수준을 직접 측정하는 기구는 존재하지 않는다. 그러나 그 양은 음압 수준 측정으로부터 계산될 수 있다[4].

18.3.4 음압 수준의 조합

2개의 순수음이 동시에 발생할 때 합성 효과는 수신기에서 음압의 진폭, 주파수, 위상에 의존한다. 다음과 같이 공간상의 한 점에서의 두 음파를 고려해 보자.

$$p_1 = P_1 \cos(\omega_1 t + \phi_1) \tag{18.9}$$

$$p_2 = P_2 \cos(\omega_2 t + \phi_2) \tag{18.9a}$$

여기서 $p =$ 순간 음압

$P =$ 음압의 진폭

$\omega = 2\pi f =$ 각 진동수

$$\phi = \text{위상각}$$

두 음파로 인한 순간 음압은 2개의 순간적인 음압의 합이다. 조합된 순수음의 음압 제곱 평균은 다음과 같다.

$$p_{\mathrm{rms}}^2 = \frac{1}{T}\int_0^T (p_1 + p_2)^2\, dt \tag{18.9b}$$

식 18.9와 18.9a를 식 18.9b에 대입해서 적분하면 다음[5]을 얻는다.

$$p_{\mathrm{rms}}^2 = \begin{cases} \dfrac{P_1^2 + P_2^2}{2} = p_{\mathrm{rms1}}^2 + p_{\mathrm{rms2}}^2 & \omega_1 \neq \omega_2 \\ \dfrac{P_1^2 + P_2^2}{2} + P_1 P_2 \cos(\phi_1 - \phi_2) & \omega_1 = \omega_2 \end{cases} \tag{18.9c}$$

여기서 평균 시간 T는 다음 관계를 만족한다.

$$T \gg \frac{1}{f_{\min}}$$

그리고 $f_{\min}$는 가장 작은 주파수이다. 만약 진폭, 주파수가 동일하고 위상차가 0인 두 순수음이 조합되면 음압의 제곱 평균은 다음과 같다.

$$p_{\mathrm{rms}}^2 = P_1^2 + P_1^2 \cos 0 = 2P_1^2 = 4p_{\mathrm{rms1}}^2$$

그리고 순수음의 음압 수준에 대하여 합성된 음의 음압 수준의 증가량은

$$\begin{aligned} \mathrm{SPL_{comb}} - \mathrm{SPL_1} &= 20\ \log_{10}\left(\frac{2p_{\mathrm{rms1}}}{p_0}\right) - 20\ \log_{10}\frac{p_{\mathrm{rms1}}}{p_0} \\ &= 20\ \log_{10} 2 = 6.02 \end{aligned}$$

와 같다. 즉 6-dB 정도 증가한다.

만약 음압크기가 같고 주파수가 다른 두 순수음의 합성 결과를 보고자 한다면, 식 18.9c의 첫 식을 사용하면 된다. 이렇게 조합된 음의 음압수준과 순수음의 음압수준의 차는

$$\begin{aligned} \mathrm{SPL_{comb}} - \mathrm{SPL_1} &= 20\ \log_{10}\frac{\sqrt{2}p_{\mathrm{rms1}}}{p_0} - 20\ \log_{10}\frac{p_{\mathrm{rms1}}}{p_0} \\ &= 20\ \log_{10}\sqrt{2} = 3.01 \end{aligned}$$

즉 대략 3 dB이다. 대개의 산업적, 사회적인 소음 문제는 상호 관련성이 없는 많은 음원들 사이의 조합에서 기인한다. 진폭과 주파수에 있어 무작위적인 변이가 있을 수도 있다. 상호 관련성이 없는 소음원의 경우, 식 18.9c의 첫 식을 적용한다. 그러므로 음압의 전체 제곱 평균은 합성음을 이루고 있는 각 성분의 음압의 제곱 평균의 단순한 합이다. 따라서 상호 관련성이 없는 소음원의 조합을 간단히 하려면 소음원을 더하거나 빼는데 그림 18.4를 사용할 수 있다.

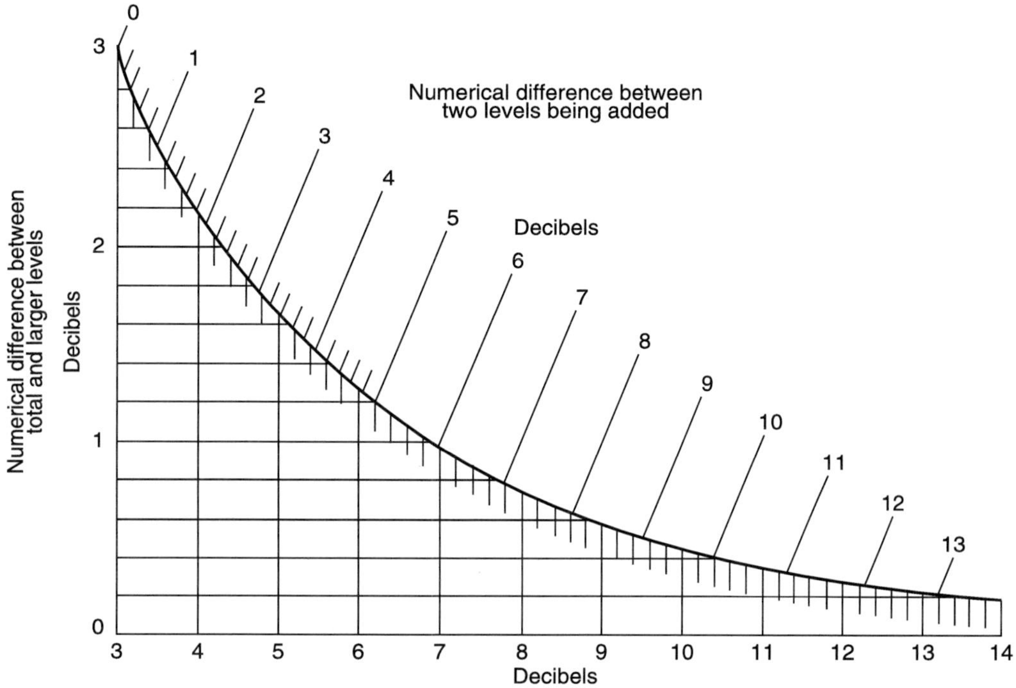

그림 18.4 데시벨의 가감에 대한 다이어그램(제공: Genrad Inc., Concord, MA)

예제 18.2 사무용 기계가 사무실에 추가 배치되었다. 초기의 주위를 둘러싼 SPL은 68 dB이었다. 기계가 추가된 후 음압수준은 72 dB까지 올라갔다. 기계에 의한 SPL의 증가는 얼마인가?

풀이: 그림 18.4를 이용하기 위한 전체음압수준과 작은 음압수준의 차이는 4dB이다. 4 dB의 수직선은 데시벨 수준 차 선과 1.8 dB에서 만난다. 그러므로 기계의 데시벨 수준은 68 + 1.8 = 69.8 dB이다.

18.3.5 거리에 따른 감쇠

손실이 없는 자유장에서 거리를 두 배로 늘어날 때마다 음압 수준(SPL)은 6-dB씩 감소한다[6]. 이는 다음에서 알 수 있다. 식 18.5에서

$$\mathrm{SPL}_1 = 20\ \log\left(\frac{p_1}{p_0}\right) \quad \text{and} \quad \mathrm{SPL}_2 = 20\ \log\left(\frac{p_2}{p_0}\right)$$

그러므로

$$\mathrm{SPL}_2 - \mathrm{SPL}_1 = 20\left[\log(p_2) - \log(p_1)\right] = 20\ \log\left(\frac{p_2}{p_1}\right) \tag{18.10}$$

식 18.7로부터 구형파(spherical wave)에 대해서

$$\frac{p^2}{\rho c} = \frac{W}{(4\pi r^2)}$$

따라서

$$\frac{p_2}{p_1} = \frac{r_1}{r_2} \tag{18.11}$$

식 18.10과 18.11을 결합하면 다음 식을 얻을 수 있다.

$$\mathrm{SPL}_2 - \mathrm{SPL}_1 = 20\ \log\left(\frac{r_1}{r_2}\right) \tag{18.12}$$

질문: 자유장에서 B가 A보다 음원으로부터 2배 멀리 떨어져 있다면 A와 B 두 점 사이의 음압 수준의 차는 얼마가 되겠는가?

$$\mathrm{SPL}_A - \mathrm{SPL}_B = 20\ \log\frac{r_B}{r_A} = 20\ \log 2 = 6.02$$

주의: 식 18.12로 표시된 관계는 단지 자유장에서만 유효하다. 경우에 따라서 이 관계는 자유장의 존재를 확실시하기 위해 사용되기도 한다(18.8절 참조).

18.4 정신 음향학적 관계

앞에서 언급했듯이 인간의 청각과 음향 측정은 매우 밀접한 관계가 있다. 그러므로 음향 측정 시스템과 기술은 인간에 있어 센서 역할을 하는 귀와 마지막으로 판단하는 두뇌의 생리학적이고 정신학적인 구조의 영향을 받고 있다. 입력의 크기와 주파수의 관점에서 보면 인간의 청각 구조는 확실히 비선형적이다. 그림 18.5는 젊은 사람의 청각 한계값을 보여준다. 가장 큰 민감도는 대략 4000 Hz에서 발생하고 그 외의 주파수에서 동일한 민감도를 가지려면 상당히 큰 SPL이 필요하다. 그림 18.6은 영국 테딩턴 국립물리연구소의 로빈슨과 테드슨에 의해 구해진 자유장에서의 **동일한 소리 크기**(*equal-loudness*)를 나타낸다.

소리 크기(*loudness*)는 듣는 사람에 의해서 판단되는 소리의 크기나 세기이다. 이것은 음원으로부터 방사되는 물리적 파형과 사람의 청각시스템으로부터 받는 **평균적인** 신호의 영향을 받는 양이다. 그 양은 **소리 크기 수준**(*loudness level*)으로 측정되고 **폰**(*phon*)(fon 이라고도 함)이라 부른다. 폰으로 표시되는 소리 크기는 1000 Hz에서의 dB로 표시되는 음압 수준과 산술적으로 동일하다. 그림 18.6에서 소리 크기 수준과 음압수준이 오직 1000 Hz에서만 동일하다는 것을 확인 할 수 있다. 그림 18.6에 있는 동일 소리 크기 등고

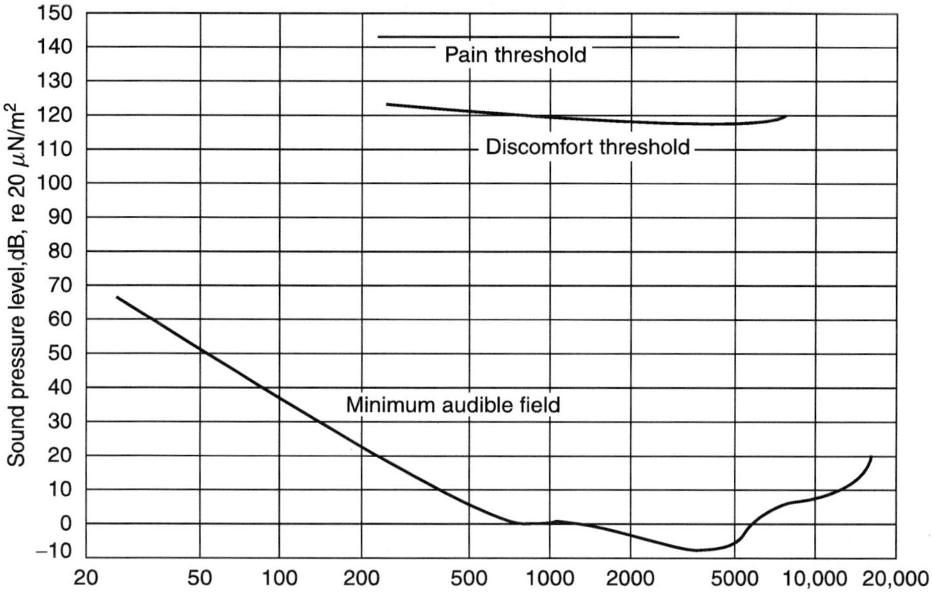

그림 18.5 우수한 청각을 갖는 젊은 사람의 청각 한계치와 허용도(제공: Genrad Inc., Concord, MA)

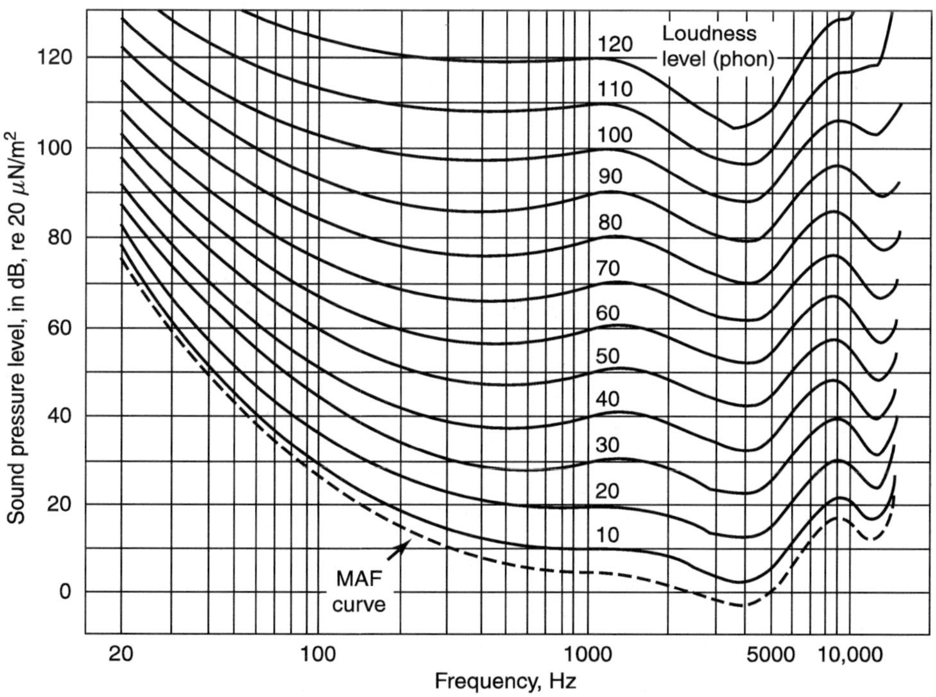

그림 18.6 단일음에 대한 자유 공간에서의 동일 소리 크기(제공: Genrad Inc., Concord, MA)

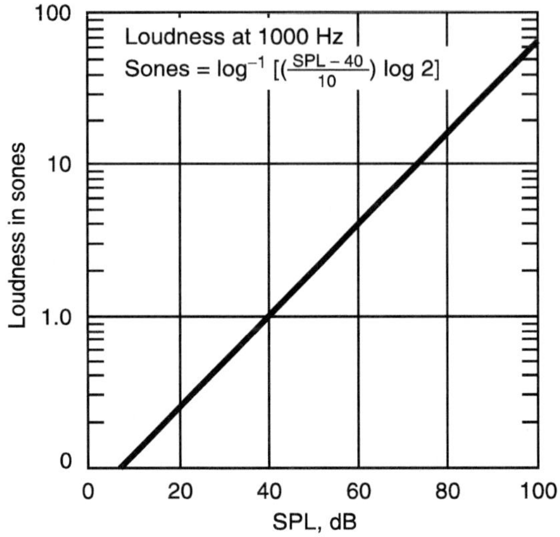

그림 18.7 손과 SPL로 표시된 소음 크기 사이의 관계

선은 오직 순수음에서만 유효하다는 것 또한 중요하다. 복잡한 소리의 크기 수준은 18.8절에서 다룬다.

그림 18.6을 이해하기 위해서는 먼저 1000 Hz에서의 30 dB의 SPL이 30폰과 일치한다는 것을 알아야 한다. 평균적으로 100 Hz에서 사람이 30폰을 감지하기 위해서는 44 dB의 SPL이 필요하다. 마찬가지로 9000 Hz에서는 40 dB이 필요하다.

폰으로 표시되는 소리 크기 수준도 로그단위를 이용한다. 이것이 유용하지만 다른 측정방법을 사용하기도 한다. 소리 크기(여기서 '수준' 이라는 단어는 생략)는 선형단위인 손(*sone*)으로 측정된다. 1손은 1000 Hz에서 40 dB의 SPL값(또는 40폰)을 가지는 소리 크기이다. 1손의 *n*배 큰 소리는 *n*손의 소리 크기를 가진다.

손은 1000 Hz 40 dB의 SPL을 갖는 순수음과 같다. 그림 18.7은 다른 음압 수준에서의 손 값을 보여준다.

18.5 음향 계측 장비와 계측 기술

음향과 관련된 변수를 측정하는 데는 감지-변환기(마이크로폰), 중간 변환기(앰프, 필터), 그리고 읽어내는 방법(미터기, 오실로스코프, 기록 장치)들로 구성된 기본적인 시스템을 사용한다. 대부분의 음향 측정 장치는 정신 음향학적으로 관련된 정보를 얻는데 쓰인다. 그러므로 사람의 청각에 접근할 수 있도록 보정하는 기구를 구성하는 것이 필요하다. 필터링 네트워크를 연구하는 것은, 복잡음을 만드는 다양한 영역의 주파수 성분들을 분리하거나 귀명하는 데 쓰는 기구나 분석의 기초가 되기도 한다.

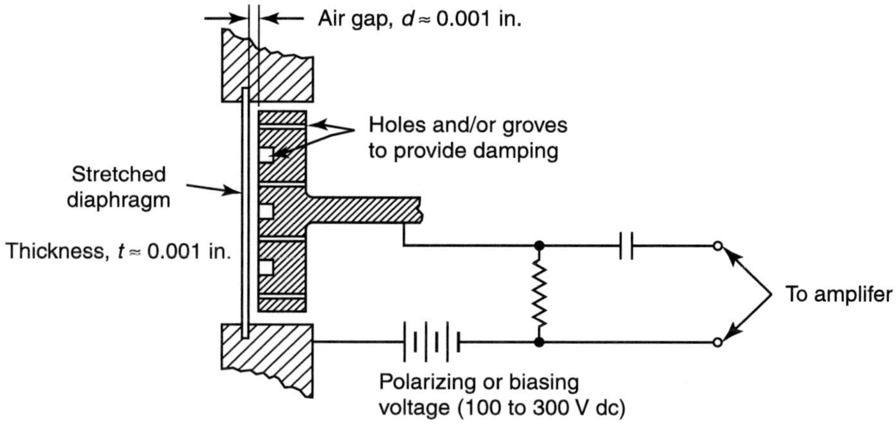

그림 18.8 콘덴서형 마이크로폰의 도해적 제시

18.5.1 마이크로폰

대개의 마이크로폰(microphones)은 1차의 변환기로 얇은 진동판을 이용하는데 이 진동판은 여기에 작용하는 공기의 움직임에 따라 움직인다. 진동판의 기계적인 움직임은 아날로그 전기 신호를 제공하는 2차 변환기에 의해 전기적 신호로 변환된다.

보통 마이크로폰은 사용되는 2차 변환기의 종류에 따라 다음과 같이 분류된다.

1. 용량 또는 콘덴서
2. 결정(crystal)
3. 전기-기계적(이동코일 또는 리본)

콘덴서형 마이크로폰이 음향 측정용으로 가장 많이 사용된다. 진동판이 공기 절연 콘덴서의 판 형태로 배치되어 있다(그림 18.8). 음압에 의한 진동판의 움직임이 출력 전압을 발생시킨다[7].

$$E(t) = E_{\text{bias}} \frac{d'(t)}{d_0} \tag{18.13}$$

여기서 $E(t)$ = 출력 전압
E_{bias} = 분극 전압
d_0 = 판의 초기 이격
$d'(t)$ = 음압에 의한 판 사이이격의 변화

용량형 마이크로폰은 음향 측정의 1차변환기로 널리 사용된다.

일렉트렛 마이크로폰(*electret microphone*)은 콘덴서형 마이크로폰의 특별한 형태이다. 보통의 콘덴서형 마이크로폰은 외부의 분극전압을 필요로 하지만 일렉트렛형은 자체적

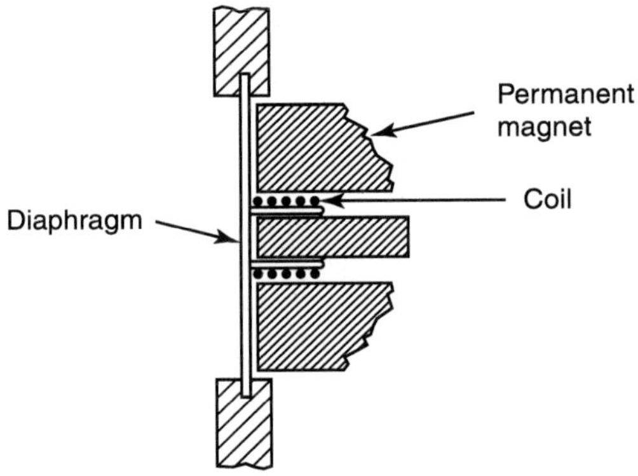

그림 18.9 전기역학적 마이크로폰의 도해적 제시

으로 분극 되어 있다. 진동판은 한 쪽 면에 전도성 코팅이 되어있는 플라스틱판으로 구성된다. 코팅된 면은 캐패시터(capacitor)와 같은 역할을 한다.

결정형 마이크로폰(*crystal microphone*)은 일반적으로 굽힘에 반응하는 압전소자를 이용한다. 민감도를 좋게 하기 위해 외팔보 형태의 소자가 진동막에 기계적으로 연결되어 있다. 다른 형식으로 소자가 굽힘을 받는 경우에는 진동판과 소자들이 직접 접착을 하거나, 소자가 압축을 받는 경우에는 진동판에 베어링을 통해 연결하는 것 등이 있다. 결정형 마이크로폰은 신중한 음향 측정에 많이 사용된다.

전기역학적 마이크로폰(*electrodynamic microphone*)은 자장 내에서 움직이는 도체의 원리를 이용한다. 자장은 보통 영구자석에 의해 제공되고 릴럭턱스가 변하는 영역에 변환기를 설치한다(6.12절 참조). 진동판이 움직일 때 유도되는 전압은 자장에 대한 코일의 상대적인 **속도**에 비례하므로 아날로그 전기 출력을 얻을 수 있다. **이동코일**에 대한 형태(그림 18.9)와 **리본**(*ribbon*)형태의 두 가지 구조가 사용된다. 리본형 마이크로폰의 유도소자는 코일과 진동판의 역할을 동시에 지니는 단일 소자이다.

마이크로폰 선택 인자

계측에 사용되는 이상적인 마이크로폰은 다음과 같은 특성을 갖는다.

1. 가청범위에서 크기 변화가 거의 없는 주파수 응답을 갖는다.
2. 무지향성
3. 전체 동적범위(dynamic range)에서 예측 가능하고 반복 가능한 감도
4. 측정될 최저 음향 수준에서의 출력신호는 시스템의 내부 잡음 수준의 수 배는 되어야 함
5. 작은 크기와 무게
6. 음압을 제외한 모든 외부조건에 영향 받지 않을 것

콘덴서형 마이크로폰은 의심할 여지없이 음향 계측의 최고 위치에 있다. 하지만 결정

표 18.1 마이크로폰의 특성 요약

Type of Microphone	Principle of Operation	Relative Impedance	Linearity	Advantages	Disadvantages
Capacitor	Capacitive	Very high	Excellent	Stable: holds calibration. Low sensitivity to vibration. Wide range.	Sensitive to temperature and pressure variations. Relatively fragile. Requires high polarizing voltage. Requires impedance-coupling device near microphone.
Crystal	Piezoelectric	High	Good to excellent	Self-generating. May be hermetically sealed. Relatively rugged. Relatively inexpensive.	Requires impedance-matching device. Relatively sensitive to vibration.
Electrodynamic	Reluctive	Low	Good	Self-generating.	Physically large.

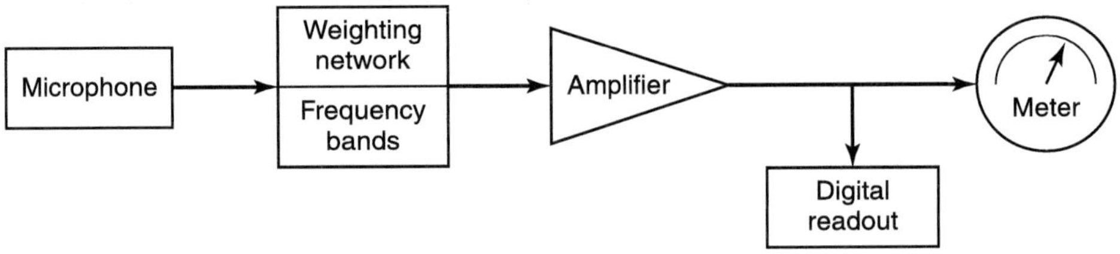

그림 18.10 전형적인 소음 수준계 또는 소음 수준 기록기의 블록 선도

형 마이크로폰도 바로 다음으로 많이 쓰인다. 모든 계측에서처럼 센서(마이크로폰)을 장치한 다는 것은 불가피하게 계측 자체에 영향(저항)을 주는 것이다. 이런 관점에서 볼 때 마이크로폰은 가능한 작아야 한다. 분명한 사실이지만 크기, 진동판의 직경은 감도와 응답에 중요한 영향을 미치기 때문에 마이크로폰의 크기는 용도에 따라 잘 선택하여야 한다. 표 18.1은 마이크로폰의 특성을 요약한다.

18.5.2 음향 수준계

기초적인 음향 수준계는 음압을 감지하고 그 크기를 표시하는 계측 시스템이다. 소리는 넓은 범위의 무작위 주파수 분포를 가지고 있으며 이산 음(discrete tone)을 포함할 수 있다. 물론 이런 각각의 인자는 결과에 영향을 미친다.

일반적인 시스템은 장비의 응답을 사람의 청각에 맞추어주는 가중치 네트워크(필터)를 포함한다. 그러므로 응답은 정신음향학적 인자를 포함하고 사람이 측정 가능한 지표의 음향 크기로 제공한다.

기본적인 음향수준계의 블록선도를 그림 18.10에 나타낸다. 그리고 그림 18.11은 상용 음향 수준계를 나타낸다. 출력단을 연결하여 사용하면 **음향 수준 기록계**로 사용할 수 있다.

그림 18.12는 패널 스위치에 의해 선택할 수 있는 국제 규격 가중특성을 나타낸다. 필터 응답은 마치 사람의 귀처럼 주파수가 낮고 높음을 선택적으로 구별한다. 그림 18.12에서 보여주듯이 통상적으로 55 dB 이하의 음향수준에서는 A, 55 dB에서 85 dB사이에서는 B, 85 dB 이상에서는 C의 특성을 사용한다. A, B, C 각각에 대해 측정을 행한다면 어떤 음이 어떠한 주파수 성분으로 이루어져 있는지 비교적 넓은 주파수 범위에서 측정이 가능하다.

음향 수준계의 보정은 그림 18.13에 있는 정밀한 음향보정기로 가능하다. 보정기는 주어진 주파수(250 Hz 또는 1 kHz)의 특정한 음압수준(94 dB 또는 114 dB)을 제공한다. 추가적인 음향 보정에 대한 논의는 18.9절에서 다룬다.

18.5.3 주파수 스펙트럼 분석

음압이나 음향 수준의 값의 결정은 음향 세기의 척도는 될 수 있지만 주파수 분포에 대한 정보는 아니다. 예를 들어 소음을 줄이기 위한 경우 소음을 이루는 대표적인 주파수 성분을

그림 18.11 음향 수준계 Model 824(Larson-Davis, Inc의 동의로 게재함)

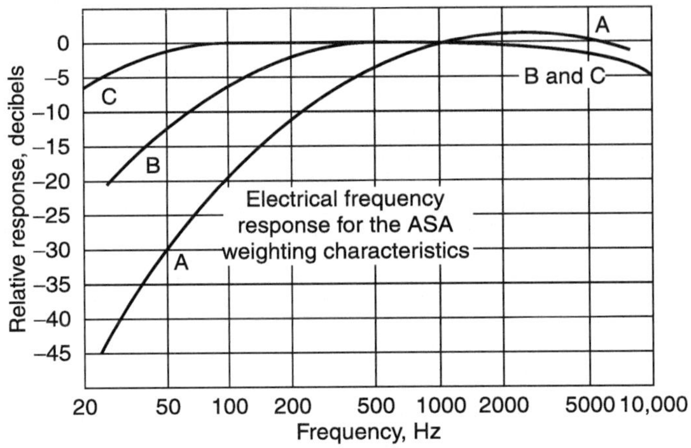

그림 18.12 미국 음향 협회(ASA)의 소음 수준계에 대한 표준 가중치 특성

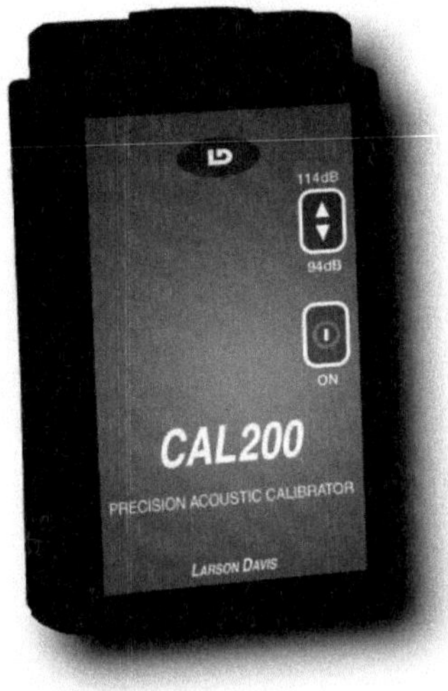

그림 18.13 정밀 음향 보정기(Larson-Davis, Inc의 동의로 게재함)

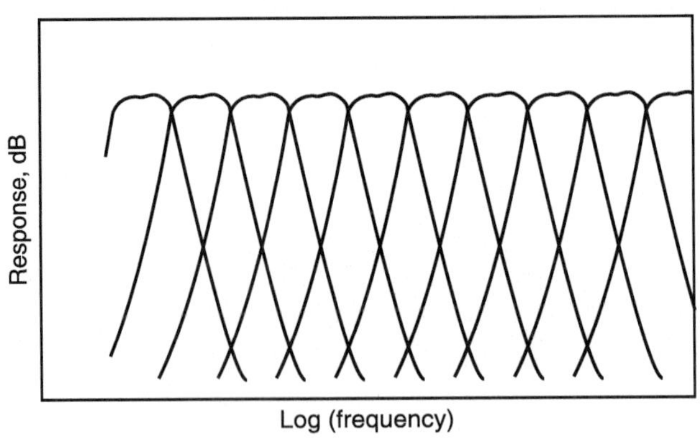

그림 18.14 대역형 음향분석기의 특정 중복 필터 특성

표 18.2 옥타브 대역(band)과 1/3옥타브 대역의 한계

Octave Band Center Frequency	Lower Limit	Upper Limit
31.5 Hz	22.4 Hz	45 Hz
63	45	90
125	90	180
250	180	355
500	355	710
1 kHz	710	1.4 kHz
2	1.4 kHz	2.8
4	2.8	5.6
8	5.6	11.2
16	11.2	22.4

$\frac{1}{3}$-Octave Band Center Frequency	Lower Limit	Upper Limit
20.0 Hz	18.0 Hz	22.4 Hz
25.0	22.4	28.0
31.5	28.0	35.5
40	35.5	45
50	45	56
63	56	71
80	71	90
100	90	112
125	112	140
160	140	180
200	180	224
250	224	280
315	280	355
400	355	450
500	450	560
630	560	710
800	710	900
1,000	900	1,120
1,250	1,120	1,400
1,600	1,400	1,800
2,000	1,800	2,240
2,500	2,240	2,800
3,150	2,800	3,550
4,000	3,550	4,500
5,000	4,500	5,600
6,300	5,600	7,100
8,000	7,100	9,000
10,000	9,000	11,200
12,500	11,200	14,000
16,000	14,000	18,000
20,000	18,000	22,400

알아낸다는 것은 매우 중요하다. 이렇게 하면 현저한 소음원을 직접적으로 가려낼 수 있다.

소리의 세기 대 주파수를 결정하는 것을 **스펙트럼 분석**이라 하고 주로 대역 통과 필터(7.16절)를 사용하여 이루어진다. 다양한 종류의 필터를 조합하여 대역 통과 범위에서의 스펙트럼 분석을 할 수 있다. 아마 가장 많이 사용되는 것은 중심 주파수가 31.5, 63, 125, 250, 500, 1000, 2000, 4000, 8000, 그리고 16000 Hz인 전옥타브(full-octave) 필터이다. 그림 18.4는 필터의 전형적인 주파수 특성을 나타낸 것이다.

전옥타브 스펙트럼 분할에 더하여 $\frac{1}{2}$, $\frac{1}{3}$, $\frac{1}{10}$ 그리고 다른 분할의 옥타브분할 또한 사용된다. 사람의 귀는 다른 음이 섞인 상태에서 순수음을 구별 할 수는 있어도 대략 $\frac{1}{3}$ 옥타브 간격으로 혼합음을 적분하는 경향이 있다. 따라서 $\frac{1}{3}$ 옥타브 분석기는 나름대로의 중요성을 가진다. 표 18.2는 옥타브 대역과 $\frac{1}{3}$ 옥타브 대역을 지니는 필터의 대역 중심 주파수와 최고, 최저 경계치를 나타내고 있다.

단순 분석기는 각 통과대역을 따로 분리해서 읽는다. 그러므로 전체 범위를 읽어내는 데는 상당한 시간이 걸린다. 대역을 줄임으로써 데이터의 양이 증가할 뿐만 아니라 측정 시간이 증가하므로 음원이 계속해서 일정해야 한다는 것도 또한 매우 중요하다. 뒤의 문제에 대한 부분적인 해답으로 샘플링을 위한 테이프 기록을 사용하고 차후에 기록된 것을 분석한다. 음원을 최상의 상태로 기록하기 위해서는 최고 품질의 테이프를 사용해야 한다. 보통 연설이나 음악의 녹음을 위해 통용되는 레코드는 사용하지 않는다. 그들의 주파수 응답은 요구되는 주파수 범위 이상에서 비선형적인 특성을 나타내기 때문이다.

18.5.4 이산 푸리에변환

이산 푸리에변환(DFT, Discrete Fourier Transform)의 적용은 음향 분야에서 특히 유용하다. 4.6절에서 이산 푸리에변환은 진폭 대 주파수를 도시하여 나타내 준다. 이것은 복잡한 소음 신호에서 다양한 조화 성분의 구성 분포를 결정하는데 매우 편리하다.

18.6 응용 스펙트럼 분석

복잡한 파형의 조화분석이나 푸리에 해석은 4.6절에서 다루었고, 부록 B에 자세한 사항을 언급해 놓았다. 하지만 비교적 간단한 파형분석에서도 많은 계산량을 필요로 하므로 시간이 많이 걸리게 된다. 이러한 한계는 해석을 필요로 하는 다양한 비반복적 조건이 더 큰 컴퓨터 용량을 필요로 할 때 특히 중요하다. 이러한 이유에서 **고속 푸리에변환**(*FFT, fast Fourier transform*)이 고안되었다. 만약 결정해야 할 조화 계수가 N이라면 통상적인 조화해석에서는 대략 N^2 회의 계산이 요구되나 FFT에서는 현저히 감소된 $N \log_2 N$ 회의 계산만이 요구된다. FFT는 음향, 기계진동 그리고 거의 모든 전기적 파형 분석에 적용된다.

그림 18.15는 FFT분석 장치의 개략적인 선도를 보여준다. 그림에서 보듯이 신호는 마

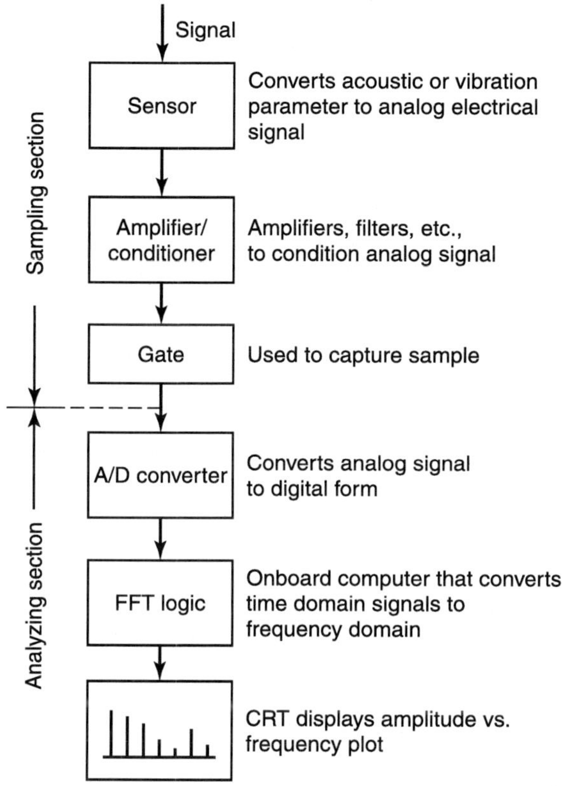

그림 18.15 FFT 해석 장치의 블록 선도

이크로폰이나 진동 픽업을 통해 얻어지고 필요에 따라 증폭되거나 필터링된다. 입력신호는 시간 T동안 샘플링된다. 그때 시간은 일정한 증분의 정수로 나뉘게 되고 그 숫자는 보통 2의 제곱이다.[3] 각각의 시간증분(*time increment*)인 Δt동안 A/D 변환기는 입력을 디지털 값으로 변화하여 논리 부분(logic section)으로 보낸다. 논리 부분의 역할은 각 샘플을 시간 영역에서 주파수 영역으로 바꾸는 것이다.

FFT의 계산 결과는 기본 주파수[4] 의 정수배에 대한 사인과 코사인의 쌍으로 구성되어 있다. 이 쌍들의 개수는 샘플링된 데이터의 개수와 일치한다. 각각의 사인과 코사인 쌍은 실수부와 허수부의 벡터로 구성 할 수 있고 절대값의 크기와 위상각의 조합으로도 나타낼 수 있다(4.4절 참조). 많은 음향 분성에서 위상각은 무시되고 기본주파수의 정수배에 대한 벡터의 크기만이 사용된다.

---

3) 보통 $2^8 = 256_{10}$ 이 사용된다. 0을 초기값으로 두면 0에서 256_{10}까지이고 16진수로는 0에서 FF_{16}까지 이며 1바이트의 정보를 나타낸다.

4) 여기서 기본 주파수는 분석되는 파형의 시간영역에서의 길이와 직접 관련된다(식 4.21 참조).

각 벡터의 크기의 제곱 값을 **오토 스펙트럼 값**(*autospectral value*)라 하고, 크기의 제곱값들로 이루어진 집합을 **파워 스펙트럼**(*power spectrum*)이라 한다. 이 파워 스펙트럼은 음향파워(power)와 관련되어 있지는 않다.

샘플링 시간 T는 종종 **데이터 윈도우 간격**(*data window duration*)이라고도 한다. 샘플링 시간은 실제 실험시에 게이팅 시간(gating time), 즉 샘플의 길이에 맞추어진다. 정확하게 반복되는 파형이 입력되면 샘플링 시간은 입력된 파형의 주기가 된다. 그러나 복잡하고 반복되지 않는 입력이 있을 때는 샘플링 시간을 선택하는 것이 쉽지 않다. 이 같은 신호를 발생시키는 많은 원인이 존재한다. 기계적인 경우에는 기어와 베어링에서 발생하는 소음, 탄성적인 공진, 내연기관에서의 소리, 수력적인 소음들을 들 수 있다. 음향 측정의 경우에는 주위 환경의 영향을 들 수 있다. 많은 경우에서 기어의 맞물림 비나 rpm 등과 같은 알 수 있는 주파수 원(frequency source)들이 있다. FFT장비는 분석 속도가 빠르기 때문에, 이와 같이 복잡하고 비반복적인 신호의 해석에 매우 적합하다. 여러 가지 샘플링 시간에 대한 해석을 해서 그 중에 가장 적합한 샘플링 시간을 선택하면 된다. 어떤 경우에는 일정한 조화적인 관계가 존재하지 않아 적절한 샘플링 시간을 결정하지 않을 수도 있다. 물론 이 결과 또한 의미 있는 정보이다.

FFT 해석을 정확히 행하는데 있어 (1) 데이터 윈도우(data window)의 모양(shape)과 시간 간격의 결정, 그리고 (2) 해석을 하는데 있어 원하는 가장 높은 주파수와 연관된 A/D 변환기의 샘플링 주파수 비의 선택을 포함해야 한다. (1)에서 데이터 윈도우의 모양(shape)은 데이터가 가중될 방법을 가리킨다. 예를 들어 사각 윈도우(rectangular window)는 모든 데이터들에 모두 같은 가중치를 두는 반면에 "raised cosine" 또는 "Hanning" 윈도우는 샘플링 시간 안쪽의 데이터는 강조하고 바깥쪽의 데이터들은 좀 덜 중요성을 부여한다(참고 서적 [9]에 윈도우에 대한 더 자세한 내용이 나와 있다). (2)의 상황을 고려하는데 있어 샘플링 비인 $1/\Delta t$를 결정하는 가장 단순한 방법은 해석에서 예상되는 가장 큰 주파수의 두 배 이상으로 결정하는 것이다(4.7.2절 참조).

18.7 산업 소음과 환경 소음의 측정 및 해석

18.7.1 등가음향 수준 L_{eq}

산업 소음과 환경 소음의 장시간에 걸친 경향을 연구하기 위해서 하나의 척도로 소음의 이력(noise history)을 정의하는 것이 편리하다. 일반적으로 사용되는 척도인 L_{eq}는 같은 시간(T) 동안 실제 소음 이력과 동일한 음향 에너지를 발생하는 연속적인 dB 수준이다.

등가 음향 수준은 원하는 시간 간격에 대해 평균 제곱(mean square)된 음압을 평균한 뒤 데시벨로 변환한 것으로 정의한다. 즉

$$L_{eq} = 10\ \log_{10}\left(\frac{\overline{p_{rms}^2}}{p_0^2}\right) \tag{18.14}$$

여기서 $\overline{p^2{}_{rms}}$ = 평균 제곱 음압의 시평균(time-average)

$$SPL = 10\ \log_{10}\frac{p_{rms}^2}{p_0^2}$$

그런데

$$\frac{p_{rms}^2}{p_0^2} = 10^{SPL/10} \tag{18.15}$$

이므로 식 18.14는 다음과 같이 쓸 수 있다.

$$L_{eq} = 10\ \log_{10}\left(\frac{1}{T}\int_0^T 10^{SPL/10}\ dt\right) \tag{18.16}$$

여기서 L_{eq} = dB로 표시된 등가 음향 수준
SPL = rms 음압 수준
T = 지정된 평균화 처리 시간

등가 음향 수준은 에너지의 평균이고, 일반적으로 음향 수준과 중간 수준(median level)의 산술 평균과는 다르다. 높은 SPL 값에 의하여 등가 음향 수준이 지배된다. 20 dB 또는 최대치가 그 이하인 값들은 등가 음향 수준에 영향을 끼치지 않는다. 그림 18.11

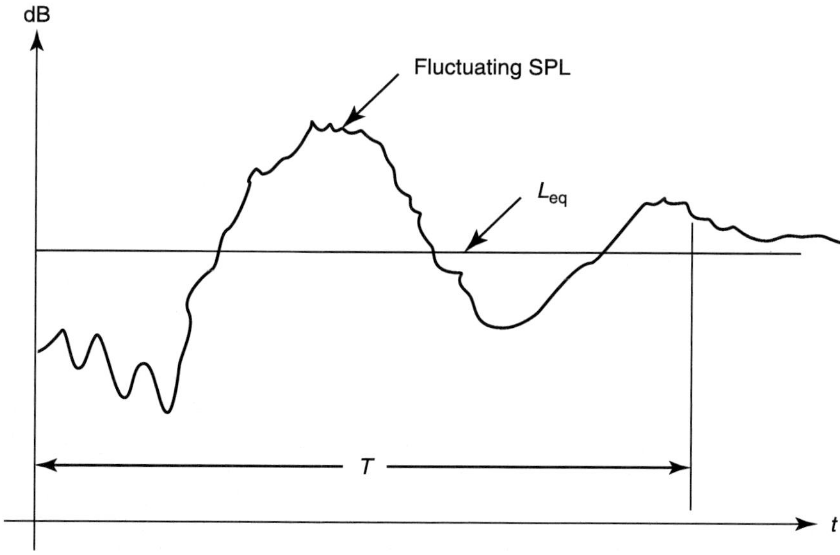

그림 18.16 SPL과 L_{eq} 값의 비교

에서 보듯이 대부분의 적분형 음향 수준계들은 사용자가 정의해 준 평균시간에 대해 L_{eq}를 전기적으로 계산한다. 대체적으로 평균시간은 여러 조건에 따라서 수 분에서 수 일 사이이다[5]. 그림 18.16은 시간에 따른 SPL 값과 SPL의 L_{eq}값 사이의 차이를 나타내 준다. L_{eq}는 어떠한 가중된 척도(weighted scale)로도 결정이 가능하지만, 대개 A-가중 척도(A-weighted scale)가 사용된다.

18.7.2 음향 노출 수준(SEL)

관측자 앞으로 자동차가 지나갈 때, 비행기가 머리 위로 지나갈 때, 단조에서 야기되는 충격 소음과 같이 과도적 성질을 지니는 소음에 있어 SPL을 이용한 음향 계측은 SPL 값을 얻는 과정이 어려울 뿐만 아니라 해석을 하는 데 있어서도 매우 곤란한 점이 많다. 어떤 음향 수준계는 측정된 최고치를 유지시킬 수 있어 SPL의 최대값을 구하여 저장할 수 있다. 여기서 최대값이 왜 중요한지에 대한 의문이 생길 수 있는데, 특히 소음감쇠를 실시한 후에 측정값과 그 이전 값을 비교하는 경우에 그렇다.

이런 상황을 위해 18.7.1절에 기술한 바와 같이 L_{eq}를 측정하되 평균화 시간 T를 1초로 한다. 그러면 음향 노출 수준은 다음과 같이 정의된다.

$$\text{SEL} = 10\ \log_{10}\left(\int_0^T 10^{\text{SPL}/10}\,dt\right) \tag{18.17}$$

식 18.16과 식 18.17을 비교하면

$$\text{SEL} = L_{eq} + 10\ \log_{10} T \tag{18.18}$$

을 얻을 수 있고, SEL과 L_{eq} 값은 평균시간 T가 커질 때에만 차이가 난다는 것을 알 수 있다. 그러므로 SEL값은 음향 에너지의 척도이며 1초의 평균 시간으로 정규화 되었기 때문에 관련 없는 소음들과의 비교에 사용할 수 있다.

18.7.3 음향 세기의 측정

공기 입자의 위치에 변동이 생기면 일시적으로 압력이 증가하게 된다. 압력의 증가는 이동한 입자를 원래의 자리로 돌려놓고 외란을 다음 입자로 전이하는 두 가지 행동을 한다. 이러한 압력의 증가와 감소의 순환 주기는 음파라는 현상으로 전파된다. 이 과정에는 중요한 두 가지 매개 변수가 있다. 고정된 위치 주위에서 진동하는 공기 입자의 압력과 속도가 바로 그것이다. 음향의 세기는 압력과 입자의 속도의 곱과 같다[10].

$$\begin{aligned}\text{Sound intensity} &= \text{pressure} \times \text{particle velocity}\\ &= \frac{\text{force}}{\text{area}}\cdot\frac{\text{distance}}{\text{time}} = \frac{\text{energy}}{\text{area}\times\text{time}} = \frac{\text{power}}{\text{area}}\end{aligned}$$

실제에서 압력과 속도는 동시에 변하고 압력과 입자의 속도는 동일한 위상을 갖는다. 이러한 경우에 있어 세기의 시간 평균값은 영이 아니다. 음향 세기는 다음과 같이 정의된다.

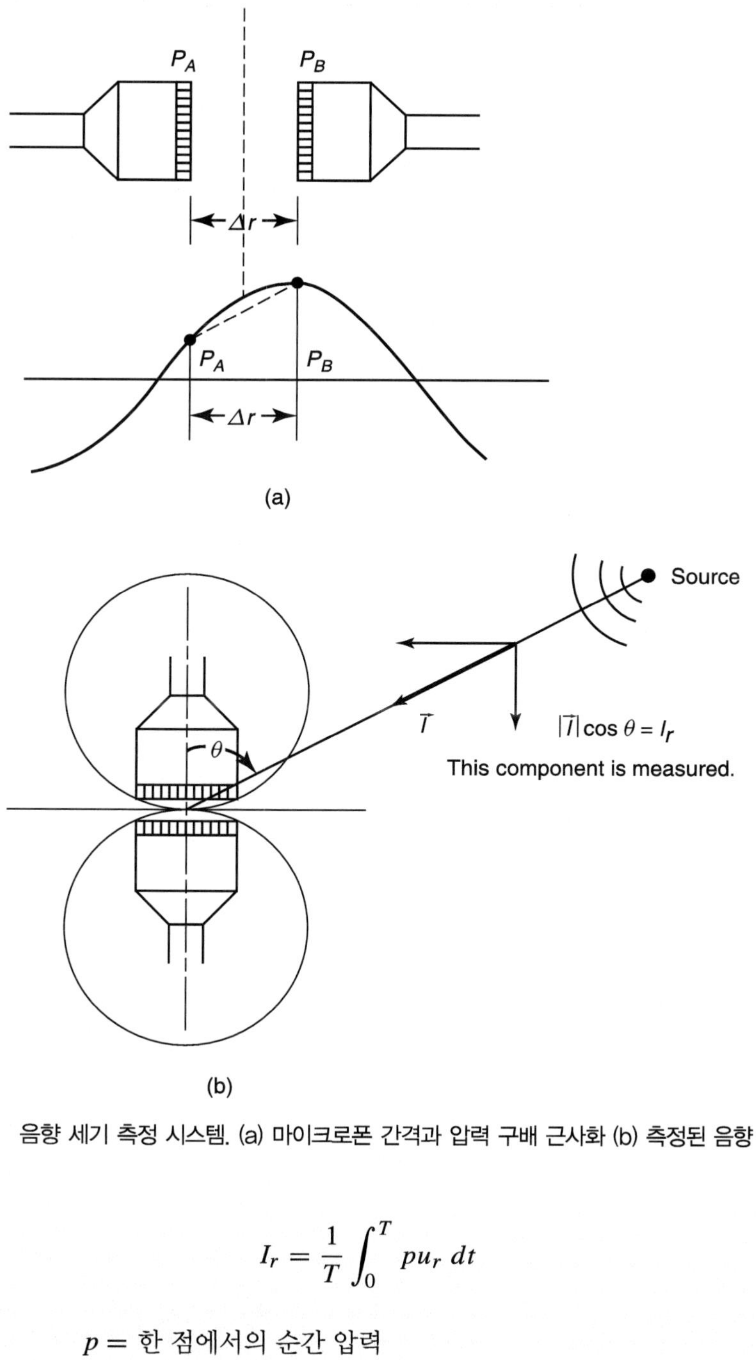

그림 18.17 음향 세기 측정 시스템. (a) 마이크로폰 간격과 압력 구배 근사화 (b) 측정된 음향 세기 성분

$$I_r = \frac{1}{T}\int_0^T pu_r\,dt \tag{18.19}$$

여기서 $p =$ 한 점에서의 순간 압력

$u_r = r$ 방향으로의 공기 입자의 속도

한편 한 점에서의 공기 입자의 속도는 그 점에서의 압력 구배로 표현된다[5].

$$u_r = -\frac{1}{\rho}\int_{-\infty}^{t} \frac{\partial p}{\partial r} dt \approx -\frac{1}{\rho}\int_{0}^{t} \frac{(p_B - p_A)}{\Delta r}\, dt$$

여기서 편미분은 미소차로 근사되었다. 만약 압력 p를 평균 압력으로 대체하면 음향 세기는 식 18.19에 의해 다음과 같이 결정된다.

$$I_r = -\frac{1}{T}\int_{0}^{T} \frac{(p_A + p_B)}{2\rho} \left(\int_{0}^{t} \frac{(p_B - p_A)}{\Delta r} dt\right) dt \tag{18.20}$$

여기서 $\rho =$ 공기의 질량 밀도

$\Delta r = A$와 B 사이의 간격

p_A와 $p_B = A, B$ 점에서의 각각의 순간압력

$T =$ 평균화 시간

음향 세기는 그림 18.17(a)에서처럼 서로 마주보고 있는 2개의 마이크로폰에 의해서 결정된다. 그림 18.17(b)는 음향 세기 측정 장치의 지향 특성을 보여준다. 각 θ가 90°도일 때 측정되는 압력 신호들이 차가 없기 때문에 음향 세기는 영이 된다. 복잡한 음장의 소음원은 이런 특성을 이용해서 측정하게 된다.

음향 세기 분석 장치는 2개의 마이크로폰 탐침 장치와 분석기로 구성된다. 마이크로폰 탐침 장치는 p_A와 p_B 2개의 압력을 측정하고 분석기는 측정된 2개의 압력을 적분하여 음향 세기를 구한다. 대표적인 상용 장치에 Bruel and Kjaer 사의 3360형 음향 세기 분석 장치가 있다.

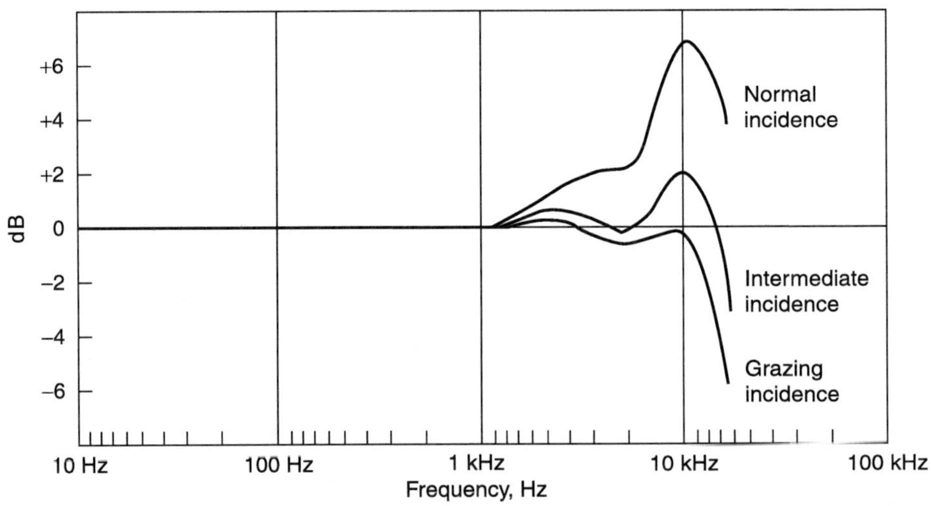

그림 18.18 음파의 입사각에 따른 마이크로폰 응답 변화 곡선

18.8 음향 측정의 실제 양상에 있어서의 주의점

모든 계측은 계측 자체가 평가 과정을 방해하게 된다. 마이크로폰의 진동막에서 측정되는 음압은 마이크로폰이 그곳에 없는 경우의 음압과는 차이가 있다. 즉, 고유의 자유장의 조건은 측정될 수 없다. 진동막 강성, 마이크 껍데기 등은 원래 공기가 있어야 하는 곳에 삽입되어 있는 것이라 할 수 있고, 또 이들의 성질은 공기의 고유 성질과 다르다. 음향의 파장이 진동막의 치수보다 작은 경우(즉 높은 주파수를 가지는 음파의 경우), 진동막은 아주 큰 벽과 같아서 진동막에 수직으로 입사하는 음향의 음압은 진동막이 없을 때의 두 배 가까이 된다. 이에 반해 파장이 진동막의 치수보다 몇 배 정도 큰 경우 이런 효과는 무시할 수 있다. 게다가 다른 입사각[5]의 경우 앞의 효과는 줄어들게 된다. 그림 18.18은 여러 입사각에 대하여 마이크로폰의 전형적인 응답 특성을 보여 주고 있다.

그러므로 일반적인 경우 마이크로폰이 음원을 바라보도록 배치하는 것은 바람직하지 않다. 입사하는 각은 90도가 되는 것(grazing)이 바람직하다. 그러나 잔향이 있는 상태에서는 반사벽 때문에 여러 개의 음원이 존재하게 되므로 여러 번의 실험을 통해 신중하게 마이크로폰의 위치를 설정해야 한다. 대개 70도 가량의 입사각이 되도록 마이크로폰을 배열하는 것을 권장한다.

스펙트럼 분석기나 음향 대역 분석기를 이용하여 별개의 음향 입력을 분리하고자 할 때는 앞의 경우와는 다른 예가 된다. 이 경우 마이크로폰은 음이 발생한다고 생각되는 곳을 향하게 하고 측정하고자 하는 음원에 보다 가까이 설치하는 것이 바람직하다.

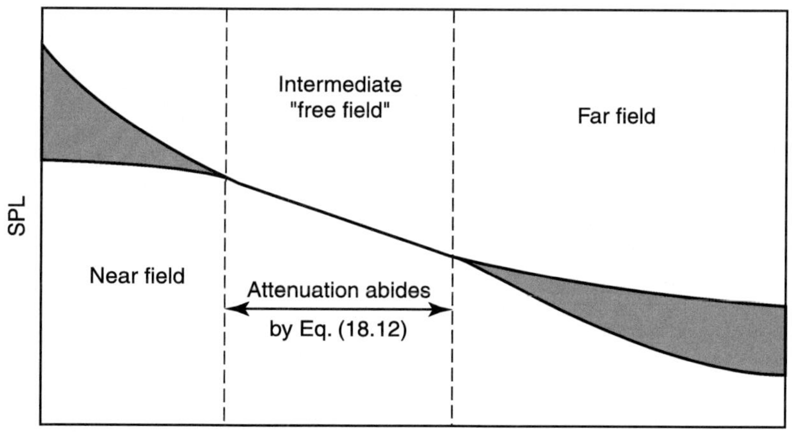

그림 18.19 마이크로폰의 위치에 따른 대표적인 SPL 변화

5) 마이크로폰의 배치 축이 음향의 진행 방향과 평행한 경우, 즉 파면이 진동막과 평행한 경우 음파는 0도로 입사하는 것이 된다.

일반적인 측정에 있어서 마이크로폰은 음원으로부터 얼마나 떨어진 곳에 설치해야 할까? 그림 18.19는 기계 장치에서 발생하는 여러 음원이 있는 경우와 같이 많은 음장이 존재하는 전형적인 상황을 보여 준다. 기계 장치에 존재하는 음원으로는 기어, 베어링, 하우징 등을 들 수 있다. 그림에서 교차 영역은 마이크로폰의 위치를 변화시키면 고정된 입력값에도 불구하고 여러 SPL값이 측정될 수 있다는 것을 보여 준다. 음원에서 가까운 영역에서는 그 사이에서 음원이 동일한 값을 가질 수 있다. 음원에서 아주 먼 영역에서는 잔향 때문에 반사 음원이 SPL값의 변화 원인이 된다.

자유장에서는 마이크로폰을 움직인다 해도 측정값에 별다른 변화가 없다. 게다가 마이크로폰을 음원을 향해 움직이거나 음원에서 멀어지는 방향으로 움직이게 해도 식 18.12에서 예상할 수 있는 결과치와 거의 유사한 측정치를 얻는다. 이 사실을 이용하여 자유장이 얼마만큼의 영역에 걸쳐 존재하는지에 대해 알 수 있다. 중요한 사실은 대개의 경우 자유장은 존재하지 않고, 근거리 영역과 원거리 영역이 교차하는 영역만 존재한다는 것이다.

18.9 교정법

대부분의 전자 기계적 측정 시스템의 경우와 마찬가지로 음향 계측기도 전기 전자적인 신호의 조절과 판독의 단계를 따르는 검출 변환기(마이크로폰)를 가지고 있다. 전체 시스템의 교정은 미리 알고 있는 음향의 음압을 측정하여 판독치와 비교해 보는 방법으로 이루어진다. 이러한 교정법은 실질적이기는 하나 더 보편적인 방법은 장비를 이루고 있는 성분에 대해 각각 교정을 하는 것이다. 예를 들어 음향 수준계의 경우 마이크로폰의 출력 대신 정확히 그 값을 알고 있는 전압을 측정기에 연결하여 간단히 내부 회로와 판독 상태를 검사하고 계기의 판독값을 교정한다. 이런 과정은 마이크로폰의 교정을 포함하고 있지는 않지만 그 외의 나머지 부분에 대해서는 편리한 교정법이다. 음향 교정기(그림 18.13)는 마이크로폰을 포함한 전체 계측계에 사용할 수 있다.

'표준'이 되는 것과 마이크로폰 또는 전체 시스템을 직접 비교할 수도 있다. 물론 비교가 정확히 이루어지기 위해서는 대단히 세심한 주의를 기울여야 한다. 표준과 시험 마이크로폰에 동일한 소리가 가해져야 한다. 그러나 이 장의 서론 부분에서 이 결과를 얻는 데 있어 어려운 점을 설명했었다.

표준 음원은 필요한 음압의 변동을 발생시키는 기계적인 확성기 형태의 구동기를 포함하고 있다. 어떤 시스템은 원통 속에 반대 방향으로 250 Hz의 진동수로 움직이는 피스톤을 이용하여 미리 교정된 124 dB ± 0.2 dB의 음압을 발생시킨다. 이와 비슷한 장치는 작고 간단한 확성기를 구동기로 사용하기도 한다. 두 경우 모두 구동기와 마이크로폰의 연결을 위해 설계된 결합 공동(coupling cavity)을 통해 연결되어야 적절한 교정이 이루어진다. 이러한 점 때문에 교정기에 적합한 마이크로폰의 유형이 제한되며 동일한 회사에서 생산된 것이어야만 교정기에 적합하게 된다.

더 기본적인 교정법은 **상호 교정법**(*reciprocity* calibration)이다. 시험할 마이크로폰 이외에 가역적인 선형 변환기(linear transducer)와 결합 공동이 설치된 음원이 필요하다. 교정 과정은 두 단계로 나누어진다. 첫 번째 단계는 가역적인 변환기와 마이크로폰을 이용, 공통의 음원으로부터 2개의 출력을 얻어내는 것이다. 두 번째 단계는 알고 있는 입력(전류)을 가역 변환기에 가해서 이때 시험하고자 하는 마이크로폰의 출력(전압)을 얻는 것이다. 이 단계를 통해 2개의 감도의 곱의 함수인 관계를 얻을 수 있다[11,12]. 여기서 2개의 감도는 마이크로폰의 감도와 가역 변환기의 감도이다. 두 단계의 결과들은 시험하고자 하는 마이크로폰의 절대적 감도를 결정하는 데 필요한 충분한 정보를 제공한다.

18.10 맺음말

소리는 복잡한 물리량이다. 인간의 청각과 연관성이 있는 것이기 때문에 계측을 통해 평가한다는 것은 다른 공학적 물리량을 계측하는 것보다 훨씬 어렵다. 그러므로 이번 장에서 언급된 내용들은 단지 기초적인 사항을 기술한 것에 지나지 않는다. 더 자세한 내용은 추천도서를 참고하기 바란다.

이번 장에서는 소음과 음향에 대해 정확히 구별하지는 않았다. 소음이라 함은 단지 바람직하지 않는 음향으로 간주할 뿐이다. 그러나 소음은 법령이나 법규, 고용인들을 보호하기 위한 노조의 규약이나 조례들에 의한 제약으로 인해 공학자들에게도 점차 중요한 문제가 되고 있다. 이러한 결과로 공학자들에게는 "조용한" 기계와 공정들을 설계하고 고안하도록 하는 것이 요구되고 있다. 정적 오염(silence pollution)에 관련된 분야들에 대해 점차 비판이 증가하고 있다(여기서 **소음 오염**(*noise pollution*)이란 말은 쓰지 않았다. 왜냐하면 "소음"이라는 것은 오염되는 것이 아니기 때문이다. 수질 오염이라고 하지 폐수 오염이라고 하지 않는 것과 같은 이치이다). 그러므로 공학자들은 소음 계측 분야뿐만이 아니라 소음 감소의 기술이나 이론에 대해서도 지식을 더욱 늘려 나가야 할 것이다.

SUGGESTED READINGS

Bell, L. H. and D. H. Bell. *Industrial Noise Control: Fundamentals and Applications*. 2nd ed. New York: Marcel Dekker, 1993.

Beranek, L. L. *Acoustical Measurements*. New York: American Institute of Physics, 1988.

Beranek, L. L., and I. L. Vér (eds.). *Noise and Vibration Control Engineering: Principles and Applications*. New York: Wiley-Interscience, 1992.

Lord, H. W., W. S. Gatley, and H. A. Evensen. *Noise Control for Engineers*. Malabar, Fla.: Krieger, 1987.

Rayleigh, J. W. S. *The Theory of Sound*, vols. 1 and 2. New York: Dover, 1976.

연습문제

18.1. Prepare a spreadsheet template for adding sound pressure levels from multiple sources. Provide for up to eight entries. Check the template against the results for the examples in Section 18.3.4.

18.2. Pumps are being selected for a fluids-handling system that is being designed. The upper capacity of the system is 10,000 gal/min. Among many parameters considered is that of noise. Combinations from a range of six pumps are being considered. The pump capacities along with the individual sound pressure levels that they generate are listed as follows:

Capacity (gal/min)	SPL (dB)
2000	89
2500	91
4000	93
5000	95
6000	96
7500	98

Determine the combination of pumps that will yield the lowest combined sound pressure level in dB (*Note*: The advantages of spreadsheet templates become obvious when working this and the following problem.)

18.3. The results from Problem 18.2 may be further refined by recognizing that more involved piping will be required as the number of pumps increases, thereby resulting in an added sound source. Use the following estimates of pipe noise to the various combinations of pumps and recalculate the total sound pressure levels.

Number of Pumps	Add the Following dB
2	80
3	83
4	86
5	89

18.4. The noise level at the factory property line caused by 12 identical air compressors running simultaneously is 60 dB. If the maximum SPL permitted at this location is 57 dB, how many compressors may be run simultaneously?

18.5. Calculate the SPL and intensity at a distance of 10 m from a uniformly radiating source of 2.0 W.

18.6. The SPL of a single rocket engine on its test stand and at a distance of $\frac{1}{2}$ mi. is 108 dB. What SPL, at the same distance, would result if a cluster of five such engines were tested together? If two of the five were shut down, what drop in SPL would be expected?

18.7. Data from two lawnmower manufacturers regarding the noise produced by each as measured on the factory floor resulted in the following:

Mower	SPL (A)	Distance Directly Above Mower
A	100 dB	30 ft
B	85 dB	50 ft

Estimate the SPL (A) when these mowers are used in grass cutting at a distance of 100 ft at an ambient temperature of 25°C.

18.8. The following data were obtained from an octave band frequency analysis of a steam boiler based on "flat," or "linear," frequency weighting.

(a) Construct a decibel-versus-frequency histogram of the data.
(b) Superimpose on this histogram the following data corrected for A-weighting.

Octave Band Center Frequency, Hz	SPL, dB
31.5	79
63.0	77
125.0	76
250.0	81
500.0	80
1,000.0	82
2,000.0	82
4,000.0	72
8,000.0	67
16,000.0	60

18.9. In order to determine whether free-field conditions are approximated, an engineer finds the SPL at 10 m from the source to be 89 dB. What must be the SPL at 7.5 m in order for free-field conditions to exist?

18.10. Figure 18.20 illustrates a simple experimental setup that may be used to demonstrate a variety of basic principles discussed throughout this book. A small transistor-type loudspeaker (available from most electronic parts dealers) is cemented to a length of plastic pipe [Fig. 18.20(a)]. A signal generator is used to drive the speaker with a sinusoidal

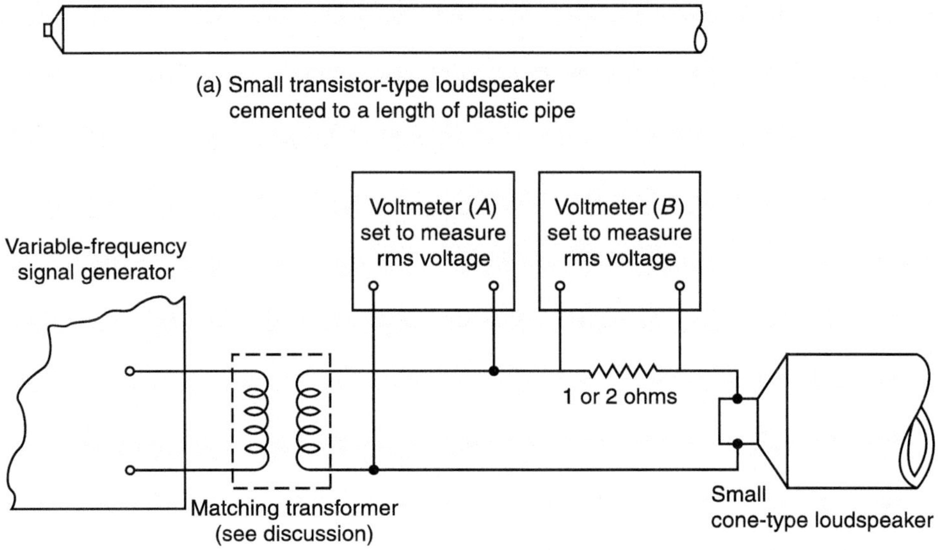

(a) Small transistor-type loudspeaker cemented to a length of plastic pipe

(b) Electrical circuitry

FIGURE 18.20: Setup for Problem 18.10.

waveform [Fig. 18.20(b)]. The tube-speaker combination possesses two fundamental resonance frequencies, that of the "organ pipe" (Section 14.9.1) and the acoustical/electrical resonance frequency of the speaker element. Voltmeter B, along with the 1 or 2 Ω resistor, is used to monitor the current to the speaker, and voltmeter A monitors the voltage. If voltage measured by A is held constant as a range of frequencies is swept by the signal generator, a sharp drop in current will be found at the frequency corresponding to resonance of the "organ pipe." This is the frequency at which oscillation may be maintained with minimum *power* expenditure. If the measuring system is sensitive enough, other resonances may also be determined, that of the speaker itself and the higher-mode frequencies of the pipe. The minimum-power principle is often useful in vibration testing employing shaker-driven systems (Chapter 17). Increased power transfer may be had by insertion of a matching transformer (Section 7.21). The turns ratio is not too critical; however, many signal generators have a 600-Ω output impedance and the input impedance of the speaker may be about 16 Ω. Care must be exercised to prevent overdriving the speaker and destroying its voice coil.

참고문헌

[1] Skilling, D. C. Acoustical testing at Northrup Aircraft. *SESA Proc.* 16(2):121, 1959.

[2] Randall, R. H. *An Introduction to Acoustics*. Reading, Mass.: Addison-Wesley, 1951.

[3] Beranek, L. L. *Acoustics*. New York: McGraw-Hill, 1954, p. 12.

[4] Peterson, A. P. G. *Handbook of Noise Measurement.* 9th ed. Concord, Mass.: GenRad, Inc., 1980.

[5] Wilson, C. E. *Noise Control*. New York: Harper & Row, 1989.

[6] Beranek, L. L. (ed.). *Noise Reduction*. New York: McGraw-Hill, 1960, p. 186.

[7] Keast, D. N. *Measurements in Mechanical Dynamics*. New York: McGraw-Hill, 1967.

[8] Ranz, J. R. Noise measurement methods, *Mach. Des.* November 10, 1966.

[9] Peterson, A. P. G. *Handbook of Noise Measurement*. 9th ed. Concord, Mass.: GenRad, Inc., 1980, p. 133.

[10] *Sound Intensity*, Technical Note. Brüel and Kjaer, 1986. 2850 Naerum Denmark.

[11] Various papers, Handbook 77, Vol. II, *Precision Measurement and Calibration, Heat and Mechanics*, National Bureau of Standards, 1961.

[12] *American National Standard Method for Calibration of Microphones*, S1.10–1966. New York: ANSI, 1966.

PART III 부록

APPENDIX A 표준과 환산식

표준

중력 가속도	9.80665 m/s^2
	32.174 ft/s^2
표준 대기압	101325 Pa
	14.696 psia
차원 상수	$g_c = 1$ kg · m/N · s^2
	$g_c = 32.174$ lbm · ft/lbf · s^2

환산식

아래의 표는 소수자리 표기에 대한 컴퓨터 출력의 통례가 사용되었다. 예를 들어 E + 03 $= 10^3 = 1000$, E − 02 $= 10^{-2} = 0.01$이다.

주어진 관계식은 SI 유닛에 적합한 환산 인자의 형태이다(표 A.1). 예를 들어 인치(in.)를 미터(m)로 바꾼다면, 다음의 표에서 아래와 같은 식이 주어진다.

$$\text{m} = 2.540\ \text{E} - 02 \ \times \ \text{in}$$

만약 36.00 in.(영국에서 1 yard)에 해당하는 m를 알려면, in.에 환산 인자를 곱해야 한다.

$$\text{length in m} = \frac{2.540 \times 10^{-2}\ \text{m}}{\text{in.}} \times 36.00\ \text{in.} = 0.9144\ \text{m}$$

즉 36.00 in.나 1 yard는 0.9144 m와 같다.

반면에, 5.00 m에 해당하는 in.를 알기 위해선 환산계수로 나눠야 한다.

$$\text{length in inches} = 5.00\ \text{m} \times \frac{\text{in.}}{2.540 \times 10^{-2}\ \text{m}} = 197\ \text{in}$$

즉 5.00 m와 197 in.는 근사적으로 같은 길이이다.

표 A.1 환산 인자

	SI				English or Other
가속도	m/s^2	=	3.048 000 E − 01	×	ft/s^2
	m/s^2	=	2.540 000 E − 02	×	$in./s^2$
면적	m^2	=	6.451 600 E − 04	×	$in.^2$
	m^2	=	9.290 304 E − 02	×	ft^2
밀도(질량/부피)	kg/m^3	=	1.601 846 E + 01	×	lbm/ft^3
	kg/m^3	=	2.767 990 E + 04	×	$lbm/in.^3$
에너지(일)	J	=	1.055 056 E + 03	×	Btu*
	J	=	1.355 818 E + 00	×	ft · lbf
	J	=	4.186 800 E + 00	×	calorie*
	J	=	3.600 000 E + 03	×	W · h
유량(체적/시간)	m^3/s	=	4.719 474 E − 04	×	ft^3/min (cfm)
	m^3/s	=	6.309 020 E − 05	×	U.S. liq gal/min (gpm)
힘	N	=	1.000 000 E − 05	×	dyne
	N	=	4.448 222 E + 00	×	lbf
길이	m	=	1.000 000 E − 10	×	angstrom
	m	=	1.000 000 E − 06	×	micrometer (μm)
	m	=	2.540 000 E − 08	×	microinch (μin.)
	m	=	2.540 000 E − 02	×	in.
	m	=	3.048 000 E − 01	×	ft
	km	=	1.609 344 E + 00	×	statute mile
질량	kg	=	4.535 924 E − 01	×	lbm
	kg	=	1.459 390 E + 01	×	slug
모멘트(토크)	N · m	=	1.129 848 E − 01	×	lbf · in.
	N · m	=	1.355 818 E + 00	×	lbf · ft
일률(Power)	W	=	2.930 711 E − 01	×	Btu/h
	W	=	2.259 697 E − 02	×	ft · lbf/ min
	W	=	7.456 999 E + 02	×	hp (550 ft · lbf/s)
압력(응력)	Pa	=	3.386 38 E + 03	×	inHg (0°C)
	Pa	=	2.490 82 E + 02	×	inH_2O(4°C)
	Pa	=	4.788 026 E + 01	×	lbf/ft^2(psf)
	Pa	=	9.806 38 E + 00	×	mmH_2O (4°C)
	Pa	=	1.333 22 E + 02	×	mmHg (0°C)
	Pa	=	6.894 757 E + 03	×	$lbf/in.^2$(psi)
	Pa	=	1.000 000 E + 05	×	bar
	Pa	=	1.013 250 E + 05	×	atmosphere

*Btu와 칼로리의 국제적인 테이블 값이다. 다른 정의들은 대체적으로 0.1% 이내이다.

표 A.1 환산 인자 (계속)

	SI				English or Other
응력(압력 참조)					
온도	K	=	°C + 273.15		
	K	=	(°F + 459.67)/1.8		
	K	=	°R/1.8		
	°C	=	(°F − 32)/1.8		
토크(모멘트 참조)					
속도	m/s	=	3.048 000 E − 01	×	ft/s
	m/s	=	4.470 400 E − 01	×	mph
점성	Pa · s	=	4.788 026 E + 01	×	lbf · s/ft^2
	Pa · s	=	1.000 000 E − 03	×	centipoise
체적	m^3	=	3.785 412 E − 03	×	U.S. liq gal
	m^3	=	1.638 706 E − 05	×	in.^{3}
	m^3	=	2.831 685 E − 02	×	ft^3
	m^3	=	1.000 000 E − 03	×	liter
체적/시간(유량 참조)					
몇 개의 부가적인 환산 인자					
	ft · lbf	=	7.782 E + 02	×	Btu
	gallons	=	4.329 E − 03	×	in.^{3}
	mph	=	6.214 E − 01	×	km/h
	knots	=	5.396 E − 01	×	km/h
	miles	=	6.214 E − 04	×	m
	°R	=	459.67	+	°F

APPENDIX B 푸리에 해석을 위한 이론적 기초

조화 분석을 위한 이론적 기초는 다음과 같다: 어떤 함수 $y(x)$가 구간($-\pi$에서 π사이)에서 연속이고 유한한 수의 최대, 최소를 가질 때 다음과 같이 급수 형태로 표현가능하다.

$$\begin{aligned} y(x) = \frac{A_0}{2} &+ A_1 \cos x + A_2 \cos 2x + \cdots + A_n \cos nx + \cdots \\ &+ B_1 \sin x + B_2 \sin 2x + \cdots + B_n \sin nx + \cdots \end{aligned} \tag{B.1}$$

식 B.1의 각 항에 dx를 곱하고 2π 구간에 대해 적분하면 모든 사인과 코사인 항은 소멸되고 또는 식 B.2가 된다.

$$\int_a^{2\pi+a} y(x)\,dx = \int_a^{2\pi+a} \frac{A_0}{2}\,dx = A_0\pi$$

또는

$$A_0 = \frac{1}{\pi}\int_a^{2\pi+a} y(x)\,dx \tag{B.2}$$

B.1의 양변에 $\cos mx\,dx$를 2π 구간에 대해 적분하면 A_n 을 얻을 수 있다.

$$\int_a^{2\pi+a} \sin nx \cos mx\,dx = 0$$

또

$$\int_a^{2\pi+a} \cos nx \cos mx\,dx = 0 \qquad \text{except for } m = n$$

$m = n$인 특별한 경우에는

$$\begin{aligned} \int_a^{2\pi+a} \cos^2 nx\,dx &= \frac{1}{2n}\left[nx + \sin nx \cos nx\right]_{-\pi}^{\pi} \\ &= \pi \end{aligned}$$

따라서
$$\int_a^{2\pi+a} y(x)\cos nx\,dx = A_n\pi$$

또는
$$A_n = \frac{1}{\pi}\int_a^{2\pi+a} y(x)\cos nx\,dx \tag{B.3}$$

주의: $n = 0$일 경우 식 B.3은 식 B.2가 된다.

비슷한 방법으로, 식 B.1의 양변에 $\sin mx\,dx$를 곱한 뒤 2π 구간에서 적분하면 식 B.4를 얻을 수 있다.

$$B_n = \frac{1}{\pi}\int_a^{2\pi+a} y(x)\sin nx\,dx \tag{B.4}$$

특별한 주기적 파형의 푸리에 계수 계산

사각파

그림 4.9(a)에 보인 것과 같은 사각파를 고려하면, 한 주기에 대해

$$\begin{aligned} y(x) &= A \qquad (0 \le x \le \pi) \\ y(x) &= -A \quad (\pi \le x \le 2\pi) \end{aligned} \tag{B.5}$$

라 쓸 수 있고, 여기서 $x = \omega t$가 된다. 식 B.2를 식 B.5에 대입하고 편의상 $a = 0$라 두면 식 B.6과 같이 되고,

$$\begin{aligned} A_0 &= \frac{1}{\pi}\int_0^{\pi} A\,dx - \frac{1}{\pi}\int_{\pi}^{2\pi} A\,dx \\ A_0 &= 0 \end{aligned} \tag{B.6}$$

식 B.3으로부터 또는 식 B.7이 된다.

$$A_n = \frac{1}{\pi}\int_0^{\pi} A\cos nx\,dx - \frac{1}{\pi}\int_{\pi}^{2\pi} A\cos nx\,dx$$

또는
$$A_n = 0 \tag{B.7}$$

이와 유사하게 식 B.4로부터 최종적으로 식 B.8을 얻을 수 있다.

$$B_n = \frac{1}{\pi}\int_0^{\pi} A\sin nx\,dx - \frac{1}{\pi}\int_{\pi}^{2\pi} A\sin nx\,dx$$

또는
$$B_n = \frac{2A}{n\pi}[1 - \cos n\pi]$$

그리고
$$B_n = \begin{cases} \dfrac{4A}{n\pi} & \text{for } n \text{ odd,} \\ 0 & \text{for } n \text{ even} \end{cases} \tag{B.8}$$

식 B.6, B.7, B.8의 결과를 식 B.1에 대입하면

$$y(x) = y(\omega t) = \frac{4A}{\pi}\sum_{n=1}^{\infty}\frac{\sin(2n-1)\omega t}{(2n-1)} \tag{B.9}$$

가 된다.

톱니파

톱니파의 모양은 그림 4.9(d)와 같다. 한 주기에 대해 식 B.10이라 할 수 있다.

$$y(x) = \begin{cases} \frac{A}{\pi}x & (0 \leq x \leq \pi), \\ 2A - \frac{A}{\pi}x & (\pi \leq x \leq 2\pi) \end{cases} \tag{B.10}$$

식 B.2와 B.3으로부터 식 B.11 그리고 또는

$$A_0 = \frac{1}{\pi}\int_0^{\pi}\frac{Ax}{\pi}\,dx + \frac{1}{\pi}\int_{\pi}^{2\pi}\left(2A - \frac{A}{\pi}x\right)dx = A \tag{B.11}$$

그리고 $$A_n = \frac{1}{\pi}\int_0^{\pi}\frac{Ax}{\pi}\cos x\,dx + \frac{1}{\pi}\int_{\pi}^{2\pi}\left(2A - \frac{A}{\pi}x\right)\cos nx\,dx$$

또는 $$A_n = \frac{2A}{n^2\pi^2}[\cos n\pi - 1]$$

이라고 할 수 있고, 정수 n의 여러 값들을 적용시켜보면 식 B.12를 얻을 수 있다.

$$A_n = \begin{cases} 0 & \text{for } n \text{ even}, \\ -\frac{4A}{n^2\pi^2} & \text{for } n \text{ odd} \end{cases} \tag{B.12}$$

마지막으로, 식 B.4으로부터

$$B_n = \frac{1}{\pi}\int_0^{\pi}\frac{Ax}{\pi}\sin nx\,dx + \frac{1}{\pi}\int_{\pi}^{2\pi}\left(2A - \frac{Ax}{\pi}\right)\sin nx\,dx$$

이 된다. 그러므로 식 B.13이 된다.

$$B_n = 0 \tag{B.13}$$

식 B.11, B.12, B13의 결과를 식 B.1에 대입하면 톱니파에 대한 푸리에 급수는 다음과 같이 된다.

$$y(x) = y(\omega t) = \frac{A}{2} - \frac{4A}{\pi^2}\sum_{n=1}^{\infty}\frac{\cos(2n-1)\omega t}{(2n-1)^2} \tag{B.14}$$

그 외 다른 파형에 대한 푸리에 급수는 표 4.1에 나타내었다.

이산푸리에 해석

아날로그 파형이 Δt의 시간 간격으로 N개만큼 샘플링되었을 때, 파형의 주기 T는 명백히 $T = N\,\Delta t$ 이고 기본 주파수는 $\Delta f \equiv 1/T$로 정의되며 마지막으로 샘플링 시간은 $t_r = r\,\Delta t(r = 1, 2, \cdots, N)$와 같다. 연속 함수를 푸리에 급수로 전개할 때와 유사한 방법으로 이산적으로 샘플링된 파형은 0, Δf, $2\Delta f$, $\cdots$, $(N/2)\,\Delta f$의 주파수를 가지는 주파수 성분의 유한 합으로 표현될 수 있다.

$$y(t_r) = \frac{A_0}{2} + \sum_{n=1}^{N/2-1} [A_n \cos(2\pi n\,\Delta f\,t_r) + B_n \sin(2\pi n\,\Delta f\,t_r)] + \frac{A_{N/2}}{2}\cos\left(2\pi \frac{N}{2}\Delta f\,t_r\right) \tag{B.15}$$

여기서 N은 짝수이다. $(N/2)\,\Delta f$ (*Nyquist* **주파수**, 4.7.2절 참조)보다 큰 주파수는 엘리어싱(alisasing)으로 인해 나이키스트(nyquist) 주파수 이하의 주파수로 간주되기 때문에 위의 급수에서는 유한 개의 주파수만이 존재한다.

이산 푸리에 급수의 계수를 구하는 방법은 적분 대신 덧셈을 수행하는 것을 제외하고는 연속 푸리에 급수의 계수를 구하는 방법과 근본적으로 동일하다. 그러므로 식 B.15의 양변에 m번째 주파수 성분을 곱한 뒤 더하게 되면 식 B.16을 얻게 되고,

$$\begin{aligned}\sum_{r=1}^{N} y(t_r)\cos(2\pi m\,\Delta f\,t_r) = {}& \frac{A_0}{2}\sum_{r=1}^{N}\cos(2\pi m\,\Delta f\,t_r) \\ &+ \sum_{n=1}^{N/2-1}\sum_{r=1}^{N}\cos(2\pi m\,\Delta f\,t_r) \\ &\times [A_n \cos(2\pi n\,\Delta f\,t_r) + B_n \sin(2\pi n\,\Delta f t_r)] \\ &+ \frac{A_{N/2}}{2}\sum_{r=1}^{N}\cos(2\pi m\,\Delta f\,t_r)\cos\left(2\pi\frac{N}{2}\Delta f\,t_r\right)\end{aligned} \tag{B.16}$$

이는 다시

$$\sum_{r=1}^{N}\cos(2\pi m\,\Delta f\,t_r)\cos(2\pi n\,\Delta f\,t_r) = \begin{cases} 0 & \text{for } m \neq n \\ \dfrac{N}{2} & \text{for } m = n \\ N & \text{for } m = n = 0 \text{ or } m = n = \dfrac{N}{2} \end{cases}$$

이 된다.

마찬가지로

$$\sum_{r=1}^{N} \cos(2\pi m\, \Delta f\, t_r)\sin(2\pi n\, \Delta f\, t_r) \equiv 0$$

을 얻을 수 있고, 따라서 식 B.16은 다음식과 같게 된다.

$$\sum_{r=1}^{N} y(t_r)\cos(2\pi m\, \Delta f\, t_r) = \frac{N}{2}A_m \qquad m = 0, 1, \ldots, \frac{N}{2}$$

유사한 방법으로 B_n도 얻을 수 있다. 이로부터 이산 푸리에 급수의 조화 계수는 다음과 같다(식 B.17, B.18).

$$A_n = \frac{2}{N}\sum_{r=1}^{N} y(r\, \Delta t)\cos\left(\frac{2\pi rn}{N}\right) \qquad n = 0, 1, \ldots, \frac{N}{2} \tag{B.17}$$

$$B_n = \frac{2}{N}\sum_{r=1}^{N} y(r\, \Delta t)\sin\left(\frac{2\pi rn}{N}\right) \qquad n = 1, 2, \ldots, \frac{N}{2} - 1 \tag{B.18}$$

APPENDIX C 수체계

일반적으로 기본 b체계로 표현된 N_b는 다음과 같다.

$$N_b = \sum a_n b^n = \cdots + a_2 b^2 + a_1 b^1 + a_0 b^0 + a_{-1} b^{-1} + a_{-2} b^{-2} \cdots \quad \text{(C.1)}$$

여기서 $b =$ 어떤 숫자계의 기수
$=$ 어떤 양이나 크기를 표현하는 데 필요한 독립적인 수
$N_b =$ 계의 수
$a_n =$ 0부터 b−1까지 변화하는 정수
$n =$ 각각의 계수에 대한 b의 승수 또는 위치값

이 방정식의 의미는 다음의 많은 예제에 잘 기술되어 있다.

10진수 체계

10진수 체계는 0에서 9까지의 10개의 숫자를 이용한다. 계의 기수는 10이 되어

$$N_{10} = \sum a_n 10^n \quad \text{(C.2)}$$

라 할 수 있다.
예를 들어

$$524.3_{10} = (5)(10)^2 + (2)(10)^1 + (4)(10)^0 + (3)(10)^{-1}$$

와 같다. 5, 2, 4, 3은 기수 10의 2, 1, 0, −1 거듭제곱 항의 계수가 된다. 10진수 체계에서 계수는 0에서 9까지 숫자 중 하나가 된다.

2진수 체계

2진수 체계는 2개의 숫자 0, 1만을 사용하고

$$N_2 = \sum a_n 2^n \tag{C.3}$$

로 표현된다.

예를 들어 1101.1_2는 10진수로 다음과 같이 표현된다.

$$\begin{aligned}&(1)(2)^3 + (1)(2)^2 + (0)(2)^1 + (1)(2)^0 + (1)(2)^{-1}\\ &= 8 + 4 + 0 + 1 + \frac{1}{2} = 13.5_{10}\end{aligned}$$

위의 예제는 2진수를 10진수로 바꾸는 방법을 설명하고 있다. 1101.1_2와 13.5_{10}은 동일한 숫자이다.

8진수 체계

8진수 체계는 0에서 7까지의 8개의 숫자를 사용하여

$$N_8 = \sum a_n 8^n \tag{C.4}$$

과 같이 나타낼 수 있다.

여기서 계수 a_n은 8과 9를 포함하지 않는다.

예를 들면 아래와 같다.

$$\begin{aligned}375.3_8 &= (3)(8)^2 + (7)(8)^1 + (5)(8)^0 + (3)(8)^{-1}\\ &= 192_{10} + 56_{10} + 5_{10} + 0.375_{10} = 253.375_{10}\end{aligned}$$

16진수 체계

16진수 체계는 16개의 숫자를 이용한다. 0에서 9까지의 10개의 아라비아 숫자와 A, B, C, D, E, F, 6개의 알파벳을 이용하여 숫자를 나타낸다. 이 16개의 숫자는 차례대로 0에서 15까지를 나타낸다. 즉

$$N_{16} = \sum a_n (16)^n \tag{C.5}$$

라 할 수 있다.

예를 들면 아래와 같다.

$$\begin{aligned}D8B.2_{16} &= (D)_{16}(16)^2_{10} + (8)_{16}(16)^1_{10} + (B)_{16}(16)^0_{10} + (2)_{16}(16)^{-1}_{10}\\ &= (13)_{10}(16)^2_{10} + (8)_{10}(16)^1_{10} + (11)_{10}(16)^0_{10} + (2)_{10}(16)^{-1}_{10}\\ &= 3467.125_{10}\end{aligned}$$

8진수, 16진수 형식 2진수

2진수를 동일한 값을 가지는 8진수나 16진수로 바꾸는 데 있어 그룹으로 나누어서 2진수

를 표현하는 방법을 이용하면 아주 편리하다.

예를 들어 110111001100_2의 경우 아래와 같이 다시 쓰고

$$110\ 111\ 001\ 100_2$$

각각의 소그룹을 하나의 8진수로 생각하면 아래와 같은 결과를 얻는다.

$$6\ 7\ 1\ 4 \quad \text{or} \quad 6714_8$$

이와 유사하게 2진수를 16진수로 표현하기 위해서 아래와 같은 소그룹으로 묶은 뒤

$$1101\ 1100\ 1100_2$$

2진수 000_2에서 111_2까지의 2진수가 8진수 체계의 기수의 범위를 가지는 0_8에서 7_8까지의 8진수와 동등하기 때문에 이러한 작업이 유용하게 적용된다. 각각의 소그룹을 하나의 16진수로 고려하면 DCC_{16}이라는 결과를 얻어 낼 수 있다. 이러한 접근은 0000_2에서 1111_2까지의 2진수와 0_{16}에서 F_{16}까지의 16진수와 동등하기 때문에 가능하다.

이 방법의 검증은 얻어진 2진수, 8진수, 16진수를 모두 10진수로 바꾸어 보면 알 수 있다. 세 경우 모두 3532_{10} 을 얻을 수 있다.

왜 여러 가지 수 체계가 필요한가?

1. 10진수 체계는 일상생활에서 매우 널리 쓰이지만 컴퓨터를 이용하는 경우 매우 불편하다. 2진수를 이용할 경우 컴퓨터는 2가지 상황, 즉 예, 아니오만 판단하면 되지만 10진수를 이용하면 10가지 상황을 판단해야 하기 때문이다.
2. 2진수로 숫자를 표현하게 되면 표현하는 데 있어 전체적으로 길이가 매우 길어진다. 그러나 예, 아니오만 판단하게 된다는 장점은 숫자의 길이가 길다는 단점보다 훨씬 매력적이다. 기계어는 2진수 체계를 이용하고 있다.
3. 왜 8진수나 16진수를 사용하는가? 컴퓨터 언어의 기본 수체계는 2진수이다. 그러나 사람의 입장에서 보면 2진수는 부자연스럽고 틀리기 쉽다. 8진수나 16진수는 컴퓨터와 사람의 대화에서 컴퓨터와 사람의 대화에서 컴퓨터의 입맛에 맞게 쓰여진 수체계(기계어나 어셈블리어)라 말할 수 있다.

10 진수를 다른 진수체계로 바꾸기

지금까지 여러 가지 수체계를 10진수로 바꾸는 방법에 관해 언급하였다. 이제 10진수를 2진수로, 8진수로, 16진수로 바꾸는 반대의 과정에 대해 언급하고자 한다. 표 C.1, C.2, C.3를 참조하기로 하자.

표 C.1 2^n의 값

n		2^n
	etc.	
−1	↑	0.5
0		1
1		2
2		4
3		8
4		16
5		32
6		64
7		128
8		256
9		512
10		1024
11		2048
12	↓	4096
	etc.	

표 C.2 $(a)(8)^n$의 값

Coefficients	Powers, n						
a	**6**	**5**	**4**	**3**	**2**	**1**	**0**
1	262 144	32 768	4 096	512	64	8	1
2	524 288	65 536	8 192	1 024	128	16	2
3	786 432	98 304	12 288	1 536	192	24	3
4	1 048 576	131 072	16 384	2 048	256	32	4
5	1 310 720	163 840	20 480	2 560	320	40	5
6	1 572 864	196 608	24 576	3 072	384	48	6
7	1 835 008	229 376	28 672	3 584	448	56	7

표 C.3 (a)$(16)^n$의 값

Coefficients	Powers, n						
a	**6**	**5**	**4**	**3**	**2**	**1**	**0**
1	16 777 216	1 048 576	65 536	4 096	256	16	1
2	33 554 432	2 097 152	131 072	8 192	512	32	2
3	50 331 648	3 145 728	196 608	12 288	768	48	3
4	67 108 864	4 194 304	262 144	16 384	1 024	64	4
5	83 886 080	5 242 880	327 680	20 480	1 280	80	5
6	100 663 296	6 291 456	393 216	24 576	1 536	96	6
7	117 440 512	7 340 032	458 752	28 672	1 792	112	7
8	134 217 728	8 388 608	524 288	32 768	2 048	128	8
9	150 994 944	9 437 184	589 824	36 864	2 304	144	9
A	167 772 160	10 485 760	655 360	40 960	2 560	160	10
B	184 549 376	11 534 336	720 896	45 056	2 816	176	11
C	201 326 592	12 582 912	786 432	49 152	3 072	192	12
D	218 103 808	13 631 488	851 968	53 248	3 328	208	13
E	234 881 024	14 680 064	917 504	57 344	3 584	224	14
F	251 658 240	15 728 640	983 040	61 440	3 840	240	15

10진수의 2진수로의 변환

713_{10}을 동일한 값을 지니는 2진수로 변환하여 보자. 713에서 가능한 가장 큰 2의 거듭제곱 2^n을 뺀다. 그 결과에 대해 다시 빼는 과정들을 아래와 같이 계속 반복한다(표 C.1 참조).

$$\begin{array}{rl} 713_{10} & \\ -512 & = 2^9 \\ \hline 201_{10} & \\ -128 & = 2^7 \\ \hline 73_{10} & \\ -64 & = 2^6 \\ \hline 9_{10} & \\ -8 & = 2^3 \\ \hline 1_{10} & \\ -1 & = 2^0 \\ \hline 0 & \end{array}$$

기수의 거듭제곱 크기는 위치에 따라 순서적으로 결정된다는 것을 상기하면 다음과 같이 쓸 수 있다.

$$1011001001_2 = 713_{10}$$

10진수의 8진수로의 변환

표 C.2를 참조하여 713_{10}을 동일한 값을 가지는 8진수로 변환하기로 하자. 2진수로 변환할 때와 유사한 과정이 사용된다. 그러나 이번 경우에는 가장 큰 8의 거듭제곱 8^n을 713에서 빼는데 계수도 고려하여 뺄셈을 해 나아간다.

$$
\begin{array}{rl}
713_{10} & \\
\underline{-512} & = 1 \times 8^3 \\
201_{10} & \\
\underline{-192} & = 3 \times 8^2 \\
9_{10} & \\
\underline{-8} & = 1 \times 8^1 \\
1_{10} & \\
\underline{-1} & = 1 \times 8^0 \\
0 &
\end{array}
$$

여기서 $713_{10} = 1311_8$이라는 것을 알 수 있다.

10진수의 16진수로의 변환

마찬가지 방법으로 표 C.3을 이용하여 713_{10}을 16진수로 변환하면 다음과 같다.

$$
\begin{array}{rl}
713_{10} & \\
\underline{-512} & = 2 \times 16^2 \\
201_{10} & \\
\underline{-192} & = \mathrm{C} \times 16^1 \\
9_{10} & \\
\underline{-9} & = 9 \times 16^0 \\
0 &
\end{array}
$$

이 계산으로부터 $713_{10} = 2C9_{16}$인 것을 알 수 있다.

APPENDIX D 유용한 자료

표 D.1 물의 물성치: SI 단위계

온도 °C(°F)	절대 점도 Pa · s	밀도 kg/m^3
5 (41)	15.19×10^{-4}	1000
10 (50)	13.08	999.7
15 (59)	11.40	999.1
20 (68)	10.05	998.2
25 (77)	8.937	997.0
30 (86)	8.007	995.7
35 (95)	7.225	994.1
40 (104)	6.560	992.2
45 (113)	5.988	990.3
50 (122)	5.494	988.1

표 D.2 물의 물성치: 영국 단위계

온도 °F(°C)	절대 점도 $1bf \cdot s/ft^2$	밀도 $1bm \cdot s/ft^3$
40 (4.44)	3.23×10^{-5}	62.42
50 (10.0)	2.72	62.41
60 (15.56)	2.33	62.37
70 (21.11)	2.02	62.30
80 (26.67)	1.77	62.22
90 (32.22)	1.58	62.11
100 (37.78)	1.43	61.99
110 (43.33)	1.30	61.86
120 (48.89)	1.15	61.71

표 D.3 대기압에서 공기의 물성치: SI 단위계

온도 °C(°F)	절대 점도 Pa · s	밀도† kg/m^3
0 (32)	1.68×10^{-5}	1.26
10 (50)	1.73	1.22
20 (68)	1.80	1.18
30 (86)	1.85	1.14
40 (104)	1.91	1.10
50 (122)	1.97	1.07
60 (140)	2.03	1.04
70 (158)	2.09	1.00
80 (176)	2.15	0.97
90 (194)	2.22	0.94
100 (212)	2.28	0.924

* 대기압에서 약 7000 kPa($\approx$ 1000 psia)까지 범위에서 마른 공기의 점도는 압력이 700 kPa(100 psi)증가할 때마다 약 1%씩 증가한다.

† 대기압이 아닌 다른 압력에서는 식 $\rho/\rho_{atmos} = P/P_{atmos}$을 사용함.

표 D.4 대기압에서 공기의 물성치: 영국 단위계

온도 °F(°C)	절대 점도 1bf · s/ft^2	밀도† 1bm · s/ft^3
40 (4.44)	0.362×10^{-6}	0.0794
50 (10.0)	0.368	0.0779
60 (15.6)	0.374	0.0764
70 (21.1)	0.379	0.0749
80 (26.7)	0.385	0.0735
90 (32.2)	0.390	0.0722
100 (37.8)	0.396	0.0709
110 (43.3)	0.401	0.0697
120 (48.9)	0.407	0.0685

* 대기압에서 약 7000 kPa($\approx$ 1000 psia)까지 범위에서 마른 공기의 점도는 압력이 700 kPa(100 psi) 증가할 때마다 약 1%씩 증가한다.

† 대기압이 아닌 다른 압력에서는 식 $\rho/\rho_{atmos} - P/P_{atmos}$을 사용함.

표 D.5 중력 가속도의 값

	m/s^2	ft/s^2
표준	9.806 65	32.174
위치		
Ft. Egbert, Alaska	9.821 83	32.224
Key West, Florida	9.789 70	32.118
Batavia, Java	9.781 78	32.092
Karajak Glacier, Greenland	9.825 34	32.235
Pittsburgh, Pennsylvania	9.801 05	32.156
위도 40° 26′40″		
경도 79° 57′13″W		
높이 908.35 ft		
달	1.67	5.48
수성	3.92	12.86
목성	26.46	87.07

표 D.6 몇 개의 물질의 비중*

물질	비중
수은	13.596 @ 0°C
	13.546 @ 20°C
	13.690 @ −38.8°C(어는점에서 액체상태)
	14.193 @ −38.8°C(어는점에서 고체상태)
휘발유	0.66 to 0.69
경유	0.82
바닷물	1.025
Oil(Meriam Red-일반적인 압력계 오일)	0.823
사염화탄소	1.60
Tetrabromo-ethane	2.96
에틸 알콜 / 20°C에서의 물과 혼합물	
질량비에 의한 %알콜	
0	1.00
20	0.97
40	0.94
60	0.89
80	0.84
100	0.79

* 비중은 물체의 질량과 4°C 또는 지시된 온도에서 같은 체적을 가지는 물의 질량과의 비이다.

표 D.7 기름의 물성치

온도 (°F)	보통 난방유 비중	보통 난방유 점도 1bf · s/ft^2	중난방유 비중	중난방유 점도 1bf · s/ft^2
40	0.865	10.82×10^{-5}	0.918	789×10^{-5}
60	0.858	7.85	0.912	390
80	0.851	6.03	0.905	200
100	0.843	4.59	0.899	109

표 D.8 등유(Kerosene)의 점도

온도(°C)	점도, Pa · s
0	28.7×10^{-4}
20	19.2
40	13.4
60	9.6
80	7.7
100	6.7

표 D.9 Young's Modulus

철	$E \approx 29.5 \times 10^6$ lbf/in.$^2 \approx 20.3 \times 10^{10}$ Pa
알루미늄	$E \approx 10 \times 10^6$ lbf/in.$^2 \approx 6.9 \times 10^{10}$ Pa

APPENDIX E 응력과 변형률 관계

E.1 일반적 평면응력 상태

그림 E.1에서 보는 것처럼 평형된 일반적인 평면응력 상태로부터 폭 dx 높이 dy인 한 요소가 선정된다고 하자. 요소는 지면에 수직 방향으로 균일 두께 t라고 가정한다.

재료강도학으로부터 평형 상태에서 τ_{xy}는 τ_{yx}와 같다는 사실이 기억날 것이며 따라서 양자를 모두 기호 τ_{xy}로 쓰기로 한다. 또한 전체 요소가 평형상태에 있을 뿐 아니라 부분 요소도 평형에 있다고 가정한다. 그러므로 요소를 대각선 ds 길이로 이분하면 각각의 반쪽 요소도 역시 평형 상태에 있어야 한다.

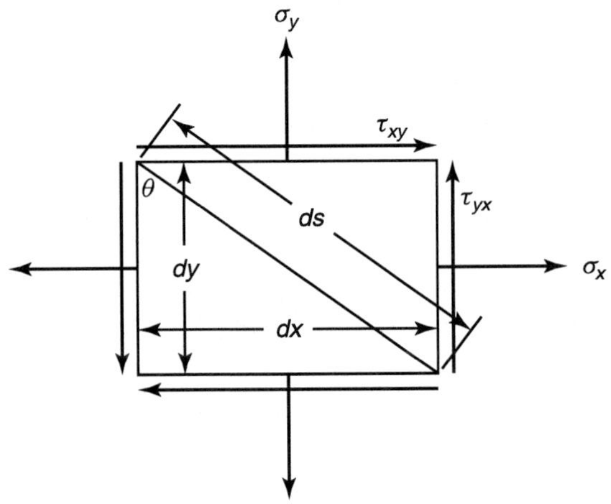

그림 E.1 평면응력을 받는 요소

그림 E.2에서처럼 대각선 면적 위에 작용하는 수직응력 σ_θ와 전단응력 τ_θ가 반드시 존재한다. 만약 부분 면적 요소 위에 있는 여러 응력들을 그것들이 작용하는 면적과 곱하면 그림 E.3에 보는 것 같은 힘들을 얻는다. 그림의 모든 방향들은 양의 값으로 고려한 것이다. $dy/ds = \cos\theta$이고 $dx/ds = \sin\theta$임에 유의하고 대각선 면에 수직 방향으로의 힘들을 합하고 σ_θ 에 대해 풀면

$$\sigma_\theta = \sigma_x \cos^2\theta + \sigma_y \sin^2\theta + 2\tau_{xy} \sin\theta \cos\theta$$

이 식의 더 편리한 형태는 2배각의 항에서 얻어진다. 삼각함수의 관계를 대입하면

$$\sigma_\theta = \frac{1}{2}(\sigma_x + \sigma_y) + \frac{1}{2}(\sigma_x - \sigma_y)\cos 2\theta + \tau_{xy} \sin 2\theta \tag{E.1}$$

이 식을 이용하고 σ_x, σ_y를 알면 임의 평면 위의 응력이 결정될 것이다.

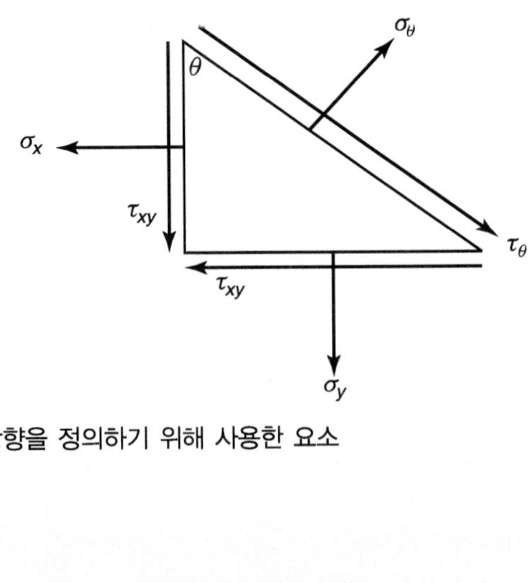

그림 E.2 양의 응력 방향을 정의하기 위해 사용한 요소

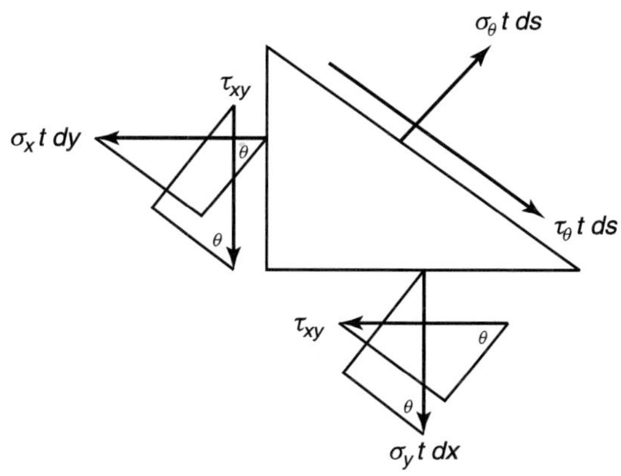

그림 E.3 힘 평형을 위한 요구조건을 예시하는 요소

예제 E.1

그림 E.4에서처럼 한 축이 토크 T를 받아 전단응력 $T_c/J = 9500$ lbf/in.^{2} 가 발생되고 동시에 같은 점에 기어 하중에 의한 굽힘 모멘트로 인해 외곽 파이버 응력 $M_c/I =$ 4000 lbf/in.^{2} 이 생긴다. 축의 중심선에 관해 30° 방향으로 외부 표면 위에 수직응력은 얼마인가?

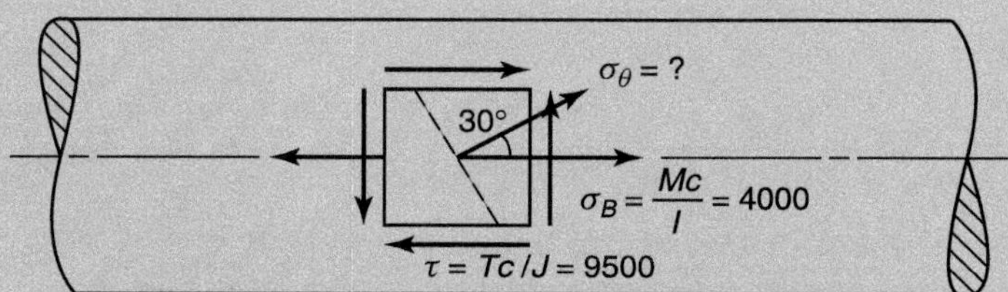

그림 E.4 비틀림과 굽힘을 받는 축의 외부 표면 요소 위에 작용하는 응력들

풀이:

$$\begin{aligned}\sigma_{30°} &= \frac{1}{2}(\sigma_x + \sigma_y) + \frac{1}{2}(\sigma_x - \sigma_y)\cos 2\theta + \tau_{xy}\sin 2\theta \\ &= \frac{1}{2}(4000 + 0) + \frac{1}{2}(4000 - 0)\cos 60° + 9500\sin 60° \\ &= 11{,}240\ \text{lbf/in.}^2\end{aligned}$$

물론 수직응력 11.240 lbf/in.^{2}은 최대 수직응력은 아니다. 왜냐하면 각 30°는 임의로 선택되었기 때문이며 의심할 여지없이 어떤 다른 각에서 더 큰 수직응력이 생길 것이다.

E.2 주응력의 방향과 크기

최대 수직응력을 결정하기 위해 그 응력이 작용하는 면의 특정한 각 θ_1이 결정되어야 한다. 이 각은 식 E.1을 θ에 대해 미분하여 그 도함수를 0으로 놓고 각 θ_1에 대해 풀면 구해질 것이다. 이렇게 하면 또한 수직응력이 최소인 면도 얻을 수 있다.

$$\frac{d\sigma_\theta}{d\theta} = -(\sigma_x - \sigma_y)\sin 2\theta + 2\tau_{xy}\cos 2\theta = 0$$

또는

$$\tan 2\theta_{1,2} = \frac{\pm 2\tau_{xy}}{\pm(\sigma_x - \sigma_y)} \tag{E.2}$$

두 각 $2\theta_{1,2}$는 식 E.2에 의해 결정되며 기하학을 고려하면 두 각 $2\theta_{1,2}$가 180° 떨어져 있음을 보여준다. 이 결과는 두 각 $\theta_{1,2}$가 90° 떨어져 있음을 의미하며 다음과 같은 대단히 중요한 사실을 이끌어낸다. **최대와 최소 수직응력은 항상 서로 직각을 이룬다.**

최대와 최소 응력들을 **주응력**(*principal stress*)이라 부른다. 따라서 주응력들이 서로 직각을 이룬다는 것을 알 수 있다. 만약 최대 수직응력 방향을 안다면 자동적으로 최소 주응력 방향을 알게 될 것이다.

이제 주응력의 방향을 구하려면 식 E.2로부터 표현될 수 있다.

$$\sin 2\theta_{1,2} = \frac{2\tau_{xy}}{\sqrt{(\sigma_x - \sigma_y)^2 + (2\tau_{xy})^2}}$$

$$\cos 2\theta_{1,2} = \frac{(\sigma_x - \sigma_y)}{\sqrt{(\sigma_x - \sigma_y)^2 + (2\tau_{xy})^2}} \tag{E.3}$$

식 E.1에 이 값을 대입하면 주응력 σ_1과 σ_2를 얻을 수 있다.

$$\sigma_{\theta\,\max} = \sigma_1 = \frac{1}{2}(\sigma_x + \sigma_y) + \frac{1}{2}\sqrt{(\sigma_x - \sigma_y)^2 + (2\tau_{xy})^2}$$

$$\sigma_{\theta\,\min} = \sigma_2 = \frac{1}{2}(\sigma_x + \sigma_y) - \frac{1}{2}\sqrt{(\sigma_x - \sigma_y)^2 + (2\tau_{xy})^2} \tag{E.4}$$

예제 E.2 예제 E.1을 참고로 주응력의 크기와 축 중심선에 대한 상대적인 주응력면의 위치를 결정하라.

풀이: 식 E.4를 이용하여

$$\sigma_1 = \frac{1}{2}(4000+0) + \frac{1}{2}\sqrt{(4000+0)^2 + (2 \times 9500)^2}$$
$$= 11{,}708 \text{ lbf/in.}^2$$

이고

$$\sigma_2 = \frac{1}{2}(4000+0) - \frac{1}{2}\sqrt{(4000+0)^2 + (2 \times 9500)^2}$$
$$= -7708 \text{ lbf/in.}^2$$

식 E.2로부터

$$\tan 2\theta = \frac{2 \times 9500}{4000 - 0} = \frac{19,000}{4000} = 4.75$$
$$2\theta = 78.1°$$
$$\theta = 39.05°$$

이고 그 방향은 그림 E.5에 나타나 있다.

E.3 방향에 따른 전단응력의 변화

그림 E.3을 다시 참고하여 수직응력에 대해 사용했던 똑같은 과정을 따르고 대각선면에 평행한 힘들이 더해지면 다음과 같은 전단 관계가 얻어진다. 임의의 면 위의 전단응력에 대한 식은 σ_x 와 σ_y, θ의 항으로 표현된다.

$$\tau_\theta = \frac{1}{2}(\sigma_x - \sigma_y)\sin 2\theta - \tau_{xy}\cos 2\theta \tag{E.5}$$

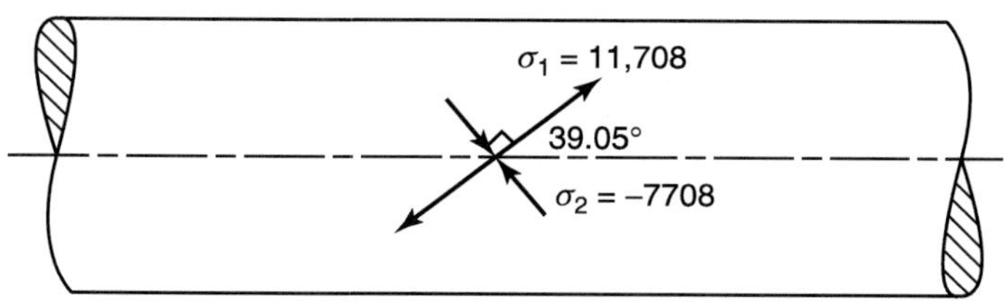

그림 E.5 그림 E.4의 상태에 해당하는 주응력들의 방향

전단응력이 최대와 최소인 면들을 결정하는 각은 다음 관계로 결정될 수 있다.

$$\tan 2\theta_s = \frac{\mp(\sigma_x - \sigma_y)}{\pm 2\tau_{xy}} \tag{E.6}$$

식 E.6에서 결정된 각들을 식 E.5에 대입하면 최대와 최소 전단응력들이 얻어진다.

$$\begin{aligned} \text{Maximum shear stress} = \tau_{\theta\,\max} &= \frac{1}{2}\sqrt{(\sigma_x - \sigma_y)^2 + (2\tau_{xy})^2} \\ \text{Minimum shear stress} = \tau_{\theta\,\min} &= -\frac{1}{2}\sqrt{(\sigma_x - \sigma_y)^2 + (2\tau_{xy})^2} \end{aligned} \tag{E.7}$$

그러나 식 E.7로 주어진 전단응력의 극치들은 단지 x와 y 방향에 대해서만 고려된 것이라는 점에 유의하여야 한다. 3차원 조건을 고려하면 최대 전단응력은 다른 면에서 발생할 수 있다. E.6절을 참고하라.

E.4 주응력면 위의 전단응력

식 E.7은 θ로 정의되는 임의 면 위의 전단응력을 결정해 준다. 그러므로 식 E.2의 $\theta_{1,2}$에 대한 식을 식 E.5에 대입하면 주응력면 위에 작용하는 전단응력들을 결정할 수 있다.

$$\begin{aligned} \tau_{1,2} &= \frac{-\frac{1}{2}(\sigma_x - \sigma_y)(2\tau_{xy}) + \tau_{xy}(\sigma_x - \sigma_y)}{\sqrt{(\sigma_x - \sigma_y)^2 + (2\tau_{xy})^2}} \\ &= 0 \end{aligned}$$

이것은 임의 평면의 응력 상태에 대한 매우 중요한 사실을 입증한다: 즉 **주응력면들 위의 전단응력은 *0*이다**. 이 사실 자체가 흔히 검사에 의한 주응력의 방향을 결정하기 위한 필수적인 실마리가 된다. 어떤 경우에도 평면 위에 전단력이 없으면 고려하는 평면을 주응력면이라고 말할 수 있다. 혹은 한 평면에 전단응력이 존재하면 결코 그 평면은 주응력면이 될 수 없다.

스트레인게이지 응용에서 관심 점에서 주응력 방향을 알면 대단히 큰 장점이 있다. 이 정보에 따라 게이지들은 주응력 방향으로 배열될 것이며 통상 단지 두 게이지만 요구된다. 그러나 더욱 중요한 것은 계산이 훨씬 간단하고 시간 소모가 더 적게 된다는 사실이다 (12.15.2절).

E.5 주응력들로 표현한 일반 응력식

E.1절의 최초 가정을 검토해 보면 두 직교 수직응력 σ_x 와 σ_y 및 τ_{xy}를 받는 어떤 단순 요소를 가정했다는 것을 알 수 있다. 주응력들이 서로 수직이고 주응력면 위에 전단응력이 0이라는 정보를 이용하면 주응력 σ_1과 σ_2로 표현한 방정식으로 다시 쓸 수 있다.

주응력면과 일치하는 직각 요소를 취하면 기본요소는 그림 E.6에서처럼 직교응력 σ_1

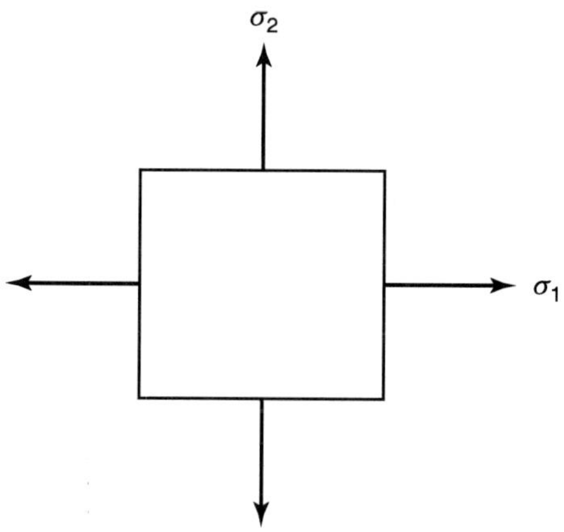

그림 E.6 주응력들이 작용하는 요소

과 σ_2가 작용하고 그 작용면에는 전단응력이 없을 것이다. 그러므로 쓰여진 방정식은 σ_x와 σ_y 대신에 전단응력을 0으로 하는 σ_1과 σ_2를 대입해서 수정될 수 있다.

식 E.1과 식 E.5를 대입하면 정의에 부합된 특히 유용한 다음 관계를 얻게 된다.

$$\sigma_\theta = \frac{1}{2}(\sigma_1 + \sigma_2) + \frac{1}{2}(\sigma_1 - \sigma_2)\cos 2\theta \quad \text{(E.8)}$$

$$\tau_\theta = \frac{1}{2}(\sigma_1 - \sigma_2)\sin 2\theta \quad \text{(E.8a)}$$

이 방정식들은 다음절에서 나타나는 전체 응력조건을 가시화하는 데 특히 도움이 된다.

E.6 모어의 응력원

횡축을 σ_θ 종축을 τ_θ로 그려진 그림 E.7과 같은 좌표계를 고려해 보자. 주응력에 대응하는 전단응력은 0이므로 σ_θ 축 위에 σ_1과 σ_2가 그려질 것이다.

중심점이 σ_θ 축 위에 놓이고 σ_1 과 σ_2 점을 통과하는 원을 그리면 그림 E.7과 같이 구성될 것이다. 원주상의 한 점에서 종축 사이의 거리는 σ_θ를 횡축과의 거리는 τ_θ를 나타낸다. 이 구성은 응력 상태를 가시화하는 데 대단히 도움이 되며 모어의 응력원(Mohr' s Circle for Stress)이라 한다.

여기서 제3축 또는 z축을 고려해 보아야 한다. 일반적으로 그림 E.8(a)에 나타나 있는 것처럼 미소 요소 위에는 세 수직응력들 σ_x, σ_y와 σ_z와 대응하는 전단응력들 τ_{xy}, τ_{yz}와 τ_{zx}가 발생할 것이다. 이 경우 제3주응력이 존재하며 2차원의 경우 전단응력은 0이다. 또한 세 주응력 σ_1, σ_2와 σ_3를 따른 주응력면들은 서로 직교한다는 것을 보일 수 있다.[1)]둘의

1) For ~ books. 번역요망

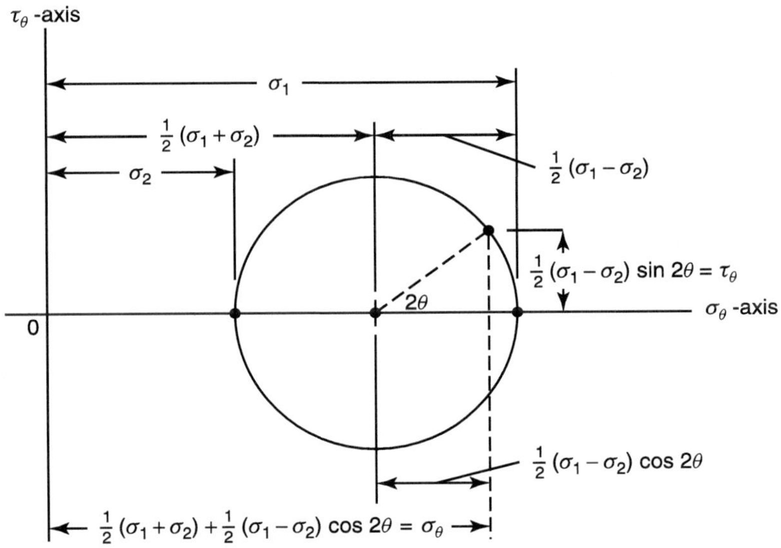

그림 E.7 평면응력에 대한 모어 원

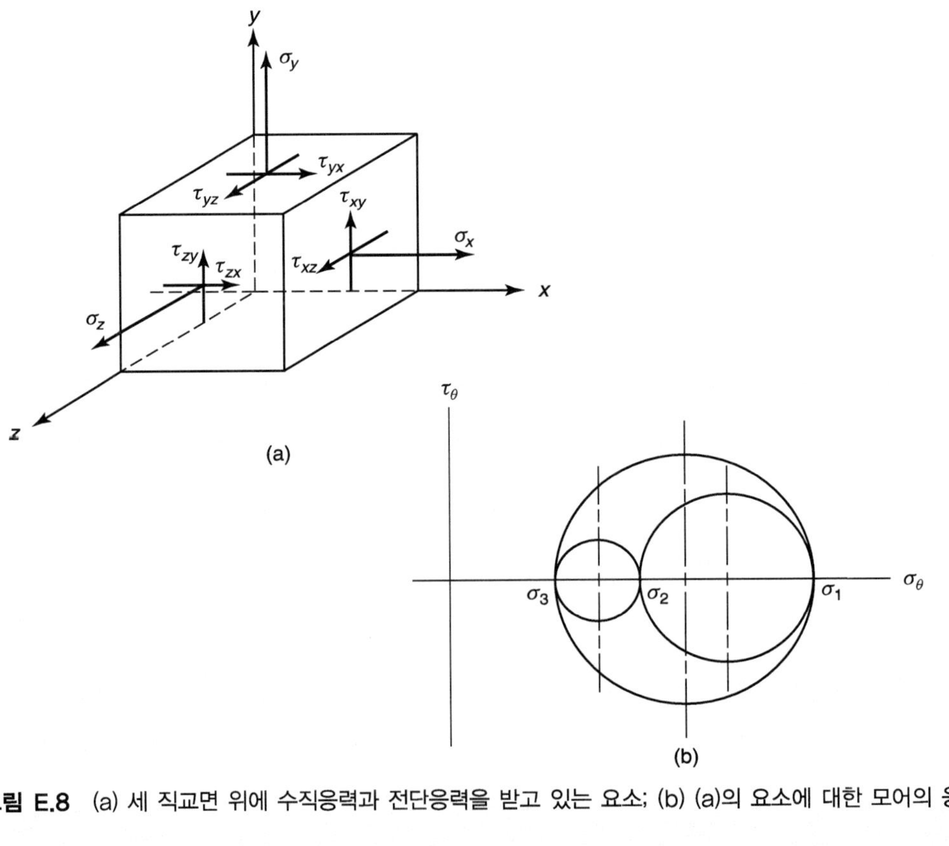

그림 E.8 (a) 세 직교면 위에 수직응력과 전단응력을 받고 있는 요소; (b) (a)의 요소에 대한 모어의 응력원

조합들로 세 방향을 고려하면 2차원 상황과 연관된 3개의 문제로 줄일 수 있다. 모어의 그림과 조합된 결과가 그림 E.8(b)에 제시되어 있다.

대부분의 경우에 스트레인게이지들은 무부하 표면 위에 자유로 부착되며 그 조건은 2차원으로 간주된다. 그러나 비록 제3응력이 0이라 하더라도 3차원으로 표현된 매 조건을 고려하고 3개의 모어원 그림을 그리거나 스케치하는 것이 좋다. 이 과정은 가끔 최대 전단응력을 살펴보는 데 도움을 준다.

몇 가지 예들이 모어의 표현법의 위력을 보여줄 것이다.

예제 E.3

그림 E.9(a)는 단순 인장 부재를 나타낸다. 횡단면에는 전단응력이 존재하지 않으며 이 면이 틀림없이 주응력면이 된다는 것을 안다. 다른 주응력면은 앞의 주응력면에 수직이고 시편의 축에 놓여야 한다. 그러므로

$$\sigma_1 = \frac{F}{A} \qquad \text{이고} \quad \sigma_2 = \sigma_3 = 0$$

이 상태에 대한 모어의 원을 그리면 그림 E.9(b)와 같다. 이 경우 모어의 원 중의 하나는 한 점으로 되어 버린다.

조사해 보면 축 방향에 대해 상대적으로 측정된 $2\theta = 90°$ 또는 $\theta = 45°$ 각에서 최대 전단응력은 $F/2A$와 같다는 것을 알 수 있다. 이것은 이 단순 상황에 대한 사전 지식과 부합한다.

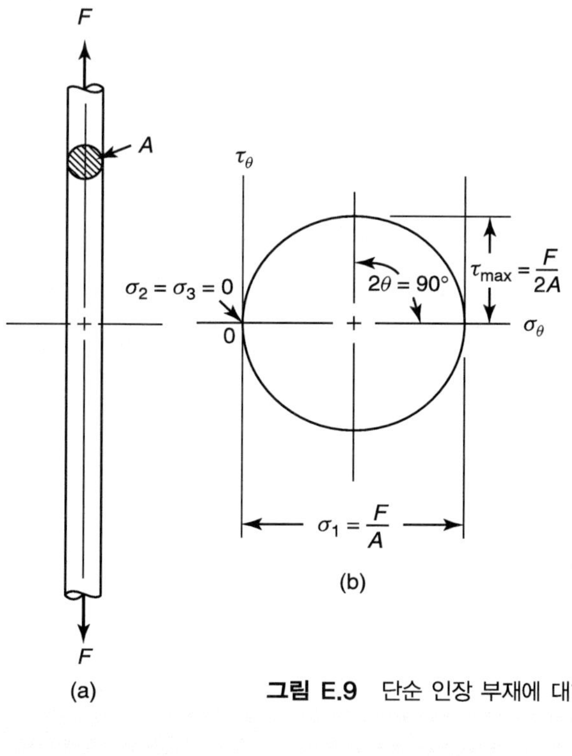

그림 E.9 단순 인장 부재에 대한 모어의 응력원

예제 E.4

그림 E.10(a)는 얇은 벽 원통 압력 용기를 나타낸다. 초등 이론에 의하면 원주와 길이 방향 및 수직응력(반경 방향 응력)은 다음 관계로 계산될 수 있다.

$$\sigma_H = \frac{PD}{2t} \qquad \sigma_L = \frac{PD}{4t} \qquad \text{and} \qquad \sigma_N = 0$$

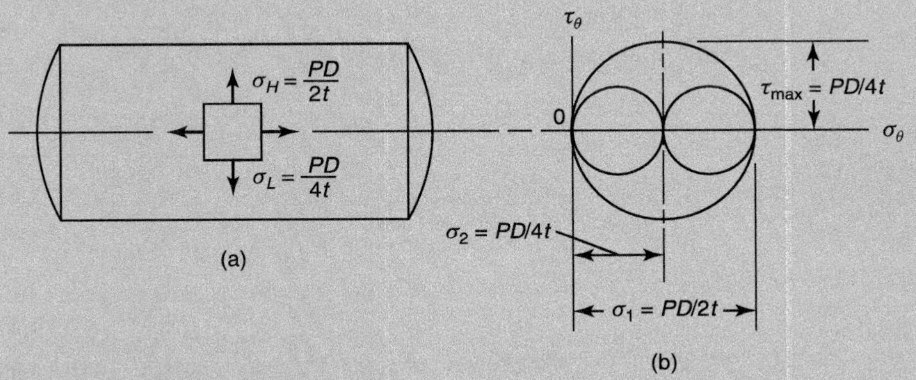

그림 E.10 원통 압력 용기의 자유 표면에 대한 모어의 응력원: P = 압력, D = 직경, t = 벽두께

응력장(stress field)의 양상을 고려해 보면 원주와 길이 및 반경 방향의 면 위에 전단응력이 존재한다고 보기는 어렵다. 이러한 가정이 옳다면 σ_H와 σ_L 및 σ_N은 주응력들이 되어야 한다. 이 상황에 대한 모어의 원이 그림 E.10(b)에 표현되어 있다. 최대전단응력은 $PD/4t$이고 원주 및 반경 방향에 대해 45° 기울어진 면 위에 작용함을 알 수 있다.

예제 E.5

그림 E.11(a)는 단순 비틀림 상태의 한 축을 나타낸다. 재료강도학 과목들에서 축 중심에 수직인 외곽 면에 작용하는 전단응력은 Tc/J와 같음을 안다. 이 면 위에 전단응력이 존재한다는 사실은 주응력면이 아님을 시사한다. 주응력면들은 서로 수직이기 때문에 하나의 대칭 가능성에서부터 두 면이 축 중심선에 45° 기울어진 두 면을 생각할 수 있다. 이들 면에 존재하는 응력들을 주의 깊게 고려해 보면 한 면에는 인장응력이 다른 면에는 압축 응력이 존재한다고 결론지을 수 있다. 젖은 수건을 짜는 경우가 이러한 상황이다. 45° 방향에서 수건 실들은 인장 상태에 있고 다른 45° 방향에서는 압축되어 물을 짜내게 한다.

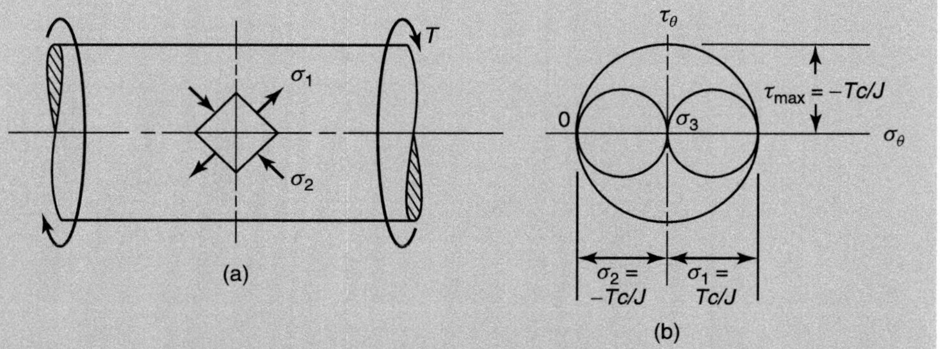

그림 E.11 순수 비틀림을 받는 축에 대한 모어의 응력원: $T =$ 토크, $J =$ 단면의 극관성 모멘트, C $=$ 중립축에서 관심 외곽까지의 거리

대칭성 때문에 두 응력의 크기는 같아야 한다. 모어의 원 구성법을 이용하여 동일 인장과 압축의 주응력 상태를 그리면 그림 E.11(b)와 같다.

제3주응력 방향은 축 표면에 수직이며 $\sigma_N = 0$임을 안다. 앞의 논의에서 엄밀한 증명을 할 수 없지만 그림 E.11(b)는 순수 비틀림을 받는 축에 대한 실제적인 응력 상태를 나타낸다. 최대 전단응력이 Tc/J와 같으므로 각각 인장과 압축인 주응력 σ_1과 σ_2 도 역시 Tc/J가 되어야 한다.

예제 E.6

그림 E.12(a)는 얇은 벽 구형 압력 용기이며 초등 이론에 의하면 벽면의 응력은 다음 관계를 따른다.

$$\sigma = \frac{PD}{4t}$$

이 경우 어떤 방향이 중요성을 갖는지를 알기는 힘들다. 셸의 외곽부 어느 점에서나 단순히 대칭성 때문에 수직 방향의 응력은 0이다. 그러므로 다음과 같은 결론을 얻게 된다.

$$\sigma_1 = \sigma_2 = \frac{PD}{4t} \qquad \sigma_3 = \sigma_N = 0$$

이 조건에 대한 모어의 응력원은 그림 E.12(b)와 같으며 그림에서 $\tau_{\max} = PD/8t$ 임을 알 수 있다.

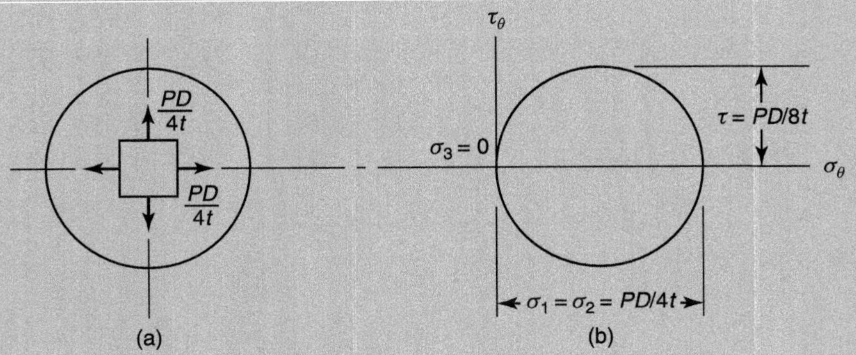

그림 E.12 구형 압력 용기의 자유 표면에 대한 모어의 응력원

앞의 논의와 모어 원의 구성을 고려해 보면 다음과 같은 일반적 정보를 얻을 수 있다.

1. 수직응력 없이 전단응력만 포함되는 응력 상태는 있기 어렵다(순수 전단의 경우만 가능).
2. 최대 전단응력은 항상 주응력들에 45° 기울어진 면에 생기며 가장 큰 주응력과 작은 주응력의 대수학적 차의 1/2이다.
3. 서로 수직인 면들끼리 전단응력의 크기는 같다.
4. 상호 수직인 면들 위의 수직응력들의 합은 항상 일정하다.
5. 주응력에 대한 전단응력의 최대 비는 주응력들의 크기가 같고 방향이 반대일 때 나타난다.

E.7 한 점에서의 변형률

앞에서 개발된 응력 관계와 훅의 법칙을 이용하면 한 점에서 변형률의 다음 관계를 얻을 수 있다:

$$\varepsilon_\theta = \frac{1}{2}(\varepsilon_x + \varepsilon_y) + \frac{1}{2}(\varepsilon_x - \varepsilon_y)\cos 2\theta + \frac{\gamma_{xy}}{2}\sin 2\theta \tag{E.9}$$

$$\frac{\gamma_\theta}{2} = \frac{1}{2}(\varepsilon_x - \varepsilon_y)\sin 2\theta - \frac{\gamma_{xy}}{2}\cos 2\theta \tag{E.9a}$$

위의 두 식과 식 E.1 및 식 E.5를 각각 비교하면 전단변형률 γ가 2로 나누어져 있는 것을 제외하면 한 점에서의 응력과 변형률에 대한 관계는 기능적으로 유사함을 알 수 있다. 여기서 γ 는 공학적 전단변형률이고 종축을 $\gamma_\theta/2$로 하면 모어의 변형률에 대한 그림을 그릴 수 있다. 이것은 때로 스트레인-로젯 데이터를 처리하는 데 유용하다.

예제 E.7 복잡한 하중의 조합을 받고 있는 동력 배관은 조합 응력 상태의 관심이 있는 예로 들 수 있을 것이다. 압력 부하에 덧붙여 고온과 저온 조건 사이의 차이에 의한 신장은 굽힘, 비틀림 및 축하중을 부가할 것이다.

물론 배관 설계 시 포함되는 주문제는 관의 신장, 끝이동 및 이동 제한 스톱퍼에 의해 야기되는 하중의 결정이다. 단순한 상황에서 이러한 하중의 추정은 컴퓨터 프로그램 등을 이용하여 해석적으로 결정될 것이다.

이 예에서는 그러한 사전 준비가 끝나고 위험 응력 위치가 발견되었다고 가정한다. 그러면 남은 문제는 응력 성분을 조합하고 순수 응력 조건을 결정하는 것이다. 문제는 다음과 같다:

배관 데이터(14-in., 시안 100)

외경 = 14 in.
벽두께 = 0.937 in.
내경 = 12.125 in.
굽힘관성모멘트 = 825 in.^{4}
굽힘단면계수 = 117.9 in.^{3}
비틀림 관성 모멘트 = 1650 in.^{4}
비틀림 단면계수 = 235.8 in.^{3}
단면적 = 38.47 in.^{2}
영계수 = 23×10^6 lbf/in.^{2}
푸아송비 = 0.29

하중 데이터

내부 압력 = 620 lbf/in.^{2}
굽힘 모멘트 = 700,000 in. · lbf
비틀림 모멘트 = 480,000 in. · lbf
축하중 = 35,000 lbf 인장

문제: 관의 외부 면에 대한 (a) 최대 전단응력, (b) 주응력, (c) 관의 축에 대한 응력 σ_1의 방향, (d) 축과 원주 변형률, (e) 주변형률을 계산하라. 또한 (f) 응력과 변형률에 대한 모어의 원을 그려라.

풀이: 응력 성분들은 다음과 같이 구해진다.

$$\text{The ratio } \frac{\text{I.D.}}{\text{O.D.}} = \frac{12.125}{14} = 0.87$$

이 범위는 보통 얇은 벽에 해당된다. 그러므로

$$\sigma_H = \text{hoop stress} = \frac{PD}{2t} = \frac{620 \times 12.125}{2 \times 0.937} = 4011 \text{ lbf/in.}^2$$

$$\sigma_L = \text{longitudinal stress} = \frac{PD}{4t} = \frac{1}{2}\sigma_H = 2005 \text{ lbf/in.}^2$$

$$\sigma_B = \text{bending stress} = \frac{Mc}{I} = \frac{700,000}{117.9} = \pm 5937 \text{ lbf/in.}^2$$

$$\tau = \text{torsional stress} = \frac{Tc}{J} = \frac{480,000}{235.8} = 2035 \text{ lbf/in.}^2$$

$$\sigma_A = \text{axial stress} = \frac{F}{A} = \frac{35,000}{38.47} = 910 \text{ lbf/in.}^2$$

이 조건은 그림 E.13에 제시되어 있다.

1. 식 E.7을 이용하면

$$\tau = \frac{1}{2}\sqrt{(8852 - 4011)^2 + (2 \times 2035)^2} = 3162 \text{ lbf/in.}^2$$

그러나 그림 E.14에서 알 수 있듯이 실(實) 최대 전단응력은

$$\tau_{\max} = \left(\frac{9593}{2}\right) = 4796 \text{ lbf/in.}^2$$

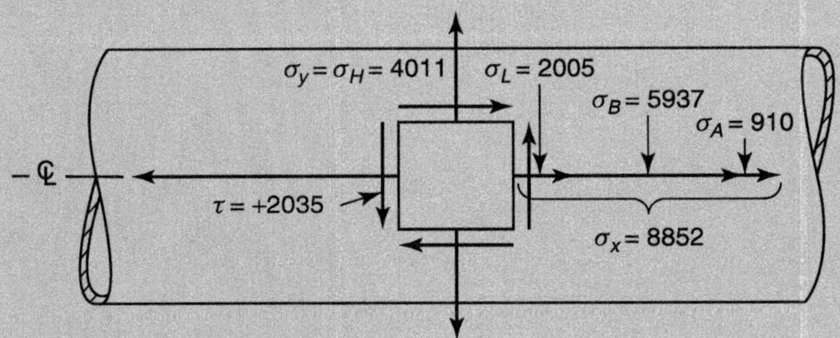

그림 E.13 예제 E.7의 관에 작용하는 축과 원주 응력

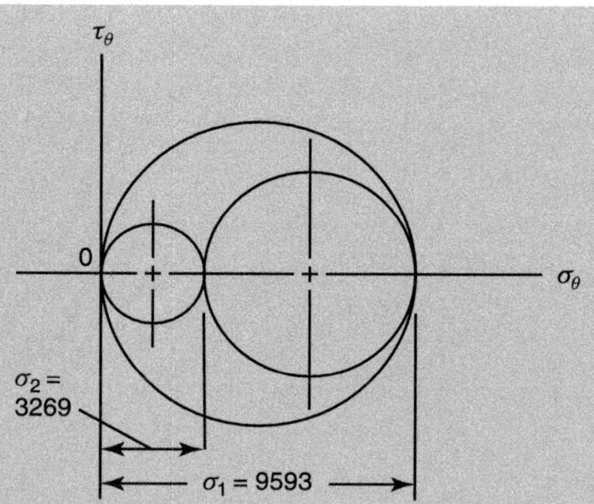

그림 E.14 예제 E.7의 관에 대한 주응력과 주응력 방향

2. 식 E.4를 이용하면(그림 E.15에서 알 수 있듯이)

$$\sigma_1 = \frac{1}{2}(8852 + 4011) + 3162 = 9593 \text{ lbf/in.}^2$$

$$\sigma_2 = \frac{1}{2}(8852 + 4011) - 3162 = 3269 \text{ lbf/in.}^2$$

또는

$$\sigma_3 = \sigma_N = 0$$

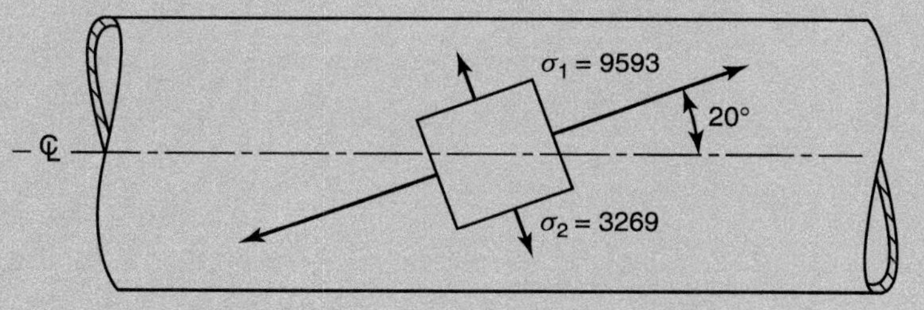

그림 E.15 예제 E.7에 대한 주응력 요소

3. 식 E.2를 이용하면 다음 식을 얻을 수 있다.

$$\tan 2\theta_{\sigma_1} = \frac{2 \times 2035}{(8852 - 4011)} = \frac{4072}{4841} = 0.8407$$
$$2\theta_{\sigma_1} = 40°4', \qquad \theta_{\sigma_1} = 20°2'$$

4. 식 12.5를 이용하면

$$\varepsilon_x = \frac{1}{23 \times 10^6}[8852 - 0.29(4011 + 0)] = 334\ \mu\text{-strain}$$

$$\varepsilon_y = \frac{1}{23 \times 10^6}[4011 - 0.29(0 + 8852)] = 63\ \mu\text{-strain}$$

$$\varepsilon_z = \frac{1}{23 \times 10^6}[0 - 0.29(8852 + 4011)] = -162\ \mu\text{-strain}$$

5. 식 12.5로부터

$$\varepsilon_1 = \frac{1}{23 \times 10^6}[9593 - 0.29(3269 + 0)] = 376\ \mu\text{-strain}$$

$$\varepsilon_2 = \frac{1}{23 \times 10^6}[3269 - 0.29(0 + 9539)] = 22\ \mu\text{-strain}$$

$$\varepsilon_3 = \frac{1}{23 \times 10^6}[0 - 0.29(9593 + 3269)] = -162\ \mu\text{-strain}$$

6. 응력과 변형률에 대한 모어 원은 각각 그림 E.14와 E.16에 나타나 있다.

학생 과제: 내부 관 표면 위에 ($\sigma_3 = \sigma_N = -620$ lbf/in.^{2})이 작용하는 조건에 대한 계산과 그림으로 수정하라.

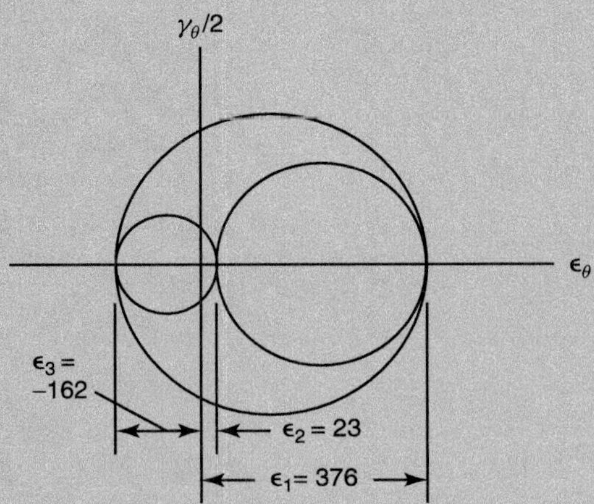

그림 E.16 예제 E.7에 대한 외곽부에서의 모어의 변형률원 그림

APPENDIX F 최소제곱 맞춤의 통계적 검정

최소제곱법은 3.14.1절에서 기술되었다. 여기서는 최소제곱 결과들의 몇 가지 통계적 검정을 고려해 보도록 한다. 최소제곱은 필수적으로 주목하고 있는 선형 관계 $y = a + bx$를 만족하는 데이터의 y값의 **정밀오차**(*precision error*)들을 평균한 값이라는 것을 상기하라.

3.14.1절에서처럼 여러 측정값에 대해 x_i, y_i는 실험적으로 결정된 종축값이며 $y(x_i) = a + bx_i$는 맞춤선으로부터 계산된 대응값이다. n은 사용된 실험관찰 수이다. 최소제곱은 맞춤선으로부터 맞춤선의 계수 a와 b를 더하기 위하여 수직편차제곱의 합 S^2을 최소화한다.

$$S^2 = \sum_{i=1}^{n} [y_i - y(x_i)]^2$$

또는

$$a = \frac{\sum y_i \sum x_i^2 - \sum x_i \sum x_i y_i}{n \sum x_i^2 - \left(\sum x_i\right)^2} \tag{F.1}$$

또

$$b = \frac{n \sum x_i y_i - \sum x_i \sum y_i}{n \sum x_i^2 - \left(\sum x_i\right)^2} \tag{F.2}$$

이 부록에서의 목적은 최소제곱 맞춤의 성질을 특성화하는 것이다.

맞춤의 가장 단순한 검정은 3.14.1절에서 기술한 상관계수 r^2이다. r^2의 대수학적 형태는 손계산이 편리하고 다음과 같다.

$$r^2 = b \cdot \frac{n \sum x_i y_i - \sum x_i \sum y_i}{n \sum y_i^2 - \left(\sum y_i\right)^2} \tag{F.3}$$

r^2이 1에 가까이 가면 정밀오차는 0에 가깝고 완전(perfect) 맞춤이 된다. 그러나 앞에서 주의했던 것처럼 데이터가 거의 직선 위에 떨어질 때마다 통상 $|r| > 0.9$를 얻게 되며 상관계수는 데이터의 정밀도를 대단히 민감하게 지시하지는 못한다.

대신에 맞춤에 관한 y 데이터의 정밀도를 대단히 민감하게 지시하지는 못한다.

$$s_{y/x} = \left(\frac{1}{(n-2)} \sum_{i=1}^{n} [y_i - y(x_i)]^2 \right)^{1/2} = \sqrt{\frac{S^2}{n-2}} \tag{F.4}$$

만일 정밀오차가 작으면 이 양은 y_i **정밀오차**의 표준편차를 근사화한다.

데이터 집단의 **총**(*total*) 제곱 변동(정밀오차와 x에 따른 y의 직선변환)을 도입하면 $s_{y/x}$를 더욱 쉽게 이해할 수 있다. 즉

$$S_{yy}^2 = \sum_{i=1}^{n} (y_i - y_m)^2$$

이고, 여기서 평균 측정값 y_m은

$$y_m = \frac{1}{n} \sum_{i=1}^{n} y_i$$

$s_{yy}^2 = S_{yy}^2/(n-1)$을 **평균**(*mean*) 총 변동이라 두고 몇 가지 대수적 계산을 통해 다음 결과를 구할 수 있다.

$$\frac{s_{y/x}}{s_{yy}} = \left(\frac{n-1}{n-2} \right)^{1/2} \left(1 - r^2 \right)^{1/2} \tag{F.5}$$

왼쪽의 분수는 데이터의 평균 총 변동 대 직선에 관한 데이터의 표준편차의 비이다. 그러

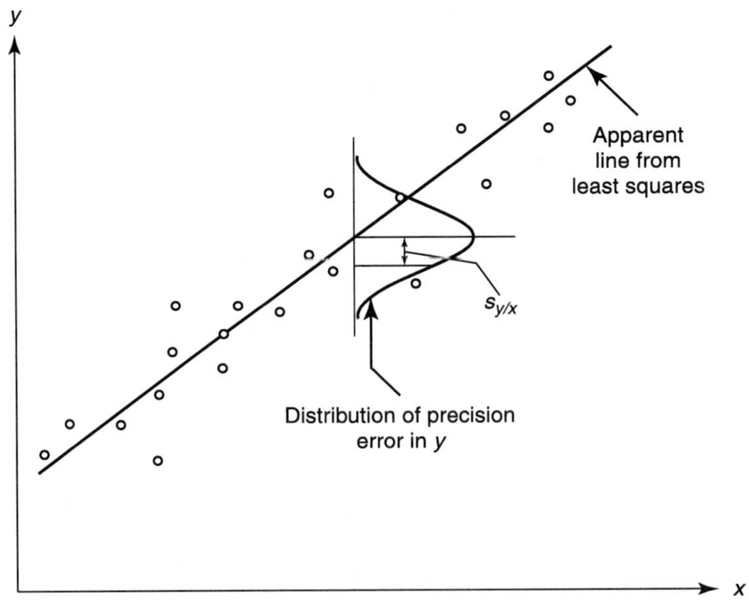

그림 F.1 최소 자승 맞춤의 정밀 오차

므로 $(1 - r^2)^{1/2}$이 r 그자체보다는 더 양호한 지침이 된다[1]. 포켓용 계산 작업을 위해서는 다음 공식이 (F.5)의 $s_{y/x}$를 계산하는 데 유용하다.

$$s_{yy}^2 = \frac{\sum_{i=1}^{n} y_i^2 - \frac{1}{n}\left(\sum_{i=1}^{n} y_i\right)^2}{n-1} \tag{F.6}$$

대부분의 계산기는 최소제곱 계산을 위한 다양한 합산 기능을 제공한다.

최소제곱이 정당할 수 있을 때 기울기와 절편에 대한 신뢰구간은 정규분포[1,2]를 만족하는 y_i의 정밀오차를 가정하고 계산될 수 있다. 이 경우 진기울기는 다음과 같이 $c\%$ 신뢰구간 내에 있으며

$$b \pm t_{\alpha/2,\nu}\frac{s_{y/x}}{S_{xx}} \qquad (c\%) \tag{F.7}$$

진절편은 다음 범위 내에 있다.

$$a \pm t_{\alpha/2,\nu}\, s_{y/x}\sqrt{\frac{1}{n} + \frac{x_m^2}{S_{xx}^2}} \qquad (c\%) \tag{F.8}$$

여기서 $t_{\alpha/2,\nu}$는 $\alpha = (1 - c)$의 유의수준에서 $\nu = n - 2$의 자유도를 갖는 t 통계이며 $S^2{}_{xx}$는 $x_m = (1/n)\sum x_i$에 대해 다음과 같다.

$$S_{xx}^2 = \sum_{i=1}^{n}(x_i - x_m)^2 = \sum_{i=1}^{n} x_i^2 - \frac{1}{n}\left(\sum_{i=1}^{n} x_i\right)^2 \tag{F.9}$$

다른 통계적 신뢰구간들과 마찬가지로 단지 몇 개의 데이터 점만이 적합할 때는 주어진 결과들이 전체적으로 기각될 수 있다. 즉 불확실도의 육안 평가가 더 실질적 결과를 낳을 수도 있다.

최종적으로 y_i의 정밀오차가 정규분포라는 가정하에 이상점(outlier)들에 대한 통계 검정이 역시 가능하다. 예를 들어 $s_{y/x}$가 데이터의 수직 표준편차를 근사호한다면 단지 370 점 중의 1점만 직선의 $3s_{y/x}$를 초과할 수 있을 것이다. 즉 작은 데이터 집단에 대해 $3s_{y/x}$를 넘는 점들은 있음 직하지 않기 때문에 버릴 수 있다.

예제 F.1 예제 3.16에서 최소제곱 맞춤은 외팔보의 강성을 구하는 데 사용되었다. 데이터의 수직 정밀 오차를 구하고 통계적 신뢰구간을 이용하여 보의 강성의 불확실도를 평가하라.

풀이: 예제 3.16에서 다음 결과를 구했다.

$$n = 9$$
$$\sum x = 1801$$
$$\sum x^2 = 5.109 \times 10^5$$
$$\sum y = 33.50$$
$$\sum y^2 = 179.3$$
$$\sum xy = 9959$$

데이터와 직선 맞춤 결과는 그림 3.25에 나타나 있다.

식 F.5로부터 $s_{y/x}/s_{yy}$= 0.0970이 계산되고, 이것은 데이터의 맞춤 직선에 관한 수직 표준편차가 데이터의 평균 수직편차의 단지 9.7%밖에 되지 않는다는 것을 시사한다. 그러므로 데이터의 수직 변동은 정밀오차보다 오히려 y와 x사이의 직선관계라고 설명할 수 있다.

95%의 확실도에서 식 F.7로부터 기울기에 대한 신뢰구간이 계산된다. 식 F.6과 F.9 및 표 3.5에 의해 다음 결과를 얻을 수 있다.

$$s_{yy} = 2.612$$
$$S_{xx} = 387.8$$
$$s_{y/x} = 0.2534$$
$$t_{0.025,7} = 2.365$$

기울기의 불확실도는

$$\pm t_{\alpha/2,\nu}\frac{s_{y/x}}{S_{xx}} = \pm 0.001543 \qquad (95\%)$$

그러므로 95%의 확실도로 $0.0175 < b < 0.0205$이며, 따라서 478 N/m $< K <$ 560 N/m이다. K에 있어서 불확실도는 95% 수준에서 약 ±8%이다.

통계적으로 결정되는 불확실도는 그림 3.25에서 육안으로 추정된 신뢰한계로부터 얻은 결과와 대략 같다. 어떤 접근방법이 사용하기 쉬운가?

참고문헌

[1] McClintock, F. A. *Statistical Estimation: Linear Regression and the Single Variable*. Research Memo 274, Fatigue and Plasticity Laboratory, February 14, 1987. Cambridge: Massachusetts Institute of Technology.

[2] Miller, I. R., J. E. Freund, and R. Johnson. *Probability and Statistics for Engineers*. 4th ed. Englewood Cliffs, N.J.: Prentice Hall, 1990.

Answers to Selected Problems 해답

Chapter 2

2.2 **(b)** 310.93 K

2.3 **(b)** 1, 680.23°R

2.5 0.01124 lbf

2.8 1 gal/min = 63.09 cm^3/s

Chapter 3

3.1 183.2 to 216.8

3.3 **(a)** 10.2 kΩ ± 0.0863 kΩ

3.4 2.24%

3.7 7.45%

3.10 1.256%

3.12 ≈ ±10%

3.15 ≈65 marbles

3.18 ≈93

3.19 Packing is significant

3.20 Significant difference at 99% confidence level

3.23 $1.239 < \mu < 1.279$

3.24 No significant difference

3.29 No difference

3.30 Coin not fair

3.32 Normally distributed at 95% confidence level

3.35 Significant variation from standard

3.38 Force = 28.8 + 30.7 × Deflection

Chapter 4

4.1 (**a**) $15/2\pi$ rad; (**b**) $y(t) = 100 + 109.77\cos(15t - 1.046)$

4.8 $V(t) \approx 6.7\cos(2026.8t) + 2.9\sin(3040.3t) - 0.9\cos(4053.7t)$

4.12 (**d**) $V(t) \approx 10\sin\,\omega t + 4\cos\,\omega t - 2\sin 6\,\omega t$

$\omega \approx 2\pi/.036$ rad/s

4.13 (**a**) $f_{\text{Nyq}} = 2048$ Hz (**b**) 2 Hz (**c**) 1000 Hz, 1500 Hz, 2000 Hz

4.16 $f_5 > 4000$ Hz, $N = 8000$ pts. sampled

Chapter 5

5.3 1.57°F

5.5 $f \approx 160$ Hz

5.6 35 Hz

5.11 $\tau = V_0/\text{m}°$

5.16 $f \approx 1{,}124$ Hz

5.19 Error = 27.8%; $\phi \approx 24°$

5.21 (**a**) 2.0 s (**b**) $e = 0.78E$ volts

Chapter 6

6.4 $U_K/K \simeq \pm 3\%$

6.11 $U_K/K \approx \pm 5.7\%$

6.13 $K = 498$ N/m

Chapter 7

7.4 $e_0/e_i = (kR_T/R_B)\,[kR_T/R_M + kR_T/R_B + 1]^{-1}$

7.6 $R_2 = 63\ \Omega$

7.9 $R_1 = 141.9\ \Omega$

7.13 For 100 N, $\Delta e_0 = e_0 = 0.24$ V

7.29 $R_3 = 1\ \text{k}\Omega$

7.33 $e_{\text{rms}} = 6.0$ V

7.34 (**a**) $f_c = 4.82$ kHz

Chapter 8

8.1 (**b**) 10

8.5 (**a**) $\varepsilon_V/\Delta V_{fs} = \frac{1}{2^8}$

Chapter 9

9.4 0.584 E_o

9.5 0.50

9.6 10.0

Chapter 12

12.1 $\nu = 0.3$

12.2 **(a)** $\sigma = 12{,}750$ psi

12.8 **(a)** $\sigma_a = 9300$ psi

12.11 $F = 1.68$

12.20 $\Delta e_o/e_i = (F/4)(2\varepsilon_T)$

12.23 $P_{\max} = 53{,}800$ watts

Chapter 13

13.5 $F = 0.17$ lbf

13.7 $F_e = 293$ N

13.13 $U_K/K = 3.11\%$

Chapter 14

14.9 $h = 0.651$ m

14.13 $P_2 - P_1 = 16.65$ kPa

14.15 $O = 9.6°$

14.17 $M_{H_2O} = 1.67$

14.23 $y_{\max} = 3.4 \times 10^{-3}$ in.

14.27 $\varepsilon_H = 322\ \mu$ strain; $\varepsilon_L = 76\ \mu$ strain

14.33 $f = 3400$ Hz

14.34 $f = 310$ Hz

Chapter 15

15.3 $\mathrm{Re}_D = 6.9 \times 10^5$

15.7 $\Delta P = 39.35$ kPa

15.25 $\Delta P = 530$ psi

15.29 $V = 1.085$ m/s

Chapter 16

16.2 $T = 70.5°$C

16.6 $\Delta R = 0.33\ \Omega/°$C

16.39 $T_p = 179°$C

16.40 $T_p = 400°$C

16.41 $T_{\max} = 276°$F

Chapter 17

17.4 $a_o = 0.41$ g

17.7 $k = 13.4 \times 10^6$ N/m

Chapter 18

18.2 Five 2000 gpm pumps

18.5 $I = W/A = 0.0016$ W/m^2

18.7 **(a)** $SPL_5 = 115$ dB; **(b)** $SPL_3 = 112.8$ dB, Decrease = 2.2 dB

18.10 SPL = 91.5 dB

INDEX 찾아보기

한글 찾아보기

ㄱ

ㄴ

ㄷ

ㄹ

ㅁ

ㅂ

ㅅ

ㅈ

ㅊ

ㅋ

ㅌ

ㅍ

ㅎ

기타

영문 찾아보기

A

B

C

D

E

F

G

H

I

J

L

M

N

O

P

Q

R

S

T